W0063650

Xpert.press

Die Reihe **Xpert.press** vermittelt Professionals in den Bereichen Softwareentwicklung, Internettechnologie und IT-Management aktuell und kompetent relevantes Fachwissen über Technologien und Produkte zur Entwicklung und Anwendung moderner Informationstechnologien.

Weitere Bände in dieser Reihe http://www.springer.com/series/4393

Bernd Pfitzinger • Thomas Jestädt

IT-Betrieb

Management und Betrieb der IT in
Unternehmen

 Springer Vieweg

Dr. Bernd P tzinger
Berlin
Deutschland

Dr. Thomas Jestädt
Berlin
Deutschland

ISSN 1439-5428
Xpert.press
ISBN 978-3-642-45192-8   ISBN 978-3-642-45193-5 (eBook)
DOI 10.1007/978-3-642-45193-5

Die Deutsche Nationalbibliothek verzeichnet diese Publikation in der Deutschen Nationalbibliogra e; detaillierte bibliogra sche Daten sind im Internet über http://dnb.d-nb.de abrufbar.

Springer Vieweg
© Springer-Verlag Berlin Heidelberg 2016
Das Werk einschließlich aller seiner Teile ist urheberrechtlich geschützt. Jede Verwertung, die nicht ausdrücklich
vom Urheberrechtsgesetz zugelassen ist, bedarf der vorherigen Zustimmung des Verlags. Das gilt insbesondere
für Vervielfältigungen, Bearbeitungen, Übersetzungen, Mikrover lmungen und die Einspeicherung und Verarbeitung in elektronischen Systemen.
Die Wiedergabe von Gebrauchsnamen, Handelsnamen, Warenbezeichnungen usw. in diesem Werk berechtigt
auch ohne besondere Kennzeichnung nicht zu der Annahme, dass solche Namen im Sinne der Warenzeichen-
und Markenschutz-Gesetzgebung als frei zu betrachten wären und daher von jedermann benutzt werden dürften.
Der Verlag, die Autoren und die Herausgeber gehen davon aus, dass die Angaben und Informationen in diesem
Werk zum Zeitpunkt der Veröffentlichung vollständig und korrekt sind. Weder der Verlag noch die Autoren oder
die Herausgeber übernehmen, ausdrücklich oder implizit, Gewähr für den Inhalt des Werkes, etwaige Fehler
oder Äußerungen.

Gedruckt auf säurefreiem und chlorfrei gebleichtem Papier

Springer Berlin Heidelberg ist Teil der Fachverlagsgruppe Springer Science + Business Media
(www.springer.com)

Vorwort

Die Rolle des IT-Betriebs in Unternehmen ist – gegenüber Softwareentwicklung und IT-Projekten – nicht stark in Veröffentlichungen thematisiert. Dies ist bedauerlich, auch unter ökonomischen Aspekten: Das Verhältnis der Kosten des IT-Betriebs zu denen der SW-Entwicklung liegt typischerweise bei 4:1. Gartner [1] nennt beispielsweise für das Jahr 2012 ein Anteil von 14 % der IT-Ausgaben für Aktivitäten im Bereich „Transform the business". Der Großteil der Ausgaben betrifft mit 66 % dagegen den „Run the business" (all das, was für den normalen Betrieb der IT ausgegeben wird – ohne dass es zu Änderungen kommt) und mit 20 % das „Grow the business" (also die IT-Ausgaben, die IT-Systeme weiterentwickeln und verbessern).

Das bedeutet, dass der Großteil der IT-Ausgaben in Firmen zwar durch den IT-Betrieb zustande kommt, dieser aber gleichzeitig nicht ausreichend in Publikationen und der Hochschulforschung sowie -lehre thematisiert wird. Die Theorie (und noch viel weniger die Praxis) des IT-Betriebs ist an Universitäten und Fachhochschulen erst zögerlich präsent – von wenigen Lehrstühlen abgesehen. In den Publikationen der IT-Praktiker ergibt sich ein ähnliches – wenn nicht gar schlimmeres – Bild. Insgesamt findet man bei der Suche nach dem Stichwort „IT-Betrieb" fast nichts, bei „IT-Management" nur wenig. Die Treffer sind in den meisten Fällen Bücher über IT-Compliance, IT-Sicherheit, IT-Projektmanagement und IT-Prozesse. Dies sind alles sehr wichtige Themen, aber die Lücke bei einer umfassenden Betrachtung des IT-Betriebs ist umso greifbarer (auch eine Suche im englischsprachigen Bereich ist nicht sehr viel ergiebiger).

Für wen ist das Buch geschrieben?
Dieses Buch wendet sich in erster Linie an Experten, Führungskräfte und Manager aller Ebenen aus dem Bereich IT. Dabei sind gleichermaßen Personen aus dem IT-Betrieb wie auch aus anderen IT-Bereichen eingeschlossen: Auch Projektmanager, Projektmitarbeiter und Führungskräfte sowie Mitarbeiter aus der Softwareentwicklung werden aus diesem Buch Vorteile ziehen können. Interessierte Personen aus den Kundenbereichen der IT werden diesem Buch ebenfalls mit Gewinn lesen.

In zweiter Linie wendet sich dieses Buch an Master-Studenten und Akademiker aus dem weiten Bereich der IT. Die Aspekte der IT, die hier dargestellt werden, sind sowohl inhaltlich als auch wirtschaftlich hochinteressant, ein Einzug in den Curricula an Hochschulen beginnt aber erst seit kurzer Zeit.

Die beschriebene Lücke kann das vorliegende Buch sicher nicht alleine schließen – ein Anfang soll es sein.

Berlin   Bernd Pfitzinger
im November 2015   Thomas Jestädt

Literatur in diesem Vorwort

[1] J. Guevara, E. Stegman, L. Hall, Gartner IT Key Metrics Data (2012), http://itsurvey.gartner.com/itsurveydocs/ITKMD12ITEnterprisesummaryreport.pdf. Zugegriffen: 22. Aug. 2014

Inhaltsverzeichnis

Über die Autoren

Dr. Bernd Pfitzinger ist Senior Experte bei der Toll Collect GmbH und untersucht dort den Betrieb der deutschen Lkw-Maut mittels realistischer Simulationsmodelle. Nach der Promotion in theoretischer Physik arbeitete er als Berater für IT Service Management bei der Bitech AG in mehreren großen Unternehmen der IT-Branche. Bei der Toll Collect GmbH ist er seit 2005 in verschiedenen Positionen tätig und verantwortete u. a. die Zertifizierung des IT-Betriebs nach ISO 20.000 und die Erstellung eines detaillierten Simulationsmodells der automatischen Mauterhebung. Bernd Pfitzinger ist seit vielen Jahren als Dozent im Fach Wirtschaftsinformatik an verschiedenen Hochschulen tätig und Autor zahlreicher Veröffentlichungen.

Dr. Thomas Jestädt ist Bereichsleiter bei der Toll Collect GmbH und u. a. für den Betrieb der Fahrzeuggeräteflotte der deutschen Lkw-Maut verantwortlich. Nach dem Studium der Physik (Erlangen, Cambridge, Heidelberg) und wissenschaftlicher Mitarbeit (Bayreuth) promotierte er als Marie-Curie-Fellow der EU an der Oxford University. Es folgten Stationen in verschiedenen großen Unternehmen der Mobilfunk- und IT-Branche. Seine Tätigkeiten beinhalteten insbesondere internationale Projekte im Bereich Software-Tests, Transition to Operation, IT-Betrieb und Prozessoptimierung. Bei der Toll Collect GmbH ist er seit 2003 in verschiedenen Management-Positionen tätig. Thomas Jestädt ist beim Europäischen Komitee für Normung (CEN) aktiv und Autor zahlreicher Veröffentlichungen.

Abbildungsverzeichnis

Tabellenverzeichnis

Einleitung

▶   „[…]Tradition […] ist […] Schlamperei" (Gustav Mahler, verkürzt)[1]

Noch nie waren die Bereitschaft für Investitionen in die Informationstechnologie (IT) und die tatsächlichen Investitionen in diesem Bereich so hoch. Und doch fragen sich viele Firmen, warum der Wertbeitrag der IT zu einem Produktivitätszuwachs immer weiter abnimmt [2]:

> CEOs struggle to understand why total IT costs keep increasing despite falling IT unit costs, and why IT continually consumes more of the corporate budget.

Der Großteil der IT-Ausgaben wird dabei nicht für Innovationen aufgewendet, sondern für die Wartung und den Betrieb. Aus Sicht des Unternehmens ist die IT daher oftmals ein „Schwarzes Loch".[2] In manchen Fällen werden die IT und deren Organisation lediglich nicht verstanden. In anderen Fällen wird die IT aber als schlecht geführter Unternehmensbereich angesehen.

---

[1] Das ausführliche Zitat lautet in den Worten von Alfred Roller [1]: „*In solchem Zusammenhang fiel einmal das immer wieder und immer falsch zitierte Wort von der Tradition. ‚Was Ihr Theaterleute Eure Tradition nennt, das ist Eure Bequemlichkeit und Schlamperei!' So lautete das Wort, nicht einfach: ‚Tradition ist Schlamperei.* "'. Auch in der vollen Fassung ist es ergiebig.

[2] Vollständiges englisches Original [2]: „*IT innovation is the chief casualty of this preoccupation with system maintenance. In 2007, only 13 percent of the average IT budget supported innovation in business processes or products. [...] The remaining 87 percent disappeared into the black hole of general maintenance and upkeep [...] The key is that the proportion of IT budgets dedicated to innovation must increase, while IT complexity must be managed out to prevent innovation from drowning in a sea of redundant systems, applications, and hardware.*" Andere Quellen, die uns auch noch im Weiteren begegnen werden, nennen ähnliche Größenordnungen.

© Springer-Verlag Berlin Heidelberg 2016
B. Pfitzinger, T. Jestädt, *IT-Betrieb*, Xpert.press, DOI 10.1007/978-3-642-45193-5_1

All dies ist nicht die Schuld der Kunden von IT. Wenn IT nicht verstanden wird, wenn die IT-Services und die IT-Organisation die anderen Geschäftsbereiche eines Unternehmens nicht optimal unterstützen (sei dies tatsächlich so oder lediglich von den anderen Bereichen so wahrgenommen), dann ist es die Aufgabe der IT-Organisation, *sichtbare* Änderungen vorzunehmen. Der **IT-Betrieb** ist in der Regel der IT-Bereich, der den Großteil der IT-Ausgaben in Anspruch nimmt. Deswegen ist für ihn folgendes Verständnis wichtig: Der IT-Betrieb muss wissen, wie er selbst und wie seine Kunden funktionieren.

▶   Der IT-Betrieb muss wissen, wie er selbst funktioniert und wie seine Kunden
      funktionieren.

Im Bereich der Informationstechnologie wurden bereits viele Bücher über Software-Entwicklung und Software-Management geschrieben. Über den IT-Betrieb findet man hingegen nur spärliche Literatur. Wenn jedoch der IT-Betrieb einmal in der Literatur betrachtet wird, dann eher aus dem Blickwinkel von Prozessmodellen, wie beispielsweise der recht gewichtigen IT Infrastructure Library (ITIL).

Prozessmodelle und insbesondere ITIL sind natürlich für jeden IT-Betrieb relevant – sei dieser nun groß oder klein. Mehr noch, für die Industrialisierung der IT ist es unerlässlich, funktionierende Prozesse zu definieren und zu leben. Ein guter IT-Betrieb sollte und kann gleichwohl nicht allein durch Prozesse definiert werden.

Gutes Management ([3, 4]) der IT erfordert eine umfassendere Betrachtung. Funktionierende Prozesse stellen zwar das Tagesgeschäft der IT dar – und dementsprechend werden sie auch in diesem Buch angeschnitten. Eine gute IT-Organisation muss jedoch auf weitere Aspekte Wert legen. Hierzu gehören:

• Der Mensch und die Kultur des Unternehmens
• Das Unternehmen selbst mit seinen verschiedenen Organisationsgliederungen
• Die Kommunikation innerhalb und aus der IT-Organisation heraus

Gutes und erfolgreiches Management kann erlernt werden, darauf weisen Peter Drucker und Fredmund Malik – zwei unserer „Helden" aus dem Bereich der praktischen Management-Theorie – immer wieder hin.

Wir hatten im Verlauf unserer bisherigen Karrieren als Manager in der IT oft das Glück, von Kollegen Anregungen für erfolgreiche Vorgehensweisen zu erleben. Diese kamen aus dem Bereich der IT-Services, der Telekommunikation, der Elektro-Industrie und anderen Branchen. Für uns waren immer Kollegen beispielhaft, die die Theorie des Managements sowie der Informationstechnologie mit großem Fachwissen oder zumindest Verständnis für praktische Vorgehensweisen verbunden haben. So, wie gute und erfolgreiche Architekten und Bauleiter sich selbstverständlich mit Handwerkern unterhalten können und deren Sprache verstehen, so müssen Manager aus der IT *auch* die Sprache der IT-Praktiker verstehen. Das bedeutet nicht, dass Architekten die besseren Maurer, Elektriker oder Klempner sind oder sein sollen.

In diesem Buch werden nun verschiedene, und zwar voneinander auch abhängige Sichtweisen auf den IT-Betrieb dargestellt. Ein Beispiel veranschaulicht dies: Das Thema „Verfügbarkeit" muss im Zusammenspiel mit anderen relevanten IT-Prozessen betrachtet werden (Kap. 8). Aber auch der Bezug zur Infrastruktur (Kap. 7), zu organisatorischen Großereignissen (Kap. 11) und insbesondere die Perspektive der Kunden und Nutzer eines IT-Services (Kap. 3) sind wichtig. Wir legen also Wert darauf, den bereits erschienenen Büchern über Prozessorganisation oder ITIL (von denen einige exzellent sind) kein weiteres hinzuzufügen, sondern die verschiedenen *Perspektiven* auf IT-Services zu betonen.

Dies hier ist kein Buch über spezielle Technik oder Technologie im IT-Betrieb. Diese unterliegen immer schnelleren Änderungen und auch Moden. In diesem Buch stellen wir hingegen die verschiedenen Perspektiven auf das Thema „IT-Betrieb" vor, aber auch *Werkzeuge* im Management des IT-Betriebs. In welchem Maß und Umfang die vorgestellten Instrumente, anerkannten praktischen Regeln und Vorgehensweisen tatsächlich in einer IT-Organisation umgesetzt werden, hängt davon ab, wie groß die IT-Organisation ist und welches Ziel die angebotenen Services verfolgen. Die Faustregel lautet:

- Kleiner IT-Betrieb – kleinere Instrumente und insbesondere kleine Service-Level-Vereinbarungen (*Service Level Agreements*, SLAs)
- Großer IT-Betrieb – größere Instrumente und größere SLAs.

Wir haben das Gefühl, dass dieser Punkt nicht überbetont werden kann: kleine IT – kleine Instrumente, größere IT – größerer Umfang an formalen Prozessen, Dokumentationen und formalen Vorgehensweisen. Dies ist so, weil Prozesse, Good Practices und andere formale Vorgehensweisen in größeren Organisationen vor allem ein Koordinierungsproblem lösen sollen. Wo über das Koordinierungsproblem hinaus weitergehende formale Anforderungen (z. B. aus dem Bereich der Governance) hinzukommen, sind diese natürlich immer zu beachten.

▶   Kleine IT – kleine Instrumente.
     Größere IT – größere Instrumente.

In kleineren IT-Organisationen sollten demnach ITIL-Prozesse eher zur Orientierung dienen, gleichermaßen als Checkliste. Anders als in größeren IT-Organisationen ist es in solchen Organisationen möglicherweise nicht empfehlenswert, alle in der „ITIL-Bibel" ([5–9]) aufgeführten Techniken und Prozesse ein- und umzusetzen. In diesem Buch gehen wir auch auf die unterschiedlichen Anforderungen für kleinere und größere IT-Organisationen ein.

Wir behandeln außerdem in einigen Kapiteln Aspekte des geschäftskritischen Betriebes unter 24×365-Bedingungen – d. h. rund um die Uhr, das ganze Jahr – gesondert.

1.1   Beispiele, Fehlerkultur und Abgrenzungen

Es gibt viele individuelle Betriebsweisen für IT-Betriebe. Trotz Einzug von Prozess-Frameworks kann man nicht wirklich von einer Standardisierung des IT-Betriebs sprechen. Dies liegt auch an den sehr heterogenen Aufgabenstellungen auf der einen Seite und den oftmals gewachsenen Strukturen auf der anderen Seite. Der IT-Betrieb ist wenig reguliert, Probleme in der IT dringen nur selektiv an die Öffentlichkeit. Verglichen mit den Unterstützungsleistungen beispielsweise der Buchhaltung und des Einkaufs (die durch regulatorische Vorgaben starke Rahmenbedingungen vorfinden) ist der IT-Betrieb wenig standardisiert. Deswegen haben wir auf dem Weg durch die verschiedenen Themen viele aktuelle Beispiele, historische Beispiele oder Anschauungsmaterial aus der Praxis einbezogen. Dies sind typischerweise Fälle, bei denen etwas nicht optimal ablief. Verwunderlich ist dies nicht: Der IT-Betrieb soll funktionieren. Und wenn er dies tut, dann ist dies keine Meldung wert. Nur wenn der IT-Betrieb *nicht* funktioniert, wird es deutlich, dass es ihn gibt, und dann schafft er es – selten genug – in die Berichterstattung. Solche Darstellungen sind dann durchaus hilfreich: Man kann natürlich aus funktionierenden IT-Betrieben etwas lernen, interessanter und lehrreicher sind jedoch die Fälle, bei denen etwas *nicht* funktionierte.

Solche Beispiele und Geschichten sind hilfreich:

• Zum einen sind sie *exemplarisch*: Wenn es „dort" nicht funktionierte, dann könnte es sein, dass auch in anderen Unternehmen etwas aus ähnlichen Gründen nicht funktioniert – vielleicht sogar dem eigenen. In den betrachteten Unternehmen und Organisationen arbeiteten sicher auch kenntnisreiche Menschen, die engagiert ihrer Arbeit nachgingen. Trotzdem kam es zu Ergebnissen, die es als Anschauungsmaterial in dieses Buch schafften.
• Zum anderen sind solche Geschichten *anschaulich*. Man kann viel darüber sprechen und schreiben, wie wichtig beispielsweise das Nachverfolgen und Testen von Mengengerüsten ist. Der Fall, bei dem Mengengerüste nicht (gut) getestet und daraufhin Millionenverluste eingefahren wurden, macht das Ganze greifbar – für einen selber, aber auch für Personen im eigenen Unternehmen. Abstrakte Grundsätze sind manchmal schwierig zu vermitteln, konkrete Beispiele können diese beleuchten und anschaulich machen.

Natürlich sind wir bei der Auswahl der Beispiele selektiv vorgegangen. Das bedeutet auch, dass die Summe der Beispiele nicht die Summe der Wahrheit aus dem Bereich IT-Betrieb darstellt. Das ist auch nicht unser Ziel gewesen. Die Fälle sollen exemplarisch einen Sachverhalt verdeutlichen. Manchmal sollen sie auch nur interessant sein.

Wir kennen aus unserem eigenen beruflichen Erfahrungsbereich viele, recht interessante Beispiele von funktionierender und nicht funktionierender IT. Trotzdem haben wir bei der Darstellung der Praxisbeispiele Wert darauf gelegt, zum allergrößten Teil *nachvollziehbare* Fälle nachzuzeichnen. Der Leser kann also bei Bedarf die meisten Beispiele durch die angegebenen öffentlichen Referenzen selber im Detail untersuchen. Dies war nicht immer einfach, da gerade aus den Bereichen IT-Organisationen und IT-Betrieb gescheiterte Unterfangen relativ wenig veröffentlicht werden. Und wenn, dann sind es oft nur oberflächliche Betrachtungen. Aber diese nachvollziehbaren Beispiele gibt es. Manche der gewählten Beispiele sind historisch (im IT-Bereich bedeutet dies wahrscheinlich: vor dem Jahr 2000), denn die dort behandelten Themen sind zeitlos.

Auch aus Bereichen jenseits der IT können wir *für* die IT und den IT-Betrieb etwas lernen. Denn die interessanten Lernfelder sind nicht immer rein technischer Natur, sondern auch Fragen der Organisation, des Umgangs mit Risiken und der Zusammenarbeit von Menschen. Wir haben deshalb bewusst auch Fallbeispiele außerhalb des IT-Bereiches ausgewählt. Bei diesen IT-fremden Themengebieten möchten wir einen Transfer in den IT-Bereich anregen. Die IT kann von anderen Bereichen lernen (so wie dies umgekehrt auch der Fall ist). Wir lernen also beispielsweise daraus, wie die IT-Abteilung der Bundestagsverwaltung den Anforderungen ihrer Nutzer nicht gerecht wird. Aber wir lernen auch etwas für die IT-Dokumentation (und darüber hinaus), wenn wir betrachten, was bei den Zündschlössern von General Motors schieflief. Die historischen Entwicklung der IT-Abteilung von Texaco wird uns weiterhelfen, aber auch der Umgang mit Pockenviren bei den National Institutes of Health.

Wir führen dabei die handelnden Personen nicht vor. Wie erwähnt: In den Organisationen, die wir betrachten, arbeiteten engagierte Personen. Für einen IT-Betrieb und damit auch für uns als Autoren ist eine offene Fehlerkultur wichtig – nur dann sind Verbesserungen in der Zukunft möglich: Dass Feedbackschleifen essenziell für die Steuerung von Systemen sind – und dazu gehört auch ein IT-Betrieb – sollte inzwischen Allgemeingut sein. Es ist jedoch nicht all das, was man heute anders tun würde, in der Vergangenheit ein Fehler gewesen. Der fast schon philosophisch anmutende Auszug aus Paragraph 3 des Produkthaftungsgesetzes sollte – übertragen auf Organisation, Technik und Kultur – Leitlinie sein: *„Ein Produkt hat nicht allein deswegen einen Fehler, weil später ein verbessertes Produkt in den Verkehr gebracht wurde"*. Ein Vorgehen und eine Technik sind nicht deswegen fehlerhaft gewesen, weil es später Verbesserungen gab.

Wir geben auch mit Bedacht eine Übersicht über die *Schnittstellen* und *angrenzenden Bereiche* eines IT-Betriebs. Wer nur den IT-Betrieb kennt, wird diesen dennoch nicht gut beherrschen. Kenntnis und Einsicht in die Bereiche, die „um einen IT-Betrieb herum" liegen, sind hilfreich. Georg Christoph Lichtenberg schrieb in seinen Sudelbüchern [10]:

Rousseau hat glaube ich gesagt: ein Kind, das bloß seine Eltern kennt, kennt auch die nicht recht. Dieser Gedanke läßt sich [auf] viele andere Kenntnisse, ja auf alle anwenden, die nicht ganz *reiner* Natur sind: Wer nichts als Chemie versteht versteht auch die nicht recht. [sic!]

Gleiches lässt sich auch für unser Thema sagen: wer nichts als IT-Betrieb versteht, versteht auch diesen nicht recht. Auch wenn Lichtenberg ihn noch nicht kannte.

Abb. 1.1 Unterscheidung
Software, System, Applikation
und Service

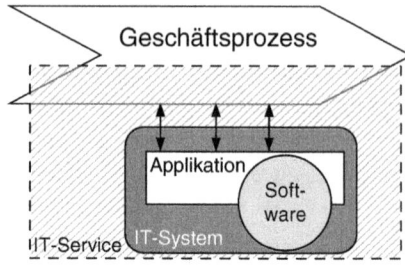

1.2   Sicht der IT-Kunden

Die Sicht der Geschäftseinheiten – der IT-Kunden – auf die IT ist eine ganz einfache:
Werden die Informationsverarbeitungsbedürfnisse zu akzeptabler Qualität und bei akzep-
tablem Aufwand befriedigt und so der Geschäftsprozess unterstützt – oder nicht? (Dass
die IT-Organisation ebenfalls Kunde des IT-Betriebs sein kann, vernachlässigen wir an
dieser Stelle).

Der IT-Betrieb ist mit seinen Leistungen ein Unterstützer – wenn nicht gar Ermöglicher
– der Geschäftsprozesse. Die IT liefert dem Kunden zur Unterstützung der Geschäftsprozesse IT-Services (und nicht etwa IT-Systeme).

Diese Sicht wird in Abb. 1.1 wiedergegeben: Zur Unterstützung der Geschäftsprozesse
liefert der IT-Betrieb IT-Services. Auf die Applikationen, die Teil eines IT-Systems sind,
wird durch die Geschäftsprozesse zugegriffen. Sowohl die Applikationen als auch die jeweiligen IT-Systeme als Ganzes sind teilweise aus Software aufgebaut. Die IT-Organisation (bzw. die IT-Betriebsorganisation) erbringt, ggf. zusammen mit Mitarbeitern aus den
Geschäftseinheiten, die IT-Services.

Dabei sind die inneren Problemstellungen einer IT-Organisation nicht relevant – eine
IT-Organisation wird von den Kunden nicht an ihren Problemen gemessen, sondern an
ihren Resultaten.

1.3   Management-Sicht

IT-Management gehört zu der weitgefächerten Disziplin des Managements. Das Management des IT-Betriebs ist in den Methoden und Vorgehensweisen stark verwandt mit der
Management-Funktion des Produktionsbetriebs – das Produktionsmanagement (englisch
„Operations Management"). Das Operations Management ist die ältere Disziplin und beschäftigt sich mit der Planung, Organisation, Steuerung und Kontrolle von Produktionsprozessen. Hierbei werden Güter oder Services erstellt. Eine Untermenge dieses Manage-
ment-Bereiches ist das Service Management, die zugehörige wissenschaftliche Disziplin
sind die Service Sciences. Diese betrachten speziell die Eigenheiten der Produktionspro-
zesse von *Services*. Aus dem Operations Management sind bestimmte Methoden auch in

der IT bekannt: beispielhaft ist dabei das Qualitätsmanagement, wie von Deming initiiert, oder die Planung von Kapazitäten. Es gibt durch die IT-Betriebe eine immer stärkere Einbeziehung von Vorlieferanten, die eine zunehmende Verflechtung nach sich ziehen – aus den Logistikprozessen des Operations Management lässt sich für manchen IT-Betrieb noch etwas lernen (auch wenn es beim IT-Betrieb in der Regel nicht um physische Produkte geht).

Es lohnt sich also für das IT-Management, die Methoden, Vorgehens- und Sichtweisen des Operations Managements und der Service Sciences zu prüfen und – wo sinnvoll – in die eigene Management Praxis zu übernehmen. Wichtig ist das Verständnis, das das Management generell durchzieht: Durch den Einsatz von *Ressourcen* (Arbeitsleistung von Menschen, Geld, Zeit, Informationen, etc.) werden *Resultate* erzielt – der Ressourceneinsatz soll dabei effizient sein. Diese Resultate messen sich allein am Mehrwert für den Kunden – also der Einheiten, die IT-Leistungen entgegennehmen. Die Resultate sollen also effektiv sein.

Die Worte von Ken Olsen, dem Gründer und langjährigen Präsidenten der Digital Equipment Corporation (DEC) – er wird uns in diesem Buch öfter begegnen –, schließen die Management-Sicht ab: *„Menschen sollten ermutigt werden, neue, dramatische Dinge zu tun und Risiken einzugehen ohne Bestrafung befürchten zu müssen, wenn die Risiken intelligent und ehrlich eingegangen wurden"*[3].

1.4   Der Begriff des IT-Betriebs – und andere

Hier möchten wir einige Begriffe klären, die uns in den folgenden Kapiteln immer wieder begegnen werden.

Der Kernbegriff ist natürlich der des *IT-Betriebs*. Für dieses Buch können wir verschiedene Sichten einnehmen. Die Organisations-Sicht des IT-Betriebs umfasst alle Personen, die mit der dauerhaften Lieferung von IT-Services beschäftigt sind. Dies werden Teile der eigentlichen IT-Organisation sein (so wie man sie im Organigramm finden würde), oft sind jedoch auch Mitarbeiter in den Fachbereichen mit einem IT-Betrieb beschäftigt. Ein Blick auf ein Firmenorganigramm bringt also nicht immer die ganze Sicht. In der Projekt-Sicht setzt sich der IT-Betrieb von einer IT-Entwicklung ab, er schließt sich an die Software-Entwicklung an. Diese Grenze kann in unterschiedlichen Organisationen verschieden interpretiert werden. Wir definieren in diesem Buch den IT-Betrieb als die Einheit, die mit den Gesamtintegration-Tests von IT-Entwicklungsleistungen die Verantwortung übernimmt. Dies zeigt, dass der IT-Betrieb nicht durch die Unterscheidung „dauerhafte Leistungen/Projekte" abgrenzbar ist. Der IT-Betrieb ist an Projekten mindestens beteiligt, oft macht er auch eigene Projekte – sei es im Hardware- oder im Software-Bereich. Aber so, wie Mitarbeiter oft aus den Fachbereichen an der Erbringung von IT-Leistungen

---

[3] Englisches Original [11]: *„People should be encouraged to really do new, dramatic things and take chances and not worry about punishment if risks are taken with intelligence and honesty."*

mitwirken (und damit Teil der IT-Organisation sind – s. u.), werden auch Projekte und sogar Softwareentwicklung in einer IT-Betriebsorganisation erbracht. Diese Arbeiten sind dann Teil der IT-Projektleistungen und oft sehr gut in der IT-Betriebseinheit aufgehoben.

Das *Business* sind die Geschäftsbereiche oder Fachbereiche, die die Kern-Geschäftsprozesse des Unternehmens betreiben. Diese schaffen den Mehrwert des Unternehmens für den Kunden. An diesen Kern-Geschäftsprozessen kann die IT direkter oder weniger direkt beteiligt sein.

Die *IT-Organisation* ist die Gesamtheit der Personen, Prozesse, Arbeiten, Regeln, Organe und Dokumente, die für die Erbringung von IT-Leistungen in einem Unternehmen notwendig sind. Diese IT-Organisation ist synonym mit dem oft verwendeten Begriff „der IT". In Anlehnung an [12] ist es der Teilbereich des Unternehmens, „der die Aufgabe hat, den im Hinblick auf die Unternehmensziele bestmöglichen Einsatz der Ressource Information zu gewährleisten."

1.5   Wegweiser durch das Buch

Kurzanleitung

Die Reihenfolge vom ersten bis zum letzten Kapitel darf beim Lesen eingehalten werden – die Kapitel sind so in die Reihenfolge gebracht, wie sie auch gelesen werden können. Es ist aber auch möglich, die einzelnen Kapitel dieses Buches *eigenständig* zu lesen – lediglich Kap. 11 sollte als Gegenstück zu Kap. 2 gelesen werden. Das bedeutet, dass manchmal bereits behandelte Themen kurz in einem späteren Kapitel wieder aufgegriffen werden – in der Regel wird dann aber auch auf die vorherige Behandlung verwiesen.

Für **eilige Leser** gibt der Wegweiser durch das Buch in Abb. 1.2 einen Überblick der sinnvollen Abkürzungen auf dem Lesepfad.

Die **eilig*sten*** Leser werden nach Kap. 2, in dem „Der sichtbare Wertbeitrag des IT-Betriebs" erklärt wird, zum Kap. 11 „Der tatsächliches Wertbeitrag des IT-Betriebs" springen. Für jedes gut gegliederte Buch – und dazu soll das vorliegende gehören – gilt: Man liest man die Einleitung, das erste inhaltliche Kapitel (hier Kap. 2), die Einführung und die Management Summary am Ende jedes Kapitels sowie das letzte Kapitel (hier Kap. 11). Dann wird man wird die Hauptaussagen des Buches erfassen. Empfehlen wollen wir dies aber nicht – sonst hätten wir ein kürzeres Buch geschrieben.

Manches wird in dieser Übersicht repetitiv erscheinen. Der Grund ist, dass der IT-Betrieb jeweils aus verschiedenen Perspektiven beleuchtet wird – nur so lässt sich eine ganzheitliche Sicht auf einige der Themen erlangen. Und es gibt ein Thema, auf das wir – auch aus unterschiedlichen Sichten – immer wieder zurückkommen: die **Kundenperspektive** und damit verbunden der **Nutzen**, den die IT *für* den Kunden stiftet.

Im Folgenden fassen wir kurz den Inhalt der einzelnen Kapitel zusammen.

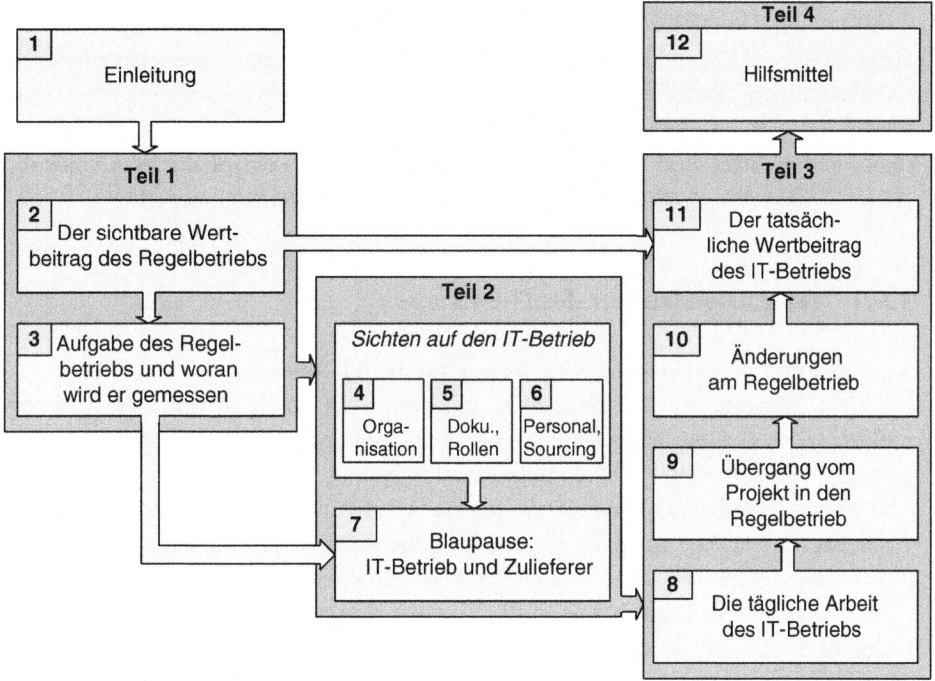

Abb. 1.2 Wegweiser durch das Buch

1.5.1 Teil 1: Der Beitrag des IT-Betriebs – was kann der IT-Betrieb für die Organisation bewirken und wie kann man dies messen?

Meist wird die IT im Unternehmen vor allem als Kostenfaktor gesehen. Das Kap. 2 erläutert dagegen den sichtbaren Wertbeitrag des IT-Betriebs – der Wertbeitrag, der gängig und für alle ersichtlich ist. Welchen Wert hat die IT eines Unternehmens? Diese vermeintlich simple Frage bringt viele Unternehmen und IT-Betriebe in Erklärungsnöte. Der Daseinszweck der EDV ist der Erkenntnisgewinn und nicht etwa die bloße Auflistung von Zahlen. Mögen aus technischer Sicht in der IT die aktuellen Themen auch permanent wechseln, so wird die IT an ihrem Wertbeitrag für das Unternehmen gemessen. Hier kann die IT auch direkt eingreifen und die Kosten oder die Differenzierung gegenüber dem Wettbewerb adressieren. Auf jeden Fall bildet die vorhandene IT eine Eintrittsbarriere für Wettbewerber, die im besten Fall weder einfach noch schnell überwunden werden kann.

Das Kap. 3 fragt danach, was der Regelbetrieb und die IT beim Kunden bewirken und was die Wahrnehmung der IT-Organisation beim Kunden beeinflusst. Personen mit technischem Hintergrund tendieren manchmal dazu, an der IT die Technik im Vordergrund zu sehen. Eine Geschäftsperspektive sieht aber in der IT vor allem die „Information" und deren Verarbeitung – also das, was den Nutzen im Unternehmen stiftet.

Woran wird der IT-Beitrag in der Realität – bewusst oder unbewusst – gemessen? Die Geschichten und Legenden, die in einer Firma über die IT erzählt werden, bestimmen sich im Wesentlichen über die Nutzerzufriedenheit. Diese wirkt sich direkt auf den Gesamtnutzen der IT aus. Gesamtnutzen und Kundenzufriedenheit sind Antagonisten, wenn sich (manchmal) Nutzer eine IT-Unterstützung wünschen, die zu aufwändig ist. Gerade dann ist der IT-Betrieb als Wahrer des Gesamtnutzens für das Unternehmen gefragt.

1.5.2   Teil 2: Die Struktur des IT-Betriebs

Kapitel 4 bis 6: verschiedene Sichtweisen auf den IT-Betrieb
Zunächst befassen wir uns mit der Organisation (Kap. 4). Standardisierte Prozessframeworks, das Qualitätsmanagement und ein reichhaltiges Angebot an Workflow-Tools sorgen zwar im Prinzip für einen reibungslosen Betrieb. In der Praxis spielt jedoch der Mensch als Mitarbeiter, Vorgesetzter, Kunde, Dienstleister oder Auftraggeber die entscheidende Rolle. Die gewählte Organisation hat dabei maßgeblichen Einfluss auf die erreichbaren Ergebnisse und die dabei entstehenden Kosten und Risiken.

Ein Blick auf ein Organigramm – die Visualisierung einer Organisation – sollte dabei nicht mit der Organisation selbst verwechselt werden: Organisationen bestehen aus dem Miteinander von Menschen. Faktoren wie Macht und Ansehen führen zu einer beständigen Anstrengung jedes Einzelnen innerhalb einer Organisation. Unter Organisation verstehen wir daher nicht nur die Aufbauorganisation, sondern auch jede Art, den Betrieb zu organisieren – sei es als Netzwerk von Partnern, als Prozessorganisation oder innerhalb einer Projektorganisation.

Entscheidend ist dabei, nicht den Unterschied zwischen der Leistung *der IT-Organisation* und der Leistung der IT *für die Organisation* zu vergessen. Letzteres ist der wesentliche Beitrag der IT für eine Firma. Die Organisationsstruktur muss entsprechend gewählt werden.

Die Dokumentation und die Rollen in der IT sind das Thema des Kap. 5.

Die Dokumentation sollte entlang der wirklichen Bedürfnisse aufgebaut sein: Nur, wenn ein Dokument zumindest potenziellen Mehrwert für das Unternehmen bringt, lohnen sich seine Life-Cycle-Kosten – denn ein Dokument muss nicht nur erstellt, sondern auch gepflegt werden.

Deshalb sind eine Reihe von Fragen wichtig: Welche Anforderungen gibt es an Dokumente? Warum ist Dokumentation wichtig? Welcher Umfang von Dokumentation ist angemessen? Wer schreibt Dokumente? Welche Arten von Dokumenten gibt es? Ein stringenter (hierarchischer) Aufbau der Dokumentation wird exemplarisch dargestellt – ausgehend von der IT-Governance und der IT-Strategie.

Wichtig im operativen Geschäft ist insbesondere das Betriebskonzept: Hier erklärt der IT-Betrieb seine eigene Funktionsweise. Solch ein Dokument kann auch im Außenverhältnis genutzt werden, um *anderen* zu erklären oder nachzuweisen, wie der IT-Betrieb funktioniert.

Aber auch andere Dokumentarten sind wichtig: Welche dies sind, welche Inhalte sie haben und welche Beziehungen zu den anderen Dokumenten bestehen – das wird beschrieben.

Ein besonderes Dokument regelt die Beziehungen zwischen Personen, Rollen (im Unternehmen und in IT-Systemen) sowie Berechtigungen in IT-Systemen: das IT-Rollen- und Rechte-Konzept. Hierbei die richtige Balance zwischen eng definierten und umfassenden Berechtigungen für Nutzer zu finden, ist entscheidend.

Die Perspektive des Personals – der Menschen – ist Gegenstand von Kap. 6.

Wer produziert die IT-Leistungen? Die eigenen Mitarbeiter oder Menschen, die bei einem externen Dienstleister beschäftigt sind? Dieses Kapitel beleuchtet beide Varianten – also auch die Themen Insourcing und Outsourcing – generell also Sourcing.

Letztlich zählt der einzelne Mensch: Zum Glück ist das Spektrum sehr breit gefächert – rationales und irrationales Verhalten, Emotionen, unterschiedlich ausgeprägte Persönlichkeiten, Vorlieben und geistige Fähigkeiten. Die Organisation führt diese Menschen dann in Teams und Gruppen zusammen und kann so einige der individuellen Schwächen und Probleme nivellieren – sowie, ganz im Sinne von Fredmund Malik (s. o.), die Stärken der Mitarbeiter stärken.

Wie geht der IT-Betrieb damit um, einen geschäftskritischen Betrieb rund um die Uhr, also 24 × 365, aufrecht zu erhalten? Wenn plakativ „Verantwortung unteilbar" ist, so muss sie in diesem Fall aus zeitlichen Gründen auf jeden Fall auf mehrere Schultern verteilt werden. Diese spezielle Herausforderung des IT-Betriebs wird aus Personalsicht thematisiert.

Kapitel 7 – die Blaupause des IT-Betriebs
Dies führt in Kap. 7 zu der „Blaupause des IT-Betriebs" – eine umfassende Sicht auf den IT-Betrieb und seine Zulieferer. Technische, organisatorische und prozessuale Integration sind die Themen, die zu gestalten sind, wenn es um einen effizienten und effektiven IT-Betrieb geht.

Dabei spielen in Zukunft stärker Netzwerke von Lieferanten für gesamthafte IT-Services eine Rolle. Die Koordination dieser Lieferanten, deren organisatorische, prozessuale und technische „Integration", ist eine der Hauptaufgaben eines funktionierenden IT-Betriebs.

Dass der IT-Betrieb auch selber Anforderungen an Technik im Allgemeinen und an Software sowie Anwendungen im Besonderen hat, ist ein wichtiger Punkt. Mit den vom IT-Betrieb formulierten Anforderungen kommt die Pflicht des IT-Betriebs, diese mit Hilfe betrieblicher Tests zu prüfen.

In dem Maß, in dem die Herausforderungen an einen IT-Betrieb in Zukunft aufgrund der technischen Entwicklung zunehmen werden, werden sich auch die Instrumente verbessern müssen, die im betrieblichen Alltag erforderlich sind, um diesen Herausforderungen zu begegnen. Für die Mitarbeiter bedeutet dies, dass sich die Anforderungen an ihre Arbeit ändern – jedoch nicht, dass die Anstrengungen geringer werden.

Wir setzen hier auch unsere Behandlung von 24×365 aus dem vorangegangenen Kapitel fort. Dazu umreißen wir zunächst den Begriff von 24×365, grenzen ihn gegen den der Hochverfügbarkeit ab und gehen auf organisatorische und technische Aspekte ein.

1.5.3   Teil 3: Der Alltag des IT-Betriebs

Kapitel 8 bis 10: Der Blick auf Änderungen im und am Regelbetrieb.
Viele kleine Aufgaben warten jeden Tag auf den IT-Betrieb – selbst ohne „störende" Nutzer und Kunden. Diese Aufgaben müssen zuverlässig und effizient abgearbeitet werden, ohne mittel- und langfristig anstehende Themen zu vernachlässigen. Denn anders als bei Software-Projekten ist der IT-Betrieb eine dauerhafte Aufgabe. Das Kap. 8 zeigt, was im IT-Betrieb gemacht werden muss, selbst wenn es *keine* neuen Kundenanforderungen gibt – aus einer Business-Perspektive also keine Änderung eintritt.

Als Einstiegspunkt dient zunächst ein Überblick über Frameworks wie ITIL, ISO 20.000, COBIT, etc., bevor wir detaillierter auf die tagtäglichen Aufgaben und Prozesse eingehen. Die vorgestellten Aufgaben werden durch praktische Anwendungsfälle und Beispiele aus der Praxis ergänzt. Die Frage, wie der IT-Betrieb organisiert wird und welche Widersprüche in Kauf genommen werden müssen, wird ebenso thematisiert, wie die Frage nach dem 24×365-Betrieb.

Das Kap. 9 befasst sich damit, wie der Übergang von neuen Services in den Regelbetrieb abläuft und so neue Kundenanforderungen erfüllt werden. Der änderungsfreie IT-Betrieb ist die Pflicht jeder IT-Organisation – die Kür wird daraus erst, wenn Änderungen erfolgreich und im Sinne der Geschäftsanforderungen umgesetzt werden können.

In der Regel wird eine signifikante Service-Änderung mit einem Projekt erfolgen. Wir befassen uns deswegen mit dem Übergang vom Projekt in den Regelbetrieb. Dieser Übergang ist ein essenzieller Einflussfaktor auf die IT-Services und die Arbeit eines IT-Betriebes. Der Themenblock Projekte und Programme wird bei dieser Gelegenheit aus der Perspektive des IT-Betriebs beleuchtet, insbesondere aus der Sicht des Change- und Release-Management.

Die Softwarekrise(n) – viele Projekte laufen schief – und die Antworten darauf werden ebenso untersucht wie die vielen Spannungsfelder, innerhalb derer sich ein IT-Betrieb bewegen muss.

In den beiden vorangegangenen Kapiteln haben wir die täglich anfallenden Arbeiten des IT-Betriebs beschrieben – unabhängig davon, ob sich an erbrachten IT-Services etwas ändert oder nicht. Das Kap. 10 kehrt zur Kür des IT-Betriebs zurück: Es zeigt die Ursachen für größere Änderungen am Regelbetrieb, die nicht aus funktionalen Kundenanforderungen erwachsen. Ein konstanter Motivator jedes Betriebes sind Produktionskosten, aber auch Innovationen.

Mittelfristig besteht der Wertbeitrag des IT-Betriebs darin, die üblichen Aufgaben kostengünstig zu erledigen oder Innovationen für das Unternehmen zu ermöglichen. In beiden Fällen wird sich die Art und Weise ändern, in der der Regelbetrieb erbracht wird. Auch technische, organisatorische und prozessuale Änderungen gehören mittel- und langfristig zu den Standardaufgaben der Betriebsorganisation.

Solche Änderungen sind die eigentliche Management-Aufgabe im IT-Betrieb: Welche Entscheidungen müssen heute getroffen werden, damit sie zukünftig rechtzeitig wirksam werden? Das Kapitel beleuchtet beide Seiten dieser Frage: Welche Ursachen für Veränderungen gibt es und wie können die Entscheidungen rechtzeitig – in Konkurrenz zu den täglichen Krisen eines Betriebs – vom Management getroffen werden?

Kapitel 11: Der tatsächliche Wertbeitrag des IT-Betriebs
Das Kap. 11 nimmt das Thema aus Kap. 2 wieder auf und stellt nun den tatsächlichen – oftmals nicht auf den ersten Blick erkennbaren – Wertbeitrag des IT-Betriebs dar. Jetzt kann der **tatsächliche** Wertbeitrag eines IT-Betriebs umrissen werden – dieser reicht weiter, als dies für das Business – den Kunden – auf den ersten Blick ersichtlich ist. Er reicht aber auch weiter, als dies oftmals dem IT-Betrieb und dem IT-Management bewusst ist. Der IT-Betrieb ist innerhalb eines Unternehmens zunehmend an einer besonders exponierten Stelle: Jede Innovation oder Verbesserung benötigt heute Unterstützung durch die IT. Die Digitalisierung der Produkte und Prozesse führt dazu, dass die IT-Organisation die zentrale Anlaufstelle ist, an der firmenweite Diskussionen zusammenlaufen und in konkret umsetzbare IT-Maßnahmen münden.

Der tatsächliche Wertbeitrag des IT-Betriebs – Innovationen zu ermöglichen sowie Qualität und Kosten zu optimieren – wird damit um einen wesentlichen dritten Beitrag ergänzt: das Erkennen und Beherrschen firmenweiter Aufgaben.

1.5.4 Teil 4: Das Werkzeug des IT-Betriebs

Im Kap. 12 werden die Hilfsmittel im IT-Betrieb vorgestellt: So wie ein Kerngeschäftsprozess Arbeitsmittel und Werkzeuge benötigt, so werden auch für die Arbeiten und Aufgaben im IT-Betrieb Hilfsmittel benötigt und verwendet. Solche Hilfsmittel reichen von ausgereiften und firmenweiten IT-Lösungen (wie beispielsweise einem workflow-gestützten Change-Management-Tool), über Tabellenwerkzeuge bis hin zu Kugelschreiber und Papier. Diese Tools werden komplettiert durch Formulare (die auch in die IT-Tools integriert sein können). Exemplarisch haben wir auch einige Vorlagen abgebildet. Diese können für eigene Zwecke angepasst werden.

Ein interessantes und schwieriges Feld ist das „Knowledge Management". Hier sind weniger technische Hilfsmittel und Lösungen gemeint als vielmehr die Verankerung einer Wissenskultur in den Köpfen der Manager und Mitarbeiter.

Ein weitverbreitetes, aber häufig nicht sachgerecht eingesetztes Werkzeug in der täglichen Arbeit sind Besprechungen. Hier gibt es einige wenige Regeln zu beachten, die aber wichtig für Effizienz und Effektivität von Besprechungen sind – sei es nun in einer Sitzung oder in einer Telefon- bzw. Videokonferenz.

Das Buch schließt mit einem Gesamtliteraturverzeichnis und einem Sachverzeichnis. Die einzelnen Kapitel enthalten ebenfalls jeweils am Ende ein eigenes Literaturverzeichnis.

1.6 Verbesserungen

Wir betonen in diesem Buch wiederholt, dass ein IT-Betrieb nur durch Lernen und den daraus resultierenden Änderungen besser werden kann. Dies ist also die berühmte Feedback-Schleife, die in operativen Betrieben besonders wertvoll ist: Nur über Rückmeldungen, Feedbacks und eine funktionierende Fehlerkultur können IT-Betriebe besser werden.

Für ein Buch wie das vorliegende gilt Ähnliches: Wir haben manches geschrieben, was verbesserungswürdig sein wird, Fehler und Ungenauigkeiten werden sich eingeschlichen haben. Trotz gründlichen Lesens und Gegenlesens wird nicht alles korrekt sein. Für konstruktive Rückmeldungen unserer Leser an die E-Mail-Adresse feedback@it-betrieb-buch.de sind wir dankbar (Beschimpfungen werden unter trash@it-betrieb-buch.de erwartet).

1.7 Danke!

Wir sind einer ganzen Reihe von Personen zu Dank verpflichtet. Diesen Dank möchten wir an dieser Stelle anbringen.

An erster Stelle sind die Mitarbeiter des Springer Wissenschaftsverlags aus Heidelberg zu nennen: Dorothea Glaunsinger und unser Lektor Hermann Engesser haben uns in guten wie in schlechten Tagen konstruktiv und aufmunternd unterstützt. Dr. Axel Garbers hat uns dazu ermutigt, dieses länger im Hinterkopf gereifte Projekt in Angriff zu nehmen.

Eine Reihe von Personen war auch so freundlich, frühe und späte Versionen von Teilen dieses Buches zu lesen und zu kommentieren. Dr. Dorothea Jestädt hat das gesamte Buch auf sprachliche Geschmeidigkeit hin lektoriert – ihr einen ganz besonderen Dank. Dr. Holger Kaufmann – einer der besten lebenden IT-Manager der Welt – hat bereitwillig Teile unserer Darstellungen zur Softwareerstellung gegengelesen. Dr. Andreas Strobel diskutierte mit uns und vertiefte unser Verständnis der Alcodizität. Mit Dr. Marc-André Funk hatten wir anregende Gespräche, insbesondere zum Thema Zeit und Zeitdarstellung in der IT. Was auch immer an Fehlern, Ungenauigkeiten oder Verbesserungsbedarf übrigbleibt, liegt natürlich in der Verantwortung der Autoren (siehe auch Abschn. 1.6).

Wir danken *The Bank of America Historical Collection*, und mit ihr John McIvor und David Mendoza für die sensationell großartige Hilfe bei der Suche nach Abbildungen von alten Schecks der Bank of America und der Abdruckgenehmigung für dieses Buch.

In vielen Gesprächen, Diskussionen, aus Vorbild und aus Anschauung haben wir, auch in Bereichen außerhalb der IT, über die letzten Jahre viel von vielen Menschen gelernt. Manchmal, ohne dass es ihnen bewusst war, manchmal, ohne dass es uns selber zu dem Zeitpunkt bewusst war. Besonders hervorheben möchten wir dabei (ohne Anspruch auf Vollständigkeit): Dr. Markus Abel, Dr. Kerstin Bahm, Malika Bauer, Jochen Beuttel, Dr.

Michael C. Blum, Prof. Dr. Stephen Blundell, Cristina de Brito Bonna, Prof. Dr. Stephen Cox, Rudi Dieringer, Prof. Dr. Georg Disterer, Tina Doerffer, Thomas Eberhardt, Beverly Effinger, Prof. Dr. Georg Eska, Mark Erichsen, Stefan Fanselow, Helmut Fink, Thomas Fink, Reinhard Fraenkel, Jens Frische, Dr. Bernhard Fulda, Daniel Gerster, Bodo Giegel, Karlheinz Goebbels, Miguel Gomez Rey, Dr. Michael Gorriz, Malte Granitzki, Ralf Grasedyck, Torsten Gründer, Anne Hager, Dr. Georg Hager, Michael Haischer, Beni Hart, Belinda Hartmann, Jens Hartmann, Dr. Bill Hayes, Christoph Hecker, Falk Heinen, Björn Heinrich, Björn Helfesrieder, Christian Helfrich, Werner Helmers, Dietmar Henkel, Michael Henze, Dr. Gerd Hillenbrand, Dr. Ulrich & Ania Hillenbrand, Hartmut F. Janssen, Hanns-Karsten Kirchmann, Bernd Klusmann, Dr. Helga Knauer, Bernd Knöbel, Burkhard Koerner, Marion Koller, Steffen Kosterski, Prof. Dr. Martin Kraus, Prof. Andreas Kühl, Prof. Dr. Harald Kupfer, Markus Laimer, Diana Landesvatter, Olaf Lange, Christoph Lankheit, Dr. Uwe Leinberger, Bernd Leineweber, Hans-Peter Lenz, Prof. Dr. Hajo Leschke, Volker Löbel, Carla Marcus-Schulz, Dr. Stefan Massonet, Sabine Matthäus, Daniela Meckies, Thomas Müller-Zurlinden, Dr. Cristina Osterhoff, Eberhard Patzak, Thomas Pferr, Christan Ramm, Dr. Christoph Reiß, Thomas Rettig, Martin Rickmann, Karlheinz Riedel, Matthew Robinson, Thomas Röske, Frank Rottinger, Marcus Rüger, Oliver Sachs, Christian Sage, Frank Schermann, Zvezdana Seeger, Dr. Constanze Segredo, Prof. Dr. Aya Soika, Prof. Dr.-Ing. Johannes Springer, Bernd Striffler, Kathrin Sydow, Santosha Taeger, Stephan Tenckhoff, Felix von Dobschütz, André Wagner, Dr. Mathias Weber, insbesondere auch Robert Woithe, Dr. Felix Zacher, Helmuth Ziegler. Ihnen allen sei gedankt!

Unsere Familien haben uns mit Rat und Tat, aber auch mit Geduld unterstützt. Bernd Pfitzinger dankt dabei insbesondere Antonia, Jakob und Oliver, Monika und Leonhard Pfitzinger, Maria und Gerd Rosendahl. Thomas Jestädt dankt Dorothea, Elias, Luise, Charlotte, Ortrud, Engelbert und Christa Jestädt, Heike und Josef Brunner sowie den Familien Tautz, Mohaupt, Kraebs, Lamatsch, Andersch und Barth für langwährende, nie nachlassende Unterstützung.

Literatur

1. A. Roller, Mahler und die Inszenierung. *Musikblätter des Anbruch.* **2**, 272–275, 7–8 (1920).
2. B. Zukis, G. Loveland, P. Horowitz, G. Verweij, B. Bauch, *Why Isn't It Spending Creating More Value?* (Juni 2008). https://www.pwc.com/en_US/us/increasing-it-effectiveness/assets/it_spending_creating_value.pdf. Zugegriffen: 7. Juli. 2014
3. F. Malik, *Führen Leisten Leben: Wirksames Management für eine neue Welt* (Campus Verlag, Frankfurt, 2014). ISBN: 978-3593501277
4. P.F. Drucker, *Management: Tasks, Responsibilities, Practices (revised edition).* (HarperCollins, Toronto, 1999). ISBN: 978-0-06-168687-0
5. Axelos, ITIL® Service Strategy. (The Stationary Office, Norwich, 2011). ISBN: 978-0113313044
6. Axelos, ITIL® Service Design. (The Stationary Office, Norwich, 2011). ISBN: 978-0113313051
7. Axelos, ITIL® Service Transition. (The Stationary Office, Norwich, 2011). ISBN: 978-0113313068
8. Axelos, ITIL® Service Operation. (The Stationary Office, Norwich, 2011). ISBN: 978-0113313747
9. Axelos, ITIL® Continual Service Improvement. (The Stationary Office, Norwich, 2011). ISBN: 978-0113313082

10. G.C. Lichtenberg, *Aphoristisches zwischen Physik und Dichtung, Ausgewählt und herausge-geben von Jürgen Teichmann*. (Vieweg, 1983). ISBN: 978-3-322-88797-9, doi:10.1007/978-3-322-88797-9

11. K. Olsen, *Interoffice Memorandum: Risk Taking*, E-Mail, (1992), http://www.bighole.nl/pub/mirror/www.bitsavers.org/pdf/dec/dec_archive/21383578/. Zugegriffen: 7. Juli. 2014

12. H. Krcmar, *Informationsmanagement*, 6. Aufl. (Springer Gabler, Berlin, 2015). ISBN: 978-3-662-45863-1. doi:10.1007/978-3-662-45863-1

Teil I
Der Beitrag des IT-Betriebs

Der sichtbare Wertbeitrag des IT-Betriebs

2.1 Beispiel: Lehman Brothers in der Finanzkrise: Too big to fail?

Beispiel

Der September 2008 wird zum turbulenten Monat in der Finanzkrise [1], für die amerikanische Investmentbank Lehman Brothers bedeutet er das Ende einer fast 160-jährigen Geschichte.

Noch am Mittwoch den 10. September weisen die offiziellen Verlautbarungen in eine andere Richtung: Lehman Brothers meldet zwar einen Verlust von 3,9 Mrd. USD für das vorangegangene Quartal. Durch den Verkauf von Firmensparten, eine Restrukturierung und den Abbau von weiteren 1500 Arbeitsplätzen soll jedoch der Fortbestand der Bank gesichert werden [2].

Bei der Konkurrenz festigt sich zu diesem Zeitpunkt der Verdacht, dass die finanziellen Verpflichtungen von Lehman Brothers das vorhandene Kapital übersteigen: Ist Lehman Brothers insolvent? Über das Wochenende sucht Lehman Brothers mit den CEOs der größten Konkurrenten und Vertreter der amerikanischen Regierung nach einem Ausweg vor der drohenden Insolvenz. Eine schon spruchreife Übernahme durch die britische Großbank Barclays scheitert jedoch am Sonntagmorgen.

Am Montag den 15. September wird die Insolvenz von Lehman Brothers nach Chap. 11 des United States Bankruptcy Code bekannt gegeben [3]. Sie gilt heute als einer der größten Insolvenzfälle in der Geschichte der USA. Die Auswirkungen sind nicht nur bei den etwa 26.000 Mitarbeitern und über 100.000 Gläubigern zu spüren, sondern weltweit.

© Springer-Verlag Berlin Heidelberg 2016
B. Pfitzinger, T. Jestädt, *IT-Betrieb,* Xpert.press, DOI 10.1007/978-3-642-45193-5_2

Aus der Insolvenzmasse übernimmt Barclays am Dienstag für einen Kaufpreis von 250 Mio. USD einen Großteil des Nordamerika-Geschäfts mit etwa 10.000 Mitarbeitern und die gesamten Schulden. Das Fünffache, stolze 1290 Mio. USD zahlt Barclays für den Firmensitz und die beiden Rechenzentren von Lehman Brothers in New York [4, 5]. Barclays ist zu diesem Zeitpunkt der einzige Bieter [6].

Welchen Wert hat die IT eines Unternehmens? Eine vermeintlich simple Frage, die gleichwohl ein Unternehmen und jeden IT-Betrieb schnell in Erklärungsnöte bringt.

Meist wird die IT im Unternehmen vor allem als Kostenfaktor gesehen: *Return-on-investment* und *total-cost-of-ownership* dominieren die Denkweise. Der Abschn. 2.2 beschreibt diese Begriffe und die damit verbundenen Vor- und Nachteile. Der Einsatz zusätzlicher Kennzahlen, etwa der Balanced Scorecard (Abschn. 2.2.4) ist als Reaktion auf die bekannten Schwächen vorhandener Finanzkennzahlen zu sehen. Die Messbarkeit der Kennzahlen wird in Abschn. 2.4 hinterfragt. Der Abschn. 2.5 widmet sich dem Vergleich der Kennzahlen: Der Vergleich mit anderen Unternehmen kann die eigenen, vermeintlich guten Ergebnisse, in ein anderes Licht rücken.

Die kostenorientierte Sichtweise wird jedoch immer stärker durch eine wertorientierte Sichtweise der IT ergänzt: Welchen inhaltlichen oder quantitativen Beitrag leistet die IT zum Unternehmenserfolg [7]? Durch den erfolgreichen Einsatz von IT kann ein Unternehmen strategische Vorteile gegenüber dem Wettbewerb zu erlangen (Abschn. 2.5). Diese These führt direkt zu der Frage, ob sich der IT-Einsatz durch steigende Unternehmensgewinne rechtfertigen lässt. Der Abschn. 2.7 fasst den aktuellen Kenntnisstand zusammen. Die zunehmende Bedeutung von Informationen müsste sich möglicherweise auch in der Bilanz niederschlagen. Der Abschn. 2.8 betrachtet diesen immateriellen Faktor als ein weiteres wertvolles Wirtschaftsgut.

Eine funktionierende IT ist weitgehend unsichtbar, gleichwohl stellt der IT-Betrieb einen wesentlichen Schnittpunkt zwischen den Kunden und den eigenen Fachabteilungen dar. Der Wertbeitrag des IT-Betriebs steigt in dem Maß, in dem es gelingt, die inhärente soziale Komplexität zu meistern und die Kommunikation über unterschiedliche Interessengruppen und Spezialisierungen hinweg zu leisten (Abschn. 2.9).

Kehren wir zur ursprünglichen Frage zurück: Welchen Wert hat die IT eines Unternehmens? Überspitzt lässt sich diese Frage in dem Beispiel der amerikanischen Investmentbank Lehman Brothers beantworten: Zum Zeitpunkt der Insolvenz sind der Firmensitz und die beiden Rechenzentren in New York fünfmal so viel wert wie die gesamte Geschäftstätigkeit von Lehman Brothers in Nordamerika mit etwa 10.000 Mitarbeitern.

2.2   Wertbeitrag: Eine Begriffsklärung

Es ist die klassische Aufgabe des Managements, Entscheidungen zu treffen. Doch erst mit der erfolgreichen Umsetzung entfaltet die Entscheidung ihre Wirkung – idealerweise zu Gunsten des Unternehmens. Die Beurteilung einer Entscheidung und ihrer Konsequenzen ist in vielerlei Hinsicht schwierig. Rentiert sich das? Die Reduktion auf die Finanzperspektive erlaubt den Einsatz einer Reihe von Methoden aus dem Controlling – Prognosen bleiben auch damit unsicher. Drei typische Begriffe werden im Folgenden mit ihren Vor- und Nachteilen erläutert: Return on Invest, Wertbeitrag und Balanced Scorecard.

2.2.1 Return on Invest

Das Controlling versucht mit einer Reihe von Kennzahlen die finanziellen Konsequenzen einer Entscheidung zu bewerten. Eine recht einfach aufgebaute Kennzahl ist das Verhältnis zwischen Gewinn und Aufwand: Gewinn/Aufwand, griffig *return on investment* (ROI) genannt. Für den „Gewinn" können bereits existierende Finanzkennzahlen, z. B. das EBIT oder der Nettogewinn herangezogen werden, für den Aufwand das eingesetzte Kapital oder der Buchwert der genutzten Anlagen. Derartige Zahlen sind in allen Bilanzen zu finden bzw. können über die Buchhaltung auch detaillierter aufgeschlüsselt werden. Entsprechend häufig ist in Unternehmen der ROI als Kennzahl anzutreffen.

Die Verwendung von Bilanz-Daten führt jedoch zu systematischen Fehlern: Die Zahlen hängen von der verwendeten Bilanzierungsmethode ab und unterliegen mitunter sehr großen Schwankungen. Per Definition ist die Betrachtung immer rückwärtsgerichtet, d. h. alle Zahlen beziehen sich auf die Vergangenheit. Risiken lassen sich darin – soweit sie noch nicht eingetreten sind – nicht abbilden und indirekte Kosten (z. B. verursacht durch fehlerhafte Bedienung oder zusätzliche Wartezeiten) bleiben unbeachtet. Ein Blick in die Zukunft lässt sich mit dem ROI nur dadurch abbilden, dass die gesicherten Zahlen vergangener Bilanzen durch Prognosewerte ersetzt werden.

2.2.2 Beispiel: SABRE

Beispiel

Bei der Betrachtung des ROI wäre ein möglichst großer Wert wünschenswert, damit kleinere Rechenungenauigkeiten nicht ins Gewicht fallen. Als Beispiel kann hier eines der ersten Flugbuchungssysteme dienen: SABRE [8]. Im Herbst 1976 begann American Airlines damit, die ersten 200 Buchungsterminals in Reisebüros zu installieren – zu einem Zeitpunkt, als es weder PCs noch Netzwerke gab. Der prognostizierte ROI lag bei etwa 6 %, vor allem durch die Automatisierung der Verkaufsprozesse und sollte unter Einschluss zusätzlich verkaufter Flugtickets 67 % erreichen. Tatsächlich wurden in den Reisebüros so viele Tickets zusätzlich über die Terminals verkauft, dass der ROI bei über 500 % lag. Alle amerikanischen Fluggesellschaften versuchten daher, schnellstmöglich die Reisebüros an ihre Buchungssysteme zu binden.

Als Gegenbeispiel ist der Versuch des Konsortiums der Firmen Marriott International, Hilton Hotels und Budget rent-a-car Ende der 1980er Jahre zu nennen, ein neues Reisebuchungssystem „CONFIRM" aufzubauen. Vier Jahre und 125 Mio. USD Entwicklungskosten später wird das Projekt erfolglos eingestellt [9].

Der ROI misst nur die finanzielle Effizienz und lässt andere Faktoren außen vor, z. B. die erworbenen Kenntnisse und Fähigkeiten der Mitarbeiter und der Organisation oder indirekte Kosten. Der gewählte Rechenweg bzw. die zugrundeliegende Datenbasis für die Berechnung eines ROIs kann sich selbst innerhalb eines Unternehmens unterscheiden, so dass sich verschiedene ROIs nicht zwangsläufig vergleichen lassen.

In der Praxis kann dies soweit führen, dass getätigte Investitionen in den Tiefen der Bilanz unsichtbar werden und die Rentabilität nicht mehr nachvollziehbar ist. Gekoppelt mit einem Anreizsystem basierend auf stark aggregierten Finanzzahlen – etwa dem Firmengewinn – bietet sich für die Manager ein einfacher Ausweg an: Wenn der Firmengewinn sowieso steigt, hängt der eigene Beitrag nur vom investierten Kapital ab – es gilt, sich einen möglichst hohen Anteil des Investitionskapitals zu sichern. So wird die ursprüngliche Idee, Investitionen sachlich und fair zu bewerten, ins Gegenteil verkehrt.

2.2.3 Wertbeitrag

Eine realistische Bewertung wird es nur dann geben, wenn die in Abschn. 2.2.2 genannten immateriellen Faktoren und alle anfallenden Kosten berücksichtigt werden. Die Bewertung bezieht sich dann auf die *zukünftigen* Gewinne und Kosten – schließlich liegen die Konsequenzen einer Entscheidung in der Zukunft. Ein generischer Ansatz dazu lässt sich unter dem Überbegriff „Wertbeitrag" zusammenfassen. Der Begriff ist jedoch teilweise als eingetragenes Warenzeichen geschützt – in den USA von einer Unternehmensberatung und in Deutschland von der Siemens AG. Es ist daher naheliegend, dass auch diese Kennzahl weder rein objektiv noch allgemein anerkannt ist.

Wieder ist die Idee einfach [10], [11–13]. Der Wertbeitrag (*economic value added*, EVA) ist die Differenz zwischen dem Gewinn und den Kapitalkosten innerhalb einer Abrechnungsperiode. In anderen Worten: Eine Maßnahme muss die Kapitalkosten wieder erwirtschaften. Tatsächlich geschieht dies häufig erst über längere Zeiträume, die Beiträge aus einzelnen Abrechnungsperioden müssen entsprechend diskontiert summiert werden (siehe Abb. 2.1). Der so berechnete Barwert der Summen aller zukünftigen Wertbeiträge ist der erwartete Marktwertzuwachs (*market value added*, MVA). Hier wird der Blickwinkel eines externen Investors aufgegriffen: Kapital, das ein Unternehmen investiert anstatt an den Investor auszuschütten, muss den Marktwert mindestens in derselben Höhe steigern bzw. zusätzlich eine Rendite abwerfen. Andernfalls hätte der Investor die Summe besser in einem anderen Unternehmen angelegt.

Abb. 2.1 Marktwertzuwachs (*links*) und Wertbeitrag (*rechts*, MVA, market value added) als Summe aller zukünftigen Marktwertzuwächse (EVA, economic value added)

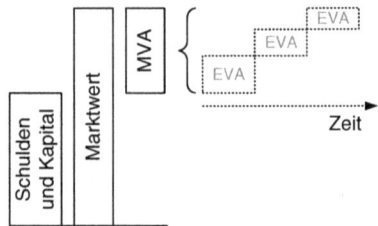

Es ist unklar, ob die skizzierte mathematische Interpretation des Begriffs Wertbeitrag für die IT in der Praxis anwendbar ist ([14], Kap. 3.5).

Die Balanced Scorecard berücksichtigt weitere Perspektiven und ist damit eine natürliche Erweiterung auf geschaffene Werte, die sich aber nicht direkt finanziell messen lassen.

2.2.4 Balanced Scorecard

Selbst ohne Fehlinterpretation der Finanzkennzahlen gibt es berechtigte Kritik an ihnen: Die Kennzahlen ignorieren alle Faktoren, die sich nicht finanziell in der Bilanz auswirken. Gerade die IT kann – im Positiven wie im Negativen – immaterielle Faktoren deutlich beeinflussen: Die Bereitstellung der richtigen Informationen zum passenden Zeitpunkt und Ort, die Effizienz und Produktivität von Prozessen, die Zufriedenheit von Mitarbeitern und Kunden, die Fähigkeit, Änderungen technisch und organisatorisch umzusetzen, etc. Diese Faktoren beeinflussen durchaus den Unternehmenserfolg. Schätzungen zufolge ist der finanzielle Gegenwert der immateriellen Faktoren bei IT-Investitionen erheblich und übertrifft die eigentliche Investitionssumme häufig sogar um ein Vielfaches [15].

Anknüpfend an die Strategie und Vision eines Unternehmens fügt die Balanced Scorecard drei weitere Perspektiven zur bestehenden finanziellen Sichtweise hinzu: Die Kundenperspektive, der Blickwinkel der internen Geschäftsprozesse und das Feld Lernen und Entwicklung [16, 17].

Die vier Perspektiven der Balanced Scorecard (siehe Abb. 2.2) beziehen sich immer auf die Vision und Strategie eines Unternehmens und listen typischerweise jeweils eine Reihe von (Unter-)Zielen mit messbaren Kennzahlen und Zielvorgaben auf, evtl. ergänzt durch

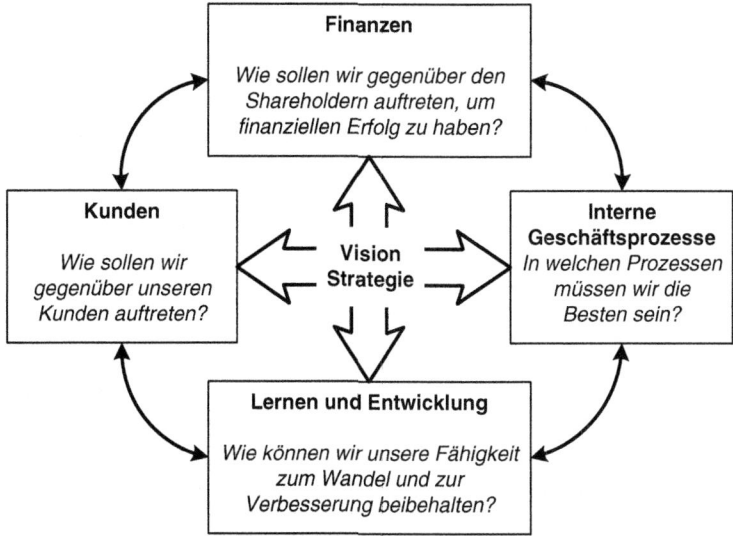

Abb. 2.2 Die vier Perspektiven der Balanced Scorecard. (Eigene, verkürzte Übersetzung nach [17])

Tab. 2.1 Die Balanced Scorecard übertragen auf den IT-Bereich. (Nach [17, 18])

Ursprüngliche Perspektive	IT-Perspektive
Finanzen	*Wertbeitrag*
Wie sollen wir gegenüber den Shareholdern auftreten, um finanziellen Erfolg zu haben?	Wie wird die IT-Abteilung vom Management wahrgenommen?
Kunden	*Anwender*
Wie sollen wir gegenüber unseren Kunden auftreten, um unsere Vision zu erreichen?	Wie nehmen die Anwender die IT-Abteilung wahr?
Interne Geschäftsprozesse	*Exzellenter Betrieb*
In welchen Prozessen müssen wir die Besten sein, um unseren Shareholdern und Kunden zu genügen?	Sind die IT-Prozesse effizient und effektiv?
Lernen und Entwicklung	*Zukunftsorientierung*
Wie können wir unsere Fähigkeit zum Wandel und zur Verbesserung beibehalten, um unsere Vision zu erreichen?	Sind wir in der Lage, zukünftige Anforderungen zu erfüllen?

notwendige Maßnahmen. Aus dieser unternehmensweiten Sichtweise können für einzelne Bereiche – etwa den IT-Bereich oder -Dienstleister – hierarchisch aufeinander aufbauende Scorecards erstellt werden.

Die ursprünglichen vier Perspektiven können dabei durchaus auf die Belange der IT übertragen werden (siehe Tab. 2.1). Auf diese Weise entsteht ein Kennzahlensystem, das eine vorhandene IT-Strategie messbar macht und unterschiedliche Perspektiven berücksichtigt.

Die hierarchische Ausarbeitung von Scorecards wird mit jeder Detaillierung konkreter, so könnte z. B. im Anschluss an die IT-Perspektive aus Tab. 2.1 die Wahrnehmung des Wertbeitrags durch kürzere Prozessdurchlaufzeiten oder den Einsatz neuerer Methoden und Tools erreicht werden.

2.3 Wertschöpfungskette: Die Einordnung des IT-Betriebs

Selbst wenn keine konkrete Zahl berechnet werden soll, lohnt sich der Begriff Wertbeitrag alleine schon wegen der vielen möglichen Assoziationen. Es bleibt dennoch zu klären, wo und wofür ein Wertbeitrag geschaffen wird. Dieser Zusammenhang lässt sich sehr gut über die Wertschöpfungskette herstellen. Sie geht auf M. E. Porter zurück [19] und liefert einen Blick auf das Unternehmen, der alle Aktivitäten in den Kontext des erzeugten Produktes stellt. In der Darstellung wird zwischen den Kernprozessen und unterstützenden Prozessen unterschieden (Abb. 2.3). Die Kernprozesse tragen dabei direkt zur Erstellung des Produktes bei, z. B. die ein- und ausgehende Logistik, die Produktion selbst, der Vertrieb und die anschließenden Serviceleistungen. Zusätzlich gibt es immer unterstützende Prozesse, die für die Produktion notwendig sind, aber nur einen indirekten Beitrag leisten. Typische Vertreter sind die Personalprozesse, Einkauf, Recht, Management und die notwendige Infrastruktur.

Abb. 2.3 Generische Prozess-
darstellung der Wertschöpfungskette nach Porter [19, 20]

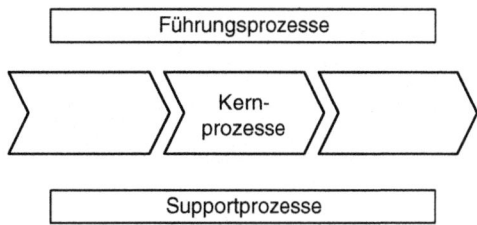

In den meisten Firmen – abseits der IT Service Provider – wird die IT kein Kernprozess sein, sie ist nicht Teil des eigentlichen Produktes [67]. Als Beispiel können die Prozesse einer Bank dienen ([21], Kap. 2), die sicherlich ohne den massiven Einsatz von IT-Verfahren undenkbar wären. Dennoch sind die Kernprozesse die Akquisition, Distribution, Abwicklung und der Service. Die IT – sei es als Softwareentwicklung oder IT-Betrieb – wird als unterstützender Prozess in der Wertschöpfungskette eingeordnet. In der Regel wird die besondere Bedeutung der IT durch einen eigenen Vertreter im Top-Management – den Chief Information Officer, CIO – gewürdigt.

▶   In den meisten Firmen ist die IT kein Kernprozess.

Bei der Betrachtung der (Produktions-)Kosten fiel bereits sehr früh auf, dass sich die Wertschöpfungskette so nicht in den Kosten wiederfinden lässt ([14, 22] Kap. 4.1): Kosten fallen nur teilweise als variable Kosten innerhalb der Kernprozesse an, ein erheblicher Kostenblock entsteht durch Fixkosten, die dem einzelnen produzierten Gut nicht zugeordnet werden können. So kommt es, dass z. T. Umlagen von einem Vielfachen der variablen Produktionskosten anfallen. Diese Sichtweise lässt sich heute 1:1 auf den IT-Betrieb übertragen, denn einzelne Server oder Applikationen werden für alle Produkte einer Firma benötigt und die anfallenden Kosten sind nur in geringem Maße variabel.

2.4   IT-Kosten oder Wertbeitrag messen?

Aus Sicht des Unternehmens wird der Daseinszweck der IT an ihrem Beitrag zum Unternehmenserfolg gemessen – eine objektive Messung ist gegenwärtig kaum möglich (siehe Abschn. 2.2). Solange dieser Beitrag nicht offensichtlich ist, richtet sich der Blick automatisch auf die anfallenden Kosten.

2.4.1   Kostenrechnung

Die Frage nach den angefallenen Kosten führt direkt zur Buchhaltung. Entweder vergangenheitsbezogen zur Finanzbuchhaltung (Welche Zahlungen gab es in der Vergangenheit?) oder zur Betriebsbuchhaltung für vergangene bzw. zukünftige Plan- und Ist-Kosten.

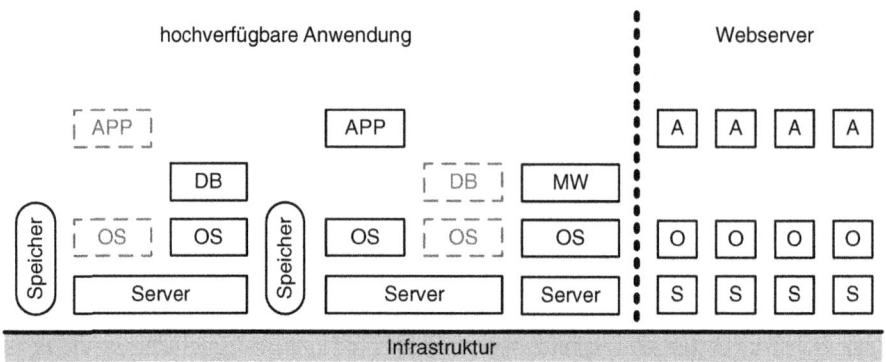

Abb. 2.4 Beispielhaftes Schichtenmodell einer hochverfügbaren Anwendung

Am einfachsten stellt sich dies bei materiellen Gütern dar, z. B. bei der Anschaffung eines Rechners oder Druckers. Das beschaffte Gerät ist ab dem Lieferzeitpunkt mit seinen Anschaffungskosten in der Finanzbuchhaltung gebucht und die allmähliche Abnutzung des Geräts wird durch die Abkschreibung berücksichtigt. Aus buchhalterischer Sicht bleibt hier kaum Interpretationsspielraum.

Vergleichbar – jedoch bereits mit zunehmendem Interpretationsspielraum – sieht es bei virtuellen Gütern aus: Software(-Lizenzen), Datenbestände, Initial-Konfigurationen, etc. sind für den Betrieb notwendig und können zugekauft werden. Die Kosten finden sich entsprechend in der Finanzbuchhaltung. Auch wenn es bei virtuellen Gütern keine „Abnutzung" gibt („Software verdirbt nicht") wird der Wert allmählich bis zur Wertlosigkeit sinken, die Software muss in einer besseren Version neu erworben werden. Betrachtet man die Ausgaben für die IT, dann entfallen typischerweise etwa 1/3 der Kosten auf derartige Investitionen, 2/3 fallen als Betriebskosten an [23].

Diese einfache Buchhaltung wird schnell unübersichtlich, denn typische IT-Anwendungen benötigen viele unterschiedliche Komponenten – jede davon mit unterschiedlichen Kosten (fix und variabel). Die Abb. 2.4 zeigt beispielhaft den typischen Aufbau einer hochverfügbaren Anwendung (Abb. 2.4, links): Zwei Server kommen zum Einsatz, die ausreichend leistungsstark sind, um den Ausfall eines Servers zu verkraften. Im Bild sind beide Server aktiv, der eine bedient die Anwendung (z. B. eine CRM oder ERP Anwendung), der andere Rechner die dazugehörige Datenbank (DB). Daten werden persistent auf extra Speichereinheiten gehalten, die über Netzwerk an die Server angeschlossen sind. Der Datenaustausch mit anderen Anwendungen wird über eine dazwischen geschaltete Vermittlungsschicht (Middleware) gelöst.

Zur besseren Strukturierung sind die einzelnen Komponenten in Schichten angeordnet. So ergibt sich ein Aufeinanderstapeln verschiedener Komponenten zu einer lauffähigen Anwendung (*application stack*), z. B. bestehend aus der notwendigen Infrastruktur, dem Server mit Betriebssystem und der darauf laufenden Anwendung. Die typischen Merkmale der einzelnen Schichten erläutert Kap. 7.

Tab. 2.2 Beschaffte Komponente für die hochverfügbare Anwendung aus Abb. 2.4

	Anzahl
Anwendung	1
Datenbank	1 oder 2
Middleware	1
OS	3 oder 5
Speicher	2
Server	3
Infrastruktur	?

Alle beschafften Komponenten werden in der Finanzbuchhaltung gebucht (siehe Tab. 2.2). In Abhängigkeit vom Anbieter und dem gewählten Sourcing-Modell sind unterschiedliche Verträge denkbar:

- Bei Software kann eine unbegrenzt gültige Lizenz erworben werden. Häufig entstehen laufende Kosten durch einen Wartungsvertrag, der Fehlerbehebungen durch den Hersteller zusichert und in der Regel das Recht auf Upgrades beinhaltet.
- Fällt die Wahl auf Open Source Software, fallen keine Lizenzkosten an und evtl. gibt es auch keinen Anbieter für einen dazugehörigen Wartungsvertrag. Mit Blick auf das Schichtenmodell sind heutzutage Open Source Lösungen für Datenbanken, Middleware und Betriebssystem und bei speziellen Anwendungen (z. B. Webservern) gängig.
- Server, Speichersysteme und die dazugehörige Infrastruktur (Gebäude, Strom- und Netzwerkversorgung, Klimatisierung) können in einem Unternehmen komplett selbst betrieben werden oder in Teilen ausgelagert sein. Z. B. erlaubt das Co-Hosting die Unterbringung eigener Server in einem (großen) Rechenzentrum eines externen Anbieters. Alternativ bieten diese Anbieter auch fertig lauffähige Server mit Betriebssystem oder Netzwerkspeicher an. Aus den Fixkosten einer Investition in eigene Geräte werden somit laufende Kosten, Überkapazitäten und daraus resultierende Leerkosten werden vermieden.

Zusätzlich zu den Investitionskosten entstehen durch den Betrieb Personalkosten, typischerweise in vergleichbarer Höhe [23], und es werden weitere Outsourcing-Leistungen für den Betrieb bezogen. In der Summe entfällt seit Jahren weniger als die Hälfte der IT-Ausgaben auf Investitionskosten [23].

Sind die entstandenen Kosten bekannt, lassen sich die Kosten für eine Anwendung berechnen. Im Beispiel werden alle Komponenten für eine einzige Anwendung benötigt, es lassen sich so also die Kosten der Anwendung durch simples Addieren berechnen. In der Realität sind solche Zusammenhänge in der Regel nicht ohne weiteres erkennbar und es ist weitaus schwieriger, die Kosten einer Anwendung zu bestimmen (Abb. 2.5).

Dieser Rechenweg unterscheidet sich in der Regel von der Kostenstellenrechnung, die sich am organisatorischen Aufbau des Unternehmens orientiert. Dort könnten z. B. alle Lizenzkosten auf eine Hilfskostenstelle des Lizenzmanagements gebucht werden und als

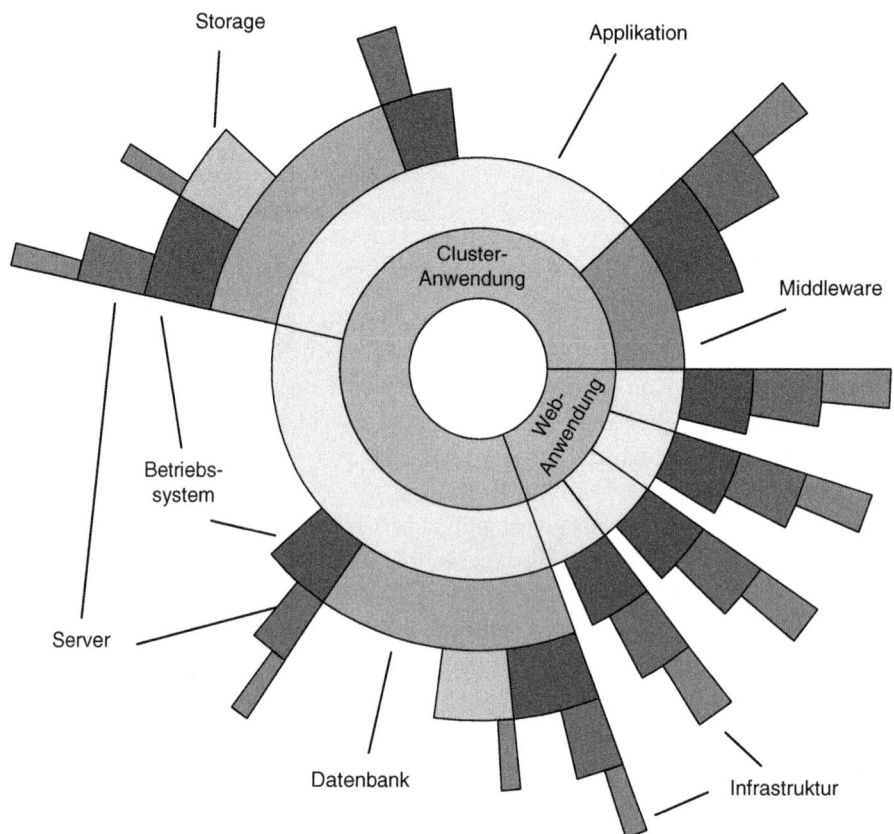

Abb. 2.5 Kostenstruktur einer Anwendung aufgeschlüsselt nach Schichten

Verursacher die Hauptkostenstelle RZ-Betrieb belastet werden. Die Kosten einer einzelnen Anwendung lassen sich so nicht mehr auf Anhieb erkennen.

Zwei Probleme erschweren die korrekte Zuordnung der entstandenen Kosten: Die Anwendung ist zwar in der Obhut des IT-Betriebs, aber der Verursacher (Nutzer) befindet sich typischerweise in den Fachabteilungen (Organisationssicht) bzw. Kernprozessen (Prozesssicht). Für die Zuordnung werden die Kosten auf die jeweiligen Kostenstellen der Verursacher verteilt, doch nach welchem Kriterium? Anzahl der Nutzer, verbrauchter Speicher, ausgelöste Transaktionen, etc. – bei jeder Schlüsselung wird es „Gewinner" und „Verlierer" geben. Tatsächlich beginnen die Schlüsselprobleme bei der Zuordnung der Kosten bereits in Abb. 2.4: Aus technischer Sicht könnten alle Komponenten auch von anderen Anwendungen mitbenutzt werden. Dann können die angefallenen Kosten nicht mehr 1:1 der einzelnen Anwendung zugeordnet werden, sondern müssen – wieder mit durchaus problematischen Schlüsseln – auf die verursachenden Anwendungen verteilt werden.

In der Realität sind die Anwendungslandschaften in Firmen erheblich komplizierter. Die in Abb. 2.4 gezeigte Anwendung wird typischerweise durch zusätzliche Webserver ergänzt. Über diese Webserver interagieren die Nutzer mit der eigentlichen Anwendung, abgesichert durch Firewalls zum Schutz vor Übergriffen aus dem Firmennetz oder Internet. Zusätzliche Komponenten sind für die Datensicherung und -wiederherstellung notwendig, Strom- und Datennetzwerke lassen sich nicht auf Dauer „verstecken". So wird das tatsächliche Bild – selbst in der rein finanziellen Betrachtung – noch unübersichtlicher.

Eine Werbung der SAP AG [24] vermittelt einen Eindruck der tatsächlichen Komplexitäten: Bei der Siemens AG sind weltweit etwa 200 Installationen der SAP R/3 Anwendung im Einsatz. Das Kap. 5 wird sich mit der notwendigen Dokumentation auch jenseits der Finanzperspektive auseinandersetzen.

2.4.2 Prozesskostenrechnung

Anstelle der Umlage der IT-Kosten nach einem Gemeinkostenschlüssel ist es wünschenswert, die Kosten innerbetrieblich über eine verursachergerechte Leistungsverrechnung weiter zu geben. Aus der Perspektive der Wertschöpfungskette bietet sich die Strukturierung des Unternehmens in Geschäftsprozesse an: Welche Unterstützung erfährt ein gegebener Geschäftsprozess durch die IT?

Zur Beantwortung dieser Frage muss auf beiden Seiten – den Fachbereichen mit ihren Kernprozessen und der IT mit den betriebenen Komponenten – als Voraussetzung der Ist-Stand erfasst sein:

• Die Geschäftsprozesse müssen in den Fachbereichen ausreichend detailliert dokumentiert sein, so dass alle Schritte mit IT-Unterstützung leicht auffindbar sind.
• Alle betriebenen Komponenten müssen dem IT-Betrieb mit den entstehenden Kosten bekannt sein. Dabei spielen insbesondere die Zusammenhänge zwischen den Komponenten eine wichtige Rolle, denn viele Komponenten werden mehrfach genutzt (beispielsweise wird nur ein Speichersystem betrieben und von allen Fachbereichen und mehreren Anwendungen gleichzeitig genutzt).

Wie bei jeder Modellierung – hier der Prozesse und dort der betriebenen Komponenten – ist darauf zu achten, dass die erstellten Modelle die Realität wiedergeben („Grundsatz der Richtigkeit", [25]). Um die beiden Modelle zu verknüpfen, müssen auf beiden Seiten eindeutige Anknüpfungspunkte existieren – die in dieser Form vorher nicht notwendig waren. Folgt die Modellierung den „Grundsätzen ordnungsmäßiger Modellierung" [25], dann ist davon auszugehen, dass die benötigten Anknüpfungspunkte in den Modellen noch nicht vorhanden sind: Solange die beiden Modelle nicht miteinander verknüpft werden, ist es weder wirtschaftlich noch relevant die Details in die Modelle einzupflegen („Grundsatz der Wirtschaftlichkeit" und „Grundsatz der Relevanz", [25]).

Für die Erstellung einer Prozesskostenrechnung für die Kernprozesse der Wertschöpfungskette bedeutet dies, dass eine Übersetzung zwischen den Prozessmodellen der Fachbereiche und den Architektur- bzw. Kostenmodellen des IT-Betriebs benötigt wird. Dazu bietet sich der Begriff der IT-Services an, die alle benötigten IT-Leistungen bündeln (siehe Abb. 2.6) und entsprechend in den Geschäftsprozessmodellen referenziert werden können.

Abb. 2.6 Zusammenhang zwischen Geschäftsprozessen und
betriebenen (IT-)Komponenten

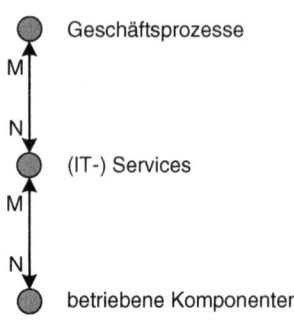

Jenseits der (Prozess-)Kostenrechnung eröffnet die Sichtweise der IT-Services die
Wahrnehmung der IT als eigenständige „Produktion" mit Produkten (hier Services) und
einer eigenen Wertschöpfung. IT-Services werden in Kap. 3 aufgegriffen und mit Service
Level Agreements zu messbaren Größen transformiert.

Die Abb. 2.6 zeigt auf den ersten Blick einen sehr einfachen Zusammenhang zwischen
den Geschäftsprozessen und den betriebenen Komponenten. Selbst in kleinen und mittleren Unternehmen gibt es eine Vielzahl von Geschäftsprozessen und betriebenen Komponenten. Erfahrungsgemäß fallen leicht über 100 Geschäftsprozesse an. Die Anzahl
betriebener Komponenten kann genauso leicht die 1000 oder 10.000 überschreiten. Die
daraus resultierende Komplexität ist in Abb. 2.6 nur durch die Faktoren N und M an den
Doppelpfeilen angedeutet.

Als Beispiel zeigt Abb. 2.7 die Kosten entlang einer Wertschöpfungskette unterschieden nach Kosten, die pro Prozess anfallen und zusätzlich die zugeordneten IT-Kosten. Zur
Berechnung der Kosten gibt es eine Vielzahl verschiedener Ansätze, die sich z. B. in den

Abb. 2.7 Prozesskosten einer
Wertschöpfungskette inkl.
IT-Kosten

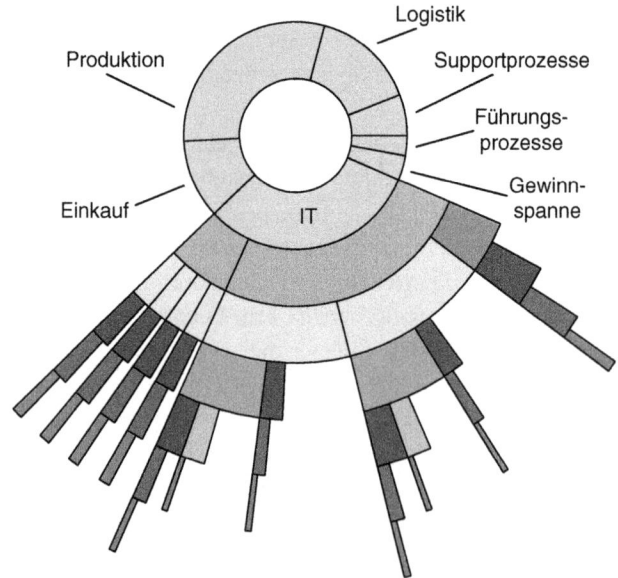

zugrundeliegenden Perioden oder Kostenarten unterscheiden (siehe [26], dort Kap. 3.4.6, speziell Abb. 3-127).

Gelingt die skizzierte Verknüpfung, so verfügt das Unternehmen über eine Kostensicht auf die Geschäftsprozesse inklusive der IT-Kosten. Dies bildet eine wesentliche Voraussetzung für die Steuerung der Prozesskosten und damit einhergehend der IT-Kosten. Mit der Prozesskostenrechnung kehrt sich auch die Sichtweise um: Nicht die IT verursacht die Kosten, vielmehr wird für die Wertschöpfung durch die Geschäftsprozesse IT-Leistung benötigt. Die berechtigte Frage, ob der Beitrag der IT angemessen und kostengünstig ist, lässt sich entlang der IT-Services erstmals im Kontext der Geschäftsprozesse diskutieren.

2.4.3 Wertbeitrag

Die Kostenrechnung ist nicht nur wegen der Bilanzierung in Unternehmen fest etabliert. Für die IT ist die Fokussierung auf die Kosten jedoch problematisch: Die Zuordnung zu den Verursachern gelingt nicht und die Verantwortlichen für die Kosten sind kaum in der Lage den Mitteleinsatz zu beeinflussen bzw. zu beurteilen. Dies führt letztlich dazu, IT Kosten mehr oder weniger „gerecht" auf die Fachbereiche umzulegen.

Der IT-Betrieb könnte wie jede andere Produktionsanlage im Unternehmen als Fertigungsanlage betrachtet werden. Auf der Kostenseite ist dazu eine Investition zu tätigen, über die Laufzeit werden Leistungen erstellt und Einnahmen erzielt. In dieser Sichtweise wird die IT wertschöpfend und damit zum Kernprozess im Sinne der Wertschöpfungskette (Abb. 2.3). Wie in jedem Produktionsprozess muss das Produkt entwickelt und beschrieben werden sowie notwendige Materialien und Ressourcen beschafft und eingeplant werden bevor die eigentliche Leistung erstellt wird.

Der Vorteil dieser Betrachtungsweise besteht in der Mehrperiodigkeit: Kosten und Einnahmen werden über den gesamten Zeitraum betrachtet, die ursprüngliche Investition und die laufenden Kosten werden über den gesamten Zeitraum verteilt. Die IT wird nicht mehr an den absoluten Kosten während einer Bilanzierungsperiode gemessen, sondern vielmehr daran, ob sie mit ihren „Produkten" mindestens ihre Kapitalkosten verdient.

Dieser wünschenswerte Steuerungsmechanismus wird in der Praxis kaum erreicht ([21], Kap. 9). War bereits die Umschlüsselung der Kosten nicht praktikabel bzw. „ungerecht" (Abschn. 2.4.1), kommt jetzt noch die Zuordnung zu den Prozessen und die Betrachtung über mehrere, auch zukünftige Perioden hinzu.

2.4.4 Qualitativer Wertbeitrag

Effizienz
Der IT-Einsatz zielt vor allem auf eine höhere Effizienz der Geschäftsprozesse: Bei gleichem Ressourceneinsatz kann mehr produziert werden. Als typisches Beispiel kann die Automatisierung von Arbeitsabläufen herangezogen werden: Bei der Fallbearbeitung –

etwa in Versicherungen, Banken oder der öffentlichen Verwaltung – erlaubt der Einsatz von Workflow-Programmen eine enorme Effizienzsteigerung. Dabei bringt bereits die Digitalisierung an sich eine deutliche Verbesserung:

- Gescannte Dokumente sind jederzeit schnell auffindbar und ersetzen u. U. voluminöse Papierarchive
- Alle Unterlagen eines Vorgangs sind auf einen Blick verfügbar
- Der Bearbeitungsstand ist samt der kompletten Historie sofort ersichtlich

Die IT ermöglicht eine weitere Effizienzsteigerung, wenn es gelingt, spezifische Arbeitsschritte zu automatisieren. Der IT-Einsatz ist in diesem Fall wesentlich, um Einsparungen zu erzielen. Natürlich sind damit auch Ausgaben verbunden:

- Die passende Software muss entweder gekauft oder neu erstellt werden,
- die Nutzer müssen geschult werden und
- der alltägliche Betrieb der Software muss sichergestellt werden.

Der Wertbeitrag der IT liegt hier in der Erzielung von Einsparungen – typisch in anderen Fachbereichen, jenseits der IT. Tatsächlich gibt es eine wesentliche Nebenwirkung aus Sicht des IT-Betriebs: Während die unternehmensweiten Kosten sinken, steigen die Anforderungen an den IT-Betrieb und damit die Kosten der IT. Nur wenn es dem Controlling dauerhaft gelingt, den Zusammenhang von Einsparungen im Fachbereich und gestiegenen IT-Kosten darzustellen, kann der IT-Betrieb auch bei der Kostenbetrachtung einen Wertbeitrag liefern ([27], Kap. 8). Gelingt dies nicht, können negative Konsequenzen wie im Fall der Texaco IT-Abteilung auftreten, siehe Kap. 3.

▶   Einsparungen durch den Einsatz von IT führen zu höheren Betriebskosten, die
       in der Regel dem IT-Betrieb zugeordnet werden.

Effektivität
Die Sprechweise der „IT" ist von englischen Begriffen und Abkürzungen geprägt z. B. „Chief Information Officer" oder „IT Director" und sie suggeriert häufig eine technische Sichtweise – gut geeignet, um *effiziente* Lösungen umzusetzen. Wird stattdessen die Bezeichnung „Organisation und Information" gewählt (z. B. als Abteilungsbezeichnung bei Siemens) richtet sich der Blick weg von der technischen Automatisierung hin zur *effektiven* Arbeitsorganisation.

Tatsächlich wird eine effiziente Produktion nicht unbedingt effektiv sein. Statt unnötige Arbeitsschritte teilweise zu automatisieren wäre es geschickter, den zugrundeliegenden Geschäftsprozess zu verbessern – Organisation und Information gemeinsam weiter zu entwickeln. Griffig formuliert: *Obliterate, don't automate* [28]! Der Wertbeitrag des IT-Einsatzes besteht somit darin, die Organisation mit geeigneten Informationen zu versorgen und gegebenenfalls Alternativen aufzuzeigen, die die Geschäftsprozesse und die

Organisation weiterentwickeln (siehe [29], Kap. IX.6). In dieser Sichtweise wird die Informationstechnik ein Hilfsmittel und der „Chief Information Manager" verantwortet die Informationswirtschaft des Unternehmens [30].

Innovation
Über die statische Sicht hinaus – eine gegebene Effizienz oder Effektivität der Geschäftsprozesse durch den IT-Einsatz aufrecht zu erhalten – besteht ein wesentlicher Beitrag der IT darin, Änderungen umsetzen zu können: „Erneuerung" bzw. Innovation der eingesetzten Technik, der Geschäftsprozesse und der Organisationsform als Konsequenz des IT-Einsatzes. Positiv wie negativ werden Veränderungen im Unternehmen durch den IT-Einsatz erst konsequent wirksam: *Tools schaffen Fakten* – eine freie Übersetzung von „*We shape our tools and thereafter they shape us*" ([31], S. 70).

▶   Tools schaffen Fakten.

2.5   Wettbewerbsvorteile durch IT

2.5.1   Differenzierung oder Kostenführerschaft

Wettbewerbsvorteile können auch durch den geeigneten Einsatz von IT erzielt werden. Generell lassen sich in der Literatur zwei Wettbewerbsstrategien unterscheiden (siehe Abb. 2.8, bekannt geworden durch die Arbeiten von Porter, [19]): Entweder zielt ein Unternehmen darauf, im Vergleich mit den Wettbewerbern Kostenführer zu sein oder sich durch Differenzierung vom Wettbewerb zu unterscheiden. Die Unterscheidung in Kostenführerschaft oder Differenzierung wird ergänzt durch den Zielmarkt des Unternehmens, entweder den Gesamtmarkt oder eingeschränkt auf eine Marktnische.

Abb. 2.8 Typologie von Wettbewerbsvorteilen nach Porter ([19], S. 12)

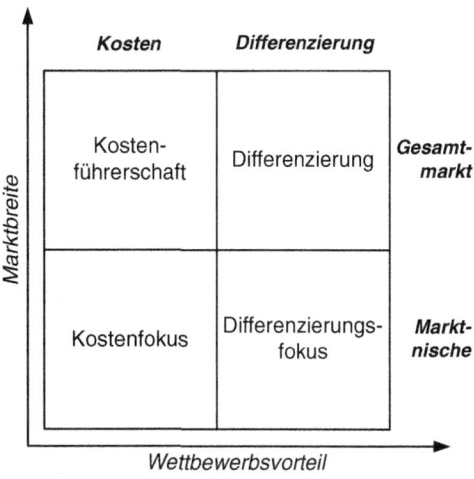

In der Regel muss sich nach Porter eine Firma auf eine Wettbewerbsstrategie in einem Markt beschränken: Sie strebt entweder die Kostenführerschaft oder die Differenzierung vom Wettbewerb, sei es im Gesamtmarkt oder in einer Marktnische.

In allen Fällen kann ein Wettbewerbsvorteil direkt durch den Einsatz von IT erreicht werden. Die Produktion entlang der Wertschöpfungskette Abb. 2.3 kann nicht ohne die enge Verzahnung zwischen der physischen Welt (der Produktion) und dem parallelen Informationsfluss betrachtet werden. Dies drückt sich in altbekannten Begriffen wie „Computer integrated manufacturing" (CIM), aber auch in relativ neuen Begriffen wie „Industrie 4.0" aus. IT beinflusst direkt die Prozesse der Wertschöpfungskette und damit die Produktionskosten, und zwar sowohl bei personalintensiven Tätigkeiten (etwa der Prüfung einer Kreditvergabe) als auch bei der Produktion physischer Produkte, die weitgehend standardisiert und automatisiert werden kann.

Einen Kostenvorsprung gegenüber den Wettbewerbern kann ein Unternehmen auf ganz unterschiedliche Arten realisieren ([32], Kap. 2): Skaleneffekte bei größerer Absatzmenge, Verbundeffekte bezogen auf Produkte oder regionale Märkte, Lerneffekte, günstiger Zugang zu Input-Faktoren oder die kostengünstige Angebotsgestaltung.

Skaleneffekte
Mit steigender Absatzmenge sollte es einem Unternehmen möglich sein, die anfallenden Stückkosten zu senken. Im Wesentlichen bedeutet dies, dass entweder die vorhandene Produktionskapazität besser ausgelastet ist oder die Wertschöpfungsprozesse effizienter gestaltet werden können. Letzteres lässt sich z. B. durch einen erhöhten IT-Einsatz realisieren. Dabei handelt es sich jedoch nicht um einen Automatismus: Mit zunehmender Absatzmenge könnten die Kosten auch überproportional steigen – etwa aufgrund der zunehmenden Komplexität im Unternehmen.

Verbundeffekte
Bei Verbundeffekten werden z. B. mehrere Produkte gemeinsam auf einem Markt angeboten (produktbezogene Verbundeffekte) oder ein Produkt auf mehreren regionalen Märkten (regionale Verbundeffekte). Durch das Internet ist es z. B. oft problemlos möglich, Produkte weltweit anzubieten, ohne Investitionen vor Ort tätigen zu müssen.

Lerneffekte
Mit zunehmender Erfahrung sinken die Produktionskosten. Die Lernkurve [33] besagt, dass mit einer Verdopplung der produzierten Stückzahl die benötigte Arbeitszeit je produzierter Einheit um 10 bis 15 % sinkt. Diese historische Zahl aus dem Flugzeugbau ist seitdem mit ähnlichen Prozentwerten in anderen Branchen und für andere Tätigkeiten bestätigt worden. Es ist dabei zu kurz gegriffen, die Lernkurve auf die Kernprozesse des Unternehmens zu beschränken und die IT-Organisation als rein ausführendes Organ zu betrachten. Die allgegenwärtige IT-Unterstützung in den Geschäftsprozessen und den Produkten führt zu substanziellem Wissen über das Unternehmen innerhalb der IT-Organisation. Sie wird daher agieren und selbstständig Verbesserungen initiieren anstatt passiv

auf äußere Impulse zu warten ([21], Kap. 9). [34] zeigt z. B. dass die Fähigkeiten der IT-Organisation sich direkt positiv auf andere Fähigkeiten des Unternehmens auswirken, vor allem in den Bereichen des Managements der Kundenbeziehung und der eigenen Geschäftsprozesse.

Günstiger Zugang zu Input-Faktoren, kostengünstige Angebotsgestaltung
Beginn und Ende der Wertschöpfungskette stellen häufig eine besondere Herausforderung dar, schließlich wird dort jeweils das eigene Unternehmen verlassen und Kontakt mit anderen aufgenommen: Sei es beim Einkauf der notwendigen Rohstoffe (bzw. Produktionsfaktoren) oder dem Vertrieb des fertigen Produktes. In beiden Fällen lassen sich durch die IT-gestützte Teilnahme an elektronischen Märkten die Prozesse erheblich kostengünstiger und schneller gestalten. Zusätzlich besteht die Hoffnung, an den Märkten faire Preise zu erzielen.

Kostenführerschaft ist in dieser Sichtweise nur über den IT-Einsatz erreichbar. Das bedeutet in der Konsequenz jedoch, IT geschickter einzusetzen als die Wettbewerber. Ein frühes Beispiel dafür ist die Automatisierung des Zahlungsverkehrs über Schecks, die lange Zeit der Bank of America niedrigere Transaktionskosten und eine schnellere Buchung ermöglichte als ihren Wettbewerbern (siehe Abschn. 2.8.1).

Marktbreite (Competitive Scope)
Durch den IT-Einsatz lässt sich auch die gewählte Marktbreite (competitive scope) ändern [35]. So kann etwa eine Zeitungsredaktion ohne großen Mehraufwand mehrere Regionalzeitungen herausgeben. Der Begriff der „Region" lässt sich dabei dehnen von einer Stadt über eine klassische Region („Westdeutsche Allgemeine Zeitung" im Ruhrgebiet) bis hin zu einem Kontinent („The Wall Street Journal Asia").

Differenzierung
Die Differenzierung gegenüber dem Wettbewerb lässt sich durch IT schnell und kostengünstig umsetzen. Häufig ist IT bereits Bestandteil des Produktes und lässt sich schneller und günstiger als das physische Produkt ändern. Zum Teil wird die IT bestehende Produkte ergänzen (z. B. ein Buch durch einen Lesestift interaktiv gestalten) oder ihre Stärke in einem besseren – und natürlich für das Unternehmen günstigeren – Support ausspielen. Frei nach dem Motto „Die erste Maschine verkauft der Vertrieb. Die zweite verkauft der Service."

2.5.2 Wettbewerbsvorteile erhalten

Ist ein Wettbewerbsvorteil gegenüber anderen erst einmal erarbeitet, gilt es, diese Position zu halten oder weiter auszubauen. Ohne weitere Eingriffe werden die Wettbewerber allmählich aufholen und bestehende Wettbewerbsvorteile zunichtemachen: Sind die Vorteile erst einmal erkannt, versuchen die Wettbewerber die Ursachen zu ergründen und nachzuahmen. Spätestens nach einem Jahr haben auch die Konkurrenten ein gutes Verständnis von dem neuen Produkt und den dazugehörigen Produktionsprozessen [36] und sind in der Lage, das Produkt nachzuahmen. In der Realität lässt sich jedoch der Ursprung eines Wettbewerbsvorteils von außen nicht eindeutig bestimmen: Nach [36] sorgen die Verschwiegenheit und die Komplexität eines Unternehmens zusammen mit seinen spezifischen Fähigkeiten dafür, dass sich Wettbewerbsvorteile nicht ohne weiteres überwinden lassen. Zumindest eine Zeit lang ist es für Außenstehende unklar, wie ein Wettbewerbsvorteil zu Stande kommt. Für ein Unternehmen lohnt es sich, diesen Zeitraum nach Kräften zu verlängern – denn während dieser Zeit müssen die Anfangsinvestitionen und der Gewinn erwirtschaftet werden [37].

Eine Zusammenfassung der bestehenden Literatur [38] zeigt einige Bereiche auf, in denen der IT-Einsatz bestehende Wettbewerbsvorteile schützen kann. Die umfangreiche Literatur wird dort in vier Bereiche aufgeteilt, die jeweils eine Barriere für den Wettbewerb darstellen können: IT Ressourcen, ergänzende Ressourcen, IT Projekte und die Vorwegnahme.

IT Ressourcen als Barriere

Jedes Unternehmen blickt auf eine Vergangenheit zurück, die sich auch in der vorhandenen IT wider spiegelt. Diese Vergangenheit wird sichtbar in den vorhandenen IT-Anwendungen, den vorhandenen Daten und der dazugehörigen Infrastruktur aber auch den Fähigkeiten, wie das Unternehmen mit der IT umgeht. Dies können technische Fähigkeiten der Mitarbeiter sein oder die Fähigkeit fremdes Personal bzw. Outsourcing zu steuern und die eigene IT organisatorisch weiter zu entwickeln. Gelingt es aus der spezifischen Situation des Unternehmens einen Wettbewerbsvorteil zu konstruieren – etwa vorhandene Kundendaten zu nutzen oder eine bestehende IT-Anwendung geringfügig zu modifizieren – kann der Wettbewerber weder die Ursache leicht identifizieren noch im eigenen Haus nachahmen: Es kostet viel Zeit und im Vergleich hohe Anfangsinvestitionen bis der Wettbewerber gleichziehen kann.

Die Fähigkeiten des IT-Betriebs können genauso wenig vom Wettbewerb nachgeahmt werden. Dazu zählen neben den technischen Fähigkeiten vor allem die organisatorischen: Wie werden Betrieb und Weiterentwicklung der IT gesteuert? Kann die IT einmalig oder wiederholt für klare Wettbewerbsvorteile sorgen? Vertraut das Unternehmen den Fähigkeiten der eigenen IT [39]? Derartige Fähigkeiten – zugegeben nur selten anzutreffen – sind in der Praxis kaum replizierbar. Als typische Beispiele können American Airlines (mit dem ersten Flugbuchungssystem, Abschn. 2.2.2) und die Bank of America (mit der elektronischen Scheckverarbeitung Abschn. 2.8.1 und der Kreditkarte Visa in Kap. 11) dienen.

Ergänzende Ressourcen als Barriere

Zusätzlich zur schwer nachzuahmenden spezifischen IT-Ausstattung können andere Spezifika eines Unternehmens an IT-Anwendungen gekoppelt werden, um den Wettbewerbern das Leben zu erschweren. Als Beispiel kann die Analyse des Kundenverhaltens etwa für das Cross-Selling dienen: Als Voraussetzung müssen ausreichend viele Daten vorliegen, d. h. Zugang zu den entsprechenden Transaktionen über einen längeren Zeitraum vorhanden sein. Ohne Zeit und eine eigene Verkaufsorganisation, die bereits über geeignete IT-Verfahren verfügt, lässt sich eine derartige Analyse nicht reproduzieren.

IT Projekte als Barriere

Wettbewerbsvorteile, die aus der Nutzung der bestehenden IT-Ressourcen resultieren, sind für andere Unternehmen schwer nachahmbar. Die fehlenden Voraussetzungen müssen dort erst erarbeitet werden, etwa durch Änderungen an der bestehenden IT. Derartige Änderungen – üblicherweise als Projekt geplant und umgesetzt (siehe Kap. 9) – sind aller Erfahrung nach aufwändig und riskant. Industrieweit kann die Mehrheit solcher Projekte entweder ihr Ziel überhaupt nicht erreichen oder nur bei einer signifikanten Überschreitung des geplanten Budgets [40]. Die mit dem Projekt verbundenen Investitionen an Zeit und Ressourcen hindert die Konkurrenten am Aufholen. Letztlich kann diese Barriere so hoch sein, dass Wettbewerber komplett auf die Nachahmung verzichten. Beispiele dafür sind wieder das Flugbuchungssystem von American Airlines, bei dem es nur noch einem Wettbewerber gelang, ein vergleichbares System aufzubauen [8] und gegenwärtig die Dominanz von Google bei Internetsuchen. Auch mehrere Jahre nach dem Eintritt von Microsoft in den Markt mit seiner neu entwickelten Suchmaschine Bing sind deren Marktanteile vernachlässigbar [41]: 69 % Marktanteil für Google, 17 % für Baidu und jeweils etwa 6 % für Yahoo und Bing, die beide auf dieselbe Suchmaschine zurückgreifen. Für seine Online-Dienste hat Microsoft gewaltige Anfangsverluste in Kauf genommen: In den Jahren bis 2011 in Summe 8,5 Mrd. USD [42].

Natürlich steht im Wettbewerb ein Unternehmen nicht still. Während die Wettbewerber mit der Aufholjagd beschäftigt sind, kann das Unternehmen seinen Vorsprung (an Technik und Erfahrung) nutzen und ausbauen. Damit wird der Zeitverzug für die Wettbewerber die entscheidende Größe, die auch mit hohem Mitteleinsatz nicht kompensiert werden kann – wie am Beispiel Google/Microsoft zu erkennen ist.

Vorwegnahme als Barriere

Wenn Nachahmung das größte Lob ist, muss jedes Unternehmen damit rechnen, einen Wettbewerbsvorteil auch wieder zu verlieren. Es ist daher nur konsequent, dies vorwegzunehmen und möglichst die gewonnenen Kunden zu halten – selbst wenn Konkurrenten eines Tages dieselben Leistungen anbieten. Dazu können die Kosten eines Wechsels künstlich erhöht werden – ein Vorwurf, dem sich etwa Microsoft mit der Dominanz seiner Betriebssysteme ausgesetzt sah. Selbst ohne merkliche Kosten für den Wechsel, etwa von einer Suchmaschine zur anderen, können Kunden aufgrund ihrer Investitionen freiwillig auf einen Wechsel verzichten. Schließlich partizipierten sie anfangs besonders stark von den Vorteilen, indem sie ihre Technik, Prozesse und Mitarbeiter im Kontext des einstigen Marktführers einsetzten. Diese Investitionen und sei es nur an Arbeitszeit, um sich z. B. mit den IT-Schnittstellen vertraut zu machen, stellen eine Barriere für den Wettbewerb dar. Wie groß diese Barriere ist, kann wieder am Beispiel der Suchmaschinen illustriert

werden: Sowohl Google als auch Microsoft bieten vergleichbare Suchmaschinen kostenlos an, auf den ersten Blick gibt es keine wesentlichen Investitionen: Es muss keine Software installiert werden, es fallen keine Lizenzen an, es ist keine persönliche Konfiguration
notwendig und das User Interface ist sehr einfach und praktisch identisch. Dennoch kann
Google bisher seinen Marktanteil halten oder ausbauen – eine durchaus entscheidende
Größe für das Geschäftsmodell von Google.

2.6   Benchmarks: Die Kosten der IT vergleichbar machen

Kostenführerschaft als Wettbewerbsvorteil bedeutet natürlich auch für die eigene IT, kostengünstig im Vergleich zu den Wettbewerbern zu agieren. Führt man sich die Unsicherheit
bei der Bestimmung der IT-Kosten vor Augen (siehe Abschn. 2.4), ist es kein Wunder, dass
ein Vergleich der Kosten mit anderen Unternehmen eine Herausforderung ist. Dennoch
sind solche Vergleiche unter dem Schlagwort Benchmark ein gängiges Werkzeug und werden von verschiedenen darauf spezialisierten Firmen angeboten – Benchmarks lohnen sich
nur, wenn die verglichenen Produkte in der eigenen Kostenstruktur signifikant sind.

Worum geht es? Ein Blick auf eine Marktanalyse, den einer der großen Anbieter jährlich als Bericht erstellt, zeigt [23] für das Jahr 2010, dass die Ausgaben für die IT gemessen am Umsatz des Unternehmens zwischen 1 und 6%, mit erheblichen Unterschieden
zwischen den verschiedenen Branchen – so beziehen sich die 1% auf den Energiesektor,
die 6% auf den Finanzsektor. Umgerechnet auf den Mitarbeiter entstehen jährlich Ausgaben für die IT in Höhe von 4000 bis 26.000 USD wieder im Durchschnitt bezogen auf
eine Branche – der niedrige Wert hier im Bausektor, der hohe Wert in der Versicherungs-
wirtschaft. Bereits auf diesem groben Niveau lässt sich der Mitteleinsatz für die IT in einer
gegebenen Branche vergleichen – jedenfalls sollte die Summe der Kosten in der Buchhaltung oder sogar der Bilanz ausgewiesen sein.

Jedes Unternehmen besitzt eine eigene spezifische IT, die in dieser Zusammenstellung
nirgendwo sonst existiert. Die Ursache liegt zum einen in dem Geschäftsmodell bzw. den
Geschäftsprozessen des Unternehmens und zum anderen in der über lange Zeit gewachsenen IT-Unterstützung. So kann eine summarische Betrachtung innerhalb einer Branche
sinnvolle Ergebnisse geben, „die IT" wird zwischen zwei Unternehmen auch in der gleichen Branche kaum vergleichbar sein. Dennoch ist ein Vergleich möglich und jedem IT-
Betrieb empfohlen: Was kostet ein Desktop-PC im Unternehmen? Wie viel ein Server mit
Betriebssystem und einer Datenbank? Der Kostenführer müsste diese Fragen beantworten
können und die Antworten im Vergleich zu den Wettbewerbern günstig ausfallen.

2.6.1   Was ist ein Benchmark der IT-Kosten?

Ein Benchmark sucht den Vergleichsmaßstab, mit dem sich die Kosten eines Produkts
oder einer Dienstleistung direkt zwischen verschiedenen Anbietern vergleichen lassen.

In allen Unternehmen werden ähnliche bis identische Technologien in der IT verwendet (evtl. abgesehen von dem gerade neuesten technischen Trend), ein Vergleich der Kosten müsste möglich sein – sei es der Kosten zur Erstellung einer Software, der Durchführung von Projekten und Tests oder dem Betrieb der IT. Notwendig sind dafür zwei Voraussetzungen:

- Für den Vergleich wird eine eindeutige Definition des zu vergleichenden „Produktes" benötigt. Die Schwierigkeit liegt oft darin, dass bei der Leistungserbringung der IT die häufig wiederkehrenden Komponenten (etwa der Serverbetrieb oder der Betrieb einer Datenbank) für sich kein dokumentiertes Produkt darstellen.
- Die entstehenden Kosten müssen vollständig vorliegen. Versteckte Kosten, etwa der Support durch „sowieso anwesende" Mitarbeiter oder unterschiedliche Investitionszeitpunkte bzw. Abschreibungsdauern gehören ebenso dazu wie die korrekte Zuordnung der Kosten zu dem „Produkt", z. B. der anfallenden Personalkosten für die Administration.

Die Anbieter von Benchmarks können auf zwei wesentliche Informationen zurückgreifen: Eine in der Praxis anwendbare Produktdefinition und eine Datenbank mit den in anderen Unternehmen vorgefundenen Kosten. Als Ergebnis des Benchmarks werden anonymisierte Zahlen aus dem Datenbestand präsentiert, typisch die durchschnittlichen Kosten und Werte für unterschiedliche Quartile. Der Preis für die Durchführung des Benchmarks ist (neben den nicht unerheblichen monetären Kosten), dass die ermittelten Werte für zukünftige Auswertungen in die Datenbank des Anbieters einfließen.

Benchmarkbare „Produkte"
Äpfel mit Birnen zu vergleichen kann im Prinzip sinnvoll sein – beides ist Obst. Aus Kostensicht wäre der Vergleich nicht fair – es handelt sich um deutlich unterschiedliche Obstsorten. Der erste Schritt eines Benchmarks muss daher die Auswahl geeigneter „Produkte" sein, für die es zum einen Daten aus anderen Unternehmen gibt und die in der eigenen Leistungserbringung einen signifikanten Anteil an den Kosten haben.

Bereits die Definition des zu vergleichenden Produkts ist lehrreich: Was bedeutet es für ein Unternehmen oder ganz allgemein in der Branche, wenn von dem Betrieb eines Servers die Rede ist? Eine ganze Reihe von Punkten muss geklärt werden oder bei einem Vergleich umgerechnet werden. Dazu gehören z. B.:

- Anschaffungskosten und Wartungskosten, garantierte Zeiten für die Ersatzteilbeschaffung
- Aufbau, Abbau und Verschrottung
- Unterbringung in einem Rechenzentrum mit Zugangsschutz, redundanter Stromversorgung und Klimatisierung
- Unterbrechungsfreie Stromversorgung (USV) und Notstromaggregat
- Zugang rund um die Uhr.

Die Notwendigkeit dieser Punkte wird jede Firma anders beantworten. Ein Versicherungs-
konzern wird im eigenen Interesse und aufgrund der staatlichen Regulierung die meisten
der genannten Punkte als selbstverständlich ansehen, ein junges Startup-Unternehmen
wird dagegen zunächst kaum Verständnis für die entstehenden Kosten aufbringen können.
Im Zweifelsfall wird der Benchmark fehlende oder überflüssige Punkte auf das Vergleichs-
produkt umrechnen müssen – einer von vielen Unsicherheitsfaktoren des Benchmarks.

Das genannte Beispiel eines Servers lässt sich zum Glück seit einiger Zeit recht einfach beantworten: Es gibt einen funktionierenden Markt für Rechner die in einem fremden
Rechenzentrum stehen und selbst verwaltet werden – mit oder ohne „Cloud", also dem
kunden-übergreifenden oder -exklusiven Betrieb. Ähnlich sieht es für lauffähige Rechner
mit Betriebssystem, Netzwerkspeicher und E-Mail aus. Ein Blick auf diese Preise, z. B.
bei Strato, 1&1 oder den großen Cloud-Anbietern Amazon, Google oder Microsoft, zeigt
eindeutig den Skaleneffekt: Derartige Angebote liegen erheblich unter den Kosten von fir-
meninterner IT. Bereits 2012 sprach Microsoft davon, dass seine Preise erst von Rechenzentren mit mehr als 100.000 Servern erreicht werden können und z. B. für den Betrieb
von 1000 Servern in einer public cloud um einen Faktor 10 niedriger liegen [43] als es ein
hausinterner Betrieb dieser Größe erreichen könnte.

Ermittlung der Kosten
Liegt die Produktdefinition vor, gilt es alle anfallenden Kosten zu summieren. In dem
Beispiel des Serverbetriebs ist dies gut vorstellbar, mitunter aber mit einigem Aufwand
verbunden: Sind die Kosten der Serverräume, Strom- und Kälteversorgung und des Wach-
schutzes für die IT-Kostenrechnung transparent?

Bei den wesentlicheren Produkten – für die bei Weitem noch kein klarer Markt besteht
– fällt die Ermittlung der Kosten schwer. Handelt es sich bei dem Produkt etwa um den
Betrieb eines Desktop-PCs, so sind meist viele Arbeitsschritte eingeschlossen, z. B. das
Zurücksetzen eines Passworts, die Reaktion auf einen Virenalarm oder das Zurückspielen
einer verlorenen Datei. Welche Kosten sind mit einem derartigen Auftrag verbunden? Liegen diese Daten elektronisch auswertbar vor oder müssen sie geschätzt werden?

Solche Fragen können für das eigene Unternehmen mit einer gewissen Unschärfe beantwortet werden. Im Vergleich mit anderen Unternehmen – die in der Regel anonym
bleiben – verstärkt sich die Unsicherheit, denn es bleibt verborgen, welchen Rechenweg
und welche Abschätzungen dort gewählt wurden.

Die anderen Unternehmen als Vergleichsmaßstab
Als Vergleichsmaßstab wird nicht eine grundsätzlich andere Betriebsart bzw. Architektur
dienen, wie der Vergleich zwischen dem eigenen Rechenzentrum und der public cloud.
Vielmehr ist es vordringliches Ziel, die Kosten der vorhandenen IT zu vergleichen – mit
Unternehmen in einer ähnlichen Situation. Die Anbieter des Benchmarks empfehlen daher, die vorhandene Datenbasis für den Vergleich einzuschränken, z. B. auf Unternehmen
in der gleichen Branche, ähnlicher Größe und mit ähnlicher geographischer Aufstellung.
Der Datenbestand erlaubt es zusätzlich einen Ausblick auf Alternativen zu geben: Spielt
die Branche oder das Near- und Off-Shoring für die Kosten eine Rolle?

Abb. 2.9 Aufteilung der IT-Kosten auf den laufenden Betrieb und Investitionen in Innovationen. (Nach [23])

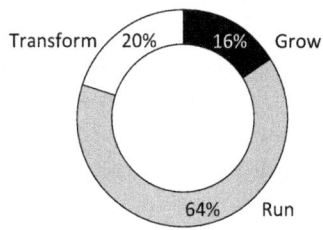

2.6.2 Wo sind die Grenzen eines Benchmarks?

Wofür werden die Ausgaben der IT eingesetzt? Nicht nur nach [23] entstehen die IT-Kosten überwiegend in der Aufrechterhaltung des Status Quo – dem Betrieb der vorhandenen IT (siehe Abb. 2.9). Über Jahre hinweg liegt dieser Anteil bei knapp zwei Drittel der IT-Kosten. Das verbleibende Drittel wird nicht ganz hälftig für die evolutionäre Weiterentwicklung der vorhandenen IT („grow") und die Einführung tatsächlicher Neuerungen („transform") eingesetzt – Innovation kann einfach nur an Geldmangel scheitern.

„Run" – Betriebskosten vergleichen
Angesichts dieser Zahl - knapp zwei Drittel der IT-Kosten entstehen durch den Betrieb der vorhandenen IT – ist es kein Wunder, wenn diese Kosten permanent hinterfragt werden. Der Benchmark ermöglicht es einzelne Teilleistungen (etwa den Betrieb eines Servers oder einer Datenbank) oder aber den Betrieb einer vollständig lauffähigen Anwendung zu vergleichen (z. B. einer kompletten, hochverfügbaren ERP-Lösung). Der Kostenvergleich fällt umso schwerer, je stärker die IT dabei an der Unterstützung der spezifischen Geschäftsprozesse des Unternehmens beteiligt ist (siehe dazu das Schichtenmodell des IT-Betriebs in Kap. 7): Zum einen ist der Betrieb dieser Anwendungen personalintensiv und zum anderen jedenfalls teilweise abhängig von den Anforderungen und Gegebenheiten im jeweiligen Unternehmen.

Als Konsequenz ist zu beobachten, dass sich infrastrukturnahe, standardisierbare IT-Leistungen recht gut vergleichen lassen. Die Unterbringung eines Servers in einem Rechenzentrum, evtl. lauffähig inklusive Netzwerk, Betriebssystem und Backups ist weitestgehend automatisierbar und vom Leistungsumfang gut fassbar. Zum Teil existiert für vergleichbare Leistungen bereits ein transparenter Markt (siehe Abschn. 2.6.1). Hier ist bei dem Vergleich der Kosten eher darauf zu achten, dass es sich um einen fairen Vergleich handelt: Ein Benchmark der Kosten muss die gewählte Architektur berücksichtigen. Hat ein Unternehmen etwa für sich entschieden, auf den Einsatz einer öffentlichen oder privaten Cloud-Lösung zu verzichten, können die Kosten für die Datenspeicherung nicht mit den Preisen einer Cloud-Lösung etwa von Amazon oder Google verglichen werden – andernfalls kritisiert das Benchmark-Ergebnis fälschlicherweise die Betriebskosten, anstatt die gewählte IT-Architektur zu hinterfragen.

Als schwierig erweist sich ein Kostenvergleich der Betriebskosten einer auf das Unternehmen angepassten Anwendung. Sind die Kosten tatsächlich mit anderen Unternehmen vergleichbar oder das Ergebnis der speziellen Situation, die nur hier anzutreffen ist? Die Frage ist relevant, denn die Weiterentwicklung der Software und ihr fortwährender Support verursachen etwa 40 % der gesamten IT-Kosten [23]. Schon alleine der Support von Anwendungen verursacht durchschnittlich ähnlich hohe Ausgaben wie der Betrieb des Rechenzentrums, rund 18 bzw. 19 % der IT-Kosten [23].

„Grow" – Kosten von Projekten und Tests
Die evolutionäre Weiterentwicklung der IT wird in der Regel über kleinere Änderungen („Change Management", siehe Kap. 8) bis hin zu Projekten (siehe Kap. 9) realisiert. Kostentreiber sind in diesem Fall die durchgeführten Projekte und die notwendigen Tests, die als personalintensive Tätigkeiten schlechter vergleichbar sind.

„Transform" – Softwareentwicklung und Risiken
Nur etwa ein Sechstel der IT-Kosten können Unternehmen für Innovationen einsetzen – ein Punkt, der seit langem CIOs beschäftigt. Innovationen werden entweder durch neue Technologien umgesetzt oder – der häufigere Fall – durch die Entwicklung passender Software. Zwei klassische Fragen stellen sich in diesem Zusammenhang: Haben wir *das Richtige* umgesetzt und haben wir es *richtig* umgesetzt?

Ersteres adressiert das Risiko, dass die erwarteten Vorteile sich nicht realisieren lassen: Einsparungen können nicht verwirklicht werden, Kunden akzeptieren die neuen Produkteigenschaften nicht. Prognosen dazu sind – wie immer – schwierig, vor allem wenn sie die Zukunft betreffen. Eine mögliche Reaktion darauf ist für viele Unternehmen die Devise „follow, don't lead" (siehe Kap. 10): Es ist geschickter, Bewährtes zu übernehmen anstatt als Erster mit Neuem zu experimentieren.

Die zweite Frage betrifft die Umsetzung bekannter Anforderungen in Software und wird in der Disziplin Software Engineering erschöpfend behandelt. Je nach Unternehmen oder Auftragnehmer ist es dabei selbstverständlich oder unvorstellbar, dass die Kosten für die Softwareentwicklung recht gut vorhersagbar und vergleichbar sind. Es existiert eine Reihe von Modellen [44], etwa bezogen auf die Funktionalität („function points") oder die Größe der Programme („lines of code"). Verschiedene Anbieter verfügen über einen umfangreichen Datenbestand, der einen direkten Vergleich erlaubt, selbst unter Auswahl der Programmiersprache, der Branche und der geographischen Region.

2.6.3 Die Kostenlandschaft: Welcher Anteil ist benchmarkbar?

Eine Aufschlüsselung der Kosten (siehe Abb. 2.5) wird für die komplette IT eines Unternehmens schnell unübersichtlich. Der Betrieb hunderter Server oder Anwendungen lässt sich auf einen Blick nur noch summarisch erfassen. Abbildung 2.10 nutzt eine Treemap (siehe [45], [46]) als flächenfüllende Visualisierung von Informationen. Der Flächenanteil entspricht hier dem Anteil an den gesamten IT-Kosten, die Kostenarten lassen sich farbig voneinander absetzen. Soweit ein hierarchisches Kostenmodell vorliegt, können feinere

Abb. 2.10 Kostenlandschaft der IT. Ein Kostenvergleich gelingt vor allem bei standardisierten Betriebsleistungen (*oben links*) und der Anwendungsentwicklung (*unten rechts*)

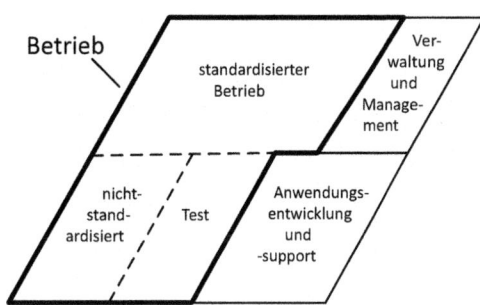

Aufschlüsselungen zusätzlich berücksichtigt werden: So sind die Betriebskosten (linke Hälfte der Treemap in Abb. 2.10) weiter unterteilbar in die Testkosten und den standardisierten bzw. nicht-standardisierten IT-Betrieb.

Ein Überblick, der wie Abb. 2.10 auf einen Blick alle Kosten darstellt, ist besonders gut geeignet, die Wirksamkeit und Notwendigkeit eines Kostenvergleichs darzustellen. Notwendig wird ein Benchmark nur dort, wo signifikante Kosten anfallen. Spielen etwa die Betriebskosten eines Servers im Vergleich zu denen der Anwendungen keine Rolle, lohnt sich ein Benchmark des Serverbetriebs nicht. Wirksam wird der Benchmark zudem nur dort, wo glaubhafte Kostenvergleiche durchführbar sind: Dies betrifft in Abb. 2.10 die standardisierten Betriebsleistungen und die Anwendungsentwicklung samt Support.

Folgt man dieser Sichtweise, wird auf den ersten Blick deutlich, dass sich weiterhin ein Großteil der IT-Kosten dem Kostenvergleich entzieht. Erschwerend kommt der Faktor Mensch hinzu: Die Mitarbeiter des IT-Betriebs oder der beauftragten Dienstleister sind u. U. an der Durchführung eines Benchmarks nicht interessiert. Verträge mit Dienstleistern müssen das Recht auf einen Benchmark regeln, ansonsten verhindern die üblichen Klauseln zur Vertraulichkeit die Weitergabe der Kosten. Es ist nicht überraschend, wenn Dienstleister in der Praxis kein Interesse an einem Kostenvergleich während der Vertragslaufzeit haben und in der spezifischen Vertragssituation eine Vergleichbarkeit grundsätzlich abstreiten.

2.7 Erhöhen IT-Investitionen den Gewinn?

Zurück zum Wertbeitrag der IT. Die einfachste betriebswirtschaftliche Frage wäre in diesem Zusammenhang: Erhöhen IT-Investitionen den Gewinn?

Der Technikeinsatz ist ein klassisches Mittel, um Wettbewerbsvorteile zu erreichen und zu sichern (siehe [47], Kap. 5) – entweder als Kostenführer oder zur Differenzierung vom Wettbewerb. Hier kann die IT kostensenkend in der Produktion eingesetzt werden, dort kann sie das Produkt ergänzen und so gegenüber den Wettbewerbern auszeichnen. Die Fähigkeiten der IT – organisatorisch und technisch – stellen dabei eine Eintrittsbarriere für Konkurrenten dar (siehe Abschn. 2.5.2), sowohl durch die mit der Entwicklung verbundenen Kosten und dem entstehenden Zeitverzug als auch durch die Leistungsfähigkeit der IT-Organisation zu kurzen Produktzyklen [48].

Erhöhen IT-Investitionen den Gewinn? In der Literatur [7, 47] finden sich klare Anzeichen, dass IT-Investitionen tatsächlich den Gewinn steigern. Mit dieser Erkenntnis wird die summarische Kennzahl der IT-Kosten im Verhältnis zum Umsatz (siehe Abschn. 2.6) bestätigt, sie erlaubt einen Rückschluss auf die Fähigkeiten der IT im Unternehmen [47]. Die Gewinnsteigerung geht in den untersuchten Unternehmen vor allem auf das stärkere Wachstum der Firmen zurück [47], andere Ursachen – z. B. Kostensenkung durch stärkere Automatisierung, höhere Fähigkeiten zur Innovation, Organisation oder dem Sourcing – konnten nicht nachgewiesen werden.

IT-Investitionen können natürlich auch scheitern – wie alle anderen Investitionen. Dies ist ein bekanntes und breit diskutiertes Thema. So wird schon Henry Ford das Zitat zugeschrieben: „*I know only half of my advertising works. The problem is I don't know which half.*" Im Vergleich sind IT-Investitionen sicherer als Investitionen in Werbung oder Forschung & Entwicklung (F&E) [47]. Vielleicht ist dies auch ein Grund dafür, dass die anteiligen IT-Kosten in den Unternehmen kontinuierlich steigen, im Durchschnitt sogar schneller als der Umsatz [23]. Es ist daher umso bedauerlicher, dass die Ausgaben für IT-Investitionen derzeit nicht in den Bilanzen nach allgemein anerkannten Rechenvorschriften ausgewiesen werden müssen.

▶   Investitionen in die IT sind erfolgreicher als Investitionen in Werbung oder Forschung und Entwicklung.

2.8   Die IT als Wirtschaftsgut

2.8.1   Beispiel: Bank of America/ERMA

Beispiel

Nach Ende des Zweiten Weltkriegs entwickelte sich die amerikanische Wirtschaft rasant, die Verbreitung von Bankkonten, Krediten und die Bezahlung per (Papier-) Scheck nahm zu ([49], auch im Weiteren). In Zahlen: 1952 wurden in den USA 8 Mrd. Schecks ausgestellt – handschriftlich auf Papier zur händischen Bearbeitung durch die lokale Bank. Zwei Probleme verschärften sich jedoch von Jahr zu Jahr [49], [50–52]: Der Papiertiger wurde immer größer und die Mitarbeiterfluktuation im Bereich der Scheck-Buchhaltung war enorm (bis zu 100 % pro Jahr). Schecks wurden in der örtlichen Bankfiliale bearbeitet und den entsprechenden Konten zur Buchung zugeordnet – es sei denn, der Aussteller des Schecks hatte sein Konto bei einer anderen Bank(-filiale). Dann musste die Buchung und der Scheck zur weiteren Bearbeitung über das Federal Reserve System an die ausgebende Bank weitergeleitet werden. Im Durchschnitt durchlief jeder Scheck 2,3 Banken und benötigte zwei Arbeitstage zur Überprüfung – in schlechten Fällen auch bis zu mehreren Wochen ([53], auch im Weiteren).

Es war absehbar, dass diese Vorgehensweise auf längere Sicht ökonomisch untragbar werden würde. Ende der 1940er war die Bank of America (BoA) die weltgrößte

Bank und spürte die Auswirkungen der Scheckverarbeitung täglich. Aus diesem Grund nahm die BoA 1950 zusammen mit dem Stanford Research Institute (SRI), einem privaten Forschungsinstitut der Stanford University, Gespräche auf und beauftragte das SRI, Untersuchungen zu den Möglichkeiten einer automatischen Scheckverarbeitung durchzuführen. Die BoA und das SRI entwarfen zusammen die grundlegenden Funktionen – im Prinzip nur die Kontoführung und die Aufzeichnung aller Transaktionen. Ein maschinelles Lesen oder Sortieren fehlte noch.

Im selben Jahr beauftragte die BoA eine Machbarkeitsstudie. Das SRI sollte nachweisen, dass die erwartete Anzahl von Transaktionen in der verfügbaren Zeit verarbeitet werden kann und alle Daten dauerhaft gespeichert werden können. Eine wesentliche Einschränkung war die Vorgabe der BoA, das Format der Schecks unverändert zu lassen – die Kunden sollten die gewohnten Schecks behalten. Diese Einschränkung – später in Teilen aufgelöst – stellte die Automatisierung vor große Probleme: Die Konten waren zu dem Zeitpunkt alphabetisch sortiert (anstatt nach Kontonummer) und Schecks einer Bank waren blank, d. h. weder Name noch Konto waren vorgedruckt und mussten handschriftlich eingetragen werden. Die Machbarkeitsstudie über die Electronic Recording Machine (ERM) ergab, dass die vorhandene Technik eine automatisierte Buchhaltung und Scheckverarbeitung erlaubt. Das SRI schlug ein Phasenmodell für die Umsetzung vor, beginnend mit der Aufnahme der Prozesse, gefolgt vom Entwurf der Verarbeitungslogik und schließlich der Entwicklung und dem Test.

Für die beiden ersten Schritte wurde wieder das SRI beauftragt, später auch für die Entwicklung von ERM mit einer Pilotierung in 12 Filialen. Die Entwicklung umfasste auch die Hardware in einer Zeit, in der sich gerade der Umstieg von Röhren auf Transistoren anbahnte. Für die Automatisierung der Scheckverarbeitung wurden zwei Änderungen an den Schecks vorgenommen: Die Einführung einer Kontonummer, die auf jedem Scheck bereits vorgedruckt war und die Verwendung einer maschinenlesbaren Schriftart für den Vordruck. Die eindeutige Kontonummer erleichterte das Sortieren, der Vordruck war für die Buchhaltung besser lesbar – maschinell konnte jedoch nichts eingelesen werden.

Für ein maschinelles Einlesen hätte der Scheck wie eine Lochkarte gelocht sein müssen, ein Vorschlag, den die BoA ablehnte. Das SRI erkannte zu der Zeit, dass ein automatisches Einlesen machbar war und führte nach verschiedenen Versuchen eine magnetische Tinte mit einem speziellen Font ein – eine Innovation, die das amerikanische Patentamt mit der Vergabe des Patents 3.000.000 ehrte [54]. Der erste praktische Einsatz erfolgte 1955 mit der Verarbeitung von Reiseschecks (siehe Abb. 2.11), deren Erscheinungsbild durch das SRI stärker geändert werden durfte.

Im September 1955 weihte die BoA die elektronische Scheckverarbeitung ein – von ERM auf ERMA umbenannt. Die Vorstellung der bis dahin geheim gehaltenen Entwicklung fand in der Tagespresse großen Anklang –handelte es sich immerhin um den größten technologischen Sprung in der Geschichte des Bankwesens. Die Automatisierung ermöglichte das weiterhin rasche Wachstum und sorgte dafür, dass auch kleine Bankfilialen rentabel wurden.

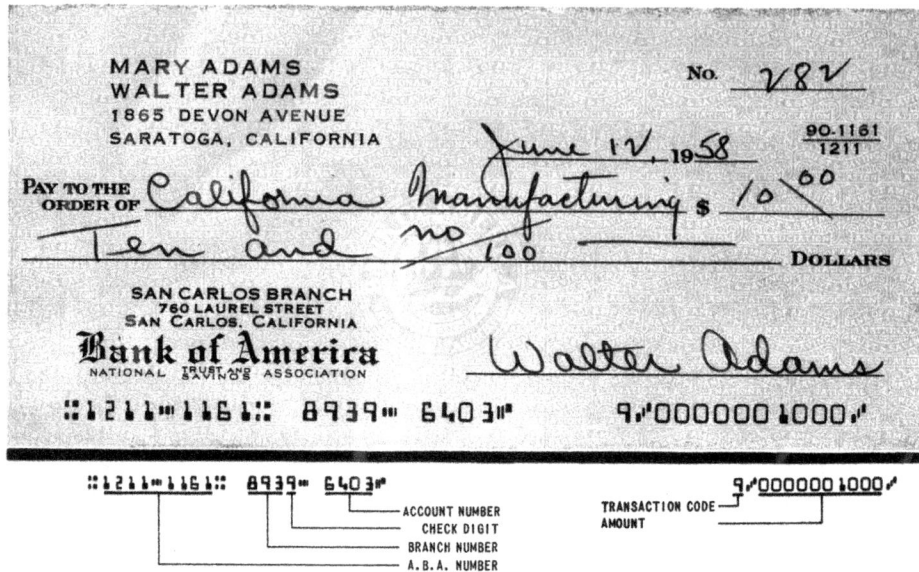

Abb. 2.11 Ausschnitt eines Reiseschecks. Die Daten waren mit einem speziellen Font zur Zeichen-erkennung mittels magnetischer Tinte aufgedruckt. (Abdruck mit freundlicher Genehmigung von *The Bank of America Historical Collection*)

   In Deutschland erfolgte erst einige Jahre später in einem kleineren Maßstab die Automatisierung des Postscheckdienstes (siehe dazu [55]), die wesentlichen Innovationen werden aus den USA übernommen.

Die eigene IT stellt für ein Unternehmen einen Wert dar, und zwar nicht nur als Wettbewerbsvorteil oder Eintrittsbarriere für Wettbewerber (siehe Abschn. 2.5), sondern auch als direkter Produktionsfaktor. Informationen in den eigenen Datenbanken können genauso einen Wert darstellen wie die entwickelte Software oder Datenbank-Struktur. Große Internet-Unternehmen zeichnen sich nicht durch ein ausgezeichnetes Geschäftsmodell oder ihre unnachahmliche Software aus sondern durch die Anzahl aktiver Teilnehmer bzw. Kunden.

   Der Netzwerkeffekt verstärkt den Nutzen großer Netzwerke (*Metcalf's law*): „*connect any number, ‚n' of machines – whether computers, phones or even cars – and you get ‚n' squared potential value*" [56]. Dieser Zusammenhang wurde 1993 formuliert, bezogen auf die Verbreitung der Ethernet-Technologie für lokale Computernetzwerke im zurückliegenden Jahrzehnt. Heute gilt dieser Zusammenhang generell für die meisten Internet-Dienste: Die Relevanz eines Angebots steigt überproportional mit der Anzahl der Teilnehmer, vermutlich nicht quadratisch n^2 mit der Anzahl der Teilnehmer, sondern etwas langsamer n log(n) [57].

   Der Netzwerkeffekt bezieht sich auch auf das Angebot des Unternehmens. Mit dem „long tail" [58] popularisierte der Journalist Chris Anderson 2004 in einem Zeitschriftenartikel die Beobachtung, dass Nischenprodukte einen merklichen Umsatzanteil haben können. Dieses Phänomen nutzen Anbieter jenseits des herkömmlichen Ladengeschäfts – in dem es unwirtschaftlich ist ein großes Sortiment zu präsentieren. Dies gilt etwa für Amazon, das etwa ein Drittel seines Umsatzes mit Produkten erwirtschaftet, die sich praktisch nie verkaufen. Mit virtuellen Produkten (elektronischen Büchern, Musik oder Videos) lässt sich bei geringen Kosten ein nahezu beliebig großes Angebot vorhalten, ähnlich wie bei Amazon wird der *long tail* auch für iTunes oder Netflix nachgewiesen. Zwei weitere Konsequenzen sind zu beobachten [59]: Produkte mit niedrigem Umsatz können sich durch derartige Verkaufsplattformen lohnen und Kunden bevorzugen Anbieter, die Produkte für ihren speziellen Geschmack vorhalten. Beides verstärkt den Netzwerkeffekt.

Das Beispiel der Bank of America illustriert einen anderen Wert der IT: Hier gelang es einer Bank erfolgreich die technologische Führung zu übernehmen und beispiellos ihre Geschäftsprozesse zu automatisieren. Aus Sicht des Wertbeitrags erreichte die Bank of America sowohl die Kostenführerschaft, als auch die Differenzierung gegenüber allen Wettbewerbern. Besonders bemerkenswert ist es dabei, dass es der Bank of America noch ein zweites Mal gelang, seine Wettbewerber abzuhängen: Mit der BankAmeriCard (siehe Kap. 11) führt sie eine Kreditkarte als Franchise-System ein und wurde damit im Lauf der Zeit zum Weltmarktführer. An diesem Beispiel erkennt man, dass die Fähigkeit, IT für das eigene Unternehmen einzusetzen, der eigentliche Vorteil ist. Aus heutiger Sicht wird die Fähigkeit zur fortwährenden Integration von IT-Systemen zur Kernkompetenz von Firmen [60].

2.9   Kommunikation als Erfolgsfaktor: die Selbstdarstellung der IT-Organisation

2.9.1   Bikeshedding – Parkinsons Gesetz der Trivialität

Beispiel

1957 formulierte C. N. Parkinson u. a. sein Gesetz der Trivialität: „*Briefly stated, it means that the time spent on any item of the agenda will be in inverse proportion to the sum involve*d" ([61], Kap. 3) – die für einen Tagesordnungspunkt verwendete Zeit ist umgekehrt proportional zum aufgewendeten Betrag. In anderen Worten verbringen nach diesem „Gesetz" Manager die meiste Zeit mit finanziell unwichtigen Dingen – die meisten Menschen können sich unter kleinen Beträgen mehr vorstellen und besser mitdiskutieren.

Im englischen Sprachraum wurde diese These 1999 bei der Softwareentwicklung des FreeBSD-Projekts [62] unter dem Kunstwort „*bikeshedding*" bekannt (übersetzt mit dem Verb „fahrradschuppen"). Das Beispiel von Parkinson bezog sich auf eine fiktive Vorstandssitzung, in der im Wesentlichen der Bau eines Atomkraftwerks auf der Agenda steht. Parkinson beschrieb die Sitzung folgendermaßen: 4 der 11 Teilnehmer – einer davon der Vorsitzende - wissen nicht, was ein Atomreaktor ist. Weitere 3 wissen nicht, wofür das Atomkraftwerk gebraucht wird und was es kostet. Nach einer kurzen

Aussprache über die ausgewählte Baufirma (ein Teilnehmer hätte sich einen anderen Berater gewünscht) wird der Bau einstimmig ohne Rückfragen beschlossen. Der Agendapunkt konnte in knapp 3 min behandelt werden.

Beim nächsten Agendapunkt fühlen sich einige Teilnehmer übergangen – haben sie dem Bau des Atomkraftwerks zu schnell zugestimmt? Der Punkt behandelt den Fahrradschuppen (bike shed) am Eingang des Kraftwerks, er soll 2350 USD kosten und ein Aluminiumdach erhalten. Die Sitzung entgleitet in eine hitzige Diskussion, bei der jeder Teilnehmer eine feste Meinung zum Preis (zu hoch), dem Material (Asbest ist besser) und der Notwendigkeit (können im Freien parken) hat. In [62] wird die Problematisierung der Farbe des Fahrradschuppens betont, schön zu sehen z. B. unter http://red.bikeshed.org/ oder http://blue.bikeshed.org/. Erst nach einer Dreiviertelstunde kommt die Runde zu einer Entscheidung. Die Ursache liegt laut Parkinson darin, dass sich jeder Teilnehmer einen Fahrradschuppen sehr viel besser vorstellen kann als ein Kraftwerk.

Der letzte Punkt der Agenda ist der kostenlose Kaffee für die Sitzung des Wohlfahrtskomitees, monatlich 4,75 USD. Es folgt eine erbitterte Diskussion, bei der sich selbst die Teilnehmer engagieren, die vorher bei dem Unterschied zwischen Aluminium- und Asbestdach passen mussten. Die Diskussion zieht sich über mehr als eine Stunde hin und endet damit, dass ein Referent weitere Informationen für die nächste Sitzung beschaffen soll.

Das fiktive Beispiel des Gesetzes der Trivialität in Abschn. 2.9.1 veranschaulicht die Konsequenzen, wenn objektive, wichtige Sachverhalte den Entscheidern nicht zugänglich sind: Die knappe Zeit wird auf die falschen Punkte verwendet. Die IT steht ständig vor der Herausforderung, praktisch unverständliche Sachverhalte kommunizieren zu müssen, die – wie das Kernkraftwerk im genannten Beispiel – langfristig enorme Auswirkungen auf die Firma haben. Es liegt im Interesse der IT-Abteilungen, diese Diskussion erfolgreich zu führen – ein Gegenbeispiel einer erfolgreichen Unternehmens-IT, die im Unternehmen jedoch als erfolglos wahrgenommen wurde, findet sich in Kap. 3.

Anstatt der defensiven Sichtweise kann die Rolle der IT-Organisation auch sehr positiv gesehen werden: Zwingt doch die Digitalisierung des Alltags – stellvertretend im Unternehmen von der IT-Organisation vorangetrieben – alle Akteure zu einer intensiveren Zusammenarbeit als früher. Hier ist die IT-Organisation von Beginn an in einer führenden Rolle.

2.9.2 Technische und fachliche Inhalte

Der Anteil der IT liegt in typischen Firmen[1] bei wenigen Prozent der Gesamtkosten (siehe Abschn. 2.6) – die Schwierigkeit bei der Weiterentwicklung der IT liegt in der

---

[1] Typisch sind in diesem Zusammenhang Firmen, bei denen die IT selbst nicht der primäre Geschäftszweck ist.

Verquickung fachlicher Fragestellungen (aus dem eigentlichen Fachgebiet der Firma) und technischer Sachverhalte, die nur von der Art und Weise der Softwareentwicklung und des IT-Betriebs abhängen. Kenntnisse beider Gebiete sind notwendig, um zwischen der Fachwelt des Anwenders und der IT zu übersetzen. Gerade diese Übersetzung sorgt für die hohe Komplexität bei der Spezifikation, dem Entwurf, der Implementierung und dem Betrieb von Software: „Haben wir das richtige System gebaut?" und „Haben wir das System richtig gebaut?" können unabhängig voneinander auch mit „Nein!" beantwortet werden.

Fällt es in dem Beispiel des Fahrradschuppens den Beteiligten schon schwer, irgendwelche Details des geplanten Atomreaktors zu hinterfragen, so ist die Situation der IT noch schwieriger: Die rein virtuelle Software entzieht sich den menschlichen Sinnen und der alltäglichen Erfahrung – scheinbar unterliegt Software keinen physikalischen Gesetzen, es gibt nichts, das in Software nicht umgesetzt werden könnte. Ein Bericht der Royal Academy of Engineering [64] sieht sieben typische Merkmale für IT-Projekte, die eine erfolgreiche Umsetzung erschweren:

Fehlende Beschränkungen
Heute bringen Hard- und Software in der Regel keine wesentlichen Beschränkungen für geplante Anforderungen mit sich – anders als z. B. bei der Scheckverarbeitung ERMA, die erst ab der dritten Generation die wachsende Nachfrage dauerhaft übertreffen konnte. Die vorhandenen Grenzen – der Technik oder der vorhandenen Projektressourcen – bleiben unsichtbar, bis es am Ende doch noch zu einem Scheitern der IT-Projekte kommt. Das passende Bild vergleicht die Softwareentwicklung mit dem Bau von Luftschlössern.

Visualisierung
Software jenseits der Benutzeroberfläche ist unsichtbar – weder die Struktur der Software noch des IT-Betriebs können wahrgenommen oder gar verglichen werden. Selbst in einer IT-Abteilung hat das obere Management selber oft keine ausreichende IT-Erfahrung bzw. IT-Ausbildung und 95 % der Mitarbeiter einer typischen Firma arbeiten nicht in der IT.

Flexibilität
Aus der fehlenden Beschränkung resultiert direkt die Flexibilität der Software: Wenn durch IT jede Funktion erreichbar ist, dann lässt sich die vorhandene IT sicher auf ein gewünschtes zukünftiges Ziel anpassen. Flexibilität ist ein wesentliches, gewünschtes Merkmal: Wie schnell kann die IT neue Funktionen bereitstellen? Es fehlt jedoch das richtige Maß: Ist es sinnvoll, neue Funktionen zu fordern oder auf diese Weise umzusetzen? Viele IT-Projekte verfehlen ihr Ziel, weil „unterwegs" zu viele zusätzliche Funktionen in den Projektumfang aufgenommen werden.

Komplexität
Mangelnde Beschränkung und die kaum praktikable Visualisierung erschweren die Diskussion der entstehenden Komplexität. Software ist in vielen Prozessen oder Produkten ursprünglich für triviale Aufgaben gestartet, inzwischen sind die Entwicklungskosten

ähnlich hoch oder höher als für das ursprüngliche Produkt. Im Jahr 2008 wurde die Software in einem Pkw auf 100 Mio. Programmzeilen geschätzt ([65], Kap. 1.5) – viele Jahre vor dem vollautomatisierten Fahren.

Unsicherheit

Das Ergebnis eines IT-Projekts ist hochgradig unsicher, oft wird erst bei der Umsetzung absehbar, welche Konsequenzen und Kosten entstehen. Dieses Verhalten resultiert nicht nur aus den bereits genannten Merkmalen, sondern liegt auch daran, dass IT menschliche Tätigkeiten unterstützen oder übernehmen soll. Es ist unklar, wie diese Tätigkeiten in klare, stringent formulierte Anforderungen an die IT übersetzt werden können. Trotz der Unsicherheit lohnt sich IT (siehe Abschn. 2.7), der Vergleichsmaßstab ist dabei eher die Werbung oder Forschung & Entwicklung – zwei Bereiche, die auch mit großer Unsicherheit agieren.

Softwarefehler

Software – anders als Hardware – geht nicht kaputt. Es gibt keine Abnutzung, Fehler schleichen sich über die Zeit nicht ein. Software ist jedoch zum Zeitpunkt der Auslieferung voller Fehler oder voller Annahmen, deren Konsequenzen nicht bedacht sind bzw. die in der Realität nicht zutreffen. Erschwerend kommt hinzu, dass sich das Umfeld und damit die (impliziten) Anforderungen an die Software über die Zeit ändern – selbst korrekte Annahmen werden später ungültig. Der IT-Betrieb wird vom Anwender sicher auch daran gemessen, wie er mit auftretenden Fehlern und ungültigen Anforderungen umgeht (siehe Kap. 3).

Organisatorischer Wandel

Die IT betrifft in den Unternehmen vor allem die eigenen Geschäftsprozesse. Neben der rein fachlichen bzw. sachlichen Beschreibung der betroffenen Prozesse sind bei jeder Änderung auch die Mitarbeiter betroffen – ihre tägliche Arbeitsweise ändert sich durch die IT. Dies führt zu – völlig natürlichen – Widerständen und Ängsten. Änderungen werden zunächst meist als Bedrohung empfunden. Gerade dieser Punkt verdeutlicht, dass IT-Änderungen neben Sachverstand über das Fachgebiet der Anwender und der IT auch viel menschliches Fingerspitzengefühl erfordern. Angesichts der Komplexität beider Fachgebiete wird dies in der Praxis schwer erreichbar sein.

2.9.3   Visualisierung technischer Sachverhalte

Der Fahrradschuppen, der eine Vorstandssitzung dominiert (Abschn. 2.9.1), dient als Beispiel für misslungene Kommunikation. Es liegt anscheinend in der Natur der IT, dass sie sich der alltäglichen Erfahrung entzieht und weitgehend unsichtbar ist. Für den Erfolg der IT ist es notwendig, eine angemessene und verständliche Kommunikation ihrer Themen zu schaffen und aufrecht zu erhalten.

Ein Beispiel ist die Kostenlandschaft der IT in Abb. 2.10. Hier lässt sich nach einer kurzen Erläuterung der Darstellungsweise auf einen Blick erkennen, welche Kosten einen wesentlichen Anteil haben und – hoffentlich – in der entsprechenden Gewichtung diskutiert werden sollten. Die erfassbare Datenmenge ist sehr klein, auf einen Blick lässt sich maximal eine Seite erfassen (sei es auf Papier, auf dem Bildschirm oder per Beamer). Weitere Details bleiben unsichtbar. Wie in der fiktiven Sitzung fällt es den Teilnehmern schwer, die gewählte Darstellung und die gezeigten Themen zu hinterfragen.

▶   „Wir bauen Modelle komplexer Systeme weil wir kein derartiges System in
       Gänze verstehen können."[2]

Die fachlichen Anforderungen an ein IT-System sollten für alle verständlich aufbereitet sein, was jedoch eine utopische Vorstellung aufgrund der oft unüberschaubaren Komplexität ist. Als Kompromiss dienen vereinfachte Modelle, die sich auf einige wesentliche Aspekte konzentrieren und alle weiteren Details an Experten und weiterführende Dokumente (bis hin zum Sourcecode) delegieren. Etabliert sind die Darstellungsformen der Unified Modeling Language, eine graphische Schreibweise für verschiedene Blickwinkel auf ein IT-System. Derartige Modellierungssprachen können die statischen oder dynamischen Aspekte eines IT-Systems beschreiben, z. B. vor Beginn der Implementierung zur Reduzierung des Projektrisikos.

Jedes Modell wird dabei nur einen kleinen Ausschnitt der Aufgabenstellung bzw. des IT-Systems zeigen – sonst lässt sich der Inhalt nicht mehr erfassen und diskutieren. Die Beschreibung des Systems ergibt sich dann aus der Summe aller einzelnen Modelle. Durch den Einsatz geeigneter Werkzeuge (Modellierungssoftware) kann die Konsistenz dieser Modelle jedenfalls zum Teil automatisch sichergestellt werden. Eine automatische Erzeugung der Software aus den hinterlegten Modellen ist heute noch unüblich – wieder ein Bruch, an dem die Realität des erstellten IT-Systems von der kommunizierten Sicht abweichen kann.

Gerade diese Abweichung zwischen der Realität und der verwendeten Darstellung ist bezeichnend für die IT: Der Projektfortschritt lässt sich in der IT anscheinend nicht zuverlässig messen. Daraus resultiert eine große Unsicherheit in den Berichten, die dadurch sichtbar wird, dass ein Überschreiten der geplanten Projektdauer oder der genehmigten Projektkosten oft zu spät erkannt wird.

2.10   Management Summary

The Purpose of Computing is Insight, Not Numbers. R. Hamming 1973 [66]

---

[2] Englisches Original ([63], Kap. 3): „*We build models of complex systems because we cannot comprehend any such system in its entirety.*"

In den Worten des Informatikers R. Hamming ist der Daseinszweck der EDV der Erkenntnisgewinn und nicht etwa die bloße Auflistung von Zahlen. Diese für die Informatik beinahe uralte These hat nichts von ihrer Aktualität verloren: Mögen aus technischer Sicht in der IT die aktuellen Themen auch permanent wechseln, wird die IT an ihrem Wertbeitrag für das Unternehmen gemessen. Dort kann die IT direkt eingreifen und die Kosten oder die Differenzierung gegenüber dem Wettbewerb adressieren. Auf jeden Fall bildet die vorhandene IT eine Eintrittsbarriere für Wettbewerber, die weder einfach noch schnell überwunden werden kann. In mancher Hinsicht lässt sich die IT am ehesten mit den etablierten Bereichen Werbung oder Forschung und Entwicklung vergleichen: Investitionen lohnen sich (im Schnitt) bei merklichem Risiko.

Literatur

1. P. Angelides, B. Thomas et al., The financial crisis inquiry report: Final report of the National Commission on the Causes of the Financial and Economic Crisis in the United States. Revised Corrected Copy February 25, 2011. Government Printing Office (2011)
2. Lehman Brothers Holding Inc., 8 K filing – current report, SEC EDGAR website, SEC Accession No. 0001104659-08-057829, [accessed 11-Jun-2014], Sep. 10 (2008)
3. Lehman Brothers Holding Inc., 8 K filing – current report, SEC EDGAR website. SEC Accession No. 0001104659-08-059632, [accessed 11-Jun-2014], Sep. 15 (2008)
4. Lehman Brothers Holding Inc., 8 K filing – current report, SEC EDGAR website. SEC Accession No. 0001104659-08-059841, [accessed 11-Jun-2014], Sep. 16 (2008)
5. Barclays PLC, 6 K filing, SEC EDGAR website. SEC Accession No. 0001191638-08-001637, [accessed 10-Jun-2014], Sep. 17 (2008)
6. M. J. de la Merced, Lehman sale to Barclays was proper, judge rules. New York Times, Feb. 22, 2011. http://dealbook.nytimes.com/2011/02/22/lehman-sale-to-barclays-was-proper-judge-rules/. Zugegriffen: 11. Juni 2014. ISSN: 0174-4909
7. M. L. Schneider, Informationstechnologie = Viel hilft viel? Empirische Erkenntnisse zum Zusammenhang zwischen IT und ihrem Wertbeitrag für das Unternehmen aus Controlling- und IT-Perspektive. Control. Manage. **56**(2), 142–144 (2012). ISSN: 1614-1822.doi:10.1365/s12176-012-0133-z
8. D. G. Copeland, J. L. McKenney, Airline reservations systems: Lessons from history. MIS Q. **12**(3), 353–370, (1988). ISSN: 0276-7783. doi:10.2307/249202
9. A. Y. K. Chua, Exhuming IT projects from their graves: An analysis of eight failure cases and their risk factors. J. Comput. Inf. Syst. **49**(3), 31–39 (2009). ISSN: 0887-4417
10. C. Schmidt, *Management komplexer IT-Architekturen* (Gabler, Berlin, 2009). ISBN: 978-3-8349-1694-5. doi:10.1007/978-3-8349-8229-2
11. M. Durst, *Wertorientiertes Management von IT-Architekturen* (Teubner, Wiesbaden, 2008). ISBN: 978-3-8350-0895-3. doi:10.1007/978-3-8350-5516-2
12. G. B. Stewart, *The Quest for Value: A Guide for Senior Managers* (HarperCollins Publishers, New York, 1999). ISBN: 978-0887304187
13. J. M. Stern, J. S. Shiely, *The EVA Challenge: Implementing Value-Added Change in an Organization* (Wiley, New Jersey, 2001). ISBN: 978-0471405559
14. A. Gadatsch, E. Mayer, *Masterkurs IT-Controlling: Grundlagen und Praxis für IT-Controller und CIOs – Balanced Scorecard – Portfoliomanagement – Wertbeitrag der IT – Projektcontrolling – Kennzahlen – IT-Sourcing – IT-Kosten- und Leistungsrechnung* (Vieweg+Teubner, Wiesbaden, 2010). ISBN: 978-3-658-01590-9. doi:10.1007/978-3-658-01590-9

15. A. Saunders, E. Brynjolfsson, Valuing IT-related intangible assets. MIS Quarterly (forthcoming), Aug. 2015. ISSN 0276-7783. doi:10.2139/ssrn.2344949
16. R. S. Kaplan, D. P. Norton, Measuring the strategic readiness of intangible assets. Harv. Bus. Rev. 82(2), 52–63 (2004). ISSN: 0017-8012
17. R. S. Kaplan, D. P. Norton, Using the balanced scorecard as a strategic management system. Harv. Bus. Rev. 74(1), 75–85 (1996). ISSN: 0017-8012
18. W. Van Grembergen, The balanced scorecard and IT governance. ISACA J. 2 (2000). ISSN: 1526-7407
19. M. E. Porter, *Competitive Advantage: Creating and Sustaining Superior Performance* (Simon and Schuster, New York, 1985) ISBN: 0-7432-6087-2
20. J. L. Staud, *Geschäftsprozessanalyse: Ereignisgesteuerte Prozessketten und objektorientierte Geschäftsprozessmodellierung für betriebswirtschaftliche Standardsoftware* (Springer, Berlin, 2006). ISBN: 978-3-540-37976-2. doi:10.1007/3-540-37976-2
21. J. Moormann, G. Schmidt, *IT in der Finanzbranche* (Springer, Berlin, 2007). ISBN: 978-3-540-34512-1. doi:10.1007/978-3-540-34512-1
22. J. G. Miller, T. E. Vollmann, The hidden factory. Harv. Bus. Rev. 63(5), 142–150 (1985). ISSN: 0017-8012
23. K. Potter, M. Smith, J. K. Guevara, L. Hall, E. Stegman, IT metrics: IT spending and staffing report 2010. G00210146, Gartner Inc, (2010). http://marketing.dell.com/Global/FileLib/CIO/it_metrics_it_spending.pdf. Zugegriffen: 19. Okt. 2014
24. D. Schulmeister, Developing and identifying a groupwide, cost-effective upgrade strategy together with the business consulting group of SAP® consulting. SAP Customer Success Story High Tech. http://global.sap.com/portugal/solutions/pdfs/CS_Siemens.pdf. Zugegriffen: 14. Juli 2014
25. J. Becker, M. Rosemann, R. Schütte, Entwicklungsstand und Entwicklungsperspektiven der Referenzmodellierung. Arbeitsber. Inst. Wirtschaftsinf. 10 (1997)
26. H. Krcmar, Informationsmanagement (Springer, Berlin 2005). ISBN 978-3-540-27035-5. doi:10.1007/3-540-27035-3
27. S. Helmke, M. Uebel, *Managementorientiertes IT-Controlling und IT-Governance* (Springer Gabler, Wiesbaden, 2013). ISBN: 978-3-8349-7055-8. doi:10.1007/978-3-8349-7055-8
28. M. Hammer, J. Champy, *Reengineering the Corporation* (HaperCollins, New York, 2001). ISBN: 978-0060559533
29. H. Laux, F. Liermann, *Grundlagen der Organisation, Die Steuerung von Entscheidungen als Grundproblem der Betriebswirtschaftslehre*, 6. Aufl. (Springer, Berlin, 2005). ISBN: 978-3-540-27304-2. doi:10.1007/b138878
30. M. Kütz, Kommentar zu „IKT-Anbieter als Thema der Wirtschaftsinformatik?" *Wirtschaftsinformatik* 55(2), 117 (2013). ISSN: 1861-8936. doi:10.1007/s11576-013-0356-4
31. J. M. Culkin, A schoolman's guide to Marshall McLuhan. Saturday Rev. 50, 51–53 (1967)
32. B. Müller, *Porters Konzept generischer Wettbewerbsstrategien* (Deutscher Universitäts-Verlag, Wiesbaden, 2007). ISBN: 978-3-8350-9433-8. doi:10.1007/978-3-8350-9433-8
33. T. P. Wright, Factors affecting the cost of airplanes. J. Aeronaut. Sci. (Inst. Aeronaut. Sci.), 3(4), 122–128 (1936)
34. S. Mithas, N. Ramasubbu, V. Sambamurthy, How information management capability influences firm performance. MIS Q. 35(1), 237–256 (2011). ISSN: 0276-7783
35. M. E. Porter, V.E. Millar, How information gives you competitive advantage. Harv. Bus. Rev. 63(4), 149–160 (1985). ISSN: 0017-8012
36. R. Reed, R. J. DeFillippi, Causal ambiguity, barriers to imitation, and sustainable competitive advantage. Acad. Manage. Rev. 15(1), 88–102 (1990). ISSN: 0363-7425
37. I. C. MacMillan, Controlling competitive dynamics by taking strategic initiative. Acad. Manage. Exec. 2(2), 111–118 (1988). ISSN: 0896-3789
38. G. Piccoli, B. Ives, IT-dependent strategic initiatives and sustained competitive advantage: A review and synthesis of the literature. MIS Q. 29(4), 747–776 (2005). ISSN: 0276-7783

39. D.F. Feeny, L.P. Willcocks, Core IS capabilities for exploiting information technology. Sloan Manage. Rev. **39**(3), 9–21 (1998). ISSN: 1532-9194

40. J. L. Eveleens, C. Verhoef, The rise and fall of the CHAOS report figures. IEEE Softw. **27**(1), 30–36 (2010). doi:10.1109/MS.2009.154

41. Search engine market share, netmarketshare.com (2014). http://www.netmarketshare.com/search-engine-market-share.aspx?qprid=4&qpcustomd=0&qptimeframe=Y. Zugegriffen: 21. Aug. 2014

42. L. Dignan, Microsoft's online sinkhole: $8.5 billion lost in 9 years (2011). http://www.zdnet.com/blog/btl/microsofts-online-sinkhole-8-5-billion-lost-in-9-years/52989. Zugegriffen: 21. Aug. 2014

43. C. Vaster, *Smart Mobility with the Microsoft Services Platform* (CeBit Bitkom, Berlin, 2014)

44. B. Boehm, R. Valerdi, Achievements and challenges in Cocomo-based software resource estimation. Softw. IEEE. **25**(5), 74–83 (2008). ISSN: 0740-7459. doi:10.1109/MS.2008.133

45. B. Shneiderman, Tree visualization with tree-maps: 2-D space-filling approach. ACM Trans. Gr. (TOG) **11**(1), 92–99 (1992). doi:10.1145/102377.115768

46. B. Johnson, B. Shneiderman, Tree-maps: A space-filling approach to the visualization of hierarchical information structures. *Proceedings of the IEEE Conference on Visualization, 1991*, Oct. 1991, S. 284–291. doi:10.1109/VISUAL.1991.175815

47. S. Mithas, A. Tafti, I. Bardhan, J.M. Goh, Information technology and firm profitability: Mechanisms and empirical evidence. MIS Q. **36**(1), 205–224 (2012). ISSN: 0276-7783

48. T. Fischer, A. Rothe, in *Wertbeitrag der Informationstechnologie*, Hrsg. J. Moormann, T. Fischer. Handbuch Informationstechnologie in Banken (Gabler, Wiesbaden, 2004), S 19–41. ISBN: 978-3-322-91155-1. doi:10.1007/978-3-322-91154-4_2

49. A. Fisher, J. McKenney, The development of the ERMA banking system: Lessons from history. Ann. Hist. Comput. IEEE. **15**(1), 44–57 (1993). ISSN: 1058-6180. doi:10.1109/85.194091

50. H. Brand, J. Duke, Productivity in commercial banking: Computers spur the advance. Mon. Labor Rev. **105**, 19–27 (1982). ISSN: 0098-1818

51. Staff of the Stanford Research Institute Journal, The special purpose computer ERMA for handling commercial bank checking accounts – part 1. Comput. Autom. **7**(5), 20–22 (1958)

52. Staff of the Stanford Research Institute Journal, The special purpose computer ERMA for handling commercial bank checking accounts – part 2. Comput. Autom. **7**(7), 16–18 (1958)

53. J.L. McKenney, R.O. Mason, D.G. Copeland, Bank of America: The crest and trough of technological leadership. MIS Q. **21**(3), 321–353 (1997). ISSN: 0276-7783. doi:10.2307/249500

54. K.R. Eldredge, *Patent 3000000 Automatic Reading System* (United States Patent Office, Virginia, 1961)

55. H. Schröder, *EDV-Pionierleistungen bei komplexen Anwendungen* (Springer Vieweg, Wiesbaden, 2012). ISBN: 978-3-8348-2415-8. doi:10.1007/978-3-8348-2415-8

56. G. Gilder, Metcalf's law and legacy (1993). http://www.seas.upenn.edu/~gaj1/metgg.html. Zugegriffen: 29. Jan. 2007

57. B. Briscoe, A. Odlyzko, B. Tilly, Metcalfe's law is wrong – communications networks increase in value as they add members – but by how much? Spectr. IEEE. **43**(7), 34–39 (2006). ISSN: 0018-9235. doi:10.1109/MSPEC.2006.1653003

58. C. Anderson, The long tail. Wired Mag. **10**, 170–177 (2004). ISSN: 1059-1028

59. E. Brynjolfsson, Y.J. Hu, M.D. Smith, From niches to riches: The anatomy of the long tail. Sloan Manage. Rev. **47**(4), 67–71 (2006). ISSN: 1532-9194

60. M. Hobday, A. Davies, A. Prencipe, Systems integration: A core capability of the modern corporation. Ind. Corp. Chang. **14**(6), 1109–1143 (2005). doi:10.1093/icc/dth080

61. C.N. Parkinson, R.C. Osborn, *Parkinson's Law, and Other Studies in Administration*, Bd. 24 (Houghton Mifflin, Boston, 1957), S. 112

62. P.-H. Kamp, The Bikeshed email (1999), http://phk.freebsd.dk/sagas/bikeshed.html. Zugegriffen: 26. Aug. 2014

63. ISO, ISO/IEC 19501:2005 Unified Modeling Language Specification, Standard (2005)
64. The Royal Academy of Engineering, *The Challenges of Complex IT Projects, The report of a working group from The Royal Academy of Engineering and The British Computer Society* (The British Computer Society, London, 2004)
65. Arbeitsgruppe 2 des Nationalen IT-Gipfels, Jahrbuch 2012/2013 – Digitale Infrastrukturen, Nationaler IT Gipfel (2013). http://www.it-gipfel.de/IT-Gipfel/Redaktion/PDF/it-gipfel-2012-jahrbuch-2012-13-digitale-infrastrukturen,property=pdf,bereich=itgipfel,sprache=de,rwb=true.pdf. Zugegriffen: 26. Aug. 2014
66. R. Hamming, *Numerical Methods for Scientists and Engineers* (Dover Publications, New York, 2012). Reprint der zweiten Auflage des Herausgebers McGraw-Hill in 1973. ISBN: 978-0486134826
67. D. Moch, *Strategischer Erfolgsfaktor Informationstechnologie* (Gabler, Wiesbaden, 2011). ISBN: 978-3-8349-6417-5. doi:10.1007/978-3-8349-6417-5

Was ist die Aufgabe des Regelbetriebs und woran wird er gemessen?

3.1 Beispiel: Ausfall der unternehmensweiten IT bei der Deutschen Bahn AG

Beispiel: Ausfall der unternehmensweiten IT bei der Deutschen Bahn AG

Sämtliche Fahrkartenautomaten der Deutschen Bahn sind außer Betrieb. An den Fahrkartenschaltern des Mobilitätsdienstleisters trifft man auf Servicepersonal, das keinen Zugriff auf die Buchungssysteme hat. Nur der Zugriff auf die Homepage des Konzerns unter bahn.de ist möglich, aber auch hierüber sind keine Buchungen möglich.

Dieser für Kunden und einen IT-Betrieb „worst case" ereignete sich am 14. Januar 2009 und zog sich vom Nachmittag bis in den späten Abend hin. Die Ursache wurde nicht unmittelbar gefunden.

Die Auswirkungen für Kunden und für den Bahnbetrieb waren gravierend. Behelfsweise wurden Fahrkarten für Kunden, die sofort die Fahrt antreten wollten, verkauft – dies aber ausschließlich gegen Barzahlung. Reisenden wurde empfohlen, ein Ticket bei den Zugbegleitern zu erwerben. Verspätungen und Ausfälle des Zugverkehrs waren die Folge, Anzeigesysteme fielen aus.

Der Grund für den Vorfall war ein Fehler bei Wartungsarbeiten im Berliner Rechenzentrum der Bahn, der einen Stromausfall verursachte. Dieser wiederum führte zum Ausfall des Netzwerks und der IT-Systeme [1, 2].

In diesem Kapitel untersuchen wir kurz, was die Aufgabe des IT-Betriebes ist, vor allem aber, was der Maßstab für einen *Erfolg* der IT und des IT-Betriebes ist. Der Erfolg misst sich an den ausgesprochenen und oft auch zu einem großen Teil an den nicht ausgesprochenen Anforderungen und Erwartungen des Kunden (der einen Service formal in Anspruch nimmt und dafür bezahlt) oder des Nutzers (der den Service auch nutzt und nicht immer identisch mit dem Kunden ist). Der „Kunde" ist hierbei

© Springer-Verlag Berlin Heidelberg 2016

B. Pfitzinger, T. Jestädt, *IT-Betrieb*, Xpert.press, DOI 10.1007/978-3-642-45193-5_3

- die Organisation der firmeninternen Nutzer,
- in einem business-to-business-Umfeld die Organisation der externen Nutzer,
- in einem business-to-customer-Umfeld einzelne externe Nutzer.

In Abschn. 3.3 betrachten wir die Faktoren, die für den Kunden für sein Bild der IT wesentlich sind. Hierbei greifen wir das in der Wissenschaft verbreitete Modell von DeLone und McLean (DM-Modell) auf und bereiten es für die genauere Betrachtung in den nachfolgenden Abschnitten auf.

In diesen Folgeabschnitten werfen wir einen detaillierten Blick auf die Service Level Agreements (SLAs), d. h. die Vereinbarungen zwischen der IT-Organisation und der Nutzer-Organisation.

Pro forma ist nach außen –in Richtung Kunden und Nutzer – die Erfüllung dieser SLAs die Kernaufgabe des Regelbetriebes. Nach innen –in Richtung der IT-Organisation selber – soll der Regelbetrieb die Kundenbeziehung langfristig unterstützen und eine Fortführung des Betriebes ermöglichen. Die einzelnen Aufgaben, die der Betrieb sich stellt, müssen dieses Ziel unterstützen. Die SLAs selber sollen gemäß harter Fakten („Hard Facts") messbar und nachprüfbar formuliert werden. Diese Hard Facts, die im Abschn. 3.4 angerissen werden, sollen in Abschn. 3.5 genauer behandelt werden.

Wenn die Beziehung zwischen der IT- und der Nutzer-Organisation ausschließlich auf schriftliche SLAs reduziert wird, dann wird diese auf Dauer weder erfolgreich noch erfreulich sein. Die Kundenbeziehung besteht aus mehr als SLAs und Hard Facts. Und sie ist mehr als ausschließlich die Interaktion zwischen der „IT-Organisation" und dem „Business". Sie besteht in erster Linie aus der Beziehung zwischen **Mitarbeitern** der IT-Organisation und des Business. Damit ist man auch schon bei den „Soft Facts"– den weichen Faktoren. Diese Soft Facts sind die – meistens – unausgesprochenen Erwartungen des Business an die IT-Dienstleistungen. Hierbei handelt es sich um Erwartungen an die Organisation selbst, aber auch an die einzelnen Mitarbeiter, die diese IT-Organisation repräsentieren. Alle Mitarbeiter der IT-Organisation mit Außenkontakt agieren auch als deren Repräsentanten. In Abschn. 3.6 gehen wir auf die Soft Facts näher ein.

Der Abschn. 3.7 zeigt, welche möglichen Stellschrauben für die Beeinflussung der Erfolgsfaktoren es gibt. Dazu greifen wir einerseits auf Forschungsergebnisse zurück, schildern andererseits aber auch ein Modell für den Zyklus der Servicequalität. Dabei gehen wir insbesondere auf die Gestaltung der Beziehung zum Kunden der IT ein.

Gleichgültig ob es firmeninterne Nutzer gibt oder nicht, *eine* spezielle „Kundenbeziehung" spielt immer eine wichtige Rolle in der IT: die Beziehung des Firmenchefs („CEO") zum IT-Chef („CIO"). Die Ausgestaltung dieses Verhältnisses beeinflusst in vielen Fällen maßgeblich, wie die IT das Business effektiv unterstützen kann. Für die Arbeit und das Ansehen der IT-Abteilung (und des IT-Betriebs) ist also insbesondere diese Beziehung zwischen CEO und CIO von herausragender Bedeutung – in persönlicher wie auch in strategischer Hinsicht. In Abschn. 3.8. werden wir hierauf näher eingehen.

Am zu Beginn des Kapitels erwähnten Beispiel der Deutschen Bahn können wir einfach die erste und vordringlichste Aufgabe des Regelbetriebs ablesen. Im Beispiel sollen die Buchungen von Fahrkarten – der Einnahmen-generierende Teilprozess bei der Bahn – unterbrechungsfrei und ohne relevante Einschränkungen funktionieren. Allgemeiner: geschäftsrelevante IT-Services sollen problemfrei funktionieren.

▶ Trivial, aber wahr: Die Aufgabe des IT-Betriebs ist es, sicherzustellen, dass die IT für den Kunden problemfrei funktioniert.

3.2 Überblick: Was macht die IT im Regelbetrieb...

In diesem Abschnitt erläutern wir, was „die IT" im Regelbetrieb macht. Im Laufe des Buches werden wir – mehrfach – auf die Aufgaben und Ziele der IT-Organisation zurückkommen und diese auch aus unterschiedlichen Perspektiven beleuchten.

Dabei gehen wir von einer IT-Organisation aus, die IT-Leistungen innerhalb einer Geschäftsorganisation erbringt (gleich in welcher rechtlichen Form – siehe auch Kap. 4.3).

Personen mit technischem Hintergrund tendieren manchmal dazu, an der „IT" die Technik in den Vordergrund zu stellen. Eine Geschäftsperspektive sieht aber in der IT vor allem die „Information" und deren Verarbeitung – also das, was den Nutzen im Unternehmen stiftet. In diesem Buch werden Perspektiven der Wirtschaftsinformatik [3] und des IT-Controlling [4] in einen Gesamtkontext mit eingebunden. Das Informationsmanagement hat als Teilbereich der Unternehmensführung die Aufgabe, „den im Hinblick auf die Unternehmensziele bestmöglichen Einsatz der Ressource Information zu gewährleisten" [3]. Wir legen bei den Aufgaben der IT-Organisation bewusst diese moderne Beschreibung zugrunde (siehe auch Kap. 4.2), und nicht ausschließlich eine technische oder prozessuale.

▶ Die IT-Organisation hat die Aufgabe, den bestmöglichen Einsatz von Information und Informationsverarbeitung in einer Firma bereitzustellen. „Bestmöglich" bezieht sich dabei auf die *Unternehmensziele.*

Bei der Analyse der Aufgaben der IT-Organisation wird ersichtlich, dass diese einerseits grob in regelmäßige und andererseits in projektbezogene Leistungen und Aufgaben eingeteilt werden können.

Regelaufgaben

Die IT-Organisation erbringt die mit den Kunden vereinbarten IT-Leistungen (in der Regel IT-Services). Diese Leistungen sind über vertragliche Beziehungen festgehalten (in der Regel Service Level Agreements).

Störungen an den IT-Services werden zügig behoben, so dass die dem Kunden versprochenen Leistungen geliefert werden können. Es wird proaktiv bzw. reaktiv dafür gesorgt, dass Störungen möglichst nicht (bzw. nicht wieder) auftreten.

Die technischen Maßnahmen zur Instandhaltung der IT-Systeme und IT-Services werden verlässlich durchgeführt. Die Sicherheit der IT-Systeme wird zuverlässig durch standardisierte Maßnahmen gewährleistet (beispielsweise IT-Grundschutz nach BSI).

Mit dem Kunden wird regelmäßig über seine Bedürfnisse und Anforderungen gesprochen, dies schlägt sich in der Ausrichtung der IT nieder.

Projektaufgaben

Die im Projektmodus zu erledigenden Aufgaben können auf einer höheren Aggregationsebene wiederum als Regelaufgaben aufgefasst werden. Wenn regelmäßig IT-Projekte initiiert, durchgeführt und beendet werden, dann sind die hierfür benötigten Organisationen sowie die wiederkehrenden Vorgehensweisen, Methoden und Prozesse idealerweise standardisiert und vereinheitlicht.

Dadurch wird bei der Projektinitiierung weniger Aufwand erzeugt, aber auch gewährleistet, dass Projekte verlässlich und absehbar mit verhältnismäßigem Aufwand die erwarteten Ergebnisse liefern.

Eine IT-Organisation hat dabei Projektaufgaben, die einerseits eine Änderung, Neueinführung oder Beendigung von IT-Services bedeuten können. Dies beinhaltet typischerweise auch immer Software-Entwicklungsleistungen – die dann innerhalb der IT-Organisation, jedoch außerhalb eines IT-Betriebes liegen. Ein IT-Betrieb muss bei einem solchen Vorhaben jedoch mindestens betriebliche Abnahmen der Software leisten (siehe auch Kap. 9).

Die IT-Organisation kann andererseits aber auch Projektaufgaben haben, bei denen sie sich vornehmlich um betriebliche Änderungen kümmert – dies kann beispielsweise die Einführung neuer Hardware sein, aber auch Änderungen an Netzwerken oder Einführung neuer Arbeitsplatzrechner. In beiden Fällen wird typischerweise vom IT-Betrieb selber eine bestimmte Projektmethodik verwendet. Er kann sich dabei der Instrumente und Vorgehensweisen der IT-Entwicklungsorganisation bedienen.

Aus Sicht einer *Kunden-Organisation* gehören solche Projekte zu den Regelaufgaben der IT-Organisation (ob dies zu den Regelaufgaben eines IT-*Betriebes* gehören, dazu wird die Kunden-Organisation in der Regel keine Meinung haben). Von den zugrunde liegenden Arbeitsschritten und Aufwänden soll der Kunde nichts oder nur wenig mitbekommen – schließlich ändert sich am Service kaum etwas.

3.3 …und wie wird der Erfolg der IT-Betriebs beurteilt?

Dieses Buch konzentriert sich auf den IT-Betrieb. Eine adäquate Betrachtung schließt jedoch Einflüsse aus anderen Bereichen – insbesondere des IT-Designs und der IT-Entwicklung – mit ein. Dies tun wir nun auch bei der Untersuchung, was den Erfolg eines IT-Betriebes ausmacht.

3.3.1 Der Erfolg eines IT-Systems – verschiedene Perspektiven

In der Literatur gab es langes Rätselraten, wie man den Wert und den Erfolg von Informationssystemen und damit der IT bestimmen kann. Was sind die messbaren Faktoren, die den Erfolg der IT bestimmen?

Die Antwort ist nicht einfach. Es gibt zudem verschiedene Sichtweisen auf die IT und IT-Systeme. Wir werden im Folgenden solche unterschiedlichen Sichtweisen von exemplarischen Stakeholdern von IT-Systemen unter die Lupe nehmen (siehe z. B. [5, 6]), um im Anschluss zu einer Synthese zu kommen.

Erfolg aus Sicht eines IT-Entwicklers
Da die IT-Entwicklung zumeist im Rahmen von Projekten arbeitet, wird sie ein IT-System dann als erfolgreich bezeichnen, wenn sie ihren Beitrag zur Erstellung des IT-Systems innerhalb des Projektes geleistet hat. Das IT-System wurde in der geplanten Zeit erstellt. Der Aufwand hielt sich im Rahmen dessen, was geplant war und die Vorgaben aus der Detailspezifikation wurden umgesetzt. Im Wesentlichen handelt es sich um das magische Dreieck von Time, Quality und Budget, in dessen Mitte das Risiko und die Inhalte („Scope") stehen Abb. 3.1. Die traditionelle Projektmanagementweisheit hierzu lautet – bei unveränderten Scope und Risiko: „Pick any two". Das bedeutet, dass man beispielsweise die Zeit und die Qualität „beliebig" festlegen kann, sich dann aber das Budget daraus ergibt. Oder aber: wenn Zeit und Budget möglichst minimiert werden, dann wird die Qualität des Projektergebnisses möglicherweise ebenfalls minimal sein. Eine klar strukturierte (wenn auch sehr formalisierte) Behandlung einer Projektmanagement-Methodik findet man beispielsweise im PMBOK – dem Projekt Management Body of Knowledge [7], siehe auch Kap. 9.3.1.

Erfolg aus Sicht eines IT-Administrators
Ein IT-System ist aus Sicht eines IT-Administrators dann erfolgreich, wenn es im Betrieb wenig Aufwand erzeugt. Das System lässt sich automatisiert und ohne händische Eingaben installieren, paketiert ausrollen und ohne Verbiegungen in die betrieblichen Überwachungsprozesse einbinden. Es erzeugt wenige oder gar keine Vorfälle („Incidents"), auf die – ggf. sogar außerhalb der bedienten Betriebszeiten – reagiert werden muss. Es frisst

Abb. 3.1 Das magische Projektmanagement-Dreieck – Zeit, Qualität, Budget. In der Mitte sehen wir das Risiko und den Projektscope

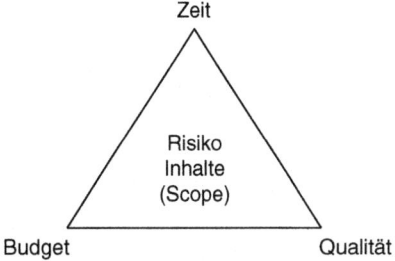

nicht nach und nach und zunehmend Rechenpower und stürzt nicht ab. Im Idealfall wurden also bereits beim Systemdesign und bei der Entwicklung betriebliche Belange (siehe auch Kap. 7) berücksichtigt.

Erfolg aus Sicht eines Nutzers

Ein Nutzer wird ein System in der Regel dann als erfolgreich bezeichnen, wenn es intuitiv gestaltet ist und seine Arbeit erleichtert. Genereller soll das System die Arbeitszufriedenheit und die Leistungsfähigkeit verbessern. Wenn er Fragen zur Anwendung des Systems oder zu einem vermeintlichen oder echten Fehler hat, sollen diese schnell und unbürokratisch beantwortet und bearbeitet werden. Daten, die aus dem System bereitgestellt werden, sollen aktuell und akkurat sein.

Erfolg aus Sicht des Business

In Anlehnung an [8] ist ein IT-System aus Sicht des Business (oder: des Managements) dann erfolgreich, wenn es Nutzen im Vergleich zu den eingesetzten Ressourcen (also beispielsweise Arbeitszeit und –kraft sowie Budget) bringt.

▶   Ob ein IT-System als Erfolg oder Misserfolg angesehen wird, hängt vom Stakeholder ab.

3.3.2 Der Begriff der Qualität

In den folgenden Abschnitten werden wir immer wieder den Begriff „Qualität" verwenden. Es lohnt sich daher, diesen vorher zu beleuchten.

Im Laufe der Zeit haben sich gewisse Definitionsverschiebungen beim Begriff Qualität ergeben. In den USA gab es Entwicklungen beim Qualitätsbegriff (und Anforderungen) vor allem in den 1960er Jahren durch öffentliche Auftraggeber sowie in den 1970er und 1980er Jahren, als die aufkommende japanische Konkurrenz den amerikanischen Produzenten mit Qualitätsprodukten zu schaffen machte. Aus dieser Zeit stammt die Unterteilung von David A. Garvin, der fünf Perspektiven auf Qualität konstatiert [9]:

• Die **philosophische** („transzendente") **Perspektive**: Mit einem Rückgriff auf den Begriff der Schönheit bei Plato wird Qualität als Begriff gesehen, der verstanden, aber nur schlecht definiert werden kann. Diese Betrachtung ist zwar interessant, soll uns hier aber nicht weiter beschäftigen.
• Die **produktbezogene Perspektive**: Qualität ist präzise und messbar. Ein Qualitätsunterschied zwischen zwei Produkten macht sich an Unterschieden eines Attributes oder eines Bestandteils des Produktes fest. Mehr Qualität bedeutet höhere Kosten, und Qualität ist etwas dem Produkt inhärentes – der Nutzer spielt dabei keine Rolle. Dies ist auch das Problem bei einer ausschließlichen Qualitätsdefinition über diese Perspektive

- „*Qualität ist das, was technisch anspruchsvoll ist und nicht das, was für den Kunden Nutzen stiftet*"[1].
- Die **nutzerbezogene Perspektive**: Der Schwerpunkt liegt hier auf dem Nutzer. Hohe Qualität enthält subjektive Elemente, sie ist das, was den Nutzerwünschen am besten entspricht. Probleme tauchen auf, wenn man versucht, diese Sicht fassbar zu machen: Wie kann man die Nutzerwünsche am besten aggregieren, so dass sich eine vernünftige Definition von Qualitätsparametern ergibt?
- Die **fertigungsbezogene Perspektive**: Fast alle fertigungsbezogenen Definitionen definieren Qualität als „Einhaltung von Anforderungen". Qualität wird so definiert, dass die Kontrolle des Produktionsprozesses erleichtert wird, Spezifikationen sollen eingehalten werden und Qualität schon in der Produktion und nicht erst in der Kontrolle entstehen („doing it right the first time"). Verbesserungen der Qualität (wodurch der Ausschuss reduziert wird) führen zu geringeren Kosten.
- Die **wertbezogene Perspektive**: Dieser Ansatz definiert Qualität im Sinne von Kosten (oder Preisen). Ein Qualitätsprodukt liefert eine Leistung zu einem akzeptablen Preis (oder Anforderungsübereinstimmung zu annehmbaren Kosten).

Die fertigungsbezogene Sichtweise von Qualität ist sicher auch der erste Impuls in einem IT-Bereich (oder allgemeiner: im Ingenieurwesen). Qualität ist eine Umsetzung von Anforderungen an ein System, an Informationen oder an einen Service. „*Anforderungen müssen klar und unmissverständlich formuliert sein. Darauf aufbauend werden laufend Messungen vorgenommen, so dass die **Übereinstimmung mit diesen Anforderungen** bestimmt werden kann. Die Nichtübereinstimmung ist das Fehlen von Qualität. Qualitätsprobleme werden zu Nichtübereinstimmungsproblemen. Qualität wird definierbar*"[2]. Fehlt es an Umsetzungen der gewünschten Charakteristik, dann macht sich dies als Nichtübereinstimmung und damit als schlechtere Qualität bemerkbar. Der Hauptfokus dieser Perspektive ist ein interner, auch wenn die Kundensicht anerkannt wird (ein Produkt, das den Anforderungen nicht entspricht, ist wahrscheinlich schlecht gemacht und unzuverlässig und entspricht damit nicht den Kundenwünschen). Im Bereich des IT-Betriebs ist eine solche Sicht so problematisch wie im Bereich des Anforderungsmanagements (also der IT-Entwicklungen): Er geht davon aus, dass der Kunde von Anfang an alles weiß und alles formulieren kann. In der Realität zeigt sich aber:

---

[1] Englisches Original [10]: „*They tend to be contemptuous of anything that is not ‚advanced knowledge', and particularly of anyone who is not a specialist in their own area. They tend to be infatuated with their own technology, often believing that ‚quality' means what is technically sophisticated rather than what gives value to the user.*"

[2] Englisches Original [11]: „*Requirements must be clearly stated so that they cannot be misunderstood. Measurements are then taken continually to determine **conformance to those requirements**. The nonconformance detected is the absence of quality. Quality problems become nonconformance problems, and quality becomes definable.*" [Hervorhebung eingefügt]

- Der IT-Kunde kann nicht alle seine Bedürfnisse explizit formulieren. Manche Dinge setzt er ungesagt voraus, manche Dinge setzt ein IT-Betrieb ungesagt (und anders als ein IT-Kunde) voraus.
- Der IT-Kunde weiß nicht alles jetzt. Dies ist insbesondere bei der Einführung von neuen Verfahren und Prozessen wichtig, bei der neue Erkenntnisse erst im Zeitverlauf hinzugewonnen werden. Der Kunde lernt hinzu.

Das sind auch Gründe, warum das althergebrachte V-Modell in bestimmten Kontexten zunehmend kritisch betrachtet wird und auf flexiblere und agile Entwicklungsmethoden ausgewichen wird. Nach [12] sind Anforderungsfehler für ca. 20 % aller Softwarefehler und für mehr als 35 % der schwerwiegenden Softwarefehler verantwortlich. Übertragen auf den IT-Betrieb werden Fehler auch in den schriftlichen Anforderungen an einen Service vorhanden sein –dass also Service Level Agreements nicht stimmen.

Beispiel

Eine imaginäre Firma stellt für die Arbeitsplatz-Rechner ihrer Mitarbeiter einen automatischen Software-Update-Dienst zu Verfügung. Software-Patches werden also nicht – wie davor üblich – per Einzelinstallation von Vorort-Mitarbeitern nach einer Terminabsprache vorgenommen.

Wenn Updates von installierter Software verfügbar sind oder aus Sicht der IT-Abteilung neue Software installiert werden soll, erscheint auf dem Bildschirm ein Fenster mit einem Hinweis. Die Installation beginnt im Hintergrund.

Aus einer „**fertigungsbezogenen Sicht**", die von der IT-Abteilung kommt, ist das Verfahren optimal und eine Verbesserung zu dem vorherigen Zustand:
- Sicherheitsupdates können prompt installiert werden (die Zeit zwischen einem Security-Alert bzw. dem Zeitpunkt, an dem ein Sicherheitsupdate zu Verfügung steht, und dem Zeitpunkt, an dem der Patch ausgerollt ist, kann gemessen werden),
- Software kann schneller ausgebracht werden und Kunden müssen nicht auf Techniker warten (gemessen wird der Zeitpunkt zwischen einer Kundenanforderung nach einer Software und der Installation dieser Software auf dem Arbeitsrechner).

Aus einer „**Kundensicht**" ist das Verfahren zwiespältig.
- Zwar sind die Zeitvorteile offensichtlich, die Absprachen mit Technikern entfallen und angeforderte Software wird schneller installiert.
- Andererseits aber unterbrechen die unvermittelt auftauchenden Fenster mit der Installationsankündigung manchmal den Arbeitsfluss der Mitarbeiter oder sogar wichtige interne oder externe Präsentationen, was unangenehm sein kann. Besonders dann, wenn Rechnerkapazitäten vom Updateprozess benötigt werden oder insbesondere dann, wenn das zu aktualisierende System gerade in Verwendung ist – und vom Rechner deswegen obligatorisch beendet wird.

Eine gewisse Milderung der kritischen Kundensicht gibt es nach einer weiteren Neuerung dadurch, dass der Nutzer nach einem Service-Update selbst auswählen kann, ob das System jetzt oder später installiert wird.

Es ist also wichtig zu verstehen, dass es diese verschiedenen Sichten auf Qualität gibt [9]:

- Auf der einen Seite stehen **Nutzerperspektive** und **Produktperspektive** (zusammengenommen oft die Sicht des „Marketing").
- Auf der anderen Seite steht die **fertigungsbezogene Perspektive** – oft die Sichtweise einer Fertigung oder eines Betriebes.

Immer, wenn es Kommunikation und Austausch zum Thema Qualität gibt, muss geprüft werden, aus welcher Perspektive der Kommunikationspartner spricht. Andernfalls besteht die Gefahr, dass Kommunikation scheitert und nicht weiterführende Konflikte entstehen.

Diese unterschiedlichen Perspektiven sind selbstverständlich sehr gut auf den IT-Betrieb und seine Serviceerbringung übertragbar. Die Begriffe heißen dann:

- Nutzerbezogene Perspektive (keine Änderung)
- Betriebsbezogene Perspektive (statt fertigungsbezogene Perspektive)
- Servicebezogene Perspektive (statt produktbezogene Perspektive)

Auch wenn Qualitätsdefinitionen heterogen sein können, gibt es Versuche, zu einer Synthese zu kommen. Beispielsweise definierte DIN EN ISO 8402 Qualität als *„Gesamtheit von Merkmalen einer Einheit bezüglich ihrer Eignung, festgelegte und vorausgesetzte Erfordernisse zu erfüllen"* [11]. „Einheit" kann dabei sehr viel sein, insbesondere Waren und Services. Interessant ist hier das Wort „vorausgesetzt" – als Gegensatz zu „festgelegt". Noch etwas abstrakter definiert die zeitlich spätere DIN EN ISO 9000 Qualität als *„Grad, in dem ein Satz inhärenter Merkmale Anforderungen erfüllt"* [13]. Dabei können die Anforderungen auch Erwartungen enthalten. Dies spiegelt sich in dem Begriff Gebrauchstauglichkeit wider – ein Produkt oder Service soll die wirklichen Bedürfnisse des Kunden befriedigen[3] [7].

In der ISO 25010 [14], die zu der mit Qualität beim Software-Engineering befassten ISO 25000-Familie gehört, werden drei Qualitätsmodelle vorgestellt:

- das Produkt-Qualitätsmodell,
- das Daten-Qualitätsmodell und
- die Nutzungsqualität (Quality in use), also die Qualität, die ein Nutzer beim Gebrauch der Software (in einem bestimmten Kontext) erfährt.

---

[3] *„This requires a combination of conformance to requirements […] and fitness for use (the product or service needs to satisfy the real needs)."*

Auf die ISO 25010 werden wird noch in Kap. 7 zurückkommen, wobei es dabei um den IT-Betrieb als Stakeholder von Software-Qualität geht.

Der Begriff „Qualität" und der zeitliche Wandel der Definitionen haben schon Generationen von Doktoranden beschäftigt. Wichtig für unsere weitere Behandlung ist jedoch – jenseits von Detailfragen – das Folgende. Damit eine IT-Abteilung mit Anforderungen rational umgehen kann, müssen diese bekannt sein. Das ist gerade im Service-Bereich ein Problem, da Anforderungen nicht immer ausgesprochen werden. Mehr noch: Anforderungen müssen einem Kunden noch nicht einmal bewusst sein (was nicht heißt, dass es nicht bemerkt wird, wenn sie **nicht** erfüllt sind), und die Anforderungen können sich auch schnell ändern.

▶   Anforderungen eines Kunden an ein IT-System können auch implizit vorhanden sein – sie müssen nicht immer ausgesprochen oder gar bewusst sein.

Der Weg von einer **Nutzersicht** über eine **Service-Sicht** zur **betrieblichen Sicht** muss sehr sorgfältig und nahe am Kunden gegangen werden – alle drei Perspektiven müssen berücksichtigt werden. Ein IT-Betrieb als professioneller Anbieter von Qualitäts-Services für Enterprise-Kunden muss

- einerseits versuchen, den Kunden und sein Geschäft so gut zu verstehen, dass Fehler in den Anforderungen an IT-Services bemerkt werden (**Prävention**),
- andererseits auch kurzfristige Änderungen an Services und ihrer betrieblichen Erbringung ermöglichen (**Mitigation**).

3.3.3   Das DeLone&McLean-Modell des IT-Erfolgs

DeLone und McLean stellten im Jahr 1992 ihr D&M-Modell zum Erfolg von Informationssystemen vor und forderten andere Forscher auf, es zu bestätigen, zu widerlegen oder zu ergänzen [15]. Die Faktoren, nach denen in diesem Modell Erfolg bemessen wurde, waren:

- Qualität des Systems,
- Qualität der Informationen,
- Nutzungsabsicht und tatsächlich Benutzung,
- Nutzerzufriedenheit sowie
- individueller und organisatorischer Einfluss.

Zehn Jahre später konnte dieses DM-Modell auf Grundlage der zwischenzeitlichen Forschung fortgeschrieben werden [16]. Zu diesem Zeitpunkt wurde lediglich ein Faktor ergänzt:

- Servicequalität.

Dies ist eine interessante Ergänzung, da gerade eine adäquate Servicequalität selbstverständlich **die Schlüsselaufgabe** des IT-Betriebes ist. Die Einbeziehung von Servicequalität war auch der zunehmenden Rolle von Endnutzern bei der Computernutzung im Laufe der 1980er- und 1990er-Jahre geschuldet. Endnutzer sind keine Expertennutzer, Endnutzer müssen IT nicht „verstehen". Zunehmend standen nicht mehr nur Produkte (beispielsweise Informationsprodukte), sondern auch Services (Unterstützung für Endnutzer bei der Nutzung von IT-Produkten) im Mittelpunkt. Natürlich hätte man die Servicequalität auch schon im Jahr 1992 einbeziehen können – die Relevanz war auch schon vorher klar, wenn auch vielleicht in anderen Bereichen. So schrieb beispielsweise im Jahr 1983 Levitt [17] in seinem Artikel „After the sale is over…", dass Firmen Probleme vermeiden können, wenn sie von Anfang an die Kundenbeziehung managen. *„Eine der sichersten Zeichen für eine schlechte oder erodierende Beziehung ist das Ausbleiben von Beschwerden des Kunden"*[4].

Im Folgenden erläutern wir die genannten sechs Begriffe (die Servicequalität stellen wir dabei an die dritte Stelle). Dabei orientieren wir uns an [18, 19].

Qualität des Systems
Mit der Qualität des Systems ist die **erwünschte Charakteristik des Systems** gemeint. Darunter fällt beispielsweise die Einfachheit der Nutzung: eine einleuchtende Nutzerführung sowie ergonomische Gestaltungsmerkmale (siehe beispielsweise [5]) tragen dazu bei. Insbesondere auch solche Merkmale des Informationssystems, die ein IT-Betrieb verantwortet, gehören zur Qualität des Systems. Dies sind beispielsweise Antwortzeiten, Verarbeitungsgeschwindigkeit und Stabilität.

Qualität der Informationen
Die Informationsqualität sind die **gewünschten Ergebnisse der Systemverarbeitung**, hierbei natürlich insbesondere die Ausgaben (Outputs) des Systems. Dies zielt auf Informationen, die von einem System ausgegeben werden, insbesondere in Gestalt von Reports oder in einem Cockpit. Aber auch Datenmaterial, das weiterverarbeitet wird, fällt darunter. Hierbei spielen Relevanz, Präzision und Verständlichkeit eine Rolle – Eigenschaften, die schon in der Designphase eines Systems erwogen werden müssen. Für den IT-Betrieb besonders relevant sind Eigenschaften wie Aktualität und Pünktlichkeit der Informationen. Nicht immer sollen *weitere* Informationen als Ergebnis einer Verarbeitung von Informationen durch Anwendungen oder IT-Services entstehen (etwa für Entscheidungsfindungen oder Kundenabrechnungen). Dann ist auch das Konzept der Informationsqualität nicht sinnvoll anwendbar: Bei Textverarbeitungsprogrammen beispielsweise ist diese Dimension nicht relevant.

---

[4] Englisches Original [17]: „*One of the surest signs of a bad or declining relationship is the absence of complaints from the customer.*"

Servicequalität

Die Servicequalität ist die tatsächliche (oder wahrgenommene!) Qualität des Services, die ein Systemnutzer von dem IT-Betrieb allgemein oder für ein spezifisches IT-Produkt bekommt. Dies kann auch die Unterstützungsleistungen des IT-Betriebs für den Nutzer betreffen. Dabei spielen insbesondere die **Erwartungen**, die ein Nutzer hat und der Abgleich seiner Wahrnehmung mit dieser Erwartung eine Rolle (siehe z. B. [20])[5]. Dies können normative Erwartungen sein – also das, was ein Kunde *idealerweise* von einem Service erwartet. Einfluss üben aber auch die faktischen Erwartungen – also das, was ein Kunde, vielleicht durch vorherige Erfahrungen geprägt, von einem Service *real* erwartet. Um die Kundenerwartungen messbar zu machen, wurde in der Literatur (beispielsweise in [22]) „Erwartung" als solche an einen „exzellenten Service" definiert.

Bei den Erwartungen spielen insbesondere Verlässlichkeit, Kundenfreundlichkeit des IT-Personals, das Einfühlungsvermögen der IT-Mitarbeiter sowie die Verständlichkeit des IT-Betriebs gegenüber dem Kunden eine Rolle. Das äußere Erscheinungsbild und die technische Kompetenz als zwei vermeintliche Gegenpole dürfen nicht außer Acht gelassen werden. Aber auch die wahrgenommene Flexibilität und Geschwindigkeit beim Anpassen von Systemen und der Behebung von Störungen sind nicht zu vernachlässigen. Auch wenn Servicequalität in manchen Bereichen stark von zwischenmenschlichen, humanen und weichen Faktoren abhängt (siehe auch Abschn. 3.4) darf sie nicht mit diesen verwechselt werden. Schon in den frühen 70er Jahren hat Theodore Levitt [23] darauf hingewiesen[6], dass insbesondere Servicequalität durch technische Herangehensweisen drastisch verbessert werden kann.

▶   Bei der Bewertung der Servicequalität spielt die Erwartung des Nutzers eine Rolle. Je mehr er erwartet, desto schwieriger ist es, ihm eine subjektiv gute Servicequalität zu bieten.

Nutzungsabsicht und Nutzung des Systems

Hier geht es um die Häufigkeit und die Art, wie ein IT-System von Nutzern verwendet wird. Darin geht die Zeitdauer der Nutzung während eines Betrachtungszeitraumes ein, aber auch die Häufigkeit der Nutzung. Dies heißt, dass ein Fall, in dem ein Nutzer das System während einer Woche fünf Stunden lang nutzt, nicht gleich gewertet werden muss, wie fünf Nutzer, die das System eine Stunde lang nutzen.[7] Auch die Art und Angemessen-

---

[5] Einen Überblick über Kritiken an dieser Sichtweise gibt es beispielsweise in [21]. In diesen Kritiken wird betont, dass der Kunde keine Kalkulation von „Leistung minus Erwartung" durchführt, sondern dass die Gesamtwahrnehmung der Servicequalität relevant ist. Für unsere weiteren Betrachtungen ist dies aber weitgehend neutral.

[6] Damals mit Hinblick auf Produkthersteller.

[7] Zu beachten ist, dass die absolute Dauer der Nutzung nur ein ungefährer Ausdruck des IT-Erfolges sein kann – wenn für die gleichen Gesamtnutzen ein Nutzer eines Systems 2 h benötigt, mit einem anderen System aber nur eine Stunde, wird der Gesamtnutzen und damit Erfolg des zweiten Systems höher sein.

heit der Nutzung kann bedeutend sein. Wenn Nutzer nur einen Teil der Mächtigkeit eines Systems nutzen, deutet dies darauf hin, dass das System, gemessen an der ursprünglichen Absicht, nicht so erfolgreich ist wie ein System, das in seiner vollen Bandbreite genutzt wird.

Nutzerzufriedenheit
Die Nutzerzufriedenheit ist, insbesondere als Differenzierungsmerkmal von verschiedenen IT-Systemen, von hoher Bedeutung. Sie kann durch Kundenbefragungen gemessen werden, was jedoch auch notorisch unzuverlässig ist. Verfahren aus den Sozialwissenschaften und der Psychologie, wie beispielsweise ein Polaritätsprofil o.ä., können hier helfen.

Gesamtnutzen (bestehend aus individuellem und organisatorischem Einfluss)
Das Ausmaß, zu dem ein IT-System zum Gesamtnutzen für einzelne Personen, Gruppen oder der ganzen Organisation beiträgt, ist sicher das Maß, das für das Management am wichtigsten und vielleicht am sichtbarsten ist. Der Gesamtnutzen ist eine Saldierung von Vorteilen und Nachteilen, die ein Informationssystem oder -service entfaltet. Gemeint ist also das, was unter dem Strich als positiver Effekt übrigbleibt. Dazu zählen nicht nur direkte finanzielle Kenngrößen, sondern auch nichtfinanzielle (dieses Thema wurde schon genauer in Kap. 2 dargestellt). Ein Projekt-Management-Tool kann beispielsweise zu besseren Entscheidungen beitragen, aber auch finanzielle Vorteile mit sich bringen.[8] Bei externen Kunden – und noch stärker bei Endkunden im E-Commerce-Bereich – ist der Gesamtnutzen der dominierende Erfolgsfaktor: Hat der Internet-Einkauf dem Kunden einen Nutzen gebracht? Hat er Zeit und Geld gespart? Der Gesamtnutzen kann dann aber natürlich auch nicht ohne die Systemqualität (beispielsweise die Einfachheit der Nutzung) oder die Qualität der Informationen (beispielsweise die Verständlichkeit der angebotenen Informationen) verstanden werden. Letztlich ist der Gesamtnutzen das Maß für den Erfolg der IT, auch wenn er nicht immer genau gemessen werden kann. Dies ist so, da „Erfolg" auch politische und emotionale Komponenten („wir haben gewonnen") enthalten kann [19].

In Tab. 3.1 sind die Einflussfaktoren näher beschrieben. In der letzten Spalte gibt es eine vorläufige Beurteilung dazu, wie stark die Verantwortlichkeiten und Einflussnahme des IT-Betriebes auf diese Faktoren einzuschätzen sind. Dies werden wir in Abschn. 3.4 und 3.6 wieder aufnehmen. Hier ist insbesondere noch nicht beschrieben, *wie* die Einflussfaktoren positiv gestaltet werden können.

Diese Faktoren werden unterschiedlich gewichtet, je nachdem, welche Betrachtungsweise man einnimmt. Wenn man einzelne IT-Systeme betrachtet, können die Qualitätsfaktoren „System" und „Informationen" das meiste Gewicht bekommen. Betrachtet man

---

[8] Nach dem englischen Original [23]: „*…a product is not something people buy, but a tool they use – a tool to solve their problems or to achieve their intentions.*". Dies gilt natürlich auch für IT-Services.

Tab. 3.1 Einflussfaktoren des Erfolges von Informationssystemen. (adaptiert nach [16, 19])

Einflussfaktor	Beschreibung	Beispiele von Ausprägungen	Zuordnung zu Verantwortlichkeit des IT-Betriebs
Qualität des Systems	Erwünschte Charakteristik des Systems	Einfachheit der Nutzung	Teilweise
		Flexibilität des Systems	
		Antwortzeiten	
		Intuitivität der Nutzerführung	
		Gebrauchstauglichkeit	
		Verfügbarkeit	
Qualität der Informationen	Erwünschte Charakteristik der Ausgaben des Systems (Inhalte, Reports, Dashboards)	Relevanz	Teilweise
		Verständlichkeit	
		Akkuratesse	
		Vollständigkeit	
		Zeitgerechtigkeit	
		Personalisierung	
		Sicherheit	
Servicequalität	Qualität des Services und der Unterstützungsleistung vom IT-Betrieb für ein System	Kundenfreundlichkeit	Vollständig bei internen Kunden teilweise bei externen Kunden
		Verlässlichkeit bei der Bereitstellung des Dienstes	
		Technische Kompetenz	
		Einfühlsamkeit des Personals	
Nutzung des Systems	Grad und Art in welcher Nutzer die Möglichkeiten des Systems nutzen	Zeitdauer der Nutzung	Teilweise
		Frequenz der Nutzung	
		Art der Nutzung	
		Anzahl der Transaktionen	
Nutzerzufrieden-heit	Zufriedenheit der Nutzer mit dem System	Direkt gemessene Kundenzufriedenheit	Indirekt
		Indirekt gemessene Haltung und Zufriedenheit mit dem System (bspw. über ein Polaritätsprofil)	
		Wiederholungskäufe und -besuche	

Tab. 3.1 (Fortsetzung)

Einflussfaktor	Beschreibung	Beispiele von Ausprägungen	Zuordnung zu Verantwortlichkeit des IT-Betriebs
Gesamtnutzen	Umfang, zu dem ein System zum Erfolg der Stakeholder (Einzelne, Gruppen, das Management, die Organisation als Ganzes oder die Gesellschaft) beiträgt	Verbesserte Kundenzufriedenheit	Indirekt
		Bessere Entscheidungsfindungen	
		Verbesserte Produktivität	
		Verbesserter Absatz	
		Kostenreduktionen	
		Verbessertes EBIT	
		Verbesserte Markteffizienz	
		Verbesserte ökonomische Entwicklung	
		Zeitersparnis	
		Kostenersparnis	

Die Einflussfaktoren des Erfolgs sind sowohl für Nutzer eines Enterprise Services als auch für Endkunden, z. B. eines Internet-Webshops, adaptierbar

hingegen die gesamte IT-Organisation und insbesondere den IT-Betrieb, kann der Qualitätsfaktor „Service" die anderen dominieren (siehe z. B. [16]).

Zusätzlich beeinflussen sich die genannten Einflussfaktoren stark untereinander. So beeinflusst die Nutz*ung* des Systems natürlich den Nutz*en*, den das System haben kann: Ein im Extremfall ungenutztes System kann in der Regel keinen positiven Nutzen haben. Der Nutzen eines Systems hat aber natürlich auch Rückwirkungen auf die Art und Frequenz der Nutzung: ein System, das erwünschte Ergebnisse produziert, wird natürlich öfter von einem Nutzer in Anspruch genommen als eines, das dies nicht tut. Eine bloße Auflistung der Einflussfaktoren liefert deswegen ein verfälschtes Bild. Dies wird in der Darstellung im Kausaldiagramm der Abb. 3.2 berücksichtigt.

In dieser Abb. 3.2 stehen die **Qualitätsfaktoren** (System, Informationen und Service) links und haben jeweils Einfluss auf die **Nutzerfaktoren** (Nutzung des Systems und Nutzerzufriedenheit), die sich auch untereinander beeinflussen. Diese Gruppe wiederum bestimmt nach dem D&M-Modell die letzte Gruppe auf der rechten Seite – die **Nutzfaktoren**, die als einzigen Eintrag den Gesamtnutzen haben. Dieser wiederum hat in einer Feedback-Schleife Rückwirkungen auf die beiden Nutzerfaktoren.

Die Abb. 3.2 ist exemplarisch so zu lesen: Eine hohe Servicequalität wirkt sich positiv auf die Nutzung des IT-Systems aus (beispielsweise auf die Frequenz der Nutzung). Eine höhere Nutzung wiederum bewirkt einen höheren Gesamtnutzen.

Man findet für spezifische IT-Systeme und Situationen natürlich Gegenbeispiele für dieses generelle Bild. So gibt es etwa IT-Systeme oder -Services, die keine explizite

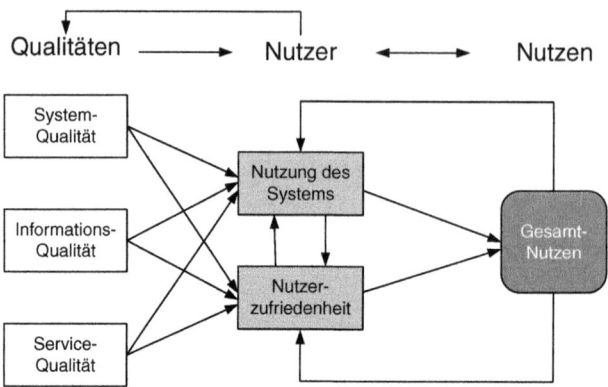

Abb. 3.2 Einflussfaktoren für Erfolg von Informationssystemen – Modell von DeLone und McLean. (nach [18])

Nutzerinteraktion benötigen, aber trotzdem einen Gesamtnutzen bewirken. Aber erst ein solch verallgemeinertes Bild wie in Abb. 3.2 lässt es zu, Besonderheiten zu erkennen und zu bewerten.

3.3.4 Hygienefaktoren der IT

Wir haben gesehen, über welche Faktoren der Erfolg der IT wahrgenommen wird. Wir müssen immer wieder betonen: So wie nicht ein einzelnes Merkmal einen Menschen hübsch macht, so ist es ist nicht ein einzelner Faktor, der den Erfolg der IT bestimmt, sondern eine Vielzahl von Faktoren. Andererseits kann ein einzelner Faktor den Misserfolg der IT bestimmen (oder einen Menschen als nicht hübsch erscheinen lassen).

Jeden dieser einzelnen Faktoren kann man im Sinne der Herzbergschen Zwei-Faktoren-Theorie lesen: Bestimmte Faktoren in positiver Ausprägung können nicht die Wahrnehmung der IT-Organisation positiv beeinflussen, die negative Ausprägung der Faktoren aber beeinflusst das Ansehen der IT negativ. Dies sind **Hygienefaktoren**.

Ein Beispiel für solche Hygienefaktoren sind Antwortzeiten in Interaktionssystemen. Schlechte Antwortzeiten rufen negative Erlebnisse sowie Unzufriedenheit bei den Nutzern hervor. Gute Antwortzeiten, so sie denn vorhanden sind, werden nicht weiter bemerkt, sondern als gegeben hingenommen. Dies ist nicht so in einer Phase, in der man es schafft, durch Tuning-Maßnahmen von schlechten zu guten Antwortzeiten überzugehen. Eine weitere Steigerung von guten zu sehr guten Antwortzeiten wird jedoch nicht wesentlich zu einer höheren Kundenzufriedenheit beitragen.

In der Zwei-Faktoren-Theorie nach Frederick Herzberg wird die Arbeitszufriedenheit durch zwei Faktoren bestimmt (nach [24]):

- **Hygienefaktoren**, deren negative Ausprägungen Unzufriedenheit erzeugen, deren positive Ausprägungen aber nicht wesentlich zur Zufriedenheit beitragen. Beispiele hierzu sind die Unter-

nehmenspolitik und -verwaltung und die Arbeitsbedingungen. Für die Arbeitszufriedenheit soll versucht werden, negative Ausprägungen zu vermeiden (daher der Begriff „Hygiene")
- **Motivatoren**, deren Anwesenheit direkt zur Zufriedenheit beiträgt. Beispiele hierzu sind Verantwortung und Anerkennung für Leistungen.[9]

Diese Unterscheidung lässt sich direkt auf manche der Einflussfaktoren des IT-Erfolgs übertragen. Bestimmte Faktoren („Hygienefaktoren der IT") tragen in ihrer negativen Ausprägung zu einem schlechten Bild der IT und der Bewertung ihres Erfolges bei. In ihrer positiven Ausprägung verändern sie aber wiederum die Bewertung nicht in eine positive Richtung.

Auf der anderen Seite sind Faktoren vorstellbar, die in einer positiven Ausprägung die Wahrnehmung der IT positiv beeinflussen, die aber, wenn sie nicht vorhanden sind, nicht direkt bemerkt werden. Dies sind **Motivatoren**.

Ein Beispiel hierfür kann eine ausgeprägte Höflichkeit des IT-Service-Personals sein. Hier ist zu beachten: Nichtvorhandensein von ausgeprägter Höflichkeit ist nicht Unhöflichkeit, sondern höflichkeitsneutrales Verhalten, genauso wie das Gegenteil von Arbeitszufriedenheit nicht Arbeitsunzufriedenheit ist, sondern die Abwesenheit von Arbeitszufriedenheit.[10]

Insgesamt scheint es gerade im IT-Service-Bereich eher mehr Hygienefaktoren zu geben als Motivatoren: Das Potenzial, einen schlechten Eindruck zu hinterlassen und Kunden unzufrieden zurückzulassen ist höher, als das Potenzial einen guten Eindruck zu machen und Kunden zufrieden zu stellen. Das steht im Einklang mit Erkenntnissen aus dem Bereich der Forschung zu Servicequalität: „*…aus einer Kundenperspektive scheint eine Verfehlung der Erwartungen gewichtiger zu sein als ein Treffen oder Übertreffen der Erwartungen. […] Kunden werden eine schlechte Serviceleistung kritisieren, ein außergewöhnliche Leistung aber nicht loben*"[11].

3.3.5   Erweiterung des D&M-Modells

Das D&M-Modell ist einerseits intuitiv einleuchtend, andererseits empirisch über eine Vielzahl von Studien gut etabliert. Durch dieses Modell können gut Messpunkte bestimmt werden, die auf den Erfolg von IT-Systemen einwirken und darauf, wie die IT (bezogen auf ein System, aber auch in seiner Breite) in einer Firma wahrgenommen wird.

---

[9] Englisches Original [24]: „*…it referred to recognition for achievement rather than to recognition as a human-relations tool divorced from accomplishment*"

[10] Englisches Original [24]: „*…the opposite of job satifsaction would not be job dissatisfaction, but rather no job satisfaction*"

[11] Englisches Original [21]: „*…from the customer's perspective, failure to meet expectations often seems a more significant outcome than success in meeting or exceeding expectations […]. Customers will often criticize poor service performance and not praise exceptional performance.*"

In den folgenden Abschnitten stellen wir dar, wie und welche der Einflussfaktoren aus dem Bereich Qualität (Abb. 3.2) sich aus dem D&M-Modell auf den IT-Betrieb herunterbrechen lassen. In welchem Ausmaß dies der Fall ist, wurde in der letzten Spalte von Tab. 3.1 („Zuordnung zu Verantwortlichkeit des IT-Betriebs") angedeutet. Dabei unterscheiden wir „**Hard Facts**" und „**Soft Facts**" und folgen dabei der Wortwahl von [25] (Kap. „Rahmenbedingungen").

Bislang haben wir aber ausschließlich von **Einflussfaktoren des Erfolgs**, von **Messpunkten** gesprochen. So wird beispielsweise die Qualität eines Service als Ausgangspunkt für Kundenerwartungen und Kundenzufriedenheit definiert. Aber wir haben noch nicht darüber gesprochen, wie diese Qualität eines Service eigentlich **gesteuert** werden kann. Weiterführend wird es also darum gehen, diese eigentlichen Erfolgsfaktoren, durch die sich die genannten Messpunkte beeinflussen lassen, einzugrenzen und zu untersuchen. Dies tun wir in den folgenden Abschnitten.

Zum Schluss (Abschn. 3.8.2) werden wir dann einen singulären Erfolgsfaktor behandeln, den wir für besonders herausragend und wichtig halten, der aber (bisher) nicht im D&M-Modell enthalten ist. Es handelt sich um die Beziehung zwischen dem CEO und dem CIO in einem Unternehmen. Dieser Faktor ist, nur sehr indirekt über die Servicequalität auf der einen Seite und der Kundenzufriedenheit auf der anderen Seite im D&M-Modell enthalten.

3.4 Hard Facts und Soft Facts – was bestimmt den wahrgenommenen Wert der IT?

In den vorangegangenen Unterkapiteln haben wir gesehen, über welche Faktoren die IT wahrgenommen wird.

Manche dieser Faktoren sind präzise beschreibbar, leicht messbar und gut in Verträge („Service Level Agreements", SLAs) zwischen der Kundenorganisation und dem IT-Betrieb zu fassen. Dies ist auch im Sinne eines Qualitätsmanagements einfach zu handhaben (im Sinne einer Definition von Qualität als „conformance to requirements", Übereinstimmung mit den Anforderungen). Diese präzise erfassbaren Faktoren nennen wir die „Hard Facts".

Andere Faktoren, die „Soft Facts" [12] wiederum lassen sich eher schwierig fassen. Freundlichkeit beispielsweise zu messen ist schwieriger, als sie subjektiv wahrzunehmen. Sie wird aber von den Kunden wahrgenommen und mit dem IT-Betrieb und der Qualität des Service in Verbindung gebracht.

---

[12] Man kann auch andere Bezeichnungen in der Literatur finden – „Hard Facts" werden beispielsweise als mechanische Qualität bezeichnet, die „Soft Facts" als humane Qualität (siehe z. B. Holbrook und Corfman [26], zitiert nach [40]: *„mechanistic (quality) involves an objective aspect or feature of a thing or event; humanistic (quality) involves the subjective response of people to objects and is therefore a highly relativistic phenomenon that differs between judges"*).

3.4.1 Beispiel: Die IT der Verwaltung des Deutschen Bundestages

Beispiel

Ein Großteil der Arbeit von Bundestagsabgeordneten ist Kommunikation. Dabei stützen sie sich selbstverständlich auch auf Email. Der E-Mail-Service wird ihnen von der Unterabteilung Informationstechnik der Bundestagsverwaltung zur Verfügung gestellt.

Im Dezember 2012 brach an einem Wochenende dieser E-Mail-Service zusammen.

Die Reaktion von Abgeordneten reichte von amüsiert über enttäuscht bis lauthals erbost. Man solle das Problem doch langsam mal in Griff bekommen. Vermutet wurde ein Problem mit dem Exchange-Server. Mitarbeiter der Bundestagsverwaltung suchten eher, die Wogen zu glätten und bezeichneten den Vorfall nicht als ernsthafte technische Schwierigkeiten, sondern als einen kleinen Schwächeanfall. [27]

Die Verfügbarkeit des Service „E-Mail-Kommunikation" war also nicht gegeben. Die Verfügbarkeit eines Services ist ein gutes Beispiel für ein „Hard Fact". Sie ist gut messbar. Sie ist gut dokumentierbar. Eine gute Verfügbarkeit stiftet in dem Beispiel einen hohen Nutzen (bzw. deren Abwesenheit eine wahrgenommenen Schaden). Verfügbarkeiten sind – meistens in Form von verschiedenen Verfügbarkeitsklassen – Kernbestandteil von üblichen Service Level Agreements. Sie sind gut planbar und es gibt gutes Handwerkszeug für einen IT-Betrieb, um für eine gute Verfügbarkeit zu sorgen. Hierzu gehört auch die gleichzeitige Erreichbarkeit eines User Help Desk – der User Help Desk ist also Teil des Service.

In diesem Beispiel ist offensichtlich, dass es eine Diskrepanz zwischen **erwarteter** Leistung und **angebotener** Leistung gab. Von einem E-Mail-Service wird – schon alleine aus den Erfahrungen im privaten Umfeld – erwartet, dass er **jederzeit** verfügbar ist. Es ist zu vermuten, dass das Leistungsversprechen des IT-Betriebs der Bundestagsverwaltung genau dies nicht umfasste, und ebenfalls nicht eine Hotline, die rund um die Uhr und 7 Tage in der Woche erreichbar ist.[13] Aber wahrscheinlich kennen die meisten Nutzer ein Leistungsversprechen der Bundestagsverwaltung nicht, und die Erwartung ist schlichtweg eine andere. Diese mögliche Diskrepanz schlägt sich negativ auf die wahrgenommene Leistung der IT nieder.

3.4.2 Diskrepanz zwischen Erwartung und Wahrnehmung

Eine Diskrepanz zwischen Kundenerwartung und Kundenwahrnehmung bezüglich der Servicequalität kann verschiedene Ursachen haben. In [28] wird ein Diskrepanz-Modell („Gap-Model") vorgeschlagen, das die möglichen Diskrepanzen im Gebilde Kunde – Service-Organisation abbilden soll. Dieses haben wir adaptiert und für die Zwecke von IT-Services ergänzt.

---

[13] Genaueres zu den SLAs wollte die Bundestagsverwaltung jedoch auf Nachfrage nicht mitteilen – aus „Gründen der IT-Sicherheit".

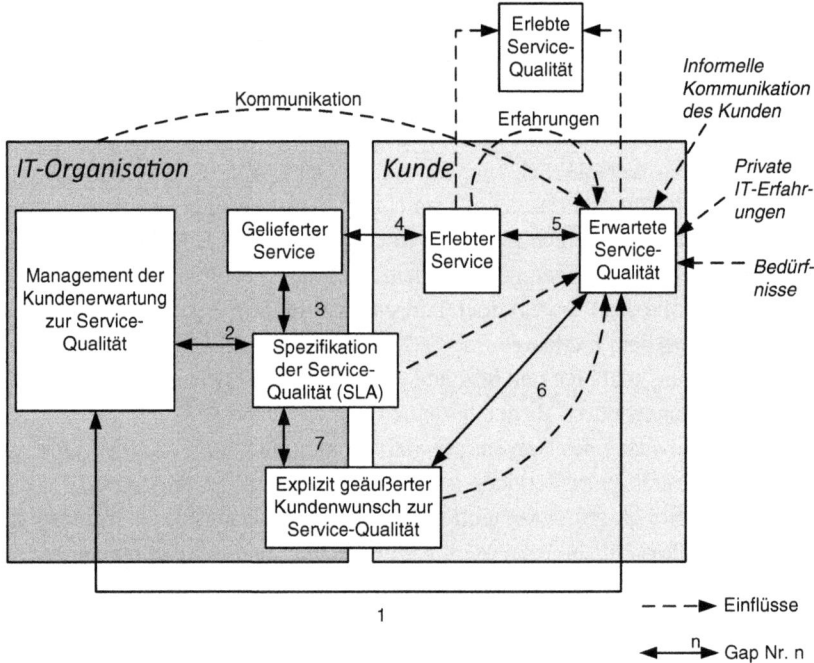

Abb. 3.3 Modell der Service-Qualität. (nach [28])

In Abb. 3.3 sehen wir dieses Zusammenspiel der IT-Organisation mit dem Kunden und die möglichen Gaps in den einzelnen Beziehungskomponenten

- innerhalb der IT-Organisation,
- innerhalb des Kunden und
- zwischen Kunden und IT-Organisation.

Diese Defizite, Unterschiede oder „Gaps" sind jeweils mit einem indexierten Delta (Δ) gekennzeichnet. Anhand dieser Deltas gehen wir nun vor:

- Δ_1 beschreibt den Unterschied zwischen einer Sicht des Managements auf die Qualität des Services und die tatsächlichen Erwartungen des Kunden an sie. Die Sicht des Managements kann sich dabei aus vielen Quellen nähren, insbesondere auch den explizit geäußerten Kunden-Erwartungen.
- Δ_2 beschreibt den Unterschied zwischen der schon genannten Sicht des Managements und der Spezifikation der angebotenen Services – dies sind die Service Level Agreements (SLAs)
- Δ_3 beschreibt den Unterschied zwischen den versprochenen Services (wie in den SLAs kodifiziert) und den gelieferten Services. Δ_3 ist der einzige Unterschied in diesem Modell, der sich einfach und standardisiert **messen** lässt.

- Δ_4 ist der Unterschied zwischen den von der IT-Organisation gelieferten Services und den vom Kunden *erlebten* Services. Dieser Unterschied kann subjektiver Art sein. So wird beispielsweise ein Service-Level von 99 % Verfügbarkeit geliefert, subjektiv erscheint dies dem Kunden aber als weit schlechter als 99 %. An solch einer Wahrnehmung kann ein IT-Betrieb arbeiten, etwa durch transparente, nachvollziehbare, ehrliche und regelmäßige Reports an den Kunden.

- Δ_5 ist der Unterschied zwischen dem erlebten Service und dem erwarteten Service. Dieser Unterschied ist nach dem Modell in [28] der entscheidende Gap – hier entscheidet sich, wie gut tatsächliche die Service-Qualität wahrgenommen wird. Ist der erlebte Service besser als der erwartete Service, wird die Servicequalität insgesamt als gut wahrgenommen. Ist es hingegen umgekehrt, wird die Service-Qualität insgesamt als schlecht wahrgenommen. Dieses Modell hat seinen Ursprung in dem von den Autoren aus [28] entwickelten und mittlerweile klassischen SERVQUAL-Verfahren für die Bewertung von Service-Qualität (und war nicht speziell auf IT bezogen). Das Verfahren hat seine Schwächen (eine kritische Bewertung kommt z. B. von Francis Buttle [21], siehe auch Abschn. 3.3.3), ist jedoch insgesamt plausibel und ein guter Ansatzpunkt für weitere Schritte. Der erwartete Service wird dabei beeinflusst durch bereits erfahrenen Service (Pfeil von links), aber auch durch die eigenen Bedürfnisse, die privaten Erfahrungen im IT-Umfeld und die informelle Kommunikation innerhalb des Unternehmens. Nicht zuletzt spielen natürlich auch die explizit geäußerten Kundenwünsche (siehe auch Δ_6) und die kodifizierten Service Level Agreements in der Schublade des Kunden eine Rolle.

- Δ_6 sind die Diskrepanzen zwischen dem, was der Kunde erwartet und dem, was er gegenüber dem IT-Betrieb innerhalb des Service Level Management-Prozesses – also in den Service Level Agreement-Gesprächen – geäußert hat. Diese Diskrepanz möglichst klein zu halten ist eine der wichtigsten Aufgaben des IT-Betriebs – im Idealfall kennt der IT-Betrieb die Bedürfnisse und Erwartungen des Kunden besser als dieser sie beschreiben kann.[14]

- Δ_7 – das Defizit zwischen geäußertem Kundenwunsch und dem im SLA dokumentierten Kundenwunsch klein zu halten ist wiederum eine handwerkliche Aufgabe des IT-Betriebs. Dies bedeutet nicht, dass alles, was sich eine Kunde explizit wünscht, auch genauso vom IT-Betrieb versprochen werden soll oder darf. Es ist, je nach der konkreten Organisationsform, auch Aufgabe des IT-Betriebes, Anforderungen des Kunden auf solch ein Maß zu adjustieren, dass der Gesamtnutzen für die Gesamtorganisation optimiert wird. Mittel hierzu ist beispielsweise eine echte Leistungsverrechnung – eine Be-

---

[14] In der Ursprungsliteratur [28] gibt es nur ein „Gap" zwischen dem, was Kunden erwarten und dem, was die Service-Organisation versteht („*Gap 1 results from the misunderstanding by IS of what clients want*"). Dies negiert die inneren Organisationsstrukturen der IT-Organisation (genauso wie in unserem Bild die inneren Strukturen der Kundenorganisation vernachlässigt sind). Sowohl Δ_1 als auch Δ_6 können zu einem Missverständnis bei den Bedürfnissen und Erwartungen des Kunden führen.

preisung und Weiterverrechnung der IT-Leistungen – innerhalb der Organisation, aber auch Verständnis für die jeweiligen Geschäftsbereiche sowie ausführliche Gespräche, in denen mögliche Schwierigkeiten dargestellt werden (zum letztgenannten Vorgehen, siehe beispielsweise [29].

Einen Einfluss, insbesondere auf das Δ_4, können auch die „Hygienefaktoren" haben (siehe Abschn. 3.3.4): Nicht jede Diskrepanz wird als gleichwertig wahrgenommen, manche Diskrepanz ist nur in eine Richtung wirksam (wenn beispielsweise eine bestimmte Leistung erwartet, aber nicht vorhanden ist, wirkt sich das negativ aus, wenn andererseits die Leistung erwartet und mehr als erfüllt ist, wirkt sich das nicht weiter positiv aus).

Die Gaps können sich offensichtlich auf die oben genannten Hard Facts beziehen, aber auch auf die Soft Facts. Im Folgenden nehmen wir uns zunächst der Hard Facts an und beschreiben diese.

3.5 Die „Hard Facts": Messbare Größen, an denen die IT gemessen wird

In diesem Abschnitt werden einige Begriffe vorweggenommen, die in größerer Detailtiefe im Kap. 8 wieder aufgegriffen werden. Dies betrifft insbesondere das Thema der Kundenbeziehung über Service Level Agreements und Business Management.

3.5.1 Hard Facts – SLAs entlang der IT-Architektur

Die Anzahl der „Hard Facts", die auch über viele verschiedene Services Gültigkeit haben können, ist überschaubar.

Verfügbarkeit
Die **Verfügbarkeit** wurde schon in Abschn. 3.4 genannt. Bei einer Regelung zur Verfügbarkeit von einem Service ist es natürlich wichtig, genau festzulegen, wie die Verfügbarkeit definiert ist – dies ist insbesondere bei komplexeren, zusammengesetzten Services relevant. Aber auch die definierten Servicezeiten sind relevant: Verfügbarkeiten werden ausschließlich für die definierten Servicezeiten gemessen.

In der Praxis liegen die tatsächlichen Verfügbarkeiten in der Regel weit oberhalb der vereinbarten Mindestverfügbarkeiten. Das liegt daran, dass die Mindestverfügbarkeiten garantiert werden sollen – ein ernsthafter IT-Betrieb wird darauf achten, nicht in die Nähe der Mindestverfügbarkeit zu kommen, um für den Fall eines Ausfalls gegen Ende des SLA-Zeitraums nicht uneinholbar das SLA „zu reißen". Wenn hingegen ein IT-Betrieb, der bei einem Service eine Verfügbarkeit von 99,1 % im Jahresmittel garantiert hat, gegen Ende des Jahres feststellt, dass die tatsächlich erbrachte Verfügbarkeit bislang bei 100 %

lag, wird er trotzdem nicht drei Tage vor dem Jahreswechsel das unterliegende System ausschalten, nur um Strom zu sparen.

Systemsicht versus Service-Sicht
Bisher haben wir nicht ausschließlich von IT-Systemen (und deren Verfügbarkeit), sondern auch von IT-Services gesprochen. Obwohl diese Begriffe scheinbar gleichwertig nebeneinander genannt werden, besteht zwischen ihnen ein sehr großer Unterschied.

IT-Services sind das, was beim Kunden ankommt, das Wort „Services" schließt dabei ausdrücklich eine Kundenperspektive ein. **IT-Systeme** sind eher eine technische Sicht: Verschiedene Teilsysteme oder -leistungen konstituieren, was Nützliches beim Kunden ankommt.

Wenn man lediglich Systeme betrachtet, landet man bei einem Beispiel, wie es in [30] genannt wird: ein Mitarbeiter kann nicht mit seinem SAP-System arbeiten. Am ersten Tag ist dies so, weil sein Desktop ausgefallen ist. Dieser wird gemäß SLA innerhalb eines Tages repariert, doch am zweiten Tag fällt die Datenleitung aus. Auch diese wird gemäß SLA innerhalb eines Tages wiederhergestellt, aber am dritten Tag fällt der Datenbankserver aus. Auch dieser wird innerhalb der SLA-Zeiten innerhalb eines Tages wiederhergestellt.

Im Ergebnis konnte der Anwender drei Tage lang das SAP nicht nutzen. Der IT-Betrieb ist formal im grünen Bereich: alle Zusagen aus den SLAs wurden eingehalten – aber gleichzeitig hat er eine katastrophale Leistung abgeliefert. Wenn solche Sachverhalte ignoriert werden, dann wird die Kundenbeziehung nachhaltig gestört oder gar zerstört. Es ist also zweierlei notwendig: Zum einen muss die Kundenperspektive bei der IT-Leistung eingenommen werden – am besten, indem *IT-Services* und nicht IT-Systeme in den SLAs betrachtet werden. Und zum anderen muss eine nachhaltige Kundenbeziehung aufgebaut werden (siehe Abschn. 3.7.3).

Die IT-Architektur und die Verfügbarkeiten
Die bisher erwähnten Verfügbarkeiten können typischerweise entlang der IT-Architektur anhand der Architekturschichten gemessen werden. Diese Architekturschichten sind genauer in Kap. 7.5 (Schichtenmodell von Geschäftsprozessen bis zur Technik) beschrieben. Hier interessieren uns nur die damit verbundenen SLAs, weswegen wir die Schichten nur exemplarisch darstellen werden.

In Abb. 3.4 sehen wir (vereinfacht) für das System 1 die Schichten Server, Datenbank, Applikation, Webinterface als Schnittstelle zum Nutzer. All diese Schichten tragen zu einem Gesamtsystem (System 1) bei. Wenn nur eine der Schichten fehlt – also ausgefallen ist – wird typischerweise das Gesamtsystem nicht mehr uneingeschränkt zur Verfügung stehen (wie man die einzelnen Schichten fehlertolerant macht, wird in Kap. 7 betrachtet). Nicht untypisch ist, dass die Kunden der IT nicht lediglich auf **einem** System arbeiten, sondern für einen Geschäftsprozess auf eine technische Prozesskette entlang **mehrerer** (nämlich n) Systeme angewiesen sind. Fehlt bei einem der Systeme 1 bis n auch nur eine Schicht oder auch nur eine technische Schnittstelle zwischen den Systemen, dann ist der

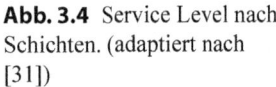

Abb. 3.4 Service Level nach
Schichten. (adaptiert nach
[31])

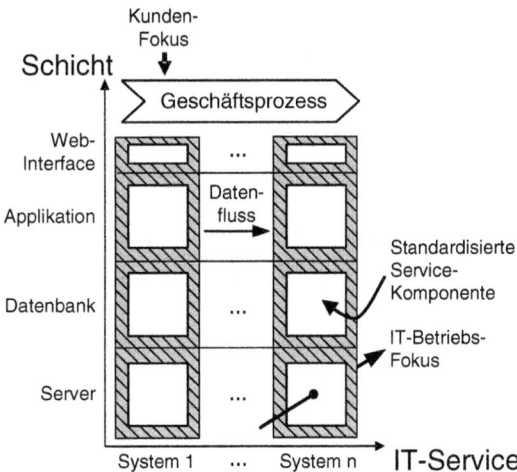

Geschäftsprozess gestört. Diese Störung kann unterschiedliche Auswirkungen haben, abhängig von dem jeweiligen gestörten System.

Jede der Architekturschichten kann also zu einer Verfügbarkeit beitragen, die Abwesenheit auch nur einer der Schichten (Ausfall) eines Systems hingegen stört die Gesamt-Verfügbarkeit.

Für einen IT-Betrieb ist es wichtig zu verstehen, wie die unterschiedlichen IT-Systeme zu welchem Geschäftsprozess beitragen – nur dann kennt er die möglichen Schmerzen der Geschäftsbereiche. Idealerweise bildet das Service Level Agreement einen IT-Service auf der Ebene der Geschäftsprozesse ab, und nicht auf der Ebene von Teilsystemen. Denn dann ist dem IT-Betrieb klar, wie er mit welchen Verfügbarkeiten zum Geschäftsprozess beiträgt, kann sich danach ausrichten und den Geschäftserfolg nachhaltig unterstützen.

Servicezeiten

Die Servicezeiten geben an, wann ein Service verfügbar sein soll. Es ist üblich, diese Zeiten in verschiedene Servicezeiten-Klassen zusammenzufassen. Beispiele dafür können sein:

- Montag – Freitag, 8–18 Uhr außer an bundeseinheitlichen Feiertagen
- Montag – Freitag und jeweils am 1. eines Monats, 8–20 Uhr
- Montag – Sonntag, 6–20 Uhr außer während 12 Wartungsfenstern von jeweils 3 h im Jahr mit einer Woche Vorankündigung durch die IT-Organisation
- 7 × 24, außer während Wartungsfenstern von 0–4 Uhr am jedem Sonntag

Falls ein Service außerhalb der Servicezeiten nicht verfügbar ist, hat dies keine Auswirkung auf die gemessene Servicequalität. Mit anderen Begriffen: die Servicezeit gibt eine Güteklasse (englisch „grade") an, die Einhaltung der Anforderungen an diese Güteklasse bestimmt die Qualität.

Abb. 3.5 Mean times –
schematische Erklärung der
Begriffe

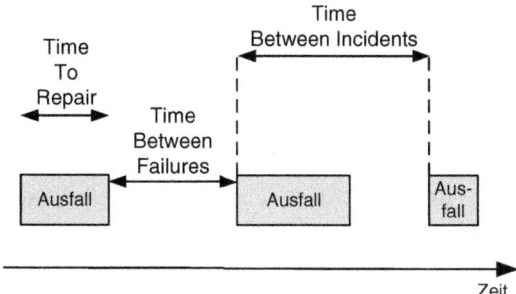

Antwortzeiten

Ein weiterer Hard Fact ist die **Antwortzeit** einer Anwendung.

Auch hier gilt, dass die Definition wichtig ist, aber auch die Rahmenbedingungen, unter denen solche Antwortzeiten garantiert werden sollen:

- Anzahl Nutzer, Nutzertypen und gleichzeitiger Nutzeranmeldungen
- Art der Transaktionen, die vom System bewältigt werden müssen
- Ein Mengengerüst zu den Fachprozessen. Dies kann pro Anwendung oder Service erfolgen (und beispielsweise im SLA-Dokument niedergelegt werden), aber auch die Erstellung eines geschäftsweiten Kapazitätsplans kann sinnvoll sein. Das Mengengerüst ist – gerade bei kritischen Anwendungen, Systemen und Services – nicht nur auf einen laufenden SLA-Zeitraum zu dokumentieren, sondern mit einer Frist von 3–5 Jahren. Dies hilft bei geplanten Skalierungsmaßnahmen – diese Anforderung kann jedoch beim Arbeiten mit einfach skalierbaren Lösungen (siehe bspw. Abschn. 3.5.6) entspannt werden.

Mean Times…

Wenn ein Service ausfällt, ist es für den Nutzer oft wichtig, sich darauf einrichten zu können, wie lange der Ausfall typischerweise dauern wird. Daher ist es nicht unüblich, Durchschnittszeiten für bestimmte Ereignisse zu definieren, zu erheben und an den Kunden zu berichten, und hierfür auch Vereinbarungen über Service-Level abzuschließen. Typische Beispiele (siehe auch Abb. 3.5) hierfür sind:

- Mean time to repair (MTTR): die durchschnittliche Zeit, die nach einem service-unterbrechenden Incident benötigt wird, um den Service wiederherzustellen.
- Mean time between Incidents (MTBI): die durchschnittliche Zeit, die zwischen zwei Incidents liegt
- Mean time between failures (MTBF): die durchschnittliche Zeit zwischen zwei Ausfällen

Diese Begriffe sind nicht unabhängig von der Verfügbarkeit. Es gilt:

Verfügbarkeit = MTBF/(MTBF + MTTR)

Um also eine hohe Verfügbarkeit zu erzielen, muss angestrebt werden, die durchschnittliche Zeit zwischen zwei Ausfällen (MTBF) *hoch* zu halten und die durchschnittliche Zeit für die Wiederherstellung eines Services nach einem Ausfall (MTTR) *niedrig* zu halten.

Support-Typen
Fast unverzichtbar für einen Nutzer ist der Anwendersupport. Dieser wird vom IT-Betrieb bereitgestellt. Dazu muss festgelegt werden, für welche Services eine solche Unterstützung geleistet wird. Es können auch verschiedene Kanäle genutzt werden:

- Telefonische Unterstützung
- Web-basierte Unterstützung
- Remote-Unterstützung

Die harten Fakten dabei sind Reaktions- und Lösungszeiten, ggf. auch Anforderungen an das Entgegennehmen von Supportanfragen („80 % der Anrufe werden innerhalb von 20 s angenommen.") und daran, wie schnell auf verschiedene klassifizierte Unterstützungsanfragen und Störungen reagiert werden muss. Die Klassifizierungen werden dabei üblicherweise nach den Auswirkungen auf die Geschäftsprozesse vorgenommen.

Warranty und Utility
An dieser Stelle ist es sinnvoll, zwei Begriffe zu definieren – Warranty und Utility:

- **Warranty** (Garantie, Gewähr) ist die *Art*, wie ein Produkt oder Service erbracht wird. Zu der Garantie, wie der Service erbracht wird, gehören beispielsweise die Verfügbarkeit und die Lastfähigkeit eines Produktes. Die Zusagen bezüglich der Sicherheit und die Ausfallsicherheit sind ebenfalls dazuzurechnen. Die Warranty ist ein nützlicher Begriff aus der ITIL-Welt und stellt im Wesentlichen das dar, wofür ein IT-Betrieb gerade steht. Wir befinden uns in der Welt der „Hard Facts".
- **Utility** (Nutzen, Nützlichkeit) ist die Funktionalität, die ein Produkt oder ein Service erbringt. Die Utility ist das, was den Nutzen in einer Unternehmung erbringt.

Damit ein Produkt funktionsfähig und zuverlässig nützlich ist, müssen beide Elemente, Warranty und Utility, vorhanden sein. Schon beim Design eines IT-Services sind *beide* Elemente zu berücksichtigen. Insbesondere eben auch die Warranty, die Art wie ein Service angeboten wird, ist frühzeitig zu planen – und der IT-Betrieb muss hierzu auch Vorgaben an das Design und die Entwicklung von Services machen.

3.5.2   Die Vertriebssicht: Produkte des IT-Betriebs

Die IT-Organisation hat einen Vertrieb – auch wenn dieser sich nicht so nennen mag und sich nicht so fühlt. Der Vertrieb verkauft – gleichgültig, ob es ein offizielles Verrechnungs-

modell zwischen dem Business und der IT gibt oder nicht, „Produkte". Diese „Produkte"
können tatsächliche **Produkte** sein, also beispielsweise

- das Produkt iPhone in der Farbe Schwarz,
- das Produkt USB-Stick mit 256 GB Speicherplatz oder
- das Produkt Mini-Beamer mit einer bestimmten Lumen-Zahl.

Das ist nicht weiter kompliziert und die IT-Organisation ist in diesem Fall einfach ein
(wahrscheinlich teurer) Elektronikladen.

Die verkauften „Produkte" des IT-Betriebs können aber auch **Services** sein, die möglicherweise mit Produkten verbunden sind, also beispielsweise

- der Service „Telefonieren, Internet und Apps" auf einem iPhone mit firmenspezifischen
  Security-Regeln,
- der Service „Speicherplatz" auf einem Fileserver mit Backup und Wiederherstellung,
  Onlinezugriff aus dem Homeoffice und telefonischer Unterstützung durch den User
  Helpdesk,
- der Service „IT-Unterstützung Geschäftsprozess Logistik" mit einer garantierten Verfügbarkeit, rund um die Uhr, mit externen Schnittstellen für Lieferanten und telefonischer Unterstützung.

Gerade das letzte Beispiel ist interessant. Hier sehen wir, dass ein IT-Service nicht nur
einfach ein zur Verfügung gestelltes System ist, sondern die IT-Unterstützung eines Geschäftsprozesses.

3.5.3 Kunden – Anforderungen – Services

Das Angebot einer IT-Organisation und eines IT-Betriebes muss auf den Kunden ausgerichtet sein. Dieser hat explizite (ausgesprochene) und implizite (unausgesprochene)
Anforderungen. Der Betrieb stellt entsprechende Services bereit. Der IT-Betrieb muss sich
im Austausch mit dem Kunden insbesondere folgende Fragen stellen:

- Welche Services und Produkte liefern dem Kunden einen Mehrwert?
- Welche Services und Produkte erwartet der Kunde? Welche Vergleichsmaßstäbe hat der
  Kunde – entweder im privaten Bereich oder im Vergleich zu anderen Anbietern?
- Welche Services und Produkte kann die IT anbieten?
- Welche Service Level erwartet der Kunde und welche Service Level kann der IT-Be-
  trieb wirtschaftlich anbieten?

Service Level Agreements sind ein gutes Mittel, um formal eine Erwartungshaltung zu
adjustieren. Solche Vereinbarungen sollten eingehalten und in regelmäßigen Abständen

überprüft und neu verhandelt werden. Bei den Verhandlungen dazu muss die IT verstehen, warum der Kunde bestimmte Service Level möchte.

Es gibt bei den Verhandlungen zu Service Levels folgende Gefahren:

- Es werden zu **niedrige** Service Levels vereinbart, beispielsweise weil Kosten zwischen IT und dem Business verrechnet werden und so das Business Verrechnungskosten reduzieren möchte. Wenn der Service dann nicht dem eigentlich benötigten Niveau entspricht, kann dies zu enttäuschten Erwartungen der Kunden führen und es kommt im schlimmsten Fall zu einer Verschlechterung des Gesamtnutzens.
- Es werden zu **hohe** Service Levels vereinbart, beispielsweise weil Kosten zwischen IT und dem Business **nicht** verrechnet werden. Wenn ein Service vermeintlich kostenlos ist, sind den Anforderungen keine Grenzen gesetzt.

▶   Die Kundenorganisation kann dem Top-Management relativ einfach erklären, dass ein IT-System ausgefallen ist und deswegen ein Unternehmensziel nicht erreicht wurde.
        Für den IT-Betrieb ist es schwieriger zu erklären, dass der zugehörige SLA für dieses IT-System trotz des genannten Ausfalls eingehalten wurde und die Kundenorganisation ihre Anforderungen nicht korrekt formuliert hatte.

Insbesondere wenn es keine Verrechnung von Kosten zwischen der IT und dem Business gibt, ist es wichtig für die IT-Organisation, die Gründe für Anforderungen und das eigentliche Geschäft des Kunden zu verstehen. Aber es ist im Gegenzug auch hilfreich, wenn der Kunde die Randbedingungen für Service Level (und die Aufwände, die dahinter stehen) versteht. Dann können Kunde und IT-Organisation eine gemeinsame Optimierung für die Gesamtorganisation suchen (siehe [29]). Dies betont auch Peppard:

> ...Service Level garantieren nicht, dass ein Geschäftsnutzen erzielt wird. Sie können eine notwendige, jedoch nicht hinreichende Bedingung sein. Mehr noch, die Einführung von SLAs macht eine Unterscheidung zwischen Lieferanten und Kunden. Dabei wird aber nicht berücksichtigt, dass Nutzen möglicherweise gemeinsam geschaffen wird. Es gibt eine feine aber wesentliche Unterscheidung zwischen einer Steigerung der Leistung der IT-Organisation und der Steigerung der Leistung der IT in der Gesamt-Organisation. [32][15]

---

[15] „However, achieving specified service-levels does not guarantee that that business value will be created. They may be a necessary, but are not a sufficient condition. Further, instituting SLAs also make a fundamental distinction between ‚provider‘ and ‚customer‘ and do not recognise that value may in fact be co-created. There is a subtle but crucial distinction between improving the performance of the IS organization and improving the performance of IT in the organization."

Bei Eintreten besonderer Ereignisse können Service Level Agreements neu ausgehandelt werden. Dies kann beispielsweise sein

- die Einführung eines neuen IT-Systems bzw. IT-Services,
- die Außerbetriebnahme eines Services oder aber
- eine Änderung der technischen Möglichkeiten des IT-Betriebs.

Inhalte von Service Level Agreements
Service Level Agreements können in verschiedenen Formen dokumentiert werden. Sie können Web-basiert sein, sie können auch als File zwischen IT-Betrieb und der Kundenorganisation ausgetauscht werden. Aber auch eine reine Papierversion ist denkbar (wenn auch etwas altmodisch). Sie sollten mindestens folgende Punkte enthalten:

1. **Generelle Vereinbarungen**
   1. Autorisierungen der Vereinbarung (durch oberes Management bei Kunden und Service-Erbringer)
   2. Kommunikationsvereinbarungen
      - Individuell
      - Generell, beispielsweise zu Störungen, Beschwerden, Sicherheitsvorfällen und im Service Management (inkl. Regelungen und Definitionen), aber auch zu Eskalationen
      - Generelles Vorgehen beim Reporting zu den Services
   3. Regelungen zu Zufriedenheitsmessungen, aber auch zu Laufzeiten, Änderungen und Beendigungen von Services
   4. Generelle Berechnungsregeln, falls es eine Verrechnung der Services gibt
2. Die eigentlichen **Servicevereinbarungen** – *hier werden die Details je Service beschrieben*
   1. Bezeichnung des Services und ggf. Referenzen zum Servicekatalog
   2. Die eigentliche Leistungsbeschreibung. Hier wird aufgeführt, um welchen Service es geht, was dieser enthält (und ggf. zur Abgrenzung, was dieser nicht enthält)
   3. Die Servicequalität: Mindestens zugesagte Verfügbarkeiten und Zielverfügbarkeiten, Betriebszeiten, ggf. definierte maximale Antwortzeiten, maximale Ausfallzeiten, ggf. gewährte Wartungsfenster (inklusive deren Vorankündigungen), Turnus des Reportings zur Servicequalität
   4. Mit dem Service ggf. verbundene oder abhängige Services
   5. Ggf. notwendige Wartungsarbeiten
   6. Mitwirkungsleistungen und Verantwortlichkeiten des Kunden, fachliche Mengengerüste, die dem Service-Versprechen zugrunde liegen
   7. Ansprechpartner und Kontaktinformation aus IT-Betrieb und Kundenorganisation, insbesondere Personen, die in Notfällen autorisiert sind (d. h. bei Incidents & Problemlösungen), falls abweichend von den generellen Vereinbarungen

8. Bei Bedarf: Kontaktinformationen sowie Laufzeiten des Service, falls abweichend von den Generellen Vereinbarungen

3. **Referenzen** – *hier können Arbeitsplatzrichtlinien, Sicherheitsrichtlinien, zusätzliche Dokumentationen zu den Services o.ä. aufgeführt werden*

4. **Anhang** – *hier sollen zusätzliche Regelungen, Details zu Verfügbarkeitsklassen und Betriebszeiten (oder Betriebszeitklassen), Erklärungen zu Incident- und Problem-Klassifizierung, Abkürzungen und ein Glossar sowie sonstige erwähnenswerte Informationen untergebracht werden*

Natürlich muss das Dokument – wie immer – auch eine Änderungshistorie und einen Dokumentenstatus enthalten. (Abb. 3.6)

Es gibt manchmal den Wunsch des Kunden, bestimmte Services in das Service Level Agreement aufzunehmen. Gemeint sind Services, die zwar schon vom Kunden bezogen werden, die aber nicht – oder noch nicht – von der IT offiziell bereitgestellt werden. Falls der IT-Betrieb oder der IT-Kunde noch nicht bereit ist, hierüber einen formellen SLA abzuschließen, bietet es sich an, den SLA-Wunsch im Anhang als Erinnerung für ein künftiges SLA-Review-Meeting festzuhalten.

Service Level Agreements (und Verträge) sind nicht alles – auch nicht bei den „Hard Facts"

Es kann nicht oft genug betont werden: ein Service Level Agreement (oder eine andere Art von Vertrag) ist zwar ein formales Leistungsversprechen, das bindend für beide Seiten ist. Jedoch kann der Service-Erbringer sich nicht in jedem Fall bei einer Beschränkung seiner Sorgfaltspflichten darauf berufen – selbst wenn er dies törichterweise tun wollte.

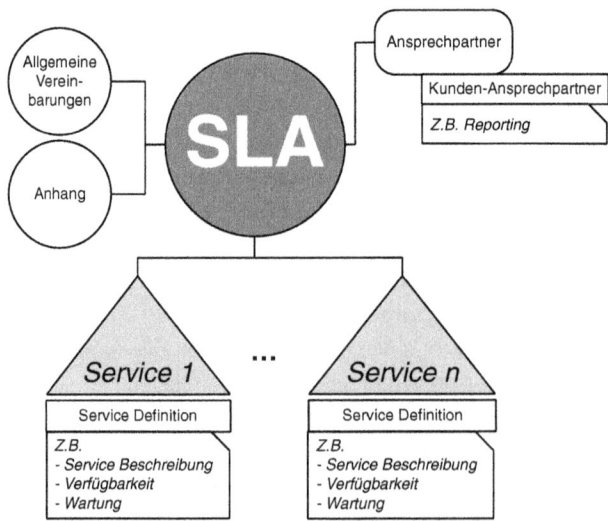

Abb. 3.6 Generelle Übersicht über Service Level Agreements. (nach [29])

Manche Sorgfaltspflichten lassen sich also nicht abwählen – weder einem internen, noch einem externen Kunden gegenüber. Bei einer firmeninternen Kundenbeziehung werden ohnehin oft eher informelle Klärungswege gewählt. Aber auch bei externen Vertragsbeziehungen können trotz eines Nichterwähnens von Leistungen diese trotzdem obligatorisch sein.

Reporting zu Service Level Agreements
Über den Erfüllungsgrad von Service Levels soll der Kunde regelmäßig informiert werden. Typischerweise wird dies im monatlichen Rhythmus erfolgen, manchmal auch quartalsweise. Warum ist es wichtig mit dem Kunden darüber zu sprechen? Diese Kommunikation hat offensichtlich den Zweck, den Grad der Service-Level-Erfüllung aufzubereiten und dem Kunden darzulegen. Aber es gibt noch weitere Gründe:

- Es sollte eine Erinnerung für den Kunden und für die IT-Organisation sein, dass es überhaupt eine Vereinbarung zu den Service Levels gibt. Service Level Agreements müssen gelebte Dokumente sein, an die sich beide Seiten gut erinnern. Die einfachste Art, dies zu erreichen, ist, regelmäßig darüber zu kommunizieren.
- Im Idealfall ist diese Kommunikation auch Ausgangspunkt für Gespräche zwischen der IT und dem Kunden. Im besten Fall ist ein Kunde bezüglich seiner Anforderungen gut vorbereitet und organisiert für Gespräche mit dem IT-Betrieb, beispielsweise durch eine Aufstellung entlang der Business Information Services Library, BiSL [33]. Dies ist aber bisher in den wenigsten Fällen so. Hier kann der regelmäßige Kundenkontakt behilflich sein, um unausgesprochene Bedürfnisse zu erkunden. Siehe hierzu auch Abschn. 3.6.1

Die Business Information Services Library (BiSL) ist eine Sammlung von Prozessen, die für ein funktionierendes Management von Geschäftsinformationen auf der Seite der Kunden der IT eingesetzt werden kann.[16]
Zur Abgrenzung der Aufgaben wird dabei zwischen dem **IT Management** der IT-Organisation und dem **Information Management** der Kundenorganisation unterschieden.
Das Information Management steht für einen IT-Kunden, der seine Bedürfnisse und Anforderungen an die IT formulieren kann und es auch tut. Dieser IT-Kunde bildet dabei den Ansprechpartner der IT in der Kundenorganisation und nimmt die IT-Leistungen entgegen. Zudem wird das Geschäftsdatenmodell von ihm betreut.
Die BiSL scheint – mit der Betonung der Notwendigkeit vom kompetenten IT-Kunden – nützlich zu sein, sie geht allerdings von einem etwas veralteten Bild von ITIL aus. ITIL wird dort als Rahmen für das Verwalten von IT-Infrastruktur dargestellt – in Wirklichkeit ist ITIL ein Rahmen für ganzheitliche IT-Prozesse und IT-Vorgehensweisen und bildet Teile von dem, was BiSL beschreibt, längst ab.

---

[16] Nach dem englischen Original [34]: „*BiSL aims to professionalize the demand function. Not only within an organization, but also as a unifying factor between different organizations. The standardized approach of BiSL contributes to the professionalization of the demand organization and facilitates a more efficient and cost effective way of working.*"

3.5.4   Beispiel: Ein Urteil des Landgerichts Duisburg zur Datensicherung

Beispiel

Im Juni 2012 kam es zu einem Crash der Server bei der Hosting-Firma A. Es war u. a. die Webseite der Firma B gehostet. Die Webseite ließ sich, mangels eines korrekten Backup-Verfahrens, nicht wiederherstellen. Regelmäßige Backups waren in dem Vertrag zum Hosting nicht ausdrücklich aufgeführt. Die Firma B verklagte die Firma A.

Das Landgericht Duisburg macht in dem Urteil von 2014 klar, dass „schon in Hinblick auf die ersichtliche Bedeutung einer Datensicherung für den Nutzer ... die Nebenpflicht des Anbieters [besteht], Datensicherungsmaßnahmen, etwa durch Sicherungskopien oder Backups zu ergreifen ... Dann muss der Anbieter aber, um der Gefahr eines möglichen Datenverlustes zu begegnen, entsprechende Vorkehrungen treffen. Entgegen der Auffassung der Beklagtenseite bedurfte es daher einer ausdrücklichen Vereinbarung bezüglich einer Sicherung der Daten nicht." [35]

Das Urteil [35] macht deutlich: Auch durch Weglassen in Vertragstexten kann man bestimmte Leistungspflichten in einer externen Kundenbeziehung nicht negieren. Das Urteil ist aber auch für interne Service Level Agreements denkanstoßend: Was mit gutem Grund von einer IT-Organisation erwartet werden kann, muss diese auch leisten und kann es auch durch ein bloßes Stillschweigen im SLA nicht ausschließen.

Der Urteilstext selbst ist ein schönes Beispiel dafür, dass von Kunden oder Außenstehenden Detailkenntnisse aus dem Bereich IT weder erwartet werden können noch sollten. Das Gericht geht davon aus, dass das „Internetarchiv" Dienste bezüglich der Archivierung von Webseiten leistet. Die korrekte Webadresse kann es aber nicht angeben. Erst wird auf das „Internetarchiv über www.archiv-org" verwiesen, später auf „www.web.archiv-org" und noch später auf „www.web-archiv-org". Gemeint ist wahrscheinlich das „Internet Archive" unter www.archive.org [35].

3.5.5   Die Sicht der IT-Organisation: hierarchische Systeme und verteilte Systeme

SLAs zu gewährleisten und Services zu unterstützen setzt voraus, dass

- die Organisation,
- die Prozesse
- und vor allem auch die technischen Systeme,

die zu den Services beitragen, unter dem Einfluss des IT-Betriebes stehen. Dies kann in unterschiedlichen Ausprägungen der Fall sein. Wenn es einen Service gibt, der durch ein technisches System bereitgestellt wird, dann muss dieses **unter dem Einfluss** des Betriebes sein.

Wenn es allerdings lediglich um eine Gewährleistung („Garantie") im Falle eines Fehlers des Systems geht, dann wird man das Ganze nicht als einen Service bezeichnen, sondern als ein Produkt mit einem verbundenen Service (nämlich der Garantie).

Bei einem Service kann es eine ganze Reihe von verschiedenen Ausprägungen geben, wie der „Einfluss" des Betriebes ausgeübt wird. Nachfolgend führen wir einige Beispiele von unterschiedlichen Systemen auf, die vom Betrieb zu einem Service veredelt werden:

- Ein IT-System, das in einem abgesicherten Rechenzentrum des IT-Betriebes steht.
- Eine WAN-Infrastruktur, die von einem Zulieferer betrieben wird und die über SLAs zwischen dem Kunden und dem Zulieferer „gesteuert" wird.
- Ein Arbeitsplatzrechner, der auf dem neuesten Sicherheits-Stand ist, zuverlässigen Zugang zum Internet und firmeninternen Netzwerk hat, mit dem auf ein Fileverzeichnis zugegriffen werden kann. Es sind eine Reihe von Programmen oder Apps installiert, mit denen die Geschäftsprozesse unterstützt werden. Wird ein spezielles Programm benötigt, wird dies innerhalb kürzester Frist (falls es im Service-Katalog des IT-Betriebes enthalten ist) oder innerhalb einer kurzen Frist zur Verfügung gestellt. Gibt eine Störung (egal ob im Betrieb von zentralen Systemen, dem Netzwerk, der Software oder der Hardware des Rechners begründet) wird diese innerhalb von zugesicherten Zeiten behoben und der Nutzer wieder arbeitsfähig gemacht.
- Ein Smartphone, das Nutzern zur Verfügung gestellt wird und remote administriert wird. Die Daten und vertraulichen Informationen auf ihm können, z. B. bei Verlust, gelöscht werden.

Beispiel

Ein deutscher Dienstleister stellt einer deutschen Behörde zur Erfüllung ihrer Aufgaben Fahrzeuge mit spezieller IT-Einrichtung zur Verfügung. Die Fahrzeuge und die IT-Einrichtung unterliegen gewissen Service Level Agreements. Im Falle einer Störung kann sich ein Fernwartungsdienst auf das IT-System des Fahrzeuges schalten und dieses so entstören. Wenn dies nicht funktioniert, werden die Fahrzeuge in eine der über Deutschland verteilten Werkstätten gebracht und dort die entsprechenden IT-Systemteile entstört oder ausgetauscht.

Die SLAs unterscheiden zwischen Störungen, die über Fernwartung beseitigt werden können und solchen, bei denen ein manueller Eingriff in einer Werkstatt notwendig ist.

Dabei wird eine Erlösungsquote nach einem Telefonanruf beim User Help Desk garantiert (x-Prozent der Störungen werden innerhalb von y Minuten nach der Störungsmeldung beseitigt).

Ein hierarchisches IT-System oder ein hierarchischer IT-Service ist einer, bei dem die verschiedenen System- oder Service-Komponenten einen hohen Interdependenzgrad haben. Hierbei kann man sich eine Pyramiden-Struktur vorstellen. Damit die Spitze – die

Service-Erbringung – funktioniert wie gewünscht, müssen alle Ebenen darunter ebenfalls vorhanden sein. In Abb. 3.4 ist ein solcher Service dargestellt.

Im Unterschied hierzu sind verteilte Systeme oder Services solche, bei denen die Serviceleistung von mehreren Elementen erbracht wird, die *„nicht über gemeinsamen Speicher verfügen und somit mittels Nachrichtenaustausch kommunizieren, um in Kooperation eine gemeinsame Zielsetzung ... zu erreichen".* (siehe [36]).

In etwas salopperen Worten von Leslie Lamport: *„Ein verteiltes System ist es, wenn die Störung eines Computers, von dem Du nicht einmal wusstest, dass er existiert, deinen eigenen Computer unbrauchbar machen kann"* [17]. Es deutet sich hier an, dass verteilte Systeme durch Kooperation über unterschiedliche Systeme oder Systemkomponenten einen Service erbringen. Man muss dem pessimistischen Szenario von Leslie Lamport aus den früheren Zeiten der verteilten Systeme nicht folgen. Verteilte Systeme können auch – im Gegenteil – dafür sorgen, dass Services eine bessere Verfügbarkeit haben als ohne die Verteilung. Die geschieht durch Fehlertoleranz, lose Kopplung und Redundanz, die durch die Verteilung erst eingeführt werden können. Zudem kann eine Lastfähigkeit durch Parallelisierung gesteigert werden.

Einfache Beispiele für verteilte Systeme sind das Internet, aber auch genutzte Cloud Services.

3.5.6 Die ganzheitliche Sicht: Services, Einbeziehung von Vorleistungen („Cloud")

Eine Grundfragestellung des *klassischen* (also Nicht-IT-)Service Management (siehe auch Kap. 8.2) ist die Bereitstellung von ausreichenden Kapazitäten für zeitlich wechselnde – und teilweise auch kurzfristig und unvorhersehbar schwankende – Kundenanforderungen. Ein Beispiel hierfür ist die Einplanung einer ausreichenden Anzahl von Krankenschwestern in einer durchgehend geöffneten Notaufnahme. Ein anderes Beispiel ist die Planung des Service-Personals im Gastronomiebereich und natürlich die Vorhaltung von verderblichen Nahrungsmitteln.

Dies alles bezeichnet man im Service-Bereich als „perishables", Vergängliches. Dies bedeutet, dass solche Leistungen entweder zu einem bestimmten Zeitpunkt (oder Zeitraum) in Anspruch genommen werden, oder aber verloren sind und keinen Nutzen mehr bringen.

Im IT-Bereich gibt es ähnliche Fragestellungen, und die zugehörigen Antworten sind ähnlich. Der Kundenkontakt über einen User Help Desk muss von der Personalplanung her ähnlich angegangen werden wie die Schichtplanung in einem Restaurantbetrieb. Man kann beispielsweise über Self-Service sowohl im Restaurant-Betrieb (Fast-Food) als auch im User Help Desk (webbasierte Meldung von Störungen) Personal besser verteilen, War-

---

[17] Englisches Original [37]: *„A distributed system is one in which the failure of a computer you didn't even know existed can render your own computer unusable"*

tezeiten und Warteschlangen können ähnlich berechnet werden. Aber auch IT-Kapazitäten wie beispielsweise

- Kommunikationsbandbreiten
- Arbeitsspeicher zentraler Rechner
- Speicherplatz für Kundendaten
- Durchsatzraten von Leistungsdaten
- Anzahl gleichzeitiger Verbindungen zu einem Internet-Dienst

müssen IT-seitig geplant und auch überwacht werden. Das heißt noch nicht, dass sie von einem IT-Betrieb auch in Eigenregie bereitgestellt werden müssen.

IT-Outsourcing, so das Versprechen verschiedener Anbieter und die Hoffnung vieler IT-Kunden, wird bessere Möglichkeiten bei der Skalierung von Services (technischer oder personeller Art) bieten. Nicht immer wurden diese Versprechen eingelöst und die Hoffnung erfüllt. In den letzten Jahren wird allerdings in starkem Maße über verschiedene Methoden (insbesondere durch Virtualisierung und/oder Cloud-Lösungen) langsam der Anspruch einer besseren Skalierbarkeit von IT-Ressourcen eingelöst. IT-Ressourcen sollen schnell und problemlos bereitgestellt werden – die Antwort von Outsourcing-Dienstleistern ist mittlerweile oft die „Cloud".

Die Cloud
Unter Cloud-Lösungen oder Cloud-Computing versteht man im Allgemeinen, dass IT-Ressourcen über das Internet oder ein Netzwerk bereitgestellt werden. Diese IT-Ressourcen können dabei sehr vielfältig sein – sie gehen von einfacher Rechenkapazität über Speicherplatz bis hin zu individualisierbaren Software-Lösungen (die beispielsweise über einen Web-Browser aufgerufen werden) [38]. Die Zielgruppe können private Nutzer und Kunden im geschäftlichen Umfeld sein. Für einen IT-Betrieb bieten sich interessante Möglichkeiten.

Auf die Risiken und Chancen von Cloudlösungen kommen wir in Kap. 7.6 zurück. In Hinblick auf die Services, die ein IT-Betrieb einem Kunden anbietet, verhält es sich so wie beim klassischen Outsourcing: Der IT-Betrieb ist zuständig und verantwortlich für die Erbringung der IT-Services. Dies ist unabhängig davon, ob es Erbringer von Vorleistungen (Outsourcing-Dienstleister, Cloud-Anbieter) gibt oder nicht. Für Cloud-Anwendungen ist der IT-Betrieb genauso zuständig wie für Verhaltensweisen von ggf. in einem Desktop-Support eingesetzten Mitarbeitern – auch wenn diese von einer Fremdfirma stammen sollten. Die Verantwortung für die integrierten IT-Services inklusive aller Facetten liegt in der Hand des IT-Betriebs. Auch wenn aufgrund der Ubiquität von Cloud-Services diese von Fachbereichen ohne Rücksprache mit der IT-Abteilung genutzt werden bedeutet dies nicht, dass sich ein IT-Betrieb nicht darum kümmern muss – die Risiken, die in Kap. 7.6 aufgeführt werden, müssen dann trotzdem adressiert werden.

3.6   Soft Facts: gefühlte Service-Qualität – die Erwartungen an den IT-Betrieb und seine Mitarbeiter

Dieser Abschnitt ist mit dem Thema der „Soft Facts" das Gegenstück zum vorangegange-nen Abschn. 3.5. Wie wird die Service-Qualität nicht nur von konkreten, messbaren Kenn-größen und Ergebnissen eines Service-Prozesses eingeschätzt, sondern auch von weiteren, weniger fassbaren Faktoren? Dabei ist die Beurteilung der Service-Qualität jeweils auf einzelne Services, auf einzelne Mitarbeiter des IT-Betriebs oder aber die gesamte IT-Or-ganisation bezogen.

3.6.1   Nochmal: Kunden und Servicequalität

Zu erkunden, was ein Kunde benötigt und was er erwartet, ist ein Kernbestandteil jeder Service-Organisation. Im IT-Bereich ist diese Aufgabe besonders schwierig, weil in vielen Fällen der Kunde – die „Demand-Organisation" – und der IT-Betrieb – die „Supply-Orga-nisation" zunächst nicht die gleiche Sprache zu sprechen scheinen.

Das Verständnis der Kundenerwartungen und der Kundenbedürfnisse ist wichtig, aber auch das der Ängste und der Probleme. Dies wird schon lange anerkannt. Wir zitieren hier ein Memorandum von Ken Olsen, dem Gründer und langjährigen Präsidenten der Digital Equipment Corporation (DEC): „Wir waren in der Lage zu erkennen oder zu erahnen (manchmal einfach nur durch raten) was der Kunde brauchte, selbst dann, wenn er es sel-ber nicht wusste."[18]. Dies ist nicht unbedingt gleichzusetzen mit umfangreichen Kunden-befragungen (auch wenn diese nützlich sein können), sondern es setzt ein Verständnis und ein Interesse am Kunden-Geschäft, am Business des IT-Kunden voraus (in der Tat spricht Olsen später[19] etwas resigniert davon, dass auch Befragungen nicht zum Verständnis des Kunden geführt haben). Im Falle eines internen Enterprise Service Kunden ist dieses Inte-resse also: Interesse am Geschäft der eigenen Firma!

3.6.2   Die Bestandteile der gefühlten Servicequalität

Die Wahrnehmung der Servicequalität, darauf weisen Studien hin, wird auf Seiten des Service-Kunden maßgeblich nur von wenigen, immer wiederkehrenden Faktoren beein-flusst [28, 40]. Diese können in der tatsächlichen Bewertung in verschiedenen Ausgangs-

---

[18] Englisches Original [39]: *„First of all, we were able to discern or divine (sometimes only by gues-sing) what the customer needed, even when they had no idea themselves. Sometimes, we did this in a systematic organized way, and sometimes, just by sensitivity to, and experience with, the problems."*

[19] Englisches Original [39]: *„We have lost the competence to understand the customer's needs, fears and problems. Sometimes, we document that we have surveyed them, but we obviously have not found out their needs."*

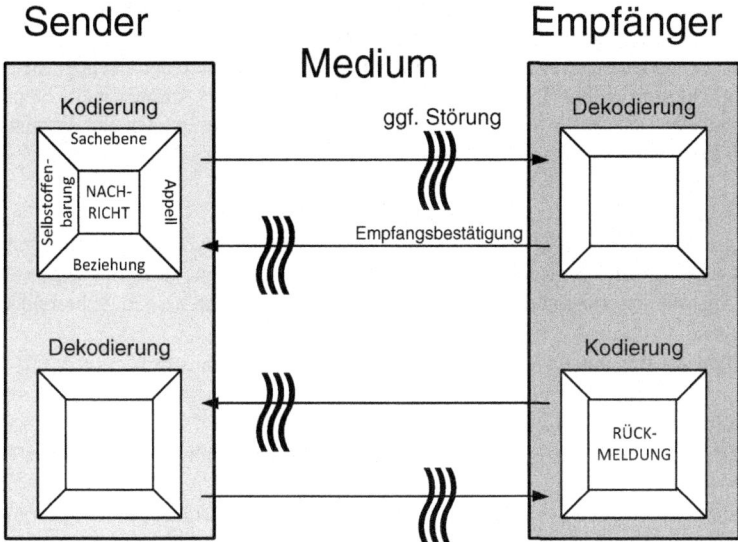

Abb. 3.7 Kommunikationsmodell. (nach [7] und [41])

lagen verschiedene Gewichtungen durch den IT-Kunden erfahren. Auch wenn diese Faktoren valide sind, eine IT-Organisation sollte bei einer Bewertung auch darauf achten, diese Faktoren nicht mit einer Scheingenauigkeit zu bewerten. Verlässlichkeit im Sinne einer Erstlösungsquote eines User Help Desk lässt sich messen, doch wichtig ist auch, wie der Kunde den Service subjektiv wahrnimmt. Hierbei ist es nützlich, die elementaren Bestandteile eines einfachen Kommunikationsmodells zu kennen.

Kommunikationsmodell

Ein Modell der Kommunikation zeigt etwas abstrahiert auf, welche Bestandteile bei einer Kommunikation existieren, und wie diese gestört sein können. Es gibt viele Kommunikationsmodelle, die in ihren jeweiligen Bereichen adäquat sein mögen. Wir wählen hier ein simples Sender-Empfänger-Modell [7], und ergänzen dies durch das Vierseiten-Modell von Friedemann Schultz von Thun [41]. Die ist in Abb. 3.7 dargestellt.

Der Sender einer Nachricht verschlüsselt diese. Dabei ist zu beachten, dass eine Nachricht mehrere Facetten – „Seiten" – haben kann. Diese (nach [41]) vier Seiten sind:

- Die *Seite des Sachaspekts:* Hier wird der eigentliche Sachverhalt mitgeteilt.
- Die *Appell-Seite:* Jede Botschaft kann auch einen Appellcharakter haben, mit dem man das Verhalten des Gegenübers beeinflussen möchte.
- Die *Beziehungs-Seite:* Hier wird ausgedrückt, in was für einer Beziehung zueinander Sender und Empfänger stehen und was von der Gegenseite gehalten wird.
- Die *Selbstoffenbarungs-Seite:* Mit der Nachricht wird auch etwas vom Eigenleben des Empfängers mitgeteilt.

Wichtig ist es, zu verstehen, dass der Sender mit „vier Mündern" – nämlich diesen vier Seiten der Nachricht – spricht. Der Empfänger der Nachricht aber hört bei der Entschlüsselung der Nachricht im Gegenzug mit „vier Ohren" – und kann aus den unterschiedlichsten Gründen die vier Seiten der Nachricht ganz unterschiedlich gewichten und bewerten.

Am besten werden diese vier Seiten an einem Beispiel illustriert: Der CEO begegnet dem CIO auf dem Gang und sagt: „Mein Rechner fährt nicht hoch!". Da wir als Autoren in die Köpfe der beiden CxOs hineinsehen können, wissen wir, was die vier Seiten der gesendeten und empfangenen Nachricht sind. Für den CEO sieht die Sache so aus:

- Die Sachebene dieser Aussage ist: „Mein Computer ist kaputt".
- Die Appell-Seite der Nachricht ist: „Kannst Du mir jemanden vorbeischicken, der hilft".
- Die Beziehungsseite der Nachricht lautet: „Du bist für mich eine wertvolle Unterstützung".
- Der Selbstoffenbarungsaspekt lautet: „Ich kenn mich mit Computern nicht besonders gut aus".

Der CIO hört die folgenden vier Seiten der Nachricht folgendermaßen:

- Die Sachebene dieser Aussage ist: „Mein Computer ist kaputt".
- Die Appell-Seite der Nachricht ist: „Kannst du endlich anständige Rechner in der Firma einsetzen".
- Die Beziehungsseite der Nachricht lautet: „Du bist der IT-Laufbursche und daher mein Lakai".
- Der Selbstoffenbarungsaspekt lautet: „Ich halte mich für einen tollen Hecht".

In der Konsequenz ist die Kommunikation gescheitert – der CIO ist beleidigt. Es ist eine Störung der Kommunikation eingetreten, da die empfangene Nachricht nicht der gesendeten Nachricht entspricht.

Dieses etwas überzogene Beispiel illustriert, dass nicht unbedingt die Sachebene der entscheidende Aspekt in einer Kommunikation ist. Bei Kommunikation hilft Verständnis des Gegenübers – das ist keine Überraschung.

Die Nachrichtenübermittlung kann auch durch Trivialitäten gestört sein – beispielsweise durch eine verrauschte Telefonverbindung oder dadurch, dass der Brief mit der Nachricht verloren gegangen ist.

Der Sender ist dafür verantwortlich, dass die Nachricht den Empfänger erreicht und dass dieser die Möglichkeit hat, die Nachricht korrekt zu dekodieren. Der Empfänger ist dafür verantwortlich in einem zweiten Schritt eine Rückmeldung zu der Nachricht zu geben und ggf. bei vorhandenen Unsicherheiten über den Inhalt Nachfragen zu stellen. Natürlich kann auch wieder bei der Rückmeldung die Kommunikation gestört sein.

Reliability (Verlässlichkeit)

Ein Service ist verlässlich, wenn sich ein Kunde auf die Leistungsversprechen und auf die Beständigkeit von Leistungen verlassen kann. Dies schließt ein, dass eine Leistung beim ersten Versuch korrekt erbracht wird. Versprechen werden verlässlich gehalten. Dokumentationen, soweit sie den Kunden betreffen, spiegeln die Realität wider, Leistungen werden zu der versprochenen Zeit erbracht. Die IT-Mitarbeiter sind verbindlich. Sie versprechen nur, was sie halten können und sie halten, was sie versprochen haben.

Für einzelne Mitarbeiter bedeutet dies, dass sie eine einwandfreie Arbeitsmethodik haben müssen. Die schließt insbesondere ein funktionierendes Wiedervorlagesystem, Ablage, Kalender und Protokollierungen ein. Für IT-Prozesse und die IT-Organisation heißt dies, dass sie gute Workflows und Wiedervorlagen haben müssen.

Assurance (Höflichkeit und Kompetenz)
IT-Mitarbeiter mit Kundenkontakt sollten gegenüber dem Kunde kompetent auftreten
können und auftreten – dies bedeutet, dass sie die nötigen Fähigkeiten und das nötige
Wissen haben. Aber auch die Höflichkeit der IT-Mitarbeiter ist für den Kunden ein Be-
wertungsmaßstab. Dies schließt Respekt, Rücksichtnahme und Freundlichkeit im Kundenkontakt ein – das kann

- bei einem User Help Desk Mitarbeiter einfach eine freundlich eingesetzte Stimme sein,
- aber auch die Rücksicht auf die Büroräume des Kunden sein (Paradebeispiel: keine
  Schmutzspuren hinterlassen).

Die Fähigkeit des IT-Betriebs, Vertrauen und Zuversicht zu vermitteln, ist selbstverständlich genauso wichtig. Zu Vertrauen gehört insbesondere auch, dass die in der Kommunikation mit der IT-Abteilung oder (hier besonders streng) in eingesetzten IT-Systemen hinterlegten Informationen vertraulich sind. Dies trägt zu einer essenziellen Glaubwürdigkeit
bei: Man muss der IT vertrauen können, man muss ihr glauben können, sie muss ehrlich
sein und ihr müssen die Interessen des Kunden sichtbar am Herzen liegen. Glaubwürdigkeit kann schnell verspielt sein, sie wiederzuerlangen ist mühsam und langwierig.
  Das IT-Personal und das IT-Management muss prompt kommunizieren, über Vorgänge
proaktiv informieren und dies in einer Sprache, die der Kunde und die Nutzer verstehen.

Tangibles (äußeres Erscheinungsbild)
Während ein äußeres Erscheinungsbild bei Produkten offensichtlich eine wichtige Rolle
spielt, ist dies bei Services nicht auf den ersten Blick zu erkennen. Doch auch hier gibt es
natürlich ein äußeres Erscheinungsbild. Dies wird auch bei IT-Services vielfältig sein –
wir führen exemplarisch einige Beispiele an:

- Zentrale IT-Systeme, bereitgestellt durch Webdienste: Hier sind insbesondere Layout
  von Webdienst und Eingangsmasken augenfällig. Auch wenn diese vielleicht durch
  eine IT-Entwicklungsabteilung bereitgestellt waren – eine gewisse Corporate Governance beim Erscheinungsbild der IT kann vom IT-Betrieb kommen.
- Telefonanlage (falls diese im Verantwortungsbereich der IT liegt): Hier ist natürlich die
  Bedienbarkeit und die Modernität ein augenfälliger Faktor.
- Auftrittsbild des Internet und des Intranet: Hier gilt, wie beim ersten Punkt, dass vom
  IT-Betrieb gewisse Vorgaben kommen können. Ganz in der Hoheit des IT-Betrieb liegt
  der Auftritt der IT im Intranet – mehr noch, als bei fachlichen Bereichen. Dies ist ge-
  wissermaßen die Visitenkarte der IT und sie sollte sorgfältig aufgebaut sein und regelmäßig gepflegt werden.
- Remote-Zugriff auf Firmenressourcen: Durch die Bereitstellung von Ressourcen auf
  heterogenen Endgeräten (und möglicherweise eine „Bring your own Device"-Policy)
  rückt das Eingangstor zu den IT-Services in den Vordergrund. Diese sollten nicht zu
  verspielt, aber modern gehalten sein und ein einheitliches und wertiges Erscheinungsbild haben.

- Desktop-Services: Im Budgetrahmen bei mittelgroßen Firmen ist der Arbeitsplatz-Rechner oder der mobile Rechner (Laptop, Tablett, etc.) eine eher mittelkleine Ausgabenposition. Diese IT-Produkte sind aber sehr wohl Maßstab für die Bewertung des IT-Service – insbesondere, weil bei praktisch allen Mitarbeitern ein privater Vergleich existiert. Tragbare Rechner sollten beispielsweise nicht zu schwer sein, Arbeitsplatzrechner einem guten Stand der Technik entsprechen und Ausrüstung nach einer nachvollziehbaren Planung regelmäßig ersetzt werden [20].
- IT-Personal: Auch das Erscheinungsbild der IT-Mitarbeiter entscheidet über das Bild des IT-Betriebs. Dies ist besonders wichtig für Service-Mitarbeiter, die ggf. in der Kundenorganisation vor Ort anwesend sind, es gilt aber auch für das IT-Management. Auf Sauberkeit und Sorgfalt bei der Kleidungswahl und dem sonstigen physischen Erscheinungsbild ist zu achten.
- Prozesse: Sichtbarkeit von nachverfolgbaren Prozessen ist Teil eines Erscheinungsbildes der IT-Organisation. Klar strukturierte und für den Nutzer transparente Prozesse, die von der IT-Organisation sichtbar im Sinne des Kunden wahrgenommen werden, können zu einem positiven Erscheinungsbild beitragen. Dazu kann – wir hatten ein ähnliches Beispiel schon weiter oben – auch gehören, dass ein Anrufer bei einem User Help Desk nicht nur freundlich mit dem Namen angesprochen wird, sondern dass er *immer* und unabhängig von der Person des IT-Mitarbeiters oder von der Tageszeit, freundlich mit dem Namen angesprochen wird.

Empathy (Einfühlungsvermögen der Mitarbeiter und des IT-Betriebs)
Eine gewisse Fürsorge und Einfühlungsvermögen der IT-Mitarbeiter und des IT-Betriebes sowie individuelle Ansprache wird von den Kunden erwartet und beeinflusst deren Bild von der IT. Wenn beispielsweise ein User Help Desk angerufen wird, gehört es mittlerweile zum guten Ton, dass der Kunde direkt anhand seiner Rufnummer identifiziert und persönlich angesprochen wird. Warteschlangen bei einer telefonischen Annahme dürfen nicht zu lang sein. Der Kunde soll – mit seinen Problemen – gekannt und verstanden werden. IT-Mitarbeiter sind entgegenkommend und handeln kundenorientiert.

Responsiveness (Kundenfreundlichkeit und Geschwindigkeit)
Dies umschließt den Willen des Service-Personals, auch wirklich einen Service zu bieten. Eine anspruchsvolle Geschwindigkeit gehört dazu: Ein schnell gelöstes Problem ist besser als ein lang anhaltendes Problem. Kunden schätzen Schnelligkeit, insbesondere bei Problemen, die ihre Arbeitsfähigkeit beschränken. Die Geschwindigkeit beim Kundenkontakt und bei Problemlösungen und Bereitstellungen von Services wird auch in Zukunft ein herausforderndes Thema sein. Dies schon allein aus einer Erwartungshaltung von Kunden, die aus dem privaten Bereich durch Selbstadministration im Vergleich mit anderen Organisationen bestimmte Erwartungs- und Anspruchshaltungen mitbringen.

Ausrichtung der Organisation
Für die oben genannten Faktoren ist wichtig, dass die Arbeitseinstellungen der IT-Mitarbeiter auf einer Einzelmitarbeiterebene *und* auf der Organisationsebene entsprechend

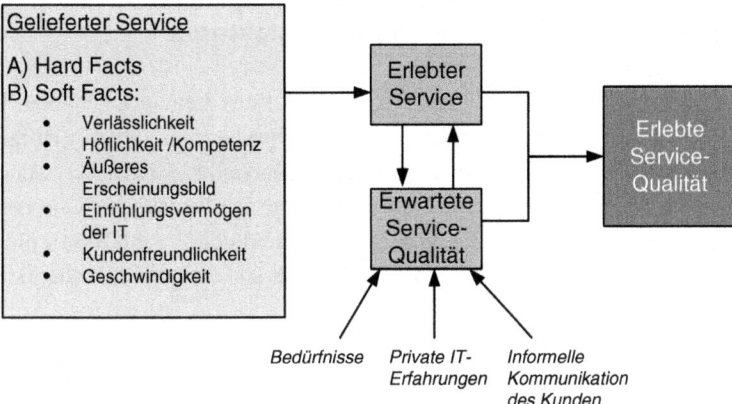

Abb. 3.8 Modell der IT Servicequalität. (adaptiert nach [28])

ausgerichtet sind. Das IT-Management muss die Beachtung dieser Dimensionen im IT-Betrieb verfolgen und kontrollieren. All diese Faktoren sind relevant und das ist nicht besonders überraschend.

Fortentwicklung des Bildes der IT Servicequalität
Insgesamt ergibt sich eine Fortentwicklung des Bildes, das wir oben in Abb. 3.3 gezeichnet haben – diese ist in Abb. 3.8 festgehalten. Hier ist auch detailliert, welches die Bestandteile des gelieferten Service sind. Dies sind:

* Die „Hard Facts" und
* die „Soft Facts", bestehend aus den sechs oben aufgeführten Komponenten.

3.7 Beeinflussung der Erfolgsfaktoren

Wir können noch etwas tiefer bohren. Die **Einflussfaktoren des IT-Erfolgs** sind multidimensional – kein einzelner ist alleine bestimmend. Es gibt keine Universallösung, die Erfolg bewirkt.[20] So müssen bei der Frage danach, wie man IT-Erfolg bewirkt, oftmals vielfältige Antworten gegeben werden.

Wenn wir also die Frage stellen, wie wir die Einflussfaktoren des IT-Erfolgs selber beeinflussen können, wird die Antwort nicht einfach werden. Was sind die Stellschrauben, an denen wir drehen können? Glücklicherweise gibt es auch hierzu Untersuchungen. Wir fassen diese hier zusammen und geben einem kurzen Überblick. Zunächst aber müssen wir die Erwartungen an Erfolgsrezepte mindern: Je allgemeiner man solche Rezepte formulieren möchte, desto unspezifischer werden sie – das ist keine Überraschung.

---

[20] Nach dem englischen Original [18]: „*There is no ‚magic bullet' that can be used to cause [...]
success*".

3.7.1 Strukturelle Gliederung der Erfolgsfaktoren

Petter, DeLone und McLean [18], die wiederum auf den Leavitt-Diamanten Bezug nehmen [42], gliederten die Stellschrauben – die Einflussfaktoren des IT-Erfolges – in verschiedene Dimensionen, die wir hier vereinfacht darstellen. Dabei berücksichtigen wir
Erkenntnisse aus [20]. Wir gliedern die Erkenntnisse in vier verschiedene Dimensionen:
die Struktur-Dimension (Merkmale von Projekten und der Organisation), die Aufgaben-
Dimension sowie die beiden Dimension des Nutzers und der sozialen Charakteristiken.

Struktur-Dimension: Merkmale von Projekt und Organisation
Obwohl unser Fokus der IT-Betrieb ist, betrachten wir natürlich auch Projekte, die IT-Entwicklungen in den IT-Betrieb liefern (siehe auch Kap. 9.3 und 9.5). Bei der Organisation
von solchen IT-Projekten zeigt es sich, dass eine frühzeitige Beteiligung der Nutzer und
Unterstützung von **Kommunikation zu Entwicklern** von IT-Produkten nutzbringend
sind. Informelle Nähe von Nutzern und Entwicklern, so dass Kommunikationswege klein
oder vernachlässigbar sind, helfen dabei insbesondere bei der Dimension Nutzerzufriedenheit. Kurze Wege, der Eindruck, Dinge beeinflussen zu können und natürlich die tatsächlich optimierten Ergebnisse von Programmierern steigern die Zufriedenheit bei der
Nutzung von IT-Services. Aber auch die tatsächliche Nutzung der IT, weil insbesondere
der Gesamtnutzen der IT steigt. Die Beziehung von Nutzern zu Entwicklern von IT-Services zeigte also einen positiven Effekt auf mehrere Dimensionen des IT-Erfolgs. Diese
Beziehung muss partnerschaftlich angelegt sein, wobei Wissen geteilt wird und kurze,
effektive Kommunikationswege erlaubt und gefördert werden.

Die **Unterstützung durch das Management** – und dies ist keine Überraschung – ist
ebenfalls ein Einflussfaktor für den Erfolg der IT. Dies bedeutet, dass das Management
Zeit und Ressourcen für die Beschäftigung und Nutzung der IT bereitstellt und diese fördert. Die Unterstützung durch das Management ist wohl eine der bestuntersuchten und
etablierten Prädikatoren für den Erfolg von IT. Es wird hierbei insbesondere die Nutzung
ermutigt und so der Gesamtnutzen gefördert.

Die **Extrinsische Motivatoren** – also Incentivierung oder aber auch Druck in Bezug auf
IT-Nutzung innerhalb der Organisation – sind ein starker Indikator für IT-Erfolg (dies mag
man bedauern).

Management-Prozesse (beispielsweise die Kultur, die IT-Verwaltung oder aber
Change Control Prozesse) unterstützen ebenfalls den IT-Erfolg. Hier ist insbesondere eine
etablierte offene Kommunikation hilfreich dabei, Nutzerzufriedenheit und Gesamtnutzen
der IT zu steigern. Das schließt ein, dass das Management die Prozesse zur Umsetzung
und Erreichung von Servicequalität entwirft und einführt.

Die **Kompetenz der Organisation** in Bezug auf IT – d. h. das Wissen des Management
in allen Dingen, die IT betreffen – ist ebenfalls ein mittelstarker Indikator für IT-Erfolg in
einem Unternehmen. Dabei spielen insbesondere auch Schulungen von Nutzern sowie das
Management eine Rolle.

Nicht überraschend wird sein, dass die Qualität der **IT-Infrastruktur** eine positive Ausstrahlung auf den IT-Erfolg hat. Gute IT-Infrastruktur, guter IT-Beitrag zum Unternehmenserfolg (insbesondere auch zur Qualität der Informationen und den Gesamtnutzen), das ist die Formel.

Dimension Aufgaben

Mit „Aufgaben" sind die Aktivitäten gemeint, die eine Organisation unternimmt und die von der IT unterstützt und automatisiert werden sollen.

Wenn die IT mit den Aufgaben verträglich ist, d. h. die IT konsistent die Arbeitsprozesse und die Art zu arbeiten unterstützt, wirkt sich dies positiv auf die Nutzung des Systems, die Nutzerzufriedenheit und den Gesamtnutzen des Systems aus. Dies wird unterstützt von einer Verbindung von IT-Strategie mit der Geschäftsstrategie (oder aber: einer IT-Strategie, die Teil der Geschäftsstrategie ist[21]).

Je einfacher (!) die Aufgaben sind, die von der IT unterstützt werden, desto größer ist der positive Einfluss der IT, insbesondere in der Dimension Nutzerzufriedenheit und Gesamtnutzen des Systems. Dies zeigt, dass es bei einer IT-Unterstützung nicht um allumfassende Automatisierung geht, sondern um eine wohldosierte, die den Nutzen der IT besonders betont.

Dimension Nutzer und soziale Charakteristiken

Die **Einstellungen der Nutzer** der IT haben einen großen Einfluss auf deren Absicht, die IT zu nutzen (und es dann auch tatsächlich zu tun). Wenn Nutzer eine positive Einstellung zur Nutzung von IT haben, wenn sie Gefallen an IT haben und ihr vertrauen, dann wirkt sich dies nicht nur auf die Absicht und die tatsächliche Nutzung von IT aus, sondern auch auf die System-Qualität, die Nutzerzufriedenheit und den Gesamtnutzen. Gefördert werden kann dies durch die Auswahl geeigneter Nutzer, durch Schulungen, aber auch durch positiv wahrgenommene Leistungen der IT. Natürlich hat eine Vertrautheit mit Technik und IT im Allgemeinen einen positiven Einfluss auf diese Einstellungen.

Der letzte Faktor, dem aber auch besondere Beachtung geschenkt werden sollte, ist die **Erwartung des Nutzers** – die Erwartungen sind hierbei solche an IT-Projekte, aber auch an den IT-Betrieb in Bezug auf die IT-Services, die durch diese IT-Projekte entstehen. Ein effektives Erwartungsmanagement kann hierbei helfen, Nutzererwartungen realistisch zu beeinflussen.

---

[21] Nach [46]: „*A recurring concern of the last few years has been how to connect IT investment to business strategy. All too often, the connections are attempted through special exercises led by IS – or they are not made at all, because some missionary zealot drives through an investment unrelated to business direction. By contrast, the most successful approach we have seen is where there are no IT strategies, only business strategies.*"

3.7.2   Der Zyklus der Servicequalität

Man kann die vom Kunden erlebte Qualität eines Systems (oder eines Services – im Folgenden sprechen wir von Systemen, meinen dabei alternativ auch Services), in einem zyklischen Ablauf darstellen – ein Bild, das naheliegend ist.

Dabei werden grob drei verschiedene Phasen durchlaufen. Dieser Zyklus der Servicequalität ist natürlich eine ideale Abstraktion – nicht immer trifft sie zu. Jedoch eignet sich diese Abstraktion in der Regel zur Charakterisierung von Eigenschaften und Gefahren sowie zur Verortung des Service-Erbringers – des IT-Betriebes. Das Folgende kann ausführlicher beispielsweise in [30] gefunden werden.

1.   Phase: Initiierung

Ein neues IT-System wurde eingeführt. Es sind Anforderungen des Kunden eingeflossen und vielleicht nicht vollständig umgesetzt oder mit Fehlern in die Produktionsumgebung eingeführt. Diese Diskrepanzen gegenüber dem Kundenwunsch werden als Software-Nachlieferungen, Software-Stabilisierungen oder Software-Fixes in die Produktionsumgebung übernommen – ggf. unter Inkaufnahme von Ausfallzeiten und Störungen der Verfügbarkeiten. Der IT-Betrieb macht sich – auch nach der vorangegangenen Testphase – zunehmend mit dem System oder Service vertraut. IT-Mitarbeiter im User Help Desk lernen die Probleme und Fragen der Nutzer kennen – die Betriebsprozesse, die vorher vielleicht nur auf dem Papier standen, werden zunehmend gelebt, nachdokumentiert und optimiert. Die Nutzer selber lernen (auch nach der Einführungsschulung) erst nach und nach mit dem Service umzugehen.

Die gefühlte Servicequalität für den Kunden wird potenziell bestimmt durch negative Wahrnehmungen, die durch die oben erwähnten Unzulänglichkeiten verursacht werden. Dies kann ausgeglichen werden durch die positive Wahrnehmung von „etwas Neuem". Tendenziell nimmt der Kunde in dieser Phase eine schlechtere Servicequalität verständnisvoll in Kauf.

2.   Phase: Stabilisierung

Es gibt keine Nachlieferungen mehr für Fehlerfixes und der Änderungsbedarf wegen geänderter Anforderungen wird geringer. Das System bzw. der Service ist gut oder zumindest ausreichend dokumentiert. Die Betriebsprozesse sind stabil, im IT-Betrieb herrscht Routine vor.

Der Kunde erfährt eine positive Servicequalität. Die Geschäftsprozesse ändern sich nur wenig, die Service-Anforderungen daher ebenfalls.

Diese Phase kann durch geeignete Maßnahmen ausgedehnt werden. IT-Prozesse sollten flexibel und kundenorientiert gehalten werden und regelmäßig aus einer *Kundenperspektive* geprüft werden. Auf der technischen Seite kann ein System durch geeignete und regelmäßige Wartungs- und Aktualisierungsmaßnahmen technisch auf einem guten Stand gehalten werden – beim Betrieb eines Standard-Produktes sollte dies besonders Erfolg versprechend sein.

3. Phase: Endzeit

Ändert sich bei der Einführung der neuen Komponente der IT-Betrieb oder die Infrastruktur, dann werden Hardwarekomponenten in dieser Phase möglicherweise immer ausfallfreudiger (auch wenn nicht alle Hardwareausfälle einer Badewannenkurve folgen, siehe auch Kap. 8.3.5). Die Routine im IT-Betrieb ist möglicherweise einer Nachlässigkeit gewichen – es passieren mehr und mehr Fehler (jedenfalls dann, wenn die Mitarbeiter aus dem IT-Betrieb nicht ab und zu neue Aufgaben bekommen, beispielsweise durch Job-Rotation). IT-Prozesse mögen sich verselbstständigt und verbürokratisiert haben, so dass Kundenwünsche (und Wünsche des IT-Betriebs selber!) immer schwer zu erkennen oder gar zu erfüllen sind. Das System oder der Service sind technisch veraltet.

Der Kunde betrachtet die vereinbarten Service Level immer mehr als ein unteres Limit der Service-Erbringung. Er ist durch die Phase 2 (Stabilisierung) verwöhnt und toleriert Ausfälle des Services – auch wenn dieser immer noch innerhalb der vereinbarten Service Level liegt – immer weniger.

Ein Service in der dritten Phase kann durch Qualitätsoffensiven des IT-Betriebs wieder auf einen für den Kunden akzeptablen Stand gebracht werden. Dies kann beispielsweise durch konsequentes und proaktives Problem-Management inklusive der daraus resultierenden Änderungen an den Services bzw. der Serviceerbringung geschehen.

Wichtig in allen Phasen der Servicequalität ist ein konsistentes, nachhaltiges und professionelles Kunden-Management. Dies betrachten wir im folgenden Abschnitt.

3.7.3 Kunden-Management – der Kundenzufriedenheits-Prozess

Es kann nicht genug betont werden, wie wichtig eine gute Beziehung zum Service-Kunden ist. Diese beiderseitige Kommunikation wirkt auf verschiedenen Ebenen:

- Der **Sachebene**: Wenn der Kunde gut verstanden ist, können bessere Angebote für IT-Leistungen gemacht werden. Auch eine Fortentwicklung der IT-Services benötigt einen guten Eindruck davon, was der Kunde sagt, was er braucht – und was der Kunde braucht.
- Der **Beziehungsebene**: Wenn im IT-Betrieb Dinge schieflaufen, dann ist eine klare, gute Kommunikation wichtig. Ein Kunde, der auch *während* einer schlechten IT-Leistung gut informiert wird, dabei klare und verlässliche Ansagen zu Wiederherstellungszeiten oder zumindest zu ggf. geplanten nächsten Schritte bei einer Incident-Behebung bekommt, wird eher wieder Vertrauen fassen und sogar zumindest diesen Aspekt der Kundenbeziehung positiv bewerten – und damit den IT-Betrieb insgesamt.
- Der **Selbstoffenbarungsebene**: Wenn der IT-Betrieb gut zuhören kann und etwas über die Schmerzen des Kunden erfahren möchte, wenn dabei durch eine gefestigte Kommunikationsbeziehung der Kunde ausreichend Vertrauen hat, dann können Alarmsignale erkannt werden und es können Gegenmaßnahmen ergriffen werden.
- Die **Appellebene**: Sogar auf dieser Ebene kann eine vertrauensvolle Beziehung wirken – der Kunde sendet Appell-Signale aus, die der IT-Betrieb aufnehmen kann.

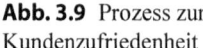 **Abb. 3.9** Prozess zur
Kundenzufriedenheit

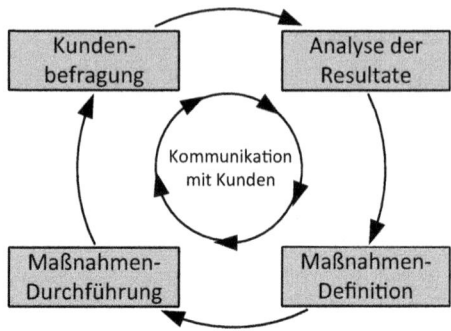

Weiteres zu dem Thema der Kundenbeziehung wird auch im Prozess Business Relation-ship Management (Kap. 8.3.12) behandelt.

Der Kundenzufriedenheits-Kreislauf
Die Kundenzufriedenheit kann – das wurde in der Darstellung des D&M-Modell (Abschn. 3.3.3) erwähnt – durch eine realistische Erwartungshaltung beeinflusst wer-den. Wenn vereinbarte Service Levels eingehalten und übertroffen werden, ist es für den IT-Betrieb hilfreich, wenn der Endanwender solche SLAs auch kennt und diese seinen Erwartungen zugrunde legt. In der Regel haben nicht Anwender aus den einzelnen Ge-schäftsbereichen SLAs abgeschlossen, manchmal kennen sie diese SLA-Vereinbarungen auch nicht.

Aber nicht nur die realistische Erwartungshaltung ist hilfreich für den IT-Betrieb. Er kann und sollte auch aktiv die Kundenbeziehung und -kommunikation gestalten. Hilfreich dabei ist eine regelmäßige Abfrage der Kundenzufriedenheit (siehe Abb. 3.9, die wir nach [30] modifiziert haben). Während aller Phasen gibt es eine konsistente, verlässliche und offene Kommunikation mit dem Kunden zu den einzelnen Schritten. Ausgangspunkt ist eine **Befragung des Kunden** und/oder der Anwender. Dies kann auf verschiedene Arten geschehen, beispielsweise durch glaubhaft anonyme webbasierte Befragung der Anwen-der von Desktop Services, aber auch durch eine persönliche Befragung eines Teils der Kunden (der nicht unbedingt Nutzer angehören müssen). Die Kommunikation (wer be-fragt wann, wen und zu welchem Zweck) dazu ist stringent zu gestalten. Auf Basis der Befragung wird eine **Analyse der Ergebnisse** vorgenommen. Diese resultiert in einer Definition von konkreten Maßnahmen (denen ggf. auch der Kunde zustimmen muss). Während der gesamten Zeit wird die Kommunikation aufrechterhalten. Wichtigster Punkt ist nun nach der Maßnahmen**planung** die Maßnahmen**umsetzung**. Auch hierbei wird selbstverständlich der Kunde auf dem Laufenden gehalten.

Wichtig bei dem Prozess ist die kontinuierliche, begleitende **Kommunikation mit dem Kunden** vor, während und nach jedem der anderen erwähnten Schritte.

3.8 Ganz oben: CEO und CIO

3.8.1 Beispiel: Die IT bei Texaco: Erfolg oder Misserfolg?

Beispiel

Die IT bei Texaco, einer texanische Firma, die zu den drei größten Ölkonzernen der USA gehörte [43] und im Jahr 1981 einen Umsatz von 59,4 Mrd. US$ [44] machte, war in allen finanziellen und technischen Dimensionen erfolgreich [45].

Im Jahr 1957 wurde der erste Mainframe-Computer installiert. Bis zum Jahr 1965 gab es Computeraktivitäten in praktisch allen Abteilungen. Das Top-Management war unterstützend und eng involviert. Im Jahr 1967 wurde die IT-Abteilung (das Computer Services Department) gegründet und der erste „CIO" (General Manager of IT) berichtete direkt an den CEO.

Die änderte sich, der nächste CIO berichtete an einen Senior Vice President. Die IT hatte weiterhin die Aufgabe, Arbeitszeit oder Arbeitskraft einzusparen. In den 1970er Jahren erweiterte sich das Aufgabenspektrum der IT, die Einführung von Netzwerken erlaubte die geografische Expansion. Neue Technologien machten eine zunehmende Spezialisierung in der IT notwendig.

Zunehmend wurde die IT als Quelle von Kosten, aber nicht von Nutzen angesehen. Es wurde eine nutzungsbasierte Kostenverrechnung eingeführt. Trotzdem konnte die IT nicht ihren Nutzen klar machen: Kosten wanderten durch Automatisierungen aus den Geschäftsbereichen in die IT, die IT wurde dadurch aufwendiger während die Geschäftsbereiche Aufgaben von sich wegverlagern konnten. Der Nutzen dieser Automatisierung war dem Top-Management jedoch nicht bewusst.

Die Personalanzahl in der IT hielt mit den zunehmenden Aufgaben nicht Schritt. Die IT hing bei der Applikationsentwicklung hinterher. Im Jahr 1981 gab es 321 laufende Projekte, ein Backlog von 385 Projekten und zusätzlich geschätzte 156 neue Projekte, die noch angegangen werden sollten.

Die Nutzerbasis der IT hatte zwischen 1981 und 1991 ein enormes Wachstum von ca. 1000 auf ca. 16.000 Nutzer. Es wurden zwar tausende von Arbeitsplätzen in den Geschäftsbereichen durch IT-Automatisierungen obsolet gemacht – gleichzeitig wurde dies nicht notwendigerweise dazu genutzt, Kosten in diesen Bereichen zu reduzieren. Zudem stieg in diesem Zeitraum die Anzahl von IT-Personal lediglich von 880 auf 930. Die IT regierte u. a. mit der Automatisierung von IT-Aufgaben. Die Nutzer beschwerten sich jedoch, dass die IT zu wenig liefere und zu hohe Kosten verrechnete.

Im Jahr 1985 verlor die Firma Texaco in einem Zivilprozess gegen die Firma Pennzoil und wurde zur Zahlung von 10,53 Mrd. US$ verurteilt – der bis dahin größte Betrag in einem Zivilprozess. Der Druck auf die Kostenstrukturen wurde sehr hoch, die IT konnte jedoch weiterhin nicht ihren Nutzen darstellen: Die Kostenverrechnung, die den erzielten Nutzen vernachlässigte und nicht einmal betrachtete, wurde nicht modifiziert. Geschäftsprozesse wurden in größerem Ausmaß in die IT verlagert (dadurch wurde die Kostenstruktur der Geschäftsbereiche entlastet), während die damit verbundenen IT-Kosten weiterhin als „Overhead" angesehen wurden. „*IT had no formal way of justifying its existence*" [44].

Die Ölpreise stürzen bis zum Jahr 1986 auf 12 US$ – der Druck auf Personaleinsparungen bei Texaco stieg weiter. Die IT als „Overhead"-Kosten wurde zum Feind der Geschäftsbereiche: „*IT had become an enemy*" [44]. Nach 1988 wurde die IT zunehmend in die Geschäftsbereiche verlagert – es fand eine Dezentralisierung der IT statt. Der IT-Bereich setzte IT-Standards, die aber zunehmend missachtet wurden. So gab es beispielsweise in den 1990er-Jahren bei Texaco über zehn verschiedene E-Mail-Systeme und viele weitere inkompatible Anwendungen [44]. Im Jahr 1998 hatte die IT noch 480 Mitarbeiter. Viele Aufgaben der IT wurden ausgelagert.

Im Jahr 2001 fusionierte Texaco nach anfänglichen Schwierigkeiten [43] mit der Firma Chevron zur ChevronTexaco.

In einem Vergleich mit allen anderen Ölfirmen zeigte das American Petroleum Institute, dass die IT von Texaco durchgehend zu den effizientesten IT-Organisationen gehörte.

…external entities such as the American Petroleum Institute (API), other oil companies and third party service providers were frequently used to compare expenses … Texaco IT rose to the top as a leader in cost efficiency … Texaco IT was doing better than competitor IT functions with fewer resources. [44]

Die Gartner Gruppe stufte die IT von Texaco höher als die von Konkurrenzunternehmen ein [45]. Die IT war in finanzieller Hinsicht ein Erfolg. Es wurden über 50.000 Arbeitsplätze in den Geschäftsbereichen eingespart.[22]

Sie war auch innovativ und installierte neueste Technologien vor anderen Firmen. Im Jahr 1986 beispielsweise gehörte sie zu den Top15 IT-Organisationen in Hinsicht auf installierte Prozessorleistung [44].

Der Grund für das Versagen der IT bei Texaco kann hauptsächlich als eines der Perspektive verstanden werden [45]: Das Top-Management fehlinterpretierte die Leistung der IT aufgrund von Klagen als schlecht. Alle fünf IT-Chefs waren Nicht-Techniker, denen es nicht gelang, die Fremdwahrnehmung durch das Top-Management zu ändern. Ausführliche Informationsunterlagen und Einschätzungen von Dritten konnten vom Top-Management ignoriert werden bis hin zur Auslagerung von Aufgaben an kostspieligere externe Dienstleister. Das Top-Management von Texaco war mit IT nicht vertraut und erkannte nicht dessen Nutzen für die Organisation. *Eindrücke* von der IT wurden wichtiger als *Leistungen* der IT.[23]

---

[22] Nach dem englischen Original [45] „*Texaco's IT function was a success. It helped the company eliminate over 50.000 employees.*"

[23] Nach den folgenden Originalen aus [45]: „*Texaco IT failed because top management consistently misinterpreted its performance as poor…*" – „*All five IT leaders … were nontechnical.*" – „*IT*

Das Beispiel von Texaco zeigt, dass nicht nur Erfolge bei finanziellen Key Performance Indikatoren (KPI) wichtig sind. Der Wertbeitrag (siehe auch Kap. 2) der IT wird nur dann sichtbar, wenn die gesamten Prozesskosten berechnet werden. Ansonsten kann eine Konstellation wie bei Texaco vorkommen, bei der durch IT-Automatisierungen von Prozessen die Kosten in den Fachbereichen sinken und natürlich die Kosten der IT steigen. Dadurch wurde insgesamt der Gesamtnutzen für die Firma gesteigert. Sichtbar wurden aber für den CEO lediglich: die gestiegenen IT-Kosten. Die Wahrnehmung der IT durch das Top-Management von Texaco und durch den CEO war katastrophal.

Die Balanced Scorecard (siehe Kap. 2) sieht auch eine Perspektive vor, die die Wahrnehmung des IT-Bereichs durch das Management betrachtet. In dieser Perspektive war die IT-Abteilung von Texaco anscheinend nachhaltig nicht erfolgreich. Das Zusammenspiel auf Top-Management-Ebene hat nicht funktioniert. Es gab keine Vertrauensbasis zwischen CEO und CIO.

3.8.2   Das Verhältnis zwischen CEO und CIO

In den vorangegangenen Abschnitten haben wir vorgestellt, wie sich das Business eine Meinung über die IT-Organisation und den IT-Betrieb im Besonderen bildet. Wir sahen, welche Faktoren dabei zu beachten sind, und wie sich die Einflussfaktoren des Erfolgs der IT zusammensetzen. In den vorliegenden Abschnitten betrachten wir eine besondere Kundenbeziehung – die zwischen CEO und CIO. Bei den empirischen Befunden stützen wir uns auf eine Vielzahl von Literatur (und insbesondere [46]).

Das Urteil des CEO über die IT
An der Spitze derer, die eine IT beurteilen, steht der Firmenchef, der CEO. An der Spitze einer IT-Organisation („IT-Abteilung") steht auf der anderen Seite der CIO – gleichgültig, unter welcher Bezeichnung der IT-Chef in einem Unternehmen tatsächlich firmiert, siehe Kap. 4. Beurteilt werden der CIO **und** die IT-Abteilung vom CEO. Oft sind CEOs nicht in der Lage, die Leistung der IT-Abteilung und den Beitrag des CIOs im Detail zu beurteilen. Bei dieser Beurteilung können inhaltliche Aspekte, aber auch persönliche Eindrücke eine Rolle spielen. Diese persönlichen Eindrücke werden also durch die Meinung des CEOs über den CIO geprägt.

---

leaders should familiarize themselves with top-management perceptions of their performance and resource needs." – „…IT leaders' extensive communication and third party research on the good performance of the unit can be consistently ignored to the extent that the firm chooses to outsource to more expensive service providers and to dismantle IT." – „…Texaco's top management was unfamiliar with IT. It did not recognize IT's value to the organization, its identity, performance, needs, or related environmental forces. In this context, perceptions became more influential than performance. …top management preferred making decisions based on user complaints, inadequate accounting procedures, and external consultants and ignoring information provided by IT."

Unter den CEOs gibt es historisch eine gespaltene Ansicht über die Leistungen der IT und über den Wertbeitrag, den diese liefert. Die einen sehen IT als strategisches Mittel, andere sehen die IT als bloße Kosten. Es gibt ein Gefühl unter etwas mehr als der Hälfte der Geschäftsverantwortlichen, dass die jeweilige interne IT-Organisation nicht innovativ genug ist, um neueste Technologien (in diesem Beispiel: Telekommunikation) zum Vorteil der Firma einzuführen [47]. Die Rolle und Handlungen des CIO sind ausschlaggebend dafür, dass die IT als strategischer Vorteil gesehen wird und dass die IT als Problemlöser und nicht als bloßer Kostenfaktor gesehen wird.

Der CIO als Mittler der IT im Top-Management
Umgekehrt kann der CIO fachliche Inhalte – wo dies denn nötig ist – mit Hilfe einer guten Beziehung zum CEO und zum Top-Management besser transportieren. IT kann – sowohl in der Weiterentwicklung wie auch im IT-Betrieb – eine komplexe Angelegenheit sein. Exemplarisch wird dieses rein inhaltliche Missverständnisse zwischen dem Top-Management der IT und dem Top-Management des Business in [47] gezeigt:

• Die IT-Kunden nehmen in der Befragung beispielsweise eine IT-Unterstützung von der IT-Organisation für Social Media wahr– selbst dann, wenn es diese von der IT-Organisation in Wirklichkeit gar nicht gibt.
• Auf der anderen Seite erbringen IT-Organisationen Leistungen, die für die Kunden nicht sichtbar oder präsent sind: So sagten 50 % der IT-Leiter, dass Unified-Communications-Lösungen implementiert oder für die folgenden 12 Monate geplant sind – dies wird kontrastiert mit 85 % des Top-Managements der IT-Kunden, die sagen, dass sie nichts von bestehenden oder geplanten Unified-Communications-Lösungen wissen.

In einer Beziehung, in der der CIO den CEO in IT-fachlichen Angelegenheiten mit Hinweis auf solche Komplexitäten herablassend behandelt, wird das Zusammenspiel allerdings Schaden nehmen. Viele Organisationen haben Probleme dabei, *formal* zu evaluieren, wie hoch tatsächlich der Nutzen der IT im Verhältnis zum eingesetzten Geld ist – trotz Versuchen, dies über eine IT-Governance zu behandeln, siehe Kap. 5.3.3. Wenn formale Mittel fehlen, wird informelle Kommunikation wichtig – der Eindruck der Kunden und die Meinung des CEO zur IT zählen.

Allerdings darf der CIO nicht als Vertreter der IT-Belange in Erscheinung treten – die Aufgabe ist es, auf dem Top-Level die Belange der *Gesamtfirma* im Lichte der IT zu fördern. Dazu gehört, dass – auch aus Sicht des CEO – die IT nicht Reiche verteidigt, Althergebrachtes unverändert belassen möchte oder bei Budgets mauert:

> „CIOs are valued for their business thinking and change management capabilities as much as for their IT knowledge"; „…the nature of IT is such that the CIO gets a view across the whole business; the job requires the CIO to have a curiosity about ,how things work'". [46]

Die Fähigkeit des CIOs *sichtbar* einen Mehrwert für die Unternehmung zu bringen, ist einer der wichtigsten Faktoren für die Sicht der Organisation darüber, ob die IT eine Bereicherung oder eine Belastung für die Firma ist:

> We have found that the CIOs ability to add value is the biggest single factor in determining whether the organization views IT as an asset or a liability [46]

Dazu gehört auf einer sichtbaren Ebene, dass der CIO Sprache bedacht einsetzt, Jargon vermeidet und keine Positionen aufbaut, die grundsätzlich streitbar sind [49].

Der Beitrag des CEO

Beziehungen und Kommunikation ist immer eine zweiseitige Angelegenheit (siehe auch das Kommunikationsmodell in Abschn. 3.6.2). Die Pflege einer nutzbringenden Beziehung ist also genauso Aufgabe des CEO wie die des CIO.

Dies ist insbesondere bei der Auslegung der strategischen Planung für die IT der Fall.[24] Damit es hier zu keinem Gap, keiner Diskrepanz zwischen IT und Geschäft kommt, ist es wichtig, den CIO an allen strategischen Überlegungen teilhaben zu lassen. Bei Unternehmen mit starkem IT-Fokus und tiefer Wertschöpfung durch Informationstechnologie ist dies ohnehin selbstverständlich. Bei den Firmen aber, bei denen die IT nicht als Kern der Leistungserbringung gesehen wird, kann ein solcher Ansatz der Unternehmung als Ganzes einen Vorteil verschaffen [49].

Daraus kann eine direkte Einbindung der IT-Strategie in die Firmenstrategie resultieren. Dies steht im Gegensatz zu einem Modell, in dem eine IT-Strategie lediglich eine Extrapolation von derzeitigen Anforderungen an die IT ist. Das Gegenbild dazu ist eben dies, bei der der CIO als Teil des Top Management oder direkt über den CEO in alle wichtigen und strategischen Überlegungen für die Firma und die sich daraus ergebenden IT-Pläne eingebunden ist.

Dies zuzulassen und zu fördern, kann ein Beitrag des CEO zu der Förderung einer nutzbringenden IT-Organisation sein. Ein grundsätzliches Interesse an der IT gehört für den CEO ebenso dazu – auch wenn er nicht in die Details der Bits und Bytes absteigen muss oder sollte.

In der Zusammenarbeit mit dem CIO ist es wichtig klarzumachen, dass nicht eine wie auch immer geartete IT-Gemeinschaft der Maßstab für den CIO ist, sondern die Nutzer.[25]

---

[24] Aus [48]: „*...studies point to the importance for [strategic information system planning] of a direct **two-way** relationship between the CEO and IS executive*"; „*The involvement of executive management as partners in the exploitation of information technology is surely dependent on effective relationships between top levels of IS and business line management.*" [Hervorhebung durch die Autoren].

[25] Nach [46]: „*Awards from peers in the IT community or even the CEO's personal sympathy will count for nothing if users are unhappy*".

Nicht eine Auszeichnung zum „CIO des Jahres" oder andere Ehrungen und Anerkennungen sind relevant, sondern der erkennbare und nachweisbare Mehrwert für die Nutzer.

Der CIO, der liefert

Die Pflicht des CIO ist der Fokus auf die Lieferung versprochener und erwarteter Leistungen: Der CIO muss für eine so gute IT-Leistung bei IT-Projekten und im IT-Betrieb sorgen, dass die Lieferleistung der IT nicht als ein Teil der Probleme einer Firma gesehen wird. Um eine gute Beziehung zwischen CIO und CEO unterhalten zu können, ist es hilfreich, wenn der CEO aus der IT erfolgreiche Projekte erlebt hat und wenn er die IT als geschäftskritisch ansieht. Dies ist, wie erwähnt, für den laufenden IT-Betrieb wichtig, aber auch für IT-Weiterentwicklungsprojekte.

Der Vertrag eines manchen CIOs wurde beendet, obwohl er nach rein technischen Maßstäben erfolgreich war (z. B. durch Etablieren eines hocheffizienten IT-Betriebs). Wichtig für einen CIO ist es, sich mit Mitarbeitern zu umgeben, die ausgezeichnet sind im IT-Betrieb, aber auch starken Wert auf Kommunikation mit dem Business legen.

Diese Kommunikation mit dem IT-Kunden muss **durchgängig** für alle Schritte der IT unternommen werden, die einen Bezug zu Anfragen und Beschwerden des Business haben. Auch umgekehrt soll Feedback vom Business für die meisten Aktionen der IT aktiv von der IT-Organisation angefragt werden, d. h. als Holschuld. Dazu gehört, dass Zufriedenheitswerte des Business zu Services und IT-Organisation regelmäßig erhoben und eng verfolgt werden.

Das Idealprofil des CIO

Insgesamt ergibt sich das folgende Profil für einen CIO, der ein „Beitrag zum Ganzen" [8] leistet – dies mit einer vorsichtigen Warnung, dass sehr erfolgreiche CIOs manchmal auch andere Schwerpunkte in ihrem Profil haben können und dass umgekehrt eine Erfüllung all dieser Punkte noch keinen erfolgreichen CIO garantiert.

- **Verhalten**: Der CIO ist hochgradig loyal zum Gesamtunternehmen (nicht nur zur IT-Abteilung) und offen. Obwohl Integrität selbstverständlich eine Grundanforderung an jeden Manager ist, adressiert dieser Punkt noch einmal verstärkt die spezielle Lage der IT: Der CIO ist nicht nur loyal und offen, sondern er ist dies auch deutlich *erkennbar*. Die IT-Angelegenheiten werden möglicherweise vom CEO und Managern und Managerinnen außerhalb der IT nicht umfassend verstanden (und das sollte auch nicht notwendig sein!). Da die IT also undurchsichtig sein kann, schätzen CEOs die CIOs, die so offen mit Problemen umgehen, wie sie auch mit Erfolgen umgehen.
- **Motivation**: Erfolgreiche CIOs orientieren sich stark an Zielen, Ideen und systematischen Vorgehensweisen. Sie möchten den Weg des Business beeinflussen und greifen neue Ideen gerne, aber immer im Lichte des möglichen Nutzens auf. Es treibt sie weniger an, ein IT-Ressort zu leiten als vielmehr ein Beitrag zum Gesamtbusiness zu liefern.
- **Kompetenzen**: Die Motivation, das Gesamtbusiness zu verändern, wird von erfolgreichen CIOs ausbalanciert von einem Wunsch, Vermittler und Moderator zu sein. CIOs,

die eine Rolle einnehmen, die als eine Bewerbung für die CEO-Position verstanden werden könnte, scheitern oft. CIOs, die eher als Vermittler denn als Anführer von Veränderung im Gesamtbusiness auftreten, werden als wertvoll angesehen. Solche CIOs sind gute Kommunikatoren und können unterschiedliche Sprachen des Business sprechen, sie haben natürlich einen starken IT-Hintergrund, aber üben sich nicht in „IT-Sprech".

- **Erfahrung**: Die erfolgreichsten CIOs kommen auch ursprünglich aus dem IT-Bereich und haben in ihrer Berufserfahrung einen ausweisbaren IT-Hintergrund. Auf dieser Basis wirkt er oder sie in die Unternehmung.

Empfehlungen für den CEO zum Umgang mit der IT

Diesen Grundanforderungen an einen CIO können wir Empfehlungen an CEOs gegenüberstellen, die für ein optimales Zusammenspiel mit der IT beachtet werden sollen. Diese fassen einige der schon oben genannten Punkte zusammen und sind adaptiert nach [46, 49]. Es sind weniger Rezepte als vielmehr Einstellungen, die hier angesprochen werden – diese Einstellungen machen sich aber in Aktionen und Taten bemerkbar.

- Die IT muss sich und die Firma wandeln – dies ist eine Anforderung, die der CEO an die IT-Abteilung und den CIO stellen muss. Die IT muss vom CEO als Teil der Lösung gesehen werden, der CIO muss frühzeitig in Debatten über Änderungen in der Firma eingebunden werden. Dazu gehört, dass der CIO dem Top-Management-Team angehört.
- Es muss nicht überall Änderungen mit und an der IT geben – Fokussierung auf das Wesentliche [8] und auf Effektivität statt Effizienz beim IT-Einsatz ist essenziell.
- In allen IT-Belangen muss die IT Geschäftsnutzen bringen. Dies muss konstantes, institutionalisiertes Thema nicht nur mit dem CIO, sondern mit allen Personen aus dem Top-Management-Team sein. Die IT ist ein integraler Teil der Firma.

Die Anzahl der CEOs, die wenig mit der IT und dem CIO anfangen können, sinkt – ein Darwinsches Phänomen. In Firmen, in denen die IT als Aktivposten angesehen wird, hat die IT einen großen Stellenwert. Dieser Stellenwert kann in weiten Teilen durch den CIO bewirkt werden – gleichgültig, ob Teile der IT ausgelagert sind oder nicht. Der CEO kann dieses fördern oder aber im negativen Fall durch persönliches Beispiel ausbremsen: „*Ultimately, you get what you deserve from IT*" [46].

Einer konstruktiven Beziehung zur IT widerspricht nicht, wenn CEOs die IT kritisieren und herausfordern. Wie alle Organisationen und Personen (und auch CEOs), die nicht herausgefordert werden (siehe Kap. 6), tendieren IT-Organisationen und der IT-Betrieb dazu, sich selbst nicht schnell genug zu ändern. „*IT-Abteilungen neigen dazu, ihre Praktiken nicht infrage stellen zu lassen und sich gegen Kritik abzuschotten*" [26].

---

[26] „*There is a tendency for IT departments to insulate their practices from challenge or criticism*" [50].

In Kap. 6.4 werden wir am Beispiel Marshall Industries ein gelungenes Zusammenspiel zwischen CIO und CEO sehen.

3.8.3   Die IT als strategische Ressource im Zusammenspiel von CEO und CIO

Es ist nicht wichtig, dass ein CEO die IT versteht und dass er tiefere eigene Erfahrungen professioneller oder privater Natur mit IT hat. Wichtig für ein wirksames Zusammenspiel ist, dass er glaubt, dass die IT Vorteile für seine Firma etablieren kann. Dazu gehört, dass der CIO selbstverständlich an den CEO berichtet. Effektive CEOs, die die Informationstechnik als strategischen Vorteil begreifen, investieren ihre Zeit aber auch in Angelegenheiten der IT:

> First, they are noticeably engaged in thinking – and frequently writing – about how IT will impact their industry and the opportunities it brings to business. When they reflect on the ‚big picture‘, IT and information are on their mind. [50]

Idealerweise interessieren sich auch die Aufsichtsgremien des Unternehmens für Angelegenheiten der IT und fordern eine IT-Governance ein. Wenn CIO, CEO und die Aufsichtsgremien der Firma den strategischen Einfluss der IT betrachten, ist eine Darlegung wie in Abb. 3.10 hilfreich. Hier werden vier Quadranten dargestellt, die sich danach unterscheiden, wie hoch der Änderungsbedarf der IT ist, und wie hoch die Anforderung an die Verlässlichkeit der IT (z. B. in der Dimension Verfügbarkeiten und Antwortzeiten). Wir unterscheiden mit [50] nach dem jeweiligen Modus, in der die IT sich für das Kerngeschäft der Firma befindet:

- Der *Strategische Modus* (Quadrant I in Abb. 3.10): Die IT hat hohe Auswirkungen – wenn sie nicht verfügbar ist. Die Anforderungen an Verfügbarkeiten und/oder Antwortzeiten ist hoch und Kern-Geschäftsprozesse basieren auf IT-Services oder -Systemen. Der Schwerpunkt der IT-Arbeit wird sowohl im IT-Betrieb als auch in IT-Weiterentwicklungsprojekten gesehen. Neue Systeme versprechen dementsprechend Geschäftsentwicklungen, Kostenreduktionen oder Vorteile gegenüber der Konkurrenz. Kernfragen für den CEO und den CIO in diesem Modus sind einerseits *strategische*, nämlich ob die Ausrichtung des IT-Portfolios mit den strategischen Zielen der Firma (noch) übereinstimmt; und andererseits *operative*, nämlich
  - ob die IT-Weiterentwicklungen im Plan sind,
  - ob die Kostenstrukturen der IT in Ordnung sind,
  - wie gut die IT-Services abgesichert gegen Ausfälle sind und
  - was die Mitigationsmaßnahmen bei Ausfällen sind.
- Der *Fabrik-Modus* (Quadrant II in Abb. 3.10): Die IT hat hohe Auswirkungen – wenn sie nicht verfügbar ist. Die Anforderungen an Verfügbarkeiten und/oder Antwortzeiten

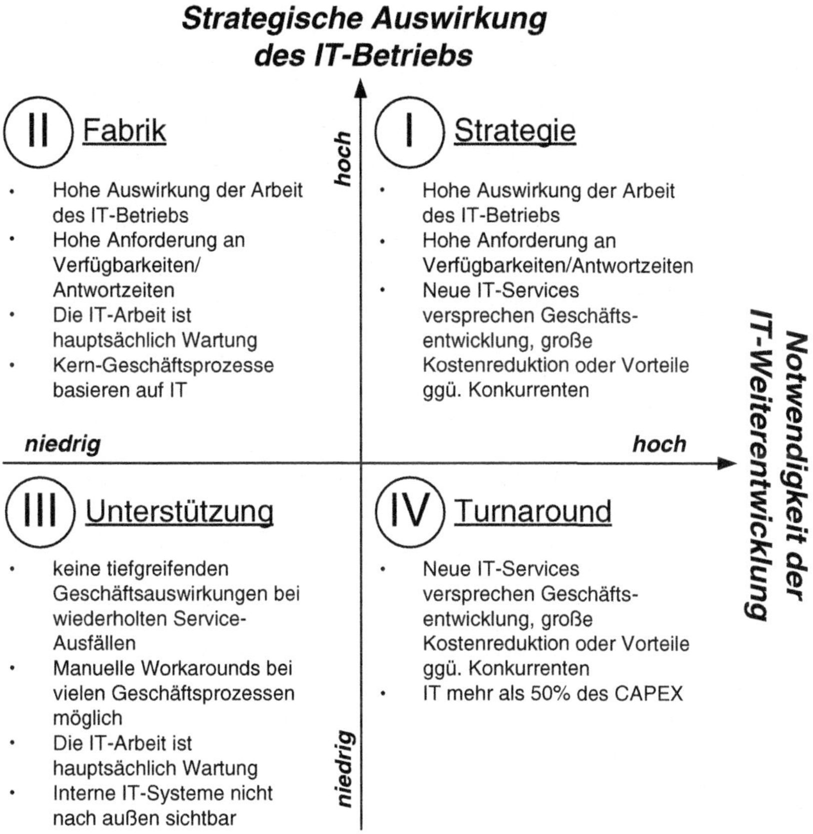

Strategische Auswirkung
des IT-Betriebs

(II) Fabrik

- Hohe Auswirkung der Arbeit des IT-Betriebs
- Hohe Anforderung an Verfügbarkeiten/ Antwortzeiten
- Die IT-Arbeit ist hauptsächlich Wartung
- Kern-Geschäftsprozesse basieren auf IT

hoch

(I) Strategie

- Hohe Auswirkung der Arbeit des IT-Betriebs
- Hohe Anforderung an Verfügbarkeiten/Antwortzeiten
- Neue IT-Services versprechen Geschäfts-entwicklung, große Kostenreduktion oder Vorteile ggü. Konkurrenten

niedrig *hoch*

Notwendigkeit der IT-Weiterentwicklung

(III) Unterstützung

- keine tiefgreifenden Geschäftsauswirkungen bei wiederholten Service-Ausfällen
- Manuelle Workarounds bei vielen Geschäftsprozessen möglich
- Die IT-Arbeit ist hauptsächlich Wartung
- Interne IT-Systeme nicht nach außen sichtbar

(IV) Turnaround

- Neue IT-Services versprechen Geschäfts-entwicklung, große Kostenreduktion oder Vorteile ggü. Konkurrenten
- IT mehr als 50% des CAPEX

niedrig

Abb. 3.10 Strategischer Einfluss der IT. (modifiziert und erweitert nach [50])

sind hoch und Kern-Geschäftsprozesse basieren auf IT-Services oder -Systemen. Die IT-Arbeit wird hauptsächlich in der Wartung bestehender Services gesehen, aber nicht in der Weiterentwicklung dieser – es gibt hier also ein Schwerpunkt in der Arbeit des IT-Betriebes. Die Kernfragen für den CEO und den CIO in diesem Modus sind einerseits *strategische*, nämlich ob die IT in einem solchen Modus bleiben soll; und andererseits *operative*, nämlich wie gut die IT-Services abgesichert gegen Ausfälle und was die Mitigationsmaßnahmen bei Ausfällen sind.

- *Unterstützungs-Modus* (Quadrant III in Abb. 3.10): Die IT hat keinen hohen Stellenwert und es gibt nur einen geringen Bedarf an Verlässlichkeit oder strategischer Unterstützung durch die IT. Selbst wenn Systeme oder Services wiederholt ausfallen, hat dies keinen Einfluss auf die Geschäfte. Kunden und Lieferanten haben keine Sicht, keinen Einfluss und keine Abhängigkeit von den internen IT-Systemen. Die Kernfrage für den CEO und den CIO ist eine *strategische*, nämlich ob die IT in einem solchen Modus bleiben soll und darf.
- *Turnaround-Modus* (Quadrant IV in Abb. 3.10): Die IT hat keinen hohen Stellenwert und es gibt nur einen geringen Bedarf an Verlässlichkeit oder strategischer Unterstüt-

zung durch die IT. Selbst wenn Systeme oder Services wiederholt ausfallen, hat dies keinen Einfluss auf die Geschäfte. Kunden und Lieferanten haben keine Sicht, keinen Einfluss und keine Abhängigkeit von den internen IT-Systemen. Kernfragen für den CEO und den CIO sind *strategische*, nämlich ob die Ausrichtung des IT-Portfolios mit den strategischen Zielen der Firma (noch) übereinstimmt.

Firmen gibt es weiterhin in allen diesen Quadranten – auch wenn in mehr und mehr Firmen die IT ein essenzieller Faktor ihres Geschäftes ist[27], und daher eher in den Quadranten I, II und IV anzusiedeln sind als im Quadranten III.

3.9 Management Summary

Die Geschichten und Legenden, die in einer Firma über die IT erzählt werden, bestimmen sich im Wesentlichen über die Nutzerzufriedenheit. Diese wirkt sich auf den Gesamtnutzen der IT aus. Aber manchmal wünschen sich Nutzer eine IT-Unterstützung, die zu aufwendig ist. Dann sind Gesamtnutzen (definiert als Nutzen minus die Aufwände) und Kundenzufriedenheit Antagonisten.

In den Worten von Olsen: „Der Vorstand und der Aufsichtsrat haben eine einfache Frage: wenn alles so gut läuft, wo ist dann der Profit? Jede Präsentation, die uns vorgeführt wird, sagt, wie wunderbar alles läuft, wie gut die Verbesserungen sind und wie groß die Effizienzsteigerungen sind. Wo ist der Profit?" [28]

Die IT muss den Gesamtnutzen sichtbar für alle Stakeholder erhöhen.

Literatur

1. Spiegel Online, Ursache für Netzwerkpanne war menschliches Versagen (2009, 16. Jan.), http://www.spiegel.de/reise/aktuell/deutsche-bahn-ursache-fuer-netzwerkpanne-war-menschliches-versagen-a-601741-druck.html. Zugegriffen: 13. Juni 2014
2. heise Netze, Bahn kämpft mit bundesweitem Netzwerkausfall (2009, 15. Jan.), http://www.heise.de/netze/meldung/Bahn-kaempft-mit-bundesweitem-Netzwerkausfall-Update-197890.html?view=print. Zugegriffen: 13. Juni 2014

---

[27] Nach [50] „*information technology has evolved beyond the role of mere infrastructure in support of business strategy. In more and more industries today, IT is the business strategy.*": Die Informationstechnologie hat sich aus der Rolle einer reinen Infrastruktur-Unterstützung der Geschäftsstrategie heraus entwickelt. Man kann sagen, dass heutzutage in einer zunehmenden Anzahl von Branchen die IT *die* Geschäftsstrategie ist.

[28] Englisches Original [52]: „*The Executive Committee and the Board of Directors have one simple question: If everything is doing great, where is the profit? Every presentation we get tells how wonderful everything is going, and we are told how great the improvements are and how big the efficiency improvements are. Where is the profit?*"

3. H. Krcmar, *Informationsmanagement*, 6. Aufl. (Springer Berlin, 2015), ISBN:978-3-662-45863-1. doi:10.1007/978-3-662-45863-1
4. A. Gadatsch, E. Mayer, *Masterkurs IT-Controlling: Grundlagen und Praxis für IT-Controller und CIOs – Balanced Scorecard – Portfoliomanagement – Wertbeitrag der IT – Projektcontrolling – Kennzahlen – IT-Sourcing – IT-Kosten- und Leistungsrechnung* (Vieweg+Teubner, Wiesbaden, 2010). ISBN: 978-3-658-01590-9. doi:10.1007/978-3-658-01590-9
5. N. Urbach, S. Smolnik, G. Riempp, Der Stand der Forschung zur Erfolgsmessung von Informationssystemen. Wirtschaftsinformatik. **51**(4), 363–375 (2009). ISSN: 1861-8936. doi:10.1007/s11576-009-0181-y
6. V. Grover, S.R. Jeong, A.H. Segars, Information systems effectiveness: The construct space and patterns of application. Inf. Manage. **31**(4), 177–191 (1996). ISSN: 0378-7206. doi:10.1016/S0378-7206(96)01079-8
7. Project Management Institute, *A Guide to the Project Management Body of Knowledge: PMBOK(R) Guide*, 5. Aufl. (Project Management Institute, Newtown Square, Pennsylvania, 2013). ISBN: 978-1-935-58967-9
8. F. Malik, *Führen Leisten Leben: Wirksames Management für eine neue Welt* (Campus Verlag, Frankfurt, 2014). ISBN: 978-3593501277
9. D.A. Garvin, What does „Product Quality" really mean? Sloan Manage. Rev. **26**(1), 25–43 (1984). ISSN: 1532-9194
10. P.F. Drucker, *Innovation and Entrepreneurship: Practice and Principles* (Butterworth-Heinemann, Oxford, 2007). ISBN: 978-0-7506-8508-5
11. P.B. Crosby, *Quality is Free: The Art of Making Quality Certain* (McGraw-Hill, New York, 1979). ISBN: 07-014512-1
12. C. Jones, *Software Engineering Best Practices: Lessons From Successful Projects in the Top Companies* (McGraw-Hill Osborne Media, New York, 2009). ISBN: 978-0-071-62161-8
13. DIN Deutsches Institut für Normung e. V., DIN EN ISO 9000:2005-12 Qualitätsmanagementsysteme – Grundlagen und Begriffe (2005, Dez.)
14. DIN Deutsches Institut für Normung e. V., DIN EN ISO 25010:2011-03: Systems and software engineering – systems and software quality requirements and evaluation (SQuaRE) – System and software quality models (2011, März)
15. W.H. DeLone, E.R. McLean, Information systems success: The quest for the dependent variable. Inf. Syst. Res. **3**(1), 60–95 (1992). doi:10.1287/isre.3.1.60
16. W.H. DeLone, E.R. McLean, The DeLone and McLean model of information systems success: A ten-year update. J. Manage. Inf. Syst. **19**(4), 9–30 (2003). doi:10.1080/07421222.2003.11045748
17. T. Levitt, After the sale is over …. Harv. Bus. Rev. **61**(5), 87–93 (1983). ISSN: 0017-8012
18. S. Petter, W. DeLone, E.R. McLean, Information systems success: The quest for the independent variables. J. Manage. Inf. Syst. **29**(4), 7–62 (2013). doi:10.2753/MIS0742-1222290401
19. P.B. Seddon, A respecification and extension of the DeLone and McLean model of IS success. Inf. Syst. Res. **8**(3), 240–253 (1997). ISSN: 1047-7047
20. R.T. Watson, L.F. Pitt, C.B. Kavan, Measuring information systems service quality: Lessons from two longitudinal case studies. MIS Q. **22**(1), 61–79 (1998). ISSN: 0276-7783. doi:10.2307/249678
21. F. Buttle, SERVQUAL: Review, critique, research agenda. Eur. J. Mark. **30**(1), 8–32 (1996). ISSN: 0309-0566
22. A. Parasuraman, V.A. Zeithaml, L.L. Berry, Refinement and reassessment of the SERVQUAL scale. J. Retail. **67**(4), 420–450 (1991). ISSN: 0022-4359
23. T. Levitt, Production-line approach to service. Harv. Bus. Rev. **50**(5), 41–52 (1972). ISSN: 0017-8012
24. F. Herzberg, *Work and the Nature of Man* (Staples Press, London, 1966)

25. A. Karer, *Optimale Prozessorganisation im IT-Management: Ein Prozessreferenzmodell für die Praxis* (Springer, Berlin, 2007). ISBN: 978-3-540-71558-0. doi:10.1007/978-3-540-71558-0
26. M.B. Holbrook, K.P. Corfman, in *Quality and value in the consumption experience: Phaedrus rides again*, Hrsg. J. Jacoby, J.C. Olson. Perceived Quality: How Consumers View Stores and Merchandise (Lexington Books, Lexington, 1985), S. 31–57. ISBN: 978-0669082722
27. Spiegel Online, Abgeordnete klagen über Mail-Probleme (2012, 17. Dez.), http://www.spiegel.de/politik/deutschland/it-panne-im-bundestag-abgeordnete-klagen-uebermail-probleme-a-873342.html. Zugegriffen: 6. Juli 2014
28. A. Parasuraman, V.A. Zeithaml, L.L. Berry, A conceptual model of service quality and its implications for future research. J. Mark. **49**(4), 41–50 (1985). doi:10.2307/1251430
29. F. Opitz, B. Pfitzinger, T. Jestädt, in *Service Levels of a Cost Center Organization*, Hrsg R. Alt, K.-P. Fähnrich, B. Franczyk. Practitioner track International Symposium on Services Science (ISSS'09), Leipziger Beiträge zur Informatik, Bd. 16 (Universität Leipzig, 2009), S. 81–86. ISBN: 9783-94160803-0
30. F. Abolhassan, *Kundenzufriedenheit im IT-Outsourcing* (Springer, Berlin, 2014). ISBN: 978-3-658-04749-8. doi:10.1007/978-3-658-04749-8
31. B. Pfitzinger, T. Jestädt, T. Gründer, in *Sourcing Decisions and IT Service Management*, Hrsg. R. Alt, K.-P. Fähnrich, B. Franczyk. Practitioner Track International Symposium on Services Science (ISSS'09), Leipziger Beiträge zur Informatik, Bd. 16 (Universität Leipzig, 2009), S. 71–80. ISBN: 978-3-941608-03-0
32. J. Peppard, Exploring the concept of the IS organization (2007), http://www.som.cranfield.ac.uk/som/dinamic-content/media/ISRC/Exploring%20the%20concept%20of%20the%20IS%20organisation.pdf. Zugegriffen: 27. Aug. 2014
33. R. Van Der Pols, R. Donatz, F. van Outvorst, *BiSL: A Framework for Business Information Management* (Van Haren Publishing, Zaltbommel, Niederlande, 2007). ISBN: 978-90-8753-877-4
34. ASL BiSL foundation, BiSL™ – what is BiSL? http://aslbislfoundation.org/en/bisl/. Zugegriffen: 2. Sept. 2015
35. Landgericht Duisburg, Landgericht Duisburg – Rechtsstreit über Hosting einer Webseite, *Internet-Zeitschrift für Rechtsinformatik und Informationsrecht* (2014, 25. Juli), http://www.jurpc.de/jurpc/show?id=20140135. Zugegriffen: 15. Sept. 2014
36. A. Schill, T. Springer, *Verteilte Systeme*, 2. Aufl. (Springer, Berlin, 2012). ISBN: 978-3-642-25796-4. doi:10.1007/978-3-642-25796-4
37. L. Lamport, *Distribution*, e-mail message (1987, Mai), http://research.microsoft.com/en-us/um/people/lamport/pubs/distributed-system.txt. Zugegriffen: 16. Nov. 2014
38. P.M. Mell, T. Grance, SP 800-145. The NIST definition of cloud computing. *National Institute of Standards & Technology*, 2011
39. K. Olsen, Interoffice memorandum: Lost key competencies, e-mail (1992), http://www.bighole.nl/pub/mirror/www.bitsavers.org/pdf/dec/dec_archive/21383578/. Zugegriffen: 7. Juli 2014
40. A. Parasuraman, V.A. Zeithaml, L.L. Berry, SERVQUAL: A multiple-item scale for measuring customer perceptions of service quality. J. Retail. **64**(1), 12–40 (1988)
41. F. Schulz von Thun, *Miteinander reden, Vol. 1: Störungen und Klärungen – Allgemeine Psychologie der Kommunikation* (Rowohlt, Reinbek, 1981). ISBN: 978-3499174896
42. H.J. Leavitt, in *Applied organizational change in industry: Structural, technological and humanistic approaches*, Hrsg. J.G. March. Handbook of Organizations (Rand McNally, Chicago, Ill., 1965), S. 1144–1170.
43. Manager Magazin Online, Großfusion gescheitert (1999, Juni), http://www.manager-magazin.de/finanzen/artikel/a-25561.html. Zugegriffen: 4. Nov. 2014
44. J. Porra, R. Hirschheim, M.S. Parks, Forty years of the corporate information technology function at Texaco Inc. – A history. Inf. Organ. **16**(1), 82–107 (2006). ISSN: 1471-7727. doi:10.1016/j.infoandorg.2005.06.001

45. J. Porra, R. Hirschheim, M.S. Parks, The history of Texaco's corporate information technology function: A general systems theoretical interpretation. MIS Q. **29**(4), 721–746 (2005). ISSN: 0276-7783

46. M.J. Earl, D. Feeny, Is your CIO adding value. Sloan Manage. Rev. **35**(3), 11–20 (1994). ISSN: 1532-9194

47. D. Bieler, H. Dransfeld, The expectation gap increases between business and IT leaders (2013, 23. Juli), http://blogs.forrester.com/dan_bieler/13-07-24-the_expectation_gap_increases_between_business_and_it_leaders. Zugegriffen: 24. Nov. 2014

48. D.F. Feeny, B.R. Edwards, K.M. Simpson, Understanding the CEO/CIO relationship. MIS Q. **16**(4), 435–448 (1992). ISSN: 0276-7783

49. C.S. Stephens, W.N. Ledbetter, A. Mitra, F.N. Ford, Executive or functional manager? The nature of the CIO's job. MIS Q. **16**(4), 449–467 (1992). ISSN: 0276-7783. doi:10.2307/249731

50. M.J. Earl, D.F. Feeney, How to be a CEO for the information age. Sloan Manage. Rev. **41**(2), 11–24 (2000). ISSN: 1532-9194

51. R. Nolan, F.W. McFarlan, Information technology and the board of directors. Harv. Bus. Rev. **83**(10), 96–106 (2005). ISSN: 0017-8012

52. K. Olsen, Interoffice memorandum: Where is the profit? e-mail (1990), http://www.bighole.nl/pub/mirror/www.bitsavers.org/pdf/dec/dec_archive/21383578//. Zugegriffen: 7. Juli. 2014

Die Organisations-Sicht

4

4.1 Royal Bank of Scotland: Gestörte Transaktionsverarbeitung im Batchbetrieb

Beispiel

Die Royal Bank of Scotland (RBS) blickt auf eine beinahe 300-jährige Geschichte zurück. Nach der Übernahme von ABN AMRO beschäftigte die RBS-Gruppe Ende 2007 über 220.000 Mitarbeiter weltweit [1]. Schon im nächsten Jahr überstand sie die Finanzkrise nur mit Hilfe der britischen Regierung und schrumpfte bis zum Ende 2013 auf 120.000 Mitarbeiter [2] bei anhaltenden Verlusten.

In ihrer langen Geschichte sammelten sich bei der RBS-Gruppe viele unterschiedliche IT-Verfahren an, die von verschiedenen Standorten rund um den Globus betreut wurden. Manche Mitglieder der RBS-Gruppe griffen auf eigene IT zurück, vielfach wurde dasselbe IT-Verfahren für mehrere Mitglieder eingesetzt. Ein Beispiel dafür ist die Transaktionsverarbeitung „Government Banking System" [3], die täglich automatisch im Batchbetrieb über 20 Mio. Transaktionen für die gesamte RBS-Gruppe in einer festen Reihenfolge verarbeitete [4]: Für die RBS selbst, gefolgt von NatWest und schließlich die Ulster Bank [1]. Jede Nacht lief die Batchverarbeitung und endete normalerweise bevor die Banken am nächsten Tag öffneten. Typische Prozesse einer Großbank, wie sie bei der RBS-Gruppe seit mehr als 25 Jahren ohne nennenswerte bekannte Fehler abliefen.

In der Nacht vom 19. Juni 2012 installierte das zuständige Team in Edinburgh eine neue Version der Batchverarbeitungssoftware. Dies führte zu einem Abbruch der automatischen Batchverarbeitung. Die Bank-Transaktionen des Vortags wurden nicht abgearbeitet, die Kunden der RBS-Gruppe konnten weder Geld überweisen noch Überweisungen entgegennehmen. Eine Störung dieser Tragweite war bis dato weltweit im Bankensektor noch nicht aufgetreten [4].

© Springer-Verlag Berlin Heidelberg 2016
B. Pfitzinger, T. Jestädt, *IT-Betrieb*, Xpert.press, DOI 10.1007/978-3-642-45193-5_4

In den Worten des CEOs der Ulster Bank[1]:

> Es ist korrekt, dass der Vorfall aus Sicht der Bank eine große Katastrophe war [...]. Es ist auch klar, dass wir Probleme mit dem Notfallplan hatten und damit, unsere Systeme wie geplant laufen zu lassen. Die Systeme waren ausgefallen, wir konnten für eine ganze Reihe von Tagen keine Transaktionen verarbeiten.

Der technische Fehler war schnell behoben, dennoch waren selbst einfache Funktionen wie beispielsweise die Anzeige des Kontostands oder das Ein- und Auszahlen von Bargeld erst vier Tage später wieder verfügbar. Die Abarbeitung der aufgelaufenen Transaktionen konnte in den folgenden Tagen bis Mitte Juli nachgeholt werden [4, 5, 62]. Während der Störung wurden die Filialen landesweit länger und zusätzlich auch am Wochenende geöffnet und das Call Center auf die vierfache Größe verstärkt. Vielen Kunden wurde kurzfristig mit kleinen Summen ausgeholfen [1], die zwischenzeitlich auflaufenden Gebühren und Kosten übernahm die RBS-Gruppe.

Die direkten Kosten der Störung beziffert die Bilanz auf 175 Mio. GBP [2] sowohl für die Entschädigung der Kunden als auch für den zusätzlichen Personalaufwand. In den Folgejahren startete die RBS-Gruppe ein Programm zur Ertüchtigung ihrer IT im Umfang von 750 Mio. GBP [1].

Dennoch brachte das Jahr 2013 einen weiteren nennenswerten Ausfall, bei dem an einem Montagabend in der Vorweihnachtszeit alle Kartenzahlungen für drei Stunden ausfielen. In den Worten des CEOs: „Seit Jahrzehnten hat es RBS versäumt, ausreichend in ihre Systeme zu investieren" (Übersetzung von [6]).

Standardisierte Prozessframeworks, das Qualitätsmanagement und ein reichhaltiges Angebot an Workflow-Tools sorgen im Prinzip für einen reibungslosen Betrieb. In der Praxis spielt jedoch der Mensch als Mitarbeiter, Vorgesetzter, Kunde, Dienstleister oder Auftraggeber die entscheidende Rolle. Die gewählte Organisation – sei es in einem Netzwerk von Partnern, als Prozess- oder Projektorganisation oder aber als Aufbauorganisation – hat maßgeblichen Einfluss auf die erreichbaren Ergebnisse und die dabei entstehenden Kosten und Risiken. Die Mitarbeiter des IT-Betriebs tragen mittelbar und unmittelbar zur wahrgenommenen Service-Qualität (Kap. 3) bei – dies aber jeweils in den Grenzen der gewählten Organisationsform.

In Abschn. 4.2 werden wir die scheinbar einfache Frage nach der Aufgabe der IT-Organisation beantworten. Die Erfahrung zeigt nämlich, dass eine Organisation selten in der Lage ist, ihre Aufgabe klar zu formulieren. Häufig vermischen sich außerdem Aufgaben und Zuständigkeiten über Bereiche hinweg. Mit einer Besinnung auf die eigentlichen Aufgaben des IT-Betriebs gelingt es eher, die geeignete Aufbauorganisation zu finden. Der

---

[1] Gekürzt, englisches Original [5]: „*It is true that the incident was a major disaster from the bank's perspective; there is no doubt about that. It is also clear that we had issues with the contingency plan and our systems operating as they should have. The systems were down, so, clearly, we could not process transactions for quite a few days.*"

Abschn. 4.3 behandelt die Organisation des IT-Betriebs, die immer auch im Kontext der vollständigen IT-Organisation gesehen werden muss. Häufig ist die IT in einer Firma nur einer der Faktoren, der einen Beitrag zur Wertschöpfung leistet. Darum ist es wichtig, die richtige Form der Zusammenarbeit innerhalb der IT festzulegen – vor allem auch im Hinblick auf die „globale verlängerte Werkbank."

Der Begriff Organisation lässt sich auf zwei unterschiedliche Arten interpretieren: Die technische Sicht (Abschn. 4.3) beschreibt den formalen Aufbau einer Gruppe von Menschen, die sich für die Herstellung eines Produkts oder eines Services zusammengeschlossen haben. Hier geht es um die Beschreibung der zugrundeliegenden Organisation mit ihren Regeln und Organen sowie den Beziehungen zwischen verschiedenen Untergruppen. Eine andere Sichtweise richtet sich auf das Verhalten (Abschn. 4.4): Wie teilen sich Rechte, Pflichten und Aufgaben auf? Wo liegt Verantwortung und wie können Zielkonflikte innerhalb der Organisation aufgelöst werden?

Die Aufgabe des Managements ist es, die Aufbauorganisation und die vorhandenen Prozessframeworks in eine funktionierende Ablauforganisation zu verwandeln (Abschn. 4.4).

Hier bietet sich ein Wechsel der Perspektive an: Jede Organisation entwickelt ihre eigene Dynamik, sie lässt sich z. B. über das akkumulierte Wissen und die tradierte Art der Kommunikation untereinander erklären und beeinflussen (Abschn. 4.4.2). Aus Sicht des Auftraggebers stellt sich zudem die Frage, ob eine Organisation in der Lage ist, zuverlässig Aufträge zu erfüllen. In Abschn. 4.4.4 beantworten wir diese Frage mit der Einführung in Reifegradmodelle, die seit den 1980er Jahren eingesetzt werden, um die Fähigkeiten eines Auftragnehmers objektiv zu beurteilen.

4.2   Die Aufgabe der IT-Organisation

Ein verbreitetes Lehrbuch der Wirtschaftsinformatik ([7], Kap. 1) definiert das Informationsmanagement als den „Teilbereich der Unternehmensführung, der die Aufgabe hat, den im Hinblick auf die Unternehmensziele bestmöglichen Einsatz der Ressource Information zu gewährleisten". In dieser Breite zeigt sich eine moderne Interpretation der Aufgaben einer IT-Organisation – allzu oft schleicht sich jedoch eine technische Sichtweise in die gewählten Bezeichnungen ein, wie der Begriff „IT", Informationstechnik. Diese (selbst-) gewählte Sprechweise wirkt sicher auch auf das Selbstverständnis einer Organisation.

Eine stillschweigend getroffene Annahme sei hier noch einmal explizit hinterfragt: Gibt es überhaupt eine eigenständig, klar von den anderen Fachbereichen abgrenzbare IT-Organisation? In dem oben gewählten Zitat ist noch nicht ersichtlich, dass die IT von einer eigenen Organisation geführt wird. Faktisch wird dieser Weg in den meisten Unternehmen gewählt – oft mit einem Chief Information Officer auf der höchsten Führungsebene, einer Einstufung, die sich erst allmählich herausgebildet hat.

Die negativen Auswirkungen zeigt das Beispiel der Royal Bank of Scotland (RBS, siehe Abschn. 4.1): Gelingt es über längere Zeit nicht, die IT technisch und organisatorisch ordentlich zu führen, wird die Wertschöpfung akut gefährdet. Es macht dabei keinen

Unterschied, ob es sich um die eigenen IT-Systeme und eine IT-Organisation im eigenen Haus handelt (beides im Fall der RBS anzunehmen), oder ob die Leistungen von einem Partner bezogen werden. Gerade letzteres ist noch schwieriger zu steuern. In dem Beispiel sind zwei weitere Banken (NatWest und die Ulster Bank) über die Schwierigkeiten der RBS gestolpert – sicher kein Beispiel dafür, den „bestmöglichen Einsatz der Ressource Information zu gewährleisten".

4.2.1 Historische Entwicklung

Historisch begannen die IT-Organisationen mit dem Betrieb von Rechenmaschinen zu einer Zeit, als Hardware teuer und voluminös war, die Software gab es als kostenlose Dreingabe (siehe Abb. 4.1). IT-Betrieb bedeutete zu dieser Zeit, Rechner am Laufen zu halten und täglich die Verarbeitung der Daten „zu schaffen". Die anfänglichen IT-Systeme dienten hauptsächlich der effizienten Automatisierung einfacher Tätigkeiten, darunter die in allen Firmen anzutreffende Buchhaltung. Nur unter außergewöhnlichen Umständen entstanden IT-Systeme zur Automatisierung fachlicher Abläufe – wie in den Beispielen der automatischen Scheckverarbeitung oder der Flugbuchung (siehe Kap. 2). Typisch ist zu dieser Zeit, zwischen 1950 und 1970, die Stapelverarbeitung (Batchverarbeitung) von Buchungen. Die IT-Systeme befanden sich komplett in der Hand der Computerspezialisten – vom Entwurf der Programme über die Implementierung bis hin zum Betrieb [8]. Die jeweilige Fachabteilung (z. B. die Buchhaltung) war noch kein gleichberechtigter Gesprächspartner, die Spezialisten der IT-Organisation legten die zu implementierenden Funktionen fest und verantworteten die Umsetzung und den Betrieb. Heute ist es wohl oft vergessen, dass in dieser Periode die Automatisierung einfacher Verwaltungstätigkeiten eine Vielzahl von Mitarbeitern überflüssig machte.

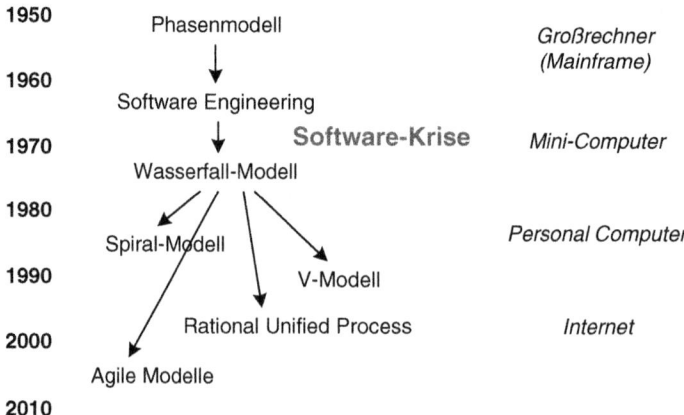

Abb. 4.1 Historische Entwicklung der IT (*links*: Software-Entwicklung, *rechts*: typische Hardware)

Später kehrten sich die Verhältnisse in mehrfacher Hinsicht um: Die Hardwarekosten wurden kleiner, Software wurde zum Kostentreiber in der IT – 1968 gar die Softwarekrise ausgerufen (siehe auch Kap. 9.4), ein seitdem zuverlässig immer wieder auftauchendes Thema. Mehrere Anwesende der NATO-Konferenz zum Thema Software Engineering in Garmisch 1968 äußerten ihre Bedenken, dass es tendenziell zu einer mitunter großen Lücke zwischen den erhofften Leistungen einer komplexen Software und dem tatsächlich Erreichten gibt.[2] Die ursprüngliche Zentralisierung der IT wurde allmählich von den Fachbereichen in Frage gestellt, ab den 1970er Jahren begann eine Dezentralisierung der IT [10]. Eine Ursache war die große Nachfrage nach IT-Lösungen, die jedoch von der IT-Organisation nicht oder nur mit großer Verspätung befriedigt werden konnte. Mittlere und kleine Computer erlaubten es den Fachanwendern, IT-Lösungen selbst zu erstellen und zu modifizieren – jedenfalls ist der Glaube an und das Vertrauen in die eigenen Fähigkeiten groß und die Erwartungen an die IT waren in der Vergangenheit häufig enttäuscht worden [11]. Zum anderen war die Hardware durch das Aufkommen von Mini-Computern (siehe Abb. 4.1) günstig genug für dezentrale Installationen. Die Automatisierung einfacher Tätigkeiten führte zu gewaltigen Einsparungen in den betroffenen Bereichen, denen permanente Kostensteigerungen in der IT gegenüber standen (siehe dazu das Beispiel der IT im Texaco Konzern, Kap. 3). In dieser Zeit entstanden lokale „Rechenzentren", die Mini-Computer in räumlicher Nähe zu den Nutzern platzierten – ein Fernzugriff über Netzwerke war noch unbezahlbar.

Mit der zunehmenden Verbreitung von Computern als PCs am Arbeitsplatz der Mitarbeiter zog die IT direkt in die Geschäftsprozesse der Unternehmen und den Alltag der Mitarbeiter ein. IT-Technik unterstützte die Mitarbeiter mit der Bereitstellung von Informationen und Wissen, Daten wurden von Informationssystemen zu entscheidungsrelevanten Informationen aufbereitet. Es blieb weiterhin die Aufgabe der IT-Organisation, die technischen Aspekte der IT zu betreiben, aufgeteilt in das zentrale Rechenzentrum, die PCs am Arbeitsplatz der Mitarbeiter und die Netzwerke zur Daten- oder Sprachübertragung. Jedoch war spätestens zu diesem Zeitpunkt die IT in allen Unternehmensbereichen eingezogen und konnte nicht länger ignoriert werden. Mit der steigenden Leistungsfähigkeit der Datennetze wurden nun die vielen kleinen dezentralen Rechenzentren aufgelöst und an wenigen großen Standorte zusammengefasst.

Vergleicht man die Rolle der IT in den Beispielen der Bank of America (Kap. 2) und Texaco (Kap. 3) über die Spanne mehrerer Jahrzehnte, sieht man zwei unterschiedliche Haltungen gegenüber der IT und damit der IT-Organisation: IT als strategische Anlagemöglichkeit zur Steigerung des Firmengewinns, oder aber als Verursacher von Kosten, die es zu reduzieren galt. Diese konträren Sichten begleiten die IT seitdem. Einerseits als „Business/IT Alignment" (der Ausrichtung der IT an der Wertschöpfungskette des Unternehmens, siehe auch Kap. 5.3.1) und andererseits dem „Outsourcing" (dem Auslagern der

---

[2] Englisches Original [9]: „*statements of concern were made by several members about the tendency for there to be a gap, sometimes a rather large gap, between what was hoped for from a complex software system, and what was typically achieved*"

IT und anschließendem Bezug von externen IT-Dienstleistungen). Beides wird auch in Kap. 6 näher thematisiert.

Heute trifft das am Anfang des Kapitels gewählte Zitat für die IT-Organisation zu, „den im Hinblick auf die Unternehmensziele bestmöglichen Einsatz der Ressource Information zu gewährleisten": IT hat in den meisten Firmen die ursprüngliche Wertschöpfungskette bereits transformiert und beeinflusst weiterhin maßgeblich die Prozesse und Produkte. In dieser Rolle ist es verständlich, dass ein CIO die Firma auf der obersten Führungsebene mitgestaltet.

Vermutlich werden die meisten Firmen heute die Frage, ob es eine klar abgrenzbare eigenständige IT-Organisation gibt, mit „Ja" beantworten. Folgt man der weiten Definition von oben, wird der „bestmögliche Einsatz der Ressource Information" in einer Firma jedoch sicher nicht durch eine abgekapselte Teilorganisation gewährleistet. Ein derart breites Aufgabenspektrum betrifft die gesamte Firma, das dazu notwendige Wissen und die dazugehörigen Fähigkeiten sind über die gesamte Organisation verstreut. Der Umgang mit dem bestmöglichen Einsatz von Information bedeutet in dieser Sichtweise, verteilt vorliegendes Wissen und Fähigkeiten zum Nutzen der Firma zu transformieren – typischerweise durch den veränderten Einsatz von Informationssystemen und die Kooperation über Bereichsgrenzen hinweg. Es ist schwer vorstellbar, diesen Anspruch aus einem kleinen Kästchen im Organisationsdiagramm heraus zu erreichen.

4.2.2   Lebenszyklus einer IT-Organisation

Ende der 1970er Jahre formulierte R. Nolan ein Modell für den Lebenszyklus einer IT-Organisation [12]. Zugrunde lagen Daten aus mehreren großen und mittleren Firmen sowie einer Vielzahl von IBM-Kunden. Daraus erstellte Nolan ein sechsstufiges Modell für das Wachstum der IT-Organisation (dort noch Datenverarbeitungsfunktion genannt). Dieses Modell lässt sich heute noch als Beispiel für das Spannungsfeld zwischen der Lernkurve einer (IT-)Organisation (als IT-Ausgaben in Abb. 4.2 zu erkennen) und dem Grad der vorgegebenen Steuerung ansehen. Im Nachhinein ist gut zu erkennen, dass es sich auch um einen Vorgriff auf die späteren Reifegradmodelle handelte (siehe Abschn. 4.4.4 und [13], dort das Kap. 2).

Die Phasen sind im Einzelnen nachfolgend beschrieben, eine Organisation wird sie in der Regel sequenziell von Anfang an durchlaufen. Diese Entwicklung spiegelt zum einen die wachsende Erfahrung wider: Mit dem technischen Fortschritt entwickelt sich auch das industrieweite Wissen zum Einsatz der Technik weiter (externes Wissen), das interne Wissen der Organisation nimmt mit zunehmender Einsatzdauer der Technik zu. Organisatorisch unterliegt die IT-Abteilung im Laufe der Zeit einer unterschiedlich starken Aufsicht. Hier reicht das Spektrum von *laissez-faire* (die Effizienz und Effektivität der IT wird nicht hinterfragt) bis zu einer strikten Kontrolle finanzieller und anderer Leistungskriterien.

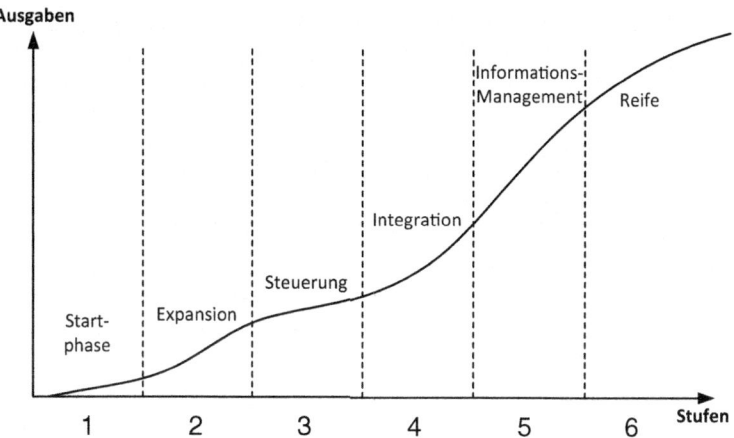

Abb. 4.2 Stufenmodell für das Wachstum einer IT-Abteilung (nach Nolan [12])

Startphase (*initiation*)

In der Startphase einer IT-Abteilung zielen die Anwendungen auf die Automatisierung einfacher Tätigkeiten. Die IT-Organisation hat weitestgehend freie Hand, konzentriert sich auf die (noch neue) Technologie und ist für die Anwender praktisch unsichtbar. Blickte Nolan 1979 auf die Geschichte einer typischen IT-Abteilung, so lässt sich heute diese Phase (genauso wie die weiteren) eher bei einzelnen IT-Projekten wiedererkennen.

Expansion (*contagion*)

In der zweiten Phase kann die IT die in der Firma vorhandene Nachfrage nicht mehr erfüllen. Führungskräfte aus den anderen Fachbereichen zeigen sich in zunehmendem Maße unzufrieden mit der Leistung der IT – Funktionen und Anwendungen fehlen, die Entwicklung geht zu langsam voran. Dabei steigen die eingesetzten Mittel und damit die Kosten in dieser Phase rasant. Die Investition in neue Techniken und neues Personal führt jedoch zu Startschwierigkeiten. Die zunehmende Komplexität der installierten IT-Kapazität lässt allmählich erahnen, dass die neu hinzugefügten Funktionen und Anwendungen nicht miteinander harmonieren – die IT-Architektur ist gewachsen und schlecht aufeinander abgestimmt. 80 % der Zeit muss in die Wartung und den Betrieb des Status Quo investiert werden.

Steuerung (*control*)

Als Reaktion auf die Schwierigkeiten der Expansionsphase legt das Management allmählich mehr Wert auf den Beitrag der IT für die Firma – im Sinne des Informationsmanagements – anstatt sich auf den Betrieb der Technik zu fokussieren. Als Vehikel für diese Änderung wird die IT gegenüber den Anwendern rechenschaftspflichtig, z. B. indem intern Kosten weiter verrechnet werden. Die Umorientierung während dieser Phase benötigt Zeit – Zeit in der kaum zusätzlicher Nutzen für den Anwender sichtbar wird. Die

„verlorene" Zeit und die beginnende Kostentransparenz führen zu großer Unzufriedenheit bei den Anwendern.

Integration (*integration*)

Ist das „Tal der Tränen" der vorhergehenden Phase durchschritten, wird der zusätzliche Nutzen der IT beim Anwender sichtbar: Die neuen Funktionen und Anwendungen stehen zur Verfügung und können mit den bestehenden Prozessen und Systemen verschaltet werden. Jetzt lohnt sich die IT offensichtlich für die Nutzer und ein neuer Nachfrageschub nach zusätzlichen Funktionen oder Support wird ausgelöst. Dies führt zu schnell steigenden Kosten, die drohen, aus dem Ruder zu laufen. Die in der dritten Phase aufgebauten Steuerungsmechanismen hatten ihren Fokus auf der internen Arbeitsweise der IT und können der externen Nachfrage nichts entgegen setzen. Bis hierher – dem Einsatz der „neuen" IT in der gesamten Firma – wird das Phasenmodell von Nolan auch später noch bestätigt [14].

Informationsmanagement (*data administration*)

Die stark gestiegenen IT-Kosten der vorangegangenen Phase führen zu einer Reaktion des Managements: Bessere Steuerung der IT-Nachfrage und eine höhere Effizienz der IT werden gefordert. Die Vielzahl neuer Funktionen und Systeme aus den früheren Phasen muss jetzt konsolidiert werden – wild gewachsene, oft mehrfach vorhandene Systeme werden zentralisiert und zusammengelegt, um so die Kosten der IT zu senken. Auf der Anwenderseite wird versucht, die ausufernde Nachfrage durch zusätzliche Steuerungselemente einzudämmen.

Reife (*maturity*)

Die IT gilt als „reif" (im Sinne von erwachsen), wenn sie technisch und organisatorisch im Einklang mit der Organisation und dem Informations- oder Prozessfluss der gesamten Firma steht. Damals (1979) war dieser Zustand unerreicht. Heute wird es ähnlich sein, weil sich eine Firma im Wettbewerb mit anderen permanent ändert.

4.2.3   Stellenwert der IT-Organisation

Als zentrale Stelle des Informationsmanagementsinnerhalb der Firma ist die IT-Organisation vielen Anforderungen ausgesetzt, aus unterschiedlichsten Richtungen wird permanent Druck ausgeübt: Der technische Fortschritt ist seit langem exponentiell (als Schlagwort diene das Mooresche Gesetz [15]), softwareseitig sorgen regelmäßige Releases und neue Techniken für einen kurzen Änderungszyklus. Diese vielfach externen Faktoren binden einen erheblichen Anteil der IT-Mitarbeiter und Management-Kapazität. Die Lage der IT-Organisation wird durch die kürzeren Innovationszyklen der Firmen sowie die zunehmende Vernetzung erst der firmeneigenen Systeme und anschließend der gesamten Wertschöpfungskette verschärft.

Abb. 4.3 Stellenwert der IT
(in Anlehnung an [14])

„Der Gast bringt seine Stimmung mit" – ein Zitat, das so einem Barkeeper in den Mund gelegt werden kann. Wie die IT-Organisation mit dem einwirkenden Druck umgeht, hängt auch von ihrer Umgebung ab – dem Stellenwert, den eine Firma ihrer IT zumisst. Das mögliche Spektrum reicht von überwiegender Ablehnung bis zum integralen Bestandteil der Firma – nach [14] grob in vier Quadranten unterteilbar (siehe Abb. 4.3 und auch Kap. 3.8.3, das wir hier mit neuem Schwerpunkt wiederholen): Die Unterscheidung erfolgt über die strategische Auswirkung der IT, die vom Betrieb der bestehenden IT oder der Anwendungsentwicklung ausgeht. Der Stellenwert der IT wird in den Bezeichnungen deutlich: Niedrige Auswirkungen (oben links in Abb. 4.3) führen zur Einstufung „Support", hohe Auswirkungen auf die Strategie der Firma führen entsprechend zur Einstufung „strategisch". Im Einzelnen ergeben sich für die vier Quadranten jeweils unterschiedliche Rollen der IT:

Strategischer Modus
In vielen Firmen lässt sich das Tagesgeschäft ohne IT nicht mehr vorstellen – die permanente Verfügbarkeit der IT ist ebenso entscheidend wie die Fähigkeit, die bestehende IT zügig an geänderte Anforderungen anpassen zu können. In diesen Firmen – früher waren Banken und Versicherungen die bekanntesten Beispiele, heute sind es Internet-Firmen – hängt Erfolg und Misserfolg im Wesentlichen von den Mitarbeitern und den IT-Systemen ab. Andere Produktionsfaktoren sind vernachlässigbar, wenn etwa kaum andere Ressourcen zur Produktion benötigt werden.

Turnaround-Modus
Ein Teil der Firmen wird noch nicht zu 100 % vom Wohl und Wehe der bestehenden IT abhängen – sei es, weil das Tagesgeschäft wenig virtuell ist (ein Beispiel mag der Bergbau oder der Verkehr sein), sei es, weil die eigene IT ihr gestecktes Ziel (noch) verfehlt. Die Hoffnung der Firmen in diesem Quadranten liegt auf den Fähigkeiten der Anwendungen, die derzeit in der Entwicklung sind und absehbar die Art und Weise, wie die Prozesse des

Tagesgeschäfts ablaufen, grundlegend transformieren sollen. Das Hauptaugenmerk des Managements wird in diesem Quadranten auf der Fähigkeit zur zeitgerechten Entwicklung der Software liegen. Die logische Entwicklung einer Firma aus diesem Quadranten heraus führt entweder zu einer strategisch relevanten IT (Quadrant „Strategie") oder zu einer Produktion, die stark von der IT abhängt (Quadrant „Factory").

Fabrik-Modus („Factory")
Die schärfsten Anforderungen an den IT-Betrieb stellt eine Firma, deren Produktion in Echtzeit von der IT gesteuert oder erbracht wird. Selbst kürzeste Unterbrechungen machen sich sofort als Umsatzeinbruch bemerkbar – zunehmend finden sich Beispiele in allen Branchen, vom Internetshop über die Finanzwelt, die Produktion oder Fluggesellschaften. Die Pipeline der Anwendungsentwicklung ist in diesen Firmen sicher genauso gut gefüllt, unterliegt jedoch vor allem der speziellen Kontrolle im Hinblick auf die betriebliche Zuverlässigkeit.

Unterstützungs-Modus („Support")
Der vierte Quadrant – in dem sich überraschend viele Unternehmen befinden [14] – ist gekennzeichnet durch eine IT, die die Firma ausreichend unterstützt, ohne dass die tägliche Produktion oder die Zukunft der Firma allzu sehr von den Fähigkeiten der IT abhängen. In derartigen Firmen erbringt die IT im Normalfall die geforderte Leistung. Kleinere Störungen des IT-Betriebs oder Probleme der Entwicklungsprojekte kommen vor, können von der Firma aber weggesteckt werden.

Während die ersten drei genannten Quadranten der IT einen klaren Stellenwert mit vorgezeichneter Entwicklungsmöglichkeit geben, ist es auf Dauer nicht erstrebenswert, die IT unter „Support" einzugruppieren: Grundlegende strategische Entwicklungen der Firma werden sich sicher ergeben – jedoch ohne Kenntnis und Mitarbeit der IT. Der äußere Anspruch und die Wirklichkeit klaffen auseinander, die IT ist nicht eingeladen, an der strategischen Entwicklung frühzeitig Teil zu haben, sie ist nicht befähigt, die Leistungen einer „Factory" in Bezug auf Qualität und Kosten zu liefern. Mit der Zeit wird sich einer der beiden Ansprüche oder sogar beide gegenüber der IT durchsetzen. Dies hat zur Konsequenz, dass sich die Aufgaben und Rolle der IT innerhalb der Firma tiefgreifend wandeln. Sollte alternativ die Einstufung als „Support" stimmig sein, stellt sich die Frage, ob eine hausinterne IT dem Fremdbezug von IT-Leistungen in dieser Situation tatsächlich überlegen ist.

4.2.4 Stellenwert der IT und Erfolgsfaktoren

Vier Faktoren sind nach [14] zu nennen, die je nach Stellenwert der IT die Aussichten auf eine erfolgreiche IT maßgeblich beeinflussen: Der Status der IT-Manager innerhalb der Firma, die Distanz zwischen dem Management innerhalb und außerhalb der IT-Abteilung, die vorherrschende Firmenkultur und die anzutreffende Größe und Komplexität.

Status der IT-Manager

Der Status und das Ansehen der Manager aus dem IT-Bereich müssen demjenigen der IT-Organisation innerhalb der Firma entsprechen. Hängt der Erfolg der Firma gerade von der IT ab (siehe Stellenwert „Strategisch" oder „Turnaround", Abschn. 4.2.3), kann die Umsetzung an einem zu niedrigen Status der IT-Manager scheitern: Wenn die Wertschätzung der Kollegen gegenüber den Managern aus dem IT-Bereich gering ist – zu erkennen an dem fehlenden Zugang zu Informationen und Entscheidungen oder auch an einer niedrigeren Bezahlung – droht die IT-technische Umsetzung der Firmenstrategie zu scheitern – und dies fängt ganz oben beim CIO an (siehe auch Kap. 3.8.2). Formale Entscheidungsstrukturen können dem entgegen wirken – soweit sie in der Firma vorhanden sind und genutzt werden.

Abstand zwischen IT-Management und Linienverantwortlichen

Je informeller eine Firma organisiert ist, desto wichtiger ist die räumliche Nähe der Beteiligten. Nur dadurch gelingt es, an wichtigen Entscheidungen oder dringenden Problemen mitzuarbeiten – derartige Organisationen warten nicht darauf, bis alle „entfernten Verwandten" eingetroffen sind. „Auf dem Flur verhaftet" werden darf die IT-Organisation trotzdem nicht – die Prozess-Frameworks (siehe Kap. 8) verwenden viel Kraft darauf, den informellen Absprachen eine professionelle „IT-Fabrik" zur geregelten Auf- und Abarbeitung zur Seite zu stellen. Gelingt dies nicht, wird die IT von einer Fülle von Einzelentscheidungen und –zusagen überrollt, die sich kaum in ein übergreifendes Bild einpassen lassen und schnell den Kostenrahmen sprengen.

Firmenkultur

Der Managementstil einer Firma beeinflusst die Arbeitsweise der IT-Organisation je nach Grad der Bürokratisierung (siehe Abschn. 4.3.1). Bei den strikt vorgegebenen Prozessen einer Maschinenbürokratie wird die IT problemlos in alle relevanten Entscheidungen einbezogen und eine Planung der IT kann und wird frühzeitig erfolgen. Schwieriger wird es, wenn die Prozesse als Koordinierungsmechanismus nicht vorhanden sind bzw. eingesetzt werden können. Dann werden die informellen Kontakte zwischen den IT-Managern und den Managern der anderen Abteilungen relevant – erinnert sei an den Status der IT-Manager und den räumlichen Abstand (siehe oben).

Größe und Komplexität

Zunehmende Größe – sei es der Firma oder der IT – erzeugt in der Regel eine höhere Komplexität und benötigt bessere, formalere Planungsprozesse. Nur über formale Prozesse wird es möglich, alle relevanten Mitarbeiter (oder Vertreter der Kunden und Dienstleister) rechtzeitig einzubinden. Aus Sicht der gesamten Firma wird es zu riskant, nur auf den Status der beteiligten Manager oder die gerade „greifbaren" Manager zu vertrauen.

Aus den vier genannten Punkten wird die Problematik der IT erkennbar: Es fehlt das Patentrezept, wie sich die IT-Organisation oder ihre Mitarbeiter konkret verhalten sollen. Die

Ursache dieses Mangels liegt darin, dass erst aus der spezifischen Situation einer IT-Organisation ein Zielbild für den Stellenwert und die Zusammenarbeit formuliert werden kann.

4.2.5 Informationsmanagement als zentrale Form der Unternehmenskoordination

„Krieg ist ein zu ernstes Geschäft, als dass man ihn den Generälen überlassen dürfte." (Das Zitat wird dem französischen Staatsmann G. Clemenceau Ende des 19. Jahrhunderts zugeschrieben).

1988 formulierte J. F. Rockart in Anlehnung daran die Aussage, dass der IT-Einsatz zu wichtig ist, als dass man ihn den Technokraten überlassen dürfte [8]. Diese Aussage fällt in die Zeit, als die IT erstmals einen Großteil der Mitarbeiter einer Firma erreichte (siehe Abschn. 4.2.1). Die vorgefertigten Lösungen der IT-Organisation aus der Frühzeit der IT werden sukzessive durch Personal Computer ersetzt, die jedem einzelnen Mitarbeiter Zugang zur IT geben. Es setzt eine Lernkurve außerhalb der IT-Organisation im Umgang mit dem Computer ein: Zunächst die stärkere Kopplung der IT-Anwendungen an die Produktion – mit der Erkenntnis, dass weder die IT-Organisation ausreichend Erfahrung mit den Produktionsprozessen des Unternehmens hat, noch die Mitarbeiter außerhalb der IT-Organisation über die notwendigen Kenntnisse für erfolgreiche IT-Projekte verfügen. Der eindeutige Schwerpunkt der IT-Organisation liegt noch auf der technischen Seite. Mit zunehmender Durchdringung der IT in den Unternehmen zieht die Informationsverarbeitung in den Arbeitsablauf vieler Mitarbeiter ein. Als Konsequenz verlagert sich ein Teil der analytischen Tätigkeiten aus dem IT-Bereich heraus (jeder Nutzer kann Abfragen und Berechnungen selbst erstellen) und die Anwender fordern mehr Mitsprache in der Weiterentwicklung der IT-Anwendungen, auch weil Änderungen der IT oft von signifikanten organisatorischen Änderungen abhängen, die ohnehin von den zuständigen Managern umgesetzt werden müssen.

▶   „… der Einsatz von Informationstechnik ist viel zu wichtig, als dass er den Technokraten überlassen werden könnte."[3]

In [8] wird argumentiert, dass gerade im Hinblick auf strategische Informationssysteme die Hoheit – sowohl bei der Konzeptionierung als auch der Implementierung – außerhalb der IT-Organisation in den zuständigen Fachbereichen des Unternehmens liegen muss. So ist die IT-Schnittstelle zwischen den eigenen Systemen und denen eines Dienstleisters oder Kunden in dieser Sichtweise nicht nur ein technisches Artefakt, sondern sie sollte das Ergebnis einer strategischen Managemententscheidung über die Zusammenarbeit zwi-

---

[3] Gekürzt, englisches Original [8]: „… *the deployment of information technology is far too important, in 1988, to be left to information technologists.*"

schen den Firmen sein. Aus dieser Sicht ist der IT-Einsatz tatsächlich zu wichtig, als dass man ihn den Technokraten überlassen dürfte.

Diese Entwicklung hat zwei wesentliche Konsequenzen (siehe Abschn. 4.3): Zum einen werden Führungskräfte außerhalb der IT-Organisation zusätzlich inhaltliche Verantwortung für die IT-Anwendung übernehmen – evtl. sogar für die zeit- und kostengerechte Umsetzung. Zum anderen stehen den Mitarbeitern derartig viele Informationen und Funktionen zur Verfügung, dass viele Entscheidungen direkt ohne fortwährende Rücksprache mit dem Vorgesetzten getroffen werden können – die Organisation wird flacher.

4.3 Aufbauorganisation des IT-Betriebs und die Nachbar-Organisationen

Ungeachtet dessen, dass das Management der Informationen eine firmenweite Aufgabe ist (siehe Abschn. 4.2), gab und gibt es eine starke Tendenz zur Konsolidierung der IT [11]:

* Fachkräfte können in der IT – wie in anderen Fachgebieten auch – nur gewonnen und gehalten werden, wenn es ausreichend angemessene Tätigkeiten und die Möglichkeit zur Weiterentwicklung gibt. Beide Punkte sind mit zunehmender Größe der Organisationseinheit leichter umsetzbar.
* Die Erfahrung zeigt, dass es in größeren Abteilungen einfacher ist, einen methodischen, professionellen Arbeitsablauf zu etablieren, eine Voraussetzung für eine reproduzierbar gute Qualität der Arbeitsergebnisse (siehe dazu das Reifegradmodell, Abschn. 4.4.4).
* Daten können so konsolidiert werden, dass sie firmenweit zugänglich sind und ohne Duplizierung von allen benutzt werden können. Die Konsolidierung der Daten und damit einhergehend der Softwaresysteme und -entwicklung fällt einer zentralen IT-Organisation leichter.
* Eine zentralisierte IT-Abteilung ist auch eher in der Lage, ihr Wissen entlang einer Lernkurve zu verbessern. Anstatt immer wieder völlig überraschend mit Projekten die geschätzte Laufzeit und die geplanten Kosten zu überschreiten, kann aus vergangenen Fehlern zügig gelernt werden.
* In Analogie zu einer zentralen Abteilung „Forschung & Entwicklung" ist die IT-Organisation für die Erneuerung der eingesetzten Informationstechnik zuständig. An einer einzigen Stelle werden neue Technologien beobachtet und IT-getriebene Wertbeiträge für das Unternehmen erarbeitet – leider mit ähnlich hohen Risiken wie sie aus der Forschung & Entwicklung bekannt sind.

Im Weiteren wird kurz die Organisationslehre nach Mintzberg angesprochen (Abschn. 4.3.1 und 4.3.2), bevor unterschiedliche Positionen genannt werden, an denen die IT-Organisation innerhalb einer Firma eingeordnet werden kann (Abschn. 4.3.3). Alternativ lässt sich die IT-Organisation auch auslagern (Abschn. 4.3.4) oder in einer Vorstufe im Controlling speziell behandeln. In allen Fällen erwerben die Bereiche jenseits (diesseits?) der IT-Organisation Kenntnisse und Verantwortung für den erfolgreichen IT-Einsatz (Abschn. 4.3.5).

4.3.1 Stellgrößen der Organisation

Auf Mintzberg geht eine allgemeine, einflussreiche Betrachtung über den Aufbau von Organisationen zurück ([16], auch im Weiteren). Danach gibt es eine Reihe von Stellgrößen, mit der Organisationen beeinflusst werden können. Im Ergebnis führt dies zu einer Handvoll verschiedener typischer Organisationsformen. Zunächst zu den Stellgrößen. Welche Parameter wirken sich auf die Art und Weise aus, wie sich eine Firma organisiert? Zu nennen sind:

- Die Spezialisierung der Stellen,
- die Formalisierung des Verhaltens,
- Schulung und Indoktrination,
- die Gruppierung in Einheiten,
- die Größe dieser Einheiten,
- Planungs- und Steuerungsmittel,
- Querverbindungen sowie
- Dezentralisation.

Im Folgenden beschreiben wir diese Parameter.

Spezialisierung der Stellen
Einen großen Einfluss auf die Organisationsform hat die Art und Weise, in der die Stellen der Mitarbeiter beschränkt werden. Die Beschränkung erfolgt in zweierlei Hinsicht: Die Spezialisierung der Tätigkeit (von wenigen, stark spezialisierten Tätigkeiten bis hin zu einer breiten Einsatzmöglichkeit) und die Möglichkeit des Mitarbeiters, seine eigene Tätigkeit zu steuern (wieder mit dem Spektrum von keiner Beeinflussung bis hin zu völliger Selbstbestimmtheit). Die IT wird – speziell in der Projektarbeit – vor allem Stellen mit einem breiten Aufgabenspektrum und hoher Selbstbestimmtheit anbieten. Daraus resultiert direkt die Ungewissheit, wie einheitliche Qualitätsmaßstäbe in der Praxis durchgesetzt werden können.

Formalisierung des Verhaltens
Organisationen entwickeln ein unterschiedliches Bild davon, wie stark die Arbeitsweise der Mitarbeiter durch die Organisation formalisiert werden soll. Die Formalisierung der Arbeit ist synonym zu sehen mit dem Begriff der Bürokratie (im Sinne von Max Weber, d. h. ohne eine Wertung vorzunehmen). Unterschiedliche Methoden können zu einem formalen Arbeitsablauf führen: Standardisierte, dokumentierte Geschäftsprozesse, klare

Stellen- und Aufgabenprofile, vorgegebene Regeln, evtl. sogar von außen überprüfbar. Externe Regulierung führt unmittelbar zu einer Formalisierung und Zentralisierung der Organisation.

Schulung und Indoktrination

Eine Beeinflussung des Verhaltens lässt sich auch direkt bei den Mitarbeitern erreichen. An die Stelle der Prozesse und Regeln tritt die Ausbildung der Mitarbeiter. Fähigkeiten und Wissen werden so antrainiert, dass sich ein gleichförmiges Verhalten ergibt. Alternativ bezieht sich die Indoktrination auf gemeinsame Ansichten bzw. „Glaubensgrundsätze" – eine Sichtweise, die für große Organisationen durchaus zutrifft und vor allem im Amerika der 1950er Jahre sehr populär ist [17].

Gruppierung in Einheiten

Mitarbeiter können nach unterschiedlichen Kriterien in Einheiten zusammengefasst werden, z. B. nach Geschäftsprozessen, Produkten, Kunden oder Orten. Innerhalb einer Einheit ergibt sich ein stärkerer Zusammenhalt auch zwischen unterschiedlichen Stellen, verursacht durch den gemeinsamen Vorgesetzten und die Nutzung gemeinsamer Ressourcen, aber auch durch Anreizsysteme, die die Leistung einer kompletten Einheit beurteilen.

Größe der Organisationseinheiten

Die Gruppierung in Einheiten erzeugt natürlich eine weitere Stellgröße: Die Größe der Organisationseinheiten und damit einhergehend auch die Tiefe der Organisation, d. h. die Anzahl der Organisationsebenen einer Firma. [16] verwendet hier absichtlich nicht den Begriff der Führungsspanne, denn manchmal überwiegt der Aufwand zur Abstimmung innerhalb eines Teams, so dass kleine Teams notwendig werden, selbst wenn die reine Führungstätigkeit größere Einheiten erlauben würde. Gerade diese Unterscheidung lässt sich in der IT-Organisation üblicherweise gut wiedererkennen: Der Abstimmungsaufwand untereinander sorgt bei nicht-standardisierten Tätigkeiten dafür, dass die Arbeit in kleinen Teams organisiert wird.

Planungs- und Steuerungsmittel

Planung und Steuerung versucht die Arbeitsergebnisse zu standardisieren – entweder der tatsächlich erstellten Produkte oder aber der erbrachten Leistung einer Organisationseinheit. IT-Verfahren zur Planung und Steuerung üben einen starken Einfluss auf die Organisation aus (siehe Abschn. 4.3.2), dasselbe kann heute noch nicht über die IT-Organisation selbst gesagt werden: Die IT-Produktion lässt sich noch immer schlecht standardisieren und die Leistung nur grob beurteilen (siehe Kap. 7 und 8).

Querverbindungen

Das Entstehen von Organisationseinheiten weckt sofort den Bedarf nach Querverbindungen, die eine sinnvolle Zusammenarbeit ermöglichen, ohne alle übergreifenden Themen entlang der Hierarchie klären zu müssen. Derartige Querverbindungen können explizite Stellen sein (z. B. der IT-Beauftragte einer Abteilung oder ein Produktmanager), temporäre Organisationseinheiten (z. B. eine Taskforce) bis hin zur Matrixorganisation.

Dezentralisation der Entscheidungen
Die letzte Stellgröße bezieht sich auf die Stelle innerhalb der Organisation, die Entscheidungen treffen darf. Dies könnte im Extremfall nur in der obersten Hierarchieebene liegen oder alternativ in unterschiedlichen Graden an untere Ebenen delegiert werden bis hin zum einzelnen Mitarbeiter. Letzteres ist typisch für flache Organisationen und auch eine Konsequenz der geeigneten, typischerweise IT-technischen Planungs- und Steuerungsinstrumente.

In der Praxis kann eine Organisation die genannten Stellgrößen nicht frei wählen. Mit zunehmendem Alter der Organisation entwickelt sich ein formalisiertes Verhalten: Aus häufig wiederholtem Verhalten wird vorhersagbares und schließlich erwartetes Verhalten. Mit zunehmender Größe der Organisation wird ihre Struktur komplexer und die anfallende Arbeitsmenge erlaubt eine stärkere Spezialisierung der Mitarbeiter. Dadurch müssen sich die Mitarbeiter oder Einheiten verstärkt abstimmen – mit höherem Aufwand. Eine starke Formalisierung der Arbeit wird hingegen durch ein „unruhiges" Umfeld verhindert: Schneller Wandel verhindert die Standardisierung der Tätigkeiten. Ähnlich wirkt die Komplexität des Umfelds einer Organisation: Je komplexer das Umfeld, desto stärker erfolgt eine Dezentralisierung. Bei sehr ungünstigen äußeren Bedingungen reagieren die meisten Organisationen mit einer starken Zentralisierung. So kann die Durchsetzbarkeit von Gegenmaßnahmen vorübergehend schnell erhöht werden.

4.3.2 Der Aufbau von Organisationen

In Unternehmen sind die Mitarbeiter in der Regel nicht gleichberechtigt, beispielsweise bezogen auf die Entscheidungsfindung. Vielmehr werden Entscheidungen für das Unternehmen durch Einzelne oder überschaubare Gruppen getroffen. Alleine aus dem Blickwinkel der Entscheidungsfindung leitet sich eine Hierarchie ab: Ein System, wie in Unternehmen Entscheidungen getroffen werden (zur Vertiefung siehe [18], Teil C).

Woraus besteht eine Organisation?
Nach Mintzberg [16] hat eine Organisation sechs verschiedene Teile (die fünf, die sich aus Mitarbeitern zusammensetzen, sind in Abb. 4.4 abgebildet):

* Im **betrieblichen Kern** findet die Produktion statt und
* in der **strategischen Spitze** findet sich mindestens ein Manager zur Steuerung der Organisation.
* In größeren Organisation können zum einen diese beiden bereits genannten Teile wachsen und zusätzlich durch die **Mittellinie** ergänzt werden, sprich die Hierarchie bestehend aus Managern, die andere Manager steuern.

Abb. 4.4 Aufbau einer Organisation nach Mintzberg (in Anlehnung an [16], Kap. 6)

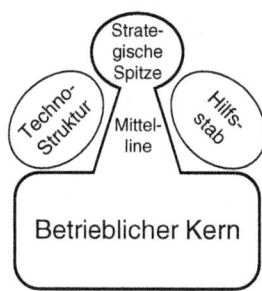

- Schließlich werden weitere Spezialisten benötigt, die den Arbeitsablauf strukturieren, planen und steuern. Diese Spezialisten werden in der **Technostruktur** außerhalb der Linienorganisation zusammengefasst.
- Handelt es sich weniger um spezialisierte, sondern um übliche unterstützende Tätigkeiten, wie sie etwa in der Kantine, der Unternehmenskommunikation oder der Rechtsabteilung in jeder Firma anfallen, wird stattdessen (bzw. in Ergänzung) der **Hilfsstab** gebildet.

Aus diesen fünf Elementen bildet sich nach Mintzberg [16] jede Organisation, jeweils mit unterschiedlicher Gewichtung.

Ergänzt werden diese Einheiten durch einen sechsten Teil, der *Ideologie* oder *Firmenkultur* genannt werden könnte: Jener immaterielle Anteil einer Organisation, der eine gemeinsame Sichtweise und einen Zusammenhalt jenseits der Hierarchie erzeugt und jede Organisation einzigartig macht.

Ein Blick auf ein Organigramm – die Visualisierung einer Organisation – sollte daher nie mit der Organisation selbst verwechselt werden: Organisationen bestehen aus dem Miteinander von Menschen, Faktoren wie Macht und Ansehen führen zu einer beständigen Anstrengung jedes Einzelnen innerhalb einer Organisation. Im besten Fall resultiert dies in einem dynamischen Gleichgewicht. Ungünstig wird es bei dauerhaft bestehenden Spannungen, die etwa von der äußeren Umgebung erzeugt werden können (z. B. eine Bank, die möglichst viel Gewinn abwerfen soll und gleichzeitig von verschiedenen Staaten streng reguliert wird).

Häufig dominieren in der Praxis ein oder zwei Einheiten die Organisation, dies führt zu einigen typischen Organisationsformen [16]:

- Der Einfachstruktur,
- der Maschinenbürokratie,
- einer Profiorganisation,
- der Spartenstruktur,
- der Adhokratie oder
- der Missionsform.

Für eine tabellarische Übersicht sei auf [19] verwiesen.

Einfachstruktur (entrepreneurial organization, simple structure)

Die einfachste Organisationsform besteht aus einem Chef, der direkt die Mitarbeiter des betrieblichen Kerns steuert. Das Ergebnis ist eine informelle, flexible Zusammenarbeit ohne „störende Bürokratie". Die gesamte Organisation ist mitunter stark auf die Persönlichkeit des Chefs ausgerichtet – entsprechend schillernde Artikel finden sich in der Tagespresse. Von den möglichen Organisationseinheiten (Abb. 4.4) fehlen die Mittellinie, die Technostruktur und der Hilfsstab. Dies bedeutet nicht, dass die Einfachstruktur klein bleiben muss – sie kann über den betrieblichen Kern eine stattliche Anzahl Mitarbeiter erreichen – nur bleibt die Entscheidung an einer Stelle, dem Firmenchef. Für Mitarbeiter mit einer abweichenden Meinung ist es mitunter schwierig, sich in dieser Organisationsform auf Dauer wiederzufinden.

Die Einfachstruktur passt naturgemäß gut für kleine Organisationen und Start-Ups. Bestehende, komplexere Organisationen können auf die Einfachstruktur zurückfallen, wenn sie eine Krise durchleben und über einen Turnaround eine neue Organisationsform finden müssen. Der Vorteil der kurzen Entscheidungswege (eine einzige Stelle entscheidet) ist gleichzeitig auch ein Schwachpunkt dieser Organisationsform: Ist diese Stelle überhaupt in der Lage, die *richtige* Entscheidung *rechtzeitig* zu treffen? Ersteres wird erschwert durch die fehlende Machtbalance, letzteres durch ein mögliches Verzetteln in Details. Buchstäblich hängen der Erfolg und die Existenz der Firma von einer einzigen Führungskraft ab – Fehler, gesundheitsbedingte Ausfälle oder sogar der Tod bedeuten auch das Ende der Organisation.

Viele Anbieter von IT rühmen sich, in der oft genannten „Garage" [20] entstanden zu sein – mit wenigen Mitarbeitern und ohne eine komplizierte Organisationsstruktur. Gerade das Bild der „Garage" zeigt, dass die Einfachstruktur auf Dauer nicht zu einer Firma passt: Die von den Herren Hewlett und Packard in der Garage gegründete Firma beschäftigt heute einige 100.000 Mitarbeiter und ihre Organisationsstruktur ist gar nicht mehr so einfach wie zu Gründungszeiten in der Garage.

Maschinenorganisation (machine organization)

Die Maschinenorganisation – ein neutralerer Begriff als die ursprünglich gewählte Bezeichnung Maschinenbürokratie – steht archetypisch für die Massenproduktion. Beispiele finden sich überall, von der Automobilproduktion über die Systemgastronomie bis hin zur Logistikbranche. Typisch sind stark spezialisierte häufig wiederkehrende Tätigkeiten, die von Mitarbeitern in großen Organisationseinheiten erbracht werden. Dieser betriebliche Kern ist weitgehend rationalisiert: Einfache und häufig wiederkehrende Tätigkeiten mit entsprechender Automatisierung.

Aufbau und Entscheidungsfindung sind bei der Maschinenorganisation stark formalisiert und zentralisiert. Die Linienorganisation (Mittellinie und betrieblicher Kern) wird durch eine deutlich abgegrenzte Technostruktur und einen Hilfsstab ergänzt. Entscheidend für die Maschinenorganisation ist die Technostruktur – die Mitarbeiter dort legen die Arbeitsteilung und Standardisierung der Arbeit für den betrieblichen Kern fest. Auch wenn die Mittellinie als Teil der Linienorganisation stark ausgeprägt ist, bleiben Techno-struktur und Mittellinie klar voneinander getrennt.

Die Voraussetzungen für eine Maschinenorganisation liegen nur in großen Organisa-tionen vor, deren Umfeld überdies weitgehend stabil bleiben sollte. Diese Stabilität setzt sich in der Maschinenbürokratie fort, sie widersetzt sich nach Möglichkeit anstehenden Änderungen. Eine Konsequenz daraus sind lange Perioden der Stabilität gefolgt von mar-kanten Einschnitten, nämlich dann, wenn die aufgestauten Änderungen nicht mehr igno-riert werden können.

Der Fokus auf Planung und Steuerung, ausgehend von der Technostruktur, missachtet den menschlichen Faktor in der Linienorganisation und resultiert in der Unzufriedenheit von Mitarbeitern sowie in Führungsproblemen des mittleren Managements. Es ist nicht verwunderlich, dass Mintzberg den ursprünglichen Begriff Maschinenbürokratie ersetzt hat. Für viele Menschen ist es unvorstellbar, in einer derartigen Organisationsform zu arbeiten. Wobei nicht übersehen werden darf, dass die produzierten Güter und Dienstleis-tungen gerne von jedem genutzt werden.

Spartenstruktur (divisionalized form, diversified organization)
Ein Stück größer als die Maschinenorganisation ist der Konzern, der völlig unterschied-liche Angebote vereint. Die unterschiedlichen Sparten – z. B. Automobil, Software, Ra-keten und Helikopter – agieren weitgehend unabhängig und werden erst an der Spitze über eine zentrale, gemeinsame Verwaltung zusammengeführt. In anderen Worten besteht die Spartenstruktur aus mehreren nebeneinander agierenden Organisationen (jeweils be-stehend aus den fünf Teilen einer Organisation).

Geschäftszyklen einzelner Industrien können im Prinzip in der Spartenstruktur auf-gefangen werden: Wenn sich im obigen Beispiel Raketen schlecht verkaufen, kann das Automobilgeschäft durchaus noch sehr gut laufen. Die Gefahr dabei ist jedoch, dass die übergeordnete Entscheidungsebene nicht mehr in der Lage ist, auf die einzelnen Sparten und ihre Bedürfnisse einzugehen. Eine derartige Firmenkultur steht im Verdacht, Innova-tionen zu verhindern und die Kreativität der Mitarbeiter zu ersticken – an der Börse wird das Zerschlagen eines derartigen Konglomerats meist mit Kursgewinnen gefeiert.

Für die IT bedeutet die Spartenstruktur typischerweise, dass die IT-Organisation selbst eine der Sparten wird und die Vorgaben für die firmenweite IT für alle Sparten vorgibt sowie die IT-Leistungen für alle Sparten bereitstellt. Aus der Vergangenheit gibt es dazu einige Beispiele: Bei der Siemens AG lag im Laufe der Zeit die IT zum Teil *in* den einzel-nen Sparten, um dann wieder in einer *eigenen* Sparte zusammengefasst zu werden. Eine derartige IT-Sparte bekommt quasi nebenher auch den Auftrag, am Markt andere Kunden zu akquirieren und zu bedienen. Das Beispiel endete bisher mit dem Verkauf der IT-Sparte an einen IT-Dienstleister [21]. Ähnliches widerfuhr auch der IT-Sparte von Mercedes-Benz [22].

Profiorganisation (professional organization)

Die Profiorganisation (wieder der neutralere Begriff für die zuvor Profibürokratie genannte Organisationsform) ist praktisch das Gegenteil der Maschinenbürokratie. Anstatt die Arbeit in kleine, einfache Tätigkeiten aufzugliedern und zu standardisieren, beschäftigt sich die Profiorganisation mit komplexen, schwierigen Arbeiten, die von Spezialisten durchgeführt werden müssen. Dennoch ist das Arbeitsumfeld so stabil, dass eine gewisse Standardisierung und eine damit einhergehende Organisation zur Planung und Steuerung entstehen können. Beispiele für Profiorganisationen sind leicht zu finden: Krankenhäuser, Universitäten, Wirtschaftsprüfungsgesellschaften. Allen gemeinsam ist, dass die Mitarbeiter Spezialisten sind und ihre Fähigkeiten und ihr Wissen für die Tätigkeit benötigen – im Endeffekt aber eine jeweils recht standardisierte Leistung erbringen.

Die wesentliche Stellschraube zur Standardisierung ist in diesem Organisationstyp die Ausbildung und in gewissem Maße noch die Indoktrination. Der einzelne Mitarbeiter kann, wenn er einmal die nötigen Qualifikationen erreicht hat, weitgehend selbstbestimmt seine Tätigkeiten ausüben, ist gleichzeitig jedoch in die Organisation eingebettet und unterliegt jenseits seiner üblichen Tätigkeiten vorgegebenen Beschränkungen. So kann z. B. ein angestellter Arzt über die Diagnose und Therapie frei entscheiden – abgesehen von den vorgegebenen Regeln seines Berufsstandes. Die Organisation des Krankenhauses überträgt ihm jedoch keine Budgetverantwortung.

Am Beispiel des Krankenhauses wird auch verständlich, dass in dieser Organisation die Technostruktur nicht sehr ausgeprägt ist (die Arbeitsweise der Ärzte lässt sich nicht ohne weiteres durch andere Spezialisten verbessern) und die Führungsspanne in der Mittellinie recht groß werden kann. Wenn überhaupt rationalisiert werden kann, dann durch den Einsatz eines großen Hilfsstabs – die Spezialisten sind normalerweise so teuer, dass nach jeder Möglichkeit gesucht wird, Teilaufgaben an den Hilfsstab zu übergeben. Als Beispiel sei hier an die Diskussion im Rahmen der elektronischen Gesundheitskarte erinnert, ob die Eintragungen auf der Gesundheitskarte vom Arzt persönlich erfolgen müssen oder von einer Hilfskraft im Auftrag erledigt werden dürfen.

Für die Mitarbeiter hat diese Organisationsform den Vorteil, dass ihre Arbeit und Meinung ernst genommen wird, der Führungsstil ist demokratischer als in anderen Organisationen[4]. Zudem ist in weiten Teilen die Arbeit frei von äußerer Steuerung und Zwang. Gerade dies führt natürlich zu Problemen, wenn die Abstimmung zwischen den einzelnen Mitarbeitern notwendig wird: Statt an das Wohl der Organisation zu denken, können Eigeninteressen im Vordergrund stehen und die vorhandenen Freiheiten missbraucht werden. Treten diese Schwächen in den Vordergrund, wird es schwierig, sie effektiv abzustellen: Nicht das zertifizierte Qualitätsmanagement führt das Skalpell während einer Operation, sondern der Chirurg – diese Tätigkeit lässt sich von außen schwer verbessern. Natürlich gibt es Bestrebungen, Verbesserungen auch bei solchen autonomen Standard-Prozeduren herbeizuführen, wenn diese möglich sind – siehe beispielsweise Kap. 5.6.3 zu Checklisten, die auch in der Medizin ihren Rang einfordern. Die Möglichkeit, Ver-

---

[4] Ausgerechnet das Beispiel der Krankenhäuser kann hier als Gegenbeispiel dienen.

besserungen durch Transparenz, Feedbackmechanismen und eine offene Fehlerkultur zu schaffen, ist hier natürlich im Prinzip nicht eingeschränkt (Ausnahmen bestätigen auch hier die Regel, siehe dazu das Beispiel zur Betriebsblindheit in Abschn. 4.4.6).

Adhokratie (adhocracy, innovative organization)
Die innovative Organisation ist das Pendant zur Profiorganisation, wenn das Arbeitsumfeld nicht stabil ist und sich schnell wandelt. Die Adhokratie ist in der Lage – wie im Namen angedeutet – *ad hoc* auf Anforderungen oder kurzfristige Entwicklungen einzugehen und z. B. Innovationen voranzubringen und umzusetzen. Quasi per Definition ist es unmöglich, Innovationen im Voraus zu formalisieren – die Adhokratie muss ohne starke Zentralisierung oder Formalisierung auskommen und sich immer wieder neu die funktionierende Zusammenarbeitsform selbst erarbeiten.

Die Arbeit wird, wie bei der Profiorganisation, von ausgesprochenen Spezialisten erledigt, die sich schnell zur Lösung einer Aufgabe gruppieren lassen – typischerweise in der Form von Projekten. Diese Projektstruktur ist im Alltag wichtiger als eine irgendwie geartete Linienorganisation – die Macht liegt eindeutig bei den Spezialisten, Strukturen kommen und gehen so wie sie zur Problemlösung dienlich sind. Das Ergebnis wird eine Matrixorganisation sein, disziplinarisch Vorgesetzte aus der Mittellinie und fachlich Vorgesetzte im Projekt oder temporären Organisationseinheiten.

Aus Sicht der Kunden ist die Adhokratie Segen und Fluch zugleich: Wenn alles funktioniert, wird sie Lösungen hervorbringen, die vorher unvorstellbar und unmöglich waren. Das andere Extrem sind Projekte, die erfolglos bleiben und jeglichen Zeit- und Kostenrahmen sprengen. Selbst wenn der gleiche Auftragnehmer und dasselbe Projektteam gewählt werden, kann das Ergebnis nicht vorhergesagt werden. Diese Problematik führte zur Entwicklung von Reifegradmodellen (siehe Abschn. 4.4.4), die das Risiko des Auftragnehmers beherrschbar machen sollen.

Im Unterschied zur Profiorganisation ist nicht nur das Arbeitsumfeld vom Wandel geprägt, sondern es entfällt zusätzlich die Standardisierung der Arbeit über die Ausbildung – bildlich gesprochen kann man sich nicht darauf verlassen, dass eine Gruppe von Chirurgen Innovationen hervorbringt. Besser ist es, Spezialisten unterschiedlicher Fachrichtungen zusammen zu bringen. Wäre jedoch die Problemstellung gelöst und die Lösung mehrfach anwendbar, dann ist die Profiorganisation effektiver und effizienter.

Der IT-Sektor mit seinem weiterhin stürmischen technologischem Fortschritt und der starken Spezialisierung ist für diese Organisationsform prädestiniert. Auf der menschlichen Seite müssen die Mitarbeiter mit dieser Organisationsform zurechtkommen: Das unsichere und komplexe Umfeld und die fortwährenden Änderungen der Organisation und Zusammenarbeit sind für manche das einzig denkbare Umfeld (als Stichwort dient hier Kreativität), viele können jedoch mit der ständigen Unsicherheit nicht umgehen. In der Konsequenz führt dies zu Unzufriedenheit bei den Mitarbeitern, Fluktuation und hohem Krankenstand [23].

Missionsform (missionary organization)
Die sechste Organisationsform ist gekennzeichnet durch eine gemeinsame Ideologie als stärkstem Faktor. Der Schwerpunkt liegt also nicht auf einem der fünf Teile der Organisation, sondern es dominiert der immaterielle Anteil. Sichtbar wird dies an einer klaren, für alle präsenten Mission, die für die Mitarbeiter inspirierend wirkt und sogar der Auslöser für ihre Bewerbung war. Wie der Name suggeriert, sind religiöse Organisationen für die Missionsform prädestiniert. Nach Mintzberg [16] bedienen sich aber ebenso große japanische Konzerne (z. B. Toyota) dieser Organisationsform.

4.3.3 Einordnung der IT-Organisation

Die IT wird in den meisten Fällen nur ein kleiner Bestandteil einer Firma sein – dies ist etwa zu sehen an dem Anteil der Kosten, der durch die IT verursacht wird (typischerweise weniger als 5 %, siehe Kap. 2). Daher wird sich die IT-Organisation in eine bestehende Organisation einfügen müssen. Dazu bieten sich unterschiedliche Stellen an, wie weiter unten ausgeführt wird.

Zunächst jedoch noch einmal zurück zu dem Aufbau der Organisation nach Mintzberg: Eine Firma kann über die Zeit zwischen verschiedenen Organisationstypen wechseln, etwa ausgelöst durch eine Krise (die Maschinenbürokratie hat sich z. B. zu stark von ihrer Umwelt entfernt) oder die zunehmende Formalisierung (die Adhokratie wandelt sich zur Profiorganisation). Ein derartiger Wandel der Organisation bedeutet auch einen anderen Stellenwert ihrer Organisationseinheiten – der Übergang kann problematisch und für manche Einheiten tödlich sein: Ist die IT-Organisation im betrieblichen Kern (und damit an der Produktion beteiligt)? Gibt die Technostruktur neuerdings die Arbeitsweise für die IT-Organisation vor (z. B. mit einem der Frameworks aus Kap. 8)? Wird die IT dem Hilfsstab zugeschlagen (und ist damit ein logischer Kandidat für das Outsourcing)? Fragen wie diese müssen immer wieder gestellt und beantwortet werden – ansonsten droht das „Auseinanderleben" selbst bei exzellenter Leistung der IT-Organisation (siehe das Beispiel der Texaco-IT in Kap. 3.8.1).

Wo befindet sich die IT-Organisation innerhalb einer Firma?
Ein Blick auf das Organisationsdiagramm sollte dies beantworten (es sei denn, es handelt sich um eine Adhokratie, in der diese Abbildungen entweder nicht vorhanden oder notorisch unzuverlässig sind). Eine typische Hierarchie (siehe Abb. 4.5) beginnt mit der Unternehmensleitung („strategische Spitze" bei Mintzberg) und bietet verschiedene Stellen, an denen eine IT-Organisation untergebracht werden könnte: Als Stabsbereich direkt bei der Unternehmensleitung angesiedelt oder als Abteilung auf der ersten Hierarcheebene (in der sich typischerweise auch die Abteilungen für Finanzen, die Produktion und das Personal befinden). Mitunter ist die IT-Organisation erst auf der zweiten Hierarchieebene anzutreffen, dann häufig unter der Hoheit des Finanz- und Rechnungswesens. In diesem Fall ist der CFO – der Finanzgeschäftsführer – der Vertreter aller IT-Belange in der Unternehmensleitung, ansonsten ist meist ein CIO zusätzlich Mitglied der obersten Führungsebene.

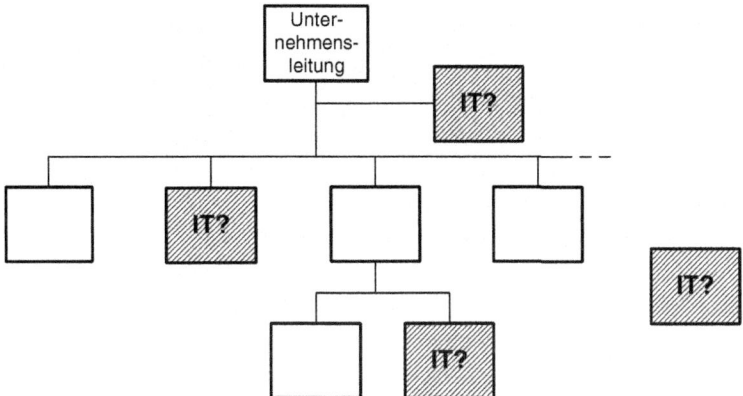

Abb. 4.5 Verschiedene Möglichkeiten, die IT-Organisation in der Gesamtorganisation einzuordnen

IT-Organisation als Stabsbereich

Die drei Varianten wirken sich durchaus auf die IT-Organisation aus: Als Stabsbereich fällt zuerst die Nähe zur Unternehmensleitung auf, entsprechend groß ist der Einfluss der IT – aber nur auf die Leitung, denn die daraus resultierende Distanz zu den produzierenden Abteilungen reduziert dort das Ansehen und damit die Durchsetzungsfähigkeit der IT. Interessant ist die Einstufung als Stabsbereich, wenn die IT-Produktion nicht im Unternehmen selbst liegt und sich der Stab auf die strategische Weiterentwicklung der IT oder das Sourcing und die Steuerung von Dienstleistern konzentriert (siehe [13], Kap. 3). Beispiele dafür sind das IT-Outsourcing, wenn wesentliche Teile der IT-Leistungserbringung von Dienstleistern bezogen werden bzw. die Spartenstruktur, die in jeder Sparte eine eigene IT-Kompetenz belässt.

IT-Organisation als eigenständige Hauptabteilung

Die IT-Organisation als eigenständige Abteilung auf der ersten Hierarchieebene betont die Bedeutung der IT für das Unternehmen: Sie ist gleichwertig zu allen anderen großen Abteilungen – etwa der Produktion und dem Finanz- und Rechnungswesen. Diese Sichtweise ist sicher dann angemessen, wenn das Unternehmen auf IT-intensiven Produkten bzw. Dienstleistungen fußt, z. B. bei Banken und Versicherungen. Nicht selten findet man eine solche Einordnung bei Unternehmen, die (materielle) Güter produzieren. Auf jeden Fall kann in dieser Hierarchieebene die IT-Organisation gleichberechtigt um Ressourcen konkurrieren – die dabei entstehenden Konflikte werden in der Regel über horizontale Koordinierungsmechanismen abgemildert (siehe Abschn. 4.3.1).

IT-Organisation als Abteilung

Wie ein Überbleibsel aus der Geschichte der IT wirkt es, wenn die IT-Organisation eine Abteilung unterhalb des Finanz- und Rechnungswesens ist. Genau dort waren die Pioniertage der IT in allen Firmen (die schon so lange überlebt haben), als die Buchhaltung von Papier über Lochkarten auf Computer umgestellt wurde. Diese Leistung erbrachten letztlich die Mitarbeiter des Finanz- und Rechnungswesens zusammen mit den Mitarbeitern der Computerhersteller, keine der beiden Seiten konnte damals auf ausgebildete IT-Spezialisten zurückgreifen. Folgerichtig ist die IT-Organisation – wenn sie eine ausreichende Größe erreicht hat – als Untereinheit in das Organisationsdiagramm eingeflossen.

IT-Organisation als rechtlich getrennte Einheit
Große Unternehmen mit einer Spartenstruktur fass(t)en ihre firmenweite IT wahrscheinlich in einer eigenen – rechtlich unabhängigen – Sparte zusammen ([24], S. 145 ff.). In den anderen Sparten verbleibt eine Rumpf-IT, etwa als Stabsfunktion oder -bereich. Die Schwierigkeit dabei ist die Abstimmung untereinander: Wie werden Entscheidungen getroffen? Idealerweise passen die Entscheidungen dann auch zu den Zielen des Unternehmens und der einzelnen Sparten. Mag die verbleibende Rumpf-IT als Stabsbereich im Vorteil sein – guter Zugang zur Firmenleitung und eine gute Einbeziehung in die Firmenstrategie – sieht es spätestens bei der Umsetzung und Durchsetzung weniger gut aus: Lassen sich Entscheidungen gegenüber dem IT-Dienstleister (ggf. noch im Besitz des Unternehmens, im Fall des Outsourcings eine dritte Partei) durchsetzen und kann dies unabhängig überprüft werden? Das Beispiel der Royal Bank of Scotland (siehe Abschn. 4.1) bestätigt diese Zweifel.

Die eingangs gestellte Frage lässt sich auch räumlich interpretieren: Ist die IT-Organisation räumlich getrennt von den anderen Firmenbereichen (z. B. an einem eigenen Standort, evtl. im Near- oder Offshoring), vermischt (etwa in einer Matrixorganisation mit den IT-Mitarbeitern vor Ort), mit direktem Zugang zur Firmenzentrale? Speziell die Entfernung von den Entscheidern spielt eine wesentliche Rolle für den Stellenwert der IT-Organisation – wichtige Entscheidungen werden in der Firmenzentrale getroffen und nicht an einem Außenstandort. Wenn es notwendig ist, die IT an entfernten Standorten zu platzieren, kann der oben genannte Stabsbereich ein guter Kompromiss zwischen dem Zugang zu wichtigen Entscheidungsträgern und der lokalen Leistungserbringung sein. Im Ergebnis führt diese Lösung zu einer Matrixorganisation.

Die interne Organisation der IT-Abteilung wird Gegenstand der Kap. 6 für die Personalsicht und Kap. 8 für die Prozesssicht.

4.3.4 Freiheitsgrade der IT-Organisation

Heute sieht mit 63 % die Mehrheit der großen amerikanischen Firmen die IT-Organisation als Hauptabteilung, die Minderheit (37 %) berichtet an den Finanzgeschäftsführer (CFO) [25]. Im Einklang damit ist die praktische und theoretische Sichtweise, dass die IT für Unternehmen inzwischen derart wichtig ist, dass sie ohne Umwege Zugang zum CEO benötigt. Diese allgemeine Aussage wird in der Forschung kritisch diskutiert und differenzierter gesehen [25]: So spielt etwa die strategische Ausrichtung des Unternehmens eine Rolle. Kostenführer (siehe Kap. 2) lassen die IT-Organisation an den CFO berichten. Steht hingegen die Differenzierung vom Wettbewerb im Vordergrund, dann ist die IT-Organisation mit einem CIO direkt in der Unternehmensleitung vertreten.

Die Freiheit der IT-Organisation, Entscheidungen bezüglich des IT-Einsatzes zu treffen, kann auf unterschiedliche Weise in den Firmen beschränkt werden, je nach Grad der gewünschten Eigenständigkeit des IT-Bereichs. Als Ergebnis führt dies zu unterschiedlicher Selbstbestimmung bezogen auf das Budget (z. B. Cost Center oder Profit Center) bis hin zur Herauslösung in separate Einheiten (Shared Service Center, unabhängige Tochterfirma), siehe [13], Kap. 3 und [24].

Cost Center

Die einfachste und zugleich älteste Sichtweise drückt sich im „Cost Center" aus – die IT-Organisation wird als Verursacher von Kosten gesehen, die Entscheidungskompetenz liegt allenfalls innerhalb der an die IT übertragenen Budgets. Innerhalb des Kostenrahmens muss die IT-Organisation die vorgegebenen Leistungen erbringen – mangels klar definierter und messbarer Kriterien meist kein einfaches Unterfangen (siehe Kap. 3). Der Fokus auf die Kosten legt nahe, dass in dieser Sichtweise der IT kein hoher Stellenwert innerhalb der Firma zukommt. Vor allem wird die IT nicht an ihrem Beitrag zum Firmenergebnis gemessen – eine fatale Sichtweise für den Fall, dass IT ein wesentlicher Wettbewerbsvorteil sein könnte.

Profit Center

Seit langem gibt es als Reaktion auf die reine Kostensicht das Profit Center, bei dem eine Einheit nicht nur die Verantwortung für die Einhaltung eines vorgegebenen Kostenrahmens erhält, sondern gleichzeitig einen vorgegebenen Beitrag zum Gewinn erwirtschaften muss. Zwei Voraussetzungen sind zu schaffen: Die Kosten müssen bekannt sein und an einen Auftraggeber verrechnet werden können [26]. Die Weiterverrechnung wird jedoch schnell an ihre Grenzen kommen, denn dafür müssen die Leistungen und Kunden bekannt sein – siehe im nächsten Abschnitt das Service Center. Kosten weitergeben mit einer kleinen Marge, so einfach klingt das im Profit Center. Dagegen argumentiert allerdings der bekannte Management-Autor Peter F. Drucker[5]:

> In einer Organisation gibt es nur Cost Center. Das einzige Profit Center ist der Kunde, dessen Scheck gedeckt war.

Interne Verrechnungspreise klingen wie ein funktionierender Markt, sind es jedoch nicht [28].

---

[5] Englisches Original, zitiert nach [27]: *„Inside an organization there are only cost centers. The only profit center is the customer whose check has not bounced."*

Service Center

Das Service Center lässt sich als inhaltliche Alternative zum Profit Center verstehen: An die Stelle des geforderten Gewinns geht es beim Service Center um die erbrachte Dienstleistung. Sicher wird es weiterhin eine stringente Kostenrechnung geben, sie wird jetzt durch eine Sichtweise auf das erstellte „Produkt" ergänzt: Ein Service Center erbringt eine firmeninterne Dienstleistung für andere. Als solches ist diese Dienstleistung wie das Produkt einer eigenen, kleinen Wertschöpfungskette zu verstehen. Es gibt benötigte Ressourcen, eine Organisation zur Produktion, ein klar definiertes Produkt und Kunden. Wichtig sind die beiden letzten Punkte, das klar definierte Produkt („Welche IT-Leistung kann bezogen werden?") und der Kunde („Wer bezieht die Leistung – die Geschäftsführung, der Nutzer, ein Kunde der Firma, etc.?"). Ist der Begriff des Service Centers noch allgemein, etwa auch auf die Buchhaltung, den Einkauf oder die Personalabteilung zutreffend (zur Vertiefung siehe [29], Kap. 1), setzt sich der Service-Gedanke im IT-Betrieb zunehmend durch. Das Produkt des IT-Betriebs sind lauffähige Services, die gängigen Referenzmodelle für die Geschäftsprozesse der IT-Organisation (siehe Kap. 8) führen meist das „Service Management" im Titel.

Shared Service Center

Für große Unternehmen ist der nächste Schritt das Herauslösen (carve out, siehe [24], S. 413 ff.) der gleichartigen firmeninternen Dienstleister zu einem zentralisierten internen Leistungserbringer, dem „Shared Service Center". Dort wird an einer Stelle beispielsweise die gesamte IT als interner Dienstleister gebündelt – sicher mit einer Kostenverantwortung, eventuell auch einer Gewinnerzielungsabsicht. Vorrang hat zunächst die mittel- bis langfristige interne Bereitstellung der IT-Leistungen. Die wenigsten derartigen Organisationen erreichen dabei einen nennenswerten externen Umsatz (siehe [24], S. 145 ff.).

Gemeinsame Tochterfirma

Das Shared Service Center ist oft bereits in einer eigenen Firma innerhalb eines Unternehmens angesiedelt, der Schritt zu einer rechtlich eigenständigen Tochterfirma ist nicht groß. Üblicherweise wird diese neben der Gewinnerzielungsabsicht zusätzlich den Auftrag bekommen, ihre Dienstleistungen am externen Markt erfolgreich anzubieten. Im Umkehrschluss ist den anderen Sparten häufig der externe Markt verschlossen – entweder darf IT-Leistung nicht fremdbezogen werden oder die eigene Tochterfirma hat bei allen Angeboten ein Recht auf das „letzte Gebot". Letztlich wird ein interner Dienstleistungsmarkt geschaffen, der normalerweise nicht die Preise und Leistungen des externen Marktes erreicht – zu klein bleiben der externe Umsatz und die Konkurrenz ([24], S. 145 ff.).

4.3.5 IT-Einsatz führt zu flacheren Hierarchien

Der zunehmende IT-Einsatz in den Firmen führt zu einer stärkeren Formalisierung der Arbeit – vielleicht nur nicht in der Form dokumentierter Geschäftsprozesse, es sei an die einfache Aussage „Tools schaffen Fakten" (Kap. 2) erinnert. Diese Formalisierung ermöglicht eine Spezialisierung der Mitarbeiter auf einige wenige Tätigkeiten und erfordert dann in der Konsequenz eine steuernde Bürokratie [16]. Diese Betrachtung einer klassischen Produktionsstraße führt zu einer erstarkenden Bürokratie, weil spezialisierte, menschliche Tätigkeiten offensichtlich geregelt werden müssen.

Werden hingegen Tätigkeiten durch IT-Verfahren automatisiert, ist sicher die gleiche inhaltliche Leistung zu erbringen (jemand muss planen, wie das IT-Verfahren funktionieren soll), jedoch entfällt der Druck, eine steuernde Bürokratie zu erschaffen (ein funktionierendes IT-Verfahren muss nicht gesondert durch einen Vorgesetzten überwacht und angeleitet werden).[6]

Für die IT-Organisation bedeutet dies eine Spezialisierung auf die technischen Aspekte der IT. Die strategische oder rein operationelle Sicht des Unternehmens werden die Vertreter der Linienorganisation erarbeiten müssen und in die Weiterentwicklung der IT einbringen. Dieses Rollenverständnis muss beiden Seiten klar sein: Die Linienorganisation ist von Anfang bis Ende dafür verantwortlich, dass die richtige IT-Anwendung gebaut wird, die IT-Organisation hingegen dafür, dass die IT-Anwendung richtig gebaut und betrieben wird. Bildlich ist dies in Abb. 4.6 dargestellt: Technische Aspekte werden weitestgehend unter der Hoheit der IT-Organisation bearbeitet, während die Verantwortung und Erarbeitung der strategischen Aspekte bei der Linienorganisation liegt. Bezeichnend bei dieser Sichtweise nach [8] ist vor allem, dass auch die Umsetzung federführend bei der Linienorganisation liegt – schließlich erwartet nur sie Vorteile durch den geänderten IT-Einsatz und muss mit allen erdenklichen Konsequenzen auskommen. In Abb. 4.6 sind mit Bedacht die Begrifflichkeiten des aktuellen ITIL-Prozessframeworks übernommen – mit dem Unterschied, dass die Linienorganisation maßgeblich involviert wird.

▶   Die Verantwortung für den IT-Einsatz liegt bei der Linienorganisation, nicht der IT-Organisation.

Die direkte Auswirkung flacherer Hierarchien ist die Übernahme zusätzlicher Kompetenzen und Tätigkeiten durch die verbleibenden Manager. Neben ihren üblichen Managementaufgaben den Betrieb, die Finanzen und die Mitarbeiter zu steuern und die zukünftige

Abb. 4.6 Die Gewaltenteilung zwischen der Linien- und IT-Organisation bei der Weiterentwicklung der IT (in Analogie zu [8])

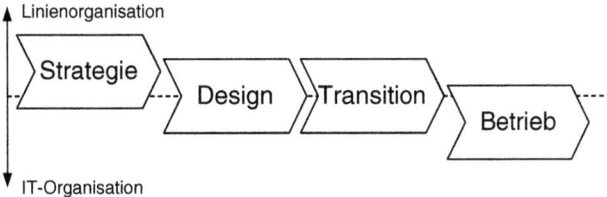

---

[6] Natürlich müssen IT-Verfahren überwacht werden – nur eben nicht im obigen Sinne durch eine Bürokratie, sondern durch ein technisches und fachliches Monitoring (siehe Kap. 7).

Entwicklung der Firma im Auge zu behalten, kommt jetzt noch die Verantwortung für den erfolgreichen IT-Einsatz hinzu – wohlgemerkt *in* der Linienorganisation.

Als Gegenpart beschäftigt sich die IT-Organisation nicht nur mit der zunehmenden technischen Komplexität, sondern vor allem damit, die Linienorganisation für deren IT-bezogene Aufgaben zu ertüchtigen.

4.4   Jenseits der Aufbauorganisation

Hierarchie ist meist die erste und offensichtlichste Eigenschaft einer Organisation (siehe Abschn. 4.3). Tatsächlich ist sie nur eine von vielen möglichen Sichtweisen. Die nächsten Abschnitte rufen kurz einige davon in Erinnerung: Die Prozesssicht ergibt die Ablauforganisation (Abschn. 4.4.1), Wissen und Fähigkeiten erzeugen einen immateriellen Wert in den Firmen (Abschn. 4.4.2) und die Zuverlässigkeit einer Organisation lässt sich indirekt über Reifegradmodelle messen und verbessern (Abschn. 4.4.4).

4.4.1   Aufbau- und Ablauforganisation

In diesem Abschnitt werden zwei Aspekte der Organisation gegenüber gestellt: Die Hierarchie (Aufbauorganisation) und die Geschäftsprozesse (Ablauforganisation).

Die Hierarchie war bereits Thema des Abschn. 4.3.2 und beinhaltet interessanterweise nach Mintzberg auch die in der Firma vorhandene Ideologie als bestimmenden Faktor. Tatsächlich wird es noch mehr Faktoren dieser Art geben, z. B. die Firmenpolitik, die Firmenkultur und natürlich die Umwelt jenseits der Firma. Diese Faktoren sind in der Regel immaterielle Faktoren, die sich mitunter kaum klar definieren und messen lassen. Dass sie dennoch die Organisationsform beeinflussen können, liegt am Faktor Mensch – Organisationen beschreiben die Zusammenarbeit von Menschen und es ist nicht verwunderlich, wenn ein gewisses Maß an Unsicherheit und Irrationalität anzutreffen ist.

Dieser menschliche Faktor zusammen mit der Tatsache, dass für die Wertschöpfung die Zusammenarbeit vieler Menschen notwendig ist, sorgt dafür, dass die Organisation kein abstrakter, deterministischer Algorithmus ist. Eher trifft der Vergleich mit einem Organismus zu. Die Organisation entwickelt eine eigene Dynamik, besitzt eigene, nur in Teilen bekannte Regeln und noch weniger auch dokumentierte Regeln. Sie lässt sich nur schwer ändern (in der Analogie: heilen).

In Abb. 4.7 werden nur noch die Umrisse der Prozesse einer Wertschöpfungskette beibehalten und es werden zwei verschiedene Blickwinkel auf die Organisation genannt: Auf der einen Seite steht die Aufbauorganisation. Ihr sichtbarstes Zeichen ist die Hierarchie, einhergehend mit der Arbeitsteilung und der Macht, Entscheidungen zu treffen. Regeln und Vorgaben entlang der Aufbauorganisation bestimmen den Rhythmus der Organisa-

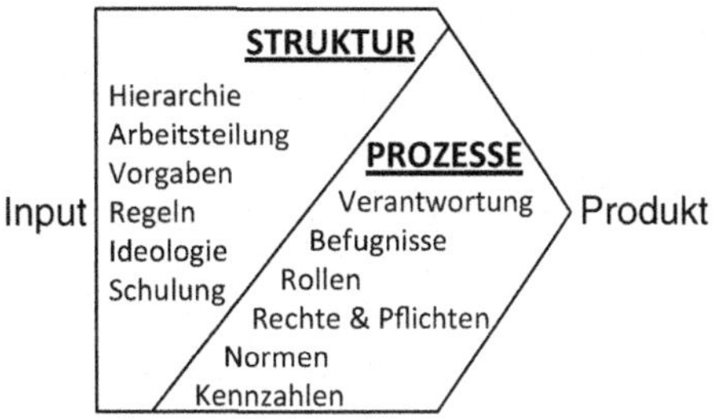

Abb. 4.7 Sichtweisen auf das
Verhalten einer Organisation:
Aufbauorganisation (*links*) und
Ablauforganisation (*rechts*)

Abb. 4.8 Ablauf- und Aufbauorganisation: Konträre Sichten
auf dieselbe Organisation

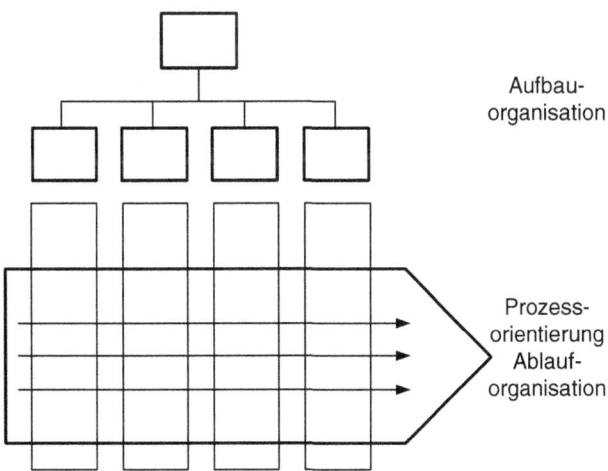

tion. Geschäftsprozesse werden notwendig, um die Zusammenarbeit über die hierarchischen Grenzen hinweg zu organisieren.

Auf der anderen Seite zeigt Abb. 4.7 die Ablauforganisation, ausgedrückt durch Prozesse. Die Tätigkeiten mit den notwendigen Rechten und Pflichten stehen im Vordergrund,
Hierarchie wird unsichtbar. Die Verantwortung aus einer Vorleistung ein eigenes Arbeitsergebnis zu produzieren gehört ebenso zu dieser Sichtweise wie Normen einzuhalten und
Ergebnisse messbar zu machen. Beide Sichtweisen sind in jeder Organisation vorhanden,
die Gewichtung kann stark unterschiedlich sein – „funktionieren" kann die jeweilige Firma dennoch. Allen Organisationen gemeinsam ist, dass sich weder die Aufbau- noch die
Ablauforganisation schnell bzw. einfach ändern lassen.

Die beiden Sichtweisen – Ablauf- und Aufbauorganisation – stehen zueinander im Widerspruch (Abb. 4.8): Die Hierarchie der Aufbauorganisation ist die erste Anlaufstelle für
jegliche Entscheidungen. Jeder Mitarbeiter gehört zu einer organisatorischen Einheit, dort
wird über die berufliche Laufbahn entschieden. Allerdings benötigt das Erstellen eines
nur einigermaßen anspruchsvollen Produktes das Zusammenarbeiten vieler Mitarbeiter
(und externer Partner), die Wertschöpfung des Unternehmens lässt sich am ehesten durch
Prozesse beschreiben und gestalten. Hier liegt der Fokus auf den Tätigkeiten, den dazu
erforderlichen Vorleistungen, Werkzeugen und Rollen – die Hierarchie tritt in den Hinter-

grund. Die Prozesssicht weicht nicht auf die Organisation zur Entscheidungsfindung aus, sondern enthält passende Prozessschritte und involviert die notwendigen und befähigten Mitarbeiter. Diese Sicht führt automatisch zu flacheren Hierarchien (siehe Abschn. 4.3.5), Entscheidungen werden von den Mitarbeitern selbst getroffen.

Andererseits ergänzen sich die beiden Sichtweisen auch: Prozesse betonen die Zusammenarbeit, verstecken jedoch die beteiligten Menschen hinter Rollen und Tätigkeiten. Diese Sicht ist gerechtfertigt, wenn viele Mitarbeiter die gleiche Tätigkeit ausführen (können) – der Einzelne wird dann austauschbar. In der Praxis lebt jede Firma von den Spezialisten, die Erfahrung und Wissen über lange Zeit aufgebaut haben, jenseits der dokumentierten Prozesssicht. Diese Spezialisten sind in der Sichtweise der Aufbauorganisation schwer zu ersetzende Schlüsselpersonen, ihre Anwesenheit ist für den reibungslosen Prozessablauf unabdingbar. Entsprechend umsichtig muss die Aufbauorganisation vorgehen und z. B. das Fluktuationsrisiko niedrig halten [30].

„Einfach" nur das Entstehen eines Produktes über Prozesse abzubilden, wird in großen Unternehmen schnell an seine Grenzen stoßen. Dann zieht auch in der Prozesssicht eine Standardisierung ein, die firmenweit grobe Prozesse vorgibt. Diese werden je Sparte sukzessive weiter detailliert – es entsteht ein hierarchisches Prozessmodell. Als Beispiel kann die Siemens AG dienen, die in ihrer Prozesssicht vier Detaillierungsebenen verbindlich vorgibt, bevor ab der fünften Prozessebene spezifische Anpassungen erlaubt sind [31].

4.4.2 Wissensmanagement und Kommunikation

Das Wissen – explizit in Systemen und Dokumentation (siehe Kap. 5) oder implizit in den Köpfen der Mitarbeiter – ist ein wesentlicher Wert in jedem Unternehmen. Immaterielle Werte, zu denen u. a. das Wissen und die Fähigkeiten der Mitarbeiter zählen, genauso wie die Beziehung zu den Kunden und Lieferanten und viele andere Faktoren stellen mehr als ein Drittel des Unternehmenswerts, soweit sie nach heutigen Maßstäben überhaupt gemessen werden können (siehe [32], dort Kap. 1).

Angesichts dieser Größenordnung muss es Aufgabe jeder Organisation sein, ihr Wissen im Sinne eines Wettbewerbsvorteils einzusetzen. Dabei gibt es ganz unterschiedliche Komponenten ([33], dort Kap. 11): Wissen ist zunächst immateriell und die Umwandlung von bloßen Informationen in Wissen benötigt Ressourcen aus der Organisation. Erst das gewonnene Wissen stellt einen Wert dar, der in gewissen Grenzen getauscht und geteilt werden kann – und sogar beim Teilen wertvoller wird (hier sei z. B. an die Lernkurve erinnert, siehe Kap. 2). Dieser Wert kann sich ganz unterschiedlich ausdrücken: Als explizites Wissen in Form von Dokumenten, Prozessen oder Systemen, als implizites Wissen in den Köpfen der Mitarbeiter (bzw. Dienstleister oder sogar Kunden). Erlernte Fähigkeiten der Mitarbeiter stellen ebenso einen Wert dar wie die gelebte Organisation, also das Zusammenspiel der Mitarbeiter, untereinander. Gerade letzteres ist notwendig für die Lernkurve, die eine Organisation durchläuft, es ist jedoch auch hinderlich, wenn sich eine Organisation ändern soll.

„Übung macht den Meister": Wissen ist keinesfalls als statischer Wert zu sehen. Zum Teil wird das in einer Firma gewonnene Wissen als Wert verbleiben, zum Teil allmählich verfallen und wertlos werden. Erst wenn das Wissen häufig zum Einsatz kommt, entfaltet es seinen Nutzen *und* bleibt der Firma erhalten [34]. Dies ist jedoch nur der Fall, wenn das Wissen innerhalb der Firma erzeugt wurde: Wird die gleiche Leistung im Outsourcing von einem Dienstleister bezogen, kann das Produkt unverändert sein, die Firma verzichtet jedoch auf das zur Produktion notwendige und bei der Produktion gewonnene Wissen [35]. Das kann ein Vorteil sein – insbesondere dann, wenn Skalierungseffekte bei dem ausgelagerten Wissen ökonomische Vorteile bringen. Vor allem jedoch, wenn das vorhandene Wissen als Wettbewerbsvorteil oder als Eintrittsbarriere gegenüber dem Wettbewerb (siehe Kap. 2) eingesetzt werden kann, ist das Outsourcing im Vergleich zur eigenen Wertschöpfung im Nachteil. Das Beispiel der Union Pacific Railroad (siehe Abschn. 4.4.3) wird zum Teil so interpretiert, dass während des Zusammenschlusses das in der Organisation vorhandene implizite Wissen verloren ging. In der Konsequenz treffen die Manager falsche Entscheidungen, die Konsequenzen sind nicht mehr aus Erfahrung bekannt, das Verständnis für die Ursachen etwa einer Überlastung ist nicht mehr vorhanden und der Betrieb bricht vorübergehend zusammen.

4.4.3   Beispiel: Die Service-Kernschmelze der Union Pacific Railroad

Beispiel

Kurz nach dem Merger der Union Pacific Railroad mit ihrem Rivalen, der Southern Pacific Railroad, geriet der Eisenbahnverkehr in den USA im Jahr 1997 in eine lang anhaltende Krise (siehe [36–38]). Züge blieben für lange Zeit im Schienennetz stecken, Container stauten sich in den Häfen und warteten auf verspätete Züge. Dabei war die Idee für den Merger gut, die Schienennetze der beiden Eisenbahngesellschaften ergänzten sich geographisch gut für den Warentransport zwischen Kalifornien und der Mitte der Vereinigten Staaten. Konsequent wurden nach dem Merger die Kosten gesenkt, die (dann doppelt vorhandene) Verwaltung gestrafft und einzelne Routen geschlossen.

Problematisch war dabei, dass bereits vor dem Merger das Schienennetz für Störungen anfällig war. Southern Pacific experimentierte bereits seit längerem damit, unrentable Strecken zu schließen – die Verlagerung der Züge auf andere Routen war oft so teuer, dass defizitäre Strecken trotzdem geöffnet bleiben mussten. Nach dem Merger verfolgte Union Pacific stringent das Kostensenkungsprogramm, unrentable Strecken und Bahnhöfe wurden geschlossen – der Rat der Kollegen der Southern Pacific wurde nicht gehört oder deren Stellen waren längst gestrichen. Das Resultat war eine Überlastung erst einzelner Güterbahnhöfe, die schließlich auf das gesamte Schienennetz ausstrahlte. Das institutionalisierte Wissen, wie bei lokaler Überlastung das Netz zurück in einen sicheren Betrieb gebracht wird, war bei dem Merger offenbar verloren gegangen.

Die Einschränkungen im Bahnbetrieb waren so groß, dass Union Pacific den Transport von UPS Paketen komplett auf die Straße verlagerte und überlegte, Container per Schiff durch den Panamakanal zu bringen. Zum Höhepunkt der Krise standen auf einzelnen Verbindungen die Züge über 12 h lang komplett still, so dass die jeweilige Besatzung nicht weiter arbeiten durften und die Züge mangels Treibstoff nicht mehr weiter fahren konnten.

4.4.4 Reifegrad von Organisationen

Für den Auftraggeber ist es ein wesentlicher Aspekt, ob eine Organisation die Fähigkeit hat, einen angenommenen Auftrag wie zugesagt umzusetzen. In der IT-Branche zeigt die Erfahrung, dass zugesagte Projekte meist ihre geplante Dauer und den vereinbarten Kostenrahmen überschreiten, wenn sie nicht sogar komplett scheitern [39]. Eine Erfahrung, die so auch das amerikanische Verteidigungsministerium machte. Anfang der 1980er Jahre reagierte es mit einigen Initiativen zur Verbesserung der Software, u. a. in den Bereichen Zuverlässigkeit, Wartbarkeit und Testbarkeit. Dazu gehörte auch eine Zusammenarbeit mit dem Software Engineering Institute der Carnegie Mellon University zur Verbesserung des Software Engineerings [40]. Daraus entstand ein Metamodell zur Beurteilung der Fähigkeiten einer Organisation – ein Reifegradmodell (*Capability Maturity Model*). Dieses Reifegradmodell ist bis heute sehr einflussreich und findet sich in abgewandelter Form in unterschiedlichen Branchen (siehe z. B. [41] für den möglichen Einsatz im IT-Management) und als standardisiertes Metamodell (ISO 15504-7:2008, [42]). Natürlich existierten schon früher ähnliche Modelle, es sei beispielsweise an den Lebenszyklus einer IT-Organisation nach Nolan [43] aus dem Jahr 1973 erinnert (siehe Abschn. 4.2.2).

Das typische Reifegradmodell sieht fünf unterschiedliche Reifegrade für die Prozesse einer Organisation vor (siehe Abb. 4.9):

Beginnend
Der niedrigste Reifegrad dient als Platzhalter für alle Organisationen, die noch keinen höheren Reifegrad erreicht haben. Eine derartige Organisation könnte z. B. komplett ohne dokumentierte Prozesse (für die Softwareentwicklung) auskommen. Dies bedeutet natürlich nicht, dass die Arbeitsergebnisse schlecht sind oder sein müssen – es fehlt in diesem Reifegrad schlicht die Fähigkeit, zuverlässig gute Ergebnisse abzuliefern. So kann beispielsweise ein Projekt hervorragende Resultate bringen, das nächste Projekt wird aus Sicht des Auftragnehmers dennoch ein unkalkulierbares Risiko für ein vollständiges Versagen in sich tragen. Der Erfolg aus einem Projekt lässt sich kaum übertragen, es fehlen z. B. anerkannte und durchsetzbare Standards für die Projektdurchführung. Eine Organisation im niedrigsten Reifegrad wirkt oft chaotisch und hält sich nicht an feste Abläufe. Vor allem wenn die Organisation unter Zeitdruck steht, werden die bestehenden Wege verlassen: Entscheidungen werden ad hoc getroffen, die Dokumentation auf später ver-

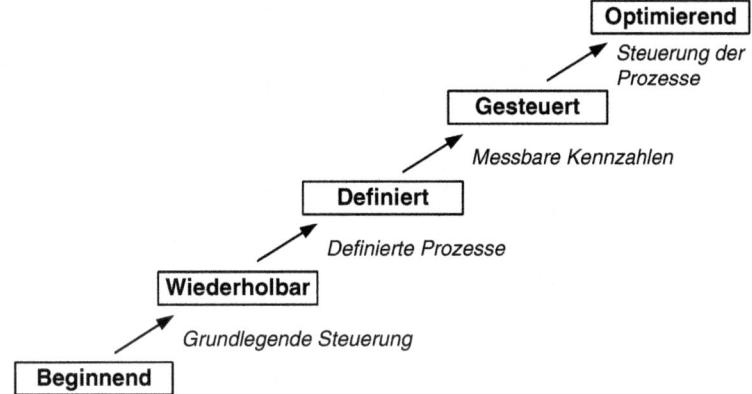

Abb. 4.9 Reifegradmodell nach Humphrey [42]

schoben, die Versionierung und das Vorhalten der Konfigurationen werden vernachlässigt. Alle Tätigkeiten, die scheinbar nicht zum ausgelieferten Produkt gehören, entfallen kurzfristig und werden in der Regel später erheblich höhere Kosten und größere Probleme verursachen. Typisch für diese Organisationen sind einzelne Mitarbeiter, die immer wieder in die Rolle des „Helden" schlüpfen müssen und im letzten Moment versuchen, das Projekt zu retten.

Wiederholbar

Die nächste logische Entwicklungsstufe (analog zum Lebenszyklus aus [43]) besteht darin, dass die Mitarbeiter der betroffenen Organisation aus den chaotisch verlaufenden Projekten gelernt haben. Sie setzen jetzt ein eigenes, wiederholbares Vorgehensmodell für ihre neuen Projekte ein und können die gewonnene Erfahrung nutzen. Die initial vorhandene hohe Unsicherheit über den Projekterfolg reduziert sich. Kosten, Zeiten und die Qualität werden mit reduzierten Schwankungen zwischen sukzessiven Projekten besser vorhersagbar – bezogen auf ein Projektteam innerhalb der Organisation. Noch arbeitet die gesamte Organisation nicht nach den gleichen Maßstäben, jedes Team hat für sich selbst eine Lösung gesucht. Es liegt in der Natur dieser Situation, dass die gefundenen Lösungen unterschiedlich sind, mit gravierenden Konsequenzen: Mitarbeiter sind zwischen den Teams nicht mobil, denn die jeweiligen Vorgehensweisen unterscheiden sich deutlich und müssen zunächst erlernt werden (einschließlich des impliziten, d. h. undokumentierten Wissens). Eine Messung der Effizienz oder gar eine gezielte Verbesserung kann in dieser Stufe noch nicht erfolgen.

Die gewonnene Wiederholbarkeit ist zudem anfällig für Störungen: Das gelernte Wissen wird durch neue Tools genauso ungültig wie bei Änderungen an der Organisation, zudem gilt es nur innerhalb eines engen Anwendungsfeldes.

Definiert

Mit der dritten Stufe des Reifegrads ergibt sich eine grundlegende Verbesserung: Die Prozesse der Organisation sind erstmals für alle verbindlich dokumentiert. Dies ermöglicht die Mobilität der Mitarbeiter: Sie können zwischen verschiedenen Projekten wechseln und finden jeweils die vertrauten Prozesse wieder. Mit diesem Reifegrad gewinnt die Organisation an Bedeutung: An die Stelle des „Helden" tritt die gemeinsame Erarbeitung der Prozesse, die Schulung aller Mitarbeiter in den gültigen Prozessen und Tools und die Kommunikation über Teamgrenzen hinweg.

Gesteuert

Aufbauend auf den dokumentierten Prozessen können zusätzlich Kennzahlen definiert und erhoben werden, die eine Bewertung der einzelnen Prozessschritte erlauben: Welche Kosten und welcher Nutzen lassen sich auf einzelne Prozessschritte oder implementierte Änderungen zurückführen? In der gleichen Weise wird die Produktqualität mit Kennzahlen sichtbar gemacht. Die Schwierigkeit liegt in dieser Stufe darin, die richtigen Kennzahlen zu finden. Viele Messgrößen schwanken stark (z. B. die Anzahl der Fehler oder der implementierten Codezeilen) und manche stehen im Verdacht, die Leistung einzelner Mitarbeiter oder eines Teams zu messen. Dabei zielen die Kennzahlen auf die Verbesserung des Prozessmodells, nicht auf die Überwachung Einzelner – jedoch schon alleine der Verdacht genügt, um die Erfassung der Kennzahlen zu verhindern oder zu verfälschen (eine Anekdote über den Programmierer von Apples QuickDraw Programm berichtet, dass er die wöchentliche Produktivität mit minus 2000 Programmzeilen angab [44]).

Optimierend

Organisationen mit dem höchsten Prozessreifegrad arbeiten permanent an der Verbesserung der Prozesse, z. B. um mögliche Fehler frühzeitig zu eliminieren. Die wenigsten Organisationen hatten in [40] im Jahr 1988 einen derart hohen Reifegrad. Heute ist der höchste Reifegrad im Software-Engineering durchaus erreichbar, das Verhältnis zwischen Aufwand und Nutzen ist jedoch fraglich (siehe auch Kap. 9.4).

Für die Ablauforganisation der IT-Organisation gibt es eine Reihe von vorgefertigten Prozessframeworks (mehr dazu in Kap. 8), in Europa häufig das IT Service Management nach ITIL. Betrachtet man dabei die Prozessreife der IT-Organisationen, sind (in einer Befragung von 491 Unternehmen, [45]) knapp die Hälfte von ihnen in den beiden unteren Reifegraden anzusiedeln. Selbst in großen, über lange Zeit gewachsenen IT-Organisationen ist es normal, eine niedrige Prozessreife anzutreffen. Als Beispiel findet sich in der Literatur ein durchschnittlicher Reifegrad von 1,5 für die zentrale IT-Organisation der Justizverwaltung des Landes Niedersachsen (siehe [46], dort Kap. 7). Typisch an diesem Beispiel ist auch, dass sich der Reifegrad in einzelnen Prozessen deutlich unterscheidet: Häufig „gelebte" Prozesse wie die Störungsbehebung erreichen einen hohen Prozessreifegrad, andere sind in diesem Sinn „ad hoc" (z. B. das Service Level Management oder das Release Management).

Angesichts der integrierten Prozesse eines Frameworks ist es nicht überraschend, wenn der erreichte Reifegrad mit steigender Anzahl implementierter Prozesse zunimmt. Dieser Zusammenhang lässt sich natürlich auch dazu benutzen, den Reifegrad einer Organisation zügig durch die vollständige Implementierung eines Prozess-Frameworks zu verbessern. Externe Zertifizierungen, etwa des IT-Service-Managements nach ISO 20000, können als zusätzlicher Motivator und Meilenstein dienen [47].

4.4.5 Zuverlässige Organisationen

Kosten und Effizienz sind geläufige Maßstäbe zur Beurteilung einer Organisation. In vielen Bereichen des alltäglichen Lebens ist die *Zuverlässigkeit* einer Organisation bzw. der von ihr erzielten Resultate genauso wichtig. Diese Zuverlässigkeit geht noch über die Verlässlichkeit, die im Rahmen der Servicequalität in Kap. 3.6.2 diskutiert wurde, hinaus. Dabei ist die Zuverlässigkeit kaum greifbar: Ständig passiert – nichts!

In den 1980er Jahren beschäftigte sich der amerikanische Wissenschaftler K. E. Weick mit diesem Thema ([48], auch im weiteren als Quelle), das er im negativen Sinn bei vielen industriellen Katastrophen am Werk sah: Das Chemieunglück von Bhopal, die Explosion der Raumfähre Challenger, die Nuklearkatastrophen (inzwischen von Three Mile Island, Tschernobyl und Fukushima) sind alles Beispiele dafür, wie funktionierende Abläufe auf einmal katastrophal enden. Genauso gibt es auch positive Beispiele, bei denen eine Katastrophe durch geschicktes Organisieren vermieden wurde – z. B. ein zweites von der Katastrophe bedrohte Kernkraftwerk in Fukushima [49] (siehe das Beispiel in Kap. 11.9.).

Die Ursache für Katastrophen sah K. E. Weick weniger in dem konkreten, fehlerhaften Verhalten Einzelner, sondern in einer prinzipiellen Schwäche von Organisationen: Niemand innerhalb oder außerhalb einer Organisation war in der Lage, die Funktionsweise der Organisation und der eingesetzten Technik vollständig zu verstehen – jeder hatte ausschnittsweise mentale Modelle, die die alltäglichen Begebenheiten erklären konnten. Die Modelle entstehen bei der täglichen Arbeit, vielfach werden sie anfänglich eintrainiert. „Versuch und Irrtum" erlaubt es, die eigenen Modelle zu modifizieren. Gerade der Umgang mit „Fehlern" – hier die Abweichung zwischen dem erwarteten Verhalten und dem tatsächlichen Verhalten – ist für die Verbesserung des eigenen mentalen Modells enorm wichtig. Sie liefern ein Indiz dafür, dass das Modell unvollständig oder falsch ist. Entsprechend negativ einzuschätzen sind daher Organisationen, deren Fehlerkultur in einem Verstecken und Verdrängen besteht. Sie können kaum Erkenntnisse über ihre eigene Funktionsweise gewinnen und stehen unvorhergesehenen Ereignissen komplett unvorbereitet gegenüber (siehe auch Kap. 6.4.7).

Was hindert eine Organisation daran, Katastrophen zu vermeiden? Solange sie mit vereinfachten und fehlerhaften Modellen arbeitet, werden die Menschen zu falschen Schlüssen kommen, Fehlentscheidungen treffen und womöglich einen harmlosen Fehler Schritt für Schritt in eine Katastrophe verwandeln. Wie klein ein solcher Fehler sein kann, zeigt das Beispiel des Absturzes des TransAsia Flugs 235 kurz nach dem Start vom Flughafen

Taipei Songshan, bei dem am 4. Februar 2015 insgesamt 43 Personen ums Leben kamen [50, 51]. Kurz nach dem Abheben fiel das rechte Triebwerk des Flugzeugs aus, der Pilot sollte in dieser Situation offenbar die Treibstoffversorgung zum defekten Triebwerk abstellen und mit dem verbleibenden Triebwerk zum Flughafen zurückkehren. Stattdessen unterlief dem Piloten ein fataler Fehler, er schaltete das linke Triebwerk ab – auf der Aufzeichnung des cockpit voice recorders ist der Flugkapitän zehn Sekunden vor dem Aufprall mit den Worten „Wow, das Gas auf der falschen Seite weggenommen"[7] zu hören.

Training als Fehlerquelle
Training zielt natürlich zunächst darauf, verlässliche Reaktionen in vorgegebenen Situationen einzuüben. Gegenüber dem Piloten in dem obigen Beispiel wurde etwa in der Presse der Vorwurf erhoben, er habe in seiner Ausbildung die fragliche Situation erst nach mehreren Versuchen gemeistert. Das Training soll ein reproduzierbares Verhalten lehren, das im Fehlerfall „automatisch" abgearbeitet wird. Für die meisten Fälle wird das Training genau die richtigen Situationen bedenken und das passende Verhalten trainieren. Unter Druck und in selten auftretenden Fällen mag weder die gelernte Situation zur Realität passen, noch das trainierte Verhalten die korrekte Antwort sein. Training scheidet als wirksames Mittel in der Praxis dann aus, wenn eine Situation nur durch ein Team beherrscht werden kann. Hier müssen entweder Erfahrungen in echten Situationen gelernt werden oder Planspiele als Ersatz dienen.

Unwahrscheinliche Ereignisse
Die Grenze einer Organisation zeigt sich zuverlässig, wenn sehr unwahrscheinliche Ereignisse eintreten. Dann passen weder die alltäglichen Abläufe noch die mentalen Modelle über die zugrundeliegenden Zusammenhänge zur Realität. Die wichtigste Erkenntnis wäre zunächst, dass die eigenen Verhaltensmuster nicht mehr anwendbar sind und Ursache und Ausweg erst noch gefunden werden müssen – leider eine Erkenntnis, die der menschlichen Natur zuwider läuft.

Zusammenbruch der Kommunikation
Gerade in Notsituationen spielt die Kommunikation innerhalb einer Organisation eine entscheidende Rolle (siehe auch Kap. 6.4). Zu wenig Kommunikation verhindert, dass alle relevanten Fakten ausgetauscht werden und überhaupt ein realistisches Lagebild entstehen kann. Zu viel Kommunikation ertränkt die wichtigen Informationen in „kommunikativem Lärm" mit demselben negativen Resultat. Jede technische Einschränkung kann als zusätzliche Störquelle die Kommunikation zunichtemachen – nichts ist effektiver als die direkte, persönliche Kommunikation von Angesicht zu Angesicht.

Ein abschreckendes Beispiel lieferte der Absturz des Space Shuttles Challenger Ende Januar 1986 [52]. Kurz nach dem Start des Space Shuttles brachen die Dichtungsringe bei einem der seitlich angebrachten Feststoffraketen, es trat Treibstoff aus, entzündete

---

[7] Im englischen Original [51]: *„Wow, pulled back the wrong side throttle."*

sich und brachte den benachbarten Wasserstofftank zur Explosion. Die siebenköpfige Besatzung kam ums Leben, das Unglück spielte sich live im Fernsehen vor einem riesigen Publikum ab.

Die technische Ursache des Unglücks war die Kälte, die zum Zeitpunkt des Starts am Cape Canaveral herrschte. Durch die Kälte wurden die Gummidichtungen spröde und brüchig. Die Belastung des Starts führte dazu, dass beide Dichtungsringe brachen – für diesen Fehler gab es keine weitere technische Absicherung, das Unglück nahm seinen Lauf. Die Kritikalität der Dichtungsringe für eine erfolgreiche Mission war allerdings allen bekannt und eigentlich hätte der Start bei Zweifeln bis zur endgültigen Klärung gestoppt werden müssen. Zweifel wurden durchaus geäußert, vor allem in einer Telefonkonferenz am Vortag, und zwar von den Ingenieuren des Lieferanten ([52], S. 221 ff.). Es gab keine Erfahrungen mit den Dichtungsringen bei den erwarteten niedrigen Temperaturen, wohl aber Hinweise aus früheren Missionen, dass die Dichtungsringe reißen können. Trotz vehementer Proteste der Ingenieure kam das Management des Lieferanten nach einigen Telefonkonferenzen und Diskussionen zum Schluss, dass der Start wie geplant erfolgen kann[8]. Ausgerechnet die entscheidenden Proteste wurden per Telefonkonferenz geäußert, teilweise sogar bei ausgeschaltetem Mikrofon – schließlich sollte der Lieferant eine *Management*-Entscheidung liefern.

Solange die betrachteten Organisationen und die eingesetzte Technik so kompliziert bleiben, ist der Umgang der Organisation mit ihren eigenen Beschränkungen das einzige Mittel, um Katastrophen zu vermeiden. Scheidet die alltägliche Erfahrung und „Versuch und Irrtum" als Lernmittel aus, bleiben nur weniger effektive Mittel, beispielsweise eine „phantasievolle" Vorbereitung auf Notfälle, Übungen, Simulationen und die mündliche Weitergabe erlebter Notsituationen. Gerade der letztgenannte Punkt erlaubt das Entstehen einer Gemeinschaft, die sich um das Wohlergehen der Organisation sorgt. Dies zusammen mit Übungen (z. B. bei fiktiven Planspielen oder im Rahmen von Simulationen geplanter Großereignisse, siehe Kap. 11.7) erlaubt einer Organisation, auch in Sondersituationen zuverlässig gute Resultate erzielen.

4.4.6   Betriebsblindheit

Gemeinsame Wertvorstellungen, die gleiche Ausbildung, jahrzehntelange Erfahrung im Betrieb – vieles spricht in der Praxis dafür, dass eine Organisation ihre eigene Kultur entwickelt. Abläufe funktionieren zuverlässig, unterschiedliche Mitarbeiter bringen vergleichbare Leistungen und treffen die gleichen Entscheidungen, Prioritäten werden von allen ähnlich eingeschätzt. Ein derartiges Verhalten ist nicht nur in einem Krankenhaus

---

[8] In einer klassischen Rückversicherung bestand die NASA sogar darauf, dass die Aussage des Lieferanten noch schriftlich an die NASA per Fax geschickt wird. Das Fax mag bei Schuldzuweisungen helfen, die Mission endete dennoch tödlich und die vom Physik-Nobelpreisträger Richard Feynman geleitete Untersuchungskommission dokumentierte diese und andere Ursachen akribisch.

wünschenswert, der IT-Betrieb sieht sich ähnlichen Herausforderungen gegenüber und kann gleichermaßen von einer einheitlichen Firmenkultur profitieren. Negativ gesehen ist es jedoch nicht weit zur Betriebsblindheit – „haben wir schon immer so gemacht" darf nicht das einzige Argument sein, selbst wenn das absichtliche Ignorieren von Fakten anscheinend zur menschlichen Natur gehört [53].

Die Betriebsblindheit steht leider nicht auf dem Lehrplan der Betriebswirtschaftslehre: Vielmehr geht es um Verfahren und Techniken, das Wissen über ein Unternehmen zu vergrößern. Tatsächlich birgt aber jeder Wissensgewinn auch die Gefahr, dass anderes Wissen absichtlich oder unabsichtlich verborgen bleibt. Als Beispiel können die Kommunalen Wasserwerke Leipzig (KWL) dienen, die nach riskanten Finanzgeschäften ihrer beiden Vorstände praktisch insolvent waren. Die Beteiligten trafen sich in den Folgejahren vor diversen Gerichten wieder, eine besonders lesenswerte Entscheidung traf das oberste Gericht (Royal Courts of Justice) in Großbritannien Ende 2014 [54]. Die fragwürdigen Finanzgeschäfte mussten vom Aufsichtsrat genehmigt werden, dazu bereitete die beratende Bank (UBS) eine Präsentation vor, die die beiden Vorstände selber vorstellen wollten. In den Worten des Gerichtsurteils[9]:

> Aber anstatt der von UBS vorbereiteten Präsentation nutzte [Vorstand 1] seine eigene, hochgradig irreführende Präsentation, die er zweimal vorstellte, einmal vor dem Finanz- und Bauausschuss und einmal vor dem Aufsichtsrat. [Vorstand 2] war bei beiden Meetings anwesend. Er sagte aus, dass er sich nicht auf die Präsentation von [Vorstand 1] konzentrierte, weil er sich auf zwei folgende Agendapunkte vorbereitete [...]. Das ist nicht akzeptabel. Ich stelle fest, dass [Vorstand 2] damit einverstanden war, [Vorstand 1] die Irreführung des Aufsichtsrats zu ermöglichen.

Vielleicht ist das „Bikeshedding" aus Kap. 2.9 tatsächlich in der Realität anzutreffen. Morten Knudsen [55] nennt drei aus der Literatur bekannte Arten der (Betriebs-)Blindheit:

- Die politische Betriebsblindheit begründet sich in den Machtkämpfen innerhalb eines Unternehmens. Sie begünstigen ein Verhalten, bei dem Informationen absichtlich vor anderen versteckt werden, sei es direkt oder indirekt, indem die Prozesse und IT-Verfahren den Informationszugang beschränken.
- Die Betriebsblindheit durch Überlastung: Eine Organisation hat nur eine begrenzte Kapazität, Informationen zu verarbeiten. Wird diese Kapazität überschritten, z. B. durch zu viele Informationen, zu viele Fehlinformationen oder etwa großen Zeitdruck, muss ein Teil der vorhandenen Informationen ungesehen verworfen werden.

---

[9] Englisches Original [54] Nr. 93, gekürzt: *„However, instead of using the presentation which UBS had provided, [X] used his own highly misleading presentation, which he gave twice, once to KWL's Finance and Construction Committee, and once to the Supervisory Board itself. [Y] was present at both meetings. His evidence was that he did not concentrate on [X]'s presentation, because he was focussed on two subsequent agenda items for the Supervisory Board, in particular on one relating to an increased project budget for which he was responsible. I do not accept this. I find that [Y] was content to allow [X] to mislead the board."*

- Die sprachliche Blindheit: Informationen sehen bedeutet, dass eine Organisation sie sprachlich ausdrücken kann. Informationen, die sich z. B. nicht quantifizieren lassen, bleiben in diesem Fall automatisch unberücksichtigt, die Aggregation in Kategorien oder Quantilen legt das Augenmerk auf eine Teilmenge der Informationen und vernachlässigt alle anderen.

Ganz im Sinne von [55] kommt in [51] eine weitere Quelle für die Blindheit hinzu: Die Ignoranz, d. h. das bewusste Ignorieren vorhandener Informationen. Die Ursachen können sehr unterschiedlich sein, etwa wenn die Realität von Prozessen, Normen und Vorschriften verdrängt wird, Zeitdruck die weitere Beschäftigung mit vorhandenen Informationen verbietet oder von den Fakten abgelenkt wird.

Ein erschreckendes Beispiel zur Betriebsblindheit bietet die Herzchirurgie für Neugeborene an dem englischen Krankenhaus „Bristol Royal Infirmary" in den Jahren 1981 bis 1995 ([56, 57], auch im Weiteren).

Beispiel

In den 1980er Jahren sprachen verschiedene Gründe dafür, im Südwesten Englands die chirurgische Versorgung herzkranker Babys (jünger als ein Jahr) zu verbessern: Die Region war zu der Zeit medizinisch schlecht versorgt, lange Transportwege waren die Konsequenz. Der National Health Service entscheidet, alle regionalen Fälle an einem Krankenhaus in Bristol zu bündeln. Es entstanden zwei chirurgische Zentren in Bristol: Für Eingriffe am offenen Herzen an der British Royal Infirmary (BRI) und für Eingriffe ohne Öffnung des Brustkorbs am Bristol Children's Hospital (BCH), beide Lehrkrankenhäuser sind in unmittelbarer Nachbarschaft zueinander. Beide Krankenhäuser mussten sich gegenseitig aushelfen, die Kardiologen arbeiten nur am BCH, die Chirurgen dagegen nur an der BRI. Trotz der Bündelung aller regionalen Krankheitsfälle war die Fallzahl der BRI niedrig, sie lag etwa bei der Hälfte der jährlichen Fälle, die als Mindestanzahl für erfahrene Chirurgen angesehen wird.

Die Herzchirurgie an Babys verbesserte sich in Großbritannien in den 1980er Jahren deutlich, mit den Jahren sank das Risiko, in Folge eines Eingriffs zu sterben, auf durchschnittlich 19 % im Jahr 1990. Dagegen lag das Risiko an der BRI bei 37,5 %, also fast dem Doppelten des nationalen Durchschnitts. Zur gleichen Zeit waren am benachbarten BCH die dort vorgenommenen Eingriffe nicht riskanter als im nationalen Durchschnitt. Wenn überhaupt, erklärte die BRI die schlechten Ergebnisse mit den besonders schweren Erkrankungen – wofür es allerdings keine belastbaren Hinweise gab.

Hinweise auf Probleme an der BRI gab es immer wieder, informell zwischen Medizinern, aber auch Beschwerden beim Geschäftsführer der BRI – der sich für klinische Fragen jedoch nicht zuständig erklärte. Dennoch wurde 14 Jahre lang an der BRI operiert, mit vermutlich über 30 vermeidbaren Todesfällen. Eine derart große Abweichung von der „üblichen" Erfolgsrate hätte ohne weiteres entdeckt werden können, z. B. durch eine Auswertung der Erfolgsrate und dem Vergleich mit anderen Krankenhäusern. Daten hierzu lagen jederzeit vor, nur die richtigen Schlüsse wurden nicht gezogen. Stattdessen kam der Untersuchungsbericht zum Schluss[10]:

> Aber sie hatten nicht die geistige Haltung, eine derartige Analyse anzugehen. Sie glaubten lieber daran, dass die Dinge sich mit der Zeit verbessern würden.

Das Zitat spricht das „Prinzip Hoffnung" an. Die altbekannte Lernkurve (siehe Kap. 2.5) ist eben kein Selbstläufer. Damit sich die Ergebnisse mit zunehmender Erfahrung verbessern, müssen Organisationen und die beteiligten Menschen viel Arbeit investieren und die vorgefundenen Abläufe und Techniken immer wieder verbessern. Im Beispiel BRI blieb diese Verbesserung aus, einer der beiden Chirurgen zeigte sich gegenüber Kritik anscheinend komplett verschlossen.

Neben der Auswertung von Zahlen hätte es auch offensichtliche Verbesserungsmöglichkeiten gegeben: Die Operationssäle befanden sich im 4. Stock des Krankenhauses, die Intensivstation im 6. Stock, dies ohne dedizierten Aufzug. Wenn die Kinder anschließend noch ins benachbarte BCH verlegt wurden, mussten sie zurück ins Erdgeschoss und mit dem Krankenwagen über den Hof gefahren werden. Jede dieser Bewegungen barg offensichtlich die Gefahr, die angegriffene Gesundheit der Kinder zu verschlechtern.

Das Beispiel des britischen Kinderkrankenhauses zeigt, wie lange Betriebsblindheit bestehende Missstände verdecken kann. Beteiligt waren sowohl einzelne Personen – im Beispiel wurden die Operationen im Wesentlichen von zwei Chirurgen durchgeführt – aber auch die Art und Weise, in der die Organisation aufgebaut war. In den Worten des Untersuchungsberichts[11]:

> Soweit wir uns auf […] als Arzt beziehen, verweisen wir auf seine Unfähigkeit, sein eigenes Wirken zu reflektieren.

Die mangelnde Fähigkeit, Kritik zu üben und Kritik anzunehmen, ist in dem Beispiel ein wesentlicher Faktor dafür, dass niemand die Missstände aufzeigen und abstellen kann. Statt Ursachen zu suchen und Lösungen zu finden, werden die sichtbaren Probleme mit falschen Erklärungen zu den Akten gelegt: Jeder Einzelfall ist auf die besonderen Umstände zurückzuführen – der Überblick wird ignoriert. Zudem ist der strikt hierarchische Aufbau der medizinischen Pflege ein großes Hindernis: Für die Herzchirurgie werden funktionierende Teams benötigt – verschiedene Spezialisten (nicht nur der Chirurg) müssen zusammenarbeiten. Der Untersuchungsbericht nennt das mangelnde Teamwork, etwa

---

[10] Englisches Original [57], p. 237: „*But they did not have the mindset to undertake such analysis, preferring to believe that things would get better.*"
[11] Englisches Original [57], p. 170: „*To the extent that we are commenting on […] as a doctor, we are referring to his inability to reflect on his practice.*"

verursacht durch die gestörte Beziehung zwischen den verschiedenen Berufsgruppen als eine Ursache, die zu jedem Zeitpunkt klar gewesen sein dürfte.

4.5 Zentralisierung oder Unter-Tisch-IT?

Die gegensätzlichen Pole der Organisationsformen sind im IT-Bereich permanent in der Diskussion. Gute Argumente sprechen dafür, die IT-Organisation im Unternehmen strikt zu zentralisieren – schließlich stellen die Ausgaben für die IT einen erheblichen Anteil der Investitionskosten eines Unternehmens dar. Die zentrale IT-Organisation kann zum einen Skaleneffekte realisieren, zum anderen die Einhaltung der Prozesse und Richtlinien gewährleisten.

Was zunächst rein formal klingt, hat in der Praxis mitunter teure und schmerzhafte Konsequenzen: Beispielsweise berichtete im Jahr 2007 die Zeitschrift IEEE Spectrum [58] davon, dass sich die Auslieferung des Airbus A380 überraschend verzögerte – eine Ursache lag darin, dass die Integration der an verschiedenen Standorten entwickelten Teile erhebliche Probleme bereitete. Anscheinend blieben die Standorte in Spanien und Deutschland bei einer alten Version des CAD-Programms CATIA, während die Standorte in Frankreich und Großbritannien die Entwicklung mit der neueren Version vornahmen. Auf dem Papier waren beide Versionen kompatibel, in der Praxis ging offenbar beim Import einiges schief: Daten gingen verloren und passten nicht zueinander, mit der Konsequenz, dass die Verkabelung im A380 überarbeitet werden musste.

Der konträre Pol ist eine dezentrale IT-Organisation: Unternehmensbereiche evtl. bis hin zu Teams oder einzelnen Mitarbeitern können über ihren IT-Einsatz frei entscheiden. Eine Studie [59, 60] zeigt, dass zwischen den beiden Polen alle Abstufungen in Unternehmen anzutreffen sind. Die dezentrale IT-Organisation wird vor allem dann gewählt, wenn die Rate der Veränderung hoch ist oder ein Unternehmensanteil einen besonders wichtigen Beitrag für die Firma liefert. Mit zunehmender Größe einer Firma tendiert sie zu einer Zentralisierung, vor allem, wenn die Firma homogen aufgebaut ist. Spielt die Integration die Hauptrolle im Unternehmen, ist die zentrale IT-Organisation ebenfalls im Vorteil – für Airbus wäre es wohl die bessere Organisationsform gewesen. Das Thema „Zentralisierung oder Unter-Tisch-IT" wird uns weiter begleiten, z. B. in Kap. 8.4 als Schatten-IT und in Kap. 9.8 durch die Konkurrenz mit Projektorganisationen. Die richtige Balance ist auch beim deutschen Staat ein Thema. So greift das Konzept „IT-Steuerung Bund" die Balance zwischen Nachfrage nach IT-Leistungen und IT-Angeboten auf [61].

4.6 Management Summary

Eine IT lässt sich in praktisch jedem Unternehmen im Organisationsdiagramm als eigenständige Organisation finden. Entscheidend ist es dabei, den Unterschied zwischen der Leistung *der IT-Organisation* und der Leistung der IT *für die Organisation* nicht zu vergessen. Letzteres ist der wesentliche Beitrag – der Mehrwert – der IT für eine Firma. Die Organisationsstruktur muss entsprechend gewählt werden. Es wird sich jedoch weder vermeiden lassen, eine eigenständige IT-Organisation zu bilden (bzw. von extern zu beziehen), noch kommt die IT ohne die Mitarbeit und die Führung durch Fachleute anderer Fachbereiche aus. Aus dieser Perspektive wäre „*Organisation und Information*" die bessere Überschrift für jede IT-Abteilung und gleichzeitig eine (weitere) Kernaufgabe *jeder* modernen Firma.

Literatur

1. Royal Bank of Scotland Group PLC, 20-F filing – Annual and transition report of foreign private issuers, SEC EDGAR website, SEC Accession No. 0000950103-08-001301 (2008, 14. Mai)
2. Royal Bank of Scotland Group PLC, 20-F filing – Annual and transition report of foreign private issuers, SEC EDGAR website, SEC Accession No. 0000950103-14-003135 (2014, 30. April)
3. S.A.M. Hester, Letter from the RBS group chief executive to A. Tyrie MP, Chairman of the Treasury Committee (2012, 6. Juli), http://www.parliament.uk/documents/commons-committees/treasury/12.07.06%20Andrew%20Tyrie%20re%20IT%20systems.pdf. Zugegriffen: 24. Juni 2014
4. Northern Ireland Assembly, Committee for Enterprise, Trade and Investment, Impact of Ulster Bank systems failure on businesses and consumers: Ulster bank, Committee Minutes of Evidence (2012, 5. Juli), http://www.niassembly.gov.uk/Assembly-Business/Official-Report/Committee-Minutes-of-Evidence/Session-2011-2012/July-2012/Impact-of-Ulster-Bank-Systems-Failure-on-Businesses-and-Consumers-Ulster-Bank/. Zugegriffen: 24. Juni 2014
5. S.A.M. Hester, Letter from the RBS group chief executive to A. Tyrie MP, Chairman of the Treasury Committee (2012, 9. Juni), http://www.parliament.uk/documents/commons-committees/treasury/12.06.29%20Andrew%20Tyrie%20MP.pdf. Zugegriffen: 24. Juni 2014
6. R. McEwan, Ross McEwan's response to systems failure, RBS news (2013, 3. Dez.), http://www.rbs.com/news/2013/12/ceo-ross-mcewan-statement-on-systems-outage.html. Zugegriffen: 24. Juni 2014
7. H. Krcmar, *Informationsmanagement*, 6. Aufl. (Springer Gabler, Berlin, 2015). ISBN: 978-3-662-45863-1. doi:10.1007/978-3-662-45863-1
8. J. F. Rockart, The line takes the leadership – IS management in a wired society. Sloan. Manage. Rev. **29**(4), 57–64 (1988). ISSN: 0019-848X
9. P. Naur, B. Randell, Software engineering. Report of a conference sponsored by the NATO Science Committee, Garmisch, Germany, 7–11 Okt. 1968 (Scientific Affairs Division, NATO, Brussels, Jan. 1969)
10. J.L. McKenney, F.W. McFarlan, The information archipelago – Maps and bridges. Harv. Bus. Rev. **60**(5), 109–119 (1982). ISSN: 0017-8012
11. F.W. McFarlan, J.L. McKenney, The information archipelago – Governing the new world. Harv. Bus. Rev. **61**(4), 91–99 (1983). ISSN: 0017-8012
12. R.L. Nolan, Managing the crises in data-processing. Harv. Bus. Rev. **57**(2), 115–126 (1979). ISSN: 0017-8012
13. J. Hofmann, W. Schmidt, *Masterkurs IT-Management, Grundlagen, Umsetzung und erfolgreiche Praxis für Studenten und Praktiker*, 2. Aufl. (Vieweg+Teubner Verlag, Wiesbaden, 2010). ISBN: 978-3-8348-9387-1. doi:10.1007/978-3-8348-9387-1

14. F.W. McFarlan, J.L. McKenney, P. Pyburn, The information archipelago – Plotting a course. Harv. Bus. Rev. **61**(1), 145–156 (1983). ISSN: 0017-8012

15. G.E. Moore, Cramming more components onto integrated circuits. Electronics **38**(8), 114–117 (1965)

16. H. Mintzberg, *Mintzberg on Management: Inside Our Strange World of Organizations* (Simon and Schuster, New York, 1989). ISBN: 0-02-921371-1

17. W.H. Whyte, *The Organization Man* (University of Pennsylvania Press, Pennsylvania, 2013). ISBN: 978-0-671-54330-3

18. H. Laux, F. Liermann, *Grundlagen der Organisation, Die Steuerung von Entscheidungen als Grundproblem der Betriebswirtschaftslehre*, 6. Aufl. (Springer Science & Business, Berlin, 2005). ISBN: 978-3-540-27304-2. doi:10.1007/b138878

19. A. Martin, T. Behrends, *Organisationsstrukturen als Determinanten des Entscheidungsprozesses in mittelständischen Unternehmen*, Bd. 9 (Institut für Mittelstandsforschung, Lüneburg, 1998)

20. Parks and Recreation, Birthplace of Silicon Valley (1987, 13. Aug.), http://ohp.parks.ca.gov/ListedResources/Detail/976. Zugegriffen: 2. Sept. 2014

21. J. Mauerer, Die Geschichte von Atos und SIS (2013, 5. März), http://www.computerwoche.de/a/print/die-geschichte-von-atos-und-sis,2502087. Zugegriffen: 3. Sept. 2014

22. G. Holzwart, K. Quack, Telekom und Debis Systemhaus – nur in Defiziten vereint (2000, 7. April), http://www.computerwoche.de/a/print/telekom-und-debis-systemhaus-nur-in-defiziten-vereint,1074316. Zugegriffen: 3. Sept. 2014

23. H.-J. Schulz, *Hochseilakt – Leben und Arbeiten in der IT-Branche* (verdi – Vereinte Dienstleistungsgewerkschaft, Berlin, 2009)

24. F. Keuper, M. Häfner, C.v. Glahn, *Der M & A-Prozess, Konzepte, Ansätze und Strategien für die Pre- und Post-Phase* (Springer Gabler, Wiesbaden, 2006). ISBN: 978-3-8349-9250-5. doi:10.1007/978-3-8349-9250-5

25. R.D. Banker, N. Hu, P.A. Pavlou, J. Luftman, CIO reporting structure, strategic positioning, and firm performance. MIS. Q. **35**(2), 487–504 (2011). ISSN: 0276-7783

26. W. Göing, IT-Abteilung zum Service- und Profit-Center umwandeln. Control. Manage. **49**(2), 108–112 (2005). ISSN: 1614-1822. doi:10.1007/BF03254998

27. G.H. Watson, Peter F. Drucker: Delivering value to customers. Qual. Prog. **35**(5), 55–61 (2002). ISSN: 0033-524X

28. T. Truijens, Legenden der Profit Center Organisation. Control. Manage. **55**(3), 175–179 (2011). ISSN: 1864-5410. doi:10.1007/s12176-011-0051-5

29. S. Dressler, *Shared Services, Business Process Outsourcing und Offshoring, Die moderne Ausgestaltung des Back Office – Wege zu Kostensenkung und mehr Effizienz im Unternehmen* (Gabler Springer, Wiesbaden, 2007). ISBN: 978-3-8349-9266-6. doi:10.1007/978-3-8349-9266-6

30. M. Führing, *Risikomanagement und Personal: Management des Fluktuationsrisikos von Schlüsselpersonen aus ressourcenorientierter Perspektive* (Gabler, Wiesbaden, 2006). ISBN: 978-3-8350-9387-4. doi:10.1007/978-3-8350-9387-4

31. M. Rohloff, Advances in business process management implementation based on a maturity assessment and best practice exchange. Inf. Syst. e-Bus. Manage. **9**(3), 383–403 (2011). ISSN: 1617-9854. doi:10.1007/s10257-010-0137-1

32. C. Eppinger, F. Zeyer, *Erfolgsfaktor Rechnungswesen* (Springer Gabler, Wiesbaden, 2012). ISBN: 978-3-8349-3721-6. doi:10.1007/978-3-8349-3721-6

33. K.C. Laudon, J.P. Laudon, *Management Information Systems: Managing the Digital Firm*, 13. Aufl. (Prentice Hall New Jersey, New Jersey, 2013). ISBN: 978-0133050691

34. J. S. Brown, P. Duguid, Knowledge and organization: A social-practice perspective. Organ. Sci. **12**(2), 198–213 (2001). ISSN: 1526-5455. doi:10.1287/orsc.12.2.198.10116

35. K. R. Conner, C. K. Prahalad, A resource-based theory of the firm: Knowledge versus opportunism. Organ. Sci. **7**(5), 477–501 (1996) ISSN: 1047-7039. doi:10.1287/orsc.7.5.477

36. G. Span, The Great Union Pacific Railroad service meltdown (2004, 5. Juni), http://www.baycrossings.com/Archives/2004/05_June/the_great_union_pacific_railroad_meltdown.htm. Zugegriffen: 11. Sept. 2014

37. P.J. Longman, Blood on the tracks. U.S. News. World. Rep. **123**(16), 52–57 (1997). ISSN: 0041-5537

38. M. Klein, *Union Pacific: The Reconfiguration: America's Greatest Railroad from 1969 to the Present* (Oxford University Press, Oxford, 2011). ISBN: 978-0-19-536989-2

39. J.L. Eveleens, C. Verhoef, The rise and fall of the CHAOS report figures. IEEE. Softw. **27**(1), 30–36 (2010). doi:10.1109/MS.2009.154

40. W. Humphrey, Characterizing the software process: A maturity framework. IEEE. Softw. **5**(2), 73–79 (1988). ISSN: 0740-7459. doi:10.1109/52.2014

41. J. Becker, R. Knackstedt, J. Pöppelbuß, Entwicklung von Reifegradmodellen für das IT-Management. Wirtschaftsinformatik. **51**(3), 249–260 (2009). ISSN: 1861-8936. doi:10.1007/s11576-009-0167-9

42. ISO/IEC JTC 1/SC 7, ISO/IEC TR 15504-7:2008 Information technology – Process assessment – Part 7: Assessment of organizational maturity (Beuth Verlag, Berlin, 2008, 15. Dez.)

43. R.L. Nolan, Managing the computer resource: A stage hypothesis. Commun. ACM. **16**(7), 399–405 (1973). ISSN: 0001-0782. doi:10.1145/362280.362284

44. L. Shustek, MacPaint and QuickDraw Source Code (2010), http://www.computerhistory.org/atchm/macpaint-and-quickdraw-source-code/. Zugegriffen: 11. Sept. 2014

45. M. Marrone, L.M. Kolbe, Einfluss von IT-Service-Management-Frameworks auf die IT-Organisation. Wirtschaftsinformatik **53**(1), 5–19 (2011). ISSN: 0937-6429. doi:10.1007/s11576-010-0257-8

46. A. Breiter, A. Fischer, *Implementierung von IT-Service-Management, Erfolgsfaktoren aus nationalen und internationalen Fallstudien* (Springer, Berlin, 2011). ISBN: 978-3-642-18477-2. doi:10.1007/978-3-642-18477-2

47. G. Disterer, Zertifizierung der IT nach ISO 20000. Wirtschaftsinformatik **51**(6), 530–534 (2009). ISSN: 0937-6429. doi:10.1007/s11576-009-0198-2

48. K. E. Weick, Organizational culture as a source of high reliability. Calif. Manage. Rev. **29**(2), 112–127 (1987) ISSN: 0008-1256. doi:10.2307/41165243

49. R. Gulati, C. Casto, C. Krontiris, How the other Fukushima plant survived. Harv. Bus. Rev. **92**(7/8), 111–115 (2014). ISSN: 0017-8012

50. A. Ramzy, TransAsia pilot acknowledged cutting wrong engine, crash report says. The New York Times (2015, Juli), http://www.nytimes.com/2015/07/03/world/asia/transasia-pilot-acknowledged-cutting-wrong-engine-crash-report-says.html?_r=0. Zugegriffen: 29. Juli 2015. ISSN: 0362-4331

51. S. Liu, ASC releases factual data report of GE 235 occurence (2015, Juli), http://www.asc.gov.tw/main_en/docDetail.aspx?uid=318&pid=318&docid=701. Zugegriffen: 29. Juli 2015

52. Committee on science and technology, House of Representatives, ninety-ninth congress, second session, Investigation of the Challenger Accident (1986, Okt.)

53. W.E. Moore, M.M. Tumin, Some social functions of ignorance. Engl. Am. Sociol. Rev. **14**(6), 787–795 (1949). ISSN: 0003-1224

54. High Court of Justice, Queen's bench division, commercial court, *UBS AG (London Branch) & Anor v Kommunale Wasserwerke Leipzig GMBH [2014] EWHC 3615 (Comm)* (2014), http://www.bailii.org/ew/cases/EWHC/Comm/2014/3615.html. Zugegriffen: 4. Nov. 2014

55. M. Knudsen, Forms of inattentiveness: The production of blindness in the development of a technology for the observation of quality in health services. Organ. Stud. **32**(7), 963–989 (2011). doi:10.1177/0170840611410827

56. K.E. Weick, K.M. Sutcliffe, Hospitals as culture of entrapment. Calif. Manage. Rev. **45**(2), 73–84 (2003). doi:10.2307/41166166
57. G. M. Teasdale, Learning from Bristol: Report of the public inquiry into children's heart surgery at Bristol Royal Infirmary 1984–1995. Br. J. Neurosurg. **16**(3), 211–216 (2002). doi:10.1080/02688690220148815
58. A. Hellemans, Manufacturing mayday. IEEE. Spectr. **44**(1), 10–13 (2007). ISSN: 0018-9235
59. K. McElheran, Decentralization versus centralization in IT governance. Commun. ACM. **55**(11), 28–30 (2012). ISSN: 0001-0782. doi:10.1145/2366316.2366326
60. K. McElheran, Delegation in multi-establishment firms: Evidence from IT purchasing. J. Econ. Manage. Strateg. **23**(2), 225–258 (2014). ISSN: 1530-9134. doi:10.1111/jems.12054
61. Bundesministerium des Inneren und Bundesministerium der Finanzen, *IT-Steuerung Bund* (2007), http://www.cio.bund.de/SharedDocs/Publikationen/DE/Bundesbeauftragte-fuer-Informationstechnik/konzept_it_steuerung_bund_download.pdf;jsessionid=ABA2948AE4A2604E D1D58E06A5165569.2_cid289?__blob=publicationFile. Zugegriffen: 8. Juli 2014
62. Northern Ireland Assembly, Committee for Enterprise, Trade and Investment, Ulster bank: Impact of systems failure on businesses and consumers, Committee Minutes of Evidence (2012, 11. Okt.), http://www.niassembly.gov.uk/Assembly-Business/Official-Report/Committee-Minutes-of-Evidence/Session-2012-2013/October-2012/Ulster-Bank-Impact-of-Systems-Failure-on-Businesses-and-Consumers/. Zugegriffen: 24. Juni 2014

Die Dokumentations- und Rollen-Sicht 5

5.1 Beispiel: General Motors und die Airbags

General Motors: Rückrufaktion aufgrund fehlerhafter Zündschlösser

Zwischen Januar und März 2014 entschloss sich General Motors (GM) ca. 2,6 Mio. Autos wegen fehlerhafter Zündschlösser zurückzurufen. Diese Zündschlösser waren dafür verantwortlich, dass in manchen Fällen von Frontalkollisionen die Airbags nicht auslösten, wodurch auch Menschen starben. Die Kosten für die Rückrufaktion lagen bei geschätzten 106 Mio. US$ ([1], auch im Weiteren).

Doch auch nach März musste die Rückrufaktion noch beträchtlich ausgeweitet werden. Mitte des Jahres 2014 waren ca. 28 Mio. Fahrzeugen zurückgerufen worden, mit Kosten im Milliardenbereich [2]. Mitte des Jahres 2015 hatte der GM-Beauftragte, der mit der Abwicklung von Ansprüchen der Unfallopfer gegenüber GM befasst war, mehr als 4300 Anträge erhalten. Von diesen bezogen sich fast 500 Anträge auf Todesfälle (davon mindestens 114 anspruchsberechtigt) und über 3800 Anträge auf schwere oder leichte Verletzungen. Mindestens 343 dieser Anträge waren auch tatsächlich anspruchsberechtigt (während einige der Anträge noch geprüft wurden) [3].

Die Reputation von General Motors hatte erheblichen Schaden genommen. Wie konnte es soweit kommen?

General Motors entwickelte ab 1997 ein neues Zündschloss für die Verwendung in verschiedenen Fahrzeugplattformen und vergab den Auftrag für den Bau an eine Firma, die im Jahr 2001 von Delphi Mechatronics („Delphi") übernommen wurde.

Die Spezifikation für das Zündschloss forderte ein Mindestdrehmoment von 20 N cm, um den Schlüssel aus einer „An"-Position in die „Zündschlossstellung 1"-Position zurückzubewegen. Das gelieferte Zündschloss hatte jedoch ein Mindestdrehmoment von lediglich 4 bis 11 N cm. Es wurde dennoch vom zuständigen Ingenieur im Jahr

© Springer-Verlag Berlin Heidelberg 2016
B. Pfitzinger, T. Jestädt, *IT-Betrieb*, Xpert.press, DOI 10.1007/978-3-642-45193-5_5

2002 für die Produktion freigegeben.[1] Dies wurde aber nicht so dokumentiert und kommuniziert, dass die Information über das geringere Drehmoment in der Firma verbreitet und bewusst war. *„Ein ... Versagen war die Entscheidung eines einzelnen Ingenieurs (der diese Entscheidung auch nicht weiter kommunizierte) ein Zündschloss in dem Wissen freizugeben, dass es die Spezifikation von GM nicht erfüllte.“* Das Versäumnis, solche Freigaben zu dokumentieren und nachzuverfolgen, behinderte die Ermittler in den folgenden Jahren.[2]

Im Herbst 2002 startete die Produktion der mit diesem Zündschloss ausgestatteten Fahrzeuge (ein neues Ion-Modell und später ein neues Cobalt-Modell). Schon früh danach gab es Kundenbeschwerden und auch Berichte von GM-Mitarbeitern über Zündschlösser, die ihre Schließposition beispielsweise durch einen Kniekontakt geändert hatten. Dadurch konnte während einer Fahrt das Auto unbeabsichtigt zum Stillstand kommen.

Entsprechende Meldungen wurden von GM-Mitarbeitern zwar verfolgt, jedoch nicht als sicherheitsrelevant angesehen. Warum? Man konnte ja ein ausgegangenes Auto immer noch sicher an den Rand der Straße fahren, so der Gedanke. Keinem der Entscheider war gegenwärtig, dass ein Schloss außerhalb der „An“-Position gleichzeitig den Airbag ausschaltete: Airbags funktionierten ausschließlich, wenn das Schloss in der An-Position war. Ihr mangelndes Verständnis darüber, wie Zündschloss und Airbag zusammenspielten, war ein wesentlicher Faktor bei dem Versagen, die Probleme mit den Zündschlössern zeitig zu beheben.[3] Im November 2004 wurde der ganze Vorgang von einem GM-internen Gremium geschlossen. *„Die Interviews zeigten, dass es eine beunruhigende Verleugnung von Verantwortung durch einen Wildwuchs an Gremien gab. Dies ist ein Beispiel für etwas, was Zeugen den ‚GM-Gruß‘ nannten: verschränkte Arme, die nach außen zu anderen zeigen und damit die Verantwortung auf jemand anderen schoben. In diesem Fall hatte ein Gremium die ‚Verantwortung‘, so dass keine einzelne Person rechenschaftspflichtig war.“*[4] Auch diesem Gremium war nicht klar, dass es sich um einen Sicherheitsvorfall handelte.

---

[1] Gekürzt, englisches Original [1]: *„Another failure was the decision – by a single engineer who did not advise others of his decision – to accept an Ignition Switch with full knowledge that it fell well below GM's own specifications.“*

[2] Nach dem englischen Original [1]: *„The failure to document and track such authorizations impeded investigators in future years.“*

[3] Nach dem englischen Original [1]: *„Their failure to understand how the Ignition Switch interacted with the airbags, a part of the car for which they did not have oversight or responsibility, was a significant factor in the failure to resolve the switch problems in a timely fashion.“*

[4] Englisches Original [1]: *„The interviews here showed a troubling disavowal of responsibility made possible by a proliferation of committees. It is an example of what witnesses called the „GM salute,“ a crossing of the arms and pointing outward towards others, indicating that the responsibility belongs to someone else. Here, because a committee was „responsible,“ no single person bore responsibility or was individually accountable.“*

Es gab weitere Beschwerden und Pressemeldungen über Autos, die durch das Knie aus Versehen ausgeschaltet wurden. Schließlich schaltete sich die „Product Investigation"-Abteilung ein, die auch für Sicherheitsaspekte zuständig war. Die weitere Untersuchung führte auch hier nicht zu einer Betrachtung des Szenarios, das in den folgenden Jahren mehrmals vorkam: Autofahrern, bei denen sich in einer Offroad-Situation der Schlüssel ungewollt in die „Zündschlossposition 1" bewegte und damit den Airbag ausschaltete – und dies kurz vor einem Unfall, wenn also der Airbag eigentlich benötigt würde.

Im Jahr 2006 wurde das Zündschloss von Delphi auf Initiative des zuständigen GM-Ingenieurs geändert, so dass es nun ein höheres Drehmoment benötigte, um den Motor auszuschalten.[5] Diese mechanische Änderung wurde jedoch nicht ausreichend dokumentiert, die Teilenummer des Zündschlosses wurde – entgegen der GM-Vorgaben – nicht geändert. Während das neue Zündschloss das Problem in neuen Autos löste, trat es weiterhin in den bereits produzierten Autos auf.

Als sich immer neue Unfälle mit den Autos, die mit dem alten Schloss ausgestattet waren, ereigneten, kam es zu weiteren Untersuchungen möglicher Ursachen. Autos bis ca. 2007 traten bei diesen Unfällen häufig auf, ab 2007 produzierte Autos waren nicht mehr in derartige Unfälle verwickelt. Bei der Suche nach der Ursache hatte die Weiterverwendung der alten Teilenummer fatale Wirkung: Die Problem-Manager, die die Angelegenheit untersuchten, dachten, dass sich die Schlösser nicht geändert hätten und schlossen deswegen voreilig diese Schlösser als Ursache für die Unfälle aus.

Die Reihe von Unfällen, bei den sich der Airbag aus unerklärlichen Ursachen nicht öffnete, setzte sich fort und teilweise wurden Klagen gegen GM außergerichtlich geregelt und beigelegt. Außerhalb von GM gab es ebenfalls Untersuchungen (beispielsweise der Indiana University), die zu den korrekten Schlussfolgerungen kamen. Diese wurden von GM jedoch nicht beachtet. Die Untersuchungen innerhalb von GM kamen nicht voran. Dafür gab es verschiedene Ursachen.

Eine dieser Ursachen war die genannte unzureichende Dokumentation und Kenntlichmachung der Änderungen an den Zündschlössern im Jahr 2006. Erst im Jahr 2013 wurde GM der Zusammenhang zwischen den Airbags, die sich nicht öffneten und den Zündschlössern, die nicht spezifikationskonform waren, so klar, dass im Jahr 2014 mehrere Rückrufaktionen folgten. Anlass für diese Einsicht war ein Experte, der für einen Klägeranwalt arbeitete und der sich die Mühe gemacht hatte, Zündschlösser älteren und neueren Datums genauer zu vergleichen. Er hatte festgestellt, dass diese Zündschlösser unterschiedlich gebaut waren.

„Während der gesamten 11-jährigen Odyssee gab es bis ganz zum Schluss keinen erkennbaren Handlungsdruck."[6]

---

[5] Nach dem englischen Original [1]: „*the same GM engineer ... authorized a change in the Ignition Switch in 2006 that increased the torque required to turn the key. He addressed the defect, but by not changing the part number and not telling anyone that the part has been redesigned, he effectively concealed the fact that the change had been made.*"

[6] Englisches Original [1]: „*Throughout the entire 11-year odyssey, there was no demonstrated sense of urgency, right to the very end.*"

In dem vorangehenden Beispiel gibt es mehrere Punkte, die bemerkenswert sind:

- *„Hätten die Mitarbeiter, die für die Sicherheit zuständig waren, verstanden, wie ihre Fahrzeuge konstruiert waren, hätten sie die sicherheitsrelevanten Themen schneller gelöst."*[7] Es gab bei GM auch keine wirksame Methode, die sicherstellte, dass Themen in einem Teil des Fahrzeuges, die Auswirkungen auf andere Teile des Fahrzeuges haben könnten, identifiziert und adäquat betrachtet wurden.
- Verantwortung wurde auf Gremien delegiert. *„Es war ein Musterbeispiel dafür, was ein Top-Manager als ‚GM Nicken' bezeichnete: Jeder nickte zustimmend zu einem vorgeschlagenen Maßnahmenplan, verließ dann aber den Raum und tat nichts"*[8].
- *„Während der Untersuchung wurden die Prüfer irregeführt, und zwar von dem GM Ingenieur, der das ursprüngliche Zündschloss, das gegen die Spezifikation verstieß, freigegeben hatte. Er hatte dieses Zündschloss geändert, um das Problem in den späteren Cobalt-Modellen zu beheben, dokumentierte dies aber nicht, sagte es niemanden und behauptete, sich nicht an diese Änderung zu erinnern"*[9]. Ob er sich daran erinnerte oder nicht ist letztlich zweitrangig (alleine Erinnerungen einer einzelnen Person wären sowieso eine schlechte Grundlage für Management-Entscheidungen). Dass die Änderungen aber nicht ausreichend dokumentiert waren, ist ein echtes Problem.
- Dieser Ingenieur verletzte zwar das GM Regelwerk – aber er kam damit auch durch: GM hatte kein Kontrollsystem, das solche Fehlleistungen hätte überprüfen oder korrigieren können.[10]

Interessant ist insbesondere diese Mischung aus Versagen von Einzelpersonen und Versagen der Organisation, die nicht so aufgebaut war, dass sie dieses Einzelversagen verhinderte oder abmilderte. Entsprechend beschäftigt sich eine ganze Reihe der Empfehlungen aus der GM-Untersuchung [1] mit Fragen der Dokumentation.

Adäquate Dokumentation ist also wichtig – nicht nur im Autobau. Inadäquate Dokumentation kann geschäftsschädigend und im schlimmsten Fall sogar lebensbedrohlich sein. Detaillierte Dokumentation mag zwar manchmal als formal und damit als überflüssig angesehen werden. Aber auch formale Aspekte spielen insbesondere im IT-Betrieb eine

---

[7] Englisches Original [1]: *„Had the engineers and business people who were charged with ensuring the safety of these vehicles understood how this automobile was constructed, they would have resolved the safety issue more quickly."*

[8] Englisches Original [1]: *„It was an example of what one top executive described as the ‚GM nod,' when everyone nods in agreement to a proposed plan of action, but then leaves the room and does nothing."*[1].

[9] Englisches Original [1]: *„Along the way, the investigators were misled by the GM engineer who approved the below-specification switch in the first place; he had actually changed the ignition switch to solve the problem in later model years of the Cobalt, but failed to document it, told no one, and claimed to remember nothing about the change."*

[10] Englisches Original [1]: *„...GM also failed to have in place an oversight system sufficient to ensure such decisions were reviewed and the correct decisions made."*

wichtige Rolle. In diesem Kapitel werden wir nun wichtige formale Sichtweisen auf den IT-Betrieb vorstellen: zum einen die Dokumentationssicht und zum anderen – eng damit verbunden – die Rollensicht.

▶   Dokumentation ist kein Selbstzweck. Sie sollte vielmehr Ausdruck dessen sein, dass über bestimmte Themen im IT-Betrieb nachgedacht wurde.
   Wenn Dokumente erstellt werden, ohne dass vorher in der IT-Organisation nachgedacht wurde – womöglich sogar geschrieben von betriebsfremden Personen – dann sind diese vielleicht brauchbar, um bestimmte Zertifizierungen zu erhalten. Ein wirklicher Mehrwert wird dann aber für das Unternehmen in der Regel nicht geschaffen.

In Abschn. 5.2 beschreiben wir, warum man dokumentiert, welche Arten von Dokumentation es gibt, wie man dokumentiert, wer dokumentiert und was Anforderungen an eine IT-Dokumentation sind. Wir beschränken uns hier wieder auf Dokumentation im IT-Betrieb und lassen Dokumentation aus IT-Projekten außer Acht. Jedoch hat auch ein IT-Betrieb Anforderungen an die Dokumentation aus IT-Projekten, nämlich Liefergegenstände aus einer IT-Entwicklung, die im Betrieb für angemessene Betriebsunterstützung benötigt werden.

In Abschn. 5.3 sprechen wir über IT-Governance und IT-Strategie und deren Verhältnis zueinander.

In Abschn. 5.4 stellen wir einen *möglichen* Musteraufbau der IT-Dokumentation vor. Natürlich muss ein solcher Aufbau immer an die konkreten Bedürfnisse eines Unternehmens angepasst werden – ein Musteraufbau kann dabei als Ideengeber, als Checkliste und als Leitfaden wirken. Wir zeigen auch einige der Dokumente und deren detaillierte Inhalte.

Separat zu betrachtende und gewichtigere IT-Dokumente stellen wir in eigenen Abschnitten vor: das Betriebskonzept in Abschn. 5.5, die Systemdokumentation in Abschn. 5.5.4.

Das Betriebskonzept (Abschn. 5.5) ist eine wichtige Dokumentation darüber, wie Betrieb gemacht und organisiert wird. Hier erklärt sich der IT-Betrieb selber, wie er funktioniert. Solch ein Dokument kann auch im Außenverhältnis genutzt werden, um *anderen* zu erklären oder nachzuweisen, wie der IT-Betrieb funktioniert. Dies kann z. B. im Rahmen von Zertifizierungen, bei Betriebsübergängen oder bei der Teilnahme an Ausschreibungen notwendig sein. Im schlechtesten Fall ist das Betriebskonzept ein Dokument, das einmal geschrieben wird und dann in einer Schublade verschwindet. Aktualisiert wird es dann nur noch, wenn beispielsweise eine Zertifizierung oder eine Neuausschreibung von Betriebsleistungen ansteht. Idealerweise ist es aber eine oft genutzte und damit nützliche Referenz der Betriebsmitarbeiter, die deswegen auch permanent aktuell gehalten wird. Die Größe eines solchen Betriebskonzeptes muss sich an der Größe der zu unterstützenden Aufgabe orientieren. Ein IT-Betrieb mit zwei Mitarbeitern hat einen anderen Dokumentations-Bedarf als ein IT-Betrieb mit 200 Mitarbeitern. Doch selbst ein Ein-Mann-Betrieb benötigt für den dauerhaften IT-Betrieb eine Dokumentation: Denn diese hat neben der Aufgabe des personenübergreifenden Wissenstransfers auch die Funktion der Wissensspeicherung. Der letzte Punkt ist unabhängig davon, wie viele Personen am Wissen – das teilweise über Monate oder Jahre ungenutzt ist, bevor es wieder benötigt wird – beteiligt werden müssen. Nur wenige Personen sind in der Lage, sich nach Monaten an technische Details zuverlässig (und zu beliebigen Uhrzeiten) zu erinnern.

In Abschn. 5.5.4 geben wir einen Überblick über eine Systemdokumentation: hier wird eine Mischung aus einer System- und Geschäftssicht auf die IT-Systeme vorgenommen. Der IT-Betrieb weiß idealerweise, welche Geschäftsprozesse er mit welchen IT-Systemen auf welche Art und Weise unterstützt und wie die dazugehörigen Datenflüsse sind. Die mögliche Spannweite der Systemdokumentation ist weit und reicht bis hin zum Einschluss des datenschutzrechtlich relevanten Verfahrensverzeichnisses.

Weitere Dokumentation – insbesondere die Königin der Dokumente, die Checkliste – behandeln wir in Abschn. 5.6.

Auf Rollen und Berechtigungen im Zusammenhang mit IT werden wir in Abschn. 5.7 eingehen – dies ist nicht nur bei der Erstellung eines Rollen- und Rechtekonzeptes relevant, sondern auch für das Verständnis von Rollen in Prozessmodellen wie ITIL.

5.2 Dokumentation – wie, was und warum?

Zunächst einmal steht die Frage im Vordergrund, welche Arten von Dokumentation es im IT-Betrieb gibt. Die Beantwortung dieser Frage kann dann bei der Beantwortung der detaillierteren Fragen „wie", „was" und „warum" helfen.

5.2.1 Arten von Dokumentation

Bei den Arten von Dokumentation unterscheiden wir in einem ersten Schritt zwischen

- **Aufzeichnungen** (englisch „Records"), die nach einer Erstellung unveränderlich sind und
- **Dokumenten**, die nach der Erstellung grundsätzlich veränderbar sind.

Diese werden nachfolgend genauer erklärt.

Im Folgenden verwenden wir den Begriff Dokumentation als Oberbegriff für Dokumente und Aufzeichnungen.

Aufzeichnungen

Aufzeichnungen sind Dokumentationen, die nicht mehr geändert werden, wenn sie einmal erstellt sind. Dies können auch solche sein, die historisiert werden oder bei denen Ergänzungen (aber keine Löschungen) möglich sind. Dazu gehören beispielsweise

- Logfiles von IT-Systemen,
- Änderungs-Dokumentation aus dem IT-Change-Management,
- Aufzeichnungen aus anderen (ITIL-)Prozessen,
- Dokumentation aus der Configuration Management Datenbank (CMDB),
- Berichte, Memos und Protokolle (jeweils in der finalen Version),
- Systemprotokolle über Systemzugriffe und -aktionen,
- Finanz-Buchungen

Solche Dokumentation ist oft hilfreich dabei, frühere Entscheidungen, Handlungen oder technische Zustände nachzuvollziehen und Themen nachzuverfolgen. Sie kann aber auch dabei unterstützen, technische Sachverhalte, insbesondere bei Incident- oder Problem-Bearbeitungen, zu klären.

Dokumente
Dokumente sind veränderbar und haben weitere Eigenschaften. Sie müssen gelenkt werden (d. h. Dokumente müssen in einem definierten, nachvollziehbaren Stand verfügbar gemacht werden, insbesondere wenn die Norm ISO 9001 erfüllt werden soll), sie werden qualitätsgesichert, sie sind versioniert und sie sind zu einem bestimmten Zeitpunkt gültig oder nicht gültig. Beispiele für Dokumente sind:

- **Technische Dokumente und Prozess-Dokumente**: Technische Dokumente sind ggf. schon gegenüber einer Systementwicklung als Anforderung zu beschreiben, damit der Betrieb diese zusammen mit der Software als Lieferleistung erhält – Beispiele sind Installationsanleitungen (inklusive Installationsvoraussetzungen), Administrationsanleitungen oder Backup- und Recovery-Dokumente. Bereits 1970 betonte Royce [4] in seinem Klassiker zum Wasserfallmodell: *„How much documentation? [...] quite a lot"*. Solche Dokumente können natürlich auch Bestandteil eines Standard-Softwareproduktes sein. Technische Dokumente können aber auch im Zusammenspiel zwischen einer Entwicklung und dem IT-Betrieb oder aber auch vom IT-Betrieb alleine zu erstellen sein – Beispiele hierfür sind Wiederanlaufanleitungen für die IT nach einem Stromausfall (sofern dieser nicht abgepuffert war). Oder beispielsweise systemübergreifende Backup- und Restore-Dokumente – also Anleitungen dafür, nicht nur *ein einzelnes* System zu sichern und wiederherzustellen, sondern eine konsistente Sicherung über verschiedene Systeme mit wechselseitigen Datenflüssen zu machen und diese im Notfall auch konsistent wiederherzustellen. Der IT-Betrieb schreibt in der Regel ebenfalls für sich selbst Anweisungen, wie bestimmte technische Operationen auszuführen sind (Standard Operating Procedures, „SOPs")
- **Anwender-Dokumente**: Diese beschreiben für einen Anwender, wie sein System funktioniert – oder wie er bestimmte Ergebnisse damit erzielt; auch wenn IT-Anwendungen und Apps vernünftigerweise mehr und mehr selbstbeschreibend werden und intuitiver zu bedienen sind, werden bei komplexen Systemen und bei Legacy-Systemen Anwender-Dokumente weiterhin eine relevante Rolle spielen. Es kann sich bei Anwender-Dokumenten

auch um generelle und übergreifende Anweisungen an Endanwender für den Umgang mit IT-Systemen (beispielsweise eine Email-Richtlinie) handeln.

• **Sicherheits-Dokumente**: Diese beschreiben sicherheitsrelevante Fragestellungen – dies kann beispielsweise ein systemübergreifendes Sicherheitskonzept sein. Sicherheits-Dokumente spielen eine besondere Rolle. Einerseits sind sie hochbedeutsam für einen sicheren Betrieb. Andererseits gibt es typischerweise starke Restriktionen bezüglich ihrer Verfügbarkeit. Nur ausgewählte Personen dürfen überhaupt sicherheitsrelevante Dokumente lesen.

5.2.2   Dokumentation – wie?

Dokumente und Aufzeichnungen können innerhalb von Software-Tools, als Wiki-Einträge und auch auf andere Arten, elektronisch erstellt werden. Typische Werkzeuge bei der Erstellung von Dokumentationen sind Standard-Textverarbeitungsprogramme wie Microsoft Word. Es wird aber auch oft, insbesondere für listenartige Dokumentationen, Microsoft Excel verwendet. Logfile-Ausgaben kommen oft als txt-Files oder in proprietären Formaten vor. Für Netzplanungen und andere graphisch zu unterstützende Dokumentation ist ein Programm wie Microsoft Visio nicht ungewöhnlich. Natürlich werden auch, vor allem im Non-Microsoft-Umfeld, entsprechende Pendants aus der Open Office-Welt wie beispielsweise LibreOffice oder StarOffice verwendet.

Dokumentation muss verfügbar und auffindbar sein – dies gilt insbesondere bei einer Notfall-Dokumentation, und zwar auch dann, wenn IT-Systeme nicht funktionieren. Notfalldokumente, die lediglich elektronisch auf einem bestimmten Fileverzeichnis verfügbar wären, könnte man bei einem Ausfall genau dieses Fileverzeichnisses nicht lesen. Deshalb ist es für Notfall-Dokumentation zwingend notwendig, sie so bereitzustellen, dass sie für einen Zugriff keine Systeme benötigen, die von einem Notfall (beispielsweise Stromausfall, Brandschaden, Hochwasser, kriminelle Eingriffe, oder ähnliches) bedroht sein könnten. „Ausgedruckt und abgeheftet in einem Aktenordner" ist deswegen bei Notfalldokumentation nicht unüblich – kaum ein Einbrecher macht sich die Mühe, Aktenordner wegzuschleppen. Auch durch elektronische Hinterlegung an einem Ausweichstandort oder ähnliche Maßnahmen ist es möglich, eine Verfügbarkeit auch im Notfall zu gewährleisten.

Insbesondere für das Lesen (nicht Erstellen) von Dokumentation ist eine Bereitstellung in einem Standard-Leseformat wie pdf gängig. Bestimmte Informationen – insbesondere im Bereich der Verwaltung von IT-Systemen – können auch in einfachen Text-Files bereitgestellt werden oder Dokumentation Datenbank-basiert sein (insbesondere Logfiles). Proprietäre Formate sind nicht vorbehaltlos zu empfehlen, können aber natürlich auch eingesetzt werden.

Bereitgestellt werden kann elektronisch Dokumentation in einem hierarchischen Filesystem oder auch in einem flachen Filesystem mit guter Suchfunktion. Auch hier sind natürlich Berechtigungsfragen (wer darf welche Dokumente sehen und ändern) zu klären und zu berücksichtigen. Dokumentation muss auf den Schutzbedarf der enthaltenen Information hin bewertet und entsprechend geschützt werden[11].

Eine weitere technische Unterstützung kann beispielsweise durch SharePoint Services oder vergleichbare Softwareprodukte erfolgen. Hier ist insbesondere von Vorteil, dass nicht nur die Aufbewahrungsart gelöst ist, sondern auch eine Aufbewahrungsdauer und Überarbeitungsfristen gepflegt werden können – der Beginn einer Dokumentenlenkung.

Eine in manchen Anwendungsbereichen reizvolle Lösung sind Dokumente, die auf Knopfdruck aus Programmcode generiert werden können – die Dokumentation ist also direkt in eine Applikation eingewoben und mit ihr fest verbunden. Dies hat bei der Pflege solcher Applikationen den Vorteil, dass allen Beteiligten – insbesondere Entwicklern – klar ist, dass Dokumentation zwingend ein Teil von zu entwickelnden Applikationen ist.

5.2.3 Wirkungen von Dokumentation

Dokumentation wirkt auf die Organisation und auf Arbeitsabläufe – und diese Wirkungen sind natürlich der Grund, warum man dokumentiert. Wer welche Wirkungen haben möchte, wird im nächsten Abschn. 5.2.4 behandelt. Aber zunächst stellen wir die wichtigsten Wirkungen von Dokumentation zusammen.

Positive Wirkungen von Dokumentation
Im Folgenden sind positive Wirkungen von Dokumentation aufgezählt.

- **Kontinuität**: Dokumentation eröffnet die Möglichkeit, Wissen über Sachverhalte zu speichern, und zwar personenunabhängig (d. h. verschiedenen Personen ist Wissen und Informationen zugänglich) und zeitunabhängig (d. h. Wissen und Informationen können unabhängig von fehlbaren Erinnerungen über kurze oder lange Zeiträume erhalten werden). Dies kann dabei unterstützen, dauerhaft und personenunabhängig gleichartige Qualität bei gleichartigen Aufgaben, Arbeiten, Prozessen oder Vorgängen zu erzielen. Prozesse sollen immer *verlässlich* gleich gut ablaufen.
- **Nachvollziehbarkeit und Nachweisbarkeit**: Dokumentation ermöglicht, Sachverhalte nachzuvollziehen und nachzuverfolgen. Dies kann sich beispielsweise auf Freigaben von bestimmten Änderungstätigkeiten an IT-Systemen oder Arbeitsaufträge in einer Besprechung beziehen. Es ist aber auch möglich, einen Nachweis darüber zu führen, dass bestimmte Regeln im IT-Betrieb vorhanden sind und eingehalten werden.
- **Kommunikation**: Dokumentation kann auch kommunikativ wirken (beispielsweise ein Protokoll von einer Besprechung, das an Nichtteilnehmer verteilt wird oder aber die Dokumentation über genehmigte IT-Änderungen, die als Information an mögliche Interessierte verteilt wird).

---

[11] Das berühmte Passwort auf der Unterseite der Tastatur hat in Dokumenten natürlich auch nichts zu suchen.

- **Planungs-Hilfe**: Durch Dokumentation ist erst eine Planung von komplexeren betrieblichen Tätigkeiten möglich. Arbeitsabläufe (seien sie einmalig oder wiederkehrend), die aus mehreren hundert Schritten bestehen, sind gar nicht mehr planbar ohne sie dokumentativ festzuhalten. Diese Wirkung ist verwandt mit der „proaktiven Fehlervermeidung", dem nächsten Punkt.
- **Proaktive Fehlervermeidung**: Der Zwang zur Dokumentation kann geradezu einen Zwang zum Nachdenken über betriebliche Operationen bewirken: Was genau soll gemacht werden, wer soll es machen, was soll gemacht werden. Schwächen können sich bei einer dokumentierten Planung bemerkbar machen. In diesem Sinne ist Dokumentation Unterstützung bei der Eigenkommunikation und Selbstreflektion: Warum mache ich das, was ich mache? Warum mache ich es genau so, wie ich es mache?
- **Reaktive Fehlervermeidung**: Wenn Fehler und Probleme genau dokumentiert werden, bildet dies die Grundlage für eine gründliche Analyse. Schwächen können erkannt und Verbesserungsmaßnahmen festgehalten werden. Die meisten Aufgaben im Problem-Management sind ohne eine solche Dokumentation nicht denkbar.
- **Analysegrundlage**: Durch Dokumentation – oft Aufzeichnungen – können sowohl IT-Aufgaben als auch Fachabteilungen durch Analysen unterstützt werden (z. B. technische Analysen oder auch Analysen zu Nutzerverhalten).

Negative Wirkungen von Dokumentation

Es gibt natürlich nicht nur positive Wirkungen von Dokumentation, sondern auch unerwünschte. Dazu gehören:

- **Ressourceneinsatz**: Für die Ersterstellung und die regelmäßige Aktualisierung von Dokumentation innerhalb des Dokumentationsprozesses müssen Ressourcen eingesetzt werden. Durch adäquaten Einsatz von Hilfsmitteln kann dieser Ressourceneinsatz reduziert, aber nicht komplett vermieden werden. Es ist daher auf eine geeignete Detailtiefe von Dokumentation zu achten. Zu große Detailtiefe bedeutet, dass ein zu großer Umfang bei einer Aktualisierung betrachtet (oder auch tatsächlich verändert) werden muss.
- **Nichtaktuelle Dokumentation**: Es besteht die Möglichkeit, dass Dokumentation nicht aktuell ist. Dies entweder aus einem Aktualisierungs-Versäumnis (nicht eingehaltene Aktualisierungsintervalle, Missachtung von sonstigen Auslösern von Aktualisierung) oder aus dem Fehler, obsolete Dokumentation nicht aus dem Verkehr zu ziehen. Dies birgt die Gefahr, dass man auf Grundlage vermeintlich akkurater Information falsche Entscheidungen trifft.
- **Überdokumentation**: Bei einer Überdokumentation, d. h. bei der schriftlichen Dokumentation auf einer zu tiefen Detaillierungsebene besteht nicht nur die Gefahr eines zu hohen Ressourceneinsatzes und der zu schnellen Veraltung der Dokumentation. Es gibt auch das Risiko, dass bei Verwendung der Dokumentation die geeigneten Informationen nicht mehr einfach gefunden werden können. Man sieht den Wald vor lauter Bäumen nicht. Dies kann natürlich durch eine gute Strukturierung der Dokumente abgemildert werden.

5.2.4 Anforderer einer IT-Dokumentation

Es gibt verschiedene – interne oder externe – Anforderer von Dokumentation. Diese Anforderer möchten oder müssen Wirkungen mit dieser Dokumentation erzielen (siehe auch Abschn. 5.2.2). Mit der folgenden – nicht abschließenden – Auflistung notwendiger Dokumente bewahrheitet sich, dass im Unternehmen *viel* Dokumentation benötigt wird und aktuell gehalten werden muss.

Interne Anforderungen
Der IT-Betrieb und die IT-Abteilung selber möchten für den **Regelbetrieb** und zur Unterstützung der betrieblichen Tätigkeiten adäquate Dokumentation haben (z. B. aus Sicht der IT-Sicherheit). Diese werden typischerweise in einem Betriebskonzept (-handbuch), einer Systemdokumentation, einem IT-Sicherheitskonzept und in einer Prozess-Dokumentation abgebildet. Auch für den **Ausnahme-Betrieb** (Notfall) wird Dokumentation benötigt. Dies geschieht durch eine Notfall-Dokumentation (Notfall-Konzept, Notfall-Handbuch), die Teil eines Betriebskonzeptes ist. Die **IT-Strategie,** die im Übrigen auch für den Regelbetrieb relevant ist, wird ebenfalls in einem Dokument festgehalten.

Externe Anforderungen
Externe Anforderungen kommen vorwiegend aus regulatorischen Auflagen. Dazu gehören vor allem

- **betriebswirtschaftliche Anforderungen** wie Compliance, das Risikomanagement, das Sicherheitsmanagement und Anforderungen an betriebswirtschaftliche Systeme. Hierzu zählen insbesondere die Grundsätze ordnungsgemäßer DV-gestützter Buchführungssysteme (GoBS), die Grundsätze zum Datenzugriff und zur Prüfbarkeit digitaler Unterlagen (GDPdU) und der Sarbanes Oxley Act (SOX). Zu nennen sind ebenfalls Basel I, II und III, die „EuroSOX" Richtlinie (Richtlinie 2006/43/EG), die Mindestanforderungen an das Risikomanagement der Bundesanstalt für Finanzdienstleistungsaufsicht (MaRisk in verschiedenen Ausprägungen), das Sozialgesetzbuch (SGB), das Aktiengesetz (AktG), das GmbH-Gesetz (GmbHG) und das Handelsgesetzbuch (HGB).
- **Datenschutzrechtliche Anforderung**: Hierzu zählt insbesondere das Bundesdatenschutzgesetz (BDSG), das ggf. durch eine europäische Datenschutzgrundverordnung abgelöst wird, aber auch das Telemediengesetz (TMG).
- **Anforderungen aus einem betrieblichen Qualitätsmanagement**, auch zum Zwecke von externen Zertifizierungen wie die nach ISO 9000 (Qualitätsmanagement), ISO 27001 (Informationssicherheitsmanagement), ISO 20000 (IT-Service-Management), ISO 14000 (Umweltmanagement) und anderen – je nach Schwerpunkt und Absicht hinter solchen Zertifizierungen.

Typischerweise gibt es keine einheitlichen Standards, die für jede IT-Organisation gelten (bzw. für die Geschäftsbereiche, dann aber mit den entsprechenden Anforderungsauswirkungen an die IT-Organisation). Deshalb ist es wichtig, die Dokumentations-Anforderungen (und entsprechend die Prozess-Anforderungen) an die eigene Organisation zu analysieren und zu definieren.

Im Idealfall wird Dokumentation, die aus den internen Anforderungs-Kategorien stammt, auch externe Anforderungen erfüllen. Warum wäre dies bei Dokumenten wünschenswert? Dokumente die ausschließlich aus dem Grunde erstellt werden, einem externen Prüfer im Bedarfsfall „etwas vorzeigen zu können", werden nicht für den täglichen Betrieb verwendet und verfallen mit der Zeit. Sie müssen aber aktuell gehalten und weiterentwickelt werden (bei den meisten Aufzeichnungen ist dies natürlich nicht so, Aufzeichnungen sind insbesondere auch betriebswirtschaftlich relevante Nachweise).

Inhaltliche und formale Anforderungen von internen und externen Anforderern können sich in Bezug auf die Detailtiefe sehr unterscheiden. Naturgemäß haben interne Anforderer höhere Erwartungen an Inhalte, während externe Anforderer allein schon aus deren Ferne zu technischen Inhalten stark formal getrieben sind. Dies in einer einheitlichen und für den IT-Betrieb auch nutzbringenden Dokumentations-Struktur abzubilden kann herausfordernd sein.

Externe Anforderer sind im IT-Betrieb nicht immer gerne gesehen – gefühlt wird dann „von außen", „von Nichttechnikern" lediglich „unnützer Papierkram" gefordert. Es soll aber nicht übersehen werden, dass formale, regulatorische, externe Anforderungen auch einen IT-Betrieb disziplinieren und dafür sorgen, dass Dokumentation nicht auf die lange Bank geschoben wird. Oft gibt es im Regelbetrieb Aufgaben und Herausforderungen, die als dringlicher – aber vielleicht nicht als wichtiger – angesehen werden. Durch externe Anforderungen gewinnt auch Dokumentation an Dringlichkeit und kann mit den sonstigen Aufgaben um Erledigung sinnvoll konkurrieren.

Es darf nicht übersehen werden, dass manche IT-Dokumente (und die zugehörigen Tätigkeiten), die beispielsweise Teil des Betriebskonzeptes oder der Prozess-Dokumentation sind, auch in anderen Unternehmens-Dokumenten integriert oder zumindest referenziert werden. Hier ist beispielsweise die Notfall-Dokumentation zu nennen: Sie ist Teil der Prozess-Dokumentation des IT Service Continuity Managements, aber sie wird, je nach betrieblicher Wichtigkeit der IT im Unternehmen mehr oder weniger im Management-Prozess des „Business Continuity Management" referenziert oder integriert werden.

5.2.5 Dokumentation – formale Anforderungen

Je nach Anforderungen an Nachvollziehbarkeit und Verständlichkeit einer Dokumentation muss diese neben den inhaltlichen (Abschn. 5.2.7) auch formale Kriterien erfüllen. Diese formalen Anforderungen können beispielsweise aus gesetzlichen und vertraglichen Vorgaben oder aber auch aus Vorgaben aus der IT-Governance resultieren.

Um sicherzustellen, dass diese formalen Anforderungen erfüllt werden, muss ein Dokument – sofern angemessen – vor einer Freigabe ein Review durch eine oder mehrere Personen durchlaufen, die Formalien bewerten können. In einem solchen Review sollen

Inkorrektheiten und Unvollständigkeiten erkannt und danach beseitigt werden. Im Idealfall können diese Personen auch die Inhalte des Dokuments bewerten (Abschn. 5.2.7).

Die formalen Kriterien können sich (müssen sich aber nicht bei jeder Dokumentation) auf nachfolgende Eigenschaften beziehen.

Nachvollziehbarkeit, Korrektheit und Aktualität

Die Nachvollziehbarkeit bei Dokumenten drückt sich durch Antworten auf folgende Fragen aus:

- Wer hat das Dokument wann und wieso erstellt oder geändert?
- Wer hat das Dokument wann autorisiert (dies kann ggf. auch der Ersteller bzw. Inhaber des Dokumentes sein)?
- Wer ist der Inhaber des Dokuments?
- Was ist die Versionsnummer des Dokuments? Ist es ein Dokument, das freigegeben und qualitätsgesichert ist (und kann dies anhand einer entsprechenden Klassifizierung nachvollzogen werden)?

Die Nachvollziehbarkeit bezieht sich auch auf die Integrität des Dokuments: Kann nachvollzogen werden, dass ein vorliegendes Dokument authentisch ist (insbesondere, wenn es ausschließlich in einer editierbaren elektronischen Version vorliegt)? Kann nachvollzogen werden, dass ein vorliegendes Dokument aktuell ist? Dies lässt sich teilweise erreichen durch Angabe von:

- Versionsnummer, die auf einem einheitlichen Versionierungskonzept beruht (siehe Abschn. 5.2.8),
- Erstell- und Gültigkeitsdatum,
- geplante nächste Überarbeitung.

Die Aktualität ist insbesondere bei sich schnell verändernden technologischen Inhalten zu beachten, aber auch wenn Ansprechpartner, die möglicherweise ebenfalls wechseln können, im Dokument angegeben sind. Auch Änderungen im Geschäftsumfeld können eine Aktualisierung von Dokumenten gebieten, z. B. bei Business Impact Analysen oder sonstigen Risiko-Analysen. Der jeweilige Dokumenteneigentümer ist hier zu verpflichten, für eine aktuelle Dokumentation zu sorgen. Die Erfüllung dieser Pflicht muss aber auch durch geeignete Maßnahmen (z. B. ein verlässliches Vorlagesystem innerhalb des Qualitätsmanagements) sichergestellt werden.

Auch wenn ein Dokument ggf. nicht mehr gültig ist, kann es die Anforderung geben, dass es weiterhin für einen bestimmten Zeitraum verfügbar ist. *Aufbewahrungsfristen* für Dokumentation sind damit ebenfalls eine formale Anforderung.

Eine gute Unterstützung kann durch ein Dokumentenmanagement-System innerhalb eines Unternehmens erfolgen (siehe Abschn. 5.2.2). Technisch etwas weniger aufwändig geschieht dies aber auch durch eine hierarchische Rahmendokumentation – es gibt ein

IT-Rahmendokument, in dem Verweise auf IT-Dokumente der nächsten Dokumentations-Hiercharchiestufe verankert sind. In diesen wiederum sind Verweise auf Dokumente der nächstniedrigeren Stufe hinterlegt. In dieser Logik gibt es keine gültigen Dokumente im Unternehmen, die nicht von anderen Dokumenten referenziert werden. Weitere Details hierzu finden sich in Abschn. 5.3.

Es empfiehlt sich gerade bei größeren Unternehmen, Dokumentation in das IT-Change-Management-Verfahren aufzunehmen. In diesem Fall werden Dokumente als Konfigurations-Items in der Configuration Management Datenbank (CMDB) verzeichnet, eine Änderung geschieht über den Change Management Prozess. Damit ist auch gleichzeitig festgelegt, wie Änderungen vonstattengehen – dabei ist zu beachten, dass bei übergreifenden Dokumenten nicht das IT Change Management und ein möglicherweise vorhandenes, firmenübergreifendes Änderungsverfahren für Dokumentation in Konflikt zueinander stehen.

Auch ein Mindestmaß an formaler Korrektheit wird von jedem Dokument verlangt. Ein Beispiel ist – vollkommen unabhängig vom Inhalt – die korrekte Versionierung. Wir meinen damit aber insbesondere auch die Abwesenheit von Rechtschreibfehlern in der Dokumentation. Einerseits mag dies auf den ersten Blick pedantisch wirken („es zählen ja die Inhalte, ein paar Rechtschreibfehler sind schon in Ordnung"). Auf der anderen Seite gibt es jedoch – ob zu Recht oder zu Unrecht, sei hier außen vor gelassen – den Verdacht, dass ein Dokumentenverantwortlicher, der nicht auf formale Korrektheit achtet, ebenfalls nicht auf die Inhalte achtet. Dokumente werden auch nach ihrem „Äußeren" beurteilt. Weitere Beispiele für rein formale Korrektheit sind, dass es keine falschen Verweise innerhalb des Dokumentes gibt und dass auch Verweise auf Anlagen und Literatur korrekt sind.

Vertraulichkeit
Jedes Dokument soll eine Einstufung einer Vertraulichkeit innerhalb eines Unternehmens besitzen und – falls dies aus dieser Einstufung erforderlich ist – eine angemessene Umsetzung dieser Vertraulichkeitsanforderung (inklusive eines benannten Verteilerkreises). Mehr dazu findet man in Abschn. 5.2.11.

Verfügbarkeit
Dokumentation muss bei Bedarf von allen Akteuren, die sie benötigt, gefunden und gelesen werden können.

Nicht nur das: auch referenzierte Dokumente – also solche Dokumente, die in einer Dokumentation zitiert werden – müssen für den Leser auffindbar sein.

Die Art, wie Dokumentation zur Verfügung gestellt wird, muss individuell gewählt werden. Dokumentation in Papierform ist recht „old school" und oft nicht mehr adäquat. Für Notfalldokumentation kann sich ein Aktenordner allerdings bewähren. Siehe dazu auch die Ausführungen in Abschn. 5.2.2.

Verständlichkeit
Das Dokument muss für den Adressaten verständlich sein. Hierzu gehören, besonders bei längeren Dokumenten, unter anderem

- eine gute Strukturierung,
- eine angemessene Detaillierungstiefe,
- eine angemessene Sprache, d. h. eine Sprache, die an den Adressatenkreis angepasst ist,
- Unterstützung der Inhalte durch Graphiken,
- ein ansprechendes Layout – dies kann ebenfalls die Verständlichkeit unterstützen,
- Möglichkeiten der Suche nach Stichwörtern oder Themen der Dokumentation (elektronische Suche oder Stichwortverzeichnis in gedruckter Fassung).

Ein Beispiel, bei dem die Verständlichkeit für die Zielgruppe nicht gegeben war, lernen wir in Abschn. 5.2.6 kennen.

5.2.6 Beispiel: „We Have Met the Enemy and He Is PowerPoint"

Beispiel

Dem Befehlshaber der NATO-Truppen in Afghanistan, General McChrystal wurde im Sommer 2009 eine inhaltlich sehr konzentrierte PowerPoint-Präsentation vorgeführt, die die Einflussfaktoren auf die Haltung der Bevölkerung Afghanistans zur gewählten Regierung darstellte, aber auch die Wirkungen und Rückwirkungen der Einflussfaktoren untereinander.

Da sehr viele Einflussfaktoren mitsamt ihren Wirkungen und Rückwirkungen dargestellt wurden und dementsprechend viele Verbindungslinien zu sehen waren, bekam das Bild den Spitznamen „Spaghetti-Topf". General McChrystal bemerkte hierzu: „Wenn wir diese Folien verstanden haben, haben wir den Krieg gewonnen". Die Anwesenden im Raum brachen in schallendes Gelächter aus.[12] [5]

Diese Episode wurde in der US-amerikanischen Presse als Sinnbild dafür dargestellt, dass Power Point-Darstellungen mehr und mehr ein wahres Verständnis von Situationen und Problemen verdrängen. „PowerPoint makes us stupid" [5].

Die genannte Präsentation [6] ist dicht und informationsreich – ihr Verständnis ist ohne Konzentration und hochgradige Detailliebe kaum möglich. Sie macht es dadurch dem Betrachter schwer, insbesondere im Rahmen einer Live-Präsentation, bei der das Tempo durch den Vortragenden vorgegeben wird. Im Grunde ist sie aber der Gegenbeweis dafür, dass PowerPoint[13] nur Vereinfachungen und Simplifizierungen zulässt.

---

[12] Englisches Original [5]: *„‚When we understand that slide, we'll have won the war,' General McChrystal dryly remarked, one of his advisers recalled, as the room erupted in laughter."*

[13] Stellvertretend genannt für die vielen konkurrierenden Programme zum Präsentieren von Inhalten.

Wir können daraus zwei Lehren ziehen:

1. Eine Dokumentation, eine Präsentation muss immer zielgruppenorientiert sein. Sie muss aber auch der Situation (z. B. den zeitlichen Rahmenbedingungen bei einer Präsentation) und der Erwartungshaltung entsprechen.

2. Der Zuhörer bzw. Empfänger einer Präsentation hat die Pflicht, bestimmte Anforderungen an eine Präsentation zu stellen. Dazu können auch Wünsche zur *Form* gehören, also beispielsweise, dass die Präsentation nicht in PowerPoint gegeben wird. Solch eine formale Forderung mag für manche Sachverhalte in der Tat adäquat sein. In vielen Fällen aber hieße es, den Sack zu schlagen, aber den Esel zu meinen: nicht PowerPoint ist der Feind, sondern mangelhaft oder gar nicht ausgedrückte Erwartungshaltungen an die *Inhalte,* den *Abstraktionsgrad* und den *Zeitrahmen* einer Präsentation.

PowerPoint ist ein mächtiges Instrument und kann insbesondere graphisch dabei unterstützen, Sachverhalte zu verdichten und eingängig darzustellen. Manchen, insbesondere juristischen, Dokumenten mangelt es an graphischer Unterstützung oder – noch fundamentaler – Unterstützung des Inhaltes durch das Layout. Hier kann PowerPoint Abhilfe schaffen. Auf der anderen Seite darf man nicht der psychologischen Falle erliegen, dass nur, weil etwas scheinbar strukturiert auf einer PowerPoint-Folie dargestellt ist, dies auch durchdacht und durchdrungen sein muss. Graphische Instrumente und Layout können lediglich einen Inhalt unterstützen, ihn aber nicht ersetzen.

Insbesondere für Entscheidungsvorlagen in einem IT-Betrieb bedeutet dies, dass hierfür möglicherweise einheitliche Regeln verfasst werden. Dies kann beispielsweise in Hinblick auf den maximalen Seitenumfang, inhaltlich zwingend vorhandene Inhalte oder Freizeichnungen von bestimmten Personen oder Funktionsträgern geschehen.

5.2.7   Dokumentation – inhaltliche Anforderungen

Übergreifende inhaltliche Anforderungen sind schwieriger zu formulieren als formale Anforderungen. Generell muss natürlich der Inhalt eines Dokumentes den zuvor formulierten inhaltlichen Anforderungen entsprechen. Folgende Fragen können bei der Erstellung eines neuen Dokuments oder bei einer Bewertung eines vorliegenden Dokuments helfen:

- Wie lautet ein aussagekräftiger Titel des Dokuments?
- Was ist der Gegenstand der Dokumentation – und was nicht?
- Was ist der Zweck der Dokumentation – und was nicht?
- Was wäre ein korrekter Inhalt, was wäre ein vollständiger Inhalt?

Um sicherzustellen, dass inhaltliche Anforderungen erfüllt werden, muss ein Dokument – sofern angemessen – vor einer Freigabe ein Review durch eine oder mehrere Personen, die in der Lage sind, Inhalte zu bewerten, durchlaufen. In einem solchen Review sollen

Inkorrektheiten[14] und Unvollständigkeiten[15] erkannt und danach beseitigt werden. Es ist zu beachten, dass Dokumentation auf einer Einzelebene durchaus korrekt sein kann, sie aber vielleicht nicht zu anderer Dokumentation in einem Unternehmen passt. Deswegen sind – insbesondere bei größeren Unternehmen – bewusst zwei Perspektiven einzunehmen:

- Eine Perspektive, die die Frage nach innerer Konsistenz eines Dokumentes betrachtet und
- eine zweite Perspektive, die die Frage nach äußerer Konsistenz mit anderen Dokumenten abprüft.

Zumindest Review-pflichtige Dokumente unterliegen dem IT-Change-Management-Prozess und sind damit natürlich auch in der CMDB (Configuration Management Datenbank) hinterlegt.

5.2.8 Versionierung

Jedes Dokument muss eine Versionsnummer erhalten. Es ist gute Praxis, dass die Versionierung Auskunft über den Freigabestatus und den Bearbeitungsstatus eines Dokuments enthält.

In [7] wird beispielsweise eine Kombination aus einer Versionsnummer und einer Bearbeitungsnummer vorgeschlagen – dabei gibt die Versionsnummer eine Information über den Freigabestatus, die Bearbeitungsnummer eine Information über den Bearbeitungsstatus. Es wird der erste Teil, also die Version, bei einer Veränderung des Freigabestatus verändert (und zwar ausschließlich hochgezählt). Dies kann beispielsweise eine Zahl mit Vor- und Nachpunktstelle sein: 0.0 – eine Arbeitsversion, 0.5 – eine vorfreigegebene Version, 1.0 oder höher – eine freigegebene Version. Der zweite Teil, eine zweistellige Bearbeitungsnummer, wird nach einer Bearbeitung hochgezählt, nach einer Veränderung der Versionsnummer allerdings wieder bei 01 begonnen. So bedeutet beispielsweise die Version 0.5-04 die vierte Bearbeitung der vorfreigegebenen Version 0.5.

Eine pragmatische Lösung kann auch darin bestehen, bestimmte Versionsnummern mit einem Freigabestatus zu verknüpfen, die Versionsbezeichnung dazwischen aber den Autoren zu überlassen (allerdings zwingend aufsteigend). Manche Firmen geben ausschließlich vor, dass die Nummer 1.0 die erste freigegebene Version ist, weitere freigegebene Versionen haben die Form n.0. Die Versionen davor, dazwischen oder danach (also beispielsweise 0.4, 0.999, 1.3 oder auch 1.3.714) kann der Autor wählen. Dieses Versionierungsschema ist in Tab. 5.1 dargestellt.

Vorgaben zur Versionierung können in einer eigenen Richtlinie festgehalten werden oder aber in der Dokumentationsrichtlinie (siehe Abschn. 5.2.11) abgebildet sein. Wir

---

[14] Hilfe, ich werde in einer chinesischen Glückskeksfabrik gefangen gehalten!

[15] Hilfe, ich werde in einer gefangen gehalten.

Tab. 5.1 Beispiel für eine einfache Versionierungs-Konvention

Versionsnummer	Bedeutung
0.0 ... 0.9999	Arbeitsversionen mit (generell) zunehmendem Härtegrad
1.0	Freigegebene Version
1.0001 ... 1.9999	Arbeitsversionen, die auf der Version 1.0 aufsetzen
2.0	Freigegebene Version
2.0001 ... 2.9999	Arbeitsversionen, die auf der Version 2.0 aufsetzen
...	

empfehlen im Zweifelsfall einfache Regelungen – es wird schwer genug, sie in einer großen Organisation konsequent durchzusetzen.

5.2.9   Dokumente und Aufzeichnungen wieder loswerden

Dokumente müssen nicht nur erstellt, freigegeben und zur Verfügung gestellt werden. Sie müssen auch wieder außer Umlauf gebracht werden können.

Ausgedruckte Versionen von nicht mehr gültigen Dokumenten müssen eingezogen und entweder archiviert oder vernichtet werden. Bei elektronischen Versionen ist dazu ein zentrales Repository hilfreich, da dann an einer Stelle Veränderungen vorgenommen werden können, die sich auf das gesamte Unternehmen auswirken. Lokale Kopien bei den Mitarbeitern sorgen dann immer noch für Verwirrung, sie müssen strikt unterbunden werden.

Wenn es – insbesondere für *Aufzeichnungen* – Anforderungen aus dem Datenschutz gibt, muss für eine geregelte und durch Protokoll nachvollziehbar dokumentierte (!) Vernichtung der Dokumente gesorgt werden.

Wann ist dies der Fall? Immer dann, wenn personenbezogene Daten enthalten waren und Aufbewahrungsfristen aus sonstigen Anforderungen abgelaufen sind. Personenbezogene Daten dürfen nur erhoben, verarbeitet oder genutzt werden, wenn es eine Rechtsgrundlage gibt oder wenn die entsprechenden Personen ihre Zustimmung erteilt haben. Grundsätzlich sind personenbezogene Daten zu vermeiden und sparsam zu verwenden. Dies würde u. a. bedeuten, dass Daten, die nicht mehr benötigt werden, gelöscht oder anonymisiert werden.

Dieses Kapitel konzentriert sich insbesondere auf Dokumentation – Datenschutz-Regularien gelten aber natürlich auch allgemeiner für IT-Systeme, siehe Abschn. 5.5.7. Es stellen sich insbesondere folgende Fragen:

- Welche personenbezogenen (oder –beziehbaren) Datenarten dürfen wie lange in Dokumenten und Aufzeichnungen aufbewahrt werden? Dies ist aus gesetzlichen oder weiteren regulatorischen Vorgaben abzuleiten. Ein Herunterbrechen auf die verschiedenen Dokumente (oder ggf. IT-Systeme), die eine Analyse der personenbezogenen Daten einschließt, ist sinnvoll.
- Wann wird gelöscht?
- Wie wird gelöscht? Wie ist dies technisch (oder organisatorisch) implementiert?
- Was darf *nicht* dokumentiert werden, welche Daten dürfen nicht erhoben werden?

Im Idealfall werden personenbezogene oder personenbeziehbare Daten erst gar nicht aufgezeichnet, wenn dies nicht absolut nötig ist – dadurch kann man sich im Lebenszyklus eines Dokuments Aufwand ersparen.

Es gilt im Allgemeinen: Ein Löschkonzept für Dokumentation sollte schon von vornherein, nämlich bei der Konzeption und Erstellung des Dokuments, erarbeitet werden. Dies gilt im Übrigen auch für personenbezogene und personenbeziehbare Daten, die in IT-Systemen von Fachanwendungen hinterlegt sind.

5.2.10   Wer schreibt Dokumentationen?

Dokumentation – eine heiße Kartoffel? Wer möchte Dokumentation erstellen? Kann sich jemand damit Lorbeeren verdienen? Angesichts der Vorteile, die durch adäquate Dokumentation erwachsen, muss in einem IT-Betrieb eine Kultur gepflegt werden, die Dokumentation nicht als lästige Pflicht, sondern als wichtigen Mehrwert ansieht. Die Frage, wer Dokumente erstellt, muss für jede Firma und für jede Art von Dokument individuell beurteilt werden. Sie kann aber generell (und damit auch in mancher Hinsicht falsch) beantwortet werden:

- Die Person, die am nächsten an der zu adressierenden Fachlichkeit ist, schreibt die Dokumentation. Beispielsweise bedeutet dies für Entwicklungsdokumentation (die nicht im IT-Betrieb angesiedelt ist), dass sie von Entwicklern erstellt wird. Schon 1962 schrieben **satirisch** Dr. Morris L. Morris & Dr. Austin O. Arthur (Kludge Komputer Korp.) „*Wenn du Software dokumentieren musst, gehe sicher, dass die Dokumentation von einer vollkommen anderen Gruppe erstellt wird. Bevorzugt von technischen Autoren, die nicht zu viel Ahnung von Computern und Programmierung haben*"[16].
- Bei der Festlegung, wer was im IT-Betrieb schreibt, können die ITIL-Prozesse unterstützen: Eine feste Zuordnung von Prozessen und Prozessverantwortlichen zu den

---

[16] Englisches Original [8]: „*If you must document the software, be sure that the documentation is done by a wholly separate group, preferably technical writers who are not too knowledgeable about computer and programming.*"

Dokumenten ist bei vielen Dokumenten möglich. Ein IT-Notfallkonzept mit einer Wiederherstellungsplanung beispielsweise wird von den Prozessen zum IT Service Continuity Management verantwortet (was nicht bedeutet, dass einzig und allein der IT-Service-Continuity-Manager an einem solchen Dokument schreibt). Auf alle Fälle müssen die Verantwortlichkeiten für Dokumentationen und Überarbeitungen von Dokumenten in die IT-Betriebsorganisation fest eingegliedert werden.

- Die Organisationseinheit, die für das Qualitätsmanagement verantwortlich ist, überwacht und editiert die qualitätsrelevanten Passagen, aber auch formale, sprachliche und kontextuale Zusammenhänge.

Die Organisation und die Prozesse im Unternehmen sollten also einen Einfluss auf die Zuordnung von Verantwortlichkeiten bei der Erstellung und Pflege der IT-Dokumentation haben. Sie kann auch einen Einfluss auf die Struktur der IT-Dokumente haben.

5.2.11 Das Dokumenten-Dokument: die Dokumentationsrichtlinie

Wenn Unternehmen eine bestimmte Größe erreicht haben – typischerweise dann, wenn sich nicht mehr jeder Mitarbeiter kennt – ist es zweckmäßig eine einheitliche Vorgabe zu haben, wie Dokumente zu verfassen sind. Formale und inhaltliche Anforderungen werden dann in einer verbindlichen Richtlinie – der **Dokumentationsrichtlinie** – festgehalten. Einige der Inhalte einer Dokumentationsrichtlinie wurden schon in diesem Abschn. 5.2 erwähnt. Hier werden diese nochmal zusammengefasst und ergänzt. Wenn es eine firmenweite Dokumentationsrichtlinie gibt, ist in der Regel keine eigene Dokumentationsrichtlinie für die IT erforderlich.

Formale Vorgaben
Die formalen Vorgaben in der Dokumentationsrichtlinie legen fest:

- Wie ein Dokument auszusehen hat – das Layout. Eine Umsetzung wird am besten durch Dokumentenvorlagen erreicht. Deren nachträgliche Änderung ist besonders aufwändig, deswegen müssen sie sorgfältig erstellt werden.
- Wie eine verbindliche Gliederung des Dokuments auszusehen hat. In einer Dokumentenvorlage kann ebenfalls schon eine Mustergliederung enthalten sein, beispielsweise:
  1. Titelseite (aussagekräftiger Titel, Dokumentenart, Verfasser, Dokumentennummer, Versionsnummer, Vertraulichkeitsklasse, ggf. Freigabeinformationen).
  2. Management-Zusammenfassung: Eine kurze – allerhöchstens einseitige – Zusammenfassung für einen Leser, der nicht tief mit der Fachlichkeit vertraut ist.
  3. Formale Informationen:
     - Änderungshistorie,
     - Autor,
     - Dokumenteninhaber,

- Dokumentenstatus,
- Freigabeinformationen,
- Gültigkeitsinformationen.

4. Verzeichnisse
5. Einleitung
6. Inhalt
7. Referenzen & Quellenverzeichnis

Eine genauere Aufschlüsselung dieser Stichpunkte findet sich in Tab. 5.2.

Klassifizierung von Dokumenten

Bei Dokumenten können wir zumindest zwischen freizugebenden und nicht-freizugebenden Dokumenten unterscheiden. Beide Klassen von Dokumenten unterliegen der Dokumentationsrichtlinie und gehören zur offiziellen Unternehmensdokumentation.

Die freizugebenden Dokumente durchlaufen ein Review-Verfahren, bei dem vorher festgelegt ist, wer zum Reviewer-Kreis gehört. Als Ergebnis liegt ein freigegebenes Dokument vor. Ein Beispiel hierfür sind Konzepte, Lastenhefte oder andere Dokumente mit weitreichenderer Bedeutung. Die Freigaben selbst sind natürlich als Aufzeichnungen aufzubewahren.

Bei nicht-freizugebenden Dokumenten ist der Verfasser alleine für die inhaltliche und formale Qualitätssicherung zuständig. Die kann beispielsweise bei Arbeitsanleitungen, die Prozessbeschreibungen zugeordnet sind, der Fall sein.

Vertraulichkeitsklassen

Üblicherweise werden Informationen eines Unternehmens, und damit auch Dokumente und Aufzeichnungen, in Vertraulichkeitsklassen eingeteilt und so gekennzeichnet. Die Klassifizierung der Vertraulichkeit ist keine IT-spezifische Anforderung und muss unternehmensweit geregelt sein. Die Vertraulichkeitsanforderung ist dabei abhängig von der Bedeutung für das Unternehmen, insbesondere dem potenziellen Schaden, falls Informationen in falsche Hände gelangen.

Üblich ist die Einstufung in die Klassen „Offen", „Intern", „Vertraulich" und „Streng vertraulich". Dokumente werden entsprechend ihrer Vertraulichkeitsklasse gekennzeichnet. Es ist natürlich wichtig, die Konsequenzen der jeweiligen Klassifizierung für den Umgang mit den Dokumenten zu definieren. Eine mögliche Zuordnung ist in Tab. 5.3 gegeben.

Die Nomenklatur kann natürlich auch anders lauten, ebenso können die Abstufungen andere sein. Es gibt Unternehmen, die fünf Abstufungen verwenden und diese auch anders benennen (beispielsweise: „öffentlich", „nur für den internen Gebrauch", „vertraulich", „geheim" und „streng geheim").

Entscheidend ist dabei, dass allen mit den Dokumenten betrauten Personen klar sein muss, welche Implikationen verschiedene Vertraulichkeitsabstufungen haben. Dies betrifft zum Beispiel physische Ausdrucke von solchen Dokumenten, die Weiterverteilung

Tab. 5.2 Beispiel für eine Dokumenten-Mustergliederung aus formalen Vorgaben einer Dokumentationsrichtlinie

Abschnitt	Unterabschnitt	Erklärung
Titelseite	–	Aussagekräftiger Titel
		Dokumentenart
		Name des Verfassers
		Eindeutige Dokumentennummer
		Versionsnummer des Dokuments
		Vertraulichkeitsklasse (d. h. die Einstufung der Geheimhaltungspflichten)
Management-Zusammenfassung	–	Kurze Zusammenfassung auf einer hohen Abstraktionsebene
Formale Informationen	Änderungshistorie	Ausführliche Liste der historischen Änderungen am Dokument mit den zugeordneten Versionsnummern und den jeweiligen Autoren und Freigebenden
	Autor	Name und Funktion der derzeitigen Autoren
	Dokumenteninhaber	Name und Funktion des derzeitigen Dokumenteninhabers
	Status	Mögliche vorgegebene Status, die in der Dokumentationsrichtlinie zu definieren sind, können sein: „Entwurf", „zur Freigabe", „freigegeben", „ungültig"
	Freigabeinformation	Wer/welche Funktion hat das Dokument wann freigegeben. Dies können mehrere Personen sein, nicht nur der Dokumenteninhaber
	Gültigkeitsinformationen	Datum, ab wann das Dokument gültig ist
		Datum, bis wann das Dokument gültig ist
		Datum der nächsten geplanten Überarbeitung des Dokuments oder andere als zeitliche Auslöser für eine Überarbeitung
	Vertraulichkeit	Einstufung der Vertraulichkeit des Dokuments nach fest vorgegebenen Kriterien

Tab. 5.2 (Fortsetzung)

Abschnitt	Unterabschnitt	Erklärung
Verzeichnisse	Inhaltsverzeichnis	
	Tabellenverzeichnis	
	Abbildungsverzeichnis	
Einleitung	–	Hier werden der Zweck des Dokumentes und die Zielgruppe beschrieben. Es wird aber auch erwähnt, wie das Dokument abzugrenzen ist (d. h. was das Dokument nicht bezweckt oder nicht zum Inhalt hat)
Inhalt	Adäquat viele Abschnitte und Unterabschnitte	Der eigentliche Inhalt inklusive Graphiken und Tabellen
Referenzen und Quellen		Verzeichnis aller Referenzen und Quellen aus den vorhergehenden Teilen des Dokuments

Tab. 5.3 Mögliche Vertraulichkeitsklassifizierung, Definition, Klassifizierung der potenziellen Schadensgröße und Beispiele für solche Dokumente

Vertraulichkeitsklasse	Potenzielle Schadensgröße	Einstufung	Umgang	Beispiele
Offen	Kein Schaden	Informationen, die für die Öffentlichkeit bestimmt sind	Keine Vorgaben	Produktinformationen, Press-Releases, Vorträge vor Hochschulstudenten, etc.
Intern	Geringer Schaden	Informationen, die für alle Mitarbeiter bestimmt sind	Keine besonderen Sicherheitsmaßnahmen	Mitarbeiter-Zeitungen, Organigramme, Speisepläne von Kantinen
Vertraulich	Mittlerer Schaden	Informationen, die nur einem bestimmten Mitarbeiterkreis zugänglich sein dürfen	Weitergabe und Speicherung ausschließlich geschützt durch kryptographische Verfahren; Zugriff nur mit bestimmten Rollen; Löschverfahren	IT-Betriebskonzept, personenbezogene Daten, Personalunterlagen
Streng vertraulich	Hoher Schaden	Informationen, die nur für einzelne Mitarbeitern zugänglich sein dürfen	Wie vertraulich; zusätzlich beispielsweise kein elektronischer Zugriff; Ausdrucke mit Namens-Wasserzeichen, Weitergabe nur mit Genehmigung des Dokumenten-Owners	IT-Sicherheitskonzept, Strategieunterlagen, bestimmte Controlling-Unterlagen

an bestimmte Personen, aber auch wie solche Dokumente beispielsweise durch Email an berechtigte Personen verschickt werden dürfen.

Die Namenskonvention

Die Namenskonvention gibt Rahmenbedingungen vor, welchen Namen Dokumente haben können – dann ist die Stoßrichtung einzig und alleine die Dokumentation. Es kann beispielsweise auch festgelegt werden, was ein Konzept ist, ein Handbuch, eine Richtlinie, eine Prozessbeschreibung.

Die Namenskonvention darf – und muss dies bei größeren Unternehmen auch – auch tiefer gehen und vorschreiben, wie Systeme und andere technische und nicht-technische Objekte bezeichnet werden. Eine nichtabschließende Liste solcher einheitlich zu benennender Objekte enthält:

- Anmeldenamen von Nutzern
- Email-Adressen von Nutzern
- Namen von Nutzer-Druckern, Standortbezeichnungen von Druckern
- Namen von Nutzer-Rechnern
- Namen und ggf. Struktur von Fileverzeichnissen
- Namen von Verteilerlisten bei Email oder anderen Messaging-Diensten
- Namen von Funktions-Accounts
- Namen von Servern, Clustern, virtuellen Maschinen, Windows-Maschinen, anderen Rechnern, Domänen, Firewalls,

Diese Liste haben wir absichtlich mit solchen Objekten begonnen, die nahe am Nutzer sind – auch bei Bezeichnungen ist zunächst eine Nutzerperspektive einzunehmen. Wenn beispielsweise ein Nutzer einen Drucker in seinen Desktop-Rechner einbinden möchte und dabei im Standortverzeichnis verschiedene Konventionen für die Standorte der Drucker vorfindet, kann dies für einen einzelnen Nutzer ein Arbeitshindernis sein. Wenn dies vielen hundert oder gar tausenden Nutzern so geht, bedeutet es einen von der IT verursachten wirtschaftlichen Nachteil für das Unternehmen[17].

Bei der Namenskonvention ist es ratsam, in der Namensgebung systematisch und augenfällig zu unterscheiden zwischen Testumgebungen (ggf. auch zwischen verschiedenen Testumgebungen) und der Produktionsumgebung. Gefährlich wird es, wenn etwa die Benennung der Umgebung Teil eines Verfahrensnamens wird. Ein Beispiel illustriert die Problematik: Eine Datenbank für Kundendaten wird abgekürzt mit dem Namen „PROKD" – PRO für Produktion und KD für Kundendaten. Auf den ersten Blick sind die Umgebung und die Aufgabe der Datenbank ersichtlich. Wie heißt die entsprechende Datenbank in der Testumgebung? Sie müsste konsequent das Kürzel der Produktionsumgebung gegen das Kürzel der Testumgebung tauschen: Aus „PROKD" wird z. B. „TEKD". In der Praxis wird sich diese Schlüsselung oft nicht im Sprachgebrauch durchsetzen. Vielmehr wandelt

---

[17] Ausgerechnet diese Kosten sind zugleich hoch und mit den üblichen Controlling-Mechanismen im Nachhinein nicht auffindbar.

sich mitunter die Schlüsselung „PROKD" zu einem Verfahrensnamen, es wird eine weitere „PROKD"-Datenbank in der Testumgebung geben und das zunächst elegante Namens-
schema bricht zusammen.

Medien und Ablagen

Hier wird beispielsweise vorgegeben, welche Medien für ein Dokument vorgesehen sind:
Eine Papierversion (für welche Dokumente?), eine elektronische Version (für welche Dokumente in welchen Versionen welcher Dokumentationssoftware?), werden beispielsweise Änderungen an freigegebenen Versionen eines Dokumentes im Überarbeitungsmodus
in eine erneute Freigabe geschickt, wo werden Dokumente abgelegt, wie beziehen sich
Dokumente aufeinander in einer übergeordneten Dokumentenstruktur, etc.

Weitere Vorgaben

Es können natürlich weitergehende Vorgaben für Dokumente gemacht werden – diese
werden dann an den jeweiligen Bedürfnissen eines Unternehmens ausgerichtet. So kann
beispielsweise für multinationale Unternehmen eine Vorgabe dazu geben, in welcher
Sprache Dokumente zu verfassen sind. Es kann geregelt sein, wie mit Widersprüchen
zwischen Dokumenten umzugehen ist und welche Dokumente dann tatsächlich gelten. Es
kann eine Checkliste für die Prüfung von Dokumenten vorgegeben werden (siehe auch
Abschn. 5.6.3). Es kann auch eine Strukturierung der Dokumentation im Allgemeinen
und die hierarchische Beziehung zwischen Dokumenten vorgegeben werden. Auch der
Aktualisierungszyklus oder Aktualisierungsanlass von Dokumenten kann hier vorgegeben
werden.

Die Dokumentationsrichtlinie kann von einer Versionierungsrichtlinie (siehe
Abschn. 5.2.8) als untergeordnetes Dokument begleitet sein – einfacher ist es, Versionsie-
rungsvorgaben zu einem Teil der Dokumentenrichtlinie zu machen.

Insgesamt lassen sich also in einer Dokumentationsrichtlinie viele Einzelheiten von
Dokumenten festlegen. Mehr bedeutet hier allerdings nicht immer besser – es ist auf ein
angemessenes Regulierungsmaß zu achten!

5.3   IT-Strategie und IT-Governance

Inhaltliche Regulierungen werden durch eine IT-Strategie und eine IT-Governance getroffen. In der Tat: Dokumentation, Rollen und Verantwortlichkeiten sind eng verwandt
mit diesem weitergehenden Begriff der Governance. In diesem Abschnitt beschäftigen wir
uns nicht mit der Erstellung einer Corporate Governance. Die darin inkorporierte (oder
manchmal lediglich abgeleitete) IT-Governance ist jedoch, genauso wie die übergreifende Firmenstrategie, für den IT-Betrieb von großer Bedeutung. Diese beiden Dokumente sind Grundlage für eine gut auf den Firmennutzen ausgerichtete IT-Strategie. Wir betrachten daher zuerst in Abschn. 5.3.1 das Zusammenspiel zwischen IT-Governance und
IT-Strategie im Allgemeinen. Im Weiteren beschreiben wir detaillierter Themen der IT-
Strategie in Abschn. 5.3.2 und arbeiten uns dann zur IT-Governance in Abschn. 5.3.3 hoch.

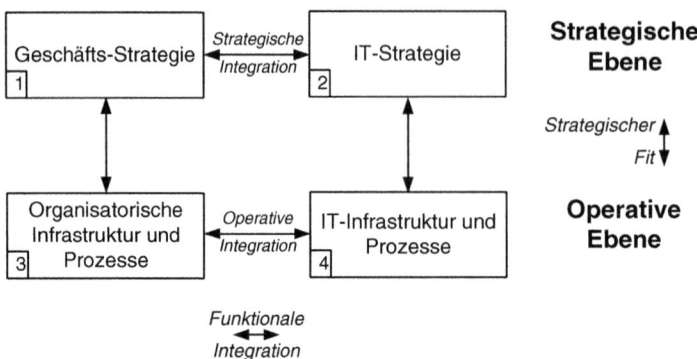

Abb. 5.1 Strategic Alignment Modell – vereinfacht nach [9]

5.3.1 Zusammenhang zwischen IT-Governance und IT-Strategie

IT-Governance bedeutet, dass die IT (ihre Prozesse, ihr Management, ihre Organisation und damit insbesondere auch der IT-Betrieb) die Unternehmensziele und mehr noch, die Unternehmensstrategie optimal unterstützt. Wir sprechen hierbei vom Business-IT-Alignment: die IT muss sich am Business ausrichten.

Die Fragestellung ist also: Was muss der IT-Betrieb tun, damit es zu einem Mehrwert für das Unternehmen kommt und gleichzeitig Risiken aus der IT akzeptabel bleiben?

Die IT-Governance und -Strategie werden natürlich einerseits über die Firmen-Governance und die Firmen-Strategie beeinflusst. Man darf aber nicht den Fehler machen, diese als alleinige Einflussquelle zu sehen. Es muss auch beachtet werden, dass die *Kunden* und *Nutzer* der IT (also beispielsweise die Fachbereiche) von der Firmen-Strategie und der Firmen-Governance ebenfalls beeinflusst werden. So werden sie dann durch ihre Nachfrage bei der IT die Angebote des IT-Betriebs beeinflussen („operational integration") und dadurch indirekt ebenfalls die IT-Strategie und -Governance [9]. Diese Wechselbeziehung, die etwas ausführlicher unter dem Namen Strategic Alignment Modell bekannt ist („SAM"), ist in Abb. 5.1 verdeutlicht.

Die Einflussgrößen für die IT-Strategie sind also:

- Einerseits die explizite firmenübergreifende Governance und Strategie, und zwar auf eine direkte Art und Weise: In Abb. 5.1 ist dies der Weg von der Geschäftsstrategie (1) zur IT-Strategie (2) – die „strategische Integration". Von dort geschieht die Umsetzung zur operationalen Ebene (4) über den strategischen Fit der IT.
- Die Nachfrage der Fachabteilungen, die die firmenübergreifende Governance und Strategie in ihre Aktivitäten und Bedürfnisse übersetzen und dafür IT-Unterstützung von der IT-Abteilung nachfragen: In Abb. 5.1 ist dies der Weg von der Geschäftsstrategie (1) über die operationale Ebene (3) zur IT (4). Hier dringen die übergeordneten Ziele praktisch als Echo zur IT-Abteilung durch – und manchmal ist dieses Echo handfester als der ursprüngliche Ruf. Denn die Nachfragen der Fachabteilungen sind weniger

abstrakt, aber auch manchmal von Partikularinteressen getrübt. Die Ausrichtung der IT lässt sich deswegen auch nicht durch reine Dokumenten-Arbeit erledigen (beispielsweise durch Anforderungsdokumente), sondern besser durch Kundengespräche.

Wir wünschen uns natürlich Unternehmen und IT-Abteilungen, bei denen die IT-Organisation sichtbar und proaktiv positiven Einfluss auf die Geschäftsstrategie nehmen kann und dem Unternehmen Lösungen anbietet, bevor Probleme überhaupt entstehen (siehe auch Kap. 11.4). In einem solchen Fall – der auch vom Strategic Alignment Modell vorgesehen ist – kann man zwei Einflusskanäle verfolgen:

- Die IT-Strategie beeinflusst die Geschäftsstrategie und so das operative Geschäft des Unternehmens oder
- die IT-Strategie gibt solche Rahmenbedingungen vor, dass über die operationale Ebene der IT die operationale Ebene der Geschäftsbereiche positiv beeinflusst wird.

Selbstverständlich sind dies lediglich modellhafte Sichtweisen – im realen Leben kommt es zu Rückbeziehungen und Querbeziehungen zwischen den vier Kästchen in Abb. 5.1.

Insgesamt kann man festhalten, dass es zu widersprüchlichen Anforderungen an die IT kommen kann. Man mag dies schizophren finden, es ändert jedoch nichts daran, dass die IT und der IT-Betrieb damit umgehen müssen. Im Bereich IT-Architekturkomplexität und im Bereich der Verantwortungsteilung zwischen der IT und den Fachbereichen sind hier Stellhebel zu finden, insbesondere durch eine Zentralisierung des IT-Projektportfolio-Managements [10]: Neue IT-Projekte werden in einem zentralen Gremium unter Mitwirkung von IT-Entwicklung, IT-Betrieb und Fachbereichen getroffen.

5.3.2   Mehr über die IT-Strategie

Die IT-Strategie wird für die gesamte IT-Organisation verfasst – also sowohl für Projektorganisationen als auch für den IT-Betrieb (und die IT-Architektur). Sie formuliert grundsätzliche Vorgaben, nicht jedoch konkrete Abläufe oder Anweisungen. Die Erstellung der IT-Strategie ist eine Regelaufgabe der IT-Organisation – sie muss natürlich in regelmäßigen Abständen auf ihre Angemessenheit und Validität geprüft und ggf. überarbeitet werden.

In der IT-Strategie wird der Einsatz von IT beschrieben und gibt einen Rahmen für die verwendeten Techniken, Verfahren und Prozesse. Johanning [11] stellt für die IT-Strategieentwicklung die drei folgenden Kernfragen in den Mittelpunkt:

- Wie soll die IT mittelfristig aussehen?
- Was sind die Ressourcen dafür?
- Wie sieht die Roadmap dafür aus und wie wird sie gesteuert?

Dabei wäre es vollkommen unzureichend, über konkrete Softwareprodukte nachzudenken – es gilt, generelle Rahmenbedingungen für eine IT-Ausrichtung festzulegen. Dabei wirkt es unterstützend, sich über Zieldimensionen Gedanken zu machen. Zieldimensionen können beispielsweise sein:

- Geschäftsausrichtung: Welche künftigen Geschäftsentwicklungen soll die IT unterstützen?
- Kompetenzen: Welche Kompetenzen soll die IT bereitstellen?
- Kosten: Welche Erwartungen gibt es an die IT-Kosten?

Maßgeblichen Einfluss auf die IT-Strategie hat selbstverständlich die Firmenstrategie (siehe Abschn. 5.3.1). *„Ist diese schriftlich formuliert und wird sie regelmäßig neuen Gegebenheiten angepasst? Großartig!"* [12]. In einer Studie aus dem Jahr 2006 gaben jedoch (bei einem bestimmten Teilnehmerkreis) *„54 % der Manager [...] an, dass eine Unternehmensstrategie ‚in der Regel' vorliegt, lediglich 8 % der Befragten bejahen diese Frage uneingeschränkt"* [13]. Bei mehr als jedem dritten Unternehmen der befragten Manager lag also gar keine oder nur eingeschränkt eine Firmenstrategie vor. Doch auch wenn solch eine Firmenstrategie nicht, nicht schriftlich oder nur teilweise vorliegt, lohnt sich die IT-Strategie – allerdings ist es mühevoller, da den Geschäftsentscheidern (Vorständen, Geschäftsführern, Mitarbeitern der zweiten Führungsebene) für die IT-Strategie relevante Informationen entlockt werden müssen. Im Sinne des Strategic Alignment Modells (Abschn. 5.3.1) kann dies sogar positive Auswirkungen auf eine Firmenstrategie haben – Kommunikation mit den Kunden schadet nicht.

Im Folgenden führen wir exemplarisch Teilstrategien und Handlungsfelder einer IT-Strategie auf, die jeweils kurz erläutert werden. Diese Komponenten können sich überlappen und sind nicht als exklusiv zu sehen.

Kundenorientierung, Prozess- und Organisations-Strategie
Die Schnittstelle zum Kunden – insbesondere aus der Sicht Prozesse und der Organisation – sollte der erste und zentrale Punkt der IT-Strategie sein. Auch wenn manche Techniker in einer IT-Strategie zuerst Technik sehen wollen – der Kunde und die Ausrichtung auf ihn muss auch in der IT-Strategie als Ausgangspunkt erkennbar sein. Hierzu soll auch die Ausrichtung der Mitarbeit der IT-Abteilung gehören: Welche Kompetenzen technischer und nicht-technischer Natur werden von den Mitarbeitern erwartet und wie können diese entwickelt werden?

Wertschöpfungstiefe und Industrialisierung
Die Vorgaben zur Wertschöpfungstiefe und Industrialisierung befassen sich im Wesentlichen mit Sourcing. Welche IT-Leistungen werden durch die eigene IT erbracht, welche werden eingekauft und lediglich gesteuert? Dabei können rein finanzielle Gesichtspunkte eine Rolle spielen, aber auch Fragen nach dem eigenen Durchgriff und der Time-to-Market. Diese Entscheidungen können auch differenziert nach verschiedenen IT-Services

Abb. 5.2 Spezifität vs.
Anpassungsgrad – adaptiert
aus [14]. „Spezifität" ist der
Grad der Vernetzung von Systemen oder Prozessen (also die
fachlichen Besonderheiten),
„Anpassungsgrad" ist der Grad
der Anpassung an die eigenen
Geschäftsprozesse

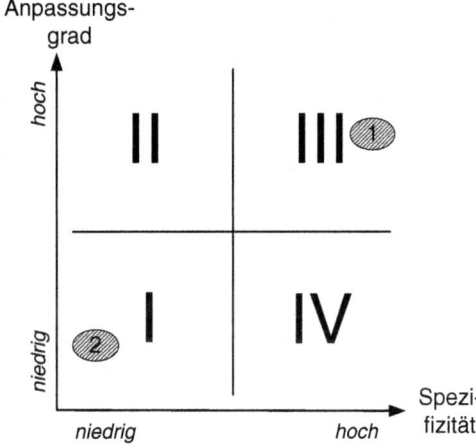

fallen. Beim Insourcing/Outsourcing/Re-Sourcing-Vorgaben sind immer auch die versteckten Kosten zu beachten: Beim Insourcing werden oftmals Kosten über den IT-Betrieb verschmiert und sind damit nicht erkennbar. Beim Outsourcing werden gerne höhere
Abstimmungsaufwände und Überwachungsaufwände gegenüber externen Dienstleistern
übersehen. Siehe dazu auch Kap. 6.5.

In Abb. 5.2 (die aus [14] adaptiert ist) wird dies anhand von vier Quadranten dargestellt. Die „Spezifität" ist hierbei der Grad der Vernetzung von Systemen oder Prozessen,
der „Anpassungsgrad" ist der Grad der Anpassung – beispielsweise von Standard-Pro-
dukten – für die eigenen Geschäftsprozesse. Ein hochgradig angepasstes CRM-System,
das eine Vielzahl von Schnittstellen in die weiteren IT-Systeme hat, wird im Quadranten
III zu finden sein (in der Abbildung die Ellipse 1). Ein IT-Service, der keine oder wenige
Schnittstellen zu anderen Services hat und ohne große Anpassungen durch standardisierte
IT erbracht werden kann, wird eher im Quadranten I zu finden sein – ein Beispiel hierfür
wäre der IT-Service „Gehaltsabrechnung" (in der Abbildung die Ellipse 2).

Systeme im Quadranten III der Abb. 5.2 sind Kandidaten für Insourcing, Systeme im
Quadranten I solche für Outsourcing (siehe [14]). In Kap. 6.5.2 nehmen wir dieses Thema
wieder auf. Die beiden verbleibenden Quadranten sollten auf Dauer als Einstufung vermieden werden.

In der Sourcing-Strategie wird sowohl ein möglicher Grad von Auslagerungen (Fertigungstiefe) als auch die maximale Anzahl externer Leistungserbringer (ggf. ist dies Ser-
vice-spezifisch). Zu beachten ist, dass auch externe Leistungserbringer integriert werden
müssen, die Teilleistungen für einen gemeinsamen Service erbringen.

Innovationen

Die Innovations-Strategie beschäftigt sich mit IT-Innovationen. Hierbei sollen voraus-
schauend neue Techniken und Technologien zur Unterstützung von IT-Services bewertet
werden. Es kann vorteilhaft sein, nicht immer auf neueste Techniken zu setzen (und sich

damit möglicherweise zu einem Beta-Tester für unausgereifte Trends zu machen) – die Bewertung hängt davon ab, welche und wie schnell Geschäftsstrategien unterstützt werden sollen.

Architektur von Hardware, Software und Daten

Mittel- und langfristige Architektur von Hardware und Technologien, von Anwendungen und Software sowie von Informationen und Daten werden in diesem – sich mit anderen Punkten bereits überlappenden Gebieten – festgehalten. *„Welche Architektur sollten Applikationen und Daten haben? Welche Architektur sollte die Technologie haben?"* (nach [15]).

Um im herkömmlichen Bild der Architektur zu bleiben: In der IT-Strategie wird die Stadt-Architektur beschrieben, nicht die Gebäude- oder gar die Innen-Architektur. Evtl. muss daher die Rolle des IT-Architekturmanagements in der IT-Strategie ebenfalls beschrieben werden.

Applikations-Strategien

Hier wird der Einsatz von Software zur Unterstützung von Geschäftsprozessen beschrieben. Der Fokus liegt dabei auf Software zur Ertragssteigerung sowie zum effizienteren Betrieb des Geschäfts (aber auch des IT-Betriebes selber). In welchem Stadium befinden sich die Applikationen, die die IT-Services unterstützen? Ein Applikationsportfolio mit dem jeweiligen Stand zu jeder Applikation sollte ein Standard-Tool für eine solche Bewertung sein.

Sicherheits-Strategie

Dieses Thema kann ggf. als eigenständiges Dokument – der Sicherheitsleitlinie – geführt werden. Es werden hier auch die allgemeinen Sicherheitsziele formuliert. Die Sicherheits-Strategie enthält keine technischen Details. In den Maßnahmenkatalogen des Bundesamtes für Sicherheit in der Informationstechnologie (BSI, [16]) wird eine eigene Leitlinie zur Informationssicherheit postuliert – es spricht aus unserer Sicht nichts dagegen, diese in die allgemeine IT-Strategie der IT-Abteilung zu integrieren (dies hat sogar Vorteile). Der Inhalt dieses Abschnittes sollte sich dann natürlich an den Empfehlungen des BSI orientieren. Die wesentlichen Inhalte sind dort [16]:

- Die Verbindung zwischen den IT-Sicherheitszielen und den Geschäftszielen (also die Frage des Alignments zwischen IT-Sicherheit und Business)
- Die Sicherheitsziele und die grundsätzlichen Elemente der Sicherheitsstrategie (ohne Details)
- Der Stellenwert der IT-Sicherheit und die Bedeutung von IT für die Erfüllung der Aufgaben
- Die organisatorische Verankerung der IT-Sicherheit (inklusive der Verankerung im Top-Management)
- Leitlinien zur Erfolgskontrolle.

Infrastruktur-Strategie

Die Infrastruktur-Strategie betrachtet im IT-Betrieb insbesondere die Hardware (dies können zentrale Rechner sein, aber auch Arbeitsplatz-Rechner oder Elemente von verteilten Systemen). Hierbei müssen das Auslaufen von Wartungsverträgen und die Einstellung der Produktion von Ersatzteilen beachtet werden. Eine Infrastruktur-Strategie kann beispielsweise auch die Vorgabe machen, bestimmte IT-Komponenten auf Verschleiß zu fahren und erst zu ersetzen, wenn diese ausfallen. Sie kann aber auch vorgeben, proaktive Wartungsmaßnahmen durchzuführen – insbesondere, wenn die verbundenen IT-Services hochgradig zeit- und geschäftskritisch sind. Es kann festgelegt werden, ob Hardware-Erneuerungen in einem rotierenden Verfahren (Ersatz nach und nach) oder in einem Big-Bang-Verfahren (Upgrade aller Komponenten zu einem Zeitpunkt) stattfinden.

Die Grenzen des Begriffs Infrastruktur sind unscharf, evtl. sind unter diesem Punkt ebenfalls Betriebssysteme und Netzwerke aller Art zu betrachten. In jedem Fall ist die Verbindung zu Sourcing-Strategien (s. o.) offensichtlich, in der Praxis angesichts der langen Vorlaufzeiten jedoch schwer umsetzbar.

Unter der Infrastruktur-Strategie können ebenfalls relevante Punkte zu einer Green-IT-Strategie (siehe auch Kap. 7.6.4) erwähnt werden, falls dieses Thema nicht gar als eigener Punkt angeführt wird.

Maßnahmen und Roadmap

Wie wird die Umsetzung der IT-Strategien (bzw. der Teilstrategien) nachgehalten? Es empfiehlt sich die Erstellung einer Roadmap und einer Maßnahmenliste, die regelmäßig überprüft wird. Hierzu gehören – wie bei allen Dokumenten – Zeitpunkte für Review und Überprüfung der IT-Strategie selber.

5.3.3   Mehr über die IT-Governance

Die IT-Governance ist Bestandteil der Unternehmensführung und in der Verantwortung des obersten Managements – des obersten Managements der Unternehmung und der IT-Organisation. *„IT-Governance ist (...) eine Führungsaufgabe der Unternehmensleitung und des IT-Managements, welche die zielgerichtete effektive Steuerung und Nutzung der IT zum Gegenstand hat.“* [17]. *„Die Unternehmensführung definiert mit Entscheidungsrechten, Rollen und Verantwortlichkeiten sowie Organisation den Rahmen, mit dem IT Governance entwickelt, eingeführt, gesteuert und überwacht wird“* [18]. Die Strategien und Ziele der IT sollen mit denen der Gesamtunternehmung in Einklang gebracht werden. Nachdem sich Unternehmensstrategien ändern können, ist IT-Governance eine fortwährende Aufgabe, nicht eine einmalige Angelegenheit. Die IT-Governance zielt auf Organisationsstrukturen, auf Prozesse und auf die Führung ab.

Es gibt verschiedene Frameworks, good practices und Verfahren, um eine effektive IT-Governance zu verankern, mehr dazu in Kap. 8. Ein zentraler Punkt dabei ist das „Alignment von Business und IT". Diese unterstützen auf verschiedenen Ebenen:

- COBIT ist ein übergeordnetes Framework für die IT-Governance und das IT-Management. Es kann dabei helfen, die Verbindung zwischen der Unternehmensgovernance und der IT herzustellen.
- Die IT Infrastructure Library (ITIL) befasst sich mit der Umsetzung von IT Service Management. Anders als oft wahrgenommen, geht es dabei nicht nur und nicht im Wesentlichen um Infrastruktur (also Gebäude, Strom, Server, etc.), sondern um ein ganzheitliches Service Management. Zertifizierbar wird ITIL im Wesentlichen durch die ISO 20000, siehe Kap. 8.2.5. Hierin sind natürlich auch Maßnahmen zur Informationssicherheit enthalten, die in der ISO/IEC 27000-Reihe und dem IT-Grundschutzkatalog des Bundesamtes für Sicherheit in der Informationstechnologie (BSI) weiter detailliert sind.
- Die IT-Architektur wird durch TOGAF unterstützt.

Nicht betrachtet in dieser Aufzählung sind Rahmenwerke zur Corporate Governance selber, wie beispielsweise COSO oder aber die ISO 38500 („Corporate Governance of Information Technology"). Auch Rahmenwerke zum Projektmanagement (wie PMBOK, PRINCE2 und IPMA Competence Baseline) oder zur Systementwicklung (wie CMMI und TickIT) sind hier nicht speziell betrachtet. Im Kap. 8.2 werden eine Reihe von Referenzmodellen vorgestellt.

Warum gibt es überhaupt die Frage nach der IT-Governance?
Governance beschreibt insbesondere, wie die IT funktionieren soll und wie sie einen Wertbeitrag zum Unternehmen leistet. Historisch waren IT-Abteilungen nicht immer gut darin, entweder Wertbeiträge zum Unternehmen zu liefern oder – falls diese geliefert wurden – sie klar und verständlich zu kommunizieren (siehe das Beispiel Texaco im Kap. 3.7.1). Tendenziell stiegen in der Vergangenheit die IT-Kosten[18]. Deswegen ist es für eine Unternehmensführung – die manchmal ein eher technik-fremdes Hintergrundwissen hat – wichtig, sichtbare Instrumente in der Hand zu haben. Instrumente, die Botschaften senden, und zwar sowohl an die IT-Organisation, als auch an die Aufsichtsgremien, aber auch an die Unternehmensführung selber: die IT muss liefern.

Sowohl die Governance als auch die IT-Governance sind also Themen, die nicht innerhalb der IT-Organisation angesiedelt sind. Sie mag an der Governance und mehr noch an der IT-Governance mitwirken – verantwortlich hierfür ist jedoch die Unternehmensführung.

Ansatzpunkte der IT-Governance
Die IT-Governance beschreibt insbesondere, wie die IT funktionieren soll und wie sie einen Wertbeitrag zum Unternehmen liefern soll.

Die Ansatzpunkte sind dabei zweierlei:

---

[18] Aus gutem Grund: Steigende IT-Kosten sind das Resultat erheblich höherer Einsparungen in den Fachbereichen außerhalb der IT-Organisation.

- Vermeidung oder Minimieren von Risiken
- Generierung von Unternehmenswerten

Diese Ansatzpunkte können natürlich konträr sein – was dem einen hilft, verschlechtert den anderen. Hierzu müssen dann balancierte Lösungen gefunden werden.

Ausgangspunkt der IT-Governance sind die Kern- und die Führungsprozesse im Unternehmen. Die IT selber kann in manchen Fällen zu den Kernprozessen gehören, im Regelfall ist sie aber eher den Unterstützungsprozessen zuzuordnen. Davon ausgehend müssen die Bedeutung der und die Anforderungen an die IT für das Unternehmen verstanden werden. Kernfragen sind dabei:

- Wie kann die IT die Kern- und Führungsprozesse optimal unterstützen?
- Welche strategischen Entscheidungen müssen in der IT gefällt werden, damit diese Unterstützung auch in Zukunft geleistet werden kann?

Zu beachten ist, dass jede Antwort auf diese Fragen viel Zeit benötigt, bis sie im Unternehmensalltag wirksam wird.

Fokus der IT-Governance
Das IT-Governance Institute (ITGI) definiert die folgenden fünf Bereiche als Fokus-Gebiete der IT Governance:

- *Strategisches Alignment*: Die IT ist auf das Business ausgerichtet und liefert gemeinsame Unternehmenslösungen, die einen Mehrwert bieten.
- *Lieferung von Nutzen*, und dies über den gesamten Lebenszyklus der IT-Lösungen.
- *Ressourcen-Management*: Optimierung der vorhandenen Ressourcen – dies bezieht sich sowohl auf Investitionen als auch auf Zuteilung von Ressourcen. Unter Ressourcen werden nicht nur Menschen mit ihrer Arbeitskraft verstanden, sondern auch Technologien, Hardware, Software, Applikationen und Daten.
- *Risikomanagement*, wobei IT-Assets geschützt werden und sowohl Disaster Recovery als auch Compliance adressiert werden.
- *Performance-Messungen*: Ohne Festlegungen dazu, dass und wie die Performance einer IT gemessen und bewertet wird, sind sonstige Festlegungen weitgehend wirkungslos. Dies bezieht sich natürlich insbesondere auf Projektfortschritte und -ergebnisse. Es bezieht sich aber auch auf die Performance von IT-Services, die vom IT-Betrieb geliefert werden. Diese müssen mit den geeigneten – kundenorientierten – Kennzahlen gemessen und berichtet werden. Interessanter, und sehr viel schwieriger ist es, die IT-Performanz bezogen auf das Erreichen direkter Geschäftszwecke zu messen (siehe Kap. 2).

Der Fokus der IT-Governance ist damit eigentlich kein „Fokus" mehr – weil er so breit gefächert ist. Unterschiedliche Organisationen werden unterschiedliche Schwerpunkte haben. Manche konzentrieren sich hauptsächlich auf Compliance-Themen, andere mögen sich vor allem mit Projektmonitoring befassen. Es gibt natürlich auch Firmen, in denen es weder eine explizite, niedergeschriebene Governance, geschweige denn eine solche zur IT gibt (wir vermuten, dass diese noch stärker fehlt als Firmenstrategien, siehe Abschn. 5.3.2). Je größer die Firma, desto höher die Wahrscheinlichkeit, dass es eine solche gibt. Falls es jedoch keine IT-Governance gibt und keine zu beschaffen ist, ist es ratsam, die sonstigen Quellen für eine IT-Strategie zu nutzen:

- Die *Fachabteilungen* können wertvolle Guidance geben – sie sollten ohnehin einbezogen werden.
- Eine IT-Strategie, auf die wichtigen Kernaussagen zugespitzt, kann und sollte im *Top-Management* kommuniziert werden. Dies ist noch keine Garantie für ein IT-Alignment mit der vielleicht doch *implizit* vorhandenen Firmen-Governance und -Strategie. Aber es bietet zumindest die Möglichkeit für die Unternehmensführung, zu widersprechen und richtungsweisend einzugreifen.

Damit eine IT-Governance greift, müssen Instrumente zu ihrer Durchsetzung etabliert werden. Elementar sind hierfür die IT-Strategie auf der Umsetzungsebene, aber auch Kennzahlen auf der Überwachungsebene.

5.4   Ein möglicher Aufbau der IT-Dokumentation

5.4.1   Beispiel: Pockenviren an den National Institutes of Health und Milzbrand bei den CDC

Beispiel

Die Pocken sind ausgerottet – jedenfalls praktisch gesehen. Pockenviren können diese schwere Krankheit auslösen. Insbesondere durch Impfprogramme konnte im Jahr 1980 die Welt von der Weltgesundheitsorganisation (WHO) für pockenfrei erklärt werden. Pockenviren sind durch internationale Übereinkommen offiziell nur noch an zwei Forschungszentren der Welt (Atlanta in den USA und Kolzowo in Russland) vorhanden. Dieses sind Hochsicherheitsstandorte, die regelmäßig durch die WHO inspiziert werden [19].

Im Juli 2014 wurde bekannt, dass in den National Institutes of Health (NIH) in Bethesda (USA) in einem ansonsten ungenutzten Teil eines Abstellraums Fläschchen entdeckt worden waren, die Pockenviren enthielten. Die gefundenen Pockenviren stammten offensichtlich aus den 1950er Jahren und wurden vermutlich 1972 in den Abstellraum gebracht. Nur weil das Labor umziehen sollte, wurden sie überhaupt gefunden.

Solch ein Fund von Pockenviren (dazu noch in einem Abstellraum) ist hochproblematisch – sowohl das Federal Bureau of Investigation (FBI) als auch die WHO wurden mit dem Vorfall befasst. Die Viren selbst wurden unter strikten Sicherheitsvorkehrungen zu einer Einrichtung der Centers for Disease Control and Prevention (CDC) transportiert und dort vernichtet.

Fast zeitgleich – im Juni 2014 – kam es zu einem anderen Zwischenfall in einem der CDC-Labore (hier und im Weiteren [20]). Dabei wurden Bakterien, die Milzbrand (Anthrax) verursachen, zwischen einem Labor einer höheren zu zwei Laboren mit einer niedrigeren biologischen Schutzstufe verschickt. Dabei war nicht sichergestellt worden, dass diese Bakterien bzw. ihre Sporen nicht mehr lebensfähig waren. Wie sich danach herausstellte, war zumindest ein Teil davon noch lebensfähig und damit waren Dutzende Mitarbeiter potenziell diesem Erreger ausgesetzt.

Neben einer Anhörung im amerikanischen Kongress gab es eine Untersuchung der Ursachen des Vorfalls. Dabei wurde – neben anderen Faktoren – festgestellt, dass es an Standardvorgehensweisen bzw. Prozessen zur Dokumentation von Inaktivierung solcher Bakterien mangelte. Hätte es diese gegeben (und wären sie befolgt worden), wäre es nicht zu dem Vorfall gekommen.

Nichts ist perfekt dokumentiert. Und gerade historisch bedingte Versäumnisse, wie im Beispiel der Pockenviren, lassen sich nicht immer ausbügeln. Insbesondere dann nicht, wenn sie überhaupt nicht bekannt sind! Selbst bei einer eigentlich angesehenen Behörde ist nicht alles so dokumentiert, wie man es sich wünschen würde. Trotzdem: Manche Arbeit kann hundertmal gut und ohne Planung und Dokumentation erledigt werden. Aber war sie diese hundertmal wirklich gut, wenn sie das nächste Mal nicht gut gemacht wird? Verlässlichkeit ist ein wichtiger Faktor – man will gleichmäßig adäquate Ergebnisse erzielen. Und nicht hundertmal gute Ergebnisse im Wechsel mit einer einzigen großen Katastrophe.

Aber es gibt auch eine Kehrseite: Selbst wenn man versuchte, möglichst viel zu dokumentieren, würde man immer wieder Schwachstellen finden. Es ist aber auch gar nicht wünschenswert, „möglichst viel" zu dokumentieren. Wenn alles dokumentiert würde, müsste all die Dokumentation auch bei der kleinsten Änderung nachgepflegt werden. Dies ist ein hoher Aufwand (siehe auch Abschn. 5.2.3). Deswegen sind bei Erstellung und Pflege von IT-Dokumentation eine Beurteilung und planvolles Vorgehen dazu notwendig, was formal dokumentiert wird, welche Art von Dokumentation man in welcher Detailtiefe haben möchte und welchen grundsätzlichen Aufbau die IT-Dokumentation haben soll.

Wir geben in diesem Kapitel anhand eines exemplarischen Aufbaus einen Überblick über IT-Dokumente (nicht Aufzeichnungen) und deren Beziehung untereinander. Die kleineren Dokumente werden in diesem Abschnitt kurz beschrieben, die Dokumente auf die wir einen Schwerpunkt legen, werden in den folgenden Abschnitten detaillierter erläutert.

5.4.2 Hierarchische Dokumentation

Für die Dokumentation schlagen wir hier eine hierarchische Struktur vor. Dokumentation und deren Struktur sind immer firmenspezifisch und an den Anforderungen des Geschäftes auszurichten. Deswegen kann die dargestellte Struktur als Anregung dienen, sie ist aber keine Blaupause, die ohne weiteres Nachdenken und 1:1 übernommen werden darf.

Abb. 5.3 Hierarchieebenen
von Dokumentation

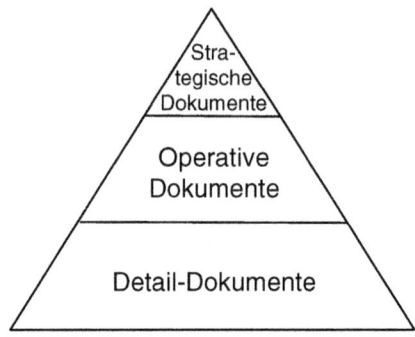

Im Zusammenhang mit Vorbereitungen zu Zertifizierungen nach der ISO 9000-Familie [21] wird oft eine hierarchische Qualitätsmanagement-Dokumentation mit mehreren Gliederungsebenen in Unternehmen eingeführt. Solch eine Strukturierung mit verschiedenen Hierarchieebenen ist insbesondere bei größeren Unternehmen sinnvoll – verlangt wird sie von der ISO 9001 jedoch nicht [22] (Abb. 5.3).

„Hierarchisch" bedeutet also, dass es Dokumentation auf verschiedenen Dokumentationsebenen (höhere und niedrigere) gibt, die voneinander abhängen. Dabei gelten folgende Regeln:

• Ein übergeordnetes Dokument ist inhaltlich jeweils abstrakter als ein untergeordnetes Dokument. Das bedeutet auch: Ein übergeordnetes Dokument wird – wenn einmal erarbeitet – weniger oft geändert als ein untergeordnetes.
• Ein übergeordnetes Dokument wird von einem weiteren Kreis oder von einer in der Organisation hierarchisch höheren Position freigegeben als dies bei einem untergeordneten Dokument der Fall ist.
• Ein hierarchisch untergeordnetes Dokument referenziert ein übergeordnetes Dokument als solches, und zwar im aktuellen Versionsstand. Ein übergeordnetes Dokument referenziert die jeweils untergeordneten Dokumente als solche ebenfalls, aber in der Regel nicht in einem bestimmten Versionsstand, sondern nur mit Verweis auf die „aktuelle Version" und ggf. einen Ablageort. Wenn man ein übergeordnetes Dokument liest, weiß man also nicht, welchen Versionsstand die jeweils untergeordneten Dokumente haben. Aber man sieht, welche es sind und wo sie zu finden sind.

Die Gründe für eine solche hierarchische Dokumentation sind offensichtlich: Man hat einen Dokumentationsverbund, in dem Dokumente nicht einzeln dastehen, sondern miteinander verbunden sind. Dieser Verbund, die Kopplung zwischen den Dokumenten ist aber lose – d. h. ein Dokument kann sich ändern, ohne dass sich zwingend alle anderen Dokumente ändern müssen. Da sich Details von IT (und Geschäftsprozessen) schnell ändern können – und damit auch zugehörige Dokumentation – reduziert ein derartiger Aufbau den Aufwand für Anpassung und Pflege der Dokumentation.

▶ An dieser Stelle betonen wir noch einmal: Der Detaillierungsgrad von Dokumentation ist nicht allgemeingültig vorgegeben – dazu gehört auch die Entscheidung, wie viele Dokumentations-Ebenen es gibt und die Art, wie Informationen auf diese verschiedenen Ebenen verteilt werden. Er hängt davon ab,

- wie groß ein Unternehmen ist,
- wie groß der IT-Betrieb eines Unternehmens ist – dies in Bezug auf Komplexität der Technik, der Prozesse und auf Anzahl der Mitarbeiter,
- wie hoch die formalen Anforderungen sind,
- welche Tätigkeiten mit der IT unterstützt werden und
- welche Kompetenz die Mitarbeiter haben.

Für einen kleinen IT-Betrieb kann es also sinnvoll sein, alle Informationen in einem Dokument – beispielsweise dem Betriebskonzept – festzuhalten.

Für einen großen und verteilten IT-Betrieb ist in der Regel eine weitgefächerte IT-Dokumentation sinnvoller.

5.4.3 Exemplarische Struktur von IT-Dokumenten

In Abb. 5.4 geben wir einen exemplarischen Überblick über IT-Dokumente und deren hierarchische Beziehung zueinander.

Das Kerndokument ist in dieser Systematik die IT-Governance, die allgemeine Rahmenbedingungen festlegt. Sie wurde bereits in Abschn. 5.3 behandelt. Unterhalb der IT-Governance ist die IT-Strategie angesiedelt, die ebenfalls in Abschn. 5.3 beschrieben ist.

Darunter befinden sich:

- Die IT-Architektur, die weiter unten, in Abschn. 5.4.5, beschrieben wird,
- das IT-Sicherheitskonzept (inklusive der IT-Sicherheitsrichtlinien), das im nachfolgenden Abschn. 5.4.4 behandelt wird,
- die Dokumentationsrichtlinie, die schon in Abschn. 5.2.11 vorgestellt wurde (inklusive einer Versionierungsrichtlinie und der IT-Namenskonvention),
- das IT-Betriebskonzept, siehe Abschn. 5.5, inklusive der Systemdokumentation, siehe Abschn. 5.5.4 und schließlich
- die Projektdokumentation (die hier nicht weiter behandelt wird).

Im Abb. 5.4 sind drei Dokumente hervorgehoben:

- Das IT-Notfallkonzept,
- das Löschkonzept und
- das IT-Risikohandbuch.

Diese eigentlich untergeordneten Dokumente haben einen besonderen Bezug zu firmenweiten Regelungen und Dokumentation, nämlich zur Dokumentation zum Business-Continuity-Management, zum Datenschutzkonzept und zum Risikomanagement-Dokument.

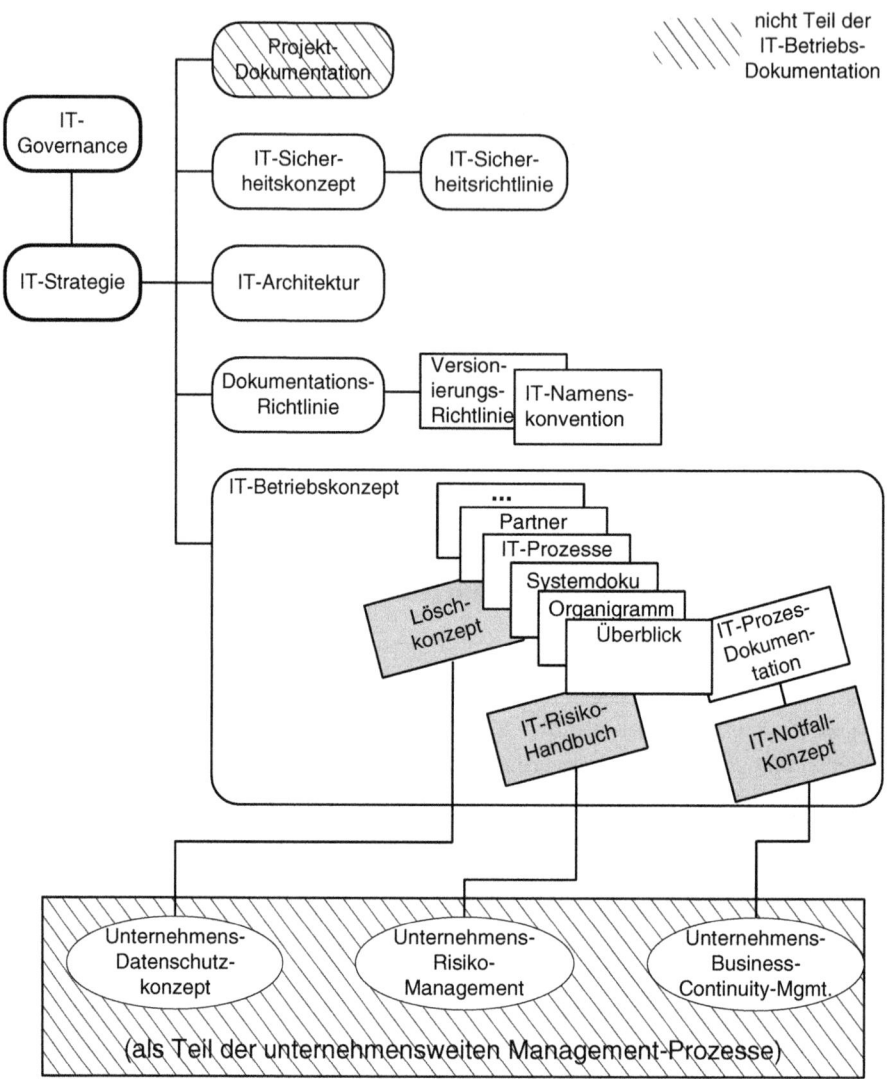

Abb. 5.4 IT-Dokumente – mögliche Strukturierung. Nicht jedes Thema muss ein eigenständiges Dokument sein

5.4.4 Das IT-Sicherheitskonzept – wichtig!

Die Dokumentation zur IT-Sicherheit gehört zu den IT-Prozess-Dokumenten und wäre damit hierarchisch eigentlich unter dem Betriebskonzept eingeordnet. Aufgrund der hohen Wichtigkeit der IT-Sicherheit hat sie aber einen besonderen Stellenwert. Zudem ist die Vertraulichkeit der IT-Sicherheitsdokumentation in der Regel noch höher anzusetzen als die der sonstigen IT-Dokumentation.

Die Sicherheitsleitlinie

Die Sicherheitsleitlinie formuliert die allgemeinen Sicherheitsziele und kann recht kurz gehalten sein. Sie ist ein Teil der IT-Strategie (Abschn. 5.3.2) und kann somit Teil des Dokuments zur IT-Strategie sein, wird aber oft als separates Dokument geführt.

Das IT-Sicherheitskonzept

Unterhalb der IT-Strategie (Abschn. 5.3.2), die eine Sicherheitsleitlinie enthält, findet man das IT-Sicherheitskonzept. Dies kann natürlich in mehreren Dokumenten ausformuliert werden. In diesen Dokumenten werden konkretere Maßnahmen zur Erreichung der Sicherheitsziele beschrieben. Diese Maßnahmen müssen geplant, umgesetzt und regelmäßig aktualisiert werden.

Sicherheitsrichtlinien

Unterhalb des Sicherheitskonzeptes wird es eine Reihe von konkreten technischen und produktspezifischen Maßnahmen geben – dies sind dann (verschiedene) Sicherheitsrichtlinien. Das Bundesamt für Sicherheit in der Informationstechnik führt eine ganze Reihe von speziellen Sicherheitsrichtlinien auf, dazu gehören Verhaltensregeln und Sicherheitshinweise für IT-Benutzer, für Administratoren, Datensicherung, Archivierung, Virenschutz, etc. Alleine an den letztgenannten Themen erkennt man, dass IT-Sicherheit kein abgeschlossenes Gebiet ist: IT-Sicherheit muss ein integrierter Bestandteil des IT-Managements und des IT-Betriebes sein.

IT-Sicherheit und deren Anforderungen an Dokumentation sind (sehr) ausführlich und detailliert durch die Norm ISO 27000 [23] und durch das BSI („Grundschutz") beschrieben. Im BSI-Standard 100-1 werden eher allgemeine Anforderungen an Informationssicherheits-Management-Systeme beschrieben. Im BSI-Standard 100-2 „IT-Grundschutz-Vorgehensweise" wird dann erläutert, wie eine Sicherheitskonzeption erstellt werden kann: Auf Grundlage einer Strukturanalyse der IT-Anwendungen und der Informationen, der Netzplanung, der IT-Systeme und der Räumlichkeiten wird eine Schutzbedarfsfeststellung und eine Auswahl von Maßnahmen erfolgen. Hilfsmittel sind hier u. a. die IT-Grundschutzkataloge [24].

5.4.5   Die IT-Architektur

Die Dokumentation zur IT-Architektur ist für eine sich über Zeit ändernde IT-Landschaft besonders wichtig. Die Arbeit der IT-Architektur kann durch ein Referenzmodell wie TO-GAF („The Open Group Architecture Framework") [25] unterstützt werden. Es wird die IT-Architektur typischerweise in

- die Geschäftsarchitektur (insbesondere Geschäftsprozesse),
- die Anwendungsarchitektur (bezogen auf Anwendungs-Software, die Bestandteile von IT-Services sind),

- die Datenarchitektur (bezogen auf Daten und Informationen) und
- die Technologiearchitektur (bezogen auf Hardware, Basis-Software und Netzwerke) unterteilen.

Auch hier gilt: Die Dicke der Dokumentation muss der Komplexität der IT-Services angepasst sein. Für kleinere Unternehmen mag eine vierseitige Zielarchitektur ausreichend sein, für ein Großunternehmen können es mehrere hundert oder gar tausend Seiten verteilt auf viele verschiedene Dokumente sein.

Die Verantwortung für die Planung der Architektur ist eine der Kernaktivitäten einer IT-Organisation [26]. Sicher muss dabei unterschieden werden zwischen einer Beschreibung des architektonischen IST-Zustandes und des SOLL-Zustandes – in einer planerischen Hinsicht ist die Frage also: Wohin soll sich die IT-Architektur bewegen?

5.5 Das Betriebskonzept: Betrieb wie gedruckt

Das Betriebskonzept – manchmal auch Betriebshandbuch genannt – beschreibt die wesentlichen Elemente und Maßnahmen, mit denen ein IT-Betrieb im Regelbetrieb befasst ist. Es steht auf einer operativen Ebene dokumententechnisch im Mittelpunkt des IT-Betriebs.

Wichtig bei einem Betriebskonzept ist die Verständlichkeit. Da das Betriebskonzept als Adressaten vor allem den IT-Betrieb selber hat (auch wenn es anderen Parteien als Nachweis für eine ordentliche Dokumentation dienen kann), muss es in Sprache, Struktur und Stil so abgefasst sein, dass es der Kommunikation und Verständlichkeit unter technisch geschulten Personen dient.

5.5.1 Beispiel: Das GOTO-Statement

Beispiel

Im Jahr 1968 argumentierte Edsger W. Dijkstra in dem mittlerweile berühmten Aufsatz „A Case against the GO TO Statement" [27, 28] gegen die Nutzung des GOTO-Statements.[19] Dies hatte formale und inhaltliche Gründe: Code, der GOTO-Statements nutzt, sei schwieriger zu verstehen (auch wenn das nicht unumstritten ist [29]).

Techniker – in diesem Fall Informatiker – können hohe ästhetische und inhaltliche Ansprüche an scheinbare Formalien haben. (Sie können aber auch – wie die lesenswerte Verkürbissung des o.g. Artikels durch R. Lawrence Clark [30] zeigt[20] – solche hohen Ansprüche nicht ganz ernst nehmen.)

---

[19] „The go to statement as it stands is just too primitive, it is too much an invitation to make a mess of one's program."

[20] In dem Artikel von Lawrence wird das „GOTO"-statement in ironischer Absicht durch ein „COME FROM"-statement ersetzt.

5.5.2   Generelle Inhalte des Betriebskonzeptes

Das Betriebskonzept beschreibt alle voraussehbaren Maßnahmen zum Betrieb der IT. Es wird beschrieben, **wer diese Maßnahmen** trifft und **worauf diese Maßnahmen** ausgeführt werden. Dies geht von **technischen Komponenten** (wie Infrastruktur, Netzwerke, Server, Systeme) bis hin zu **organisatorischen Fragen** (beispielsweise was zu tun ist, wenn ein Ersatzteil eingekauft werden soll).

So werden die Grundlagen für Regelmaßnahmen, für Wartungsmaßnahmen, für Entstörungsmaßnahmen aber auch für Notfall-Maßnahmen mitsamt den Verantwortlichkeiten und involvierten Personen (oder Rollen) dokumentiert.

Im Betriebskonzept soll keine Doppelarbeit und keine Doppeldokumentation stattfinden. Wenn IT-Systeme detailliert in einer Systemdokumentation beschrieben sind (siehe Abschn. 5.5.4), gibt es nur noch eine Referenz darauf. Wenn die Organisation und Kontaktinformationen bereits für alle Nutzer des Betriebskonzeptes zugänglich dokumentiert sind, wird sie im Betriebskonzept nicht noch einmal erfasst. In diesem Sinne ist das Betriebskonzept ein Überblicksdokument, das ggf. bereits Dokumentiertes lediglich zusammenhält und ihm einen Rahmen verschafft.

5.5.3   Exemplarische Inhalte eines Betriebskonzeptes

Wir wenden uns nun den Inhalten des Betriebskonzeptes zu. In Abb. 5.5 sind einige von diesen aufgeführt. Ob diese Inhalte in einem Betriebskonzept kapitelweise umgesetzt sind oder teilweise – und je nach Bedeutung und Änderungshäufigkeit – in eigenständigen Unterdokumenten des Betriebskonzeptes gehalten sind, sollte jede IT-Organisation für sich entscheiden.

Welche Inhalte tatsächlich in einem Betriebskonzept enthalten sind, bleibt natürlich der Wertung und Schwerpunktsetzung jedes IT-Betriebs vorbehalten. Wichtig ist aber, dass Inhalte nicht doppelt in einem Betriebskonzept und in anderen Dokumenten oder Datenbanken gepflegt werden – womöglich mit widersprüchlichen Inhalten.

Den Spagat, den ein Betriebskonzept bewältigen muss ist dieser: Es gibt verschiedene Sichten auf einen IT-Betrieb – das ist auch das Kernthema dieses Buches. Viele Tätigkeiten und Zuständigkeiten des IT-Betriebes werden in der Regel durch Prozesse abgebildet. Aber es gibt eben auch die IT-Systemsicht, die Funktionssicht auf bestimmte Bereiche (z. B. den User Help Desk, den Applikationsbetrieb, das IT Operations Management, etc.). Bestimmte Systeme und Funktionen werden von verschiedenen Prozessen bedient und behandelt. Diese Inhalte möglichst überschneidungsfrei, aber trotzdem verständlich zu dokumentieren ist die große Herausforderung eines Betriebskonzeptes.

So kann es ganz unterschiedliche Schwerpunkte eines Betriebskonzepts geben:

Überblick
In einem Überblickskapitel des Betriebskonzeptes wird ein Überblick über den IT-Betrieb und sein Verhältnis zum Gesamtunternehmen gegeben.

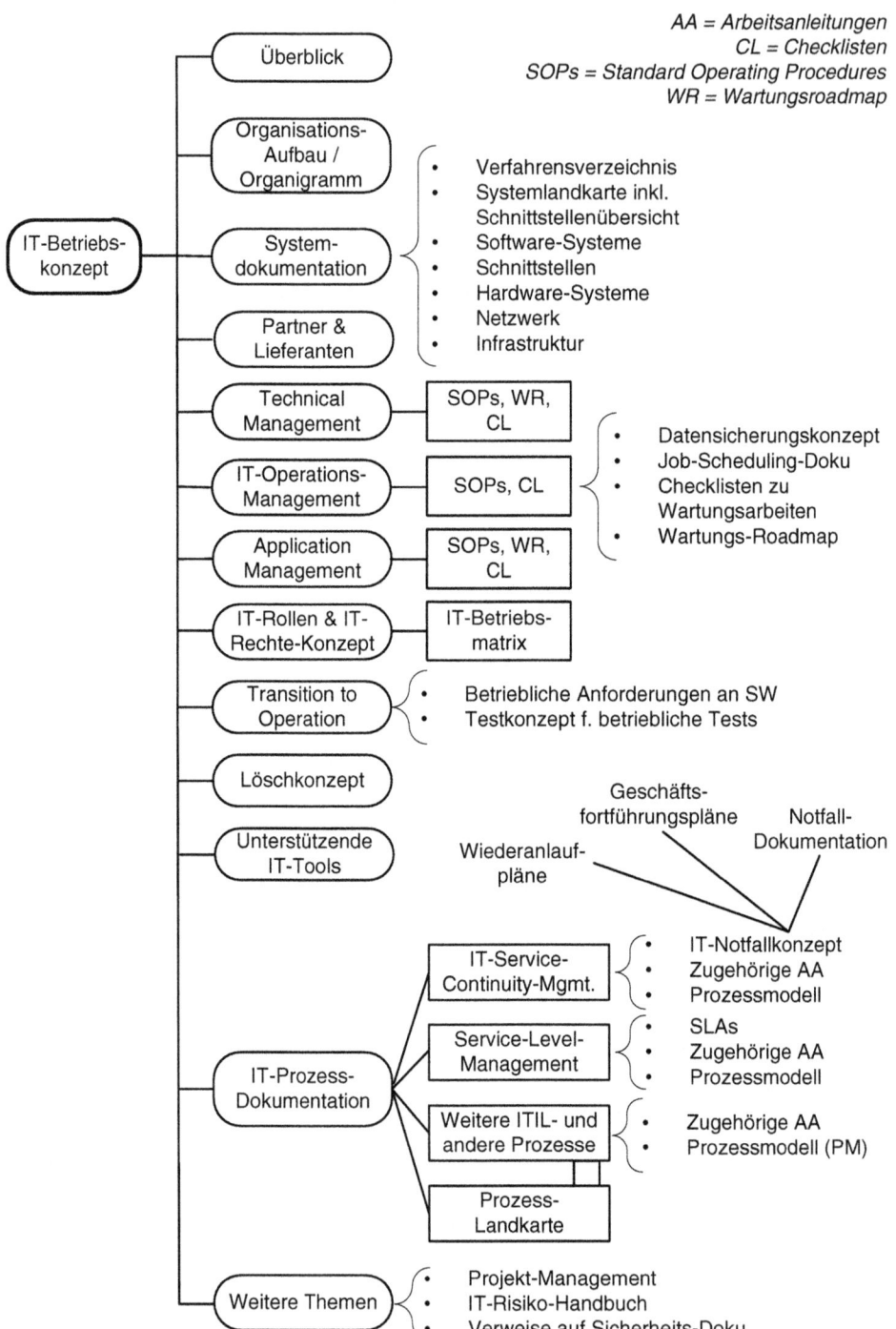

Abb. 5.5 Exemplarische Inhalte des Betriebskonzeptes

Organisationsaufbau und Organigramm
Die Aufbauorganisation (siehe auch Kap. 4.3) ist ein guter Startpunkt für ein Betriebs-
konzept. Sie ordnet die einzelnen Abteilungen der IT-Organisation und deren Aufgaben.
„Ross und Reiter" werden kenntlich gemacht.

Systemdokumentation
Die Systemdokumentation gibt einen Überblick über die IT-Systeme in ihrem Zusammen-
spiel. Einerseits werden die mit den IT-Systemen verbundenen IT-Services und Geschäfts-
prozesse beschrieben, andererseits wird auch auf die Detaildokumente zu den einzelnen
IT-Systemen verwiesen. Die Systemdokumentation wird als ein zentraler Punkt jeder IT-
Dokumentation genauer in Abschn. 5.5.4 behandelt.

IT-Prozesse
Die Dokumentation zu den Prozessen – in größeren Unternehmen sicher nach ITIL ausgerichtet (siehe Kap. 8.2.4) – ist ein wesentlicher Bestandteil des IT-Betriebskonzeptes.
Diese Prozesse sind bei größeren Unternehmen wahrscheinlich im Betriebskonzept nur
überblicksartig aufgeführt, im Detail aber in einem oder vielen separaten Dokumenten
beschrieben. In kleineren IT-Betrieben ist es sinnvoll, sie an einer Stelle – im Betriebskonzept – zu beschreiben. Auf keinen Fall sollten sie parallel im Betriebskonzept und in
separaten Dokumenten gleichzeitig detailliert beschrieben sein.

Dazu gehört insbesondere auch der Ablauf beim User Help Desk. Dieser ist zwar in der
ITIL-Beschreibung kein Prozess, sondern eine Funktion – eine müßige Klarstellung, ist er
doch die zentrale Anlaufstelle für alle Nutzer. Deswegen sollte er als Gesicht der IT nach
außen einen starken Fokus darstellen.

Bei den IT-Prozessen steht unternehmensweit insbesondere das IT-Notfall-Konzept
(mit Notfall-Dokumentationen, Geschäftsfortführungsplänen und Wiederanlaufplänen)
im Rampenlicht – hoffentlich nicht nur im Ernstfall. Dieses sicher zu stellen ist die Aufgabe des IT-Service-Continuity-Managements. Es hat aber gleichzeitig eine besondere
Beziehung zum unternehmensweiten Business-Continuity-Management – falls dieses
vorhanden ist.

Wir stellen weiterhin das Service Level Management und die zugehörigen Service Level Agreements (siehe auch Kap. 3) in den Vordergrund. Alle Prozesse, die einen expli-
ziten Kundenbezug haben, sollten immer besonderes Augenmerk bekommen, da hier die
IT einen Rollenwechsel vornehmen muss und eine Kundenperspektive in ihre Sichtweise
einbeziehen soll.

Jeweils zu den Prozessen können ggf. Visualisierungen oder Modellierungen der Prozesse gehören. Arbeitsanleitungen als untergegliederte Dokumente gehen auf eine recht
tiefe Detailebene und werden entsprechend unübersichtlich. Eine visualisierte Prozess-
landkarte rundet die IT-Prozessdokumentation ab.

Partner und Lieferanten – Third Level Support
In diesem Abschnitt findet man pro System (Software oder Hardware) Informationen zu Partnern oder Lieferanten, insbesondere solchen, mit denen man Dienstleistungsverträge zum 3rd Level Support hat. Wenn tiefergehende Details anderswo beschrieben sind – beispielsweise Kontaktinformationen über Zuweisungsgruppen in einem Incident-Management-Tool – werden diese hier nicht doppelt gepflegt, sondern auf den anderen Ort verwiesen.

IT Operations Management
Im Abschnitt zum IT Operations Management werden die Standard-Vorgehensweisen und Strukturdokumentation dieses Funktionsbereichs beschreiben. Dazu gehören insbesondere:

* Tägliche/wöchentliche/monatliche/jährliche Betriebspläne, Aufgaben und Checklisten,
* das Datensicherungskonzept (Backup- und Restore-Konzept – insbesondere auch systemübergreifend),
* die Job-Scheduling-Dokumentation,
* die Informationen zum Konsolen-Management,
* Dokumentation und Checklisten zu Wartungsarbeiten,
* Anweisungen und Dokumentation zum Monitoring und Event-Management (soweit noch nicht in den o.g. Prozessen enthalten) und
* weitergehende Dokumentation zur Infrastruktur (also beispielsweise Gebäudeplan, Verkabelungen, Strom, USV, Klima, Löschanlagen, etc.).

Hierbei werden sich auch immer „Standard Operating Procedures" (SOPs) finden, also spezielle Arbeitsanleitungen für technische Vorgehensweisen.

Eine Wartungs-Roadmap für Tools und die Infrastruktur kann ebenfalls bereits an dieser Stelle Eingang finden oder sich in einer IT-Betrieb-übergreifenden Dokumentation wiederfinden.

Technical Management
Die eher an der Technik orientierten Arbeitsschritte verdienen einen eigenen Abschnitt und beschreiben z. B.

* tägliche/wöchentliche/monatliche/jährliche Betriebspläne, Aufgaben und Checklisten,
* Server (Hardware, Betriebssysteme, Software),
* Netzwerk-Architektur (LAN, WAN, WLAN, VPN, etc.),
* Netzwerk-Dienste und –Protokolle, Ports,
* Storage,
* Datenbanken,
* Verzeichnisdienste,
* Middleware und Schnittstellen,
* Internet und
* Desktops (Hardware, Betriebssysteme, Anwendungen).

Auch hier können SOPs und eine Wartungs-Roadmap – wie schon beim IT Operations Management – hinterlegt sein.

Application Management
Im Abschnitt zum Applikationsbetrieb werden die speziellen Vorgehensweisen und Unterstützungsleistungen zu den Anwendungen dokumentiert, die von einem Applikations-Betrieb unterstützt werden. Dazu gehören wiederkehrende Aufgaben (Betriebspläne zu wiederkehrenden Aufgaben sowie Checklisten). Aber auch ggf. weiterführende Dokumentation zu einem fachlichen Event-Management und fachlichen Monitoring der Anwendungen findet hier ebenfalls Platz.

Unterstützende IT-Hilfstools
Im IT-Betrieb gibt es eine Reihe von unterstützenden Tools. Diese reichen von einem oder mehreren „ITIL-Tools" (d. h. ein oder mehrere Tools zur Unterstützung von IT-Prozessen wie Change-Management, Configuration-Management, Event- und Incident-Management, etc.) über Tools zur Verwaltung von Nutzern, Rollen und Berechtigungen, Backup & Restore, Service Desk-Tools, etc. (Beispiele hierzu findet man in im Kap. 12).

Löschkonzept
Hier wird erläutert, wie mit Löschungen, insbesondere von personenbezogenen Daten, umgegangen wird und ggf. weiterführende IT-Dokumente integriert. Es gibt außerdem einen Verweis auf das Datenschutzkonzept (als Teil der Management-Prozesse).

Transition to Operation
Dieses Thema aus dem Bereich Service Design und Service Transition wird hier aus einer betrieblichen Sichtweise behandelt. Was sind betriebliche Anforderungen an neu einzuführende Software? Wie lauten das Testkonzept und die Anforderungen an Testaktivitäten aus betrieblicher Sicht? Diese inhaltlichen Themen werden in Kap. 9 genauer beleuchtet.

IT-Rollen und IT-Rechtekonzeption
Die IT-Rollen und Berechtigungen werden im Betriebskonzept aufgeführt. Wir gehen näher in Abschn. 5.7 darauf ein. Zu betonen ist, dass es Rollen und Berechtigungen für den Kunden gibt, dass aber die spezifischen Rollen und Berechtigungen der IT-Mitarbeiter und von technischen Systemen nicht aus dem Auge verloren werden dürfen. Gerade die Stilllegung von Zugängen und Berechtigungen stellt den IT-Betrieb vor eine besondere Herausforderung: Kann ein Zugang oder eine Berechtigung ohne Nebenwirkung gelöscht werden?

Weitere Themen
Je nach Gewichtung im Unternehmen und im IT-Betrieb werden folgende Themen noch weitere Rollen spielen:

- Projektmanagement: Welche Methodik wird verwendet, wenn es Projekte im Betrieb selber gibt? Unterliegt der IT-Betrieb der gleichen Vorgehensweise wie die Entwicklungs-Projekte? Wenn nein, wo unterscheiden sie sich und warum? Wie wird mit Anforderungen an betriebliche Tools umgegangen?
- Sicherheit: Hier wird mindestens ein Verweis auf die IT-Sicherheitsdokumente vorkommen.
- Risikomanagement: Hier wird mindestens ein Verweis auf das IT-Risikohandbuch (ggf. als Teil des firmenweiten Risikohandbuchs) vorkommen.

5.5.4 Die Systemdokumentation

Die Systemdokumentation ist eine Überblicksdokumentation über alle wichtigen IT-Services und IT-Systeme auf einer hohen fachlichen Ebene einerseits, aber auch bis in tiefe technische Details hinein andererseits. Exemplarisch sehen hierbei Inhalte folgendermaßen aus:

- Grobe Gliederung der Geschäftsprozesse und damit auch der IT-Systeme des Unternehmens
- Herunterbrechen in Teilsysteme bzw. Teil-Services mit den unterstützten Geschäftsprozessen – die Detaillierung kann je nach Bedeutung für die Geschäftsprozesse oder die IT durchaus sehr unterschiedlich sein. Es bietet sich eine „Übersetzung" von IT-Systemen und Systemprozessen in Geschäftsprozesse an. Je nachdem, wie Geschäftsprozesse und Geschäftsabläufe auf verschiedene IT-Systeme verteilt sind, kann eine solche Übersetzung recht aufwändig sein und nur in Kooperation mit den anderen Fachbereichen des Unternehmens erfolgen.
- Schnittstellenübersicht – sowohl graphisch als auch tabellarisch. Dabei können die Schnittstellentechniken im Einzelnen beschrieben werden.
- Herunterbrechen und Auflistung von Einzeldokumentationen zu IT-Systemen (Installationsanleitungen, Systemhandbücher, Nutzerhandbücher, Betriebshandbücher), zu IT-Systemübergreifenden Dokumenten (Dokumente zu einzelnen Schnittstellen), aber auch Architekturdokumente (Datenmodelle, Datenflussübersichten, etc.).

An dieser Aufzählung ist leicht zu erkennen, dass die Systemdokumentation eines IT-Betriebs aus vielen tausend Dokumenten bestehen kann.

In der Systemdokumentation spielt die Configuration Management Datenbank (CMDB) eine besondere Rolle. Sie selber kann Teil der CMDB sein (ITIL sagt nicht, dass die CMDB eine einzige Datenbank sein muss und dass diese Datenbank eine tatsächliche Datenbank sein muss), und somit zugänglicher Ort für zu verwahrende Informationen und Dokumente. Teile aus der Systemdokumentation können auch *automatisch* aus der CMDB heraus erzeugt werden (zur CMDB siehe auch Kap. 8.3.10). Auf keinen Fall dürfen Informationen an zwei verschiedenen Stellen gepflegt werden – die Konsequenzen lassen sich in der Praxis nicht beherrschen.

Das interne IT-Verfahrensverzeichnis (siehe z. B. [31]) kann entweder Teil einer Systemdokumentation sein oder sich zumindest aus ihr ergeben. Solch ein IT-Verfahrensverzeichnis listet alle computergestützten Erfassungsverfahren einer Organisation auf. Es bezieht sich damit insbesondere auf die computerisierte Erhebung, Verarbeitung und Nutzung von personenbezogenen (oder personenbeziehbaren) Daten. Das Bundesdatenschutzgesetz [32] regelt den Umgang mit personenbezogenen Daten, Meldepflichten und den Verpflichtungen, denen mit der Führung eines IT-Verfahrensverzeichnisses nachgekommen werden kann.

Bei der Systemdokumentation besteht die Gefahr, dass versucht wird, hier alles unterzubringen, was sonst nicht dokumentiert wäre. Dies ist eine Gefahr, weil sie dadurch recht umfangreich werden kann – zu Lasten der Pflegbarkeit. Wir empfehlen, die Systemdokumentation so schlank wie möglich zu halten – aber nicht schlanker! Es gilt also wie immer: Inhalte und die Dokumentationstiefe müssen den Bedürfnissen der Zielgruppe angepasst sein, aber auch den Möglichkeiten der Pflege durch die Eigentümer der Dokumente.

5.5.5   Das IT-Notfallkonzept

Ein wichtiger Teil des Betriebskonzeptes – und oft als eigenes Dokument geführt – ist das IT-Notfallkonzept, oft Notfallhandbuch genannt. Das Notfallhandbuch ist ein Mittel eines funktionierenden IT-Service-Continuity-Managements (siehe Kap. 8.3.12). Als solches hat das IT-Notfallhandbuch eine sehr enge Beziehung zum Business Continuity Mangement, eine firmenübergreifende Aufgabe zur dauerhaften Aufrechterhaltung der Produktion. Bei manchen Unternehmen wird sich das firmenübergreifende Notfallkonzept in wesentlichen Teilen auf ein **IT**-Notfallhandbuch beschränken.

Viele Notfälle lassen sich antizipieren, manche aber nur recht generisch. Im IT-Notfallkonzept soll die IT-Betriebsorganisation auf Notfälle und Krisen vorbereitet werden. Wenn ein Notfall auftritt, sollen die Auswirkungen und der Schaden für das Unternehmen minimiert werden.

Der Stromausfall – das Standardbeispiel

Ein beliebtes und gut antizipierbares Beispiel für einen Notfall ist ein Stromausfall.

Für **kurzzeitige** Stromausfälle im Bereich von Sekunden oder Sekundenbruchteilen sind üblicherweise Unterbrechungsfreie Stromversorgungen (USV) vor Serverräumen eingebaut – sie puffern diese Netzwischer effektiv ab. Die USV sorgt so dafür, dass kein Notfall eintritt und verdoppelt fast die Infrastrukturkosten eines Servers.

Um einer **mittel- oder längerfristigen** Unterbrechung der Stromversorgung eines einzelnen Stromlieferanten zu begegnen, wird in Rechenzentren ein permanenter zweiter Stromlieferant (mit einem unabhängigen und idealerweise vom ersten Stromeingang weit entfernten Stromeingang) gewählt. Das Notfallhandbuch würde schon hier einsetzen: Welche zusätzlichen Maßnahmen werden im Falle eines Stromausfalles bei auch nur einem der Lieferanten ergriffen? Schließlich ist für diese Zeitspanne keine weitere Redundanz mehr vorhanden.

Das IT-Notfallkonzept enthält immer Maßnahmen für den Fall, dass die gesamte externe Stromversorgung ausfällt. Bei größeren Rechenzentren wird üblicherweise ein Notstromaggregat vorhanden sein, also beispielsweise ein Stromgenerator verbunden mit einem Dieselmotor und ausreichend Dieselkraftstoff. Die kurze Zeit bis die Notstromaggregate anspringen wird von der USV gepuffert. Was dann beachtet und getan werden muss, ist im Notfallkonzept zu dokumentieren: Wie ist absehbar, wann die externe Stromversorgung wieder anspringt? Wie lange hält der Dieselvorrat? Woher bekomme ich Dieselnachschub (üblicherweise werden hierzu Verträge mit Lieferanten[21] für den Notfall geschlossen)? Muss ich Systeme geordnet herunterfahren, um Strom zu sparen? Hier kann viel antizipiert werden, so dass in einem echten Notfall auf vorweggenommene und erprobte Szenarien[22] zurückgegriffen werden kann. Der Bedarf für Notstrom kann durchaus für längere Zeit bestehen: Wie lange benötigt ein Stromanbieter, um eine abgebrannte Umspannstation neu aufzubauen?

Inhalte des IT-Notfallkonzeptes
Im Notfallkonzept sind alle Vorgehensweisen und Zuständigkeiten für einen Notfall festgelegt. Was ein Notfall ist, wird hier natürlich ebenfalls definiert. Dabei werden nicht nur technische Maßnahmen geschildert, sondern auch organisatorische: Wer muss unterrichtet werden, gibt es einen Notfall-Stab, was sind die Compliance-Auswirkungen?

Bei grundlegenden Störungen („Krisen") kann das Überleben eines Unternehmens von einem sorgfältig durchdachten und geschriebenen IT-Notfallhandbuch abhängen. Deswegen ist das Vorhandensein eines solchen bei vielen Unternehmen schon aus Compliance-Sicht verpflichtend.

Wichtig ist auch die Verbindung zum Unternehmens-Notfallkonzept. Das IT-Notfallkonzept ist also nicht ein isoliertes Dokument (und repräsentiert nicht einen singulären Prozess) innerhalb eines Unternehmens, es ist vielmehr eingebettet in firmenweite Regelungen.

Im BSI-Standard 100-4: Notfallmanagement [33] ist gut beschrieben, wie man ein Notfallmanagement inklusive der notwendigen Dokumentation aufbaut. Demnach enthält das Notfallkonzept mindestens folgende Elemente:

- Plan für Sofortmaßnahmen (beispielsweise werden bei einem Feuer im Rechenzentrum nach der Bergung und Rettung von Personen nach Möglichkeiten Backup-Medien gerettet).

---

[21] In der Praxis steht zu vermuten, dass alle Nutzer von Notstromaggregaten eine vorrangige Belieferung mit dem Lieferanten vereinbart haben. U. U. jedoch alle mit demselben Lieferanten, so dass bei einem großflächigen Stromausfall die bevorzugte Belieferung nicht mehr sichergestellt werden kann.

[22] Probeläufe in aktiv genutzten Stromkreisläufen sind riskant: Anekdotisch sei ein Test eines Notstromaggregats berichtet, der sich beim Einschalten als fatal entpuppte: Das Dieselaggregat war phasenverkehrt angeschlossen und arbeitete „mit voller Kraft" gegen den Strom des Stromnetzes – ein sofortiger Ausfall der gesamten Stromversorgung war die Folge.

- Aufbau und Funktionsweise des IT-Krisenstabs – dieser ist stark mit dem unternehmensweiten Krisenmanagement abzustimmen oder findet sich in diesem wieder.
- Der Plan für die Krisenkommunikation (dabei ist sowohl die interne als auch die externe Kommunikation zu beachten).
- Geschäftsfortführungspläne: Diese fassen zusammen, wie auf eine Geschäftsunterbrechung reagiert wird und wie kritische Geschäftsprozesse wiederaufgenommen werden (inklusive einem Notfallbetrieb).

Inhaltlich wird das Notfallkonzept somit im Wesentlichen zwei Elemente enthalten:

- Einen **allgemeinen Teil**, der Prozesse, Vorgehensweisen, organisatorische Fragen für den Fall eine Notfalls oder einer Krise vorsieht; dieser gilt für jeden Notfall und jede Krise – egal ob diese antizipiert wurde oder nicht.
- Einen **speziellen Teil**, der Antworten auf bestimmte, vorhergesehene Notfälle (wie beispielsweise unseren langfristigen Stromausfall weiter oben in diesem Abschnitt) liefert und auf jeden Fall ein guter Startpunkt für das Vorgehen in einem echten Notfall ist.

Die tatsächliche Struktur des Notfallkonzeptes muss natürlich wieder an die konkreten Zwecke und Ziele des jeweiligen Unternehmens angepasst sein. Es gibt nur wenige Punkte, die für jedes Notfallkonzept zu beachten sind:

- Übersichtlichkeit, einfache Sprache, einfache Auffindbarkeit von Information, gute Gliederung: In einem tatsächlichen Krisenfall muss es Personen, die das Notfallkonzept konsultieren, so einfach wie möglich gemacht werden. Checklisten (siehe Abschn. 5.6.3) können dabei helfen.
- Gerade bei einem Notfallkonzept ist Aktualität besonders wichtig. Es empfiehlt sich, solche Informationen, die permanentem Wandel unterworfen sind, an einer Stelle im Dokument zu sammeln, elektronisch zu verlinken oder zumindest besonders hervorzuheben. Aktualisierungen sollen so einfach wie möglich gemacht werden.

Das IT-Notfallkonzept und Krisenmanagement
Ein Notfallkonzept ist eng verwandt mit dem Thema Krisenmanagement. Die BSI100-4 [33] unterscheidet den Notfall und die Krise im Wesentlichen lediglich durch die Auswirkungen: Während beim Notfall die Prozesse oder Technik nicht wie vorgesehen funktionieren und „hohe bis sehr hohe Schäden" entstehen, existieren bei der Krise keine Ablaufpläne und die Existenz des Unternehmens ist gefährdet. Die Krise ist also ein „verschärfter Notfall".

Blaulichtorganisationen und Armeen haben langjährige Erfahrung im Krisenmanagement. Im Praxishandbuch Krisenmanagement [34] werden aus einer praxisbezogenen Perspektive vier Elemente des Krisenmanagements aufgeführt:

- **Command** (das eigentliche Krisenmanagement: die Krisenorganisation, die unterstützende Infrastruktur für die Organisation und die Prozesse)

- **Communication** (also die begleitende Kommunikation mit den Schwerpunkten Inhalte, Adressaten und Kanäle)
- **Care** (umfassende Betrachtung der Krise: Betreuung, Schutz & Abschirmung, interne Kommunikation, Hotline und Stress-Management) und
- **Compliance** (also die Übereinstimmung mit regulatorischen Vorgaben)

Diese Krisenbetrachtung ist dabei auf die Unternehmensebene bezogen (in der Regel wird ein IT-Betrieb nicht mit der externen Kommunikation betraut sein), jedoch kann ein guter IT-Betrieb sich auch hier gute Vorgehensweisen abschauen – selbst der rein interne Kommunikationsbedarf wird auf jeden Fall enorm sein.

5.5.6 Das IT-Risikohandbuch

Das IT-Risikohandbuch kann Teil des unternehmensweiten Risikohandbuches sein. Es folgt also in dieser Hinsicht auch den firmenweiten Vorgaben zum Risikomanagement. Sind diese nicht vorhanden (und die IT-Abteilung kann nicht auf eine entsprechende Etablierung hinwirken), muss es trotzdem in der IT-Abteilung geführt werden. Es lohnt sich insbesondere dann, wenn es Teil einer regelmäßigen Selbstkontrolle des IT-Betriebes ist.

Das IT-Risikohandbuch enthält die Vorgehensweisen zur Risikoerkennung, Risikoquantifizierung und Risikoabwendung bezogen auf die IT. Die „IT" bedeutet dabei die Organisation und das Personal, ebenso wie die Infrastruktur und Technik [35]. Die einzelnen Risiken werden anhand der festgelegten Vorgehensweise benannt und quantifiziert und es werden für jedes Risiko, das nicht einfach akzeptiert wird, Maßnahmen zu seiner Vermeidung aufgeführt. Es werden Mitigationsmaßnahmen aufgeführt, wenn eine Vermeidung des Risikos zu aufwändig oder nicht möglich ist – durch diese Maßnahmen werden bei einem tatsächlichen Eintritt eines antizipierten Risikos die Auswirkungen minimiert. Auch ein Transferieren des Risikos (beispielsweise durch eine Versicherung) ist möglich.

Das IT-Risikohandbuch muss – wie alle Dokumente – regelmäßig überprüft und bei relevanten technischen Veränderungen aktualisiert werden.

Viele Gefährdungen für einen IT-Betrieb sind über Unternehmen, Branchen und Regionen gleich, und dies gilt dann auch für standardisierte Antworten auf solche Gefährdungen. Der BSI-Standard 100-3 „Risikoanalyse auf der Basis von IT-Grundschutz" enthält eine Methodik, wie auf Basis der IT-Grundschutzkataloge [24] eine „vereinfachte Analyse von Risiken (…) durchgeführt werden kann".

5.5.7 Das Löschkonzept

In Abschn. 5.2.9 haben wir uns damit befasst, dass insbesondere dafür gesorgt werden muss, dass personenbezogene Daten in Dokumenten gelöscht werden. Das gilt erst recht für personenbezogene Daten in IT-Systemen.

Es stellen sich also wieder die folgenden Fragen:

- Welche personenbezogenen (oder -beziehbaren) Datenarten dürfen wie lange in IT-Systemen aufbewahrt werden? Dies ist abzuleiten aus gesetzlichen oder weiteren regulatorischen Vorgaben. Ein Herunterbrechen auf die verschiedenen IT-Systeme ist sinnvoll, was eine Analyse der personenbezogenen Daten einschließt.
- Wann wird in IT-Systemen (d. h. Applikationen, Datenbanken, Logfiles, etc.) gelöscht?
- Wie wird gelöscht? Wie ist dies technisch (oder organisatorisch) implementiert?
- Was darf *nicht* dokumentiert werden, welche Daten dürfen nicht erhoben werden?

Im Idealfall werden personenbezogene oder personenbeziehbare Daten erst gar nicht erhoben oder in IT-Systemen gespeichert, wenn dies nicht absolut nötig ist.

Insbesondere bei größeren Systemen, bei denen ggf. personenbezogene Daten auch auf verschiedene Teilsysteme verteilt sind, lohnt es sich, systematisch die Datenbestände in Datenarten aufzuteilen und jeweils Standardfristen zu bilden. Implizit werden damit Löschklassen definiert [36], bei denen personenbezogene (und ggf. sonstige Daten) aus IT-Systemen Speicherfristen zugeordnet sind. Einen guten Überblick über diese Thematik gibt die „Leitlinie zur Entwicklung eines Löschkonzeptes mit Ableitung von Löschfristen für personenbezogene Daten" des Deutschen Instituts für Normung [37], das inhaltlich auch in die DIN 66.398 [38] eingegangen ist.

Es gilt im Allgemeinen: Ein Löschkonzept für ein IT-System wird am besten schon bei der Konzeption des Systems erarbeitet (siehe auch Kap. 7.4.1). Die Datenarchitektur kann dann von Anfang an so angelegt werden, dass eine adäquate Löschung keine Probleme hervorruft.

Löschpflichten sollten im IT-Betrieb nicht lediglich als lästige Angelegenheit angesehen werden. Wenn personenbezogene Daten über den zulässigen Zeitpunkt heraus beibehalten werden, ist dies nicht nur ein Verstoß gegen gesetzliche Vorgaben, es kann auch Nachteile in der IT und in den Geschäftsbereichen mit sich bringen. Je nach Umfang haben historische Datenbestände Einfluss auf Kosten von Datenspeichern (auch wenn diese im Laufe der Zeit immer billiger wurden), auf Kosten und zeitlicher Performanz von Backups. Die Datenqualität von alten Daten mag nicht gut sein und verfallen. Wenn IT-Systeme aktualisiert oder geändert werden und dabei Daten transferiert werden müssen, hat die Größe von Daten einen negativen Einfluss auf solche Migrationen.

5.6   Weitere relevante Dokumentation

5.6.1   Das Reporting

Mit Reporting bezeichnet man Berichte und Maßnahmen für deren Erstellung, Verarbeitung, Verteilung und Aufbewahrung. Reports sind Records (d. h. Aufzeichnungen), nicht Dokumente.

Oft ist der IT-Betrieb nicht der Ersteller von Reports, sondern deren Ermöglicher (englisch *„facilitator"*, ein Begriff der uns noch in Kap. 11 ausführlich begegnet). Aber auch der IT-Betrieb benötigt Berichte für seine Arbeit, beispielsweise in Form von Reports über technische Gegebenheiten (etwa über Verläufe von Verfügbarkeiten von IT-Systemen) oder Service-bezogene Kennzahlen (wie Reports zu SLA-Erfüllungen).

▶   Auch Verläufe nicht-technischer Kennzahlen können für einen IT-Betrieb relevant sein, beispielsweise solche über Kunden-Interaktionen zwischen der IT-Organisation und den anderen Fachbereichen. Diese IT-internen Reports können – wie in einem Call Center – die Sicht auf den Kunden stärken. Deswegen sollte das Management des IT-Betriebs auf regelmäßiges Reporting in Bezug auf die Kunden der IT bestehen.

   Wie Levitt schon 1983 feststellte: *„Eines der sichersten Anzeichen einer schlechten oder sich verschlechternden Beziehung ist das Fehlen von Beschwerden"*[23].

Gerade im Umfeld der Bereitstellung von Reports für andere Fachbereiche gibt es spannende Fragen für einen IT-Betrieb:

* Auf welcher Datenbasis setzen die Kennzahlen auf? Und falls ähnliche oder gar gleiche Kennzahlen von verschiedenen Stellen berechnet werden: Setzen sie auf den gleichen Daten zur gleichen Zeit auf?
* Gibt es eine klare Trennung von Geschäftsprozess-Monitoring und Geschäftsprozess-Reporting? Ist auch eine Unterscheidung zu Geschäftsanalysen gewahrt?
* Ist diese Unterscheidung zwischen Monitoring, Reporting und Analyse auch in der IT-Organisation für IT-Monitoring, IT-Reporting und IT-Analysen gewahrt?
* Werden die Geschäftsbereiche so vom IT-Betrieb bedient, dass sie flexibel beim Einsatz von IT-Reporting-Werkzeugen sind?

Diese Fragen gehen über die Kernfragen dieses Kapitels – der Dokumentation – hinaus. Jedoch sind sie für jeden IT-Betrieb wichtig.

5.6.2   Weitere Themen

Es gibt natürlich weitere IT-Dokumentation. Je nach Schwerpunkt und Organisation der IT-Abteilung eines Unternehmens werden Themen in gesonderten Dokumenten beschrieben oder in umfassenderen Dokumenten untergebracht. Wir zählen hier einige typische Vertreter auf, die oftmals eine besondere Bedeutung für den IT-Betrieb haben.

---

[23] Englisches Original [39]: *„One of the surest signs of a bad or declining relationship is the absence of complaints."*

Mengengerüste und Kapazitätsplan

Diese dokumentieren fachliche und betriebliche Mengengerüste (also beispielweise: wie viele Kundenzugriffe werden auf einer Webseite gleichzeitig gegeben – im Durchschnitt und im Maximum? Welche Antwortzeiten sind dabei bei welcher Transaktion einzuhalten? Welche Backup-Volumina werden pro Tag erwartet?). Dabei werden sowohl IST-Stände, Durchschnittwerte, Spitzenwerte (und -zeiten) sowie künftiges Wachstum festgehalten.

Mengengerüste sind eng verwandt mit dem Kapazitätsplan, der aber eher technisch ausgerichtet ist. Diese Dokumente sind zum Teil Ergebnisse des Capacity Managements, werden also auch in diesem Prozess erstellt und festgehalten. Dort findet sich dann auch die Verknüpfung zwischen technischen und fachlichen Kennzahlen wieder.

Testdokumentation

Die Dokumente und Aufzeichnungen zu Tests – fachliche Tests und vor allem betriebliche Tests – sind wertvolle Referenzdokumente für einen IT-Betrieb. In der Dokumentation zu Tests kann beispielsweise nachgelesen werden, ob bestimmte Mengengerüste schon gegen IT-Systeme getestet wurden – oder ob dies noch zu tun ist.

Weitere Prozess-Dokumentation nach ISO 9001

Die IT-Organisation wirkt natürlich, wie der Rest des Unternehmens, bei einer ganzheitlichen Prozessdokumentation und bei der Erfüllung von Dokumentationserfordernissen des Unternehmens mit, beispielsweise um eine Zertifizierung nach ISO 9001 [22] zu erhalten. Es sollte keine oder allenfalls sehr wenige Dokumente geben, die eigens für eine solche Zertifizierung zu erstellen ist, die aber nicht in den Rahmen der sonstigen Dokumente aus diesem Kapitel passen.

5.6.3 Die Königin der Dokumente: die Checkliste

Checklisten können „Standard Operating Procedures" (SOP), d. h. Standardvorgehensweisen, oder auch Teile davon sein. Die Nützlichkeit von Checklisten ist langerprobt und erwiesen, beispielsweise in der Luftfahrt, der Baubranche sowie nach und nach auch in der Medizin [40]. Im IT-Betrieb werden sie in vielen Firmen ebenfalls eingesetzt.

Mit Checklisten möchte man sicherstellen, dass vorhandenes Wissen auch wiederkehrend und korrekt angewendet wird. Es geht also darum, dass bei Vorgängen, bei denen man eigentlich weiß, wie sie ablaufen sollten, keine Fehler passieren. Vermeidbare Fehler sollen so auch tatsächlich vermieden werden.

Bei Checklisten kommt es in erster Linie darauf an, ob sie unter Zeitdruck gebraucht werden oder nicht – darauf muss sich auch die Gestaltung ausrichten. „Unter Zeitdruck" bedeutet, dass das Lesen der Checkliste einen Teil der Zeit auffrisst, die für den Vorgang eigentlich dringend benötigt wird. Das ist zum Beispiel bei Checklisten zu Notfallmaßnahmen für Piloten im Cockpit der Fall. Solche Checklisten müssen kurz und auch unter extremen Stresssituationen sehr verständlich sein, sie müssen auch sehr gut getestet sein.

Diese Listen enthalten dann nur „Killerpunkte" [40], also solche Punkte, deren Missachtung maximalen Schaden verursachen.

Bei Checklisten im IT-Bereich wird man oft – nicht immer – in Bereichen tätig sein, die nicht lebenskritisch sind. Zeitliche Beschränkungen können aber auch im IT-Betrieb in bestimmten Fällen zumindest finanzielle Auswirkungen haben – insbesondere bei Notfall-Checklisten. Entsprechend ist der Zeitfaktor bei der Gestaltung der Checklisten ggf. zu berücksichtigen.

Checklisten sollen unmissverständlich sein – schlechte Checklisten sind vage. Die Verständlichkeit, die Länge, die Gebrauchstauglichkeit von Checklisten sollte man im Alltag testen. Bei Checklisten, die regelmäßig und oft verwendet werden, bietet es sich natürlich an, diese Checklisten anhand der Erfahrungen mit ihnen zu überarbeiten. Bei Notfall-Checklisten oder anderen Checklisten, die selten oder nie gebraucht werden, sind – wie bei anderen SOPs – möglichst realitätsnahe Tests und Überarbeitungszyklen einzuplanen.

An dieser Stelle muss auch auf Befürchtungen und Unbehagen von IT-Mitarbeitern im Zusammenhang mit Checklisten eingegangen werden. Einem guten Teil dieser Personen ist klar, dass Checklisten dabei helfen, gleichbleibend gute und verlässliche Qualität von IT-Services zu liefern. Bei manchen IT-Mitarbeitern haben sie jedoch einen schlechten Ruf – sie werden als Einschränkung angesehen, als bürokratische Hürden, die Inflexibilität bedeuten. Sie haben dann den Ruf von „Toilettenlisten" (also solche Listen, die in Fast Food-Restaurants auf der Toilette hängen und in die sich Mitarbeiter nach der regelmäßigen Kontrolle der hygienischen Verhältnisse eintragen müssen. Eine sinnvolle Einrichtung, um Mitarbeiter tatsächlich zur Kontrolle zu bewegen und den Gästen ebenfalls zu zeigen, dass dies so ist).

Checklisten können verschiedene Formen annehmen [40]:

Read-Do-Checklisten
Bei Read-Do-Checklisten wird *vor* einer Tätigkeit der jeweilige Punkt in der Checkliste konsultiert, dieser abgearbeitet und dann zum nächsten Punkt übergegangen. Die Checkliste kann, je nach Bestimmungszweck, elektronisch oder per Hand ausgefüllt werden. Wenn eine solche Checkliste ausgefüllt wurde, hat man damit einen „Record" (Abschn. 5.2.1) erzeugt.

Do-Confirm-Checklisten
Do-Confirm-Checklisten sind solche, bei denen Tätigkeiten von einer oder mehreren Personen durchgeführt werden, die nach einer gewissen Zeit stoppen. Anschließend vergewissert man sich durch einen (gemeinsamen) Blick auf die Checkliste, dass nichts vergessen wurde. Auch diese Art von Checkliste kann man – wenn vorgesehen – ausfüllen und damit einen Record erzeugen.

Zeitliche Checklisten – die Sonderform der Do-Confirm-Checkliste
Die beiden oben genannten Typen von Checklisten sind typischerweise für bestimmte Ereignisse bestimmt. Es soll ein gewisser Vorgang ausgeführt werden (Ereignis) und dafür

Abb. 5.6 Beispiel: Angedeu-
tete wöchentliche Checkliste
des Incident-Managements

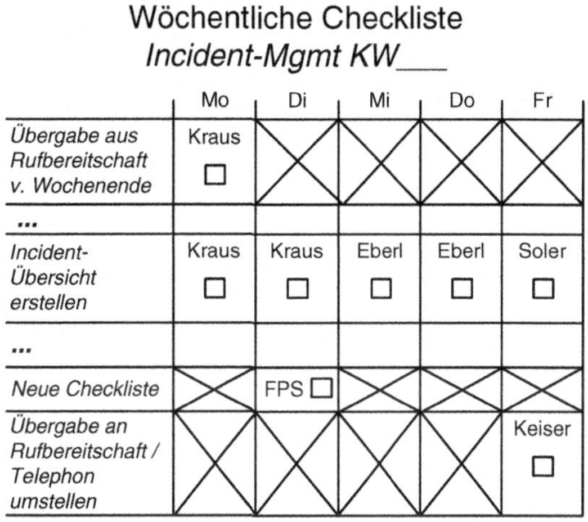

Wöchentliche Checkliste
Incident-Mgmt KW___

	Mo	Di	Mi	Do	Fr
Übergabe aus Rufbereitschaft v. Wochenende	Kraus ☐	✕	✕	✕	✕
...					
Incident-Übersicht erstellen	Kraus ☐	Kraus ☐	Eberl ☐	Eberl ☐	Soler ☐
...					
Neue Checkliste	✕	FPS ☐			
Übergabe an Rufbereitschaft / Telephon umstellen	✕	✕	✕	✕	Keiser ☐

wird die Checkliste verwendet. Manche Aufgaben im IT-Bereich sind jedoch nicht an ein auslösendes Ereignis gebunden – es sollen regelmäßige Tätigkeiten ausgelöst, überwacht und dokumentiert werden.

Gerade in kleineren Organisationen bietet es sich an, für solche regelmäßigen Tätig-keiten eine zeitliche Checkliste einzusetzen, da sie relativ wenigen administrativen Over-head nach sich zieht. Diese Checkliste kann sich auf eine Tages-, Wochen-, Monats-,aber auch eine Jahreszeitscheibe beziehen. Je relevanter Zeiteinheit sind die Regeltätigkeiten nach unten aufgeführt, die Zeitscheiben (also: Stunden, Tage, Wochen oder Monate) nach rechts. Ggf. kann dies mit einer Planung einhergehen, wer die Checkliste in welchen Stun-den (Tagen, Wochen oder Monaten) ausfüllt. Eine solche Liste sollte ausgedruckt an sicht-barer Stelle aufgehängt werden, so dass jeder sie regelmäßig im Blick hat. Diese Listen haben als einen der Checkpunkte das Erstellen einer neuen Liste. Wenn eine Liste beendet ist, wird sie zu einem Record, der entweder abzulegen oder zu vernichten ist.

In Abb. 5.6 sehen wir ein verkürztes Beispiel. Die Checkliste hat eine Überschrift, in die man die Kalenderwoche (KW) einträgt. Nach rechts sind die Tage der Woche (außer Wochenenden) eingetragen. Pro Aufgabe(nblock) ist eine Zeile vorgesehen – diese Auf-gaben können z. B. täglich fällig sein. In den einzelnen Zellen sind die Namen oder Kürzel der zuständigen Mitarbeiter eingetragen und Platz zum Abhaken gelassen. Nicht-relevante Zellen sind ausgekreuzt. Die Beispiel-Checkliste aus Abb. 5.6 enthält somit alles, was essenziell ist: eine Kurzbeschreibung der Tätigkeit, einen Zeitpunkt oder Zeitraum, die Zuordnung zu einer Person (denkbar ist auch eine Rolle) und Platz zum Abhaken.

Eine so beschriebene Liste wirkt etwas „old school". Sie hat auch tatsächlich eine ge-wisse Gemeinsamkeit mit den oben genannten Toilettenlisten. Doch das soll nicht ab-schrecken – diese Listen können einfach und effizient sein. Bei größeren Unternehmen sowie verteilten Rollen und Aufgaben bietet sich selbstverständlich eine elektronische Abbildung an.

5.7 IT-Rollen und IT-Berechtigungen

5.7.1 Rollen – Personen – Berechtigungen

In prozessorientierten Managementsystemen werden Aufgaben, Kompetenzen und Verantwortlichkeiten nicht direkt bestimmten Mitarbeitern zugewiesen, sondern Rollen definiert,
die dann wiederum Personen zugewiesen werden. Zwischen Personen und Rollen muss
es keine 1:1-Beziehung geben – eine Person kann mehrere (oder sogar viele Rollen) besetzen. Eine einzige Rolle kann von verschiedenen Mitarbeitern wahrgenommen werden.

Beispiel

Ein Beispiel ist die Rolle eines Projekt-Managers. Die Kompetenzen, Aufgaben und
Verantwortungen des Projekt-Managers in einer Organisation werden der „Rolle Projekt-Manager" zugeordnet. Hinzu kann beispielsweise die Abgrenzung von anderen
Rollen kommen, aber auch die Werkzeuge, die verwendet werden, die IT-Systeme und
die damit verbundenen Berechtigungen.

Es kann in einer Organisation durchaus mehrere Projekt-Manager geben (in mittleren und großen Organisationen ist dies eher die Regel). Diese können sich in ihrer
Verantwortung beispielsweise in einem Fachgebiet abgrenzen (Projektmanager SAP,
Projektmanager CRM, Projektmanager Oracle-Datenbanken, etc.), eine Zuordnung
von Projektmanagern zu bestimmten Projekten könnte aber auch nicht auf fachlicher
Disposition, sondern auf freien Kapazitäten beruhen (sicher nicht ideal, aber innerhalb
bestimmter Grenzen nicht unüblich).

Abbildung 5.7 ist die Zuordnung von Mitarbeitern zu Rollen und Rollen zu Verantwortungen, Aufgaben und Kompetenzen verdeutlicht.

In Prozess-Dokumentationen werden typischerweise ausschließlich Rollen verwendet.
Eine Zuordnung der Mitarbeiter zu den Rollen wird in der Betriebsmatrix [41] festge-

Abb. 5.7 Rollenzuordnungen

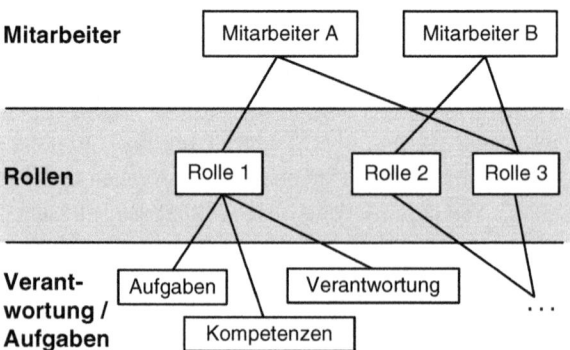

legt. Diese Zuordnung kann (für kleinere Unternehmen) auf Unternehmensebene gepflegt werden, für größere Unternehmen geschieht dies typischerweise auf der Ebene von Organisationseinheiten. Mindestens wenn letzteres der Fall ist, muss entweder in den Rollenbeschreibungen oder in einem weiteren, zentral zu pflegenden Dokument die Zuordnung von Rollen zu den relevanten Organisationseinheiten gepflegt werden.

Bisher haben wir organisatorische Rollen beschrieben. Im nächsten Schritt, der insbesondere für den IT-Betrieb relevant ist, geht es um IT-Rollen. Diesen IT-Rollen sind in IT-Systemen bestimmte System-Berechtigungen zugeordnet. IT-Rollen stimmen meist nicht mit den Prozess-Rollen überein – sie können sich aber gegenseitig zugeordnet sein. Der Vorteil dieser Abstraktion ist bei mittleren und größeren Unternehmen, dass für jede Rolle im Unternehmen gleichzeitig die zugehörigen IT-Rollen bekannt sind. Die Rolle „Projekt-Manager" kann beispielsweise eine IT-Rolle „Projekt-Manager" mit Berechtigungen in einem Projekt-Management-Tool, in einem Finanzbuchungssystem und auf dem Filesystem 1 (lesend) sowie dem Filesystem 2 (lesend, schreibend, ändernd) zugeordnet sein. Solche Zuordnungen sind vorteilhaft, wenn es wechselnde Rollen von Mitarbeitern gibt – in diesem Fall muss bei einer Verantwortungsänderung nicht mühsam herausgefunden werden, welche IT-Berechtigungen einem Mitarbeiter entzogen und welche ihm neu zugeordnet werden müssen.

▶   Die Notwendigkeit des Entzuges von IT-Berechtigungen kann nicht genug betont werden. Es gibt Firmen, die Praktikanten und Trainees in wechselnden Fachabteilungen einsetzen, dabei immer neue IT-Rollen zuweisen, diese aber nicht wieder entziehen. Als Resultat haben Praktikanten die meisten Berechtigungen auf IT-Systemen. Dies gilt es alleine schon aus Compliance-Gesichtspunkten zu vermeiden.

5.7.2 Das IT-Rollen- und Rechte-Konzept

Das IT-Rollen- und Rechte-Konzept enthält eine Beschreibung von IT-Berechtigungen, die bestimmten IT-Rollen zugeordnet werden. Diese IT-Rollen orientieren sich an Aufgaben und Verantwortlichkeiten der Geschäftsprozesse (d. h. der Kunden der IT-Organisation) oder der IT-Prozesse (d. h. der IT-Organisation selbst). Ein Mitarbeiter aus der Einkaufsabteilung wird beispielsweise bestimmte Berechtigungen auf einem kaufmännischen System benötigen, um Bestellungen auslösen zu können.

Typischerweise wird eine IT-Rolle mehr als einer Person zugeordnet. Bestimmte Rollen, insbesondere solche, denen weitreichende Berechtigungen zugeordnet sind, können aber auch sehr wenigen Personen zugeordnet sein und zeitlich beschränkt werden. So gibt es etwa keine Notwendigkeit, einem Mitarbeiter permanent Administratorrechte zuzugestehen.

Insbesondere bei den Rollen und Berechtigungen gibt es immer den Widerstreit zwischen einem „need to know"-Prinzip und einer überbordenden Verwaltung. Wenn die Berechtigungen zu kleinteilig geschnitten werden, kann es im Extremfall vorkommen, dass eine Firma mehr IT-Rollen hat als Mitarbeiter dort arbeiten – dies ist offensichtlich kein erstrebenswertes Ergebnis. Zu weit gefasste Berechtigungen hingegen können Probleme bei Compliance und Datenschutz verursachen: Peter G. Neumann schrieb im Jahr 2000 in seinem Artikel „Gambling on System Accountability" [42], dass bei vielen kritischen Applikationen das Risiko der missbräuchlichen Nutzung durch Insider (also beispielsweise Administratoren) ignoriert wird. In „Risk of Insiders" [43] betont er, dass es oft zu weitgefasste und undifferenzierte Berechtigungen für Administratoren gibt. Dies muss in einem Rechte-Konzept beachtet werden.

5.7.3 Vorgaben für alle Rollen und alle Berechtigungen

Es gibt eine Reihe allgemeingültiger Vorgaben für alle Rollen. Diese sind beispielsweise in einer IT-Richtlinie und einer Internetnutzungsrichtlinie zur geschäftlichen und privaten Nutzung des Internets im Unternehmen vorgegeben. Die Internetnutzungsrichtlinie wird zu einem großen Teil von der Personalabteilung und deren Vorgaben bestimmt.

Solche Richtlinien werden also zu einem großen Teil von Compliance, der Personalabteilung oder durch Vorgaben der IT-Sicherheit (siehe Abschn. 5.4.4) vorgegeben.

5.8 Management Summary

Dokumentation und eine in Dokumente gegossene IT-Governance können bei der Unterstützung der Kernziele des IT-Betriebes entscheidend helfen. Dabei müssen die Dokumentation und die Governance streng an den Zielen und Bedürfnissen der Unternehmung ausgerichtet sein. Dem strategischen Alignment von Business und IT kommt – auch hier – eine Kernrolle zu.

Die Dokumentation selber sollte hierarchisch entlang der wirklichen Bedürfnissen aufgebaut sein: Kein Dokument muss erstellt werden, weil es in irgendeinem Buch (selbst diesem hier) steht. Nur, wenn ein Dokument zumindest potenziellen Mehrwert für das Unternehmen bringt, lohnen sich die Life-Cycle-Kosten eines Dokuments – denn ein Dokument muss nicht nur erstellt, sondern auch gepflegt werden. Um diese Art von Entscheidungen zu treffen, muss sich das IT-Management die internen und externen Anforderungen an eine Dokumentation deutlich vor Augen führen. Dabei sind stete und konsistente Kommunikation aus dem IT-Betrieb nach außen, aber auch intern essenziell.

Der Architekturplanung kommt bei der Entwicklung der IT zu einem Business-Unterstützer eine zentrale Rolle zu und muss in der IT-Governance entsprechend adressiert werden.

5.9 Executive Summary

Sie befinden sich in bester Gesellschaft, wenn Sie Dokumente nicht lesen – also weder das Dokument, noch die Management Summary noch die Executive Summary. Die Konsequenzen zeigt sehr schön das Beispiel der Übernahme der britischen Firma Autonomy durch Hewlett-Packard (HP) für 11 Mrd. USD im Jahr 2011 ([44], auch im Weiteren). Die Übernahme erfolgte unter dem damaligen Vorstand Léo Apotheker und stellte sich später als höchst problematisch heraus: Anscheinend waren die Geschäftsberichte von Autonomy nicht so, dass sie die Wirklichkeit wie von HP erwartet wiedergaben. Von den gezahlten 11 Mrd. USD wurden von Hewlett-Packard unglaubliche 8,8 Mrd. USD in Bezug auf die übernommene Firma wieder abgeschrieben [44].

Falsche oder problematische Geschäftsberichte sollten bei einer Übernahme in dieser Größenordnung keine Rolle spielen – in einer *due diligence* überprüft im Vorfeld ein Wirtschaftsprüfer die Bücher und weist auf Unstimmigkeiten hin. In diesem Fall hatte Hewlett-Packard die internationale Wirtschaftsprüfungsgesellschaft KPMG mit der Untersuchung beauftragt, die auch einen entsprechend kritischen Bericht ablieferte: Die Prüfer erhielten anscheinend praktisch keinen signifikanten Einblick in die relevanten Unterlagen. Entsprechende Hinweise im Bericht blieben jedoch ohne Konsequenzen.

Im Zuge einer Klage von Anteilseignern gegen den früheren Vorstand von Hewlett-Packard kamen einige der Dokumente an die Öffentlichkeit. Nach dem oben zitierten Artikel der New York Times argumentieren etwa die Anwälte von früheren Aufsichtsratsmitgliedern, dass weder der CEO noch der Aufsichtsratsvorsitzende den *due diligence* Bericht gelesen hatten – auch nicht die warnenden Worte, die schon in der Executive Summary enthalten waren!

Literatur

1. A.R. Valukas, Report to board of directors of General Motors Company regarding ignition switch recalls, NHTSA electronic reading room (2014, 29. Mai), http://www.nhtsa.gov/staticfiles/nvs/pdf/Valukas-report-on-gm-redacted.pdf. Zugegriffen: 24. Juni 2014
2. P. Valdes-Dapena, T. Yellin, GM: Steps to a recall nightmare – These are the events that led up to GM's worldwide recall of 2.6 million cars, blamed for at least 13 deaths. CNN Money. http://money.cnn.com/infographic/pf/autos/gm-recall-timeline/. Zugegriffen: 9. Jan. 2015
3. GM Ignition Compensation Claims Resolution Facility, Detailed overall program statistics (2015, 12. Juni), http://www.gmignitioncompensation.com/docs/program_Statistics.pdf. Zugegriffen: 18. Okt. 2015
4. W.W. Royce, Managing the development of large software systems, in *Proceedings of IEEE WESCON*, Bd. 26, (Los Angeles, 1970, Aug.), S. 1–9
5. E. Bumiller, We have met the enemy and he is PowerPoint. The New York Times (2010, 26. April), http://www.nytimes.com/2010/04/27/world/27powerpoint.html. ISSN: 0362-4331. Zugegriffen: 28. Okt. 2014
6. PA Consulting Group, Dynamic planning for COIN in Afghanistan (2009), http://msnbcmedia.msn.com/i/MSNBC/Components/Photo/_new/Afghanistan_Dynamic_Planning.pdf. Zugegriffen: 28. Okt. 2014

7. M. Reiss, G. Reiss, *Praxisbuch IT-Dokumentation: Betriebshandbuch, Systemdokumentation und Notfallhandbuch im Griff* (Carl Hanser Verlag GmbH Co KG, München, 2013). ISBN: 978-3-446-43780-7

8. A.O. Arthur, M.L. Morris, The master plan for Kludge software. Datamation. **8**(7), 41–42 (1962)

9. J.C. Henderson, N. Venkatraman, Strategic alignment: Leveraging information technology for transforming organizations. IBM Syst. J. **32**(1), 4–16 (1993). ISSN: 0018-8670

10. K.R. Beetz, *Wirkung von IT-Governance auf IT-Komplexität in Unternehmen* (Springer, Berlin, 2014). ISBN: 978-3-658-05825-8. doi:10.1007/978-3-658-05825-8

11. V. Johanning, *IT-Strategie: Optimale Ausrichtung der IT an das Business in 7 Schritten* (Springer Vieweg, Wiesbaden, 2014). ISBN: 978-3-658-02049-1. doi:10.1007/978-3-658-02049-1

12. M. Mangiapane, R.P. Büchler, *Modernes IT-Management: Methodische Kombination von IT-Strategie und IT-Reifegradmodell* (Springer Vieweg, Wiesbaden, 2015). ISBN: 978-3-658-03493-1. doi:10.1007/978-3-658-03493-1

13. A. Huber, *Strategische Planung in deutschen Unternehmen: Empirische Untersuchung von über 100 Unternehmen* (Beuth Hochschule für Technik Berlin, 2006). ISBN: 978-3-00-018463-5

14. B. Pfitzinger, T. Jestädt, T. Gründer, in *Sourcing decisions and IT service management*, Hrsg. R. Alt, K.-P. Fähnrich, B. Franczyk. Practitioner Track International Symposium on Services Science (ISSS'09), Bd. 16 (2009), S. 71–80. ISBN: 978-3-941608-03-0

15. B. Allen, An unmanaged computer system can stop you dead. Harv. Bus. Rev. **60**(6), 77–87 (1982). ISSN: 0017-8012

16. Bundesamt für Sicherheit in der Informationstechnik, BSI-Sicherheitsleitlinie. https://www.bsi.bund.de/DE/Themen/ITGrundschutz/ITGrundschutzSchulung/WebkursITGrundschutz/Sicherheitsmanagement/Sicherheitsleitlinie/sicherheitsleitlinie_node.html. Zugegriffen: 10. Mai 2015

17. J. Hofmann, W. Schmidt, *Masterkurs IT-Management, Grundlagen, Umsetzung und erfolgreiche Praxis für Studenten und Praktiker*, 2. Aufl. (Vieweg + Teubner, Wiesbaden, 2010). ISBN: 978-3-8348-9387-1. doi:10.1007/978-3-8348-9387-1

18. M. Fröhlich, K. Glasner, *IT-Governance: Leitfaden für eine praxisgerechte Implementierung* (Gabler, Wiesbaden, 2007). ISBN: 978-3-8349-9364-9. doi:10.1007/978-3-8349-9364-9

19. Centers for Disease Control and Prevention, CDC media statement on newly discovered smallpox specimens (2014, 8. Juli), http://www.cdc.gov/media/releases/2014/s0708-NIH.html. Zugegriffen: 9. Juli 2014

20. Centers for Disease Control and Prevention, Report on the potential exposure to anthrax (2014, Nov.), http://www.cdc.gov/about/pdf/lab-safety/Final_Anthrax_Report.pdf. Zugegriffen: 23. Jan. 2015

21. DIN Deutsches Institut für Normung e. V., *DIN EN ISO 9000:2005-12 Qualitätsmanagementsysteme – Grundlagen und Begriffe* (Beuth Verlag, Berlin, 2005)

22. DIN Deutsches Institut für Normung e. V., *DIN EN ISO 9001:2008 Qualitätsmanagementsysteme – Anforderungen* (Beuth Verlag, Berlin, 2008)

23. ISO and IEC, *ISO/IEC 27001:2005 Information technology – Security techniques – Information security management systems – Requirements* (Beuth Verlag, Berlin, 2005)

24. Bundesamt für Sicherheit in der Informationstechnik, IT-Grundschutz-Kataloge. https://www.bsi.bund.de/DE/Themen/ITGrundschutz/ITGrundschutzKataloge/itgrundschutzkataloge_node.html. Zugegriffen: 4. Sept. 2015

25. The Open Group, TOGAF™, an Open Group standard. http://www.opengroup.org/subjectareas/enterprise/togaf. Zugegriffen: 11. Mai 2015

26. D.F. Feeny, L.P. Willcocks, Core IS capabilities for exploiting information technology. Sloan Manage. Rev. **39**(3), 9–21 (1998). ISSN: 1532-9194

27. E.W. Dijkstra, EWD 215: A case against the GOTO statement (1968), S. 1–3 Technological University Eindhoven

28. E.W. Dijkstra, Letters to the editor: Go to statement considered harmful. Commun. ACM. **11**(3), 147–148 (1968). ISSN: 0001-0782. doi:10.1145/362929.362947

29. F. Rubin, GOTO considered harmful considered harmful. Commun. ACM. **30**(3), 195–196 (1987)

30. R.L. Clark, We don't know where to GOTO if we don't know where we've COME FROM. This linguistic innovation lives up to all expectations. DATAMATION (1973, Dez.), http://www.fortran.com/fortran/come_from.html

31. K. Kuhlmann, K. Schlaberg, *Verfahrensverzeichnis und Verarbeitungsübersicht nach BDSG – Ein Praxisleitfaden* (BITKOM, Berlin, 2007)

32. Bundesdatenschutzgesetz in der Fassung der Bekanntmachung vom 14. Januar 2003 (BGBl. I S. 66), das zuletzt durch Artikel 1 des Gesetzes vom 25. Februar 2015 (BGBl. I S. 162) geändert worden ist, http://www.gesetze-im-internet.de/bundesrecht/bdsg_1990/gesamt.pdf. Zugegriffen: 17. März 2015

33. Bundesamt für Sicherheit in der Informationstechnik, BSI-Standard 100-4 Notfallmanagement (2008), http://www.bsi.bund.de/cae/servlet/contentblob/471456/publicationFile/30746/standard_1004.pdf. Zugegriffen: 19. Dez. 2014

34. B. Sartory, P. Senn, B. Zimmermann, S. Mazumder, *Praxishandbuch Krisenmanagement* (Midas Management Verlag AG, St. Gallen, 2013), ISBN: 978-3907100424

35. Bundesamt für Sicherheit in der Informationstechnik, BSI-Standard 100-3 Risikoanalyse auf der Basis von IT-Grundschutz (2008), https://www.bsi.bund.de/SharedDocs/Downloads/DE/BSI/Publikationen/ITGrundschutzstandards/standard_1003_pdf.pdf?__blob=publicationFil. Zugegriffen: 3. Feb. 2015

36. V. Hammer, R. Fraenkel, Löschklassen – Standardisierte Fristen für die Löschung personenbezogener Daten. Datenschutz Datensicherheit. **35**(12), 890–895 (2011). doi:10.1007/s11623-011-0209-5

37. V. Hammer, K. Schuler, Leitlinie zur Entwicklung eines Löschkonzepts mit Ableitung von Löschfristen für personenbezogene Daten (2013, 25. Okt.), https://www.bsi.bund.de/SharedDocs/Downloads/DE/BSI/Grundschutz/Hilfsmittel/Extern/Leitlinie_zur_Entwicklung_eines_Loeschkonzepts.pdf?__blob=publicationFile. Zugegriffen: 3. Sept. 2015

38. DIN Deutsches Institut für Normung e. V., *DIN 66398:2015-02: Leitlinie zur Entwicklung eines Löschkonzepts mit Ableitung von Löschfristen für personenbezogene Daten* (Beuth Verlag, Berlin, 2015)

39. T. Levitt, After the sale is over.... Harv. Bus. Rev. **61**(5), 87–93 (1983). ISSN: 0017-8012

40. A. Gawande, *Checklist-Strategie* (btb Taschenbuch, 2013). ISBN: 9783442744749

41. M. Kittel, T.J. Koerting, D. Schött, *Kompendium für ITIL V3 Projekte: Menschen, Methoden, Meilensteine. Von der Analyse zum selbstoptimierenden Prozess* (Books on Demand, 2009). ISBN: 978-3839133394

42. P.G. Neumann, Inside risks: Gambling on system accountability. Commun. ACM. **46**(2), 120 (2000). ISSN: 0001-0782. doi:10.1145/606272.606304

43. P.G. Neumann, Inside risks: Risks of insiders. Commun. ACM. **42**(12), 160 (1999). ISSN: 0001-0782. doi:10.1145/322796.322817

44. J.B. Stewart, A deal that still haunts Hewlett-Packard. The New York Times, page B1 (2015, 9. Okt.). ISSN: 0362-4331

Der Regelbetrieb: Die Personal- und Sourcingsicht

6.1 Beispiel: Aufsicht durch die U.S. Food and Drug Administration (FDA)

Beispiel

Die amerikanische Bundesbehörde Food and Drug Administration (FDA) überwacht die Sicherheit und Wirksamkeit von Arzneimitteln, Medizinprodukten und Lebensmitteln. Die FDA ist für alle derartigen Produkte auf dem amerikanischen Markt zuständig – dem weltgrößten Markt für Arzneimittel – unabhängig davon, wo die Produkte hergestellt wurden. Infolgedessen untersuchen Mitarbeiter der FDA z. B. auch Produktionsstätten im Ausland auf die Einhaltung amerikanischer Richtlinien. Sollten die Auditoren der FDA dabei wesentliche Abweichungen von den bewährten Herstellungsprozessen (*„current good manufacturing practice"*) feststellen, wird dies dokumentiert und das betroffene Unternehmen schriftlich auf die Missstände hingewiesen und um deren Beseitigung gebeten. Im Extremfall kann die FDA das betroffene Produkt vom Markt nehmen.

Arzneimittel oder Medizinprodukte können dabei von der FDA als „verfälscht" (*adulterated*) angesehen werden, wenn giftige oder unhygienische Zutaten bei der Herstellung verwendet werden bzw. keine angemessene Aufsicht während der Herstellung erfolgt.[1]

Im Januar 2013 inspizierte die FDA ein Werk der Fresenius Kabi AG in Indien und fand signifikante Abweichungen von den bewährten Herstellungsprozessen. Die FDA dokumentierte diese in einem *warning letter* an die Geschäftsführung der Fresenius Kabi AG [2]. Dies betraf beispielsweise den inakzeptablen Umgang mit elektronischen Daten, der es ermöglichte, Dateien oder Verzeichnisse unautorisiert zu ändern oder

---

[1] *„A drug or device shall be deemed to be adulterated: Poisonous, insanitary, etc., ingredients; adequate controls in manufacture"*, 21 U.S.C. § 351(a), [1].

© Springer-Verlag Berlin Heidelberg 2016
B. Pfitzinger, T. Jestädt, *IT-Betrieb*, Xpert.press, DOI 10.1007/978-3-642-45193-5_6

zu löschen. Dabei mahnte die FDA u. a. ein funktionierendes Qualitätsmanagement an, die konkrete Umsetzung oblag dem inspizierten Unternehmen. Die Sichtweise der FDA war zugleich einfach und mächtig: *„Ihre höheren Führungskräfte, sowohl vor Ort als auch in der Unternehmenszentrale, sind dafür verantwortlich, dass die firmenweiten Standards, Verfahren, Ressourcen und Kommunikationsprozesse etabliert sind, um etwaige Lücken in der Datenintegrität aufzufinden und zu verhindern [...]. Diese Verantwortung beginnt damit, Computersysteme mit geeigneten Sicherheitsfunktionen und Audit-Trails zu entwickeln [...]."*[2]

Die FDA ging in ihrem Schreiben so weit, davon zu sprechen, dass *„ihre Firma wiederholt den Zugang von FDA-Ermittlern zu Informationen verzögert, verhindert, beschränkt oder verweigert hat"*[3] – ein Vorwurf, der auch dazu führen kann, dass das hergestellte Arzneimittel als „verfälscht" gilt.

Für die Fresenius Kabi AG ergaben sich durch die Anforderungen der FDA für das indische Werk und ein weiteres Werk in USA im Jahr 2013 Zusatzkosten von 31 Mio. € [3].

Eine hochgradige Automatisierung darf nicht den Blick auf die beteiligten Mitarbeiter verdecken. Aktivitäten und Entscheidungen lassen sich immer auf die beteiligten Personen zurückführen. Während in Kap. 4 die Organisation im Mittelpunkt stand und das Kap. 5 die Dokumentation (also „Papier") untersuchte, wird in diesem Kapitel der Fokus auf dem *einzelnen* Mitarbeiter liegen. In Abschn. 6.2 kommen wir erneut auf die Aufgabe der IT-Organisation zurück und schärfen sie. Die anfallenden Tätigkeiten und dafür notwendigen Fähigkeiten müssen zu Stellen und Mitarbeitern zusammengefasst werden. Das Team und die Gruppe ist für den Mitarbeiter die unmittelbar erfahrbare betriebliche Organisation.

Die Einbettung der elementaren Organisationseinheiten Team und Gruppe in die Firmenorganisation wird in Abschn. 6.3 behandelt. Spätestens hier treffen die Top-Down-Vorgaben auf die Bottom-Up-Realität – die Ausrichtung der Organisation auf die übergeordneten Firmenziele ist die klassische Aufgabe des mittleren Managements. Zur Leitung von Teams und Gruppen gehört auch die regelmäßige Organisation der Zusammenarbeit und Arbeitsteilung (Abschn. 6.4).

Der Abschn. 6.5 widmet sich der Frage, ob Arbeitsergebnisse nur im eigenen IT-Betrieb und mit eigenen Mitarbeitern erzielt werden sollen. Es gibt je nach Situation gute Gründe dafür, eine große Fertigungstiefe innerhalb des eigenen Betriebs zu erzielen oder alternativ von einem Dienstleister zu beziehen. Eine IT-Organisation wird normalerweise damit

---

[2] Nach [2], das Original lautet: *„Your senior management, at the local and corporate levels, is responsible for assuring that strict corporate standards, procedures, resources, and communication processes are in place to detect and prevent breaches in data integrity, and that such significant issues are identified, escalated, and addressed in a timely manner. This responsibility starts with designing computerized systems with appropriate security features and data audit trails, as well as many other elements that assure proper governance of your computerized systems."*

[3] Englisches Original [2]: *„your firm also repeatedly delayed, denied, limited or refused to provide information to the FDA investigators."*

konfrontiert sein, dass sich die gewählte Fertigungstiefe ändern muss und soll. Die Möglichkeit, Fremdleistungen aus aller Welt zu beziehen, stellt besonders hohe Anforderungen an die Mitarbeiter. Der Abschn. 6.6 nimmt dies zum Anlass, einen Blick auf die typischen „Charaktere" in der IT zu werfen. Die Erfahrung zeigt, dass es große Unterschiede zwischen den Mitarbeitern in Projekten, der Software-Entwicklung und dem IT-Betrieb gibt.

Eine spezielle Herausforderung des IT-Betriebs wird in Abschn. 6.7 thematisiert: Wie geht der IT-Betrieb damit um, einen geschäftskritischen Betrieb rund um die Uhr aufrecht zu erhalten? Wenn plakativ „Verantwortung unteilbar" ist, so muss sie in diesem Fall aus zeitlichen Gründen auf jeden Fall auf mehrere Schultern verteilt werden. Die fachliche Komplexität erschwert zusätzlich die Organisation des permanenten geschäftskritischen Betriebs.

6.2 Die Aufgabe von IT-Organisationen

Über die Aufgabe bzw. das gemeinsame Ziel lässt sich die IT-Organisation noch am ehesten fassen – der Begriff „Organisation" allein entzieht sich einer klaren Definition (siehe [4], Teil A). Die Sachaufgabe der IT-Organisation ist wie in Kap. 4 geschildert der „Teilbereich der Unternehmensführung, der die Aufgabe hat, den im Hinblick auf die Unternehmensziele bestmöglichen Einsatz der Ressource Information zu gewährleisten" ([5], dort Kap. 1). In der Praxis bedeutet dies, dass viele Personen unterschiedliche Tätigkeiten auf dieses gemeinsame Ziel ausrichten müssen: Es „menschelt", die IT-Organisation hat zur Aufgabe, das Miteinander zu organisieren.

Mehrzahl von Personen
Es bleibt bisher absichtlich unklar, welche Personen konkret für die IT arbeiten: Sind sie in der IT-Organisation? Verteilt über andere Bereiche? Tatsächlich in anderen Bereichen, aber ihre Tätigkeiten betreffen dennoch meist die IT? Die Grenze der Organisation, wie sie im Organisationsdiagramm zu finden ist, wird die mit der Ressource Information betrauten Mitarbeiter nicht korrekt beschreiben: Viele werden absichtlich (und manchmal unabsichtlich) in anderen Abteilungen arbeiten, mancher Mitarbeiter der IT-Organisation beschäftigt sich weniger mit IT-Fragestellungen und arbeitet dafür in der „Produktion" anderer Abteilungen. Zudem ist häufig ein merklicher Anteil der Beteiligten nicht direkt bei der Firma angestellt, sondern in unterschiedlichsten Vertragskonstellationen von der Firma beauftragt. Aus dieser Sicht ist die vordringlichste Aufgabe der IT-Organisation die Steuerung und Entwicklung der mit der IT betrauten Menschen – eine besondere Herausforderung, wenn Mitarbeiter nur noch „Human Resources" genannt werden, externe Kräfte von der Einkaufsabteilung verwaltet werden und die Angestellten in einer Matrixorganisation über die gesamte Firma verstreut sind.

▶   „They are not employees – they're people." [6]

Viele unterschiedliche Tätigkeiten

Nicht zu unterschätzen sind die Schwierigkeiten, die es bereitet, alle notwendigen Tätigkeiten (die Kap. 7 bis 10 beschreiben diese im Detail) tatsächlich ausreichend und rechtzeitig wahrzunehmen. Die Gefahr ist groß, dass kurzfristige Störungen im IT-Betriebsablauf
und Eskalationen entlang der Hierarchie die Aufmerksamkeit der Beteiligten vollständig
in Anspruch nehmen. Diese „operative Hektik" darf nicht den Blick darauf verstellen, dass
ein professioneller IT-Betrieb viele Tätigkeiten wahrnehmen muss. Der Landesrechnungshof Mecklenburg-Vorpommern schlussfolgerte in einem Schreiben über die „Prüfung der
Integrität und Stabilität von IT-Systemen bei Kommunen" [7], dass diese einen Ermes-
sensspielraum in der Entscheidung [haben], „wie" sie die Aufgaben erfüllen. Die Frage
des „ob" steht dabei nicht zur Disposition. Der Landesrechnungshof konstatierte zudem
„erhebliche ablauf- und aufbauorganisatorische Defizite wie unklare Zuständigkeiten oder
fehlende Maßnahmen zur Sicherstellung der Integrität und Stabilität der betriebenen IT-
Verfahren sowie deren Überwachung und Weiterentwicklung". Immerhin gibt der Umweg
über einen Rechnungshof einen öffentlichen Einblick in bestehende Organisationen – es
bleibt nur die Vermutung, dass andere Organisationen mit ähnlichen Schwächen kämpfen.

Gemeinsames Ziel

Die letzte Hürde besteht darin, die „vielen Personen" mit den „unterschiedlichen Tätigkeiten" auf das gemeinsame Ziel auszurichten – den bestmöglichen Einsatz der Ressource
Information. Problematisch ist dabei nicht nur, dass sich die Ziele der IT-Organisation nur
indirekt aus den Firmenzielen ergeben (siehe Kap. 2 und 3). Problematische Resultate
können nicht ausgeschlossen werden, sei es, weil eine Entscheidung durch Konsens in
einer Gruppe getroffen werden muss oder weil die Analyse der Datenlage unzugänglich,
unzulänglich oder schlichtweg falsch ist [8, 9].

Von außen betrachtet bleibt praktisch immer verborgen, ob es der IT-Organisation einer
Firma gelingt, ihre Aufgaben zumindest ausreichend zu erledigen. Nur selten gelangen –
meist negative – Beispiele an die Öffentlichkeit, etwa wenn die staatlichen Rechnungshöfe
öffentliche Einrichtungen untersuchen oder aufgrund der straffen staatlichen Regulierung
in manchen Branchen. Ein derartiges Beispiel ist die Aufsicht der amerikanischen FDA,
die sich auch auf ausländische Werke erstreckt, wenn dort produzierte Arzneimittel in
die USA importiert werden (siehe Beispiel in Abschn. 6.1). Mängel im Informationsfluss
können dort die produzierten Arzneimittel unbrauchbar machen, z. B. wenn Testergebnisse nicht mehr auffindbar oder gar verfälscht sind. Zusätzlich verlangt die FDA auf einer
Meta-Ebene, dass auch funktionierende Kontrollprozesse und -mechanismen vorhanden
sein müssen, die mögliche Abweichungen erkennen und verhindern können.

Diese externe, regulatorische Sichtweise wird– aus gegebenen Anlässen – immer wieder verschärft und führt in einigen Branchen zu einem hohen Kontrolldruck mit entsprechend großem „Aufwand" in den Unternehmen. Als Beispiel kann der Sarbanes-Oxley-
Act dienen, der in der Finanzwelt strikte Vorgaben für alle amerikanischen börsennotierten
Firmen macht. So haftet dort der CEO eines Unternehmens für die Integrität der betriebs-

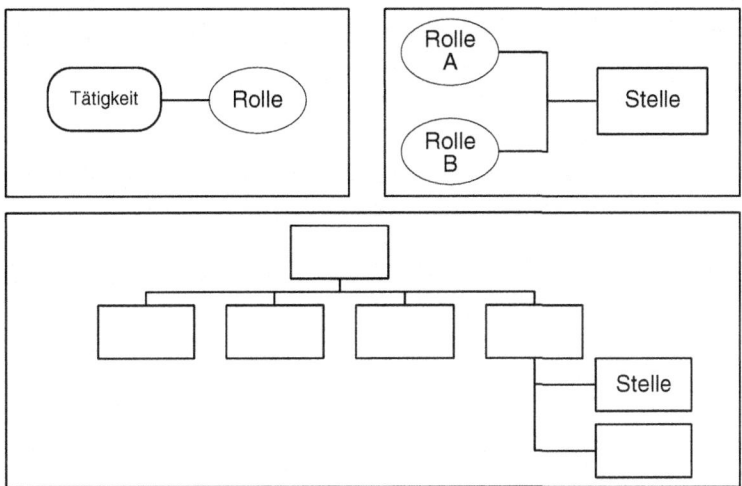

Abb. 6.1 Die Komplexität des Organisierens: Von Tätigkeiten und Personen (mit den Zwischenstationen Rolle und Stelle)

wirtschaftlichen IT-Systeme, Mängel an der Einhaltung der internen Prozesse oder gar Betrug müssen dokumentiert und gemeldet werden. Dies mag eine übliche – vielleicht lästige
und teure – Managementaufgabe sein, solange die IT-Organisation in der eigenen Firma
angesiedelt ist. Wie kann die Verantwortung übernommen werden, wenn weite Teile der
IT ausgelagert sind oder von Zeitarbeitskräften erbracht werden (siehe Abschn. 6.5)?

Das Organisieren als Aufgabe der IT-Organisation wird schnell unübersichtlich. Folgt
man den Aufzeichnungen, die im Zusammenhang mit einem Modell der Geschäftsprozesse etwa nach ARIS entstehen, begegnet man mehreren Begriffen und verschiedenen Diagrammen (siehe Abb. 6.1): Die eEPK (erweiterte ereignisgesteuerte Prozesskette) stellt
den Ablauf der Tätigkeiten dar, mitunter werden jeder Tätigkeit eine oder mehrere Rollen
zugeordnet. Ähnlich sind in einer Stelle in der Regel mehrere Rollen zu einer Stelle zusammengefasst – die Diagramme werden durch die vielen Details allmählich unübersichtlich. Die Stellen finden sich dann in einem Organigramm in der Aufbauorganisation und
können dort von einer Person (oder mehreren) besetzt sein.

Allein die simple Aufgabe, Mitarbeiter zu Tätigkeiten zuzuordnen, hat in Abb. 6.1 zwei
oder drei Diagramme erzeugt, der Überblick geht dadurch schnell verloren – selbst wenn
geeignete Modellierungstools (anstatt von Zeichenprogrammen) wenigstens für die interne Konsistenz der Diagramme sorgen können: Ein angezeigtes Element ist dort tatsächlich
als Datenbankeintrag realisiert, so dass auf den verschiedenen Diagrammen jeweils der
gleiche Eintrag angezeigt wird.

Neben dem Organisieren der eigenen Mitarbeiter hat die IT-Organisation meist die
zusätzliche Aufgabe, den Zugang aller Mitarbeiter zu den IT-Verfahren zu regeln: Einmal
abstrakt (Welche Arten von Zugang gibt es überhaupt?) und einmal konkret (Logins für
Mitarbeiter einrichten und wieder stilllegen), siehe auch Kap. 5.7.

6.2.1   Mitarbeiter: Motivation, Emotionen und Stimmungen

Die IT-Organisation wird wie jede Organisation darauf achten müssen, dass ihre Mitarbeiter motiviert sind. Landauf und landab bieten viele Management-Ratgeber (als Buch oder Person) Tipps und Tricks zum Motivieren – die Verweigerungshaltung lässt sich griffig umschreiben mit: „Kauf Dir ein Haus auf Kredit und Du bleibst motiviert" (… die Schulden mit dem Einkommen zurückzahlen).

Die Mitarbeiter – es kann nicht oft genug wiederholt werden – sind Menschen! Auch wenn die Ansprüche der Organisation konkreter sind, betreffen sie Menschen mit ihren Emotionen, Wünschen, Vorstellungen und ihrer (Ir-)Rationalität.

Die Gemütslage: Emotionen und Stimmungen
Eine einzelne Person ist in dieser Sichtweise keineswegs als „Konstante" zu betrachten [10]: Auf der einen Seite reagieren Menschen auf äußere Ereignisse relativ schnell mit unterschiedlichen Emotionen (z. B. Überraschung, Angst, Abscheu), andererseits hat jeder Mensch eine Gemütslage (Stimmung), die sich nur langsam ändert. Diese Stimmung variiert zwischen positiv und negativ, einzelne Menschen neigen zu unterschiedlichen „Grundstimmungen". Die momentane Stimmung soll das tägliche (Über-)Leben unterstützen: Eine negative Stimmung sorgt dafür, dass Gefahren vermieden werden – typischerweise eine Reaktion auf wahrgenommene Gefahren an einem festen Ort und zu einer festen Zeit. Die positive Stimmung dagegen belohnt und verstärkt das „Einsammeln" der lebensnotwendigen Ressourcen, sie ist damit keine direkte Reaktion auf äußere Ereignisse und kann längere Zeit anhalten. Menschen unterscheiden sich sowohl in ihrer präferierten Grundstimmung, als auch der Stärke ihrer Emotionen. Zusätzlich haben vor allem die positiven Stimmungen einen starken zeitlichen Rhythmus: Tagsüber schwankt die positive Gemütslage von niedrig am Morgen über hoch am Mittag und endet am Abend wieder niedrig. Die negative Gemütslage hingegen bleibt praktisch konstant (es gibt keine täglich zur selben Zeit auftretenden Schrecken, die eine negative Gemütslage auslösen). Jedenfalls unter amerikanischen Studenten ([10], dort Kap. 4) gibt es noch einen ausgeprägten Wochenrhythmus: Die negative Gemütslage ist montags am stärksten ausgeprägt und nimmt bis zum Wochenende ab, die positive Gemütslage genau umgekehrt. Anscheinend passt der „Blaue Montag" zur typischen Gemütslage.

Motivation
Die genannte „Anti-Motivation" des Hauskaufs auf Kredit wäre durchaus in der Lage, eine eher negative Gemütslage zu erzeugen: Schließlich hängt das persönliche Wohlergehen anscheinend von den pünktlichen Zahlungen ab. Auch wenn wir es hier zu den negativen Stimmungen zählen, kann davon die Motivation zum Arbeiten ausgehen. So einfach wird sich der Begriff Motivation nicht erklären lassen. Einen Erklärungsversuch unternimmt die *affective events theory* [11]: Das Arbeitsumfeld produziert immer wieder Ereignisse, die sich emotional auswirken – positiv oder negativ. Diese aus der Arbeit resultierenden Emotionen können zwei unterschiedliche Auswirkungen haben. Die direkte Auswirkung ist eine emotionale Reaktion auf das auslösende Ereignis, typischerweise handelt es sich um vorübergehende Phänomene, die mit dem Abklingen der Emotionen

wieder verschwinden. Indirekt ändert sich beispielsweise die Zufriedenheit mit dem eigenen Arbeitsplatz aber auch der Grad der eigenen Leistungsbereitschaft und damit ver-
wandte Einstellungen (z. B. der Bereitschaft zum Wechsel, dem Engagement jenseits des
Dienstes nach Vorschrift). Abstrakt formuliert, dennoch im Alltag anzutreffen: Wird z. B.
innerhalb einer Firma die nächste Sparrunde verkündet, durchleben die Mitarbeiter diese
je nach ihrer eigenen Betroffenheit, der gegenwärtigen Gemütslage und ihrer Empfind-
lichkeit emotional. Typischerweise sinkt dadurch ihre Zufriedenheit und ihre Leistungsfähigkeit. Es gibt dabei keinen absoluten Maßstab, ob ein emotionales Ereignis klein oder
groß, wichtig oder unwichtig ist – es zählt letztlich die Wahrnehmung und Reaktion des
Einzelnen.

Identifikation mit der eigenen Arbeit innerhalb der IT-Organisation
Referenz [12] betrachtet den Grad der Identifikation des IT-Mitarbeiters mit seiner Arbeit
und versucht über eine Befragung von gut 500 Mitgliedern der *Association for Computing
Machinery* den Ursachen für eine hohe oder niedrige Identifikation mit der eigenen Arbeit
auf den Grund zu gehen. Mögliche postulierte Ursachen sind

- demografische Faktoren (Alter, Dauer der Zugehörigkeit zur Firma oder in derselben
  Position),
- Arbeitserfahrung (Gehalt, Tätigkeitsprofil, die Möglichkeit zu übergreifenden Aufga-
  ben) und die
- Erwartungen an die eigene Karriere (Möglichkeit zur Beförderung, fachliche Weiter-
  entwicklung).

Zusammen führen diese Faktoren zur Zufriedenheit mit der eigenen Arbeit und Karriere,
sie bestimmen den Grad des persönlichen Einsatzes innerhalb der Firma.
   Als Resultat werden die befragten IT-Profis in drei Kategorien sortiert (niedrige, mittlere und hohe Identifikation mit der eigenen Arbeit). Die Gruppe mit der hohen Identifikation unterscheidet sich in einigen Punkten deutlich von den anderen beiden Gruppen:
Derartige Arbeitsstellen

- bieten spürbare Vorteile (z. B. durch ein höheres Gehalt),
- beziehen sich stärker auf (fachlich oder organisatorisch) übergreifende Tätigkeiten und
- gehen üblicherweise mit einer höheren Stressbelastung einher.

Die Studie kommt zum Ergebnis, dass der Arbeitsplatz von Mitarbeitern der IT-Abteilung
vor allem eine anspruchsvolle Arbeit bieten soll und die Arbeit – in Grenzen – selbstständig erfolgen soll. Soweit ist dies auch alles stimmig mit der Herzbergschen Zwei-
Faktoren-Theorie (siehe Kap. 3.3.4). Es ist nicht weiter überraschend, dass sich Gehaltssteigerungen auf wenig motivierte Mitarbeiter stärker auswirken, als auf die bereits hoch
motivierten. Im Prinzip wirken sich übergreifende Tätigkeiten positiv aus, dies könnte
durch Job-Rotation gefördert werden. Allerdings ist aus anderen Quellen bekannt, dass
gerade diese Tätigkeiten als besonders belastend empfunden werden.

6.2.2   Arbeit erzeugt Stress: IT als schlechtes Beispiel

Die Arbeit ist eine wesentliche Quelle für Belastungen und Ärger – kurz Stress – nach [13] der am häufigsten genannte Faktor. Am Arbeitsplatz können unterschiedliche Faktoren dem Mitarbeiter Stress bereiten: Unsicherheiten (bezüglich der Arbeitsplatzsicherheit, aufgrund anstehender Veränderungen), Störungen und Überforderung (in den Tätigkeiten, der Rolle, dem Miteinander) werden von jedem individuell wahrgenommen und können ernsthafte Konsequenzen haben. Die Gesundheit kann physisch leiden (Schmerzen, hoher Blutdruck, Herz-Kreislauferkrankungen) oder psychisch (Unzufriedenheit, Angst, Burn-out, Depression) und das Verhalten leidet (geringere Schaffenskraft, mehr Fehlzeiten, höhere Fluktuation).

Vor allem die Gestaltung des Arbeitsinhalts, der Tätigkeiten und Rollen erlaubt es einer Organisation, Stress für die Mitarbeiter zu vermeiden: Ähnlich wie bei der Motivation (Abschn. 6.2.1) helfen Stellen, bei denen der Mitarbeiter Verantwortung übernehmen kann und seine eigene Arbeitsweise frei bestimmt. Zudem sollten die unterschiedlichsten Quellen für Unsicherheit ausgeräumt werden: Ziele und Erwartungen müssen klar formuliert und kommuniziert werden, Feedback kann den empfundenen Stress reduzieren, die eigene Rolle innerhalb der Organisation wird erst durch die Kommunikation innerhalb der Organisationseinheit klar.

Mag die Ursache für Stress noch subjektiv sein – die Auswirkungen sind objektiv nachvollziehbar und in der Regel negativ. Eine Publikation der Gewerkschaft ver.di aus dem Jahr 2009 [14] nennt in einer Umfrage die häufigsten von IT-Fachkräften genannten Belastungen ([14], S. 43 ff. und [15]): Arbeitsunterbrechungen durch Personen und Telefonate, Zeitdruck und Aneignungsbehinderungen. Letzteres bezeichnet die Schwierigkeiten, die dadurch entstehen, dass sich IT-Fachkräfte (typischerweise in der Projektarbeit) ständig in neue Methoden und Arbeitsinhalte einarbeiten müssen.

Das Resultat ist für die IT-Organisation ernüchternd: Mitarbeiter in IT-Projekten beklagen erheblich häufiger gesundheitliche Beeinträchtigungen als in anderen Berufen (siehe Abb. 6.2). Müdigkeit tritt für IT-Projektmitarbeiter fünfmal häufiger auf als im Durchschnitt aller Beschäftigten, Nervosität, Schlafstörungen und Magenschmerzen dreimal häufiger. Diese Aufstellung relativiert die Erhebung des Deutschen Gewerkschaftsbunds, der in der IT-Branche im „Index Gute Arbeit" die IT-Branche vergleichsweise gut einstuft [14], S. 9 ff.).

6.3   Einbettung in die Firmenorganisation

Die oftmals über die Zeit entstandene IT-Organisation ist innerhalb einer Firma diversen Zwängen ausgesetzt: Sinnvoll eingesetzt ist die IT nur, wenn sie einen merklichen Wertbeitrag für die Firma liefert (siehe Kap. 2), andererseits stehen die mit der IT verbundenen

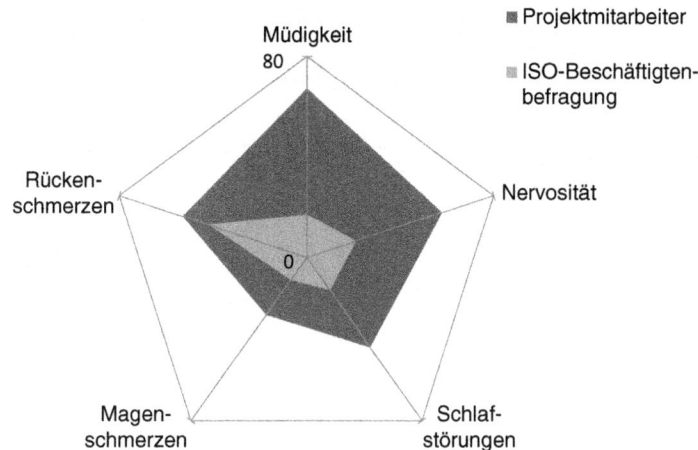

Abb. 6.2 Anteil der Mitarbeiter mit gesundheitlichen Beeinträchtigungen: IT-Projektmitarbeiter im Vergleich zur ISO-Beschäftigtenbefragung. (Zahlen aus [14], S. 45)

Kosten unter permanentem Rechtfertigungszwang. Diesen Gegensatz kann man auch als Konsument in allen Branchen beobachten: Gewünscht wird das individuell konfigurierte Produkt, bezahlt wird auf dem Niveau der Massenproduktion.

Die gewachsene IT-Organisation kann – im günstigsten Fall – die firmen-individuelle Nachfrage nach IT-Leistungen bedienen. Ständig wechselnde und neue Geschäftsanforderungen müssen und werden durch die IT unterstützt. Die Erfahrung zeigt jedoch, dass über die Zeit die entstandenen technischen Lösungen im IT-Betrieb verbleiben, die Komplexität der IT nimmt permanent zu. Nach Ansicht der Nutzer ist die hausinterne IT-Organisation der Realität häufig viele Jahre hinterher: Die gewohnten Endgeräte aus dem privaten Umfeld bieten mehr Funktionen, einen kürzeren Aktualisierungszyklus und sind zudem kostenlos oder erheblich günstiger (siehe auch Kap. 3). Selbst für die IT-Verfahren (für die es im Übrigen kein Pendant im Alltag des Nutzers gibt) übt die Geschäftsführung einen enormen Kostendruck aus – Teilleistungen sind standardisiert am Markt verfügbar mit den entsprechenden Erwartungen an die Kosten der IT.

Dieses Spannungsfeld wird die IT-Organisation verformen und drei Spezialisierungen erzeugen (siehe Abb. 6.3): Teil-Organisationen, die sich auf die Nachfrage- oder Angebotsseite spezialisieren und die Möglichkeit zur IT-Massenproduktion.

Nachfrageseite
Auf der Nachfrageseite entsteht eine (kleine) IT-Organisation, die sich auf die firmenspezifischen Anforderungen konzentriert. Aus Organisationssicht liegt hier die Verantwortung für den Wertbeitrag der IT, die Firmeninteressen jeweils mit geeigneten IT-Mitteln wahrzunehmen. Entsprechend wird diese Organisationseinheit in der Nähe der Firmenleitung angesiedelt sein – beim CIO oder als Stabseinheit der Geschäftsführung – und

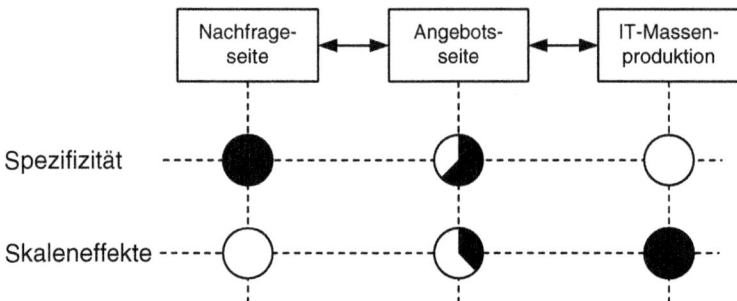

Abb. 6.3 Die Differenzierung der IT-Organisation erlaubt eine Vermittlung zwischen spezifischen Anforderungen und standardisierter IT-Massenproduktion

die Steuerung der IT gestalten und verantworten. Das firmenspezifische Wissen verbleibt hier, unabhängig davon wie und von wem die technischen IT-Leistungen erbracht werden.

Angebotsseite
Die Angebotsseite stellt eine Organisation dar, die eine Übersetzerfunktion hat: Die Anforderungen und der Gestaltungswille der Nachfrageseite wird hier in Teilleistungen übersetzt, die zum vorhandenen IT-Betrieb, der IT-Architektur und den zugekauften Leistungen passen. Je nach Sourcing-Modell kann bereits in dieser Organisation die Trennlinie zwischen der eigenen Firma und einem externen Dienstleister liegen. Die einzige Auswirkung ist die Arbeitstiefe: Bei eigener IT-Leistungserbringung müssen in dieser Organisation die IT-Architektur, die Produkte (Services) und ihre Eigenschaften definiert, umgesetzt und dauerhaft betrieben werden. Bei einer Vergabe an Dritte stehen die Formulierung der passenden Verträge und die Steuerung des Dienstleisters im Vordergrund.

IT-Massenproduktion
Der wesentliche Schritt der organisatorischen Dreiteilung liegt in der Abtrennung der standardisierbaren IT-Leistungen. Diese sind in zunehmendem Maße am Markt etabliert und einigen Anbietern gelingt damit eine fabrikmäßige Produktion, z. B. für gehostete Server, Speicher bis hin zu Software-as-a-Service. Sind diese Angebote erst einmal einsetzbar, liegen die Kosten in der Regel erheblich unter denen des Eigenbetriebs. Cloud-Anbieter behaupten heute, ihre Preise könnten dank Skaleneffekten erst jenseits von 10.000 Servern erreicht werden. Die wenigsten Unternehmen werden eine eigene IT in dieser Größenordnung benötigen – die Übersetzungsfunktion der Angebotsseite ermöglicht es wenigstens, von den niedrigeren Kosten zu profitieren.

Erst die Zukunft wird zeigen, ob der Weg zur IT-Massenproduktion von den Firmen gewählt wird – die Kosten sind eben nur ein Kriterium unter vielen. Stand 2016 verursacht die IT merkliche Kosten (siehe Kap. 2) und beschäftigt nach Gartner [16] im Durchschnitt 5,5 % der Mitarbeiter einer Firma. Die Spanne ist wieder recht breit, der Anteil der IT-Fachkräfte ist in der Finanzbranche am höchsten (über 10 %), im Einzelhandel oder Baugewerbe recht niedrig (weniger als 2 %).

6.4   Zusammenarbeit und Arbeitsteilung organisieren

6.4.1   Beispiel: Marshall Industries – Free/Perfect/Now

Beispiel

In der zweiten Hälfte des 20. Jahrhunderts war die amerikanische Firma „Marshall Industries" ein typischer Distributor (Zwischenhändler) elektronischer Bauteile in Amerika (auch im Weiteren nach [17, 18]). Mit einem Umsatz von etwa 500 Mio. USD im Jahr gehörte Marshall Anfang der 1990er Jahre zu den größeren Distributoren dieser Art und war recht erfolgreich in allen üblichen Kennzahlen. Die Organisation wurde über ein kompliziertes Zielsystem geführt („*management by objectives*"), Finanzkennzahlen je Abteilung, reale vs. projizierte Verkaufszahlen, Lagerbestand, etc. Sowohl Lieferanten als auch die Kunden verlangten immer schnellere Zyklen, höhere Qualität und niedrigere Preise. Die Organisation zog sukzessive die bewährten Stellschrauben an und rannte im Hamsterrad – *die Lage ist hoffnungslos, aber nicht ernst*[4]. Die Vertriebsleute verschickten Aufträge zu früh (oder zu spät), passend zu ihren Vertriebszielen. Immer zum Monatsende wurde besonders viel verkauft, um den Lagerbestand auf das Zielniveau zu senken. Rücksendungen des Kunden wurden künstlich verzögert, damit sie nicht gegen die Verkaufszahlen gerechnet werden konnten. Abteilungen wurden profitabel, indem sie intern kreativ weiterbelasteten[5], usw.

Während Marshall Industries als leicht überdurchschnittlich erfolgreiche Firma in ihrer Branche arbeitete, kündigten sich gravierende Änderungen an: Der Zyklus in der Halbleiterindustrie wurde kürzer, auf der Seite der Anbieter und Kunden formierten sich weltweit tätige Firmen, die durchaus auf den Distributor verzichten konnten. 1992 startete allmählich das World Wide Web, 1994 der erste Netscape-Browser – Informationen wurden weltweit verfügbar. Etwa zu dieser Zeit begann Marshall Industries bereits damit, das World Wide Web als Anbieter von Informationen zu nutzen – im Wortsinn als *early adopter*.

Unter dem CEO Robert Rodin wurde die Firma praktisch auf den Kopf gestellt. Die bisherige individuelle Zielorientierung wurde abgeschafft, genauso wie die Provisionen der Vertriebsleute – es blieb, sich an den Wünschen des Kunden auszurichten. Für Marshall Industries fasste Rodin die Wünsche der Kunden griffig zusammen: „free, perfect, now". Es blieb die Frage, wie man sich diesen illusorischen Zielen annähern konnte.

Für die Organisation schaffte Rodin nicht nur die bestehenden (und ins Absurde verkehrten) Zielgrößen ab, sondern krempelte die Hierarchie um: Der einzelne Mitarbeiter

---

[4] Robert Rodin [18] schreibt dazu in Kap. 3 (Frustration by Design): „*Everything was momentarily critical, but never life-threatening*".

[5] Ein Verhalten, das anekdotisch aus dem Controlling großer Konzerne immer wieder zu hören ist: Interne Buchungen werden sofort wirksam, vor Stichtagen muss das Controlling jede Kostenstelle akribisch überwachen – schließlich könnten Fehler jedem einmal passieren!

war vor allem dem Kunden verpflichtet und die eigene Hierarchie diente nur zur Unterstützung. Entsprechend wurde die Zielerreichung für die gesamte Firma bestimmt und
nicht mehr individuell berechnet.

Die weitere Marschrichtung hin zu „free, perfect, now" wurde wesentlich durch
den geschickten Einsatz von IT-Verfahren bestimmt: Transaktionen mussten zuverlässig und zu niedrigen Kosten verarbeitet werden, der interne Informationsfluss musste
alle Mitarbeiter zu jeder Zeit mit den richtigen Informationen versorgen. Mit diesen
Vorarbeiten begann Marshall Industries zeitgleich mit dem beginnenden World Wide
Web, die kundenorientierten Prozesse zu automatisieren – keine leichte Aufgabe, da
es noch keinen anderen Webshop „zum Kopieren" als Vergleichsmaßstab gab. Diese
Öffnung der eigenen Prozesse ging noch weiter, indem Schnittstellen zu den Systemen
der Kunden und Lieferanten eingerichtet wurden (z. B. um Schaltungen zu entwerfen
oder Produkte im Auftrag zu testen).

Im Endeffekt vervierfachte sich der Umsatz von Marshall Industries in wenigen
Jahren. Die Geschichte endete 1999 mit der Übernahme durch Avnet Inc.

Marshall Industries ist ein gelungenes Beispiel dafür, wie der IT-Einsatz eine Firma transformieren kann [17]. Ein Vorteil war die Zusammenarbeit zwischen CEO und CIO. In
beide Richtungen konnten diese Führungskräfte jeweils die Aufgaben des anderen verstehen: Der CEO beteiligte sich aktiv an den IT-Maßnahmen und dem Einsatz der „neuen"
Internettechnologie, die IT-Abteilung ist vor allem entlang der Geschäftsfelder aufgestellt
und nicht gemäß der zugrundeliegenden Techniken. Das Gespann aus CEO/CIO bildet
dabei den Kern, der diese Gruppen dirigiert.

Als Reaktion auf die wirtschaftlichen Zwänge der Wertschöpfungskette (niemand
möchte den Zwischenhändler bezahlen) konnte sich Marshall Industries als Schöpfer
eines Netzwerkes etablieren: Kunden und Lieferanten stehen über den Distributor in
vielen unterschiedlichen Beziehungen zueinander. An die Stelle der Transaktionskosten
(„free"!) treten Netzwerke, die Kunden und Hersteller miteinander verbinden – durch den
IT-Einsatz des früheren Zwischenhändlers. In den Worten des CEOs: „Wie in der echten
Welt, fragt niemand jemals nach einem Verkäufer. Sie kommen, um sich zu informieren"[6].

Diese technische Erfolgsgeschichte sollte nicht den Blick darauf verstellen, dass der
damalige CEO sich intensiv mit der für ihn passenden Managementlehre beschäftigte (und
das Qualitätsmanagement nach Deming fand) und die Umsetzung einen radikalen Wandel
für alle Mitarbeiter bedeutete. Am Ende stand der finanzielle Erfolg (Vervierfachung des
Umsatzes) und ganz zum Schluss – kurz nachdem die üblichen Literaturquellen ihre Geschichte beenden – wurde Marshall Industries von einer anderen Firma „geschluckt": „Es
gibt immer einen noch größeren Fisch".

Worin unterscheidet sich das Management der IT-Organisation bei Marshall Industries
in den 1990ern von der Konkurrenz? [17] nennt drei wesentliche Punkte:

---

[6] Nach [18, S. 197], das englische Original lautet: *Just like in the real world, no one ever asks for
a salesperson. They come for information*".

- Der Fokus auf Mitarbeitern, die neue Information*technik* und Geschäftskompetenzen miteinander verknüpfen können,
- weitgehend selbstständige Arbeitsgruppen zu neuartigen IT-intensiven unternehmerischen Initiativen und
- die Finanzierung der IT auf Grundlage des wirtschaftlichen Potenzials der zugrunde-liegenden unternehmerischen Initiativen.

Besonders der erste Punkt nimmt eine spätere Entwicklung vorweg (die Integration von IT-Verfahren als Kernkompetenz, siehe Kap. 7 und 11) und ist eine große Herausforderung für die Mitarbeiter. Blicken wir im Folgenden noch einmal auf die Organisation – jetzt aus Sicht des Personaleinsatzes.

6.4.2   Top Management?

Der einfachste Ausweg besteht darin, alles auf das Top Management zu projizieren: Der CEO/der CIO möchte, müsste, ... erledigt wird die Arbeit von den ganz normalen Mitarbeitern! Natürlich hat die Art und Weise des Managements einen Einfluss auf die Mitarbeiter, wobei die negative Motivation einfacher zu erreichen ist als eine positive. Als Illustration dient ein Zitat, das Ken Olsen, dem damaligen CEO der Firma Digital zugeschrieben wird: „*...Es gibt wenig Begeisterung für die Arbeit, weil wir Entscheidungen ganz oben treffen und es denjenigen, die eigentlich entscheiden sollten, nicht erlauben, hinaus zu gehen und nahe beim Kunden zu sein und dieses Wissen für die Entscheidungen zu verwenden. Niemand arbeitet mehr samstags und der frühere Stolz auf Digital ist verschwunden...*"[7].

Es ist kein Geheimnis, dass Personalentscheidungen an der Spitze der Firma das weitere Schicksal grundlegend bestimmen – einzelne Fehler können die gesamte Firma in den Ruin treiben. Bezogen auf die IT mag selbst die Besetzung der CIO-Position nicht so dramatisch sein. Zur Erinnerung: Die IT in typischen Firmen liegt bei weniger als 10 % der Gesamtkosten oder des gesamten Personals. Allerdings durchzieht die IT alle Aspekte einer Firma und kleine Fehler oder Fehlentscheidungen können große Auswirkungen nach sich ziehen, wie das folgende Beispiel der amerikanischen Baumarktkette Home Depot schildert. Natürlich ist es für einen Außenstehenden nicht wirklich nachvollziehbar, welche genauen Ursachen dem Beispiel zugrunde liegen (Quellen siehe Abschn. 6.4.3). Zwei plakative Aussagen legen jedoch nahe, dass die Art und Weise des IT-Managements und

---

[7] Nach [19], das englische Original lautet: „*Secondly, because we make decisions at the top level and do not allow those who should make decisions to get out and be close to the customer and use that knowledge to make decisions, there is little enthusiasm for the work. No one works on Saturday, and there is none of the old Digital pride and esprit de corps. Today, we only do those things which the top of the company feels fits in with their history of computers and which after reading literature they have decided the world has accepted and the direction in which the world is going, and we have better follow*".

der Personalauswahl ihren Beitrag geleistet haben: „Wir verkaufen Hämmer" als Assoziation früherer Mitarbeiter, wenn es um Neuerungen in der IT ging, illustriert eine Haltung, die (wenn es sie in dieser Form tatsächlich gab) jegliche Innovation oder sogar das Aufrechterhalten des sicheren IT-Betriebs im Keim erstickte. Die zweite Aussage betrifft die Personalauswahl, bei der Home Depot einen Mitarbeiter 2012 einstellte, der schließlich die IT-Sicherheit der Ladengeschäfte verantwortete. Dieser Mitarbeiter wurde jedoch von seinem vorherigen Arbeitgeber der Computer-Sabotage bezichtigt, während er anscheinend bei Home Depot die Sicherheit teilweise verantwortete – wahrlich kein herausragende Leistung der zuständigen Personalabteilung!

6.4.3 Beispiel: „Wir verkaufen Hämmer"

Beispiel

Home Depot ist die weltweit größte Baumarktkette [20] mit über 2200 Baumärkten in Nordamerika und mehr als 360.000 Mitarbeitern. Im Jahr 2013 erwirtschaftete Home Depot einen Gewinn („net earnings") von 5,4 Mrd. USD bei einem Umsatz von knapp 80 Mrd. USD. Der Jahresbericht 2013 nennt u. a. das Risiko der Datensicherheit und des Datenschutzes[8].

Am 2. September 2014 erfuhr Home Depot von Behörden und Banken, dass möglicherweise IT-Systeme von Hackern erfolgreich angegriffen wurden [21]. Wie sich herausstellte, handelte es sich um den bis dahin größten Datenraub im Einzelhandel: Die Daten von bis zu 56 Mio. (unterschiedlichen!) Kreditkarten konnten an den Zahlungsterminals von Hackern abgegriffen werden – vermutlich über einen langen Zeitraum von April bis September.

Die Kreditkartendaten waren anscheinend auf dem Schwarzmarkt erhältlich [22], der Schaden war nicht überschaubar und wurde von Home Depot zunächst auf 62 Mio. USD beziffert, u. a. für die Unterstützung der Kunden per Telefon oder bei der Überwachung der Kreditkartenaktivitäten. Home Depot erwartete, für betrügerische Zahlungen zu haften und von Kunden, Banken, Aktionären oder Behörden verklagt zu werden. Kurzfristig tauschte Home Depot ca. 85.000 Zahlungsterminals innerhalb eines Projekts, das ursprünglich schon neun Monate früher gestartet worden war.

Frühere Mitarbeiter der IT-Organisation von Home Depot berichteten laut New York Times [22], dass die IT-Systeme nur unregelmäßig auf Sicherheitsprobleme gescannt wurden – noch dazu mit veralteter Software. Laut dem Artikel wurden Fragen

---

[8] dazu ausführlich aus [20], item 1A Risk Factors: *„Any significant compromise or breach of our data security, whether external or internal, or misuse of associate or customer data, could significantly damage our reputation, cause the disclosure of confidential customer, associate, supplier or Company information, and result in significant costs, lost sales, fines and lawsuits. While we have implemented systems and processes to protect against unauthorized access to or use of secured data and to prevent data loss, there is no guarantee that these procedures are adequate to safeguard against all data security breaches or misuse of the data."*

nach neuer Software oder Schulungen über Jahre hinweg vom Management nur mit „Wir verkaufen Hämmer" beantwortet.

Bei einem Mitarbeiter für die IT-Sicherheit der Baumärkte stellte sich später heraus, dass ihn sein früherer Arbeitgeber der Computer-Sabotage bezichtigt hatte [23]: Er soll kurz nach seiner Entlassung die Netzwerk-Server auf den Auslieferungszustand zurückgesetzt, Backups gelöscht, die Datenreplizierung abgestellt, alle Einträge der Telefonanlage gelöscht, Kabel gezogen und die Kühlung der Computer abgestellt haben. Dadurch sei der normale Betrieb für einen Monat gestört worden. Im Mai 2014 wurde er zu vier Jahren Gefängnis und über 500.000 USD verurteilt [24].

Das Verhalten der Führungskräfte und des Top-Management steht natürlich überall unter besonderer Beobachtung, es werden die eigenen Vorstellungen und Forderungen auf diese Mitarbeiter projiziert. Die Details zum Verhalten der Führungskräfte dringen in der Regel nicht nach außen – manches wäre sicher erwähnenswert, wie etwa der Buchtitel „und morgen bringe ich ihn um" [25] nahe legt. Ein Beispiel lässt sich im Bericht des Untersuchungsausschusses „Rechtsterrorismus und Behördenhandeln" des Thüringer Landtages nachlesen [26]. Dort findet sich eine Zeugenaussage ([26] Band I, Kap. V.1.a.ee.2.c.bb, Namen von den Autoren entfernt) über den damaligen Leiter des Thüringer Landesamtes für Verfassungsschutz (TLfV):

Der Zeuge […] berichtete über die Amtsführung des damaligen Präsidenten des TLfV, […], die er als „selbstherrlich" und „menschenverachtend" bewertete. Das Verhalten […] habe seiner Meinung nach dem Ansehen und der Funktionsfähigkeit der Behörde geschadet. […] sei im Sommer barfuß durch das Amt gelaufen und der Zeuge habe ihn zur Besprechung in dessen Büro zweimal mit nackten Füßen auf dem Schreibtisch vorgefunden. Außerdem sei […] einmal mit dem Fahrrad – er habe gesagt, die Observanten bekämen nun Fahrräder und er müsse diese ausprobieren – auf dem Gang auf und ab gefahren. Der Zeuge konnte sich auch daran erinnern, dass er einmal spät abends von einer Observation zurück ins Amt gekommen sei und […] habe berichten wollen. Als er in dessen Dienstzimmer gekommen sei, hätten dort drei Tische aneinander gestanden und […] habe bei brennenden Kerzen, Rotwein und Käse „wie ein balzender Auerhahn" zwischen sechs oder sieben Damen gesessen und den Zeugen aufgefordert, von geheimen Dingen zu berichten, was er abgelehnt habe.

6.4.4 Mittleres Management

Top-Down und Bottom-Up sind feststehende Anglizismen im Wirtschaftsleben. Irgendwo dazwischen findet sich das „mittlere Management" als wesentlicher Bestandteil jeder Organisation und dennoch auffällig unsichtbar in den griffigen Bezeichnungen und der Literatur [27]. Bereits die Begriffsdefinition ist schwammig: Handelt es sich um die Mittellinie nach Mintzberg (siehe Kap. 2)? Oder sind die Hierarchieebenen ober- oder unterhalb entscheidend?

Die einfachste Sichtweise wird sein: Zwischen „Top und Down" oder zwischen „Bottom und Top" – die Übersetzer zwischen strategischer Spitze und dem operativen Kern (in der Sprechweise von Mintzberg). Aus Sicht des Lean-Management legt dies eine negative Interpretation nahe (lähmt die Zusammenarbeit zwischen „Top und Down"), andererseits müssen die unterschiedlichen Welten tatsächlich übersetzt werden: Mag es noch möglich sein, die Informationsverarbeitung hierarchisch von oben herab anzuordnen, können neue Informationen nur durch Kooperation entstehen.

Als ein frühes Beispiel dafür nennt [28] den Autohersteller Honda. Dort wurde von Zeit zu Zeit die Entwicklungsabteilung von äußeren Zwängen befreit und mit einem absichtlich vagen Auftrag losgeschickt. In den Worten des Entwicklungsleiters: „… wir quartieren sie oben ein und entfernen die Leitern und sagen ‚Von hier aus müsst Ihr springen. Es ist uns egal, ob ihr das könnt.'"[9]. Interessant ist der im Artikel erwähnte Nachsatz: *„Einige behaupten, Honda quartiert seine Entwickler nicht nur oben ein, ohne Leiter, sondern es zündet auch noch das Erdgeschoss an"* – eine bezeichnende Bildersprache für die Aufgaben des mittleren Managements. Der Schlüssel zum Erfolg liegt in dieser Situation darin, die strategischen Ziele des Top-Managements und die Realität des betrieblichen Kerns miteinander in Deckung zu bringen.

„Übersetzen" mag daher die falsche Analogie sein, denn das mittlere Management wird widersprüchliche Informationen und Aufträge auch ignorieren müssen und die relevanten Informationen aus dem permanenten Chaos selbständig filtern. Von „oben" und „unten" werden ganz unterschiedliche Erwartungen geäußert: Zwischen Implementierendem und Ausführendem auf der einen Seite und Vorgesetztem und Führungskraft auf der anderen Seite. Das bessere Bild ist daher die „Sandwich-Position" ([27], Kap. 3).

Es ist daher kein Wunder, wenn das mittlere Management sich permanent unter Druck gesetzt fühlt und durch die Arbeit Stress ausgesetzt ist. Manche Faktoren aus Abschn. 6.2.2 lassen sich 1:1 wiederfinden: Überforderung durch ständig steigende Anforderungen, eingeschränkte Kontrolle über die eigene Arbeit und mangelnder Gestaltungsspielraum (siehe [29], Kap. 3).

Die Referenz [28] zitiert den Präsidenten von Honda mit den Worten: „Das Top Management weiß nicht, was das untere Management macht. Umgekehrt gilt es genauso." Übersetzer oder Sandwich – die Gefahr besteht, dass die Mittellinie einer Organisation Fehler in das System einschleust. Das mittlere Management der IT-Organisation sieht sich im Sandwich sogar drei Seiten ausgesetzt: Neben dem Top-Management und dem betrieblichen Kern stellt sich in der IT zusätzlich die Frage nach der Ausrichtung der IT an den unternehmerischen Initiativen. Umso wichtiger wäre es, wenn das Top Management die richtigen Fragen stellen kann und die Antworten versteht – im Zeitalter von Big Data ist dies zumindest technisch möglich [8, 9].

---

[9] Nach [28], das englische Original lautet: *„In other words, we put them upstairs, remove the ladders, and say, ‚ You have to jump from there. We don't care if you can't.' I think human beings display their greatest creativity under pressure. […] Some say Honda not only puts researchers upstairs without a ladder, but also ‚sets the first floor on fire'"*.

Abb. 6.4 Hierarchische Organisation (*links*) verglichen mit
Teams (*rechts*)

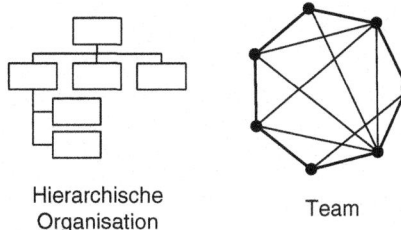

Hierarchische
Organisation

Team

6.4.5   Teamwork

Teamwork lässt sich u. a. mit „Zusammenarbeit" übersetzen, dies greift sehr schön das wesentliche Merkmal von Teams auf: Ist die hierarchische Organisation vor allem dadurch gekennzeichnet, dass die Teilorganisationen voneinander getrennt sind, arbeiten die Mitarbeiter eines Teams zusammen und werden gemeinsam am Resultat gemessen (siehe Abb. 6.4).
Diese Organisationsform ergibt sich recht natürlich bei der Projektarbeit: Projekte sind
per Definition einmalig, entsprechend müssen sich die Mitarbeiter innerhalb eines Projektes selber organisieren. Erreichen die Projekte eine gewisse Größe, wird die Effizienz der
Teamarbeit nicht mehr gegeben sein. Typische Teamgrößen liegen bei 5 bis 10 Mitarbeitern, größere Projekte werden sich entsprechend wieder hierarchisch aufteilen (müssen).

In der Arbeitsweise unterscheidet sich ein Team radikal von z. B. der Gruppe oder Abteilung (auch im weiteren [13], dort Kap. 10). Der einzelne Mitarbeiter in einer Gruppe
arbeitet weitgehend unabhängig von anderen Mitarbeitern derselben Gruppe. Tätigkeiten
werden – soweit nötig – über den Austausch von Informationen koordiniert, gemeinsames
Arbeiten findet nicht statt. Die Zusammenarbeit im Team ermöglicht dagegen die gemeinsame Erstellung von Arbeiten, eine im Prinzip mächtigere Arbeitsweise: Die Arbeitskraft,
das Wissen und die Kreativität aller Teammitglieder können in die Arbeit eingebracht
werden und sich gegenseitig verstärken.

Die Vorteile eines Teams kommen jedoch nicht automatisch zustande und sind auch
nicht für jede Tätigkeit notwendig. Auf jeden Fall wird sich die Aufgabe der Führungskraft zwischen einer Gruppe und einem Team deutlich unterscheiden. Je nach Ausprägung
kann sich ein Team entweder aus den Mitarbeitern einer Fachrichtung (oder Gruppe) zusammensetzen oder gezielt Mitarbeiter aus komplett unterschiedlichen Bereichen zusammen bringen.

Teams zur Problemlösung (Arbeitskreis, Task Force)
Der einfachste Fall sind Teams, die vorübergehend zur Bearbeitung eine Aufgabe zu-
sammengerufen werden. Dies kann z. B. das Erarbeiten einer Problemlösung oder von
Qualitätsverbesserungen sein, jedoch endet der Auftrag mit dem Lösungsvorschlag. Die
Mitarbeiter werden dazu zeitweise, evtl. auch nur mit einem geringen Anteil ihrer Arbeitszeit in das Team entsandt, das Team erhält keine Entscheidungsbefugnis und ist nicht für
die etwaige Umsetzung zuständig. Die klare Fokussierung auf die Problemstellung und
die zeitliche Befristung führen dazu, dass ein derartiges Team eher moderiert als geleitet
werden sollte.

Teilautonome Teams

Teilautonome Teams werden für die reguläre Produktion dauerhaft gebildet, d. h. einzelne Schritte eines Geschäftsprozesses werden gemeinsam durch ein Team bearbeitet. Die Art und Weise dieser Bearbeitung (Wer führt welche Tätigkeit wann durch?) kann das Team für sich selbst festlegen, alle Mitglieder des Teams werden gemeinsam am Erfolg gemessen. Damit gehen eine ganze Reihe von Verantwortlichkeiten und Befugnissen des mittleren Managements (einer Gruppe) auf das Team über: Arbeitsaufteilung und Ressourcenplanung, Lösen von Problemen, Interaktion mit Kunden und Lieferanten (soweit im Geschäftsprozess vorgesehen).

Einige Eigenschaften sind für den Erfolg eines Teams wichtig, evtl. können sie als definierende Eigenschaften dienen. Allerdings ist die Literatur darüber uneins. Die Gefahr der selbstbestimmten Teamarbeit liegt immer auch darin, dass sich einzelne Teammitglieder zurückziehen und ihre Mitarbeit einstellen – ein Zustand, der ohne hierarchische Steuerung schwer abstellbar ist. Neben Faktoren aus dem Umfeld und zur Zusammensetzung des Teams entscheidet vor allem das Miteinander über Erfolg und Misserfolg.

Sinn & Zweck

Die Mitarbeiter in einem Team haben ein gemeinsames Verständnis von der Daseinsberechtigung des Teams: Welchem Zweck dient das Team? Dieses Verständnis ist von außen allenfalls durch Aufträge, allgemein gehaltene „Missionen" oder Ziele umrissen. Die Mitglieder des Teams müssen zuerst – und später auch wiederholt – ihr gemeinsames Verständnis erarbeiten. Als Teil dieser stark kommunikativen Beschäftigung entwickelt das Team ein Verständnis seines Auftrags, der internen Arbeitsweise und des Beitrags jedes Einzelnen zum Team. Jedes Team muss auf diese Art eine Investition in seine eigene Arbeitsfähigkeit leisten, durchaus mit dem Risiko, dass die Investition verloren geht: Das Team kann sich während der Diskussion zerstreiten, Teile des Teams durch die Diskussion verlieren, oder den perfekten Konsens zu den falschen Zielen herstellen. Diese Fallen sorgen dafür, dass nicht jedes Team automatisch erfolgreich ist. Immerhin können selbstkritische Teams aus ihren Schwierigkeiten lernen und sich allmählich anpassen und verbessern.

Ziele des Teams

Alle Mitglieder teilen ein gemeinsames und spezifisches Ziel des Teams – jenseits etwaiger persönlicher Ziele.

Gemeinsame Identität

Die Mitarbeiter entwickeln in einem Team ein „Wir-Gefühl": Das Selbstvertrauen, dass Ziele im Team zusammen erreichbar sind. Je länger ein Team besteht, desto stärker entwickelt sich diese Identität und auf umso mehr gemeinsam erreichte Ziele stützt sich das Selbstvertrauen.

Gemeinsame Vorstellungen

Die gewährte Autonomie bedeutet für ein Team, dass jenseits der externen Vorgaben innerhalb des Teams eine gemeinsame Vorstellung über die wesentlichen Faktoren der Arbeit
entstehen muss. Wie wird die Arbeit strukturiert? Welche Schritte sind notwendig oder optional? Welche Werkzeuge werden verwendet? Wer nimmt welche Rollen ein? Wie wird
mit dem Umfeld interagiert? Wenn die Antworten auf diese Fragen offen sind, muss das
Team diese Antworten gemeinsam festlegen und sie müssen jedem Teammitglied präsent
sein. Abweichungen in diesen gemeinsamen Vorstellungen (z. B. wie werden Änderungen
an IT-Systemen dokumentiert?) führen zwangsläufig zu Missverständnissen, Fehlern und
letztlich höherem Aufwand – typischerweise beim Start eines Teams, bei Mitarbeiterfluktuation und bei Überlastung.

Konfliktlösung

Die Freiheit eines Teams, sich selbst zu organisieren, führt zwangsläufig zu Konflikten:
Zum einen dann, wenn die fehlenden Vorgaben im Team selbst erarbeitet werden, zum
anderen durch das Hinterfragen der gewählten Arbeitsweisen. Die Konfliktlösung kann
sachdienlich das Team in seiner Arbeitsweise voranbringen oder destruktiv die Zusammenarbeit (zer-)stören. Beispiele derartiger Diskussionen sind in der IT altbekannt und in
der Geschichte des Internets mit dem Begriff „flame-war" verbunden. Sie betreffen entscheidende Punkte, beispielsweise ob Windows besser ist als Linux oder Android besser
als iOS. Elektronisch löst sich die Diskussion schnell vom Sachthema und sorgt für Auf-
regung jenseits der konstruktiven Konfliktlösung.

Die Zusammensetzung eines Teams lässt sich generisch über typische Rollen beschreiben. Ein populäres Modell [30] sieht neun verschiedene Rollen vor. Bei kleinen Teams
wird ein Mitarbeiter folglich mehr als eine Rolle einnehmen (und nicht alle denkbaren
Kombinationen erweisen sich als sinnvoll oder machbar). Die Tab. 6.1 listet die neun
Rollen und ihren wesentlichen Beitrag im Team auf. Jede Rolle besitzt natürlich auch
spezifische Schwächen (in der Tabelle nicht aufgelistet), es ist z. B. der Kreative kaum
an der Umsetzung interessiert, ein Vollender meidet die übermäßige Kommunikation mit
anderen.

6.4.6   Kollektive Fehlentscheidungen vermeiden

Teamarbeit ist keineswegs das Allheilmittel für alle Probleme – sie kann in hohem Maße
ineffizient sein und Fehlentscheidungen provozieren. Der Absturz einer DC8 oder die
Flugzeugkatastrophe von Teneriffa sind warnende Beispiele, dass Teams eklatante Fehler
unterlaufen können (beide Beispiele siehe Kap. 8). Solche Beispiele und Anekdoten sind
der Ausgangspunkt dafür, die Entscheidungsfindung von Teams zu hinterfragen (z. B. zusammengefasst in [31], auch im Weiteren als Quelle).

Anders als der hehre Anspruch – jedes Teammitglied bringt seine Stärken ein und
gleicht die Schwächen der anderen aus – haben Teams ihre eigenen Probleme: Anstatt

Tab. 6.1 Rollen in einem Team nach Belbin. [30]

Rolle	Beitrag im Team
Der Kreative (*plant*)	Kreativität, bringt neue Ideen ins Team und löst schwierige Probleme
Ermöglicher (*resource investigator*)	Sucht und verfolgt enthusiastisch neue Chancen und Kontakte
Koordinator	Kommuniziert klar, delegiert effektiv, das Team vertraut ihm
Der Former (*shaper*)	Arbeitet gut unter Druck, ausgesprochener Leistungswille, selbstbewusst, löst Probleme
Beobachter (*monitor/evaluator*)	Nüchterner Beobachter, der alle Alternativen sieht und neutral bewertet
Teamarbeiter	Legt Wert auf gute und reibungslose Zusammenarbeit
Umsetzer (*implementer*)	Setzt Ideen und anstehende Arbeiten pragmatisch und zuverlässig um
Vollender (*completer/finisher*)	Bringt auch die letzten fehlenden Details gewissenhaft zu Ende
Spezialist	Bringt sein Expertenwissen ein mit wenigen Interessen darüber hinaus

Fehler zu korrigieren, kann ein Team den Fehler verstärken, die erste oder am lautesten geäußerte Meinung blind übernehmen, sich heillos zerstreiten oder störende Informationen ignorieren.

Teams sind also durchaus für einige Fehler anfällig. Die Überschätzung der eigenen Fähigkeiten, etwa ausgedrückt als die geplante Dauer eines Projektes, ist eine bekannte Schwäche des Menschen und wird im Team sogar verstärkt. Erschwerend kommt hinzu, dass es Teams schwerer fällt, eine getroffene Entscheidung zu revidieren. Die erhoffte Nivellierung einzelner Schwächen kann die Teamarbeit ohne weitere Eingriffe nicht leisten.

Die erarbeitete Konsensmeinung gibt dem Team die Sicherheit, gemeinsam die richtige Entscheidung getroffen zu haben. In vielerlei Hinsicht mag die getroffene Auswahl beliebig sein: Viele Studien aus dem Marketing zeigen, dass die Kaufentscheidung etwa für ein Buch vom Kontext geprägt wird. Vor allem die Platzierung in einer Hitliste, also die Information über die Entscheidung anderer, beeinflusst die eigene Entscheidung. In der gleichen Weise beeinflusst das Team selbst seine Entscheidungsfindung. Die geäußerten Meinungen – die erste, die am vehementesten vorgetragene, die angesehenste – wirken auf die Mitglieder des Teams und ihre eigene Entscheidung. Die Konsequenz sind nahezu zufällige Entscheidungen des Teams, im Konsens mit großer Überzeugung getroffen und womöglich komplett falsch.

Tendenziell bewegen sich Teams in ihren Diskussionen gerne auf Extrempositionen zu. Ausgangspunkt mögen Alternativen sein, die beispielsweise mehr oder weniger riskant sind. Manche Teammitglieder tendieren dazu, Risiken einzugehen, andere schrecken davor zurück. In vielen Studien zeigt sich, dass sich derartige Positionen während einer

Diskussion zunehmend polarisieren und deutlich extremer werden, als sie ursprünglich von den einzelnen Teammitgliedern geäußert wurden.

Teams neigen auch dazu, „Banalitäten" zu thematisieren: Sie bevorzugen es, über allgemein vorhandene und akzeptierte Informationen zu kommunizieren, während Details, die nur wenigen vorliegen im Team keine Anerkennung finden. Diese Tendenz kann sich dann als fatal erweisen, wenn das Team mit neuen und unbekannten Situationen konfrontiert wird: Unklare Fehlerursachen und widersprüchliche Informationen sind für Teamarbeit denkbar ungeeignet.

Die bekannten Schwächen der Teamarbeit lassen sich mit etwas Aufmerksamkeit kompensieren:

- Anstatt das Augenmerk auf den Konsens zu richten, müssen kritische Äußerungen im Team explizit gefördert werden.
- Individuelle Belohnungen, z. B. die Anerkennung für die richtige Entscheidung, sollen ersetzt werden durch Belohnungen für das ganze Team. So lässt sich die vorschnelle Bildung eines Konsenses bremsen.
- Das Zuweisen von Rollen innerhalb eines Teams sorgt dafür, dass auch das Expertenwissen gewürdigt wird, nicht nur die allgemein vorhandenen Informationen.
- Die Anwesenheit eines Advocatus Diaboli (siehe auch Kap. 7.4.2) kann Fehlentscheidungen wirksam bekämpfen – solange das Team im Glauben ist, dass es sich nicht um eine spielerische Meinung handelt.
- Ein Konkurrenz-Team („red team") erhält den Auftrag, entweder ein besseres Ergebnis zu erzielen oder die besten Gründe gegen den erarbeiteten Plan des ursprünglichen Teams zu finden.

6.4.7 Wahrnehmungsstörungen

Die menschliche Wahrnehmung ist leider kein geeichtes, neutrales Messinstrument. Vielmehr ist sie anfällig für vielerlei systematische Verzerrungen, die immer wieder zu eklatanten Fehlentscheidungen führen. Recht plastisch drückt dies der amerikanische Milliardär Warren Buffet in seinem Aktionärsbrief im Jahr 1982 aus ([32], gekürzte Übersetzung):

Viele Manager waren anscheinend in ihrer Kindheit zu lange dem Märchen des Froschkönigs ausgesetzt, wo der Kuss einer schönen Prinzessin einen verwunschenen Prinzen aus dem Körper einer Kröte befreit. Folglich sind sie davon überzeugt, dass ihr Manager-Kuss Wunder bewirkt für die Rentabilität einer Firma Z(iel). Ein derartiger Optimismus ist essenziell. Denn – abgesehen von der Schönfärberei – weshalb sollten die Aktionäre der Firma K(äufer) daran interessiert sein, Z für den doppelten Marktpreis aufzukaufen […]? […] Finanzieren die Investoren stattdessen Prinzessinnen, die den doppelten Preis zahlen für das Recht, eine Kröte zu küssen, dann sollten diese Küsse wenigstens die Schlagkraft von Dynamit besitzen. Wir haben viele Küsse beobachtet und sehr wenige Wunder. Dennoch sind viele Manager-Prinzen zutiefst von der Kraft ihrer künftigen Küsse überzeugt – selbst wenn ihr Hinterhof bereits knietief mit unverwandelten Kröten gefüllt ist.

Wie kommt es zu Entscheidungen, die in größter Überzeugung getroffen werden und sich dennoch als großer Irrtum erweisen? Der Aktionärsbrief von Warren Buffet erinnert daran, dass es sich nicht um ein neues Phänomen handelt – wieder und wieder werden in Unternehmen Fehlentscheidungen getroffen, mitunter von derselben Gruppe oder derselben Person. Führungskräfte, die Entscheidungen treffen und vermeintlich den Verlauf kontrollieren können, sind besonders anfällig für Selbstüberschätzung [33]. Anscheinend muss man es als gegeben hinnehmen, dass Menschen zu Fehlentscheidungen neigen. Ein Artikel aus dem Jahr 1998 ([34], auch im Weiteren als Quelle) geht von dieser Annahme aus und versucht, bekannte menschliche Schwächen durch eine geeignete Organisationsform auszugleichen: „[…] Einzelpersonen haben es nicht bis zum Mond geschafft, die NASA war es.“

▶   „You were rucky!“ [34]

Welche menschlichen Schwächen lassen sich im betrieblichen Alltag nachweisen und möglicherweise geschickt kompensieren?

- **Erfolgs-Misserfolgs-Asymmetrie:** Individuen geben sich mit einfachen Erklärungen für einen Erfolg oder Misserfolg zufrieden. Erfolg liegt immer an den Fähigkeiten des Individuums, Misserfolg ist äußeren, nicht beeinflussbaren Faktoren geschuldet. Diese verzerrte Wahrnehmung lässt sich durch einen einfachen Vergleich mit anderen korrigieren: Haben andere im gleichen Maße Erfolg (dann wird es kaum an den eigenen Fähigkeiten liegen)? Mitunter spielt auch Glück statt Können eine Rolle. Der externe Blick eines Auditors kann beides unterscheiden und führt zu dem zitierten Merksatz: Ein japanischer Auditor kommentierte die (mangelnden) Erklärungen zu einem außergewöhnlichen Projekterfolg mit den Worten *„You were rucky!“* (gemeint war „lucky“). Seitdem genügt dieser Merksatz, damit Projektmanager ihren Anteil am Erfolg kritisch hinterfragen.
- **Attributionsfehler:** Menschen suchen die Erklärung für Ereignisse vor allem im Handeln anderer („Attributionsfehler“). Alle anderen Faktoren einer spezifischen Situation werden gerne übersehen. Eine Anekdote berichtet von einer Firma, bei der der Qualitätsguru William Edwards Deming feststellte, dass der Produktionsprozess für den Einsatz leicht entzündlicher Materialien ungeeignet war und daher häufig Feuer ausbrachen [35]. Die Reaktion des Geschäftsführers war, jedem der über 10.000 Mitarbeiter einen Brief zu schicken mit der Bitte, weniger Feuer anzuzünden. Der Attributionsfehler ist schlecht abzustellen – am einfachsten ist es immer noch den Boten schlechter Nachrichten zu töten. Deming versucht sich an dem Merksatz „zu 94 % war es das System“.
- **Die erstbeste Erklärung:** Menschen geben sich mit der ersten gefundenen Erklärung zufrieden. Sobald sie eine plausible Erklärung gefunden haben, stellen sie die Suche nach Alternativen oder der wahren, zugrundeliegenden Ursache ein. Viele Methoden des Qualitätsmanagements greifen diese Schwäche auf, ein bekanntes Beispiel ist das

wiederholte Fragen von „Warum" als Teil des Toyota Produktionssystems [36]. Für den Fall, dass Individuen oder Gruppen mehrere Hypothesen aufstellen, unterscheiden sich die verschiedenen Hypothesen nur noch um Nuancen. Zum Teil lässt sich dies verhindern, indem Personen mit divergierenden Hintergründen die Hypothesen erstellen, zum Teil genügt es bereits, wenn der Informationsaustausch bei der Hypothesenbildung unterbunden wird.

- **Statistische Blindheit:** Wenn Menschen überhaupt Stichproben überprüfen, dann sind es in der Regel zu wenige und auch noch nicht-repräsentative. Eine systematische, schriftliche Datenerfassung und statistische Auswertung aller Daten ist die beste Gegenmaßnahme. Besonders problematisch sind die statistischen Ausreißer: Ereignisse, die praktisch nie auftreten und deshalb fast niemandem aus persönlicher Erfahrung bekannt sind. Die einzige Möglichkeit dagegen anzugehen besteht darin, alle bekannten Ereignisse möglichst gut und breit zu kommunizieren[10].

- **Neigung zu Bildhaftem:** Bildhafte, gut vorstellbare Informationen wirken glaubwürdiger. Ein Beispiel nennt die Rückmeldungen der Nutzer zu einer Software von Microsoft. Die statistische Auswertung – die Mehrheit der Nutzer versteht eine bestimmte Funktion nicht – findet keinen Anklang bei den Softwareentwicklern. Erst die eigene Beobachtung, welche Schwierigkeiten die Nutzer in einem „usability lab" haben, überzeugt die Entwickler davon [37, 38].

- **Unrealistischer Optimismus:** Menschen sind zu optimistisch und zu zuversichtlich in ihren Vorhersagen (zu Details des unrealistischen Optimismus siehe auch Kap. 7.4.2). Eine einfache Maßnahme ist es daher, bei allen Schätzungen einen ordentlichen Puffer aufzuschlagen. Mit etwas Erfahrung lässt sich der Schätzfehler aus der Vergangenheit quantifizieren und der „richtige" Puffer einplanen – die Größenordnung kann überraschen, ein Faktor zwei als Puffer ist keineswegs übertrieben.

Irren ist menschlich – und die skizzierten Maßnahmen können im Alltag ein Hilfsmittel sein, um die gröbsten Fehler zu vermeiden. Niemand darf sich jedoch wundern, wenn die Maßnahmen auf Widerstand treffen: Sie wirken schnell wie ein persönlicher Angriff, eine Kritik an der Person und ihren Entscheidungen. Dass es sich nur um einen technischen Kniff handelt und jede andere Person auf ähnliche Weise fehlgeleitet worden wäre, geht dabei leider oft unter.

Die Angst vor Verlusten ist bei finanziellen Entscheidungen gut untersucht: Häuser werden genauso ungern mit Verlust verkauft [39] wie Aktien. Dabei bleibt der Einstiegspreis als Referenzwert in Erinnerung, Verluste wiegen deutlich schwerer als Gewinne. Eine Gegenmaßnahme besteht etwa bei professionellen Aktienhändlern darin, von Zeit zu

---

[10] Ein gelungenes Beispiel ist die Luftfahrtindustrie. Sie verdankt ihr hohes Qualitätsniveau einer Kultur der Risiko-Kommunikation. Fehler werden untersucht und die gewonnenen Erkenntnisse werden der gesamten Luftfahrtindustrie zugänglich gemacht. Eine Kritik an der IT-Industrie ist, dass sie keine offene Fehlerkultur hat – es ist im IT-Umfeld fast unmöglich, systematisch aus den Fehlern anderer zu lernen.

Zeit das bestehende Portfolio einem Händler wegzunehmen und an einen anderen Händler weiterzureichen. Dort kann das Portfolio ohne Vorgeschichte neu starten, in der Erinnerung sind keine schmerzhaften Verluste zu verzeichnen. Diese Maßnahme gegen die Angst vor Verlusten lässt sich durchaus auf den IT-Betrieb übertragen: Das eigene Projekt, die ans Herz gewachsene Anwendung oder Software führt zu einem teilweise irrationalen Verhalten. Gelingt es, ab und zu die „historischen Zöpfe" abzuschneiden – etwa indem Zuständigkeiten neu verteilt werden – kann der IT-Betrieb wieder zu sachlichen Entscheidungen zurückfinden.

6.4.8   Die Verhaltensökonomik von Organisationen

Der rational entscheidende „homo oeconomicus" existiert nur in der Theorie: Menschen sind in jeder Lebenslage irrational, von Stimmungen und Gefühlen abhängig und entscheiden unsachlich. Der vorherige Abschnitt zeigt auf, dass sich solche „Unzulänglichkeiten" zum Teil in Organisationen wiederfinden, zum Teil auch gezielt durch ein Miteinander ausgeglichen werden.

In [33] wird daher (im dortigen Kap. 7) gefragt, wie die Verhaltensökonomik einer Organisation einzuschätzen ist. Im alltäglichen Verhalten der Mitarbeiter spielt sie auf jeden Fall eine Rolle:

- Die Motivation der Mitarbeiter, eine Arbeit zu erledigen und mit dem Ergebnis zufrieden zu sein, leidet darunter, wenn es für die Arbeit besondere Belohnungen (z. B. Geld) gibt – tatsächlich zeigen Studien auch, dass ein höheres Einkommen zu schlechteren Ergebnissen führt.
- „Hinterher ist man immer schlauer" – aber nicht nur, weil rückblickend vieles verständlich wird. Mangels schriftlicher Aufzeichnung verändert sich auch die menschliche Erinnerung, rückblickend hatte man sich schon immer die Geschehnisse *so* gedacht.
- Die oben genannte Schwäche, die Ursache im Handeln anderer zu suchen, führt auch zu einer asymmetrischen Belohnung: Gerade bei Führungskräften wird der Erfolg merklich belohnt, der Misserfolg hat kaum Konsequenzen.

Doch nicht nur die einzelnen Personen innerhalb einer Organisation sind von Irrationalitäten geplagt. [40] findet in einer empirischen Studie, dass die einzelnen Divisionen eines Konzerns intern nahezu gleichmäßig Zugang zu Kapital haben, unabhängig von ihrer Größe.

Was machen eigentlich Führungskräfte, wenn sie sich nicht gerade vor einer Übernahme fürchten? Dieser Frage geht [41] nach und kommt – wieder empirisch – zu dem Ergebnis: Eine ruhige Kugel schieben. Die Gehälter der Mitarbeiter steigen, alte Werke bleiben am Leben, neue Werke werden nicht gebaut, die Produktivität sinkt und der Gewinn ebenfalls. Aus dieser Sicht versuchen Manager also nicht, ihren Machtbereich zu vergrößern, sondern alles so zu lassen wie es ist.

6.4.9 Projektarbeit

In vielen Branchen – auch der IT – ist die Projektarbeit Mittel der Wahl. Bei Projekten (siehe auch Kap. 9.3.1) handelt es sich um vorübergehende Organisationseinheiten, die die selbstständige Erledigung einer Aufgabe als Ziel haben. Der Vorteil gegenüber der bestehenden Linienorganisation liegt darin, dass eine zweckgebundene, passgenaue Projektorganisation bei Bedarf geschaffen werden kann und nach Beendigung ihrer Aufgabe wieder aufgelöst wird. Auf diese Weise ist es einfach, Mitarbeiter aus unterschiedlichen Bereichen (oder Firmen) für die Zusammenarbeit in einer Organisation zu bündeln.

Allerdings wird das Projekt je nach Größe die typischen Fragestellungen einer Organisation für sich neu beantworten müssen: Bei wenigen Mitarbeitern wird die Zusammenarbeit als Team organisiert, mit den zu erwartenden anfänglichen Investitionen in ein funktionierendes Team. Überschreitet die Mannschaftsstärke eines Projekts die Teamgröße wird eine zusätzliche hierarchische Organisation mit ihren Kommunikations- und Entscheidungswegen notwendig. Gerade die vorübergehende Zusammenarbeit in einem Team führt auch zu systematischen Schwächen: Bei der Entscheidungsfindung kann sich ein „Gruppendenken" entwickeln und Risiken, die sich auf den Zeitraum nach dem geplanten Projektende beziehen, wird das Projektteam falsch einschätzen. Ein Beispiel für die gemeinsame Verantwortungslosigkeit findet sich bei den fehlerhaften Zündschlössern von GM (siehe Kap. 5.1). Der Untersuchungsbericht nennt als eine der Ursachen den „GM Gruß" (Kap. V.B.7 in [42]) – „*verschränkte Arme, die nach außen zu anderen zeigen und damit die Verantwortung auf jemand anderen schoben*".

Der zweite Punkt – das Verschieben von Aufgaben auf den Zeitpunkt nach der Inbetriebnahme – trifft die Organisation des IT-Betriebs besonders hart: Ist doch üblicherweise die Entwicklung von Software bis zur Inbetriebnahme als Projekt organisiert, die eigentlichen Kosten fallen erst über den langen Zeitraum des Regelbetriebs an. Sollte dem Projekt bei seinen Entscheidungen ein gleichwertiges Gegengewicht aus dem IT-Betrieb fehlen, werden Risiken des späteren Betriebs vom Projekt gerne in Kauf genommen, wenn das Projektziel dadurch begünstigt wird. Die Erfahrung zeigt, dass typische IT-Projekte immer Schwierigkeiten mit ihrem Zeitplan entwickeln, es ist dann eine natürliche Reaktion, möglichst viele Inhalte in die spätere Betriebsphase „zu verschieben".

Vor Abschluss des Unterkapitels zur Organisation der Zusammenarbeit bzw. Arbeitsteilung gilt es noch zwei Phänomene zu besprechen: Wie verhalten sich Mitarbeiter innerhalb der Organisation, „wenn sie unbeobachtet sind" und gibt es kulturelle Unterschiede, die die Organisation beeinflussen?

6.4.10 Organizational Citizenship Behavior: Der gute Bürger innerhalb einer Organisation

Wie verhält sich ein Mitarbeiter, wenn niemand zuschaut? Wenn sein Agieren (oder nicht-Agieren) freiwillig ist, nicht von der Organisation sanktioniert ist oder belohnt wird? Angenommen, genau dieses Verhalten wäre für das reibungslose Funktionieren der Organisation förderlich – wird der Mitarbeiter aktiv oder bleibt er absichtlich oder unabsichtlich untätig?

Im englischsprachigen Raum gibt es dafür den Begriff *organizational citizenship behavior* (OCB, [43]) – das Verhalten des Mitarbeiters als „Bürger der Organisation". Das Zerrbild des *homo oeconomicus*, der ausschließlich auf persönliche Nutzenmaximierung aus ist, wird nicht unbedingt freiwilliges Engagement an den Tag legen. Vielmehr handelt es sich bei OCB um einen Aspekt des sozialen Miteinanders innerhalb der Organisation. Die Kombination aus fehlenden Anreizen und freiwilligem Agieren sollte ein Schlaglicht auf die jeweilige Organisation oder Persönlichkeit werfen, schließlich setzt der Mitarbeiter seine Zeit, Kontakte und sein Wissen [44] für eine Sache ein, die voraussichtlich kaum oder nicht gewürdigt wird – wer kümmert sich um einen tropfenden Wasserhahn, die pfeifende Festplatte oder die undokumentierten Makefiles?

Im Allgemeinen lässt sich OCB in fünf verschiedene Verhaltensmuster unterteilen [45]:

- *Uneigennützigkeit*: Eine Tätigkeit (evtl. für jemand anderen) freiwillig auszuführen, ohne selbst davon zu profitieren.
- *Zuvorkommenheit*: Jemandem zu helfen, bevor ein Problem entsteht oder akut wird.
- *Sportsgeist*: Toleranz gegenüber auftretenden Störungen oder Widrigkeiten.
- *Bürgertugenden*: Bereitschaft zur konstruktiven Teilnahme an den politischen Prozessen der Organisation.
- *Gewissenhaftigkeit*: Die Eigenschaft, eine Aufgabe auch über den „Dienst nach Vorschrift" gewissenhaft zu Ende zu bringen. Einer der fünf Persönlichkeitstypen entspricht dieser Eigenschaft.

Die Freiwilligkeit bedeutet auch, dass OCB recht empfindlich auf die Zufriedenheit der Mitarbeiter reagieren: Unzufriedene Mitarbeiter werden sich kaum freiwillig jenseits der offiziellen Arbeit engagieren, zufriedene Mitarbeiter dagegen schon. Die Zusammenhänge können in der Literatur zwar an kleinen Stichproben berechnet werden – ob sie ursächlich zusammenhängen, geht daraus jedoch nicht hervor: Mitarbeiter, die sich als „gute Bürger" zusätzlich engagieren, bekommen demnach im Durchschnitt eine bessere Bewertung durch ihren Vorgesetzten – sei es, weil die Vorgesetzten das Verhalten bewusst positiv einschätzen, als Maß für das Engagement des Mitarbeiters heranziehen oder weil die Mitarbeiter damit bei den Kollegen beliebter sind [46].

Aus dieser besseren Bewertung der engagierten Mitarbeiter folgt im Schnitt auch eine höhere Belohnung (z. B. durch höhere Gehaltssteigerungen oder Bonuszahlungen) und damit verknüpft ist die Chance dieser Mitarbeiter besser, in schlechten Zeiten ihren Arbeitsplatz zu behalten.

Woran lässt sich erkennen, ob eine Person ein guter „Bürger der Organisation" wird?
Ein Faktor – relativ schwach – ist der Persönlichkeitstyp (siehe Abschn. 6.6.2), aus dem Fünf-Faktor-Modell spielt allenfalls die Gewissenhaftigkeit eine merkliche Rolle [47].

Wichtiger ist die innere Einstellung des Mitarbeiters: Zufriedenheit mit der Arbeit, die wahrgenommene Fairness, etc. Gerade die vom Mitarbeiter empfundene Gerechtigkeit der Organisation (siehe oben) ihm gegenüber und das Vertrauen in den Vorgesetzten [45] fördern oder bremsen das zusätzliche Engagement. Grob ließen sich diese Faktoren unter dem Schlagwort „Moral" des Mitarbeiters zusammenfassen: Motivierte Mitarbeiter engagieren sich eher zusätzlich (und freiwillig).

Die Organisation könnte daher in die Versuchung kommen, Druck auf die Mitarbeiter auszuüben, sich „freiwillig" als guter Bürger zu engagieren. Ein derartiges Vorgehen funktioniert vor allem bei den Mitarbeitern, die vorher wenig engagiert waren und zudem wenige Verpflichtungen außerhalb der Arbeit haben (in der Studie [48] sind das die vorher nicht-engagierten Singles) – mit steigendem Druck empfinden es gerade diese Mitarbeiter als ungerecht, dass sie sich mehr engagieren als die privat stark eingebundenen Kollegen.

Gerechtigkeit in Organisationen (*organizational justice*)

Mitarbeiter interpretieren die innerhalb einer Organisation getroffenen Entscheidungen, ihr Zustandekommen und die damit verbundenen Abläufe, sowie den Umgang zwischen den – typischerweise hierarchisch höher gestellten – Entscheidern und den Mitarbeitern. Ein Ergebnis dieser Interpretation ist das Empfinden des Mitarbeiters, zu welchem Grad die Entscheidung gerecht getroffen wurde und ob das Miteinander fair verlief. Diese Empfindung, sei es als direkt Betroffener der Entscheidung oder als Beobachter, wirkt als starker Faktor für die Motivation des Mitarbeiters [49]. Dabei lässt sich die Gerechtigkeit in Organisationen grob gesprochen in drei Bereiche unterteilen[11] – bezogen auf die Verteilung, die Verfahren und die Interaktion. Die Verteilungsgerechtigkeit stellt die verteilte „Belohnung" dem Ressourceneinsatz gegenüber, die Verfahrensgerechtigkeit beurteilt die Fairness des Entscheidungsprozesses und die Interaktionsgerechtigkeit den fairen Umgang miteinander.

Sind die IT-Mitarbeiter „gute Bürger"?

Eine Studie zum Thema OCB wertete die Daten gezielt nur für IT-Mitarbeiter aus [45] und kommt zum Schluss, dass IT-Mitarbeiter (in der genutzten Stichprobe) ein im Vergleich zu anderen Mitarbeitern signifikant niedrigeres Engagement als „guter Bürger" zeigen.

▶   Mitarbeiter der IT-Organisation zeigen anscheinend ein unterdurchschnittliches Engagement als „guter Bürger der Organisation".

Woran liegt es, dass IT-Mitarbeiter sich weniger für die Organisation engagieren? Angesichts der möglichen Ursachen (siehe oben) ergibt [45], dass sowohl das Vertrauen in den Vorgesetzten als auch die empfundene Gerechtigkeit in der Organisation für die Mitarbeiter der IT-Organisationen schlechter als im Durchschnitt ausfallen. Bei der empfun-

---

[11] Im Original waren es zunächst zwei Bereiche; inzwischen kann die Informationsgerechtigkeit als der zeitnahe und adäquate Zugang zu Informationen als weiterer Bereich gelten.

denen Gerechtigkeit kommt vor allem die Interaktionsgerechtigkeit, also der Umgang miteinander, bei der IT besonders schlecht weg. Trifft die vorhandene Literatur zu OCB zu, dann bedeutet dies letztlich, dass sich die IT-Mitarbeiter auf den „Dienst nach Vorschrift" zurückziehen – es zählen nur noch Tätigkeiten die direkt beauftragt und beurteilt werden. Der soziale Austausch, anderen uneigennützig und zuvorkommend gegenüber zu treten, entfällt in einer derartigen Konstellation.

Leider handelt es sich bei derartigen Untersuchungen nur um statistische Zusammenhänge – es ist unklar, ob sie den Ursachen entsprechen. Zudem beruht die Studie auf Fragebögen, die immer die Gefahr bergen, unterschiedlich interpretierbar zu sein: Vielleicht ist das Engagement als „guter Bürger" der IT-Mitarbeiter in Wahrheit recht groß, gemessen an den Erwartungen der anderen aber immer noch zu niedrig. Schließlich hat jeder hohe Erwartungen an die IT, die IT-Organisation aber typischerweise zu wenige Ressourcen.

6.4.11   Kulturelle Unterschiede

Blickt man auf Organisationen, die Mitarbeiter aus unterschiedlichen Ländern und Kontinenten einsetzen, so ergibt sich der Eindruck, dass es signifikante kulturelle Unterschiede gibt. Wesentlicher Ausgangspunkt dieser Denkweise ist eine Untersuchung, bei der 1968 und 1972 die Mitarbeiter des Konzerns IBM weltweit zu Werten befragt wurden. Die Befragung umfasste Mitarbeiter aus 40 Ländern, mit insgesamt über 110.000 ausgefüllten Fragebögen (damals alles papierbasiert!) [50]. Seitdem ist die Studie Ausgangspunkt für viele weitere Studien und auch Kritik (siehe z. B. [51]).

Die Studie identifiziert vier Kulturdimensionen, in späteren Arbeiten um eine fünfte und evtl. weitere ergänzt:

Machtdistanz (power distance)
Die Machtdistanz beschreibt die Akzeptanz bei den Menschen eines Landes für eine stark ungleichmäßige Verteilung der Macht oder des Wohlstands. Als gegensätzliche Pole können z. B. Malaysia und Österreich gelten (siehe Kap. 5 in [13]).

Individualismus und Kollektivismus
Das zweite Merkmal bezieht sich darauf, ob die Menschen eines Landes vorzugsweise unabhängig von anderen agieren oder sich als Teil einer sozialen Gruppe sehen, sich in dieser Gruppe engagieren und von der Gruppe Unterstützung erwarten. Die Gegenpole sind hier z. B. die USA und Guatemala.

Maskulinität versus Femininität
Die Wortwahl wirkt künstlich und bedeutet nur, ob in einem Land traditionell männliche Attribute bevorzugt werden oder die Rollen von Männern und Frauen gleichberechtigt sind. Die Gegenpole hier sind Japan und Schweden.

Ungewissheitsvermeidung (uncertainty avoidance)
Wie gehen die Menschen eines Landes mit Unsicherheiten und Mehrdeutigkeiten um? Wird die Ungewissheit toleriert oder eher abgestellt? Die Gegenpole hier sind Griechenland und Singapur.

Lang- oder kurzfristige Ausrichtung (long-term/short-term orientation)
Orientieren sich die Menschen eher langfristig oder leben sie vor allem jetzt und heute? Gegensätzliche Pole sind hier Hong Kong und Pakistan.

Diese Kulturdimensionen legen nahe, dass zu große Unterschiede innerhalb einer Organisation durchaus zu Problemen führen können – Probleme, die ohne weiteres von erfahrenen Managern berücksichtigt und gelöst werden können. Als Beispiel kann [52] dienen, dort werden sechs internationale Projekte untersucht und typische Schwierigkeiten angesprochen. Bei der Kooperation zwischen Indien und westlichen Ländern treffen z. B. hohe Machtdistanz, hoher Kollektivismus und geringe Selbstbehauptung (ein weiterer Faktor aus einem neueren Modell der Kulturdimensionen) in Indien auf das Gegenteil in den westlichen Ländern. Zusätzlich herrscht auf der indischen Seite ein Verhaltensmuster der „Gesichtswahrung" vor – Fragen werden tendenziell lieber mit „Ja" beantwortet als der Wahrheit. Im gleichen Artikel wird auch die Zusammenarbeit zwischen tschechischer und deutscher Beteiligung besprochen. Beide Seiten unterscheiden vor allem wieder die hohe Machtdistanz, eine hohe Unsicherheitsvermeidung und die geringe Zukunftsorientierung auf tschechischer Seite. Dabei sind die Unterschiede jedoch nicht so gravierend.

Kulturelle Unterschiede lassen sich auch tatsächlich im Verhalten der Menschen nachweisen, zwei verschiedene Untersuchungen können als Beispiel dienen.

Staatliche Bürokratie: Vertrauen und Korruption
Für das Funktionieren eines Staates ist das Vertrauen der Bürger in die staatlichen Organe, vor allem Justiz und Polizei, ein wesentlicher Faktor. Dieses Vertrauen entsteht langsam über die Zeit aus den Erfahrungen, die die Bürger selbst im Umgang mit dem Staat machen. Eine Untersuchung [53, 54] beschäftigt sich mit dem Nachwirken des Habsburger Reiches, welches im Ruf stand, ehrlich und arbeitsam zu sein. Das Habsburger Reich ging mit dem Ersten Weltkrieg unter, dennoch lässt sich auch heute noch das damals dort vorhandene Vertrauen in die staatlichen Institutionen sehen: Die Untersuchung vergleicht Daten aus 2006 Gemeinden, die früher einmal diesseits oder jenseits der Grenze des Habsburger Reiches lagen – heute durchschneidet die ehemalige Grenze z. B. Polen, die Ukraine, Rumänien, Serbien und Montenegro. Das Ergebnis dieses Vergleichs zeigt einen wesentlichen Unterschied: Die Menschen aus Gemeinden, die ehemals innerhalb des Habsburger Reiches lagen, vertrauen heute noch den staatlichen Institutionen mehr, als die Menschen in den benachbarten Orten jenseits der früheren Grenze. Das Vertrauen ist anscheinend ein Überbleibsel eines längst untergegangenen Staates und hängt *nicht* von den landestypischen Verhaltensweisen ab (z. B. ist das Vertrauen in andere Menschen auf beiden Seiten der ehemaligen Grenze gleich und hängt vom heutigen Land ab).

Lässt sich die Beobachtung auf Firmen übertragen? Anekdotisch sind ähnliche Phänomene aus großen Konzernen bekannt. Auch ein Jahrzehnt oder länger nach einer Fusion fühlen sich Mitarbeiter mit ihrer ursprünglichen Firma verbunden. Ihr soziales Netzwerk funktioniert im ehemaligen Kollegenkreis besser, Verhaltensweisen unterscheiden sich zwischen den Standorten[12].

Kulturelle Normen und Korruption
Natürlich wird das Verhalten der Menschen überwiegend durch sie selbst bestimmt – zum Teil hängt es von ihrem Werdegang und damit der Kultur ab, in der sie aufgewachsen sind. Fehlen andere Faktoren (z. B. Gesetze, die eingehalten werden müssen und von der Justiz auch durchgesetzt werden), dann können solche Unterschiede durchaus beobachtet werden. Ein Beispiel ist die Untersuchung in [55], die den Umgang mit Strafzetteln wegen falschen Parkens unter den Diplomaten bei den Vereinten Nationen in New York untersucht. Bis zum Jahr 2002 genossen die UN-Diplomaten Immunität vor der amerikanischen Strafverfolgung, d. h. das Verhalten (wer parkt falsch, wird ein Strafzettel bezahlt?) hing ausschließlich von kulturellen Werten ab. Die etwa 1700 Diplomaten brachten es zwischen 1997 und 2002 immerhin auf gut 150.000 Strafzettel. Unter Kenntnis der Anzahl der Diplomaten je Land lässt sich so eine Reihenfolge der intensivsten Parksünder erstellen. Ganz vorne lagen Länder wie Kuwait, Ägypten, Tschad, Sudan, Bulgarien und Mozambique mit jeweils über 100 nicht beglichenen Strafzetteln je Diplomat in den genannten fünf Jahren. Am besten schnitten Länder wie z. B. Großbritannien, Kanada, Griechenland, Israel, Japan und die Türkei ab, die alle Strafzettel beglichen. In [55] wird auch die Korrelation mit dem Index der Korruption untersucht und es findet sich, dass ein starker Zusammenhang zwischen dem Grad der Korruption im Heimatland und der Tendenz zum Nicht-Bezahlen von Strafzetteln besteht. Seit 2002 können auch UN-Diplomaten in New York für (zu viele) Parkvergehen belangt werden – die Anzahl der offenen Strafzettel fiel um einen Faktor 50.

Das Einhalten der geltenden Regeln und Gesetze ist nicht nur für das Miteinander in einem Staat wichtig. Firmen sehen sich den gleichen Fragestellungen ausgesetzt. Die obigen Beispiele illustrieren, dass die Herkunft der Mitarbeiter durchaus einen Einfluss auf das typische Verhalten hat – solange die Einhaltung der Regeln nicht kontrolliert und durchgesetzt wird. Beispiele finden sich leider immer wieder, z. B. zur Korruption bei der Vergabe von Aufträgen [56].

Mit diesen Betrachtungen soll das Thema Organisation der Zusammenarbeit bzw. Arbeitsteilung enden. Die folgenden Unterkapitel beschäftigen sich dann mit den Mitarbeitern: Woher kommen sie und wer sind sie?

---

[12] Eine Beobachtung bei einem IT-Dienstleister eines DAX-Konzerns war z. B., dass die Mitarbeiter des Konzerns keinen kostenlosen Kaffee an den Standorten bekommen. Außer an den Standorten, die 15 Jahren früher von einem ehemals eigenständigen IT-Unternehmen übernommen wurden. An diesen Standorten gab es weiterhin kostenlosen Kaffee und so mancher Mitarbeiter stellte sich immer noch als „… ich bin ja eigentlich ein … Mitarbeiter" vor.

6.5   Sourcing: Eigen/Fremd?

Im Hinblick auf den Personaleinsatz stellt sich als erste wesentliche Frage, ob die Produktion überhaupt in der eigenen Firma stattfinden soll. Ein Blick auf die Organisation nach Mintzberg wird vor allem den Hilfsstab – unterstützende Bereiche wie die Gehaltsabrechnung, die Kantine oder evtl. auch die IT – als einen Kandidaten für die Verlagerung zu einem anderen Anbieter ansehen. Die Motivation für das Outsourcing lässt sich schön an einem Zitat ablesen, das Ken Olsen, dem CEO von Digital zugeschrieben wird: „*Wir leiden genauso wie alle anderen an einem fehlenden Interesse für die Dinge, die nicht tagtäglich kritisch sind, und wir sprechen schon seit einiger Zeit davon, jedes einzelne davon auszulagern.*"[13]

Auch aus finanzieller Sicht mag dies sinnvoll sein. Der Wertbeitrag als Finanzkennzahl (siehe Kap. 2) stellt den Gewinn und die Kapitalkosten in einer gegebenen Periode gegenüber – eine eingekaufte Dienstleistung wird praktisch ohne eigenen Kapitaleinsatz auskommen und nur die laufenden Kosten verbuchen. Outsourcing wird mit dieser Finanzkennzahl automatisch besser abschneiden als der eigene Betrieb. Das Sourcing hat jedoch weit mehr Konsequenzen jenseits kurzfristiger Finanzindikatoren.

6.5.1   Beispiel: Outsourcing bei Boeing

Beispiel

Boeing – einer der beiden führenden Hersteller von Passagierflugzeugen – setzte bei der Konstruktion des neuen Typs 787 (genannt *Dreamliner*) stark auf Outsourcing (siehe auch im Weiteren [58, 59]). Seit Beginn der Konstruktion wurde die Arbeit an eine ganze Reihe weltweit verteilter Unternehmen vergeben: Sie sollten die Teile konstruieren, testen und produzieren, während Boeing die Integration zu einem Flugzeug vornahm und später auch die Endmontage. Etwa 70 % des Flugzeugs sollte von anderen Herstellern bezogen werden, ein deutlicher Sprung gegenüber typischerweise weniger als 50 % bei dem Typ 747.

Die Konstruktion der 787 setzte neben dem verstärkten Outsourcing auch auf neue Materialien, die in diesem Maßstab vorher noch nicht im Flugzeugbau verwendet worden waren. Beides zusammen sollte dazu führen, dass Flugzeuge des Typs 787 im Betrieb sparsamer würden und die Entwicklung des neuen Modells erheblich schneller vonstattenginge (4 statt 6 Jahre Entwicklungszeit und 6 statt 10 Mrd. USD Entwicklungskosten). Dazu wurde ein merklicher Teil der Entwicklungsleistung erstmals von den größten Zulieferern (den sogenannten Tier-1 Zulieferern) übernommen, Boeing

---

[13] Englisches Original [57]: „*We suffer as much as anyone by lack of interest in those things which are not critical each day, and we have said for some time we will consider out sourcing each one of them*". Als Beispiel fügt Olsen einen Artikel von Peter F. Drucker über das Auslagern der Poststelle an.

stellte nur noch die Spezifikationen der einzelnen Teile zur Verfügung. Anscheinend reichten manche Tier-1 Zulieferer ihre Aufgaben direkt an einen Tier-2 Zulieferer weiter, ohne Boeing darüber in Kenntnis zu setzen.

Im weiteren Verlauf stellt sich jedoch heraus, dass der ehrgeizige Zeitplan nicht zu halten war (die Auslieferung verzögerte sich um mehr als drei Jahre und die Entwicklungskosten lagen mehrere Milliarden USD über dem ursprünglichen Plan). Boeing ging schließlich sogar so weit, zwei Werke eines Tier-1 Zulieferers vollständig zu übernehmen (Vought Aircraft Industries, dem Entwickler und Produzenten des Flugzeugrumpfes).

Kam diese Entwicklung für Boeing überraschend?

2001 hielt ein Mitarbeiter von Boeing dazu auf einem jährlich stattfindenden Symposion [60] einen Vortrag mit dem Titel „Out-sourced profits". Am Beispiel eines älteren Flugzeugs (der DC-10) zeigte der Autor, dass das Auslagern der Arbeiten an Zulieferer die Kosten insgesamt nicht gesenkt hatten und zudem den Gewinn aus dem späteren Wartungsgeschäft vollständig zu den Zulieferern verlagert hatte – gerade die Versorgung mit Ersatzteilen ist mangels Alternativen traditionell ein sehr margenträchtiges Geschäft. Darüber hinaus argumentierte er, dass dem Hersteller die Fähigkeiten zur Weiterentwicklung abhandenkommen, wenn die eigenen Mitarbeiter keine Erfahrung in der Produktion sammeln können.

Der Leiter der Sparte „commercial aviation" wird mit den folgenden Worten zitiert: „Wir vergaben Arbeiten an Leute, die mit dieser Art Technologie noch nie gearbeitet hatten, anschließend haben wir nicht die nötige Aufsicht geführt. […]"[14].

Zwei Beispiele, zwei unterschiedliche Meinungen: Nach Ken Olsen (bzw. P. F. Drucker) sollen die unwesentlichen Teile einer Firma an externe Firmen ausgelagert werden, im Zusammenhang mit dem Beispiel des Dreamliner ist vor allem das Outsourcing problematisch. Es bleibt auf jeden Fall festzustellen, dass IT weltweit in hohem Maße von externen Dienstleistern bezogen wird – sei es die Entwicklung von Software oder der Betrieb der firmenweiten IT. Dabei sind Kostensenkungen der Hauptgrund für Firmen, ihre IT an einen externen Dienstleister auszulagern [61]. Was bringt es? Han und Mithas [61] untersuchten 300 amerikanische Firmen im Zeitraum von 1999 bis 2003 und kamen zum Ergebnis, dass eine Steigerung des IT-Outsourcings um 1 USD die Betriebskosten jenseits der IT um 1,26 USD senken[15].

---

[14] Englisches Original [58]: *„We gave work to people that had never really done this kind of technology before, and then we didn't provide the oversight that was necessary. In hindsight, we spent a lot more money in trying to recover than we ever would have spent if we tried to keep many of the key technologies closer to Boeing."*

[15] Ergänzend muss erwähnt werden, dass [61] eine ganze Fülle von Risiken und Kosten auflistet, die die genannte hohe Rendite des IT-Outsourcing wieder zunichtemachen können. Beispielsweise sind die Einmalkosten für eine Outsourcing-Transaktion sehr hoch und derartige Projekte verbinden oft das Outsourcing mit zusätzlichen Verbesserungen der Organisation oder Prozesse.

Abb. 6.5 Der Grad der Anpassung und die geschäftsspezifischen Besonderheiten bestimmen darüber, ob das Outsourcing für ein IT-Verfahren sinnvoll ist

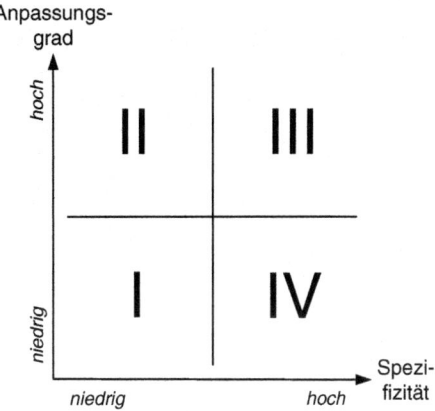

6.5.2 Gründe für das Outsourcing

Die Gründe für ein Outsourcing der IT können vielfältig sein – der am häufigsten genannte Grund ist die Kostensenkung [61]. Hier sei an das (schlechte) Beispiel Boeing erinnert (siehe Abschn. 6.5.1): Auch dabei war Kostensenkung neben der Verkürzung der Entwicklungszeit das Hauptanliegen für das Outsourcing. Im Endeffekt konnte Boeing die Vorstellungen nicht umsetzen. Dies ist keineswegs ein Argument gegen das Outsourcing – nur welche Umstände sind günstig? [60] nimmt dies für Boeing bereits vorweg: Lässt sich die anfallende Arbeit im eigenen Haus nicht ausreichend automatisieren (z. B. mangels Arbeitsvolumen), kann ein externes Unternehmen die Aufträge verschiedener Kunden bündeln und effizienter abarbeiten. Dieses Effizienzkriterium kann prinzipiell auch auf andere betriebswirtschaftliche Kennzahlen bezogen werden (z. B. den Cashbedarf, die Rendite oder Verschuldung, siehe dazu [62], auch im Weiteren). Ergänzend ist zu erwarten, dass das Outsourcing der IT für eigene Mitarbeiter den nötigen Freiraum schafft, sich mit den eigentlichen Firmenzielen und strategischen Initiativen zu beschäftigen – dort sollte ihr Einsatz gewinnbringender sein als im Betrieb der IT [61].

Oft wird der Erfolg des Outsourcings durch eine Kombination der kostengünstigeren Erzeugung der IT-Leistungen, einer verbesserten Organisation und evtl. niedrigeren Löhnen bei einem IT-Dienstleister erzielt. Richtet sich der Blick nur auf die IT-Verfahren oder IT-Services beim Outsourcing, dann entscheidet der Grad der Standardisierung über mögliche Skaleneffekte. In Abb. 6.5 nehmen wir die Überlegungen aus Kap. 5.3.2 zur IT-Strategie wieder auf. Diese Abbildung zeigt exemplarisch zwei wesentliche Freiheitsgrade:

- Anpassungsgrad: Wie stark sind die IT-Verfahren für die eigene Firma angepasst worden? Löst das IT-Verfahren eine geschäftsspezifische, besondere Aufgabe? Die erste Frage zielt darauf, ob am Markt fertige Software verfügbar ist (commercial-off-the-shelf) und wenn ja, wie stark diese angepasst werden muss(te)

- Geschäftsspezifische Besonderheiten (Spezifität): Die zweite Frage beschäftigt sich inhaltlich mit dem Einsatz der Software: Ist die Aufgabe (praktisch) einmalig – z. B. die Berechnung der Renten in Deutschland – oder eine übliche Aufgabe, etwa das Erstellen einer Bilanz?

Lässt sich ein IT-Verfahren auf beiden Achsen der Abb. 6.5 unter „niedrig" bzw. „gering" einordnen, dann gibt es ähnliche Verfahren am Markt und ein externer Anbieter könnte die Aufträge verschiedener Kunden im Sinne von Skaleneffekten bündeln. Letztlich sind diese standardisierten IT-Leistungen gut messbar und die Kosten können leicht mit anderen Anbietern verglichen werden (siehe Kap. 2) – kostenseitig ist es hier nicht vorstellbar, ohne Skaleneffekte konkurrenzfähig zu sein.

Die IT-Verfahren einer historisch gewachsenen IT-Landschaft werden sich in Abb. 6.5 über die gesamte Fläche verteilen – wahrscheinlich sind sie weder gut standardisiert (z. B. Sektor II in der Abbildung) oder aufwändig angepasst an spezifische Besonderheiten der Firma (Sektor IV). Am ehesten eine bunte Mischung aus individuell angepasster (Standard-)Software zur Unterstützung üblicher Geschäftsprozesse, die über die Zeit „zu Tode" konfiguriert wurden. In dieser Situation wird das Outsourcing erst dann ein Erfolg, wenn sich die gewählte IT-Landschaft ändert: Standardisierbare Software muss auf marktübliche Standards transformiert werden, Individualentwicklungen sind nur für ausgewiesene fachliche Besonderheiten vorzusehen. In diesem Zielbild fallen alle IT-Verfahren entweder in den Sektor I oder III, ersterer ist besser beim Outsourcing-Partner angesiedelt, letzterer ist die zwingend notwendige, eigene IT-Expertise.

Nicht zu unterschätzen ist neben dem Effizienzkriterium auch ein „Modefaktor" – die Legitimität des Outsourcing richtet sich durchaus nach dem Verhalten großer, erfolgreicher Unternehmen im Umfeld oder generell der eigenen Branche. Wie bei der Auswahl eines Neuwagens mag die Entscheidung von den direkten Nachbarn abhängen (dies legt jedenfalls ein Diskussionspapier [63] nahe): Wenn in der Nachbarschaft überwiegend Luxuswägen stehen, wird der eigene Neuwagen tendenziell auch recht groß ausfallen. Das gleiche war beim Outsourcing zu beobachten, nachdem lange Zeit vor allem in den USA das Outsourcing vor sich hin dümpelte: Anfang der 1990er Jahre ändert sich dies – Outsourcing gewann in den USA an Fahrt und wenn es ein wesentliches Ereignis gab, dann ist es der Outsourcing-Vertrag zwischen Eastman Kodak und IBM [64] im Sommer 1989. Kodak – damals eine der wertvollsten Marken auf der Welt [65] – übergab vier Rechenzentren und 300 Mitarbeiter an IBM und rechnete mit Einsparungen in Höhe von 50%. Eine derartige Einsparung setzt natürlich voraus, dass die zugrundeliegenden Geschäftsprozesse zeitgleich zum Outsourcing substanziell überarbeitet werden. Mit diesem stark beachteten Outsourcing-Vertrag (und einem weiteren, noch größeren Vertrag zwischen General Dynamics und CSC im Jahr 1991) wird Outsourcing mehr als ein „normaler Vorgang" – Manager müssen sich nun rechtfertigen, weshalb sie kein Outsourcing forcieren.

Wie schnell sich das Blatt im Wirtschaftsleben und in der IT wendet, zeigt ein Blick auf die damals beteiligten Firmen: Eastman Kodak wurde von der Digitalisierung überrollt und ist nach mehreren Insolvenzen inzwischen sehr viel kleiner. Die fünf größten Outsourcing-Anbieter in den USA sind im Jahr 1990 EDS, IBM, Andersen Consulting, DEC und CSC (in absteigender Reihenfolge des Marktanteils, [64]). Wie ging es weiter? EDS wurde 2008 von Hewlett-Packard für 13,9 Mrd. USD übernommen, 2012 musste Hewlett Packard davon 8 Mrd. USD abschreiben [66]. IBM hat in der Zwischenzeit eine große Krise gemeistert und ist wieder eines der erfolgreichsten IT-Unternehmen. Andersen Consulting trennte sich nach dem Skandal der „Enron-Pleite" von der Wirtschaftsprüfungsgesellschaft Arthur Andersen und ist seitdem unter dem neuen Namen Accenture bekannt und erfolgreich. DEC war in den 1980ern nach IBM der führende Computerhersteller weltweit (unter der Führung von Ken Olsen, den wir in diesem Buch mehrfach zitieren), der Niedergang zog sich durch die 1990er und endete 1998 mit dem Verkauf an Compaq, das wiederum 2002 von Hewlett Packard übernommen wurde. CSC (kurz für Computer Sciences Corporation) war und ist ein großer amerikanischer IT-Dienstleister. In Summe sind also von den damals fünf größten Anbietern zwei untergegangen – ein Warnzeichen für alle langfristigen Vertragsbeziehungen!

Volkswirtschaftlich ist der Effekt des Outsourcing – jedenfalls für Deutschland – unklar [67]: Während der Wohlfahrtsgewinn für das Outsourcing von USA nach Indien 1,48 USD für jeden nach Indien verlagerten Dollar beträgt, schätzt die in [67] zitierte McKinsey-Studie den Effekt für Deutschland auf 0,80 USD (bei der Verlagerung nach Indien) oder 0,48 USD für das Nearshoring nach Osteuropa.

6.5.3   Varianten des Outsourcing

Outsourcing wird von den Mitarbeitern meist negativ gesehen, dabei ist die Idee richtig und keine Gefahr für die Mitarbeiter: Wie im Boeing-Beispiel erwähnt [60], können manche Tätigkeiten mangels Arbeitsvolumen nur von einem externen Unternehmen effizient ausgeführt werden, wenn es dort gelingt, Aufträge mehrerer Kunden zu bündeln. Selbst mit dem Übergang der Mitarbeiter zu dem externen Unternehmen bleiben die Arbeit und ein Großteil der Arbeitsplätze erhalten. Natürlich lässt sich dieses rosige Bild in ein Zerrbild verkehren. Ein Beispiel findet sich in der Berichterstattung [68] über AT&T Wireless (siehe Kap. 9.1), als 2003 über 3000 Mitarbeiter des IT-Betriebs und des Customer Services nach Indien verlagert werden sollten[16]:

---

[16] Englisches Original [68], oben gekürzt: „*Some employees became part of AT&T Wireless's ,buddy program,' in which consultants from Indian outsourcing companies Tata Consultancy Services and Wipro were assigned to AT&T Wireless employees to learn their jobs. In February, 220 AT&T Wireless IT employees were told that they would be released from the company in March. According to one of the terminated employees, another round of 250 layoffs is planned for June and the same number for September. ,It's tough,' an employee said in February. The Indian workers, basically follow people around all day and pepper them with questions.' Other former employees say some staffers resisted helping the consultants. ,People would make project decisions when the Indians weren't around,' a former employee says.*"

Abb. 6.6 Software-Entwicklung und Betrieb innerhalb einer Firma mit (*unten*) oder ohne (*oben*) Verlagerung an Niedriglohn-Standorte

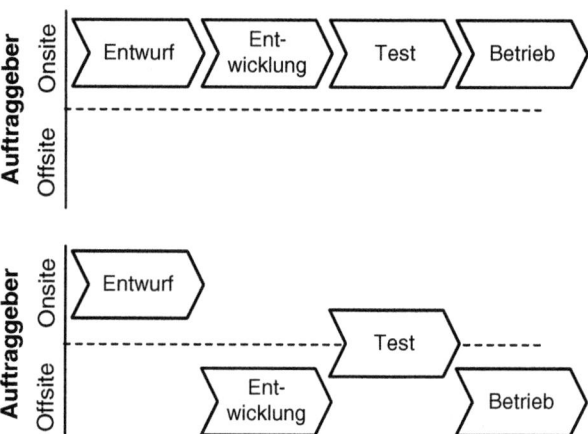

Manche Mitarbeiter wurden Teil des ,Kumpel-Programms' von AT&T Wireless, bei dem Berater der indischen Outsourcing-Firmen Tata Consultancy Services und Wipro den Mitarbeitern von AT&T Wireless zugeordnet wurden, um ihre Arbeit zu erlernen. […] Die indischen Arbeiter ,folgen einfach den ganzen Tag den Leuten und piesacken sie mit Fragen'.

Die Abb. 6.6 zeigt die beiden einfachsten Fälle: Ohne Outsourcing wird die gesamte IT-Leistung vom Entwurf der IT-Verfahren über die Entwicklung, Test und Abnahme bis hin zum dauerhaften Betrieb innerhalb der eigenen Firma erbracht, am besten am Sitz des Unternehmens („Onsite", siehe Abb. 6.6 oben). Der Vorteil der örtlichen Nähe, sowohl aller IT-Mitarbeiter untereinander als auch zwischen der IT-Abteilung und den anderen Abteilungen, erlaubt eine enge und schnelle Kommunikation. Nicht jedes Detail muss dokumentiert und spezifiziert werden, Kommunikation, die gemeinsame Firmenkultur und der gleiche Kulturkreis der Mitarbeiter tragen auch zum Funktionieren bei. In den Industrienationen bedeutet diese Arbeitsweise jedoch, dass alle Arbeiten an einem Hochlohnstandort stattfinden. Große Firmen können darauf reagieren, indem sie eigene IT-Abteilungen in Niedriglohnländern etablieren und IT-Leistungen teilweise dorthin verlagern („Offsite", siehe Abb. 6.6 unten). Der englische Fachbegriff für diese Organisationsform lautet „Captive Center". Die Mitarbeiter bleiben direkt bei der Firma angestellt, als Sonderform könnte der ausgelagerte Standort Leiharbeiter von einer Fremdfirma beziehen oder Teilleistungen selber auslagern, siehe Kap. 3 in [69]. Von der ursprünglichen IT-Wertschöpfung verbleibt typischerweise die Ideenentwicklung, sprich die Phase des Entwurfs oder der Anforderungsdefinition und die Abnahme neuer IT-Verfahren vor Ort beim Auftragnehmer, eine Detaillierung des Entwurfs wird bereits ausgelagert. Entwicklung und Betrieb werden an kostengünstigere Standorte im nahen oder fernen Ausland verlagert – entsprechend mit den englischen Begriffen Nearshore oder Offshore bezeichnet. Beispiele dafür gibt es in internationalen Konzernen, z. B. hat Daimler eine eigene F&E Tochtergesellschaft in Indien mit fast 600 Mitarbeitern [70].

Das Outsourcing verlagert einzelne Schritte der IT-Wertschöpfung an einen externen Outsourcingpartner, siehe Abb. 6.7. Gezeigt sind wieder die typischen ausgelagerten IT-

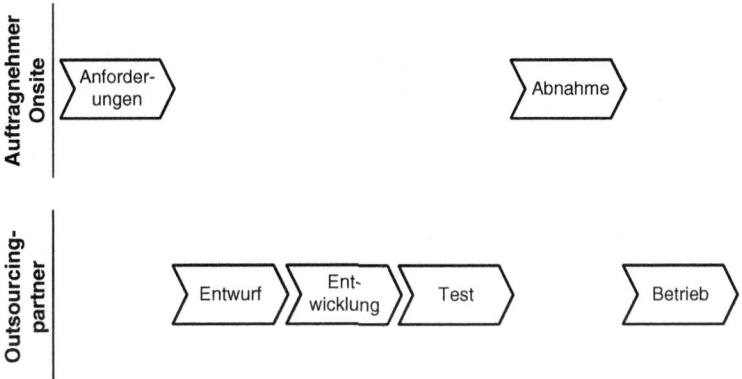

Abb. 6.7 Outsourcing von Teilen der IT an einen Dienstleister

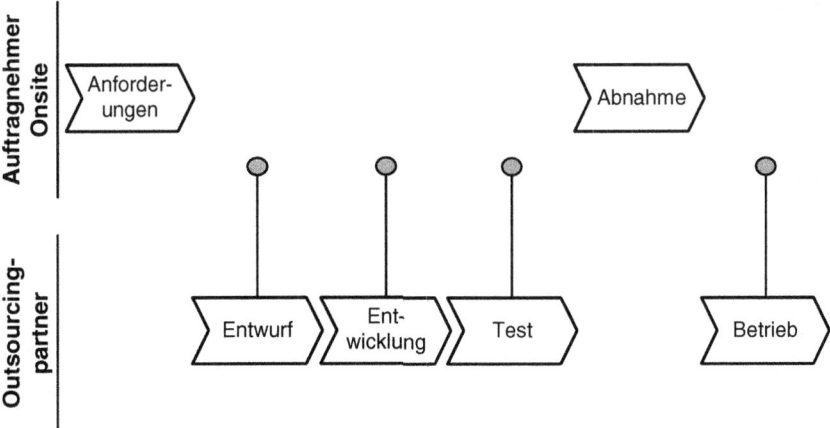

Abb. 6.8 Offshore-Outsourcing mit einem Ansprechpartner vor Ort

Leistungen von der Verfeinerung des Entwurfs über die Entwicklung und den Test, anschließend der dauerhafte Betrieb. In der eigenen Obhut verbleiben die Anforderungsdefinition und die Abnahme. Die Leistungserbringung durch den Outsourcingpartner könnte in dem Beispiel vollständig vor Ort erfolgen oder komplett am Standort des Outsourcers, womöglich in einem Niedriglohnland. Vor Ort hat z. B. Hewlett-Packard die IT der Adam Opel AG in Rüsselsheim erbracht [71]. Allerdings wird sich durch das Outsourcen selbst am gleichen Standort das Verhalten der Mitarbeiter ändern (siehe Abschn. 6.5.8), bei der Zusammenarbeit mit Offshore-Standorten kommt die Sprach- und Kulturbarriere hinzu. Eine Reaktion darauf ist vor allem bei großen Outsourcing-Verträgen die permanente Anwesenheit eines Ansprechpartners vor Ort beim Auftraggeber, siehe Abb. 6.8. Der Ansprechpartner muss die Differenzen ausgleichen, die aus der unterschiedlichen Sprache und Kultur resultieren. Dieser Ausgleich kann rein objektiv sein, indem z. B. offene Fragen und Probleme rechtzeitig adressiert werden. Subjektive Faktoren sind jedoch genauso wichtig, etwa das Gefühl, von einem wesentlich größeren Outsourcing-Unternehmen ernst genommen zu werden (vgl. dazu die Service-Qualität, Kap. 3).

In der bisherigen Beschreibung ist das Outsourcing noch immer sehr einfach: Der überwiegende Teil der IT-Leistungen wird von einem einzigen Outsourcing-Partner übernommen. Tatsächlich ist die Welt komplizierter – statt einem Dienstleister werden gleichzeitig
mehrere Dienstleister für unterschiedliche Teilleistungen beauftragt, die IT wird nur in
ausgewählten Teilen an Dienstleister ausgelagert und die Vertragsbeziehungen müssen
wegen der begrenzten Laufzeit immer wieder erneuert oder geändert werden. Ralph Pfaller [62] sammelt dazu die Daten von gut 1000 IT-Outsourcing-Entscheidungen in Deutschland im Zeitraum von 1990 bis 2008. Nach dieser Arbeit (Kap. 3 in [62]) sieht das typische
Outsourcing der IT in Deutschland so aus:

- Outsourcing an einen einzelnen Dienstleister,
- ausgewählte Teile der IT werden ausgelagert,
- nur innerhalb Deutschlands und
- begrenzt auf einen Zeitraum von etwa 5 Jahren.

6.5.4   Kosten und Risiken des Outsourcing

IT kostet Geld, daher wird es keine Überraschung sein, wenn das Outsourcing der IT ebenfalls Geld kostet. Meist verspricht man sich davon niedrigere Kosten – tritt dies ein und
sind die Risiken vertretbar? Dieser Abschnitt betrachtet die Fragen zuerst aus der Sicht des
Auftraggebers und anschließend kommt der Auftragnehmer zu Wort. Problemfelder gibt
es grob gesprochen drei: Die Fähigkeit, die IT-Leistungen tatsächlich zu erbringen, den
Übergang zu schaffen und die Vertragsbeziehung zu pflegen [72].

Aus Sicht des Auftraggebers kann das Outsourcing zwei Gesichter zeigen: Alle Ziele
werden erfüllt oder aber die Kosten explodieren bei schlechter Leistung. An erster Stelle steht beim Auftraggeber das Risiko, sich selbst „in die Tasche zu lügen" – eine Out-
sourcing-Entscheidung mit optimistischen Annahmen herbeizuführen und alle Fallstricke
möglichst weit in die Zukunft zu legen. Leider gelingt dies viel zu selten, eine Erfahrung,
die finanziell eindeutig zu Gunsten der Auftragnehmer ausfällt. Es mag als Trost gelten,
dass sich Auftraggeber damit in bester Gesellschaft befinden. Aktuell beschreibt eine Bestandsaufnahme zentraler Rüstungsprojekte [73] den Istzustand des Kosten- und Finan-
zierungsmanagements so:

> Das Kosten- und Finanzmanagement der Projekte geht häufig – nicht zuletzt aufgrund
> politischer und sonstiger projektexterner Vorgaben – von einem optimistischen Ansatz
> (Best-Case-Szenario) aus, der keine ausreichenden Budgets zur Überwindung eingetrete-
> ner Risiken berücksichtigt. In der Folge haben zahlreiche Projekte in ihrer Entwicklung die
> ursprünglich vorgesehenen Projektbudgets überschritten und Mehrkosten zu bewältigen.

Woran liegt es? Versteckte Kosten können an unterschiedlichen Stellen schlummern [74].
Die Auswahl des Outsourcing-Partners ist sicher nicht zu vernachlässigen – sie wird nur
von Mitarbeitern vorbereitet, die „eh da" sind. Eine ehrliche Betrachtung kann alleine für

Tab. 6.2 Kosten des Outsourcings beim AMS Österreich, hochgerechnet auf die Vertragslaufzeit von 8 Jahren

Ausgaben für externe IT-Dienstleistungen	180 Mio. €
Ausgaben für externe Unterstützung der Ausschreibung	3,8 Mio. €
IT-Personalkosten im AMS[a]	20 Mio. €

[a] Angenommen, die IT-Personalkosten bleiben unverändert zur vorherigen Outsourcing-Situation

diese Position Kosten im einstelligen Prozentbereich des Vertragswerts ansetzen. Diese Phase ist auch nicht vernünftig zu kürzen. So empfiehlt ein Standardwerk zum Outsourcing [75]: „Zeit nehmen“, da ein zu vorschnell umgesetztes Outsourcing tendenziell die Ziele verfehlt. Der Übergang der eigenen IT zum Outsourcing-Partner geschieht weder reibungslos noch kostenlos. [74] nennt eine typische Dauer für die Übergangsphase von knapp einem Jahr – hier sind die Kosten sicher deutlich erhöht. Am Ende dieser Phase bleibt darüber hinaus eine Rumpfmannschaft zurück, die sich um das Management der eingekauften IT-Leistung kümmert. Dieser Overhead mag für große Outsourcing-Verträge erträglich sein – ein niedriger einstelliger Prozentsatz des Auftragswerts – bei kleinem Auftragsvolumen und etwas Missgeschick auf der Seite des Auftraggebers können die verbleibenden Kosten auch ein Drittel des Auftragswerts erreichen. In diesem Fall ist es schwer vorstellbar, dass sich das Outsourcing finanziell lohnt.

Außenstehenden ist der Zugang zu den Zahlen meist verwehrt. Eine schöne Ausnahme findet sich in Abschn. 6.5.5, anhand des Beispiels des österreichischen Arbeitsmarktservices. Mit den dort verfügbaren Zahlen (siehe Tab. 6.2) liegen die Verwaltungskosten des Outsourcing-Vertrags bei mindestens 12 % des Auftragswerts – eine typische Größenordnung aus der Literatur.

6.5.5   Beispiel: Outsourcing beim österreichischen Arbeitsmarktservice

Beispiel

Einen beispielhaften Blick auf die Kosten und Risiken des Outsourcings erlaubt die Geschichte des österreichischen Arbeitsmarktservices (AMS). Durch einen Bericht des österreichischen Rechnungshofes wurden Informationen teilweise öffentlich [76], den Rest ergänzte die Tagespresse [77]. Seit 1994 bezog das AMS Österreich nahezu seine gesamte IT-Leistung von einem externen IT-Dienstleister – etwa 90 Applikationen wurden im Rechenzentrum betrieben, in den Geschäftsstellen kamen gut 6000 PCs oder Laptops mit lokalen Druckern dazu. Über die Jahre wurde der ursprüngliche Vertrag kaum angepasst – denn es bestand immer das Risiko, dass zu große inhaltliche Änderungen zu einer Neuausschreibung führen müssen. Inhaltlich konnte man das Vertragswerk den sich ändernden Bedingungen also kaum anpassen, ein Manko, das auch der Rechnungshof aufgreift und eine Neuausschreibung anmahnt.

Das AMS Österreich arbeitete ab 2007 an einer Neuausschreibung, allein die hinzu-gezogene externe Unterstützung summierte sich bis 2010 auf knapp 4 Mio. €. Geplant war eine Beauftragung über acht Jahre, dafür wurde schließlich ein Auftragsvolumen von knapp 200 Mio. € aufgerufen. Die Ausschreibung gestaltete sich holprig: Eine erste Version wurde 2008 widerrufen – es wäre nur ein einziger Anbieter in Frage ge-kommen. Die neue Ausschreibung gewann schließlich 2011 die Firma IBM – nach juristischen Auseinandersetzungen, denn die unterlegenen Bieter fochten die Auswahl vor Gericht an. Der nächste Stolperstein lauerte beim Übergang der IT vom bisherigen Auftragnehmer zum neuen Partner. Im Sommer 2012 kam es zu monatelangen Störun-gen, das AMS schloss sogar für vier Tage vollständig. Natürlich führten die Probleme zu Streitigkeiten zwischen den Vertragspartnern, die in eine Schlichtung mündeten.

Angesichts der erfolgreichen Neuausschreibung und der aufgetretenen Probleme geht die Tagespresse davon aus, dass der österreichische Rechnungshof demnächst wieder eine Prüfung der IT des AMS widmet. Bis dahin können die historischen Zah-len einen Eindruck von den Kosten geben. Tabelle 6.2 kombiniert die vorhandenen Informationen: Dem Auftragswert über acht Jahre von 180 Mio. € stehen Kosten von fast 25 Mio. € für die Ausschreibung und das verbleibende Personal gegenüber.

Aufgrund des großen zeitlichen Aufwands für eine Neuausschreibung steht das AMS praktisch schon wieder unter Zeitdruck, der gerade funktionierende Vertrag droht auszulaufen.

Kosten zu verstecken ist eine Möglichkeit, auf falsche Ergebnisse zu kommen. Indirekt können die Verträge auch einige Risiken beinhalten, die vielleicht und hoffentlich später zuschlagen. [78] nennt drei generische Fallen: das moralische Risiko, die Negativauslese und die mangelhafte Festlegung.

Moralisches Risiko (moral hazard)
Unter dem Begriff „Moralisches Risiko" versteht man das Risiko, dass sich ein Akteur bzw. Vertragspartner leichtsinnig oder verantwortungslos verhält. Mitunter sind die vor-handenen Anreizsysteme auch so aufgebaut, dass sie ein derartiges Verhalten fördern – frei nach „… und führe uns nicht in Versuchung"! Faktisch ist es für den jeweils anderen Vertragspartner jedenfalls nicht möglich, die wahren Ursachen eines Problems oder die tatsächlichen Kosten herauszufinden: Liegt es wirklich an den äußeren Umständen oder lag fahrlässiges oder vorsätzliches Handeln vor? Diese Informationslücke ist allen be-kannt und kann im Prinzip aktiv ausgenutzt werden: Regeln werden ausgetrickst, Kos-ten werden künstlich aufgebläht, Arbeiten bleiben liegen oder werden nachlässig und mit schlechter Qualität ausgeführt. Selbst bei niedrigeren Kosten durch das Outsourcing stellt sich die Frage, ob vielleicht die Qualität der IT-Leistungen gelitten hat.

Negativauslese (adverse selection)
Die Negativauslese bezeichnet einen Prozess des Wirtschaftslebens, bei dem Informa-tionsasymmetrien systematisch die schlechtere Wahl gewinnen lassen. Das klassische

Beispiel dazu ist [79] der Gebrauchtwagenmarkt. In einem simplen Gedankenexperiment gibt es gute oder schlechte Gebrauchtwagen, den wahren Zustand kennt allerdings nur der Verkäufer.

Der Käufer kann dem Gebrauchtwagen nicht ansehen, ob er versteckte Mängel enthält – er muss sich einen akzeptablen Preis für den durchschnittlichen Gebrauchtwagen überlegen. Dieser Preis wird aus Sicht des Käufers das Risiko enthalten müssen, einen Fehlgriff zu tätigen, sprich niedriger sein als ein guter Gebrauchtwagen wert wäre. Solange die schlechten Gebrauchtwägen selten sind, wird der gedachte Preis merklich über dem Wert eines mangelhaften Wagens liegen. In Summe führt dieser gedachte Preis dazu, dass der Verkäufer eines guten Gebrauchtwagens zu wenig bekommt, der „Betrüger" dagegen systematisch zu viel. In der Konsequenz wird die Negativauslese die ehrlichen Verkäufer in den Ruin treiben, die unehrlichen bleiben übrig. Die gleiche Problematik wie bei den Gebrauchtwagen tritt auch beim Outsourcing auf: Die versprochene Leistungsfähigkeit lässt sich im Voraus vom Auftraggeber nicht überprüfen. Indirekte Merkmale können die Asymmetrie der Informationslage allenfalls lindern, z. B. indem der Ruf des Anbieters betrachtet wird oder Vertragsstrafen bei schlechter Leistung in den Vertrag aufgenommen werden. Letzteres kann im schlimmsten Fall gleich als Beispiel des Moralischen Risikos dienen.

Mangelhafte Festlegung (imperfect commitment)
Mangelhafte Festlegung bezeichnet ein Verhalten, bei dem es einer Vertragspartei schwer fällt, einmal eingegangenen Verpflichtungen über längere Zeit nachzukommen. Zusagen werden widerrufen oder vergessen, Mitwirkungsleistungen stillschweigend begraben – beides Optionen, wenn die Details in dieser Form nicht exakt im Vertrag geregelt sind. Letztlich lässt sich der verbleibende Interpretationsspielraum jedes Vertrags entweder ausnutzen oder im vertrauensvollen Umgang miteinander gestalten. Mangelhafte Festlegung führt in diesem Fall dazu, dass eine gemeinsame Investition in die Zukunft der Zusammenarbeit zu riskant wird und daher ausbleibt. Dies ist typisch für kurzläufige Verträge oder Verträge, die nicht mehr an den gleichen Dienstleister vergeben werden (können).

Negative Beispiele sollen jedoch nicht suggerieren, dass das Outsourcing zum Misserfolg verdammt ist. Die zunehmende Erfahrung der Mitarbeiter wird einige der genannten Fallstricke rechtzeitig erkennen und aus dem Weg räumen lassen. Firmen sind außerdem immer mehr gewillt, die Beziehung zu einem Outsourcing-Partner langfristig aufrecht zu erhalten – der Marktpreis lässt sich immer noch über Benchmarks sicherstellen. Mit zunehmender Laufzeit lernen beide Seiten mehr über die Zusammenarbeit und können noch einmal deutliche Vorteile realisieren. Die frohe Werbebotschaft nimmt etwa das Outsourcing der gesamten Human Resources Organisation der britischen Firma BAE Systems an XChanging im Jahr 2001 [80] als Beispiel. Ungewöhnlich daran erscheint, dass der substanzielle Schritt – fast 700 Mitarbeiter an 70 weltweiten Standorten und knapp 30 IT-Verfahren – mit einem Dienstleister vollzogen wird, der anscheinend noch keinen anderen Kunden hat. Zum Ende der Vertragslaufzeit wird es verwirrend: Im Jahr 2012 vergibt BAE Systems den Nachfolgeauftrag an Logica mit einer Vertragslaufzeit von sechs Jahren [81], nur um wenige Monate später – noch vor der Transition zu Logica – den Vertrag wieder aufzulösen [82]. Ein gutes Beispiel für das Risiko „Mangelhafte Festlegung".

▶   Als Mahnung an den Auftraggeber fasst [83] die Fallstricke in sieben Todsünden des Outsourcing zusammen:
    1. Das Outsourcen von Aufgaben, die besser im Unternehmen verblieben wären.
    2. Die Auswahl eines ungeeigneten Dienstleisters.
    3. Das Verfassen eines schlechten Vertrags.
    4. Das Ignorieren von Personalproblemen.
    5. Der Verlust der Fähigkeit, die ausgelagerten Arbeiten zu steuern.
    6. Das Ignorieren versteckter Kosten.
    7. Das Fehlen einer Strategie zur Beendigung des Vertrags.

Aus Sicht des Auftragnehmers muss zunächst eine Beauftragung zustande kommen. Die Investition in die Ausfertigung eines Angebots ist beträchtlich – Zahlen liegen keine vor, im Beispiel Abschn. 6.5.5 liegt die externe Unterstützung zur Vertragsgestaltung auf der Auftraggeberseite bei fast 4 Mio. €, ein ähnlicher Betrag sollte dem Auftragnehmer sicher auch zugestanden werden. Es wäre töricht, zu denken, dass die oben genannten versteckten Kosten, Risiken und Todsünden den Auftragnehmern nicht auch bekannt wären. So besteht die Versuchung, das Angebot aggressiv zu kalkulieren – vielleicht mit einem absehbaren Verlust – der Gewinn wird durch nachträgliche Erweiterungen des Vertrags, durch Zusatzaufwände für die Transition und durch den schnelleren Preisverfall der IT realisiert. Gerade der letzte Punkt wird gerne übersehen: Während der Preisverfall in der IT enorm ist, wird ein Outsourcing-Vertrag diese Kostensenkung nur in geringem Maße weitergeben.

Natürlich kann auch ein Auftragnehmer Pech haben: „Winner's curse", der Fluch des Gewinners ist der stehende Begriff dafür, dass der Gewinner einer Ausschreibung vielleicht in Wahrheit ein nicht kostendeckendes Gebot abgegeben hat [84]. Griffig ausgedrückt hat es die Presse im Zusammenhang mit den schlechten Geschäftszahlen der IT-Tochter der Siemens AG im Jahr 2001 [85]: „Offenbar hat hier der Kunde – was selten genug vorkommt – den Lieferanten über den Tisch gezogen, der anscheinend das Kleingedruckte der Verträge nicht gelesen oder seine Konsequenzen nicht ausreichend bedacht hat."

6.5.6   Preismodelle

Ein notwendiger Bestandteil jedes Outsourcing-Vertrags ist ein Preismodell passend zu den erbrachten Leistungen. Es startet ganz simpel [86] mit einem Festpreismodell: Innerhalb bestimmter Grenzen sind die Kosten fest. Das Controlling ist denkbar einfach: „Jahressumme/12" muss monatlich bezahlt werden – es gibt jedoch keine Möglichkeit, die Jahressumme zu reduzieren. Einzelne Leistungen bleiben genauso unsichtbar wie ihre

Preise – es könnte der Verdacht entstehen, dass die Preise nicht mehr marktüblich sind. Darauf kann ein Festpreismodell kaum reagieren, z. B. scheitert ein Kostenbenchmark an der fehlenden Transparenz.

Als Reaktion darauf entwickeln sich variable Preismodelle. Die Kosten richten sich nach der abgerufenen Leistung, die periodisch erfasst, umgerechnet und berichtet wird. Die Leistungskennzahlen können technisch orientiert sein [87], z. B. der belegte Speicherplatz oder die CPU-Performance der eingesetzten Rechner, oder aber auf die Geschäftsprozesse des Kunden eingehen. In diesem Fall nähert man sich bereits dem Geschäftsprozess-Outsourcing: Wenn etwa die IT-Leistung nach der Anzahl der erstellten Rechnungen abgerechnet wird, fehlt nicht mehr viel, das gesamte Rechnungswesen auszulagern.

Doch was ist ein angemessener Preis? Aus Sicht des Auftragnehmers müssen die entstehenden Kosten und eine gewisse Gewinnmarge erwirtschaftet werden, griffig „Cost Plus". Der Auftraggeber möchte einen fairen Preis, der beispielsweise durch einen freien Markt ermittelt wird. Mangels transparenter Marktpreise kann der Outsourcing-Vertrag das Recht auf einen Benchmark der Preise einschließen – mit den in Kap. 2 genannten Vor- und Nachteilen.

Bei aller gewünschten Flexibilität wird vermutlich jeder Outsourcing-Vertrag gewisse Leitplanken setzen: Es ist etwa in dem Beispiel der AMS Österreich (siehe Abschn. 6.5.5) kaum denkbar, dass bei einer achtjährigen Vertragslaufzeit die Auftragssumme von knapp 180 Mio. € beliebig änderbar ist. Vielmehr ist zu erwarten, dass ein Korridor vorgegeben ist, innerhalb dessen Kosten flexibel gehandhabt werden. Jenseits des Korridors wird der Vertrag dem Auftragnehmer einen Mindestumsatz zusichern.

6.5.7   Grenzen des Outsourcing

Der Blick auf die sieben Todsünden des IT-Outsourcing zeigt die Grenzen: Die Kernprozesse oder -kompetenzen dürfen nicht an Externe vergeben werden – sonst droht der unternehmerische Selbstmord. Rein praktisch können Auftraggeber und Auftragnehmer einfach nicht zusammen passen [88]: Wenn das Auftragsvolumen zu klein oder für den Auftragnehmer zu groß ist, wenn es weder Marktpreise noch mehr als einen Anbieter gibt, wenn die Arbeitsweisen z. B. gemessen am Reifegrad der Organisationen sich zu stark voneinander unterscheiden oder wenn der Auftragnehmer keine Branchenkenntnisse mitbringt.

Die Grenze, ab der sich Outsourcing lohnt, verschiebt sich auch ständig: Die starke Standardisierung häufig genutzter IT-Leistungen erzwingt praktisch eine Auslagerung, dagegen steigen in vielen Branchen die Anforderungen durch staatliche Regulierungen. Internationale Firmen werden die Regulierung aus praktisch jedem Land „erben", die USA haben gerade im Finanzsektor die Regeln immer wieder verschärft. Als Konsequenz steigen die Kosten – mit oder ohne Outsourcing – und für die Zusammenarbeit mit einem externen Anbieter werden zusätzliche Kontrollmechanismen nötig [89, 90]. In Summe können die zusätzlichen Kosten und die latente Unsicherheit, ob Outsourcing wirklich regelkonform ist, eine Auslagerung unrentabel werden lassen.

6.5.8   Was bleibt übrig?

Wird durch das Outsourcing eine vorhandene eigene IT in eine externe Firma ausgelagert, dann ändert sich die Organisationsform drastisch, evtl. mit denselben Mitarbeitern wie zuvor. Was ändert sich? In der ursprünglichen Organisation waren alle Mitarbeiter Beschäftigte der gleichen Firma. Vorgesetzte waren hierarchisch übergeordnet und konnten die üblichen Steuerungsmechanismen einsetzen. Nach dem Übergang der meisten Mitarbeiter an den externen Dienstleister kann unter Umständen nahezu alles gleich bleiben – die gleichen Mitarbeiter verrichten dieselben Tätigkeiten. Es ändert sich auf jeden Fall die Zuständigkeit: Auf der Seite des Auftraggebers gibt es jetzt keine Vorgesetzten der IT-Fachleute mehr. Die Steuerung der externen Mitarbeiter kann nicht mehr wie gewohnt erfolgen, allenfalls anhand der zugesagten und erbrachten Leistungen kann der Auftraggeber steuernd eingreifen [91].

Erschwerend kommt hinzu, dass jede Organisation zum Teil auf das Engagement der Mitarbeiter angewiesen ist, dem Organizational Citizenship Behavior (siehe Abschn. 6.4.10). Gerade der Übergang der Mitarbeiter zu einer anderen Organisation löst häufig die bestehende Beziehung auf und zerstört damit das Engagement der Mitarbeiter. Im Endeffekt werden sich die betroffenen Mitarbeiter nach rein ökonomischen Gesichtspunkten verhalten und sich nicht mehr zusätzlich für die Organisation des Auftraggebers engagieren.

Unter günstigen Umständen lohnt sich das Outsourcing, nicht nur der IT. In den 1980er Jahren verlagerten die amerikanischen Firmen mit ähnlicher Begründung einen Großteil ihrer industriellen Produktion ins Ausland. In der Konsequenz kam die Diskussion auf, ob viele einzelne, sinnvolle Auslagerungsschritte in Summe nicht die Fähigkeiten der amerikanischen Firmen zerstörten [92]. Ist die Annahme wirklich korrekt, dass die eigene Kernkompetenz gut vor den Lieferanten geschützt ist? Was hindert die ausgelagerte Wertschöpfungskette daran, den fehlenden Teil selber zu produzieren?

In dieser Allgemeinheit wird es keine Antworten auf die Fragen geben. Die zugrundeliegende Sorge ist sicher auch heute noch berechtigt. Damals war die griffige amerikanische Zusammenfassung des Geschehens: „The cold war is over, the Japanese won" – der kalte Krieg ist vorbei, die Japaner haben gewonnen.

6.6   Faktor Mensch: Charaktere für Projekte und Regelbetrieb

6.6.1   Beispiel: Stillschweigende Mitarbeiter-Vergünstigungen

Beispiel

Mit dem Ende der 1980er Jahre nimmt in vielen Ländern – auch in den USA – die wirtschaftliche Aktivität ab, es beginnt eine kleine Rezession, die sich offiziell vom Juli 1990 bis zum März 1991 erstreckt [93]. Frühzeitig beginnen Firmen mit Einsparungen.

In einer Email, die Anfang 1989 Ken Olsen, dem damaligen CEO der amerikanischen Firma DEC zugeschrieben wird [94], stellt er recht anschaulich den Status quo in Frage:

Haben wir immer noch die stillschweigende Mitarbeiter-Vergünstigung,
- dass man eine Zeitung an der Eingangstür kaufen kann, wenn man zur Arbeit kommt und es einem dann zusteht, sie während der Arbeitszeit zu lesen?,
- dass man ein Frühstück kaufen, essen und dabei die Zeitung lesen kann, alles während der Arbeitszeit?

Aus heutiger Sicht klingen die mit den Fragen implizierten Ansprüche für die meisten Mitarbeiter zunächst befremdlich und unglaubwürdig. Anscheinend ändern sich jedoch sehr wohl die Details, das Ergebnis bleibt gleich. Im Jahr 2013 untersuchte der Bayerische Landesrechnungshof die Auslastung der Landgerichtsärzte in Bayern und befand [95], Kap. 27.2.2:

So konnte die Auslastung der Landgerichtsärzte nur bei 27 Ärzten anhand der elektronisch oder schriftlich geführten Tagebücher geprüft werden. Danach erreichten nur 3 Mediziner eine Vollzeit-Auslastung. In 14 Fällen lag die Auslastung nach eigenen Angaben unter einem Drittel bis zu zwei Dritteln einer Vollzeitkraft. Bei 10 Ärzten waren die Angaben nicht ausreichend substantiiert, um sie im Einzelnen nachvollziehen zu können.
Die Auslastung der restlichen 12 Ärzte war wegen fehlender oder ungenügender Aufschreibungen überhaupt nicht überprüfbar.

Noch einmal zurück zu der griffigen Aussage von Peter F. Drucker: „They are not employees – they're people" [6]. Diese Aussage weist mit aller Deutlichkeit darauf hin, dass Organisationen aus Menschen bestehen – nicht Angestellten, Praktikanten, Dienstleistern, Externen oder anderen Umschreibungen. Der Mensch als Mitarbeiter oder als Teil der Organisation verhält sich grundlegend anders als eine Maschine oder ein Computerprogramm. Es kann nicht erwartet werden, dass sich Menschen dauerhaft an einen dokumentierten Prozessablauf halten – jedenfalls wenn die Arbeitsschritte kleinteilig vorgegeben sind. Dieses Verhalten wird vor allem dort augenscheinlich, wo die Tätigkeit eine kreative Arbeit ist, beispielsweise das Suchen und Lösen von Problemen oder die Entwicklung neuer Software. In diesem Zusammenhang spricht z. B. Alistair Cockburn, einer der Mitbegründer der agilen Softwareentwicklung, von „nicht-linearen Arbeitsbedingungen" (siehe Kap. 3.4 in [96, 97]). In seiner Beobachtung variiert das menschliche Verhalten selbst bei der gleichen Tätigkeit sehr stark, der Grad der Variation unterscheidet sich auch stark zwischen verschiedenen Menschen. Cockburn [96] beschreibt vier charakteristische Eigenschaften von Menschen, die jeder Prozess oder jedes Projekt berücksichtigen muss: Menschen kommunizieren miteinander, sie tendieren zu widersprüchlichem Verhalten, sie engagieren sich (im Sinne des guten Bürgers) und Menschen sind einfach unterschiedlich.

Menschen innerhalb einer Organisation können ganz unterschiedlich wahrgenommen werden. Der Abschn. 6.6.2 unterteilt Menschen in verschiedene Persönlichkeitstypen und fragt, ob die IT-Organisation etwa eine „ausgesuchte Mannschaft" hat. Die Menschen sind auf jeden Fall entscheidend für den Erfolg oder Misserfolg – leider gibt es nach Cockburn [97] zwei unlösbare Aufgaben für Menschen: 1) Eine Tätigkeit tagein, tagaus sorgfältig

━	**Faktoren**	╋
ängstlich, emotional unsicher	**〈 Emotionale 〉 Stabilität**	selbstsicher, ruhig
zurückhaltend, schüchtern, reserviert	**〈 Extra- 〉 version**	gesellig, kontaktfreudig
nachlässig, unbekümmert	**〈 Gewissen- 〉 haftigkeit**	zuverlässig, organisiert
vorsichtig, pragmatisch	**〈 Offenheit 〉**	neugierig, kreativ
aggressiv, konkurrierend	**〈 Verträglich- 〉 keit**	kooperativ, mitfühlend

Abb. 6.9 Merkmale des Fünf-Faktoren-Modells. (In Anlehnung an [99] und Kap. 5 in [100])

und konsistent zu wiederholen und 2) die eigenen Gewohnheiten zu ändern. Entsprechend blicken Abschn. 6.6.2, 6.6.3 und 6.6.4 auf die Fähigkeiten, die ein Mensch mitbringt und ihre möglichen Auswirkungen auf den Arbeitserfolg. Die weniger rosige Seite wird in Abschn. 6.6.6 und 6.6.7 betrachtet: Menschen, die der Organisation schaden oder die durch die Arbeitsorganisation Schaden nehmen.

6.6.2   Charakterzüge: Das Fünf-Faktoren-Modell

Menschen unterscheiden sich in ihren Vorlieben und ihren Reaktionen. Das mögliche Spektrum ist dabei sehr breit und sicher auch fein unterteilt. Dennoch nutzt die gängige Literatur recht einfache Modelle, z. B. werden die Charakterzüge der Menschen in fünf Gruppen unterteilt. Diese Unterteilung hat sich über viele Jahrzehnte behauptet und bestätigt, wurde aber auch weiterentwickelt. Mit [98] bekam das Fünf-Faktoren-Modell seine heutigen Bezeichnungen und wurde allmählich in der Literatur bekannt. [99], Kap. 5 in [100], Kap. 11 in [101].

Interessant ist die Einstufung innerhalb der fünf Faktoren vor allem dann, wenn jemand deutlich vom Durchschnitt abweicht. Die Abb. 6.9 fasst die fünf Faktoren zusammen, die im Folgenden genauer beschrieben sind.

Emotionale Stabilität (emotional stability)
Die emotionale Stabilität beschreibt den Umgang eines Menschen mit negativen Emotionen. Eine hohe emotionale Stabilität drückt sich dadurch aus, dass jemand ruhig, zufrieden und sicher wirkt. Das Gegenteil, eine labile Person, wird eher ängstlich, nervös und unruhig wirken. Gerade in Sondersituation, seien es private Krisen oder beruflicher Stress, bestimmt der Grad der emotionalen Stabilität die Reaktion des Betroffenen.

Extraversion
Extraversion und das Gegenteil, Introvertiertheit, bezeichnen das Verhalten im Umgang mit anderen Menschen. Ist dieser Faktor stark ausgeprägt, dann wirkt ein Mensch offen, gesellig und kontaktfreudig und fühlt sich in einer Gruppe von Menschen, auch Unbekannten, wohl. Das Gegenteil ist der Fall, wenn jemand eher zurückhaltend oder schüchtern ist, ungern den Kontakt zu anderen sucht und ruhig statt gesellig ist. Extraversion klingt zunächst wie das typische Merkmal eines Top-Managers. So einfach ist es jedoch nicht, knapp die Hälfte der Top-Manager soll eher introvertiert sein.

Gewissenhaftigkeit (conscientiousness)
Dieser Faktor beschreibt, inwiefern ein Mensch gewissenhaft und zielorientiert ist, so dass sich andere auf ihn verlassen können. Gewissenhaftigkeit bedeutet dabei auch, sich auf wenige Ziele zu konzentrieren, diese dafür wirksam und dauerhaft zu verfolgen. Fehlt die Gewissenhaftigkeit, wirken Menschen impulsiv, leicht ablenkbar unbekümmert und nachlässig. Dieser Faktor ist vor allem für die Arbeit bzw. Arbeitsweise wichtig, weniger für die Beziehung zu anderen Menschen.

Offenheit (openness to experience)
Die Offenheit für Neues beschreibt den Grad, zu dem jemand neue Ideen ausprobiert, gegenüber Neuem aufgeschlossen, kreativ und interessiert ist. Ist dieser Faktor stark ausgeprägt, sind Menschen neugierig und suchen aktiv nach neuen Erfahrungen, z. B. auf ihren Reisen, mit Hobbies oder der Beschäftigung mit Kunst und Literatur. Ist das Gegenteil der Fall, vermeiden Menschen den freiwilligen Kontakt mit Neuem und möchten die liebgewonnenen Gewohnheiten nicht vermissen. Dieser Faktor ist für das Management vor allem deswegen wichtig, weil es immer wieder seine Aufgabe ist, Veränderungen herbeizuführen und durchzusetzen.

Verträglichkeit (agreeableness)
Die Verträglichkeit bezeichnet den Grad zu dem ein Mensch mit anderen gut zurecht kommt: kooperativ, gutmütig, mitfühlend, verständnisvoll. Ist der Faktor schwach ausgeprägt, tritt ein Mensch lieber in Konkurrenz zu anderen und wird mitunter als aggressiv oder egozentrisch empfunden. Es ist daher kein Wunder, wenn Verträglichkeit stark mit der Fähigkeit korreliert, Freundschaften zu schließen und zu pflegen.

Was nutzt es? Erlaubt es die Einstufung anhand des Fünf-Faktoren-Modells, den zukünftigen Erfolg oder Misserfolg eines Mitarbeiters vorherzusagen? Solange keine drastischen Abweichungen auftreten, lässt sich kaum ein *statistischer* Zusammenhang feststellen – die Betonung liegt absichtlich auf dem Wort „statistisch", für den Einzelnen kann sowieso keine Vorhersage getroffen werden. Die Referenz [102] versucht aus drei amerikanischen Befragungen einen möglichen Zusammenhang zwischen den Charakterzügen und beruflichem Erfolg herzustellen. Wenn es überhaupt einen Zusammenhang gibt, dann wirkt sich ein hoher Grad an Gewissenhaftigkeit positiv und ein niedriger Grad an emotionaler Stabilität negativ aus. Die Charakterzüge bleiben dabei ein Leben lang ähnlich – können sich über lange Zeiträume aber durchaus deutlich ändern. Eine ältere Studie [99] findet zusätzlich zur Gewissenhaftigkeit in manchen Berufsfeldern den Grad der Extraversion korreliert mit dem beruflichen Erfolg: bei Managern und Vertriebsleuten.

In [103] wird ein auf dem Fünf-Faktoren-Modell aufbauendes Schema (Personal Style Inventory) genutzt, um der Frage nachzugehen, wie sich Wissenschaftler von dem Durchschnitt der Angestellten unterscheiden. Grundlage ist der Datenbestand eines Personaldienstleisters mit gut 80.000 Profilen, darunter etwa 2000 Wissenschaftler. Verglichen mit dem Durchschnitt weichen die Wissenschaftler besonders überdurchschnittlich bei der Offenheit, der intrinsischen Motivation und der Durchsetzungsfähigkeit ab und unterdurchschnittlich bei der emotionalen Stabilität, Extraversion, Optimismus und einigen weiteren Faktoren. Einige dieser Faktoren – nicht alle! – spielen dabei eine Rolle für die Zufriedenheit mit der eigenen Karriere. Zu nennen sind etwa die Offenheit oder der Optimismus, ausgerechnet bei letzterem schneiden die Wissenschaftler allerdings unterdurchschnittlich ab. Interessant an dieser Untersuchung ist vor allem der lange Zeithorizont: Hier geht es nicht um die Auswahl eines neuen Mitarbeiters, sondern um die Vorhersage, ob ein Stellenprofil mit den gegebenen Charakterzügen harmoniert. Aus dieser Sichtweise ist es nämlich die Aufgabe der Manager, gute Mitarbeiter über lange Zeit im Unternehmen zu halten.

▸   „People don't leave companies, people leave managers". [104] Kap. 3.5

Wie sieht es mit den Beschäftigten der IT-Organisation aus? In [105] wird ebenfalls mit dem Personal Style Inventory diese Frage für gut 1000 Mitarbeiter aus dem IT-Sektor gestellt. Am stärksten korreliert bei diesen Mitarbeitern der Grad der emotionalen Stabilität mit der Zufriedenheit im eigenen Job und über die gewählte Karriere. Angesichts des Arbeitsdrucks in der IT keine Überraschung.

Den Durchschnitt der IT-Profis untersucht [106] mit einer Auswertung von über 85.000 Teilnehmern aus den Jahren 2004 bis 2012 wiederum anhand der Ergebnisse des Personal Style Inventorys. Wie schneiden die IT-Profis im Vergleich zu anderen Berufen ab?

* Deutlich höhere Werte erzielen die IT-Profis bei der Verträglichkeit, d. h. sie präferieren die Zusammenarbeit im Team und der Hartnäckigkeit (tough-mindedness), entsprechend dem logischen Denken und der Orientierung an Fakten anstatt von Gefühlen.
* Merklich niedrigere Werte erzielen die IT-Profis bei einer ganzen Reihe von Charakterzügen. Zu nennen ist z. B. das Durchsetzungsvermögen. Das ist plausibel, da sich viele IT-Tätigkeiten nicht auf den Umgang mit anderen Menschen beziehen. Genannt wird ebenfalls der Grad des Optimismus, wobei die IT-Profis eher pessimistisch sind. Zum Teil ist dieser Pessimismus im Zusammenhang mit dem logischen Denken zu sehen (kritisches Denken ist schlecht für den Optimismus), zum Teil kann er für das Unternehmen auch problematisch werden und unter Umständen zu Unzufriedenheit und hoher Fluktuation führen. Alarmierend ist in dieser Studie, dass IT-Profis einen deutlich

unterdurchschnittlichen Grad an emotionaler Stabilität zeigen. Nimmt man dies zusammen mit anderen Studien (etwa die oben erwähnten [102, 103]), die diesen Faktor als den wesentlichen Beitrag zur Zufriedenheit mit dem eigenen Job und der eigenen Karriere sehen, dann ist es kein Wunder, wenn die Zufriedenheit der IT-Mitarbeiter mit ihrer Arbeit in der Regel schlecht ist und mitunter sogar die Gesundheit darunter leidet.

6.6.3 Persönlichkeitstypen: Das Myers-Briggs-Modell

Versucht das Fünf-Faktoren-Modell noch einigermaßen sachlich und fachlich anerkannt zu bleiben, so gibt es eine Vielzahl teilweise kommerzieller Tests zur Klassifizierung der Persönlichkeitstypen. Ein sehr erfolgreiches Modell dieser Art geht auf Myers und Briggs zurück, inspiriert durch Erkenntnisse der Psychologie aus dem frühen 20. Jahrhundert. An die Stelle der fünf Faktoren treten vier Indikatoren, die jeweils in zwei gegensätzlichen Polen ausgeprägt sein können (siehe [107] und Quellen darin):

* Motivation (energizing): Die Quelle der Motivation, entspricht in etwa dem Grad der Extraversion aus dem Fünf-Faktoren-Modell.
* Aufmerksamkeit (attending): Worauf ist die Aufmerksamkeit bei der Verarbeitung der Sinneseindrücke gerichtet?
* Entscheidung (deciding): Wie werden Entscheidungen getroffen?
* Lebensstil (living): Welcher Lebensstil ist präferiert?

In Summe ergeben sich mit den vier Faktoren und jeweils zwei Einstufungen 16 verschiedene Persönlichkeitstypen. Die Einstufung eines Menschen erfolgt durch die Beantwortung einer Vielzahl von Ja-/Nein-Fragen. Typisch an diesem und anderen ähnlichen Modellen ist allerdings, dass der Fragebogen und die Auswertung kostenpflichtig sind. Abgesehen von dieser Hürde und den entstehenden Kosten ist ein Persönlichkeitstest dieser Art sehr einfach und relativ schnell durchführbar – das Ergebnis ist gefühlsmäßig oft zutreffend.

In Deutschland gibt es natürlich die ins Deutsche übersetzte Version der ursprünglich in den USA entwickelten Fragebögen und Modelle. Relativ weit verbreitet ist zudem in Deutschland das „Bochumer Inventar zur berufsbezogenen Persönlichkeitsbeschreibung" (BIP, z. B. [108]). Wieder gilt es viele Fragen zu beantworten – Fragebogen und Auswertung sind kostenpflichtig. Das Ergebnis gibt eine Aufschlüsselung nach 17 Persönlichkeitseigenschaften. Diese können mit den durchschnittlichen Werten des gesammelten Datenbestandes verglichen werden, entweder mit einem Fremdbild – wieder ein Fragebogen, aber dieses Mal von jemand anderem beantwortet – oder mit einem Anforderungsprofil.

Kommerzielle Modelle der Persönlichkeitstypen sind sicher ein einfacher Einstieg, über Vorlieben und Eigenarten eines Menschen ins Gespräch zu kommen. Bei den kommerziellen Varianten ist es jedoch überhaupt nicht klar, ob sie objektiven, wissenschaftlich qualitätsgesicherten Ansprüchen genügen. Aus medizinischer Sicht sind die meisten Fragebögen wertlos. Als Beispiel mag die Veröffentlichungsliste des Projektteams Testentwicklung am BIP dienen. Die Mehrzahl der Arbeiten ist dort entweder im eigenen Verlag oder als Forschungsbericht ohne erkennbare Qualitätssicherung erschienen.

Selbst wenn das Testverfahren brauchbar ist, bietet die Selbstauskunft viele Möglichkeiten zum „Betrug" – die Fragen werden nicht subjektiv richtig beantwortet, sondern passend zum antizipiert gewünschten Testergebnis [109]. Die meisten Fragebögen sind dafür anfällig, je nach Kulturkreis und Entwicklungsstand enthalten jedoch neuere Methoden „Fangfragen". Diese Fangfragen sollen Betrugsversuche aufdecken, indem sie etwa davon ausgehen, dass die Antworten auf zwei unterschiedliche Fragen voneinander abhängen müssen – konsistent lügen wird zur Herausforderung.

Nimmt man Persönlichkeitstests als – eventuell unvollkommenes – Werkzeug, dann lassen sich recht einfach Fragestellungen zur beruflichen Eignung diskutieren. Ein Beispiel ist [107], die den Erfolg von Studenten in einem einführenden Programmierkurs anhand der Einstufung nach Myers-Briggs untersuchen. Ein derartiges Szenario ist üblich – Studenten sind für Forscher an Universitäten leicht erreichbar, Fragebögen können einfach verteilt und ausgewertet werden. Anders als erwartet, spielt der Grad der Extraversion keine Rolle. Wenn überhaupt ein Persönlichkeitsfaktor signifikant für den Programmiererfolg ist, dann ist es der Indikator „Aufmerksamkeit": Diejenigen, die sich bei der Informationsverarbeitung von den Fakten leiten lassen anstatt von Gefühlen, sind beim Programmieren erfolgreicher.

Was bedeutet der Persönlichkeitstyp für die IT-Organisation?
Die erste Assoziation dürfte bei IT-Berufen der „Nerd" sein, ein Zerrbild eines Außenseiters, Sonderlings, eines Computerfreaks und sozial schwachen Fachidioten. Vielleicht ist dieses Zerrbild im Zeitalter des Silicon Valley nicht mehr ganz zutreffend: „Be nice to nerds. You may end up working for them. We all could" – Sei nett zu Nerds, Du könntest eines Tages für sie arbeiten – wir alle könnten es. (Regel 33 aus [110]). Etwas konkreter wird [111] mit einer Studie der vorherrschenden Persönlichkeitstypen im Software Engineering anhand einer Befragung von 100 Softwareentwicklern. Von den 16 verschiedenen Persönlichkeitstypen nach Myers-Briggs ist in dieser Gruppe der häufigste „ISTJ" mit 24 % fast doppelt so hoch wie in der amerikanischen Bevölkerung. Dieser Persönlichkeitstyp kombiniert (siehe die Abkürzungen in Abb. 6.10) Introversion, Sensorik, Denken und Beurteilung – die Arbeit mit Fakten wird der Arbeit mit Menschen vorgezogen. Hier liegt bereits die wesentliche Einschränkung: Software Engineering ist eine so breit aufgestellte Disziplin, dass die Konzentration auf Zahlen und Fakten sicher nicht ausreicht. Große Projekte werden nur dann erfolgreich sein, wenn das menschliche Miteinander funktioniert – eine Stärke die bei anderen Persönlichkeitstypen liegt. So folgert [111] auch, dass der Erfolg eines Menschen im Software Engineering sicher nicht vom Persönlichkeitstyp vorhergesagt wird.

Der Versuch, Menschen über Charakterzüge und Persönlichkeitstypen zu klassifizieren, ist keine neue Erscheinung (siehe beispielsweise [112]). Selbst in der IT-Organisation

Abb. 6.10 Aufbau
des Typindikators nach
Myers-Briggs

	Indikatoren			
Extraversion	**E**	⟨ **Motivation** ⟩	**I**	Introversion
Sensorik	**S**	⟨ **Aufmerk-samkeit** ⟩	**N**	Intuition
Denken	**T**	⟨ **Ent-scheidung** ⟩	**F**	Fühlen
Beurteilung	**I**	⟨ **Lebensstil** ⟩	**P**	Wahrnehmung

gibt es seit langem die Aufforderung, dass das Management nicht nur auf die technischen
Systeme blickt, sondern vielmehr als Hauptaufgabe die Entwicklung der eigenen Mitarbeiter hat [113] – Fachkräfte sind schwer zu ersetzen und eine erhöhte Fluktuation verursacht enorme Kosten für die Firma.

6.6.4 Intelligenz

Erwähnenswert sind sicher die geistigen Fähigkeiten als Voraussetzung für die Arbeit in
der IT-Organisation. Erwähnenswert deshalb, weil diese Fähigkeiten unter den Menschen
sehr unterschiedlich ausfallen können, je nach Beruf aber gewisse Mindestansprüche notwendig sind. In [13] werden eine Reihe von Faktoren genannt, die sich auf die Berufswahl
auswirken ([13], Kap. 2):

• Umgang mit Zahlen
• Wortverständnis
• Wahrnehmungsgeschwindigkeit
• Logisches Schlussfolgern
• Räumliche Vorstellungskraft
• Gedächtnis.

In [114] wird bei gut 300 Softwareentwicklern untersucht, ob sich ihre berufliche Leistung anhand von einzelnen Größen vorhersagen lässt. Anstatt der üblichen Fragebögen für
Persönlichkeitstests (siehe Abschn. 6.6.2 und 6.6.3) entwickeln die Autoren einen eigenen
Fragebogen und ermitteln unter anderem die Intelligenz der Befragten per Selbstauskunft,
d. h. die Einschätzung der eigenen Intelligenz im Vergleich zu Kollegen in ähnlicher Position. Im Ergebnis kommt [114] darauf, dass für die befragten Software-Entwickler die
Intelligenz der wesentliche Faktor für eine gute berufliche Leistung ist.

6.6.5   Beispiel: Der „Hirnschrittmacher"

Beispiel

In seiner Dystopie „Harrison Bergeron" aus dem Jahr 1961 beschreibt Kurt Vonnegut [115] eine ferne Zukunft, in der alle Menschen gleich sind. Gleich im wörtlichen Sinn – wenn sie vom Durchschnitt abweichen sorgt eine staatliche Behörde dafür, dass sie mit Gewichten, Masken oder anderen Hilfsmitteln dem Durchschnitt gleichen. Sind die Menschen zu intelligent, wird ihr Denken alle paar Sekunden durch einen Pfeifton unterbrochen:

The year was 2081, and everybody was finally equal. They weren't only equal before God and the law. They were equal every which way.
[...]
Hazel had a perfectly average intelligence, which meant she couldn't think about anything except in short bursts. And George, while his intelligence was way above normal, had a little mental handicap radio in his ear. He was required by law to wear it at all times. It was tuned to a government transmitter. Every twenty seconds or so, the transmitter would send out some sharp noise to keep people like George from taking unfair advantage of their brains. [115]

Angesichts der Rolle, die die Intelligenz im Arbeitsalltag der IT-Organisation spielt, ist es umso erstaunlicher, wie die Unternehmen die Arbeit selbst organisieren. Hat Vonnegut (siehe Abschn. 6.6.5) in seiner Kurzgeschichte noch eine staatliche Behörde gebraucht, die überdurchschnittlich intelligente Menschen in kurzen Abständen mit einem Pfeifton aus den Gedanken reißt, so sind heute die Büros der meisten Mitarbeiter von den Firmen mit derartigen Geräten ausgestattet: Telefone klingeln, Handys blinken, die private Internetnutzung bringt Nachrichten und Informationsschnipsel, die dienstliche Email kommt in kurzen Abständen und wird auf allen Geräten unterschiedlich mit kleinen Animationen versehen, Kollegen im Büro oder Großraumbüro unterhalten sich lautstark, bevor die nächste Pause für Kaffee und Zigaretten ansteht.

Im Endeffekt gibt es heute nur noch formale Meetings, in denen die meisten Teilnehmer auf Unterbrechungen von außen oder das Spielen mit den elektronischen Freunden verzichten. Schon 2004 kommt [116] in einer Untersuchung darauf, dass in allen anderen typischen Arbeitsformen des Büroalltags die Arbeit spätestens nach zwei Minuten unterbrochen wird. Immer noch länger als in der zitierten Kurzgeschichte, dennoch erschreckend kurz – die Optimierung der Arbeitsabläufe ist im Büroalltag noch nicht angekommen!

Lässt sich Erfolg vorhersagen?
Eine Frage beschäftigt die Personalplanung seit langem: Kann man den Erfolg eines Mitarbeiters in einer Tätigkeit vorhersagen? Die Klassifizierung nach Persönlichkeitsmerkmalen und Charakterzügen mag ein guter Einstieg in ein erstes Gespräch sein, die Vorhersagekraft für den Einzelnen ist jedenfalls nicht belegt. Was liegt also näher, als die Menschen selber zu fragen? Diesen Ansatz wählten 1999 D. Dunning und J. Kruger, indem

Abb. 6.11 Der Dunning-Kruger-Effekt. (Nach [117], Abb. 1) – die Abweichung des Eigen- vom Fremdbild bei der Einschätzung von Testergebnissen

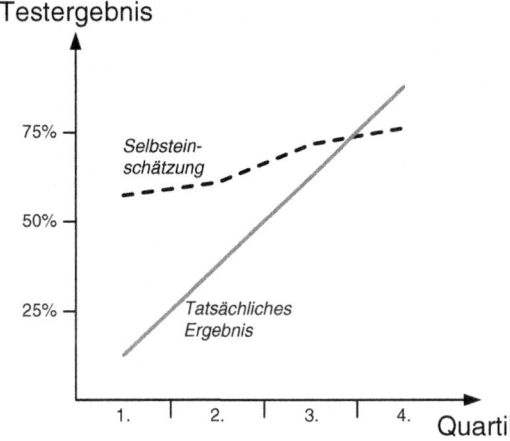

sie Studenten ihre eigenen Fähigkeiten vorhersagen ließen [117]. In vier verschiedenen Tests sollten die Studenten Fragen zu Humor, Grammatik und Logik beantworten und jeweils ihr Testergebnis relativ zu den anderen Teilnehmern vorhersagen. Ein typisches Ergebnis ist in Abb. 6.11 skizziert: Die Ergebnisse werden auf der x-Achse in Quartilen zusammengefasst, beginnend mit den schlechtesten 25 % der Testteilnehmer bis hin zu den besten 25 %. Je Quartil ist auf der y-Achse aufgetragen, welche Selbsteinschätzung ihrer Testergebnisse diese Teilnehmer treffen. Wäre die Selbstauskunft realistisch, dann müssten natürlich die Teilnehmer aus dem untersten Quartil – die schlechtesten 25 % – sich genau diesem Quartil zuordnen. In der Realität sieht das Ergebnis anders aus: Je schlechter die Teilnehmer in den Tests abschneiden, desto stärker überschätzen sie ihre eigenen Fähigkeiten. „Ungelernt und davon in Unkenntnis" – lautet verkürzt der Titel der Veröffentlichung [117], die inzwischen unter dem Schlagwort „Dunning-Kruger-Effekt" breite Bekanntheit erreicht hat.

Worin liegt die Ursache dieser verzerrten Wahrnehmung? [117] untersucht diese Frage bereits, in späteren Studien wird das Ergebnis bestätigt [118]: Den schlechtesten Teilnehmern fehlen die Fähigkeiten und Kenntnisse, ihre eigene Leistung beurteilen zu können. Schließt man diese Lücke, beispielsweise durch zusätzliche Kurse, dann verbessert sich prompt auch die Selbsteinschätzung. Sprich, die Differenz zwischen der eigenen Wahrnehmung und den Testergebnissen verringert sich. Die Testergebnisse bleiben leider trotz zusätzlicher Übungen genauso schlecht wie zuvor – abgesehen von langfristigen Trends, z. B. der starken Zunahme sehr guter Schulnoten (in den USA, siehe [119]).

▶   Expertenaussagen: Oft falsch, selten im Zweifel[17].

---

[17] Nach dem englischen Original [120], gekürzt: *„As one critic described expert prediction: ‚often wrong but rarely in doubt'"*. Das Phänomen ist empirisch gut belegt, ein schönes Beispiel liefert die Eurokrise im Zuge der Finanzkrise: Noch 2010 sammelten zwei europäische Volkswirte die eurokritische Fachliteratur aus Amerika und können nicht verstehen, wieso Kritik am Euro geäußert wird [121].

6.6.6   Unhöflichkeit und anti-soziales Verhalten

Am Arbeitsplatz „menschelt" es – mitunter im negativen Sinn: Das Verhalten einzelner Mitarbeiter weicht deutlich von den üblichen und gewohnten Normen ab, harmlos klingt der Überbegriff Unhöflichkeit, tatsächlich gibt es eine ganze Reihe von Abstufungen bis hin zum anti-sozialen Verhalten oder der Überschreitung geltender Gesetze. In [13] werden einige Beispiele genannt (Kap. 9 in [13]):

- Verschwendung von Ressourcen oder Zeit, bewusst langsames Arbeiten
- Sabotage, Betrug und Diebstahl
- Günstlingswirtschaft, Verbreiten von Gerüchten, Suche nach Sündenböcken
- Sexuelle Belästigung, verbale Übergriffe, passive Aggression.

Das breite Spektrum des anti-sozialen Verhaltens ist bezeichnend: Von der geringfügigen Unhöflichkeit über das bewusste Übertreten sozialer Normen (eventuell mit dem Ziel der Organisation Schaden zuzufügen [122]) bis hin zu aggressivem Verhalten, unter Umständen auch Gewalt. Wie entsteht ein derartiges Verhalten eines Menschen in einer Organisation? Die einfachste Erklärung gibt die Schuld dem Einzelnen – Veranlagung, schlechte Erziehung, etc. – jedenfalls können sich alle anderen in der Organisation beruhigt zurücklehnen.

▶   Die Jagd auf den Sündenbock ist der leichteste Jagdauflug. („*The search for a scapegoat is the easiest of all hunting expeditions*", ein Zitat das D. Eisenhower zugeschrieben wird, ohne Quelle).

Folgt man dem Zitat „Die Jagd auf den Sündenbock …", wäre die Sichtweise, die Schuld *alleine* einem Einzelnen zuzuschreiben, allerdings – zumindest manchmal – zu kurz gegriffen. Tatsächlich liegt die Ursache eines abweichenden, negativen Verhaltens oftmals innerhalb der Organisation. In Pidgin-Englisch: „monkey see, monkey do" – Mitarbeiter ahmen nach, was sie innerhalb der Organisation bei anderen wahrnehmen [123, 124]. Die beiden Studien finden einen deutlichen Zusammenhang zwischen dem anti-sozialen Verhalten eines Teams und dem einer einzelnen Person innerhalb des Teams. In anderen Worten: Schlechte Vorbilder sind anscheinend ansteckend.

Unhöflichkeit kann graduell bis zur Überschreitung von Gesetzen führen: Ist die versteckte sexuelle Belästigung überhaupt für den Außenstehenden erkennbar? Und wie erfolgt der Übergang zur offenen Diskriminierung und dem gezielten Mobbing? So kann die gelegentliche Unhöflichkeit als Bagatelle abgetan werden oder systematisch zu einer verdeckten Diskriminierung gehören [125]: Jenseits der bestehenden Gesetze legt jede Organisation durch das bei ihr geduldete und gelebte Verhalten die akzeptablen Grenzen fest. Erwartungsgemäß ist das wahrgenommene ethische Klima innerhalb der Organisation prägend für das eigene ethische Handeln [126].

Tatsächlich können bereits verbale Übergriffe und Beleidigungen Kollegen verletzen. In der Konsequenz setzt darauf eine Reaktion ein, die von Vergeben und Vergessen bis hin zur Revanche und Rache reichen kann: Spiralartig verschlechtert sich im letzteren Fall die Situation [122]. Solche Reaktionen sind ein normales Verhalten, Alltag in den meisten Organisationen und Anlass für liebevoll gepflegte Konflikte innerhalb der Firma – oder auch mit dem Kunden. Die Referenz [127] befragt mittels Fragebogen gut 100 amerikanische Behördenmitarbeiter und kann die Abfolge des verbalen Übergriffs gefolgt von der Schuldzuweisung und der Revanche gut wiederfinden. Nicht überraschend wird Rache eher an hierarchisch niedrigerstehenden Kollegen ausgeübt.

Der hier skizzierte Bogen von verbalen Übergriffen bis zur Diskriminierung zeigt bereits die mögliche Tragweite des anti-sozialen Verhaltens – die Zusammenarbeit innerhalb der Organisation leidet und vor allem leidet der einzelne Mensch. [128] untersucht anhand einer Erhebung unter gut 1000 Mitarbeitern amerikanischer Behörden die Konsequenzen von erfahrener oder beobachteter Unhöflichkeit: Auch eine scheinbar geringfügige Unhöflichkeit weit unterhalb von rechtlichen Sanktionierungen führt zu einer deutlich verschlechterten Zufriedenheit – mit dem Vorgesetzten, den Kollegen und der eigenen Arbeit. Die Studie findet sogar eine direkte Korrelation zwischen der erfahrenen Unhöflichkeit und einer verschlechterten psychischen Gesundheit – ein Zusammenhang, der auch jenseits der üblichen Belastung durch die Arbeit bestehen bleibt.

6.6.7   Erschöpfung, Burnout und Fluktuation

Das Thema „Faktor Mensch" hat bereits in den letzten Abschnitten eine zunehmend kritische Sicht erfahren. Die gesundheitliche Gefährdung des Menschen – auch in einer reinen Bürotätigkeit – ist leider ein Fakt. Bereits 1999 kam eine amerikanische Umfrage unter IT-Profis zu dem Ergebnis, dass 18 % der Befragten durch ihre Arbeit an Erschöpfung litten [129]. Wo liegt die Ursache? Die Befragung geht darauf ein und zeigt eindeutig auf, dass bei 80 % der Betroffenen die Erschöpfung durch äußere Umstände verursacht wird – Faktoren, die andere innerhalb der Organisation beeinflussen und verursachen. Typische Beispiele dafür sind die Mitarbeit an mehreren Projekten gleichzeitig, zu enge Terminvorgaben, unrealistische Ziele und zu wenige Ressourcen für die anstehende Arbeit. Die Daten dazu sind, wie meistens, nicht öffentlich zugänglich – ein Blick auf den öffentlichen Dienst gibt einen Eindruck von der Problematik: So kritisiert der Thüringer Landesrechnungshof die mangelnde finanzielle und personelle Ausstattung des Thüringer Landesrechenzentrums [130]. Der Rechnungshof Baden-Württemberg nennt konkrete Zahlen. Beim Informatikzentrum der Landesverwaltung Baden-Württemberg sind 2012 von knapp 270 Stellen etwa 41 nicht besetzt und das zum Teil seit mehreren Jahren [131]. Die Konsequenz ist weder für den einzelnen Mitarbeiter noch für die Organisation wünschenswert: Die Mitarbeiter werden weniger leistungsfähig bis hin zu nicht mehr arbeitsfähig, distanzieren sich von der Organisation und streben einen Arbeitsplatzwechsel an – eine Abfolge ernster und teurer Schritte!

Besonders die Leistungsträger, die sich stark einbringen und für die Arbeit engagieren, sind anfällig für die Überforderung, die arbeitsbedingte Erschöpfung und schließlich den Burnout [129]. Dafür sind nicht immer externe Faktoren notwendig: Es liegt anscheinend in der Natur des Menschen, zu optimistisch zu planen und die eigenen Fähigkeiten zu überschätzen ([34], siehe auch Abschn. 6.4.7). Typischerweise vertraut man der eigenen Schätzung für die Projektdauer – und setzt sie unbewusst systematisch zu niedrig an. Es ist nur konsequent, wenn Projekte bei dieser Art der Planung ihren Zeitplan sprengen und sich die Leistungsträger auf dem Weg verausgaben. „Selbst schuld!" ist hier nicht angebracht, überwiegend werden derartige Situationen durch die Organisation geschaffen bzw. geduldet – nicht von ungefähr gaben in der oben zitierten Studie 80 % der Betroffenen externe Ursachen als Auslöser an. Dabei ließe sich diese Planungsschwäche leicht adressieren: Abgegebene Schätzungen „einfach" mit einem Sicherheitsaufschlag versehen. Nur: Wer möchte mit längeren und teureren Projekten an den Start gehen und wer könnte den Aufschlag nicht vorher schon abziehen? Der Einzelne hängt hier von der gelebten Kultur seiner Organisation ab.

Was löst die arbeitsbedingte Erschöpfung aus?
Einige aus der Literatur bekannte Vorläufer von Erschöpfung und Burnout werden in [132] genannt: Die Überarbeitung, unklare oder widersprüchliche Rollen, fehlende Eigenständigkeit und das Ausbleiben von Belohnungen. In der IT kommt der schnelle technologische Wandel dazu, der die Anpassungsfähigkeit der IT-Mitarbeiter permanent fordert.

Welche Folgen hat die arbeitsbedingte Erschöpfung?
Die typischen Folgen sind die geringere Zufriedenheit mit der eigenen Arbeitsstelle, ein geringeres Engagement für die Organisation (im Sinne von Abschn. 6.4.10), eine höhere Fluktuation [133] und letztlich auch eine gesundheitliche Beeinträchtigung des Mitarbeiters (siehe dazu auch die Studie der Gewerkschaft verdi in Abschn. 6.2.2).

Dabei sind Phasen hoher Arbeitsbelastung weder ungewöhnlich noch gefährlich – vielen wird gerade eine derartige Phase als besonders positive Erinnerung an das Arbeitsleben bleiben. Allerdings verklärt der zeitliche Abstand die Probleme, Erinnerungen sind dann eher an positive Beispiele geknüpft, sprich: erfolgreiche Arbeit. In diesem Sinn ist es eine Kernaufgabe der Organisation und des Managements, die hohe Arbeitsbelastung Einzelner rechtzeitig zu erkennen, nach Möglichkeit zu reduzieren und auf jeden Fall möglichst positiv zu gestalten – Bestätigung, Unterstützung, Anerkennung und zusätzliche Ressourcen wirken Wunder. Voraussetzung dafür ist jedoch die regelmäßige, erfolgreiche Kommunikation miteinander [132].

Eine Konsequenz aus Erschöpfung ist der Arbeitsplatzwechsel des Mitarbeiters, für alle Beteiligten ein belastendes und teures Ereignis. Dabei steht die High-Tech Branche nach einer amerikanischen Studie aus dem Jahr 2010 im Vergleich nicht schlecht da [134]: Die Fluktuationsrate liegt mit 11 % deutlich unter dem Durchschnitt aller Branchen und nur knapp über den öffentlichen Arbeitgebern.

6.7   24×365: Geschäftskritischen Betrieb organisieren

Eine besondere Herausforderung stellt sich, wenn der IT-Betrieb kontinuierlich gewährleistet sein muss. Wie in anderen Branchen auch, etwa Krankenhäusern oder bei der
Feuerwehr, müssen mindestens die kritischen Leistungen jederzeit kurzfristig angeboten
werden. In diesem Abschnitt gehen wir daher auf die Besonderheiten eines rund-um-die-
Uhr IT-Betriebs ein: 24 Stunden an jedem Tag des Jahres.

6.7.1   Was muss geleistet werden?

Die Frage nach 24 × 365 ist nicht neu, für die meisten Mitarbeiter jedoch ungewohnt. Präferieren sie doch „die üblichen Bürozeiten", eventuell verlängert durch die „permanente Erreichbarkeit" im Zeitalter des Smartphones. Jedoch: Was muss ein professioneller
24 × 365 IT-Betrieb leisten?

Kurz und knapp, unabhängig von der eingesetzten Technik, beschreibt ein Bericht der
„Computer Command and Control Company" aus dem Jahr 1965 die Anforderungen an
ein geplantes Echtzeit-Führungs- und Leitsystem der amerikanischen Marine (Kap. 2.3 in
[135]). Unter der Überschrift „Continuity of Operations" – also der unterbrechungsfreien
militärischen Operationen – gibt es eine wesentliche Anforderung an das Führungs- und
Leitsystem: Die Fähigkeit, dass die Operationen eines ausgefallenen Leitsystems sofort
durch ein anderes übernommen werden[18].

Interessant sind die damals daraus abgeleiteten Anforderungen an das zu entwickelnde
Führungs- und Leitsystem:

- Es muss zu jedem Zeitpunkt ein aktuelles Bild der Organisation geben. Dazu gehört sicher ein Organisationsdiagramm mit einer Liste des verfügbaren Personals, aber genauso ein Überblick über alle (militärischen) Installationen, die Logistik und die Truppen.
- Zu allen Truppen bzw. Personal müssen die Fähigkeiten bzw. die Ausrüstung bekannt
  sein.
- Der gegenwärtige Aufenthaltsort muss bekannt sein.
- Für verschiedene denkbare Notfälle müssen Pläne existieren und bekannt sein.
- Die bestehenden Kommunikationsnetze und mögliche Alternativen müssen bekannt
  sein.

Diese Punkte entstanden lange bevor sich Computer oder Rechenzentren als wesentliche
Betriebsmittel im Alltag durchgesetzt haben. Übersetzt in die aktuelle Sprache klingen

---

[18] Im englischen Original [135] etwas ausführlicher: *„To have the capability to instantaneously
substitute for a command and control center which is senior, subordinate or ‚horizontal' to the
original command. The new command must be able to control remnant forces and effectively utilize
these forces, with a minimum transfer of information"*.

diese Punkte sehr wie Business Continuity Management und Configuration Management. In der Knappheit und Nüchternheit gelingt es jedenfalls, in den Anforderungen bis heute aktuell zu bleiben: Es ist auch heute noch nicht selbstverständlich, dass eine Organisation aktuelle Informationen über einsetzbare Mitarbeiter oder die Konfiguration ihrer Rechner besitzt. Die geforderten Notfallpläne und Alternativwege dürften in vielen IT-Betrieben fehlen oder reine Papiertiger sein. In [136] wird dies eindringlich geschildert, wie bereits gut am Titel erkennbar ist: „Mission unwahrscheinlich – Phantasie-Dokumente nutzen, um Katastrophen zu zähmen"[19]. In [135] werden die Anforderungen genommen, um daraus einen Entwurf für eine computerisierte Lösung zu erstellen. Sie hat sich sicher in den Jahrzehnten überlebt, reichten damals doch 32k Wörter Hauptspeicher für alle Operationen.

Eine zusätzliche Anforderung beschäftigt sich nur mit der Notfallplanung: Pläne für den normalen Betrieb und für Notfälle vorzubereiten, die im Ernstfall jeweils als Startpunkt für die weitere Planung dienen können. Die Mitarbeiter müssen mit diesen Planungsunterlagen und den möglichen Notfallsituationen vertraut sein, das jeweils mögliche Umfeld muss ebenfalls bekannt und dokumentiert sein.[20]

6.7.2   Schichtplanung

Zeigte Abb. 6.1 noch die Zusammenhänge in einem statischen Prozessbild, so gerät spätestens beim 24×365 Betrieb der zeitliche Verlauf in den Fokus: Welche Tätigkeiten können bis zur Regelarbeitszeit zurückgehalten werden? Welche Arbeiten müssen rund um die Uhr durchführbar sein und wer steht dafür zur Verfügung?

Eine derartige Planung ist an sich nicht schwierig – sie mag sehr wohl aufwändig sein. Es wird dabei schnell offensichtlich, dass alle potenziell notwendigen Ressourcen nur dann vernünftigerweise vorgehalten werden können, wenn auch genügend IT im 24×365 Betrieb betrieben wird. Die Mindestanzahl der notwendigen Fachleute stellt eine wesentliche Eintrittsbarriere dar, ohne Skaleneffekte wird der dauerhafte Betrieb unwirtschaftlich.

Natürlich gibt es Zwischenformen – das Smartphone ist an und die Mitarbeiter werden oftmals auch nachts und an Feiertagen auf Nachrichten reagieren. Ist dieses Vorgehen wirklich äquivalent zu den oben beschriebenen Anforderungen? Wenn der Einsatz freiwillig ist, muss die Firma in Kauf nehmen, im Zweifelsfall *keinen* Zugriff auf die Mitarbeiter und ihre Leistungen zu haben, ihren Aufenthaltsort weder zu kennen noch bestimmen zu können und die richtigen Informationen und Notfallpläne eben nicht vorab vorbereitet zu

---

[19] Titel des englischen Originals [136]: „Mission Improbable. Using fantasy documents to tame disaster".

[20] Nach dem englischen Original [135]: *„To prepare plans for current and contingency operations which will, 1) give the commander and his staff a point of departure to cope with future occurrences, 2) train the staff so that it will be prepared for future occurrences, and 3) to provide a data base that will describe the environment in which unusual occurrences might occur."*

haben. Kleinigkeiten genügen, um wertvolle Zeit zu verlieren: Haben die erreichbaren Mitarbeiter die benötigten Kenntnisse und Fähigkeiten und auch einen funktionierenden Zugang zu den betroffenen Systemen? Am ehesten lässt sich dies mit Zuversicht bejahen, wenn die Betriebsmannschaft so groß ist, dass ausreichend Fachleute zur Verfügung stehen und immer wieder in realen Situationen ihre Fähigkeiten unter Beweis stellen. Arbeitsrechtlich ist dieses Vertrauen jedoch nicht haltbar: Erwarte ich von einem Mitarbeiter, dass er Notrufe beantwortet, dann hat er wahrscheinlich Rufbereitschaft.

In Einzelfällen (etwa dem Übergang einer neuen Software aus Entwicklung und Test in den Regelbetrieb) muss die Aktivität, wie die oben beschriebene militärische Operation, im Vorfeld geplant und geübt werden. Unter Zeitdruck hilft es besonders, wenn alle Eventualitäten im Vorfeld bedacht wurden und mit einer zumindest rudimentären Planung vorbereitet wurden. Sonst heißt es am Ende, wie in dieser Pressemeldung bezüglich einer achtstündige Verzögerung bei der Wiederinbetriebnahme des Leipziger Hauptbahnhofes:

> Dabei sei sie von technischen Problemen überrascht worden, [...]. An einer Weiche an Gleis 14, an die man bei laufendem Verkehr zuvor nicht herangekommen sei, habe sich der alte Baugrund als instabil erwiesen. Das Problem sei zwar sofort behoben worden. Allerdings verzögerten sich in einem Dominoeffekt sämtliche weiteren Arbeiten, etwa die technische Abnahme der Oberleitungen oder der Anschluss der Sicherungstechnik an das elektronische Stellwerk. [137]

6.7.3   Work-Life-Balance

Die Vereinbarkeit von Berufs- und Privatleben war und ist eine tägliche Herausforderung vieler Mitarbeiter. Auf der einen Seite stehen persönliche Interessen, Hobbies und die Familie, auf der anderen Seite benötigt die Arbeit immer mehr Zeit und wird per Smartphone zu jeder Zeit an jeden Ort mitgenommen. Es ist daher kein Wunder, dass diese Vereinbarkeit mit der Arbeitsplatzsicherheit als größte Sorge der Mitarbeiter konkurriert (Kap. 1 in [13]).

Es ist durchaus Aufgabe der IT-Organisation, den latenten Konflikt zwischen Privat- und Berufsleben aufzulösen oder wenigstens abzumildern. Die Problematik verschärfte sich bereits in den 1980ern Jahren (Kap. 17 in [13]), als zunehmend beide Elternteile berufstätig wurden – die Firmen mussten und müssen darauf reagieren. Andernfalls riskiert eine Firma, ihre Mitarbeiter zu verlieren und Schwierigkeiten bei der Suche nach neuen Mitarbeitern zu haben.

Was beeinträchtigt die Vereinbarkeit von Berufs- und Privatleben?
Bezogen auf das Familienleben gibt beispielsweise [138] einen Überblick:

- Die unterschiedlichen Rollen, die ein Mensch im Beruf und zu Hause innehat, differieren teils drastisch in ihren Anforderungen. Die Arbeit erfordert etwa Überstunden, das Arbeiten von zu Hause, nachts und an Feiertagen konkurriert mit der Zeit, die für die Familie erwünscht ist oder benötigt wird.

- Die Vereinbarkeit leidet besonders stark unter einer langen Wochenarbeitszeit, aber auch unter starren Arbeitszeiten – familiäre Engpässe halten sich eben nicht an ein starres Zeitraster.
- Umgekehrt leidet die Vereinbarkeit ebenfalls: Der Zeitbedarf von Alleinerziehenden für das Familienleben steht im Konflikt zu den Anforderungen des Berufslebens – vor allem mit kleinen Kindern, die noch permanent oder im Krankheitsfall fallweise auf eine Betreuung angewiesen sind.
- Neben der „Armut an Zeit" sorgt sowohl das Berufsleben als auch das Privatleben mitunter für eine merkliche psychische Belastung – Anspannung, Unruhe, Müdigkeit, Reizbarkeit, etc. werden aus der einen Rolle mitgenommen und können nicht mehr rechtzeitig abgelegt werden. Die Probleme der einen Rolle werden in die andere Rolle übertragen.

Klingt der Begriff „Work-Life-Balance" noch recht harmlos, verstecken sich dahinter unter Umständen drastische Konsequenzen: Die Knappheit oder Armut bezogen auf das Geld (das Einkommen reicht nicht für das tägliche Leben) oder bezogen auf die Zeit (Geld ist vorhanden, aber die Zeit reicht nicht für die vielen unerledigten Dinge) bringen den Alltag gehörig durcheinander. In [139] wird anhand einer Buchbesprechung geschildert, wie zu wenig Zeit dazu führt, dass die Gedanken nur noch um unerledigte Aufgabe kreisen und ein verschobener Fertigstellungstermin andere ausstehende Arbeiten verzögert – ganz genauso, wie bei fehlendem Geld ein Überbrückungskredit die Lage insgesamt verschlechtert. Nicht nur gefährdet die finanzielle oder zeitliche Überforderung die Zukunft, sondern auch noch die eigenen geistigen Fähigkeiten: [140, 141] berichten, dass die permanente Beschäftigung mit einem Mangel an Geld oder Zeit dazu führt, dass andere kognitive Tätigkeiten leiden. Die beiden Studien beziffern die Auswirkung mit gut zehn IQ-Punkten, vergleichbar mit der Übermüdung nach einer schlaflosen Nacht oder dem Unterschied zwischen chronisch Alkoholkranken und Gesunden!

6.8 Management Summary

Wer produziert die IT-Leistungen? Die eigenen Mitarbeiter oder Menschen, die bei einem externen Dienstleister beschäftigt sind. Dieses Kapitel beleuchtete beide Varianten, letztlich zählt der einzelne Mensch. Zum Glück ist das Spektrum sehr breit gefächert – rationales und irrationales Verhalten, Emotionen, unterschiedlich ausgeprägte Persönlichkeiten, Vorlieben und geistige Fähigkeiten. Die Organisation führt diese Menschen dann auch noch in Teams und Gruppen zusammen und kann so einige der individuellen Schwächen und Probleme nivellieren. Gleichzeitig können dadurch auch die Stärken von Individuen noch betont und weiter gestärkt werden – und letztlich gilt es, einzelne Mitarbeiter nach deren Stärken einzusetzen. Leider ist nicht alles positiv zu sehen – Arbeit beeinträchtigt mitunter das Wohlbefinden und die Gesundheit der Mitarbeiter und strahlt in das Privatleben aus.

Literatur

1. Title 21 U.S. Code, Sec. 351 Adulterated drugs and devices. US Government Printing Office (2010), http://www.gpo.gov/fdsys/pkg/USCODE-2010-title21/pdf/USCODE-2010-title21-chap9-subchapV-partA-sec351.pdf. Zugegriffen: 25. Juni 2014
2. M.D. Smedley, FDA warning letter to Fresenius Kabi AG, WL: 320-13-20 (2013, 1. Juli), http://www.fda.gov/iceci/enforcementactions/warningletters/2013/ucm361553.htm. Zugegriffen: 25. Juni 2014
3. Fresenius, Geschäftsbericht 2013 (2014, 20. März), http://www.fresenius.de/documents/GB_deutsch_US_GAAP_2013.pdf. Zugegriffen: 25. Juni 2014
4. E. Frese, M. Graumann, L. Theuvsen, *Grundlagen der Organisation*, 10. Aufl. (Gabler, Wiesbaden, 2012). ISBN: 978-3-8349-7103-6. doi:10.1007/978-3-8349-7103-6
5. H. Krcmar, *Informationsmanagement*, 6. Aufl. (Springer Gabler, Berlin, 2015). ISBN: 978-3-662-45863-1. doi:10.1007/978-3-662-45863-1
6. P.F. Drucker, They're not employees, they're people. Harv. Bus. Rev. **80**(2), 70–77 (2002). ISSN: 0017-8012
7. Landesrechnungshof Mecklenburg-Vorpommern, Rundschreiben Nr. 1/2014 des Landesrechnungshofes Mecklenburg-Vorpommern: Prüfung der Integrität und Stabilität von IT-System bei Kommunen (2014, 9. Juli), http://www.lrh-mv.de/land-mv/LRH_prod/LRH/Veroeffentlichungen/Rundschreiben_an_Wirtschaftspruefer/Rundschreiben_1_2014_Stand_22_Juli_2014.pdf. Zugegriffen: 9. Sept. 2014
8. T.H. Davenport, Make better decisions. Harv. Bus. Rev. 87(11), 117–123 (2009). ISSN: 0017-8012
9. T.H. Davenport, Keep up with your quants. Harv. Bus. Rev. 91(7–8), 120–123 (2013). ISSN: 0017-8012
10. D. Watson, *Mood and Temperament* (Guilford Press, New York, 2000). ISBN: 978-1572305267
11. H.M. Weiss, R. Cropanzano, Affective events theory: A theoretical discussion of the structure, causes and consequences of affective experiences at work. Res. Organ. Behav. **18**, 1–74 (1996)
12. M. Igbaria, S. Parasuraman, M. Badawy, Work experiences, job involvement, and quality of work life among information systems personnel. MIS Q. **18**(2) (1994). ISSN: 0276-7783
13. S.P. Robbins, T.A. Judge, *Organizational Behavior*, 15. Aufl. (Prentice Hall, Upper Saddle River, 2012). ISBN: 978-0132834872
14. H.-J. Schulz, *Hochseilakt – Leben und Arbeiten in der IT-Branche* (verdi – Vereinte Dienstleistungsgewerkschaft, Berlin, 2009)
15. A. Gerlmaier, Projektarbeit-terra incognita für den Arbeits- und Gesundheitsschutz? WSI Mitt. **58**(9), 498–503 (2005)
16. K. Potter, M. Smith, J.K. Guevara, L. Hall, E. Stegman, IT Metrics: IT Spending and Staffing Report 2010, G00210146, Gartner Inc. (2010), http://marketing.dell.com/Global/FileLib/CIO/it_metrics_it_spending.pdf. Zugegriffen: 19. Okt. 2014
17. O.A. El Sawy, A. Malhotra, S.J. Gosain, K.M. Young, IT-intensive value innovation in the electronic economy: Insights from Marshall Industries. MIS Q. **23**(3), 305–335 (1999). ISSN: 0276-7783
18. R. Rodin, *Free, Perfect, and Now: Connecting to the Three Insatiable Customer Demands: A CEO's True Story* (Simon and Schuster, New York, 1999). ISBN: 0-684-87197-1
19. K. Olsen, Interoffice Memorandum: Lost Key Competencies, e-mail (1992), http://www.bighole.nl/pub/mirror/http://www.bitsavers.org/pdf/dec/dec_archive/21383578/. Zugegriffen: 7. Juli 2014

20. United States Securities and Exchange Commission, The Home Depot, Inc. – Form 10-K (2014, 2. Feb.), http://www.sec.gov/Archives/edgar/data/354950/000119312511076501/d10k.htm. Zugegriffen: 22. Sept. 2014

21. United States Securities and Exchange Commission, The Home Depot, Inc. – Form 8-K (2014, 18. Sept.), https://www.sec.gov/Archives/edgar/data/354950/000035495014000036/hd_8kx09182014.htm. Zugegriffen: 22. Sept. 2014

22. J. Creswell, N. Perlroth, Ex-employees say Home Depot left data vulnerable. The New York Times (2014, 19. Sept.). ISSN: 0362-4331, http://www.nytimes.com/2014/09/20/business/ex-employees-say-home-depot-left-data-vulnerable.html?src=me&_r=0. Zugegriffen: 22. Sept. 2014

23. US Attorney's Office – Southern District of West Virginia, Former network engineer indicted by a federal grand jury in connection with million-dollar computer system damage (2013, 31. Juli), http://www.justice.gov/usao/wvs/press_releases/July2013/attachments/073113Mitchell-indictment-release.html. Zugegriffen: 22. Sept. 2014

24. US Attorney's Office – Southern District of West Virginia, Enervest computer attack draws four-year federal sentence (2014, 20. Mai), http://www.justice.gov/usao/wvs/press_releases/May2014/attachments/0520143_Mitchell_Sentence.html. Zugegriffen: 22. Sept. 2014

25. K. Münk, *Und morgen bringe ich ihn um! Als Chefsekretärin im Top-Management* (Eichborn Verlag, Frankfurt a. M., 2006). ISBN: 978-3821856339

26. Thüringer Landtag, Bericht des Untersuchungsausschusses 5/1 „Rechtsterrorismus und Behördenhandeln" (2014, 16. Juli), http://www.thueringer-landtag.de/imperia/md/content/landtag/aktuell/2014/drs58080.pdf. Zugegriffen: 17. Okt. 2014

27. M. Hölterhoff, F. Edel, C. Münch, T. Jetzke, Das mittlere Management. Die unsichtbaren Leistungsträger. Dr. Jürgen Meyer Stiftung Köln (2011), http://www.juergen-meyer-stiftung.de/stiftung-ethik-pdf/DMM_Die_unsichtbaren_Leistungstraeger.pdf. Zugegriffen: 22. Sept. 2014

28. I. Nonaka, Toward middle-up-down management: Accelerating information creation. Sloan Manage. Rev. **29**(3), 9–18 (1988). ISSN: 0019-848X

29. D. Wieser, *Mittlere Manager in Veränderungsprozessen: Aufgaben, Belastungsfaktoren, Unterstützungsansätze* (Springer Gabler, Wiesbaden, 2014). ISBN: 978-3-658-06318-4. doi:10.1007/978-3-658-06318-4

30. R.M. Belbin, *Team Roles at Work*, 2. Aufl. (Butterworth-Heinemann, Oxford, 2010). ISBN: 978-1-85617-800-6

31. C.R. Sunstein, R. Hastie, Making dumb groups smarter. Harv. Bus. Rev. **92**(12), 90–98 (2014). ISSN: 0017-8012

32. W.E. Buffett, Chairman's letter (1982, 26. Feb.), http://www.berkshirehathaway.com/letters/1981.html. Zugegriffen: 20. Okt. 2014

33. P. Diamond, H. Vartiainen, *Behavioral Economics and its Applications* (Princeton University Press, Princeton, 2007). ISBN: 0-691-12284-9

34. C. Heath, R.P. Larrick, J. Klayman, Cognitive repairs: How organizational practices can compensate for individual shortcomings. Res. Organ. Behav. **20**, 1–37 (1998)

35. W.E. Deming, *Out of the Crisis* (MIT Press, Cambridge, 2000). ISBN: 978-0262541152

36. T. Ohno, *Toyota Production System: Beyond Large-scale Production* (Productivity Press, Portland, OR, 1988). ISBN: 0-915299-14-3

37. M.A. Cusumano, R. W. Selby, *Microsoft Secrets: How the World's Most Powerful Software Company Creates Technology, Shapes Markets and Manages People* (Simon and Schuster, New York, 1998). ISBN: 978-0684855318

38. M.A. Cusumano, R.W. Selby, How Microsoft builds software. Commun. ACM. **40**(6), 53–61 (1997). ISSN: 0001-0782. doi:10.1145/255656.255698

39. D. Genesove, C. Mayer, Loss aversion and seller behavior: Evidence from the housing market. Q. J. Econ. **116**(4), 1233–1260 (2001). ISSN: 0033-5533

40. D.S. Scharfstein, J.C. Stein, The dark side of internal capital markets: Divisional rent-seeking and inefficient investment. J. Financ. **55**(6), 2537–2564 (2000). ISSN: 1540-6261. doi:10.1111/0022-1082.00299

41. M. Bertrand, S. Mullainathan, Enjoying the quiet life? Corporate governance and managerial preferences. J. Political Econ. **111**(5), 1043–1075 (2003). doi:10.1086/376950

42. A.R. Valukas, Report to board of directors of General Motors Company regarding ignition switch recalls, NHTSA electronic reading room (2014, 29. Mai), http://www.nhtsa.gov/staticfiles/nvs/pdf/Valukas-report-on-gm-redacted.pdf. Zugegriffen: 24. Juni 2014

43. D.W. Organ, Organizational citizenship behavior: It's construct clean-up time. Hum. Perform. **10**(2), 85–97 (1997). doi:10.1207/s15327043hup1002_2

44. S. Newell, C. Tansley, J. Huang, Social capital and knowledge integration in an ERP project team: The importance of bridging and bonding. Br. J. Manage. **15**, 43–57 (2004). ISSN: 1045-3172

45. J.E. Moore, M.S. Love, IT professionals as organizational citizens. Commun. ACM. **48**(6), 88–93 (2005). ISSN: 0001-0782. doi:10.1145/1064830.1064832

46. N.P. Podsakoff, S.W. Whiting, P.M. Podsakoff, B.D. Blume, Individual-and organizational-level consequences of organizational citizenship behaviors: A meta-analysis. J. Appl. Psychol. **94**(1), 122–141 (2009). doi:10.1037/a0013079

47. D.S. Chiaburu, I.-S. Oh, C.M. Berry, N. Li, R.G. Gardner, The five-factor model of personality traits and organizational citizenship behaviors: A meta-analysis. J. Appl. Psychol. **96**(6), 1140–1166 (2011). ISSN: 0021-9010. doi:10.1037/a0024004

48. M.C. Bolino, W.H. Turnley, J.B. Gilstrap, M.M. Suazo, Citizenship under pressure: What's a „good soldier" to do? J. Organ. Behav. **31**(6), 835–855 (2010). doi:10.1002/job.635

49. J.A. Colquitt, D.E. Conlon, M.J. Wesson, C.O.L.H. Porter, K.Y. Ng, Justice at the millennium: A meta-analytic review of 25 years of organizational justice research. J. Appl. Psychol. **86**(3), 425–445 (2001). doi:10.1037/0021-9010.86.3.425

50. G. Hofstede, *Culture's Consequences: International Differences in Work-Related Values* (SAGE Publications, Inc, Newbury Park, 1984). ISBN: 978-0803913066

51. B.L. Kirkman, K.B. Lowe, C.B. Gibson, A quarter century of culture's consequences: A review of empirical research incorporating Hofstede's cultural values framework. J. Int. Bus. Stud. **37**(3), 285–320 (2006). doi:10.1057/palgrave.jibs.8400202

52. A. Stetten, D. Beimborn, T. Weitzel, Auswirkungen kulturspezifischer Verhaltensmuster auf das Sozialkapital in multinationalen IT-Projektteams. Wirtschaftsinformatik. **54**(3), 135–151 (2012). ISSN: 1861-8936. doi:10.1007/s11576-012-0322-6

53. S.O. Becker, K. Boeckh, C. Hainz, L. Woessmann, The empire is dead, long live the empire! Long-run persistence of trust and corruption in the bureaucracy. Discussion paper series, Forschungsinstitut zur Zukunft der Arbeit, No. 5584, 2011

54. S.O. Becker, L. Woessmann, How the long-gone Habsburg Empire is still visible in Eastern European bureaucracies today. Voxeu (2011, 31. Mai), http://www.voxeu.org/article/habsburg-empire-and-long-half-life-economic-institutions?quicktabs_tabbed_recent_articles_block=1. Zugegriffen: 3. Juni 2011

55. R. Fisman, E. Miguel, Corruption, norms, and legal enforcement: Evidence from diplomatic parking tickets. J. Political Econ. **115**(6), 1020–1048 (2007). doi:10.1086/527495

56. The Assocated Press, Correction: Hewlett-Packard-Russian Bribes Story. The New York Times (2014, 12. Sept.), ISSN: 0362-4331, http://www.nytimes.com/aponline/2014/09/11/us/ap-us-hewlett-packard-russian-bribes.html?hp&action=click&pgtype=Homepage&version=WireFeed&module=pocket-region&region=pocket-region&WT.nav=pocket-region&_r=0. Zugegriffen: 15. Sept. 2014

57. K. Olsen, Interoffice memorandum: Out sourcing, e-mail (1990), http://www.bighole.nl/pub/mirror/http://www.bitsavers.org/pdf/dec/dec_archive/21383578/. Zugegriffen: 7. Juli 2014

58. M. Hiltzik, 787 Dreamliner teaches Boeing costly lesson on outsourcing. Los Angeles Times (2011, 15. Feb.), http://articles.latimes.com/print/2011/feb/15/business/la-fi-hiltzik-20110215. Zugegriffen: 26. Sept. 2014

59. C.S. Tang, J.D. Zimmerman, J.I. Nelson, Managing new product development and supply chain risks: The Boeing 787 case. Supply Chain Forum Int. J. **10**(2), 74–86 (2009). ISSN: 1625-8312

60. L. Hart-Smith, Out-sourced profits – the cornerstone of successful subcontracting, in *Boeing Third Annual Technical Excellence (TATE) Symposium, 2001, St Louis, Missouri*

61. K. Han, S. Mithas, Information technology outsourcing and non-IT operating costs: An empirical investigation. MIS Q. **37**(1), 315–331 (2013). ISSN: 0276-7783

62. R. Pfaller, *IT-Outsourcing-Entscheidungen: Analyse von Einfluss- und Erfolgsfaktoren für auslagernde Unternehmen* (Springer-Gabler, Wiesbaden, 2013). ISBN: 978-3-658-00715-7. doi:10.1007/978-3-658-00715-7

63. R. Ramcharan, J. Bricker, J. Krimmel, Signaling status: The impact of relative income on household consumption and financial decisions, Finance and Economics Discussion Series, Divisions of Research & Statistics and Monetary Affairs (2014, Aug.), http://www.federalreserve.gov/econresdata/feds/2014/files/201476pap.pdf. Zugegriffen: 2. Okt. 2014

64. L. Loh, N. Venkatraman, Diffusion of information technology outsourcing: Influence sources and the Kodak effect. Info. Syst. Res. **3**(4), 334–358 (1992). ISSN: 1047-7047

65. „The last Kodak moment?“ The Economist (2012, 14. Jan.), http://www.economist.com/node/21542796/print. Zugegriffen: 30. Sept. 2014

66. K. Flinders, How did EDS lose $8bn in value in four years?. ComputerWeekly.com (2012, 23. Aug.), http://www.computerweekly.com/blogs/outsourcing/2012/08/how-did-eds-lose-8bn-in-value-in-four-years.html. Zugegriffen: 2. Okt. 2014

67. P. Mertens, Can Germany win from offshoring? Wirtschaftsinformatik. **47**(3), 226–235 (2005). ISSN: 1861-8936

68. C. Koch, Project Management: AT&T Wireless self-destructs. CIO.com. **17**(13), 56–64 (2004, April), http://www.cio.com/article/print/32228. Zugegriffen: 13. Juni 2014

69. A. Gadatsch, *IT-Offshore Realisieren: Grundlagen und zentrale Begriffe, Entscheidungsprozess und Projektmanagement von IT-Offshore-und Nearshoreprojekten* (Vieweg, Wiesbaden, 2006). ISBN: 978-3-8348-9073-3. doi:10.1007/978-3-8348-9073-3

70. Daimler, Our Presence in India – Mercedes-Benz Research and Development India (2014), http://www.mercedes-benz.co.in/content/india/mpc/mpc_india_website/enng/home_mpc/passengercars/home/world/Our_Presence_in_India/1.html. Zugegriffen: 7. Okt. 2014

71. Hewlett-Packard bestätigt Entlassungen. Heise online (2013, 2. Feb.), http://www.heise.de/newsticker/meldung/Hewlett-Packard-bestaetigt-Entlassungen-1796595.html. Zugegriffen: 7. Okt. 2014

72. D. Feeny, M. Lacity, L.P. Willcocks, Taking the measure of outsourcing providers. Sloan Manage. Rev. (2005, April). ISSN: 1532-9194, http://sloanreview.mit.edu/article/taking-the-measure-of-outsourcing-providers/. Zugegriffen: 7. Juli 2014

73. KPMG, P3 Group, TaylorWessing, Umfassende Bestandsaufnahme und Risikoanalyse zentraler Rüstungsprojekte. Bundesminist. Verteid (2014, 30. Sept.), http://www.bmvg.de/resource/resource/MzEzNTM4MmUzMzMyMmUzMTM1MzMyZTM2MzEzMDMwMzAzMDMwMzAzMDY5MzA3OTMwMzg2ZjM2NzQyMDIwMjAyMDIw/Exzerpt_Bestandsaufnahme_Ruestungsprojekte.pdf. Zugegriffen: 7. Okt. 2014

74. J. Barthelemy, The hidden costs of IT outsourcing. Sloan Manage. Rev. **42**(3), 60–69 (2001). ISSN: 1532-9194

75. T. Gründer, A. Thomas, *IT-Outsourcing in der Praxis: Strategien, Projektmanagement, Wirtschaftlichkeit* (Erich Schmidt Verlag, Berlin, 2011). ISBN: 978-3503063918

76. Rechnungshof Österreich, Bericht des Rechnungshofes: IT-Betriebssicherheit im Arbeitsmarktservice (2011, Okt.), http://www.rechnungshof.gv.at/berichte/ansicht/detail/it-betriebssicherheit-im-arbeitsmarktservice.html. Zugegriffen: 12. Sept. 2014

77. A. Hodoschek, Das IT-Desaster des AMS – Arbeitsmarktservice überlegt Neuausschreibung, Rechnungshof will wieder prüfen. Kurier.at (2014, 14. Juni), http://kurier.at/wirtschaft/wirtschaftspolitik/das-it-desaster-des-ams/70.360.579/print. Zugegriffen: 8. Okt. 2014

78. B.A. Aubert, M. Patry, S. Rivard, A tale of two outsourcing contracts. Wirtschaftsinformatik. **45**(2) 181–190 (2003). ISSN: 1861-8936. doi:10.1007/BF03250897. Zugegriffen: 8. Okt. 2014

79. G.A. Akerlof, The market for „lemons": Quality uncertainty and the market mechanism. Q. J. Econ. **84**(3), 488–500 (1970). doi:10.2307/1879431

80. M. Holweg, F.K. Pil, Outsourcing complex business processes, Lessons from an enterprise partnership. Calif. Manage. Rev. **54**(3) (2012). ISSN: 2162-8564. doi:10.1525/cmr.2012.54.3.98

81. A. Nguyen, BAE Systems awards HR services contract to Logica. Computerworld UK (2012, 6. Feb.), http://www.computerworlduk.com/news/it-business/3335212/bae-sy/. Zugegriffen: 8. Okt. 2014

82. A. Savas, Logica axed from new BAE HR contract. Computerworld UK (2012, 10. Okt.), http://www.computerworlduk.com/news/it-business/3404292/logica-axed-from-new-bae-hr-contract/. Zugegriffen: 9. Juli 2014

83. J. Barthelemy, The seven deadly sins of outsourcing. Acad. Manage. Executive **17**(2), 87–98 (2003). doi:10.5465/AME.2003.10025203

84. T. Kern, L.P. Willcocks, E. Van Heck, The winner's curse in IT outsourcing: Strategies for avoiding relational trauma. Calif. Manage. Rev. **44**(2), 47–69 (2002). ISSN: 0008-1256

85. C. Witte, SBS: Für den Erfolg zu klein? Computerwoche (2001, 23. Nov.), http://www.computerwoche.de/a/print/sbs-fuer-den-erfolg-zu-klein,1071885. Zugegriffen: 12. Sept. 2014

86. M. Amberg, M. Wiener, *IT-Offshoring* (Physica-Verlag, Heidelberg, 2006). ISBN: 978-3-7908-1733-1. doi:10.1007/3-7908-1733-3

87. B. Pfitzinger, W. Helmers, S. Kosterski, T. Jestädt, in *Best Practices im Outsourcing,* Hrsg. M. Auerbach, C. Oecking, R. Jahnke, F. Strecker, M. Weber. Best practices im Contract Lifecycle (Bitkom, Berlin, 2010), S. 185–200. ISBN: 978-3-645-50020-3

88. J.W. Rottman, M.C. Lacity, Proven practices for effectively offshoring IT work. Sloan Manage. Rev. (2006, April). ISSN: 1532-9194, http://sloanreview.mit.edu/article/proven-practices-for-effectively-offshoring-it-work/

89. J.A. Hall, S.L. Liedtka, The Sarbanes-Oxley Act: Implications for large-scale IT outsourcing. Commun. ACM. **50**(3), 95–100 (2007, März). ISSN: 0001-0782. doi:10.1145/1226736.1226742

90. B. Müller, *Porters Konzept generischer Wettbewerbsstrategien* (Deutscher Universtäts-Verlag, Wiesbaden, 2007). ISBN: 978-3-8350-9433-8. doi:10.1007/978-3-8350-9433-8

91. V.T. Ho, A. Soon, D. Straub, When subordinates become IT contractors: Persistent managerial expectations in IT outsourcing. Inf. Syst. Res. **14**(1), 66–86 (2003). ISSN: 1047-7047. doi:10.1287/isre.14.1.66.14764

92. R.A. Bettis, S.P. Bradley, G. Hamel, Outsourcing and industrial decline. Executive. **6**(1), 7–22 (1992). doi:10.5465/AME.1992.4274298

93. Public Information Office, US Business Cycle Expansions and Contractions. The National Bureau of Egonomic Research (2010, 20. Sept.), http://www.nber.org/cycles.html. Zugegriffen: 8. Okt. 2014

94. K. Olsen, Interoffice memorandum: Unwritten employee benefits, e-mail (1989), http://www.bighole.nl/pub/mirror/http://www.bitsavers.org/pdf/dec/dec_archive/21383578/. Zugegriffen: 7. Juli 2014

95. Bayerischer Oberster Rechnungshof, Jahresbericht 2013, (2013), http://www.orh.bayern.de/berichte/jahresberichte/aktuell/jahresbericht-2013.html. Zugegriffen: 12. Sept. 2014

96. A. Cockburn, People and methodologies in software development, PhD thesis, University of Oslo Norway, 2003

97. A. Cockburn, Characterizing people as non-linear, first-order components in software develop-
    ment, International Conference on Software Engineering 2000 (1999), http://alistair.cockburn.
    us/Characterizing+people+as+non-linear,+first-order+components+in+software+developmen
    t/v/slim. Zugegriffen: 17. Sept. 2014
98. W. T. Norman, Toward an adequate taxonomy of personality attributes: Replicated factor struc-
    ture in peer nomination personality ratings. J. Abnorm. Soc. Psychol. **66**(6), 574–583 (1963).
    doi:10.1037/h0040291
99. M.R. Barrick, M.K. Mount, The big five personality dimensions and job performance: A meta-
    analysis. Pers. Psychol. **44**(1), 1–26 (1991). ISSN: 1744-6570
100. H. Hungenberg, T. Wulf, *Grundlagen der Unternehmensführung* (Springer, Heidelberg, 2011).
     ISBN: 978-3-642-17785-9. doi:10.1007/978-3-642-17785-9
101. G. Raab, A. Unger, F. Unger, *Marktpsychologie: Grundlagen und Anwendung* (Gabler, Wies-
     baden, 2010). ISBN: 978-3-8349-6314-7. doi:10.1007/978-3-8349-6314-7
102. T.A. Judge, C.A. Higgins, C.J. Thoresen, M.R. Barrick, The big five personality traits, general
     mental ability, and career success across the life span. Pers. Psychol. **52**(3), 621–652 (1999)
103. J.W. Lounsbury, N. Foster, H. Patel, P. Carmody, L.W. Gibson, D.R. Stairs, An investigation of
     the personality traits of scientists versus nonscientists and their relationship with career satis-
     faction. R & D Manage. **42**(1), 47–59 (2012). doi:10.1111/j.1467-9310.2011.00665.x
104. S. Strzygowski, *Personalauswahl im Vertrieb: Wie Sie die passenden Top-Performer finden und
     gewinnen* (Springer Gabler, Wiesbaden, 2014). ISBN: 978-3-8349-3815-2. doi:10.1007/978-3-
     8349-3815-2
105. J.W. Lounsbury, L. Moffitt, L.W. Gibson, A.W. Drost, M. Stevens, An investigation of perso-
     nality traits in relation to job and career satisfaction of information technology professionals. J.
     Inf. Technol. **22**(2), 174–183 (2007). doi:10.1057/palgrave.jit.2000094
106. J.W. Lounsbury, E. Sundstrom, J.J. Levy, L.W. Gibson, Distinctive personality traits of in-
     formation technology professionals. Comput. Inf. Sci. **7**(3), 38–48 (2014). doi:10.5539/cis.
     v7n3p38
107. C. Bishop-Clark, D.D. Wheeler, The Myers-Briggs personality type and its relationship to
     computer programming. J. Res. Comput. Educ. **26**(3), 358 (1994). ISSN: 0888-6504
108. R. Hossiep, O. Mühlhaus, *Personalauswahl und -entwicklung mit Persönlichkeitstests*, 2. Aufl.
     (Hogrefe Verlag, Göttingen, 2015). ISBN: 978-3-8017-2358-3
109. A. Furnham, Faking personality questionnaires: Fabricating different profiles for different pur-
     poses. Curr. Psychol. **9**(1), 46–55 (1990). ISSN: 0737-8262. doi:10.1007/BF02686767
110. C.J. Sykes, *50 rules kids won't learn in school: Real-world antidotes to feel-good education*
     (St. Martins Press, New York, 2007). ISBN: 978-0312360382
111. L.F. Capretz, Personality types in software engineering. Int. J. Hum-Comput. Stud. **58**(2), 207–
     214 (2003). doi:10.1016/S1071-5819(02)00137-4
112. Theophrast, *Charaktere (Griechisch/Deutsch)* (Philipp Reclam jun. Stuttgart, 1988). ISBN:
     3150006198
113. K.M. Bartol, D.C. Martin, Managing information systems personnel: A review of the literature
     and managerial implications. MIS Q. **6**, 49–70 (1982). ISSN: 0276-7783
114. R.H. Rasch, H.L. Tosi, Factors affecting software developers' performance: An integrated ap-
     proach. MIS Q. **16**(3), 395–413 (1992). ISSN: 0276-7783
115. K. Vonnegut. Harrison Bergeron. Mag. Fantasy Sci. Fict. **21**(4), 5–10 (1961). https://archive.
     org/details/Harrison-Bergeron. Zugegriffen: 9. Okt. 2014
116. V. M. González, G. Mark, ,Constant, constant, multi-tasking craziness': Managing multiple
     working spheres. in *Proceedings of the SIGCHI Conference on Human Factors in Compu-
     ting Systems*, ser. CHI '04, (ACM, Vienna, Austria, 2004), S. 113–120. ISBN: 1-58113-702-8.
     doi:10.1145/985692.985707

117. J. Kruger, D. Dunning, Unskilled and unaware of it: How difficulties in recognizing one's own incompetence lead to inflated self-assessments. J. Personal. Soc. Psychol. **77**(6), 1121 (1999). doi:10.1037/0022-3514.77.6.1121

118. J. Ehrlinger, K. Johnson, M. Banner, D. Dunning, J. Kruger, Why the unskilled are unaware: Further explorations of (absent) self-insight among the incompetent. Organ. Behav. Hum. Decis. Processes. **105**(1), 98–121 (2008). ISSN: 0749-5978. doi:10.1016/j.obhdp.2007.05.002

119. S. Rojstaczer, C. Healy, Where A is ordinary: The evolution of American college and university grading, 1940–2009 (2011, 13. Juli), http://www.tcrecord.org/PrintContent.asp?ContentID=16473. Zugegriffen: 21. Okt. 2014

120. D. Griffin, A. Tversky, The weighing of evidence and the determinants of confidence. Cognit. Psychol. **24**(3), 411–435 (1992). doi:10.1016/0010-0285(92)90013-R

121. L. Jonung, E. Drea, It can't happen, it's a bad idea, it won't last: U.S. economists on the EMU and the Euro, 1989–2002. Econ. J. Watch. **7**(1), 4–52 (2010). ISSN: 1933-527X

122. L.M. Andersson, C.M. Pearson, Tit for tat? The spiraling effect of incivility in the workplace. Acad. Manage. Rev. **24**(3), 452–471 (1999). ISSN: 0363-7425. doi:10.5465/AMR.1999.2202131

123. S.L. Robinson, A. O'Leary-Kelly, Monkey see, monkey do: The role of role models in predicting workplace aggression. in *Academy of Management Best Papers Proceedings*, 1996, S. 288–292

124. S.L. Robinson, A.M. O'Leary-Kelly, Monkey see, monkey do: The influence of work groups on the antisocial behavior of employees. Acad. Manage. J. **41**(6), 658–672 (1998). ISSN: 0001-4273. doi:10.2307/256963

125. L.M. Cortina, Unseen injustice: Incivility as modern discrimination in organizations. Acad. Manage. Rev. **33**(1), 55–75 (2008). ISSN: 0363-7425. doi:10.5465/AMR.2008.27745097

126. W.R. Evans, J.M. Goodman, W.D. Davis, The impact of perceived corporate citizenship on organizational cynicism, OCB, and employee deviance. Hum. Perform. **24**(1), 79–97 (2011). ISSN: 0895-9285. doi:10.1080/08959285.2010.530632

127. K. Aquino, T.M. Tripo, R.J. Bies, How employees respond to personal offense: The effects of blame attribution, victim status, and offender status on revenge and reconciliation in the workplace. J. Appl. Psychol. **86**(1), 52–59 (2001). ISSN: 0021-9010. doi:10.1037/0021-9010.86.1.52

128. S. Lim, L.M. Cortina, V.J. Magley, Personal and workgroup incivility: Impact on work and health outcomes. J. Appl. Psychol. **93**(1), 95–107 (2008). ISSN: 0021-9010. doi:10.1037/0021-9010.93.1.95

129. J.E. Moore, Are you burning out valuable resources? HR Mag. **44**(1), 93 (1999). ISSN: 1047-3149

130. Thüringer Rechnungshof, Thüringer Rechnungshof – Jahresbericht 2014 (2014, 1. Juli), http://www.thueringen.de/imperia/md/content/rechnungshof/veroeffentlichungen/sonstige/jb2014.pdf. Zugegriffen: 12. Sept. 2014

131. Rechnungshof Baden-Württemberg, Denkschrift 2014 zur Haushalts- und Wirtschaftsführung des Landes Baden-Württemberg: Beitrag Nr. 7 (2014), http://www.rechnungshof.baden-wuerttemberg.de/de/veroeffentlichungen/denkschriften/312302/316613.html. Zugegriffen: 9. Sept. 2014

132. J.E. Moore, One road to turnover: An examination of work exhaustion in technology professionals. MIS Q. **24**(1), 141–168 (2000). ISSN: 0276-7783

133. T. Guimaraes, M. Igbaria, Determinants of turnover intentions: Comparing IC and IS personnel. Inf. Syst. Res. **3**(3), 273–303 (1992). ISSN: 1047-7047

134. E. Jacobs, Executive brief: Differences in employee turnover across key industries. SHRM Customized Database (2011, Dez.), http://www.shrm.org/research/benchmarks/documents/assessing%20employee%20turnover_final.pdf. Zugegriffen: 12. Sept. 2014

135. W.C. Mann, N.S. Prywes, D. Lefkovitz, J.B. Gustaferro, Development of real time naval strategic command and control systems. Advanced Warfare Systems Division, Office of Naval Research (1965)
136. L. Clarke, *Mission Improbable: Using Fantasy Documents to Tame Disaster* (University of Chicago Press, Chicago, 1999). ISBN: 0-226-10941-0
137. Mitteldeutscher Rundfunk, Freie Fahrt am Leipziger Hauptbahnhof (2014, 28. Sept.), http://www.mdr.de/sachsen/leipzig/hauptbahnof-leipzig100.html. Zugegriffen: 21. Okt. 2014
138. J.H. Greenhaus, N.J. Beutell, Sources of conflict between work and family roles. Acad. Manage. Rev. **10**(1), 76–88 (1985). ISSN: 0363-7425
139. M. Konnikova, No money, no time. The New York Times (2014, 13. Juni). ISSN: 0362-4331. http://nyti.ms/1p3ku5O. Zugegriffen: 21. Okt. 2014
140. A.K. Shah, S. Mullainathan, E. Shafir, Some consequences of having too little. Science. **338**(6107), 682–685 (2012). doi:10.1126/science.1222426
141. A. Mani, S. Mullainathan, E. Shafir, J. Zhao, Poverty impedes cognitive function. Science. **341**(6149), 976–980 (2013). doi:10.1126/science.1238041

Die Blaupause für den Betrieb: Das Bild des IT-Betriebs und seiner Zulieferer

In diesem Kapitel blicken wir auf den IT-Betrieb selbst. Um dem Kunden der IT eine Leistung, einen Service, anbieten zu können, muss der IT-Betrieb sich einer wichtigen Aufgabe stellen: die betriebliche Integration von verschiedenen Services, Systemen, Techniken und (Vor-)Lieferleistungen. Was diese betriebliche Integration im Detail ist und warum sie wichtig ist, wird überblicksartig in Abschn. 7.2 erläutert.

Davor (in Abschn. 7.1) und danach (in Abschn. 7.3) stellen wir mit dem automatischen Aktienhandel bei Knight Capital und dem Börsengang von Facebook bei der NASDAQ zwei gut dokumentierte und durchaus exemplarische Fälle von Problemen in der IT aus dem Bereich des Finanzhandels vor.

IT-Software und IT-Systeme müssen betreibbar sein. Das Thema Betreibbarkeit ist also elementar, aber es wird bei der Entwicklung von Software gerne übersehen. In Abschn. 7.4 untersuchen wir dieses Thema. Wie wird Betrieb für die Mitarbeiter selber (aber vielleicht auch nach außen) sichtbar gemacht? Dies beantworten wir in Abschn. 7.4.1. Wie wird dafür gesorgt, dass neue Software und neue IT-Services nahtlos in den Betrieb eingegliedert („integriert") werden können – und wie wird das nachgewiesen? Gerade dieser Nachweis („Betriebliche Tests", Abschn. 7.4.3) ist für den IT-Betrieb wichtig und darf in einem Software-Qualitätssicherungsprozess nicht vernachlässigt werden. Unerfahrene Software-Entwickler sind mit nichtfunktionalen Anforderungen und insbesondere betrieblichen Anforderungen an Software meist überfordert. Dies liegt auch daran, dass der IT-Betrieb in den meisten Büchern und Lehrveranstaltungen zum Software-Engineering oder zur Software-Technik (beispielsweise [1]) keine oder nur eine sehr überschaubare Rolle spielt. Oft können Entwicklungsorganisationen die Erfüllung (oder Erfüllbarkeit) der betrieblichen Anforderungen nicht einschätzen. Bei dem Thema Betreibbarkeit spielt jedoch nicht nur die Software und Technik in einer Produktionsumgebung eine Rolle, sondern auch die Kommunikation und der Austausch der Mitarbeiter des IT-Betriebs mit Außenstehenden –

© Springer-Verlag Berlin Heidelberg 2016
B. Pfitzinger, T. Jestädt, *IT-Betrieb,* Xpert.press, DOI 10.1007/978-3-642-45193-5_7

beispielsweise mit Fremdfirmen, die Supportleistung erbringen. Dies kann sich auf Standard-Software, Individual-Software, aber auch auf Hardware beziehen (Abschn. 7.4.5).

Die verschiedenen Schichten des IT-Betriebs werden in Abschn. 7.5 genauer dargestellt – dafür „filetieren" wir den IT-Betrieb. Anhand eines Schichtenmodells gehen wir auf verschiedene Beiträge zur Service-Erbringung ein – von der Infrastruktur (beispielsweise der Energieversorgung) bis zur Anwendungslogik und dem Geschäftsprozess. Jede dieser Schichten hat eigene Herausforderungen. Solch eine Herausforderung kann etwa die Energieversorgung sein: Sie muss für Rechner sehr gleichmäßig sein, die externe Energieversorgung kann jedoch kurze Unterbrechungen aufweisen (siehe auch Kap. 5.4.5).

Diese Sicht wird in Abschn. 7.5.8 durch neue Herausforderungen für den Betrieb ergänzt – hier ist insbesondere die Verwendung von mobilen Geräten im Business Umfeld und die Verbreitung von „bring your own device" (BYOD)-Strategien zu nennen.

Mit diesem differenzierten Blick auf den IT-Betrieb wird besser verständlich, dass zu einer Service-Erbringung viele Schichten von Einzelbeiträgen koordiniert und gemanagt werden müssen. Diese sind nicht unabhängig voneinander, bereiten aber im Normalbetrieb keine Probleme. Die Herausforderungen treten erst in Störungssituationen auf, bei denen die Ursachen für die Störungen zunächst unklar sind und lokalisiert werden müssen.

Auch in Zukunft wird es durch weitere Standardisierungen und gute externe Skalierbarkeit wirtschaftlich sein, bestimmte (Teil-)Services nicht von der eigenen IT-Organisation, sondern von externen Lieferanten erbringen zu lassen. Es wird somit eine weitere Fragmentierung der Service-Erbringungen geben. Für die Integration solcher Aufspaltungen und deren Management wird die IT-Organisation verantwortlich sein. Ziel dabei ist dann – wie immer – dem Business ein Service zur Verfügung zu stellen, den dieser für seine eigene Wertschöpfung benötigt. Solche Netzwerke von Abhängigkeiten stellen hohe Anforderungen nicht nur an eine **technische Integration** von Fremdleistungen, sondern vielmehr auch an die **organisatorische Integration** von Fremdleistungen (Abschn. 7.7).

In Abschn. 7.8 widmen wir uns den speziellen Herausforderungen in einem 24 × 365-Betrieb und greifen das Thema aus Kap. 6.7 wieder auf.

Das Kapitel schließt in Abschn. 7.9 mit einer Zusammenfassung.

7.1 Beispiel: Automatischer Aktienhandel – 45 fatale Minuten für Knight Capital Americas LLC

Beispiel

Knight Capital Americas LLC war ein amerikanischer Börsenhändler, der im Auftrag von Kunden oder auf eigenes Risiko an den großen amerikanischen Börsen handelte [2]. Knight Capital trat dabei auch als *market maker* auf, sorgte also dafür, dass bei einigen Börsentiteln während der Handelszeiten kontinuierlich Kurse gestellt werden. Dazu kaufte und verkaufte Knight Capital kurzfristig Titel, so dass Angebot und Nachfrage ausgeglichen wurden. Die Kauf- und Verkaufsorders an die Handelsplattformen der Börsen wurden dabei in der Regel automatisch von einem Computerprogramm erstellt und blitzschnell und verbindlich elektronisch zur Ausführung an die Börsen übermittelt.

Am Mittwoch, den 1. August 2012, platzierte Knight Capitals Computerprogramm innerhalb der ersten 45 min nach Handelsbeginn an der New York Stock Exchange (NYSE) über vier Millionen Aufträge mit einem Umfang von fast 400 Mio. Aktienkäufen und -verkäufen [3]. Tatsächlich sollte Knight Capital nur 212 Aufträge von Kunden ausführen – das Computerprogramm wiederholte jedoch die Aufträge in einer Endlosschleife. Innerhalb weniger Minuten trafen von Knight Capital so viele Aufträge für einige Aktientitel ein, dass sich der Aktienkurs erheblich änderte und die NYSE nachträglich alle Aufträge aus diesem Zeitraum für ungültig erklärte [4].

Auslöser der unerwünschten Aufträge war die fehlerhafte Software zur Auftragsverarbeitung, aber auch Fehler im Betrieb der Rechner und Mängel im Risikomanagement [3].

Der Zeitpunkt war nicht zufällig, denn am 1. August 2012 wollte sich Knight Capital als neuer Teilnehmer elektronisch am *retail liquidity program* (RLP) der NYSE beteiligen. Dazu hatte Knight Capital seine Software zur Auftragsverarbeitung im Vorfeld angepasst. Dieses Computerprogramm nahm Aufträge der hauseigenen Handelsplattform entgegen und verwandelte sie in Kauf- und Verkaufsaufträge an den angeschlossenen Börsenplätzen.

Bei der Implementierung des Zugangs zum *retail liquidity program* widmete Knight Capital zum Teil bestehenden Code um. Dies bot sich an, weil bereits 2003 eine Funktion still gelegt worden war, die jetzt mit der Einführung der RLP-Funktion ersatzlos gelöscht werden konnte. Ein Flag, das 2003 noch die damalige Funktion startete, wurde nun umgewidmet und startete ab dem 1.8.2012 die neue RLP Funktion.

Am 27.7.2012 begannen die Systemadministratoren bei Knight Capital mit der vorsichtigen Installation der neuen Software auf den Servern, sukzessive sollten alle acht Server umgestellt werden. Zwischenzeitlich wurde das Verhalten des Systems genau beobachtet. Niemandem fiel dabei auf, dass die Installation auf einem der acht Server vergessen wurde: Dort lief die alte Softwareversion.

Am 1.8.2012 trafen die ersten Kundenaufträge für das *retail liquidity program* ein und wurden an die Auftragsverarbeitung zur Ausführung gegeben. Die Aufträge wurden zufällig auf die acht Server verteilt, bei einem trafen sie auf die längst obsolete Funktion aus dem Jahr 2003. Diese Funktion erzeugte ebenfalls Kauf- und Verkaufsaufträge und hätte im Jahr 2003 beim Erreichen einer maximalen Auftragssumme gestoppt. Diese Prüfung war jedoch im Jahr 2005 – zwei Jahre nach Stilllegung der Funktion – entfernt und an eine andere (frühere) Stelle in die Auftragsverarbeitung verschoben. Die stillgelegte, geänderte Funktion war nicht mehr erneut getestet worden.

Als Resultat traf auf einem der acht Server ein Kundenauftrag auf eine Funktion, die schnellstmöglich Kauf- und Verkaufsaufträge ableitete und platzierte – ohne Begrenzung.

Während des Vorfalls erwies sich das bestehende Risikomanagement bei Knight Capital als unzureichend: Für die getätigten Aufträge gab es kein elektronisch implementiertes firmenweites Limit, die Buchhaltung hatte in den 45 min Schwierigkeiten, den Ursprung der Aufträge zu lokalisieren. Manche Tools waren durch die Anzahl und Geschwindigkeit der getätigten Aufträge überfordert und konnten keine Hilfe in Echtzeit bieten.

Für die Fehlerlösung musste sich Knight Capital auf die Systemadministratoren verlassen, die jedoch zeitweise vom Pech verfolgt waren: Bereits vor Handelsbeginn wurden eingehende Warn-Emails aus der stillgelegten und gelöschten Funktion ignoriert, als Teil der Entstörung wurde die neue Software auf den sieben Rechnern zurückgebaut, die Lage verschlechterte sich prompt.

Nach 45 min hatte Knight Capital offene Leerverkäufe – Verkäufe von Aktien, die sie zu dem Zeitpunkt nicht besaß – von 74 Aktientiteln in Höhe von 3,15 Mrd. USD sowie für über 3,5 Mrd. USD Aktien von 80 Aktientiteln erworben [3]. Nach Auflösen dieser ungewünschten Positionen verblieb ein Verlust von 458 Mio. USD für Knight Capital [2].

Der Verlust bedrohte die Existenz der Firma, das ganze Wochenende wurde an einer Lösung gearbeitet während die Anwälte bereits die Insolvenz vorbereiteten. In der Nacht vom Sonntag auf den Montag wurde eine Investorengruppe gefunden, die sich mit 400 Mio. USD an der Firma beteiligte [5]. Die bisherigen Anteilseigner litten unter dem sinkenden Aktienkurs. Am 19.12.2012 wurde die Muttergesellschaft Knight Capital Group Inc. von der GETCO Holding Company LLC übernommen [6] – einer der Firmen aus der Investorengruppe. Die Securities and Exchange Commission – die amerikanische Börsenaufsicht – ahndete den Vorfall im Jahr 2013 mit einem Bußgeld in Höhe von 12 Mio. USD [3].

Das Beispiel von Knight Capital zeigt, dass es oftmals nicht ein einziger Fehler oder ein einzelnes Versäumnis ist, das Probleme bereitet.

Es gab bei Knight Capital das Problem, dass die neue Software auf einem Server nicht installiert worden war. Dem ist natürlich mit eingeübten Abläufen, mit detaillierten Installationsplänen und Checklisten zu begegnen. Solche Installationspläne und Checklisten werden über verschiedene Testumgebungen erprobt und verfeinert. Die Abläufe werden mindestens auf einer produktionsnahen Testumgebung unter gleichen Bedingungen (und zeitlichen Abläufen) wie bei der tatsächlichen Installation in der Produktionsumgebung getestet. Im Musikbetrieb nennt man dies eine „Generalprobe". Bereits mit Hinblick auf die Installation in der produktiven Umgebung werden Unterschiede frühzeitig festgehalten. Bei kritischen Installationen gibt es ein imperatives Vier- (oder Sechs-!)Augen-Prinzip.

Mit solchen Maßnahmen kann einem Desaster wie bei Knight Capital vorgebeugt werden. Sind solche Maßnahmen nicht in Praxis, dann ist dies ein Versäumnis. Ein Versäumnis, das sich zu einem Desaster entwickeln *kann* und mit Regelmäßigkeit auch zu einem Desaster entwickelt.

Abb. 7.1 Geschäftssicht bei der Industriegasversorgung (sehr vereinfacht)

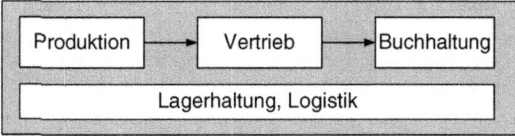

7.2   Betriebliche Integration als Hauptaufgabe des IT-Betriebs

Die Hauptaufgabe des IT-Betriebs– dies kann fast nicht oft genug wiederholt werden – ist es, dem Business einen Service zur Verfügung zu stellen. In der Regel wird dieser Service verschiedene (technische) Wertschöpfungs-Bestandteile haben.

Ein vereinfachtes Beispiel verdeutlicht dies: Bei einem großen Technologie-Unternehmen, das Kunden mit Industriegas versorgt, erstreckt sich das Geschäft von der Produktion von Industrie-Gas über die Lagerhaltung und Logistik bis hin zum Vertrieb und zur Buchhaltung. Dies ist die Geschäftssicht, die Business-Sicht, die auch in Abb. 7.1. illustriert ist. Diese Geschäftssicht wird beispielsweise in einem SAP-System abgebildet.

Die IT-Betriebssicht ist eine andere. Hier spielen die verschiedenen IT-Komponenten zusammen. Dazu gehören exemplarisch:

- Ein Rechenzentrum, in dem Infrastruktur (Fläche für Rechner, Strom, Kühlung, Zutrittskontrollen, etc.) bereitgestellt wird
- Rechner der neuesten Generation, die ein Unix-Betriebssystem auf einem aktuellen Patch-Level installiert haben
- Eine Vielzahl von DB2-Datenbank(management)systemen
- Installierte SAP-Systeme mit den relevanten SAP-Modulen und dem SAP-Kernel
- Arbeitsplatz-Systeme, über die Mitarbeiter Zugriff auf das SAP haben

Dies ist in Abb. 7.2 dargestellt.

Diese Aufzählung ist ausgesprochen unvollständig (Kommunikationskomponenten beispielsweise sind gar nicht erwähnt). Sie gibt jedoch einen Eindruck davon, dass viele technische Komponenten zusammen funktionieren müssen, damit ein Service – nämlich die Möglichkeit, Industriegas zu verkaufen und auszuliefern – bereitgestellt werden kann. Wenn nur eine der Komponenten nicht funktioniert, kann es sein, dass der gesamte Service nicht funktioniert. (Eine genauere Aufteilung und Detaillierung der zusammenspielenden Komponenten betrachten wir in Abschn. 7.5.)

Der IT-Betrieb stellt diese Komponenten zur Verfügung – das ist eine seiner Aufgaben. Er sorgt aber auch dafür, dass verschiedene *Zusammenspiele* funktionieren. Diese bilden sich in den folgenden Sichten ab:

1. **Vertikale Systemsicht**: Der Betrieb sorgt, dafür, dass die IT-Komponenten *eines* IT-Systems miteinander im Betrieb funktionieren. Also beispielsweise der Arbeitsplatz-

Abb. 7.2 Geschäftssicht bei
der Industriegasversorgung
zusammen mit der IT-Sicht
(sehr vereinfacht)

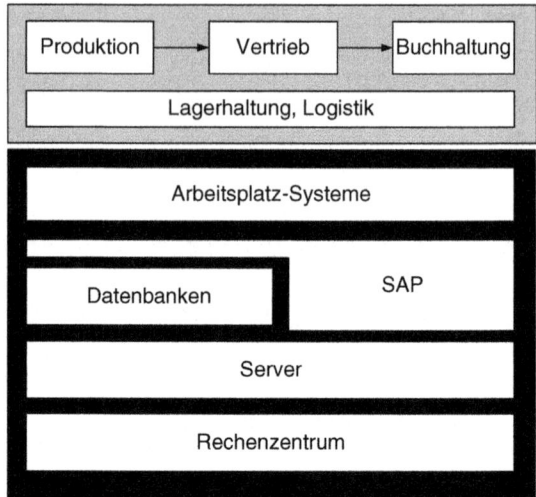

Rechner für den Zugriff auf das SAP-System, das Netzwerk, das SAP-System selber,
die Datenbanken und die Rechenzentrumsinfrastruktur.

2. **Horizontale Systemsicht**:Der Betrieb sorgt dafür, dass die IT-Komponenten eines IT-
Systems auch *mit den anderen* IT-Systemen zusammen funktionieren. Das bedeutet
beispielsweise, dass die Schnittstellen zwischen Datenbanken transaktionsgesichert
sind oder dass Backups des SAP-Systems und der angrenzenden IT-Systeme konsistent
sind (sprich: dass es keine Datenschiefstände gibt, wenn die Backups über verschiedene Teilsysteme wieder eingespielt werden müssen).

3. **Vertikale technische Support-Sicht**: Der IT-Betrieb sorgt dafür, dass die eingesetzten
IT-Systeme zusammen mit den im Betrieb verwendeten IT-Support-Systemen zusam-
menspielen. Das bedeutet beispielsweise, dass die Datenbanken und die Applikationen
in das Monitoring des IT-Betriebs eingebunden sind, so dass Fehlfunktionen auffallen
und auf sie zeitnah reagiert werden kann. Diese IT-Support-Systeme haben auch andere
Namen, beispielsweise werden sie in [7] „IT-Basisinfrastruktur" genannt.

4. **Horizontale technische Support-Sicht:** Der IT-Betrieb beachtet, dass die eingesetzten
technischen Ressourcen effizient über alle IT-Systeme und IT-Komponenten verwendet
werden. Das bedeutet beispielsweise, dass bezüglich der IT-Systeme keine „Silo-Sicht"
[8] entsteht. Die Instrumente, die einem IT-Betrieb zur Verfügung stehen (exemplarisch
dafür ist die Virtualisierung von Servern), helfen bei dieser Aufgabe.

5. **Prozess-Sicht**: Prozesse und Vorgehensweise, die Services unterstützen, sind definiert
(siehe Kap. 5 und 8), funktionieren für alle Komponenten bzw. Systeme und werden
auch eingesetzt.

Integration von IT ist keine Erfindung des 21. Jahrhunderts. Schon 1982 schrieb Allen [9],
dass der Mangel an Integration eines der größten Probleme in der IT ist.

7.3 Beispiel: Der Börsengang von Facebook überfordert die NASDAQ

Beispiel

Der Börsengang von Facebook am 18. Mai 2012 war mit Spannung erwartet worden – es ist wahrscheinlich nicht übertrieben zu sagen, dass dies in der Geschichte des Kapitalismus einer der *meist verfolgten* Börsengänge war. Jedenfalls war es einer der *größten* Börsengänge der Geschichte. Der NASDAQ – eine der größten Börsen der USA und der Welt – kam die Ehre zu, von Facebook als Handelsbörse ausgewählt worden zu sein. Superlative!

Ab 10:45 Uhr konnten Käufe und Verkäufe platziert (und auch wieder zurückgenommen oder verändert) werden. Ab da zeigte die NASDAQ auch einen indikativen Preis sowie das Handelsvolumen auf Basis dieser eingegangenen Kauf- und Verkaufsorders. Der wirkliche Handel sollte ab 11:00 Uhr beginnen, wurde aber aus hier unerheblichen Gründen um 5 min auf 11:05 Uhr verschoben und begann interessanterweise erst weitere 10 s später (der Code enthielt eine Zufallsfunktion, die einen solchen Börsengang leicht verschiebt – diese Zufallsfunktion hätte aber schon seit 5 Jahren nicht mehr aktiv sein sollen).

Es wurde zu einem Desaster für die NASDAQ. *„Am Tag von Facebooks Börsengang verheddert sich das Computersystem der NASDAQ in einer Schleife während sich Aufträge auftürmten. Der Start des Handels von Facebook-Aktien war für eine halbe Stunde blockiert.“*[1]. Bis ca. 11:30 Uhr konnte also kein Preis berechnet werden, Händler bekamen keine Bestätigung für platzierte Aufträge (und wussten daher nicht, welche Wertpapiere sie gekauft oder verkauft hatten). Erst um 13:50 Uhr wurden die entsprechenden Bestätigungen herausgeschickt. Dies mit der Konsequenz, dass von den mehr als 30.000 nicht berücksichtigten Aufträgen aus der Zeit zwischen 11:11 Uhr und 11:30 Uhr nun ca. 13.000 Aufträge in den aktuellen Markt geschwemmt wurden. Diese Aufträge für ca. 3 Mio. Wertpapierverkäufe korrelierten mit einem Einsacken des Preises für Facebook-Aktien um 93 Cent – in einem Zeitraum zwischen 13:50 Uhr und 13:51 Uhr. Weder der Börsengang noch der darauffolgende Handel funktionierten, wie sie sollten.

Die auftretenden technischen Probleme konterte die NASDAQ mit Maßnahmen, die gegen mehrere der eigenen Regularien verstießen.

In der Folge wurde der Vorgang von der Securities and Exchange Commission („SEC", die zuständige Aufsichtsbehörde) untersucht. NASDAQ machte dieser ein Angebot, eine Strafzahlung von 10 Mio. US$ zu leisten. Im Jahr 2013 bot die NASDAQ freiwillig den Handelsfirmen („Market-making firms") die Summe von 41,6 Mio. USD. [11] an. Im gleichen Jahr bestätigten Regulierungsstellen den Plan der

---

[1] Englisches Original [10]: *„The day of Facebook's IPO, Nasdaq's computer systems got caught in a loop while lining up orders before the company's shares started trading. The opening of trading in Facebook shares was stalled by half an hour."*

NASDAQ, Kunden bis zu 62 Mio. USD für die Verluste aus dem Facebook-Börsengang auszubezahlen.[2]

Im April 2015 meldete CNBC [11], dass sich die NASDAQ in einem Vergleich mit Einzelinvestoren, die eine Sammelklage angestrengt hatten, auf die Zahlung von 26,5 Mio. USD verpflichtet hatte.

Es wird geschätzt, dass Wall Street-Banken ungefähr 500 Mio. USD durch die anfänglichen Verzögerungen bei Handel und Bestätigungen verloren haben. [10]

Was waren die Gründe für das Desaster? Die Firma *„erlebte einen menschlichen Fehler und/oder ein technisches Versagen"*[3]. Wir geben hier eine verkürzte Version wieder, Details findet man beispielsweise im Dokument [13]. Auf dieses Dokument der SEC beziehen wir uns auch im Weiteren hauptsächlich (wir empfehlen durchaus, das ganze Dokument zu lesen: Da die SEC recht offen mit Verstößen gegen Regularien umgeht, sind ihre Berichte und Urteile spannend zu lesen und auch eine der wenigen guten Quellen, wenn es um Probleme im IT-Bereich geht).

- **Mengengerüste und Tests**: Die NASDAQ erkannte natürlich, dass der Börsengang von Facebook ein besonderes Ereignis werden würde. Entsprechend wurden Tests in Produktions- und Test-Umgebungen geplant. Die Anzahl der Aufträge in der Produktionsumgebung war auf 40.000 beschränkt. Beim tatsächlichen Börsengang wurden hingegen 496.000 Aufträge von den Händlern in Auftrag gegeben.
- **Algorithmus**: Die Funktionsweise des Algorithmus war ungefähr wie folgt. Bei der Berechnung des Börsenpreises werden alle Kauf- und Verkaufs-Aufträge berücksichtigt. Während der Berechnung des Preises darf keine Stornierung von berücksichtigten Aufträgen eingehen, ansonsten wird das Ergebnis der Preisberechnung verworfen (dieser ganze Vorgang nennt sich „Validierung"), unter Berücksichtigung der ersten (und nur dieser ersten!) Stornierung wird dann die Berechnung erneut durchgeführt. Normalerweise benötigt eine solche Kalkulation in etwa 1–2 ms. Die erste Berechnung beim Facebook-Börsengang hingegen benötigte ca. 20 ms. Wir können nun leicht erraten, dass just während dieser Zeit eine Stornierung eingegangen war. Bei der Neuberechnung unter Berücksichtigung der ersten Stornierung gingen zwei (!) weitere Stornierungen ein. Die Validierung verwarf also nochmals den Preis und berechnete den Preis erneut unter Berücksichtigung der zweiten Stornierung (jedoch noch nicht der dritten). Da die dritte Stornierung also noch nicht berücksichtigt war, verwarf die Validierung abermals den Preis, eine neue Runde unter Berücksichtigung der dritten Stornierung startete. Aus dieser Ausführung wird auch klar, wie es weiterging: Weitere Stornierungen trafen während der Preisberech-

---

[2] Englische Quelle [10] *„U.S. regulators approved a plan by Nasdaq OMX Group Inc. to pay customers as much as $62 million for losses stemming from last year's bungled Facebook Inc. stockmarket debut."*

[3] Englisches Original [12]: *„the firm ‚experienced a human error and/or a technology malfunction'."*

nungen ein, der Preis wurde ein ums andere Mal von der Validierung verworfen. Das Programm war also durch die lange Ausführungszeit der Preisberechnung, durch die Eigenheit, dass immer nur die jeweils nächste Stornierung (und nicht alle) bei der Preisberechnung berücksichtigt wurde und immer wieder eintreffende Stornierungen in einer Schleife gefangen.

- **Gegenmaßnahmen und Notfall-Management**: Den NASDAQ-Technikern war klar, dass die Validierung Probleme bereitete – aber die Details waren nicht klar. Ohne also genau die Ursache für den nicht ermittelten Preis der Facebook-Aktie zu kennen, wurde versucht, die Validierung zu überschreiben. Als dies nicht gelang, wurde aus dem Failover-System die Konfiguration der „Validierung" entfernt (!) und das System um ca. 11:30 Uhr zu einem Failover gebracht. Dies war fünf Minuten vorher vom Notfallmanagement, dem „Code Blue call" erwogen und von einem Mitglied des Senior Management freigegeben worden. *„Zu diesem Zeitpunkt kannte niemand in der ‚Code Blue' Telefonkonferenz die genaue Ursache des Fehlers in der Validierung"*[4]. Dies ist natürlich der Stoff für lange Winterabende: Ein Failover-System ist bei der NASDAQ normalerweise Duplikat des aktiven Systems. Hier wurde hingegen das Failover-System genutzt, um eine *modifizierte* Software-Version produktiv zu schalten – und dies in einem Szenario, das so *ungetestet* war.

  Die Applikation kalkulierte daraufhin um 11:30 Uhr den Preis der Aktie auf Grundlage aller Kauf- und Verkaufs-Aufträge und Stornierungen bis zum Zeitpunkt 11:11 Uhr – nur bis zu diesem Zeitpunkt, da zum Failover-Zeitpunkt die Applikation 19 min hinter den eingehenden Aufträgen hinterherhinkte. Für die Zeit von 11:11 Uhr bis 11:30 Uhr wurden also **keine** Kauf- und Verkaufsorders (oder Stornierungen) berücksichtigt. 19 min also, die für den Börsenhandel eine Ewigkeit sein können. Wenn in dieser Zeit also mehr Verkauf- als Kaufaufträge eingetroffen waren, dann ergab sich ein Ungleichgewicht. Dies wurde der NASDAQ erst um 13:50 Uhr klar. Sie waren damit also de facto und regelwidrig unter die Aktienhändler getreten. Der NASDAQ (dem Code Blue-Team) war dies nicht bewusst – sie war anscheinend davon ausgegangen, dass sie in der Tat für Differenzen geradestehen müsste – aber nur für die kleine Zeitspanne, die jeweils eine Preiskalkulation benötigte.

- **Kommunikation**: Kurz nach der Preiskalkulation um 11:30 Uhr wurde erkennbar, dass die Auftragsbestätigungen nicht versendet wurden. Letztlich lag dies daran, dass vor einem Versand von Bestätigungen eine ähnliche Validierung wie oben beschrieben durchgeführt wird. Hier zeigte sich ebenfalls eine Diskrepanz, so dass keine Bestätigungen verschickt wurden. Es wurde wie zuvor versucht, manuell einzugreifen und die Kommandos in der Applikation zu ändern – zunächst ohne Erfolg, bis auch hier um ca. 13:50 Uhr die Applikation so konfiguriert war, dass Diskrepanzen ignoriert wurden und die Bestätigungen versendet werden konnten.

---

[4] Englisches Original [13]: „*At that time, no one on the Code Blue call knew the precise cause of the error with the validation check.*"

Lehren

Man kann aus dem Vorstehenden schließen, dass das Grundübel in der Kette von Übeln unzureichende Lasttests waren. Ein unzureichendes Mengengerüst wurde anscheinend als Grundlage für dann unzureichende Lasttests genommen, so dass die Aussagen dieser Tests für den Börsengang von Facebook nicht valide waren.

Unzureichende Lasttests garantieren natürlich nicht, dass eine bestimmte Last *nicht* korrekt verarbeitet wird – in diesem Fall aber war es so. Dies ist auch ein schönes Beispiel dafür, wie eine erhöhte Last nicht nur eine Verarbeitung zeitlich verzögert, sondern im Wesentlichen zum Stillstand bringt.

Des Weiteren sehen wir, dass eine anscheinend unzureichende Durchdringung des Algorithmus zu falschen Entscheidungen geführt hat. Es war nicht klar, was die Ursache für die Probleme war, und die Nebenwirkungen eines (ungetesteten) Workarounds konnten nicht durchdrungen werden. Einer der Hauptsätze des Notfallmanagements, „zunächst keine weiteren Schäden anrichten" (abgeleitet aus dem antiken ärztlichen Wahlspruch „Primum non nocere"), konnte so nicht eingehalten werden.

Offenbar wurden auch in der Produktionsumgebung sehr nahe und für das vorliegende Szenario im Wesentlichen ungetestet Umkonfigurationen vorgenommen und Code verändert. Falls dies so war (die genannten Unterlagen suggerieren dies, aber eindeutig ist es nicht), verstößt dies natürlich gegen die Grundsätze eines ordentlichen Change-Management.

Als Konsequenz wurden verschiedene Maßnahmen ergriffen, die auch von der SEC beschrieben wurden und von denen insbesondere die folgenden für uns interessant sind:

- **Technische Maßnahmen,** so dass bei neuen Änderungsaufträgen, die während der Kalkulation eines Preises eingehen, nicht nur der nächste, sondern alle Änderungen im Auftragsbestand bei einer neueren Kalkulation des Preises eingehen. Zudem verstärktes Logging des Systems, so dass bei einer fehlgeschlagenen Validierung besser analysiert werden kann, welche Probleme aufgetreten sind.
- **Prozessuale Maßnahmen,** nämlich eine Änderung des IT Change-Management. Dies schloss insbesondere die Einbeziehung von weiteren Stakeholdern im Produktlebenszyklus ein, aber auch eine Vereinheitlichung der Dokumentation.
- **Tool-Maßnahmen,** so die Einführung einer neuen Change Management-Software, die eine einheitliche Sicht auf Änderungen, verbessertes Risikomanagement und ein verbessertes Incident-Management erlaubt.
- **Organisatorische Maßnahmen,** wie die Etablierung einer neuen Qualitäts-Einheit und die Einführung eines dedizierten Teams für das tägliche Monitoring und die Analyse der Systemperformanz.

7.4 Betreibbarkeit: das Unsichtbare sichtbar machen

Der IT-Betrieb macht das Unsichtbare sichtbar. Er macht das Unsichtbare für sich selber sichtbar, damit es für den Nutzer unsichtbar bleibt. „Verlässlichkeit ist [...] unsichtbar insofern, als verlässliche Ergebnisse konstant sind, was bedeutet, dass es nichts gibt, auf das man achten muss. Betreiber sehen nichts, und weil sie nichts sehen nehmen sie an, dass nichts passiert. Wenn nichts passiert und sie sich weiterhin gleich verhalten, wird weiterhin nichts passieren. Diese Feststellung ist trügerisch und irreführend, denn dynamische Ursachen erzeugen stabile Ergebnisse"[5].

Der IT-Betrieb überwacht Applikationen, Datenbanken, Hardware, etc., damit Probleme gesehen werden können, bevor diese beim Nutzer sichtbar werden. Der IT-Betrieb wartet Systeme, damit Services funktionieren. Dies bleibt dem Nutzer (dem Kunden) in der Regel verborgen.

„Es werden immer mehr und bessere Services gefordert, aber es wird immer weniger verstanden, was es bedeutet, diese Services zur Verfügung zu stellen" (Übersetzung aus [15]). Der IT-Betrieb pflegt eine Wartungs-Roadmap (siehe auch Kap. 5.5.3), in der Wartung von Hardware beschrieben ist. Hier wird aber auch die Wartung von Software dokumentiert: *„Obwohl Software nicht rostet, unterliegt sie Inkompatibilitäten und Defekten, die hervorgerufen werden durch sich entwickelnde Anforderungen, sich ändernde Umgebungen, Änderungen der zugrunde liegenden Hardware und Software, sich änderndes Nutzerverhalten und Ausnutzung von Schwachstellen. Deshalb erfordert sie Wartung"*[6].

▶   Der IT-Betrieb macht Unsichtbares sichtbar, damit es für den Kunden unsichtbar bleibt.

7.4.1 Betriebliche Anforderungen an Technik zum Zwecke der Einbettung in die Betriebsabläufe

Neue Software muss in die Betriebsabläufe und in die Betriebs-Werkzeuge („IT-Basisinfrastruktur" oder „IT-Support-Systeme") des IT-Betriebs eingebunden werden. Diese Betriebsabläufe sollen für die am meisten betriebene Software gleich sein– denn nur so lassen sich Skaleneffekte in einem Betrieb erzielen.

Neben der Effizienz ist aber auch das Thema Risikominimierung ein Argument für eine gute betriebliche Integration einer Applikationen. Wenn diese Applikation gut in die betrieblichen und technischen Abläufe eingebunden ist und gegen verschiedene Last- und Stress-Situationen getestet wurde, ist auch das Betriebsrisikoeiner solchen Applikation verringert.

Die Fokussierung auf *Software* ist jedoch nicht ausreichend – es geht um die *gesamte Technik*, sowohl aus dem Applikations-Management als auch dem technischen Manage-

---

[5] Englisches Original [14]: *„Reliability is [...] invisible in the sense that reliable outcomes are constant, which means there is nothing to pay attention to. Operators see nothing and seeing nothing, presume that nothing is happening. If nothing is happening and if they continue to act the way they have been, nothing will continue to happen. This diagnosis is deceptive and misleading because dynamic inputs create stable outcomes."*

[6] Englisches Original [15]: *„Although computer software does not rust, it is subject to incompatibilities and failures caused by evolving requirements, changing environments, changes in underlying hardware and software, changing user practices, and malicious exploitation of discovered vulnerabilities. Therefore, it requires maintenance."*

ment, aber auch aus dem Anwendungs-Management. Beispielhaft dafür nennen wir die folgenden Punkte:

- Internet und Web-Applikationen,
- Desktop-Rechner (Hardware, Betriebssystem und Software sowie Peripherie),
- Anwendungen (z. B. für Finanzen, für HR oder für das Business),
- Middleware,
- Datenbanken,
- Server und deren Betriebssysteme,
- Middleware,
- Datenbanken,
- Verzeichnisdienste,
- Speicher und Archiv,
- Netzwerk,
- ggf. vorhandene Legacy-Systeme (beispielsweise Mainframe).

Aber auch Tools und Technik, die den Betrieb selber unterstützen (also „Betriebliche Tools"), müssen sich in die Betriebsabläufe einfügen. Dies sind beispielsweise:

- Tools für Konsolenmanagement
- Job-Scheduling-Tools
- Backup- und Restore-Tools
- Zeitserver (NTP-Server)
- Print-Systeme
- Tools zur Unterstützung von Workflows in Prozessen (z. B. Change-Management, Incident-Management und Problem-Management), manchmal fälschlicherweise als „ITIL-Tool" bezeichnet
- Unterbrechungsfreie Stromversorgung (USV)
- Klimaversorgung

Aus diesen Gegebenheiten ergeben sich nichtfunktionale Anforderungen an Software und Technik. Balzert [16] weist darauf hin, dass es eigentlich keine „nichtfunktionalen" Anforderungen gibt. Es handelt sich nach dieser Betrachtung bei nichtfunktionalen Anforderungen entweder um

- Qualitätsanforderungen oder aber um
- unterspezifizierte funktionale Anforderungen.

Die Sicht der ISO 25010 [17] ist zur Begriffsklärung hilfreich. Dort werden im Rahmen des Qualitätsmodells (siehe auch Kap. 3) die folgenden Nutzertypen eingeführt:

- **Primärnutzer**: Der Nutzerkreis, der mit einem System interagiert, um Geschäftsnutzen zu erzielen.
- **Sekundärnutzer**: Der Nutzerkreis, der Unterstützung leistet, z. B. Content Provider, Administratoren, Sicherheits-Manager, Installierer, etc. Diese gehören natürlich dem IT-Betrieb an.
- **Indirekte Nutzer**: Der Nutzerkreis, der lediglich Ergebnisse eines Systems erhält, aber nicht direkt mit ihm interagiert.

Aus dieser Betrachtungsweise hat ein IT-Betrieb *sekundäre funktionale Anforderungen* an Software (das sind die, die normalerweise als nichtfunktionale Anforderungen bezeichnet werden). Er muss zusätzlich für gewisse Qualitätsanforderungen des Primärnutzers geradestehen – im Zweifelsfall muss er dafür sorgen, dass an diese Qualitätsanforderungen gedacht wird (sprich: dass diese vom Primärnutzer überhaupt erst formuliert werden) und kann selber ebenfalls Qualitätsanforderungen haben. Dies hat Konsequenzen für betriebliche Tests (siehe Abschn. 7.4.3): Dort werden Qualitätsanforderungen und sekundäre funktionale Anforderungen (also „nichtfunktionale Anforderungen") erprobt.

Die Art, wie IT-Betrieb in verschiedenen Unternehmen gelebt und organisiert wird, unterscheidet sich jetzt und in naher Zukunft zu sehr, als dass es ausformulierte nichtfunktionale Standard-Anforderungen geben könnte. Jedoch kann man eine Liste von Checkpoints definieren, die zumindest in Betracht gezogen werden sollten. Nach [18] beruhen ungefähr 20 % aller Software-Fehler und mehr als 35 % aller *schwerwiegenden* Softwarefehler auf fehlerhaften (oder fehlenden) Anforderungen (zum Fehlerbegriff siehe Kap. 8.3.8). Es ist also äußerste Sorgfalt geboten, da späte Fehlerbehebungen (oder Nachformulierungen von Anforderungen) sehr kostspielig sind.

Im Folgenden beschreiben wir exemplarisch Anforderungen, die ein IT-Betrieb an neue Software haben könnte oder für die er geradestehen muss. Diese sind, wie erwähnt, kein Kochrezept – die Anforderungen werden sich von IT-Betrieb zu IT-Betrieb unterscheiden, je nach Art der Geschäftsprozesse und der Service Level Agreements der angebotenen Dienste, aber auch je nach Art des IT-Betriebs selber.

Zu beachten ist noch folgendes: Bei Individualsoftware lassen sich Anforderungen in der Regel gut durchsetzen, wenn sie frühzeitig und klar formuliert sind. Bei Standard-Software ist dies nicht immer der Fall. Hier muss erwogen werden, ob die Software selber angepasst wird (bei kleineren Anbieter-Firmen mit einer kleineren Nutzerbasis wird dies oft möglich sein – ob dies wirtschaftlich ist, ist abzuwägen) oder ob ein IT-Betrieb die Standard-Installation „as is" akzeptiert.

Installierbarkeit und Deinstallierbarkeit
Immer wenn Software (seien es Applikationen, Datenbanken, SAP-Systeme, Betriebssysteme, etc.) neu installiert oder aktualisiert werden muss, gibt es Interaktionen zwischen dem Administrator (Installierer) und der Technik.

Diese Interaktion soll so fehlerfrei wie möglich sein – dies bedeutet auch, dass sie arm an Fehler*möglichkeiten* sein muss. Immer dann, wenn ein Mensch mit einem System interagieren muss, eröffnen sich daraus Fehlermöglichkeiten.

Dies hat Konsequenzen für die Anforderungen an die Installierbarkeit von Software. Die Installation soll möglichst ohne Interaktion geschehen, es gibt entsprechende Installationsskripte oder -mechanismen. Umgebungsparameter (die spezifisch für Test-Umgebungen, Schulungsumgebungen und Produktionsumgebungen sind) müssen in Parameter-Files enthalten sein und nicht im Dialog-Modus eingegeben werden. Die Installation muss detailliert in Installationsdokumentation beschrieben sein. Es muss jederzeit klar sein, wie weit die Installation vorangeschritten ist (beispielsweise durch eine Fortschrittsanzeige). Falls die Installationszeit kritisch ist, muss diese vorgegeben werden – dies wird insbesondere bei Aktualisierungen und Migrationen kritisch sein. Es muss für Abbrüche von Installationen klare und verständliche Fehlermeldungen geben. Wenn Installationen abgebrochen werden, darf es keine Installationsruinen geben (d. h. halb-installierte Software), sondern ausschließlich Logfiles, die den Fehler bei der Installation beschreiben. Vor einer Installation müssen alle Installationsvoraussetzungen klar dokumentiert sein (auch die Anforderungen, die eine Software an Hardware, Betriebssystem oder Datenbanken hat).

Wenn Software deinstalliert wird, dürfen – ähnlich wie bei einer abgebrochenen Installation – keine Installationsresiduen mehr überbleiben – es darf aber auch nicht mehr deinstalliert und gelöscht werden, als erwünscht. Dies betrifft in etwa Hilfsapplikationen, die mit einer Software zusammen installiert wurden, aber auch von anderen Applikationen genutzt werden.

Für eine Installierbarkeit von Software auf *Arbeitsplatzrechnern* können zusätzliche Rahmenbedingungen gelten. Kompatibilität von Softwareinstallationen mit einer betrieblichen Softwareverteilung und der zugehörigen Paketierung sind üblich. Aber auch für Server-Systeme muss eine automatisierte Softwareverteilung insbesondere im Bereich der Betriebssystem-Patches möglich sein.

Plattformspezifische Anforderungen

Jeder IT-Betrieb wird plattformspezifische Anforderungen an Software haben. Dies kann beispielsweise die eingesetzte Hardware betreffen, aber auch das Zusammenspiel mit dem Betriebssystem oder den Betriebssystem-Versionen, die eingesetzt werden. Ebenfalls betroffen sind Middleware, Datenbank-Typen und -Versionen, die Art der Remote-Zugänge wie Citrix oder RDP, eingesetzte weitere Software und deren Version.

Ein IT-Betrieb muss die Plattformspezifika jederzeit dokumentiert vorliegen haben, dazu ebenfalls die vielleicht noch nicht eingesetzten, jedoch erlaubten Ausprägungen (dies betrifft natürlich auch die IT-Architekturvorgaben). Diese Dokumentation kann dann Teil einer Anforderung an Individualsoftware sein.

Integration in das Monitoring und weitere betriebliche Tools

Monitoring ist das Brot-und-Butter-Geschäft eines IT-Betriebs. In welchem Umfang er es betreibt, welche Werkzeuge er dafür benutzt und was die Voraussetzungen dafür sind, im Monitoring einbezogen zu werden, muss er formulieren.

Dazu gehören Formate, die strukturiert, unstrukturiert oder aber standardisiert (z. B. mit SNMP) sein können. Eventcodes, Vorgaben zu Heartbeats von überwachten IT-Systemen können ebenfalls formuliert werden. Unter Umständen ist es sinnvoll, Logging-Ausgaben in die Überwachung einzubeziehen. Unterscheiden kann man ein passives Monitoring und ein aktives Monitoring. Bei einem passiven Monitoring wird die überwachte Komponente einen Event (Alarm oder Benachrichtigung) werfen, wenn es etwas zu melden gibt. Beim aktiven Monitoring hingegen wird die überwachte Komponente regelmäßig automatisch überprüft, um ihren Zustand zu ermitteln.

IT-Betriebe konzentrieren sich oft auf ein technisches Monitoring. Dies ist auch nicht unlogisch – wenn die Technik nicht funktioniert, werden typischerweise auch die Geschäftsprozesse nicht unterstützt. Die Überwachung einer Anwendung nicht nur auf der rein technischen, sondern auch auf *inhaltlicher* Ebene kann sinnvoll sein und den IT-Service-Gedanken stärken. Das gilt für die IT-Services des Kunden, aber auch für IT-Support-Systeme. In [19] wird von einem Unternehmen berichtet, das eine fehlerhafte Bandmaschine erst entdeckte, nachdem schon hunderte Bänder verarbeitet worden waren. Die Daten wurden von der Maschine zufällig verändert, aber die Maschine meldete fehlerfreien Betrieb. Es gibt natürlich viele Beispiele für Services, die aus einer rein technischen Systemsicht scheinbar problemfrei sind – bei denen aber für den Nutzer nichts funktioniert.

Nur das, was beim Nutzer ankommt, ist relevant. Deswegen ist ein fachliches Monitoring oder Ende-zu-Ende-Monitoring (*E2E-Monitoring*), das den IT-Service beim Nutzer überwacht, als ein Element einer Monitoring-Strategie und damit von Monitoring-Anforderungen in Betracht zu ziehen. Oft ist nicht von vornehrein klar, wie ein solches Monitoring überhaupt aussehen soll, und es sind dann Lernschleifen zu durchlaufen. Ein Beispiel hierzu finden wir in [20]: Hier wurde das Antwortzeitverhalten von Hotmail beim Nutzer selber gemessen, dort automatisch in eine von fünf Kategorien klassifiziert und dann an einer zentralen Stelle über statistische Auswertungen (statistical process control, SPC) bewertet. Dies alles aus der Erkenntnis heraus, dass trotz Monitoring der verschiedenen Schichten der IT-Komponenten, die insgesamt den IT-Service Hotmail bereitstellen, nicht klar ist, welche *Qualität* beim Nutzer ankommt.

Außer der oben bereits erwähnten Softwareverteilung kann ein automatisiertes Auslesen von Configuration-Items (siehe auch Kap. 8) anforderungsrelevant sein. Solch ein Auslesen geschieht ggf. durch Installation von speziellen Clients.

In diesem Zusammenhang ist auch die Integration von Software in ein Device Management, im Falle von mobilen Geräten ein Mobile Device Management (MDM) von Belang.

Logging
Logging ist verwandt mit der Aufgabe des Monitoring, jedoch nicht das Gleiche. Logs – also Files, in die Informationen über den Zustand einer Applikation geschrieben werden – erlauben bei Software ein Monitoring auf einer Logfile-Ebene (siehe Band B, Kap. 9 aus [21]). Ein direktes Monitoring, d. h. Überwachung von Systemzuständen und Auslösen von Events in einem bestimmten Format an ein betriebliches Monitoring-System, ist

jedoch bei hardwarenahen Komponenten die Regel. Wo ein Monitoring auf einer Logfile-Ebene gemacht werden soll, müssen ggf. detaillierte Anforderungen an die Strukturierung der Logfiles gemacht werden.

Logfiles sind ansonsten für betriebliche Analysen im Problemfall hilfreich – manchmal sogar gänzlich unverzichtbar. Systemereignisse werden in die Logfiles geschrieben. Hierfür sind üblicherweise unterschiedliche Loglevel vorgesehen – von keinem oder nur schwachem Logging in beispielsweise fünf Stufen zu einem Logging, das möglichst viele Informationen dokumentiert. Solche Logging-Mechanismen können das Laufzeitverhalten von Applikationen selber verändern. Jedenfalls müssen auch Löschmechanismen für Logfiles vorgesehen werden (üblich ist beispielsweise ein zyklisches Überschreiben von Logging-Informationen). Insbesondere wenn in den Logfiles personenbezogene Daten stehen oder stehen sollen, können zusätzliche Vorkehrungen, Löschroutinen und Dokumentation, aber auch Begründungen und Absprachen mit Datenschutzbeauftragten notwendig sein.

Backup und Restore

Um Verfügbarkeit zu gewährleisten, Datenverlust zu vermeiden und im Falle einer Katastrophe eine Desaster-Recovery-Methode zu habe, sind Backup und Restore (oder manchmal: „Recovery", als Ergebnis des Restore, gerne synonym verwendet) ein Kernelement.

Anforderungen an die Technik und an Applikationen beinhalten, dass ein konsistentes Backup zu einem definierten Zeitpunkt gezogen werden kann. Dieses muss innerhalb eines bestimmten zeitlichen Rahmens ablaufen können – egal ob im Online oder im Offline-Modus. Es muss klar sein, ob solch ein Backup im Online-Modus (Nutzer und Schnittstellensystem können parallel zum Backup Datenänderungen durchführen) oder nur im Offline-Modus vorgenommen werden kann. In einem 24×365-Betrieb (siehe Abschn. 7.8.3) müssen hierzu Einschränkungen vorgenommen werden. Das Zusammenspiel zwischen Snapshots und Backups muss klar sein (siehe auch Abschn. 7.5.4).

Wenn ein Restore angewendet wird, muss danach ein System wieder funktionieren und alle gesicherten Daten enthalten. Die Art der Restore-Möglichkeiten (beispielsweise Point-in-time) muss festgelegt werden. Gibt es IT-System-übergreifend Abhängigkeiten und Reihenfolgen, die bei einer Wiederherstellung zu beachten sind, müssen diese klar und dokumentiert sein. Falls nach einem Restore zur Konsistenzerhaltung mit Nachbarsystemen Daten ausgetauscht werden müssen, können dafür Skripte notwendig sein.

Eine anspruchsvolle Anforderung an Applikationen kann es sein, die Sicherbarkeit von Standard-Installation, Customizing, Betriebsparametern und Daten zu separieren. Ob solch eine Forderung gestellt wird, muss in einer Kosten/Nutzen-Erwägung in Betracht gezogen werden.

Unterstützung von Hochverfügbarkeit, Load-Balancing und Virtualisierung

Hochverfügbarkeit kann auf verschiedene Arten erreicht werden – eine wirkliche Hochverfügbarkeit wird auf allen Ebenen (siehe Abschn. 7.5) eines IT-Services und der unterstützenden Prozesse ansetzen. Auf der Server-, Betriebssystem und Anwendungsebene spielen Load-Balancing und Virtualisierung eine große Rolle.

Einen guten Startpunkt liefert das Hochverfügbarkeits-Kompendium des Bundesamtes für Sicherheit in der Informationstechnik [21]. Die Betrachtung ist hier jeweils die Organisation und das Personal, die Infrastruktur, die Überwachung (Monitoring und Überwachung von nicht-technischen Themen), die Software, die Datenbanken, IT-Dienste, Speicher, Server, Cluster, das Netzwerk. Bezogen auf Software wird hier vornehmlich auf prozessuale Unterstützung von einem fehlerarmen Software-Engineering abgestellt, also: Prozessmodelle, Reifegradmodelle, Testmodelle.

Aus dem Einsatz von verteilten Datenbanken und redundanten Systemen ergeben sich zwar Software-Anforderungen. Die zugrunde liegenden Maßnahmen wie Datenbank-Architekturen, Replikation von Datenbeständen, redundante Instanzen in einem Cluster und die Einrichtung von Standby-Funktionen sowie virtuelle Server und IT-Dienste werden vornehmlich eine Aufgabe im IT-Bereich sein. Die Entscheidung dazu, wie Standby-Datenbanken gehalten werden (Hot Standby, Cold Standby, etc.) wird im IT-Betrieb anhand der zu erreichenden Service Level bzw. der Geschäftsprozess-Kritikalität getroffen.

Unterstützung („Support") zu relevanten Zeiten (und gegebenenfalls rund um die Uhr) von Lieferanten bei Fehlersituationen sowohl von Software als auch von Hardware sind notwendig. Diese sollten mit definierten Antwortzeiten und definierten Zeiten von Fehlerfix-Lieferungen hinterlegt werden – wo kommerziell möglich. Dies betrifft also insbesondere auch die Hardware – bei größeren Unternehmen und IT-Betrieben kann ggf. sogar ein Ersatzteil-Lager eines Lieferanten im Bereich des IT-Betriebs angesiedelt sein.

Es muss Wiederanlaufpläne geben, die möglichst automatisiert umgesetzt werden können. Software soll fehlertolerant sein, d. h. auf Fehleingaben, fehlerhafte Datensätze und fehlerhafte Ereignisse stabil reagieren, diese maskieren, korrigieren oder neutralisieren können.

Um im Störungsfall möglichst flexibel (oder überhaupt) reagieren zu können, gibt es typischerweise für den IT-Betrieb ein eigenes, separiertes Administrator-Netzwerk – also ein Netzwerk, das neben (oder „hinter") den Netzwerkkomponenten des Nutz-Netzwerkes eingesetzt ist. Dies wird zur Überwachung, zum Backup- und Restore und anderen Betriebstätigkeiten eingesetzt und ist unabhängig vom Netzwerk, das für Primärnutzerzugriffe zur Verfügung gestellt wird.

Schnittstellen und Integrität

Ein IT-Betrieb wird Anforderungen bezüglich der eingesetzten Schnittstellen-Technik haben. Transaktionensicherheit zwischen IT-Systemen kann in der Regel durch die Schnittstellen-Technik gewährleistet werden. Wo dies nicht der Fall ist, muss die Transaktionssicherheit anderweitig gewährleistet werden. Datensätze, die von einem IT-System übertragen, von dem empfangenden System aber nicht angenommen wurden (beispielsweise aus IT-technischen oder fachlichen Gründen) müssen ggf. protokolliert werden und in „Fehlertöpfen" landen – mithin nachvollziehbar und ggf. wiederherstellbar sein. Anderenfalls kann es die Anforderung geben, dass ein empfangendes System mit doppelt empfangenen Datensätzen umgehen kann.

Wenn IT-Systeme wiederhergestellt werden, muss es klar und dokumentiert sein, in welcher Reihenfolge Schnittstellen zwischen IT-Systemen wieder anzufahren sind – in den Dokumentationen zu den Anwendungen muss also ersichtlich sein, von welchen Voraussetzungen diese bezüglich der Schnittstellen-Verfügbarkeiten ausgehen, so dass der IT-Betrieb einen solchen Wiederanlaufplan erstellen kann.

Migrierbarkeit

Bei Aktualisierungen von (aber auch bei einem Übergang von älteren zu neueren, anderen) Anwendungen und Datenbanken, müssen typischerweise Daten migriert werden. Sei es, dass sie angereichert durch zusätzliche Informationen in die neue Anwendung gelangen müssen, sei es, dass die Daten anders strukturiert werden. Solche Migrationen sind oft besonders herausfordernd, abhängig von der Komplexität der Migration und von der Anzahl der Daten.

Eine (aus wirtschaftlicher Sicht oft zu extreme Forderung) ist eine Migrierbarkeit online, also ohne jede Beeinträchtigung des IT-Services. In den meisten Fällen wird dies nicht möglich sein (außer es handelt sich um Daten, die kein Nutzer im schreibenden Zugriff benötigt). Wo dies also nicht möglich ist, muss eine Migration in einem vorgegebenen Zeitrahmen möglich sein. Hier werden selbstverständlich betriebliche Tests (siehe Abschn. 7.4.3) wichtig sein, diese können auch bei einer angestrebten Verbesserung einer Migrationsperformanz oft eine Rolle spielen. Bei Migrationskonzeptionen bietet sich, insbesondere bei Individualsoftware, eine enge Zusammenarbeit zwischen einem IT-Betrieb und einer Entwicklung an – betriebliche Erfahrung und IT-technische Machbarkeit werden gefragt sein. Bei komplexen Migrationen mit vielen Daten und Problemen beim Zeitverhalten der Migration sieht man auch gelegentlich pragmatische Lösungen, bei denen ein zu einem bestimmten Zeitpunkt eingefrorener Datenbestand (der beispielsweise weggesichert wurde) migriert wird, und zu einem späteren Zeitpunkt nur die in der Zwischenzeit veränderten oder neuen Daten in einem zweiten Durchlauf migriert werden müssen.

Löschroutinen & Archivierung

Ein großer Schwachpunkt von durchschnittlicher Standard-Software ist derzeit das Thema Datenlöschungen. Daten insbesondere mit Personenbezug müssen entweder nach gewissen Zeitdauern oder nach gewissen Anlässen (oder aber nach Kombinationen aus Anlässen und Zeitdauern) gelöscht werden. Typischerweise gibt es hierbei auch verschiedene Datenklassen mit unterschiedlichen Löschfristen oder Löschanlässen. Diese Datenlöschanforderungen werden am besten in einem Löschkonzept (siehe Kap. 5.5.7) festgehalten. Applikationen müssen entweder geeignete und konfigurierbare Löschroutinen oder –automatismen mitbringen oder zumindest ermöglichen.

Gleichermaßen müssen Applikationen eine Archivierung (und Dearchivierung) von Daten nach festgelegten Kriterien ermöglichen. Für beide Zwecke – Archivierung und Löschung – können zu einem guten Anteil gleichartige Mechanismen in IT-Systemen vorgesehen werden.

Nutzerverwaltung

In Kap. 5 sahen wir, dass ein Rollen- und Nutzerkonzept notwendig ist. Diese Rollen und Nutzer sind in den Applikationen und ggf. den Datenbanken für die Kunden des IT-Betriebs angelegt. Der IT-Betrieb selber benötigt aber auch Rollen für seine Mitarbeiter. Solche Rollen enthalten Berechtigungen, Zugängen zu Server- und Betriebsräumen erlauben, aber insbesondere auch Administrationsberechtigungen für bestimmte IT-Systeme vergeben (Applikationen, Datenbanken, Server, Middleware, betriebliche Tools, Netzwerkkomponenten, etc.). Dabei gilt aus einer Datensicherheits- und Compliance-Sicht immer: so viel wie nötig, so wenig wie möglich.

Als Anforderung ergibt sich daraus, dass aus einer betrieblichen Sicht mindestens Rollen mit weitreichenden Berechtigungen („Administratoren-Rollen") von denen von Standardnutzern getrennt sein müssen. Je mehr Nutzer und je mehr unterschiedliche Geschäftsprozesse der verschiedenen Nutzer in einem IT-Service hinterlegt sind, desto differenziertere Rollen mit unterschiedlichen Berechtigungen werden hinterlegt sein müssen. Nutzer müssen einfach angelegt und Berechtigungen automatisiert zugewiesen werden können. Die Nutzer und deren Berechtigungen müssen jederzeit angezeigt oder ausgelesen werden können. Ein automatisiertes Zusammenspiel mit einer unternehmensweiten Nutzerverwaltung muss möglich sein.

Sicherheit
Die Sicherheit ist – mehr denn je – ein Thema, das sich durch alle Schichten des IT-Betriebs zieht. Als Grundlage für konkrete Anforderungen an Technik werden das Sicherheitskonzept und die Sicherheitsrichtlinien dienen (siehe Kap. 5.3.4)

Dokumentation
Der IT-Betrieb muss eine Beschreibung (auf dem notwendigen Detaillierungsniveau) der von ihm für den Betrieb erforderlichen Dokumente haben. Solche Dokumente müssen dann anforderungsgemäß bei einer gelieferten Software oder Hardware enthalten sein. Solche Dokumente können beispielsweise Installationsbeschreibungen, Migrationsanleitungen, Schnittstellenbeschreibungen (siehe jeweils oben), oder anderes sein.

Wartbarkeit
IT-Komponenten müssen wartbar sein. Standard-Anforderungen hierzu sind [1] (unter dem Schlagwort Qualitätsmerkmale) die Analysierbarkeit, Änderbarkeit, Stabilität, Testbarkeit und die Konformität der Wartbarkeit. Wie erwähnt, konzentrieren wir uns in diesem Kapitel auf *funktionale Anforderungen* des IT-Betriebs als Sekundärnutzer – deswegen können wir die Qualitätsanforderung „Wartbarkeit" zumindest teilweise *konkretisieren* und funktionale Anforderungen daraus ableiten.

Auf die Analysierbarkeit sind wir schon oben unter dem konkreteren Punkt Logging eingegangen – Fehlerzustände von IT-Komponenten müssen vom System selber erkannt und nachvollzogen werden können. Im Folgenden konzentrieren wir uns auf die Änderbarkeit.

Änderbarkeit bedeutet, dass Änderungen an der Software möglich sind und fragt danach, welchen Aufwand dies erfordert. Die Möglichkeit zur Änderung ist bei Standard-Software oft gegeben. Anbieter bringen regelmäßig aktualisierte Versionen ihrer Produkte auf den Markt. Dies hat aber auch eine Schattenseite: Wenn Änderungen von Produktanbietern in zu hoher Frequenz auf den Markt kommen und zusätzlich ein Support für ältere Versionen nur noch eingeschränkt angeboten ist, wird ein IT-Betrieb Probleme haben. Zwischen dem de-facto-Zwang zur Aktualisierung und den Aufwänden, die bei einer Aktualisierung entstehen, muss der IT-Betrieb eine Balance finden.

Die Aufwände bestehen dabei ggf. in einem eingeschränkten IT-Service während der Aktualisierungszeit, in Testaufwänden, aber auch in entstehenden Folgeaufwänden (neue Anforderungen an Hardware, Betriebssysteme oder Versionen von unterstützender Software). Dies gilt natürlich für Nutzer-Anwendungen, aber auch für IT-Support-Systeme. Beabsichtigte Änderungen werden natürlich in der schon erwähnten Wartungs-Roadmap geplant und festgehalten.

Daraus lassen sich für einen IT-Betrieb folgende Anforderungen unter dem Thema Änderbarkeit fassen: Produkt-Aktualisierungen und deren Support durch den Hersteller müssen langfristig planbar sein. Produkt-Aktualisierungen dürfen nicht dazu führen, dass Support für eingesetzte ältere Versionen ausläuft oder sich der Preis für diesen Support erhöht (das wäre zumindest eine in der realen Welt selten erfüllte Anforderung). Produkt-Aktualisierungen dürfen nicht zu neuen Anforderungen an Hardware, Betriebssysteme oder unterstützender Software führen – die aktualisierten Produkte müssen aber mit den jeweils aktuellsten Versionen von Betriebssystemen, Datenbanken und unterstützender Software kompatibel sein. Wenn es sicherheitsrelevante Aktualisierungen von eingesetzten Produkten gibt, muss es dazu eine zeitnahe und proaktive Kommunikation vom Hersteller an den IT-Betrieb geben.

Natürlich ist es eigentlich erstrebenswert, immer im Support, in der Wartung eines Software-Produktes zu sein. Da dies aber mit sehr signifikanten Aufwänden verbunden sein kann und der Mehrwert für das Unternehmen bei einem stabil laufenden Produkt nicht immer vollkommen klar ist, wählen manche Betriebe bewusst eine andere Strategie: Aktualisiert wird ausgewählte Software nur, wenn dies zur Behebung von Problemen und Fehlern notwendig ist, jedoch nicht, um noch in dem Hersteller-Support zu stehen. Solch eine Strategie ist möglich und kann aus wirtschaftlicher und aus Risiko-Sicht sinnvoll sein (auch Software-Aktualisierungen sind mit Risiken verbunden!). Wenn sie eingeschlagen wird, dann sollte sie bewusst gewählt werden und sich nicht aus einer schlechten Planung ergeben. Bei sicherheitsrelevanten Aktualisierungen von IT-Produkten wird ein IT-Betrieb selbstverständlich wenig Zeit vergehen lassen, diese zu implementieren (siehe dazu auch das Beispiel von Heartbleed in Kap. 8.3.3).

Qualitätsanforderungen
Während die vorangegangenen Punkte sekundäre funktionale Anforderungen an Software und Technik waren, zählen wir nun typische Qualitätsanforderungen auf, die von einem IT-Betrieb gegenüber den Kunden verantwortet werden müssen. Dies sind insbesondere:

- **Antwortzeiten**: Bei Interaktionssystemen werden Nutzer Anforderungen an Antwortzeiten von Applikationen haben (die Faustregel ist: sobald Antwortzeiten bemerkbar sind, sind sie zu lange – dies ist natürlich keine harte, sondern lediglich eine subjektive

Anforderung – theoretisch müssen hingegen Anforderungen an das Antwortzeitverhalten der Applikationen aus dem Geschäftsnutzen abgeleitet werden können.)

- **Verhalten unter Last und Stress**: Zugrunde liegen fachliche und daraus abgeleitete technische Mengengerüste. Die Verarbeitung von Daten und das Antwortzeitverhalten dürfen sich typischerweise auch unter Last nicht (wesentlich) verschlechtern. Getestet werden diese Szenarien in betrieblichen Tests – oft mit Hilfe von Simulatoren. An das Verhalten unter Stress – also unter Überschreitung der spezifizierten Mengengerüste – können auch Anforderungen gestellt werden. Mehr dazu findet sich in Abschn. 7.4.3.
- **Skalierbarkeit**: Systeme sollen bei steigenden (oder sinkenden) externen Belastungen einfach skalierbar sein. Bei Virtualisierungen ist dies oft schon zu einem großen Maß mit eingebaut.
- **Performance und Effizienz**: Applikationen sollen performant und effizient sein – d. h. dass nicht unnötig Systemressourcen in Anspruch genommen werden. Es gibt keine Memory-Leaks, technische Operationen arbeiten schlank. Zu messen und zu testen ist dieser Anspruch meist sehr schwer.
- **IT-Sicherheit sowie System- und Datenintegrität**: diese wurde schon weiter oben erwähnt.

Diese Liste könnte noch durch „Look and Feel", Usability oder User Experience ergänzt werden.

7.4.2 Risiken werden falsch wahrgenommen: unrealistischer Optimismus

Bevor wir in Abschn. 7.4.3 auf betriebliche Tests eingehen, betrachten wir in diesem kurzen Abschn. 7.4.2 die möglichen psychologischen Probleme bei der Einschätzung von Risiken und Chancen für den eigenen IT-Betrieb.[7] Wir schließen damit an die Darstellung von Wahrnehmungsstörungen von Kap. 6.4.7 an.

Eine Reihe von Studien (beispielsweise [22, 23]) untersuchte, wie Faktoren wahrgenommen werden, die bestimmte Risiken fördern oder hemmen, und wie die Wahrscheinlichkeiten eingeschätzt werden, dass Risiken tatsächlich eintreten. Es stellte sich heraus, dass der bestimmende Faktor ist, ob „ich" das Objekt des Risikos ist, das Risiko also bei mir eintritt, oder ob es jemand anderes betrifft.

Generell tendierten die untersuchten Personen dazu, optimistisch voreingenommen zu sein wo auch immer etwas sie selber betraf: Positive Ereignisse erscheinen für einen selber wahrscheinlicher als für andere Personen. Negative Ereignisse hingegen erscheinen eher

---

[7] Im Folgenden sehen wir Chancen als eine Art von Risiko an (nämlich solche mit einem positiven Einfluss), so dass wir generell nur noch von „Risiken" und nicht mehr von „Chancen und Risiken" sprechen.

bei anderen Personen als bei einem selber aufzutreten.[8] Dies bleibt sogar so, wenn man Personen über diesen Effekt des unrealistischen Optimismus informiert [22]. Und verstärkt ist dies sogar noch, wenn es um Risiken geht, mit denen man selber noch nicht zu tun hatte, mit denen man also keine Erfahrung hat [22, 23]. Personen, die ihr Haus nicht auf Radon-Gas getestet hatten, waren sich trotzdem sicher, dass ihre Nachbarn eher ein Problem damit haben könnten, als sie selber [24].

Unrealistischer Optimismus kann auf einer persönlichen Ebene sogar gewisse Vorteile haben. Optimismus ist beispielsweise korreliert mit einer geringeren Wahrscheinlichkeit, einer Depression zu verfallen. Der Nachteil jedoch ist offensichtlich: Ein Verhalten, das dazu geeignet wäre, negative Risiken zu vermindern, wird gehemmt [24].[9] Man scheut das Risiko nicht, weil man es nicht wahrnimmt.

Wenn wir diese Erkenntnisse auf einen IT-Betrieb und die möglichen Risiken für ihn anwenden, ist es klar, dass es nicht genügt, den unrealistischen Optimismus einfach nur zu kennen. Eine mögliche Maßnahme, wie man mit diesem Thema umgehen kann, drängt sich auf: der Advocatus Diaboli. Dieser Advocatus Diaboli (Anwalt des Teufels) ist jemand, der eine Gegenposition zu einem Thema einnimmt (egal ob dies seiner Überzeugung entspricht oder nicht). Historisch kommt dieser aus dem Kanonisierungsprozess in der katholischen Kirche. Hier wurde ein Anwalt des Teufels benannt, der *gegen* eine Kanonisierung argumentieren sollte und so mit einer skeptischen Position *Lücken* in der Argumentation *für* die Kanonisierung aufdecken sollte.

Es kann also sinnvoll sein, bei risikorelevanten Themen und bei der Planung und Bewertung von betrieblichen Tests einen Advocatus Diaboli zu benennen, der bewusst eine pessimistische Position einnimmt. In der Regel wird gelten: Je weniger dieser „Widersacher" in die Organisation eingebunden ist (oder je höher er in der Hierarchie steht), desto unabhängiger und unbefangener wird dessen Sicht sein und desto weniger wird er dem unrealistischen Optimismus verfallen. Ideal kann dabei die Hinzuziehung eines ansonsten unabhängigen Dritten, eines externen Sachverständigen, sein. Es gibt sehr gute Erfahrungen mit einer solchen Maßnahme – auch wenn sie vielleicht nur bei sehr exponierten betrieblichen Einführungsthemen lohnend erscheinen mag.

Dieses Thema hat natürlich eine enge Beziehung auch zum Risikomanagement eines IT-Betriebs. Da betriebliche Themen auch immer Risiken und deren proaktive Vermeidung zum Thema haben (beispielsweise durch betriebliche Tests), passen diese Studien gut zum Thema betriebliche Anforderungen und betriebliche Tests.

---

[8] Englisches Original [22]: „*students tend to believe that they are more likely than their peers to experience positive events and less likely to experience negative events.*"

[9] Nach dem englischen Original [24]: „*Optimistic biases in personal risk perceptions are important because they may seriously hinder efforts to promote risk-reducing behavior.*"

7.4.3   Betriebliche Test

Unter „betrieblichen Tests" verstehen wir die Tests, die nichtfunktionale Anforderungen testen. Wir haben in Abschn. 7.4.1 schon eine Reihe von Anforderungen eines Betriebs an Software aufgeführt – dabei wurde der IT-Betrieb als Sekundärnutzer betrachtet, wie in der ISO 25010 [17] beschrieben.

Mit „betrieblichen Tests" werden Anforderungen getestet, die aus dem Betrieb selber kommen, oder die ein Betrieb gewährleisten soll. Damit sind wir wieder bei den betrieblichen Anforderungen (also beispielsweise eine Installierbarkeit innerhalb einer gewissen Zeit) und bei den von IT-Betrieb zu gewährleistenden Qualitätsanforderungen (also beispielsweise Antwortzeiten).

Um diese betrieblichen Tests durchzuführen, wird es typischerweise eine oder mehrere betriebliche Testumgebungen geben. Diesen Testumgebungen wenden wir uns zunächst zu.

Testumgebungen
Testumgebungen werden entlang der Software-Entwicklung und der Transition in den Wirkbetrieb benötigt. Das Verfahren, nach dem Software-Einzelteile zu immer größeren Gebilden zusammengeschlossen und auf einer immer höheren Flugebene getestet werden, bis vor der Übernahme in den Wirkbetrieb eine fachliche und betriebliche Abnahme steht, nennt man Staging. Dabei gilt: „Kundenvertreter führen Nutzer-Akzeptanztests durch, Betriebsvertreter führen betriebliche Akzeptanztests durch"[10]. Der IT-Betrieb muss also testen. Oft ist die Testabteilung (die Tests organisiert und zumindest teilweise auch selber durchführt) Teil des IT-Betriebes.

In Abb. 7.3 geben wir einen Überblick über die Staging-Umgebungen. In verschiedenen Unternehmen wird es natürlich verschiedene konkrete Ausprägungen dieses Stagings geben. Es gilt: kleiner IT-Betrieb und kleine IT-Services – kleines Staging. Wir sehen, von links kommend, nachfolgendes.

- **Komponententest-Umgebung**, die in verschiedenen Ausprägungen und mehrfach vorkommen kann
- Spannend wird es aus Blick des IT-Betriebes mit der **Integrationstest-Umgebung**. Hier werden verschiedene IT-Systeme integrativ getestet – was nicht ausschließt, dass bestimmte Komponenten auch nur simuliert werden. Diese Integrations-Tests finden entweder auf einer Testumgebung statt, die der IT-Betrieb selber betreibt oder aber für die er zumindest die Rahmenbedingungen vorgibt.
- Als nächstes sehen wir eine oder mehrere **Systemtest-Umgebungen**. Diese Umgebungen sind bis auf das Sizing produktionsnah aufgebaut und haben verschiedene Zwecke:

---

[10] Englisches Original [25]: *„Customer representatives conduct user acceptance tests. Operations people conduct operational acceptance tests."*

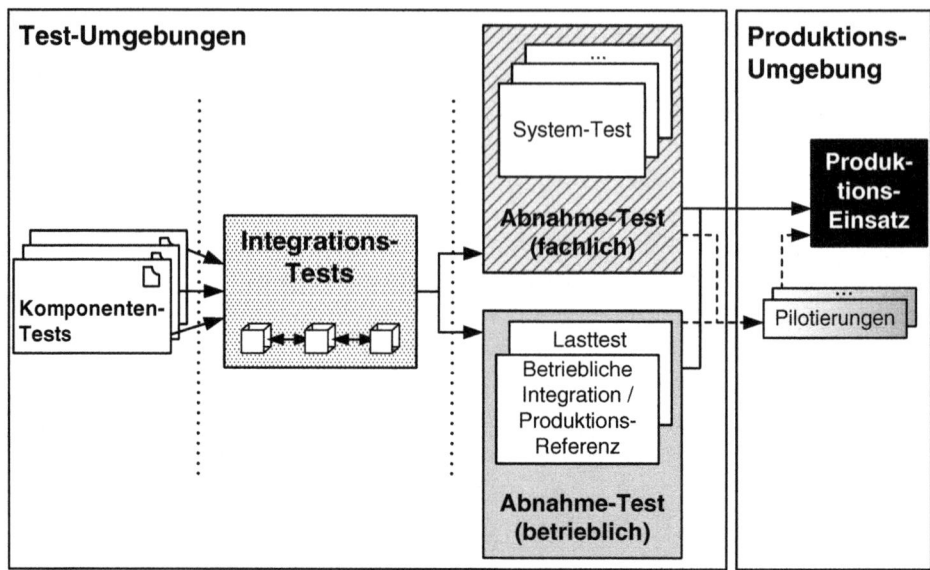

Abb. 7.3 Teststufen – insbesondere betriebliche Testumgebungen

Systemtests (also Tests des Gesamtsystems) und fachliche Abnahmetests finden hier
statt, es können ebenfalls Schulungen auf diesen Umgebungen stattfinden.
- Und endlich: die **betriebliche Testumgebung**. Auch hier können mehrere Umgebungen aufbaut sein, mindestens eine davon ist sehr produktionsnah, auch im Sizing.
- Noch erwähnt werden muss natürlich die **Produktionsumgebung** – das Ziel des Staging.

Die Tab. 7.1 fasst dieses im Überblick zusammen.

Die betriebliche Testumgebungen und die betrieblichen Tests darauf
Auf der *betrieblichen Testumgebung* finden Lasttests und Stresstests statt, deswegen ist
das Sizing, aber auch korrekte Lasten und zeitliche Lastverläufe wichtig. Grundlage dafür
liefert ein Mengengerüst, das die Anforderungen an das System im Bereich der Last definiert – hier werden nicht nur Durchschnittswerte, sondern auch Lasten zu Spitzenzeiten
dokumentiert. Üblicherweise werden bei diesen Tests auch Sicherheitsmargen einkalku-
liert. Lasttests prüfen also das Systemverhalten (darunter auch die funktionale Korrektheit) unter den vereinbarten Mengengerüsten (siehe auch das Beispiel in Abschn. 7.4.4).
Stresstests hingegen versuchen die Belastung von Datenströmen auf die Spitze zu treiben
– für einen Betrieb ist es sinnvoll zu wissen, an welcher Stelle (oder Stellen) ein System wirklich an seine Grenzen stößt oder ob danach lediglich ein abarbeitbarer Backlog
entsteht. Alternativ könnte sich ein komplexes System auch verhaken, so dass bei Überschreiten einer bestimmten Last keine weitere Verarbeitung mehr möglich ist (siehe auch
das Beispiel in Abschn. 7.3).

Tab. 7.1 Überblick über Umgebungen

Umgebung	Zweck	Sizing	Nutzer-zahl/ Trans-aktionen/ Last	Besonderheiten
Komponententest-Umgebung	Komponenten-Test (Einzelsystem oder Einzelkomponente)	Klein	Niedrig	Viele Treiber, Simulatoren, Platzhalter
Integrationstest-Umgebung	Integration von Liefergegenständen	Klein	Niedrig	Teilweise Treiber, Simulatoren, Platzhalter; nach Komplexität des Gesamtsystems kann es mehrere Integrationsumgebungen und Integrationsstufen geben Auch hier können schon nichtfunktionale Eigenschaften getestet werden
Systemtest-Umgebung (fachlich)	System-Tests *und* Abnahme-Tests; ggf. Schulungen	Klein	Niedrig	Möglichst produktionsgleich bzgl. Konfigurationen, nicht jedoch bzgl. Sizing Es kann mehrere Ausprägungen geben
Abnahmetest-Umgebung (betrieblich)	Betriebliche System-Tests und Abnahme-Tests Produktionsreferenz zum Nachstellen von Problemen und Fehlern Vorbereitung zur Integration in die betrieblichen Abläufe	Für Lasttests produktionsgleich	Hoch (produktionsgleich und darüber)	Sizing und Konfigurationen produktionsgleich Insbesondere bei Schnittstellen nach außen und Eingabeoberflächen Einsatz von Simulatoren, Testdatengeneratoren und Robotern für Systemlast möglich Kein Zahlungsverkehr
Produktionsumgebung	Geschäftsprozesse			

In dieselbe Richtung gehen auch Migrations-Szenarien – diese finden typischerweise nur einmal statt, jedoch muss das Zeitverhalten dieser einmaligen Migration bekannt sein. Dies auch unter dem Einfluss von „störenden" sonstigen Faktoren, die während der echten Migration geschehen können. Eine Testmigration von echten Datenbeständen, die aus der Produktionsumgebung abgezogen werden, kann sinnvoll sein. Dabei ist jedoch ggf. Datenschutzbestimmungen Rechnung zu tragen.

Auf dieser Umgebung können auch Backup/Restore-Tests stattfinden, insbesondere im Zusammenhang mit Szenarien zur Wiederherstellung nach Systemabstürzen oder Hardwareverlusten.

Daten auf der betrieblichen Testumgebung
Bei all diesen vorgenannten Tests ist es wichtig, auf der Produktionsumgebung ausreichende Datenmengen und Datenströme zu Verfügung zu haben. Lastsimulatoren und
Lastgeneratoren helfen hierbei typischerweise. Von entscheidender Rolle kann dabei sein,
diese generierten Daten auch fachlich produktionsnah zu arrangieren – Annahmen, die bezüglich der Datenstrukturen zu vereinfacht sind, können das Laufzeitverhalten bei solchen
Tests positiv oder negativ beeinflussen und damit die Testaussage wertlos machen.

Test der betrieblichen Anforderungen
Ebenfalls Teil des Testprogrammes ist der Nachweis der Erfüllung von betrieblichen Anforderungen, Fehlertoleranzen sowie Sicherheitstests (DoS, Sicherheitslücken, etc.). Weiterhin gibt es betriebliche Aktivitäten, die Betreibbarkeit und betriebliche Integration von
Applikationen sicherstellen sollten. Diese können die IT-Support-Systeme auf den Einsatz
von neuen Applikationen in der Produktionsumgebung vorbereiten. Ein zusätzlicher Nutzen von betrieblichen Testumgebungen kann der als Produktions-Referenzsystem sein:
Hier werden Fehler oder Probleme aus der Produktion nachgestellt – Fehler, die manchmal keine Software-Fehler sind, sondern auf Konfigurationsproblemen beruhen.

Unterschiede zwischen Test- und Produktionsumgebung
Das Konfigurations-Management bezüglicher aller Testumgebungen muss sehr genau
sein. Es gilt, dass Testumgebungen generell möglichst nah an der Produktionsumgebung
sind. Nur wirtschaftliche Gründe können dagegen sprechen. D. h. es muss für jeden Unterschied eine bewusste Entscheidung geben, die eine Begründung hat. Unterschiede müssen
dokumentiert sein, denn wenn es Probleme gibt, muss analysiert werden können, ob diese
auf Unterschiede der Umgebungen (Behebungsmöglichkeit durch den IT-Betrieb) oder
auf Softwareprobleme (Behebungsmöglichkeit durch Zulieferer) zurückzuführen sind.
    Das betriebliche Testen ist Teil einer organisatorischen Teststrategie, deren Umsetzung
in einem Testkonzept detailliert niedergeschrieben ist (darauf werden wir noch einmal in
Kap. 9.9.1 zurückkommen).
    Der Annex A aus [26] gibt einen tiefer gehenden Einblick in das Testen von Qualitäts-
anforderungen. Einige davon sind betriebliche Anforderungen, die nach unserer Logik
(siehe Abschn. 7.4.1) einfach genauer beschriebene funktionale Anforderungen von Se-
kundärnutzern sind.

7.4.4   Beispiel: der Verkaufsstart von SimCity

Die betrieblichen Tests aus dem Abschn. 7.4.3 müssen durchgeführt werden, um die Erfüllung von betrieblichen Anforderungen und von Qualitätsanforderungen zu prüfen. Aber
auch in den Anforderungen – in diesem Fall den Qualitätsanforderungen – können Fehler
verborgen sein, dies zeigt das Beispiel von SimCity.

Beispiel

„Wütende Fans verfluchen ‚SimCity'" – so titelte Spiegel Online [27] nach dem Start des Spiels SimCity im Jahr 2013. Der Ärger der Kunden war aber nicht im Spiel selber begründet – dieses war von der Fachpresse sogar sehr gut besprochen worden.

Neu war, dass man zum Spielen mit der neuen Version online sein und sich mit dem Spieleserver von Electronic Arts, dem Herausgeber des Spiels, verbinden musste.

Man konnte das Spiel nicht oder nur eingeschränkt spielen, weil dieser Spieleserver nicht für die hohe Last durch die Anzahl der Spieler beim Verkaufsstart ausgelegt war. Ein Firmensprecher: „Es haben sich viel mehr Leute eingeloggt, als wir erwartet haben." [27].

In der Folge bekam SimCity ein sehr hohe Anzahl an sehr schlechten Bewertungen bei Verkaufs- und Bewertungsplattformen. Bei Amazon (USA) waren dies beispielsweise über 4000 Ein-Stern-Bewertungen.

Mengengerüste – die ja erstellt werden, damit in betrieblichen Tests gegen sie getestet werden kann – müssen also Unsicherheitsfaktoren berücksichtigen und Sicherheitszuschläge beinhalten. Wichtig ist, dass die Mengengerüste nicht nur von Durchschnittswerten ausgehen, sondern dass auch Spitzenwerte von Spitzenstunden und von Spitzentagen berücksichtigt werden – je nach Relevanz kann dies auch Spitzenminuten und Spitzensekunden betreffen.

7.4.5   Der Umgang mit den Grenzen der eigenen Organisation

Schon erwähnt wurde, dass IT-Services typischerweise nicht nur aus Lieferleistungen der eigenen IT-Betriebsorganisation bestehen, sondern dass auch andere Organisationen zu ihnen beitragen. Das ist ziemlich sicher bei Comodity-Leistungen so (Strom, Abwasser, Hardware), kann aber auch komplexere IT-Leistungen einschließen (siehe auch das Thema Cloud in Abschn. 7.6.2). Der IT-Betrieb muss mit diesen Zulieferungen und den Grenzen der eigenen Organisation umgehen können.

Wenn Lieferleistungen wie geplant, wie erwartet und wie bestellt bereitgestellt werden, sind diese keine Problem. Wenn dies aber nicht erfolgt, muss klar sein, was zu tun ist. Das bedeutet:

- Innerhalb der Incident- und Problem-Management-Prozesse sind Fehlersuchen möglich
- Eskalationsmechanismen (funktional und hierarchisch – insbesondere innerhalb des Incident-Management-Prozesses) müssen klar und durchführbar sein
- Support durch Lieferanten ist vertraglich vereinbart, mit klaren Antwortzeiten und klaren Behebungszeiten für Fehler. Dies gilt für Software-Lieferanten ebenso wie für Hardware-Lieferanten. Bei Software sind dies der Applikations-Support bzw. die Wartungsleistungen.

- Fachkundiges Personal des IT-Betriebs ist in der Lage, mit den Lieferanten über Inhalte zu sprechen
- Integration von technischen Vorleistungen bedeutet nicht nur technische Integration von Vorleistungen. Es bedeutet auch eine *organisatorische* Integration von Lieferanten im obigen Sinne

Je mehr Zulieferer es gibt, desto eher wird sich ein IT-Betrieb in einer Sandwich-Position zwischen verschiedenen Lieferanten befinden (ein Problem, das mit Netzwerken von Lieferanten noch verstärkt wird, siehe Abschn. 7.7.2). Nur mit starkem, fachkundigem Personal sind solche Situationen zu klären, besonders dann, wenn Lieferanten ggf. kein Interesse daran zeigen, Ressourcen auf eine Problembehebung zu verwenden. Im Falle von groß angelegtem Outsourcing mit einer minimalen verbleibenden IT-Organisation ist dies umso wichtiger. Diese wird dann eine „retained organization" genannt.

7.5   Das Schichtenmodell

In diesem Abschnitt gehen wir durch die verschiedenen technischen Ebenen der Bereitstellung eines IT-Services für den Nutzer. Dabei geben wir zunächst einen Überblick über das Schichtenmodell, umfasseneres dazu gibt es jeweils in einer reichhaltigen Literatur (diese ist auch teilweise referenziert). Das Schichtenmodell wurde in Abschn. 7.2 schon kurz vorweggenommen. Nun also in die Details. Wir möchten hier die Sicht des IT-Betriebs auf die IT-Services schärfen. Wichtig sind uns also die Schlüsselpunkte für einen ganzheitlichen IT-Service, und dies je Schicht. Die Herausforderungen je Schicht werden dabei jeweils angesprochen. In Abb. 7.4 stellen wir eine beispielhafte Zusammensetzung dar – ein IT-Service, der sich aus den verschiedenen Schichten zusammensetzt.

Man sieht natürlich, dass die „Schichten" nicht reine Schichten – eine über der anderen – sind. Manche Themen können sich quer zu anderen verhalten. So wird ein Backup – einer der IT-Dienste – nicht nur auf der Ebene der Datenbanken, sondern auch auf IT-Anwendungsebene und ggf. auch auf Betriebssystemen gefahren. Aus Konsistenzgründen behalten wir jedoch die Bezeichnung „Schichtenmodell" bei.

7.5.1   Schichtenmodell von Geschäftsprozessen zu Technik

Um eine Unterstützung der Geschäftsprozesse durch IT-Services zu gewährleisten, muss eine Menge zusammenkommen. Wir behalten im Hinterkopf, dass die Schichten in der Regel auch zugekauft werden können, d. h. auf Vorleistungen von Lieferanten beruhen können. Wenn wir also beispielsweise von Gebäuden und Räumen für Server sprechen, dann müssen diese nicht unmittelbar beim IT-Betrieb angesiedelt sein. Sie können prinzipiell irgendwo auf der Welt stehen und durch andere Organisationen gemanagt werden. Aber sie können nicht nicht sein und sie müssen zumindest mittelbar dem IT-Betrieb zugeordnet sein: Er trägt die Verantwortung dafür, wenn Probleme entstehen.

Abb. 7.4 Beispielhaftes
Schichtenmodell

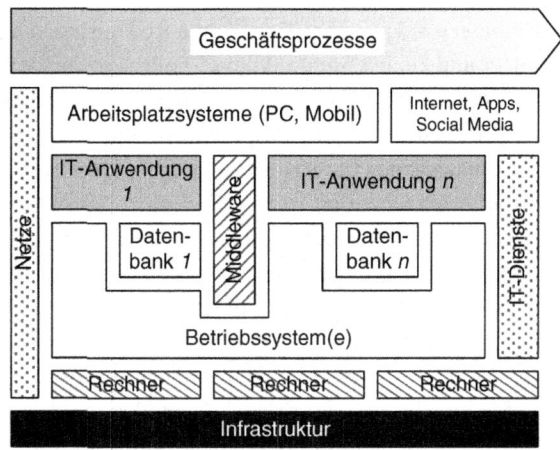

Das folgende Schichtenmodell erinnert natürlich – alleine schon durch den Namen – an das OSI-Schichtenmodell für Netzwerkprotokolle.

Wir beginnen also mit dem Fundament – dies im fast wörtlichen Sinne: die Infrastruktur bestehend aus Gebäude und Rauminfrastrukturen. Dazu gehören auch Brandschutz und physischer Schutz, Energie, Klima und Verkabelung.

Darauf baut die Hardware-Infrastruktur auf: Racks, Server, Speicher, Netzwerk (inkl. Firewalls, DMZ, etc.).

Als eines der bedeutenden IT-Support-Systeme wird dann die Backup und Recovery-Infrastruktur angeführt.

Die Software-Infrastruktur ist die Schicht, die von der Technik Richtung Geschäftsprozesse zeigt: Betriebssystem, Middleware und IT-Dienste.

Die IT-Anwendungen und Apps sind das Fenster zum Anwender an den Arbeitsplatzsystemen oder mobilen Geräten. Das andere Fenster im gleichen Haus sind Internet/Intranet-Auftritte – sei es für Nutzer im Unternehmen oder für Kunden des Unternehmens.

Die Ausfallsicherheit von IT-Services ist bei der Schichtung der beitragenden Komponenten ein entscheidender Faktor. Aufgegliedert werden kann diese insbesondere in die folgenden vier Faktoren [28]:

- Menschliche Eingriffe: Hierzu gehören geplante und ungeplante Downtimes sowie menschliche Fehler, organisatorische Mängel und vorsätzliches Handeln
- Technisches Versagen, beispielsweise durch inhärente Eigenschaften von Komponenten: Die Mean Time to Failure (MTTF) ist abhängig von Material und Verarbeitung sowie der Komplexität der System-Topologie
- Betriebsbedingungen wie Temperatur, Luftdruck, Feuchtigkeit, Stromstabilität, etc.
- Höhere Gewalt

Beim Design von Hochverfügbarkeit werden diese Faktoren berücksichtigt und entsprechend n + 1 Redundanzen (wobei n ≥ 1) oder andere Vermeidungsmaßnahmen ergriffen. Zum Design korrespondiert eine Gliederung von Rechenzentren in Tier I bis Tier IV-Einrichtungen [29] (wobei Tier I keine Redundanzen hat, Tier IV für Naturkatastrophen ausgelegt und keinen Single Point of Failure mehr hat).

IT-Sicherheit spielt in allen Schichten eine Rolle. Um diese zu erreichen gibt es Standard-Vorgehensweisen, beispielsweise die ISO 27001 in Verbindung mit IT-Grundschutz des Bundesamtes für Sicherheit in der Informationstechnik [30–32]. Konkret wird für die Sicherheitskonzeption (u. a.) nach einer Strukturanalyse eine Schutzbedarfsfeststellung getroffen bezüglich der Ziele Integrität, Vertraulichkeit und Verfügbarkeit. Daraus werden dann Maßnahmen zur Erreichung der Ziele abgeleitet.

Alle Aspekte der verschiedenen Schichten sind zu dokumentieren. Gebäudepläne, Verkabelungspläne, Netzwerkpläne etc. sind auf einer *adäquaten* Detaillierungsebene zu dokumentieren. In einem großen Rechenzentrum wird die Dokumentation in einer CMDB und in zugehörigen grafischen Darstellungen detailliert sein müssen, in einem kleineren IT-Betrieb (bei dem man ggf. sogar „einfach nachschauen" kann) vielleicht nicht. Was dokumentiert wird, muss allerdings auf einem *aktuellen Stand* gehalten werden. Als Gegenstück muss die dokumentierte Hardware und Software sauber gehalten werden. Beispiele:

- Die Raumnummerierung ist überall lesbar angebracht.
- Hardware (beispielsweise Kabel) wird sauber verlegt bzw. installiert und penibel beschriftet.
- Software wird in der DML (Definitive Media Library) vorgehalten, Installationen werden in der CMDB dokumentiert.

Dazu benötigt man natürlich eine Namenskonvention – und zwar für alles, was sich mit Namen versehen und nummerieren lässt. Dies geht von Räumen über Strom- und Netzwerkkabel sowie Racks bis hin zu physischen bzw. virtuellen Servern – die letzteren auch im Namen *deutlich* unterschieden nach Produktions- und Test-Servern. Zu weiteren Details von Dokumentation, siehe Kap. 5.

Ein Wort noch zur Wartung und Pflege:Diese ist auf allen Ebenen sicherzustellen. Die Art, wie dies auf den verschiedenen Ebenen gemacht wird, ist unterschiedlich. Die Pflege von Gebäuden und Räumen ist beispielsweise anders als die Pflege von Software. Im ersten Fall muss festgelegt werden, was und wie gereinigt wird, in welchen Intervallen dies geschieht, welche Utensilien und Reinigungsmittel verwendet werden (siehe z. B. [33]). Softwarepflege ist natürlich Software-zentriert. Jedoch sind ähnliche Methoden, insbesondere im Bereich Planung und Dokumentation, einsetzbar.

7.5.2 Infrastruktur (Gebäude, Brandschutz, physischer Schutz, Energie, Klima, Verkabelung, Monitoring)

Unter Infrastruktur fassen wir alles zusammen, was das Aufstellen von physischen Rechnern erst ermöglicht. Dies schließt im Besonderen ein [34]:

- Gebäude und/oder Räumlichkeiten, Brandschutz und generell physischen Schutz,
- Energiezufuhr und -verteilung (Stromzufuhr, USV, Notfallaggregate, Stromverteilung),
- Klima (HVAC: Heating, Ventilation, Air Conditioning) sowie
- Verkabelung.

Die Planung und Errichtung solcher Infrastruktur ist nicht trivial. Es gibt auch spezialisierte Firmen, die kleine und mittlere Rechenzentrumsräume mit gewünschten Eigenschaften als „RZ in der Box" anbieten. Diese werden dann innerhalb von Firmenräumen aufgestellt.

Gebäude oder Räumlichkeiten
Gebäude und/oder Räumlichkeiten für Rechner werden sorgfältig geplant. Das gilt insbesondere für Rechenzentren: Schon bei der Standortplanung und der Architektur werden die Risiken betrachtet (dies können beispielsweise die Wahrscheinlichkeit von Naturkatastrophen, aber auch politische und soziale Instabilität sein), Kapazitäten von Racks und von technischer Ausrüstung werden berücksichtigt, Doppelböden werden ausreichend bemessen und auf Gewicht ausgelegt. Die Bestandteile und Umgebung der passiven Netzwerkkomponenten sind beispielsweise Trassen, Kabel, Patchfelder und Dosen.

Brandschutzmaßnahmen sind IT-Technik-kompatibel. Das bedeutet einerseits Brandvermeidung (ein Rechenzentrum ist immer aufgeräumt, es stehen keine brennbaren Materialien herum, Elektrik ist geerdet), Branderkennung (Brandmelder), aber auch Löschanlagen (selbstverständlich kein Wasser oder Schaum sondern Löschgase – wobei hier wieder durch Personenmelder darauf geachtet werden muss, dass bei Einsatz dieser Löschgase keine Personen anwesend sind). Es kann auch sinnvoll sein, mit der lokalen Feuerwehr zu kooperieren, dabei ein gemeinsames Brandbekämpfungskonzept zu erarbeiten, regelmäßig Übungen zu organisieren und Schulungsmaßnahmen zu unterstützen.

Ein Gebäude und die Räumlichkeiten werden Zugangsschutz haben – dies kann von Zutrittskontrollen durch Sicherheitspersonal über Vereinzelungsanlagen bis zu einfachen Kartenlesegeräten und Kameraüberwachung reichen. Dies ist nur wirksam, wenn das Gebäude ansonsten physisch auf Sicherheit ausgelegt ist: Umzäunungen, Vermeidung von Fenstern, stabile Bauweise (manche Rechenzentren ziehen in alte Bunkeranlagen) als Beispiele sind essenziell.

Energiezufuhr und -verteilung
„Ein gut geplantes elektrisches System wird stabile Energie bereitstellen und ungeplante Ausfälle minimieren." [34]. Ein modernes Rechenzentrum wird n + 1 unabhängige Stromeingänge haben („unabhängig" bedeutet dabei räumlich getrennt, aber auch von unterschiedlichen Stromanbietern, idealerweise über unterschiedliche Stromtrassen). Ein Mittelspannungseingang mit Umwandlung in Niederspannung auf einem Rechenzentrumsgelände ist nicht ungewöhnlich. Über eine unterbrechungsfreie Stromversorgung (USV) führt der Strom zu den Stromverteilereinheiten (Power Distribution Units, PDU) und von dort in die Server. Natürlich ist dies eine simplifizierte Sicht – Umwandlungen von Wechsel- in Gleichstrom und umgekehrt, Parallelisierungen von Stromführungen, Effizienz-

maßnahmen (gerade bei den Stromverteilungen kann viel Effizienz verlorengehen) und andere Aspekte lassen wir hier außen vor.

Wo viel Strom fließt und viele elektrische und elektronische Geräte im Einsatz sind, kann Elektromagnetische Verträglichkeit (EMV) eine Rolle spielen. Auch deswegen werden geeignet geschirmte Kabel und Geräte eingesetzt. Wenn von außen störende Einstrahlung stattfindet, wird durch Messungen und ggf. Schirmung Abhilfe geschaffen.

Auf einen weiteren Aspekt der Stromversorgung – was geschieht, wenn die externe Stromzufuhr ausfällt – wurde bereits in Kap. 5.5.5 im Rahmen des IT-Notfallkonzepts hingewiesen.

Klima

Wir fassen unter dem Begriff „Klima" die Temperatur (also Kühlung und Heizung), die Lüftung und die Luftfeuchtigkeit zusammen. Die Kontrolle dieser Parameter ist für einen störungsarmen Betrieb und für die Langlebigkeit von Hardware wichtig. Dass dabei aber nicht übertrieben „gute" (niedrige) Zieltemperaturen festgelegt werden sollen und müssen, darauf werden wir in Abschn. 7.6.3 noch einmal eingehen.

Monitoring

Das Rechenzentrum wird mit einem Monitoring von Temperatur, Klima und der Infrastruktur-Komponenten, etc. ausgestattet. Im Idealfall ist dies in das technische Monitoring von IT-Komponenten integriert.

7.5.2.1 Beispiele: Klimaanlage im RZ eines Bundesamtes und Objektsicherheit bei einem RZ der Deutschen Bahn

Beispiel

Der Bundesbeauftragte für Wirtschaftlichkeit in der Verwaltung berichtete [35] im Jahr 1993 zu Mängeln und Risiken beim Einsatz von IT. Zwei der Beispiele sind für das Thema Infrastruktur besonders lehrreich.[11]

Beispiel 1: Klimaanlage

Die Klimaanlage in einem Bundesamt lief schon bei Normaltemperaturen unter Volllast, bei adversen, hohen Außentemperaturen konnte sie nicht die benötigte Kühlung erreichen. Das Dashboard hatte zudem offensichtlich noch einen Zeitverzug, so dass überhöhte Temperaturen nicht zeitnah angezeigt wurden.

Nach einer Störung dieser Klimaanlage mussten die Rechner nach 30 min wegen zu hoher Hitzeentwicklung ausgeschaltet werden.

Beispiel 2: Objektsicherheit bei einem Rechenzentrum der Deutschen Bahn

---

[11] Ganz im Sinne unserer Erwägungen in Kap. 1 bezüglich Beispielen, aus denen wir lernen können, weist der Bundesbeauftragte darauf hin: *„Selbst wenn der Anlass der diskutierten Einzelfälle oft nicht mehr gegeben ist, können und sollen die aus ihnen gewonnen Erkenntnisse dazu beitragen, möglichen Fehlern in gleich oder ähnlich gelagerten Fällen von vornherein entgegenzuwirken."*

Ein Rechenzentrum der Deutschen Bundesbahn (sic!) wies erhebliche Lücken bezüglich der Gebäudesicherheit und der Zugangskontrollen auf.

So lag das RZ ungeschützt an einer Straße und Fahrzeuge konnten direkt am Gebäude abgestellt werden. Die Gebäuderückseite war für den Pförtner nicht zu überwachen
und zudem lediglich mit niedrigen Garagenwänden ausgestattet. Die Sicherheitsberei-
che innerhalb des RZ waren nicht kontrollierbar, da die Schließmechanismen der Türen
von Mitarbeitern außer Funktion gesetzt waren. Über den nicht überwachten Personen-
aufzug war ein Zutritt zu den RZ-Anlagen möglich, die Bandarchive hatten keinen
gesonderten Zutrittsschutz und die Zugangsberechtigungen waren an viele Personen
ausgegeben worden, die sie nicht dauernd benötigten.

Insgesamt also eine Menge an Verbesserungspotenzial, das aber typisch für gewachsene
Strukturen sein dürfte.

7.5.2.2   Beispiel: Rechenzentrum auf Stelzen

Beispiel

In den fünfziger und sechziger Jahren des 20. Jahrhunderts war das Sicherheitsbewusst-
sein in Bezug auf Rechenzentren noch ein anderes. Im Vordergrund stand beispielsweise für IBM statt einer heute üblichen physischen Sicherheit eher werbewirksame
Exponiertheit. Es wurden „Lohnarbeitsbüros" mit Lochkartenmaschinen aufgebaut,
die von Passanten besichtigt werden konnten [36]. Dies war dann auch bei den ersten
Großrechnern so – Rechner und RZ-Betrieb als Kundenattraktion, die „bewusst im
Mittelpunkt des Geschehens" [36] aufgebaut wurden. Das Rechenzentrum des Post-
scheckamtes in Hamburg wurde sogar in einem Pavillonbau auf Stelzen untergebracht.
In [36] wird darauf hingewiesen, dass aufgrund der verkehrsgünstigen Lage und der
„dünnen Stelzen" ein Anschlag und ein darauffolgendes Verschwinden der Anschläger
recht einfach zu bewerkstelligen gewesen wäre.

In der Realität gab es allerdings auch nur einige Male kleinere Brandsätze an den
Säulen des Pavillons.

7.5.3   Hardwareinfrastruktur (Server, Netzwerk, Speicher)

Server werden in die Racks entweder eingeschoben oder es sind eigene Einheiten. Bei diesen Servern gibt es eine ganze Bandbreite von kommerziellen Produkten: Einfache Server
(bei denen alles einfach ausgelegt ist und die meisten Bauteilausfälle auch den Ausfall des
Servers bedeuten), verschiedene Stufungen bis hin zu komplett fehlertoleranten Servern
(bei denen vom Stromeingang über den Netzeingang bis zu den internen Bauteilen alles
redundant ausgelegt ist). Sie können unter anderem als Serververbünde oder als virtuelle
Server eingesetzt werden. Bei der Virtualisierung werden beispielsweise mehrere Server
zu einer Maschine virtualisiert, so dass nach außen nur ein Server sichtbar ist oder aber

es werden auf einem Server mehrere virtuelle Maschinen gefahren. Virtualisierung hat eine ganze Reihe von Vorteilen, einer davon ist, dass die unterliegende Hardware einfach getauscht werden kann, ohne dass es zu einer Beeinträchtigung des bereitgestellten IT-Services kommt.

Netzwerke als Hardware anzusehen ist bezogen auf aktive Verkabelung (also Netzwerkkomponenten, die auf eine Stromversorgung angewiesen sind) eine Vereinfachung. Netzwerke bestehen aus Hardware, Software und deren Konfigurationen. Je nachdem, wie groß und komplex das Netzwerk und die zugehörigen Konfigurationsarbeiten im täglichen Betrieb sind, werden Netzwerk-Aufgaben in manchen Unternehmen in eigenen Teams oder Abteilungen wahrgenommen.

Gerade bei Netzwerken ist darauf zu achten, dass Single Points of Failure (SPoF) nicht nur an diesen einzelnen Stellen anfällig sein können: Durch Aufschaukelungs- und Kaskadierungseffekte können sich bei Ausfällen auch Rückwirkungen auf weite Teile des Netzwerkes ergeben [37]. Aber auch Redundanzmaßnahmen im Bereich Netzwerk müssen sorgfältig geplant werden. Im Jahr 1986 gab es im ARPANET sieben dedizierte Leitungen zwischen New York und Boston. Sie wurden jedoch alle von *einem* Bagger durchtrennt – da sie eine gemeinsame Leitungsführung hatten [38]. Die Organisation der aktiven Verkabelung mit geeigneten Firewalls in eine (oder mehrere) Demilitarisierte Zonen (DMZ) ist Standard-Geschäft.

Storage kann server-spezifisch als Direct Attached Storage (DAS) vorgehalten werden. Vorteilhaft, da leicht skalier- und konsolidierbar, ist eine Anbindung über ein Storage-Area-Network (SAN) mit Fibre-Channel an den externen Speicher für viele Server. Diese mit hohen Durchsatzraten angebundenen Disk-Arrays sind normalerweise durch RAID1 (seltener RAID5) redundant aufgebaut und oft noch zusätzlich an ein entfernteres, gleichartig aufgebautes Disk-Array gespiegelt. Ein solches SAN würde man dann in Abb. 7.4 auch nicht den Rechnern zuordnen, sondern den IT-Diensten.

7.5.4   Backup & Restore

Bereits in Kap. 3.5.4 sind wir darauf gestoßen, dass regelmäßige Backups von IT-Systemen im Rahmen eines IT-Service zu den üblichen Maßnahmen eines Dienstleisters gehören. Die dafür eingesetzte Technik gehört zu den wesentlichen Support-Systemen einer IT-Betriebsorganisation.

Es zeichnen sich seit einiger Zeit mehrere Herausforderungen ab:

- Die Datenmengen wachsen – und damit auch die Datenmengen, die zu sichern sind.
- Die Anforderungen an Verfügbarkeiten von IT-Systemen steigen – Backup-Fenster, während der IT-Landschaften nicht verfügbar sind, weil ein Backup „offline" gezogen wurde, schrumpfen stetig.
- Die Datenstrukturen werden mit dem Thema Big Data heterogener – Daten sind unstrukturierter.

Bei der Backup-Architektur gibt es einen Trend zu mehrstufigen Lösungen wie Flash, Disk und Band – dabei werden wegen der schnelleren Performance Disk-Systeme zunehmend von Flash-Systemen abgelöst – gerade wenn mehrere zehn oder hundert TByte einer Datenbank gesichert werden müssen. Kleinere und mittelständische Unternehmen setzen weniger auf Tape, sondern eher auf NAS.

Aber nicht nur die richtige Technik der Backup-Systeme ist wichtig, auch die richtige Architektur der zu sichernden IT-Systeme. Datenmengen wachsen, so müssen die IT-Systeme, die gesichert werden sollen, auch ausreichend performant sein, ansonsten wird ein Backup zu lange dauern.

Es gilt die Regel: Ein Backup muss unabhängig vom Ursprungssystem wieder hergestellt werden können. Backups dienen also auch im Katastrophenfall und beim Wiederaufbau einer gesamten IT-Infrastruktur als Quelle. Dabei wird darauf geachtet, dass Kopien von vollwertigen Backups regelmäßig aus dem operationalen Rechenzentrum ausgelagert werden und sicher verwahrt werden. Nur in diesem Fall ist gewährleistet, dass auch nach einem Komplettverlust eines Rechenzentrums IT-Services wieder hergestellt werden können. Cloud-Lösungen können – unter den richtigen Rahmenbedingungen (siehe Abschn. 7.6.2) und mit den richtigen Bandbreiten in einem Recovery-Fall – helfen.

Eine Trennung von Betriebssystemen und deren Konfigurationen, Daten(banken) und Applikationen ist beim Backup nicht ungewöhnlich – aufgrund der unterschiedlichen Änderungsdynamik typischerweise sogar sehr ratsam. Auch können – wahrscheinlich aber recht zeitintensiv – Betriebssysteme und Applikationen durch Zugriff auf eine Software-Library (die DML, die Definitive Media Library, aus der ITIL-Begriffswelt) unter Hinzuziehung der Konfigurations-Datenbank (CMDB) wieder installiert werden. Für Daten in den Applikationen trifft dies nicht zu.

Bei Backup-Medien und Backup-Datenströmen ist, wie bei der zu sichernden Anwendung, für einen Zugriffs-Schutz zu sorgen. Es dürfen beispielsweise nicht beliebige Personen (physisch oder virtuell) auf Backups zugreifen können, Backups sind ggf. zu verschlüsseln, weitere Maßnahmen müssen je nach Schutzbedarf eingesetzt werden.

Backup- und Restore – also Datensicherung und Wiederherstellung – müssen im Rahmen von betrieblichen Tests erprobt werden. Hier geht es um die Leistungsfähigkeit des Backups (wird die Performanz des IT-Services gestört, muss für ein konsistentes Backup ggf. das Gesamtsystem heruntergefahren werden?). Es geht um die Erfüllung von zeitlichen Vorgaben bei einem Restore (bei Backups gibt es noch die Möglichkeit, inkrementelle oder Delta-Backups zu fahren – bei einem Restore spricht man typischerweise von einer kompletten Wiederherstellung). Dazu muss dem IT-Betrieb in einem Backup-Konzept klar sein, wann Full-Backups, wann Delta-Backups und wann inkrementelle Backups gezogen werden.

Es geht jedoch auch um Datenkonsistenz nach einem Restore: Wenn wir eine komplexere IT-Landschaft betrachten, geht es typischerweise nicht nur um eine konsistente Sicherung *eines* IT-Systems (oder *eines* IT-Services), sondern um eine konsistente Sicherung der *IT-Landschaft*. Wenn ein IT-Service keine Schnittstellen zu anderen IT-Services hat, ist eine konsistente Sicherung kein Problem, da einfach ein Backup gemacht wird.

Bei einer Vernetzung mit Datenaustausch (also mit Schnittstellen zwischen IT-Systemen), ggf. sogar mit bi-direktionalen Schnittstellen, kann auf andere moderne kommerzielle Verfahren zurückgegriffen werden. Gerade bei älteren IT-Services kann es sein, dass auf übergreifende Backup- und Restore-Fähigkeit bei dem Design des Services nicht geachtet wurde. Dann sind manchmal händische oder skriptbasierte Arbeiten nach einem Restore nicht zu vermeiden. Wenn diese gut dokumentiert sind, ist dies auch oft akzeptabel.

In allen Fällen muss es Tests der Backup- *und* Restore-Fähigkeit geben. *„Backup und Recovery sind Prozesse, die sorgfältig mit den verbundenen Systemen integriert werden müssen, begleitet von geeigneten Qualitätskontrollen, regelmäßigen Nachprüfungen und Aufrechterhaltung der Kompatibilität.“*[12]. Diese Tests können aufwendig sein und sind sorgfältig zu planen. Dabei wird dann nicht nur die Technik getestet, sondern auch die betrieblichen Prozesse zum Backup- und Restore. Zur Erinnerung: ein IT-Betrieb bietet nicht Technik an, sondern einen Service. Im Falle von Backup- und Restore wird die Verfügbarkeit eines Geschäftsprozesses auch unter widrigen Umständen (Ausfall von Hardware, Brand im Rechenzentrum, etc.) gewährleistet.

Das Thema Backup & Restore ordnen wir in Abb. 7.4 den IT-Diensten zu.

Zum Abschluss folgt nun in Abschn. 7.5.4.1 noch ein schönes Beispiel zum Thema Backup.

7.5.4.1 Beispiel: Master-Zertifikat der elektronischen Gesundheitskarte verloren

Beispiel

Im System der elektronischen Gesundheitskarte – ein Projekt der Gematik GmbH – gibt es nicht nur die eigentliche elektronische Gesundheitskarte, sondern auch den Heilberufeausweis. Damit die Chipkarten miteinander relevante Daten austauschen können, beruhen sie auf einer gemeinsamen Sicherheitsinfrastruktur. Dabei enthalten diese Chipkarten „für eine direkte gegenseitige Authentisierung entsprechende Schlüsselpaare und zugehörige CV-Zertifikate" [39].

Diese CV-Zertifikate hängen letztlich von dem Root-Certificate (Master-Zertifikat) der Root Certificate Authority ab (Root-CA). Die daraus abgeleiteten Zertifikate werden von einem Hochsicherheitsmodul erzeugt.

Im Jahr 2009 kommt es bei diesem Hochsicherheitsmodul anscheinend zu einem Spannungsabfall [40], das Modul löscht erwartungsgemäß seine Daten, da es einen Angriff vermutet. Das ist normalerweise kein Problem. In einem solchen Fall kann eine Sicherung (Backup) der Daten eingespielt und die Produktion der Kartenzertifikate wieder aufgenommen werden. Nicht aber hier: es gibt kein Backup.

---

[12] Englisches Original [38]: *„Backup and recovery represent processes that must be carefully integrated with their associated systems, with suitable quality control, periodic reverification, and maintenance of compatibility."*

Wer dafür die Verantwortung trägt, ist auf den ersten Blick nicht zu erkennen. Die dienstleistende Root-CA sagt, die Gematik habe kein Backup beauftragt. Die Gematik hingegen sagt, dass sie sich nicht gegen ein Backup entschieden habe und der Dienstleister den fortlaufenden Betrieb zu gewährleisten habe [40].

Fest stehen aber die Auswirkungen: es können keine neuen Heilberufeausweise mehr für Tests produziert werden – wenn neue benötigt werden, müssen alle bereits verteilten ebenso wie die elektronischen Gesundheitskarten ersetzt werden.

7.5.5 Softwareinfrastruktur (Betriebssystem, Middleware, Datenbanken, IT-Dienste)

Betriebssysteme sind die Mittler zwischen Hardware und Applikationen. Wir unterscheiden zwischen Betriebssystemen von Servern und Betriebssystemen von Arbeitsplatzsystemen (siehe Abschn. 7.5.7). Die Landschaft an Betriebssystemen von Servern ist reichhaltig, eine gewisse Homogenisierung der betriebenen und unterhaltenen Betriebssysteme (sowie deren Versionen) ist in einem IT-Betrieb natürlich erstrebenswert.

Eine Middleware ist Mittler zwischen verschiedenen Applikationen oder Prozessen. Dabei werden Daten oder Funktionsaufrufe zwischen den Applikationen vermittelt. Es handelt sich bei einer Implementierung einer Middleware im Wesentlichen um eine n:m-Schnittstelle. Gegenüber Point-to-Point- oder 1:n-Schnittstellen ist der Vorteil, dass besonders bei Daten- oder Funktionsaufrufen von verschiedenen Prozessen nicht jeder einzeln behandelt werden muss. Ein Nachteil von Middleware ist, dass sie da ist. Es ist eine IT-Komponente eingebaut, die durch einen Ausfall die Funktionsfähigkeit einer gesamten IT-Systemlandschaft in Mitleidenschaft ziehen kann. Statt vielen 1:1-Schnittstellen – eine Implementierung, die auf einem Architekturbild wie ein Spaghetti-Muster aussehen kann – sieht eine Middleware auf einem Architekturbild eher geordnet aus. Eng verbunden mit dem Begriff Middleware ist die SOA, die Service Orientierte Architektur. Wo der Einsatz tatsächlich sinnvoll ist und vor allem welche Middleware eingesetzt wird, muss je nach IT-Systemlandschaft und dem Geschäftsnutzen entschieden werden.

Datenbanken (oder: Datenbanksysteme) halten Daten. Die Datenbankmanagementsysteme – also die Teile der Datenbanksysteme, die sich um die Verwaltung der eigentlichen Daten kümmern – wurden im Laufe der Zeit immer mächtiger und raffinierter, insbesondere in Bezug auf Datenintegrität, Datenverfügbarkeit und Datenvertraulichkeit auf der einen und Performanz auf der anderen Seite. Es gibt eine reiche Palette an Datenbanksystemen, insbesondere im Open-Source-Bereich und im relationalen Bereich. Manche davon sind auch für sehr spezielle Verwendungen konzipiert. Zum Einsatz von Datenbanksystemen gilt gleichsinnig die Bemerkung zu der Homogenisierung der Betriebssysteme von oben.

Zusätzlich fassen wir in diese Schicht alle „IT-Dienste", die von Applikationen, Middleware, Betriebssystemen und Datenbanken in Anspruch genommen werden oder aber für den Betrieb benötigt werden. Dazu gehören Kommunikationssysteme, Webserver, Verzeichnisdienste, Domain Name Systeme, Zeitserver (NTP), aber auch IT-Support-Tools wie Monitoring, Softwareverteilung, etc. Weiter oben hatten wir bereits Backup & Restore-Systeme sowie SAN genannt. Diese in Abb. 7.4 dargestellten IT-Dienste sind nicht zu verwechseln mit den IT-Services, die dem Kunden angeboten werden.

7.5.6   IT-Anwendungen

IT-Anwendungen enthalten die eigentlich vom Nutzer gewünschte Unterstützung der Geschäftslogik. Sie werden auf Arbeitsplatzrechnern, fernen Zugängen oder über Apps zugänglich gemacht (siehe Abschn. 7.5.7) und gestalten damit auch die eigentliche Nutzer-Interaktion.

In einem typischen Unternehmen ist für eine Geschäftsprozess-Unterstützung selten nur eine einzelne IT-Anwendung ausreichend. Oft wird ein einzelner Geschäftsprozess, aber auch die Tätigkeit einer einzelnen Person, durch eine Vielzahl von Anwendungen ermöglicht. Diese Anwendungen können auch durch Schnittstellen miteinander verbunden sein – manchmal werden auch integrierte Tools mit internen Schnittstellen verwendet.

Auch im IT-Betrieb selber gibt es solche integrierten Anwendungen oder gar Schnittstellenkaskaden, beispielsweise im Bereich des IT-Service-Managements mit seinen verschiedenen Teil-Disziplinen. Man denke nur an Datenflüsse aus dem Monitoring der Anwender-Applikationen in ein Monitoring-Tool, dies gibt relevant klassifizierte Event-Meldungen an ein Incident-Management weiter. Von dort werden manche Incident-Meldungen in einem Problem-Modul weiterbearbeitet und ggf. werden hierüber entweder über eine technische oder eine manuelle Schnittstelle Einträge in einem Software-Fehlertool mit externer Anbindung der Lieferanten übertragen.

Die IT-Applikationen werden durch einen Applikationsbetrieb innerhalb des IT-Betriebs unterstützt. Hier werden IT-nahe Leistungen für Applikationen erbracht, Nutzer unterstützt und ggf. Tests und Rollouts vorbereitet. Diese Tätigkeiten sind in den Prozess-Rollen von ITIL enthalten. Gleichwohl gibt es Frameworks wie die Application Services Library (ASL), die diese Prozesse und Tätigkeiten separat betrachten.

7.5.7   Arbeitsplatzsysteme, Internet-Zugänge & Apps, Social Media

Arbeitsplatzsysteme sind im Kern Computer für Nutzer von IT-Services. Die Ausstattung kann variieren, für einen effektiven Support ist es jedoch notwendig, sowohl die Rechner als auch Peripheriegeräte zu standardisieren. Dabei wird es durchaus verschiedene Klassen an Rechnern geben – je nach Anforderungen und Anspruch der Nutzer. Ein Software-Entwickler als Nutzer eines Computers hat vollkommen andere Anforderungen als ein Nutzer in der Buchhaltung. Der Entwickler muss ggf. Administrationsrechte auf dem Computer haben, Entwickler benötigen nicht selten drei Bildschirme, die Rechner werden weniger Beschränkungen und höhere Leistungsfähigkeit haben. Ein Buchhalter wiederum wird ggf. andere Besonderheiten benötigen.

Arbeitsplatzsysteme werden durch den IT-Betrieb unterstützt. Hier finden sich dann auch die typischen Reibungspunkte: Unterstützte Systeme können bei einer Kostenverrechnung den Nutzern oder den relevanten Kostenstelleninhabern in den Fachabteilung schnell als „zu teuer" erscheinen. Sie sehen dann nicht, dass teilweise aufwendige Maßnahmen notwendig sind. Dies sind beispielsweise die Unterstützung der Nutzer, aber auch zusätzliche Services wie Filesysteme, Email, Unified Communication und die IT-Sicherheit. Lösung dieses Problems ist ein guter Service des User Help Desk, möglicherweise Quersubventionierung der Arbeitsplatzsysteme (jedoch lediglich in dem Ausmaß, dass sie nicht als „Freibier" gelten) und – wie immer – sehr gute und effiziente Prozesse.

Eine Möglichkeit, die Aufwände für den Support der Arbeitsplatzsysteme zu verringern, ist es, die Applikationen nicht direkt dort zu installieren, sondern sie dem Nutzer lediglich über eine Terminalsitzung zugänglich zu machen. Die Applikationen laufen auf Servern, die Arbeitsplatzsysteme sind thin clients mit niedrigeren Anforderungen an die Hardware. Auch Sicherheitsaspekte können bei einer solchen Lösung eine Rolle spielen.

Das Gegenstück zu thin clients ist der Einsatz von Fernwartungs-Software. Dies ist Software, die einen Fernzugriff auf den Rechner (und die grafische Oberflächendarstellung) erlaubt, und bei Fehlern und Fragen eine effizientere Unterstützung (ohne Einsatz von Vor-Ort-Personal) durch einen User Help Desk erlaubt.

Die Basisanwendung im externen Bereich ist natürlich der Internetauftritt eines Unternehmens (dieser ist üblicherweise über ein Content Management System sehr dynamisch und direkt in der Fachanwender-Hand). Ergänzend zu den Arbeitsplatzrechnern sind jedoch Zugänge auf Applikationen oder Geschäftslogik über Internet oder Apps zu sehen. Die Erwartungshaltung an die Dynamik ist hierbei sehr viel höher als bei internen IT-Anwendungen – die IT-Abteilung muss hierfür sowohl in der Entwicklung als auch im IT-Betrieb Vorkehrungen schaffen (siehe auch Abschn. 7.6.4).

7.5.8 Geschäftsprozesse

Die Geschäftsprozesse eines Unternehmens werden durch die IT-Services unterstützt – manche von ihnen sogar ausschließlich durch IT ermöglicht. Sie sind das, was „auf dem Platz zählt". Hier wird der Nutzen eines Unternehmens für seinen Kunden erzeugt.

Es werden auch die Sekundär-Prozesse, die Unterstützungsprozesse, von der IT ermöglicht. Zu nennen sind hier insbesondere

- die Personalprozesse (Lohnbuchhaltung, Zeiterfassung, Personalmanagement),
- die Prozesse aus Finanzen und Controlling (Finanzplanung, Kreditoren- und Debitorenbuchhaltung, Rechnungsfreigaben, Anlagenbuchhaltung, etc.),
- die Prozesse der Einkaufsfunktion (Bestellungen, Vertragsmanagement),
- die Marketing- und Vertriebsprozesse.

Die Wertschöpfung des Unternehmens geschieht in den Geschäftsprozessen – nichtfunktionale Anforderungen an die IT aus den Geschäftsprozessen schlagen sich in der Architektur der verschiedenen Ebenen nieder.

7.6   Neue Herausforderungen für den Betrieb

Der IT-Betrieb – so wie die IT-Branche als Ganzes – steht permanent vor neuen Herausforderungen und neuen Chancen. Die technischen Weiterentwicklungen gehen schnell voran. Wir erleben so manche Blase (die dann aber wieder schnell zerspringt) – diese Blasen werden gut abgebildet durch den Gartner Hype-Cycle. Es gibt aber auch viele grundlegend neue Bewegungen. Wir greifen hier vier heraus, die nicht nur technische Auswirkungen haben, sondern auch dem IT-Betrieb potenziell ermöglichen, dem Nutzer von IT bessere Services zu bieten.

7.6.1   PCs, mobile Geräte, BYOD, Consumerisation und COPE

Je nach Firmen- und Sicherheitsphilosophie war und ist „bring your own device" („BYOD") eine gern gesehene Ergänzung der Firmen-IT-Welt oder ein absolutes „no-go". Dabei ist es spätestens seit dem Aufkommen von Smartphones und Tablets nicht ungewöhnlich, an seinen Arbeitsplatz technische Geräte mitzubringen [41]. Auf der anderen Seite ist die Nutzung von IT-Anwendungen, die über eine Textverarbeitung und Internetnutzung hinausgehen, auch im privaten Bereich mehr und mehr zu einer bloßen Selbstverständlichkeit geworden. Mehr noch, die Grenze zwischen privater und geschäftlicher Nutzung von bestimmten Geräte und Anwendungen vermischt sich.

Dies hat zwei Auswirkungen für den IT-Betrieb.

Zum einen sind die IT-Anwender, Kunden des IT-Betriebs also, zunehmend zu mündigen IT-Nutzern geworden. Diese haben gewisse Vorstellungen von der von ihnen genutzten Technik. Langsame IT-Prozesse, teure Anwendungen und altbackene Geräte, die vielleicht (noch) ihren Zweck erfüllen, treffen nun nicht mehr die Erwartungen des Nutzers und werfen ein schlechtes Licht auf eine IT-Abteilung.

Zum anderen besteht die Erwartung, dass entweder private Geräte auch für geschäftliche Zwecke eingesetzt werden können und dürfen, oder aber, dass geschäftliche Geräte auch für den privaten Zweck verwendet werden können. Wenn diese Erwartungen von einem IT-Betrieb erfüllt werden, bringt dies natürlich Chancen mit sich. Die Mitarbeiterzufriedenheit wird größer (oder im Sinne der Hygienefaktoren aus Kap. 3.3.4 zumindest nicht kleiner), ggf. lassen sich Ausgaben für Hardware komplett oder durch angemessene Vereinbarungen mit dem Mitarbeiter zumindest teilweise sparen.

Die Risiken von BYOD sind allerdings aus der Sicht der IT-Informationssicherheit nicht zu vernachlässigen: der Informationsverbund des Unternehmens wird geschwächt.

Sicherheitsvorgaben und Beschränkungen, die im geschäftlichen möglicherweise imperativ sind, lassen sich auf privaten Geräten nicht installieren oder durchsetzen. Gerade für kleinere und mittlere Unternehmen kann zudem eine nicht starke Gerätevielfalt den IT-Betrieb vor nur noch schlecht lösbare Aufgaben stellen. Nicht nur müssen [41] bestimmte Maßnahmen für alle Endgeräte implementiert werden (Verschlüsselung der Datenverbindung, Unterbringung in eigenen Netzsegmenten, Monitoring, aktueller Virenschutz), es muss auch sichergestellt sein, dass Sicherheitsvorgaben für alle verbundenen Geräte eingehalten werden. Das Endgerät muss also entweder von außen gescannt oder (eher) mit einem Agenten als Bestandteil des Mobile Device Management ausgestattet werden. Dies dürfte bei Geräten, die nicht dem Unternehmen gehören – die also im Rahmen einer BYOD-Strategie eingesetzt werden – schwieriger durchzusetzen sein.

Die beiden Alternativen sind natürlich: Endgeräte, die von dem Unternehmen gestellt werden und die entweder für private Zwecke verwendet werden dürfen (COPE – Corporate Owned, Personally Enabled, siehe [42]) – oder aber nicht. Im ersteren Fall ist zumindest auf lohnsteuerrechtliche Implikationen zu achten. Der Vorteil bei dieser Richtung ist, dass eine Sicherheitspolicy auf den Geräten durchgesetzt werden kann und damit eine Trennung von privaten und geschäftlichen Daten gewährleistet wird.

Es ist schwer, in großen, mittleren und kleineren Unternehmen eine einheitliche Linie auszumachen. Eine beliebige BYOD-Policy – also eine „BAOD"-Policy („bring any own device") – ohne irgendwelche zusätzlichen Sicherheitsmaßnahmen ist aus eher unbekümmerten, kleineren Unternehmen bekannt.

Es sind ansonsten auch im COPE-Kontext alle vorstellbaren Schattierungen bekannt:

- Firmen-Smartphones/-Tablets/-Rechner, die zwar mit einem Mobile Device-Management verwaltet werden, jedoch die Möglichkeit bieten, privat beliebige Apps zu installieren (und natürlich selber zu bezahlen). Dabei werden die Mitarbeiter auf ihre Sorgfaltspflicht hingewiesen.
- Firmen-Smartphones/-Tablets/-Rechner, die mit einem Mobile Device-Management verwaltet werden, und die die Möglichkeit für den Mitarbeiter bieten, eine Anzahl ausgewählter, üblicher und zumindest kursorisch geprüfter Apps zu installieren (die der Mitarbeiter ggf. selbst bezahlt). Dabei werden die Mitarbeiter auf ihre Sorgfaltspflicht hingewiesen.
- Firmen-Smartphones/-Tablets/-Rechner, die „in Blei gegossen" sind – es gibt wenige, und zwar rein geschäftliche, Apps ohne zusätzliche Installationsmöglichkeiten und ohne zusätzliche Gestaltungsmöglichkeiten auch der geschäftlichen Nutzung. Eine private Nutzung der „Restfunktionalitäten" ist jedoch gestattet. Die Gefahr hierbei ist, dass durch die Hintertür von IT-affinen Nutzern doch wieder unsichere Geräte (IB-MOD-NoMaWYS – „I bring my own device, no matter what you say") in die Kommunikationsnetze des Unternehmens eingebracht werden.

Ob tatsächlich BYOD gestattet wird (oder verhindert werden soll) lässt sich nur durch Analyse der Sicherheitsanforderungen – ggf. auch Service-bezogen – sagen. Möglicherweise ist schon der Zugriff auf Emails, Kalender und Kontakte ausreichend, um die Bedürfnisse der IT-Kunden weitgehend zu befriedigen. In [41] ist zu Recht angemerkt, dass aus Sicherheitssicht „BYOD zudem auch nicht bedeuten [kann], dass beliebige Endgeräte uneingeschränkt eingesetzt werden dürfen". Die erlaubten Endgeräte für BYOD sollte demnach mit Blick auf den Verbreitungsgrad („welche?") und auf die Ressourcen des IT-Betriebs („wie viele?") beantwortet werden.

Unser Favorit ist jedoch aufgrund der genannten Vorteile COPE.

7.6.2 Die Cloud

Eine der wichtigen Eigenschaften der Cloud ist die Möglichkeit, schnell skalieren zu können. Das bedeutet, dass Ressourcen entweder auf Anforderung (über Selbstverwaltung durch den Cloud-Kunden) oder automatisch zur Verfügung gestellt werden. Ressourcen sind typischerweise standardmäßig über verschiedene (auch heterogene) Endgeräte zugänglich. Eine schnelle Skalierbarkeit von IT-Leistungen ist auch, noch vor einer erhöhten organisatorischen Flexibilität und verringertem Administrationsaufwand, das Top-Ziel von Unternehmen, die Cloud-Lösungen nutzen oder nutzen wollen [43].

Die cloudbasierten Service-Modelle sehen im Groben drei Abstufungen vor:

- **Infrastructure as a Service (IaaS)**: Der Begriff ist etwas irreführend, da gerade nicht Infrastruktur als Service angeboten wird. Der Service setzt typischerweise etwas höher an, so dass „Infrastruktur" für den Servicenehmer nicht mehr zu sehen ist[13]: Angeboten werden also Rechenleistungen, Speicherplatz oder Netzwerkdienste. Die Rechenleistungen können dabei auch unterhalb des Betriebssystems aufsetzen, d. h. das Betriebssystem kann auch vom Service-Nehmer installiert und verwaltet werden. (Dies kann sinnvoll sein für Fälle, bei denen im wesentlichen Rechenleistungen und Speicherplatz auf einem bestimmten Betriebssystem benötigen werden, beispielsweise für Batchanwendungen aus dem akademischen Bereich bei der Nutzung von numerischen Modellen [45]). IaaS nimmt den größten Marktanteil ein.
- **Platform as a Service (PaaS)**: Hier können vom Anwender Applikationen oberhalb der Betriebssystemebene aufgespielt und verwaltet werden. Die Kontrolle des Anwenders über die Systemebene der IT ist hier also eingeschränkt. Besonders im Entwicklungsumfeld und beim Testen können sich solche Services lohnen.
- **Software as a Service (Saas)**: Hierbei werden Applikationen in der Cloud zur Verfügung gestellt und vom Kunden und seinen Anwendern genutzt. Der Anwender nutzt die Applikation und hat dabei bestimmte (limitierte) Konfigurationsmöglichkeiten. Gute

---

[13] „The cloud infrastructure can be viewed as containing both a physical layer and an abstraction layer. [...] The abstraction layer consists of the software deployed across the physical layer, which manifests the essential cloud characteristics" [44].

Beispiele hierfür sind Cloud-Lösungen aus dem Customer-Care-Umfeld, Dokumenten-Management, Email- und Office-Angebote.

In den jungen Normen ISO/IEC 17788:2014 und ISO/IEC 17789:2014 [46, 47] werden diese Cloud Service Kategorien noch vertieft: NaaS – Network as a Service, DSaaS – Data Storage as a Service, Compute as a Service und Communication as a Service (also Bereitstellung von Netzstrukturen, z. B. IP-Dienste oder Virtual Private Networks).[14] Diese Abstufungen können jedoch für eine wirkliche Beurteilung von Cloud Services unerheblich sein, man kann auch die Sicht vertreten, dass alle diese Service-Modelle mehr gemeinsam haben, als dass sie sich unterscheiden [48]. Mit etwas Abstand betrachtet, geht es immer um Geschäftsprozesse, Rechenleistung, Speicher oder Bandbreite – bei einer sehr weitreichenden Spannbreite der tatsächlichen Dienste.

Wichtiger als die vier Modelle zur Bereitstellung (die Private Cloud, die Public Cloud und dazwischen die Community Cloud und die Hybrid Cloud) ist das Rollenmodell, das folgende Rollen für Cloud Services vorsieht:

• Anbieter: der die Cloud Services bereitstellt (mitsamt den verschiedenen Rollen, die in seiner Organisation besetzt werden)
• Kunde: der die Cloud Services einkauft (mitsamt dem Nutzer, der die Cloud Services nutzt, dem Business Manager, dem Cloud Service Administrator und dem Cloud Service Integrator)
• Partner: der (entweder den Anbieter oder den Kunden) unterstützt, dies sind beispielsweise ein Cloud Service Auditor (der Audits zur Bereitstellung und Nutzung von Cloud Services durchführt) oder ein Cloud Service Broker (der Cloud Services vermittelt).

Die Beschreibung in den ISO-Normen orientiert sich stark an der bereits zitierten NIST-Definition [44] und an der NIST-Referenz-Architektur für Cloud Computing [49].

Weitere Standards zu Service Level Agreements beim Cloud Computing (ISO/IEC 19086-1 -2 und -3) sind in Vorbereitung.

Chancen und Risiken der Cloud
Cloud-Lösungen bedeuten für einen IT-Betrieb die Chance, auf der personellen Seite skalierungsarm und schnell mehr IT-Ressourcen und Services zur Verfügung zu stellen. Die Skalierungsfähigkeit der technischen Ressourcen ist eine der Hauptchancen der Cloud Services. Dabei sind drei Schattierungen von Skalierung relevant (nach [48]):

• Anforderungen an Rechenleistungen, Speicher oder Bandbreite variieren im Laufe der Zeit. Dies ist beispielsweise bei wöchentlichen, monatlichen oder jährlichen Zyklen

---

[14] Nicht genannt wurde „Service as a Service".

der Fall. IT-Services sind typischerweise auf Spitzenmengengerüste ausgelegt – diese können die durchschnittlichen Werte um typische Faktoren von 2 bis 10 übersteigen.[15]
- Anforderungen sind nicht von vorneherein bekannt. Das ist insbesondere bei Start-Ups der Fall, wo Zuwachsraten (oder Abnahmeraten) enorm sein können – und entsprechend eine Variabilität der IT-Serviceleistung ohne entsprechende Ausgaben für Hardware ökonomisch sinnvoll ist.
- Organisationen, die kurzzeitig mit sehr hoher Rechenleistung ansonsten lange Operationen sinnvoll abkürzen könnten (da „die Benutzung von 1000 Servern für eine Stunde nicht mehr kostet als die Benutzung von einem Server für 1000 h"[16]).

Aber nicht nur Skalierungsfähigkeit ist bei der Cloud ein Vorteil, auch eine größere Agilität bei der Bereitstellung von Services (beispielsweise für agile IT-Projekte) kann eine Rolle bei der Wahl von Cloud-Lösungen spielen.

Wenn Cloud-Lösungen in den IT-Betrieb integriert werden, ist der IT-Betrieb selber für diese Vorleistung verantwortlich – genau wie er bei anderen ausgelagerten IT-Services dafür verantwortlich ist. Viele der Fragen und Antworten beim klassischen Outsourcing sind auch für die Einbeziehung der Cloud Services zutreffend. Die Kundenbeziehung kann dem IT-Betrieb dabei nicht abgenommen werden, die Ende-zu-Ende-Verantwortung ebenfalls nicht. Im Wesentlichen wird dann nur das Liefermodell für IT-Leistungen verändert. Wenn ein IT-Betrieb also Cloud-Services einkauft, muss er dafür sorgen, dass diese auch eine adäquate Service-Qualität liefern und für diese sorgen.

Cloud Computing erlebt einen – angesichts der Chancen – berechtigten Zuspruch. Für den IT-Betrieb sind damit aber, jenseits der Chancen, erhebliche Herausforderungen verbunden. Diese sind zu einem guten Teil in Datenschutz-Themen begründet: Verfügbarkeit, Vertraulichkeit und Integrität von Daten.

Falls Cloud-Lösungen direkt von Fachbereichen – und nicht über einen Service des IT-Betriebs – bezogen werden, gibt es für die Firma als Ganzes Fallstricke. Diese erheblichen Risiken für die Gesamtorganisation sind dabei unter anderem in folgenden Bereichen zu suchen:

- Auf der **architektonischen Seite**: Es wurden von vielen Firmen erhebliche Anstrengungen unternommen, um integrierte Applikationen anzubieten, Geschäftsprozesse durchgängig IT-technisch zu unterstützen sowie Schatten-IT und Unter-Tisch-IT abzulösen. Konsolidierung, Überwindung von IT-Silos, Nutzung von Synergien und Etablierung einer Daten-Architektur sind hierbei Stichwörter. Durch isolierte Cloud-Lösungen (ins-

---

[15] Der Vorteil von Cloud-Lösungen, die scheinbar unendliche Rechen-, Speicher- und Bandbreiten-Leistungen, kann aber auch gerade hier an ein Ende kommen: Nämlich dann, wenn die Nutzer eines Cloud-Anbieters dem gleichen Zyklus unterliegen (beispielsweise dem Weihnachtsgeschäft).

[16] Englisches Original [48]: „...*since using 1000 servers for one hour costs no more than using one server for 1000 h.*"

besondere bei Saas), die möglicherweise noch bei verschiedenen Cloud-Anbietern bezogen werden, droht eine Verinselung der IT. Dies wird in manchen Anwendungsfällen
unschädlich sein, bei anderen Anwendungsfällen ergeben sich dann aber nur Silo-Vor-
teile bei gleichzeitig großen Nachteilen für das Gesamt-Unternehmen.

- auf der **administrativen Seite**: Ungeklärte Erfüllung der Schutzbedarfen von – insbesondere personenbezogenen – Daten. Das Bundesdatenschutzgesetz (BDSG) [50]
reguliert insbesondere die Übermittlung und Verarbeitung von personenbezogenen
Daten. Im Extremfall könnte der Einsatz von Cloud-Lösungen mit ungeklärten Rahmenbedingungen gegen das Bundesdatenschutzgesetz verstoßen. Haftungsrechtliche
Ansprüche von Betroffenen und ein möglicher Imageschaden können die Folge sein.
- Auf der **Service-Seite** sind beispielsweise Verfügbarkeiten und Wiederherstellungszeiten zu klären.

Es ist empfehlenswert, vor dem Abschluss eines Vertrages systematisch alle Anforde-
rungen und gesetzlichen Rahmenbedingungen zu verstehen. Eine Checkliste wie die des
BITKOM [51] für Saas kann dabei unterstützen, ebenso das White Paper zu IT Service
Management und Cloud Computing von Axelos [52].

Enterprise-Service-Kunden sind verleitet, insbesondere bei einem scheinbar unfle-
xiblen und langsamen IT-Betrieb, auf Cloud-Lösungen auszuweichen. Das ist eine Ver-
haltensweise, die den IT-Betrieb anspornen sollte, mit besserer Leistung wahrgenommen
zu werden (also: IT-Services zu verbessern). Ein IT-Betrieb muss aber im Extremfall si-
cherheitsgefährdende Lösungen technisch unterbieten (also beispielsweise den Zugang
zu einem Cloud-Anbieter aus dem Firmennetz blockieren). Dabei ist immer der Gesamtnutzen für das Unternehmen und die Kunden der IT im Auge zu behalten. Der IT-Betrieb
muss immer solche Lösungen unterstützen, die *für den Nutzer* eine sinnvolle Ergänzung
sind.

Themen, die geklärt werden müssen, sind insbesondere die folgenden (adaptiert und
erweitert nach [53]:

- **Verfügbarkeit der Daten und Services**: Möglicherweise ungeklärte oder ungünstige
technische bzw. vertragliche Verhältnisse sind im Normalbetrieb oft nicht kritisch, wenn
es jedoch um Störungsfälle oder Wiederherstellungszeiten geht, können sie bedrohlich
sein. Was sind die SLAs des Cloud-Anbieters? Für IT-Services, die hochverfügbar sein
müssen (siehe auch Abschn. 7.8.2) gilt natürlich: kein Single Point of Failure (SPOF)
– deswegen muss in solchen Fällen erwogen werden, verschiedene Cloud-Services ein-
zukaufen. Die vertragliche und technische Transferierbarkeit von Inhalten (beispielsweise in Hinblick auf proprietäre Formate und auf Bandbreiten) muss ebenso betrachtet
werden.
- **Integrität der Daten**: Es muss sichergestellt sein, dass Daten während der Verarbeitung unversehrt, vollständig und aktuell bleiben. Dabei stellt sich die Frage, ob der
Cloud-Anbieter auditierbar ist. Wie kann sich der IT-Betrieb versichern, dass die Integrität von Daten (ob personenbezogen oder nicht) im erforderlichen Maß gesichert ist?

- **Vertraulichkeit der Daten**: Cloud-Anbietern ist das Thema Vertraulichkeit in der Regel ein Anliegen. Dies darf aber nicht auf eine technisch sichere Verbindung zwischen Cloud-Ressourcen und IT-Anwender beschränkt sein. Wie transparent sind die Sicherheitsmaßnahmen des Cloud-Anbieters? Welche Vorkehrungen prozessualer und technischer Art trifft er?
- **Regulatorische Fragestellungen**: Allein schon die Frage, in welchem Land personenbezogene Daten gespeichert werden, kann erhebliche Auswirkungen bei der Auftragsdatenverarbeitung haben. Gleiches gilt für den Firmensitz des Cloud-Anbieters.
- **Administrative Tätigkeiten**: Wer ist für Installationen, Patches, Fixes und Aktualisierungen verantwortlich?
- **Transparenz**: Ist die Verfahrensweise bei der Verarbeitung personenbezogener Daten vollständig, aktuell und so dokumentiert, dass sie zeitnah nachvollzogen werden kann? Ist sie auditierbar?
- **Revisionssicherheit**: Hierbei muss feststellbar sein, durch wen welche Daten zu welchem Zeitpunkt auf welche Art verarbeitet wurden.

Der IT-Betrieb ist hier Akteur und muss – egal in welcher Organisationseinheit Cloud Services genutzt werden – sich mit seiner Expertise auch zu Datenschutzthemen stark einbringen.

Bei einer Bewertung muss natürlich auch darauf geachtet werden, welche Zielgruppe in einem Unternehmen mit Cloud Services bedient werden soll. Schwerfällige Prozesse bei der Zurverfügungstellung von IT-Ressourcen wird beispielsweise IT-Entwickler stärker zu Ausweichlösungen animieren als andere Kunden. „Andere" Kunden deshalb, weil auch IT-Entwickler Kunden der IT sein können. Und gerade Entwicklern muss also eine ausreichende Flexibilität bei der Bereitstellung von IT-Ressourcen eingeräumt werden: Dies kann beispielsweise in Form einer Private Cloud – d. h. einer Cloud, die ausschließlich für einen definierten Kundenkreis bereitgestellt wird – mit Self-Service Provisioning und weiteren Möglichkeiten der Eigenbedienung geschehen.

Eine IT der zwei Geschwindigkeiten, insbesondere unter Einbeziehung von Cloud Services, wird in der Literatur manchmal als „bimodal" bezeichnet. Aber gleichgültig, wie man eine auf die Kundenbedürfnisse ausgerichtete IT bezeichnet: Die IT muss mit dem Spannungsfeld zwischen Stabilität von IT-Services und Anforderungen an Flexibilität leben und den Bedürfnissen, die aus dem Kerngeschäft kommen, Rechnung tragen. Dieses Spannungsfeld greifen wir u. a. in Kap. 9.8 wieder auf.

Es galt lange Zeit als Paradigma, dass der Standort eines Cloud-Anbieters bzw. Cloud-Rechenzentrums gleichgültig sei – dies ist aber spätestens seit den Enthüllungen von Edward Snowden nicht mehr so. Auch das Safe Harbor Abkommen zwischen der Europäischen Union und den Vereinigten Staaten ist in der jüngeren Vergangenheit nicht mehr als ausreichend angesehen worden [54]. Dieses Abkommen erlaubte es EU-Unternehmen personenbezogene Daten an Firmen in den USA, die sich den Safe Harbor-Prinzipien verpflichten, zu übermitteln. „*Es bestehen bei europäischen Datenschutzaufsichtsbehörden erhebliche Zweifel, ob das Abkommen tatsächlich zur Herbeiführung eines angemessenen Datenschutzniveaus geeignet ist*" [54]. Nicht vollkommen überraschend war deswegen die Entscheidung des Europäischen Gerichtshofes (EuGH) im Oktober 2015, dass die irischen Datenschutzbehörden sich nicht auf das Safe-Harbor-Abkommen berufen dürfen, und dass dieses nach EU-Recht ungültig ist.[17]

Doch nicht erst vor dem Hintergrund des NSA-Skandals ist das Thema Datenschutz ein Top-Thema – für die Generalisten unter den IT-Managern war es das schon immer. Im Markt wird dies anscheinend inzwischen auch so wahrgenommen, beispielsweise durch das Anbieten von lokalen (in Deutschland basierten) Cloud-Lösungen [57]. In wieweit die geplante Datenschutz-Grundverordnung [58] weitere Hilfestellung dabei gibt, einen guten Datenschutz auch verlässlich und rechtssicher zu leisten, wird zu sehen sein.

7.6.3 Green-IT

Rechenzentren sind Stromfresser. Der Anteil der Stromkosten an den Gesamtkosten bei großen (Co-location) Rechenzentren kann erstaunlich hoch sein, aus Interviews von Betreibern ergeben sich bis zu 30–40 % [59]. Aber selbst große Hosting-Rechenzentren können 20 % und mehr erreichen. Die Leistungsaufnahme aller Rechenzentren liegt bei ca. 10 Terawattstunden pro Jahr, was ca. 1,8 % des Stromverbrauches entspricht. Trotz einer Vervierfachung der Serveranzahl zwischen den Jahren 2003 und 2013 und einer Steigerung der Anzahl der physikalischen Server um 50 % auf ca. 1,6 Mio. ist die IT-Fläche nur um ca. 42 % angewachsen – also unterproportional, ebenso wie der Stromverbrauch.

Es bestand und es besteht also auch ein ökonomischer Anreiz, Strom zu sparen. Dies alleine ist noch nicht „Green IT", ist aber ein wichtiger Bestandteil bei diesem Versuch, die IT ressourcenschonend über den Lebenszyklus (Erstellung, Einführung, Betrieb, Außergangsetzung, Entsorgung) von Hardware, aber auch von anderen IT- und Unterstützungskomponenten zu gestalten.

In [60] wird darauf hingewiesen, dass Green-IT zweifach verstanden werden kann: Als Nutzung von IT, um Ressourcen zu schonen (beispielsweise durch eine streckenbezogene Lkw-Maut, die bei den Straßenbenutzungsgebühren Umweltfaktoren berücksichtigt [61]), oder aber durch Einsatz von ressourcenschonenden Techniken beim Einsatz von IT. Wir konzentrieren uns hier im Kontext des IT-Betriebes natürlich auf die letztere Variante.

Ein starker Treiber für Green-IT sind regulatorische Vorgaben, beispielsweise die EU-Richtlinie 2011/65/EU zur Beschränkung der Verwendung bestimmter gefährlicher Stoffe in Elektro- und Elektronikgeräten („RoHS-Richtlinie"), die in Deutschland durch das

---

[17] Englisches Original [55]: „*the Court declares the Safe Harbour* [sic!] *Decision invalid.*" Die deutsche Version dieser Pressemitteilung des EuGH klingt etwas weniger spektakulär [56]: „*Aus all diesen Gründen erklärt der Gerichtshof die Entscheidung der Kommission vom 26. Juli 2000 für ungültig.*"

Elektro- und Elektronikgerätegesetz (ElektroG) und in Österreich durch die Elektroalt-
geräteverordnung in nationales Recht umgesetzt wurde.

Die Anmerkungen oben zeigen jedoch, dass auch ein starker finanzieller Anreiz hinter
Vorschlägen zur Green-IT stecken kann (auf Image-Gründe gehen wir hier nicht weiter
ein). Der Bayerische Oberste Rechnungshof stellte beispielsweise 2010 ein Einsparpotenzial von 40% alleine bei der Kühlung von staatlichen bayerischen Rechenzentren fest
[62]. Bei fünf Mio. € Aufwänden hierfür bedeutet dies ein Einsparpotenzial von zwei
Mio. €. Es wurde festgestellt, dass

- viele der Rechenzentren zu kühl waren, nämlich bei 19–22 °C statt bei optimalen 24–
  26 °C ([63] nennt 25–30 °C)
- sich zusätzlicher Kühlungsbedarf durch Wärmestau in geschlossenen Racks gebildet
  hatte (statt diese Racks offen zu lassen oder luftdurchlässige Gitter einzubauen)
- die Kühlung unvorteilhaft angebracht war, so dass die gekühlte Luft häufig statt auf die
  Racks auf Wände oder Decken ausgerichtet war
- die Kühlung auch dann lief, wenn dies nicht notwendig war (nachts und im Winter) und
  Freie Kühlung nirgends praktiziert wurde, zudem wurde Abwärme nicht zum Heizen
  anderer Gebäudeteil verwendet
- bei der Planung von Serverräumen zu wenig auf nordseitige Ausrichtung geachtet wurde
- bei der Anbringung der Kühl-Außengeräte nicht ausreichend darauf geachtet wurde,
  dass diese an kühlen Orten (und nicht auf Flachdächern oder in Spitzböden) installiert
  werden
- die Angestellten des IT-Betriebs nicht sensibilisiert waren und sie keine konkrete Hand-
  lungsanleitungen hatten
- es im Lebenszyklus der IT-Infrastruktur keine übergreifende Zuständigkeit für Energieverbrauch gab.

Alleine diese Kritikpunkte und Empfehlungen geben genügend Anregungen für einen IT-
Betrieb, den eigenen Umgang mit Kühlung und Stromverbrauch zu prüfen. Nach [63]
(eine höchst lesenswerte Referenz) kommen die höchsten Effizienzverluste bei der Elek-
trizität tatsächlich aus Kühlverlusten – weniger aus Stromverlusten beispielsweise durch
Umspannen und insbesondere USVen.

Andere Rechenzentren weiten noch das Sichtfeld und führen CO_2-emissionsneutra-
le Stromerzeugung (beispielsweise durch Biogas-Generatoren) ein. Eine Konsolidierung
von Servern und Virtualisierung hilft auch beim Stromverbrauch.

Es ist nicht abzusehen, dass in Zukunft Strom billiger würde – Stromverbrauch und
Kühlung werden deswegen auch weiterhin beachtet werden müssen. Ein ökonomischer
Anreiz für Green-IT ergibt sich so fast von alleine. Dies auch, wenn man berücksichtigt,
dass die Leistungsdichte in Rechenzentren eher nach oben als nach unten geht. Um die

Jahrtausendwende waren es noch pro m² ca. 500 W Leistungsaufnahme, heute geht es eher in Richtung 1–2 kW [59].

Das Thema Green-IT erfasst natürlich nicht nur Server und Kühlung, sondern alle Aspekte des IT-Betriebs. Insbesondere eine Strategie zu den dezentralen Komponenten (also Anwender-Rechnern und Mobilen Geräten) als verborgene Verbraucher kann hierbei von Bedeutung sein.

Wenn Green-IT eine nachhaltige Rolle im IT-Betrieb spielen soll, ist es sinnvoll, diese auch in der IT-Strategie festzuhalten (siehe auch Kap. 5.3.2).

7.6.4 DevOps

DevOps (das Wort ist eine Zusammenziehung aus Development und Operations) ist eigentlich keine neue Herausforderung für einen Betrieb – aber eine, die brennender ist denn je. Dementsprechend ist sie im Gartner Hype Cycle für IT Operations Management [64] im Ansteigen.

Mit Aufkommen von agilen Software-Entwicklungsmethoden bekommt die Frage der stärkeren und konstruktiveren Zusammenarbeit zwischen Entwicklern, Testern und IT-Betrieb ein ungleich stärkeres Gewicht. Im Kern geht es um das Thema Geschwindigkeit. „Warum können Entwickler immer schneller entwickeln und neue Releases schnüren, aber ein IT-Betrieb benötigt Ewigkeiten, um neue, heiße Applikationen in Betrieb zu nehmen?" Der IT-Betrieb als Flaschenhals.

Auf der anderen Seite sind Entwicklungseinheiten (wir werden in Kap. 9.9 auf die typischen Spannungsfelder eines IT-Betriebs zurückkommen) beim IT-Betrieb oft nicht gut angesehen. Sie liefern schlechte Qualität, verstehen die Verantwortung des Betriebs nicht und möchten nur mit immer neuen Entwicklungsmethoden die Aufwände des Betriebes vervielfachen.

Die Wahrheit liegt wahrscheinlich in der Mitte und es liegt an beiden Seiten, latente Konflikte zum Wohle des Unternehmens zu lösen – der Beitrag zum Ganzen [65] ist gefragt. In den Zielen eines IT-Dienstleisters (die natürlich auch untereinander in Konflikt stehen) ist „kurze Lieferzeit" eine der relevanten Dimensionen [66].

Was sind also die Lösungen, die aus dem DevOps-Gedanken kommen? Sie lassen sich in drei Gebiete zusammenfassen: Zusammenarbeit, Automatisierung und Prozesse [67]:

Zusammenarbeit
Die Kommunikation zwischen Entwicklung und Betrieb muss sich verbessern. Dies macht sich auf einer kulturellen Ebene fest an gegenseitigem Respekt und auf einer kommunikationstechnischen Ebene an kürzeren Wegen zueinander (*„Die effektivste Kommunikation geht von Person zu Person von Angesicht zu Angesicht, also wie bei zwei Personen an einem Whiteboard. Je mehr wir von den Eigenschaften der Situation von zwei Personen*

an einem Whiteboard wegnehmen, desto schlechter wird die Kommunikation"[18]). Die Autoren haben IT-Betriebe gesehen, die sich dagegen gesperrt haben oder nicht in der Lage waren, ihre Anforderungen an extern gelieferte Software zu formulieren – sich dann aber auch geweigert haben, die gelieferte Software wegen „betrieblicher Mängel" zu installieren. Natürlich muss ein IT-Betrieb in der Lage sein, betriebliche Anforderungen zu formulieren. Damit diese Anforderungen jedoch auf ein Verständnis von Entwicklern treffen, ist ein respektvoller gegenseitiger Austausch darüber sinnvoll. Zu den Grundlagen gehört – erstaunlicherweise? – auch eine gemeinsame Sprache.

Automatisierung

Eine Automatisierung von Vorgängen und eine durchgängige Verwendung von gemeinsamen Tools in Betrieb und einer Entwicklung ist ein Eckstein von DevOps. Bei der Verwendung von Tools können Betrieb und Entwicklung voneinander lernen. Hierbei ist selbstverständlich nicht nur ein gemeinsames Fehlertracking in dem *einen* führenden Tool des Betriebs gemeint (das ist heutzutage Standard). Es geht um weitergehende Tools wie beispielsweise zur Softwareverteilung auf Arbeitsplatzrechnern (siehe Abschn. 7.5.7) oder Servern, Tools zum automatisierten Aufsetzen von Umgebungen und Tools zur Testautomatisierung. Einer der Effekte dabei kann das Vermeiden von Inkompatibilitäten zwischen den Umgebungen in Entwicklung, Test und Produktion sein.

Prozesse

Die von Betrieb und Test auf der einen, und von Entwicklung auf der anderen Seite genutzten Prozesse sollen stärker durchgängig sein. Das bedeutet, dass es nicht nur einen definierten Übergabepunkt von Anforderungen, einen definierten Übergabepunkt von Software und einen Übergabepunkt von eingestellten Fehlern gegen die Software gibt (mit jeweils definierten Ausgangs- und Eingangskriterien). Es geht darum, die Prozesse auch durchgängig zu gestalten, so dass sowohl die Prozessschritte, die Prozessziele als auch die Prozess-Kennzahlen durchgängig zueinander passen – und für das Unternehmen förderlich sind.

7.7 Betreibermodelle der Zukunft: Netzwerke von Abhängigkeiten

Abhängigkeiten gibt es im IT-Betrieb viele. Zurzeit sind dies häufig 1-zu-n-Abhängigkeiten. Das heißt, dass ein IT-Betrieb für einen bestimmten Service oder eine Lieferleistung von einem Lieferanten abhängig ist, für eine andere Lieferleistung vielleicht von einem anderen Lieferanten.

---

[18] Englisches Original [68]: „*The most effective communication is person-to-person, face-to-face, as with two people at the whiteboard. As we remove the characteristics of two people at the whiteboard, we see a drop in communication effectiveness.*"

Schon solche Beziehungen können Probleme aufwerfen. Dies stellen wir mit einem Beispiel außerhalb der IT, diesmal aus Frankreich, dar.

7.7.1 Beispiel: In Frankreich sind die Bahnsteige zu breit

Beispiel

Die Bahnsteige sind zu breit! So berichtet die Frankfurter Allgemeine Zeitung (FAZ) [69]. Oder waren die Züge zu dick? Jedenfalls passten Züge und Bahnsteige nicht zueinander.

Ca. 1300 der 8700 Bahnsteige müssen angepasst werden. Das war im Jahr 2014 das Resultat einer mangelnden Abstimmung zwischen zwei Bahngesellschaften Frankreichs, den Betreibern des Gleisnetzes (RFF) und den Betreibern der Bahn (SNCF). Die beiden Gesellschaften hatten fünf Jahre lang an einem Auftrag für zunächst 331 Wagenreihen gearbeitet – später sollten es weitere 1800 werden [70]. Diese Wagen würden 20 cm breiter als bislang sein, um mehr Platz und Komfort zu bieten. Die SNCF hatte sich nach den Maßen für die Bahnsteige erkundigt, die RFF lieferte Daten, die 30 Jahre zurückreichten. Viele Bahnsteige waren aber älter, viele Bahnsteige gar nicht vermessen, die SNCF – vor Ort durchaus vertreten – versäumte es zudem laut FAZ, die Angaben zu überprüfen.[19]

Wessen Fehler ist es? So ganz klar ist dies nicht. Der Präsident der Region Pays de la Loire beschrieb eine fast kafkaeske Situation: *„Die Bahnsteige gehören der SNCF, die Bahnsteigkante aber der RFF"*[20].

Das Zusammenspiel von Bahnsteigen und Zügen wird im Idealfall für einen Nutzer der Bahn nicht relevant sein. Es muss alles einfach nur funktionieren: Die Lücken zwischen Bahnsteigen und Zügen dürfen – alleine schon aus Sicherheitserwägungen – nicht zu groß sein. Zu klein dürfen sie natürlich auch nicht sein (sonst fahren ggf. gar keine Züge). Aber eigentlich sind diese Lücken für Nutzer der Bahn unsichtbar – das sollten sie jedenfalls sein. Wenn Lücken ein sichtbares Thema sind, haben die Betriebsorganisationen versagt.

Ganz in diesem Sinne ist es auch im IT-Betrieb: Eigentlich soll alles, was der IT-Betrieb für den Nutzer leistet (ihm als Service anbietet) einfach nur funktionieren, dessen eigentliche Arbeit unterstützen und damit unsichtbar sein. Für den IT-Betrieb müssen all die Dinge, die nicht glatt laufen können, sichtbar sein. Und sie müssen sichtbar sein, bevor sie beim Nutzer der IT-Services ankommen. In diesem Sinne ist auch das Beispiel Face-

---

[19] Ganz katastrophal war die Situation nicht: Der Umbau der Bahnsteige würde ca. 50 Mio. € kosten, das Budget für ohnehin anstehende Renovierungen lag bei ca. 4 Mrd. €, die Kosten für die Wagenbeschaffungen bei ca. 3 Mrd. €. Im Verhältnis sowohl der Wartungs- als auch der Projektkosten also ein kleiner Schaden. Und hätte man wirklich auf die komfortableren Züge verzichtet, wenn man die wahren Maße der Bahnsteige vorher gekannt hätte?

[20] Französisches Original [70]: *„Les quais appartiennent à la SNCF, mais la bordure à RFF."*

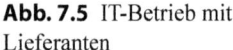

Abb. 7.5 IT-Betrieb mit
Lieferanten

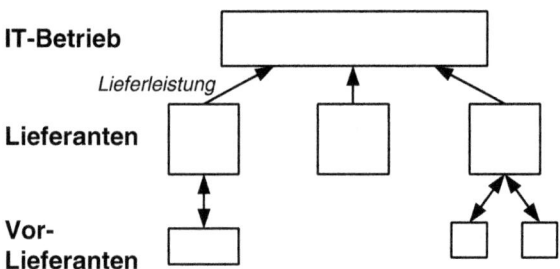

book in Abschn. 7.3 zu sehen: Dort wurde den Nutzern sehr bald klar, dass etwas nicht funktionierte, die NASDAQ konnte für sich aber nicht hinreichend sichtbar machen, was es war und woran es lag. Deswegen waren auch zwei der Maßnahmen nach dem Vorfall, die Systemperformanz stärker zu überwachen und das Logging der Systeme zu erweitern – all dies dient dazu, eigentlich unsichtbare Sachverhalte sichtbar zu machen.

7.7.2   Netzwerke von Lieferanten

Natürlich gibt es schon heute nicht nur einzelne Lieferanten – auch Lieferanten haben Vorlieferanten, und es gibt mehrere Lieferanten für die Leistungen und Services eines IT-Betriebs. Dies ist modellhaft in Abb. 7.5 dargestellt.

In den letzten Jahren hat sich zunehmend eine Verflechtung von Abhängigkeiten breit gemacht: Lieferanten sind untereinander abhängig, es gibt Vorlieferanten von Lieferanten, die ebenfalls Lieferanten für einen IT-Betrieb sind. Es hat sich ein Netzwerk an Lieferleistungen ausgebildet (siehe Abb. 7.6).

Es ist abzusehen, dass sich eine solche Verflechtung weiter verstärken wird.

Dies bietet neue Chancen, aber auch neue Herausforderungen. Die Chancen sind offensichtlich: Eine arbeitsteilige Leistungserbringung bietet Spezialisierungs- und Skalierungseffizienzen. In dem Fall, wenn alles *schon* oder *noch* funktioniert und zusammenspielt, ist natürlich alles gut.

Die Herausforderungen ergeben sich am Anfang – wenn Services *noch* nicht funktionieren – und dann, wenn das Zusammenspiel im laufenden Betrieb *nicht (mehr)* funktioniert. Die Antworten darauf werden – wie im generellen Fall des Outsourcing (siehe Kap. 6.5) – in der Organisation und dem Anforderungsprofil der Mitarbeiter des IT-Betriebs zu suchen sein. Einen besonderen Stellenwert werden dabei Incident-Manager und Problem-Manager haben.

Dabei werden sowohl an die fachliche Durchdringungsfähigkeit wie an die Kommunikationsfähigkeit (noch weiter) steigende Anforderungen gestellt. Die Ursache eines Fehlers sowie die zeitweilige Umgehung bzw. die nachhaltige Lösung dafür zu finden ist in der Situation, wie in Abb. 7.5 dargestellt, tendenziell einfacher als in der Situation aus Abb. 7.6. Deswegen wird in letzterer Situation bei Auftreten eines Fehlers (Incidents, Vorfalls) insbesondere Kommunikationsfähigkeit benötigt, um ggf. verschiedene Beteiligte anzusprechen und zur Lösungsfindung zu bringen.

Abb. 7.6 Netzwerk von
Abhängigkeiten – die Lieferleistungen für einen IT-Betrieb
verflechten sich stärker

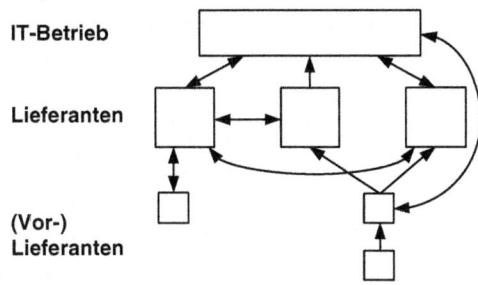

7.8   24 × 365: geschäftskritischen Betrieb organisieren

Geschäftskritische Anwendungen, die rund um die Uhr verfügbar sein sollen, aber auch
ganze Geschäftsmodelle, bei denen jede Minute Downtime Verlust von Umsatz bedeutet,
sind wohlbekannt. Wir setzen hier unsere Behandlung von 24 × 365 aus Kap. 6.7 fort.
Dazu umreißen wir zunächst den Begriff von 24 × 365 und grenzen ihn im Folgenden
gegen den der Hochverfügbarkeit ab. Zunächst betrachten wir aber ein Beispiel aus den
1990er Jahren.

7.8.1   Beispiel: Ausweichrechenzentrum bei der Deutschen Post

Beispiel

In den 1990er Jahren wurden täglich ca. 300.000 Telefonrechnungen von der Deutsche
Bundespost gedruckt, aufbereitet, kuvertiert und versendet (damals lag die Zuständigkeit für das Fernmeldewesen bei ihr).

Natürlich wurde ein Katastrophenschutzplan bei einem geschäftlichen Volumen in
dieser Größenordnung benötigt. Der Plan sah für den Fall einer Katastrophe die Weiterverarbeitung dieser Telefonrechnungen in einem „Rumpf-Rechenzentrum" vor.

Das Problem war nur: Dieses Rumpf-Rechenzentrum mitsamt seiner Infrastruktur
lag nur als Planung vor.

Der Bundesrechnungshof hatte bei diesem Thema moniert [35], dass bei einem Ausfall des Rechenzentrums kurzfristig keine Übernahme des Rechnungsdrucks durch eine
andere Einrichtung möglich war.

Wir werden im den folgenden Abschnitten sehen, dass 24 × 365 nicht das gleiche ist wie
Desaster-Toleranz. 24 × 365 – ein Betrieb rund um die Uhr – erlaubt aber in keiner üblichen Spielart (sprich: auch bei der niedrigsten Verfügbarkeit von 99 %) den Betrieb
eines IT-Services ohne Backup-Rechenzentrum. Nicht unüblich sind für solche Szenarien
gegenseitige Verträge zwischen Rechenzentren: Falls eines von zwei kooperierenden Rechenzentren von einer Katastrophe heimgesucht wird, können RZ-Leistungen des zweiten
Rechenzentrums übergangsweise bereitgestellt werden.

7.8.2 Was ist 24×365 und was ist hochverfügbar?

Unser 24×365 (also: 24 h, 365 Tage) wird manchmal auch als 24/7 oder 7×24 (also: 7 Tage die Woche, jeweils 24 h) bezeichnet. Es bedeutet einfach: „immer", jede Stunde des Tages, jeder Tag der Woche, jede Woche des Jahres. Es gibt viele Beispiele für Services, die rund um die Uhr bereitgestellt werden sollen: Soziale Netzwerke sowie Handels- und Versteigerungsplattformen sind nur die augenfälligsten. Aber auch bei globalen Unternehmen, die konsolidierte IT-Services betreiben, werden typischerweise die Lichter niemals ausgehen dürfen.

24×365 ist nicht gleichbedeutet mit Hochverfügbarkeit, auch wenn viele Systeme, die hochverfügbar sein müssen, dies auch rund um die Uhr sein sollen. Ein Musterbeispiel für einen IT-Service, der zwar hochverfügbar sein soll, dies aber nicht immer ist, sind Börsen. Grob gesprochen müssen diese zu Handelszeiten, nicht aber in der Nacht hochverfügbar sein: Wenn der Service während des Handels ausfällt oder nur eingeschränkt funktioniert, kann dies große Schäden verursachen (siehe das Beispiel in Abschn. 7.3). Fällt so ein Service jedoch außerhalb der relevanten Handelszeiten aus, sind die Auswirkungen überschaubar. Zu den Verfügbarkeiten und der Verbindung zu MTBF und MTTR siehe auch Kap. 3.5.1.

In Tab. 7.2 geben wir einen Überblick über Verfügbarkeitsklassen und deren maximale Ausfallzeiten pro verschiedener Zeitintervalle.

Eine Vermischung der Begrifflichkeiten von Verfügbarkeitsklassifizierungen eines IT-Service und der Frage, wie fehlerresistent ein System sein muss (insbesondere die Frage nach der Desaster-Toleranz) ist nicht sinnvoll. Zuerst kommt die Frage nach der benötigten und gewünschten Verfügbarkeit – ein Gespräch mit dem Kunden. Erst dann kommt die Frage, wie dies erreicht werden kann – eine Frage innerhalb des IT-Betriebs.[21]

7.8.3 Was ist für den IT-Betrieb bei 24×365 anders?

Im 24×365 sind sowohl technische als auch organisatorische Aspekte zu betrachten. Uns interessiert an dieser Stelle nicht, wie Hochverfügbarkeit erreicht wird (dazu siehe z. B. [21]), sondern lediglich die Ausgestaltung eines Betriebes rund um die Uhr.

Bei 24×365 ist auch zu unterscheiden, ob sämtliche IT-Prozesse tatsächlich 24×365 zur Verfügung stehen sollen (also beispielsweise ob geplante Änderungen tatsächlich rund um die Uhr eingespielt werden sollen, oder nicht doch eher unter der Woche zwischen 8 und 18 Uhr). Allem gemeinsam wird sein, dass jederzeit Incident- und Fehlerbehebungen möglich sein sollten und dass es keine technische Downtime des Services geben soll. Dies betrifft dann technische und organisatorische Aspekte.

---

[21] Selbstverständlich können hierbei im Sinne der fortlaufenden geschäftlichen Rechtfertigung mehrere Iterationen durchlaufen werden.

Tab. 7.2 Verfügbarkeitsklassen und Verfügbarkeiten. (Modifiziert nach Band G, Kap. 2 aus [21])

Bezeichnung	Verfügbarkeits-klasse	Vereinbarte Ver-fügbarkeit (%)	Maximale Aus-fallzeit pro Jahr (Basis: 360 Tage à 24 h)[a]	Maximale Ausfallzeit pro Monat (Basis: Service 8–18 Uhr täglich, 30 Tage pro Monat)
Ohne Service Level	0	0	360 d	12 d 12 h
Normale Verfügbarkeit	1	99	3 d 14 h 24′	3 h
Erhöhte Verfügbarkeit	2	99,9	8 h 38′ 24″	18′
Hochverfügbar-keit	3	99,99	51′ 50,4″	1′ 48″
Höchstverfüg-barkeit	4	99,999	5′ 11,04″	10,8″
5*9	5	99,9999	31,104′	1,08″

[a] Wir folgen hier nicht dem Vorschlag, einen Jahr mit 365,25 Tagen anzusetzen. In Service Level Agreements wird man definieren, was die vertraglich relevante Einheit ist: die Verfügbarkeit in Prozent oder die Nichtverfügbarkeit in Stunden. Ebenfalls wichtig ist der Bezugszeitraum. Ist es die monatliche Nichtverfügbarkeit in Stunden, dann ist typischerweise ein Monat mit 30 Tagen angesetzt und mithin ein Jahr mit 360 Tagen

Organisatorische Aspekte

Ein IT-Service muss 24 × 365 rund um die Uhr überwacht werden. Je nachdem

- wie gut die Kategorisierung des Monitoring-Systems ist (also die automatische Kategorisierung von Events im Monitoring nach Information, Warnung und Alarm),
- wie Behebungsmaßnahmen bei Alerts und Incidents aussehen und
- wie gut und störungssicher Remote-Zugriffe eingerichtet sind

genügt es ggf. eine Rufbereitschaft im Incident-Management vorzuhalten. Oder aber es muss auch rund um die Uhr ein Team vor einem Monitoring-System arbeiten.

Bei Rufbereitschaften sind natürlich personelle Rahmenbedingungen (Einbeziehung des Betriebsrats, Vergütungsmodell, Auswirkungen von Einsätzen während der Rufbereitschaft auf die normalen Betriebszeiten, insbesondere aufgrund gesetzlicher Regelungen von maximalen Arbeitsstunden pro Tag, etc.) zu beachten. Für einen Aufgabenblock rund um die Uhr nimmt man als Faustregel ca. 5 Mitarbeiter an (wenngleich dies je nach Einsatzhäufigkeit, Krankheitshäufigkeit, etc. genauer geplant werden muss).

Es genügt für einen Service oft nicht, lediglich Personen aus dem IT-Betrieb einzusetzen. Je nach Fehlermodell müssen auch Lieferanten in eine Rufbereitschaft einbezogen werden – dieser 3rd-level Support wird natürlich vertraglich geregelt sein. Wichtig dabei ist, dass ein Lieferant um 2 Uhr nachts nicht nur den Telefonhörer abnimmt und das Support-Ticket entgegennimmt, sondern dass aktiv etwas getan wird. Wie stark dieser Support ausgeprägt sein muss, wird im Rahmen des Risiko-Managements erwogen werden.

Aber nicht nur die Möglichkeit einer funktionalen Eskalation (d. h. stärkere Einbindung von fachkundigeren Personen) ist in einem Incident-Fall wichtig. Auch eine hierarchische Eskalation (d. h. Einbeziehung von Managern der mittleren oder Top-Ebene, ggf. auch der Kommunikationsabteilung) muss bedacht werden. Wenn ein außenwirksamer Service eines Unternehmens nicht funktioniert, wird ein CIO oder CEO Bescheid wissen und dafür vielleicht sogar aus dem Bett geklingelt werden wollen. Bei weitreichenden Entscheidungsalternativen wird die C-Level-Ebene diese sogar selber treffen wollen oder müssen.

Technische Aspekte

Der 24×365-Betrieb hat auch technische Auswirkungen. Exemplarisch dafür nennen wir hier drei.

- Beispielsweise kann es Auswirkungen auf die Backup–Strategie (siehe Abschn. 7.5.4) geben. Es kann keine Offline-Sicherung mehr vorgenommen werden (dies gilt außer in Verbindung mit einem Hot-Standby-System, das für die Sicherung Offline genommen wird – für den Nutzer ändert sich dann nichts, solange das verbleibende Online-System nicht ausfällt).
- Wartungsarbeiten sind technisch so zu gestalten, dass bei der Durchführung keine Downtimes benötigt werden. Die Verfügbarkeits-Architektur ist dementsprechend zu planen. Wie bei der Backup-Strategie können Hot-Standby-Systeme bei Wartungsarbeiten wie bei Release-Einspielungen eine Rolle spielen, um Änderungen mit minimaler Downtime zu erreichen.
- Für einem Service, der rund um die Uhr unterstützt werden muss, werden nicht nur Mitarbeiter rund um die Uhr verfügbar sein müssen (oder zumindest in Rufbereitschaft sein), sondern auch die Technik der IT-Support-Systeme (siehe Abschn. 7.2) muss rund um die Uhr verfügbar sein.

Mit 24×365 ändert sich also sowohl organisatorisch als auch technisch einiges – aber nicht alles.

7.9 Management Summary

Technische, organisatorische und prozessuale Integration sind die Themen, die zu gestalten sind, wenn es um einen effizienten und effektiven IT-Betrieb geht. Dabei spielen in Zukunft stärker Netzwerke von Lieferanten für gesamthafte IT-Services eine Rolle.

Die Koordination dieser Lieferanten, deren organisatorische, prozessuale und technische „Integration" ist eine der Hauptaufgaben eines funktionierenden IT-Betriebs.

Dass der IT-Betrieb auch selber Anforderungen an Technik im Allgemeinen und an Software und Anwendungen im Besonderen hat, ist ein wichtiger Punkt aus diesem Kapitel. Mit den vom IT-Betrieb formulierten Anforderungen kommt die Pflicht des IT-Betriebs, diese zu testen: im Rahmen von betrieblichen Tests.

Die Herausforderungen an einen IT-Betrieb werden aufgrund der technischen Entwicklung in Zukunft größer werden. Im gleichen Maße werden sich aber auch die Instrumente verbessern, um diesen Herausforderungen zu begegnen.

Für die Mitarbeiter bedeutet dies, dass sich die Anforderungen an deren Arbeit ändern – jedoch nicht, dass die Anstrengungen geringer werden.

Literatur

1. H. Balzert, *Lehrbuch der Softwaretechnik: Entwurf, Implementierung, Installation und Betrieb* (Spektrum Akademischer Verlag, Heidelberg, 2011). ISBN: 978-3-8274-2246-0. doi:10.1007/978-3-8274-2246-0
2. Knight Capital Americas LLC, Form X-17A-5 – FOCUS Report, SEC EDGAR website, SEC Accession No. 9999999997-13-003522 (2013, 1. März), https://www.sec.gov/Archives/edgar/data/1457716/999999999713003522/9999999997-13-003522-index.htm. Zugegriffen: 26. Juni 2014
3. Securities and Exchange Commission, In the matter of Knight Capital Americas LLC respondent: Order instituting administrative and cease-and-desist proceedings, Administrative proceeding, file no. 3-15570 (2013, 16. Okt.), http://www.sec.gov/litigation/admin/2013/34-70694.pdf. Zugegriffen: 26. Juni 2014
4. NYSE, Final update: CEE review determination for multiple symbols, Trader Update (2012, 1. Aug.), http://markets.nyx.com/nyse/trader-updates/view/11183. Zugegriffen: 26. Juni 2014
5. B. Protess, N. Popper, Quick lunge for a lifeline helped Knight Capital skirt collapse. The New York Times (2012, 6. Aug.), http://dealbook.nytimes.com/2012/08/06/knight-capital-skirts-collapse-as-investors-offer-lifeline/?_php=true&_type=blogs&_r=0. Zugegriffen: 26. Juni 2014
6. Knight Capital Americas LLC, Form X-17A-5 – FOCUS Report, SEC EDGAR website, SEC Accession No. 9999999997-14-004633 (2014, 4. März), https://www.sec.gov/Archives/edgar/data/1457716/999999999714004633/9999999997-14-004633-index.htm. Zugegriffen: 26. Juni 2014
7. G. Dern, *Integrationsmanagement in der Unternehmens-IT* (Vieweg+Teubner, Wiesbaden, 2011). ISBN: 978-3-8348-8154-0. doi:10.1007/978-3-8348-8154-0
8. I. Foster, S. Tuecke, Describing the elephant: The different faces of IT as service. Queue. **3**(6), 26–29 (2005). ISSN: 1542-7730. doi:10.1145/1080862.1080874
9. B. Allen, An unmanaged computer system can stop you dead. Harv. Bus. Rev. **60**(6), 77–87 (1982). ISSN: 0017-8012
10. J. Strasburg, B. Jacob, Nasdaq is still on hook as sec backs payout for facebook ipo. The Wall Street Journal (2013, März), http://www.wsj.com/articles/SB10001424127887323466204578382193806926064. Zugegriffen: 2. Juni 2015
11. Reuters. Nasdaq to settle Facebook IPO lawsuit for $26.5M. CNBC.com (2015, 24. April). http://www.cnbc.com/id/102617281. Zugegriffen: 2. Juni 2015
12. B. Protess, N. Popper. Quick lunge for a lifeline helped Knight Capital skirt collapse. The New York Times (2012, 6. Aug.), ISSN: 0362-4331. http://dealbook.nytimes.com/2012/08/06/knight-capital-skirts-collapse-as-investors-offer-lifeline/?_php=true&_type=blogs&_r=0. Zugegriffen: 26. Juni 2014

13. Securities and Exchange Commission, In the matter of the NASDAQ Stock Market LLC and NASDAQ Execution Services LLC respondents: Order instituting administrative and cease-and-desist proceedings, Administrative proceeding, file no. 3-15339, (2013, 29. Mai), http://www.sec.gov/litigation/admin/2013/34-69655.pdf. Zugegriffen: 26. Juni 2014

14. K.E. Weick, Organizational culture as a source of high reliability. Calif. Manage. Rev. **29**(2), 112–127 (1987). ISSN: 0008-1256. doi:10.2307/41165243

15. J. Horning, P.G. Neumann, Inside risks: Risks of neglecting infrastructure. Commun. ACM. **51**(6), 112, (2008). ISSN: 0001-0782. doi:10.1145/1349026.1349047

16. H. Balzert, *Lehrbuch der Softwaretechnik: Basiskonzepte und Requirements Engineering* (Spektrum Akademischer Verlag, Heidelberg, 2008). ISBN: 978-3-8274-2247-7. doi:10.1007/978-3-8274-2247-7

17. DIN Deutsches Institut für Normung e. V., *DIN EN ISO 25010:2011-03: Systems and Software Engineering – Systems and Software Quality Requirements and Evaluation (SQuaRE) – System and Software Quality Models* (Beuth Verlag, Berlin, 2011)

18. C. Jones, *Software Engineering Best Practices: Lessons from Successful Projects in the Top Companies* (McGraw-Hill Osborne Media, New York, 2009). ISBN: 978-0-071-62161-8

19. B. Allen, Danger ahead! Safeguard your computer. Harv. Bus. Rev. **46**(6), 97–101 (1968). ISSN: 0017-8012

20. D. Rogers, Lessons from the floor. Queue. **3**(10), 26–32 (2005). ISSN: 1542-7730. doi:10.1145/1113322.1113334

21. Bundesamt für Sicherheit in der Informationstechnik, Hochverfügbarkeitskompendium (2013), https://www.bsi.bund.de/DE/Themen/weitereThemen/Hochverfuegbarkeit/HVKompendium/hvkompendium_node.html. Zugegriffen: 9. Juli 2015

22. N.D. Weinstein, Unrealistic optimism about future life events. J. Personal. Soc. Psychol. **39**(5), 806–820 (1980). doi:10.1037/0022-3514.39.5.806

23. N.D. Weinstein, Unrealistic optimism about susceptibility to health problems. J. Behav. Med. **5**(4), 441–460 (1982). ISSN: 0160-7715. doi:10.1007/BF00845372

24. N.D. Weinstein, Optimistic biases about personal risks. Science. 246(4935), 1232–1233 (1989). doi:10.1126/science.2686031

25. International Software Testing Qualifications Board, Certified tester – expert level syllabus – test management (2011, Nov.), http://www.istqb.org/downloads/finish/18/81.html. Zugegriffen: 3. Juni 2015

26. ISO and IEC, *ISO/IEC/IEEE FDIS 29119-4:2015-04: Software and systems engineering – Software testing – Part 4: Test techniques* (Beuth Verlag, Berlin, 2015)

27. „Wütende Fans verfluchen ‚SimCity‘,“ Spiegel Online (2013, 9. März), http://www.spiegel.de/netzwelt/games/serverfehler-sorgt-fuer-massive-simcity-ausfaelle-wuetendeproteste-a-887888.html. Zugegriffen: 6. Juli 2014

28. M. Wiboonrat, System reliability of fault tolerant data center. in *CTRQ 2012, The Fifth International Conference on Communication Theory, Reliability, and Quality of Service*, 2012, S. 19–25. ISBN: 978-1-61208-192-2

29. P.W. Turner, J.H. Seader, K.G. Brill, Tier classification define site infrastructure performance. Uptime. Inst. **17**, 1–4 (2006)

30. Bundesamt für Sicherheit in der Informationstechnik, BSI-Standard 100-1 (2008), https://www.bsi.bund.de/SharedDocs/Downloads/DE/BSI/Publikationen/ITGrundschutzstandards/standard_1001_pdf.pdf?__blob=publicationFile. Zugegriffen: 28. Dez. 2014

31. Bundesamt für Sicherheit in der Informationstechnik, BSI-Standard 100-2: IT-Grundschutz-Vorgehensweise (2008), https://www.bsi.bund.de/SharedDocs/Downloads/DE/BSI/Publikationen/ITGrundschutzstandards/standard_1002_pdf.pdf?__blob=publicationFile. Zugegriffen: 3. Feb. 2015

32. Bundesamt für Sicherheit in der Informationstechnik, BSI-Standard 100-3 Risikoanalyse auf der Basis von IT-Grundschutz (2008), https://www.bsi.bund.de/SharedDocs/Downloads/DE/ BSI/Publikationen/ITGrundschutzstandards/standard_1003_pdf.pdf?__blob=publicationFil. Zugegriffen: 3. Feb. 2015

33. D. Alger, *Build the Best Data Center Facility for Your Business* (Cisco Press, Indianapolis, 2005). ISBN: 978-1587051821

34. R. Snevely, *Enterprise Data Center Design and Methodology* (Prentice Hall Press, 2002). ISBN: 978-0130473936

35. U. Wartenberg, L. Kottke, *Datenverarbeitung in der Bundesverwaltung: Feststellungen des Bundesrechnungshofes und Hinweise des Präsidenten des Bundesrechnungshofes als Bundesbeauftragter für Wirtschaftlichkeit in der Verwaltung zu Mängeln und Risiken beim Einsatz der Informationstechnik*, 2. Aufl., ser. Schriftenreihe des Bundesbeauftragten für Wirtschaftlichkeit in der Verwaltung, Bd. 3. (Verlag W. Kohlhammer, Berlin, 1993). ISBN: 3-17-012445-5

36. H. Schröder, *EDV-Pionierleistungen bei komplexen Anwendungen* (Springer Vieweg, Wiesbaden, 2012). ISBN: 978-3-8348-2415-8. doi:10.1007/978-3-8348-2415-8

37. P.G. Neumann, Inside Risks: Widespread network failures. Commun. ACM. **50**(2), 112 (2007). ISSN: 0001-0782. doi:10.1145/1216016.1216046

38. P.G. Neumann, Inside Risks: The foresight saga. Commun. ACM. **49**(9), 112 (2006). ISSN: 0001-0782. doi:10.1145/1151030.1151060

39. Gesellschaft für Telematikanwendungen der Gesundheitskarte mbH, PKI für CV-Zertifikate (2008, März), http://www.gematik.de/cms/media/dokumente/release_0_5_3/release_0_5_3_ pki_zertifikate/gematik_PKI_CV-Zertifikate_Grobkonzept_V1_4_0.pdf. Zugegriffen: 4. Juli 2015

40. D. Borchers, E-Gesundheitskarte: Datenverlust mit Folgen. Heise (2009, 10. Juli), http://www. heise.de/newsticker/meldung/E-Gesundheitskarte-Datenverlust-mit-Folgen-6077.html. Zugegriffen: 27. Juni 2014

41. Bundesamt für Sicherheit in der Informationstechnik, Überblickpapier Consumerisation und BYOD (2013, Juli). https://www.bsi-fuer-buerger.de/SharedDocs/Downloads/DE/BSI/Grundschutz/Download/Ueberblickspapier_BYOD_pdf.pdf?__blob=publicationFile. Zugegriffen: 28. Juni 2015

42. P. Winthrop, Could there be a better way to cope with BYOD in the enterprise? Enterprise Mobility Foundation (2012, Feb.), http://theemf.org/2012/02/13/could-there-be-a-better-wayto-cope-with-byod-in-the-enterprise/. Zugegriffen: 29. Juni 2015

43. B. Wallraf, A. Pols, Cloud-Monitor: Cloud-Computing in Deutschland – Status quo und Perspektiven. KPMG (2014), https://www.kpmg.com/DE/de/Documents/cloudmonitor-2014-kpmg. pdf. Zugegriffen: 12. Okt. 2014

44. P.M. Mell, T. Grance, *SP 800-145. The NIST Definition of Cloud Computing.* (National Institute of Standards & Technology, Gaithersburg, 2011)

45. J. Galván-Colín, A.A. Valladares, R.M. Valladares, A. Valladares, Short-range order in ab initio computer generated amorphous and liquid Cu-Zr alloys: A new approach. Phys. B Condens. Matter. **475**, 140–147 (2015). doi:10.1016/j.physb.2015.07.027

46. ISO and IEC, *E DIN ISO/IEC 17788:2015-08 Information technology – Cloud computing – Overview and vocabulary* (2015)

47. ISO and IEC, *ISO/IEC 17789:2014-10 Information technology – Cloud computing – Reference architecture* (2014)

48. M. Armbrust, A. Fox, R. Griffith, A.D. Joseph, R. Katz, A. Konwinski, G. Lee, D. Patterson, A. Rabkin, I. Stoica, M. Zaharia, A view of cloud computing. Commun. ACM. **53**(4), 50–58 (2010). ISSN: 0001-0782

49. F. Liu, J. Tong, J. Mao, R. Bohn, J. Messina, L. Badger, D. Leaf, *NIST cloud computing reference architecture: Recommendations of the National Institute of Standards and Technology.* (National Institute of Standards & Technology, Gaithersburg, 2011)

50. Bundesdatenschutzgesetz in der Fassung der Bekanntmachung vom 14. Januar 2003 (BGBl. I S. 66), das zuletzt durch Artikel 1 des Gesetzes vom 25. Februar 2015 (BGBl. I S. 162) geändert worden ist. http://www.gesetze-im-internet.de/bundesrecht/bdsg_1990/gesamt.pdf. Zugegriffen: 17. März 2015

51. T. Kriesel, Checkliste mit Erläuterungen für Cloud Computing – Verträge. BITKOM (2014), http://www.bitkom.org/files/documents/BITKOM-Checkliste_Cloud_Computing-Vertraege. pdf. Zugegriffen: 12. Okt. 2014

52. M. O'Loughlin, IT Service Management and cloud computing. Axelos (2014, Sept.), https:// www.axelos.com/case-studies-and-white-papers/it-service-management-and-cloud-computing?autoDownload=true. Zugegriffen: 2. Nov. 2014

53. J. Budszus, H.W. Heibey, R. Hillenbrand-Beck, S. Polenz, M. Seifert, M. Thiermann, *Orientierungshilfe – Cloud Computing der Arbeitskreise Technik und Medien der Konferenz der Datenschutzbeauftragten des Bundes und der Länder* 82. Konferenz der Datenschutzbeauftragten des Bundes und der Länder (München, 2011, Sept.)

54. A. Selzer, Datenschutz bei internationalen Cloud Computing Services. Datenschutz Datensich. DuD. **38**(7), 470–474 (2014). doi:10.1007/s11623-014-0209-3

55. Court of Justice of the European Union, Press Release No. 117/15 (2015, 16. Okt.). http://curia. europa.eu/jcms/upload/docs/application/pdf/2015-10/cp150117en.pdf. Zugegriffen: 16. Okt. 2015

56. Gerichtshof der Europäischen Union, Pressemitteilung Nr. 117/15 (2015, 16. Okt.). http://curia. europa.eu/jcms/upload/docs/application/pdf/2015-10/cp150117de.pdf. Zugegriffen: 16. Okt. 2015

57. SAP will lokale Datacenter weiter ausbauen. Heise online (2013, 5. Okt.), http://www.heise.de/ newsticker/meldung/SAP-will-lokale-Datacenter-weiter-ausbauen-1973023.html. Zugegriffen: 13. Juni 2014

58. EU-Minister einigen sich auf Datenschutzreform. Zeit Online (2015, Juni), http://www.zeit.de/ digital/datenschutz/2015-06/datenschutz-eu-reform-justizminister-luxemburg. Zugegriffen: 21. Juni 2015

59. R. Hintemann, J. Clausen, Rechenzentren in Deutschland: Eine Studie zur Darstellung der wirtschaftlichen Bedeutung und der Wettbewerbssituation. Borderstep Institut (2014, Mai), https:// www.bitkom.org/Publikationen/2014/Studien/Studie-zu-Rechenzentren-in-Deutschland-Wirtschaftliche-Bedeutung-und-Wettbewerbssituation/Borderstep_Institut_-_Studie_Rechenzentren_in_Deutschland_05-05-2014(1).pdf. Zugegriffen: 14. Juli 2014

60. R. Zarnekow, L. Kolbe, *Green IT: Erkenntnisse und Best Practices aus Fallstudien* (Springer Gabler, Berlin, 2013). ISBN: 978-3-642-36152-4. doi:10.1007/978-3-642-36152-4

61. Bundesamt für Güterverkehr, Mautstatistik – Jahrestabellen 2014. Bonn (2015, Feb.), http:// www.bag.bund.de/SharedDocs/Downloads/DE/Statistik/Lkw-Maut/Jahrestab_14_13.pdf?__ blob=publicationFile. Zugegriffen: 3. Sept. 2015

62. Bayerischer Oberster Rechnungshof, Jahresbericht 2010 (2010), http://www.orh.bayern.de/berichte/jahresberichte/aktuell/jahresbericht-2010.html. Zugegriffen: 9. Sept. 2014

63. L.A. Barroso, U. Hölzle, The datacenter as a computer: An introduction to the design of warehouse-scale machines, 1. 2009, Bd. 4. doi:10.2200/S00193ED1V01Y200905CAC006

64. R.J. Colville, *Hype Cycle for IT Operations Management* (Gartner, Stamford, 2014)

65. F. Malik, *Führen Leisten Leben: Wirksames Management für eine neue Welt* (Campus Verlag, Frankfurt, 2014). ISBN: 978-3593501277

66. R. Zarnekow, *Produktionsmanagement von IT-Dienstleistungen: Grundlagen, Aufgaben und Prozesse* (Springer-Verlag, Berlin, 2007). ISBN: 978-3-540-47458-6. doi:10.1007/978-3-540-47458-6_3

67. P. Peschlow, Die DevOps-Bewegung. Java. Mag. **1**, 9, 2012

68. A. Cockburn, Characterizing people as non-linear, first-order components in software development, in *International Conference on Software Engineering 2000* (1999), http://alistair.cock-
burn.us/Characterizing+people+as+non-linear,+first-order+components+in+software+develop
ment/v/slim. Zugegriffen: 17. Sept. 2014
69. C. Schubert, Bahnsteige einen Zentimeter zu breit für neue Züge. Frankfurter Allgemeine Zeitung (2014, 21. Mai), http://www.faz.net/aktuell/wirtschaft/unternehmen/in-frankreich-sind-
die-bahnsteige-zu-breit-12950833.html
70. C. Maussion, Les quais appartiennent à la SNCF mais la bordure à RFF, Libération (2014, Mai),
http://www.liberation.fr/economie/2014/05/21/les-quais-appartiennent-a-la-sncf-mais-la-bord-
ure-a-rff_1023295. Zugegriffen: 31. Mai 2015Fragen an den Autor

Teil III
Der Alltag des IT-Betriebs

Die tägliche Arbeit des IT-Betriebs: Was muss gemacht werden, selbst wenn es keine Änderungen an den Services gibt?

8

8.1 Beispiel: Code Spaces – Code Hosting und Projektmanagement in der Wolke

Beispiel

Code Spaces [1, 2] startete Ende des Jahres 2007 mit einer cloudbasierten Lösung für das Sourcecode-Hosting in subversion oder git. Dazu kamen Funktionen, die das Projektmanagement unterstützen. Im Jahr 2014 stießen wöchentlich über 200 Firmen bei typischen monatlichen Kosten zwischen 10 und 200 USD neu hinzu. Code Spaces garantierte eine Verfügbarkeit von über 99 %, Snapshots und off-site Backups in Echtzeit. Realisiert wurde die Web-Anwendung über das EC2 Cloud-Angebot von Amazon.

Wie schon häufiger, kam es am 17. Juni 2014 zu einer verteilten denial-of-service Attacke auf die Webseite von www.codespaces.com [1]. Dem unbekannten Angreifer gelang es, die Steuerung der EC2 Cloud-Komponenten zu übernehmen. Code Spaces fand Nachrichten, in denen ein hohes Lösegeld für die Rückgabe gefordert wurde.

Nachdem Code Spaces damit begonnen hatte, die Steuerung seiner EC2 Komponenten wieder selbst zu übernehmen, löschte der Angreifer sukzessive alle Inhalte der Cloud: Alle point-in-time Backups, die gesamten Daten, alle abgelegten virtuellen Maschinen. Code Spaces äußerte sich so (im Folgenden Rechtschreibfehler wie im Original):

Code Spaces will not be able to operate beyond this point, the cost of resolving this issue to date and the expected cost of refunding customers who have been left without the service they paid for will put Code Spaces in a irreversible position both financially and in terms of on going credibility.

© Springer-Verlag Berlin Heidelberg 2016
B. Pfitzinger, T. Jestädt, *IT-Betrieb*, Xpert.press, DOI 10.1007/978-3-642-45193-5_8

Noch Monate später verwies die Webseite der Muttergesellschaft Component Workshop Ltd. auf Code Spaces als eines ihrer Vorzeige-Produkte. Allerdings war das Datum
der letzten Aktualisierung dort mit 2013 angegeben, der letzte Blog-Eintrag stammte
aus dem Jahr 2010.

Es ist nicht bekannt, ob die betroffenen Kunden ihre Daten oder eine Entschädigung
erhielten.

In diesem Kapitel betrachten wir die tägliche Arbeit des IT-Betriebs. Wir legen dabei den
Schwerpunkt zunächst auf die Tätigkeiten und Aufgaben, die anfallen, selbst wenn an den
eigentlichen Services nichts geändert wird – aus einer Business-Perspektive also keine
Änderung eintritt.

Dazu wählen wir als Einstiegspunkt vorhandene Frameworks (Abschn. 8.2). An diesen,
an Überschneidungen und auch Widersprüchen zwischen ihnen herrscht kein Mangel. Es
wird ein kurzer Überblick über die verbreitetsten Normen und bewährten Handlungswei-
sen („good practices") gegeben.

Bei der weiteren Betrachtung von tagtäglichen Aufgaben und Prozessen legen wir
unseren Schwerpunkt also auf solche, die im IT-Management eine überragende Stellung
gewonnen haben. Hervorstechend dabei ist natürlich die IT-Infrastructure Library (ITIL).
Die vorgestellten Aufgaben werden allerdings durch praktische Anwendungsfälle und
Beispiele aus der Praxis ergänzt (Abschn. 8.3). Der Abschn. 8.4 ergänzt die Ablauforganisation um die Aufbauorganisation: Wie ist der IT-Betrieb organisiert und welche Widersprüche müssen dadurch in Kauf genommen werden?

In Abschn. 8.5 betrachten wir wieder das Thema 7×24 h (bzw. 24×365) und nehmen
das Thema aus Kap. 7.8 wieder auf. Unterbrechungsfreier Betrieb, Umgang mit Störungen, Application Support – dies sind Beispiele von Themen, die insbesondere für die tägliche Arbeit des IT-Betriebs wichtig sind.

Die täglichen Betriebsaufgaben fallen immer an – selbst wenn die IT an einen Dienstleister vergeben ist oder sich in der Cloud befindet. Die Durchführung einzelner Tätigkeiten obliegt dann vielleicht einem Mitarbeiter des Dienstleister – die Verantwortung
verbleibt im Unternehmen. Ein drastisches Beispiel hat dieses Kapitel eröffnet (siehe
Abschn. 8.1): Ein Dienstleister implementiert eine innovative Web-Applikation komplett
„in der Cloud". Eine Kombination aus Pech und selbstgemachten Fehlern erlaubt es einem
Erpresser, alle Daten restlos zu löschen. Die – im Nachhinein offensichtlich – fehlende
Betriebssicherheit ist vorher für den Kunden nicht sichtbar. Wie es sich zeigte, war das
entgegengebrachte Vertrauen in den Dienstleister fehl am Platz. Hier steckt die IT-Industrie anscheinend noch in den Kinderschuhen. Vor langer Zeit war die Situation bei Versicherungsunternehmen ähnlich – eine Versicherung war nicht von einer Wette im Wettbüro
unterscheidbar und manchmal ging das Versicherungsunternehmen auch einfach nur Plei-
te. Inzwischen sind Versicherungen ein angesehener und zuverlässiger Wirtschaftsbereich,
auch große Schäden können unter Rückgriff auf Rückversicherungen reguliert werden
([3], Kap. 1). Ob der Weg dahin in der IT-Branche auch in Jahrhunderten gemessen werden wird?

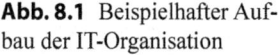
Abb. 8.1 Beispielhafter Aufbau der IT-Organisation

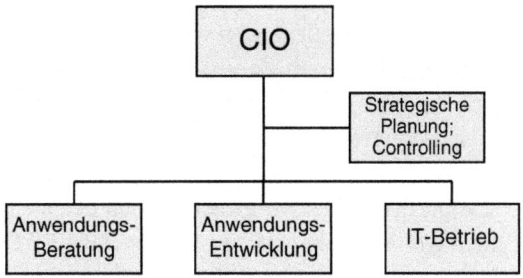

Referenz [4] nimmt die Geschichte von Code Spaces (siehe Abschn. 8.1) auf und erinnert an vier Untergangsszenarien, die sich nicht erst seit der Verlagerung der IT in die Cloud ergeben:

- Dienstleister können jederzeit bankrottgehen – oder das Interesse am Kunden verlieren.
- Cloud-Lösungen sind auf funktionierende Datennetze angewiesen, die in der Vergangenheit vor allem in den USA auch schon einmal ausgefallen sind.
- Es ist gar nicht einfach, Notfallpläne des Dienstleisters auf korrektes Funktionieren zu prüfen – vor allem wenn im Notfall praktisch alle Kunden gleichzeitig betroffen wären.
- Der Datenschutz und andere regulatorische Auflagen könnten den Einsatz einer Cloud-Lösung verbieten, selbst wenn es technisch und finanziell vorteilhaft wäre.

Kehren wir zu Beginn noch einmal zur Aufbauorganisation aus Kap. 4 zurück. Fasst man die Aufgabe der IT-Organisation wieder so weit, *„den im Hinblick auf die Unternehmensziele bestmöglichen Einsatz der Ressource Information zu gewährleisten"* [5], Kap. 1, dann bieten sich drei Teilbereiche der IT-Organisation an (siehe Abb. 8.1): Die Anwendungs-Beratung, -Entwicklung und der IT-Betrieb (siehe z. B. [6] Kap. 6). Diese drei Bereiche werden zusammen vom CIO verantwortet, der in Stabstellen von Fachleuten etwa für die IT-Architektur, den Datenschutz oder das Controlling unterstützt wird.

Die Bezeichnungen der drei Aufgabengebiete legen bereits nahe, dass sie sich deutlich in ihrer Arbeitsweise unterscheiden:

Anwendungs-Beratung
Die Beratung wird sich auf den Technologie- und Informationseinsatz spezialisieren, dort jedoch stark auf die Bedürfnisse und Besonderheiten des (hausinternen) Kunden eingehen müssen – „Organisation und Information" wäre die geeignete Überschrift. Hier ist davon auszugehen, dass nur sehr große Unternehmen diese Fähigkeiten entwickeln und vorhalten können – alle anderen müssen auf eines der zahlreichen spezialisierten Beratungshäuser zurückgreifen.

Anwendungs-Entwicklung
Die Anwendungs-Entwicklung stellt die klassische Disziplin der Softwareentwicklung dar, mit einem über die Jahrzehnte gewachsenen Angebot unterschiedlicher Vorgehens-

und Prozessmodelle. Dabei werden in den typischen Firmen im Wesentlichen nur fertige Anwendungen lizensiert und geringfügig an die eigenen Bedürfnisse adaptiert. Ketzerische Zungen sprechen daher davon, dass die meisten Länder keine ausgebildeten Informatiker benötigen – schließlich wird in vielen Ländern keine große kommerzielle Software entwickelt, sondern nur bestehende Software adaptiert und miteinander integriert. Die Komplexität dieser Aufgabe darf man dennoch nicht unterschätzen – ein Beispiel liefert die Bayer AG in ihrem Jahresbericht 1999 [7]. Dort beschreibt sie ein gerade angelaufenes Projekt mit dem Ziel, SAP R/3 bis 2004 in der gesamten Bayer AG als führendes Tool einzusetzen. Es wird demnach über 350 Anwendungen ersetzen, mehr als 50.000 Mitarbeiter werden geschult, über 1200 arbeiten bei der Einführung mit. Die geplanten Projektkosten belaufen sich auf etwa 1,3 Mrd. €. Leider finden sich in den folgenden Geschäftsberichten keine Angaben mehr – die klassische Schwierigkeit bei der IT-Kostenrechnung (siehe Kap. 2).

IT-Betrieb

Die im Weiteren angesprochenen Frameworks liefern die klassischen Geschäftsprozesse des IT-Betriebs. Im Gegensatz zur Anwendungsentwicklung liegt hier der Fokus auf einem dauerhaften Betrieb – ein Projektcharakter ist in der Regel nicht angebracht. Moderne Frameworks adressieren zunehmend das Spannungsfeld zwischen dem dauerhaften Betrieb und den von außen gestellten Anforderungen und den häufigen Änderungen der Software. Für die Komplexität dieser Übergänge sei auf Kap. 9 und 10 verwiesen.

8.2 Referenzmodelle als Einstiegspunkt

Haute Couture – die Bezeichnung für allerfeinste französische Mode – trifft mitunter auf die Powerpoint-Präsentationen passend zur aktuellen Modewelle der Wirtschaftsunternehmen zu. Je nach Saison sind immer wieder wechselnde Themen aktuell – es reicht unter Umständen „cool und neu" anstatt „passend und bewährt" zu sein. In dieser Allgemeinheit lässt sich sicher kein Vorwurf gegenüber Referenzmodellen für Geschäftsprozesse ableiten. Die Vielzahl existierender und anscheinend „außer Mode" gekommener Modelle stellen wir dennoch bewusst als Mahnung an den Anfang des Kapitels – Geschäftsprozesse entfalten schließlich nur dann ihre Wirkung, wenn sie mit den Menschen in der Organisation etabliert werden. Bunte Bilder, neue Tools und detaillierte Modelle funktionieren nicht losgelöst von den Menschen.

Referenzmodelle für Geschäftsprozesse (in der IT oft mit dem englischen Begriff „Framework" bezeichnet, mitunter als „Rahmenmodell" übersetzt [8]) gab und gibt es reichlich. Referenz [9] listet allein 30 verschiedene Modelle auf. Teilweise sind solche Modelle branchenspezifisch – etwa für die Logistikbranche – manchmal firmenspezifisch – z. B. das Prozessmodell der Siemens AG – mitunter sehr spezifisch – z. B. für die Abläufe eines Containerhafens. Dabei lässt sich das Wort „Referenz" im Deutschen durchaus unterschiedlich interpretieren: Zuerst als eine *Vorlage*, nach der später eigene Prozessmodelle erstellt werden. Daneben ist das Wort „Referenz" auch als *Empfehlung* zu verstehen –

spätestens in der englischsprachigen Welt wird häufig sowohl von einem „Framework"
im Sinne einer Vorlage als auch von „best practice" im Sinne der Empfehlung bewährter
Praktiken gesprochen.

Referenzmodelle sind eine wesentliche Voraussetzung für die kostengünstige IT-Unterstützung der Geschäftsprozesse: Anstatt die vorgefundenen Prozesse mit selbst-erstellter
Software zu unterstützen tritt eine kommerzielle Standardsoftware, die nur noch „geringfügig" an die eigenen Belange angepasst wird. Frei nach dem Motto „Tools schaffen Fakten" erzwingt die IT-Unterstützung die Anlehnung an ein Referenzmodell und damit unter
Umständen auch eher eine Anpassung der eigenen Prozesse anstatt der zugekauften Software. Die Idee von idealtypischen Modellen, die es in der Betriebswirtschaft schon lange
gab, wird durch den IT-Einsatz gelebte Praxis.

Natürlich verleitet das Modellieren dazu, ständig neue Modelle zu erschaffen, *an die
sich andere halten sollen* – ganz analog zur fortlaufenden Einführung neuer Programmiersprachen. Oliver Thomas [10] blickt daher generell auf den Begriff „Referenzmodell" und
trifft eine wesentliche Unterscheidung: Referenzmodelle aus Sicht des Erstellers oder aus
Sicht des Nutzers. Trägt man beide Mengen in einem Diagramm auf (siehe Abb. 8.2), ergeben sich drei Möglichkeiten:

- Erstellte Referenzmodelle, die nicht zum Einsatz kommen (links),
- Modelle, die in der Praxis unbeabsichtigt als Referenzmodelle genutzt werden (rechts)
  und
- als Schnittmenge, diejenigen Referenzmodelle, die sich in der Praxis bewährt haben
  (Mitte) – ohne eine konkrete Anwendung bleibt ein Referenzmodell ohne praktischen
  Wert.

Referenzmodellierung ist also – in den Worten von [11] – „die Konstruktion und Anwendung wiederverwendbarer Modelle". Diese Modellierung kann dabei sowohl „top/down"
erfolgen, also beginnend mit einem theoretischen Gedankenmodell, das letztlich Vorgaben
für das Handeln in der Praxis gibt, als auch „bottom/up", wobei das Referenzmodell eine
Abstraktion der in der Praxis konkret vorgefundenen Phänomene darstellt [11]. Alternativ
kann jede Modellierung als reines Vehikel angesehen werden – eine Art Moderationstechnik, um Sachverhalte innerhalb einer Organisation zu kommunizieren.

Abb. 8.2 Menge der Modelle
aus Sicht des Erstellers (*links*)
und des Nutzers (*rechts*). (In
Anlehnung an [10])

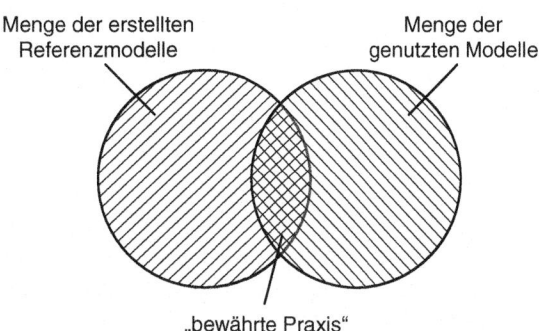

Spätestens mit dem Einzug der Standardsoftware SAP R/3 in den Unternehmensalltag mussten sich die Unternehmen an die in dieser Software vorgefundenen Prozesse adaptieren – plastisch dargestellt auf dem Titelblatt der Zeitschrift Datamation, das im März 1993 Hasso Plattner und Klaus Besier mit Prozess-Faltplänen zeigt und über die Strategie der Firma SAP für den amerikanischen Markt berichtet (nach [11]).

Der IT-Betrieb ist bei der Referenzmodellierung ein Nachzügler – viele Referenzmodelle sind seit langem in den üblichen Branchen und Aufgabenbereichen von Firmen angesiedelt, siehe z. B. [11]: Industrielle Produktion, Logistik, Bilanzierung, Lagerhaltung, Controlling etc. Es ist daher kein Wunder, dass die durchaus komplexen Prozesse dieser Fachrichtungen durch Standardsoftware unterstützt werden. Ausdrücklich zu nennen ist hier SAP R/3 für die Unterstützung nahezu aller üblichen Aktivitäten einer Firma. Die Standardisierung ist durch den hohen Grad der Automatisierung in diesen Bereichen so weit voran geschritten, dass eher die Prozesse und Organisationen angepasst werden, als auf den Einsatz einer (angepassten) Standardsoftware zu verzichten.

Der IT-Betrieb, etwa unter dem Schlagwort „Service Management", kommt nach langer Vorarbeit Ende der 1990er Jahre dazu. Passend zur Dotcom-Blase des Jahrtausendwechsels wird das Management der IT eine zunehmend drängende Aufgabe großer Unternehmen – händeringend wird nach dem korrekten Vorgehen und dem passenden Tool gesucht. In Europa zeichnet sich ab, dass die IT Infrastructure Library (ITIL) das passende Referenzmodell ist, erste Software-Anbieter werden hoch gehandelt (siehe Abschn. 8.2.1).

8.2.1 Beispiel: Peregrine Systems – The next SAP?

Beispiel

Im Sommer 1999 berichtete die Branchenzeitschrift InformationWeek [12] über eine neue Partnerschaft zwischen dem Softwareanbieter Peregrine Systems und den großen Beratungshäusern bzw. IT-Dienstleistern IBM Global Services und KPMG Consulting. Ziel war es, mit der Software von Peregrine weltweit die Planung der betrieblichen Infrastruktur bei Kunden einzuführen. Das Schlagwort „Infrastructure Resource Planning" war klanglich absichtlich nahe am etablierten „Enterprise Resource Planing" – der Artikel nannte „Peregrine as the next SAP".

Im Rückblick passt diese Aussage nahezu perfekt zum Beginn des Hype-Zyklus. Abbildung 8.3 zeigt die Einschätzung von Gartner für einige Themen des System Managements – ITIL befand sich auf dem steilen Anstieg der gewährten Aufmerksamkeit, Asset Management hatte den Zenit bereits überschritten, für beide war der Absturz entlang des Hype-Zyklus absehbar.

Die Geschichte der Firma Peregrine Systems ist noch viel interessanter als das Zitat oben vermuten lässt. Ein Blick in ein Zeitungsarchiv – etwa der New York Times – lässt eine altbewährte IT-Firma erkennen, die Anfang der 1980er Jahre gegründet wurde und über die Jahre langsam wuchs. 1997 kam es zum Börsengang und in den Folgejahren zu immer mehr und immer größeren Übernahmen, beispielsweise der kanadischen Telco Research Corporation im Jahr 2000, die sich auf das Management von Sprachnetzwerken der Telekommunikationsanbieter spezialisiert hatte. Im selben Jahr stand eine große Übernahme im Wert von 2,1 Mrd. USD an: Der Internetmarktplatz der amerikanischen Firma Harbinger Corporation. Von IBM übernahm Peregrine den Tivoli Service Desk und schloss eine Vertriebspartnerschaft mit IBM. Im Jahr 2001 übernahm Peregrine Systems den kleineren Wettbewerber Remedy Corporation, eine Transaktion im Wert von 1,08 Mrd. USD. Etwa zu dieser Zeit ist der Höhepunkt der Firma erreicht: Peregrine brachte in die Übernahme etwa 3000 Mitarbeiter ein, Remedy weitere 1400. Von außen nicht erkennbar war die komplizierte Struktur der Firma, mit etwa 150 internationalen Tochterfirmen.

Im Frühjahr 2002 musste Peregrine Systems seinen bisherigen Wirtschaftsprüfer – Arthur Andersen – wechseln. Im Zuge des Enron-Skandals konnte Arthur Andersen keine Prüfungen mehr durchführen und wurde später zerschlagen. Der neue Wirtschaftsprüfer, die Prüfungsgesellschaft KPMG, benötigte nur wenige Wochen, um Unstimmigkeiten in den früheren Bilanzen von Peregrine Systems zu finden. Die Meldung schlug wie eine Bombe an der Börse ein – die Aktie verlor an einem Tag 65 % ihres Wertes. Im Herbst 2002 kam es zur Insolvenz von Peregrine Systems, bis dahin hatte sich die Mitarbeiterzahl auch durch eine Massenentlassung auf 1400 reduziert. Das Insolvenzverfahren konnte 2003 erfolgreich beendet werden, es blieben knapp 700 Mitarbeiter, Teile der Firma wurden verkauft und sind nach einigen Zwischenstationen letztlich bei Hewlett-Packard untergekommen – dort sammelten sich anscheinend alle früher führenden Toolanbieter. Eine ganze Reihe ehemaliger Manager wurden wegen der falschen Bilanzen in den USA verurteilt.

Die Jubelrufe aus dem Jahr 1999– „the next SAP" – hatten sich bereits 2003 ins Gegenteil verkehrt, der Markt für IT Service Desk Tools galt nun als *stagnierend und hässlich* [13].

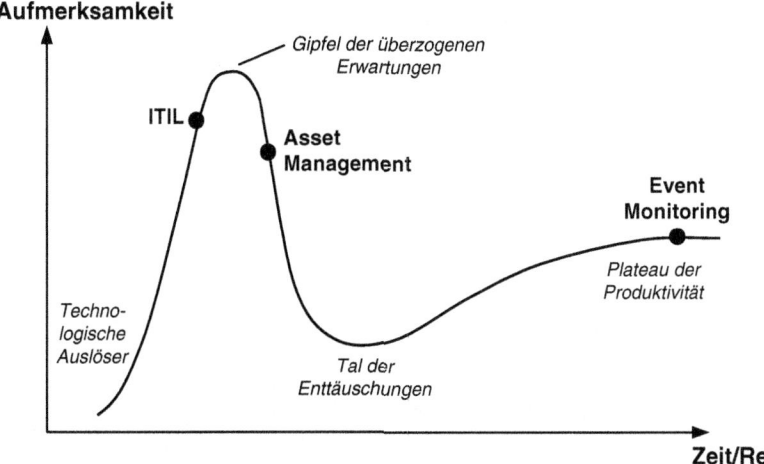

Abb. 8.3 Hype-Zyklus nach Gartner mit der Einstufung einiger System Management Themen aus dem Jahr 2004. (In Anlehnung an [14])

8.2.2   Der Ursprung: Prozessmanagement

Lange vor dem Entstehen der Referenzmodelle beschäftigte sich die Industrie mit der Verbesserung der zur Produktion genutzten Prozesse – zuerst manuell, später mit IT-Unterstützung. Mit dem Einzug der IT in praktisch alle Firmen wiederholten sich einige Aufgaben – z. B. die regelkonforme Buchhaltung – erste Anbieter entwickelten dazu passende Standardsoftware, zunächst für große Unternehmen. Dieser Umbruch bedeutete zum einen die Automatisierung einfacher manueller Tätigkeiten und damit einhergehend eine massive Reduktion der Anzahl dafür benötigter Mitarbeiter. Andererseits wurde der IT-Einsatz nur dann wirtschaftlich sinnvoll, wenn eine weitgehend unveränderte Standardsoftware zum Einsatz kommt – die Firma passt sich an die Software an, nicht mehr umgekehrt.

Dieser Ursprung der Referenzmodelle legte in der Regel auch die genutzte Modellierungssprache fest. Beispielsweise ist durch den Siegeszug der SAP R/3 Software die Methode ARIS der IDS Scheer mit ihrer Modellierungssprache in die meisten deutschsprachigen Firmen eingezogen. Liegt der Ursprung dagegen in der Welt der Software-Entwicklung wird die Modellierung mit den dortigen Sprachmitteln, etwa zur Datenmodellierung oder zur objektorientierten Softwareentwicklung erfolgen. Unabhängig von der konkreten Modellierungssprache bleibt es dem Nutzer überlassen, welchen Stellenwert die Sprache einnimmt – soll sie mathematisch exakt die Abläufe beschreiben oder eher umgangssprachlich nur die wesentlichen Aktivitäten beschreiben? Diese möglichen Extrempositionen verdeutlichen die Möglichkeiten, die der Einsatz einer Sprache bietet, sie werden jedoch in Reinform nicht zum Ziel führen: Weder lässt sich heute die Unternehmens-IT automatisch aus einem Modell generieren noch können schlampig formulierte Anforderungen zu funktionierenden Abläufen mit IT-Unterstützung umgearbeitet werden.

Welche Prozessmodelle spielen für die IT-Organisation eine Rolle, abgesehen von den betriebswirtschaftlichen Referenzmodellen?
Es gibt einige etablierte Mittel, die aus Sicht des Auftraggebers darauf zielen, die Qualität und Zuverlässigkeit der eingekauften Produkte oder Dienstleistungen sicherzustellen. Die meisten Firmen werden heute ein Qualitätsmanagementsystem nach ISO 9001 verwenden und sich in der Regel auch von Prüfungsgesellschaften regelmäßig auditieren lassen. Darüber hinaus können verschiedene zusätzliche Vorgehensweisen angewendet werden: Generisch, z. B. Six Sigma oder Total Quality Management, oder branchen-spezifisch, z. B. Reifegradmodelle in der Softwareentwicklung. Für die IT-Organisation sind solche firmenweiten Standards natürlich verbindlich, IT-spezifische Referenzmodelle müssen innerhalb dieser Grenzen zusätzlich umgesetzt werden.

Gerade das Qualitätsmanagement hat inzwischen eine lange Tradition – mancher Kollege könnte von sich behaupten „ich mache seit fast 100 Jahren Qualitätsmanagement" – etwa als PDCA-Zyklus. „Wofür steht PDCA"? Es ist praktisch die Idee der kontinuierlichen Verbesserung, bei der im ersten Schritt eine mögliche Verbesserung als Hypothese aufgestellt wird („Plan"), im zweiten Schritt wird diese Hypothese in der realen Produktion ausprobiert („Do") und im dritten Schritt dienen die dort gewonnenen Daten dazu,

Abb. 8.4 Shewhart-Zyklus als Ursprung der kontinuierlichen Verbesserung. (In Anlehnung an [15], S. 45)

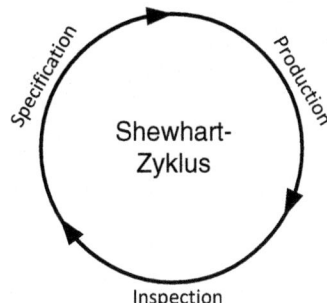

die Hypothese auf Stichhaltigkeit zu prüfen („Check"). In dieser Ausprägung kommt man auf drei Schritte, die sequenziell durchlaufen werden – den Shewhart-Zyklus in Abb. 8.4, benannt nach dem Physiker W. A. Shewhart und in der Graduiertenschule des amerikanischen Landwirtschaftsministeriums vorgestellt (siehe [15], S. 45). Später wird dieser Qualitätszyklus von W. E. Deming um einen weiteren Schritt ergänzt, nämlich die Umsetzung erfolgversprechender Verbesserungsmaßnahmen („Act"), und mit der Überschrift „PDCA-Zyklus" populär.

Interessant an der Geschichte des PDCA-Zyklus sind zwei Eigenarten: Zum einen die Veröffentlichung in einem Buch der Graduiertenschule des Landwirtschaftsministeriums (!) und zum anderen der Hinweis, dass idealtypisch der Zyklus nur dann als Kreis verläuft, wenn keine neuen Verbesserungsmaßnahmen mehr greifen. Ein geeigneteres Bild wäre ein spiralförmiger Verlauf, so bereits damals die Beschreibung der Abbildung. Jede implementierte Verbesserung macht es schwieriger, zusätzliche erfolgversprechende Verbesserungsvorschläge zu finden. In der IT begegnen wir dem spiralförmigen Verlauf wieder als einem Prozessmodell der Softwareentwicklung [16], die (ungünstig für den IT-Betrieb) häufig kleine Softwareänderungen produziert.

Der PDCA-Zyklus und die Idee der kontinuierlichen Verbesserung werden im Folgenden in allen Referenzmodellen berücksichtigt. Entweder ist dies explizit vorgesehen, über bestehende Qualitätsmanagementsysteme „geerbt" oder sogar in den einzelnen Prozessen als punktuelle Aktivität vorgesehen.

8.2.3 Viele konkurrierende Modelle

Die Notwendigkeit für den Einsatz anerkannter Referenzmodelle hat sich in den IT-Organisationen allmählich entwickelt. Anfangs rein technikorientiert – siehe etwa das Beispiel zur elektronischen Scheckverarbeitung in Kap. 2 – stellen sich heute vor allem Fragen nach den IT-Kosten und dem Wertbeitrag der IT für das eigentliche Unternehmensziel. Die Abb. 8.5 illustriert diese Entwicklung anhand der Referenzmodelle, deren Fokus sich über die Zeit von technischen Aspekten auf unternehmerische Fragestellungen verschiebt.

Die Geschichte des IT-Service-Managements fasst Abb. 8.6 zusammen. Wie häufig in der IT-Branche hinterlässt die Firma IBM jedenfalls anfangs ihre Spuren, beginnend

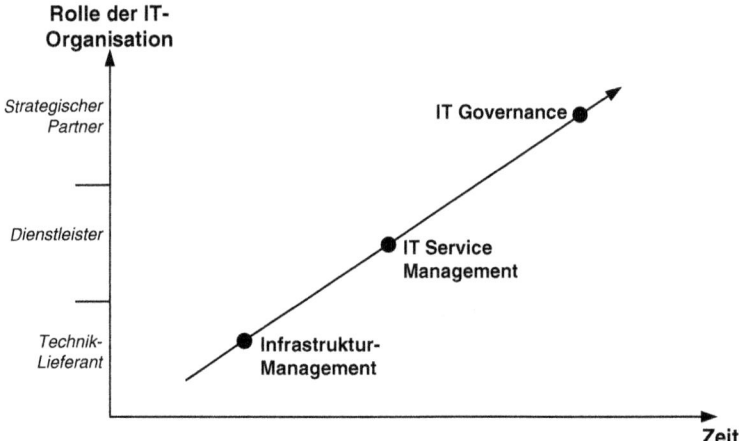

Abb. 8.5 Die wechselnde Rolle der IT-Organisation. (In Anlehnung an [17])

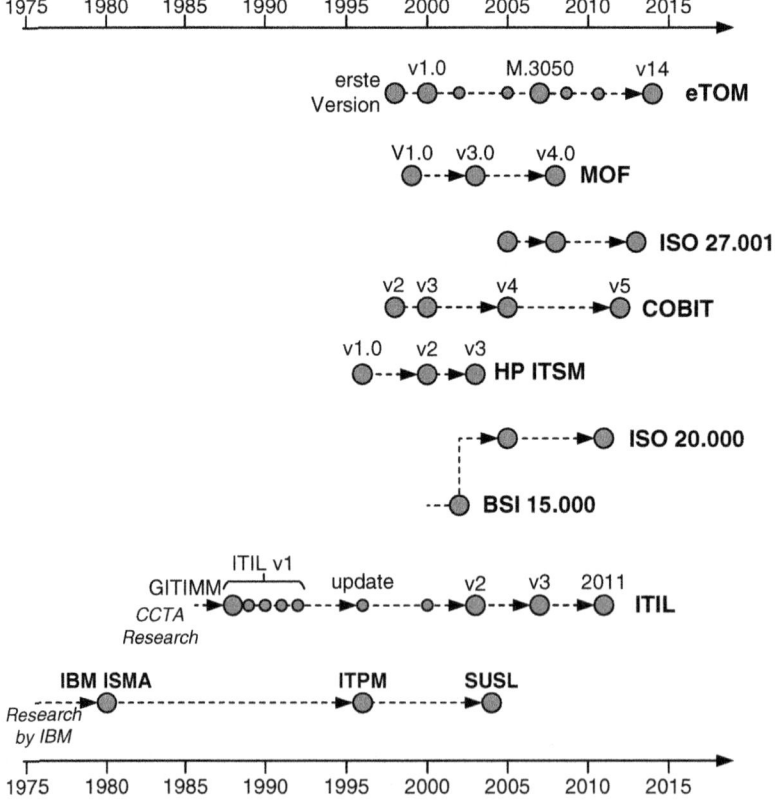

Abb. 8.6 Geschichte des IT Service Managements. (Quellen siehe Text)

in den 1970er Jahren und schließlich mit der Veröffentlichung von vier Büchern Anfang der 1980er Jahre zur Information Systems Management Architecture, kurz ISMA („A Management System for Information Systems", [18] und [19]). Diese Arbeiten können als Vorläufer der IT Infrastructure Library (ITIL) gesehen werden, die Ende der 1980er Jahre ihren Ursprung in Großbritannien hat [20]. Dort wird die staatliche Organisation „Central Computer and Telecommunications Agency" (CCTA) mit der Entwicklung eines Service Management Referenzmodells beauftragt, ein erstes Modell wird 1988 unter der Abkürzung GITMM veröffentlicht. Nach der Umbenennung der CCTA in das „Office of Government Commerce" (OGC) und der des GITMM Referenzmodells in ITIL. Dieses Referenzmodell entwickelt sich über die Jahre weiter und findet eine große Verbreitung zunächst in Europa, dann auch weltweit. Parallel zum Referenzmodell findet eine Normierung statt, ausgehend von Großbritannien mit dem Standard BSI 15.000 zur Jahrtausendwende, aus dem sich später der internationale Standard ISO 20000 entwickelt, der 2005 veröffentlicht wird und in den Jahren 2008 und 2013 aktualisiert wird. Parallel dazu entsteht eine Norm zur Sicherheit der IT, zunächst als britischer Standard BS 7799, dann als internationale Norm ISO 27001 seit 2005 in drei Überarbeitungen, die sich schnell international durchsetzen [21].

IBM behält weiterhin ein eigenes Modell unter dem Namen IBM Systems Management Solution Lifecycle für den Einsatz in Beratungsprojekten [18]. Hewlett Packard als ebenbürtiger weltweiter IT-Dienstleister pflegt parallel sein eigenes Referenzmodell HP ITSM [17] genauso wie Microsoft das MOF („Microsoft Operations Framework") ab 1999.

Neben ITIL finden zwei wichtige Entwicklungen statt: Zum einen entsteht ein Referenzmodell „eTOM" für den Einsatz bei großen Telekommunikationsunternehmen [22], das erstmals 1998 veröffentlicht wird und später von der Internationalen Fernmeldeunion (ITU) als Branchennorm übernommen wird. Seitdem erscheint fast jährlich eine Aktualisierung des Referenzmodells, zunehmend in Anlehnung an ITIL. Das zweite alternative Referenzmodell entsteht aus der Tätigkeit der Wirtschaftsprüfer, die sich bei ihrer Arbeit zunehmend auf die beim Kunden vorhandenen IT-Systeme beziehen müssen. Entsprechend groß ist daher der Bedarf an nachweisbarer Verlässlichkeit – es entsteht ein eigenes Referenzmodell „COBIT", welches bis vor kurzem dieses Anliegen im Namen trug: „Control Objectives for Information and Related Technology", Kontrollziele für Informationstechnologie. Neben ITIL ist COBIT heute das am zweithäufigsten eingesetzte IT-spezifische Referenzmodell [23, 24].

Für die IT-Organisation ist es ein Glücksfall, dass sich praktisch ein einziges Referenzmodell international durchgesetzt hat – jetzt müsste es nur noch implementiert werden. Die meisten Firmen werden anfangs einige ITIL-Prozesse implementieren, jedoch nicht auf ein komplettes, in sich stimmiges Prozessmodell nach ITIL abzielen. Außerdem ist die typische IT-Organisation nur ein kleiner Teil der Firma – bezogen auf die Kosten weniger als 10 %, siehe Kap. 2. Daher verwundert es nicht, wenn aus der Organisation der jeweiligen Firma Vorgaben für Prozesse existieren. Diese Vorgaben kommen durch ein hauseigenes Referenzmodell, z. B. bei der Siemens AG durch das praktisch überall vorhandene Qualitätsmanagement nach ISO 9001, durch die Forderungen der Wirtschaftsprüfer (etwa durch COBIT abgedeckt), oder durch Datenschutz und Datensicherheit, um nur einige zu nennen. Dazu kommen Management-Methoden und Ziele, z. B. umschrieben mit den Schlagworten Six-Sigma und Reifegradmodell. In Summe ergibt sich für den Entwurf der IT-Service-Management-Prozesse ein unübersichtliches Anforderungsprofil [25]. Für Außenstehende wird es in dieser Situation schwer zu erkennen sein, bis zu welchem Grad eine IT-Organisation die Vorgaben eines Referenzmodells erfüllt. Erst der Einsatz internationaler Normen und unabhängiger Prüfungsgesellschaften kann diese Schwäche beseitigen – im IT-Service-Management durch die Normen ISO 20000 und ISO 27001 in Bezug auf die Datensicherheit.

Es ist also immer zu beachten: Alle Referenzmodelle – sei es zu IT-Service-Management, zu IT-Architekturmanagement, zum IT-Sicherheitsmanagement und beispielsweise zum IT-Risikomanagement – tendieren dazu, sich nicht nur zu berühren, sondern sich zu überschneiden. Sie dürfen deswegen nicht nebeneinander und unabhängig in ein Unternehmen eingeführt werden, sondern müssen intelligent aufeinander abgestimmt und dementsprechend beschnitten werden.

Erwähnenswert sind an dieser Stelle generische Managementsysteme, die auf eine Verbesserung der eigenen Prozesse bzw. Produkte abzielen und gerade in großen Unternehmen zum Einsatz kommen. Aus der Massenproduktion sind verschiedene Ansätze bekannt: Zu nennen sind insbesondere *Lean Management* (inspiriert durch die japanischen Automobilhersteller, allen voran Toyota [26]) und *Six Sigma*, ein Ansatz über statistische Qualitätsaussagen die Fehlerrate auf ein Niveau von 1:1.000.000 zu drücken (entstanden bei Motorola und Ende der 1990er Jahre durch den Einsatz bei General Electric popularisiert). Damit steht die IT-Organisation vor der Herausforderung, ein fachspezifisches Referenzmodell umzusetzen und gleichzeitig firmenweite Managementmethoden anzuwenden. Über die Sinnhaftigkeit lässt sich streiten – gibt es in der eigenen Firma eine IT-Massenproduktion, kann eine Aktivität häufig genug ausgeführt werden, um Fehlerraten im Bereich von sechs Sigma messbar zu machen?

Im IT-Umfeld besser praktisch anwendbar sind Reifegradmodelle. Diese entstanden als Reaktion auf die nicht abschätzbare Zuverlässigkeit der Auftragnehmer militärischer Entwicklungsprojekte in den USA (siehe dazu Kap. 4) und führen schrittweise eine bessere Durchdringung der Projekt-Organisation mit Prozessen ein. In der Software-Entwicklung sind Reifegradmodelle eine gängige Methode, den angestrebten Projekterfolg wenigstens zuverlässig planbar zu machen – dies lässt sich ohne weiteres auf den Grad der Durchdringung der IT-Organisation mit Prozessen übertragen (siehe auch Kap. 9.7.3).

8.2.4 IT Infrastructure Library (ITIL)

Die IT Infrastructure Library – abgekürzt als ITIL – ist heute weltweit das führende Referenzmodell für das IT-Service-Management. Anfangs zerfiel das IT-Service-Management in dieser Darstellung noch in eine Vielzahl einzelner Prozesse und dazugehöriger – kostenpflichtiger – Bücher. Ab der Version 2 ist die Zusammenstellung von ITIL ganz einfach, es besteht im Wesentlichen aus den beiden großen Bereichen Service Delivery [27] und Service Support [28] jeweils mit den gleichnamigen Büchern der OGC.

Die Aufteilung in die beiden Bereiche ist zu dem Zeitpunkt relativ natürlich – Service Support umfasst die gewohnten Tätigkeiten jedes IT-Betriebs: Den Umgang mit Störungen (Incidents und Problems), Änderungen (Changes und Releases) und mit den eingesetzten Konfigurationen. „Störend" – und der Praxis geschuldet – zieht sich durch alle Bücher der Service Desk, die wesentliche Anlaufstelle der Anwender. Für sich genommen ist der Service Desk jedoch kein einzelner Prozess, sondern eine Organisationsform. Abgesehen von dieser Ausnahme ist ITIL ein Referenzmodell für Prozesse, das stark geprägt ist von der Idee der kontinuierlichen Verbesserung (dem PDCA-Zyklus nach Shewhart und Deming, siehe Abschn. 8.2.2).

Für viele IT-Organisationen dürfte der andere Bereich – Service Delivery – in seiner Stringenz neu sein. Hier dreht sich alles um den Service, den die IT für ihre Kunden erbringt. Zum einen geht es um die Beschreibung des Services, z. B. durch Service Levels und einen Servicekatalog, zum anderen um die interne Sicherstellung der Serviceerbringung, etwa durch die Planung und Überwachung der Kapazitäten und Verfügbarkeit. Daneben gibt es weitere Bücher der OGC, die jedoch nicht die gleiche Verbreitung fanden.

ITIL legt als Referenzmodell die Bedeutung der einzelnen Begriffe fest – was ist z. B. unter einem „Incident" oder einem „Problem" zu verstehen. Dies war ein wesentlicher Fortschritt und geeignet, damit sich Fachleute sinnvoll untereinander austauschen können. Für jeden Prozess beschreiben die Bücher die typischen Aktivitäten beginnend mit dem Ziel des Prozesses, der Definition einiger Grundbegriffe und der durchzuführenden Aktivitäten. Passend zum PDCA-Zyklus geht ITIL bereits auf Prozess-Ziele und damit verbundene Messgrößen ein. Die Beschreibung der Prozesse adressiert im Wesentlichen den Leser, d. h. nutzt die natürliche Sprache [29].

Jede Firma muss für sich selbst entscheiden, in welchem Detaillierungsgrad ihre ITIL-basierten Prozesse modelliert werden sollen und welche Hilfsmittel zum Einsatz kommen. ITIL konzentriert sich zu dieser Zeit noch darauf, möglichst viele Fachleute zu erreichen – es gibt umfangreiche Angebote zu Schulungen und zur Zertifizierung von Mitarbeitern mit stark steigender Teilnehmerzahl [30]. Allein im Jahr 2013 wurde die Prüfung für die einfachste Zertifizierung (ITIL Foundation) etwa 270.000 Mal abgelegt [31]. Bis zum Erscheinen der internationalen Norm ISO 20000 gab es keine anerkannte Möglichkeit, die Konformität der Prozesse einer Firma nach ITIL zu beurteilen.

Zum Zeitpunkt der Veröffentlichung der ITIL-Bücher war davon auszugehen, dass viele Prozesse in den Firmen noch nicht adäquat eingeführt waren. Entsprechend fand sich zu jedem Prozess in den ITIL-Büchern auch ein Abschnitt zu den Vor- und Nachteilen des Prozesses und der möglichen Einführung des Prozesses in einer Firma.

Version 3 ([32] und [33], in einer späteren Überarbeitung ITIL 2011 genannt) greift die Neuerungen auf, die in den Standard ISO 20000 ab dem Jahr 2005 eingeflossen waren. Der Blick des Referenzmodells wird ganzheitlicher und umfasst nun den kompletten Lebenszyklus eines IT-Services vom Design [34] über die Inbetriebnahme (Transition, [35]) und den dauerhaften Betrieb (Operation, [36]). Der Gedanke der kontinuierlichen

Abb. 8.7 ITIL im Kontext der
Firma

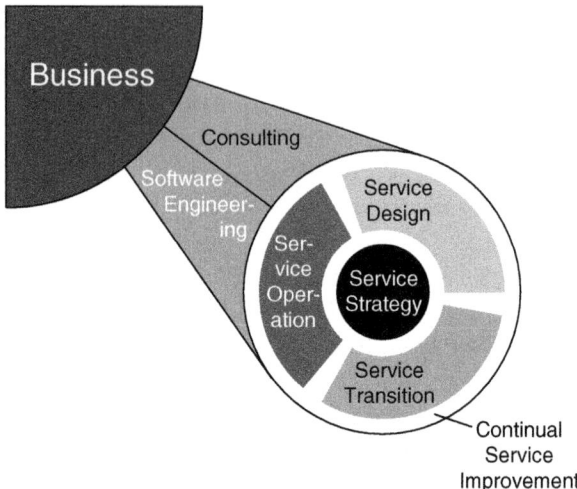

Verbesserung – bereits in der ISO 20000 verpflichtend – wird mit einem eigenen Prozess berücksichtigt [37] und die zunehmende Ausrichtung der IT an den Firmenzielen findet in einem eigenen Buch zur Service Strategie Einzug [38].

Die Abb. 8.7 zeigt die fünf Gebiete aus ITIL v3, die sich auf den Lebenszyklus eines IT-Services spezialisieren. Aus Sicht einer Firma fehlen natürlich die Prozesse der eigentlichen Wertschöpfungskette. Hier sei nur daran erinnert, dass die gesamte IT typischerweise weniger als 10 % der Kosten verursacht und mithin vergleichsweise klein ist. Anknüpfend an den beispielhaften Aufbau eines IT-Bereichs aus Abb. 8.1 fehlen bei ITIL zudem die Software-Entwicklung und die informationstechnische Beratungsleistung. Auf absehbare Zeit wird das Zusammenspiel der IT-Organisation mit der Wertschöpfungskette in der Praxis eine große Herausforderung bleiben, selbst wenn sich manche Firmen schon lange damit beschäftigen [39].

In der Zwischenzeit wurde ITIL an die Firma Axelos Ltd. übergeben – die kostenpflichtigen Zertifizierungen und Bücher mit regelmäßigen Aktualisierungen hinterlassen den Eindruck, dass es sich um ein kommerzielles Referenzmodell handelt. Alternativ zu den offiziellen Büchern gibt es eine Vielzahl auch deutschsprachiger Werke, die sich mit ITIL im Ganzen oder in Ausschnitten beschäftigen (z. B. [40–43]). ITIL ist heute de facto das führende Referenzmodell im Bereich des IT-Service-Management. Dennoch ist es weit davon entfernt, perfekt zu sein – ein Blick auf das Referenzmodell aus der Sichtweise der Grundsätze ordnungsmäßiger Modellierung (Abschn. 8.4.1) offenbart Schwächen (siehe [29]): Die Wirtschaftlichkeit lässt sich in der Praxis nicht beurteilen, ein systematischer Aufbau muss in jeder Firma selbst erarbeitet werden, die Klarheit leidet unter einem fehlenden hierarchischen Aufbau und die Richtigkeit lässt sich durch die Formulierung in natürlicher Sprache nicht überprüfen.

Der Empfehlungscharakter des Referenzmodells ITIL bedeutet in der Praxis leider auch, dass verschiedene Prozesse in den Firmen eher oder nur sehr zögerlich implementiert werden. Gerade dann, wenn noch wenige Prozesse vorhanden sind, werden auch nur kleine Ausschnitte des ITIL Referenzmodells angegangen. Mit zunehmendem Reifegrad steigt auch der Grad der Umsetzung (siehe [44]). Die Koordinierungsprobleme, die ITIL löst, sind natürlich für größere Unternehmen signifikanter und auch dringender. Es gilt damit denn auch: kleiner IT-Betrieb – kleines Prozess-Rahmenwerk, großer IT-Betrieb – größeres Prozess-Rahmenwerk. Mit dem Reifegrad 3 sind laut Umfrage die meisten Vorteile der ITIL-Einführung bereits realisiert.

8.2.5 ISO 20000

Zwischen ITIL in der Version 2 und 3 liegt zeitlich und inhaltlich die internationale Norm ISO 20000, [45] und [46]. Anders als ITIL adressiert die Norm das Managementsystem von Firmen, sie können die Abläufe ihrer IT-Organisation nach den Anforderungen der Norm von unabhängigen Prüfungsgesellschaften auditieren und zertifizieren lassen.

ISO 20000 gliedert sich in fünf Prozessbereiche, siehe Abb. 8.8: Der größte Bereich „Service Delivery Process" umfasst sechs Unterpunkte, drei Bereiche („Control Process", „Relationship Process" und „Resolution Process") umfassen jeweils zwei Unterpunkte und der Bereich „Release Process" einen Unterpunkt – das Release Management. Die Norm gibt für jeden dieser Unterpunkte ein Ziel und eine überschaubare Anzahl von Anforderungen vor – die Umsetzung bleibt der jeweiligen Firma überlassen. Dabei ist es kaum vorstellbar, die Anforderungen der ISO 20000 ohne ein integriertes Prozessmodell umsetzen zu können. Tatsächlich fordert die ISO 20000 Norm zusätzlich einen funktionierenden PDCA-Zyklus und nimmt das Management explizit für ein funktionierendes IT-Service-Management in die Verantwortung.

Die Zertifizierung nach ISO 20000 erhält eine IT-Organisation nur, wenn alle Anforderungen der Norm erfüllt sind – praktisch äquivalent zu der Aussage, dass alle ITIL-Prozesse nachweisbar eingeführt sind. Entsprechend hoch ist die anfängliche Investition – einzelne Prozesse reichen nicht aus. Letztlich führt diese Schwelle dazu, dass sich ISO 20000 nicht im selben Maße wie ITIL durchsetzt [47] und womöglich weltweit die Schwelle von 1000 zertifizierten Firmen nicht überschreiten wird [48].

Abb. 8.8 IT-Service-Management in der Strukturierung nach ISO 20000. (Nach [45], dort Abb. 1)

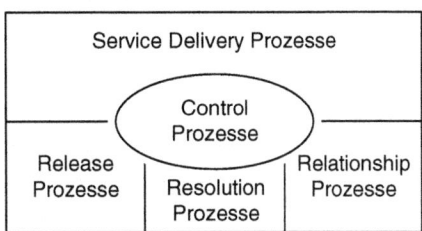

8.2.6 Datenschutz und Datensicherheit

Derzeit ist der Datenschutz noch ein stark regional geprägtes Thema. Im Zeitalter der kostenlosen Internetdienste geben die meisten Privatpersonen viele Daten preis, um in den Genuss meist amerikanischer Online-Dienste zu kommen. Es ist abzuwarten, ob die Enthüllungen der „NSA-Affäre" zu einem Umdenken der Nutzer führen – für den IT-Betrieb stellt sich die Situation leider anders dar: Die amerikanische Konkurrenz arbeitet mit Modellen, die den Zweifel an jeglichem Mindestmaß an Datenschutz aufkommen lassen – erinnert sei an das Beispiel von Home Depot in Kap. 6 – und so mit mehr Freiheiten und zu niedrigeren Kosten anbieten kann. In Europa sind die Nutzer unter Umständen genauso freigiebig mit ihren privaten Daten – von europäischen IT-Anbietern verlangen Nutzer, Gesellschaft und staatliche Regulierung allerdings ein höheres Niveau an Datenschutz und Datensicherheit (siehe dazu auch Kap. 7.6.2). Bei vielen Systemen ist allerdings ein Zugriff staatlicher Stellen in Ausnahmefällen möglich – ein mitunter hoher manueller oder technischer Aufwand!

Sicherheit schmeckt, hört, riecht und fühlt man nicht – wie kann ein Außenstehender dennoch Vertrauen in die Datensicherheit eines Produktes oder einer (IT-)Organisation bekommen? Die typische Antwort darauf sind Zertifizierungen durch unabhängige Prüfungsgesellschaften, am besten nach international anerkannten Standards. Wie ITIL beginnt die Geschichte wieder in Großbritannien, wo sich Mitte der 1990er Jahre aus einem Branchenstandard die britische Norm BS7799 mit verschiedenen Dokumenten entwickelte [21]. Daraus entstanden ab 2005 die internationalen Normen der „ISO 27000", mit unterschiedlich detaillierten Dokumenten vom Überblick der ISO 27000:2009 über die Anforderungen an ein Information Security Management System in Form der weit verbreiteten ISO 27001:2005 und weiteren Detaildokumenten [49]. Die in Deutschland entwickelten Vorgaben des Bundesamtes für Sicherheit in der Informationstechnik (BSI) sind in hauseigenen Standards zum „IT-Grundschutz" dokumentiert, die mit den jeweils gültigen ISO-Standards kompatibel sind [50], Kap. 6).

Wie die Norm ISO 20000 beschäftigt sich auch die Familie der ISO 27000 Normen hauptsächlich mit einem funktionierenden, prozessorientierten Managementsystem – in diesem Fall für Datensicherheit. Wiederum legen die Normen eine Vielzahl von Kontrollzielen fest, die im Audit nachzuweisen sind. Der PDCA-Zyklus wird explizit gefordert und muss in der jeweiligen Firma über alle Hierarchieebenen hinweg gelebt werden. Die konkrete Umsetzung der Norm durch firmenspezifische Prozesse ist weder vorgegeben noch vorgeschlagen – für große Firmen verschmerzbar, bei kleinen Firmen mitunter eine unzumutbare Anfangsinvestition [21].

Weltweit besteht anscheinend eine große Nachfrage für die nachvollziehbare Datensicherheit, wie sie durch externe Zertifizierungen transparent gemacht wird: Bleibt ISO 20000 voraussichtlich auf dem Niveau zwischen 500 und 1000 Zertifizierungen weltweit [48], hat die ISO 27001 Norm bereits über 22.000 Zertifikate erreicht [51] und soll ihr Plateau bei bis zu 30.000 Zertifikaten weltweit erreichen [48].

Wie sehr sich die Realität von der „heilen Welt" der Dokumentation unterscheiden kann, zeigt der mutmaßliche Umgang mit den amerikanischen Nuklearwaffen in den 1960er Jahren [52]: Auf Veranlassung der Kennedy-Regierung sollten die bis dahin wenig geschützten Nuklearwaffen mit einem elektromechanischen Schlüssel versehen werden. Auf diese Weise sollte verhindert werden, dass ein physischer Zugang zu der Waffe ausreicht, eine Rakete scharf zu schalten und abzuschießen. Es dauerte anscheinend noch bis Anfang der 1970er Jahre, bis alle Nuklearwaffen mit einem Codeschloss gesichert waren. Ein Affront der zivilen Regierung gegenüber dem Militär? Die Presse berichtet, dass für viele Jahre alle Nuklearwaffen mit dem Code „00000000" (acht Mal die Ziffer „null") gesichert waren und die Start-Checklisten explizit die Prüfung enthielten, dass am Codeschloss keine Ziffern außer „0" eingestellt waren.[1]

Aus dieser Sicht befindet man sich also in ausgewählter Gesellschaft, wenn heute den Appellen nach sicheren Passwörtern, die keinesfalls „unter der Tastatur" notiert werden dürfen, nicht Folge geleistet wird.

8.2.7 COBIT

Aus den USA stammt eine Initiative, die ihren Ursprung bei den Wirtschaftsprüfern hat – sie sind mit der zunehmenden Computerisierung der Buchhaltung auf verlässliche, korrekt arbeitende IT-Systeme angewiesen. Als gemeinnütziger Verein entstand die ISACA: Information Systems Audit and Control Association, in freier Übersetzung also der Verein zur Auditierung und Kontrolle von IT-Systemen. Er ermöglicht Interessierten den Meinungsaustausch und schreibt zudem ein eigenes Referenzmodell fort. Inzwischen in der Version 5 angekommen [53], hat COBIT keine Langform mehr. Zuvor war es die Abkürzung für „Control Objectives for Information and Related Technology" [54, 55].

COBIT versucht explizit, die IT immer im Kontext der gesamten Firma zu sehen. Alle „Kontrollziele" (control objectives) lassen sich von den Firmenzielen ableiten und betrachten die Firma und ihre IT ganzheitlich. Ähnlich zu ITIL und den ISO Normen 20000 und 27000 bietet COBIT ein prozessorientiertes Referenzmodell, das jede interessierte Firma für sich adaptieren muss.

Das Übersichtsbild zum Prozessmodell zeigt in Abb. 8.9 die typischen Aufgaben eines IT-Betriebs in zwei Domänen (Governance und Management) und vier großen Prozessblöcken in der Domäne Management – beginnend mit der ersten Planung „Align, Plan and Organize", gefolgt von der Implementierung „Build, Acquire and Implement", dem anschließenden Betrieb „Deliver, Service and Support" und der kontinuierlichen Verbes-

---

[1] Die Behauptung wurde von der US Air Force im Jahr 2014 dementiert, der Wahrheitsgehalt bleibt unklar.

Abb. 8.9 Prozessmodell von
COBIT. (Nach [53] und [56],
Kap. 6)

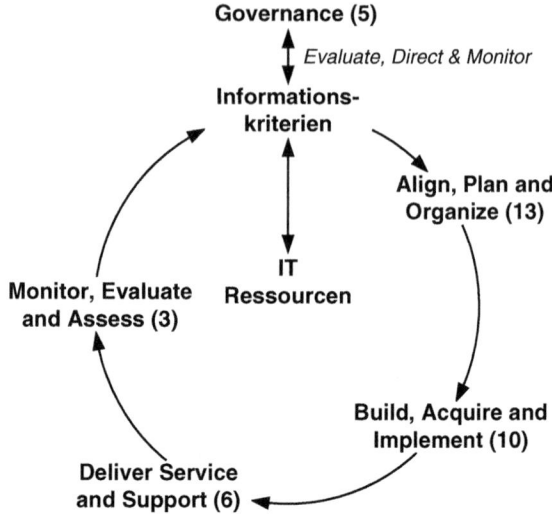

serung. Diese tritt zweimal unter fast gleichlautenden Überschriften auf: „Evaluate, Direct and Monitor" und „Monitor, Evaluate and Assess".[2]

Jeder der Prozessblöcke besteht aus einer Vielzahl von Prozessen, in Summe sind fast 40 Prozesse aufgelistet.

COBIT kann man – ähnlich wie ITIL und den ISO Normen – ebenfalls einen kommerziellen Aspekt unterstellen. Die Detaildokumente sind wieder kostenpflichtig und werden regelmäßig aktualisiert, Personen können unterschiedliche Ausbildungen durchlaufen und offizielle Zertifizierungen anstreben. Ein Blick in die Jahresberichte der ISACA [57, 58] zeigt die Adressaten – den IT-Prüfer einer Wirtschaftsprüfungsgesellschaft: Das am häufigsten nachgefragte Zertifikat ist der „Certified Information Systems Auditor" – mit knapp 19.000 abgelegten Prüfungen im Jahr 2013. Der direkte Vergleich mit ITIL wird dadurch erschwert, dass die Zahlen für die weltweit abgelegten einfachsten Prüfungen (COBIT Foundation Certificate) nicht auffindbar sind. Ein Blick auf die Geschäftszahlen zeigt deutlich, wie rentabel die Zertifizierungen sind: Sie stehen für 40 % der Einnahmen der ISACA, jedoch nur für 22 % der Ausgaben.

8.2.8   eTOM

Die „Telecom Operations Map" – seit der Dotcom-Ära in der „erweiterten" Ausgabe als eTOM abgekürzt – beschreibt als Referenzmodell die Prozesse eines Telekommunika-

---

[2] Es bleibt anscheinend dem Anwender überlassen, die Unterscheidung auswendig zu lernen und dafür eine Abkürzung für die englischsprachige Visitenkarte zu bekommen. Mit jedem erworbenen Zertifikat gibt es eine zusätzliche Abkürzung, beispielsweise für das im Jahr 2013 amtierende Vorstandsmitglied der ISACA für Indien [58]: CISA, CISM, CGEIT, CFE, CIA, CISSP, FCA.

tionsdienstleisters und sind dort als Branchennorm ITU-T M3050 [60] standardisiert. Die Entwicklung und Diskussion des Referenzmodells findet in einer gemeinnützigen Organisation, dem TM Forum statt.

Ähnlich wie die bisher besprochenen Referenzmodelle gibt eTOM die Vorgaben zu den Prozessen und Aktivitäten, ohne den genauen Prozessablauf mitzubringen ([61] gibt wenigstens einige Flussdiagramme als Überblick). eTOM und die Vorläufer blicken inzwischen auf einige Jahrzehnte Erfahrung zurück, daher erstreckt sich das Referenzmodell nicht mehr „nur" auf den Betrieb, sondern geht alle Aufgaben eines Telekommunikationsdienstleisters in einem ganzheitlichen Referenzmodell an. Ganz wesentlich sind dabei Aspekte wie die Strategie der Firma, der Lebenszyklus von Produkten aber auch der Infrastruktur und die Fähigkeit, den eigenen Betrieb zu ändern [59, 62]. Die Abb. 8.10 zeigt das Referenzmodell nach eTOM in der niedrigsten Detailstufe – eTOM bedient sich des Konzepts eines hierarchischen Prozessmodells. Deutlich erkennbar ist der Anspruch, alle Belange der Firma mit dem Referenzmodell zu adressieren, sei es die Strategie und die schnell wechselnden Produkte und Technologien der Telekommunikationsbranche (linke Seite in Abb. 8.10) oder der fortwährende Betrieb (rechte Seite in Abb. 8.10).

Interessant am eTOM-Modell ist, dass tatsächlich alle Prozesse der Firma angesprochen werden, selbst die Supportprozesse unter der Überschrift „Enterprise Management" mit Aufgaben wie z. B. Human Resources, Risikomanagement, Finanzen und Controlling. Dadurch deckt eTOM mehr Prozesse ab, als die auf das IT-Service-Management spezialisierten Referenzmodelle. Angesichts der Marktmacht von ITIL gibt es spätestens seit eTOM 4.0 Übersetzungshilfen, um die Vorgaben von ITIL und eTOM miteinander in Deckung bringen zu können.

Der Verbreitungsgrad von eTOM leidet darunter, dass das Referenzmodell zunächst als Branchenstandard entstand. Selbst wenn die Inhalte heute sicher auch auf IT-Dienstleister übertragbar wären, ist in dieser Branche faktisch ITIL gesetzt. Das TM Forum bietet für

Abb. 8.10 eTOM Referenzmodell. (Nach [59], Abb. 1)

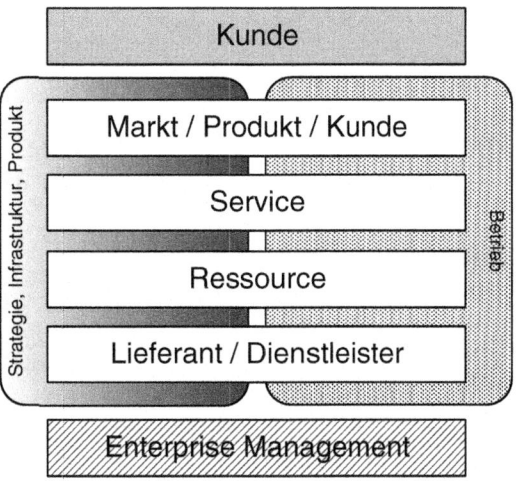

eTOM Schulungen und Zertifizierungen für Personen an, Ende 2014 sind dort gut 6000 Personen aufgelistet – eine vernachlässigbare Zahl gegenüber dem Adressatenkreis, der durch ITIL oder COBIT erreicht wird.

8.2.9 Herstellerspezifische Referenzmodelle

Jeder große (amerikanische?) IT-Dienstleister scheint sein eigenes Referenzmodell für das IT-Service-Management mitzubringen: Microsoft bietet das Microsoft Operations Framework [63], HP nennt sein Modell ITSM [64], IBM hat das IT Process Model samt Nachfolgern [65]. Selbst ein „open source" Referenzmodell ist vorhanden, die Application Services Library, deren Beschreibung dann wieder zum Großteil in kostenpflichtigen Büchern liegt. Der Einsatz von Referenzmodellen – an die sich *andere* halten sollen – nimmt mitunter seltsame Züge an: So stellt etwa ein „globales, unabhängiges" Beratungshaus sein eigenes Vorgehensmodell „Implementation of Process-oriented Workflow" auf (IPW und IPW maturity model der Firma Quint Wellington Redwood [146]) und beschreibt es selbst als de-facto-Standard [66]. Der de-facto-Standard hat es jedoch bisher nicht zu einem international anerkannten Standard geschafft – und weder die Firmengröße noch der Geschäftsbericht sind auf ihrer Internetseite auffindbar.

Angesichts des Erfolgs von ITIL sollten alle anbieterspezifischen Modelle inzwischen weitgehend mit ITIL übereinstimmen und der Vorteil anbieterspezifischer Referenzmodelle sollte entsprechend kritisch hinterfragt werden.[3] Ein nennenswerter Vorteil ist durchaus vorstellbar: Alle bisher besprochenen Referenzmodelle beschränken sich auf die Definition der Inhalte und Ziele, scheuen jedoch vor konkret anwendbaren Prozessabläufen zurück. Gelingt es einem Anbieter eines Tools, fertige Prozessabläufe für das IT-Service-Management „kostenlos" mitzubringen, reduziert sich die Anfangsinvestition für eine Firma dramatisch. Aus dieser Sichtweise ist der erfolgversprechende Weg, ITIL als Marktführer in der spezifischen Implementierung eines Toolherstellers zu nutzen.

8.2.10 Referenzmodell in Relation

Der Verbreitungsgrad der einzelnen Normen erlaubt einen anderen Blick auf die IT-Organisation (siehe Abb. 8.11): Nach Angaben der ISO [51] wurden im Jahr 2013 weltweit

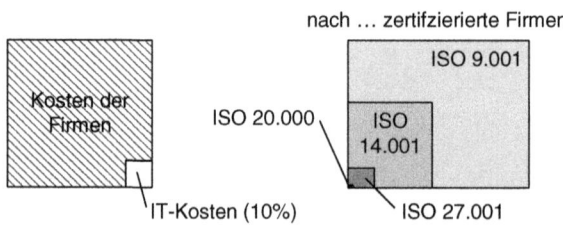

Abb. 8.11 Die IT-Organisation im Verhältnis: Ausgestellte Zertifikate (*links*), Anteil der Kosten (*rechts*)

---

[3] Das Modell von Microsoft ist nur als Word-Dokument zugänglich – ein weiterer Grund, Microsoft Office zu kaufen?

über eine Million Zertifikate nach ISO 9001 ausgestellt, immer noch 300.000 für ein Umweltmanagement nach ISO 14001. In anderen Worten liegt die Häufigkeit einer Zertifizierung der Datensicherheit im Vergleich zum Qualitätsmanagement nach ISO 9001 bei 2 %,
für ein IT-Service-Management nach ISO 20000 bei weniger als 1 Promille.

Wie sollen diese Zahlen interpretiert werden? Trifft die Norm ISO 20000 nicht den
Bedarf der IT-Organisationen? Sind die Abläufe der IT-Organisationen im Durchschnitt
so schlecht, dass sie eine Zertifizierung nicht erreichen könnten? Oder lohnt sich der Aufwand nicht – weil alles bereits „gut genug" funktioniert, oder einfach nicht erklärbar ist?
Es bleibt der Eindruck zurück, dass es bei der Professionalität der IT-Organisation etwas
zu verbergen gibt – Zahlen und Fakten sind in der IT-Branche zur Beurteilung der eigenen
Leistung anscheinend nicht gerne gesehen.

8.3   Der alltägliche Betrieb

8.3.1   Beispiel: Broken Windows Theory

Beispiel

1969 erschien in der amerikanischen Wochenzeitschrift „Time Magazine" ein kurzer
Artikel („Diary of a Vandalized Car", [67]) über ein psychologisches Experiment des
amerikanischen Psychologen P. G. Zimbardo (siehe auch [68–70]). Das Experiment
verdeutlicht den Einfluss des Gemeinschaftsgefühls („community") im Gegensatz zur
Anonymität einer Großstadt. Zimbardo stellte dazu in zwei unterschiedlichen Städten
in der Nähe der jeweiligen Universität ein gebrauchtes, verlassen wirkendes Auto ab:
Die Nummernschilder waren abgeschraubt, die Motorhaube leicht geöffnet – würde
das Auto ein Opfer von Vandalismus werden? Die Orte hätten nicht unterschiedlicher
gewählt sein können. Auf der einen Seite (der Vereinigten Staaten) die Bronx in New
York, auf der anderen Seite Palo Alto in Kalifornien.

Nicht wahrnehmbar wurden beide Autos aus der Ferne von Wissenschaftlern beobachtet und eine Zeitrafferkamera nahm das Geschehen auf. Bereits 10 min nach Beginn
des Experiments startete der Vandalismus in der Bronx. Das Auto in Palo Alto blieb
fünf Tage lang unversehrt, Passanten riefen beim Abtransport sogar die Polizei. Aus
Sicht des Psychologen beeinflusste die Umgebung – Anonymität gegenüber einem Ge-
meinschaftsgefühl – das Verhalten der Leute, die sich entweder zu Vandalismus hin-
reißen ließen oder sich um das verlassene Auto sorgten.

Mit diesem kleinen, punktuellen Experiment und weiteren Anekdoten entwickelten
zwei Autoren (J. Q. Wilson und G. L. Kelling) eine Theorie der Verbrechensbekämp-
fung, die mit dem Erscheinen in der amerikanischen Zeitschrift „Atlantic Monthly"
im März 1982 [71] großen Einfluss gewann: „Broken Windows", die Theorie der zer-
brochenen Fensterscheiben. Die These der Autoren war, dass bereits geringfügiger
sichtbarer Vandalismus zu zusätzlichem Vandalismus einlädt – wehret den Anfängen!
Daraus entwickelte sich in den USA die Nulltoleranzstrategie zur Reduzierung der Kri-
minalität, die u. a. in den 1990er Jahren die Polizeiarbeit in New York wesentlich prägt.

8.3.2   Prozesse statt Projekte!

Der Betrieb könnte so einfach sein – die IT-Richtlinien der Bundesregierung [72] sagen dazu etwa unter Punkt 10, Sicherheit beim Einsatz der IT (in alter Rechtschreibung):

> (1) Die Folgen des Ausfalls und nicht ordnungsgemäßer insbesondere mißbräuchlicher Nutzung von IT-Einrichtungen für die Aufgabenerfüllung sind zu prüfen. Die festgestellten Risiken und Auswirkungen sind unter Beachtung der Wirtschaftlichkeit durch organisatorische, personelle. und technische Maßnahmen zu begrenzen. Erforderlichenfalls muß von dem IT-Vorhaben abgesehen werden.
> (2) Beim Einsatz der IT sind Vorkehrungen zur Gewährleistung der Vollständigkeit, Richtigkeit und Aktualität der zu verarbeitenden Daten sowie ordnungsgemäßer und fachlich fehlerfreier Verfahrensabläufe (Daten- und Verfahrenssicherheit) zu treffen. Berufs- und besondere Amtsgeheimnisse sind zu wahren sowie die Vorschriften zum Geheimschutz zu beachten.

Welche Tätigkeiten sind dafür konkret Tag für Tag nötig? In Anlehnung an gebräuchliche IT-Service-Management-Referenzmodelle zeigt dieser Abschnitt beispielhaft die notwendigen Aktivitäten in den einzelnen Prozessen.

Ergebnis dieser täglichen Bemühungen in der IT-Organisation ist eine – mehr oder weniger – funktionierende Unternehmens-IT. Auch wenn wir, wie die meisten Referenzmodelle, ein eher mechanistisches Bild dieser Bemühungen zeichnen, ist diese Sichtweise zu kurz gegriffen: Computer werden von Menschen für Menschen eingesetzt – der Faktor Mensch mit allen Stärken und Schwächen darf niemals vernachlässigt werden. Ein Beispiel aus dem Alltag illustriert die „Broken Windows" Theorie in Abschn. 8.3.1: Kleine Schäden können Vandalismus provozieren, funktionierende Gemeinschaften kümmern sich aktiv um eine Schadensbegrenzung.

Lässt sich die Sichtweise der „Broken Windows" auf die IT übertragen?
Gerade in der IT sind Fehler an der Tagesordnung: Fehler in der Software oder Hardware, falsche Bedienung, aktive Angriffe und über die Zeit geänderte Anforderungen sorgen für fortwährenden Verdruss. Wie die IT-Organisation, aber auch die Gemeinschaft der Nutzer und IT-ler mit den alltäglichen Unzulänglichkeiten und miteinander umgeht, bestimmt auf Dauer den Erfolg des IT-Einsatzes. Mitunter scheitert ein IT-Verfahren nicht an der Technik, sondern an der Wahrnehmung, der Qualität des geforderten Services (siehe Kap. 3).

Wie lässt sich der alltägliche Betrieb einer IT beschreiben?
„Ross und Reiter" benennt vielleicht das Organisationsdiagramm der Aufbauorganisation – in Wahrheit wird ein IT-Service durch die Zusammenarbeit vieler Menschen und Technologien über teilweise längere Zeiträume erbracht. Wie bei der Wertschöpfungskette bietet sich die Prozesssicht zur Beschreibung der Aktivitäten an. Die Referenzmodelle aus Abschn. 8.2 liefern dazu die typischen Aufgaben und sorgen für eine standardisierte Benennung. Für die meisten IT-Betriebe wird ein Referenzmodell wie ITIL oder ISO 20000 die anstehenden Aufgaben ausreichend differenziert nennen. Hier bietet es sich an, die Prozesse des IT-Betriebs an den großen Aufgabenblöcken des Referenzmodells zu orientieren. ISO 20000:2005 als Referenzmodell liefert beispielsweise die typischen Prozesse

Tab. 8.1 Prozessgruppen (*linke Spalte*) und Prozesse (*rechte Spalte*). (In Anlehnung an die ISO 20000)

Service Delivery	Service Level Management
	Service Reporting
	Service Continuity Management
	Availability Management
	Budgeting and Accounting
	Capacity Management
	Information Security Management
Relationship	Business Relationship Management
	Supplier Management
Resolution	Incident Management
	Problem Management
Control	Configuration Management
	Change Management
Release	Release Management

in Tab. 8.1, wenn man nur die Kapitelüberschriften aus der Norm (siehe Abb. 8.8) heranzieht. Speziell im Bereich Service Delivery führt die Vorgehensweise zu vielen Prozessen, die mitunter einen IT-Betrieb anfänglich abschrecken.

Die Referenzmodelle selbst geben nicht vor, *wie* die Aktivitäten oder Ziele in Prozesse aufgeteilt werden sollen – hier kann anfangs und bei kleinen IT-Betrieben ein Zusammenlegen mehrerer Prozesse sinnvoll sein.

Große IT-Betriebe werden einzelne Aktivitäten so häufig ausführen, dass sich daraus zusätzliche, spezialisierte Prozesse und Möglichkeiten zur Automatisierung ergeben. Beispielsweise benötigen einige Prozesse Daten, die zur Erstellung von Berichten und zur Überwachung von Leistungen eingesetzt werden – etwa das Service Reporting, Availability Management, aber auch das Incident Management können automatisch ausgelöst werden. Denkt man hier an eine „IT-Fabrik", dann gehört zu jedem IT-Service ein Mindestmaß an automatischer Überwachung und Berichterstattung: Das Erstellen der passenden Monitoring-Programme und die Einbindung in eine bestehende Infrastruktur zur Überwachung der IT-Fabrik wird zu einer häufig benötigten, spezialisierten Tätigkeit – es entsteht ein Prozess „Monitoring" (oder: Event-Management) mit dem Ziel, das Monitoring eines IT-Services sicherzustellen. Ähnliche Situationen können sich in allen Prozessen ergeben – je häufiger ein Prozess durchlaufen wird, desto eher lohnt sich eine Spezialisierung und Automatisierung:

- Die automatische Überwachung und das Auslösen von nachgelagerten Aktivitäten kann aus vielen Prozessen herausgelöst werden
- Ständig wiederkehrende Änderungen oder Service-Abrufe können standardisiert und automatisiert werden (gerne unter den Schlagwörtern „Standard-Change" und „Self-Service" zusammengefasst)

- Releases benötigen mitunter ein standardisiertes technisches Format, z. B. als instal-
lierbares Paket, und ein Mindestmaß an Informationen, die z. B. das Monitoring oder
den Umgang mit Störungen erleichtern. Diese Aktivitäten legen einen Prozess des „Pa-
ketierens" nahe, der für einen gegeben Inhalt alle betrieblichen Aspekte bündelt und
technisch passend zur vorhandenen Infrastruktur umsetzt.

Phasenmodell für die IT-Prozesse

Mit einem Blick auf die aktuellen Referenzmodelle ITIL (siehe Abb. 8.7) oder COBIT
(siehe Abb. 8.9) lässt sich unschwer ein Wasserfall- oder Phasenmodell erkennen, bestehend aus drei sukzessiven Schritten, die sich vor bzw. an das Ende einer erfolgreichen
Softwareentwicklung setzen:

- *Design* – Entwurf und Erstellung eines IT-Services oder einer signifikanten Änderung.
Bei ITIL ebenfalls „Design" genannt, bei COBIT unter „Align, Plan and Organize" zu
finden
- *Build* – das Schaffen aller Voraussetzungen für den späteren Regelbetrieb. ITIL nennt
diese Phase „Transition", COBIT vergibt die Überschrift „Build, Acquire and Imple-
ment".
- *Operate* – der eigentliche, alltägliche Betrieb. Diese Phase nennt ITIL „Operation",
COBIT „Deliver, Service and Support".

Wie werden die Phasen Design – Build – Operate im Prozessmodell abgebildet? Zwei
Möglichkeiten bieten sich an: Entweder gibt es für jede Phase eigene Prozesse oder die
Prozesse enthalten Aktivitäten, die für die jeweilige Phase spezifisch sind. Die erste Alter-
native verdreifacht die Anzahl der Prozesse – z. B. wird aus dem Prozess der Störungs-
behebung (Incident Management) je Phase ein eigener Prozess mit den für das Incident
Management relevanten Aktivitäten:

- Während der Design Phase müssen allgemeine Aspekte geklärt werden: Nach welchen
Kriterien werden Störungen eingestuft und bearbeitet, sind besondere Berichte nötig,
wie und wann erfolgt eine Eskalation während der Störungsbehebung, wer nimmt überhaupt an der Entstörung teil?
- Die Informationen aus der Design Phase müssen in der anschließenden Build Phase
in die technischen und organisatorischen Abläufe des späteren Incident Management
übernommen werden: Kriterien werden hinterlegt, Ansprechpartner benannt, das Rou-
ting von Incidents eingepflegt und hoffentlich wird alles erfolgreich getestet.
- In der Betriebsphase findet die eigentliche Arbeit statt: Störungen beheben – wenn die
Vorarbeiten korrekt waren, können sich die Mitarbeiter in dieser Phase auf den Inhalt
der Störungen konzentrieren und müssen nicht zusätzlich z. B. nach Ansprechpartnern
suchen.

Abb. 8.12 Grobstruktur der
Service Management Prozesse

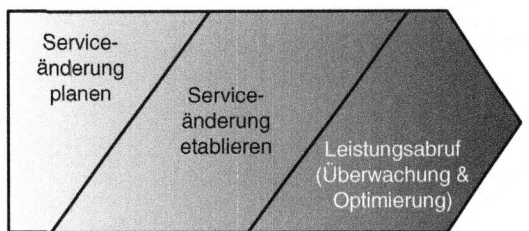

Geschickter ist es, in jedem Prozess Aufgaben zu den drei Phasen Design – Build – Operate vorzusehen (Abb. 8.12). Natürlich wird die tägliche Arbeit innerhalb des Prozesses aus den Aktivitäten im Block „Operate" bestehen. Ab und zu kommt es jedoch zu Änderungen an bestehenden IT-Services bzw. es kommen neue IT-Services hinzu oder bestehende entfallen. Die ISO 20000 fordert explizit, dass die Prozesse des IT-Service-Managements damit umgehen können – „planning and implementing new or changed services" sind im IT-Betrieb ebenso alltägliche Aufgaben. Unsere Sichtweise eines integrierten Prozessmodells sieht dafür die prozess-spezifischen Aktivitäten in jedem Prozess einzeln in den Phasen Design und Build vor. Natürlich wird die meiste Aktivität eines Prozesses die tägliche Leistungserbringung sein, passend dazu muss der „Operate"-Anteil in jedem Prozess spezifisch detailliert werden. Zu den einzelnen Prozessen gesellt sich eine übergreifende Steuerung, die alle anfallenden vorbereitenden Tätigkeiten im Vorfeld einer Serviceänderung an die einzelnen Prozesse delegiert.

8.3.3 Beispiel: Heartbleed – Ein Fehler erschüttert das Internet

Beispiel

Im Frühjahr 2014 wurde ein Fehler in einer weit verbreiteten Softwarebibliothek zur verschlüsselten Kommunikation im Internet bekannt und entwickelte sich zu einer der wesentlichen Bedrohungen der IT in diesem Jahr [73]. Die OpenSSL Softwarebibliothek wurde in fast allen Internetbrowsern und -servern für die sichere Kommunikation eingesetzt, die nennenswerte Ausnahme ist Apple, die eine eigene Implementierung des SSL-Protokolls bevorzugten.

Neben der Hauptaufgabe, verschlüsselte Datenübertragungen zu ermöglichen, sah das SSL-Protokoll eine Fülle weiterer, oft sehr technischer Funktionen vor. Eine davon erlaubte es, zwischen den beiden Endpunkten einer verschlüsselten Verbindung automatisch regelmäßig kleine Datenpakete auszutauschen, um damit festzustellen, ob die Verbindung noch besteht. Wie bei der Weiterentwicklung der Internet-Standards üblich, wurde diese Erweiterung des Protokolls 2012 als Request for Comments (RFC) bei der Internet Engineering Taskforce (IETF) eingereicht (RFC6520, [74]).

Die Protokollerweiterung des RFC6520 war sehr einfach: Die eine Seite sendet ein Paket des Typs HeartbeatRequest mit einer Längenangabe, gefolgt von einer Folge von Nutzdaten der angegebenen Länge und ggf. weiteren zufälligen Daten.

```
struct {
  HeartbeatMessageType type;
  uint16 payload_length;
  opaque payload[HeartbeatMessage.payload_length];
  opaque padding[padding_length];
} HeartbeatMessage;
```

Der Empfänger dieser Heartbeat-Anfrage sollte in diesem Fall die Nachricht einfach wieder zurücksenden: Die Antwort besteht wieder aus seiner HearbeatMessage mit derselben Längenangabe und denselben Nutzdaten.

Einer der Autoren des RFC6520, anscheinend ein Doktorand einer deutschen Universität, hatte dazu gleich die Referenzimplementierung erstellt und bei dem Opensource-Projekt OpenSSL zur Aufnahme in den Sourcecode eingereicht. Der Codebaustein wurde dort Ende 2011 akzeptiert. In der Implementierung blieb ein Fehler unerkannt, obwohl der Sourcecode von einem Entwickler vor der Aufnahme begutachtet worden war und seit seiner Aufnahme jedem zum Durchlesen zur Verfügung stand: War der Aufbau der HeartbeatMessage fehlerhaft, so dass die Angabe der Nutzdatenlänge beispielsweise größer war als die Paketlänge, dann merkte der Empfänger mit der OpenSSL-Softwarebibliothek diesen Fehler nicht. Vielmehr legte die Software einen Speicherbereich der angegebenen Größe an und schickte dessen Inhalt in der Antwortnachricht zurück. Falls der Speicherbereich bereits Daten enthielt, steckte in der Antwortnachricht also ein bis zu 64 kB großer Ausschnitt (mehr ließ sich nicht über das uint16 adressieren) aus dem unverschlüsselten Speicher des Gegenübers. Dies konnten etwa die verwendeten Schlüssel, der Inhalt verschlüsselter Nachrichten, Informationen zur Verbindung oder Passwörter sein. Praktisch alle eingesetzten kryptografischen Zertifikate mussten damit auf den anfälligen Servern als kompromittiert betrachtet werden und letztlich durch neu erstellte Zertifikate ersetzt werden.

Bis zum Frühjahr 2014 setzten praktisch alle großen Websites SSL-Verschlüsselung mit implementiertem Heartbeat-Protokoll ein, die deshalb verwundbar waren [75]. Dazu fand sich die Schwachstelle in verschiedensten Mailservern, Datenbankprogrammen, etc. OpenSSL hatte anscheinend zu dem Zeitpunkt ein Quasi-Monopol auf verschlüsselte Datenverbindungen. Der Fehler wurde erstmals am 21. März bei Google entdeckt und am selben Tag dort auch behoben – die Nachricht an das OpenSSL-Projekt erfolgte dagegen erst am 1. April (!). Über einen anderen Weg erfuhr am 3. April erstmals eine Behörde – das National Cyber Security Centre Finland in Finnland – von der Lücke [76]. Es ist gleichermaßen bezeichnend und erschreckend, dass der Fehler bei Google bereits zehn Tage lang bekannt und gelöst war, ohne dass die Öffentlichkeit oder die Behörden davon in Kenntnis gesetzt wurden.

Nach der Veröffentlichung der Schwachstelle durch das OpenSSL-Projekt reagierten die großen Website-Betreiber schnell: 22 h nach der Veröffentlichung waren nur noch 5 % der Top-100 Websites verwundbar [75]. Für den weiteren Rest des Internets sah es schlechter aus. Aus der Top-1-Million Liste der Web-Server waren auch noch Wochen später einige Prozent verwundbar. Der Austausch der möglicherweise kompromittierten SSL-Schlüssel verlief noch langsamer.

Erschreckend ist, dass in derselben Bibliothek kurz darauf ein weiterer schwerer Fehler entdeckt wurde, der dem gleichen Programmierer unterlief [77]. Heartbleed deckt auch die eine oder andere Schwäche großer Softwarehäuser auf – Oracle durfte den Fehler gleich zwei Mal lösen (siehe Kap. 5 und [78]).

8.3.4 Der Prozess für Serviceänderungen (Service Level Management)

Wo wird die Steuerung einer Serviceänderung angesiedelt? In der Welt der Software-Entwicklung wird dafür gerne die Organisationsform eines Projektes bemüht – obwohl eine inkrementelle Anpassung einer vorhandenen Software in keiner Weise einzigartig ist.

Für den Betrieb handelt es sich um eine häufig wiederkehrende Tätigkeit – entsprechend kommt die Durchführung als Projekt nicht in Frage – es gibt einfach zu viele anfallende Änderungen, die zudem immer nach demselben Muster abgearbeitet werden können: „Design" der Serviceänderung als erster Schritt gefolgt von der Implementierung, genannt „Build".

Die beiden Phasen unterscheiden sich in ihrem Auftrag: Die Design-Phase betont die Lösungsgestaltung und endet u. a. mit der Entscheidung zur Machbarkeit nach wirtschaftlichen, technischen und organisatorischen Kriterien. Die Build-Phase muss die gefundene Lösung gemäß der getroffenen Entscheidung erfolgreich in die Regelprozesse des IT-Betriebs einführen. Die Aufgaben beider Phasen finden sich ohne weiteres in allen Referenzmodellen, typischerweise in den Prozessen „Change Management" und „Release Management" – mehr dazu in Kap. 9.

Die Abb. 8.13 zeigt exemplarisch den zusätzlichen Prozess für Serviceänderungen – entweder als einzelner Prozess verantwortlich für die Steuerung der Phasen „Design" und „Build", oder aufgeteilt in zwei Prozesse entsprechend dem Change und Release Prozess. Die spezialisierten Fragestellungen aus den einzelnen IT-Service-Management-Prozessen verbleiben wie oben geschildert in den jeweiligen Prozessen (siehe Abb. 8.12): Jeder Prozess beinhaltet seine spezifischen „Design"- und „Build"-Anteile. Nur die Steuerung, Moderation und die Entscheidungen werden zur besseren Orchestrierung aus den einzel-

Abb. 8.13 Orchestrierung von Serviceänderungen

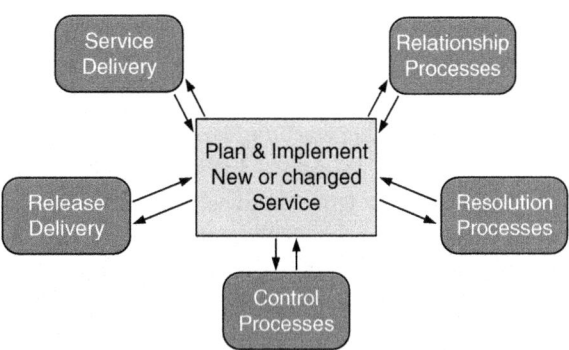

nen Prozessen herausgehalten. Mitunter müssen diese Phasen rasch durchlaufen werden – ein emergency change ist nötig, wenn der IT-Service ausgefallen oder direkt bedroht ist. Je stärker sich die IT dem Internet öffnet, desto kürzer werden die Updatezyklen und Reaktionszeiten. Ein drastisches Beispiel dazu ist der Heartbleed-Fehler aus dem Jahr 2014, der praktisch alle https-Verbindungen betraf (siehe Abschn. 8.3.3).

Abgesehen von Service-Abrufen sind die häufigsten Anfragen beim IT-Betrieb gewünschte Änderungen oder vermeintliche Fehler. Änderungen, d. h. Eingriffe in IT-Services die über die angebotenen Leistungsabrufe hinausgehen, werden durch den eben beschriebenen Prozess der Serviceänderungen umgesetzt. Fehlerbeseitigungen zielen dagegen auf die Wiederherstellung eines schon bekannten Zustands – sie sind Gegenstand des nächsten Abschnitts.

8.3.5 Incidents, Problems, Fehler und Ursachen

Störungen und Fehler – in diesem Abschnitt wollen wir weder die genaue Definition geben noch diskutieren – sind ein wesentlicher Aufwandstreiber des IT-Betriebs. Der nächste Abschn. 8.3.6 versucht die sprachlichen Wägbarkeiten auszuloten, jetzt geht es zunächst darum, dass der IT-Betrieb seine gewohnte Leistung nicht mehr erbringen kann.

Bereits diese Feststellung kann den Tatsachen entsprechen oder nur eine Dringlichkeit suggerieren – woher stammt die Aussage, dass eine Störung vorliegt? Vereinfacht findet entweder eine automatische Überwachung (Monitoring, Event Management) Auffälligkeiten, die sich durch eine entsprechende Klassifizierung oder Bewertung als Störung einstufen lassen. Oder aber Nutzer melden eine entsprechende Störung. Wie bei einer Unfallmeldung gilt es zunächst, den „Ort" (welcher Service ist betroffen?) des Geschehens herauszubekommen. Die Dringlichkeit wird sich nach der Art des Fehlers und den betroffenen Nutzern richten. Glücklicherweise ist in der IT häufig die dritte Frage einer Unfallmeldung unnötig: Gibt es Verletzte? Das Äquivalent dazu, wie der Geschäftsprozess betroffen ist, wird allerdings nicht zu ignorieren sein.

Wenn es denn überhaupt zu technischen Störungen kommen muss, wäre es am besten, wenn der IT-Betrieb ohne Zeitverzug die Störung selbst bemerkt – eine IT-gestützte Überwachung des IT-Betriebs ist Stand der Technik. Keine Technik ist jedoch perfekt, manche Auffälligkeiten findet erst der Anwender und dann ist möglicherweise bereits viel Zeit verstrichen.

Automatische Überwachung meldet Störungen
Ein Blick zurück auf Abb. 8.3 zeigt, dass die automatische Überwachung der IT, das Erzeugen und Bewerten technischer Ereignisse bereits im Jahr 2004 Bestandteil der Referenzmodelle war. Mithin gehört also zu jedem IT-Service vor der Betriebseinführung eine Beschreibung der anfallenden Protokollierung (logging) und die Einbindung der entstehenden Protokolle in einen Automatismus zur Erfassung, Klassifizierung und Einstufung als Information bis hin zur weitreichenden Störung. Der IT-Betrieb wird sogar darüber

hinausgehende Forderungen an die Betreibbarkeit stellen: Falls die automatische Überwachung Ereignisse protokolliert, müssen konkrete Handlungsanweisungen vorliegen, wie diese Meldungen zu verstehen sind und welche Schritte der IT-Betrieb unternehmen muss, soll oder darf.

Technisch ist die Verarbeitung und korrekte Einordnung aller Ereignisse immer noch anspruchsvoll, vor allem, wenn verschiedene Ereignisse korreliert werden müssen oder eine Störung einen Sturm von zu verarbeitenden Nachrichten auslöst. Im Ergebnis kann dann die automatische Überwachung nutzlos werden – wichtige Ereignisse lassen sich in der Flut aller Ereignisse nicht mehr rechtzeitig finden. In den Worten der S-Bahn Berlin: „Bitte beachten Sie, dass es bei Streiks zu umfangreichen Fahrplanveränderungen kommt, welche in der Verbindungssuche nicht immer berücksichtigt werden" [79].

▶   Es soll doch nur funktionieren! Ist das denn zu viel verlangt?

Nutzer melden Störungen
Nutzer melden manchmal gerne und lautstark Störungen der IT-Services. Der überspitzt formulierte Merksatz kann exemplarisch als „Fehlermeldung" dienen – konkret enthält er keinen Bezug zu einer Störung (oder einem IT-Service). Vielmehr suggeriert die Aussage, dass eine Leistung funktionieren soll und anscheinend momentan versagt.

So knapp die Aussage ist, enthält sie viele typische Botschaften einer Kommunikation und das Bild der Nutzer:

• Der Nutzer hat einen Anspruch auf den IT-Service oder eine bestimmte Funktion. Natürlich ist diese Sicht vom Betreiber zu hinterfragen – handelt es sich überhaupt um einen Kunden, eine zugesagte und möglicherweise gestörte Funktion und gibt es die Verpflichtung zur Entstörung? Legendär sind anekdotisch die Hotlines großer Konzerne, die zu Beginn der 2000er Jahre hilfesuchenden Studenten bereitwillig bei der Konfiguration heimischer PCs geholfen haben – der richtige Einstieg in das Telefonmenü der Hotline war die einzige Voraussetzung.
• Eine Funktion des IT-Services ist gestört. Wie im Beispiel ist es oft schwierig, weitere Details in Erfahrung zu bringen: Welche Funktion welches IT-Services ist genau betroffen – es fehlen die elementarsten Informationen. Nicht selten mag die Fehlerursache im „OSI Layer 8" angesiedelt sein.
• Der IT-Betrieb hätte längst den Fehler beseitigen müssen, lang vor dem ersten Anruf des Nutzers. Das Dilemma des IT-Betriebs liegt häufig darin, dass Nutzer und Kunden unterschiedliche Interessensgruppen sind. Die *Nutzer* haben eine klare Vorstellung davon, ob und wie stark sich Störungen auf ihre Abläufe auswirken. Die vertraglich zugesicherte Leistung, z. B. bezogen auf Reaktionszeiten, Dringlichkeiten und Betriebszeiten sind dagegen vom *Kunden* vorgegeben – die Nutzer bleiben entweder in Unkenntnis oder verweigern die Akzeptanz dieser Rahmenbedingungen.

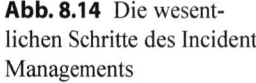
Abb. 8.14 Die wesentlichen Schritte des Incident Managements

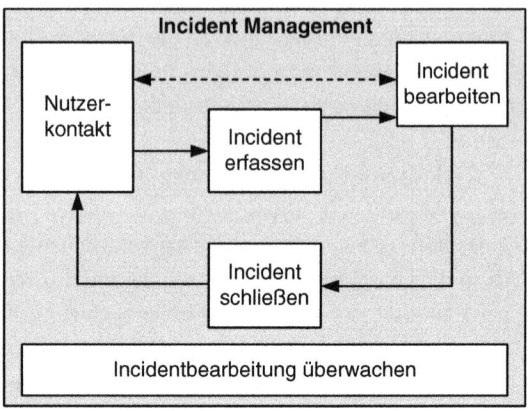

Auch die Meldungen durch Nutzer laufen bei großen Störungen in dieselbe Falle: Die Kapazität für eingehende Meldungen ist schnell erschöpft. Neue Störungen lassen sich nicht mehr von doppelten Meldungen trennen.

Die Abb. 8.14 zeigt die wesentlichen Schritte des Incident Management. In unserem Bild beginnt und endet das Incident Management mit einem Kundenkontakt, aus dem natürlich auch andere Aufträge entstehen könnten als Störungsmeldungen. Steht einmal fest, dass es sich um eine Störung handelt, gilt es, den passenden Lösungsweg zu finden: Mit welcher Priorität soll die Störung bearbeitet werden, welche Dringlichkeit besteht, wie groß sind die Auswirkungen der Störung und wer ist der vermutlich richtige Bearbeiter? Voraussetzung für die richtige Einordnung eines Incident ist zum einen die Meldung – im Gespräch mit dem Nutzer gilt es geschickt die Umstände abzufragen, die automatischen Meldungen müssen von einem Mitarbeiter gesichtet und beurteilt werden – zum anderen lässt sich die Tragweite einer Störungsmeldung nur aus dem Kontext erschließen: Die CMDB stellt einen Blick auf alle betriebenen Konfigurationen, ihre Verknüpfungen untereinander und zu den mit dem Kunden vereinbarten Service Level Agreements her.

Die zügige Lösung eines Incident hängt auch davon ab, ob die Bearbeitung an der richtigen Stelle erfolgt – die richtigen Fachleute passend zur technischen Ursache und dem organisatorischen Umfeld. Wie „im echten Leben" hilft die richtige Incident-Meldung: Was ist passiert und wo ist es passiert? Das „wo" bezieht sich sowohl physisch auf die fehlerhafte Komponente – eventuell muss ein Techniker persönlich vorbei schauen[4] – als auch auf die logische Komponente. Passend zur technischen Störung muss die Bearbeitung durch einen Fachmann mit dieser Spezialisierung und natürlich auch mit Zugang zur entsprechenden Komponente erfolgen. Speziell bei grenzüberschreitenden IT-Betrieben

---

[4] Als Anekdote aus dem Helpdesk eines großen IT Dienstleisters sei hier der gestörte Drucker erwähnt. Ohne weiteren Kontext ist die Störung eines Druckers „normal" und nicht weiter dringlich. In dem Beispiel handelte es sich jedoch um den Drucker, der an der Laderampe eines Logistikbetriebs die Frachtpapier erstellt – die gesamte Arbeit des Kunden kommt zum Erliegen und eine Entstörung wäre dringend gewesen.

kann das Einräumen von Zugriffsrechten problematisch sein, mitunter sind die entfernten Kollegen in einem fremden und „inkompatiblen" Rechtsraum angesiedelt.

Die Störungsbehebung aus Abb. 8.14 wird durch einen permanent laufenden Überwachungsschritt begleitet. So können auch bei wechselnder Arbeitsbelastung und sich ändernder Priorität die verfügbaren Ressourcen bestmöglich eingesetzt werden. Verweigert sich eine Störung hartnäckig einer Lösung, gilt es im Sinne der Kundenzufriedenheit auf eine Lösung zu drängen – „Eskalation" ist der dazugehörige Begriff. Diese kann hierarchisch (d. h. entlang einer Hierarchieleiter) oder funktional (d. h. an Einheiten mit zunehmender Spezialisierung in dem behandelten Incident-Bereich) erfolgen.

Dabei muss nicht jede Störung sofort beseitigt werden – bekannte Fehler können als Fakt akzeptiert werden und ohne Lösung im System verbleiben bzw. auf eine externe Lösung z. B. durch eine neue Software warten. Wirtschaftlich ist dieses Vorgehen zweifelsohne erfolgreich, die Rückmeldung an den Nutzer wird weniger erfreulich sein.

Woher kommen die Störungen?
Aus dem alltäglichen Umgang mit Computern sind wir an Störungen gewöhnt – selbst die Straßenbahn muss ab und zu stehen bleiben und einmal aus- und wieder eingeschaltet werden. Wieso? Software selbst altert nicht – sie zeigt keine Abnutzungserscheinungen. Hardware dagegen altert, über den typischen Verlauf der Alterung gibt es jedoch nur viele Anekdoten und kaum öffentlich zugängliche Statistiken.

Seit langem lautet die Antwort [80]: Die häufigsten Verursacher von Störungen sind entweder Fehler, die in der Software unerkannt vorhanden waren, oder fehlerhafte Bedienung durch den IT-Betrieb. Durch den Einsatz verlässlicher persistenter Datenspeicher bleibt meist wenigstens die Auswirkung von Störungen begrenzt – die Daten stehen auch nach der Störungsbehebung zur Verfügung und können erneut verarbeitet werden. Unrühmliche Gegenbeispiele existieren leider, z. B. verlor im Jahr 2011 ein Dienstleister der Berliner Verkehrsbetriebe unwiederbringlich alle Daten zu geforderten erhöhten Beförderungsentgelten – ein Verlust in Millionenhöhe [81]. Systeme, die „in Echtzeit" voneinander abhängen, lassen etwaige Probleme sofort zu Tage treten: Kassensysteme, die permanent eine Internetverbindung benötigen, bekommen auf einmal alle Störungen der Internetanbindung mit, der Verkauf im Laden hängt von lokal nicht beeinflussbaren technischen Faktoren ab. Piloten, die auf ein funktionierendes Tablet angewiesen sind, können unter Umständen einen Flug nicht antreten [82].

Wie lässt sich die Häufigkeit von Störungen messen?
Die IT-Industrie – sei es die Softwareentwicklung oder der Betrieb von IT-Services – muss sich auf jeden Fall vorwerfen lassen, die Qualität ihrer Produkte nicht adäquat zu messen (z. B. [83]). Dieser Vorwurf richtet sich sowohl an einzelne Firmen, als auch an die Industrie insgesamt: Wo sind verbindliche und öffentliche Maßstäbe und Messergebnisse zu finden?

Aus der Sicht des Anwenders lassen sich Fehler recht gut statistisch erfassen (siehe auch die „Hard Facts" aus Kap. 3.5.1):

- Mit welcher Wahrscheinlichkeit tritt ein Fehler auf, wenn eine Funktion benötigt wird
  (POFOD, *probability of failure on demand*)?
- In welchem zeitlichen Abstand treten Fehler auf (MTBF, *mean time between failures*)?
- Wie lange dauert im Fehlerfall die Reparatur (MTTR, *mean time to repair*) nachdem
  der Fehler erkannt wurde (MTTD, *mean time to detection*)?

Aus diesen Messgrößen ergibt sich ein interessanter Blick auf mögliche Fehler: Zum einen
spielen sie evtl. keine Rolle, solange ein Nutzer die Funktion nicht aufruft – beispielhaft
sei ein defekter Fahrkartenautomat genannt, der nachts kaum benötigt wird.[5] Zum anderen
stellt sich die Frage nach der Fehlerlösung. Die Messgröße MTBF impliziert bereits, dass
ein System nach dem Eintreten eines Fehlers wieder instand gesetzt wird. Andernfalls
wäre die Messgröße MTTF (*mean time to failure*) passender, die mittlere Zeit bis zum
ersten Eintreten eines Fehlers.

Folgt man einer Untersuchung verschiedener Softwareprodukte bei IBM aus dem Jahr
1984 (zitiert in [83]), so tritt die überwiegende Zahl der Softwarefehler praktisch nie auf:
33 % aller Fehler hat demnach eine MTTF jenseits 5000 Jahren, mehr als 66 % aller Fehler
hat eine MTTF jenseits 1600 Jahren. In anderen Worten: Ein einzelner derart selten auftretender Fehler wird die Nutzer kaum beeinträchtigen – es gilt die wenigen Prozent aller
Fehler zu identifizieren und zu lösen, die besonders häufig auftreten. Im zitierten Beispiel
haben 2 % aller Fehler eine MTTF unterhalb von 50 Jahren, die vorhandenen Ressourcen sollten sich um das Finden, Vermeiden und Lösen dieser Fehler kümmern. In dieser
Sichtweise liegt das Augenmerk tatsächlich auf den Störungen, die Nutzer beeinträchtigen
– abstrakte Softwarefehler, die praktisch nie eintreten können und vernachlässigt werden
sollen.

▶   Softwarefehler sind in der Praxis nur relevant, wenn sie tatsächlich eintreten
    und Nutzer betreffen.

In Wahrheit ist der Betrieb von IT-Services komplizierter: Anfällige Komponenten werden mehrfach vorgehalten und können punktuelle Ausfälle kaschieren – beginnend bei
der Hardware auf dem einzelnen Chip, in Modulen oder kompletten Systemen bis hin zu
fehlertoleranten Softwarearchitekturen [84]. Ausfälle sind zudem nicht „schwarz/weiß".
Unter Umständen wird statt eines kompletten Ausfalls nur die Leistungsfähigkeit eines
IT-Services beeinträchtigt. Gerade in diesen Fällen wird es schwierig, den Beginn der
Störung zuverlässig zu detektieren und den Fehler in einer Laborumgebung nachzustellen.

---

[5] Dieses intuitive Beispiel könnte genauso gut komplett falsch sein: Evtl. sind nachts gerade viele
Kunden ohne Monatskarte unterwegs und reagieren besonders empfindlich auf ausgefallene Fahrkartenautomaten. Für eine Bewertung müssen also zwei Größen bekannt sein: Die technische Ausfallrate und die Benutzung durch Anwender.

Wie häufig sind Störungen?
Die absolute Anzahl von Störungen ist wenig aussagekräftig – es sei denn sie pendelt in einer Organisation bei unveränderter Systemlandschaft um den üblichen Durchschnitt. Praktisch jedes technische System und jedes Stück Software bringt Fehler in den Betrieb, die sich früher oder später als Störung manifestieren. Gartner [85] nennt für das Jahr 2013 eine Zahl von knapp 10 Softwarefehlern im Betrieb je 1000 function points und die jährlichen Supportkosten für Software in der Höhe von etwa 10 % der Erstellungskosten.

Die Wahrscheinlichkeit, dass eine Störung eintritt, hängt in der Regel stark von der Zeit ab: Die typische Entwicklung der Ausfallrate wird in der Industrie gerne als „Badewannenkurve" wiedergegeben (siehe Abb. 8.15), auch wenn es dazu kaum unterstützende Literatur gibt. In dieser Darstellung lassen sich drei grundsätzlich verschiedene Phasen unterscheiden: Die anfänglichen „Kinderkrankheiten" (infant mortality), die steigenden Ausfallraten mit zunehmendem Alter und dazwischen einen Bereich relativ konstanter Ausfallraten. Ausfälle zu Beginn können durch „burn-in" Perioden künstlich vor der Auslieferung provoziert werden und lassen sich somit vom Nutzer fernhalten. Die anschließende nahezu konstante Ausfallrate kann zu einer gezielten präventiven Wartung genutzt werden [86]: Deutlich vor der durchschnittlich zu erwartenden MTBF wird ein Bauteil proaktiv ausgetauscht. Im Ergebnis führt dies zu sehr zuverlässigen Systemen – dies ist beispielsweise in der Luftfahrt gut zu sehen – bei der keine erkennbaren Alterungseffekte auftreten.

Tatsächlich ist wenig über die realen Ausfallraten bekannt. Ein Beispiel wertet die Ausfälle von etwa 100.000 Festplatten in verschiedenen Supercomputern [87] aus und kommt zu dem Ergebnis, dass die Ausfallrate von Beginn an langsam zunimmt – weder sind Kinderkrankheiten zu sehen noch ein Plateau mit stabilen Ausfallraten. In dem Beispiel

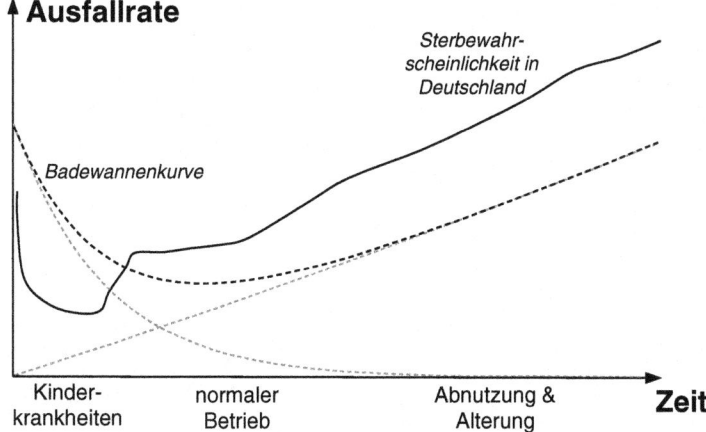

Abb. 8.15 Die „Badewannenkurve" als typisches Bild der zeitlichen Entwicklung der Ausfallrate. Farbig eingetragen ist die Sterbewahrscheinlichkeit von Männern (logarithmische Skala!) in Deutschland aufgetragen über das Alter. (Daten aus [89])

übertrifft die reale Ausfallrate die Herstellerangaben um etwa eine Größenordnung. Eine Untersuchung der DRAM-Fehlerrate bei Google [88] zeigt dagegen schon ein anfängliches Plateau (von weniger als einem Jahr), bevor die Fehlerrate kontinuierlich ansteigt. Dabei sind Umgebungsfaktoren wichtig – neben der Temperatur erweist sich die mittlere CPU-Auslastung als eine wesentliche Störquelle für den DRAM-Speicher. Alleine diese Fehler stellen eine deutliche Störquelle dar: Über 1 % der Server hat mindestens einen nicht-korrigierbaren Speicherfehler im Jahr, die korrigierbaren Fehler betreffen über 8 % aller Server im Jahr.

Diese Zahlen legen den Schluss nahe, dass sich ein kontinuierlicher IT-Betrieb weder auf die Hardware noch auf die Software verlassen kann. Ein erträgliches Störungsniveau kann bei großen Installationen nur erreicht werden, wenn die Störungsquellen durch redundante Auslegung kaschiert werden. Im Beispiel von Google werden weitere fehlererkennende und -korrigierende Codes eingesetzt, so dass verbleibende Unzulänglichkeiten der Hardware von der Software erkannt und korrigiert werden können.

8.3.6   Software-Wartung und Software-Fehler

Auf dem Weg zu einem anerkannten, dokumentierten Software-Fehler reduziert sich die Anzahl der ursprünglichen Meldungen drastisch. Einerseits erzeugt die automatische Überwachung der IT eine Unmenge an Ereignissen (Events), die zum Großteil automatisch aussortiert werden können. Manche davon münden in eine Störung – ein Incident dokumentiert die gefundene Abweichung vom normalen Betrieb. Soweit Anwender die Störung bemerken, werden sie sich über einen Helpdesk mit ihrem Anliegen ebenfalls an den IT-Betrieb wenden – weitere gemeldete Incidents entstehen. Viele Incident sind womöglich Duplikate und können zu einem einzigen Vorgang zusammengefasst werden. Die meisten Störungen lassen sich durch administrative Eingriffe in die IT-Systeme beheben, ohne Änderungen an der Software zu benötigen.

Die Abb. 8.16 zeigt exemplarisch die Arbeitsbelastung eines IT-Betriebs durch gemeldete Störungen: Jeder Farbfleck repräsentiert eine Störungsmeldung, die Farbe bzw. die zugehörige Ziffer 1, 2 oder 3 richtet sich nach der momentanen Priorität der Störung. Typisch ist das zeitliche Verhalten: Tagsüber sind die Anwender aktiv, es werden mehr Störungen entdeckt und gemeldet (in Abb. 8.16 im oberen Teil). Zugleich arbeitet der IT-Betrieb am Tag mit der stärksten Besetzung an der Störungsbehebung und kann viele Meldungen abarbeiten und schließen (in Abb. 8.16 im oberen Teil). Natürlich kann man nicht davon ausgehen, dass alle Meldungen sofort oder auch nur zeitnah bearbeitet und gelöst werden – es sammelt sich ein „Arbeitsvorrat" noch nicht abschließend bearbeiteter Meldungen an (in Abb. 8.16 in der Mitte). In diesem Arbeitsvorrat finden sich Störungen, die sich nur schlecht lösen lassen, solche die auf externe Zuarbeiten und Rückfragen beim Nutzer warten und letztlich auch die Störungen, die sich nur durch die Software-Entwicklung lösen lassen – Software-Fehler (in Abb. 8.16 grau gekennzeichnet).

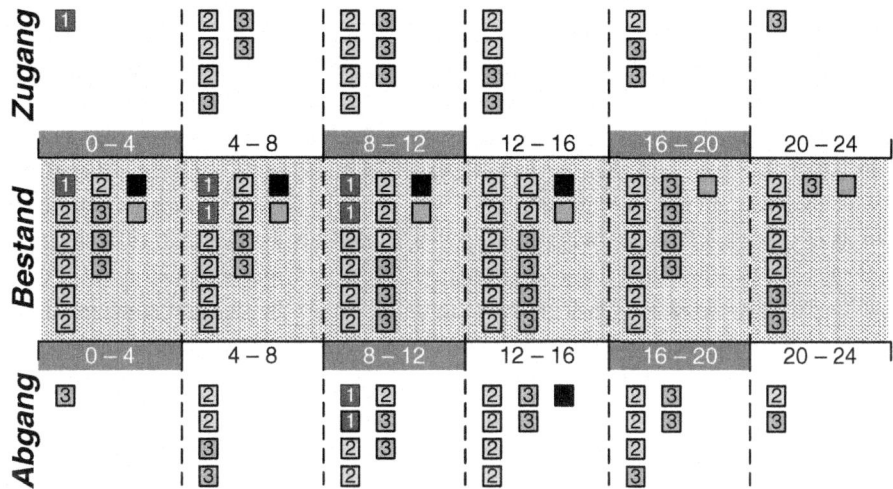

Abb. 8.16 Arbeitsbelastung durch Incidents (Priorität „1", „2" und „3"), Fehler (*grau*) und Problems (*schwarz*). Erkennbar sind die Zu- und Abgänge untertags und der vom Vortag übernommene Arbeitsvorrat

So einfach und einleuchtend dieses Bild erscheint, ist es im betrieblichen Alltag nicht selbstverständlich: Haben wir überhaupt Zeit, eine Störung zu dokumentieren (anstatt sie gleich zu lösen)? Wer liest alles mit und wollen wir diese Informationen wirklich dokumentieren? Müssen wir die Störungen wirklich allen zugänglich machen, oder kann nicht jeder für sich dokumentieren? Das Beispiel Abschn. 8.3.9 der ungewollten Beschleunigung bei einigen Toyota-Modellen zeigt, dass immerhin einer der weltweit führenden Autohersteller offenbar keinen Überblick über alle Fehler der Software der Motorsteuerung hat.

Typisch für Software-Fehler ist, dass sie sehr viel Zeit zur Fehlerlösung benötigen. In der Regel werden sie an die Software-Entwicklung zur Lösung überstellt, d. h. die weitere Dokumentation findet dort statt. Abgesehen von absolut dringenden Fehlerlösungen bemüht sich die Software-Entwicklung, Updates gebündelt zu entwickeln, zu testen und auszuliefern. In der Konsequenz bedeutet dies, dass eine Fehlerlösung bis zum nächsten verfügbaren Release warten muss – mitunter kann es sich um mehr als ein Jahr handeln! Angesichts dieser Wartezeit, den durch die Fehlerlösung entstehenden Kosten und dem Risiko, neue Fehler bei der Lösung einzubauen, kann sich der IT-Betrieb durchaus mit einem bekannten Fehler arrangieren: Der Fehler verbleibt ungelöst im System, den Nutzern werden nur die Auswirkungen und mögliche Umgehungslösungen (Workarounds) geschildert.

Auch abseits der Software-Fehler ist das Thema Wartung präsent: Je nach Lebenszyklus der IT-Systeme wird immer wieder Unterstützung der Software-Entwicklung benötigt (siehe Kap. 9.2.3). Gerade den Software-Anbietern ist dies bewusst, handelt es sich doch um eine kostenpflichtige Zusatzleistung. Eine besondere Herausforderung ist es dabei, eine durchgängige Dokumentation des Geschehens zu erstellen. Fängt eine Fehlerbehebung mit vielen Events oder Incidents an (wie in Abb. 8.16 skizziert), so können sich daraus ein oder mehrere Software-Fehler oder kostenpflichtige Änderungswünsche ergeben. Diese führen mit deutlichem Zeitverzug zu einer neuen Softwareversion, die bei gegebenen Voraussetzungen – vor allem dem Vorhandensein der richtigen Vorgängerversion – installiert werden kann. Dem Produktiveinsatz der neuen Software steht nur noch ein erfolgreicher Test in einer oder mehreren Testumgebungen im Weg. Unter Umständen müssen dazu viele Testfälle neu ausgeführt und dokumentiert werden. Auf der langen Reise einer Fehlerbehebung sind naturgemäß unterschiedliche Organisationen und Lieferanten involviert. Es verwundert daher nicht, wenn in der Praxis die Zusammenhänge zwischen den einzelnen Vorgängen verloren gehen – Tools wechseln, Inhalte werden unterschiedlich interpretiert, manches bleibt einfach liegen. Erinnert sei an den Heartbleed-Fehler (Abschn. 8.3.3), den Oracle gleich zweimal lösen durfte.

Änderungen an der Software sind natürlich nicht die Aufgabe des IT-Betriebs. Im Produktiveinsatz eines IT-Systems laufen aber im IT-Betrieb alle Fäden zusammen, so dass hier die richtigen Entscheidungen rechtzeitig herbeigeführt werden müssen. Diese Formulierung verzichtet absichtlich darauf, das Entscheiden oder das Fehlerlösen beim IT-Betrieb anzusiedeln. In der Realität werden viele Organisationen und Personen beteiligt sein – wenn der Sinnspruch „Verantwortung ist unteilbar" gilt, ist der IT-Betrieb in der Verantwortung, das reibungslose Funktionieren zu organisieren. Dabei ist die IT zwangsweise kompliziert, aus technischer Sicht aber auch im Hinblick auf das Verhalten der Technik und der Nutzer. Die Reaktion des IT-Betriebs auf unverstandene Situationen ist eine besondere Herausforderung. Wie schwierig dies sein kann, illustriert das folgende Beispiel in Abschn. 8.3.7: Handelt es sich doch „in Echtzeit" bei weitem nicht um eine klare, wohl verstandene Situation, sondern um eine Kombination zufälliger, richtiger, falscher und irreführender Informationen. Diese müssen zunächst zu einem sinnvollen Bild geordnet und verstanden werden – im Englischen passend umschrieben als distributed cognition (verteilter Erkenntnisgewinn) oder distributed sense making (verteiltes Verstehen).

8.3.7   Beispiel: Verteilter Erkenntnisgewinn (distributed cognition) am Beispiel des Ausbruchs des West-Nile-Virus

Beispiel

Komplexe Systeme haben zur Folge, dass dem einzelnen Menschen der Überblick fehlt. „Big Data" ist keineswegs der Königsweg, in der Realität stehen die Daten nicht zur Verfügung, sind unvollständig, falsch oder irreführend – ein Erkenntnisgewinn kann nur durch geschickte Interpretation der Informationslage und der Beteiligung unterschiedlicher Experten erfolgen (siehe dazu z. B. den Konferenzband [90]). Es ist naheliegend, dazu ein Beispiel aus der Medizin zu nehmen: Die Entdeckung des erstmaligen Ausbruchs des West-Nile-Virus (WNV) in den USA.

Der WNV verursacht eine Erkrankung, wird von Stechmücken übertragen und befällt sowohl Menschen als auch Tiere (Vögel und Schweine) [91]. Meistens heilt der

Befall ohne Symptome von alleine aus. In schweren Fällen kann der Virus jedoch das Nervensystem befallen und schwere Schäden bis hin zum Tod verursachen. Der WNV ist in praktisch allen wärmeren Regionen auf der Welt bekannt, bis Ende der 1990er Jahre trat WNV in den gemäßigten Breiten nicht auf.

Im genannten Konferenzband [92] beschreibt Karl. E. Weick die Erstdiagnose des West Nile Virus im Jahr 1999. Im August fiel in einem Krankenhaus in New York auf, dass mehrere Patienten mit unüblichen Symptomen – Fieber, Kopfschmerzen, geistige Verwirrung, Schlaffheit – in der Intensivstation aufgenommen werden mussten [93]. Einige der Patienten verstarben im Krankenhaus, die Krankheitsursache blieb zunächst unklar. Die Gesundheitsbehörde der Stadt New York zog das amerikanische Center for Disease Control (CDC) hinzu, die nach weiteren Tests am 3. September als Diagnose die „St. Louis Enzephalitis" – eine von Stechmücken übertragene Viruserkrankung – bekanntgaben [93, 94]. Die einzige Möglichkeit, eine weitere Ausbreitung der Krankheit in der Stadt zu vermeiden, bestand in einer radikalen Kampagne gegen Stechmücken. Binnen zwei Stunden nach Bekanntgabe der Diagnose begann die Stadt New York mit der intensiven und gezielten Bekämpfung von Stechmücken.

Allerdings passten nicht alle Fakten zur Diagnose: Zwei verschiedene Testverfahren für die eingesandten Proben kamen zu unterschiedlichen Ergebnissen. Das eine Verfahren gab Hinweise auf die „St. Louis Enzephalitis" (SLE), das andere Verfahren jedoch nicht. Tatsächlich fand das erste Verfahren nur Hinweise auf eine Familie von über 70 Viren, von denen praktisch alle bis dato nicht in Nordamerika aufgetreten waren – am wahrscheinlichsten ist demnach die „St. Louis Enzephalitis". Dagegen sprachen auch einige Symptome der Patienten und die Tatsache, dass der Virus der SLE weder Vögel noch Pferde befiel. Tatsächlich verendeten in New York zu der Zeit auffallend viele Vögel – die Meldungen wurden angesichts der getroffenen Diagnose als belanglos abgetan. Die Ursache für das Vogelsterben blieb zunächst unbekannt, Tests ergaben, dass das SLE Virus nicht die Ursache sein konnte. Ein Pathologe eines besonders stark betroffenen Zoos bat die CDC am 9. September telefonisch um Hilfe, wurde jedoch vom CDC nicht zurückgerufen.

Eine Gensequenzierung von Virusproben, die aus einem im Zoo verendeten Flamingo und an Enzephalitis verstorbenen Menschen gewonnen wurden, erbrachte Ende 1999 den Nachweis, dass der WNV in New York zirkuliert [95]. Letztlich dauerte es bis zum 23. September – drei Wochen nach der ersten öffentlich bekannt gegebenen Diagnose – bis die richtige Diagnose „West-Nile-Virus" vom CDC veröffentlicht wurde. Andere Labore hatten diese Diagnose bereits etwas früher.

Der Virus trat vorher noch nie in Nordamerika auf, die sofort getroffene Maßnahme der Mückenbekämpfung war zum Glück richtig. Erstmals trat der Virus damit in einem natürlichen Reservoir innerhalb der Stadt auf, Stechmücken übertragen den Virus zwischen Vögeln und unter Umständen auf den Menschen. Der Fall ist insbesondere deswegen von Bedeutung, weil das CDC als Organisation die Aufgabe hat, unerwartete neue Krankheiten – oder biologische Terrorangriffe – zu erkennen und Gegenmaßnahmen einzuleiten. Obwohl sie dazu angehalten sind, nach unerwarteten neuen Krankheiten zu suchen, hat die CDC zunächst irrtümlich eine bekannte Krankheit gefunden.

Der Konferenzband [92] endet mit der Erkenntnis, dass der WNV-Ausbruch die Mitarbeiter des CDC gelehrt hat, Anrufe ihrer Kollegen ernst zu nehmen *und zurück-zurufen.*

Das Beispiel des Ausbruchs des West-Nile-Virus in New York zeigt die Grenzen von Organisationen auf. Anfangs sind nur die – drastischen und ungewöhnlichen – Symptome bekannt, die Ursache ist selbst für die Ärzte im Krankenhaus unbekannt. Für die Erforschung der Ursache müssen verschiedene Spezialisten zusammenarbeiten – im Normalfall ein ständig wiederkehrender Arbeitsablauf: Labore werden mit entnommenen Proben versorgt und führen unterschiedliche Tests aus. Die Ergebnisse kommen mit Zeitverzug und widersprüchlichen Informationen zurück, die einzelnen Spezialisten kennen immer nur einen kleinen Ausschnitt des Gesamtbilds. Der tagtägliche Workflow wird kaum in der Lage sein, außergewöhnliche Ursachen zu finden. Vielmehr wird die Informationslage in ein vorhandenes Schema gepresst – im Beispiel entsteht die Fehldiagnose recht zügig.

Ähnlich wie der IT-Betrieb die Betriebsverantwortung „in jeder Lebenslage" hat, ist das Center for Disease Control die verantwortliche Organisation für das Erkennen neuer Krankheitsursachen. Die Ursachenfindung ist dabei eine kreative, schöpferische Tätigkeit. Die gesammelten Informationen müssen verstanden werden, so dass Ihnen eine Bedeutung gegeben werden kann. Immer wieder gab es im Beispiel des WNV explizite Hinweise auf einen noch nie dagewesene Krankheitsausbruch: Tiere verendeten in auffallend großer Zahl, so dass sich z. B. der Zoo ebenfalls an die Gesundheitsbehörde wandte. Im Nachhinein fällt es leicht, das Geschehen zu kritisieren. Dabei gilt es zu bedenken, dass ein Ereignis dieser Tragweite für die Beteiligten nicht einfach ist: Die Leitung der Ursachensuche muss sich einigen Widrigkeiten stellen [96]:

• Schwierige und weitreichende Entscheidungen sind zu treffen
• Mehrdeutige und widersprüchliche Informationen liegen vor
• Ziele ändern sich
• Es herrscht großer Zeitdruck
• Das Umfeld ändert sich, die Auswirkungen verschlimmern sich und die Lösungssuche wird immer stärker eskaliert
• Die eingesetzte Organisation ist komplex und mitunter ungeübt
• Die Kommunikation untereinander ist unzureichend[6]
• Jede Handlung und jede unterbliebene Handlung trägt ein erhebliches Risiko

▶   Haben Sie eine gut eingespielte Feuerwehr zur Verfügung?

---

[6] Eine Anekdote aus der Incident-Bearbeitung eines IT-Dienstleisters berichtet davon, dass nach mehreren Stunden der intensiven Logfile-Analyse spät in der Nacht das Ergebnis lautet: Das Logfile ist mit einem unbekannten pgp-Schlüssel verschlüsselt zugeschickt worden und kann nicht geöffnet werden.

Angesichts der geschilderten Herausforderung bei großen und unbekannten Ereignissen ist es umso wichtiger, Erfahrung in den alltäglichen Krisen zu sammeln. Mehr dazu im Kap. 11.

8.3.8   „Fehler" als verbotenes Wort?

Mitunter geben sich IT-Organisationen große Mühe, den Begriff „Fehler" zu vermeiden. Wer möchte schon Schuld haben, zuweisen oder zugewiesen bekommen? Vielmehr gibt es Störungen, Auffälligkeiten, Incidents, Issues, usw.

Software und ihr Betrieb sind immer noch weit entfernt von einer transparenten Fehlerkultur und einer messbaren Qualität [97]. Fehler – vermeintliche oder tatsächliche Abweichung von dokumentierten oder impliziten Anforderungen – verursachen einen hohen Aufwand bei allen Beteiligten. Dennoch bleibt es in der Regel bei einem Gefühl: Die Software ist „gut" oder „schlecht". Es fehlt die Relation zum Erwartbaren: Eine Software mit einem großen Umfang, beispielsweise gemessen in der Anzahl der Programmzeilen oder function points, hat naturgemäß mehr Fehler als ein kleines Skript. In der Wahrnehmung des IT-Betriebs sind derartige Zahlen und Relationen jedoch nicht vorhanden, die Diskussion lässt sich kaum versachlichen. Es ist kaum sinnvoll, bei Software eine „Null-Fehler-Toleranz" zu verfolgen. Zu hoch sind die Kosten dafür, obskure Fehler zu lösen, die sowieso niemanden in absehbarer Zeit treffen. Je nach Anwendungsgebiet, Kulturkreis und Zeitpunkt gibt es ein übliches, akzeptables Fehlerniveau. In diesem Kontext hat Software eines gegebenen Umfangs eine typische Anzahl Fehler und verursacht einen typischen Wartungsaufwand – starke Abweichungen davon führen in der Regel zu erheblich höheren Kosten.

Was ist ein Fehler?
Es ist normal, dass die vorhandene Software die an sie gerichteten Erwartungen nicht erfüllt, der Fehler besteht dann in der Nichterfüllung einer festgelegten Forderung oder einem erwarteten Merkmal (in Anlehnung an DIN 66721, siehe [98] für alternative Formulierungen). Die Software kann fehlerhaft arbeiten und damit die an sie gerichteten und dokumentierten Anforderungen nicht erfüllen. Die Software kann „schlampig" erstellt worden sein und als Konsequenz überdurchschnittlich viele Probleme verursachen – und dies auf einer Detailebene, die in den Anforderungen vielleicht gar nicht mehr sichtbar ist. Die Anforderungen können zudem von Anfang an unpassend sein, das falsche System spezifizieren oder sich in der Zwischenzeit explizit oder „gefühlt" verändert haben. In der Konsequenz bedeutet dies immer, dass die Software aus Sicht der Nutzer oder Auftraggeber „fehlerhaft" ist.

Was bedeutet ein „Fehler" für die Organisation?
Leider impliziert das Wort „Fehler" meistens eine Schuldzuweisung – „jemand" hat einen Fehler gemacht – und schnell steht die Forderung im Raum, dass der Fehler selbstver-

ständlich kostenlos bereinigt werden muss. Die meisten Organisationen versuchen daher andere Begriffe zu wählen, um die sachlichen Inhalte eines Fehlers von „Schuld" und „Sühne" zu trennen. Wenn diese Trennung nicht gelingt, neigen die Mitarbeiter einer Organisation dazu, Fehler erst sehr spät zu dokumentieren und möglichst viele Sachverhalte vor der schriftlichen Fixierung zu klären. Es ist offensichtlich, dass eine derartige Arbeitsweise weder effizient noch effektiv organisierbar ist – alle gängigen Modelle der Qualitätsverbesserung setzen die Messbarkeit der Qualitätsparameter voraus.

In den meisten Fällen wird ein Softwarefehler allenfalls einen finanziellen Schaden anrichten, Leib und Leben sind nicht betroffen. Die Begriffsdefinition des Fehlers ist auch in anderen Bereichen von Interesse mit entsprechend großer Tragweite. Jedenfalls hat der Begriff „Fehler" juristisch durchaus eine Bedeutung. So nennt z. B. das Produkthaftungsgesetz in § 3 explizit den Fehler als Auslöser für die Haftung [99]:

§ 3 Fehler
(1) Ein Produkt hat einen Fehler, wenn es nicht die Sicherheit bietet, die unter Berücksichtigung aller Umstände, insbesondere
a) seiner Darbietung,
b) des Gebrauchs, mit dem billigerweise gerechnet werden kann,
c) des Zeitpunkts, in dem es in den Verkehr gebracht wurde, berechtigterweise erwartet werden kann.
(2) Ein Produkt hat nicht allein deshalb einen Fehler, weil später ein verbessertes Produkt in den Verkehr gebracht wurde.

Dabei beschränkt sich das Produkthaftungsgesetz auf die Sicherheit eines Produktes im Sinne des englischen Begriffs „safety" – Körper und Gesundheit – bzw. die Schädigung einer Sache.[7] Festzuhalten bleibt, dass sich ein Fehler auf den Erkenntnisstand bezieht, der zum Zeitpunkt des Inverkehrbringens vorliegt – spätere Erkenntnisse oder Verbesserungen können dem ursprünglichen Produkt nicht angelastet werden.

Ähnlich steht es auch in der Medizin, dort unter dem Begriff des „Behandlungsfehlers" [100]:

Unter einem Behandlungsfehler ist eine nicht ordnungsgemäße, d. h. nicht den zum Zeitpunkt der Behandlung bestehenden allgemein anerkannten medizinischen Standards entsprechende Behandlung durch einen Arzt oder eine Ärztin oder auch einen Angehörigen anderer Heilberufe zu verstehen. Ein Behandlungsfehler kann alle Bereiche ärztlicher Tätigkeit betreffen. Dabei kann der Fehler rein medizinischen Charakters sein, sich auf organisatorische Abläufe beziehen oder es kann sich um Fehler nachgeordneter oder zuarbeitender Personen handeln. Auch die fehlende oder unrichtige, unverständliche oder unvollständige Aufklärung über medizinische Eingriffe und ihre Risiken und Folgen stellt eine Verletzung von Pflichten aus dem Behandlungsvertrag dar und kann unter Umständen Schadensersatzansprüche des Patienten gegen den Behandelnden zur Folge haben.

---

[7] Ob Software – oder noch abstrakter ein als Service betriebenes software-intensives System – überhaupt als „Produkt" im Sinne des Produkthaftungsgesetzes angesehen werden kann, ist wiederum für den Laien nicht ersichtlich ([101], Rn. 192).

Der Vergleich mit dem IT-Betrieb bietet sich an, denn beide Male handelt es sich um einen Eingriff, der von Spezialisten ausgeführt wird und dessen Konsequenzen über lange Zeiten getragen werden müssen. Interessant dabei ist die weit gespannte Sichtweise auf mögliche Fehler einer medizinischen Behandlung (besser ersichtlich in Abb. 8.17). Ausgangspunkt ist wiederum die ordnungsgemäße Arbeit (eines Arztes) nach dem anerkannten Stand zum Zeitpunkt der Behandlung. Anders als in der obigen Produktsicht können Fehler jetzt in der Arbeit des Arztes liegen, den organisatorischen Abläufen, einer mangelnden Aufklärung und einer fehlerhaften Zuarbeit. Diese Punkte finden sicher ihre Entsprechung bei der Bereitstellung von IT-Diensten:

• Die anerkannten Standards sind in der IT noch nicht auf dem Niveau, den sie in der Medizin erreicht haben. Dennoch finden sich zahlreiche Vorgehensmodelle bis hin zu Normen und Zertifizierungen, die eine Objektivierung der ordnungsgemäßen Arbeit eines IT-Betriebs erlauben.
• Die Fehlerursache kann in organisatorischen Abläufen liegen. Umso wichtiger ist die kontinuierliche Verbesserung der eigenen Prozesse, wie sie in den gängigen Referenzmodellen inzwischen gefordert wird.
• Die mangelnde Aufklärung – über die Behandlung, die Konsequenzen und Risiken – stellt in der IT eine ähnliche Herausforderung dar: Hat der IT-Anbieter den Auftragnehmer wirklich umfassend und gut informiert? Die Auflistung möglicher Auslassungen ist bezeichnend: Fehlend, unrichtig, unverständlich und unvollständig – die meisten Spezifikationen von Softwareänderungen werden diese Adjektive verdienen, womöglich im vermeintlichen beiderseitigen Einvernehmen.
• Von nachgeordneten oder zuarbeitenden Personen. Hier wird der Arzt in die Pflicht genommen, selbst wenn Teile der Behandlung von anderen durchgeführt werden. In einer ähnlichen Situation sieht sich der IT-Dienstleister, der sich auf seine Mitarbeiter, fremden Kräfte und Zulieferer verlässt. Leider fehlt im IT-Betrieb die Rolle des verantwortlichen Arztes. Die Prozesse beispielsweise in Abschn. 8.3.12 müssen eine entsprechende Rolle definieren und die Organisation ihr Wirken durchsetzen.

Abb. 8.17 Der Fehlerbegriff im Medizinbereich

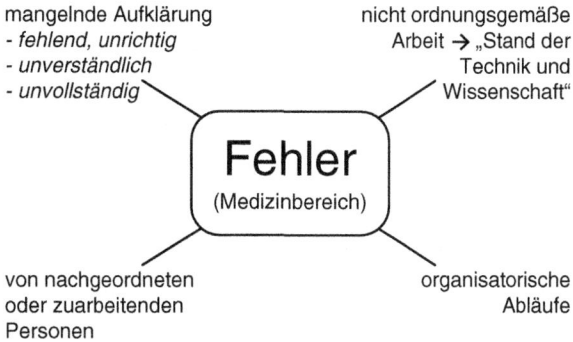

Virtuelle Güter – Software oder die Dienstleistung des IT-Betriebs – stellen die Produktsicht vor eine Herausforderung. Folgt man der Argumentation aus dem Gutachten [101] (Rn. 94 ff.), so ist der Hersteller von IT-Produkten durchaus in einer Haftung – gesetzlich vorgeschrieben oder gemeinsam mit dem Auftraggeber in individuellen Verträgen geregelt: Neben einem möglichen Schaden an „Leib und Leben" können IT-Services das Eigentum schädigen (direkt oder als Folgeschaden an anderem Eigentum) oder andere Rechte, z. B. das Persönlichkeitsrecht.

Selbst wenn die Ursache im Verhalten Dritter liegt – etwa von Hackern – kann unter Umständen die Haftung für Schäden dem IT-Betrieb obliegen: Derjenige, der am einfachsten einen Fehler vermeiden kann, wird dafür auch in Haftung genommen. Speziell gilt dies auch, wenn mit einem gefährlichen Verhalten Dritter zu rechnen ist (Details inkl. Quellen siehe [101], Rn. 119 ff.) – die Sicherstellung der Datensicherheit auch gegenüber externen Angriffen gehört also zu den Aufgaben jedes IT-Betriebs. Die Aktualisierung von Software dagegen ist nicht unbedingt kostenlos einforderbar. So müssen Sicherheitslücken, die erst nach Auslieferung bekannt werden, vom Hersteller nicht unbedingt geschlossen werden. Die Haftung bezieht sich auf die Konstruktionsfehler – Fehler, die während der Erstellung bekannt waren oder vom Hersteller gemacht wurden – im Zeitalter des Internets werden jedoch auch später entdeckte Fehler die gleichen Konsequenzen für den IT-Betrieb haben. Aus dieser Sicht spricht vieles für die inzwischen gängigen „Abonnement"-Angebote, bei der IT-Leistung dauerhaft bezogen und bezahlt wird.

▶   It's a mistake! [102]

Wie wichtig die Fehlerkultur einer Organisation ist, spricht der amerikanische Wissenschaftler und Unternehmensberater R. L. Ackoff in seinem Essay [102] an: Wie kann eine Organisation lernen, wenn alles funktioniert und nur Bekanntes geschieht? Tatsächlich ist die Arbeitsweise einer Organisation weitgehend unbekannt, die Menschen in der Organisation können nur mutmaßen, wie die eigene Organisation funktioniert. Fehler sind dann die beste Möglichkeit, die Grenzen der eigenen Hypothesen zu erkennen und folglich die Arbeitsweise der Organisation zu verbessern.

Fatal ist in diesem Zusammenhang, die Tendenz aller Organisation, Fehler zu verstecken und den Führungskräften vorzuenthalten. Am ehesten treten noch die getroffenen Fehlentscheidungen zu Tage, sie sind in der Regel dokumentiert und können im Fehlerfall gesucht und gefunden werden. Fehler die sich auf Nichtstun zurückführen lassen – jemand hat keine Entscheidung getroffen, eine notwendige Arbeit nicht erledigt – sind kaum zu erklären, schließlich ist die nicht getroffene Entscheidung meist auch nicht dokumentiert.

8.3.9   Beispiel: Toyota unintented acceleration

Beispiel

Ein besonders drastisches Beispiel für den Umgang mit Informationstechnik liefern die Zeugenaussagen im Prozess gegen Toyota, die beschuldigt wurden, den Tod mehrerer Autofahrer durch ein ungewolltes Beschleunigen der Autos verursacht zu haben (als Quellen dienen die angeblichen Mitschriften der Zeugenaussagen vor dem District Court of Oklahoma County[8], [103–105]).

Zwischen 2000 und 2010 ereigneten sich in den USA auffallend viele Vorfälle, bei denen anscheinend ein Auto des Herstellers Toyota ungewollt beschleunigte. In Tests konnte gezeigt werden, dass der Absturz einer Task der Motorsteuerung dazu führte, dass das Auto Vollgas gab – mit evtl. tödlichen Folgen. Stürzte der Task beispielsweise beim Verlassen der Autobahn ab, blieb wenig Zeit zu Gegenreaktionen. Der Task wäre sowohl für den Tempomaten als auch die automatische Gangschaltung zuständig gewesen – ein Reset fand nicht von alleine statt. Das Betätigen des Bremspedals führte zu einem Reset der Motorsteuerung – allerdings nur, wenn das Bremspedal zum Zeitpunkt des Absturzes nicht bereits gedrückt war. Wurde ein Reset nicht ausgelöst, gelang es selbst einem kräftigen Fahrer kaum, das Fahrzeug zum Stillstand zu bringen.

Die meisten Vorfälle liefen glimpflich ab, etwa ein Auto, das aus dem Stillstand von selbst mit Vollgas beschleunigte. Einige sollen die Ursache für tödliche Unfälle gewesen sein. Zeitlich fiel der sprunghafte Anstieg der gemeldeten ungewollten Beschleunigungen mit der Umstellung von einer elektromechanischen auf eine computerisierte Motorsteuerung zusammen. Der Grund für das plötzliche und ungewollte Beschleunigen blieb im Dunkeln – Toyota rief ab 2009 über 11 Mio. Fahrzeuge in die Werkstätten zurück, z. B. um leicht verrutschbare Fußmatten im Fahrerraum auszutauschen. Ansonsten war die Sichtweise von Toyota, dass die Ursache in einem Bedienfehler lag [106].

In einem Prozess vor Geschworenen des District Court of Oklahoma kam diese Sichtweise erstmals nachhaltig ins Wanken: Bei einem Unfall mit einem Toyota Camry des Baujahrs 2005 kam die Beifahrerin ums Leben, der Fahrer wurde schwer verletzt. Die Kläger suchten die Ursache bei Toyota und hatten erstmals Gutachter, die teilweise Einblick in den Sourcecode der Motorsteuerung bekamen und darüber als Zeugen vor Gericht aussagten. Die Geschworenen kamen in diesem Fall zum Ergebnis, dass Toyota für den Unfall verantwortlich war und setzten eine Geldzahlung in Höhe von 1,5 Mio. USD jeweils für Fahrer und Beifahrerin [106] fest. Mit diesem Urteil wendete

---

[8] Wie bei jeder Internetquelle lässt sich die Authentizität nicht beweisen – viele Hinweise u. a. auf den Seiten der genannten Zeugen lassen die Quellen jedoch als plausibel erscheinen. Die zitierten Dokumente sind auf jeden Fall lesenswert! Bezeichnend ist wieder, dass die Details geheim gehalten werden – einer der beteiligten Experten hat einen über 1000 seitigen Bericht erstellt, von dem er selbst keine Kopie besitzen darf.

sich das Blatt – anstatt Gerichtsprozesse zuverlässig zu gewinnen versuchte Toyota im Weiteren, sich mit den Klägern außergerichtlich zu einigen [106].

Was könnte sich tatsächlich abgespielt haben? Folgt man den oben zitierten Zeugenaussagen, dann war die Motorsteuerung der Toyotas ursächlich. Dabei handelt es sich um einen kleinen Computer, der den Motor steuert und für weitere Komfort-Funktionen zuständig ist: Die Geschwindigkeitsregelanlage und das automatische Schaltgetriebe. Tatsächlich lief fast alles über diesen Computer, der den Motor steuerte, die Geschwindigkeit automatisch regelte, Befehle des Gaspedals entgegen nahm, das Getriebe selbstständig schaltete oder die Befehle des Schalthebels entgegennahm – drive-by-wire ist längst Bestandteil aller Autos. Die Programme der „Motorsteuerung" sind offensichtlich *safety-critical*, Fehler können fatale Auswirkungen auf Leib und Leben haben.

Im geschilderten Fall kamen die Gutachter der Ankläger zum Schluss, dass die Motorsteuerung eine grundsätzlich fehlerhafte Software verwendete und vermutlich direkt zu dem Unfall beigetragen hatte.[9] Vielfältige grundsätzliche Probleme plagten nach Ansicht dieser Gutachter die Motorsteuerung:

- Erst in den späteren Baujahren wurde fehlererkennender und –korrigierender Speicher eingesetzt, so bleiben zufällig „umkippende" Bits unerkannt
- Es gab keine voneinander unabhängigen Computer, die im Fehlerfall Abweichungen erkennen und korrigieren konnten, ein Design-Fehler für *safety-critical* Anwendungen.
- Fehleranfällige Programmierweisen der Programmiersprache C wurden ausgiebig genutzt, dies widerspricht etwa dem Programmierstandard MISRA-C, der im Automobilsektor verbreitet ist. Selbst der weniger strikte hausinterne Programmierstandard wurde von Toyota nicht eingehalten.
- Die Programme waren kompliziert aufgebaut (z. B. ersichtlich an über 10.000 verwendeten globalen Variablen), selbst die Ingenieure von Toyota sprachen von Spaghetti-Code. Die zyklomatische Komplexität (nach McCabe [107]) lag in hunderten von Funktionen über 20 und in einem Dutzend bei über 100 – und galt entsprechend als weder testbar noch lesbar.
- Rekursive Funktionsaufrufe wurden genutzt und riskierten einen Überlauf des begrenzten Stackspeichers, der bereits ohne Rekursion zeitweise fast zu 100 % ausgenutzt wurde – mit der Konsequenz, dass angrenzender Speicher unbemerkt überschrieben wurde.
- Einige kritische Variablen waren nicht gegen unbeabsichtigte Änderungen gesichert, weder durch Hardware-Checksumme noch durch Spiegeln der Variablen in Software.

---

[9] Dabei ist es weniger entscheidend, dass die Software Fehler hatte – jede Software hat Fehler. Vielmehr wurde der angemessene Umgang mit einer safety-critical Software beanstandet. Ob der Unfall tatsächlich durch einen Softwarefehler verursacht wurde, lässt sich nicht beweisen, da der Computer oder wenigstens sein interner Zustand zum Zeitpunkt des Unfalls nicht mehr existierte.

- Das Zeitverhalten der Programme war nicht zuverlässig genug – jedenfalls für ein safety-critical System, das in Echtzeit Ergebnisse liefern musste.
- Ein klar dokumentierter Entwicklungsprozess mit nachvollziehbaren Anforderungen an den Sourcecode und alle Artefakte fehlte.
- Teile der Software wurden von einem Lieferanten erstellt (Denso[10]), die Expertise bei Toyota ist nicht vorhanden und Toyota nahm die Aufsicht des Lieferanten nicht wahr.
- Toyota verzichtete auf den Review des Sourcecodes (Software Inspektionsprozess [108]).
- Nur einige der simultan laufenden Prozesse der Motorsteuerung wurden überwacht und bei einem Absturz neu gestartet. Viele konnten einfach stehen bleiben ohne dass sie neu gestartet wurden.
- Es gab keine zentrale Übersicht über alle Fehler der Motorsteuerung.

8.3.10 Configuration Management, Asset Management, Inventory Management

Der Umgang mit dem Wissen über die (IT-)Produkte ist ein immer wiederkehrendes Thema. Naturgemäß ist die Qualität des vorhandenen und dokumentierten Wissens dann am größten, wenn es um Geld geht – Inventar und Anlageobjekte werden akribisch aufgelistet und der Umgang damit ist in Prozessen klar geregelt. Typische Schlagwörter dazu sind das Asset Management oder das Inventory Management.

Die finanzielle Sichtweise kann jedoch den Nutzen für den IT-Betrieb einschränken: Wie zuverlässig sind die Aussagen über Objekte, die nichts (mehr) kosten? Diese Frage zeigt, dass ein IT-Betrieb ein anderes Wissen über die IT-Produktion haben muss [109] als es die rein finanzielle Sicht hergibt. Der Begriff dafür ist das „Configuration Management" als Prozess und die „CMDB" (Configuration Management Datenbank) als die dazugehörige Datenbank. In ihr können alle Teile und Informationen abgelegt werden, die für das IT-Produkt relevant sind: Versionierte Software, Artefakte aus der Softwareentwicklung, eine Beschreibung der Hardware, insbesondere die Verknüpfung zwischen einzelnen Einträgen – dies alles ist relevant, um einen komplexen IT-Service verstehen zu können. Generisch besteht die CMDB also aus Konfigurationseinträgen (Configuration Items, CIs) und ihren Beziehungen untereinander (siehe Abb. 8.18). In der Praxis sind alle Kniffe hilfreich, die das Verständnis der CMDB erleichtern: Vorgefertigte Vorlagen für typische CIs erleichtern den Einstieg, die Anordnung entlang eines Schichtenmodells erleichtert die Navigation durch die Daten, grafische Überblicke erlauben das Wandern durch die Konfigurationslandschaft.

---

[10] Interessant ist, dass ein alternativer Lieferant (Delphi) zur gleichen Zeit in seiner Motorsteuerung desselben Toyota-Modells einige grundlegende Fehler vermieden hat.

Abb. 8.18 Die CMDB als
Datenbank der Configuration
Items und ihrer Beziehungen
untereinander

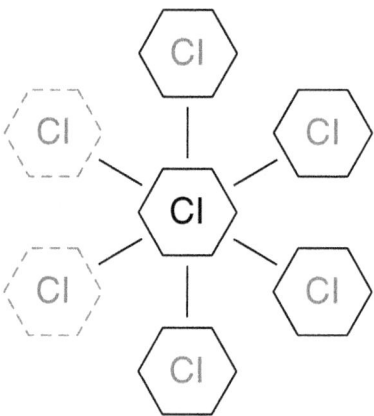

Die unscheinbare Struktur der CMDB täuscht über die praktischen Probleme hinweg: IT-Betriebe sind groß, entsprechend viele Einträge kann die CMDB enthalten. Bereits ein Verfahren eines mittleren Kunden kann aus mehr als 10.000 CIs bestehen[11] und von über 100 Mitarbeitern verschiedener Organisationen von Interesse sein. Die passende Werkzeugunterstützung für das Configuration Management ist nach wie vor eine Herausforderung für die IT-Betriebe.

Tatsächlich ist die Welt des Configuration Management noch komplizierter: Vielfach wird eine Historie der Daten benötigt: Wie sah die Konfiguration früher aus? Welche Konfiguration ist in der Zukunft geplant und wer hat die Änderung autorisiert? IT-Services müssen daher in der CMDB versioniert werden, ganz analog zur Softwareentwicklung. So gibt es Versionsstände eines IT-Services, ein geregeltes Vorgehen, wie Änderungen an IT-Services vorgenommen werden und wie das Ergebnis zu dokumentieren ist. Die Ergebnisse sind in der CMDB nachzulesen – im ungünstigsten Fall muss sogar die vorhandene Struktur der CMDB erweitert werden, um gänzlich neue CIs aufnehmen zu können.

Die Sichtweisen auf das Configuration Management und die CMDB sind dabei in den verschiedenen anderen Prozessen des IT-Betriebs sehr unterschiedlich:

- Änderungen durch das Change oder Release Management sind die Ursache für die Einträge in der CMDB – umgekehrt sind geänderte CIs ohne dokumentierten Auslöser ein Hinweis auf prozessuale „Lecks"
- Im Fehlerfall gilt der dokumentierte Zustand gemäß CMDB als der Soll-Zustand eines IT-Services – Abweichungen davon gelten als Incident und sollen auf den bekannten Stand zurückgeführt werden

---

[11] Diese Vielzahl an CIs kann wiederum zum Teil kostenrelevant sein und in eine aktuelle Rechnungsstellung einfließen. Spätestens daran ist erkennbar, dass der Umgang mit CIs im Normalfall automatisiert sein sollte und die Qualität der Daten sehr gut sein muss – sonst gibt es jeden Monat Zweifel an der Rechnungsgrundlage.

- Die Bestandsführung – sei es finanziell oder logistisch – wird sich an die CMDB ankoppeln, aber nur einen Ausschnitt des gesamten Lebenszyklus eines CIs betrachten: CIs werden bereits geplant, bevor sie beschafft werden, „kostenlose" CIs tragen auch wichtige Informationen, manche Details sollte man besser nie vergessen (z. B. den Lizenzschlüssel einer abgeschriebenen Software – aus diesem Grund werden auch manchmal in einem Asset Management eigentlich schon abgeschriebene Güter noch mit einem nominalen Wert von 1 EUR belegt)
- Die Kundenschnittstelle erwartet aktuelle Informationen zu den Ansprechpartnern aller beteiligten Parteien und natürlich den aktuellen Betriebszustand der IT-Services
- Das Management benötigt eine Planungsgrundlage für künftige IT-Vorhaben – im Kleinen wie im Großen
- Die interne Kostenrechnung kann anhand der CMDB die Kosten eines IT-Services bestimmen, zunächst losgelöst von den verrechneten Kosten
- Die Produktionsplanung achtet auf eine ausreichende Bevorratung von Ressourcen und Ersatzteilen, so dass die SLAs der IT-Services eingehalten werden können und laufende Änderungsvorhaben („Projekte") rechtzeitig mit dem benötigten (IT-)Material versorgt werden.

Interessant ist, dass diese Sichtweisen in ähnlicher Form auch in den „Richtlinien für den Einsatz der Informationstechnik in der Bundesverwaltung" [72] unter dem Schlagwort „IT-Bestandsverzeichnis" aufgeführt sind – auch dort geht der Informationsbedarf weit über eine Auflistung des IT-Bestands hinaus und ist vielmehr die Planungsgrundlage des IT-Betriebs.

CMDB im Planungszyklus
So unterschiedlich wie die Aufgaben der Nutzer sind auch die Anforderungen an die Daten: Die langfristige Planung z. B. eines Hardware-Upgrades eines Rechenzentrums wird anfangs hauptsächlich an den betroffenen Kunden und der Anzahl der Server interessiert sein – eine vermeintlich leichte Aufgabe. In der gelebten Praxis scheitert die CMDB oft bereits an der „Anzahl Server", ein merklicher Anteil der betriebenen Server ist schlicht nicht bekannt! Dass diese erstaunliche Erfahrung kein Einzelfall ist, zeigt etwa ein Artikel der Computerworld [110]: Eine Erhebung bei 4000 Servern ergibt, dass jeder dritte Server in einem Zeitraum von sechs Monaten inaktiv blieb – offensichtlich könnten Rechenzentren deutlich effizienter werden.

CMDB bei der Fehlersuche
Bei der Fehlersuche erweist sich die CMDB als Hilfe, wenn die relevanten Größen dokumentiert und leicht auswertbar sind: Welche IT-Services setzen eine fehlerhafte Version ein? Wo müssen Sicherheitszertifikate erneuert werden? Gibt es einen Serienfehler in Endgeräten? Derartige Fragen benötigen im Zweifelsfall sehr viele Details über die eingesetzten Komponenten, Details, die sich zunächst nicht vorhersehen lassen. Fehlen die Daten in der CMDB wird die Fehleranalyse erschwert, Daten müssen erst mühsam be-

schafft werden, unter Umständen ist dies im Nachhinein nicht mehr möglich oder der Aufwand nicht vertretbar.[12] Sind sogar Fehler in der CMDB vorhanden, können Fehlersuchen sogar über längere Zeiträume in die Irre gehen, siehe dazu das Beispiel GM in Kap. 5.1.

CMDB beim Änderungsprozess

Im Änderungsprozess ist die Dokumentenlage der CMDB der Ausgangspunkt für die Planung von Änderungen an IT-Services. Die Zusammenhänge zwischen CIs erlauben die Bestimmung der Auswirkungen zum einen auf die betroffenen IT-Services und damit die *Kunden* und zum anderen die *technischen Auswirkungen*. Noch während der Planung kann die zukünftige Konfiguration in der CMDB dokumentiert werden, so dass allen Nutzern die Auswirkungen transparent sind. Umgekehrt dienen die früheren Versionen der IT-Services als Ausgangspunkt zur Fehlersuche – frei nach dem Motto „never change a running system" könnte die Fehlerursache eine kürzlich durchgeführte Änderung sein.

CMDB beim Monitoring

Die CMDB bildet per Definition den Soll-Zustand der IT-Services vollständig ab – alle relevanten Informationen und Werkzeuge sind in der CMDB dokumentiert und über die CMDB erreichbar. In Kombination mit dem Monitoring der IT-Services kann somit ein Vergleich zwischen dem Soll-Zustand und dem aktuell vorgefundenen Ist-Zustand stattfinden. Abweichungen deuten dann auf unautorisierte Änderungen hin. Hier zeigt sich auch der Unterschied zwischen einer Sourcecode-Verwaltung und der CMDB des IT-Betriebs: In der CMDB müssen alle betrieblich relevanten Informationen vorhanden sein, d. h. auch die Infrastruktur, unterstützende Werkzeuge und Konfigurationseinstellungen müssen dokumentiert und überwacht werden. Besonders die „Konfigurationseinstellungen" werden gerne bei der Entwicklung übersehen. Tatsächlich ist die Konfiguration von weitestgehend unveränderter kommerzieller Software alles andere als trivial und ermöglicht das Erstellen und Verändern komplizierter IT-Services. Kleine Änderungen der Konfiguration können den gesamten IT-Service zum Erliegen bringen – ohne dass ein Fehler in der eingesetzten Software vorliegt.

Die drastischen Folgen kleiner Konfigurationspannen bzw. unautorisierter Eingriffe wurden beim Absturz des A400M im Mai 2015 bei Sevilla deutlich [111] . Am 9. Mai 2015 hob das 21. gebaute Exemplar des Airbus A400M vom Flughafen in Sevilla ab, um einen Testflug vor der Auslieferung an die türkische Luftwaffe zu absolvieren. Etwa zwei Minuten nach dem Abheben war die Maschine nicht mehr in der Lage, ihre erreichte Höhe zu halten und sank schnell zu Boden, wo sie bei dem Versuch einer Notlandung zerschellte. Von der sechsköpfigen Besatzung kamen bei dem Absturz vier Personen ums Leben.

---

[12] Als Denkanstoß kann die Fehlersuche in einem verteilten System dienen: Beispielsweise könnte ein kleiner Anteil der mobilen Scanner eines Logistikdienstleisters bei sommerlichen Temperaturen ausfallen, weil eine Charge eines verwendeten Bauteils fehlerhaft ist.

Nach Agenturberichten[13] [111] war die vermutliche Absturzursache der Verlust von drei der vier Propellerantriebe. Anscheinend fehlte bei den Steuercomputern der drei Antriebe ab Werk eine Konfigurationsdatei, die Kalibrierungsdaten für das Drehmoment der Antriebe enthält („torque calibration parameters"). Die fehlende Datei fiel vor dem Start niemandem auf, anscheinend wurde den Piloten erstmals eine Minute nach dem Abheben eine Fehlermeldung präsentiert. Die Steuercomputer der Triebwerke sehen für diesen und ähnliche unspezifische Fälle das faktische Abschalten des betroffenen Triebwerks vor: So werden weitere Schäden am Triebwerk verhindert, das Flugzeug kann mit den verbleibenden drei Triebwerken weiter fliegen. Das unvorhergesehene Szenario bestand in diesem Fall darin, dass sich gleich drei Triebwerke gleichzeitig abschalteten und von den Piloten nicht mehr reaktivieren ließen – das verbleibende Triebwerk war nicht stark genug für eine sichere Landung des Flugzeugs.

Der Absturz des A400M hätte – wenn die geschilderte Ursache stimmt – gleich mehrfach verhindert werden können: Neben der Überwachung der Soll-Konfiguration hätte auch die fehlerhafte Installation (oder das unautorisierte Löschen der Datei) verhindert werden können. Ganz analog zum Beispiel der ungewollten Beschleunigung von Toyota Automobilen in Abschn. 8.3.9, lässt sich der Verdacht auf nicht zeitgemäße IT-Praktiken hegen. An diesen drastischen Beispielen wird deutlich, dass unterstützende Prozesse und Werkzeuge – die selbst also nicht direkt wertschöpfend sind – durchaus ihre Berechtigung haben und Nachlässigkeit im schlimmsten Fall tödliche Folgen hat!

Im Nachhinein lässt sich die Fehlerursache leicht finden und den „Besserwissern" ist das richtige Vorgehen zu jedem späteren Zeitpunkt klar. Das Beispiel aus Abschn. 8.3.7 zeigt jedoch, dass „unterwegs" die Situation alles andere als klar ist – selbst ein Blick auf die perfekte CMDB ist unter Umständen nicht hilfreich: Wer findet sich schon in zigtausenden Details schnell zurecht? Ein Beispiel ohne viele Computer soll dies illustrieren [112]: Am 28. Dezember 1978 befand sich eine McDonnell-Douglas DC-8 Maschine mit 181 Passagieren und einer achtköpfigen Besatzung im Landeanflug auf den Flughafen von Portland. Allerdings meldete die Besatzung um 17:12 Uhr Probleme mit dem Ausfahren des Fahrgestells und bereitete die Passagiere auf eine entsprechend gefährlichere Landung vor. Ungefähr eine Stunde lang kreiste die Maschine in der Nähe des Flughafens. Währenddessen bereitete die Besatzung die Passagiere auf die Landung vor, der Flugkapitän und die Cockpit-Besatzung beschäftigten sich mit dem technischen Problem und besprachen ausgiebig die bevorstehende Landung und Evakuierung des Flugzeugs. Es blieb dem Flugkapitän verborgen, dass dem Flugzeug allmählich der Treibstoff ausging. Um 18:07 Uhr fiel das erste Triebwerk mangels Treibstoff aus, hektische Aktivitäten im Cockpit schaffen keine Abhilfe – um 18:13 Uhr waren alle Triebwerke ausgefallen, das

---

[13] Bezeichnend ist hier wieder, dass die Informationen aus einer Meldung der Nachrichtenagentur Reuters stammen. Anscheinend lässt sich das gute Beispiel der Luftfahrtindustrie im Umgang mit Risiken nicht auf den militärischen Bereich übertragen, es fehlen öffentlich zugängliche Unfallberichte, wie sie im zivilen Sektor weltweit Standard sind.

Flugzeug stürzte 6 Meilen vom Flughafen entfernt ab. Zehn Menschen starben bei dem Absturz, 23 wurden schwer verletzt. Die Absturzursache laut Unfallbericht:

> Die Nationale Behörde für Transportsicherheit hat als wahrscheinliche Absturzursache das Versagen des Flugkapitäns bei der Überwachung der Treibstoffversorgung des Flugzeugs und der angemessenen Reaktion auf den niedrigen Füllstand und die Warnungen der Besatzung bezüglich des Füllstands ausgemacht. Dies hatte zur Folge, dass alle Triebwerke ohne Treibstoff waren. Die Unaufmerksamkeit des Flugkapitäns resultierte daraus, dass er mit einem Fehler des Fahrwerks und der Vorbereitung für eine mögliche Notlandung beschäftigt war.[14]

Entsprechend endet der Abschnitt mit dem eindringlichen Appell, niemals das Wichtigste aus den Augen zu verlieren.

▶   Das Wichtigste nicht aus den Augen verlieren!

8.3.11   Service Continuity/Disaster Recovery

Hoffentlich wird die CMDB nicht als Grundlage benötigt, den IT-Betrieb bei einem großflächigen Ausfall wieder herzustellen. Der IT-Betrieb darf jedoch nicht nach dem „Prinzip Hoffnung" leben – wer lange genug die IT betreibt, wird früher oder später von den kleinen und großen Katastrophen heimgesucht: Bagger zerstören die Kabel für Daten- und Stromnetze, Transformatoren brennen, Mitarbeiter fallen nach dem Besuch der Kantine reihenweise aus, ein Hochwasser bedroht die im Keller liegenden Serverräume, ein Denial-of-Service-Angriff erschöpft die Netzbandbreite, Hacker räumen so richtig auf. Der Phantasie sind kaum Grenzen gesetzt, alle Beispiele sind aus der Realität aufgegriffen. Vier Beispiele nennt ein Artikel von CIO.com [4] im Zusammenhang mit der zunehmenden Verlagerung der IT in die „Cloud" (siehe auch Kap. 7.6.2):

• Was passiert, wenn der Cloud-Anbieter bankrottgeht und innerhalb weniger Wochen den Betrieb einstellt?
• Wird die Performance der Cloud-Anwendung durch die WAN-Verbindung zunichte gemacht?
• Was, wenn das Unglück dem Cloud-Anbieter widerfährt – und er keinen Disaster Recovery Plan hat?
• Was passiert, wenn das eigene Design des IT-Service die grundlegenden Vorgaben für Sicherheit und Regeleinhaltung (Compliance) missachtet?

---

[14] Englisches Original [112], Seite 5: „*The National Transportation Safety Board determined that the probable cause of the accident was the failure of the captain to monitor properly the aircraft's fuel state and to properly respond to the low fuel state and the crewmember's advisories regarding fuel state. This resulted in fuel exhaustion to all engines. His inattention resulted from preoccupation with a landing gear malfunction and preparations for a possible landing emergency*".

Im Unglücksfall entscheidend ist sicher zum einen der Umgang mit der Fehlerlösung[15], für ein sicheres Gelingen ist die Vorbereitung auf Unglücksfälle wichtiger. Hier bildet die CMDB aus Abschn. 8.3.10 die Landkarte, um durch die IT-Services zu navigieren: Auf der einen Seite sind die Kunden und ihre Anforderungen bzw. die zugesagten Leistungen dokumentiert, auf der anderen Seite die technische und organisatorische Umsetzung. Anhand dieser Landkarte lassen sich Sonderregeln für Unglücksfälle gedanklich durchspielen und mit dem IT-Betrieb und den Kunden diskutieren: Wie ist der Umgang untereinander, wenn alle Beteiligten angesichts der Situation überfordert sind? Gibt es IT-Services oder Teile davon, die anfangs ignoriert werden können? An Stelle der CMDB – ist diese im Unglücksfall überhaupt verfügbar? – bietet es sich an, für den Notfall eine gesonderte Dokumentation als Teil des Betriebskonzepts anzulegen (siehe Kap. 5.5.5).

Das Beispiel der Deutschen Bahn in Kap. 3 ruft in Erinnerung, dass selbst ein großes Rechenzentrum komplett ausfallen kann. Die vollständige Wiederherstellung dauert möglicherweise lange, der wesentliche Betrieb ist allerdings innerhalb weniger Stunden wieder verfügbar.

Der Stromausfall in einem doppelt gesicherten Rechenzentrum ist sicher ein beeindruckendes Ereignis, aber bei Leibe nicht die einzige IT-Katastrophe. Ein Beispiel liefert die EC-Karte [113, 114]: Mit dem Jahreswechsel 2009/2010 zeigte sich ein versteckter Softwarefehler bei einem weit verbreiteten Sicherheitschip von Zahlkarten. Der sogenannte EMV-Chip (EMV ist die Abkürzung der an der Standardisierung beteiligten Firmen Europay, Mastercard und Visa) eines großen Chipherstellers meldete ab dem 1. Januar 2010 bei allen Bezahlvorgängen einen Kartenfehler, betroffen war mehr als jede zweite in Deutschland ausgegebene EC- und Kreditkarte – etwa 30 Mio.

Schnell gelang es der Kreditwirtschaft in einer Sofort-Maßnahme, die Konfiguration der in Deutschland aufgestellten Zahlungsterminals und Geldautomaten zu ändern, so dass die Karten wieder akzeptiert wurden. Entscheidend war die Flexibilität, die Zahlungssysteme anders konfigurieren und damit auf eine Anpassung der Software verzichten zu können. Die Geldautomaten ignorierten daraufhin den fehlerhaften Sicherheitschip und nahmen stattdessen als Fallback den weiter vorhandenen Magnetstreifen als Grundlage für Transaktionen. Die meisten Zahlungsterminals waren ebenfalls in der Lage, ein älteres Sicherheitsverfahren zu nutzen, das immer noch auf dem Chip implementiert und von dem Softwarefehler nicht betroffen war. Innerhalb einer Woche wurden die Karten somit innerhalb Deutschlands wieder akzeptiert, obwohl sie weiterhin fehlerhaft waren.

Angesichts der Größenordnung – der bis dahin größte Ausfall eines IT-gestützten Zahlungssystems – war ein Austausch der fehlerhaften Chips keine erwünschte und praktikable Lösung. Innerhalb weniger Wochen entwickelt die Kreditwirtschaft eine Möglichkeit, auf sichere Weise die betroffenen Karten beispielsweise in einem Geldautomaten

---

[15] Ohne Vorbereitungen für den Unglücksfall wäre das in der Sprache der Reifegradmodelle die niedrigste Stufe, die unter Umständen „Helden" bevorzugt. Allerdings zeigt die Erfahrung, dass sich in derartigen Situationen beim niedrigsten Reifegrad nicht nur Helden mit den Aufgaben beschäftigen und ein hohes Risiko für ein unvorhersehbares Scheitern besteht.

umzuprogrammieren. Damit wurden die Karten wieder voll funktionsfähig, z. B. auch bei Transaktionen im Ausland, wo die geänderte Konfiguration als Workaround nicht umgesetzt wurde.

Die Stellungnahme des Zentralen Kreditausschusses [114] fasst sehr schön die entscheidende Vorarbeit zusammen:

> Wichtig ist die Feststellung, dass die von der deutschen Kreditwirtschaft ergriffenen gemeinschaftlichen Maßnahmen zur Fortführung des Betriebs ihrer Zahlungssysteme in diesem Krisenfall sehr gut funktioniert haben.

Sie zeigt jedoch auch die Grenzen auf: Während sich die Vorbereitungen auf mögliche Katastrophen in Deutschland bezahlt gemacht hatten, existierte für den weltweiten Einsatz der elektronischen Zahlungsmittel kein vergleichbares Gremium. In der Folge dauerte dort die Fehlerbehebung am längsten, der kurzfristige Workaround und der Fallback auf alternative Transaktionsmechanismen stand an ausländischen Geldautomaten und Zahlungsterminals nicht zur Verfügung.

Kapitel 10.7 wird das Thema noch einmal aufgreifen: Großereignisse im Positiven wie im Negativen können durchaus professionell organisiert und im betrieblichen Alltag auch geprobt werden.

8.3.12 Die Interaktion mit Auftraggebern und Lieferanten

Zu den alltäglichen Aufgaben des IT-Betriebs gehört natürlich auch die Interaktion mit anderen Organisationen: Auftraggebern (Kunden) und Dienstleistern. Die modernen Referenzmodelle für den IT-Betrieb sehen daher eigene Prozesse vor, die den Umgang mit anderen Organisationen als selbstverständliche Arbeit regeln: das Business Relationship Management und das Supplier Management. Immerhin wird in den meisten Industrien heute ein erheblicher Teil der Wertschöpfung von Dienstleistern erbracht. Auf diese Weise sind die meisten IT-Betriebe gleichzeitig Auftragnehmer und Auftraggeber innerhalb einer größeren Wertschöpfungskette.

Grundsätzlich bewegt sich die Zusammenarbeit zwischen Auftraggeber und Auftragnehmer entlang der Wertschöpfungskette zwischen zwei konträren Polen: Entweder werden die Lieferanten „auf Distanz" gehalten, um somit die Macht einzelner Lieferanten gegenüber dem Einkauf zu reduzieren und die eigene Verhandlungsposition zu stärken. Die Alternative ist die partnerschaftliche Einbindung des Lieferanten in die eigene Wertschöpfung. [115] nennt für beide Alternativen Beispiele aus dem Automobilsektor: Während GM die Lieferanten auf Distanz hält, pflegt Toyota eine enge Beziehung mit den Lieferanten. Gerade die partnerschaftliche Zusammenarbeit bietet einige Vorteile – bessere Koordination der Arbeit, besserer Informationsaustausch, ganzheitliche Optimierung der Produkte und Prozesse, vertrauensvolle Zusammenarbeit anstelle ständiger Kontrollen – wenn die enge Zusammenarbeit tatsächlich funktioniert. Vertrauen muss anfangs erarbeitet werden und dann kontinuierlich gepflegt werden.

Unabhängig von der gewünschten Zusammenarbeitsform dienen in der Sprache der ISO 20000 die Prozesse des Business Relationship Management und des Supplier Management dazu, die Beziehung zwischen den Organisationen zu pflegen.

Für jeden IT-Service wird demnach eine dedizierte Kundenschnittstelle zum Auftraggeber etabliert. Das Ziel ist eine regelmäßige Kommunikation mit dem Auftraggeber, beispielsweise um die geschuldeten und erbrachten Leistungen darzustellen, die Anforderungen des Kunden und seine Zufriedenheit zu erfragen und im Zweifelsfall Beschwerden entgegen zu nehmen. Die Grundlage dieser Kommunikation Richtung Kunden sind unter anderem die dokumentierten und die gemessenen Leistungen, also die vereinbarten Service Level Agreements im Vergleich zu den erbrachten Leistungen. Beides muss ausgewertet und aufbereitet vorliegen – im Zweifelsfall eine Tätigkeit für Spezialisten und möglicherweise ein dedizierter Prozess zur Erstellung aller notwendigen Berichte (Service Level Reporting). Die Aufgabenbeschreibung klingt zunächst trocken und formal. In der Praxis bewährt sich z. B. ein monatlicher IT-Stammtisch, an dem sich interessierte Kollegen des IT-Betriebs, der Softwareentwicklung und der Fachanwender zwanglos kennen lernen und austauschen können.[16]

Ein Blick entlang der Wertschöpfungskette in die andere Richtung zeigt dieselbe Aufgabe, dieses Mal ist der IT-Betrieb der Auftraggeber und muss gegenüber dem Auftragnehmer die gewünschten Leistungen formulieren und durchsetzen. An diesem Punkt treffen sich zwei unterschiedliche Sichtweisen: Zum einen müssen die vereinbarten Leistungen zu erträglichen Konditionen bei einem Lieferanten durchgesetzt werden, zum anderen müssen die Leistungen im Kontext des zu erbringenden IT-Services auch die *richtigen* Leistungen sein.

Die Fragen aus Abschn. 8.3.11 zeigen die Problematik: Ein Fremdbezug von Leistungen muss in allen Aspekten zur eigenen Wertschöpfung passen. Im Beispiel muss der Bankrott eines Cloud-Anbieters entweder vertraglich oder technisch abgesichert sein, bevor die Lieferleistung verschwindet. Eine eigene Planung für Katastrophen ist unvollständig, wenn kleinere oder größere Unpässlichkeiten den Dienstleister außer Gefecht setzen (siehe das besonders drastische Beispiel aus Abschn. 8.1). Zudem kann und darf die eigene Verantwortung für die Regeleinhaltung (Compliance) nicht ohne weiteres zu einem Lieferanten verlagert werden.

8.3.13 Produktionsplanung und -steuerung

IT-Betriebe entsprechen in vielerlei Hinsicht einem Produktionsbetrieb – auch wenn das eigene Verständnis und die Tool-Unterstützung vielfach noch nicht dem einer IT-Fabrik

---

[16] Gleichzeitig sei hier auf die Gefahr hingewiesen, dass diese Kommunikation ohne den IT-Betrieb stattfindet: Sowohl die Fachanwender als auch die Softwareentwicklung haben ein Interesse an einem Ideenaustausch. Ohne den Beitrag des IT-Betriebs gehen in der frühen Phase der Ideenfindung wesentliche betriebliche Belange unter und führen später zu Zeitdruck und hohen Kosten.

entspricht. Der Gedanke an industrielle Fertigung von Produkten (etwa zu erahnen an den Vorlagen der CMDB aus Abschn. 8.3.10) und die optimale Fertigung stehen meist nicht im Fokus. Anstatt der technischen Sichtweise wären dazu eine ganze Reihe steuernder Prozesse notwendig: Wird die bestellte Leistung tatsächlich erbracht? Werfen die IT-Services Gewinn ab? Sind Nachfrage und vorhandene Kapazität im Gleichgewicht?

Solche Fragen legen den Schwerpunkt auf eine kostengünstige Leistungserbringung. Wenn wirklich jeder dritte Server innerhalb eines halben Jahres keine erkennbare Aktivität aufweist [110], ist der typische IT-Betrieb noch weit weg von einer stromlinienförmigen Produktionsstraße. Die meisten der nun folgenden unterschiedlichen Aspekte, die im Auge behalten werden müssen, finden sich bereits in der ISO 20000.

Verfügbarkeit (Availability Management)

Die Verfügbarkeit der betriebenen IT-Services sicherzustellen ist das Brot- und Buttergeschäft jedes IT-Betriebs. Wie im Fall der CMDB ist die praktische Umsetzung schwieriger als gedacht: Aus den Anforderungen des Kunden geht die Verfügbarkeit selten als direkte Anforderung hervor, sie ist vielmehr eine nicht-funktionale Anforderung [116], die sich oft nur schwer beschreiben lässt (siehe Kap. 7.4.1). Wieder ist es wichtig, den IT-Betrieb frühzeitig in das Design neuer IT-Services einzubinden. Noch vor der Abgabe eines Angebots müssen die wesentlichen Leistungsparameter feststehen – sie haben ggf. einen erheblichen Einfluss auf die technische Lösung und die daraus resultierenden Kosten (siehe Kap. 3.5). Daniel Dvorak nennt in [117] ein drastisches Beispiel bei der NASA: Die Anforderung, dass Daten „zu 99 % komplett übertragen werden müssen" führte zu einem redundant ausgelegten Computern und einer schnellen und detaillierten Fehlerdiagnose – mit entsprechend hohen Kosten. Ein Gespräch mit den Auftraggebern angesichts der Kosten, ergab dass die wissenschaftlichen Daten überhaupt nicht zu 99 % benötigt wurden, kleine Aussetzer waren durchaus akzeptabel.

Sind die Anforderungen an die Verfügbarkeit eines IT-Services erst einmal definiert, müssen sie möglichst in Echtzeit überwacht werden. D. h. zu jeder Anforderung gehört selbstverständlich ein automatisches Monitoring samt dazugehörigem Auslösen von Störungsmeldungen. Im Störungsfall ist eine vorgefertigte Dokumentation hilfreich, anhand der sich übliche Ursachen und Lösungen finden lassen und die Tragweite der Störung beurteilen lässt. Die im Monitoring erfassten Größen sind dann auch gleich Grundlage für die Erstellung von Berichten, z. B. für die regelmäßigen Kundengespräche und das Überwachen der zugesagten Verfügbarkeiten. Unabhängig davon, ob Störungen gemeldet wurden, bietet die kontinuierliche Überwachung der Verfügbarkeit die Sicherheit, etwaige Schwächen im Betrieb eines IT-Services erkennen zu können. Die Lösung kann

- **reaktiv** sein: eingetretene schlechtere Verfügbarkeitszahlen werden innerhalb einer Störungsmeldung bzw. im Problem Management behandelt, oder
- **proaktiv** sein: geplante Änderungen mit großen Auswirkungen auf die Verfügbarkeit werden im Vorfeld so geplant, dass kein Kunde betroffen ist oder aber das proaktive Problem Management erkennt mögliche Fehler – bevor sie auftreten

Kapazität (Capacity Management)

Der Betrieb von IT-Services benötigt eine Vielzahl von Ressourcen – Technik, Personal, Dienstleister, die selten perfekt zur Nachfrage passen. Angesichts der Kosten, *zu viele* Ressourcen vorzuhalten oder die Leistungsfähigkeit eines IT-Services zu gefährden, wenn kurzfristig *keine* freien Ressourcen mehr vorhanden sind, zielt das Management der Kapazitäten darauf, die benötigten Ressourcen zu vertretbaren Kosten bereit zu stellen.

Entsprechend wird das Capacity Management bei dem Design neuer IT-Services die benötigten Kapazitäten planen – wiederum im Detail eine schwierige Aufgabe: Ausgehend von großen Einheiten, etwa einem Server oder einer Datenbankinstanz, können sich Kapazitäten auf Reaktionszeiten einzelner Transaktionen, Füllstände von Speicherbereichen oder Auslastungen von Bandbreiten beziehen. Diese Größen können sehr unterschiedlich interpretiert werden: Soll die Vorgabe auf jeden Fall eingehalten werden, oder dient sie nur als Zielvorgabe, die zeitweise auch ignoriert werden kann? Der verfügbare freie Speicherplatz ist ein typisches Beispiel für ein „hartes Ziel", schließlich ist die Verfügbarkeit eines IT-Services akut gefährdet, wenn der Speicher vollläuft. Die freie Bandbreite einer Netzverbindung wird dagegen in der Regel nicht den kompletten Ausfall eines IT-Services provozieren, sondern eine allmähliche Abnahme der Leistungsfähigkeit.

Ausgangspunkt der Kapazitätsplanung sind die Anforderungen eines gegebenen IT-Services, das Ergebnis wird im Sinn einer ganzheitlichen Produktionsplanung im Kapazitätsplan des IT-Betriebs festgehalten. Wie im Beispiel der CMDB wird der Kapazitätsplan, der als Bestandteil das Mengengerüst der angeforderten fachlichen und technischen Mengen enthält, eine Vielzahl von Kenngrößen enthalten. Jede dieser Kenngrößen sollte für sich nach Möglichkeit automatisch überwacht werden. Vorgefertigte Lösungsbeschreibungen helfen dabei, im Störungsfall rechtzeitig die Kapazitäten anpassen zu können – vorausgesetzt es existieren freie Kapazitäten.[17] Oftmals handelt es sich wie bei der Verfügbarkeit um eine nicht-funktionale Anforderung, die fachliche Inhalte in relevante technische Größen übersetzen muss – nach Möglichkeit bereits beim Design eines IT-Services. Die Design-Phase ist der richtige Zeitpunkt, die passenden Monitore und automatischen Aktivitäten für die Kapazitätssteuerung in einen IT-Service aufzunehmen. So wird beim Erreichen eines Schwellwerts automatisch ein standardisierter Auftrag zur Erweiterung generiert – ohne Zutun des Capacity Management, lange bevor der Kunde beeinträchtigt wird.

Portfolio und Nachfrage

Mit etwas größerem Abstand vom täglichen IT-Betrieb gilt es, das eigene Angebot und die Nachfrage der Kunden zu beobachten [118]. Zwei unterschiedliche Ziele sind damit verbunden: Ein besonders großer IT-Bedarf durch ein anstehendes Projekt oder einen neuen

---

[17] Im Zeitalter des Cloud-Computings sind die Kapazitäten eines Rechenzentrums scheinbar unbegrenzt. Tatsächlich gibt es immer noch genügend Grenzen und Grund zur Kapazitätsplanung. Insbesondere bei dem immer noch anhaltenden Preisverfall der IT ist weniges schlimmer, als unnötige Überkapazitäten vorzuhalten!

Auftrag soll rechtzeitig erkannt werden, mitunter ist in Softwareprojekten zu wenig Zeit für die Lieferung und den Aufbau der IT-Infrastruktur vorgesehen. Mit der Zeit wird auch die eingesetzte Technologie veralten und nicht mehr zur Nachfrage passen. Im Sinne eines Portfoliomanagement wird das eigene Angebot periodisch untersucht, selten anwendbare Teile sollen zügig ausrangiert werden, vielversprechende neue (aber nicht *zu* neue) Elemente werden in das Angebot aufgenommen.

Gerade das Ausrangieren alter Technologien verspricht durch die Standardisierung des IT-Betriebs eine Effizienzsteigerung – allerdings müssen vorhandene IT-Services dazu erst einmal ertüchtigt werden. Der Aufwand dafür kann immens sein, z. B. kann das Betriebssystem der eingesetzten Desktops erst dann aktualisiert werden, wenn alle eingesetzten Fachanwendungen auch für das neue Betriebssystem verfügbar sind. Selbst innerhalb der „Windows-Welt" bedeutet dies für einen großen Konzern mit vielen hundert Fachanwendungen einen großen Umstellungsaufwand.[18]

Bedarfsplanung und Lagerhaltung

Anknüpfend an die Lieferantensteuerung (Abschn. 8.3.12) muss die Bedarfsplanung, der Einkauf von Leistungen und die etwaige Lagerhaltung noch einmal thematisiert werden – erfahrungsgemäß sehen sich IT-Betriebe nicht als eine „schlanke Fabrik", die mit minimalem Ressourceneinsatz produziert. Aus den bereits geschilderten Prozessen liegen die Daten vor, den aktuellen und zukünftigen Bedarf an Ressourcen zu planen und vorherzusagen. Daraus entstehen Aufträge, die sowohl intern als auch extern bedient werden können: Intern können Softwarepakete paketiert und „auf Lager" gelegt werden, extern werden die nötigen Lizenzen mitunter im günstigen Bündel eingekauft. Praktisch bedeutet dies, dass eine Buchhaltung der eingesetzten Materialen geführt werden muss – unabhängig davon, ob bilanztechnisch die Artikel in einer Finanzbuchhaltung hinterlegt werden müssen.

Als Warnung für Unsicherheit aller Vorhersagen dient der lang bekannte „Bullwhip-Effekt". In [119] wird als *Modell* eine simple Lieferkette einer Brauerei, das „Beer Game" entwickelt. Über vier Stationen wird Bier zum Endverbraucher gebracht, in jeder Runde wird eine Bestellung beim Vorlieferanten aufgegeben und eine Lieferung entgegen genommen. Die Bestellungen und der Lagerbestand je Station sind verdeckt, jede Station hat nur ihr lokales Wissen.

Das Spiel – rundenbasiert mit Spielsteinen und Papier gut in kleinen Gruppen spielbar – beinhaltet eine simple Nachfragekurve: Eine Zeit lang wird in jeder Spielrunde dieselbe Menge Bier vom Endverbraucher abgenommen, danach verdoppelt sich die Abnahmemenge und bleibt auf diesem Niveau konstant. Das Spiel startet im Gleichgewicht, alle Stationen haben die passende Lagermenge und die richtigen Bestellungen unterwegs, um

---

[18] Damit wird auch verständlich, welche enorme Einsparung die Virtualisierung des Clients oder der Serveranwendung verspricht. Langfristig werden mittlerweile alle zentralen IT-Verfahren entweder in die Richtung „Virtualisierung" oder „Web-Anwendung" weiter entwickelt – andernfalls kommt das Update der eingesetzten Endgeräte ins Stocken.

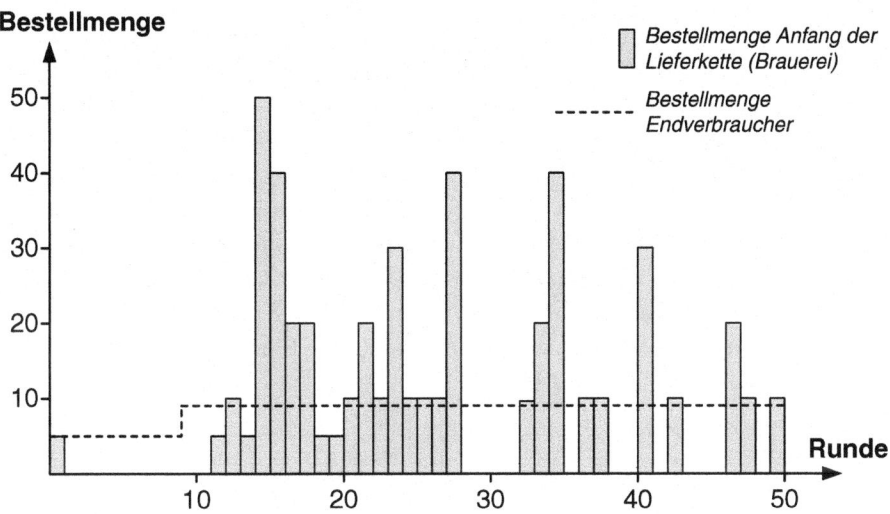

Abb. 8.19 Der Bullwhip-Effekt im Beergame

die konstante Nachfrage zu bedienen. Als direkte Folge des begrenzten Informationsaustauschs entwickelt sich recht schnell hektische Aktivität: Das Lager bei einzelnen Stationen läuft über und die Bestellmenge wird auf null reduziert, nur um wenig später mit einem Auftragsrückstand konfrontiert zu werden und große Bestellungen an den Vorlieferanten zu richten. Die Abb. 8.19 zeigt das Ergebnis eines derartigen Spiels: Trägt man den Lagerbestand zweier Stationen gegeneinander auf, fängt das Beergame an zu oszillieren. Anstatt konstanter Lager- und Bestellmengen treten „von selbst" abwechselnd ein hoher Lagerbestand und ein hoher Auftragsbestand zeitlich versetzt entlang der Lieferkette auf.

Die destruktive Dynamik einer Lieferkette lässt sich nur durch Zusammenarbeit und Informationsaustausch verhindern – ein Plädoyer für den partnerschaftlichen Umgang miteinander entlang der Wertschöpfungskette (wie im „japanischen Modell" in Abschn. 8.3.12)

Finanzplanung (Budgeting and Accounting)
Die Finanzplanung des IT-Betriebs ist eine besondere Herausforderung. Sie sitzt an der Schnittstelle zwischen

- der traditionellen Finanzbuchhaltung mit ihren zahlreichen Auflagen und standardisierten Werkzeugen auf der einen und
- der Vielfalt der betriebenen Objekte, die jeweils Kosten verursachen und gegebenenfalls an den Auftraggeber weiterverrechnet werden auf der anderen Seite.

Spätestens der Prozess der Finanzplanung erfordert eine Zusammenarbeit zwischen dem Buchhaltungssystem und der CMDB des IT-Betriebs. Bilanzrelevante Kosten und Rechnungen wird das vorhandene Buchhaltungssystem erstellen, die Grundlage dafür sind Konfigurationsdetails aus der CMDB – historische Daten für die Abrechnung, aktuelle

Daten für die Bilanz und geplante Konfigurationen für die zukünftige Finanzplanung. Die Arbeit erschöpft sich dabei nicht in einer akkuraten Erfassung aller finanziell relevanten Details – die darüber hinausgehende Herausforderung ist die Klassifizierung und Aufbereitung der Daten, so dass eine finanzielle Bewertung und Steuerung des IT-Betriebs möglich ist.

Typischerweise unzulänglich ist die Tool-Unterstützung für die Finanzplanung des IT-Betriebs: Das Buchhaltungssystem ist nicht geeignet, die Aufgabe der CMDB zu übernehmen, die CMDB startet mit technischen Aspekten und kann kaum mit dem Buchhaltungssystem konkurrieren. Derzeit muss jeder IT-Betrieb für sich entscheiden, wie der Prozess sinnvoll gestaltet wird. Mitunter schlummern noch große Einsparpotenziale in den „unlesbaren" Datenbeständen der CMDB.

8.3.14 Datenschutz und Datensicherheit

Datenschutz und Datensicherheit beeinflussen den IT-Betrieb maßgeblich: Für die Datensicherheit ist er Tag für Tag verantwortlich, der Datenschutz erstreckt sich vom Auftraggeber auf die Prozesse und Mitarbeiter des IT-Betriebs bis hin zu seinen Dienstleistern. Beide Aufgaben überfordern derzeit die weltweite IT-Branche – es gibt keinen weltweiten Konsens darüber, welche Bedeutung Datenschutz und Datensicherheit haben, die regulatorische Anforderungslage ist von Weltregion zu Weltregion verschieden. Anders als in älteren Branchen – viele unserer Beispiele stammen aus öffentlich zugänglichen Dokumenten der Medizinbranche, der Luftfahrt oder aus dem Automobilsektor – gibt es in der IT-Branche keine anerkannten Standards, die weltweit einzuhalten sind. Probleme und Fehlschläge müssen bisher in der IT nicht gleichermaßen an eine Aufsichtsbehörde gemeldet oder gar veröffentlicht werden – von einer „Lernkurve" kann daher heute noch nicht die Rede sein. Leider bleibt es vorerst bei nationalen oder regionalen Lösungen, etwa den deutschen gesetzlichen Vorgaben. An dieser Stelle wollen wir für die nationalen Details auf die Literatur verweisen, ein Einstiegspunkt in den Datenschutz in Deutschland bietet etwa [120]. Datenschutz ist sicher eine Aufgabe, die vom Auftraggeber einer IT-Lösung gestaltet werden muss. Der Datenschutz lässt sich somit nicht einfach an den IT-Betrieb delegieren, in demselben Sinn in dem „Verantwortung" unteilbar ist, bleibt der Auftraggeber verantwortlich.

Tatsächlich scheint sich Europa als Vorreiter für den Datenschutz hervorzutun, dieses Engagement auf der gesellschaftlichen Ebene bewirkt den stringenteren Umgang mit dem Thema Datenschutz in den Firmen und damit automatisch in der unter Umständen ausgelagerten IT. Als Konsequenz muss jeder europäische IT-Betrieb in der Lage sein, mit den Datenschützern der Auftraggeber zusammen zu arbeiten. Unabhängig von konkreten Vorgaben bedeutet dies, dass alle Prozessabläufe des IT-Betriebs professionell und nachvollziehbar sein müssen – ein fallbezogenes oder regelmäßiges Datenschutzaudit durch den Auftraggeber ist Standard für den IT-Betrieb. Alleine aus dieser Sichtweise wird deutlich, dass die Freiheit des IT-Betriebs für technische oder organisatorische Änderungen stark eingeschränkt ist. Die Anekdote aus [4], bei der engagierte Mitarbeiter kurzfristig eine günstige IT-Lösung in einer entfernten „Cloud" nutzen, führt zu Recht dazu, dass diese Mitarbeiter eine sofortige fristlose Entlassung riskieren – sie verstoßen in dem Beispiel gegen die eigenen und womöglich externe Vorgaben . Übersetzt auf die Referenzmodelle aus Abschn. 8.2 bedeutet dies, dass alle Prozesse des IT-Betriebs mindestens den Reifegrad 3 (definierte, nachvollziehbar dokumentierte Prozesse) erreichen müssen.

Konkreter wird die Aufgabe des IT-Betriebs in der Umsetzung oder Durchsetzung der Datensicherheit. Das klassische Ziel besteht in der Aufrechterhaltung von den drei Schutzzielen, Vertraulichkeit, Verfügbarkeit und Integrität . Tatsächlich gibt es weit mehr schützenswerte Ziele (siehe z. B. [121]) und die Datensicherheit geht weit über technische Fragestellungen hinaus [122] und betrifft letztlich das Vertrauen in die Mitmenschen und das ethische Handeln aller Beteiligten. Beginnen wir jedoch mit den klassischen Schutzzielen.

Vertraulichkeit
Die Vertraulichkeit zielt darauf, dass Informationen ausschließlich den Berechtigten zugänglich sind. Der einfachste Hebel dafür sind die Zugriffsrechte und der Zugriffsschutz, die durchaus Anlass für einen eigenständigen Prozess „Berechtigungsmanagement" sind (siehe auch Kap. 5.7). Das vermeintlich „einfache" Einräumen von Berechtigungen ist in der Praxis schwierig, zeitraubend und letztlich auch teuer: Wer ist berechtigt, Anträge zu stellen und zu autorisieren? Wie wird mit berechtigten Gruppen, externen Mitarbeitern und fremden Organisationen verfahren? Können Berechtigungen auch wieder entzogen werden[19]?

Ausgerechnet im IT-Betrieb fallen viele weitere Daten an, die die Vertraulichkeit gefährden: Neben der eigentlichen Information muss auch der Zeitpunkt eines Zugriffs oder einer Übertragung und der Übertragungsweg vertraulich bleiben. Derartige Daten, die Rückschlüsse auf das Verhalten und womöglich den Inhalt erlauben, sind demnach ebenfalls schützenswert.

Die Sichtweise des Datenbestands ist jedoch zu kurz gegriffen: Die Organisation des IT-Betriebs und des Anwenders gefährden die Vertraulichkeit auf unterschiedliche Weise: Die Öffnung der IT gegenüber den Anwendern und die Verknüpfung mit anderen IT-Verfahren – womöglich nicht durch den IT-Betrieb sondern durch den Endanwender – widerspricht direkt dem Gedanken des eingeschränkten Benutzerkreises. Zudem können privilegierte Nutzer, sicherlich im IT-Betrieb zu finden, die meisten Zugangsbeschränkungen umgehen und sich Zugang zu den Dateninhalten verschaffen. Soweit eine Anwendung nicht vollständig verschlüsselt ist, liegt es also an der Disziplin des IT-Betriebs,

---

[19] Die praktische Erfahrung zeigt, dass der Entzug von Berechtigungen, das Stilllegen von Zugängen etc. die meisten IT-Betriebe überfordert. Aus Angst, dass eine entzogene Berechtigung die laufenden IT-Services oder den Kunden beeinträchtigt, bleiben vielfach Zugänge lange nach Ablauf aktiv oder werden nur oberflächlich gesperrt, während sie in den eigentlichen IT-Systemen weiterhin aktiv sind.

die Vertraulichkeit organisatorisch zu gewährleisten. Die mögliche Tragweite wird an dem „Datenleck" durch Edward Snowden deutlich [123, 124] – von manchen als Verbrecher verteufelt, von vielen als Held gefeiert.

Verfügbarkeit

Die Verfügbarkeit betont einen anderen Aspekt der Datenverarbeitung: Die Informationen und die Fähigkeit zur Datenverarbeitung müssen verfügbar sein und bleiben – „komme was da wolle". Typische Fälle werden in den bereits beschriebenen Prozessen behandelt, z. B. Service Level Management, Availability Management und Disaster Recovery. Diese Prozesse wappnen den IT-Betrieb gegen technisches Pech und die üblichen organisatorischen Pannen. Die Sichtweise der Datensicherheit bringt zusätzlich gezielte Angriffe auf die IT ins Spiel. Hierbei spielen technische Angriffe auf die IT-Systeme und organisatorische Angriffe auf den IT-Betrieb [125] eine Rolle. Beide Aspekte muss die Datensicherheit als kontinuierlichen Prozess in den laufenden IT-Betrieb bringen.

Integrität

Als drittes Schutzziel komplettiert die Integrität den minimalen Anspruch an die IT: Wenn die Daten und IT-Systeme für die Berechtigten verfügbar sind, dann müssen die Daten und Abläufe einen in sich konsistenten Stand haben. Ohne auf technische Details abzugleiten bedeutet die Integrität der IT, dass sie für den Anwender oder Auftraggeber vertrauenswürdig ist. Es dürfen Daten weder verfälscht sein, noch verfälschte Daten – so sie doch vorhanden sind – unerkannt bleiben. Diese Vertrauenswürdigkeit einer Software bzw. eines IT-Service [126] kann heute nicht technisch belegt werden. Software ist zu kompliziert, ändert sich zu schnell und ist meistens unabhängigen Experten nicht zugänglich. Evaluierungen und Zertifizierungen können helfen, in der Praxis wird jede Bilanz von Wirtschaftsprüfern geprüft, beginnend mit einer Überprüfung der zur Bilanzierung eingesetzten IT-Technik und Organisation.

Ein Blick auf die CMDB lässt die Schwierigkeiten erkennen, die Integrität eines IT-Service zu gewährleisten: Wie kann sichergestellt werden, dass ein komplizierter IT-Service unverändert bleibt? Ein triviales, aber besonders plastisches Beispiel aus dem Jahr 2015 gelingt dem amerikanischen Lebensmittelhersteller Heinz [127, 128]. Für eine Werbeaktion druckt Heinz auf seine Ketchup-Flaschen zwischen 2012 und 2014 die URL „sagsmitheinz.de" direkt und als QR-Code ab. Nach Beendigung der Werbeaktion lässt Heinz die Domäne „sagsmitheinz.de" verfallen, die prompt von einem Pornoanbieter neu geschaltet wird. Die Ketchup-Flasche auf dem heimischen Küchentisch führt damit direkt auf eine Pornoseite. Der Kommentar des Herstellers auf Facebook zeigt die Ignoranz gegenüber IT-Themen [129]:

> Hallo Daniel, bei deiner Flasche handelt es sich um einen Restposten. Die Aktion ‚sag's mit HEINZ' gibt es nicht mehr. Aus diesem Grund führt auch der aufgedruckte QR-Code nicht zu unserer Seite. Leider können wir daher nicht kontrollieren, welche Seite stattdessen angezeigt wird.

Der Fauxpas hätte ohne weiteres verhindert werden können, wenn Heinz auf eine Webseite unterhalb seiner eigenen Internetdomäne verwiesen hätte – oder die zusätzliche Domäne für wenige Euro weiter abonniert hätte. Immerhin gelingt es Heinz, die anstößige Webseite zügig aus dem Internet zu verbannen.

Sicherheit „nach Snowden"
Die Enthüllungen von Edward Snowden über die Fähigkeiten des amerikanischen Geheimdienstes NSA führen dazu, dass heute technische Sicherungsmechanismen angezweifelt werden müssen [129]: Verschlüsselungsalgorithmen sind geknackt oder unterwandert, kommerzielle Implementierungen haben gezielte Schwachstellen, Datenkommunikation wird großräumig aufgezeichnet und über lange Zeiträume vorgehalten, Hardware wird bei interessanten Zielen manipuliert. Aus dieser Sichtweise ist der Einsatz der *bequemen*, modernen IT-Services höchst bedenklich: Cloud-Anbieter, Mobilfunknetze, Smartphones und private Endgeräte müssen in der Praxis als „verseucht" betrachtet werden – [129] nennt ihren Einsatz aus Sicht des Datenschutzes „grob fahrlässig". Sicherheit ist noch anstrengender als erhofft.

8.3.15 Betriebsspezifische Prozesse

Die Referenzmodelle aus Abschn. 8.2 liefern die wichtigsten Stichworte, aus denen sich die Aufgaben und Prozesse eines IT-Betriebs ableiten lassen. Die vorangegangenen Abschnitte zeigen jedoch, dass ein großer und effizienter IT-Betrieb eine noch stärkere Standardisierung der Abläufe benötigt. Das Ergebnis sind zusätzliche, betriebsspezifische Prozesse. Die Automatisierung der IT-Services benötigt eine Integration aller technischen Objekte in die betriebliche Tool-Landschaft (z. B. durch eine Paketierung) detaillierte Überwachung (Monitoring), das Ausführen vieler unterschiedlicher Aufträge (Tasks) und die Analyse und Bewertung aller auftretenden Auffälligkeiten (Issues).

Paketierung
Ein großer IT-Betrieb betreibt eine Vielzahl von IT-Services für unterschiedliche Auftraggeber. Die Voraussetzung für die Automatisierung der wichtigsten betrieblichen Abläufe ist dann, dass alle gewünschten technischen Objekte in die vorhandene betriebliche Umgebung passen. In anderen Worten: Entwurf und Entwicklung der Software haben keine freie Hand, von Anfang an müssen die vorhandenen betrieblichen Anforderungen berücksichtigt werden (siehe Kap. 7.4). Auf den ersten Blick eine ärgerliche und unverständliche Forderung – mit der Überschrift „Paketierung" aber ganz einfach umsetzbar: Jede Komponente, die in die Obhut des IT-Betriebs kommen soll, kann nur als betreibbares Paket entgegen genommen werden. Für eine Softwarekomponente bedeutet dies zunächst tatsächlich die Erstellung eines Installationspakets, das sich automatisch installieren lässt.

Wie oben geschildert, wird praktisch jeder Prozess Anforderungen an ein derartiges Paket haben: Die Installation muss passende Einträge in der CMDB erzeugen, jederzeit muss ein Soll-/Ist-Abgleich zwischen der CMDB und einem installierten Paket möglich sein.[20] Installationsspezifische Parameter werden in einer Vorlage eines Standard-Changes gesammelt, passend dazu gibt es eine Vorlage für ein Configuration Item. Für die Buchhaltung im weiteren Sinn werden weitere Daten in der CMDB gehalten, z. B. für Lizenzinformationen, den Aufstellort oder „verbrauchte" IP-Adressen. Übliche Fehler, sei es zum Installationszeitpunkt oder während des Betriebs, werden von Anfang an in einer Knowledge Base zum erstellten Paket dokumentiert und beinhalten eine Fehlerbeschreibung, typische Ursachen und Lösungsmöglichkeiten. Praktisch alle Eigenschaften des erstellten Pakets lassen sich automatisch überwachen, die passenden Monitore liegen dem Paket bei.

Monitoring

Das Event Management verlässt sich auf vorgefertigte automatische Monitore, die den Betriebszustand oder Hinweise auf Auffälligkeiten melden – in einem standardisierten Format, so dass der IT-Betrieb alle Meldungen automatisch einsammeln und elektronisch auswerten kann. Die Technik hängt stark vom eingesetzten Monitoring-Tool ab, das in der Regel eine Vielzahl von Möglichkeiten mitbringt. Dies darf jedoch nicht davon ablenken, dass alle relevanten Anforderungen an die IT-Services auch mit einem Monitor überwacht werden müssen. Diese betriebliche Anforderung bedeutet, dass jede betriebene Komponente ihre vorgefertigten Monitore mitbringen muss – ein Leichtes, wenn der IT-Betrieb nur die oben geschilderten „Pakete" akzeptiert.

Tasks

Mit oder ohne äußere Eingriffe müssen im IT-Betrieb ständig Aufgaben ausgeführt werden. Diese reichen vom klassischen Batch-Betrieb (beispielsweise Jobketten steuern oder Backups anstoßen) über die Installation und Deinstallation von Paketen bis hin zu Konfigurationsänderungen, etwa geänderten IP-Adressen oder der Vergrößerung eines Tablespaces. Die Durchführung dieser Aufgaben kann weitgehend automatisiert werden und es ist nur konsequent, von jedem betriebenen Objekt zu verlangen, dass alle denkbaren Eingriffe elektronisch beauftragt werden können. Damit entsteht analog zum Monitoring (dem Einsammeln von ereignisorientierten Daten) ein weiterer Prozess: Das Anstoßen und Durchführen von Aufträgen (z. B. als Task Management bezeichnet). Toolseitig wird eine zentrale Unterstützung für die Taskbeauftragung benötigt, jedes erstellte Paket wird als Schnittstelle alle möglichen Aufträge technisch passend anbieten.

Damit ergibt sich eine natürliche Hierarchie der Aufträge: Änderungen unterliegen natürlich immer dem Change Management. Die „üblichen Verdächtigen" werden standardisiert, so dass der manuelle Aufwand und die benötigte Zeit minimiert werden. Auf der anderen Seite werden die technisch notwendigen und von Anfang an vorhergesehenen Aufgaben komplett automatisiert: Batchläufe sind bereits mit der Installation konfiguriert und werden automatisch ausgeführt. Aber auch die vordefinierten Monitore können Ereignisse produzieren, die direkt in die Ausführung eines Tasks münden. Nichts spricht

---

[20] Eindringlich sei an das Beispiel des A400M-Absturzes aus Abschn. 8.3.10 erinnert!

beispielsweise dagegen, als Service komplette Datenbankserver „on-demand" vollautomatisch in Betrieb zu nehmen. Ein kleiner Schritt in Richtung DevOps (siehe Kap. 7.6.4) ist damit getan.

Issues

Angesichts der sprachlichen Verwirrung um den Begriff „Fehler" hat etwa das Jet Propulsion Laboratory (JPL) den Begriff der Anomalie eingeführt [130] – Abweichungen von der Erwartung des Nutzers. Die unterschiedlichen NASA-Missionen, die mit der Software des JPL ausgestattet sind, verhalten sich dabei recht verschieden: Die Wiederverwendung von Software führt zu vergleichsweise wenigen Auffälligkeiten, manche Projekte produzieren dagegen anscheinend unverhältnismäßig viele Auffälligkeiten. Allen genannten Missionen gemeinsam ist, dass sich Auffälligkeiten dann häufen, wenn sich viele Nutzer für die Mission interessieren. Dies, weil die Mission einen Meilenstein erreicht und ab jetzt benötigt wird oder aber direkt im Anschluss an ein Software-Update. Ähnliche Bedarfsspitzen sind im Betrieb der IT-Services zu erwarten: Releasewechsel und die besonders intensive Nutzung z. B. zu Weihnachten oder zum Geschäftsjahreswechsel sorgen für besonders viele Auffälligkeiten und entsprechenden Kommunikationsbedarf zwischen Auftraggeber und dem IT-Betrieb. Aus dieser Sichtweise ist es sinnvoll, alle Auffälligkeiten etwa als „issue" zu dokumentieren und zu visualisieren. Für die Ressourcenplanung ergibt sich daraus auf den ersten Blick, welche vergangenen Ereignisse besonders arbeitsintensiv waren und voraussichtlich auch in Zukunft wieder sein werden. Diese Erkenntnisse können in die Ressourcenplanung und die Gespräche mit den Auftraggebern fließen – ein Releasewechsel während der Weihnachtsferien zum Geschäftsjahresende ist eine absehbar schlechte Idee!

Der Rest

Nach Möglichkeit sollten alle Aufgaben in den genannten und weitestmöglich automatisierten Prozessen erledigt werden – andernfalls gelten die bekannten, zum Großteil manuellen Prozesse der Referenzmodelle. Ein erster Schritt zur Verbesserung ist, die ständig wiederkehrenden manuellen Prozessdurchläufe zu identifizieren und mit vorgefertigten Vorlagen zu hinterlegen. Gerade im Change Management können so die üblichen Aufwände und Durchlaufzeiten in der Regel stark verkürzt werden: An die Stelle einer zeitraubenden Freigabe durch das Change Advisory Board wird der Standard-Change an einen bevollmächtigten Mitarbeiter im Change Prozess delegiert.

8.4 Prozesse und Organisation

Prozesse und Organisation sind unabdingbar für einen professionellen IT-Betrieb. Sie dürfen jedoch nicht als Versteck dienen und ein mechanistisches Bild der Organisation entwerfen – alle Aktivitäten im IT-Betrieb, wie in jeder anderen Organisation, gehen immer vom Menschen mit seinen Stärken und Schwächen aus. Organisationen und Prozesse gehen jedoch über den Einzelnen hinaus und können im Positiven wie im Negativen die Handlungen des Einzelnen provozieren oder nivellieren (siehe Kap. 6). Es wäre auf jeden Fall zu kurz gegriffen, die Verantwortung bei negativen Auswirkungen ausschließlich beim Einzelnen zu suchen und ihn gegebenenfalls hart zu sanktionieren: Die Nulltoleranzstrategie (siehe das Beispiel in Abschn. 8.3.1) mag weitere Schäden vermeiden („wehret den Anfängen"), kann Ursachen jedoch nur unzureichend erklären. Selbst die ursprüngliche Beschreibung des Experiments [68] beschreibt das beobachtete Verhalten differenzierter: Nicht das abgestellte Auto mit geöffneter Motorhaube und ohne Nummernschilder verleitet zum Vandalismus, sondern die Umgebung, in der das Auto abgestellt ist. Anonymität erzeugt oder verstärkt destruktives Verhalten.

Diese Problematik lässt sich durchaus auf den Betrieb von IT-Systemen übertragen: Die Bedienung erfolgt in vielerlei Hinsicht anonym – wer kann ausschließen, dass interne oder externe Nutzer das IT-System missbräuchlich einsetzen? Tragen die Anwender freiwillig zur Verbesserung der IT-Systeme bei, sei es durch das Melden von Fehlern oder durch eigene Ideen? Wie in New York kann die einfache Antwort eine Nulltoleranzpolitik gegenüber Fehlern im IT-System sein, oder aber die Investition in ein Klima des „Miteinanders" wie in Palo Alto beobachtet.

Das „Miteinander" lässt sich am ehesten als Prozess oder Organisationsdiagramm festhalten – mit der Einschränkung, dass sich so allenfalls die Sachebene korrekt beschreiben lässt. Die Herausforderungen dabei sind das Thema dieses Abschnitts.

8.4.1 Grundsätze ordnungsmäßiger Modellierung

Die Frage, was ein gutes Modell ausmachen könnte, sollte zu jeder Modellierung und zu jedem Modell gestellt werden. In dieser Allgemeinheit werden es nur grobe Anforderungen sein können – schließlich soll weder das Fachgebiet, für das modelliert wird, noch die Modellierungssprache a priori eingeschränkt werden. Im deutschsprachigen Raum entstand Mitte der 1990er Jahre in Anlehnung an die „Grundsätze ordnungsmäßiger Buchführung" ein Satz allgemeiner Anforderungen an die Modellierung (siehe [131, 132] und ausführlich in [133]). Zu nennen sind demnach sechs Punkte: Richtigkeit, Relevanz, Wirtschaftlichkeit, Klarheit, Vergleichbarkeit und der systematische Aufbau.

Geht man davon aus, dass ein Modell zur Kommunikation zwischen Menschen dient, dann sind die aufgeführten Grundsätze die Voraussetzung für eine vertrauensvolle Kommunikation. Umgekehrt führen Verstöße gegen die Grundsätze zur Unglaubwürdigkeit der Modelle, sie sind dann nur noch eine Dokumentation und verlieren ihren Bezug zur Realität. Welche Grundsätze gilt es zu beachten?

Richtigkeit
Zunächst muss ein Modell aus Sicht des Betrachters richtig sein. Die Sichtweise kann rein formal sein, d. h. das Modell muss syntaktisch korrekt in der gewählten Modellierungssprache erstellt sein. Interessanter ist die inhaltliche Korrektheit, die dann erreicht wird,

wenn die Fachexperten in dem Modell den erzielten Konsens wiedererkennen können. Beide Betrachtungsweisen zielen explizit nicht auf eine „formale Programmiersprache", sondern auf die Kommunikation zwischen Fachleuten. Den Fachleuten ist durchaus der Kontext bekannt sowie die Beschränkung der Modellierung – mehr Details sind schädlich, die relevanten Details genügen den Fachleuten. Die Voraussetzung ist natürlich, dass die Beteiligten konstruktiv die Richtigkeit des Modells interpretieren: Jedes Modell ist beschränkt und fehlerhaft und lässt sich genauso gut inhaltlich kritisieren wie konstruktiv als Kommunikationsmittel einsetzen.

Relevanz

Eine wesentliche Folge des Kommunikationsaspekts ist die Relevanz bei der Modellbildung. Betrachtet man das Modell als Hilfsmittel für die Kommunikation zwischen Fachleuten, dann dient es im Wesentlichen als Gedächtnisstütze und zum Herausarbeiten grober Zusammenhänge. Alle anderen Details finden sich „im echten Leben" wieder, es wäre unwirtschaftlich und unrealistisch, diese Details zu duplizieren. Der Überblick geht dagegen in der Realität oft verloren, relevante Modelle greifen hier ein und bilden Zusammenhänge anstatt von Details ab. Natürlich eröffnet das offensichtliche Fehlen von Details die Möglichkeit für destruktive Kritik – wichtig ist daher die Zielgruppe der Modelle: „konstruktive Fachleute". In der Praxis kann z. B. die Modellierung eines Prozesses bewusst vereinfacht werden, indem der verfügbare Platz beschränkt wird – eine Technik, die bei der Objektmodellierung ebenso eingesetzt wird, wie als Moderationstechnik in Besprechungen. Eine formale Beschreibung im Kontext der ISO 20000 findet sich in [134] unter dem Schlagwort „Prozessentwicklungskarte".

Wirtschaftlichkeit

Die Wirtschaftlichkeit ist ein Aspekt, der sich schwer greifen lässt: Natürlich verursacht jede Modellierung Kosten und das erstellte Modell wird in den seltensten Fällen direkt zur Wertschöpfung beitragen. Prozessmodelle mögen notwendig sein, Geld verdient ein IT-Betrieb mit IT-Services, die mit Hilfe der Prozesse betrieben werden. Die obigen Abschnitte zeigen jedoch, dass ein professioneller IT-Betrieb ein Mindestniveau seiner Prozessabläufe erreichen muss. Es ist heute nicht vorstellbar dabei auf Prozessmodelle zu verzichten. Es bleibt die Frage zu beantworten, welcher Ressourceneinsatz für die Modellierung angemessen ist. In Grenzen kann jeder IT-Betrieb diese Frage für sich beantworten. Die Schwelle wird dabei umso höher, je mehr externe Anforderungen an den IT-Betrieb gestellt werden: Zertifizierungen nach Referenzmodellen, Audits durch Datenschützer und das IT-Audit der Wirtschaftsprüfer verlassen sich auf funktionierende, korrekt dokumentierte Prozesse.

Klarheit

Wie die Richtigkeit adressiert die Klarheit den Faktor Mensch: Als Kommunikationsmittel muss ein Modell für den Leser klar verständlich sein. Natürlich kann eine gewisse Vorbildung vorausgesetzt werden: der konstruktive Fachmann. Diesem muss sich das Modell dann jedoch zügig erschließen. Angesichts der Modellgröße ist dies eine Herausforderung in Bezug auf die Art und Weise der Darstellung, etwa durch hierarchische Modelle, den Einsatz von vordefinierten Farben und Formen oder die interaktive Navigierbarkeit am Bildschirm.

Vergleichbarkeit

Die Vergleichbarkeit knüpft an die Richtigkeit an: Inhalte des Modells müssen mit der Realität vergleichbar sein – und dann natürlich auch korrekt sein. Andererseits werden Modelle untereinander ebenfalls verglichen: Neue Modelle mit früheren Versionen, das eigene Modell mit Referenzmodellen, Modelle verschiedener Herausgeber. Dieser Aspekt betont die Übersetzung zwischen Modellen, bei denen technische und inhaltliche Brüche überbrückt werden müssen.

Systematischer Aufbau

Der systematische Aufbau zielt darauf, ein konsistentes und damit richtiges Modell zu erhalten. In der Praxis besteht jedes Modell aus vielen miteinander verbundenen Teilen, dabei sind einzelne Teile in komplett unterschiedlichen Sichtweisen (Modelltypen) dokumentiert. Der systematische Aufbau, typischerweise unter Zuhilfenahme eines Modellierungswerkzeugs, versucht alle Sichtweisen zusammenhängend zu dokumentieren und ein Objekt im Modell tatsächlich nur ein einziges Mal zu dokumentieren.

Zu diesen sechs Grundsätzen fügen wir fünf exemplarische *Anforderungen an konkrete Prozessausgestaltungen* hinzu: Lastfähigkeit, Zügigkeit, Monitorbarkeit – KPIs, Rückmeldungsfähigkeit und Exzeptionsfähigkeit.

Lastfähigkeit

Prozesse müssen damit umgehen können, dass nicht nur ein Vorgang die Prozesskette durchläuft, sondern mehrere. Auch bei vielen Vorgängen müssen die Prozessabläufe fehlerfrei funktionieren. Was die konkreten Anforderungen an die Lastfähigkeit der Prozesse sind, muss in einem Mengengerüst festgelegt worden sein.

Zügigkeit

Prozesse müssen in einer bestimmten Zeit durchlaufen werden. Wie lange diese Zeit ist, muss festgelegt werden – hier kann auch eine Differenzierung nach verschiedenen Kategorien erfolgen. Wenn beispielsweise ein Request for Change von einem Mitarbeiter eingereicht wird, darf er zu Recht erwarten, dass er innerhalb einer gewissen Zeit bearbeitet wird.

Monitorbarkeit – KPIs

Die Prozessabläufe müssen überwachbar sein – es muss klar sein, welche Vorgänge gerade in welchem Prozessschritt hängen, wie lange sie das sind und ob das gut oder schlecht ist. Prozesse benötigen Key Performance Indikatoren (KPI), nur über diese ist eine Aussage über Prozessqualität möglich. Zu den Key Performance Indikatoren können (und sollten) auch systematische Rückmeldungen von Kunden des Prozesses gehören – Prozesse sind kein Selbstzweck, sondern sollen den Nutzern der Prozesse einen Mehrwert geben.

Rückmeldungsfähigkeit

Während Monitorbarkeit auf einen Prozess als Ganzes fokussiert ist, trägt das Thema Rückmeldungsfähigkeit den Bedürfnissen des individuellen Prozessnutzers Rechnung. Nichts ist für einen Nutzer eines Prozesses schlimmer, als dass er oder sie einen Prozess anstößt, dann aber keine Informationen zum jeweiligen Status bekommt. Im Incident Management ist es mittlerweile gut geübte Praxis, dass ein Nutzer nach dem Melden eines Incidents und bei jeder Statusänderung eine Rückmeldung (typischerweise automatisiert) bekommt.

Exzeptionsfähigkeit

Prozesse sind von Menschen gemacht und werden Fehler enthalten. Prozesse in komplexen Organisationen so zu konzipieren, dass sie alle möglichen Fallkonstellationen von vorneherein bedenken, wird nicht möglich sein (da sie sonst die gesamte Realität abbilden müssten, vergleiche zum Beispiel das Viable Systems Modell von S. Beer [135]). Und menschliche Organisationen sind komplexe Landschaften. Menschen (oder die Prozesse selber) müssen also erkennen und damit umgehen können, wenn Prozesse versagen.

8.4.2 Aufbauorganisation

Die Aufbauorganisation war bereits Gegenstand des Kap. 4. Wie passen die Prozesse des IT-Betriebs zur Aufbauorganisation? Häufig findet sich die Gruppierung der Prozesse aus den Referenzmodellen im Organisationsdiagramm wieder (ein Beispiel siehe Abb. 8.20): Die Sichtweise auf IT-Services (Service Delivery) bildet eine Organisationseinheit, die entweder sehr eng mit der Anwendungsentwicklung zusammenarbeitet oder diese selbst erbringt. Komplementär dazu ist eine Organisationseinheit, die den alltäglichen Betrieb erbringt (Service Support). Diese Einheit wird in der Regel die technischen Spezialisierungen mitbringen, z. B. gegliedert nach Netzwerkbetrieb, Rechenzentrumsinfrastruktur und dem Service Desk. Beide Einheiten kooperieren im Anwendungsbetrieb, während das Erstellen von Fehlerlösungen für Anwendungen in der Einheit „Service Delivery" liegt.

Zwei Aufgabengebiete können an unterschiedlichen Stellen in diesem Organisationsdiagramm platziert werden: Das Projektmanagement mit der Finanz- und Ressourcenplanung kann als eigenständige Einheit „auf Augenhöhe" mit den anderen Einheiten agieren, als Stab den CIO unterstützen (siehe Abb. 8.1) oder als Teil der Anwendungsentwicklung in der Einheit „Service Delivery" eingeordnet werden. Ebenso spielt die Datensicherheit eine Sonderrolle: Angesichts ihrer Bedeutung und der übergreifenden Verantwortung bietet sich eine exponierte Stelle z. B. im Stab des CIO an. Gleiches gilt für den Datenschutz, sofern er nicht beim CEO angehängt ist. Gerade die Datensicherheit kann in der betrieblichen Wahrnehmung in die Rolle des „Verhinderers" umkippen und den reibungslosen

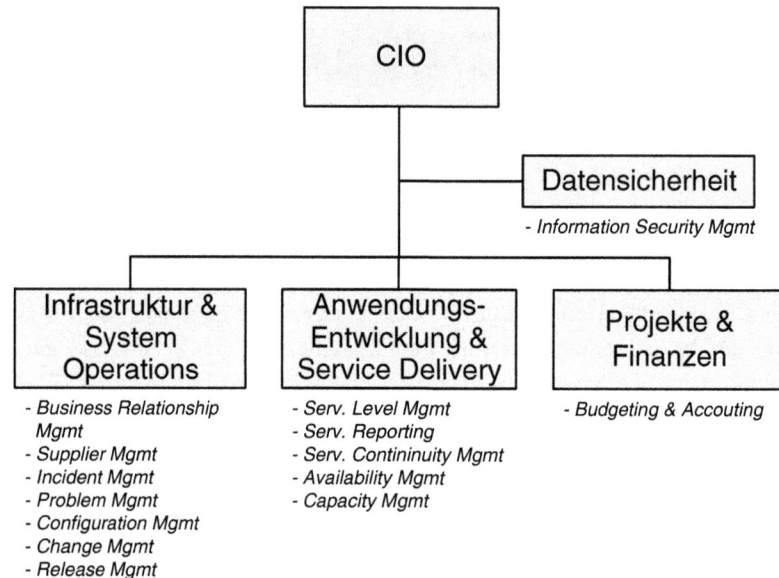

Abb. 8.20 Beispiel für die Prozesse des IT-Betriebs im Organisationsdiagramm

Prozessablauf vermeintlich empfindlich stören. Gerade dieser Aspekt spricht dafür die Datensicherheit als Teil des Betriebs anzusehen, sprich in der Einheit „Service Support" zu platzieren (siehe dazu auch den Kamineffekt in Kap. 9.8).

8.4.3 Scheduling

Die Organisation des IT-Betriebs entlang wohl definierter Prozesse hat zunächst den gro-ßen Vorteil, dass die Anwender die IT-Mitarbeiter nicht mehr „auf dem Flur verhaften" können: Anliegen müssen dokumentiert und entlang der Prozesskette abgearbeitet wer-den. Für den Anwender mag dies im Einzelfall nachteilig sein (der direkte Zugriff auf Ressourcen des IT-Betriebs wird unterbunden), eröffnet aber die Chance, alle anliegenden Anfragen im Blick zu behalten und in einer sinnvollen Reihenfolge zu bearbeiten.

Alles beginnt mit der ersten Meldung eines Anliegens, das in den meisten Organisatio-nen heute an einer zentralen Stelle, dem Service Desk, entgegen genommen wird. Dieser Service Desk wird jegliches Anliegen aufnehmen, noch ist es nicht bekannt, welcher wei-tere Prozessablauf geeignet ist: Störungen führen zum Incident Management, Änderungen und Leistungsabrufe zu einer Ausprägung des Change Management, viele übliche An-fragen erledigt der Service Desk durch Beratung des Nutzers oder automatisiert, z. B. das Wiederherstellen gelöschter Dateien, das Entsperren von Zugängen, mitunter auch das Neustarten eines Rechners. Bereits hier an der Kundenschnittstelle kommt es zum ersten Engpass, die Kapazität des Service Desk ist beschränkt und viele gleichzeitig eingehende Anfragen führen zu einer Warteschlange, die vor allem durch doppelte Meldungen (etwa bei einer großflächigen Störung) aufgebläht wird.

Die Situation bessert sich, sobald die Anfragen vom Service Desk aufgenommen und dokumentiert sind. Zu diesem Zeitpunkt findet eine Bewertung der Anfrage nach Dringlichkeit und Auswirkung statt, die Warteschlange offener Anfragen lässt sich nun in eine sinnvolle Reihenfolge für die Bearbeitung bringen. Tatsächlich wird die Reihenfolge periodisch neu sortiert: Neue Erkenntnisse ändern die Einstufung, viele SLAs bestehen aus durchschnittlichen oder maximalen Antwort- und Lösungszeiten, die Dringlichkeit steigt also, je länger eine Anfrage nicht bearbeitet wird.

Mit dem Erfassen der Anfragen in einem Workflow-Tool startet der Service Desk die Weiterleitung an die zuständigen Prozesse und Mitarbeiter. Auch dort herrscht in der Regel ein Engpass, nicht jeder Mitarbeiter kann oder darf jede Anfrage bearbeiten. An manchen Stellen der IT-Organisation sind die Mitarbeiter überlastet, es bildet sich wieder eine Warteschlange, andere Stellen können nicht optimal ausgelastet werden – eine tägliche Management-Aufgabe des IT-Betriebs ist die flexible Zuordnung von Aufgaben auf Mitarbeiter. Die Versuchung ist groß, dringende Aufgaben „mal eben schnell" zu erledigen. Statt „auf dem Flur verhaftet" mischt die Führungskraft im IT-Betrieb die Aufgabenzuordnung neu. Allerdings widerspricht der ständige Wechsel der menschlichen Natur, Unterbrechungen, neue Aufgaben und Multitasking führen zu einer verminderten Leistungsfähigkeit und provozieren fehlerhafte Handlungen [136]. Ein drastisches Beispiel ist die Flugzeugkatastrophe von Teneriffa im Jahr 1977 (siehe unten): Normale Abläufe – das Starten und Landen von Flugzeugen – können durch Störungen, Missverständnisse, chaotische Kommunikation und menschliche Unzulänglichkeiten direkt in die Katastrophe führen.

Der Service Desk als Aushängeschild der IT-Organisation

Der Service Desk als primärer Eingangskanal aller IT-bezogenen Anfragen ist vielfachen Zwängen ausgesetzt: Eine Sichtweise auf den Service Desk liegt darin, einfache und häufig wiederkehrende Tätigkeiten auszuführen – letztlich eine Call Center Tätigkeit, die sich einfach und kostengünstig an entsprechende Dienstleister auslagern lässt. Aus Kostensicht wird die Verlagerung in ein effizientes Call Center sicher die günstigsten Kosten für die Erfassung und Weiterleitung eines Tickets bringen. Viele IT-Organisationen sehen den Service Desk jedoch als den wichtigsten Baustein für die Kundenzufriedenheit: Allen Kunden und Anwendern ist durchaus bewusst, dass komplexe IT-Services immer wieder anfällig für Störungen sind. Entscheidend ist daher nicht die Anzahl der Störungen, sondern wie mit den Kunden und Nutzern im Störungsfall umgegangen wird. In dieser Sichtweise ist der Service Desk ein Aushängeschild für die gesamte Leistungsfähigkeit des IT-Betriebs – unabhängig von den dadurch verursachten Mehrkosten. Wieso sollte ein Nutzer die Leistungen eines IT-Betriebs würdigen, wenn nicht einmal einfachste Tickets freundlich und kompetent bearbeitet werden?

Beispiel: Flugzeugkatastrophe von Teneriffa

Im Frühjahr 1977 befanden sich zwei Charterflüge, einer aus Amsterdam, der andere aus New York im Anflug auf den Flughafen von Las Palmas [137]. Wegen einer Bombendrohung musste dieser Flughafen zeitweise geschlossen werden, die Flüge wurden auf die nahe gelegene Insel Teneriffa umgeleitet, wo sie sicher landeten und auf den Weiterflug warteten. Der kleine Flughafen war heillos überfüllt, mit einer Start-/Landebahn, parallel dazu verlaufender Rollbahn (Taxiway) und wenigen Stellflächen für Flugzeuge. Der vorhandene Platz reichte bald nicht mehr, die nach Teneriffa umgeleiteten Flugzeuge parkten hintereinander auf der Rollbahn, die Passagiere mussten die Wartezeit an Bord verbringen.

Gegen 14:30 Uhr wurde der Flughafen von Las Palmas wieder geöffnet, die umgeleiteten Flugzeuge konnten ihr ursprüngliches Ziel wieder ansteuern. Allerdings war die Lage auf dem Flughafen von Teneriffa kompliziert: Die Rollbahn war mit parkenden Flugzeugen blockiert, weshalb die Rollmanöver auf der Start-/Landebahn durchgeführt werden mussten – schwierig, da am Ende das Flugzeug eine Drehung um 180° durchführen musste und zu der Zeit auch noch dichter Nebel herrschte. Als erstes sollte das Flugzeug der KLM mit 348 Menschen an Bord abfliegen, dazu durfte der Flieger die Startbahn entlang rollen, am Ende wenden und auf eine Startfreigabe warten. Der zweite Abflug sollte das Flugzeug von PanAm mit 396 Menschen an Bord sein, es sollte sich hinter die KLM-Maschine stellen, indem es auf der Startbahn entlang rollte, bis es bei der dritten Querverbindung auf die dann freie Rollbahn wechseln konnte. Im dichten Nebel übersah die PanAm Maschine die Abzweigung und musste bis zur vierten Querverbindung auf der Startbahn weiter rollen. Der Tower konnte mangels Bodenradar im Nebel die Position der Flugzeuge nicht sehen. Währenddessen entschied der Flugkapitän der KLM-Maschine nach einer Starterlaubnis zu fragen und begann mit dem Start, obwohl die Freigabe des Towers noch nicht vorlag. Kurz bevor die PanAm Maschine die vierte Querverbindung erreichte, bei der sie die Startbahn verlassen hätte, stößt die startende KLM Maschine mit der rollenden PanAm Maschine zusammen. Fast alle Insassen kamen ums Leben – mit insgesamt 583 Toten war es eines der schwersten Unglücke der Luftfahrt.

In [137] wird argumentiert, dass die Situation am Flughafen von Teneriffa zu dem Unglück beitrug: Stress, Abweichungen von üblichen Abläufen und ungenaue Kommunikation führten zu vielen – meist kleinen – Fehlern, die am Ende in einer Katastrophe mündeten. Welche Faktoren verschlimmerten die Situation?

- Die Besatzung der KLM-Maschine war unter Zeitdruck, da sie knapp davor stand, neue Regelungen zur Beschränkung der Arbeitszeit zu übertreten – ein zügiger Weiterflug nach Las Palmas war nötig, ansonsten drohten Strafen bis hin zum Entzug der Fluglizenz.
- Das Wendemanöver am Ende der engen Startbahn war für eine große Maschine sehr schwierig, sie benötigte einen Wendekreis von mindestens 142 Fuß, 150 standen zur Verfügung.
- Das Wetter war bereits so schlecht, dass im dichten Nebel niemand mehr den Flughafen überblicken konnte – selbst als beide Maschinen in Flammen aufgingen hatte der Tower davon nichts gesehen. Noch dazu hatte der Tower nicht die volle Besetzung und wenig Erfahrung mit den großen Jumbojets.

- Die Kommunikation innerhalb der Besatzung der KLM-Maschine war anscheinend gestört. So verhallte der zaghafte Hinweis des Copiloten auf die fehlende Starterlaubnis. Das konnte an der Zusammensetzung im Cockpit liegen: Der Pilot war der Leiter der KLM-Flugschule und hatte erst zwei Monate vorher die Prüfung ausgerechnet des Copiloten abgenommen, es fehlte ihm jedoch die Praxis im Linienflug. Stattdessen war er ein Experte für simulierte Flüge, als Ausbilder war er dort derjenige, der die Starterlaubnis erteilte.
- Die (wenigen) Funksprüche waren unklar oder wenig präzise – Englisch war für die Mitarbeiter des Towers anscheinend eine schwierige Fremdsprache, keiner der Beteiligten nutzte die Chance, die Unklarheit durch Nachfragen zu beseitigen. Stattdessen fuhren beide Besatzungen mit „ihrem" Standardablauf fort.

Dieses Beispiel dient als Warnung, wie eine außergewöhnliche Situation langsam viele kleine Fehler provoziert, die am Ende in eine Katastrophe münden. Alle Beteiligten hätten bessere Entscheidungen getroffen, wenn keine Abweichungen vom normalen Vorgehen aufgetreten wären und aktiv gegen das Chaos vorgegangen worden wäre. Eine einfache Lösung wäre hier die bessere und häufigere Kommunikation gewesen – nicht immer trägt dies jedoch zu einer ruhigeren Arbeitsweise bei.

Fehlentscheidungen im IT-Betrieb haben zum Glück nicht dieselbe Tragweite wie in dem genannten Beispiel. Die Situationen gleichen sich: Führungskräfte und Kunden erhöhen den Zeitdruck, der Überblick fehlt und mangels Kommunikation „wurschtelt" jeder Mitarbeiter vor sich hin. Aus dieser Sichtweise ist die Gestaltung der Prozesse und der realen Arbeitsbedingungen genauso entscheidend für das Arbeitsergebnis, wie die Arbeit der einzelnen Beteiligten.

8.4.4 Prozesse ändern

Angesichts der Bedeutung der Prozessabläufe für die Effizienz des IT-Betriebs, aber auch die Qualität der Arbeitsergebnisse, müssen die bestehenden Prozesse immer auf Verbesserungsmöglichkeiten hinterfragt werden. Alle Referenzmodelle fordern daher einen Verbesserungszyklus, der die Prozesse mit Kennzahlen überwacht und aktiv verbessern soll. Aus unserer Sicht gehört diese Arbeit zu den normalen, alltäglichen und essenziellen Aufgaben des IT-Betriebs: Selten wird es die *eine* große Verbesserungsmaßnahme geben – die dann natürlich besonders effektiv als Projekt umgesetzt wird. Vielmehr entstehen kontinuierlich viele kleine Verbesserungsmaßnahmen, die in gleicher Weise abgearbeitet werden – es entsteht der Prozess der „Prozessverbesserung", das „Prozessmanagement".

So verständlich die Notwendigkeit für Prozessverbesserungen oder – neutraler – für Änderungen an Prozessen ist, so wenig Akzeptanz findet sie manchmal in der Praxis.

Die betroffenen[21] Mitarbeiter[22] sehen die Änderung der vorhandenen Prozesse als Störung ihres Arbeitsalltags und häufig sogar als persönlichen Angriff auf ihre Kompetenz – die eigenen Prozesse sind ihnen ans Herz gewachsen. Diese Erfahrung gilt anscheinend bei allen Prozessänderungen, [138] schreibt davon, dass die Mitarbeiter bei Prozessänderungen dieselben Phasen durchleben, die auch bei einem Trauerfall durchlebt werden: Zunächst das Abstreiten, gefolgt vom Zorn, dem Verhandeln, der Verzweiflung und schließlich dem Akzeptieren (die fünf Phasen nach Kübler-Ross).

Für das Prozessmanagement bedeutet diese Erkenntnis, dass Änderungen an den Prozessen neben der Sachebene auch eine menschliche Dimension beinhalten. Für eine erfolgreiche Umsetzung lohnt es sich, auf die Ängste und Emotionen der Mitarbeiter einzugehen, etwa durch professionelle Begleitung der Veränderung durch Coaches. Die Fähigkeit, immer wieder die eigenen Prozesse an die aktuellen Gegebenheiten anpassen zu können, liefert durchaus einen Wertbeitrag für das Unternehmen [139]. Am besten werden die Prozesse durch die Mitarbeiter, die an diesen beteiligt sind, selber verändert.

8.4.5 Shadow Staff/Schatten-IT

Das Kapitel zur Organisation des IT-Betriebs endet mit einer Beobachtung der Unternehmensberatung Booz Allen Hamilton [140]: In den meisten Unternehmen findet sich ein erheblicher Anteil an „Schattenmitarbeitern"[23], Mitarbeiter die offiziell einer Tätigkeit nachgehen, sich aber in Wirklichkeit mit anderen, dringenden Arbeiten beschäftigen. Gerade in der IT ist dieses Phänomen überall bekannt: Wird die IT wirklich von der Organisation „IT-Betrieb" betrieben? Oder hat nicht jede Fachabteilung ihre eigenen IT-Spezialisten, die sich auskennen, den Anwendern helfen und aus gutem Grund nur ungern auf den IT-Betrieb angewiesen sind? Die Größenordnung dieser Schattenwirtschaft kann erstaunliche Ausmaße annehmen, [140] nennt Beispiele von bis zu 80 % der eigentlichen Mannschaft – ausgerechnet ein Beispiel aus dem ITK-Sektor.

Für das Entstehen der Schattenwirtschaft gibt es gute Gründe: Findet eine Organisation im Unternehmen nicht die passende Unterstützung, muss sie selbst reagieren und eine Alternative finden. Soweit Budget bzw. Stellen verfügbar sind, nutzt die Organisation diese Flexibilität und schafft eigene Lösungen abseits der eigentlich vorgesehenen Prozesse und Arbeitsteilungen. Gründe gibt es genug: Oft ist die interne Dienstleistung des IT-Betriebs in den Augen der Auftraggeber zu langsam, zu abgeschottet, zu umständlich oder zu teuer – die eigenen Mitarbeiter werden bevorzugt.

---

[21] Der Unterschied zwischen „betroffen" und „beteiligt" kann salopp so erklärt werden: Beim Frühstück mit Rührei und Speck ist das Huhn beteiligt, das Schwein hingegen betroffen.

[22] Der Sinnspruch „Aus Betroffenen Beteiligte machen" ist an dieser Stelle oft wenig hilfreich.

[23] Im Original findet sich die Bezeichnung „shadow staff", das teilweise mit „überflüssige Mitarbeiter" übersetzt wird. Die Argumentation zeigt, dass diese Mitarbeiter alles andere als überflüssig sind.

Die einfachste Maßnahme, die sicher mit den dokumentierten Prozessen und Organisationsdiagrammen übereinstimmt, läuft darauf hinaus, die Schatten-IT abzuschaffen. Die Tätigkeiten werden den Mitarbeitern untersagt, sie sind akut durch einen Stellenabbau bedroht. So leicht(-fertig) darf die Schattenwirtschaft nicht gesehen werden: Zum einen sind per Definition die betroffenen Mitarbeiter kaum eindeutig zu finden – wer hätte schon ein Interesse daran? Zum anderen werden die ausgeführten Tätigkeiten für das Unternehmen auch benötigt, sie können allenfalls verlagert, geändert, skalierungsfähiger gemacht und optimiert werden. Das Personalwesen eines Unternehmens ist am ehesten in der Lage, Indizien für eine entstehende Schatten-IT zu sammeln. Es bleibt eine spannende Herausforderung, das Entstehen einer Schatten-IT innerhalb eines Unternehmens zu unterbinden – die Organisation des IT-Betriebs wird dies alleine nicht durchsetzen können. Vielmehr muss das Unternehmen funktionierende Steuerungsmechanismen (Governance) implementieren und durchsetzen.

8.4.6   Die beiden IT-Organisationen

Zu der negativen Sicht auf die Schatten-IT lässt sich durchaus eine Alternative entwickeln. Die bisherige Argumentation verfolgt einen zentralistischen Ansatz, bei dem der IT-Betrieb alle IT-Themen bündelt und als Einziger im Unternehmen für die IT zuständig ist. Aus der historischen Entwicklung her ist diese Idee der Zentralisierung nachvollziehbar: Rechenzentren sind teuer, die eingesetzten Spezialisten ebenfalls, Prozessansätze lassen sich effizienter gestalten, wenn mehr gleichartige Aufträge abgearbeitet werden.

Andererseits ist IT heute vielfach im persönlichen Alltag aller Mitarbeiter angekommen. Die Erfahrung dort zeigt, dass auch komplexe Vorgänge einfach und schön gestaltet werden können – im Internet vordergründig sogar kostenlos. Es ist daher kein Wunder, wenn Mitarbeiter aus Fachabteilungen ihre spezifischen Probleme selbstständig mit IT-Lösungen angehen. Manche Anbieter nehmen genau diese Erkenntnis als Grundlage ihres Geschäftsmodells: Das CRM von salesforce.com lässt sich vom Nutzer selbst abonnieren, es funktioniert über das Internet auf praktisch jedem vorhandenen Endgerät und die interne Einkaufsabteilung bekommt von der Bezahlung per Kreditkarte zunächst nichts mit.

Hier ist die alternative Sichtweise, dass es eine „IT der zwei Geschwindigkeiten" gibt [141]: Geschäftskritische, etablierte IT-Services gehören selbstverständlich in die Obhut des IT-Betriebs. Kleine, schnelle und flexible Problemlösungen benötigen die Freiheit, vor Ort-IT selbst einsetzen zu dürfen – ein Werkzeug wie jedes andere auch. Übrig bleiben solche IT-Vorhaben, die aus gutem Grund die Unterstützung der IT-Organisation benötigen, sich aber nicht an die bestehenden zeitraubenden Regeln halten können. Gerade die Investitionen in den digitalen Auftritt im Internet müssen schnell produktiv geschaltet werden.

[142] zeigt zwei Wege aus der Praxis: Die Geschäftsführung etabliert einen zweiten Entscheidungsprozess, der spezielle IT-Vorhaben bevorzugt behandelt – auf die Gefahr hin, dass sich im Top-Management niemand dauerhaft für technische Details interessiert.

Die bessere, mittelfristige Lösung besteht darin, die Schnittstelle zwischen dem IT-Betrieb und den Fachabteilungen zu stärken: IT-Services als die Produkte des IT-Betriebs gehören in die Hände eines professionellen Produktmanagements, das die fachliche und die technische Seite versteht und gegenüber dem Unternehmen verantwortet.

8.5   24 × 365: geschäftskritischen Betrieb organisieren

Der unterbrechungsfreie Betrieb stellt die Organisation vor zusätzliche Herausforderungen: Jeden Tag, rund um die Uhr müssen die IT-Services zur Verfügung stehen. Zum Teil wird dies durch Redundanz sei es der Hardware oder der Software erreicht. So sind große Rechenzentren in der Regel intern redundant ausgelegt, Stromversorgung, die Datennetze und Klimatisierung sind doppelt vorhanden, um erträgliche Verfügbarkeiten der Rechner zu erreichen (siehe z. B. die Tier Classification, [143] und Kap. 7.8.2). Im Fehlerfall erweist es sich als günstig, wenn bereits Notfallpläne (aus dem Prozess „Service Continuity") vorliegen und nur noch adaptiert werden müssen.

Ungeeignete technische Architekturen lassen sich im akuten Fehlerfall nicht mehr korrigieren – das Beispiel Code Spaces aus Abschn. 8.1 zeigt dies anschaulich. Dabei sind geschäftskritische Anwendungen – nicht notwendigerweise safety-critical wie im Beispiel Abschn. 8.3.9 – für sich schon genügend schwierig, schlechte Software sollte das Leben des IT-Betriebs nicht weiter erschweren. Wie im Beispiel von Toyota liegt es im Interesse des IT-Betriebs, wenigstens ein Mindestmaß an Qualität einzufordern. Dazu gibt es weitgehend automatische Messverfahren, die z. B. die Komplexität von Software beurteilen [107] oder bekanntermaßen fehleranfällige Konstrukte mancher Programmiersprachen „verbieten". Wie im Toyota-Beispiel lohnt es sich auch im IT-Betrieb nicht, eine Komplexität in der Nähe von „unlesbar" zu akzeptieren oder auf einfache technische Redundanz zu verzichten – fehlerkorrigierende Speicher, doppelt ausgelegte Strom- und Datennetze sollten auf jeden Fall dazu gehören. Selbst dann bleiben noch genügend Fehler für den Alltag übrig.

Diese Rezepte können das Unvermeidliche jedoch nur hinauszögern – jeder IT-Betrieb wird früher oder später mit einem Ausfall zu kämpfen haben. Rückblickend kann man über die Ursache oft nur den Kopf schütteln: Ein fallengelassener Schraubenzieher verursacht einen Kurzschluss hinter der unterbrechungsfreien Stromversorgung, die redundante Stromzufuhr stellt sich in dem Moment als wenig redundant heraus, als das einzige Trafohäuschen des Stromanbieters auf öffentlichem Grund abbrennt, das nahe gelegene Flüsschen wandelt sich zu einem tiefen Strom, ein Erdbeben schüttelt die Racks durch[24], die Glasfaseranbindung wird entweder vom Bagger zerstört oder von Kupferdieben aus Versehen geklaut, die Kochplatte im Zwischenboden löst zu Recht den Feueralarm aus,

---

[24] Rechenzentren in Erdbebenzonen – Kalifornien und Japan – nutzen nicht nur erdbebensichere Gebäude, sondern lagern die 19-Zoll Racks oder den ganzen Serverraum auf beweglichen Puffern, so dass die Schwingungen des Erdbebens von den Rechnern ferngehalten werden.

die Magnetfelder eines Elektromotors löschen die Backupbänder noch bevor der Back-uproboter sie zu Boden wirft und darüber fährt, der Programmierer schaltet sich aus Versehen auf einen produktiven Großrechner eines anderen Kunden in einem fernen Land, alle Verbraucher werden von der Raffinerie bevorzugt mit Diesel beliefert.

Die unwahrscheinlich klingenden Ursachen bleiben leider meist im Dunkeln, die Unternehmen sind nicht verpflichtet, öffentlich über Fehler und ihre Ursachen zu berichten. Wie klein die Ursache sein kann zeigt etwa ein Ausfall des Email-Dienstes von Microsoft im Frühjahr 2013 [144] : Ein Firmware-Update der Gebäudeautomatisierung führte zu einem plötzlichen und schnellen Temperaturanstieg im gesamten Rechenzentrum. In der Folge schalteten sich die meisten Computer zur Sicherheit selbstständig ab – outlook.com und der Dienst SkyDrive waren für die meisten Nutzer nicht mehr verfügbar. Das Gegenteil widerfuhr E. Blodax [145] in der Frühzeit der Computer: Die neu installierte Klimaanlage sorgte über das Wochenende für Schneefall im Rechnerraum!

Akzeptiert man, dass diese und ähnliche Katastrophen den IT-Betrieb früher oder später heimsuchen, dann bleibt zu organisieren, wie in diesen Situationen verfahren wird. Wie wir in Kap. 7.8.2 gesehen haben, ist 24×365 nicht gleichzusetzen mit Hochverfügbarkeit. Ist es im Rund-um-die-Uhr-Betrieb jedoch zunächst eine einfache Übung, das Personal im Schichtbetrieb einzuplanen, müssen auch komplizierte Vorgänge jederzeit beherrscht werden. Störungen benötigen die richtige Expertise und die passende Dokumentation, damit jederzeit an einer Lösung gearbeitet werden kann. Lang andauernde Lösungsbemühungen führen dazu, dass die Mannschaft immer wieder ausgewechselt werden kann – mit der Gefahr, dass bei der Übergabe an die frische Mannschaft wichtige Informationen verloren gehen.

Gerade die Großstörungen sind eine organisatorische Herausforderung: Wie geht eine Gruppe von Menschen mit der Belastung, dem Zeitdruck, den unvollständigen und widersprüchlichen Informationen um und kann schließlich eine passable Lösung erarbeiten? Das Beispiel des West-Nile-Virus in Abschn. 8.3.7 illustriert die Herausforderung. Die Lösung liegt jedenfalls nicht in der eingesetzten Technik: Eine Studie über die Zuverlässigkeit der britischen Flugsicherung kommt zum Schluss [92]:

> … die Zuverlässigkeit kann nicht in einem einzelnen Element des Systems gefunden werden, […] sicher nicht in den technischen Geräten […] noch in den Regeln und Abläufen […] noch beim eingesetzten Personal […]. Vielmehr glauben wir, dass sie in der Kooperation zwischen den Fluglotsen über das gesamte System der Flugsicherung hinweg besteht, […][25]

8.6 Management Summary

Viele kleine Aufgaben warten jeden Tag auf den IT-Betrieb – selbst ohne „störende" Nutzer und Kunden. Diese Aufgaben müssen zuverlässig und effizient abgearbeitet werden, ohne mittel- und langfristig anstehende Themen zu vernachlässigen. Denn anders als bei

---

[25] Eigene, gekürzte Übersetzung des Zitats in [92], Seite 418.

Software-Projekten ist der IT-Betrieb eine dauerhafte Aufgabe, Schlamperei und Nachlässigkeiten finden sicher ihren Weg zurück zum IT-Betrieb. Dazu ein Zitat, das wieder Ken Olsen zugeschrieben wird:

> Wir behaupten, der Vorteil unserer Geräte ist, dass sie gefahrlos und sicher sind. Im letzten Monat wurden wir zweimal aufgerieben – einmal von einem Gewitter am Wochenende, von dem wir uns erst nach Tagen erholten und ein anderes Mal von einer Stromschwankung. Bitte kommen Sie zum Executive Committee und erklären uns, weshalb solche Vorfälle immer noch auftreten und welche Botschaft wir nach außen in Bezug auf Zuverlässigkeit und Sicherheit geben sollen.[26]

Der änderungsfreie IT-Betrieb ist die Pflicht jeder IT-Organisation – die Kür wird daraus erst, wenn Änderungen erfolgreich und im Sinne der Geschäftsanforderungen umgesetzt werden können. In den Worten von M. E. Porter: Betriebliche Effektivität ist nicht dasselbe wie Strategie.[27]

Literatur

1. AbleBots, LLC, AbleBots Web Applications, 2403 Crossing Way, Wayne, NJ 07470 (2014, 20. Juni), http://www.ablebots.com/. Zugegriffen: 23. Juni 2014
2. AbleBots, LLC, Professional source code hosting, SVN hosting, git hosting, project management, issues tracking, 2403 Crossing Way, Wayne, NJ 07470 (2014, 28. März), http://web.archive.org/web/20140328015048, http://www.codespaces.com/features#redundancy. Zugegriffen: 23. Juni 2014
3. P. Borscheid, D. Gugerli, T. Straumann, H. James, *Swiss Re: Und die Welt der Risikomärkte* (CH Beck, München, 2014). ISBN: 978-3406655845
4. J. Brandon, How to survive 4 cloud horror story scenarios, CIO.com (2014, 6. Aug.), http://www.cio.com/article/2460967/cloud-computing/how-to-survive-4-cloud-horror-stories.html#social. Zugegriffen: 18. Aug. 2014
5. H. Krcmar, *Informationsmanagement*, 6. Aufl. (Springer Gabler, Berlin, 2015). ISBN: 978-3-662-45863-1. doi:10.1007/978-3-662-45863-1
6. P. Mertens, F. Bodendorf, W. König, A. Picot, M. Schumann, T. Hess, *Grundzüge der Wirtschaftsinformatik*, 11. Aufl. (Springer Gabler, Berlin, 2012). ISBN: 978-3-642-30515-3. doi:10.1007/978-3-642-30515-3
7. Bayer, Bayer annual report 1999 (1999), http://www.investor.bayer.de/securedl/829. Zugegriffen: 27. Okt. 2014

[26] Englisches Original [147]: „*We argue that the advantage of our equipment is that it is safe and secure. Twice in the last month, we have been wiped in the Mill – once by a weekend thunderstorm, which took us days to recover, and the other time by a power fluctuation. Please come to Executive Committee and tell us why these things still happen, and tell us exactly what our message should be to the outside world on reliability and security.*"

[27] Englisches Original [148]. „*Operational effectiveness is not strategy*".

8. H. Balzert, *Lehrbuch der Softwaretechnik: Softwaremanagement*, 2. Aufl. (Spektrum Akademischer Verlag, Heidelberg, 2008). ISBN: 978-3-8274-1161-7

9. P. Fettke, P. Loos, J. Zwicker, in *Business Process Reference Models: Survey and Classification, English. Business Process Management Workshops*, Hrsg. C.J. Bussler, A. Haller. Lecture Notes in Computer Science, Bd. 3812. (Springer-Verlag, Berlin, 2006), S. 469–483. ISBN: 978-3-540-32595-6. doi:10.1007/11678564_44

10. O. Thomas, in *Understanding the Term Reference Model in Information Systems Research: History, Literature Analysis and Explanation. Business Process Management Workshops*, Hrsg. C.J. Bussler, A. Haller. Lecture Notes in Computer Science, Bd. 3812 (Springer-Verlag, Berlin, 2006), S. 484–496. ISBN: 978-3-540-32595-6. doi:10.1007/11678564_45

11. P. Fettke, P. Loos, Referenzmodellierungsforschung. Wirtschaftsinformatik **46**(5), 331–340 (2004). ISSN: 0937-6429. doi:10.1007/BF03250947

12. InformationWeek, IBM, KPMG partner with Peregrine. (1999, 14. Juni), http://www.informationweek.com/ibm-kpmg-partner-with-peregrine/d/d-id/1007241?print=yes. Zugegriffen: 23. Okt. 2014

13. K. Brittain, Magic quadrant for the IT service desk. Gartner (2003, 14. May), http://xbash.files.wordpress.com/2010/12/lectura2.pdf. Zugegriffen: 30. Okt. 2014

14. National Institute of Health, NIH enterprise architecture: Enterprise systems management architecture, enterprise systems monitoring (2004, 21. April). https://enterprisearchitecture.nih.gov/SiteCollectionDocuments/enterprisearchitecture.nih.gov/ArchLib/Documents/DomainTeamEnterpriseSystemsMonitoring20040421.pdf. Zugegriffen: 24. Okt. 2014

15. W. A. Shewhart, W. E. Deming, Statistical method from the viewpoint of quality control. Graduate School, the department of Agriculture (1939)

16. B. W. Boehm, A spiral model of software development and enhancement. Computer **21**(5), 61–72 (1988). doi:10.1109/2.59

17. M. Sallé, IT service management and IT governance: Review, comparative analysis and their impact on utility computing, Hewlett-Packard Company (2004, 2. Juni), http://www.hpl.hp.com/techreports/2004/HPL-2004-98.pdf. Zugegriffen: 24. Okt. 2014

18. IBM Global Services, IBM and the IT Infrastructure Library (2004), http://www.ibm.com/services/us/igs/pdf/wp-g510-3008-03f-supports-provides-itil-capabilities-solutions.pdf. Zugegriffen: 30. Okt. 2014

19. R. Zarnekow, W. Brenner, *Informationsmanagement: Konzepte und Strategien für die Praxis* (dPunkt Verlag, Heidelberg, 2004). ISBN: 978-3898642781

20. A. Cater-Steel, W.-G. Tan, M. Toleman, Using institutionalism as a lens to examine ITIL adoption and diffusion. *Proceedings of the 20th Australasian Conference on Information Systems* (*ACIS2009*), Monash University, 2009, S. 321–330

21. G. Disterer, ISO/IEC 27000, 27001 and 27002 for information security management. J. Inf. Secu. **4**(02), 92–100, (2013). doi:10.4236/jis.2013.42011

22. TeleManagement Forum, eTOM the business process framework – for the information and communications services industry (2001), http://www.tmforum.org/sdata/documents/TMFC678%20TMFC631%20GB921v2[1].5.pdf. Zugegriffen: 30. Okt. 2014

23. R. Zarnekow, W. Brenner, U. Pilgram, *Integriertes Informationsmanagement* (Springer, Berlin, 2005). ISBN: 978-3-540-27452-0. doi:10.1007/b139096

24. A. Cater-Steel, W.-G. Tan, M. Toleman, Challenge of adopting multiple process improvement frameworks. *Proceedings of the 14th European conference on information systems* (*ECIS2006*). European Conference on Information Systems, 2006, S. 1375–1386

25. M. Winniford, S. Conger, L. Erickson-Harris, Confusion in the ranks: IT Service Management practice and terminology. Inf. Syst. Manage. **26**(2), 153–163 (2009). ISSN: 1058-0530

26. T. Ohno, *Toyota Production System: Beyond Large-Scale Production* (Productivity Press, Portland, 1988). ISBN: 0-915299-14-3

27. ITIL Service Delivery (German version). The Stationary Office (Norwich, 2006). ISBN: 978-0113309566

28. ITIL Service Support (German version). The Stationary Office (Norwich, 2005). ISBN: 978-0113309702

29. A. Hochstein, R. Zarnekow, W. Brenner, ITIL als Common-Practice-Referenzmodell für das IT-Service-Management – Formale Beurteilung und Implikationen für die Praxis. Wirtschaftsinformatik 46(5), 382–389 (2004). ISSN: 0937-6429. doi:10.1007/BF03250951

30. S.D. Galup, R. Dattero, J.J. Quan, S. Conger, An overview of IT Service Management. Commun. ACM. 52(5), 124–127 (2009). ISSN: 0001-0782. doi:10.1145/1506409.1506439

31. Axelos, ITIL marketing numbers for all exams sat in January 2013 (2013, Sept.), http://www.academia.edu/5321998/ITIL_Marketing_Numbers_for_all_exams_sat_in_January_2013_ITIL_Foundation_by_Region_ITIL_Intermediate_by_Region_all_modules_. Zugegriffen: 31. Okt. 2014

32. The Stationary Office, An Introductory Overview of ITIL® 2011. itSMF UK (Norwich, UK, 2012). http://www.best-management-practice.com/gempdf/itSMF_An_Introductory_Overview_of_ITIL_V3.pdf. Zugegriffen: 31. Okt. 2014

33. J. van Bon, A. de Jong, A. Kolthof, M. Pieper, R. Tjassing, A. van der Veen, T. Verheijen, *Foundations in IT-Service-Management: Basierend auf ITIL V3*, Bd. 3. (Van Haren Publishing, Zaltbommel, Niederlande, 2007). ISBN: 978-90-8753-057-0

34. Axelos, ITIL® Service Design. (The Stationary Office, Norwich, 2011). ISBN: 978-0113313051

35. Axelos, ITIL® Service Transition. (The Stationary Office, Norwich, 2011). ISBN: 978-0113313068

36. Axelos, ITIL® Service Operation. (The Stationary Office, Norwich, 2011). ISBN: 978-0113313747

37. Axelos, ITIL® Continual Service Improvement. (The Stationary Office, Norwich, 2011). ISBN: 978-0113313082

38. Axelos, ITIL® Service Strategy. (The Stationary Office, Norwich, 2011). ISBN: 978-0113313044

39. F. Hueber, *IT Service Management – Prozessausrichtung und -steuerung am Beispiel eines IT-dienstleisters*. Master's thesis. (TU Berlin, Berlin, 2008)

40. M. Beims, *IT-Service Management in der Praxis mit ITIL® 3, Zielfindung, Methoden, Realisierung* (Carl Hanser Verlag GmbH & Co. KG, München, 2010). ISBN: 978-3-446-42138-7

41. M. Beims, *IT-Service Management mit ITIL®: ITIL® Edition 2011, ISO 20000: 2011 und PRINCE2® in der Praxis* (Carl Hanser Verlag GmbH & Co. KG, München, 2012). ISBN: 978-3-446-43130-0

42. M. Huber, G. Huber, *Prozess- und Projektmanagement für ITIL®: Nutzen Sie ITIL® optimal* (Vieweg + Teubner, Wiesbaden, 2011). ISBN: 978-3-8348-8195-3. doi:10.1007/978-3-8348-8195-3

43. P.T. Köhler, *ITIL: Das IT-Servicemanagement Framework*, 2. Aufl. (Springer-Verlag, Berlin, 2007). ISBN: 978-3-540-37973-7. doi:10.1007/978-3-540-37973-7

44. M. Marrone, L.M. Kolbe, Einfluss von IT-Service-Management-Frameworks auf die IT-Organisation. Wirtschaftsinformatik 53(1), 5–19 (2011). ISSN: 0937-6429. doi:10.1007/s11576-010-0257-8

45. ISO, ISO/IEC 20000-1:2005 Information technology – Service management – Part 1: Specification (Beuth Verlag, Berlin, 2005)

46. ISO, ISO/IEC 20000-2:2005 Information technology – Service management – Part 2: Guidance on the application of service management systems (Beuth Verlag, Berlin, 2005)

47. G. Disterer, Zertifizierung der IT nach ISO 20000. Wirtschaftsinformatik 51(6), 530–534 (2009). ISSN: 0937-6429. doi:10.1007/s11576-009-0198-2

48. S. Cots, M. Casadesús, Exploring the service management standard ISO 20000. Total Qual. Manage. Bus. Excell. **26**(5–6), 515–533 (2015). doi:10.1080/14783363.2013.856544

49. ISO and IEC, ISO/IEC 27001:2005 Information technology – Security techniques – Information security management systems – Requirements (Beuth Verlag, Berlin, 2005)

50. J. Hofmann, W. Schmidt, *Masterkurs IT-Management, Grundlagen, Umsetzung und erfolgreiche Praxis für Studenten und Praktiker*, 2. Aufl. (Vieweg+Teubner Verlag, Wiesbaden, 2010). ISBN: 978-3-8348-9387-1. doi:10.1007/978-3-8348-9387-1

51. ISO, The ISO survey of management system standard certifications (2013), http://www.iso.org/iso/iso_survey_executive-summary.pdf. Zugegriffen: 31. Okt. 2014

52. E. Schlosser, Almost everything in „Dr. Strangelove" was true. The New Yorker (2014). ISSN: 0028-792X, http://www.newyorker.com/news/news-desk/almost-everything-in-dr-strangelove-was-true. Zugegriffen: 28. Aug. 2015

53. ISACA, COBITs 5: A business framework for the governance and management of enterprise it (2012), http://www.isaca.org/COBIT/pages=%7Bdefault-aspx%7D. Zugegriffen: 5. Nov. 2014

54. M. Fröhlich, K. Glasner, *IT-Governance: Leitfaden für eine praxisgerechte Implementierung* (Gabler, Wiesbaden, 2007). ISBN: 978-3-8349-9364-9. doi:10.1007/978-3-8349-9364-9

55. M. Meyer, R. Zarnekow, L. M. Kolbe, IT-Governance. Wirtschaftsinformatik **45**(4), 445–448 (2003). ISSN: 0937-6429. doi:10.1007/BF03250909

56. J. Gross, COBIT: Eine gute Ergänzung zu ITIL, Computerwoche (2007, 14. Juni), http://www.computerwoche.de/a/cobit-und-8211-eine-gute-ergaenzung-zu-itil,1219535. Zugegriffen: 4. Nov. 2014

57. ISACA, Charting our course – 2012 annual report (2012)

58. ISACA, 2013 more – ISACA and IT Governance Institute annual report (2013)

59. Enhanced Telecom Operations Map (eTOM) – The business process framework. International Telecommunication Union (2007)

60. Enhanced Telecom Operations Map (eTOM) – Introduction. International Telecommunication Union (2007)

61. Telecommunications management network Enhanced Telecom Operations Map (eTOM) – Representative process flows. International Telecommunication Union (2007)

62. C. Czarnecki, A. Winkelmann, Referenzprozessabläufe für Telekommunikationsunternehmen. Wirtschaftsinformatik **55**(2), 83–97 (2013). doi:10.1007/s11576-013-0351-9

63. Microsoft GmbH, Solution Accelerators – Microsoft Operations Framework, Version 4.0, MOF Overview (2008)

64. The HP IT Service Management Reference Model. Hewlett-Packard Company (2000), http://archive.bita-center.com/bitalib/itil&itsm/HP_wp_v2-1.pdf. Zugegriffen: 24. Okt. 2014

65. R.L. Purvis, G.E. McCray, Integrating core IT processes: A case study. Inf. Syst. Manage. **16**(3), 36 (1999). ISSN: 1058-0530

66. H. van Herwaarden, G. Geddes, J. Heuthorst, The IPW Maturity ModelTM and IPWTM. Quint Wellington Redwood (2005), http://uat.quintgroup.com/en/whitepapers/the-ipw-maturity-model-and-ipw. Zugegriffen: 6. Nov. 2014

67. Crime: Diary of a vandalized car. Time Magazine (1969, 28. Feb.), http://content.time.com/time/magazine/article/0,9171,900702,00.html. Zugegriffen: 17. Nov. 2014

68. P.G. Zimbardo, A Social-*Psychological Analysis of Vandalism: Making Sense of Senseless Violence*. Stanford University, Department of Psychology (1970)

69. P.G. Zimbardo, in *A Situationist Perspective on the Psychology of Evil: Understanding How Good People Are Transformed Into Perpetrators*. Hrsg. A. Miller. The Social Psychology of Good and Evil (Guilford Press, New York, 2004), S. 21–50

70. P. Zimbardo, *The Psychology of Power and Evil: All Power to the Person? To the Situation? To the System?* (2004), http://www.zimbardo.com/downloads/powerevil.pdf. Zugegriffen: 17. Nov. 2014

71. J.Q. Wilson, G.L. Kelling, Broken windows. Atl. Mon. **249**(3), 29–38 (1982)

72. Bundesamt für Sicherheit in der Informationstechnik, Die Lage der IT-Sicherheit 2014 in Deutschland (2014). https://www.bsi.bund.de/DE/Publikationen/Lageberichte/lageberichte_node.html. Zugegriffen: 18. Dez. 2014

73. R. Seggelmann, M. Tuexen, M. Williams, Transport Layer Security (TLS) and Datagram Transport Layer Security (DTLS) Heartbeat Extension. IETF RFC 6520 (2012). ISSN: 2070-1721

74. Die Bundesregierung, Richtlinien für den Einsatz der Informationstechnik in der Bundesverwaltung (IT-Richtlinien) (1988), http://www.verwaltungsvorschriften-im-internet.de/bsvwvbund_18081988_OI319500112.htm. Zugegriffen: 27. Juni 2014

75. Z. Durumeric, J. Kasten, D. Adrian, J. A. Halderman, M. Bailey, F. Li, N. Weaver, J. Amann, J. Beekman, M. Payer, V. Paxson, The matter of heartbleed. *Proceedings of the 2014 Conference on internet measurement conference*, ser. IMC '14, ACM, 2014, S. 475–488. ISBN: 978-1-4503-3213-2. doi:10.1145/2663716.2663755

76. B. Grubb, Heartbleed disclosure timeline: Who knew what and when. The sidney morning herald (2014), http://www.smh.com.au/it-pro/security-it/heartbleed-disclosure-timeline-who-knew-what-and-when-20140415-zqurk.html. Zugegriffen: 18. Dez. 2014

77. B. Gorenc, ZDI-14-173/CVE-2014-0195 – OpenSSL DTLS Fragment out-of-bounds write: Breaking up is hard to do. HP Security Research Blog (2014, 5. Juni), http://h30499.www3.hp.com/t5/blogs/blogarticleprintpage/blog-id/off-by-on-software-security-blog/article-id/314. Zugegriffen: 23. Okt. 2014

78. D. Wesemann, Oracle July 2014 CPU (2014, 15. Juli), https://isc.sans.edu/diary/Oracle+July+2014+CPU+patch+bundle/18399. Zugegriffen: 23. Okt. 2014

79. Aktuelle Betriebslage, S-Bahn Berlin GmbH, http://www.s-bahn-berlin.de/bauinformationen/betriebslage.htm. Zugegriffen: 22. April 2015

80. J. Gray, Why do computers stop and what can be done about it? Symposium on reliability in distributed software and database systems, Los Angeles, CA, USA. Tandem Computers (1985)

81. R. Schönball, Schwarzfahrer spülen Millionen in BVG-Kassen, Tagesspiegel (2015, 27. März), http://www.tagesspiegel.de/berlin/verkehrsbetriebe-in-berlin-schwarzfahrer-spuelen-millionen-in-bvg-kassen/v_print/11561942.html?p=. Zugegriffen: 23. April 2015

82. R. Meusers, American Airlines – iPad-Panne führt zu Flugverspätungen, Spiegel online (2015, 29. April), http://www.spiegel.de/netzwelt/gadgets/ipad-panne-fuehrt-zu-flugverspaetungen-bei-american-airlines-a-1031260.html. Zugegriffen: 30. April 2015

83. N. Fenton, S. Pfleeger, R.L. Glass, Science and substance: A challenge to software engineers. Softw. IEEE. **11**(4), 86–95 (1994). ISSN: 0740-7459. doi:10.1109/52.300094

84. V. Castano, I. Schagaev, *Resilient Computer System Design* (Springer, Cham, 2015). ISBN: 978-3-319-15068-0. doi:10.1007/978-3-319-15069-7

85. G. Liebens, Gartner insights on sourcing trends and directions, Gartner Consulting (2014), http://www.gse.org/Portals/2/docs/Belgium/C10%20-%20Gartner%20insights%20on%20sourcing%20trends%20and%20directions.pdf. Zugegriffen: 17. April 2015

86. J.H. Heizer, B. Render, H.J. Weiss, *Operations Management*, 10. Aufl. (Pearson Prentice Hall, Upper Saddle River, New Jersey, 2011). ISBN: 978-0135111437

87. B. Schroeder, G.A. Gibson, Disk failures in the real world: What does an MTTF of 1.000.000 h mean to you? *Proceedings of the 5th USENIX Conference on File and Storage Technologies*, ser. FAST '07, USENIX Association (2007)

88. B. Schroeder, E. Pinheiro, W.-D. Weber, DRAM errors in the wild: A large-scale field study. Commun. ACM. **54**(2), 100–107 (2011). ISSN: 0001-0782. doi:10.1145/1897816.1897844

89. M. Eisenmenger, D. Emmerling, Amtliche Sterbetafeln und Entwicklung der Sterblichkeit, Statistisches Bundesamt, Wirtschaft und Statistik. Tech. Rep. **3**, 219 (2011)

90. K.E. Weick, in *Managing the Unexpected: Complexity as Distributed Sensemaking*, Hrsg. R.R. McDaniel, D.J. Driebe. Uncertainty and Surprise in Complex Systems, ser. Understanding Complex Systems (Springer, Berlin, 2005), S. 51–65. ISBN: 978-3-540-23773-0. doi:10.1007/10948637_5

91. G.L. Campbell, A.A. Marfin, R.S. Lanciotti, D.J. Gubler, West Nile virus. Lancet Infect. Dis. **2**(9), 519–529 (2002). doi:10.1016/S1473-3099(02)00368-7

92. K.E. Weick, K.M. Sutcliffe, D. Obstfeld, Organizing and the process of sensemaking. Organ. Sci. **16**(4), 409–421 (2005). ISSN: 1047-7039. doi:10.1287/orsc.1050.0133

93. D.S. Asnis, R. Conetta, A.A. Teixeira, G. Waldman, B.A. Sampson, The West Nile virus outbreak of 1999 in New York: The Flushing hospital experience. Clin. Infect. Dis. **30**(3), 413–418 (2000). doi:10.1086/313737

94. D. Nash, F. Mostashari, A. Fine, J. Miller, D. O'Leary, K. Murray, A. Huang, A. Rosenberg, A. Greenberg, M. Sherman et al., The outbreak of West Nile virus infection in the New York City area in 1999. New Engl. J. Med. **344**(24), 1807–1814 (2001). doi:10.1056/NEJM200106143442401

95. R. Lanciotti, J. Roehrig, V. Deubel, J. Smith, M. Parker, K. Steele, B. Crise, K. Volpe, M. Crabtree, J. Scherret et al., Origin of the west nile virus responsible for an outbreak of encephalitis in the northeastern united states. Science **286**(5448), 2333–2337 (1999). doi:10.1126/science.286.5448.2333

96. R. Flin, *Sitting in the Hot Seat: Leaders and Teams for Critical Incident Management* (Wiley, New Jersey, 1996). ISBN: 978-0471957966

97. C. Jones, O. Bonsignour, *The Economics of Software Quality* (Addison-Wesley Professional, Boston, 2012). ISBN: 978-0132582209

98. G. Wolf, M. Leszak, Fehlerklassifikation für Software. BITKOM (2007), http://www.bitkom.org/files/documents/Fehlerklassifikation_fuer_Software_haftung.pdf. Zugegriffen: 9. Dez. 2014

99. Produkthaftungsgesetz vom 15. Dezember 1989 (BGBl. I S. 2198), das zuletzt durch Artikel 9 Absatz 3 des Gesetzes vom 19. Juli 2002 (BGBl. I S. 2674) geändert worden ist, juris.de, http://www.gesetze-im-internet.de/bundesrecht/prodhaftg/gesamt.pdf. Zugegriffen: 15. Dez. 1989

100. Behandlungsfehler, Bundesministerium für Gesundheit (2014, 11. Sept.), http://www.bmg.bund.de/praevention/patientenrechte/behandlungsfehler.html. Zugegriffen: 9. Dez. 2014

101. G. Spindler, Verantwortlichkeiten von IT-Herstellern, Nutzern und Intermediären, Bundesamt für Sicherheit in der Informationstechnik (2007), http://www.bsi.bund.de/cae/servlet/contentblob/486890/publicationFile/30962/Gutachten_pdf.pdf. Zugegriffen: 9. Dez. 2014

102. R.L. Ackoff, It's a mistake! Syst. Pract. **7**(1), 3–7 (1994). ISSN: 0894-9859. doi:10.1007/BF02169161

103. Bookout v. Toyota Motor Corp., case no. CJ-2008-7969, Transcript of morning trial proceedings had on the 14th day of October, 2013 before the honorable Patricia G. Parrish, district judge, District Court of Oklahoma, state of Oklahoma

104. Bookout v. Toyota Motor Corp., case no. CJ-2008-7969, Transcript of morning trial proceedings had on the 11th day of October, 2013 before the honorable Patricia G. Parrish, district judge, District Court of Oklahoma, state of Oklahoma

105. Bookout v. Toyota Motor Corp., case no. CJ-2008-7969, Transcript of afternoon trial proceedings had on the 11th day of October, 2013 before the honorable Patricia G. Parrish, district judge, District Court of Oklahoma, state of Oklahoma

106. J. Trop, Toyota agrees to settlement in fatal acceleration crash. The New York Times (2013, 26. Okt.). ISSN: 0362-4331, http://nyti.ms/18lRU5D. Zugegriffen: 10. Juni 2015

107. T. McCabe, A complexity measure. IEEE Trans. Softw. Eng. **SE-2**(4), 308–320 (1976). ISSN: 0098-5589. doi:10.1109/TSE.1976.233837

108. M.E. Fagan, Design and code inspections to reduce errors in program development. IBM Syst. J. **15**(3), 182–211 (1976). doi:10.1147/sj.153.0182

109. M. Grande, *100 min für Konfigurationsmanagement* (Springer Vieweg, Wiesbaden 2013). ISBN: 978-3-8348-2308-3. doi:10.1007/978-3-8348-2308-3

110. P. Thibodeau, 1 in 3 data center servers is a zombie. Computerworld (2015), http://www.computerworld.com/article/2937408/data-center/1-in-3-data-center-servers-is-a-zombie.html. Zugegriffen: 1. Juli 2015

111. T. Hepher, Exclusive: A400M probe focuses on impact of accidental data wipe, Reuters (2015), http://www.reuters.com/article/2015/06/09/us-airbus-a400m-idUSKBN0OP2AS20150609. Zugegriffen: 2. Juli 2015

112. Aircraft accident report AAR-79-07, National Transportation Safety Board (1978, 28. Dez.), http://libraryonline.erau.edu/online-full-text/ntsb/aircraft-accident-reports/AAR79-07.pdf. Zugegriffen: 7. Juli 2014

113. J. Schieb, *Der Jahr-2010-Bug zieht seine Kreise: Wenn Computer sich verrechnen*, WDR (2010, 5. Jan.), http://www.wdr.de/themen/computer/2/jahr2010problem/index.jhtml. Zugegriffen: 5. Jan. 2010

114. Lessons learned aus dem „2010-Problem" – Business Continuity Management in Chipkartensystemen, Zentraler Kreditausschuss (2010, 14. April), http://www.zka-online.de/uploads/media/100414_Stellungnahme_ZKA_lessons_learned_2010-Problem.pdf. Zugegriffen: 16. Sept. 2014

115. J.H. Dyer, D.S. Cho, W. Chu, Strategic supplier segmentation: The next „best practice" in supply chain management. Calif. Manage. Rev. **40**(2), 57 (1998). ISSN: 0008-1256

116. L. Chung, J. do Prado Leite, in *On non-functional requirements in software engineering*, Hrsg. A.T. Borgida, V.K. Chaudhri, P. Giorgini, E.S. Yu. Conceptual Modeling: Foundations and Applications, ser. Lecture Notes in Computer Science, Bd. 5600 (Springer, berlin, 2009), S. 363–379. ISBN: 978-3-642-02462-7. doi:10.1007/978-3-642-02463-4_19

117. D.L. Dvorak, NASA study on flight software complexity. American Institute of Aeronautics and Astronautics (2009). doi:10.2514/6.2009-1882

118. S. Helmke, M. Uebel, *Managementorientiertes IT-Controlling und IT-Governance* (Springer Gabler, Wiesbaden, 2013). ISBN: 978-3-8349-7055-8. doi:10.1007/978-3-8349-7055-8

119. J.D. Sterman, *Business Dynamics: Systems Thinking and Modeling for a Complex World*, Bd. 19. (McGraw-Hill Higher Education, New York, 2000). ISBN: 978-0-07-231135-8

120. B.C. Witt, *Datenschutz kompakt und verständlich* (Vieweg, Wiesbaden, 2007). ISBN: 978-3834801395

121. M. Bedner, T. Ackermann, Schutzziele der IT-Sicherheit. Datenschutz Datensicherh. **34**(5), 323–328 (2010). ISSN: 1614-0702. doi:10.1007/s11623-010-0096-1

122. G. Dhillon, J. Backhouse, Technical Opinion: Information system security management in the new millennium. Commun. ACM. **43**(7), 125–128 (2000). doi:10.1145/341852.341877

123. B. Toxen, The NSA and Snowden: Securing the all-seeing eye. Commun. ACM. **57**(5), 44–51 (2014). ISSN: 0001-0782. doi:10.1145/2594502

124. CACM Staff, Snowden weak link: Copying to USB device. Commun. ACM. **57**(7), 8–9 (2014). ISSN: 0001-0782. doi:10.1145/2622629

125. W. Lassmann, *Wirtschaftsinformatik* (Gabler, Berlin, 2006). ISBN: 978-3-8349-9152-2. doi:10.1007/978-3-8349-9152-2

126. N. Pohlmann, Die Vertrauenswürdigkeit von Software. Datenschutz Datensicherh. **38**(10), 655–659 (2014). ISSN: 1614-0702. doi:10.1007/s11623-014-0265-8

127. Fotos von heinz tomato ketchup, facebook.com, https://www.facebook.com/photo.php?fbid=10206942549392802&set. Zugegriffen: 16. Juli 2015

128. P.G. Neumann, The RISKS digest, Bd. 28, 71 (2015, 20. Juni), http://catless.ncl.ac.uk/Risks/28.71.html. Zugegriffen: 16. Juli 2015

129. I. Ruhmann, NSA, IT-Sicherheit und die Folgen. Datenschutz Datensicherh **38**(1), 40–46 (2014). ISSN: 1614-0702. doi:10.1007/s11623-014-0010-3

130. M.S. Feather, J.M. Wilf, Visualization of software assurance information, in 2013 46th Hawaii International Conference on System Sciences (HICSS) (2013), S. 4948–4956. doi:10.1109/HICSS.2013.601

131. J. Becker, M. Rosemann, R. Schütte, Grundsätze ordnungsmäßiger Modellierung. Wirtschaftsinformatik **37**(5), 435–445 (1995). ISSN: 1861-8936

132. J. Becker, M. Rosemann, C. von Uthmann, *Guidelines of Business Process Modeling*, Hrsg. W. van der Aalst, J. Desel, A. Oberweis. Business Process Management, ser. Lecture Notes in Computer Science, Bd. 1806 (Springer, Berlin, 2000), S. 30–49. ISBN: 978-3-540-67454-2. doi:10.1007/3-540-45594-9_3

133. J. Becker, M. Rosemann, R. Schütte, *Grundsätze ordnungsmäßiger Modellierung* (Springer, Berlin, 2012). ISBN: 978-3-642-30412-5. doi:10.1007/978-3-642-30412-5

134. J.-H. Deutscher, I.W. Häußler, Prozessentwicklungskarte – kosteneffektive Umsetzung des IT-Servicemanagements nach ISO 20000. HMD Praxis Wirtschaftsinf. **48**(5), 109–115 (2011). doi:10.1007/BF03340630

135. S. Beer, *Diagnosing the System for Organisations* (Wiley, New Jersey, 1985). ISBN: 0-471-90675-1

136. V.M. González, G. Mark, Constant, constant, multi-tasking craziness: Managing multiple working spheres. *Proceedings of the SIGCHI Conference on Human Factors in Computing Systems*, ser. CHI '04, ACM, Vienna, 2004, S. 113–120. ISBN: 1-58113-702-8. doi:10.1145/985692.985707

137. K.E. Weick, The vulnerable system: An analysis of the Tenerife Air disaster. J. Manage. **16**(3), 571–593 (1990). doi:10.1177/014920639001600304

138. L. Gray, Why coaches are needed in software process improvement. J. Def. Softw. Eng. **11**(9), 16–19 (1998)

139. P. Afflerbach, G. Kastner, F. Krause, M. Röglinger, Der Wertbeitrag von Prozessflexibilität. Wirtschaftsinformatik **56**(4), 223–236 (2014). ISSN: 0937-6429. doi:10.1007/s11576-014-0423-5

140. Booz Allen Hamilton, Shining the light on shadow staff (2003), http://www.boozallen.com/media/file/131494.pdf. Zugegriffen: 1. Dez. 2014

141. E.M. Von Simson, The ‚centrally decentralized' IS organization. Harv. Bus. Rev. **68**(4), 158–162 (1990). ISSN: 0017-8012

142. O. Bossert, J. Laartz, T.J. Ramsoy, Running your company at two speeds. McKinsey Q. (2014), http://www.mckinsey.com/insights/business_technology/running_your_company_at_two_speeds. Zugegriffen: 31. Aug. 2015

143. P.W. Turner, J.H. Seader, K.G. Brill, Tier classification define site infrastructure performance. Upt. Inst. **17** (2006)

144. A. de Haan, Details of the Hotmail/ Outlook.com outage on March 12th. Microsoft Office Blogs (2013, 13. März), http://blogs.office.com/2013/03/13/details-of-the-hotmail-outlook-com-outage-on-march-12th/. Zugegriffen: 24. Okt. 2014

145. E. Blodax, Also sprach von Neumann. Datamation **104–111** (1970)

146. Quint Wellington Redwood Global IT management firm gets international connectivity boost with ERP upgrade (2011, 14. Aug.), http://www.microsoft.com/casestudies/Microsoft-Dynamics-NAV-2009-R2/Quint-Wellington-Redwood/Global-IT-management-firm-gets-international-connectivity-boost-with-ERP-upgrade/4000010986. Zugegriffen: 7. Nov. 2014

147. K. Olsen, Interoffice memorandum: Equipment reliability (1990), http://www.bighole.nl/pub/mirror/www.bitsavers.org/pdf/dec/dec_archive/21383578/. Zugegriffen: 7. Juli 2014

148. M.E. Porter, What is strategy? Harv. Bus. Rev. **74**(4), 61–78 (1996). ISSN: 0017-8012

Der Übergang vom Projekt in den Regelbetrieb – Änderungen an den Services

9

In diesem Kapitel behandeln wir den Übergang vom Projekt in den Regelbetrieb. Dieser Übergang ist ein essenzieller Einflussfaktor auf die IT-Services und die Arbeit eines IT-Betriebs.

Die Spielregeln *innerhalb* eines Projektes sind interessant und zum Thema IT-Projekte gibt es mehr als ausreichend Literatur. Da unser Schwerpunkt aber auf dem Verständnis des *Übergangs* liegt, genügt ein Abriss von Projektmanagement-Methoden.

Strenggenommen kann eine Inbetriebnahme von Leistungen, die in einem IT-Projekt erstellt wurden, auch *ohne* Auswirkungen oder Änderungen an Services sein. Beispielhaft für solch eine Situation ist eine komplexere Erneuerung von Hardware (etwa Server oder Netzwerk-Infrastruktur) ohne gleichzeitige Service-Anpassungen – siehe die Ausführungen in Kap. 8.

Umgekehrt kann es auch Service-Änderungen ohne vorangegangene Projekt-Arbeit geben. Nämlich dann, wenn die IT-seitige Änderung eine Service-Änderung zur Folge hat, die jedoch nur

- klein (Beispiel: kleine Änderungen am Software-Code),
- konfigurativ (Beispiel: Inbetriebnahme eines bereits installierten Standard-Software-moduls in einem CRM-System) oder
- administrativ (Beispiel: Veränderung von Service-Zeiten eines vorhandenen Services) ist.

In der Regel wird allerdings eine *signifikante* Service-Änderung mit einem Projekt erfolgen.

Bei einer Service-Änderung, wie auch bei unterliegenden technischen Änderungen, können wir die Vorgehensweisen grob in Evolution, Revolution und „Grüne Wiese" einteilen:

© Springer-Verlag Berlin Heidelberg 2016

B. Pfitzinger, T. Jestädt, *IT-Betrieb,* Xpert.press, DOI 10.1007/978-3-642-45193-5_9

- **Evolution**: Änderungen von bestehenden Services (bzw. der unterliegenden Technik) in einem oder mehreren Schritten. Die Änderungen sind dabei überschaubar, in gut bestimmbarer Zeit zu implementieren und die Risiken sind begrenzt. Dies bedeutet nicht, dass die damit verbundenen Projekte klein sein müssen – es kann sich hier um Projekte mit Laufzeiten von 3–24 Monaten und Projektbudgets im zweistelligen Millionen-Euro-Bereich handeln. Die Spannweite solcher Änderungen ist breit. Es ist als Stakeholder eine Fachseite vorhanden, es gibt einen funktionierenden IT-Betrieb und die Anforderungen können auf beiden Seiten sehr klar beschrieben werden. Beispiele sind die Erweiterungen einer Internetplattform, die Unternehmenskunden angeboten wird oder eine schrittweise Ablösung veralteter Solaris-Server durch neue Solaris-Server.
- **Revolution**: Eine grundsätzliche Änderung von bestehenden Services mit disruptiven Elementen. Der Änderungsbedarf kann zu Beginn schwer abzusehen sein, die Zeitabschätzungen sind unsicher, die Risiken sind substanziell. Dennoch können sich solche Projekte im gleichen Budget- und Zeitrahmen wie bei der Evolution bewegen, im Durchschnitt werden sie allerdings sowohl zeitlich als auch in Bezug auf die Ressourcen höher anzusetzen sein. Die technischen Herausforderungen sind erheblich, jedoch einigermaßen überschaubar, da es bekannte Beispiele für solche IT-Services gibt – die Übergänge von Evolution zu Revolution sind fließend. In manchen Situationen ist es ein sehr vorteilhafter Ansatz, durch agile Entwicklungsmethoden zu versuchen, die Vorteile von Evolution und Revolution zu verbinden: Die Risiken sollen minimiert werden, die Änderungen sollen substanziell sein.
- **Grüne-Wiese**: Dies ist die Königsdisziplin. Grüne Wiese bedeutet, dass eine neue Service-Landschaft (oder Geschäftsprozess-Landschaft) entwickelt wird, womöglich *ohne* existierendes Vorbild. Möglicherweise gibt es noch keine (oder nur eine marginale) Fachseite und keinen IT-Betrieb. Die Projektbudgets und Laufzeiten sind tendenziell höher als bei Evolution und Revolution, die technischen Herausforderungen sind nicht gut kalkulierbar und möglicherweise unbekannt. Es gibt keine oder nur wenige Vorbilder. Die Risiken und Unsicherheiten sind hier am höchsten. Ein Beispiel ist die elektronische Scheckverarbeitung der Bank of America (siehe Kap. 2).

Im alltäglichen Fokus des IT-Betriebs steht meist die *Evolution*, was damit zusammenhängt, dass die Pflegeaktivitäten für Software-Anpassung, Änderung und (moderate) Erweiterung vom Betrieb initiiert werden. Aber auch wenn ein neues IT-Design implementiert werden soll, *kann* es zu einer evolutionären Service-Änderung kommen. Auf diese Themen werden wir näher in Abschn. 9.2 eingehen.

Die Prozess- und Projektsichtweise wird in Abschn. 9.3 eingenommen – welches sind beispielhafte Prozesse und Projektrahmen, innerhalb der Systeme und Software erstellt werden? Für den Betrieb ist es wichtig, diese zu kennen: Nach einer Implementierung und Abnahme ist er dafür verantwortlich, dass die Systeme betreibbar sind. Die Resultate aus einem solchen Übergang sind evolutionär, aber oft auch revolutionär geänderte Services.

Softwarekrise – welche Softwarekrise? In Abschn. 9.5 betrachten wir das Thema, dass Projekte entweder abgebrochen werden oder nicht die erwarteten Ergebnisse liefern. Dies kann einen IT-Betrieb in zweifacher Hinsicht treffen: Zum einen können IT-Systeme (oder Services), die in Betrieb genommen werden, dabei aber die angestrebten Resultate nicht liefern, mehr Aufwand im IT-Betrieb und Unzufriedenheit beim Kunden erzeugen. Zum anderen könnte bei abgebrochenen Projekten der Kunde (oder der IT-Betrieb selber) nach Alternativen und Workarounds fragen – möglicherweise betrieblicher Art.

Der Abschn. 9.6 behandelt – recht kurz – die Verwicklungen, wenn *mehrere* Projekte voneinander abhängen und Methoden, um diesen Verwicklungen zu begegnen.

In Abschn. 9.7 wird nochmals die Abfolge von der Softwareerstellung in den Betrieb nachvollzogen – hierbei ergänzen wir Themen, die schon in Abschn. 9.3 angeschnitten wurden.

Spannungs- und Konfliktthemen innerhalb des IT-Betriebs, aber auch mit anderen Bereichen und Organisationseinheiten gibt es viele. Die interessantesten, augenfälligsten und für den IT-Betrieb beherrschenden werden in Abschn. 9.8 besprochen. Uns ist es wichtig, auch Mittel zur Auflösung dieser Spannungen – oder zumindest zum fairen Interessenausgleich der Beteiligten – aufzuführen.

Beispiele in diesem Kapitel sind der Zusammenbruch der Kundenprozesse eines amerikanischen Mobilfunkbetreibers in Abschn. 9.1 und 9.4, der weithin bekannte Fall der verspäteten Inbetriebnahme des Flughafens in Denver aufgrund von Problemen mit der Software und Hardware des Gepäckabwicklungssystems.

9.1   Beispiel: AT&T Wireless kurz vor der Übernahme durch Cingular

Beispiel

Customer Relationship Management-Systeme (CRM-Systeme) können gerade für Telekommunikationsfirmen herausfordernd sein. Es gibt viele Kunden, es gibt viele Produkte mit verschiedenen Tarifen, die auch historisch relativ lange vorgehalten werden müssen. Manche dieser Telekommunikations-Unternehmen haben – durch Ableger, Zusammenschlüsse oder andere Ursachen – mehr als nur ein CRM-System im Einsatz. Diese können langsam sein, zu viele Schnittstellen in die anderen IT-Systeme haben und umständlich zu bedienen sein.

Der folgende Fall ([1], auch im Weiteren) bringt Schwierigkeiten beim Übergang von der Entwicklung in den Wirkbetrieb zum Vorschein.

AT&T Wireless war im Jahr 2001 mit ca. 25 % des Volumens Marktführer in den USA. Im Jahr 2003 hatte AT&T Wireless nur noch 17 % Marktanteil – der dritte Platz. In dieser Situation im Jahr 2003 stellten sich gleich drei Herausforderungen:

- Der CIO wechselte – und es gab massive Gerüchte, dass dies mit einem großangelegten Outsourcing von IT-Arbeitsplätzen nach Indien einhergehen sollte, was sich dann im Januar 2005 auch in „Buddy-Programmen" niederschlug (siehe auch Kap. 6.5.3). *„Erwartet jeden Tag, den ihr in die Arbeit kommt, dass ihr gefeuert wer-*

det[1] ist eine der Aussagen des neuen CIO in der IT-Abteilung. Die Stimmung war wohl nachhaltig schlecht.

- Um dem Markt gerechter zu werden, sollte das CRM-System mit dem Projekt „Odyssey" (deutsch: Odyssee) aktualisiert werden.
- Auf Grundlage von lange vor Gerichten bekämpfter Regulatorik entschied ein US-Gericht am 31. Oktober 2003, dass Kunden ab dem 24. November 2003 in die Lage versetzt werden mussten, bei einem Anbieterwechsel ihre Rufnummer mitzunehmen. Die anderen großen Wettbewerber bedienten sich der Dienste eines Unternehmens („TSI Communications"), AT&T jedoch wählte einen anderen Dienstleister, nämlich NeuStar.

Die Abfolge war diese: Der alte CIO gab am 10. April seinen Ausstieg bekannt Halloween (31. Oktober) wurde das neue CRM-System mit der Standardsoftware von Siebel in Gang gesetzt und zum 24. November startete die Rufnummern-Mitnahme.

Im Jahr 2001 war das CRM-System aktualisiert worden: Dieses System war umfangreich an die spezifischen Geschäftsprozesse angepasst worden. Die Aktualisierungen waren seit langem eine Herausforderung: Während der Vorbereitungen des Siebel 6 auf Rufnummernportierung war beispielsweise nach Erinnerung eines AT&T-Angestellten das Testsystem (welches, ist nicht klar) für sechs Wochen zusammengebrochen. Die Integration war schwierig. Eine weitere Optimierung der Unterstützung der Geschäftsprozesse war jedoch auch nach der Installation der Version 6 von Siebel erforderlich – nicht alle Informationen konnten vom System behandelt werden. Um beim Kundenkontakt effizienter und schneller zu werden, wurden alle relevanten Informationen aus dem CRM-Prozess auf einem Bildschirm gewünscht. Die Version 7 von Siebel versprach mehr Leistung und mehr Industrie-spezifische Eigenschaften. Daraufhin wurde im Jahr 2003 entscheiden, eine Aktualisierung auf das Siebel 7.5 System vorzunehmen: das Projekt „Odyssee"[2].

Das Projekt lief schlecht. Die Integrationsarbeit war komplex. Ein Code in einem Teil des Systems wurde nicht eingefroren, wenn es Änderungen in einem anderen Teil gab – die zugehörigen Tests waren daraufhin nicht aussagekräftig. Für verschiedene Teile des Systems wurden Testkriterien gemildert, es gab zu wichtigen Zeitpunkten keinen Code-Freeze. Noch zwei Wochen vor dem Launch-Termin gab es Gespräche im Projekt, auf eine ältere Siebel-Version zurückzufallen. Aber auch diese wäre nicht bereit gewesen. Es gab nur einen Vorwärtsplan, keinen Plan B.

Als das Projektteam am 31.10. versuchte, das CRM-System erstmals hochzufahren, brach es zusammen. Drei Tage wurde versucht, das System zu stabilisieren – es blieb instabil. In diese Zeit im November 2003 fiel auch die Bekanntmachung, dass 1900 Angestellte von AT&T entlassen werden sollten. Zwar gab es keine Aussage, wie und ob dies die IT-Abteilung betreffen würde, aber inoffizielle Papiere sprachen auch von Plänen, die Unterstützung und Wartung des Siebel-Systems auszulagern. Zur gleichen

---

[1] Englisches Original [1]: „*Come in every day and expect to be fired*".

[2] Für den Außenstehenden stellt sich die Frage: Wer wählt solche fast prophetischen Projektnamen?

Zeit also, in der das CRM-System entscheidende Probleme hatte (Verzögerungen bei der Aktivierung von Karten von neuen GSM-Kunden und bei der Betreuung von Bestandskunden) [2] begann die Rufnummernmitnahme.

Die Entscheidung für NeuStar, dem von AT&T ausgewählten Dienstleister für die Rufnummernmitnahme, war nachvollziehbar: ein etablierter Lieferant mit der am weitesten fortgeschrittenen Nummernportierung zu der Zeit. Trotzdem funktionierte das Zusammenspiel mit TSI – dem Lieferanten der anderen großen Telkos – nicht, da NeuStar und TSI die Standards unterschiedlich interpretiert hatten. Der Austausch innerhalb von TSI für seine fünf der sechs großen Telko-Anbieter funktionierte, der Austausch mit NeuStar – dem Dienstleister von AT&T – funktionierte nicht. Anscheinend konnte der Austauschprozess vorher auch nicht ausreichend getestet werden.

Die Software für die Rufnummernportierung, ging pünktlich zum Start am 24. November in die Knie. Aufgrund der gleichzeitigen Probleme mit dem CRM-System konnte den Kunden auch keine adäquate Auskunft erteilt werden. Eine Vielzahl von Kunden konnte so nicht in den Genuss des GSM-Service kommen – ein Publicity-Albtraum. Das Kundenwachstum ging massiv nach unten – im vierten Quartal des Jahres waren es nur 128.000 zusätzliche Kunden, im Vergleich zu den 229.000 im Vorquartal eine sehr magere Zahl. Die Reputation von AT&T war beschädigt und die Verluste wurden auf 100 Mio. US$ geschätzt.

Am 17. Februar 2004 kündigte der Konkurrent Cingular an, AT&T Wireless zu übernehmen. Pro Aktie wurden 15 US$ gezahlt – Analysten vermuten, dass das vorangegangene Debakel die Verhandlungsposition der AT&T Wireless-Seite nicht gestärkt hatte.

Aus dem Malheur von AT&T, über das wir im Wesentlichen aus [1] und [2] berichten, lassen sich mehrere Lehren für die Inbetriebnahmen von Software und für die IT allgemein ziehen:

- Es muss einen **Plan B** geben – entweder technisch oder prozessual. Gibt es technische Rückfall-Ebenen? Was passiert im Geschäftsprozess, wenn die Software nicht live gesetzt werden kann? Gibt es zeitliche Puffer?
- **Fixe Ausgangskriterien** aus der Entwicklung, fixe Eingangskriterien in den Test. Der Test ist oftmals in einer Sandwich-Position: Die Entwicklungsaktivitäten verschieben sich nach hinten, der Ingangsetzungstermin jedoch ist fix. Alternativ wird formal der Termin für das Entwicklungsende gehalten, die gelieferte Software hat jedoch eine schlechte Qualität. Der Test muss oder soll in weniger Zeit aussagekräftige Ergebnisse liefern – und möglicherweise noch mehr Bugfix-Lieferungen als vereinbart entgegennehmen.
- **Integration** ist oft eine Schwachstelle – hier die Schnittstelle zwischen den zwei Rufnummernportierungs-Dienstleistern. Lässt sie sich vermeiden, reduzieren oder auslagern (z. B. zu *einem* Dienstleister)?

- Zu viele wesentliche und übergeordnete **Abhängigkeiten** gleichzeitig sind schädlich. Hier gab es zwei voneinander abhängige massive technisch-organisatorische Änderungen. Und es gab zusätzlich eine massive Personal-Änderung. Personalangelegenheiten in diesem Ausmaß (unabhängig davon, wie man deren Umsetzbarkeit und Sinnhaftigkeit beurteilt) erschüttern Organisationen immer (siehe Kap. 6.5.). Es ergeben sich also „von alleine" Einflüsse auf alle weiteren Aktivitäten des Unternehmens.

9.2   Evolutionäre Service-Systeme

Evolution ist ein Begriff aus der Biologie und bezeichnet eine langsame Änderung von Eigenschaften einer Population von Lebewesen. Diese wird vermittelt durch drei Faktoren: Vererbung, Variabilität bei der Vererbung und Selektion.

Ein Vergleich der Evolution aus der Biologie mit Veränderungen von IT-Services liegt nahe, trifft aber nicht ganz den Punkt. Mit der Evolution von IT-Services (und den unterliegenden Applikationen) ist ebenfalls eine langsame Änderung von Eigenschaften gemeint – hier natürlich die der Software. Diese Evolution bezieht sich aber in der Regel nicht auf eine „Population" von Software – typischerweise gibt es nur jeweils eine Applikation, die Änderungen unterworfen ist. Damit scheidet auch die Variabilität als Faktor aus. Eine Selektion ist im Kontext von biologischer Evolution ebenfalls mit einer Population verbunden (Mitglieder einer Population mit bestimmten Eigenschaften werden einer Selektion unterworfen) – nur im schlimmsten Fall beeinflusst ein misslungener Übergang der IT in den Regelbetrieb die Existenz einer Firma, siehe das obige Beispiel von AT&T. Die Vererbung ist allerdings sowohl in der Biologie als auch bei IT-Services und besonders bei IT-Systemen sehr prägnant vorhanden: Jedes geänderte IT-System erbt den Großteil seiner Eigenschaften von der Vorgängerversion – wir sprechen ja von langsamen Änderungen. Insgesamt also ist der biologistische Begriff „Evolution" für Software nicht ganz abwegig, aber auch nicht vollkommen passend und nur von seinem ursprünglichen Wortsinn her, „entwickeln", zu verstehen.

Bereits mit der erfolgreichen Einführung eines Software-Systems ist es bereits veraltet. Diese zunächst erstaunliche Behauptung lässt sich empirisch recht gut nachvollziehen [3, 4]: Software möchte wachsen. Stand *anfangs* der erste erfolgreiche Einsatz im Vordergrund (auch unter Inkaufnahme einer Vielzahl kleiner Unzulänglichkeiten und Schwächen) gilt es, *bestehende* Systeme immer effizienter einzusetzen.

Daraus resultieren zwei unterschiedliche Änderungspfade: Zum einen müssen die bestehenden Schwächen mit der Zeit reduziert werden, zum anderen ändert sich gleichzeitig das Umfeld. Geänderte Anforderungen der Nutzer führen dazu, dass das ursprünglich entworfene und entwickelte System nicht mehr zum aktuellen Bedarf passt, es muss permanent nachgearbeitet werden (siehe Abschn. 9.2.1). Meir M. Lehman [3] beobachtete dabei eine stete Zunahme der Softwaregröße, ggf. unterbrochen von einer Phase der Konsolidierung. In einer derartigen Phase, auch „Refactoring" genannt, schrumpft die Software, indem die längst nicht mehr passende interne Struktur den in der Zwischenzeit deutlich veränderten Anforderungen angepasst wird.

Bleibt diese Anpassung der Software an die neuen Gegebenheiten aus, wird es zunehmend schwierig, neue Anforderungen zu implementieren und Fehler zu lösen, anstatt sie nur durch das System zu verschieben. Im schlimmsten Fall bedeutet dies, dass unterbliebenes Refactoring ein IT-System in den Untergang treibt.

9.2.1 Eigenschaften der Service-Evolution

Bei langsamen Anpassungen bestehender Services (bzw. der unterliegenden Technik) in einem oder mehreren Schritten sind

- die Änderungen überschaubar,
- in erträglicher, gut bestimmbarer Zeit zu implementieren und
- die Risiken begrenzt.

Es gibt in der Regel eine schnelle Rückkopplung, ob der Service „noch" bei den Nutzern ankommt.

Warum gibt es überhaupt eine Evolution von IT-Services? Die Antwort ist natürlich: Weil es Änderungen von *Anforderungen* an die IT-Services gibt – dies können funktionale oder nicht-funktionale Anforderungen sein (zur Problematik des Begriffs „nicht-funktional" siehe Kap. 7). Die Treiber dahinter können vielfältig sein:

- Neuer **Stand der Technik**, wie beispielsweise das Ende der Unterstützung für bestimmte Datenbank-Versionen oder Standardsoftware-Versionen.
- **Kostendruck und Änderungen an Geschäftsprozessen** (diese sind ebenfalls meist durch einen ökonomischen Vorteil getrieben).
- Geänderte **regulatorische Vorgaben** (beispielsweise Änderungen bzgl. Compliance, gesetzliche Änderungen, die auf dem Papier zunächst trivial sein können, man denke an Änderungen des Mehrwertsteuersatzes).
- Änderungen, die auf der **strategischen Ausrichtung** des Unternehmens beruhen (diese können beispielsweise eine IT-Strategie und IT-Architektur beeinflussen, die in der Zukunft durch höhere Flexibilität stärkere und kurzfristigere Änderungen zulassen).

Es lassen sich auch andere Gründe finden – die weitaus meisten werden jedoch in eine dieser vier Kategorien fallen. In Kap. 10.3 gehen wir noch einmal genauer auf diese Ursachen von Änderungen ein.

Der Begriff der Software-Evolution wurde insbesondere von Lehman geprägt und weiterentwickelt [3–7]. Was hat der IT-Betrieb damit zu tun? Da wir immer den Kunden und dessen Nutzen im Vordergrund sehen, steht die Unterstützung seiner Geschäftsprozesse als alltäglicher Beitrag der IT im Unternehmen im Vordergrund. Bei der Betrachtung von

Lehman kann man fast schadlos jeweils den Begriff „Software" durch „Service" ersetzen und man erhält analoge Aussagen.

Software Evolution ist [3] ein Fakt, die Größe Software-intensiver Systeme nimmt beständig zu – weit schneller, als die Programmiertools den Programmierer entlasten können. Das liegt nicht unbedingt daran, dass an den ursprünglichen Anforderungen etwas vergessen wurde (ein ansonsten üblicher Fehler). Selbst wenn eine Software oder ein Service perfekt spezifiziert worden wäre – müsste man sie trotzdem weiterentwickeln. Denn: zumindest die Umwelt ändert sich. Software wächst also „von alleine".

▶   Software möchte „wachsen".

Nach [5] ergeben sich daraus unter anderem zwei Lehren:

* Die **Grenzen** von Applikationen müssen von vorneherein identifiziert, dokumentiert und die Abhängigkeiten verfolgt werden. Mit „Grenzen" sind nicht nur beispielsweise Mengengerüste mit Durchschnittswerten und Spitzenwerten gemeint. Gemeint ist insbesondere auch das Einsatzgebiet, der Teilausschnitt der Wirklichkeit, der mit einer Applikation „modelliert" wurde.[3]
* Das Thema **Änderbarkeit** ist wesentlich. Änderbarkeit von Software, Architektur, Designs und Implementierungen ist eine Grundvoraussetzung für einen langfristig erfolgreichen Einsatz von Software (und Services).

9.2.2 Maintenance

Üblicherweise wird von Software-Wartung und Software-Pflege gesprochen. Im Englischen entspricht dies dem Begriff „Maintenance". Jede Änderung an Services ist „Maintenance", wenn die Änderung nach der Ingangsetzung (im Falle von Software: Erstinstallation in einer Produktionsumgebung) stattfindet.

Diese Verwendung des Begriffs Software-„Maintenance" ist strittig wegen der Assoziation und den Unterschieden zur Hardware-Maintenance. Für Software ist Maintenance – oder die Pflege und Wartung – jede Art von Veränderung nach einer Inbetriebnahme. Dies hat mit der Maintenance eines physischen Systems wenig zu tun. Letzteres unterliegt dem Verschleiß oder anderen Verschlechterungen aufgrund äußerer oder innerer Einflüsse. Software dagegen nicht: „Programme unterliegen nicht einem Verschleiß, Abnutzung, Korrosion oder Verschmutzung"[4]. Hardware-Maintenance wird typischerweise durchgeführt, weil sich an der Hardware etwas geändert (sie sich nämlich verschlechtert) hat. Soft-

---

[3] Lehman [3] drückt das selbst etwas anders aus: „...*any program is a model of a model within a theory of a model of an abstraction of some portion of the world or of some universe of discourse*". Ganz so weit würden wir nicht gehen.

[4] Englisches Original [3]: „*Programs do not suffer from wear, tear, corrosion, or pollution.*"

ware-Maintenance wird dagegen durchgeführt, weil sich an der Umwelt etwas geändert hat. Letztlich ist die Frage der Begriffsbildung aber nebensächlich – mit der Zeit fällt in jedem Fall Maintenance an.

Maintenance eines Service lässt sich nach der ISO 14764 [8] – die sich mit dem Software-Lebenszyklus und insbesondere der Maintenance beschäftigt – unterteilen in

- „Correction" (wörtlich Korrektur, am ehesten mit *Wartung* zu übersetzen) und in
- „Enhancement" (wörtlich Erweiterung, am ehesten mit *Pflege* zu übersetzen).

Je nach Alter der IT-Verfahren unterscheiden sich die Schwerpunkte der Software-Maintenance. Auf jeden Fall geht es über das reine Lösen bekannter Fehler hinaus. Der Einsatz von Software benötigt immer auch eine Unterstützung durch die Software-Entwicklung (siehe auch Abschn. 9.2.3).

Wartung (Correction)
Trotz intensiver Tests verbleiben in Software und Services auch nach einer Produktivsetzung Abweichungen von den gewünschten Eigenschaften. Wenn die Tests zehn Fehler vor einer Produktivsetzung finden, verbleibt im Durchschnitt noch ein Fehler, der erst danach gefunden wird [9]. Möglicherweise tritt dieser eine Fehler praktisch nie und nur unter seltenen Konstellationen zutage. Es kann aber auch sein, dass man bewusst mit bekannten Service-Fehlern an den Start gegangen ist: Eine Behebung wird dann – weil eine Workaround vorhanden ist – auf später verschoben. Dies ist dann Gegenstand der Wartung.

Mit der Wartung – „Correction" in der obigen Sprechweise – werden zwei verschiedene Absichten verfolgt (siehe auch Kap. 8.3.6):

- **Korrigierende Wartung** (corrective maintenance): Es ist ein Fehler aufgetreten – eine Abweichung vom gewünschten und spezifizierten Service, der behoben werden soll.
- **Präventive Wartung** (preventive): Eine Änderung an einem Service, um eine Abweichung vom gewünschten und spezifizierten Service zu verhindern.

Eng verwandt mit dieser Einteilung ist natürlich das Problem-Management: Auch hier wird unterschieden zwischen einem proaktiven (d. h. präventiven) Problem-Management und einem reaktiven Problem-Management (das der „korrektiven Wartung" entspricht).

Manche IT-Abteilungen pflegen den Spruch „If it ain't broke, don't fix it!". Wir sind skeptisch – würde man einem Autofahrer den Rat geben „Wenn Du nicht schon am Baum klebst, lenke nicht!"? Jedoch: zu hastig und übereifrig darf im Auto nicht „gelenkt" werden, genauso wenig dürfen Änderungen an Software um ihrer selbst willen erfolgen.

Helmut Balzert [10] weist zu Recht darauf hin, dass Software-Produkte optimiert werden müssen – dies aber nur selten vor einer ersten Produktivsetzung geschieht. Die Optimierung erfolgt dann im Wirkbetrieb – in Form der Wartung. Prägnant wird dies ausgedrückt durch den Spruch „Bananensoftware reift beim Kunden".

Pflege (Enhancement)

Auch die Pflege – „Enhancement" von oben – kann zwei verschiedene Absichten verfolgen:

- **Anpassende Pflege** (adaptive maintenance): Die Umwelt eines Service hat sich geändert oder wird sich ändern, so dass Änderungen nötig sind. Bleibt die Anpassung aus, kann der gewünschte und spezifizierte Service nicht mehr angeboten werden. Ein Beispiel kann die Änderung von Hardware sein, die einen Service unterstützt.
- **Perfektionierende Plege** (perfective maintenance): Hier wird der Service verbessert, Leistungsfähigkeit optimiert, geänderte oder zusätzliche Benutzeranforderungen berücksichtigt.

Die Software-Pflege ist somit fast ein weiteres Synonym zur Software- und Service-Evolution.

Wartung und Pflege werden vom IT-Betrieb veranlasst und gesteuert (siehe Kap. 8.3.6) – und sie kosten Geld. Die Aufwände für Maintenance scheinen sich über die Jahre zur größeren Kostenposition zu summieren – Lehman berichtet im Jahr 1980 [3] über eine Verteilung der Aufwände Entwicklung: Wartung von 30: 70. Balzert [11] sprach 2011 von einem Maintenance-Aufwand, der einen Faktor 2 bis 4 über dem Entwicklungsaufwand liegt.

Typischerweise gibt es externe Wartungsorganisationen für Individualsoftware und eingesetzte Standard-Produkte. Diese werden dann über den IT-Betrieb – der hoffentlich die entsprechenden Wartungsverträge hält – angesprochen und eine zeitgerechte Service-Korrektur wird im IT-Betrieb selbst verantwortet (siehe Abschn. 9.2.3).

Falls sich Wartung und Pflege für einen Service nicht mehr lohnen (beispielsweise, weil die entsprechenden Aktivitäten nur noch zunehmen und weil die Sanierung eines Service zu kostspielig wäre), wird der Service in einem letzten Lebenszyklus-Schritt außer Betrieb genommen. Die Software-Evolution ist zu einem Ende gekommen, der Service an sich wird vielleicht durch eine andere Software in Betrieb gehalten, die ursprüngliche Software jedoch stirbt aus.

9.2.3   Die Support-Organisation

Was macht ein IT-Betrieb, wenn ein IT-Service nachts versagt, weil eine Software immer wieder abstürzt? Das Funktionieren des IT-Service ist für die Geschäftsprozesse ab 7:00 Uhr morgens wichtig und per SLA zugesichert. Die Rufbereitschaft des IT-Betriebs ist aber an ihre Grenzen gekommen, der Fehler liegt irgendwo in den Tiefen der Software. Wer kann helfen?

Schon im Kap. 7.8.3 haben wir darauf hingewiesen, dass eine funktionierende Support-Organisation für einen IT-Betrieb essenziell ist.

Üblicherweise wird die Entwicklung von Software, die zu einem IT-Service beiträgt, von einer Organisation übernommen, die nicht im IT-Betrieb angesiedelt ist. Es ist durchaus möglich und nicht unüblich, dass in der weiteren IT-Organisation selber Entwicklungen durchführt werden. Aber auch dann ist die Entwicklungsorganisation vom IT-Betrieb aus gesehen „extern".

Der IT-Betrieb kümmert sich um Incidents und Probleme (siehe Kap. 8), die im Zusammenhang mit dem Betrieb von IT-Services auftauchen. Wird ein Fehler (Produktfehler, Hardwarefehler, Servicefehler, etc.) festgestellt, der von einer externen Organisation zu verantworten ist, dann ist diese je nach vertraglicher Situation bezüglich der Softwareerstellung verpflichtet, eine Fehlerbehebung zu liefern (oder aber nicht). Jedoch sind typischerweise die vorgesehenen Fristen einer Fehlerbehebung für einen reibungslosen Betrieb viel zu lang.

Zudem wird ab einer gewissen Tiefe der Problemstellung eine Lösungsfindung oder auch nur die Analyse der Fehlerursache nicht mehr ohne die Einbeziehung externer Fachexperten möglich sein. Dies sind dann die Personen, die mit der Entwicklung zu tun hatten, sich tief in die Materie eingearbeitet haben oder von einem Hersteller von Standardsoftware dafür ausgebildet wurden. Diese haben mit ähnlichen Problemstellungen in ihrer täglichen Arbeit und im Zusammenspiel mit vielen Kunden zu tun. Eine derartige Problemlösungskompetenz – oft auch „Third Level Support" genannt – kann sich auf Software wie auf Hardware beziehen. Diese Arbeiten gehen über die vertraglichen Verpflichtungen bei einer Softwareerstellung hinaus. Es wird also ein zusätzliches Support-Verhältnis benötigt.

Wie konkret eine vertragliche Vereinbarung für den Support aussehen soll, kann ganz unterschiedlich sein, je nach

- der Art, wie die Software erstellt wurde (Werkvertrag, Dienstleistungsvertrag oder aber Einkauf von Lizenzen für Standardsoftware),
- der Kritikalität der Software für den Geschäftsbetrieb und der damit benötigten Problemlösungszeiten,
- der bisherigen Einsatzdauer der Standardsoftware – und welche Standard-Supportleistungen vom Hersteller angeboten werden,
- der Verfügbarkeit ausgebildeter Spezialisten. Vielleicht ist auch eine Open-Source-Lösung im Einsatz, bei der trotzdem eine externe und darauf spezialisierte Supportorganisation beauftragt wird.

Festgelegt werden müssen beispielsweise Melde- und Abrufwege, Austauschvorgänge, Lieferwege, Ansprechpartner, Eskalationsmechanismen und natürlich Service Level (also beispielsweise Reaktionszeiten, Lösungszeiten, etc.).

Standardsoftware großer international tätiger Anbieter erzwingt oftmals einseitige Vertragsbeziehungen, bei denen die Herstellerfirmen einen Supportpreis beispielsweise als Prozentsatz der Lizenzgebühren festlegen. Mögliche Supportleistungen werden von Herstellern, die für mehrere oder viele Kunden tätig sind, typischerweise kategorisiert (etwa in drei unterschiedliche Kategorien mit abgestuften Service Levels).

Schon bei

- der Vergabe von Entwicklungsaufträgen,
- beim Einkauf von Lizenzen für Software-Standardprodukte,
- bei der Entscheidung für den Einsatz von Open-Source-Lösungen,
- aber auch beim Einkauf von Hardware

muss also eine Berücksichtigung von Supportanforderungen für Applikationen, Software-Standardprodukten und Hardware berücksichtigt werden. Dies ist ohnehin erforderlich, um die Betriebskosten in einem Business Case abzubilden.

Für den IT-Betrieb ist es jedenfalls essenziell, dass jemand nachts den Telefonhörer abnimmt und bei der Wiederherstellung eines IT-Service behilflich ist, falls dies nötig ist.

9.2.4 Zunehmende Komplexität aufgrund von Evolution

Wartung und Pflege geschehen nicht von alleine. Damit Änderungen in einem Wirk-betrieb umgesetzt werden, müssen Prozesse in Anspruch genommen werden. Diese sind das Problem-Management (im Rahmen von reaktiven oder proaktiven Aktivitäten) und das Change-Management (für jede Art von Pflege). Wenn Softwarepflege einfach nach und nach umgesetzt wird, ohne dass eine vernünftige Applikations-Architektur (oder IT-Architektur im allgemeinen) besondere Berücksichtigung findet, besteht die große Gefahr, dass

> mit der Anzahl der übereinander getürmten Änderungen auch das System komplexer, steifer und änderungsresistenter wird.[5]

Damit ein Service auch nach Wartungs- und Pflegemaßnahmen weiterhin pflegbar ist, empfiehlt es sich,

- Freigaben für Pflegeaktivitäten auch über den Schreibtisch der IT-Architekten laufen zu lassen. Sie wachen darüber, dass ein eingesetzter Service auch in Zukunft noch pflegbar ist und die Maintenance-Aktivitäten eine Applikationsarchitektur nicht negativ berühren.
- Regelmäßig Architekturpflegemaßnahmen durchzuführen. Durch die Evolution der Software steigt auch (ohne weitere IT-Architekturbegleitung) die Komplexität der Software.

---

[5] Englisches Original [3]: *„As the number of superimposed changes increases, the system and the metasystem become more complex, stiffer, more resistant to change."*

Das Agile Manifest [12] versucht der Erkenntnis, dass es nach und nach neue Anforderungen gibt, mit agilen Software-Entwicklungsmethoden zu begegnen („Responding to Change"). Letztlich kann man argumentieren, dass durch agile Methoden ein IT-Produkt oder ein IT-Service niemals abgeschlossen ist – eine Evolution ist damit schon von vornherein geplant. Eine vernünftige Verzahnung mit einem IT-Betrieb ist dadurch aber noch nicht automatisch gegeben. Möglicherweise sind die DevOps-Ansätze (siehe Kap. 7.6.4) eine Antwort, die einen IT-Betrieb und einen IT-Support besser verzahnt.

Noch nicht angesprochen haben wir die *ungewollte* Evolution von Software. Auch sie ist möglich: Softwarehersteller versorgen den Markt mit immer neuen Versionen ihrer Standardprodukte. Der Support (siehe Abschn. 9.2.3) für die älteren Versionen wird nur für eine begrenzte Zeit gewährleistet. So sieht sich ein IT-Betrieb vor der Wahl gestellt,

- entweder ein Software-Produkt „aus der Wartung laufen" zu lassen mit der Konsequenz, keinen Support mehr zu haben (und damit beispielsweise auch keine Sicherheits-Aktualisierungen mehr zu bekommen oder im Fehlerfall keine Telefonnummer mehr zum Anrufen zu haben),
- oder aber in bestimmten Abständen neue Softwareversionen installieren zu müssen, die eigentlich nicht benötigt oder gewünscht sind.

Beides kann ungewünschte Konsequenzen haben – im ersteren Fall steigt das Betriebsrisiko gerade für Applikationen mit hohen SLA-Anforderungen. Im zweiten Fall werden Ressourcen für Test und Betriebseinführung abgezweigt und im schlechtesten Fall bringt die Aktualisierung neue Fehler, Probleme oder Incidents mit sich.

9.3   System- und Softwareentwicklung: Projekte und Prozesse

Wie wird der konkrete Übergang vom Projekt in den Wirkbetrieb und damit in die Verantwortung des IT-Betriebs gestaltet? Die nicht überraschende Antwort ist: Sie wird über Prozesse organisiert, derer sich ein Projekt oder der IT-Betrieb selber bedient.

Der IT-Betrieb nutzt Änderungs-Prozesse – das Change Management und das Release Management – wenn sonst „niemand" da ist – also kein Projekt aufgesetzt wurde. Dies ist bei Wartungsthemen üblicherweise der Fall. Bei Pflegethemen kommt es typischerweise auf den Umfang der Tätigkeiten an, ob man ein formales Projekt aufsetzt.

Aber warum sind Projekte (und Change Management) überhaupt relevant für den IT-Betrieb? Die Antwort ist zweigeteilt:

- Der IT-Betrieb macht selber Projekte – hoffentlich nach good practices.
- Der IT-Betrieb muss mit Konsequenzen von schlechten IT-Projekten umgehen. Beispielsweise muss er Applikationen betreiben, die zwar bei der Übergabe aus einem Projekt nicht die betrieblichen Anforderungen erfüllen, es für ein Unternehmen aber keine wirtschaftliche Alternative gibt, den neuen Service *nicht* in Betrieb zu nehmen.

Im Folgenden betrachten wir zunächst Projekte und dann die Prozesse (Change Management und Release Management), die für konkrete Änderungen im Wirkbetrieb vorgesehen sind. In Abschn. 9.3.4 sehen wir, was konkret bei einem Übergang vom Projekt in den Wirkbetrieb zu beachten ist.

Das PMO (Projekt Management Office) kann Mehrwert stiften gerade in Unternehmen, die viele Projekte haben und bei denen eine gemeinsame Methodenkiste sinnvoll ist. Mehr dazu in Abschn. 9.6.

9.3.1 Projekte

Größere Änderungen an bestehenden Services (oder an bestehender IT) werden über Projekte organisiert. Übliche Linienorganisationen sind in der Regel nicht für Projekte aufgestellt. Das bedeutet, dass für Projekte auch eine entsprechende Organisation geschaffen werden muss – Linienorganisationen konzentrieren sich hingegen schwerpunktmäßig darauf, anfallende und wiederkehrende Aufgaben zu erledigen und die Methoden dafür zu verbessern (siehe Kap. 8).[6]

Ein Projekt kann durchaus ausschließlich aus Mitarbeitern eines Betriebes besetzt sein. Es gibt auch Arbeiten in einem IT-Betrieb, die eine Projektorganisation erfordern. Wenn es um Änderungen an einem IT-Service geht, bei dem ein Software- oder Hardware-Entwicklungsanteil enthalten ist, dann werden zumindest für die Transitionsphase auch Mitarbeiter aus dem IT-Betrieb mitwirken – ebenso wie Mitarbeiter der Fachbereiche. Es ist also klar: Mitarbeiter aus dem IT-Betrieb müssen bei IT-Projekten involviert sein. Dies bestätigt beispielsweise die schon in Kap. 8 referenzierte NASA-Studie: *„Involve operations engineers early and often"* [13]. Das ist somit eine der Schlüsselempfehlungen für die Kategorie Projektmanagement.

Es gibt viel Literatur über Projektmanagement, deswegen legen wir hier den Schwerpunkt lediglich auf solche Themen, die für einen IT-Betrieb relevant sind. Weiter unten in Abschn. 9.5 werden wir sehen, dass es einen guten Anteil an Projekten gibt, die scheitern (auch wenn die Details strittig sind). Die Antwort darauf ist eine Vereinheitlichung von Projektmanagement sowie entsprechende Vorgehensmodelle. Drei größere Vorgehensmodelle sind

- PRINCE2 (PRojects IN Controlled Environments),
- PMBOK (Project Management Body of Knowledge) und
- die IPMA (International Project Management Association) Competence Baseline, ICB.

Von diesen werden wir aufgrund ihrer Verbreitung und gewissen Komplementarität die ersten beiden etwas näher beleuchten.

---

[6] „Wiederkehrende Aufgaben" – das klingt nach repetitivem Arbeiten. Das ist aber nicht durchgängig so und die Arbeiten an diesen Aufgaben können unglaublich spannend sein.

PRINCE 2

PRINCE2 [14] ist eine insbesondere im IT-Bereich verbreitete Projektmanagement-Methode. Sie kann auf große wie auf kleine Projekte angewendet werden – es ist ausdrücklich vorgesehen, dass die Werkzeuge je nach Bedarf angepasst werden!

Es gibt sieben Grundprinzipien, sieben Themen und sieben Prozesse (die den zeitlichen Phasen zugeordnet sind).

Die **Grundprinzipien** sind:

1. Die laufende geschäftliche Rechtfertigung: Diese möchten wir auch hier betonen. Projekte, die einmal sinnvoll waren dürfen, ja müssen sogar, abgebrochen werden, und zwar dann, wenn der Business Case, die geschäftliche Rechtfertigung, nicht mehr gegeben ist. Insofern sind abgebrochene Projekte kein Unglück, sondern Ausweis eines funktionierenden Projektmanagements. Wenn der Anteil der Projekte, die abgebrochen werden, allerdings zu hoch ist, muss man natürlich die Methode, mit der initial Geschäftsnutzen und Aufwände abgeschätzt werden, hinterfragen.

2. Schon oben genannt wurde die Anpassung der PRINCE2-Werkzeuge an das jeweilige Projekt. Kleine Projekte, geringe Komplexität, geringes Risiko, geringe Nachweisanforderungen bedeutet weniger Werkzeuge.

3. Es gibt verschiedene Projektmanagement-Phasen – über diese wird nach Eingangskriterien und Ausgangskriterien entschieden.

4. Produktorientierung im Gegensatz zu einer Aktivitätsorientierung. Ergebnisse zählen.

5. Lernen aus Erfahrung: Lessons Learned und kontinuierliche Dokumentation von Erfahrungen sollen sicherstellen, dass künftige Projekte (auch personenunabhängig) von den Lehren vorangegangener Projekte profitieren.

6. Rollen und Verantwortlichkeiten sind definiert.

7. Projektmanagement nach dem Ausnahmeprinzip: Jede Projektebene hat definierte Rollen und Verantwortlichkeiten, und es werden Rahmenbedingungen (Zeit, Qualität, Budget, Scope, Risiko und Nutzen) gesetzt, innerhalb derer sie frei agieren. Nur wenn diese Rahmenbedingungen überschritten werden, ist eine Eskalation auf einer übergeordneten Projektebene nötig.

Insbesondere bei Softwareprojekten wird also unterschieden zwischen dem Management der Entwicklung und zwischen den Techniken, die während der Entwicklung eingesetzt werden.

PRINCE2 kennt **sieben Themen**, die während eines Projektes fortlaufend betrachtet werden müssen. Diese sind der Business Case, die Organisation, die Qualität, die Pläne, die Risiken, Änderungen (insbesondere in Form von Änderungsanträgen und Fehlern) sowie der Fortschritt des Projektes.

Es gibt **drei Projektebenen**: Die Lenkungsebene (die beispielsweise mit einem Lenkungsausschuss besetzt ist), die Managementebene (also typischerweise mit Projektmanager und Projektoffice besetzt) und die Lieferebene (die das eigentliche Produkt erstellt). Die sieben Prozesse, die auf diese drei Ebenen aufgeteilt werden, laufen teilweise nacheinander, teilweise parallel ab.

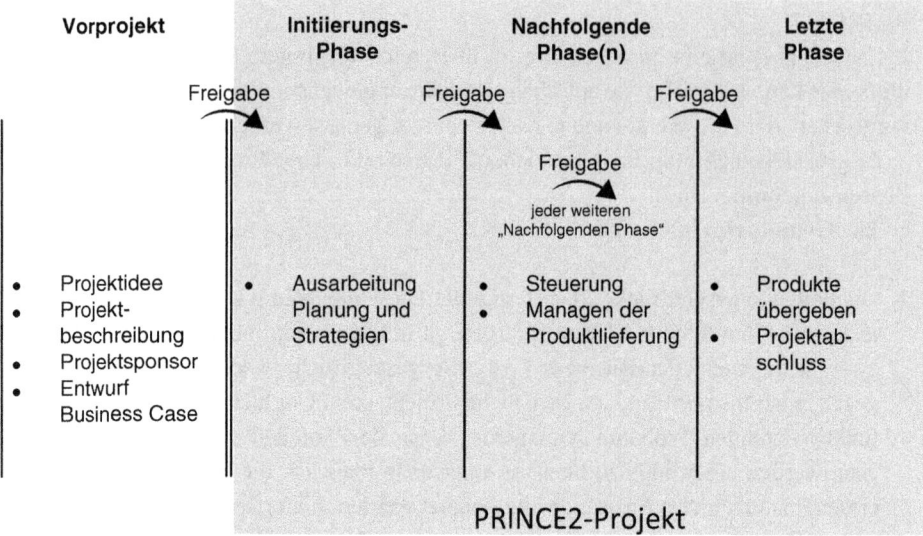

Abb. 9.1 Die vereinfachten Projektphasen (orientiert an [14])

Wichtig ist: PRINCE2 hat mindestens **drei zeitliche Phasen** (siehe Abb. 9.1). Dies ist die Initiierungsphase des Projektes, mindestens eine nachfolgende Phase (innerhalb derer ein Produkt erstellt wird) und die letzte Phase, in der das Projekt ordentlich abgeschlossen wird.

Es gibt vor der Initiierungsphase einen Zeitraum, der nicht zum offiziellen Projekt gehört, aber wichtig ist: Hier wird das Projektmandat erstellt und das Projekt vorbereitet.

Die sieben Prozesse, die wir hier nicht näher erläutern, sind teilweise einer einzelnen Phase zugeordnet (wie beispielsweise „Vorbereiten eines Projektes"). Teilweise spielen sie sich auch über mehreren Phasen ab (wie beispielsweise „Lenken eines Projektes").

Bereits in Kap. 7.4.3 haben wir eine phasige Abfolge von Testaktivitäten skizziert – über den „Umweg" der Testumgebungen.

PMBOK

Das PMBOK (Project Management Body of Knowledge) [15] ist ein vom Project Management Institute (PMI) herausgegebener Standard für Projektmanagement. Dieser Rahmen ist prozessorientiert – während PRINCE2 produktorientiert war. Entsprechend gibt es fünf Prozessgruppen und zehn Wissensgebiete, auf die insgesamt 47 Prozesse aufgeteilt sind. Die Prozesse haben jeweils Inputs, Werkzeuge/Techniken und Outputs.

Die fünf erwähnten Prozessgruppen sind

1. Initiierung,
2. Planung,
3. Durchführung,
4. Überwachung und Steuerung sowie
5. Abschluss.

Auch wenn diese als Prozesse vorgestellt werden – im Wesentlichen gibt es ein phasen-artiges Vorgehen entlang dieser Prozesse – und das ist nicht überraschend.

Das PMBOK kennt außerdem die zehn Wissensgebiete Project Integration Manage-ment (in der viele der übergreifenden Tätigkeiten angesiedelt sind, wie das Managen so-wie das Überwachen und Steuern der Projektarbeit), Scope, Time, Cost, Quality, Human Resource, Communications, Risk, Procurement und Stakeholder Management.

Das PMBOK ist zwar prozessorientiert, es sind jedoch insbesondere auch Themen zur Zusammenarbeit, zu Kommunikation und zu Personal enthalten. Insgesamt erscheint es eher als eine Ansammlung von „good practices", das vor allem die Rolle und Aufgaben der Projektmanagerin genauer beschreibt. Im Vergleich zu PRINCE2 liefert das PMBOK also mehr Werkzeuge und Vorgehensweisen, **wie** man eine Aufgabe bewältigen kann (bei-spielsweise die Erstellung von Kostenabschätzungen). Hingegen: „*PRINCE2 gibt Antwor-ten auf die Frage, was von wem und wann im Projektverlauf erreicht werden soll*" [16].

Andere Projektmanagement-Vorlagen

Es gibt fast beliebig viele andere Projektmanagement-Vorlagen, praktisch alle definieren Phasen. In [17] beispielsweise werden die folgenden Phasen vorgeschlagen:

- Phase 1: Initialisierung
- Phase 2: Definition
- Phase 3: Planung
- Phase 4: Vorgehen
- Phase 5: Kontrolle
- Phase 6: Abschluss

Es ist in einem Unternehmen für verlässlich akzeptable oder gar gute Ergebnisse in Pro-jekten sinnvoll, *eine* Projektmanagement-Methode festzulegen, diese aber je nach Projekt-größe von der Methodenmächtigkeit her anzupassen (siehe auch Abschn. 9.5.2).

9.3.2 Change Management

Das Change Management behandelt Änderungen an allem, das zu IT-Services beiträgt. Zur besseren Abgrenzung von anderen Veränderungsprozessen in einer Firma verwenden manche Unternehmen vorzugsweise den Begriff „IT-Change-Management".

Änderungsanträge (Requests for Change, RfC) zielen immer auf Configuration Items ab. Die RfC können vom Umfang her klein, mittel oder groß sein – dementsprechend wenden sie bei einer Umsetzung unterschiedliche Methoden an. Kleine Änderungen kön-nen recht einfach sein, beispielsweise kleine Konfigurationsänderungen. Mittlere und große Änderungen bedienen sich normalerweise des Prozesses Release- und Deployment Management (siehe Abschn. 9.3.3). Manche Unternehmen benennen RfC der Kategorien klein, mittel und groß sogar unterschiedlich.

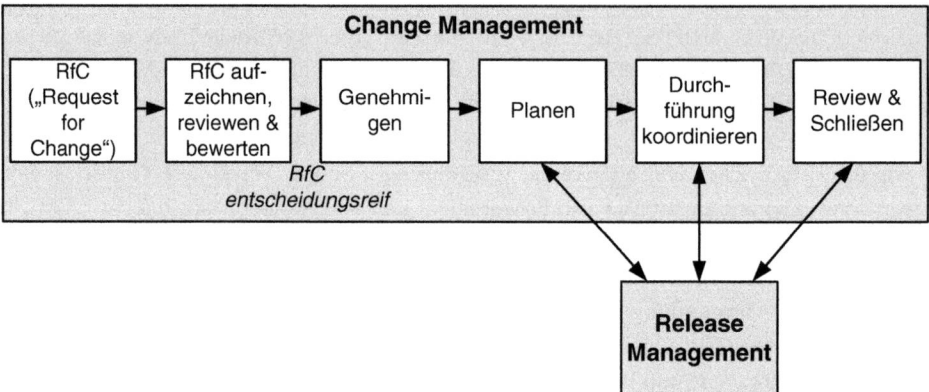

Abb. 9.2 Change Management

Die RfC können auch verschieden eingestuft werden in:

- *Standard Change* ist ein Antrag, der schon von vorneherein genehmigt ist. Es handelt sich um eine regelmäßige Änderung mit einem bereits bewerteten Risiko, typischerweise sind solche Changes eher klein.
- *Normal Change* ist ein normaler Änderungsantrag.
- *Notfall-Change* ist ein Änderungsantrag mit hoher Dringlichkeit (beispielsweise eine Änderung, die als Reaktion auf eine Problemsituation erfolgen soll).

Ganz gleich, wie ein RfC eingestuft ist: Es werden in der Abfolge immer die gleichen Schritte durchlaufen – wahrscheinlich aber in unterschiedlicher Geschwindigkeit. Es werden insbesondere auch immer Risiken bewertet (sofern dies nicht schon bereits geschehen ist, wie beim Standard-Change) (Abb. 9.2).

Hierarchisch aufgebaute RfCs können dabei helfen, Abläufe bei großen und mittleren Änderungen übersichtlicher zu halten. Einem genehmigten größeren RfC werden dann hierarchisch mehrere kleine RfC – letztlich Arbeitsaufträge – zugeordnet, die die Genehmigung des großen RfCs erben. Die Aufgabe des Change Managers liegt darin, die Zuordnungen korrekt vorzunehmen.

Die Genehmigung eines RfC kann durchaus sehr viel Zeit benötigen. Von kleinen, überschaubaren Changes, die ein Change Manager selber bewerten und entscheiden kann, bis hin zu 18-Monats-Projekten, die erheblichen Einfluss auf die IT und die Geschäftsprozesse haben – die Spannweite ist groß. An dieser Stelle überschneidet sich das Change Management mit dem Projekt-Portfolio-Management einer Firma – um keine Doppelarbeit zu machen, ist es wichtig, diese Prozesse zu konsolidieren, vereinheitlichen und Überlappungen zu klären – ein Thema, das wir schon in Kap. 8 im Rahmen der verschiedenen Prozess-Frameworks ansprachen.

Ein Change Advisory Board hat die Aufgabe, Änderungsanträge ab einer bestimmten Größe oder ab bestimmten Auswirkungen zu genehmigen. Es kann im Rahmen von Prozess-Konsolidierungen durchaus unter einem anderen Namen in einem Unternehmen

Abb. 9.3 Mögliche Beziehungen zwischen Projekten, Change und Release Management

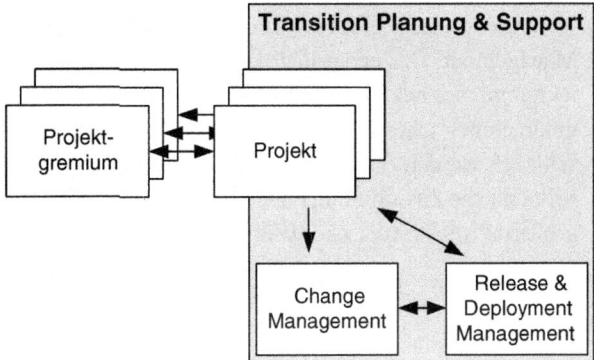

auftreten – und es ist gut möglich, dass es dann auch nicht mehr in der Prozess-Hoheit des IT-Betriebs liegt.

Geplant und durchgeführt wird ein mittlerer oder größerer Change durch den Prozess Release und Deployment Management – der weiter unten folgt.

Nicht vergessen werden darf, dass durch einen Change möglicherweise die Service Level Agreements verändert werden müssen – weil etwas wegfällt, dazukommt oder geändert werden muss.

Das Change Management ist einer der wirklich zentralen Prozesse eines IT-Betriebes. Das Change Management orchestriert andere Prozesse. Durch diese Orchestrierung ist es der Dreh- und Angelpunkt in der IT-Prozesslandschaft. Das Change Management läuft gut dokumentiert ab, es ist bei sehr kleinen IT-Betrieben jedoch nicht unbedingt notwendig, eine Softwareapplikation für das Change Management zu benutzen. Bei mittleren Betrieben kann die RfC-Anzahl pro Jahr durchaus mehr als vierstellig sein – ein guter Ablauf des Prozesses ist also Voraussetzung für eine effiziente Handhabung und für risikoarme Implementierungen. Das Change Management dient bei Änderungen am Service als Achse der Veränderungen. Dies insbesondere, falls es durch die Service-Änderungen zu Anpassungen in anderen Prozessen und Tätigkeiten des IT-Betriebs kommen muss. Ein Beispiel hierzu wäre ein neuer IT-Service mit neuen Servicezeiten, so dass im IT-Betrieb die Rufbereitschaft verändert werden muss.

Change Management und Projekte

Die Theorie ist, dass das Change Management sich auch um große Änderungen kümmert. Große Änderungen gibt es aber typischerweise auch (manchmal ausschließlich) als Projekte, und die Genehmigungsverfahren sind andere als die des IT-Change Management.

Die Diskrepanz zwischen Projektvorgehen und Change Management lösen viele Unternehmen dadurch, dass die Projektgremien des Unternehmens über Projekte entscheiden und dass Entscheidungen über reine IT-Themen beim Change Management verbleiben. Es werden auf der anderen Seite die Projektergebnisse (insbesondere also Software) dem Change Management zur Verfügung gestellt, wenn es konkrete IT-Aktivitäten gibt (beispielsweise die Installation auf einer Testumgebung). Wenn es also IT-Änderungen gibt, die aus Projekten resultieren, so muss das Change Management diese unterstützen. Dies ist in Abb. 9.3 symbolisch dargestellt.

In diesem Bild gibt es die Abfolge Projektvorgehen → Change Management/Release Management. Das entspricht dann nicht dem ITIL-Bild – außer man bezeichnet die Projektgremien eines Unternehmens als einen Teil des Change Managements. Es ist gutes unternehmerisches Handeln, dass Projekte vornehmlich in der weiteren Organisation entschieden werden (und nicht in einer IT-Abteilung), denn allein der Unternehmensnutzen sollte für die Zustimmung oder Ablehnung eines Projekts entscheidend sein. Zudem haben größere Projekte typischerweise zu einem guten Anteil auch Arbeitspakete außerhalb der IT.

Der Plan B
Jeder Change muss einen Plan B haben. In der ITIL-Sprache ist das ein Backout-Plan. Kleine Changes haben einen kleinen Plan B, große Änderungen müssen einen großen Plan B haben – dieser ist dann validiert und im Extremfall auch schon durchgetestet.

▶   Jeder Change muss einen Plan B haben.

9.3.3   Release und Deployment Management

Das Release Management hat die Aufgabe, Änderungen, die aus der Service Design Phase von ITIL stammen, sicher und risikoarm in die Produktion zu transportieren.

Ein Release ist eine Zusammenfassung von Service-Bestandteilen (Configuration Items, CIs) – wenn es Änderungen an der Produktionsumgebung und den angebotenen Services gibt, dann soll über eine Bündelung dieser in Releases sichergestellt werden, dass Synergien entstehen – beispielsweise im Test.

Das Release Management nutzt Projektmanagement-Methoden. Dies macht es nicht immer einfach, Releases und Projekte auseinander zu halten.

Die Hauptaktivitäten von Release und Deployment sind

* Planung, Building und Testing (also die Erstellung und das begleitende Testen – typischerweise in Entwicklerhand);
* Testing und Pilot (typischerweise in Testhand mit Unterstützung der Fachbereiche);
* Planung, Transfer in die Produktionsumgebung, Early Life Support.

Das Release Management greift auf Prozesse der Service Validierung und Testing zurück. Der folgende Abschnitt behandelt Testen, den Transfer in die Produktionsumgebung behandeln wir im eigenen Abschn. 9.3.4.

Testen
Zu den Hauptaufgaben des Release und Deployment Management gehört insbesondere das Testen. Je nach Risiken und Anforderungen an Service Level muss mehr oder weniger getestet werden. Ein risikopriorisiertes Testen (bei dem Testfälle nach den Auswirkungen, die eine Nichtdurchführung bedeuten könnte, priorisiert werden) unterstützt wirtschaft-

liche Zwänge. Für das Testen hat sich schon seit längerer Zeit eine eigenes Fachgebiet etabliert, in Kap. 7.4.3 haben wir bereits das Staging über verschiedene Teststufen, Testumgebungen und Komplexitätsstufen beschrieben.

Das ISTQB (International Software Testing Qualification Board) hat mit ihrem Certified Tester Syllabus einen Industriestandard definiert, der Begriffe und Vorgehensweisen klärt. Die Testprozesse werden hier ebenso geklärt wie Teststrategie, Testkonzepte und Testspezifikationen sowie Testtools. Insbesondere wird hier auch das Thema der betrieblichen Tests und der betrieblichen Anforderungen erkannt und behandelt.

Wichtige Themen beim Testen sind:

- Tests und Testorganisation sind unabhängig von der Erstellerorganisation. Das bedeutet also: Entwickler machen Entwicklungstests, die Integrations- und Abnahmetests werden jedoch von Personen und Organisationen durchgeführt, die nicht mit der Entwicklungsorganisation verbunden sind.
- Es ist zielführend, schon in Anforderungen an Entwicklungsgegenstände (also Software, Hardware, Dokumente) nicht nur die Abnahmekriterien, sondern auch das Testen dieser Anforderungen zu beschreiben. Dies erleichtert nicht nur das spätere Erstellen von Testfällen. Es erleichtert dem Entwickler auch das Verstehen der Anforderungen. Unter der Überschrift „Test Driven Development" (TDD) wird solch ein Ansatz forciert, bei dem sogar schon einzelne Testfälle sehr früh geschrieben werden. Der Schwerpunkt von TDD liegt zwar eher bei Unit-Tests (bei denen vor einer Entwicklung automatisierte Tests programmiert werden), etwas weniger bei Systemtests und noch weniger bei Abnahmetests. Aber nicht nur, damit ein Entwickler Anforderungen besser versteht kann es sinnvoll sein, Abnahmetestfälle schon mit Anforderungen zu schreiben. Es kann auch bei der Klärung der Gedanken beim Anforderer selber helfen.
- Betriebliche Tests, nichtfunktionale Tests und Qualitätstests sind ebenso wichtig wie funktionale Tests. In Betracht gezogen werden können auch funktionale Tests unter herausfordernden betrieblichen Randbedingungen (also in etwa die Fragestellung, ob bei der Rechnung von 2+2 immer noch 4 herauskommt, auch wenn die Anfrage dazu 1009 Mal in der Sekunde gestellt wird).
- Betriebliche Tests werden vom Betrieb organisiert und bieten ihm die betriebliche Sicherheit, seine SLAs erfüllen zu können.
- Für Softwarefehler gilt: „*Prevention and early detection is cheaper than redesign and rework*" [13]. Die Kosten, einen Fehler zu beheben, der erst im Betrieb gefunden wurde, können 20 bis 100 Mal so hoch sein, wie ihn bereits in der Anforderungsphase zu beheben [13].
- Es wird – gerade bei komplexeren Service-Einführungen – mit einem Rollout-Test nicht nur die Software, sondern auch die Organisation getestet – mehr dazu in Abschn. 9.3.4

Vor der Einführung neuer Systeme ist der Erfolgsdruck oft enorm. Entsprechend werden weder Kosten noch Mühen gescheut: Mitarbeiter aller beteiligten Organisationen werden zu Überstunden verpflichtet, Entwicklung und Betrieb evtl. sogar zu einem Dienst rund um die Uhr. Überschneiden sich dann noch mehrere Entwicklungsstränge, müssen

Testumgebungen vom IT-Betrieb mehrfach parallel mit unterschiedlichen Softwareversionen bestückt und vorgehalten werden. Die Verwaltung der Vielzahl paralleler Arbeiten
wird für sich eine Herausforderung: Änderungen müssen dokumentiert werden, Versionsstände und Konfigurationen müssen eindeutig bekannt sein und sind die Grundlage aller Testfälle, deren Ergebnisse wiederum die Voraussetzung für den Produktiveinsatz der
Software sind. Vor diesem Hintergrund ist es nicht verwunderlich, dass den Beteiligten
Fehler unterlaufen und selbst große Organisationen straucheln (wie Oracle bei dem Heartbleed-Fehler aus Kap. 8.3.3).

Beim Übergang in den Wirkbetrieb muss also immer damit gerechnet werden, dass
Fehler den Testfortschritt behindern, dass Fehlerbehebungen aus der Entwicklung nachgeliefert werden müssen und mithin neue Testdurchläufe notwendig sind. Testaktivitäten
haben oftmals die Eigenschaft, dass sie zwischen dem Entwicklungsausgang (der sich
eher nach hinten schiebt) und dem geplanten Produktivsetzungstermin (der tendenziell
eher festgesetzt ist) gesandwicht sind. Falls dem überhaupt begegnet werden kann, dann
nur durch festgelegte Meilensteine, Eingangskriterien für die Testphase und Transparenz
darüber, was Test leisten kann – und was nicht.

9.3.4   Einführung in den Wirkbetrieb – was ist für einen IT-Betrieb zu beachten?

Die Einführung von neuen oder geänderten IT-Services in den Wirkbetrieb ist eine der
Aufgaben des Release Management – das Zusammenspiel mit den Prozessen des Change
Management und der Projekte, die Beiträge zum Release leisten, aber auch des Transition
Planning and Support ist selbstverständlich. Der IT-Betrieb spielt bei der Einführung eine
hervorgehobene Rolle: Systeme werden installiert, aktualisiert oder migriert, der Vorgang
soll dabei möglichst geräuschfrei ablaufen.

Die typischen Einführungsstrategien sind:

- **Big Bang**: Ein neuer Service wird ohne Transformationsphase zu einem bestimmten
Startpunkt scharf geschaltet. Dies ist meist nicht das Mittel der Wahl, man tut es nur,
wenn man es muss.
- **Pilotierung**: Dies bedeutet, dass der IT-Service im Ganzen eingeführt wird, aber nur
einigen oder wenigen Kunden zur Verfügung steht. Eine natürliche Pilotierung ist es,
wenn es zunächst nur wenige Kunden gibt, die einen neuen Service nutzen – ein langsames Ramp-up von Kunden. Eine Pilotierung bietet sich auch immer an, wenn viele
verteilte Komponenten aktualisiert werden sollen (Desktop-Rechner, Fahrkartenautomaten, etc.)
- **Parallelbetrieb**: Bei dieser Art der Einführung wird den Kunden der alte IT-Service
parallel zum neu eingeführten IT-Service zur Verfügung gestellt. Dieses Vorgehen
funktioniert nur, wenn es bereits ein Legacy-System gibt und wenn die Aufwände, die
dabei anfallen, wirtschaftlich sind.

Der Rollout-Plan

Falls die *technischen* Abhängigkeiten bei der Betriebseinführung komplex und system-übergreifend sind, muss eine Lieferleistung aus der Softwareentwicklung ein technischer systemübergreifender Rollout-Plan sein. Sind die *organisatorischen* Abhängigkeiten komplex, dann muss dieser Plan innerhalb des Projektes in dem Teilprojekt „Betriebsein-führung" erstellt werden. Personen aus dem IT-Betrieb werden bei der Erstellung inner-halb des Projekts eine führende Rolle einnehmen.

Für den gesamten Rollout, dem Deployment, muss es also je nach Risikoeinschätzung einen detaillierten, übergreifenden Plan geben. Dies ist unabhängig davon, ob der Rollout hardwarezentriert oder softwarezentriert ist, oder ob er vor allem an einer zentralen Stelle (einem Rechenzentrum) geschieht oder in verteilten Systemen (beispielsweise auf ver-schiedene Fahrkartenautomaten, wie bei der Bahn üblich).

Für den Rollout-Plan gilt das gleiche wie für alle Pläne: Er muss einem Review unter-zogen werden, er muss laufend aktualisiert werden, er muss getestet werden und die Aus-führung des Plans muss überwacht werden.

Der Rollout-Test

Die Einführung besteht nicht nur aus dem IT-Rollout. Aber auch dieser muss bei komple-xeren Tätigkeiten detailliert geplant **und** geprobt werden. Das heißt, dass bei komplexe-ren Rollouts die Testphasen nicht nur funktionale Tests und nicht-funktionale Tests eines Services oder einer Software sind. Sie sind auch Tests der Organisation und der Arbeits-abläufe **bei** der Einführung.

Wichtige Fragestellungen dabei sind:

- Sind alle Voraussetzungen für einen Rollout erfüllt?
- Sitzen alle Handgriffe?
- Gibt es die notwendigen Kommunikationsbeziehungen zwischen verschiedenen Instal-lationsteams und anderen beteiligten Personen?
- Wie lange dauert der Rollout?
- Können die Installationen und sonstigen Arbeiten zur Betriebseinführung ausreichend überwacht und reportet werden?
- Stimmt der Plan?

Es ist klar, dass so ein Rollout-Test nur sinnvoll beantwortet werden kann, wenn die Tech-nik und die Daten produktionsähnlich sind. Aber auch die Organisation des Deployment, des Rollout, muss während eines Tests möglichst identisch sein mit dem eigentlichen Pro-duktionsrollout.

Das kann in der Konsequenz bedeuten: Wenn ein Rollout in die Produktionsumgebung für Montagnacht geplant ist, dann wird der Einführungstest ebenfalls Montagnacht durch-geführt und nicht tagsüber an einem Mittwoch. Das kann technische als auch organisato-rische Fehler aufdecken. Beispiele aus der Praxis wären Regeljobs, die nur montagnachts laufen und Bandbreiten beschränken – und so eine Migration verzögern; oder es kann auffallen, dass für Nachtarbeit ein Mehrarbeitsantrag hätte gestellt werden müssen.

Der Betriebseinführungplan
Der IT-Betrieb ist nicht der einzige Akteur bei einer komplexeren Betriebseinführung. Der Rollout der IT-Services ist sogar oftmals nicht mehr der Fokuspunkt. Je nachdem, wie der neue Service gestaltet ist, sind Fachbereiche, Kunden, Partnerfirmen und die Öffentlichkeit betroffen oder beteiligt.

Der Betriebseinführungsplan wird dann den Rollout-Plan (und die Rollout-Tests) als Bestandteile enthalten, aber weiter gefasst sein. Wiederkehrende Themen sind:

* Schulung von Mitarbeitern aus den Fachbereichen: Der IT-Betrieb wird hierbei typischerweise eine Schulungsumgebung inklusive der Schulungsrechner sowie Schulungsdaten zur Verfügung stellen.
* Kommunikation mit und Schulung von externen Multiplikatoren: Wenn ein neu eingeführter oder geänderter Service auch durch externe Partner genutzt wird, dann müssen diese in der Regel ebenfalls informiert und geschult werden.
* Kommunikationsaufgaben (intern/extern): Der IT-Betrieb wird dabei eine eher untergeordnete oder gar keine Rolle spielen.

Für jede Betriebseinführung wird man planen müssen, welche Aktivitäten durchzuführen sind.

Nach dem Rollout: Überprüfung und Stabilisierung neuer Systeme
Nach einer Einführung eines neuen Service sind zumindest die Grundfunktionalitäten zu überprüfen. Trotz genauester Planungen und Tests kann bei einem Rollout eine unbemerkte Abweichung eingetreten sein und Funktionsteile nicht zu Verfügung stehen. Bei größeren Einführungen und Releases wird auch diese Überprüfung generalstabsmäßig geplant – wer überprüft wann was, wann werden welche Ergebnisse berichtet, was geschieht mit Auffälligkeiten (sie werden natürlich als Incidents behandelt)?

Bei neuen Software-Systemen steht das Erreichen der gewünschten Funktionalität im Vordergrund. Sei es beim Ersatz eines Altsystems oder einem komplett neuen System – Software-Projekte neigen dazu, zu spät ausgeliefert zu werden. Angesichts des resultierenden Termindrucks steht der IT-Betrieb vor der Herausforderung, die Software in ihrem betrieblichen Umfeld zum Funktionieren zu bringen. Dazu gehört es, die Schnittstellen zu anderen Systemen syntaktisch und semantisch korrekt zu bedienen – eine offensichtliche Aufgabe der Software-Entwicklung. Im Betrieb stellen sich dann doch noch Spezialfälle heraus, die so in der Entwicklung nicht bedacht wurden. Entweder muss die Software angepasst werden, betrieblich in laufende IT-Systeme eingegriffen werden (Stichwort „hängen gebliebene Daten") oder der IT-Betrieb kümmert sich selbst um die Anpassung von Schnittstellen. Letzteres wird die bevorzugte Variante sein, wenn es um die Integration in betriebliche Werkzeuge geht, schließlich ist Auftraggeber und Betroffener der IT-Betrieb selber.

Leistungsfähigkeit steigern

Leider ist es gelebte Praxis, dass große IT-Systeme anfänglich oder unter speziellen Bedingungen eine unzureichende Leistungsfähigkeit zeigen: Die Antwortzeit für Nutzer wird unzumutbar, der Zugang zum System wird unmöglich, normale Aufgaben der Software finden kein rechtzeitiges Ende.

Im Prinzip wären solche Schwierigkeiten vermeidbar: Performance ist ebenso eine Anforderung (jedoch eine nicht-funktionale), wie alle fachlichen Anforderungen – siehe Kap. 7.4.1. Kompliziert wird es gleich im doppelten Sinn: Tests der Leistungsfähigkeit sind verhältnismäßig schwierig, sie benötigen im Prinzip das fertige System und dann auch noch in der Originalgröße. Organisatorisch ergeben alle nicht-funktionalen Anforderungen ein zusätzliches Problem: Wer übernimmt die Verantwortung und ist in der Lage die Anforderung durchzusetzen? Dies muss natürlich der IT-Betrieb sein. Auch wenn es nicht passieren darf (siehe Kap. 7.4.1): Viel zu häufig gehen die nicht-funktionalen Anforderungen unter. Wer benötigt schon Datenschutz, Performance, Backups, Restores, etc.? Im Zweifelsfall werden sie allerdings sehr schnell benötigt. Der IT-Betrieb ist damit konfrontiert, Lücken in Sonderfällen zu füllen und die IT-Systeme zügig in den gewünschten Zustand zu bringen.

Der klassische betriebliche Eingriff ist das Optimieren der persistenten Datenhaltung durch schnellere Festplatten – man wirft teure Hardware auf dumme Software. Andere Maßnahmen sind Kopien von Datenbanken oder einzelnen Tabellen und die Beschleunigung von Datenbankabfragen durch zusätzliche Indizes (wo das Datenbankmanagementsystem dies nicht automatisiert erledigt). Gerade letzteres ist durchaus an der Grenze dazu, die Software selbst zu verändern – hier wird es notwendig, die betriebliche Änderung an die Softwareentwickler zurück zu spiegeln. Gelingt dies nicht, riskiert der IT-Betrieb, dass die nächste Installation die geänderten Konfigurationen überschreibt. Die Konsequenzen sind unabsehbar, als warnendes Beispiel sei Knight Capital (siehe Kap. 7) angeführt.

9.4 Beispiel: Denver International Airport – das Gepäcksystem (und ein wenig Terminal 5, Heathrow)

Ein weithin wahrnehmbares Beispiel eines gescheiterten Projektes ist das Folgende.

Beispiel

Der neue Flughafen von Denver – Denver International Airport (DIA) – sollte ein Maßstab für Modernität werden. Ursprünglich, im August 1990, entschied sich die Stadt Denver gegen ein flughafenweites, automatisches Gepäcksystem und folgte dabei dem Rat von entsprechenden Experten. Die Airlines sollten für ihre Hallen jeweils ein eigenes System aufbauen. Die beiden wichtigsten Luftlinien, United Airlines und Continental Airlines, machten genau dies. United Airlines beauftragten BAE Automated Systems damit, ein automatisches System für die Halle B zu entwerfen. Die Entscheidung der Stadt Denver wurde später, im Juli 1991, revidiert: Nun sollte es ein

automatisches System für den *gesamten* Flughafen werden – auch auf Rat von Gepäck-
abfertigungsexperten der zwei großen Fluglinien hin. Dies, obwohl die Technik nicht
erprobt war und innerhalb einer relativ kurzen Zeit von zwei Jahren entwickelt und
erprobt werden musste [18]. Der Abstand von der Gepäckaufgabe zum weitgelegensten
Gate betrug rund 1,5 km, der Flughafen sollte doppelt so groß werden wie Manhattan
[19]. Die Gepäckstücke sollten mit minimaler menschlicher Intervention auf diese lange Reise geschickt werden und so weniger Verzögerungen im Flugplan bewirken [20].

Noch im November 1991 drückte das „Denver Airlines Airport Baggage Subcom-
mittee"[7] seine Bedenken zur Machbarkeit innerhalb der geplanten Zeit bis zur Eröffnung aus und verwies auf den Gesamtplan, nach dem das Gepäcksystem nicht vor
Mitte 1994 fertig sein würde. Im Februar 1992 warnten auch verschiedene Luftfahrt-
gesellschaften in Briefen an die Stadt vor dem automatischen System. Im Mai 1992
wurde die Firma BAE Automated Systems für 195,6 Mio. USD beauftragt, dieses voll-
automatische Gepäcksystem zu entwerfen, zu entwickeln und zu testen. [18] Der Ge-
samtpreis sollte sich noch mehrfach ändern. Das Gepäcksystem sollte aus 55 vernetz-
ten Computern, 5000 Scannern, 400 RF-Receivern und 56 Barcode Scannern bestehen.

Bei dieser High-Tech-Lösung würde Gepäck automatisch in unbemannten Telecars
transportiert werden [21]. Es ging um 1000 Koffer pro min, es sollte 3100 Telecars geben [19], die auf einer Strecke von 30 km unterwegs sein würden und es sollten 10 km
Förderband laufen. Das System sollte innerhalb eines Jahres entworfen und gebaut
werden.[8]

Im Oktober 1993 sollte das Gepäcksystem in Betrieb gehen und der Flughafen eröffnet werden.

Doch dazu kam es nicht. Das automatische Gepäcksystem am DIA wurde eines der
größten IT-Debakel der 1990er Jahre [19].

Insgesamt gab es vier Verschiebungen bei der Fertigstellung des Gepäcksystems
– und damit auch vier Verschiebungen bei der Flughafeneröffnung. Erst im Februar
1995 – ca. 16 Monate nach dem ursprünglich geplanten Termin – ging der Flughafen
in Betrieb [18]. Dabei wurden zwei Hallen mit einem konventionellen Gepäcksystem
betrieben, eine weitere mit einer gegenüber der ursprünglichen Planung abgespeckten
Version.

Der Schaden war groß. Es kostete 45 Mio. USD zusätzlich, um die Softwarefehler
zu beheben. Es gab Folgekosten in Höhe von 700 Mio. USD aus der Verzögerung der
Flughafeneröffnung, gleichzeitig stürzte das Kredit-Rating. Die Referenz [21] erwähnt
einen Gesamtschaden von 2 Mrd. USD. Die Teile des Gepäcksystems, die tatsächlich
in Produktion gingen, wurden lediglich von einer der Airlines (United) genutzt. Sie
wurden 10 Jahre später aus Effizienzgründen abgeschaltet und durch ein manuelles
System ersetzt. Nicht nur war dies preiswerter, die Fehlerrate war mit dem manuellen

---

[7] Es setzte sich aus Vertretern der für den DIA geplanten Fluglinien zusammen.

[8] Englisches Original [21]: „*BAE was asked to design and build the system in one year even though
it was estimated to take four.*"

Verfahren niedriger als das, was das automatische Verfahren umsetzen konnte: *„Auto-mation always looks good on paper, [...] Sometimes you need real people"* [20].

Was waren die Ursachen für die gescheiterte Umsetzung?

Der Bericht der GAO (United States General Accounting Office – hier vergleichbar mit dem Bundesrechnungshof in Deutschland oder dem Österreichischen Rechnungs-hof) nennt im Wesentlichen zwei Gründe ([18], auch im Weiteren): Die Stadt Denver hatte nach der Beauftragung von BAE eine Reihe von Modifikationsanträgen ausge-löst, die baulicher, aber auch inhaltlicher Art waren. BAE zufolge wurde ihnen auch der Zugang zu den Terminals und Arbeitsbereichen nicht immer gegeben, so dass ihre Arbeit verzögert wurde.[9]

Bereits im März 1993 wurde die Flughafeneröffnung von Oktober auf Dezember verschoben. Noch im September versicherte BAE, dass der Test des Systems im De-zember 1993 abgeschlossen sein würde. Im Oktober 1993 wurde der Eröffnungstermin auf März 1994 verlegt. Änderungsaufträge wurden weiterhin von der Stadt ausgelöst. Der erste große Test des Gepäcksystems wurde im Februar 1994 durchgeführt [18] (manche Quellen sprechen vom April 1994 [19]) – es gab massive Fehler und es war klar, dass der Termin März 1994 nicht zu halten sein würde.

Als neuen Termin wählte Denver den Mai 1994. Als der Mai da war, verschob die Stadt die Eröffnung auf Unbestimmt. Jetzt engagierte die Stadt die Firma Logplan, die das automatische System beurteilen und gangbare Alternativen empfehlen sollte, so dass der Flughafen so bald wie möglich eröffnet werden könnte.

Die Empfehlungen waren: Das System in kleineren Einheiten gangfähig machen und ein konventionelles Gepäcksystem bis zur Fertigstellung des gesamten automati-schen Systems nutzen. Dies scheint der erste sichtbare „Plan B" zu sein.

Tests im Juli 1994 brachten weitere Probleme, und die Stadt beschloss, ein alter-natives Gepäcksystem mit einer Abwandlung des automatischen Systems zu nutzen – die Eröffnung war jetzt für 1995 angesetzt. Im September 1994 einigten sich BAE, die Stadt Denver und United Airlines darauf, das automatische System entsprechend zu modifizieren, zeitgleich wurde ein konventionelles Gepäcksystem bei einer anderen Firma beauftragt. Der Flughafen wurde im Februar 1995 eröffnet – lediglich am Ter-minal B wurde für United Airlines das automatische Gepäcksystem benutzt. Und dies auch nur für ausgehende Flüge.

Insgesamt scheinen folgende Gründe eine Rolle bei der Verzögerung gespielt zu haben: Das Projekt war (im Nachhinein betrachtet) überehrgeizig [21]. Entweder war der Scope zu groß, oder die Umsetzungszeit zu klein. Im Nachhinein lassen sich solche Schlüsse natürlich immer billig ziehen, jedoch gab es hier schon vorher Warnungen gegenüber dem Auftraggeber, der Stadt Denver. Laufende Änderungsanforderungen

---

[9] *„The City initiated numerous change orders for a variety of work, including relocating baggage carousels, modifying subsystems for such things as odd-sized baggage in the terminal and con-courses, and adding conveyors. Also, according to the contractor, timely access to work areas in the terminal and concourses was not always provided, which it claims slowed work on the system."*

der Stadt (die in [18] dokumentiert sind) machten Dinge wahrscheinlich nicht einfacher.

Der Flughafen wurde zumindest eröffnet. Das Technik-Projekt jedoch wurde nicht rechtzeitig im ursprünglichen Scope fertiggestellt. Dies ist auch das, was wir beachten müssen: Es kommt darauf an, den Kundennutzen zu liefern. In diesem Fall wurde der Kundennutzen durch eine andere Lösung geliefert. Drei der entscheidenden Punkte, um zu dieser Lösung zu kommen, waren [19]:

- Die Beschäftigung von unabhängigen Experten. Im Mai 1994 wurde die Firma Logplan beauftragt, das Vorhaben zu beurteilen und Alternativen zu untersuchen. Der Bericht von Logplan war die erste .unabhängige, externe Meinung in Bezug auf das Systemdesign des DAI [19]
- Einsetzung einer Task Force, um kurzfristige Lösungen zu erarbeiten – mit der Aufgabe, Möglichkeiten zu finden, des Flughafen so bald wie möglich zu eröffnen (und nicht, ein automatisches Gepäcksystem gangfähig zu machen). Ein Interims-Gepäcksystem war eine Option.
- Die Entscheidung, ein alternatives, manuelles Gepäcksystem zu bauen.

Interessant scheint uns insbesondere der erste Punkt zu sein – die Beschäftigung von unabhängigen Experten. Bereits in Kap. 7.4.2 haben wir auf die potenziell wichtige Rolle eines Advocatus Diaboli insbesondere bei kritischen Projekten hingewiesen.

In Abschn. 9.5.2 nehmen wir dieses Beispiel des Gepäcksystems des Flughafens in Denver noch einmal auf, um die Risikoklassifizierung für Projekt zu verbildlichen.

Bei der Eröffnung von Terminal 5 des Heathrow Airports am 27. März 2008 gab es ebenfalls Probleme. Die Eröffnung war zwar pünktlich, jedoch gab es hier in der Anfangszeit Probleme, unter anderem mit dem Gepäcksystem: *„Als das Gepäcksystem ausfiel, türmten sich Koffer derart auf, dass sie abtransportiert wurden, um anderswo sortiert zu werden."*[10] Die Diagnose hier: Unzureichende Kommunikation zwischen dem Eigentümer und dem Besitzer von Terminal 5, schlechtes Training und nicht ausreichendes Testen ([22], auch im Weiteren). Die Auswirkungen für die Passagiere waren vielfältig: Mehr Gepäck wurde eingecheckt als auf die Flugzeuge verteilt werden konnte, teilweise fiel das System aus, so dass Flugzeuge ohne Gepäck abflogen, Kurzstreckenflüge wurden zur Entlastung gestrichen.[11] Die Störungen im Betrieb zogen sich über mehr als eine Woche hin, das Ganze war sehr sichtbar und von Presse und Fernsehen begleitet. Zu einem großen Teil handelte es sich um Einführungs- und Konfigurationsprobleme. Aber auch hier gab es keinen allen Beteiligten präsenten Plan B. Allerdings war den Akteuren schon im Vorfeld klar, dass Gepäcksysteme einen massiven

---

[10] Englisches Original [22]: *„When the baggage system failed, luggage piled up to such an extent that it was transported by road to be sorted off-site."*

[11] Nach dem englischen Original [22]: *„The problems resulted in congestion in the baggage system as more bags were checked in than the system was able to be load on to aircraft. On a number of occasions the system stopped functioning, leading to aircraft taking off without some or all of their allocated luggage. Short-haul flights were cancelled to ease the pressure on the baggage system."*

Einfluss auf Flughafeneröffnungen haben können. Das Gepäcksystem war sogar früh im Gesamtprogramm fertiggestellt worden, um einen Test mit 400.000 Gepäckstücken durchführen zu können. Die Probleme, die in der ersten Woche des Betriebs auftraten, konnten hierbei nicht festgestellt werden.

9.5 Software – eine „Krise? Projekte – eine Krise? Welche Krise?

Software-Projekte sind häufig verspätet und zu teuer. Manche IT-Projekte (die wir hier der Einfachheit halber synonym mit Software-Projekten nehmen) müssen wegen Scheiterns komplett eingestellt werden. Es entsteht also großer finanzieller Schaden. Es gibt auch teilweise schlechte Presse für das jeweilige Unternehmen – dies geschieht nicht regelmäßig, sondern lediglich dann, wenn die Projekte eine hohe öffentliche Sichtbarkeit haben. Bei typischen IT-Projekten ist dies vergleichsweise selten der Fall.

9.5.1 Die Krise(n)

Auf der NATO-Konferenz über Software Engineering in Garmisch (siehe auch Kap. 4.2.1) sprach man darüber [23]: Die Software-Krise („Software Crisis") oder die Software-Diskrepanz („Software Gap"). Ein bekannter Teilnehmer war übrigens Edsger W. Dijkstra, der spätere Gewinner des Turing Awards. Er hatte die Diskussion schon damals auf erfrischende Weise befördert[12] und nahm diesen Begriff im Jahr 1972 wieder auf [24].

Was war mit der Software-Krise gemeint?
Mit stärkerer Hardware war auch komplexere Software möglich und nötig geworden. Die Methoden und Techniken, komplexere Software zu erstellen und zu behandeln, waren jedoch noch nicht adäquat fortgeschritten, sie hatten nicht Schritt gehalten.

Dies galt nicht auf allen Gebieten von Software-Anwendungen. Auch die Existenz einer Software-Krise war nicht generell akzeptiert worden. Aber es ist klar, dass der Begriff den Geist der Zeit getroffen hatte. Die Kosten für Software-Projekte stiegen (und das ist noch heute so), die Ansprüche der Nutzer konnten oft nicht zufriedengestellt werden (und das ist noch heute so), die Kosten für Test-Aktivitäten stiegen ebenfalls (das ist heutzutage nicht generell so).

Etwas mehr als 25 Jahre später, im Jahr 1994, veröffentlichte die Standish Group [25] Zahlen, nach denen lediglich 16 % aller IT-Projekte erfolgreich waren – die restlichen Anteile wurden entweder vor einer Beendigung eingestellt (31 %) und damit als gescheitert bezeichnet, oder hatten eines oder mehrere von drei Kriterien (Zeit, geforderte Funktiona-

---

[12] Englisches Original [23]: „*The general admission of the existence of the software failure in this group of responsible people is the most refreshing experience I have had in a number of years, because the admission of shortcomings is the primary condition for improvement.*"

Tab. 9.1 Ergebnisse der Standish Group über Projekterfolg – zitiert nach [26] bis 2004 und nach [27] ab 2006

Jahr	1994 (%)	1996 (%)	1998 (%)	2000 (%)	2004 (%)	2006 (%)	2008 (%)	2010 (%)	2012 (%)
Erfolg	16	27	26	28	29	35	32	37	39
Herausgefordert	53	33	46	49	53	46	44	42	43
Gescheitert	31	40	28	23	18	19	24	21	18

lität, Budget) nicht eingehalten (53 %) und waren damit „herausgefordert" (challenged). Diese Zahlen wurden über verschiedene Folgejahre wieder erhoben, siehe Tab. 9.1.

Die Validität der Methoden und die Ergebnisse der Standish Group wurden zwar – auch fundiert – angezweifelt [26]. Die Darstellung in Tab. 9.1 ist hier lediglich wiedergegeben, weil sich viele Autoren an ihnen abarbeiten – und nicht, weil wir davon überzeugt sind, dass diese Ergebnisse genau so valide und aussagekräftig sind.[13]

Es sind beispielsweise die Dimensionen Zeit, geforderte Funktionalität und Budget nicht die einzigen (und vielleicht noch nicht einmal die entscheidenden) Faktoren zur Beurteilung eines IT-Projektes. In Abschn. 9.3 haben wir sogar gesehen, dass ein abgebrochenes Projekt nicht Ausdruck von „Scheitern" sein muss – es kann auch vielmehr Ausdruck von funktionierenden Projektmanagement-Methoden sein. Ein Projektabbruch kann einen Mehrwert für das Unternehmen erbringen. Nämlich dann, wenn eine laufende Rechtfertigung des Projektes über einen Geschäftsnutzen nicht mehr gegeben ist – und dies mit den verwendeten Projektmanagementmethoden erkannt wurde. Und in der Tat findet man in anderen Untersuchungen [28] Zahlen für gescheiterte Projekte, die weitaus niedriger sind, bis hinunter zu 9 %.

Die Erkenntnis jedoch, dass viele IT-Projekte besser laufen könnten, hat weites Echo gefunden. Die Softwarekrise war wieder, immer noch und manchen Artikeln zufolge auch zum ersten Mal [28] da.

Im Folgenden geben wir einige der Erkenntnisse und Folgerungen aus Analysen im Bereich der IT-Projekte wieder. Diese sind auch – wie wir sehen werden – für einen IT-Betrieb relevant. Viele von diesen Ergebnissen (die sich oftmals auch wiederholen – ein gutes Zeichen) spiegeln sich auch in der Weiterentwicklung von IT-Projektmanagement-Frameworks und –Methoden (und dem Erfolg bei den zugehörigen Zertifizierungsbemühungen) wider.

---

[13] Alleine schon die Frage, wie man statistisch relevantes Datenmaterial über Projekte bekommen kann, ist sehr spannend. Diese Frage ist auch praktisch relevant, denn nur aus dem Wissen, welche Verbesserungsmöglichkeiten es gibt und wie diese sich auswirken, lassen sich zukünftig lohnende Änderungen ableiten.

9.5.2 Die Antwort(en)

Die Antworten auf die Software-Krise der 1960er/1970er Jahre und (oder bis) 1990er/
2000er Jahre sind ähnlich: Methoden.

Software Engineering ist Teil jedes ernstzunehmenden Informatik-Curriculums, wenn
auch oft mit einer entwicklungslastigen Gewichtung und ohne den Übergang in den Wirkbetrieb, den späteren Betrieb sowie insbesondere den Kundennutzen als Ausgangspunkt
zu nehmen. *Projektmanagement-Methoden* auf der anderen Seite geben die nötigen Werkzeuge auch übergeordneter Natur wieder.

In [29] wird darauf hingewiesen, dass eine Krise in einem IT-Projekt (er schreibt, um
genau zu sein, von einem Informationssystem-Entwicklungsprojekt) eine Chance sein
kann: Aus Krisenprojekten kann die Organisation für zukünftige Projekte lernen, es gibt
aber auch die Chance, Krisenprojekte zu drehen und ihnen doch noch zu einem Erfolg zu
verhelfen.

Lernen wird die Organisation jedoch nur, wenn Erfahrungen aus erfolgreichen und vor
allem gescheiterten Projekten formal und informell in die Organisation eingehen. Ken Olsen, der schon erwähnte Gründer und langjährige Präsident der Digital Equipment Corporation (DEC), formulierte die Notwendigkeit, über gescheiterte Projekte zu kommunizieren, in einem Memo so: *„Der Aufsichtsrat und insbesondere der Vorstand hören über viele
Projekte, die begonnen wurden. Sie hören nichts über viele andere, die zwar begonnen
wurden, von denen aber nicht gesprochen wird. Und vor allem hören sie nichts über die
gescheiterten Projekte".*[14] Formal geschieht ein Lernen in den Prozessen, Dokumentationen und Regelwerken (also beispielsweise in geänderten Projektmanagement-Regularien
eines PMO), informell geschieht dies im Wissen der Mitarbeiter, die mit dem Projekt zu
tun hatten oder die Erzählungen darüber hören.

In Projektmanagement-Rahmenwerken werden solche Erfahrungen üblicherweise betont. PMP [15] beispielsweise bezeichnet unter anderem solche Faktoren als Organizational Process Assets, OPA. Hierzu gehören die Regularien zum Projektmanagement (also
z. B. Richtlinien, Vorgehensweisen, Templates und Checklisten). Dazu gehört aber auch
wieder das Wissen (siehe Kap. 4.4.2) zu vorangegangenen Projekten, also der Zugang und
die Verwendung von alten Risikoregistern, Lessons Learned (die hoffentlich immer nach
erfolgreichen und erfolglosen Projekten erstellt werden), und allgemeiner: alte Projekt-
unterlagen und historische Informationen.

Im Folgenden geben wir aus exemplarischer Literatur einige der wichtigsten Erfolgs-
und Misserfolgsfaktoren für IT-Projekte wieder. IT-Projekte – das sei nochmal betont,
werden auch vom IT-Betrieb durchgeführt, deswegen die Relevanz auch für dieses Kapitel. Erfolgsfaktoren (oder Vermeidung von Misserfolgsfaktoren) sind natürlich zumeist
nicht umsonst zu haben. Sie kosten Geld, Zeit oder Nerven – und dies wiederum kann den

---

[14] Englisches Original [30]: *„The Board of Directors, and particularly the Executive Committee, he-
ars about many projects that have been started. They do not hear about many others that are started
but never talked about, but, above all, they never hear about those that fail."*

Projekterfolg auf andere Art gefährden. Deswegen ist das Eingehen auf diese Erfolgsfaktoren und der Grad, in dem diese verfolgt werden, sorgfältig zu wählen. Auch deswegen beginnen wir diese Betrachtung mit der Projektmethode.

Projektmethode
Die Projektmethode betrifft die Elemente, die betrachtet werden: Personen, Rollen, Teams, Hilfsmittel, Prozesse, Aktivitäten, Meilensteine, Arbeitsergebnisse, Standards, Qualitätskennzahlen und die Teamwerte [31]. Die Größe der Projektmethode setzt sich zusammen aus der Anzahl der Elemente und der Detailliertheit, mit der diese Anforderungen unterworfen werden.

In [31] werden die Einflussfaktoren für die Wahl einer Projektmethode und deren „Größe" untersucht (der Schwerpunkt ist dort eigentlich die Entwicklungsmethode, wir können dies verallgemeinern). Es wird insbesondere (etwas adaptiert) betont:

- Eine größere Projektgruppe (ein größeres Projekt) benötigt eine größere Projektmethode. Die Projektmethode ist unter anderem dazu da, Personen und ihre Aktivitäten zu koordinieren. Deswegen muss bei mehr Personen (und mehr Aktivitäten) auch mehr koordiniert werden.
- Je kritischer ein zu erstellender IT-Service ist, desto formeller und sichtbar kontrollierter muss die Projektmethode sein. „Kritisch" ist hierbei unterteilt von schwach nach stark in „Verlust an Komfort", „Verlust von verschmerzbarem Geld", „Verlust von nicht verschmerzbarem Geld" und „Verlust von Leben".

Also: Kleine Projekte und kleine Kritikalität erfordern lediglich eine kleine Projektmethode. Große Projekte und hohe Kritikalität der Projektergebnisse erfordern eine große Projektmethode.

Es ist klar, dass Projektkosten mit der Projektmethodik verbunden sind – je mehr Methodik gefordert wird, desto höher werden die Kosten sein (auf der anderen Seite werden idealerweise die Projektrisiken sinken).

Wichtig ist insbesondere, wie Information in Projekten vermittelt wird: Die effektivste Art der Kommunikation ist die zweier Personen von Angesicht zu Angesicht an einem Whiteboard (siehe auch Kap. 7.6.4). Mit jeder Eigenheit, die von dieser Art der Kommunikation subtrahiert wird, sinkt die Effizienz (und Effektivität) der Kommunikation. Die Stufen sind in absteigender Reihenfolge (adaptiert nach [31] – dort war die Videokonferenz noch nicht enthalten):

- Zwei Personen von Angesicht zu Angesicht an einem Whiteboard
- Zwei Personen über Videokonferenz
- Zwei Personen am Telefon
- Zwei Personen per Email
- Videoaufnahme
- Sprachaufnahme
- Papier

Diese Reihenfolge verläuft gleichzeitig von „informell" zu „formell" – also von kleinerer zu größerer Projektmethode.

Es ist klar, dass Menschen typischerweise informellere Methoden vorziehen und dass diese auch billiger zu haben sind. Auf der anderen Seite sind mit informelleren Methoden höhere Risiken verbunden – verlässlich und reproduzierbar gute Ergebnisse lassen sich nur mit verlässlichen und reproduzierbaren Methoden erreichen (siehe auch die Reifegradmodelle in Kap. 4.4.4).

Die Projektmethode wird also so gewählt, dass sie den Risiken des Projekts, der Kritikalität der Projektergebnisse und der Risikobereitschaft der Organisation entspricht. Die Risikobereitschaft der Organisation ist nicht nur ein betriebswirtschaftlicher Faktor – er kann zu einem großen Teil durch die jeweilige Firmenkultur geprägt sein (und ist damit vielleicht noch nicht einmal kodifiziert).

Risikofaktoren
Aus verschiedenen Erhebungen und Auswertungen lässt sich eine Liste von Top-Risiken für IT-Projekte zusammenstellen. Diese Liste ist jedoch nicht überraschend, die meisten der Punkte sind adressiert in good practices des Projektmanagements. Entsprechend führen wir im Folgenden nicht alle auffindbaren Top-Risiken und Top-Gründe für Projektstopps auf, sondern lediglich eine interessante Auswahl (wir folgen hier die Klassifizierung nach vier Kategorien wie sie in [21] zu finden sind):

- **Personen-zentrierte Risikofaktoren**: Hierzu gehören unerfahrene Kunden oder Lieferanten, unerfahrene Mitarbeiter (technische Orientierung oder Management), fehlende Unterstützung von Stakeholdern, zu ehrgeizige Top-Manager und mangelnde Vertrautheit der Nutzer oder Betreiber mit dem neuen IT-Service
- **Prozess-zentrierte Risikofaktoren**: Hierzu gehören ein unklarer Projektscope und unklare Anforderungen, sich ändernde Anforderungen, eine unrealistische Zeitplanung sowie schlechte Budgetkontrolle und schlechte Management-Überwachung des Projekts
- **Technische Risikofaktoren**: Hierzu gehören eine hohe technische Komplexität, falsche Herangehensweise an die Projektentwicklung sowie fehlendes Testing
- **Projektexterne Risikofaktoren**: Hierzu gehören Änderungen der Umwelt (beispielsweise wird ein Projektergebnis schlicht nicht mehr benötigt), starke Kopplung mit anderen wichtigen Projekten

In [28] werden als die beiden Top-Gründe für Projektstopps – die fehlende Involvierung des oberen Managements (also von Stakeholdern) sowie zu viele Änderungen an Anforderungen oder dem Scope des Projektes – angegeben. Die Fallstudie [32] sieht insbesondere unerfahrene IT-Mitarbeiter, besonders bei großen und komplexen IT-Projekten sowie nicht-effektive Projektüberwachung als gewichtige Risikofaktoren an.

In Tab. 9.2 machen wir eine Zuordnung zu den typischen (groben) Projektphasen: Projekt-Initiierung, Projekt-Entwicklung und Einführung. In der Tabelle ist dargestellt, wo sich bestimmte Risikofaktoren schwerpunktmäßig manifestieren – zu adressieren sind sie in jeder Projektphase, und zwar so bald wie sinnvoll.

Tab. 9.2 Zuordnung der Risikofaktoren zu Projektphasen (nach [21])

Risikofaktoren	Initiierung	Entwicklung	Einführung
Personen-zentrierte Risikofaktoren			
Unerfahrene Kunden oder Lieferanten	X		
Unerfahrene Mitarbeiter (tech./Mgmt.)	X		
Fehlende Unterstützung von Stakeholdern	X	X	X
Zu ehrgeizige Top-Manager	X		
Mangelnde Vertrautheit der Nutzer oder Betreiber mit neuen IT-Services			X
Prozess-zentrierte Risikofaktoren			
Unklarer Projektscope/Anforderungen	X		X
Sich ändernde Anforderungen		X	
Unrealistische Zeitplanung	X		
Schlechte Budgetkontrolle/schlechte Management-Überwachung des Projekts		X	
Technische Risikofaktoren			
Technische Komplexität	X	X	X
Falsche Herangehensweise an Entwicklung	X	X	X
Fehlendes Testing		X	X
Projektexterne Risikofaktoren			
Änderungen der Umwelt		X	X
Starke Kopplung mit anderen Projekten	X		X

Wir sehen in dieser Tab. 9.2 auch, dass es Risiken gibt, die schwerpunktmäßig eine Einführung und damit insbesondere den IT-Betrieb betreffen. Das erklärt auch, warum ein IT-Betrieb in Projekte, die etwas in einen Betrieb liefern sollen, involviert sein soll und muss – und dies schon bei der Projektinitiierung. Denn am Anfang eines Projektes, bei der (zeitlichen, finanziellen und personellen) Planung und beim Scoping können Fehler noch am einfachsten korrigiert werden.

Wir können nun – als kleine Fingerübung sozusagen – eine Zuordnung der sich manifestierten Risiken aus dem Beispiel der Gepäckabfertigung des Denver International Airport (Abschn. 9.4) machen – wir verändern dabei [21] etwas (Tab. 9.3).

Die starke Kopplung mit anderen Projekten war natürlich die von der Gepäckabfertigung abhängige Eröffnung des Flughafens. Die Errichtung eines solchen Flughafens ist eingängigerweise nicht nur ein Projekt, sondern eine Vielzahl – oft voneinander abhängiger – Projekte. Was für Methoden man für untereinander abhängige Projekte nutzt, und wie man generell Projekte in einem Unternehmen und in einem IT-Betrieb unterstützen kann, werden wir in Abschn. 9.6 sehen.

Tab. 9.3 Zuordnung von Risikofaktoren zu Projekt Gepäckabfertigung aus Abschn. 9.4 (abgewandelt nach [21])

Risikofaktoren	Zutreffend bei Gepäckabfertigung
Personen-zentrierte Risikofaktoren	
Unerfahrene Kunden oder Lieferanten	X
Unerfahrene Mitarbeiter (tech./Mgmt.)	?
Fehlende Unterstützung von Stakeholdern	
Zu ehrgeizige Top-Manager	X
Mangelnde Vertrautheit der Nutzer oder Betreiber mit neuen IT-Services	
Prozess-zentrierte Risikofaktoren	
Unklarer Projektscope/Anforderungen	
Sich ändernde Anforderungen	X
Unrealistische Zeitplanung	X
Schlechte Budgetkontrolle/schlechte Management-Überwachung des Projektes	
Technische Risikofaktoren	
Technische Komplexität	X
Falsche Herangehensweise an Entwicklung	
Fehlendes Testing	
Projektexterne Risikofaktoren	
Änderungen der Umwelt	
Starke Kopplung mit anderen Projekten	X

Gescheiterte Projekte

Selbst wenn ein Projekt trotz aller Bemühungen bereits schiefgegangen ist, – müssen einige Maßnahmen ergriffen werden. In [33] werden diese ausführlicher geschildert. Wir betonen insbesondere das Post-Mortem-Audit, das aus einer unabhängigen Begutachtung der Gründe für das Scheitern besteht. Um in Zukunft nicht mehr an den gleichen Gründen zu scheitern (andere werden sich finden), müssen aus dem Post-Mortem-Audit Schlüsse für die Vorgehensweisen und Verhaltensweisen gezogen und Änderungen implementiert werden.

Der Plan B – der immer bei einem Projekt im Falle des Scheiterns vorhanden sein muss – wird in Gang gesetzt. Wahrscheinlich muss er vorher noch einmal durchgesehen, aktualisiert und verfeinert werden. Insbesondere hier wird wahrscheinlich eine starke Mitwirkung – wenn nicht gar Führerschaft – des IT-Betriebs erforderlich sein.

Vor allem aber gilt: Der sonstige IT-Betrieb mit den fortlaufend angebotenen IT-Services muss mit dem gewohnten Mehrwert für den Geschäftsbetrieb stabil mit adäquater Qualität weiterhin angeboten werden.

Dieser Abschnitt lässt sich vielleicht so zusammenfassen: Es gibt kein schlechtes Wetter, es gibt nur falsche Kleidung. So verhält es sich auch bei Software und Projekten: es gibt keine Krise – es gibt nur falsche Methoden.

9.6   Alles gleichzeitig: Das Projekt Management Office und Programm-Management

In einem typischen Unternehmen wird es zu jederzeit mehr als ein IT-Projekt geben – in der Regel wird es im Projektportfolio eines mittleren oder großen Unternehmens eine Vielzahl von gleichzeitig laufenden Projekten geben.

Das Projektportfolio, also die Gesamtheit der übergreifenden Projekte, die von den zuständigen Gremien des Unternehmens genehmigt und budgetiert wurden, wird an einer zentralen Stelle verwaltet. Nicht jedes Projekt eines Unternehmens muss im Projekt-Portfolio sichtbar sein – in manchen Firmen haben Fachabteilungen eigene Budgets, um Projekte umzusetzen. Diese sind dann vielleicht kleiner als die Projekte, die als relevant für die Gesamtfirma angesehen wurden (und dementsprechend im Projektportfolio zu finden sind).

Es empfiehlt sich – alleine schon aus Transparenzgründen – die Projekte auf eine Folie zu bringen, graphisch ansprechend auszugestalten und an alle Stakeholder des Unternehmens zu verteilen. Weniges trägt mehr zu einem Alignment (siehe Kap. 5) und einer Ausrichtung auf gemeinsame Geschäftsziele bei, als ein gemeinsames Bild (das dann vielleicht sogar an jeder Wand hängt – sofern dies aus Schutzaspekten opportun ist). Die zentrale Stelle, die die Gesamtheit der Projekte zusammenfasst, kann ein Projekt Management Office, ein PMO, sein (dies ist zu unterscheiden von einem Projektoffice eines Projekts, das einfach den Projektleiter administrativ unterstützt).

Das PMO eines mittleren bis großen Unternehmens kann aus mehreren bis vielen Mitarbeitern in Vollzeit bestehen. Diese sollten einen starken Erfahrungshintergrund im Projektmanagement haben. Dieser Hintergrund sollte sowohl in praktischer Hinsicht (sie sollten Projekte geleitet haben) als auch in theoretischer Hinsicht (formale Aspekte des Projektmanagements sind bekannt, ggf. nachgewiesen durch entsprechende Zertifizierungen) vorhanden sein. Das PMO hat drei wesentliche Rollen:

- Das PMO wird bei einer Standardisierung der Projektmethoden eines Unternehmens die zentrale Rolle spielen. Dabei geht es darum, welche Methode eingesetzt wird, wie diese adaptiert wird, welche formalen und inhaltlichen Lieferungen von einem Projekt jeweils erwartet werden.
- Das PMO ist das administrative Gegenüber für Projekte, wenn diese bestimmte Projektphasen erreicht haben und in die jeweils nächste Projektphase übergehen möchten. Dazu sind jeweils formale und inhaltliche Voraussetzungen zu erfüllen – das PMO

prüft diese als Sachwalter der Firma und achtet auch auf projektübergreifend gleiche Standards.
- Das PMO pflegt das Projektportfolio.

Das PMO kann weiterhin eine Rolle spielen, wenn es darum geht, welche Projekte für das Unternehmens-Projektportfolio ausgewählt werden.

In der Regel werden diese Projekte aus dem Projektportfolio voneinander unabhängig sein: Solange sie nicht voneinander abhängen oder auf ein gemeinsames Ziel hinarbeiten (und dadurch ein gemeinsames Abhängigkeitsverhältnis haben), genügt es, diese auch als mehrere unabhängige Projekte zu managen. Das schließt nicht aus, dass es Berührungspunkte zwischen den genannten Projekten gibt: Es kann beispielsweise Konkurrenz um Projektmitarbeiter, Entwicklungsressourcen und Testumgebungen geben. Es kann aber auch sein, dass eine gewisse Anzahl von Projekten in einem gemeinsamen Release münden und somit den gleichen Endzeitpunkt als Ziel haben. In dieser Hinsicht müssen Projekte dann nicht nur als einzelne Projekte sondern mit einem gewissen Overhead und in bestimmten Beziehungen übergreifend gemanagt werden. Dies ist dann ein Multi-Projektmanagement bzw. Release-Management.

Bei komplexen Änderungen an Geschäftsprozessen kommt es oft vor, dass nicht nur *ein* Projekt, sondern verschiedene – aber voneinander abhängige – Projekte in einem Unternehmen geplant, initiiert und durchgeführt werden. Die Zusammenfassung solcher voneinander abhängige– Projekte ist ein Programm. Gemanagt werden sie mit den Methoden und Werkzeugen des Programm-Managements [34]. Man kann ein Programm als ein großes Projekt ansehen, bei dem die einzelnen Projekte einfach Teilprojekte sind. Was nicht unterschätzt werden darf, ist die Komplexität, die Heterogenität und die erhöhte Bedeutung eines Programmes für ein Unternehmen:

- *Komplexität*: Ein Programm enthält mehr Arbeitspakete, mehr Manntage und mehr Budget als ein Projekt (jeweils bezogen auf ein Unternehmen). Die Abhängigkeit zwischen verschiedenen Arbeitspaketen ist höher, ein extrem zunehmender Kommunikationsaufwand ist zur Abstimmung erforderlich
- *Heterogenität*: Nach [34] kann ein Programm aus verschiedenen Projekten mit ganz unterschiedlichen Zielrichtungen (organisatorisch, betriebswirtschaftlich, technisch) bestehen
- Erhöhte *Bedeutung* eines Programmes für ein Unternehmen: Fehlgeschlagene Programme können öfters bedrohlich für ein Unternehmen sein als fehlgeschlagene Projekte.

Eine Vielzahl von Publikationen zum Programm-Management spricht für die Bedeutung, die diesem mittlerweile beigemessen wird. Entsprechend werden Schulungen und Zertifizierungsprogramme angeboten. Beispiel für zwei der größeren Rahmenwerke sind der

„Programme Management Professional", PgMP des Project Management Institutes (PMI) und das „Managing Successful Projects" (MSP).

Das Programm-Management wendet verschiedene Instrumente an, um die Misserfolgs-aussichten beim Zusammenspiel der Projekte zu reduzieren. Dazu gehören übergreifendes Risiko-Management, übergreifende Kommunikation und übergreifendes finanzielles Ma-nagement der Projekte. Die unverzichtbare Rolle ist die des Programm-Managers. Unter-stützend kann auch ein Programm-Office (PgO) hinzukommen – dies ist analog zu einem Projekt-Office zur administrativen Unterstützung des Programm-Managers gedacht.

9.7   Prozess- und Projektmodelle von Anforderung bis zum Betrieb

In diesem Abschnitt fassen wir noch einmal kurz zusammen, wie der Weg von der Anfor-derung bis in den Betrieb aus einer IT-Sicht ist.

In einer Design-Phase wird ein fachlicher Wunsch formuliert und eine fachliche und technische Lösungsgestaltung formuliert. Sie endet mit der Entscheidung zur Machbar-keit nach wirtschaftlichen, technischen und organisatorischen Kriterien. Dies entspricht in etwa dem Vorprojekt und der Initiierung aus PRINCE2 (siehe Abschn. 9.3.1).

In der Build-Phase muss die gefundene Lösung gemäß der getroffenen Entscheidung gebaut werden und erfolgreich in die Regelprozesse des IT-Betriebs eingeführt werden.

Die Aufgaben beider Phasen finden sich in Referenzmodellen als „Change Manage-ment" und „Release und Deployment Management" wieder. Sie werden in der Praxis aber oft in anderen Organisationsformen und mit anderen Stakeholdern und anderen Entschei-dern umgesetzt.

Interessant ist es zu sehen, wie im Detail die Ausgestaltung von der Anforderung bis zur Implementierung ausgestaltet ist. Zwei Kernprobleme sind dabei oft,

- dass man bei der Ausgestaltung der fachlichen Anforderungen an einen Service zwar schon viel durchdacht hat – aber eben nicht alles. Anforderungen kommen hinzu, fallen weg, werden verändert
- dass sich vermeidbare Komplexität auf dem Weg von der Anforderung zum Betrieb ansammelt und somit das Gesamtvorhaben (inklusive Betrieb) teurer und risikoreicher macht, als es sein müsste.

Wir gehen zunächst auf den zweiten Punkt ein.

9.7.1   Komplexe Services

Komplexe Anforderungen bedeuten in der Regel komplexe Software, komplexes Testen und komplexen Betrieb (siehe Abb. 9.4). Aber auch auf dem Weg von der Anforderung in den Betrieb können sich Komplexitäten vergrößern [13]:

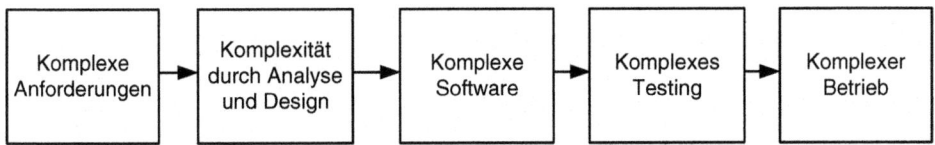

Abb. 9.4 Propagation von Komplexität (nach [13])

- Anforderungen führen zu unnötiger Komplexität, wenn mehr gefordert wird als notwendig oder wirtschaftlich ist
- In der Analyse und im Design können sich Komplexitäten einschleichen, wenn mit Anforderungen nicht „elegant umgegangen wird"
- Die Software-Implementierung selber kann natürlich Komplexitäten einführen
- Testen kann komplex werden, wenn die Fallkonstellationen zu vielfältig sind und wenn Testbarkeit bei Softwaredesign und -erstellung nicht berücksichtigt wurden. Dies führt zu höheren Aufwänden, Testlücken und damit zu zusätzlichen Risiken
- Der Betrieb (sowohl ein IT-Betrieb als auch die geschäftliche Nutzung durch die Fachbereiche) kann komplex werden, wenn funktionale oder nicht-funktionale Anforderungen nicht berücksichtigt wurden und wenn sich die Komplexitäten aus den vorangegangenen Phasen bis in den Wirkbetrieb durchziehen. Komplexität kann beispielsweise auch durch nicht berücksichtigte Anforderungen in Form von manuellen Workarounds eingeführt werden.

Komplexität in Software oder IT-Architektur ist an sich nicht schlecht. Viele Software- und Hardwareprodukte sind komplex. Sie sind dies, um die Komplexität für den Anwender zu verringern. Viele der besten Produkte sind intern (und damit vom Nutzer gekapselt und für diesen nicht sichtbar) sehr komplex. Nach außen (und an der Schnittstelle zum Nutzer) sind diese Produkte dann aber spielend einfach und stiften dadurch Mehrwert.

Problematisch wird es dort, wo interne Komplexität nicht geplant und gewollt ist, und wo sie nicht gepflegt wird. Dies führt im Extremfall dazu, dass Entwicklung, Test und Betrieb aufwändig werden und dass Veränderungen (Wartung und Pflege) ausgebremst werden, weil Komplexität nicht mehr überschaut werden kann. Solcher Komplexität muss begegnet werden – auch wenn dies eine immerwährende Aufgabe ist: Wie wir bereits in Abschn. 9.2.4 gesehen haben, ist auch Softwareevolution ein weiterer Grund für Komplexitätssteigerung von bereits eingeführter Software.

Dort hingegen, wo sie sinnvoll ist, muss Komplexität umarmt und rational gelenkt werden.

Die zwei Hauptmittel, die Komplexität zu beschränken – wo sie nicht ökonomisch ist – und sie zu bewältigen sind:

- Ein adäquates Prozessmodell für Anforderungen
- Ein starkes Architekturmodell mit verbindlichen Zielarchitekturen und Rahmenbedingungen.

9.7.2   Anforderungsänderungen

Die Probleme bei Anforderungsänderungen sind vielfältig:

- Wie werden Entwicklung, Test und Betrieb so organisiert und informiert, dass transparent ist, wenn Anforderungen geändert wurden?
- Wie kann man mit Anforderungsänderungen auf einer Entwicklungsebene umgehen? Zu viele Änderungsanträge sind des Projektes Tod.
- Wie wird ein Ausgleich gefunden zwischen der Notwendigkeit von Anforderungsänderungen (aus Nutzersicht) und der Notwendigkeit stabiler Anforderungen (aus IT-Sicht)?

Änderungen an Anforderungen werden nie zu unterdrücken sein – dies ist auch nicht die Aufgabe einer IT. Hier verhält es sich ähnlich wie bei Pflegeanforderungen bei bereits eingeführten Services (siehe Abschn. 9.2.2).

9.7.3   Prozessmodelle

Es gibt eine ganze Reihe von Modellen, die eine Softwareentwicklung – und den Softwarepflegezyklus – unterstützen sollen. Wir werden hier *keinen* umfassenden Überblick geben, sondern bei einigen Modellen Dinge herausstellen, die uns interessant erscheinen. Wir unterscheiden dabei diese Prozessmodelle für eine *Softwareerstellung* strikt von den Methoden des Projektmanagements aus Abschn. 9.3.1. – auch wenn gewisse Werkzeuge hier wie dort Verwendung finden können und werden.

Wohlbekannt ist das **Wasserfallmodell**, bei dem nacheinander fünf bis sieben Phasen linear durchlaufen werden.

Urväter der linearen Modelle [35] versichern uns jedoch, dass diese Phasen *nicht* strikt linear durchgeführt, sondern dort auch Pilotierungen und Testimplementierungen angewendet wurden. In der klassischen Veröffentlichung [36] zum Wasserfallmodell (das dort nicht so genannt wird) ist ein Pilot sogar explizit gefordert, dort unter der Überschrift „*do it twice*". Die Abb. 9.5 ist der zweiten Abbildung aus [36] nachempfunden. Die darauffolgenden Abbildungen in der Publikation verfeinern das Bild mit Feedback-Schleifen und Mitwirkungsmöglichkeiten des Kunden auch nach den Systemanforderungen!

Das Wasserfallmodell – wenn es richtig gelesen wird – ist also durchaus differenzierter als lediglich eine sture Abfolge von nicht-überlappenden Phasen, bei denen es nur in eine Richtung geht.

Das **V-Modell** ist eine auch graphische Weiterentwicklung, bei der nun den Erstellungsphasen jeweils Testphasen gegenübergestellt werden. Die öffentliche Hand hat das V-Modell XT des Bundes [37] als Vorgehen für IT-Projekte im öffentlichen Umfeld definiert. Das „XT" steht dabei für „extreme tailoring", also die Möglichkeit der Anpassung des Prozessmodells an Projektspezifika.

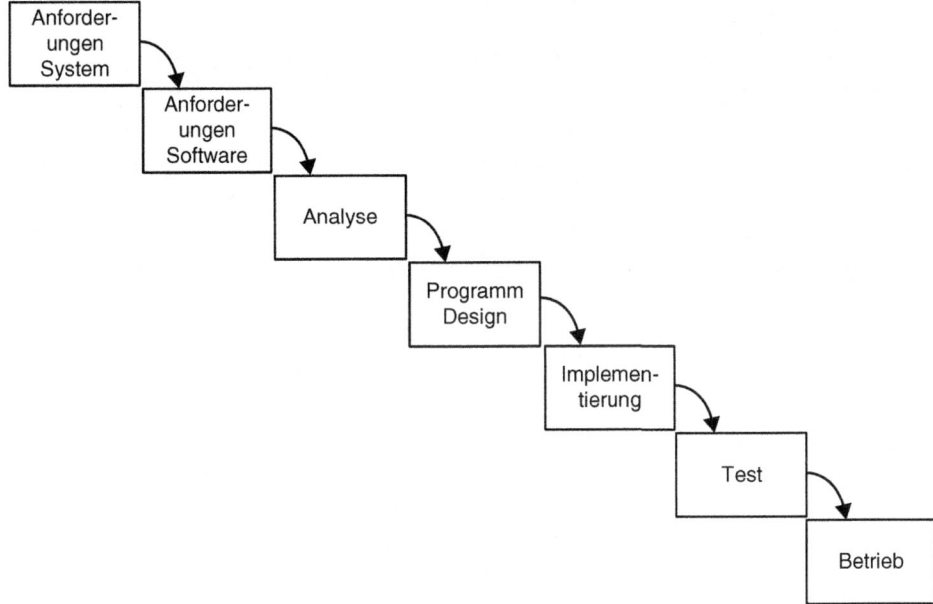

Abb. 9.5 Wasserfallmodell – nach [36]

Zu betonen ist, dass zu einem frühen Zeitpunkt im Projektverlauf – nämlich bei der Projekt- und der Anforderungsdefinition – eine Zusammenarbeit mit dem IT-Betrieb gefordert wird und seine Anforderungen berücksichtigt werden müssen. Auch wird vor der Produktivsetzung eine Verbindung von fachlicher und betrieblicher Abnahme vorgeschlagen [37]: „... *das System [muss] vom IT-Betrieb akzeptiert werden. Dies wird dem Projekt durch eine Betriebliche Freigabeerklärung bestätigt. Für die Betriebliche Freigabe werden auch der Beitrag zum Datenschutzkonzept und der Beitrag zum IT-Sicherheitskonzept benötigt und geprüft*".

Das V-Modell ist produktorientiert und schreibt nicht den genauen Vorgang der Erstellung vor. So ist es mit einer Reihe von Entwicklungsmodellen (insbesondere mit dem hier nicht weiter erwähnten Spiralmodell und bestimmten iterativen Modellen) kompatibel.

Reifegradmodelle (auch speziell das Capability Maturity Model Integration, CMMI) beschreiben gute Praktiken und sollen vor Prozessverbesserungen in Unternehmen unterstützen, so dass als Ziel reife Prozesse eingesetzt werden (in Kap. 8.2.3 bereits kurz erwähnt). CMMI-DEV (CMMI for Development) richtet sich speziell an die Entwicklung und die Maintenance von IT-Produkten. CMMI setzt sich insbesondere aus verschiedenen Prozessgebieten (process areas) zusammen – diese sind beispielsweise Projektmanagement, Prozessmanagement und Unterstützung. Die Reifegrade, nach denen die Prozessgebiete beurteilt werden, sind in der bekanntesten Darstellung in fünf Stufen eingeteilt (initial, gemanagt, definiert, quantitativ gemanagt, optimiert).

Interessant ist, dass es für Services ein eigenes CMMI-Modell gibt, das CMMI-SVC [38]. Dies spielt in der betrieblichen Praxis bisher aber keine wesentliche Rolle.

In [39] findet man einiges über die Geschichte des Vorgängermodells des CMMI, nämlich des CMM (Capability Maturity Model). Das CMM wurde zur Diagnostik entworfen, um so *Verbesserungsmöglichkeiten* erkennen zu können. Es wurde dann jedoch vom US-Verteidigungsministerium als Kriterium für eine Lieferantenauswahl genutzt. Problematisch war dies, da das CMM weitmaschig ist: Man kann ein Projekt und eine Organisation dazu bringen, im CMM sehr gut dazustehen – aber nur da, nicht in den wirklichen Prozessen. Hier stellt sich das gleiche Problem wie bei sonstigen Zertifizierungen.[15] Wenn ein Prozessmodell, eine Reifegradmodell oder eine Zertifizierung lediglich genutzt wird, um bestimmten formalen Kriterien zu genügen, jedoch ohne einen weitergehenden inhaltlichen Anspruch, dann muss das entsprechende Modell sehr engmaschig sein, damit trotzdem gute Ergebnisse erzielt werden.

Es gibt Abwandlungen von bekannten Entwicklungsmethoden, um speziellen Herausforderungen zu begegnen. Eine davon, die für einen IT-Betrieb wie auch für eine Entwicklung besonders interessant ist, ist das SDD (**Simulation Driven Development**) [40, 41]. Hierbei werden Simulationen eingesetzt, um komplexe Abhängigkeiten zwischen verschiedenen Systemkomponenten zu modellieren und ggf. auch stochastische und unsichere Umweltbedingungen zu berücksichtigen. Mit diesen Abhängigkeiten ist eine Software im Wirkbetrieb konfrontiert, deswegen soll dies so schon früh in der Design-Phase berücksichtigt werden können. Hilfreich ist es, weil bei komplexen Systemen das Zusammenspiel zwischen Komponenten nicht mehr sicher vorhergesagt werden kann und auf der Gesamtsystemebene emergente Phänomene eine Rolle spielen können („*We build models of complex systems because we cannot comprehend any such system in its entirety*" [42]). Das Ganze ist mehr als die Summe der Teile – eine Situation, die man ungern erst unter Produktionsbedingungen erleben möchte. Solch ein Vorgehensmodell eignet sich insbesondere in verteilten Systemen mit vielen unterschiedlichen Technologien, bei denen kollektive Phänomene erst auftauchen, wenn die verschiedenen Systemkomponenten integriert sind. Bei solchen Systemen hat man außerdem die Schwierigkeit, dass Behebungen ggf. nicht einfach zu bewerkstelligen sind, weil auf einzelne Systemkomponenten nicht einfach zugegriffen werden kann. Hier kann es sehr vorteilhaft sein, wenn die Systementwicklung mit einer ausführbaren Spezifikation des Gesamtsystems (bzw. einem Simulationsmodell) begleitet wird [41].

9.8 Spannungsfelder

In diesem Abschnitt betrachten wir noch einmal explizit die Spannungsfelder, in denen ein IT-Betrieb agiert. Diese sind zunächst einmal unabhängig von der konkreten Organisationsform und erwachsen auch nur zum Teil aus dem Thema Organisation. Die Konflikte

---

[15] Ähnlich verhält es sich bei dem „ultimativen Test", ob jemand eine Fremdsprache gut beherrscht: kennt sie oder er das Wort „Hebamme" in dieser Sprache? Nachdem wir von dieser Nagelprobe erfuhren, haben wir uns die Hebamme in sieben Fremdsprachen eingeprägt – nicht in allen könnten wir uns jedoch auch nur einen Kaffee bestellen.

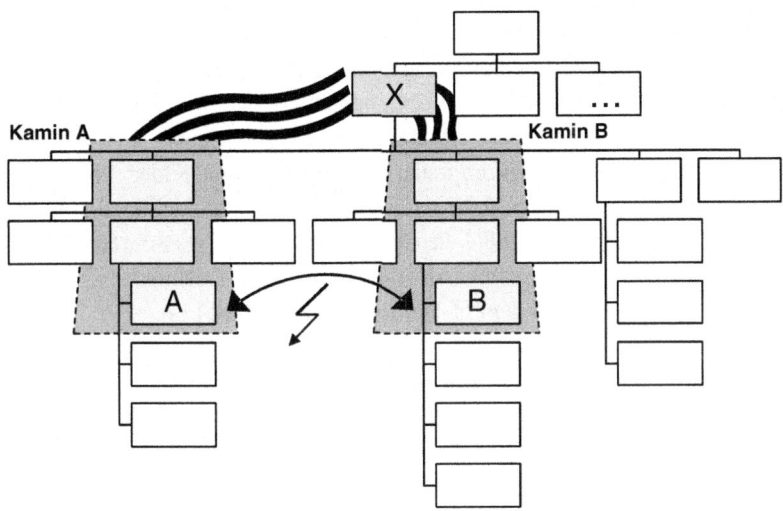

Abb. 9.6 Kamineffekt: Die Probleme rauchen kaminartig nach oben und treten an der gemeinsamen Führungsperson zum Vorschein

jedoch, die aus den Spannungsfeldern erwachsen, können mit unpassender Organisation an Schärfe zunehmen und entsprechend die Lösungsmöglichkeiten abnehmen.

Für die Organisation gilt der **Kamin-Effekt** (nach [43]): In jeder Organisation treten ungelöste Konflikte dort zutage, wo die Konfliktparteien hierarchisch gemeinsam aufgehängt sind. Wie in einem Kamin rauchen die Probleme über die Silos nach oben und treten am gemeinsamen Organisationsknoten (d. h. der Führungsperson, die an der Spitze der beiden Silos steht) zum Vorschein, siehe die Verbildlichung in Abb. 9.6. Diese gebildeten Silos sind „hoch, dick und fensterlos" [44] und verhindern üblicherweise, dass Konflikte zwischen den Abteilungen auf einer mittleren oder unteren Ebene gelöst werden.

Dieser Effekt kann gewollt sein – dann ist der Betrieb gut organisiert: Es treten all die Probleme zu Tage, die auch zu Tage treten sollen, es wir nichts „unter den Teppich gekehrt".

Wenn hingegen Probleme geräuschlos gelöst werden sollen, werden Organisationseinheiten, die Konflikte haben, auch auf einer tieferen Organisationsebene zusammengefasst. Dies hat für einen Manager in einer höheren Hierarchieebene den Vorteil, dass er sich auf andere Aufgaben als die Konfliktvermittlung und -entscheidung konzentrieren kann. Der Nachteil ist, dass Probleme überraschend und ggf. zu spät zum Gegensteuern zu Tage treten können und dann vielleicht ungeahnte Ausmaße annehmen.

Als Beispiel können wir die Aufgabe der IT-Architektur herannehmen. Die verantwortliche Organisationseinheit kann direkt beim CIO aufgehängt werden – dann wird dem CIO immer klar sein, wo es ggf. Spannungen und Reibungen mit einer Entwicklungseinheit **und** einem IT-Betrieb gibt, da diese Reibungspunkte bei ihm auf dem Schreibtisch landen. Oder die IT-Architektur kann organisatorisch im IT-Betrieb aufgehängt werden – dann werden nur noch die Spannungen zwischen der IT-Architektur und der Entwicklungseinheit wahrnehmbar. Oder aber die IT-Architektur ist in der Entwicklungseinheit unterge-bracht – dann sind nur noch die Spannungen mit einem IT-Betrieb sichtbar.

Im Folgenden betrachten wir die Beziehungen zwischen dem IT-Betrieb und den Auf-gaben, die in seiner Nähe angesiedelt sind: Test und Entwicklung (Abschn. 9.8.1). Danach behandeln wir drei bereits angeschnittene, spezielle Reibungsfelder: Projektorganisation vs. Linienorganisation (Abschn. 9.8.2), funktionale vs. nicht-funktionale Anforderungen (Abschn. 9.8.3) und in Abschn. 9.8.4 das Spannungsfeld Zeit, Ressourcen, Flexibilität und Sicherheit. Das letzte Thema ist eines, das dem ersten ähnelt, nämlich die Reibungspunkte zwischen der IT-Strategie und dem IT-Betrieb (Abschn. 9.8.5).

9.8.1   IT-Betrieb vs. Test und IT-Betrieb vs. Entwicklung

Die Testorganisation – gleichgültig, wo diese hierarchisch aufgehängt ist – hat ein pri-märes Ziel: Qualität.[16] Dies stimmt mit den Zielen eines IT-Betriebs weitgehend überein, wobei in einer Service-orientierten Organisation der Kundennutzen im Vordergrund steht – dieser ist etwas weiter gefasst als lediglich Qualität. In vielen Fällen spricht viel dafür, eine Test-Organisation *in* einer IT-Betriebseinheit zu verorten. Dabei behandelt diese Test-Organisation Tests ab dem Ausgang aus der Entwicklung – nicht etwa Entwickler-Tests (siehe Kap. 7.4.3). Bei vielen Tests werden nicht nur testspezifisches Wissen und Fertig-keiten erforderlich, sondern auch Kenntnisse der Fachanwendungen notwendig sein. Die-se Kenntnisse kann auf dauerhafter Basis am besten der IT-Betrieb vorhalten.

Der IT-Betrieb stellt Testsysteme zur Verfügung. Diese sind in allen *relevanten* Eigen-schaften produktionsähnlich oder produktionsgleich – je später die Teststufen sind, desto mehr. Unterschiede zwischen Test-Systemen und dem Produktionssystem werden klar dokumentiert: Nur dann lassen sich Ursachen für Incidents und Fehler in den Teststufen finden (die Frage ist dabei meist: Liegt der Fehler an der neuen Software, oder liegt er an einer testsystemspezifischen Konfiguration bzw. Abweichung vom Produktivsystem).

Noch wichtiger ist diese Vergleichbarkeit beim Nachstellen von Produktionsfehlern in einem Produktionsreferenzsystem (das ebenfalls eine Testumgebung ist). Differenzen zwischen Produktionssystemen und Testsystemen wird es vermutlich immer geben – spä-testens beim Kundenzugang und bei der Abwicklung von Zahlungen ist dies so. Es bietet sich aber oftmals die Simulationen von Schnittstellen an – wenn diese denn relevant für den zu erbringenden Service sind. Solche Simulatoren, ggf. auch Lastgeneratoren, müssen ebenso wie weitere Testtools gepflegt werden und bei Veränderungen der Services ange-passt werden.

Die Unterschiede der Testsysteme und Testorganisation von der Produktion können in den betrieblichen Abläufen Abweichungen vom normalen Betrieb bedeuten. Das sind bei-spielsweise spezielle Firewall-Freischaltungen oder Change-Durchführungen, die so nicht in der Produktion vorgesehen sind. Es gilt außerdem, dass Betriebsprozesse für Test-Sys-

---

[16] Englisches Original [45]: „*While working within the required schedules and budgets, the test team's primary focus should be on quality*".

teme dort zu verschlanken sind, wo dies möglich und sinnvoll ist. Je näher eine Testphase an der Entwicklung ist, desto schlanker sollten die betrieblichen Prozesse sein (beispielsweise Freigabeverfahren). Bei betrieblichen Tests hingegen (exemplarisch kann man sich dazu Installationstests vorstellen) sollten auch die Prozesse sehr produktionsnah gestaltet werden.

In ihrer täglichen Arbeit gibt es Werkzeuge in einer Entwicklung, im Test und im IT-Betrieb, die teilweise überlappende Aufgabenfelder und Datengrundlagen haben. Beispiele hierfür sind ein Anforderungs-Tool, ein Testverwaltungs-Tool und ein Defekt-Tool (oder Fehlermanagement-Tool). Wären Entwicklung, Test und IT-Betrieb vollkommen unabhängig, würden solche Tools auch unabhängig voneinander existieren – mit dem Nachteil, dass eine gemeinsame Datengrundlage nicht vorhanden ist. Einer Entwicklungseinheit erstellt Gegen Software auf Grundlage von Anforderungen. Diese Anforderungen müssen in einem Test auf Grundlage von Configuration Items abgeprüft werden. Später werden gegen diese CIs aus der Produktion heraus Fehler gegen eine Entwicklung (oder einen Applikationssupport, siehe Abschn. 9.2.3) gestellt. Idealerweise betreibt der IT-Betrieb ein übergreifendes Tool, das diese Tätigkeitsfelder abdeckt.

Die Abgrenzung und die Konflikte zwischen einer Entwicklung und einem IT-Betrieb haben wir bereits in Kap. 7.6.4 unter der Überschrift DevOps geschildert. Es werden bereits im Bereich Applikationssupport (siehe Abschn. 9.2.3) weitere Interessenskonflikte aufkeimen: Der IT-Betrieb möchte Lösungen von Produktionsfehlern so bald wie möglich, ein Applikationssupport sagt, dass „so bald wie möglich" nicht sehr bald ist. Gerade im Bereich, wo Leistungsfähigkeit von Software nach und nach gesteigert werden soll, sind solche Konflikte programmiert und es muss mit ihnen umgegangen werden.

9.8.2   Projekt/Linienorganisation

Durch ein Projekt entsteht neben der Linienorganisation eine zeitlich begrenzte und auf ein bestimmtes Projektergebnis ausgerichtete Organisationsform von Mitarbeitern.

Die Mitarbeiter des Projekts können sich aus der Linienorganisation rekrutieren. Daraus ergeben sich eine Reihe von Fragen und Problemstellungen, die in jedem Unternehmen individuell beantwortet werden müssen. Zu diesen Problemen gehören mögliche Ressourcenkonflikte zwischen einzelnen Projekten oder aber zwischen Projekten und der Linienorganisation. Das Projekt möchte bestimmte Mitarbeiter rekrutieren, die Linie möchte diese Mitarbeiter nicht freigeben. Dies ist eine klassische Fragestellung, und je nachdem ob man eine schwache Projektorganisation, eine balancierte Organisation oder eine schwache Linienorganisation hat (und möchte) ergeben sich andere Antworten.

Geregelt werden muss auch der „Notfall": Ein wichtiger Mitarbeiter ist im Konsens einem Projekt zugeordnet, aber nun „brennt es" in der Produktionsumgebung und der Mitarbeiter wäre in seinem Linienjob nötig. Was wird gemacht, und wer legt dies fest? Was passiert, wenn ein dem Projekt zur Verfügung gestellter Mitarbeiter wegen Krankheit ausfällt – wer sorgt für Ersatz: Projekt oder Linie? Und wer trägt entstehende Mehrkosten?

Das Thema Kompetenz der Linienmitarbeiter muss ebenfalls adressiert werden: Oftmals wird erwartet, dass ein Linienmitarbeiter in einem Projekt für die Linie spricht. Ist das der Fall? Oder ist der Linienmitarbeiter im Projekt nur noch dem Projekt verantwortlich?

Es gibt Konstellationen, in denen die Linie bestimmte Projekttätigkeiten für das Projekt in der Linie erledigt. Solche Liefermodelle müssen zumindest so beschrieben werden, dass beide Seiten klar das gleiche Verständnis darüber haben, wo welche Verantwortung liegt. Wichtig ist dabei vor allem zu regeln, was passiert, wenn etwas schiefläuft.

Aber nicht nur die Zusammenarbeit zwischen Projekt und Linie kann mit einer „Beistellung" eines Linienmitarbeiters für das Projekt problematisch sein. Auch die Rückwirkungen auf die Linienorganisation muss beachtet werden: Nicht nur, dass die Arbeitskraft des Mitarbeiters fehlt. Könnte die „zurückbleibende" Linie den Eindruck bekommen, dass Mitarbeiter in Projekten „bessere Mitarbeiter" sind, deren Arbeit höher angesehen wird? In vielen Fällen ist dies nicht der Fall – aber auch dann muss in der Mitarbeiterkommunikation stets und wiederholt betont werden, dass der alltägliche Betrieb eine der vornehmsten Tätigkeiten in der IT-Organisation ist. Umgekehrt kann es auch vermeintliche oder tatsächliche Nachteile des Projektmitarbeiters aus der Linie geben: Wenn der Vorgesetzte aus der Linienorganisation am Jahresende eine Leistungsbeurteilung vornimmt, zählen dann auch die Projektaufgaben – und das nicht nur auf dem Papier? Oder gilt: aus den Augen, aus dem Sinn?

Angesichts dieser Fragestellungen und Probleme könnte man auf die Idee kommen, dass es keine gute Idee ist, Linienmitarbeiter für die Projektarbeit zu gewinnen. In der Tat bauen manche Firmen eigenen Projektabteilungen auf (oder rekrutieren Projektmitarbeiter vornehmlich von extern). Das ist jedoch angesichts des oftmals enormen Erfahrungsvorsprungs von Mitarbeitern aus dem IT-Betrieb typisch keine optimale Lösung. Unternehmensspezifisches Wissen, IT-betriebliches Fachwissen, Kenntnisse der Abläufe – all dies verschafft dem Gesamtunternehmen einen Vorteil.

Das fundamentale IT-Schisma aber zwischen Projekt und Linie ist zugespitzt dieses: Das Projekt möchte ein Projektergebnis erzielen, der Betrieb möchte einen stabilen Betrieb. Nur durch Erstreben eines Gesamtnutzens für das Unternehmen kann dieses Schisma überwunden werden.

9.8.3   Funktionale/nicht-funktionale Anforderungen

An zahlreichen Beispielen in diesem Buch haben wir bereits gesehen, dass vergessene, hintangestellte oder vernachlässigte nicht-funktionale Anforderungen Auswirkungen auf die Service-Erbringung haben können. Im Beispiel SimCity (siehe Kap. 7.4.4) war die Funktionalität nicht mehr gegeben. Im Beispiel des Facebook IPOs war durch ein Wirkbetriebs-Mengengerüst, das jenes der Tests überstieg, die Funktionalität ebenfalls nicht mehr gegeben. „Workarounds" machten die Sache dann vollends zum Desaster.

Problematisch können nicht-funktionale Anforderungen in zweierlei Hinsicht werden:

- Die Organisation ist (noch) *nicht* dafür aufgestellt, dass nicht-funktionale Anforderungen regelmäßig und selbstverständlich berücksichtigt werden. Es liegt nicht nur am Projekt, wenn nicht-funktionale Anforderungen nicht eingeplant sind. Der IT-Betrieb ist ebenfalls dafür verantwortlich, seine nicht-funktionalen Anforderungen ausreichend klar formulieren zu können und auf eine Berücksichtigung zu drängen. Erstaunlicherweise gibt es immer wieder IT-Projekte, die das Einfordern von nicht-funktionalen Anforderungen vergessen – schlicht weil es nicht auf dem „Radar" ist. Es ist verständlich, wenn einem Fachbereich nicht klar ist, was er auf nicht-funktionaler Ebene einfordern muss und soll – solche Fachbereiche müssen dann aus dem Projekt und aus dem IT-Betrieb unterstützt werden. Aber noch erstaunlicher ist, dass es in der Tat IT-Betriebe gibt, die nicht wissen, was sie aus einer Entwicklung benötigen. Um Software zu betreiben und damit einen Service an den Kunden bereitzustellen, sind berücksichtigte nicht-funktionale Anforderungen elementar.

- Die Organisation ist *zu gut* dafür aufgestellt, nicht-funktionale Anforderungen des IT-Betriebs regelmäßig und selbstverständlich zu berücksichtigen. Es wurden schon Lastenhefte gesehen, die zehn funktionale Anforderungen enthielten, jedoch 120 nicht-funktionale Anforderungen – wobei von diesen 120 nicht-funktionalen Anforderungen lediglich sieben Qualitätsanforderungen aus den Geschäftsprozessen kamen. D. h. es standen den insgesamt 17 Anforderungen der Primärnutzer (siehe Kap. 7.4.1), die einen Mehrwert durch einen Service erzielen wollten, die Anzahl von 113 betrieblichen Anforderungen der Sekundärnutzer aus dem IT-Betrieb gegenüber. Natürlich werden in einem geübten Verfahren die Anforderungen eines IT-Betriebes feinteiliger und kleinteiliger sein, als die von Primärnutzern. Dennoch muss die Balance gewahrt sein: Die Anforderungen eines IT-Betriebs müssen sich am Risiko und an den geforderten Service Levels einer Lieferleistung bemessen. Das Stichwort ist hier „tayloring" der betrieblichen Anforderungen.

9.8.4 Ressourcen, Flexibilität, Sicherheit – das magische Operations-Dreieck

Eine Unsicherheit, die ein Unternehmen immer begleitet und damit auch auf den IT-Betrieb Auswirkungen hat, sind Prognoseunsicherheiten. Es gibt für Geschäftsentwicklungen Schätzmethoden (siehe beispielsweise [46]). Diese können qualitativer und quantitativer Natur sein. Zumeist sind sie aber mit erheblichen Unsicherheiten behaftet. Dies spiegelt sich wider in dem Klassiker unter den Konfliktbeziehungen für den IT-Betrieb. Es sind die Konflikte zwischen

- Ressourcen (Geld, Personenaufwände) auf der einen Seite,
- Sicherheit auf der zweiten Seite und
- Flexibilität (also Zeit) auf der dritten Seite.

Abb. 9.7 Das magische Operations-Dreieck – Ressourcen,
Sicherheit, Flexibilität

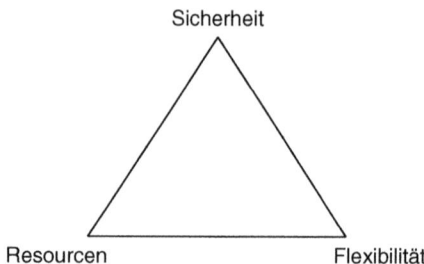

Es sollen wenig Geld und Ressourcen eingesetzt werden. Aber die Sicherheit soll hoch sein. Und Flexibilität und Schnelligkeit soll am besten maximal sein. Aber dies alles zusammen geht nicht.

Dies wird im magischen Operations-Dreieck (Abb. 9.7) symbolisiert. Dieses lässt sich sehr gut mit dem magischen Projektmanagement-Dreieck aus Kap. 3.3.1 vergleichen. Budget wird zu Ressourcen, Zeit wird zu Flexibilität und Qualität/Risiken werden zu Sicherheit.

Die Regel „*Pick any two*" gilt hier nicht mehr. Als Beispiel: Maximale Sicherheit bedeutet zumeist, dass Flexibilität eingeschränkt wird und auch der Ressourceneinsatz vergrößert wird. „*Pick one*" wäre die pessimistische Lesart. Dies gilt so, wenn nicht Technologien verändert werden. Cloud Services, die wir schon in Kap. 7.6.2 behandelt haben, bieten beispielsweise die Möglichkeit, den Ressourceneinsatz zu reduzieren und die Flexibilität zu erhöhen. Die Auswirkungen auf die Sicherheit sind zumindest zu bedenken.

9.8.5   IT-Strategie vs. IT-Betrieb

Spannungspunkte zwischen IT-Strategie und IT-Betrieb existieren nur, wenn der IT-Betrieb als zu langsam und zu behäbig wahrgenommen wird. Die „IT-Strategie" ist typischerweise keine Organisationseinheit, sondern sie ist eine Aufgabe, die mit dem Ergebnis einer abgestimmten, IT-übergreifenden IT-Strategie endet. Idealerweise ist der IT-Betrieb an der regelmäßigen Erstellung solch einer IT-Strategie beteiligt (dabei werden die Anforderungen aus einer unternehmensweiten Strategie in eine IT-Strategie heruntergebrochen).

Problematisch wird es auch dann, wenn der IT-Betrieb die Stellung einer IT-Strategie nicht anerkennt – als gemeinsames, IT-übergreifendes Navigationspapier, das allen beteiligten Bereichen eine gemeinsame Zielrichtung vorgibt. Manchmal ist es weniger wichtig, was in einer IT-Strategie steht, als die Tatsache, dass jeder gemeinsam danach lebt.

Eine Anekdote, die Karl Weick in [47] erzählt, macht unser Anliegen vielleicht etwas klarer – sie sollte jedoch nicht allzu wörtlich genommen werden: Die Geschichte spielt während eines Manövers in den Alpen. Ein junger Leutnant einer kleinen Militärtruppe sendet eine Einheit zur Aufklärung aus. Kurz danach beginnt es zu schneien, zwei Tage gibt es kein Lebenszeichen der Einheit. Erst am dritten Tag kommt sie zurück. Was war passiert? Sie hatten die Orientierung verloren und sahen sich schon verloren – bis einer von ihnen eine Karte in seiner Tasche fand. Das beruhigte sie, sie bauten ein Lager auf, harrten den Schneesturm aus und mithilfe der Karte fanden sie danach zurück. Der Leutnant betrachtete die Karte und sah zu seinem Erstaunen, dass es nicht eine Karte der Alpen, sondern der Pyrenäen war. Karl Weick zieht daraus verschiedene Schlüsse [47]. Wenn man sich verlaufen hat, hilft vielleicht eine beliebige Karte. Wenn man verwirrt ist, kann jeder alte strategische Plan helfen. Karten und Strategien haben einige identische Eigenschaften: Sie regen Menschen an und sie orientieren Menschen. Sobald dann die Personen beginnen, etwas zu tun, produzieren sie auch ein Ergebnis – und das hilft bei den nächsten Schritten. Das, was Manager tun, nicht das, was sie planen, definiert ihren Erfolg – und manchmal sind sie erstaunt, wenn zusätzliche Planung keinen Unterschied macht.

9.9 Management Summary

Änderungen an IT-Services sind neben einem stabilen Wirkbetrieb eine der Hauptanforderungen der Kunden. Sie erwarten, dass diese schnell, geräuschlos und zur Zufriedenheit abgeschlossen werden. Das Bestreben bei Übergang von neuen Services in den Wirkbetrieb ist es, die zeitlichen Erwartungen der Kunden zu befriedigen, aber auf der anderen Seite sicherzustellen, dass danach ein sicherer, performanter und ggf. hochverfügbarer Service mit wenig Aufwand im Betrieb angeboten werden kann. Der betriebliche Gate-Keeper ist dabei natürlich die IT-Betriebsorganisation.

Es gibt bei Änderungsvorhaben good practices, diese müssen eingesetzt werden. Dazu gehört, dass sich der IT-Betrieb – auch manchmal entgegen seiner natürlichen Instinkte – früh mit den gewünschten Änderungen an den Services auseinandersetzt und diese bewertet. Der IT-Betrieb muss v. a. einer Entwicklungsabteilung Anforderungen mitteilen, diese mit ihr diskutieren sowie bildlich und mit „Geschichten" untermauern. Das gegenseitige Verständnis von Projekt und Betrieb wird in Zukunft noch wichtiger für eine bedarfs- und erwartungsgerechte Implementierung von neuen Services sein.

Literatur

1. C. Koch, Project Management: AT&T Wireless self-destructs (April 2004), *CIO.com*, S. 56–64. http://www.cio.com/article/print/32228. Zugegriffen: 13. Juni 2014
2. AT&T Wireless Services Inc., *10K filing – annual report*, SEC EDGAR website, SEC Accession No. 0000950124-04-000701. Zugegriffen: 5. März 2004
3. M.M. Lehman, Programs, life cycles, and laws of software evolution. Proc. IEEE. **68**(9), 1060–1076 (1980). doi:10.1109/PROC.1980.11805
4. M.M. Lehman, in *The Role and Impact of Assumptions in Software Development, Maintenance and Evolution*, IEEE. Proceedings of the 2005 IEEE International Workshop on Software Evolvability, (2005) S. 3–14. doi:10.1109/IWSE.2005.14
5. M. Lehman, Software's future: Managing evolution. IEEE Softw. **15**(1), 40–44 (1998). ISSN: 0740-7459. doi:10.1109/MS.1998.646878
6. M.M. Lehman, J.F. Ramil, Rules and tools for software evolution planning and management. Ann. Softw. Eng. **11**(1), 15–44 (2001). ISSN: 1022-7091. doi:10.1023/A:1012535017876

7. M.M. Lehman, J.F. Ramil, Software evolution and software evolution processes. Ann. Softw. Eng. **14**(1–4), 275–309 (2002). ISSN: 1022-7091. doi:10.1023/A:1020557525901
8. ISO, ISO/IEC 14674, (Beuth Verlag, Berlin, 2006), Software Engineering – Software Life – Cycle Processes – Maintenance
9. R.B. Grady, *Practical software metrics for project management and process improvement* (Prentice-Hall, Upper Saddle River, 1992). ISBN: 0-13-720384-5
10. H. Balzert, *Lehrbuch Der Software-Technik, Bd. 1: Software-Entwicklung*, 2. Aufl. (Spektrum Akademischer Verlag, Heidelberg, 2000). ISBN: 978-3827404800
11. H. Balzert, *Lehrbuch der Softwaretechnik: Entwurf, Implementierung, Installation und Betrieb* (Spektrum Akademischer Verlag, Heidelberg, 2011). ISBN: 978-3-8274-2246-0. doi:10.1007/978-3-8274-2246-0
12. Manifesto for agile software development, http://www.agilemanifesto.org/. Zugegriffen: 29. Juli 2015
13. D.L. Dvorak, *NASA study on flight software complexity* in 6th AIAA Infotech@Aerospace Conference, Seattle, Washington (American Institute of Aeronautics and Astronautics, April. 9, 2009). doi:10.2514/6.2009-1882
14. *Erfolgreiche Projekte managen mit PRINCE2™*, 5. Aufl. (Axelos Ltd., 2014). ISBN: 978-0113312146
15. *A Guide to the Project Management Body of Knowledge: PMBOK(R) Guide*, 5. Aufl. (Project Management Institute, Newtown Square, Pennsylvania, Jan. 2013). ISBN: 978-1-935-58967-9
16. N. Ebel, *PRINCE2:2009™ – für Projektmanagement mit Methode* (Addison-Wesley Verlag, München, 2011). ISBN: 978-3-8273-2997-4
17. H.W. Wieczorrek, P. Mertens, *Management von IT-Projekten: Von der Planung zur Realisierung*, 3. Aufl. (Springer, Berlin, 2008). ISBN: 978-3-540-85291-9. doi:10.1007/978-3-540-85291-9
18. United States General Accounting Office, Denver international airport: Baggage handling, contracting, and other issues. (GAO/RCED-95-241FS Aug. 9, 1995)
19. R. Montealegre, M. Keil, in *Denver International Airport's Automated Baggage Handling System: A Case Study of De-Escalation of Commitment*, Academy of Management Proceedings (Academy of Management, 1998), S. D1–D9
20. K. Johnson, Denver airport saw the future. It didn't work (Aug. 27, 2005). *The New York Times*, ISSN: 0362-4331. http://www.nytimes.com/2005/08/27/national/27denver.html?pagewanted=all. Zugegriffen: 27. Juni 2015
21. A.Y.K. Chua, Exhuming IT projects from their graves: An analysis of eight failure cases and their risk factors. J. Comput. Inform. Syst. **49**(3), 31–39 (2009). ISSN: 0887-4417
22. House of Commons Transport Committee, The opening of Heathrow Terminal 5 (London, House of Commons, Nov. 2008)
23. P. Naur, B. Randell, Software engineering. Report of a conference sponsored by the NATO Science Committee (Garmisch, Germany, 7–11 Oct. 1968, Brussels, Scientific Affairs Division, NATO, Jan. 1969)
24. E. Dijkstra, in *Classics in Software Engineering*, Hrsg. E.N. Yourdon. The humble programmer (Yourdon Press, Englewood, 1979), S. 111–125. ISBN: 0-917072-14-6
25. Standish Group, *The Standish Group Report – CHAOS*. The Standish Group, The CHAOS Report (1994). zitiert nach [26], 1994
26. J.L. Eveleens, C. Verhoef, The rise and fall of the CHAOS report figures. IEEE Softw. **27**(1), 30–36 (2010). doi:10.1109/MS.2009.154
27. Standish Group, (2013). *Chaos manifesto 2013*
28. K. El Emam, A. Koru, A replicated survey of IT software project failures. IEEE Softw. **25**(5), 84–90 (Sep. 2008). ISSN: 0740-7459. doi:10.1109/MS.2008.107
29. C.L. Iacovou, Managing MIS project failures: A crisis management perspective. PhD thesis, University of British Columbia (Jan. 16, 1999)

30. K. Olsen, Interoffice memorandum: The management of engineering, e-mail (1990), http://www.bighole.nl/pub/mirror/www.bitsavers.org/pdf/dec/dec_archive/21383578/

31. A. Cockburn, Selecting a project's methodology. IEEE Softw. **17**(4), 64–71 (Jul. 2000). ISSN: 0740-7459. doi:10.1109/52.854070

32. D. Avison, G. Shirley, D. Wilson, Managerial IT unconsciousness. Commun. ACM. **49**(7), 89–93 (2006). ISSN: 0001-0782. doi:10.1145/1139922.1139923

33. C.L. Iacovoc, A.S. Dexter, Surviving IT project cancellations. Commun. ACM. **48**(4), 83–86 (2005). ISSN: 0001-0782. doi:10.1145/1053291.1053292

34. B. Görtz, S. Schönert, K.N. Thiebus, *Programm-Managment: Großprojekte planen, steuern und kontrollieren* (Carl Hanser Verlag GmbH & Co. KG, München, 2013). ISBN: 978-3-446-43275-8

35. H.D. Benington, Production of large computer programs. Ann. Hist. Comput. **5**(4), 350–361 (Oct. 1983). ISSN: 0164-1239. doi:10.1109/MAHC.1983.10102

36. W.W. Royce, *Managing the Development of Large Software Systems*, Proceedings of IEEE WE-SCON, (Los Angeles, Aug. 1970), S. 1–9.

37. Bundesstelle für Informationstechnik, Zusammenarbeit mit IT-Organisation und Betrieb (Sep. 20, 2013), http://gsb.download.bva.bund.de/BIT/V-Modell_XT_Bund/V-Modell%20XT%20Bund%20HTML/f4a3125029a3017.html. Zugegriffen: 9. Juli 2014

38. CMMI Product Team, CMMI for Services, Version 1.3. Technical report CMU/SEI-2010-TR-034 (Nov. 2010)

39. W.S. Humphrey, Three process perspectives: Organizations, teams, and people. Ann. Softw. Eng. **14**(1–4), 39–72 (2002). ISSN: 1022-7091. doi:10.1023/A:1020593305601

40. B. Pfitzinger, T. Baumann, D. Macos, T. Jestädt, *Using Simulations to Study the Efficiency of Update Control Protocols*, 2014 47th Hawaii International Conference on System Sciences (HICSS). (IEEE, Jan. 2014), S. 5154–5161. doi:10.1109/HICSS.2014.634

41. T. Baumann, B. Pfitzinger, T. Jestädt, Simulation driven development of the German toll system – simulation performance at the kernel and application level. in *Advances in Business ICT*, ser. Advances in Intelligent Systems and Computing, M. Mach-Król, T. Pełech-Pilichowski, Hrsg., Bd. 257 (Springer International Publishing, Cham, 2014), S. 1–25. ISBN: 978-3-319-03676-2. doi:10.1007/978-3-319-03677-9_1

42. ISO, *ISO/IEC 19505-2:2012 Information technology – Object Management Group Unified Modeling Language (OMG UML), superstructure*, (Beuth Verlag, Berlin, 2012)

43. M. Osterloh, J. Frost, *Prozessmanagement als Kernkompetenz* (Gabler Verlag, Wiesbaden, 1996). ISBN: 978-3-322-83980-0. doi:10.1007/978-3-322-83980-0

44. G.A. Rummler, A.P. Brache, *Improving performance: How to manage the white space on the organization chart*, 3. Aufl. (Wiley, San Francisco, Dec. 2013). ISBN: 978-1118143704

45. International Software Testing Qualifications Board, *Certified tester – Expert level syllabus – Test management* (Nov. 2011), http://www.istqb.org/downloads/finish/18/81.html. Zugegriffen: 3. Juni 2015

46. R.D. Reid, N.R. Sanders, *Operations Management: An integrated approach*, 3. Aufl. (Wiley, Hoboken, 2007). ISBN: 978-0470283516

47. K.E. Weick, Nowhere leads to somewhere. Conf. Board. Rev. **44**(2), 14–15 (2007). ISSN: 0147-1554

Änderungen am Regelbetrieb: Produktionskosten senken und Innovationen ermöglichen

10

10.1 Beispiel: Der Mensch als Diener des Computers?

Beispiel

Barry Boehm, ein Pionier des Software Engineering, der vor allem zu seinen Studien über die Kostenbetrachtung von Software bekannt wurde, schreibt in [1] über seinen ersten Kontakt mit einem Computer in den 1950er Jahren:

Mein erster Berührungspunkt mit der Kostenbetrachtung von Software war gleich am ersten Arbeitstag im Juni 1955 bei General Dynamics in San Diego. Mein Vorgesetzter nahm mich mit auf einen Spaziergang durch den Computer, einen ERA 1103, der den Großteil eines großen Raumes belegte. Sein denkwürdigster Kommentar war: „Hör genau zu, wir zahlen diesem Computer \$600 je Stunde und Dir \$2 je Stunde – ich möchte, dass Du Dich entsprechend verhältst!"[1]

In den Kap. 8 und 9 haben wir die täglich anfallenden Arbeiten des IT-Betriebs beschrieben – unabhängig davon, ob sich an erbrachten IT-Services etwas ändert oder nicht. Dieses Kapitel kehrt zur Kür des IT-Betriebs zurück: Mittelfristig besteht der Wertbeitrag des IT-Betriebs darin, die üblichen Aufgaben kostengünstig zu erledigen oder Innovationen für das Unternehmen zu ermöglichen. In beiden Fällen wird sich die Art und Weise ändern, in der der Regelbetrieb erbracht wird. Technische, organisatorische und prozessuale Änderungen sind mittel- und langfristig genauso eine Standardaufgabe der Betriebsorganisation.

---

[1] Englisches Original [1]: *„My first exposure to software economics came on my first day in the software business, in June 1955 at General Dynamics in San Diego". My supervisor took me on a walking tour through the computer, and ERA 1103, which occupied most of a large room. His most memorable comment was, „Now listen. We're paying this computer six hundred dollars an hour, and we're paying you two dollars an hour, and I want you to act accordingly."*

© Springer-Verlag Berlin Heidelberg 2016
B. Pfitzinger, T. Jestädt, *IT-Betrieb*, Xpert.press, DOI 10.1007/978-3-642-45193-5_10

Der anhaltende Preisverfall der IT hat ein Problem immer noch nicht gelöst: Der IT-Betrieb verursacht trotzdem spürbare Kosten, die es immer wieder zu hinterfragen gilt. Die Erkenntnis ist nicht neu, bereits in den 1980er Jahren fiel auf, dass das Controlling die geänderten Organisationsformen nicht mehr adäquat berücksichtigt [2, 3]. Umlagen und Fixkosten nahmen einen immer größeren Teil ein. Der Abschn. 10.2 widmet sich daher den Kosten als einem Auslöser für Veränderungen. Natürlich ist der IT-Betrieb nicht unschuldig an den Kosten, wie es ein Zitat nahe legt, das Ken Olsen zugeschrieben wird:

> Informatiker haben überhaupt kein Gefühl, wie wichtig Kosten bei der weiten Verbreitung von Computern sind. Spricht man mit CEOs, dann sorgen sie sich um mehrere Dinge. Eines davon sind die Kosten eines Bürocomputers. Ein anderes ist die Zeit, die die Leute damit vergeuden, die Nutzung ihres PCs zu erlernen und neue Software auszuprobieren, die für die Organisation im Wesentlichen irrelevant ist.[2]

In Abschn. 10.3 betrachten wir mögliche Treiber für Änderungen an der Art, wie der Regelbetrieb erbracht wird. Diese Treiber teilen wir in die folgenden vier Klassen ein und knüpfen damit an Kap. 9.2.1 an:

- Neuer **Stand der Technik**: Beispielsweise wird eine alte Hardware-Generation von Servern nicht mehr vom Hersteller unterstützt, Standard-Software wird vom Hersteller abgekündigt oder es gibt neue und attraktive Techniken auf dem Markt. Dies wird in Abschn. 10.3.2 beschrieben.
- Allgemeine **Preisentwicklung**: Änderungen in der IT werden nötig, um weiterhin marktpreisfähig zu sein (Abschn. 10.3.3).
- **Regulatorische Änderungen**: Beispielsweise machen Neuerungen auf dem Gebiet der Compliance oder des Datenschutzes Anpassungen notwendig (Abschn. 10.3.4).
- Veränderte **IT-Strategie**: Aus einer veränderten Business-Strategie können sich technische, prozessuale oder organisatorische Änderungen ergeben (Abschn. 10.3.5).

Besondere Herausforderungen stellen sich, wenn Unternehmen verschmelzen, sei es als Zusammenschluss zweier Organisationen oder wenn ein Bereich herausgelöst und an ein anderes Unternehmen abgegeben wird (Abschn. 10.3.6). Dies ist ein guter Anlass, die Angemessenheit der Kosten zu hinterfragen. Dazu greift Abschn. 10.4 die Kostenfrage noch einmal auf und beschreibt zwei Methoden, die eigenen Kosten vergleichbar zu machen: Den Kostenbenchmark und die Prozesskostenrechnung.

---

[2] Englisches Original [4]: „*Computer scientists have no feeling whatsoever of the importance of cost in wide distribution of computer devices. If you talk to Chief Executive Officers, they are concerned about several things. One of them is the cost of an office system. Another is the time wasted by people learning to use their PCs and trying out new software which is basically irrelevant to the organization.*"

In Abschn. 10.5 betrachten wir Änderungsbestrebungen, die aus den IT-Architektur-Anforderungen erwachsen. Die Veränderbarkeit und Pflegbarkeit der IT (oder allgemeiner: der erbrachten Services) sind Themen, die sich eine korrekt verstandene IT-Architektur zu eigen macht. Jenseits der IT-Architektur gilt es, ganz unterschiedliche Themen mittelfristig zu adressieren – der Abschn. 10.6 nennt einige und beschreibt, wie sie mit dem Tagesgeschäft der IT-Organisation konkurrieren können.

Das Beispiel der elektronischen Scheckverarbeitung (Kap. 2) illustriert das enorme Potenzial, wenn Computer bestehende Industrien grundlegend verändern. Derart große Innovationen sind selten und außergewöhnlich, meistens geschieht der Fortschritt inkrementell in kleinen Schritten. Der Abschn. 10.7 greift die These auf, dass es sich nicht auszahlt, Technologieführer in der IT zu sein – zu hoch sind das Risiko von Fehlschlägen und das Lehrgeld.

10.2 Computer kosten Geld

Die persönliche Erfahrung bestätigt die Tatsache, dass Computer Geld kosten, nicht mehr. Sind die Angebote im Internet inzwischen kostenlos, Betriebssysteme quelloffen oder wenigstens in abgespeckten Versionen kostenlos und gehen die Hardwarekosten in den täglich hereinflatternden Prospekten hinunter bis zu einem lächerlich niedrigen Preis – im Unternehmenseinsatz ist die IT bei weitem nicht kostenlos: Die günstigen Angebote für Privatpersonen gelten nicht für Firmen, spezielle Hard- und Software muss fürstlich entlohnt werden, für die eigenen Anpassungen wird „nach Aufwand" abgerechnet.

Meistens werden im Zusammenhang mit IT-Services die Kosten für geplante Projekte diskutiert. Zur Projektplanung gehört eine Aufstellung der Kosten, die Budgets müssen eingeplant und freigegeben werden. Bereits mit der Projektdurchführung kommt es vor, dass die stringente Kostenüberwachung aus dem Blick gerät – zu wichtig wird der Projekterfolg. In Wahrheit wird die vom Projekt implementierte Änderung an der IT aller Voraussicht nach für lange Zeit in Betrieb bleiben. Unternehmensanwendungen können ohne weiteres mehrere Jahrzehnte betrieben werden – allmählich summieren sich die Betriebskosten zu einer stattlichen Summe. Die Betriebskosten übertreffen die ursprünglichen Projektkosten in der Regel um ein Vielfaches – und werden noch zu selten von Anfang an berücksichtigt. Angesichts der langen Laufzeiten ist es schwierig, die Kosten vorherzusagen oder zu messen – über Jahrzehnte ändert sich einfach zu viel. Eine simple Betrachtung nimmt die Kosten eines großen IT-Betriebs und klassifiziert sie in laufende Betriebskosten und alle anderen Kosten[3]. Eine derartige Aufstellung zeigt in der Regel, dass die Betriebskosten alle anderen Kosten dominieren – für Projekte, innovative neue IT-Services und die Softwareentwicklung bleibt kaum Geld übrig. Die Größenordnungen

---

[3] Die noch eben genannten Projektkosten, die meist im Detail geplant und berichtet werden, wandern in dieser Betrachtung absichtlich in den Bereich „Sonstiges" – die Betriebskosten dominieren bei weitem!

sind bezeichnend, [5] nennt z. B. für den Betrieb von Waffensystemen des amerikanischen Militärs einen Kostenanteil von 60 bis 80 % der Gesamtkosten, in Kap. 1.1 sind wir bereits einer Abschätzung mit 66 % begegnet.

Dieses Manko – die laxe Kostenkontrolle beim IT-Einsatz im Vergleich zur eigentlichen Produktion – ist so alt wie der Siegeszug der IT. Bereits 1973 stellt ein Artikel [6] fest, dass das Management und das Controlling der meisten Unternehmen die eigene Produktion gut versteht und die Kosten gut einschätzen können. Vor der Komplexität der IT-Welt kapitulieren sie und müssen den Aussagen der IT-Manager vertrauen. Auch heute ist das Management der IT-Kosten nicht auf demselben Niveau, das in der eigentlichen Produktion längst erreicht ist. Referenz [7] betont die Kluft zwischen Forschung und Industrie: Die Forschung stellt für das IT-Controlling Ansätze zur Verfügung, die im deutschsprachigen Raum jedoch keine praktische Relevanz finden. Weder die Softwareentwicklung noch der IT-Betrieb sind methodisch in der Lage, moderne Konzepte des Controlling in der Praxis einzusetzen.

So wird aus dem Vertrauen in die Aussagen des IT-Betriebs allmählich der Verdacht, dass die Kosten nicht gerechtfertigt sind. Aus dem Verdacht heraus ist es nur logisch, niedrigere Kosten vom IT-Betrieb zu fordern – in Kombination mit dem fehlenden Verständnis für die Kosten bleiben dem Unternehmen nur grobe Maßnahmen, z. B. die pauschale Kürzung um einen beliebigen Prozentsatz.

Die Kosten lassen sich nur zum Teil dem IT-Betrieb vorwerfen: Zu oft gibt der Auftraggeber seine Verantwortung leichtfertig ab und lässt die IT-Organisation gewähren. Ross und Weill [8] nennen einige Entscheidungen, die kein Unternehmen oder Auftraggeber delegieren sollte:

- Welches Kostenniveau ist angemessen? Der Anteil der IT-Kosten etwa in Relation zum Umsatz des Unternehmens (typischerweise ein einstelliger Prozentsatz, siehe Kap. 2) ist eine einfach handhabbare Steuergröße, aus der sich auch die Rolle der IT ablesen lässt. Die Rolle und das dazu passende Budget sollen eine Vorgabe der Geschäftsführung sein und sich nicht aus dem Tagesgeschäft des IT-Betriebs ergeben.
- Um welche Geschäftsprozesse soll sich die IT vordringlich kümmern? Die IT-Organisation wird nicht in der Lage sein, stellvertretend für die Geschäftsführung die unternehmerischen Entscheidungen zu treffen, die faktisch mit jedem durchgeführten oder ausgelassenen IT-Projekt verbunden sind. In den Extremen führt dies zu einer Überlastung (alle denkbaren IT-Projekte werden gleichzeitig angegangen) oder die technische Sichtweise der IT-Organisation überstimmt den Bedarf der Fachanwender.
- Welcher Anteil der IT soll im IT-Betrieb zentralisiert werden? Kap. 8.4 hat bereits auf die praktischen Konsequenzen der Unzufriedenheit anderer Organisation hingewiesen: Als funktionierende Lösung werden sie eigene IT-Mitarbeiter einstellen, es entsteht eine „Schattenwirtschaft". Diese Freiheit wird für die flexible Gestaltung der Geschäftsprozesse zu einem gewissen Grad benötigt – die Entscheidung darüber jedoch gestaltet den Aufbau des Unternehmens und gehört in die Hände der Geschäftsführung.

- Welche Qualitätsansprüche gelten für die IT-Services? Die IT soll hauptsächlich die Geschäftsprozesse unterstützen – demnach müssen fachliche Anforderungen und Qualitätsanforderungen von den Fachabteilungen stammen und die Bewertung von Kosten und Nutzen aus Sicht der Geschäftsprozesse getroffen werden. Gerade die Verfügbarkeit und der Umgang mit Datenschutz und -sicherheit darf weder eine reine Kostenfrage noch ein technisches Detail sein.
- Wer ist für den Erfolg von IT-Projekten verantwortlich? Die meisten Projekte starten professionell: Ziele werden formuliert, Lösungsvorschläge erarbeitet, Kosten und Nutzen bewertet und auf dieser Basis die Umsetzung beschlossen. Allzu oft ändert sich bis zum Projektende einiges: Das Ziel wird vergessen, die Kosten steigen oder werden nicht mehr berechnet, der versprochene Nutzen stellt sich nicht ein, das Projekt dauert länger und verkleinert seine Ziele. In anderen Worten: Projekte scheitern – wer ist dafür verantwortlich und traut sich innerhalb des Unternehmens das Scheitern anzusprechen (und beim nächsten Mal abzustellen)? Eine Antwort auf diese Frage haben wir schon in Kap. 9.3.1 mit der laufenden geschäftlichen Rechtfertigung von Projekten gegeben.

Welche Kosten fallen im Betrieb an? Die folgenden Abschnitte beschreiben unterschiedliche Kosten, die zum Teil recht gut versteckt sind – schließlich ist es das Ziel der Verkäufer, nicht alle Kosten des Einkäufers von Anfang an transparent zu machen. Grundsätzlich ist anzumerken, dass der Einkauf von Gütern immer zusätzliche Kosten verursacht: Anbieter müssen angeschrieben werden, Angebote werden eingeholt und bewertet, Verträge geschlossen und über die Zeit erweitert, geändert und gekündigt. Diese Aktivitäten sind notwendig, kosten jedoch Zeit und Geld – ein niedriger zweistelliger Prozentsatz des Einkaufsvolumens.

10.2.1 Infrastruktur: Einmalige und laufende Kosten

Der IT-Einsatz ist in der Regel damit verbunden dass zunächst Hardware und Software gekauft werden muss. Die Kosten eines einfachen Rechners oder Laptops bewegen sich seit Jahren nach unten, große IT-Services nutzen inzwischen jedoch so viel Technik, dass Rechenzentren an ihre Kapazitätsgrenzen stoßen. Ein modernes Rechenzentrum ist auf jeden Fall eine sehr große Investition, die sich nur über lange Zeiträume rechnet. Wie groß der Wert eines Rechenzentrums ist, zeigt das Beispiel der Insolvenz der Bank Lehman Brothers (siehe Kap. 2.1).

Hardware und Infrastruktur
Lange Zeit waren die Kosten der Hardware erheblich größer als die sonstige Infrastruktur rund um den Rechner. Inzwischen nimmt die IT großer Anwendungen Ausmaße an, die die vorhandene Infrastruktur sprengen: Die benötigte Stellfläche für Rechner und Kommunikationsinfrastruktur wächst deutlich, da die Nachfrage nach Leistung die immer noch zunehmende Leistungsdichte überholt. Es werden zudem tendenziell mehr kleinere Rech-

ner installiert. Gerade die großen Internet-Anbieter stoßen in Größenordnungen vor, bei
der ein Rechenzentrum 100.000 relativ simple Server enthält und für *eine* Anwendung
vorgesehen ist – die Internetpräsenz von Google, Microsoft, Yahoo oder Amazon. Hier
liegt die Betonung auf standardisierten, günstigen Servern, die in sehr großer Anzahl installiert werden. [9] nennt für eine derartige Installation eine Aufteilung der Kosten eines
Rechenzentrums: 45 % entfallen auf die Server, 25 % auf die Infrastruktur, vor allem die
Einrichtungen für die Stromversorgung und Klimatisierung, 15 % auf die Netzwerkinfra-
struktur und über die Laufzeit immerhin 15 % auf den Stromverbrauch (siehe Kap. 7.6.3)
– ein Faktor, der seit Jahren steigt [10].

Bezeichnend an der Kostenaufstellung eines Cloud-Rechenzentrums ist, dass keine
Position für die Betriebsmannschaft auftaucht. Tatsächlich ist der Betrieb eines Cloud-
Rechenzentrums so stark standardisiert und automatisiert, dass keine relevanten Personal-
kosten anfallen ([9] spricht von weniger als fünf Prozent). Während in einem „normalen"
Rechenzentrum typischerweise ein Mitarbeiter für 100 Server benötigt wird, liegt dieses
Verhältnis im Cloud-Rechenzentrum bei 1:1000 oder weniger.

Selbst in den modernsten Rechenzentren gelingt es nicht, die vorhandenen Server
gleichmäßig auszulasten – Auslastungen von durchschnittlich wenig mehr als 10 % werden kolportiert. Die Ursachen dafür sind vielfältig:

- Der Rechenbedarf ist ungleichmäßig verteilt: Die Anwender produzieren stark schwankende Nachfrage, die Software nutzt die Hardware sehr ungleichmäßig: Manchmal
  steht der Speicherzugriff im Vordergrund, dann die Datenübertragung über das Netzwerk, dann wieder die Rechenleistung der CPU – ein Großteil der vorhandenen Hardware ist mit dem Warten beschäftigt.
- Das Versprechen, die Leistungsfähigkeit in der Cloud jederzeit dynamisch erweitern
  zu können, kann nur durch eine vorhandene Überkapazität eingehalten werden. Angesichts der Unsicherheiten zum zukünftigen Bedarf und den spürbaren Vorlaufzeiten
  (Monate für Server, Jahre für Rechenzentren) tendieren die Betreiber dazu, große Re-
  serven vorzuhalten[4].
- Engpässe bei der Virtualisierung, z. B. der vorhandenen Netzwerkbandbreite, verhindern eine stärkere Verdichtung der Rechner. Die Ursache liegt im hierarchischen Aufbau der verwendeten Netzwerke – sobald die Rechner nicht mehr direkt miteinander
  kommunizieren können, müssen die Daten über einen zwischengeschalteten Router
  geschleust werden. An dieser Stelle ist die vorhandene Kapazität beschränkt und verhindert den freien Datenaustausch – selbst innerhalb desselben Rechenzentrums ist der
  Datenaustausch zwischen Rechnern meistens stark eingeschränkt.

---

[4] Inzwischen werden diese Überkapazitäten preiswert am Markt angeboten: Anstatt der Cloud-Services mit festen Service Level Agreements kann dieselbe Leistung zu einem Bruchteil der Kosten
eingekauft werden, wenn der Anbieter den Zeitpunkt der Ausführung selbst festlegen und laufende
Anwendungen mit kurzer Vorwarnzeit jederzeit stoppen darf.

Spezielle Hardware

Verzichtet das Cloud-Rechenzentrum auf teure, spezielle Server, so kommt es dennoch nicht ohne Spezialhardware aus [11]: Beginnend mit der Stromversorgung und Klimatisierung setzt jedes Rechenzentrum teure Komponenten ein, die nicht in Massenproduktion gefertigt frei auf dem Markt zu kaufen sind: Die unterbrechungsfreie Stromversorgung, der Notstrom-Diesel und die Schaltschränke der Stromverteilung sind Spezialanfertigungen, die mitunter eine Lieferzeit von einem Jahr und mehr haben (zeitweise war der weltweite Markt für Notstromaggregate leergefegt – alle wollten zur selben Zeit in eine ausfallsichere Stromversorgung investieren).

Der Bedarf für derartige Infrastruktur ist in den üblichen Rechenzentren enorm: Kaum jemand kann es sich leisten, bei einem Stromausfall die Leistung des gesamten Rechenzentrums auf einen Schlag zu verlieren[5]. Entsprechend wird meist die Stromversorgung redundant ausgeführt (ein Tier-3 Rechenzentrum nach der Klassifikation des Uptime-Instituts [12], siehe Kap. 7.5.2). Mitunter wird als Alternative ein Notstromaggregat vorgehalten, das wenige Minuten nach einem Stromausfall den Strombedarf des Rechenzentrums über längere Zeiträume vollständig decken kann – in der Zwischenzeit muss eine unterbrechungsfreie Stromversorgung den Strombedarf aus Batterien decken. Alle genannten Komponenten sind teuer, benötigen eine lange Vorlaufzeit und werden mehr als ein Jahrzehnt in Betrieb bleiben – sie verschlechtern jedoch auch den Wirkungsgrad der Stromversorgung: Für jedes Watt Anschlussleistung eines Rechners kann bis zu einem Watt verloren gehen.

Cloud-Rechenzentren sehen abgesehen von der Infrastruktur nur günstige, standardisierte Komponenten vor. In herkömmlichen Rechenzentren sieht der Gerätepark anders aus: Die Leistungsfähigkeit und Ausfallsicherheit der Anwendungen wird über spezielle Server realisiert – sie erlauben den Ausbau mit vielen CPUs, großem Speicher und gewährleisten die Hochverfügbarkeit, indem sie das Umschalten auf einen Reserverechner direkt unterstützen. Im Bankensektor kommen dafür die Großrechner der Firma IBM zum Einsatz, unter Unix und Windows bieten die anderen großen Hersteller (Hewlett-Packard und Oracle, früher SUN) entsprechende Geräte an.

Je spezieller die eingesetzten Komponenten sind, desto teurer und schwieriger ist die Beschaffung. Dazu kommt, dass für derartige Hardware in der Regel ein Supportvertrag abgeschlossen wird, damit die Ersatzteilversorgung und die Wartung durch geschulte Techniker im Fehlerfall zügig erfolgen. Dies geht so weit, dass die Lieferanten in großen Rechenzentren praktisch permanent vor Ort sind und Zugang zu einem eigenen Materiallager haben – die passenden Flächen und Zutrittsbeschränkungen müssen natürlich vom Betreiber gestellt werden.

---

[5] Traditionelle Anwendungen sind im günstigsten Fall darauf vorbereitet, auf einen zweiten Rechner auszuweichen, der meist im selben Rechenzentrum steht. Cloud-Anwendungen können immerhin ganze Gruppen von Rechnern verlieren, ohne auszufallen. Die Verlagerung auf andere Rechner wird jedoch durch die geringe Bandbreite der Netzwerke begrenzt.

10.2.2   Software: Lizenzen und andere Kosten

Zu den Infrastrukturkosten des Rechenzentrums kommt als nächstes ein Kostenblock für die eingesetzte Software hinzu. Praktisch jede Schicht aus dem in Kap. 7.5 vorgestellten Schichtenmodell benötigt spezielle Software, die meistens kostenpflichtig zu lizenzieren ist: Das Betriebssystem, evtl. in Kombination mit einer Software für die Virtualisierung, das Monitoring und die Fernsteuerung, eine ganze Reihe von Produkten, die als Middleware die verschiedenen Anwendungen und Schichten miteinander verknüpfen, die Datenbanken und Speicherlösungen und natürlich die eingesetzten Anwendungsprogramme mit ihren individuellen Anpassungen.

Lizenzkosten

Zunächst fallen bei kommerzieller Software die Lizenzkosten ins Auge: Software darf nur mit einer gültigen Lizenz eingesetzt werden.

Mit der Lizenz erwirbt man das Recht, die Software zu nutzen – mit unterschiedlichen Einschränkungen: Manchmal ist die Laufzeit beschränkt und die Lizenz muss immer wieder verlängert werden, ein anderes Mal gilt sie nur für eine Version der Software, der nächste große Versionssprung muss neu erworben werden, im Paket sind die Lizenzen vielleicht günstiger, können dann aber auch nur im Paket verlängert werden. Der Kreativität der Vertriebsmannschaft sind keine Grenzen gesetzt, sie verhindern anscheinend erfolgreich, die Lizenzen kostenoptimal zu erwerben und einzusetzen [13]. Anders als bei der Hardware gibt es keinen funktionierenden Zweitmarkt: Überflüssige, gebrauchte Software lässt sich, wenn überhaupt, nur sehr schwer weiter verkaufen.

Erschwerend kommt hinzu, dass sich die Anzahl und der Preis der benötigten Lizenzen nach fast beliebigen Kriterien richten kann: Die Anzahl der Installationen, der eingetragenen oder angemeldeten Benutzer, der verwendeten Speichergröße, der Leistungsfähigkeit der CPU, der Anzahl überwachter Endgeräte, der freigeschalteten Optionen etc. Für die genauen Bedingungen ist jeweils der Lizenzvertrag zu lesen – wobei sich für dieselbe Software der Lizenzvertrag von Jahr zu Jahr durchaus ändert. Die Hersteller behalten sich meist das Recht vor, die installierte Software zu auditieren – etwa indem eine Wirtschaftsprüfungsgesellschaft den Bestand im Unternehmen zählt – entsprechend wichtig ist die korrekte Buchführung der eingesetzten Lizenzen (siehe Kap. 8.3.10). Ein Lizenzaudit ist für jeden IT-Betrieb ein großer Schreck: Geht man davon aus, dass ein Drittel der Server „nichts tun" [14], lässt sich nie ausschließen, dass der Überblick über die eingesetzten Lizenzen lückenhaft ist.

Zu den Lizenzkosten kommen noch die Kosten hinzu, die Software betriebstauglich zu machen: Die Software muss zunächst auf ihren bestimmungsgemäßen Einsatz geprüft werden, etwa aus Sicht der Datensicherheit, und anschließend für die betriebsunterstützenden Tools nutzbar gemacht werden: Für die automatische Installation muss die Software paketiert werden (siehe Kap. 12), dabei können gleich eine ganze Reihe betrieblicher Anforderungen in das Paket mit einfließen (siehe Kap. 8.3.15). Die CMDB muss in der Lage sein, die Konfiguration der Software und die Lizenzdaten zu speichern und möglichst automatisch abzugleichen, für die zügige Entstörung sollte die Knowledge Base mit passenden Einträgen versehen werden.

Mitarbeiter: Training und Moral

Nicht zu vernachlässigen sind die mit dem Softwareeinsatz verbundenen Personalkosten: Die Mitarbeiter und Anwender müssen für jede neue oder substantiell geänderte Software geschult werden – als dedizierter Kurs, Onlineunterricht, dem Lesen von Handbüchern oder einfach nur, indem sie Zeit mit „Versuch und Irrtum" verbringen. Sehr treffend fasst dies das eingangs verwendete Zitat von Ken Olsen zusammen [4]: „...*und neue Software auszuprobieren, die für die Organisation im Wesentlichen irrelevant ist*".

Neue Software kann den Mitarbeitern dabei ganz unterschiedlich „aufs Gemüt schlagen":

- Freude über eine neue Software verbunden mit dem neugierigen Ausprobieren
- Angst über die mit der Software verbundenen Änderungen im betrieblichen Alltag
- Verlust liebgewordener Funktionen
- Stress beispielsweise wegen der permanenten Unterbrechungen durch Piepstöne und kleine Animationen.

Diese Kosten sind kaum quantifizierbar: Die Moral der Mitarbeiter kann leiden, Arbeitszeit wird mit Diskussionen über die Neuerungen verbracht, die Leistungsfähigkeit sinkt durch schlecht angepasste Software – und niemand erfasst die dadurch verursachten Kosten.

Wartung und Support

Zur Vereinfachung der Abläufe ist es oft zweckmäßig, Lizenzen im „Abonnement" zu erwerben. D. h. anfangs wird eine Softwarelizenz gekauft und passend dazu ein Wartungsvertrag abgeschlossen. Dieser beinhaltet ein Mindestniveau an Support durch den Hersteller, aber vor allem den Zugang zu kleinen Updates und das Anrecht, auf die jeweils aktuelle Version umsteigen zu dürfen. Typischerweise sind damit Kosten verbunden, die einem Neukauf der Lizenzen nach drei bis sechs Jahren entsprechen.

Weitergehende Unterstützung lassen sich die Hersteller meist sehr teuer bezahlen: Wird eine garantierte Reaktionszeit für eine produktive Anwendung rund um die Uhr benötigt, dann übersteigen die Supportkosten die ohnehin hohen Lizenzkosten deutlich. Erschwerend kommt hinzu, dass im Fehlerfall aus nachvollziehbaren Gründen kein Hersteller eine garantierte Lösungszeit anbietet – alles was zugesichert werden kann ist, dass ein Experte binnen weniger Stunden zur Verfügung steht. Meist wird der Experte keinen Bezug zu der konkreten Softwareinstallation haben, bei den großen Anbietern wird ein englischsprachiger Mitarbeiter aus einem Land zugeschaltet, in dem es zu dem Zeitpunkt gerade Tag ist. In diesem Fall ergeben sich gleich mehrere Herausforderungen: Gibt es eigene Mitarbeiter, die „auf Augenhöhe" mit dem Experten des Herstellers kommunizieren können? Ist es technisch und rechtlich möglich, dem fremden Experten Zugang zum betroffenen System zu geben?

Angesichts der in Europa herrschenden Vorgaben zum Datenschutz muss davon ausge-gangen werden, dass ein Zugriff des Herstellers aus einem Land jenseits der Europäischen Union generell untersagt ist. Ansonsten ist im Vorfeld zu klären, ob zusätzliche Vertrags-klauseln für den Datenschutz in den Supportvertrag aufgenommen werden müssen. Damit liegt die Schwelle sehr hoch, einen Supportvertrag für geschäftskritische Anwendungen abzuschließen – Kosten und Nutzen stehen in einem ungünstigen Verhältnis.

Fallstricke
Es ist keine Überraschung, dass die Lizenzverträge immer wieder neue Fallstricke enthal-ten, die den Softwareeinsatz am Ende teurer und umständlicher machen, als ursprünglich geplant:

- Software ist oftmals nur für eine fest vorgegebene Plattform verfügbar. Mag eine Ein-schränkung auf das Betriebssystem „Windows" noch harmlos sein, so ist die Festlegung auf weniger verbreitete Plattformen meist endgültig: Ein IBM-Mainframe, ein SPARC-Rechner von Oracle/SUN, ein NonStop-Server von HP/Tandem lässt sich nicht mehr durch ein Konkurrenzprodukt ersetzen, ohne die Software komplett auszutauschen.
- Der im vorigen Punkt genannte Vendor-Lock-In wird natürlich auch von allen anderen Herstellern gerne genutzt: Die einmal gewählte Anwendung oder Middleware lässt sich nur noch unter unrealistisch hohem Aufwand auf ein anderes Produkt migrieren – der richtige Zeitpunkt, die Lizenzkosten zu erhöhen. Ein Ausweichen in die Cloud ändert an dieser Falle nichts, meistens ist der Eintritt in die Cloud perfekt gelöst, es existiert jedoch keine praktikable Möglichkeit, die Daten und Logik aus der Cloud wieder zu exportieren.
- Die Lizenzkosten lassen sich in die Höhe schrauben, indem spezielle oder gefragte Funktionen als zusätzliche Option lizensiert werden müssen, z. B. Funktionen zur Hochverfügbarkeit, in-memory Datenbanken, etc.
- Diverse Hersteller negieren den technischen Fortschritt, indem sie die Lizenz an die eingesetzte Hardware koppeln. Beim Übergang auf eine neue Hardwaregeneration wer-den die vorhandenen Lizenzen umgerechnet, was z. B. ursprünglich 100 CPU-Lizenzen für eine Datenbank waren, werden in der nächsten Generation 100 CPU-Core-Lizen-zen.
- Beim Einkauf von Lizenzbündeln gelten die Bedingungen oft nur für das gesamte Bündel. D. h. ein Upgrade oder ein Supportvertrag kann nur für das gesamte Bündel abgeschlossen werden, brach liegende Lizenzen können aus dem Bündel nicht heraus-genommen werden.
- Jede Version erreicht früher oder später ihr Verfallsdatum – end-of-life – zu dem der Hersteller keine weitere Unterstützung mehr anbietet. Im Vorfeld zu diesem magischen Datum ziehen in der Regel die Supportkosten noch einmal kräftig an, wohl wissend, dass ein Upgrade so hohe Entwicklungs- und Testkosten verursacht, dass die meisten Nutzer die höheren Supportkosten gerne zahlen.

- Das Upgrade zur nächsten Version lässt sich auf Dauer nicht vermeiden und benötigt meist beratende Unterstützung durch den Softwarehersteller oder mit ihm verbundenen Systemhäusern. Ein kurzer Releasezyklus sorgt demnach für steigende Umsätze des Beratungszweiges.

Zuletzt kann selbstverständlich auch der Softwarehersteller die Reißleine ziehen: Das Softwareprodukt wird abgekündigt, ohne dass ein halbwegs kompatibles Nachfolgeprodukt angeboten wird. Gerade die schnelllebigen Produkte, die im Umfeld der Internet-Anwendungen entstanden, werden häufig mangels Nachfrage oder durch Firmenübernahmen konsolidiert – selbst die größten Softwarehäuser sind kein Garant für Kontinuität.

10.2.3   Kosten über den Lebenszyklus einer Software

Mindestens zwei Drittel des IT-Budgets wird für den Betrieb, die Aufrechterhaltung des Status quo verwendet. Es lohnt sich daher, die Kosten näher zu untersuchen – die Informationslage ist jedoch zum heutigen Stand unbefriedigend. Wissenschaftliche Studien sind selten (etwa [15, 16]) und kommen zu Ergebnissen, die in der Praxis jedem bekannt sind: Die Unternehmen sind nicht in der Lage, differenzierte Kosten über die gesamte Lebensdauer einer Anwendung zu nennen.

Über die Lebensdauer fallen ganz unterschiedliche Positionen an:

- In der **Entwurfsphase** entstehen ein erstes, grobes Konzept, die Projektplanung und evtl. punktuell Prototypen zur Untersuchung spezifischer Aspekte der entworfenen Lösung. Als Teil der Projektplanung findet eine Kosten-/Nutzenbewertung statt – mitunter die einzige konsistente Kostenbetrachtung im gesamten Lebenszyklus.
- Die erstmalige **Softwareentwicklung** – oft eine Anpassung einer lizensierten Standardanwendung – folgt den üblichen Schritten des Software Engineering: Entwurf, Entwicklung, Test und Inbetriebnahme. Meistens hat die eigentliche Entwicklung an den Gesamtkosten dieser Phase nur einen geringen Anteil. Planung, Steuerung und Test dominieren die Kosten.
- Die Betriebsphase ist zunächst dadurch gekennzeichnet, dass sie mit Abstand am längsten dauert: Ist die erstmalige Entwicklung typischerweise binnen Jahresfrist erledigt, kann die Anwendung ohne weiteres ein Jahrzehnt und länger in Betrieb bleiben. Während dieser Zeit fallen Kosten für den Betrieb und den Support an und übertreffen die Entwicklungskosten deutlich.
- Natürlich bleibt die Software in der **Betriebsphase** nicht unverändert. Technische Änderungen, Fehlerbehebungen und neue Anforderungen erfordern eine periodische Überarbeitung, die jedoch im Vergleich zu den Betriebskosten gering sind – in Summe wird die Weiterentwicklung über die Lebensdauer der Software ähnlich teuer sein, wie die Erstentwicklung. Wie stark diese Zahlen vom Geschäftsmodell und dem Entwicklungszyklus abhängen zeigt das Beispiel Google. In [11] wird berichtet, dass die

Google-Suchmaschine in der Vergangenheit alle zwei bis drei Jahre von Grund auf neu implementiert wurde – für die meisten Unternehmensanwendungen ein unvorstellbar schneller Zyklus.

- Die **Außerbetriebnahme** ist selbst für Software nicht kostenlos – Datensicherungen und Datenmigrationen lassen sich nicht ohne weiteres umsetzen. Der Anteil an den gesamten Lebenszykluskosten ist jedoch vernachlässigbar.

Entlang dieser Phasen stellt [15] fest, dass keine zusammenhängende Kostenerfassung in den befragten Unternehmen existiert. Während Projekte noch gut nachvollziehbar geplant sind und vom Controlling begleitet werden, kann der IT-Betrieb keine anwendungsspezifischen Kosten nennen. Zum gegenwärtigen Zeitpunkt ist eine ganzheitliche Betrachtung der Kosten in der Praxis unmöglich.

10.2.4   Total Cost of Ownership

Die Frage nach den Kosten taucht immer wieder auf, halb im Scherz wird gefragt: „Wieviel kostet es, eine Glühbirne auszuwechseln"? Ein Editorial der Zeitschrift „Management Services" liefert dafür die Antwort [17]. Der Autor zitiert darin einen Stadtrat der englischen Stadt Hull, der scherzhaft die Frage stellte. Die offizielle Antwort war: 50 GBP, obwohl die Glühbirne nur 35 Pence kostete. Die Differenz erklärt sich durch die Bürokratie und die vielen beteiligten Leute.

Eine Reaktion auf die ständig steigenden IT-Kosten geht gezielt auf die Lebenszykluskosten der Mitarbeiter-Arbeitsplätze ein. Die Gartner Group entwarf dafür Ende der 1990er Jahre die Methode „Total Cost of Ownership" [18]. Wieder war die empirische Erkenntnis, dass die anfangs anfallenden Kosten über die Einsatzdauer hinweg vernachlässigbar sind [19]: Nur 20 % der Kosten werden durch die beschafften Güter verursacht, 80 % entfallen auf die Betriebskosten im Unternehmen.

Gerade die Mitarbeiter-Arbeitsplätze ziehen eine ganze Reihe an Kostenpositionen nach sich:

- Die Geräte müssen am Arbeitsplatz aufgestellt werden, womöglich durch einen Techniker vor Ort.
- Der Energieverbrauch ist nicht vernachlässigbar, oftmals bleiben die PCs aus Bequemlichkeit permanent eingeschaltet und kommen auf mehrere hundert Euro Stromkosten im Jahr.
- Jeder PC benötigt zentrale Infrastruktur und Prozesse: Zugangsberechtigungen, Virenscanner, Dateiablagen, Drucker, Fernwartung, CMDB, etc. müssen unterstützend vorhanden sein.
- Jeder Ausfall und die häufigen Sicherheitspatches unterbrechen den Arbeitsalltag der Mitarbeiter – aus gutem Grund lassen sie den PC über Nacht laufen, ansonsten gehen jeden Morgen 15 min für das Starten des PC verloren.

- Training – geplant oder durch eigenes Experimentieren – kostet Zeit und Geld.
- Geplante Updates der Software oder der Austausch der Hardware müssen sorgfältig geplant und getestet werden[6].
- Der Enduser-Support verursacht mit jedem Störungsticket Kosten, mitunter muss ein Techniker vor Ort das Problem lösen oder ein Ersatzgerät stellen. Fast noch schlimmer sind die Störungen, die die Nutzer nicht mehr melden – bei einer „gefühlt" schlechten Qualität des Service Desk geben die Nutzer auf und wenden sich stattdessen an die „Schatten-IT".
- „Ein bisschen Schwund ist immer". Die Volksweisheit gilt vielfach auch für die PCs – sie werden zum Teil für firmenfremde, private Zwecke verwendet.

Die Aufzählung möglicher Kostenfaktoren verdeutlicht, dass sich die meisten Positionen nicht im Controlling wiederfinden lassen, es sind „weiche Faktoren", die indirekt die Kosten und die Leistungsfähigkeit einer Organisation beeinflussen. TCO und anderen Methoden schaffen es immerhin, die Kosten zu thematisieren und beim richtigen methodischen Vorgehen sogar, die Kosten zu senken. Dabei darf nicht vergessen werden, dass die Technik für Menschen im Einsatz ist – nicht funktionierende, veraltete Arbeitsmittel signalisieren den Mitarbeitern, wie ihr Wert im Unternehmen eingeschätzt wird. Als Hygienefaktor in der Theorie der Motivation kann ein Unternehmen auf diese Weise leichtfertig die Motivation der Mitarbeiter untergraben, siehe Kap. 3.3.4.

10.3 Ursachen für Änderungen

Wieso beschäftigt sich die IT-Organisation überhaupt mit Änderungen? Software verschleißt nicht – einmal in Betrieb genommen, bleibt sie so frisch wie am ersten Tag. Dennoch wird laufend am Softwarebestand gearbeitet: Kleine Programme entstehen oftmals als provisorische Lösung, sie dienen für die temporäre Hilfe und haben oftmals den Charakter von „Einweg-Software": Wenn der temporäre Verwendungszweck entfällt, wird das erstellte Programm nicht mehr benötigt und verschwindet aus dem betrieblichen Alltag. In solchen Situationen ändert sich die Software nicht – sie entsteht und vergeht, das nächste Problem wird mit einem neuen Wegwerf-Programm angegangen.

Große Softwaresysteme zeigen ein anderes Verhalten [20]: Sie werden nach der erstmaligen Entwicklung lange Zeit eingesetzt. Während dieser langen Zeit ändern sich jedoch die äußeren Rahmenbedingungen: Ursprüngliche Anforderungen entfallen, neue Ideen entstehen, sobald die Software im betrieblichen Alltag angekommen ist. Diese Beobachtung wurde erstmals bei der (Weiter-)Entwicklung des Mainframe-Betriebssystems

---

[6] Da praktisch alle zentral betriebenen Anwendungen vom Desktop erreichbar sind, kann die eingesetzte Version des Desktop erst dann aktualisiert werden, wenn alle Anwendungen darauf vorbereitet sind. Anekdotisch ist vom Desktop-Update in einem DAX-Konzern zu hören, dessen Kosten sich auf einen dreistelligen Millionenbetrag belaufen.

Abb. 10.1 Der Entwicklungsprozess der Software Evolution

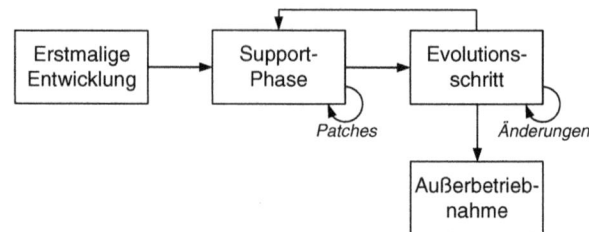

OS 360 bei IBM gemacht [21] – gleichsam ein Lehrstück für die Entwicklung großer Softwaresysteme. Die Entwicklung des OS 360 Betriebssystems war zu dem Zeitpunkt eines der größten jemals angegangenen Software-Projekte – mit bis zu 1000 Beteiligten, die gleichzeitig an dem Projekt arbeiteten. Heute ist das Projekt vor allem deswegen noch präsent, weil der damalige Projektleiter Frederick Brooks über seine Erfahrungen in einem Artikel [22] und in einem im englischsprachigen Raum weit verbreiteten Buch [23] gut verständlich berichtet. Die Erkenntnisse zur Software-Evolution von Meir M. Lehman gehen ebenfalls auf das OS 360 Betriebssystem zurück [21].

Für große Software-Systeme ist seitdem klar, dass die Entwicklung ein eigenes Leben annimmt: Immer wieder entstehen neue Releases mit zusätzlichen Funktionen, der Umfang der Software nimmt kontinuierlich zu – man spricht von Software-Evolution oder – Wartung, siehe Kap. 9.2. Damit ergibt sich der in Abb. 10.1 dargestellte Entwicklungsprozess, bei dem sich die Entwicklung eines großen, neuen Releases mit einer Support-Phase abwechselt [20, 24]. Es ist zweckmäßig, jeden einzelnen Evolutionsschritt als Projekt zu organisieren und durchzuführen [25].

Natürlich führt dieses Vorgehen automatisch dazu, dass mehrere verschiedene Versionen der Software gleichzeitig vorhanden sind und simultan gepflegt werden müssen. Der dadurch entstehende Aufwand ist ein Grund, weshalb Software-Anbieter ein großes Interesse daran haben, den Support alter Versionen möglichst schnell einzustellen. Das Beispiel des „Heartbleed"-Fehlers in Kap. 8.3.3 illustriert die Problematik: Oracle musste die Fehlerlösung gleich doppelt ausliefern, weil ein zwischenzeitlicher Patch die bereits ausgelieferte Lösung überschrieben hat.

Die Software-Wartung kann ganz unterschiedliche Ziele verfolgen:

• Sie kann der Verbesserung, etwa der Performance oder der Wartbarkeit nach der ersten Inbetriebnahme dienen,
• gefundene Fehler korrigieren,
• auf geänderte Anforderungen eingehen oder
• absehbare Fehler präventiv adressieren.

Abgesehen von diesen funktionalen Anpassungen kann die Software-Wartung ebenso nicht-funktionale Aspekte adressieren, etwa die eigene technische Infrastruktur aktualisieren oder sich einer aktualisierten Dokumentation und Modellierung widmen [26].

Bezeichnend ist, dass sich die Prozessmodelle der Softwareentwicklung vor allem um die Entwicklung einer *einzelnen* Version kümmern. Die anschließende Wartung wird ignoriert und verschoben [27], obwohl bereits kleine präventive Maßnahmen die spätere Wartung erheblich vereinfachen könnten[7]. Leider ist dabei auch festzustellen, dass die Professionalität bei der Softwareentwicklung, z. B. ausgedrückt durch den durchgängigen Einsatz eines definierten Entwicklungsprozesses, bei der Software-*Wartung* verloren geht [28]: Die Beteiligten arbeiten wieder ad-hoc und lehnen eine äußere Einmischung ab. Auf Nachfrage findet [28], dass die Entwickler in der Softwarewartung zudem ihre Einhaltung bestehender Prozessvorgaben bewusst falsch darstellen. Ein typisches Problem der Regeleinhaltung (siehe Abschn. 10.6.10) und weiterhin zukünftiges Optimierungspotenzial angesichts der Tatsache, dass ein Großteil der Ressourcen für die Wartungsphase eingesetzt wird.

Bevor wir im Weiteren näher auf verschiedene Auslöser für Änderungen der bestehenden Software eingehen, erinnern wir daran, dass jeder Eingriff immer auch das Risiko eines Fehlschlags beinhaltet. Für den IT-Betrieb darf diese Aussage keine Überraschung sein – früher oder später geht immer etwas schief. Vielmehr ist im Fehlerfall zu entscheiden, wie die Organisation mit dem Fehler und den betroffenen Personen umgeht. Dazu wieder ein Zitat, das Ken Olsen zugeschrieben wird[8]:

> Mit der Zeit wird jeder, der Verantwortung trägt, einen Fehler machen und wenn das ihr Ende sein sollte, wird die Firma bald eine Firma von Jammerlappen sein und von Leuten, die keine Verantwortung übernehmen.

10.3.1 „Wurschteln": Inkrementalismus

Zunächst unabhängig von der IT ist ein Phänomen zu beobachten, das im Englischen unter der Überschrift „muddling through" dem „Durchwurschteln" bekannt wurde [30, 31]. Die Wissenschaft beschäftigt sich mit der optimalen Problemlösung, in der Praxis sind aber nur kurzfristige und inkrementelle Änderungen möglich – so die (auf die staatliche Verwaltung bezogene) Beobachtung.

C. E. Lindblom, der Protagonist des inkrementellen Vorgehens argumentiert, dass Entscheidungsträger zu keinem Zeitpunkt Zugang zu allen relevanten Informationen haben und sie einen Sachverhalt prinzipiell nicht vollständig überblicken können. Dies war nicht als Kritik an ihren begrenzten Fähigkeiten gedacht, sondern als Hinweis darauf, dass es keine funktionierenden und vollständigen Modelle der Realität gibt. In der Praxis werden Entscheidungen folglich auf einer unzulänglichen Basis getroffen: Informationen liegen

---

[7] Ein Beispiel sind Softwareversionen, die rückwärtskompatibel sind und damit in Teilen sukzessive aktualisiert werden können.

[8] Englisches Original [29]: „*In time, everyone who takes responsibility makes a mistake, and if that is their end, the Company will soon become a Company of complainers and people who do not take responsibility*".

nicht vor, sind falsch oder veraltet und die genauen Zusammenhänge und Konsequenzen einer Entscheidung können allenfalls erahnt werden.

Der in den 1950er Jahren entworfene Ausweg besteht darin, kleine inkrementelle Änderungen vorzunehmen, um im Zweifelsfall auf Fehlentwicklungen reagieren zu können. Der „große Wurf" und „revolutionäre Ansätze" sind in dieser Sichtweise in der Regel von Anfang an zum Scheitern verurteilt. Vielfach kapituliert die Verwaltung, aber im selben Maße auch die IT-Organisation, vor der Komplexität. Inkrementalismus – das Wurschteln – wird als Ausweg gewählt. P. G. Neumann stellt dazu in seiner RISKS-Kolumne fest [32]: „[...] die Mentalität hat sich anscheinend von ‚robust' zu ‚gut genug, jedenfalls meistens' gewandelt". Die gleiche Aussage formuliert das Buch „Pragmatic Programmer" [33] als Empfehlung für die Software-Entwicklung: Anstatt nach der perfekten, fehlerfreien Software zu streben, genügt eine „ausreichend gute" Software – eine gelebte Praxis (siehe Kap. 8.3.5).

Der Erfolg der Methode in der Praxis darf nicht darüber hinweg täuschen, dass auch sie keine optimalen Ergebnisse hervorbringt: Kurzfristige Ziele und Erfolge lassen sich schlecht mit nachhaltigen Ergebnissen in Einklang bringen, Grundsatzentscheidungen sind prinzipiell nicht inkrementell durchführbar. Ist eine Entscheidung erst einmal gefallen, beginnen die wahren Probleme. Das Kap. 11.5 geht auf die Herausforderung ein, eine Entscheidung erfolgreich umzusetzen.

10.3.2   Stand der Technik

Bereits die Kostenbetrachtung in Abschn. 10.2 hat auf eine Quelle für ständige Änderungen aufmerksam gemacht: Die Abhängigkeit von externen Komponenten ist enorm – praktisch der gesamte Softwarestack wird von externen Lieferanten übernommen, die Eigenentwicklung ist dazu im Vergleich vernachlässigbar. Jede genutzte Komponente birgt natürlich ihre eigenen Fehler und Probleme, die von Zeit zu Zeit durch Patches behoben werden.

Darüber hinaus hat jede verwendete Software ihren eigenen Releasezyklus. Neue Softwareversionen mit neuen Funktionen erscheinen, natürlich mit neuen und manchmal auch alten Fehlern. Ab und zu werden dabei auch dringend benötigte Funktionen auf einen Schlag ausgebaut. Im schlimmsten Fall zerstreitet sich das Opensource-Entwicklerteam oder der kommerzielle Anbieter verschwindet vom Markt, mit ihnen dann jeweils die genutzte Software. Angenommen, ein IT-Service verwendet für acht Schichten (siehe Kap. 7.5) jeweils auch nur eine externe Komponente mit einem zweijährigen Releasezyklus. Dann werden auf diese Weise jedes Jahr vier neue Releases benötigt. Selbst wenn ein oder zwei Releases ausgelassen werden (bevor dann endgültig ein end-of-life droht), muss jedes Jahr mindestens eine Komponente aktualisiert werden.

Die geschilderten Ereignisse müssen meistens als „höhere Gewalt" hingenommen werden. Manchmal lässt sich die Nutzungsdauer durch höher dotierte Supportverträge verlängern. Dies ändert jedoch nichts an der Tatsache, dass im Laufe der Zeit alle eingesetzten

Komponenten veralten und ausgetauscht werden müssen. Der Zeitpunkt hängt jeweils von den Umständen des IT-Service ab: Ist es aus vertraglichen Gründen notwendig, dass der jeweils aktuelle „Stand der Technik" einzusetzen ist, lassen sich Aktualisierungen nicht vollständig verhindern – eine vom Hersteller abgekündigte Software wäre kaum als „aktuell" zu bezeichnen.

Technisch funktioniert die alte Version genauso wie in den Monaten und Jahren zuvor: Wieso sollte ausgerechnet *jetzt* ein geschäftskritischer Fehler auftreten? Die korrekte Antwort lautet: Wieso nicht? Wie in Kap. 8.3.6 geschildert, manifestiert sich die Mehrzahl aller Fehler nur sehr selten, wieso also nicht im fünften Betriebsjahr zum ersten Mal? Doch selbst im Fehlerfall wäre die Situation für den IT-Betrieb nicht dramatisch im Vergleich zu einer aktuellen Softwareversion: Eine kurzfristige Fehlerlösung ist vom Softwarehersteller einer Standardsoftware sowieso nicht zu erwarten. Es ist und bleibt die Kunst des IT-Betriebs, eigene Umgehungslösungen für Fehler zu entwickeln.

Wird die Aktualisierung auf den aktuellen Stand der Technik zu lange ignoriert, ergeben sich dennoch Probleme: Veraltete Werkzeuge verhindern eine bessere Effizienz der Mitarbeiter, je länger die Aktualisierung hinausgeschoben wird, desto größer wird der Aufwand, die notwendigen Kenntnisse verschwinden vom Markt – selbst der große Bankensektor hat Schwierigkeiten, genügend Nachwuchs für COBOL-Programmierung zu rekrutieren. Veraltete Benutzeroberflächen für Mitarbeiter (oder schlimmer noch: Kunden) transportieren mit der verstaubten Technik implizit natürlich auch eine Aussage über die Leistungsfähigkeit der IT-Organisation und Wertschätzung des Nutzers.

Die Probleme, eine IT-Landschaft auf dem aktuellen Stand der Technik zu halten, lassen sich auf einfache Weise transferieren: Wie der Kunde die IT an den IT-Betrieb übergeben hat, kann der IT-Betrieb einen Teil der IT als Service von einem Lieferanten beziehen. Bereits im Jahr 2005 sprach Nicholas G. Carr auf dem Höhepunkt des Hypes um Cloud-Computing davon, dass IT zukünftig nur noch als fertiger Service aus der Steckdose bezogen wird. Referenz [34] sagt eine bis heute nicht absehbare Entwicklung voraus, die eine IT-Organisation in der Rolle eines Infrastrukturversorgers sieht. Aber auch ein Jahrzehnt nach dem vielbeachteten Artikel muss sich der IT-Betrieb noch immer selbst um den Stand der Technik kümmern – weder die Softwarelieferanten noch die eigene Entwicklung haben die Verantwortung, ein integriertes IT-System auf einem aktuellen, lauffähigen Stand zu halten.

10.3.3 Kostendruck

Die IT-Kosten sind heute immer noch ein undurchsichtiges Thema: Sie haben einen merklichen Anteil an den Gesamtkosten einer Firma, lassen sich jedoch bei weitem nicht so gut kontrollieren und steuern wie andere Kostenarten (siehe Kap. 2 und Abschn. 10.2). Bestrebungen, die IT-Kosten zu senken, sind auf jeden Fall vorhanden – mitunter fehlt der passende Hebel.

Der IT-Betrieb wird bei der Kostenfrage von verschiedenen Seiten unter Druck gesetzt. Ganz im Sinn des Artikels von Carr [34] entwickelt sich in der IT-Branche ein breiter Markt standardisierter Leistungen: Der Betrieb eines Rechners im Rechenzentrum, die Bereitstellung von Speicher über das Internet, von Mailboxen bis hin zu Anwendungsprogrammen kann zu einfach vergleichbaren Konditionen von verschiedenen Anbietern bezogen werden.

Für marktübliche IT-Leistungen muss sich jeder IT-Betrieb die Frage gefallen lassen, wie sich die internen Kosten mit dem Marktpreis vergleichen. Angesichts der Skalenvorteile großer Anbieter wird die Antwort des IT-Betriebs möglicherweise unbefriedigend ausfallen: Der eigene Betrieb ist zum Teil erheblich teurer – Kosten, die aus guten Gründen dennoch akzeptiert werden, und vielleicht an anderer Stelle wettgemacht werden?

Kritik am IT-Betrieb kommt indirekt auch von den Softwareanbietern: Mit großer Regelmäßigkeit bewerben sie ihre neuesten Produkte mit der Aussage, dass ein Unternehmen damit die IT-Kosten erheblich senken kann. Sei es die neue Datenbank-Technologie, die Virtualisierung der Rechner, die nächste Generation eines Entwicklungswerkzeugs, der Thin-Client oder die Verwendung privater Geräte – die Problemlösung scheint immer nur noch einen Schritt entfernt. Natürlich sind die genannten Anliegen berechtigt und durchaus in der Lage, die Kosten günstig zu beeinflussen – wenn sie korrekt umgesetzt werden. Sie sind daher ein steter Quell für anstehende Änderungen, verursacht durch technische Angebote und die Konkurrenz des Marktes.

Dabei gibt es genügend Spielraum, die Kosten des IT-Betriebs zu senken: Die Industrialisierung des IT-Betriebs steckt noch in ihren Anfängen [35]. Software-Entwicklung und IT-Betrieb sind heute näher am (Kunst-)Handwerk als an der Massenproduktion. Durch eine Modularisierung der IT, eine Standardisierung aller Komponenten, die Fokussierung auf die eigenen Kernkompetenzen und die stringente, kostenbewusste Prozessorientierung kann aus dem IT-Betrieb durchaus eine kostengünstige Industrie werden. Auf der Produktseite ist die Industrialisierung mit dem Entstehen der großen Internet-Rechenzentren inzwischen realisiert. Abseits dieser Beispiele bleibt die Industrialisierung, vor allem der Prozessabläufe des IT-Betriebs, heute oft mangelhaft.

10.3.4   Regulatorische Änderungen

Große Unternehmenspleiten und Wirtschaftskriminalität gaben in den vergangenen Jahrzehnten – meist ausgehend von den USA – viele Anlässe, die Vorschriften für Unternehmen zu verschärfen. Verschiedene Zweige sind davon besonders stark betroffen: Vor allem die Finanzbranche muss immer wieder neue nationale und internationale Regeln umsetzen, die sich dann am ehesten mit IT-Unterstützung im betrieblichen Alltag bewerkstelligen lassen.

Jede neue regulatorische Auflage hat zur Folge, dass die eingesetzten IT-Verfahren angepasst werden müssen. Zudem unterliegt der IT-Betrieb selbst Auflagen – wie sonst könnte man den Ergebnissen der IT-Systeme vertrauen [36]? Der Aufwand steigt damit doppelt: Die IT-Services müssen ertüchtigt werden und die Prozesse des IT-Betriebs verlieren Flexibilität. Eine positivere Sichtweise nutzt die Auflagen dazu, die Referenzmodelle des IT-Service-Management im betrieblichen Alltag der IT-Organisation zu verankern.

10.3.5 IT-strategische Anforderungen

Nimmt man die Wertschöpfung des Unternehmens als einzige Daseinsberechtigung der IT, dann wird es offensichtlich, dass strategische Entscheidungen des Unternehmens von der IT-Organisation reflektiert werden müssen. Es ist wünschenswert, dass jede IT-Organisation proaktiv eine IT-Strategie passend zur Unternehmensstrategie entwickelt ([37], S. 99 ff. und Kap. 5.3).

Ausgangspunkt der Unternehmensstrategie sind Veränderungen bei den Kunden, dem Wettbewerb, den Lieferanten und dem wirtschaftlichen und technologischen Umfeld. Liegt sie erst einmal vor – erstellt mit oder ohne Beteiligung der IT-Organisation – wird die Umsetzung eine Vielzahl von Änderungen hervorbringen. Angesichts des hohen Durchdringungsgrades aller Geschäftsprozesse mit IT-Services bedeutet jede Änderung auch, dass sich der Einsatz der IT ändert.

Strategische Themen erschöpfen sich jedoch nicht nur in geänderten technischen Details. Strategische Ziele der IT-Organisation betreffen daher meist auch ihre Arbeitsweise und ihre Rolle im Unternehmen. Langfristig zielen Strategiefragen darauf, die Flexibilität der IT-Services und der IT-Organisation zu hinterfragen, die Kosten und die eigene Fertigungstiefe in Frage zu stellen, technologische Grundsatzentscheidungen zu treffen und die Arbeitsteilung zwischen der IT-Organisation und den anderen Bereichen des Unternehmens zu justieren.

10.3.6 Mergers/Carve-out

Der größte Kostenfaktor im Leben einer IT-Organisation dürfte die Verschmelzung mit einer *anderen* IT-Organisation sein. Vielleicht übernimmt das Unternehmen ein anderes und führt die beiden IT-Organisationen zusammen, vielleicht wird die eigene IT-Organisation an einen Outsourcing-Partner weiter gegeben. Das Zusammenführen und Auftrennen von Firmen gehört zum Alltag der Wirtschaft – anscheinend mit mäßigen Erfolgen, wenn man dem Aktionärsbrief von Warren Buffet [38] Glauben schenkt (siehe Kap. 6.4.7).

Derartige Transaktionen sind aufwändig und teuer, der größte Kostenblock ist die Auftrennung der bestehenden IT [39]. Immerhin hängen alle Geschäftsprozesse von der IT ab, auf Dauer ein unhaltbarer Zustand: Nach dem *Zusammenschluss* sind nahezu alle IT-Services doppelt vorhanden, eine Kostensenkung erfordert ein Zusammenlagen und Abschalten der doppelten Komponenten. Beim *Übergang* zu einer anderen Firma, einer Trennung, kommen gegebenenfalls noch Aufwände für eine Auftrennung vorheriger Verflechtungen.

Eine interessante Anmerkung ist dabei, dass Übergänge zwischen Firmen genauso wie grundlegende Änderungen der Firmenstrategie anscheinend eine wesentliche Ursache dafür sind, etablierte IT-Verfahren außer Betrieb zu nehmen. Der Wert der über Jahre angesammelten Anpassungen und die vorhandene betriebliche Erfahrung gehen komplett verloren [40].

10.4 Kosten vergleichen

Zwei Voraussetzungen sind für eine Kostensenkung zu beachten: Die Kosten müssen *bekannt* und *vergleichbar* sein. Beide Anforderungen hängen zusammen: Das Controlling ist in der Verantwortung, die IT-Kosten zu erfassen und sinnvoll aufzuschlüsseln – zum einen so, dass die Kosten den IT-Services und damit den Auftraggebern möglichst verursachergerecht zugeordnet werden können. Die Angemessenheit der Kosten lässt sich daran schlecht diskutieren, denn die IT-Services sind in ihrer Ausprägung spezifisch für den Auftraggeber und oft kaum mit anderen Situationen vergleichbar. Ein Vergleich benötigt jedoch eine Kostensicht auf möglichst standardisierte Teilprodukte.

Es ist aber nicht alle Hoffnung verloren: Die meisten *Komponenten* kommen nicht nur in allen IT-Services zum Einsatz, sondern sind in ähnlicher Form bei jedem IT-Anbieter im Einsatz. Es fehlt jedoch immer noch die Standardisierung, wenn nicht auf technischer Ebene, dann wenigstens für die rein rechnerische Zuordnung beim Controlling der IT-Kosten.

Beide Voraussetzungen können methodisch erarbeitet werden: Die Vergleichbarkeit der Kosten bezogen auf standardisierte (Teil-)Produkte wird durch einen Kostenbenchmark hergestellt (siehe Abschn. 10.4.1 und Kap. 2.6). Sollen die Prozesse des IT-Betriebs oder des Unternehmens untersucht werden, bietet sich die Prozesskostenrechnung an (Abschn. 10.4.2 und Kap. 2.4.2). In beiden Fällen sind die Ergebnisse dann wieder Auslöser für Veränderungen: Technik und Organisation werden umgebaut, hoffentlich mit dem Ergebnis, die Kosten zu senken.

10.4.1 Benchmark

Die Idee, IT-Leistungen vergleichbar zu machen, geht Hand in Hand mit der Industrialisierung des IT-Betriebs. Zunehmend bilden sich Produkte des IT-Betriebs heraus [41], für die es zum Teil vergleichbare Angebote am Markt gibt. Ansonsten helfen Dienstleister, den Vergleich herzustellen (siehe Kap. 2.6). Auf dem Weg zu einer vergleichbaren IT entfaltet der Benchmark zwei Wirkungen: Definierte Produkte des IT-Betriebs werden im Preis und in der angebotenen Leistung mit Konkurrenten verglichen. Ist die Produktorientierung noch nicht vorhanden, wirft der Benchmark die am Markt üblichen Produkte mit ihren Preisen und Merkmalen in die Diskussion.

Das Durchführen eines Benchmarks verursacht dabei merkliche Kosten und ist durchaus kritisch zu sehen. Selten initiiert die IT-Organisation selbst den Benchmark, er wird vielmehr oft von außen vorgegeben. Die Kritik formuliert der amerikanische Wissenschaftler und Unternehmensberater R. L. Ackoff in seinem Essay aus dem Jahr 1993 [42] treffend[9]:

> Wenn eine Organisation den Bedarf für einen Benchmark entdeckt, ist dies ein Zeichen, dass etwas deutlich im Argen liegt. Wieso braucht es eine Krise, damit eine Organisation ihre eigene Ineffizienz entdeckt? Was hält sie davon ab, dies schon früher zu entdecken? Die Antwort auf diese Fragen kann wertvoller sein als die Ergebnisse des Benchmark.

Der Blick des Kostenbenchmark richtet sich vor allem auf einfache, standardisierbare Produkte, die mit dem *besten* oder dem *durchschnittlichen* Konkurrenten verglichen werden. Für einen IT-Betrieb der die einfachen Bausteine zu komplexen IT-Services *integriert*, fällt der Vergleich nahezu automatisch negativ aus: Anbieter, die sich auf wenige simple IT-Angebote spezialisieren, kommen auf teilweise erheblich niedrigere Kosten – nur sind diese Angebote nicht zu demselben IT-Service kombinierbar. Der wahre Kostentreiber liegt nicht darin, dass standardisierte Leistungen im IT-Betrieb zu teuer sind. Vielmehr entstehen die Kosten eines IT-Services durch den gewählten Aufbau: Welche Teilleistungen werden für den IT-Service ausgewählt? Wie werden sie in einen funktionierenden IT-Service integriert? Diese Kostentreiber können nur in einer ganzheitlichen Betrachtung angegangen werden – eine Möglichkeit bietet die nachfolgend beschriebene Prozesskostenrechnung.

10.4.2 Prozesskostenrechnung

Die wesentliche Schwäche des Kostenbenchmark – punktuell Teilprodukte zu messen – wird von der Prozesskostenrechnung aufgefangen: Sie versucht, alle Kosten und damit vor allem die Gemeinkosten in das Ergebnis einfließen zu lassen [43]. Gerade aus Unternehmenssicht eröffnet sich so die Möglichkeit, die IT-Kosten in den Griff zu bekommen – oftmals der größte Kostenblock der *Gemein*kosten eines Unternehmens[10].

Die Entwicklung der Prozesskostenrechnung (activity based costing, ABC) begann in den 1980er Jahren mit den Arbeiten von Cooper und Kaplan [45, 46] (Mitbegründer der

---

[9] Englischen Original [42]: „*An organization's discovery of the need to benchmark is an indication that something is seriously amiss. Why should it take a crisis for an organization to discover how inefficient it is? What keeps it from discovering this before a crisis arises? An answer to this question can be much more valuable than the benefits obtained from benchmarking.*"

[10] Die Prozesskostenrechnung ist inzwischen ein Standard-Werkzeug der Betriebswirtschaftslehre [44]. Wie weit sie heute noch von der IT-Welt entfernt ist, zeigt ein Buch [43] aus dem Jahr 2005, das – zwei Jahre vor dem Erscheinen des iPhones – die Themen Benchmark und Prozesskosten anhand von Kassettenrekordern erklärt.

Balanced Scorecard). So ist es keine Überraschung, wenn die Prozesskostenrechnung eine Mischung aus einem Controlling-Werkzeug und einer Management-Methode für die Geschäftsführung ist.

Ausgangspunkt waren die zunehmenden „sonstigen Kosten", die nur als grobe Umlage auf die Produktionskosten aufgeschlagen werden konnten. So subventionierten die in Massenproduktion gefertigten Teile die Spezialanfertigungen – die erstgenannten waren durch die Umlage scheinbar teuer, die letzteren scheinbar günstig. 30 Jahre nach der Einführung der Prozesskostenrechnung ist diese verzerrte Wahrnehmung des Controlling immer noch anzutreffen: Vor allem die Komplexität der IT-Services lässt sich in manchen Bereichen weiterhin nicht verursachergerecht zuordnen (siehe Abschn. 10.2).

Wie der Name bereits nahelegt, versucht das activity based costing alle Kosten eines Unternehmens Aktivitäten zuzuordnen. In einer prozessorientierten Welt entsprechen die Aktivitäten genau den Geschäftsprozessen (die auch meistens die Realität wiedergeben). Daher beginnt jede Prozesskostenrechnung damit, die relevanten Aktivitäten zu erheben und alle Kosten verursachergerecht auf die Aktivitäten zu verteilen. Am besten funktioniert das Vorgehen bei einfachen, sich häufig wiederholenden Prozessschritten, in denen weder große Kreativität gefragt ist noch Entscheidungsspielräume vorhanden sind [47].

Die Methode kann, mit etwas Aufwand, auf alle anderen Prozesse eines Unternehmens ausgedehnt werden, mit der Einschränkung, dass der Aufwand für die Erhebung der Zahlen enorm werden kann. Als Kompromiss wird in der Praxis daher ein Teil der Kosten weiterhin als Umlage behandelt, der Aufwand für die korrekte Abbildung auf relevante Aktivitäten wäre zu groß. In den Worten von Cooper und Kaplan [45][11]:

> Es ist besser, mit der Prozesskostenrechnung ungefähr richtig zu liegen […] als die exakte, falsche Zahl mit veralteten Zuordnungsmethoden zu haben.

Wie groß die Komplexität einer Prozesskostenrechnung sein kann, lässt sich ohne weiteres überschlagen. Angenommen, ein Unternehmen hat jährliche Kosten von 1 Mrd. €, die auf Aktivitäten herunter gebrochen werden sollen – etwa in Blöcken der Größenordnung von 25 T€, den Kosten eines externen Mannmonats. Das Resultat wären 40.000 Aktivitäten – natürlich fiktiv, da es Aktivitäten mit sehr viel höheren Kosten gibt, aber auch solche mit niedrigeren Kosten.

Angesichts dieser zu erwartenden Größenordnung wird die Prozesskostenrechnung ein hierarchisches Modell von Hauptprozessen, Teilprozessen und einzelnen Tätigkeiten aufbauen, bevor die Kosten möglichst direkt einer Tätigkeit zugeschlagen werden [47]. Es ist offensichtlich, dass die Aufbereitung, Visualisierung und Kommunikation einer solch großen Datenmenge eine Herausforderung für alle Beteiligten darstellt.

Oft wäre es ein Leichtes für den IT-Betrieb, sich bei der Prozesskostenrechnung hinter der Komplexität der IT-Services zu verschanzen: Die Vielzahl der Configuration Items der

---

[11] Englisches Original [45]: „*But it is better to be basically correct with activity-based costing, […] than to be precisely wrong […] using outdated allocation techniques*".

Abb. 10.2 Beispiel einer Kos-
tenlandkarte (schematisch)

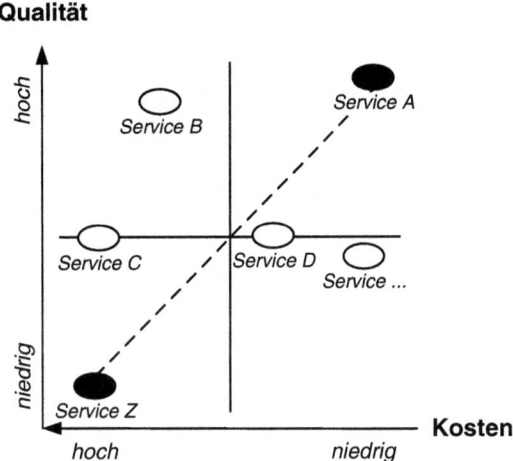

CMDB tragen sicher alle zu den Kosten bei und müssen „nur" noch den Aktivitäten zugeordnet werden. Die vermeintlich verlockende Alternative ist eine grobe Betrachtung der
IT-Kosten. An die Stelle der kostenverursachenden Aktivitäten (sei es Prozessaktivitäten
oder Configuration Items als Ressourcen) schlüsselt die IT-Organisation ihre Kosten auf
die IT-Services, die dann den Hauptnutzern als Umlage auf die Kosten ihrer Hauptprozes-
se aufgeschlagen werden. Das eigentliche Ziel – Kosten zu verstehen und zu beeinflussen
– wird so nicht erreicht, zum Schaden des gesamten Unternehmens.

Liegt das Ergebnis einer Prozesskostenrechnung erst einmal vor, beginnt die Arbeit
des Management: Welche IT-Services rentieren sich? Worin liegt die Ursache für hohe
Kosten? Zum Teil wird die Antwort in einem Ausdünnen des Angebots liegen – unrentable
IT-Services gehören abgeschafft. Andererseits werden die wahren Kosten durch die Prozesskostenrechnung erklärbar – so müssen u. U. deutlich höhere Kosten an die Auftraggeber der IT-Services weitergereicht werden, um ein „faires" Bild der verursachten Kosten
zu zeichnen. Natürlich bieten die Zahlen auch die Möglichkeit, die Leistungsfähigkeit des
IT-Betriebs zu hinterfragen: Liefert er die richtigen Beiträge zu angemessenen Kosten?
Umständliche Prozesse erhöhen die Kosten genauso wie falsche Architekturentscheidun-
gen oder ein unangemessener Datenschutz.

Die Sicht der Unternehmensberater: Produktivität steigern
Sind die Kosten erst einmal bekannt, lassen sie sich gut für Entscheidungen nutzen. [48]
illustriert, wie eine IT-Landschaft so weiter entwickelt werden kann, dass die anfallenden
Kosten sinken. Als Hilfsmittel können „Landkarten" dienen, die die Leistungsfähigkeit
der IT-Services verorten, etwa entlang der Achsen *Qualität – Kosten* oder aber *Wertbeitrag – Kosten.* Auf den ersten Blick fallen dort die Ausreißer auf: Besonders gute und besonders schlechte IT-Services sind gegenüberliegend auf der Diagonalen zu finden (siehe
Abb. 10.2).

10.4.3   Kostenfaktor Software

Anders als im IT-Betrieb gibt es für die Software-Entwicklung anerkannte Methoden, die Kosten vorherzusagen. Jeder Lieferant von Software wird dies natürlich auf das Heftigste leugnen, wer will seine Kosten schon transparent machen? Tatsächlich gibt es umfangreiche empirische Datenbestände bei verschiedenen Anbietern, die viele verschiedene Branchen, Techniken und Länder abdecken. Darauf aufsetzende Kostenmodelle liefern Vorhersagen zu Projektkosten oder erlauben den Vergleich mit Konkurrenten. Beispiele können alle großen Beratungshäuser liefern, etwa die bereits zitierte Präsentation von Gartner [49].

Mit dieser Grundlage ist es nur konsequent, wenn die IT-Organisation die Software-Entwicklung und -Weiterentwicklung einer strikten Kostenkontrolle unterwirft. Schließlich kostet jede entwickelte Funktion doppelt Geld. Einmal bei der erstmaligen Programmierung, anschließend erhöht sie dauerhaft den Wartungsaufwand. Die Rechnung ist im Prinzip einfach: Der Entwicklungsaufwand hängt direkt von der Programmgröße ab – mehr Programmzeilen verursachen mehr Aufwand. In den 1960ern und 1970ern Jahren blieb der Zusammenhang zwischen Aufwand und Programmgröße unklar. Viele Firmen stellten an ihren eigenen Projekten empirische Untersuchungen an, die sich kaum reproduzieren ließen. Erst allmählich entwickelten sich daraus Formeln, die mit wenigen empirischen Parametern den Aufwand für ein Softwareprojekt voraussagen konnten.

Das einflussreiche Kostenmodell COCOMO (constructive cost model) entstand in den 1980ern Jahren [50] mit einer Datenbasis von einigen hundert Projekten, die jeweils die Anzahl der erstellten Programmzeilen maßen. Der Zusammenhang zwischen Aufwand und Programmgröße war dabei nicht linear, sondern der Aufwand steigt etwas schneller: Aufwand $= a(\text{Größe})^b$ mit Koeffizienten b zwischen 1,05 und 1,20, je nach Art des Projektes. Mit einer wachsenden Datenbasis, sich immer wieder ändernden Entwicklungsprozessen und Programmiersprachen entwickelte sich auch COCOMO in der Folge weiter [51], blieb dabei aber nicht ohne Konkurrenz.

Vor allem der Blick auf die Programmzeilen bot Anlass zur Kritik: Was genau gilt als eine Programmzeile? Viele Programmiersprachen benötigen einiges an „Infrastruktur", die u. U. von der Entwicklungsumgebung automatisch erstellt wird. Leerzeilen und Kommentare sind für den Programmierer von Vorteil, zählen sie als Programmzeile? Dazu kommt, dass über die Zeit die Programmiersprachen weniger Codezeilen benötigten, Assembler und objektorientierte Sprachen lassen sich sicher nicht direkt vergleichen. Einen Ausweg boten die „function points", die Anfang der 1980er Jahre bei IBM entstanden [52]. Sie zählten die „fachlichen Anforderungen" einer Funktion: Inputs, Outputs und Datenzugriffe – die Denkweise orientiert sich an interaktiven, bildschirmorientierten Großrechnerprogrammen mit Nutzer-Eingaben, Ausgaben für den Nutzer und Datenzugriffen des Großrechners, alles im Zusammenhang mit einer Funktion auf einer Bildschirmmaske.

Function Points lassen sich bei ausreichend großer Datenbasis in erstellte Programmzeilen einer gegebenen Programmiersprache umrechnen – [53] nennt als Extrembeispiele für einen function point 640 Zeilen Assemblercode oder 6,4 Statements in Excel. Es ist nur logisch, dass die Wahl der richtigen Programmiersprache (bzw. Generation) den Aufwand beeinflusst, Assembler-Programmierung wird sich heute nicht mehr rentieren. Aus den Daten können vielerlei Statistiken erstellt werden, neben dem kalkulierten Aufwand sind vor allem die zu erwartenden, in der Software vorhandenen Fehler von Interesse.

Kostenmodelle für die Softwareentwicklung lassen sich auch für die Projektsteuerung einsetzen: Sie liefern die erwarteten Aufwände und Zeiten bis zur Fertigstellung, ebenso eine Schätzung der enthaltenen Fehler. Die IT-Organisation ist gut beraten, derartige Kennzahlen in allen Software-Projekten einzusetzen und von den Lieferanten einzufordern. Gerade der steigende Anteil der Software in allen Produkten und Services lässt sich sonst kaum mehr steuern. Die Entwicklung der Boeing 777 liefert ein Beispiel, wie die Projektsteuerung punktuell Metriken zur erstellten Software nutzt [54]. Interessant sind die dort gewonnenen Erfahrungen, etwa die Aussage, dass *„die von den Metriken ausgelösten Diskussionen wertvoller waren als die Daten selbst"*.[12]

10.5 IT-Architektur als Querschnittsaufgabe

Modelle sind heute in der Softwareentwicklung integraler Bestandteil des Entwicklungsprozesses – objektorientierte Programmiersprachen lassen fast eine komplette Programmerstellung aus Modellen zu – modell-getriebene Entwicklung sei nur als Schlagwort genannt. Allen Entwicklern ist bekannt, dass die eingesetzten Werkzeuge neben der Programmierung auch die Modellierung unterstützen. Im IT-Betrieb stellt sich der Sachverhalt anders dar: Die interne Programmierung der Software tritt in den Hintergrund, an Bedeutung gewinnt das reibungslose Zusammenspiel vieler Komponenten. Wie viele, das war bereits detaillierter Gegenstand des Kap. 8, eine Zahl aus der Siemens AG um das Jahr 2000 nennt beispielsweise über 250 verschiedene SAP-Anwendungen innerhalb des Unternehmens [55].

10.5.1 Anforderungen aus der IT-Architektur

Ganz analog zur Software-Modellierung hat die IT-Architektur einer IT-Organisation die Aufgabe, einen passenden „Bebauungsplan" der eigenen IT aufzustellen und weiter zu entwickeln (siehe auch Kap. 5.3.2 und 5.4.5). Im genannten Beispiel könnte man eine Vereinheitlichung der vielen SAP-Anwendungen als Ziel erklären. Die IT-Architektur wird auch bei der Erarbeitung der Vorgaben mitwirken, die eine Anwendung oder ein IT-Service für den regulären Betrieb erfüllen müssen: Technische Vorgaben, der Umgang mit Daten, Backup und Restore, Zugriffsschutz, Einbindung in die automatisierten Prozesse des IT-Betriebs und Releasezyklen, um nur einige Aspekte zu nennen. Diese Anforde-

---

[12] Englisches Original [54]: „*The discussions prompted by the metric data have been more important than the data itself*".

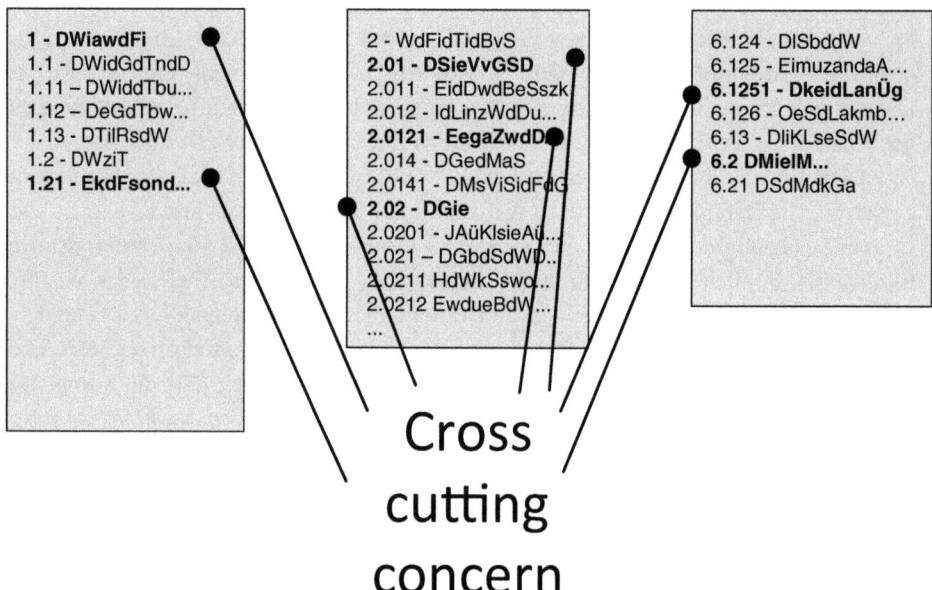

Abb. 10.3 Querschnittsaufgaben als Herausforderung

rungen kommen teilweise aus dem IT-Betrieb selbst – die Architektur wird sich hier um Einheitlichkeit und Kontinuität dieser Anforderungen kümmern.

Jeder einzelne Aspekt der IT-Architektur kann gut begründet werden, so lassen sich z. B. Skaleneffekte nur realisieren, wenn die Betriebsprozesse automatisiert sind. Andererseits trifft eine derartige Anforderung alle Verfahren – aus Sicht des Auftraggebers „erfinden" der IT-Betrieb und IT-Architekt eine Vielzahl nicht-funktionaler Anforderungen[13]. Als unglücklich erweisen sich die Anforderungen dann, wenn sie von der Softwareentwicklung nicht beachtet wurden und nach der „erfolgreichen" Entwicklung die Anpassung an die betrieblichen Gegebenheiten überraschend den Starttermin gefährdet – siehe dazu die Behandlung in Kap. 7.4.1.

Querschnittsaufgaben sind immer eine organisatorische Herausforderung: Während die IT-Services entlang ihrer klaren fachlichen Aufgaben strukturiert sind (siehe Abb. 10.3), passen die Querschnittsaufgaben nicht dazu. Vielmehr sind sie quer verstreut in allen Komponenten anzutreffen. Ein einfaches Beispiel sind die zum Monitoring notwendigen Eigenschaften von Applikationen. An allen relevanten Stellen muss die Möglichkeit beispielsweise für Logmeldungen in der Software vorgesehen werden, Format und technische Schnittstelle wird vom IT-Betrieb vorgegeben. Entsprechend wird sich Programmcode für die Querschnittsaufgabe Monitoring überall in den Anwendungen finden, womöglich

---

[13] Nicht-Funktional deshalb, weil sie aus Sicht des Auftraggebers nichts mit dem eigentlichen Auftrag des IT-Service zu tun haben, z. B. die Paketierung von Software, das Erstellen definierter Monitore oder Anforderungen an die Datensicherheit.

jedes Mal nahezu der identische Sourcecode. Es ist offensichtlich, dass das Duplizieren sowohl teuer als auch fehleranfällig ist – charakteristisch für Querschnittsaufgaben.

Ungeachtet der genannten Schwierigkeiten sind die Anforderungen der IT-Architektur an einen IT-Service gleichberechtigt mit den fachlichen Anforderungen. Die Herausforderung besteht darin, beide Sichtweisen zu berücksichtigen.

Worauf achtet die IT-Architektur?

Veränderbarkeit

Typische IT-Services werden über lange Zeiträume betrieben, über die gesamte Zeit muss es möglich sein, Veränderungen geregelt in den Betrieb einzuführen. Dazu gehört die Wartung der Software, d. h. die Möglichkeit, Änderungen und Fehlerlösungen für die Software zu entwickeln, zu testen und betriebsbereit zu bekommen. Erschwerend kommt hinzu, dass sich über die Zeit das betriebliche Umfeld der Software ebenfalls ändert – Betriebssysteme werden ausgetauscht, Datenhaltung und Datenaustausch werden modernisiert, die betriebliche Automatisierung ändert sich. Vertretbare Betriebskosten können nur erzielt werden, wenn alle eingesetzten Komponenten sich zügig an die neuen betrieblichen Gegebenheiten anpassen lassen.

Der IT-Betrieb als Integrator des IT-Services wird sich bei der Wartung der Software mehr und mehr mit den Abhängigkeiten zwischen den einzelnen Komponenten beschäftigen müssen: Mit zunehmendem Alter der Software bleiben lokale Änderungen nicht mehr auf eine Komponente beschränkt, vielmehr ziehen sie sich durch das ganze System: Es ist die Aufgabe des Integrators, Änderungen und Fehlerlösungen korrekt im gesamten System umzusetzen ([20], dort Kap. 1.2). Mit der Zeit wird es immer schwieriger, Änderungen und Fehlerlösungen in einem IT-Service zu implementieren, so dass früher oder später die Entscheidung ansteht, die vorhandene Software grundlegend zu renovieren („Refactoring").

Bebauungsplan

Im selben Maße, in dem Software ein Eigenleben entwickelt und „wächst", wachsen auch die Anwendungslandschaften eines Unternehmens: Eher ergänzen neue IT-Services die vorhandenen, als dass Anwendungen eingestellt und zurückgebaut werden. Das Beispiel der 250 SAP-Anwendungen bei der Siemens AG zeigt gut, dass eine Inventur der eigenen IT-Landschaft einige Überraschungen liefern könnte – von Zeit zu Zeit müssen die vorgefundenen IT-Services aufgeräumt werden.

Pflegbarkeit und Betreibbarkeit

Der Überblick des IT-Architekten erlaubt es, über allgemeine Richtlinien zu einem effizienten IT-Betrieb direkt die IT-Services zu beeinflussen: Anwendungen sollen modular anstatt monolithisch aufgebaut sein (siehe das Schichtenmodell in Kap. 7.5). Für jede Schicht gibt es eigene betriebliche Vorgaben und Techniken, die zu einem standardisierten und kostengünstigen Betrieb führen. Für den zuverlässigen Betrieb wird die IT-Architektur bei einem ganzen Bündel Anforderungen mitwirken, etwa dass ein IT-Services installiert, gestartet und gestoppt werden kann, im Fehlerfall keine Daten verliert und trotz auftretender Fehler die Verarbeitung nicht komplett einstellt.

Die Rahmenbedingungen zu den eingesetzten betrieblichen Werkzeugen werden dabei von der IT-Architektur vorgegeben. Sie ist Teil jedes Softwareprojekts. Konsequent verfolgt bedeutet dies, dass die IT-Architektur mitentscheidet, welche Speicherlösungen, Datenbank- und Betriebssystemversionen im IT-Betrieb eingesetzt werden. Es bedeutet aber auch, dass Prozesse und Tools des IT-Betriebs verbindlich sind: Störungen, Fehler und Änderungen werden vom IT-Betrieb mit den Werkzeugen und Prozessen des IT-Betriebs bearbeitet. Software-Lieferanten können sich daran anschließen, die Prozess- und Datenhoheit verbleibt beim IT-Betrieb.

Innovation

Richtet sich der Blick bei den bestehenden IT-Services auf bewährte und damit „alte" Technik, muss die IT-Architektur ständig einen Blick auf Innovationen haben: Jede heute bewährte Technik stand als unerprobte neue Lösung am Start: Relationale Datenbanken, Netzwerkspeicher, serviceorientierte Architekturen (SOA), Cloud-Computing, Big Data – sie können die IT-Landschaft grundlegend verbessern und verändern, oder aber als vorübergehender Hype in der Versenkung verschwinden. Je nach der vorherrschenden Denkweise eines Unternehmens werden immer wieder Pilotprojekte mit aktuellen Technologien auf den Weg gebracht, mit dem Ziel, sich die Fähigkeiten in dem technologischen Feld zu erarbeiten. Dabei kommt es zu zwei Betrachtungsweisen: Zum einen werden technische Innovationen für einen einzelnen IT-Service typischerweise aus der Softwareentwicklung vorangetrieben, zum anderen wird der Betrieb auf die Integration vieler Komponenten achten. SOA und Cloud-Computing sind Beispiele, die aus beiden Blickwinkeln von Interesse sein können.

Transformation

Mit dem Innovationszyklus kommt es automatisch zum Einsatz neuer Technologien in vielen bestehenden oder neuen IT-Services. Der Bebauungsplan wird ein Stück komplizierter. Eine wesentliche Aufgabe der IT-Architekten besteht daher immer wieder darin, eine adäquate Ziel-Architektur zu entwickeln und die vorhandene IT-Landschaft in Richtung der Ziel-Architektur zu transformieren.

10.5.2   Querschnittsaufgaben

Früher sprach die Softwareentwicklung von funktionalen und nicht-funktionalen Anforderungen: Die Software richtet sich zunächst vor allem nach den funktionalen Anforderungen, schließlich beschreiben sie den eigentlichen Nutzen der geplanten Software. Entsprechend richtet sich die Entwicklung an diesen Anforderungen aus, beispielsweise werden Objektmodelle entlang der funktionalen Anforderungen strukturiert. In der Regel sieht sich die Entwicklung aber auch mit einer Reihe nicht-funktionaler Anforderungen konfrontiert – viele davon sind aus dem IT-Betrieb veranlasst. Einerseits sind die nicht-funktionalen Anforderungen gleichberechtigt zu den funktionalen, andererseits fehlt scheinbar der klare Auftraggeber. Es fällt leicht, sie als Störenfried zu empfinden und nach Möglichkeit im Entwicklungsprojekt zu ignorieren, siehe Kap. 7.4.1.

Allerdings rücken die „sonstigen Anforderungen" zunehmend in den Fokus. Der Fortschritt bei der Modellierung von Software hat inzwischen einen Stand erreicht, bei dem fachliche Anforderungen problemlos modelliert, dokumentiert und programmiert werden können. Für die Berücksichtigung der Querschnittsaufgaben (cross cutting concerns) gibt es leider noch keine funktionierende Lösung: Sie lassen sich schlecht modellieren und werden in den aktuellen Programmiersprachen kaum berücksichtigt.

Vor diesem Hintergrund ist es klar, dass die IT-Architektur und nicht-funktionale Anforderungen nur schwierig in der Softwareentwicklung berücksichtigt werden können [56]. Es fehlen die sprachlichen Mittel, die IT-Architektur oder daraus abgeleitete Anforderungen in den Modellen zu dokumentieren und sie geschickt in Sourcecode zu verwandeln. Meistens zieht sich die Umsetzung einer einzigen Anforderung quer durch die gesamte Software mit entsprechend hohem Implementierungsaufwand – typisch für eine Querschnittsaufgabe. Empirische Daten legen nahe, dass eine quer über den Sourcecode verstreute Implementierung einer Querschnittsaufgabe fehleranfällig ist – je stärker die Umsetzung streut, desto mehr Fehler sind zu erwarten [57].

▶   Die Implementierung von Querschnittsaufgaben ist fehleranfällig.

Erschwerend kommt hinzu, dass die Anforderungen aus der IT-Architektur oftmals voneinander abhängen und sich nicht losgelöst voneinander umsetzen lassen – wobei es die mangelhafte technische Unterstützung durch die Entwicklungswerkzeuge praktisch unmöglich macht, die korrekte Umsetzung sicherzustellen.

Aktuell versucht die Softwareentwicklung die Querschnittsaufgaben in derselben Qualität zu unterstützen wie es bereits bei den funktionalen Anforderungen der Fall ist. Ein Blick auf Abb. 10.3 veranschaulicht die Idee: Während sich die Modellierung eines Programms bisher ausschließlich nach den fachlichen Anforderungen richtet, liegen die Querschnittsaufgaben – wie vom Namen impliziert – „quer" dazu und verstreuen sich über den gesamten Programmcode. Dies führt beispielsweise dazu, dass im Sourcecode eines Webservers fast alle Methoden in fast allen Klassen mit demselben Codefragment zur Überprüfung der Datei-Zugriffsrechte beginnen: Eine klare, nicht-funktionale Anforderung (beispielsweise „Dateien dürfen nur von Berechtigten geöffnet werden") lässt sich nicht mehr an einer Stelle umsetzen.

Einen Ausweg skizziert die aspektorientierte Programmierung [58], bei der Querschnittsaufgaben als „Anliegen" (concern) aus dem Modell herausgezogen werden können, praktisch entlang einer zweiten Dimension der Modellierung. So lässt sich ein Anliegen tatsächlich wieder an einer einzigen Stelle implementieren. Zusammen mit einer Beschreibung, wann und wo das Anliegen zum Einsatz kommt (z. B. immer am Beginn jeder Methode) erhält man einen „Aspekt", der vom Compiler selbstständig an den richtigen Stellen des Programms eingebaut wird.

10.6   Mittelfristige Aufgaben lösen

IT-Betrieb ist eine andauernde Aufgabe, die sich schon für einen einzigen IT-Service über mehr als ein Jahrzehnt erstrecken kann. Die Taktik des Aussitzens ist in dieser Situation nicht angebracht – früher oder später holen die kleinen Sünden der Vergangenheit den IT-Betrieb ein. Zur Vorsorge ist es daher notwendig, mittelfristige Aufgaben im betrieblichen Alltag gleichberechtigt mit den tagesaktuellen Sorgen und Nöten zu bearbeiten. Die Umsetzung in der Praxis ist schwieriger als gedacht: Wieso sollten sich die Mitarbeiter der IT-Organisation an Vorgaben halten und an weit entfernten Zielen orientieren? Diese Frage wird für die Softwareentwicklung empirisch mit der Erfahrung der Programmierer beantwortet [59]. Wenn Studenten selbst erleben, dass die Einhaltung der Entwicklungsprozesse zu besseren Ergebnissen führt, akzeptieren sie die theoretisch hinlänglich bekannten Prozesse für ihren Arbeitsalltag.

Die wichtigste Aufgabe des IT-Betriebs zuerst: Die IT-Services weiterhin mit angemessener Qualität zur Verfügung stellen. Eine zunächst banale Aussage, die jedoch keineswegs selbstverständlich ist. Das Beispiel des Sourcecode-Verwaltungssystems „Code Spaces" (siehe Kap. 8.1) illustriert das Problem: Ein Cyberangriff führt mangels funktionierendem Notfallkonzept zu einem Totalausfall, dem Verlust aller Daten und der Insolvenz des Anbieters. Das folgende Beispiel zeigt, dass auch „die guten Jungs" gefährlich werden können.

10.6.1   Beispiel: Die Abschaltung von No-IP

Beispiel

Die amerikanische Firma „Vitalwerks Internet Solutions" bietet seit Jahren einen dynamischen DNS-Dienst „no-ip.com" an, die Nutzerzahl liegt nach eigenen Angaben im zweistelligen Millionenbereich. No-ip.com ist damit einer von vielen Anbietern, die es ermöglichen, dass sich eine immer wieder ändernde IP-Adresse z. B. eines DSL-Anschlusses aus dem Internet über einen gleichbleibenden *domain name* erreichen lässt.

Im ersten Halbjahr 2014 bereitete Microsoft einen Schlag gegen die weltweite Computerkriminalität vor [60]: Zum zehnten Mal sollte weltweit ausgewählte Malware („Bladabindi" und „Jenxcus") bekämpft werden. Anfang 2014 erweiterte Microsoft dazu sein „Malicious Software Removal Tool" um beide Schädlinge. Doch der Erfolg war mäßig – die Schadsoftware verbreitete sich weiterhin recht aggressiv. Mehr Erfolg versprach sich das Microsoft Cybercrime Center davon, die Steuerung des Botnets lahmzulegen. Dazu mussten die quer über die Welt verteilten Steuerungscomputer abgeschaltet werden – ein schwieriges Unterfangen. Den Mitarbeitern von Microsoft fiel auf, dass fast alle Steuerungscomputer des Botnets die dynamische DNS-Namens-auflösung von no-ip.com verwendeten – ein heimischer, amerikanischer Anbieter.

Ab dem 19. Juni 2014 erhob Microsoft vor dem amerikanischen District Court in Nevada eine geheime (!) Anklage gegen die beiden angeblichen Autoren[14] der Malware und die amerikanische Firma Vitalwerks, den Eigentümern des Dienstes no-ip.com [61–63]. Das Gericht wurde in der Anklage gebeten, in Abwesenheit der Angeklagten (*ex parte*) unter Verschluss (d. h. die Angeklagten sind weder vor Gericht vertreten noch werden sie über die Klage und die Entscheidung informiert, eine Eigenart des amerikanischen Rechtssystems) ein Urteil zu fällen. Mit solch einem Urteil wollte Microsoft erreichen, dass vorübergehend gut 20.000 bei no-ip.com eingetragene DNS-Namen auf die DNS-Server von Microsoft übertragen würden – und damit faktisch stillgelegt wären. Andere DNS-Server dürften danach nicht mehr auf no-ip.com verweisen. Da die Infrastruktur des Internets sich im Wesentlichen unter der Kontrolle der Vereinigten Staaten befindet, kann ein amerikanischen Gericht nicht nur ein derartiges Urteil fällen, sondern es lässt sich auch in den USA vollstrecken.

Das Gericht entsprach der Klage Microsofts und urteilte, dass alle aufgeführten DNS-Namen zur Auflösung an Microsoft übergeben werden mussten. Zugleich verurteilte es die Betreiber der Top-Level Server der DNS-Namensauflösung mit Microsoft zu kooperieren. Die Umleitungen der DNS-Anfragen auf die Microsoft-Server wurden gemäß Urteil von diesen entweder überhaupt nicht beantwortet oder gaben als IP-Adresse die Adresse eines speziell präparierten Servers bei Microsoft zurück.

Nach dem Urteil begann Microsoft mit der Umleitung der IP-Adressen, die Beklagten wurden auf verschiedenen Wegen über das getroffene Urteil informiert (per Bote, elektronisch, per Webseite oder Zeitungsannonce). Für viele Nutzer von no-ip.com fiel der Dienst faktisch aus – die verwendeten DNS-Namen wurden nicht mehr aufgelöst, die Ziel-Server waren nicht mehr erreichbar.

Innerhalb kurzer Zeit stellte sich heraus, dass die abgeschalteten IP-Adressen nicht nur für die Steuercomputer der Malware genutzt wurden. Vitalwerks beschwerte sich zudem darüber, dass Microsoft im Vorfeld nicht versucht hatte, den Anbieter direkt zu kontaktieren und damit die fraglichen Adressen bei no-ip.com selbst stillzulegen. Der Rechtsstreit zwischen Microsoft und Vitalwerks endete anscheinend am 9. Juli 2014 mit einem nicht näher beschriebenen Vergleich, die meisten DNS-Namen gab Microsoft nach lautstarkem Protest im Internet bereits am 3. Juli zurück.

Die angeblichen Verfasser der Malware wurden von dem Urteil nicht erreicht – ihr Aufenthaltsort ist weiterhin nicht bekannt.

Das Beispiel no-ip.com fügt den Horrorszenarien aus [64] ein weiteres hinzu: Was geschieht mit einem IT-Service, wenn in einem fernen Land mit einem unvertrauten Rechtssystem ein Urteil gegen den Betreiber erwirkt wird? Bei der Abhängigkeit vieler IT-Services von

---

[14] Ohne Angabe einer Adresse, ihr Aufenthaltsort war zu dieser Zeit unbekannt und vermutlich außerhalb der USA.

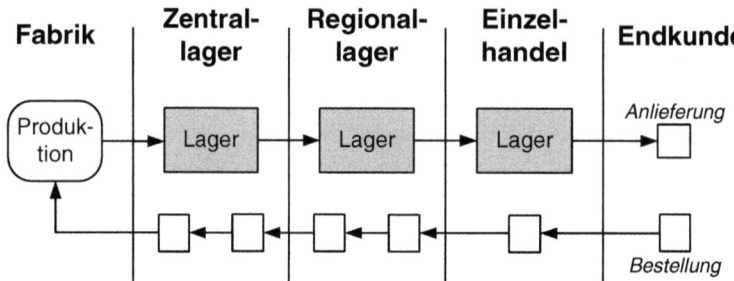

Abb. 10.4 Eine Logistikkette dient als Beispiel für „Industrial Dynamics" [65] und wird später zum „Beer Game" [67]

weltweiter Infrastruktur ist das Szenario nicht abwegig. Zentrale Verwaltungsstellen des Internets werden faktisch in den USA kontrolliert, genauso das GPS-System und die beiden am weitesten verbreiteten Smartphone Infrastrukturen Android und iOS.

10.6.2   System Dynamics und Business Dynamics

Mittel- und langfristige Planung waren immer eine besondere Herausforderung für das Management. Mit dem Aufkommen der Computer eröffnete sich die Möglichkeit, mathematische Modelle schnell zu berechnen und als Grundlage für Vorhersagen zu verwenden. Sehr früh begann in den USA der Trend, das Management von Unternehmen auf eine mathematische Basis zu stellen – etwa mit dem viel beachteten Artikel „Industrial Dynamics" von J. W. Forrester im Harvard Business Review im Sommer 1958 [65]. Die Arbeit des Managers sollte nicht länger eine künstlerische Tätigkeit sein, vielmehr zielte Forrester darauf, die zugrundeliegenden Regeln zu erforschen und als Ausgangspunkt für die Tätigkeiten des Managers zu nutzen.

Die Problematik kommt gut in einem Zitat von J. W. Forrester zum Ausdruck[15]:

> Sie [General Electric] wunderten sich darüber, dass ihre Fabriken für Haushaltsgeräte manchmal drei oder vier Schichten fuhren und wenige Jahre später die Hälfte des Personals entlassen mussten. Es war einfach, aber wenig überzeugend, die Erklärung in den Konjunkturzyklen zu suchen.

Der Artikel beschreibt bereits im Jahr 1958 eine Methode, die Zusammenhänge einer einfachen Logistikkette grafisch zu notieren und anschließend numerisch die zeitliche Dynamik per Computer zu simulieren. Der Artikel verwendet als Beispiel eine Logistikkette (siehe Abb. 10.4), an deren Ausgangspunkt eine Fabrik mit angeschlossenem Zentrallager

---

[15] Englisches Original [66]: „*They [General Electric] were puzzled as to why their household appliance plants sometimes worked three or four shifts and then, a few years later, had to lay off half their staff. It was easy to say that business cycles caused fluctuating demand, but not entirely convincing*".

steht. Jede (Spiel-)Runde kann die Fabrik eine gewisse Menge produzieren, abhängig davon, wie viele Bestellungen vorliegen oder der Manager der Fabrik auf Lager produzieren will. Am anderen Ende der Lieferkette steht der Endverbraucher, der im Beispiel eine konstante Nachfrage liefert, die sich während der Simulation einmalig erhöht. Zwischen Fabrik und Endverbraucher liegen insgesamt drei Lager, jeweils mit ihrer eigenen Lagerhaltung, ein- und ausgehenden Bestellungen.

Das von Forrester entwickelte Beispiel erinnert stark an das später von seinem Schüler popularisierte „*Beer Game*" (das klassische Lehrbeispiel für „Business Dynamics" [67], siehe Kap. 8.3.13). Beide Simulationen sind rundenbasiert, beschränken den Informationsaustausch auf die Auslieferungen (die immer vollständig entgegengenommen werden müssen) und die eingehenden Bestellungen. Die Eigendynamik der Lieferkette entsteht dadurch, dass die Bestellungen zwischen zwei Stationen einen Zeitverzug erfahren, sie benötigen zwei Runden, während Auslieferungen nur eine Spielrunde benötigen. Eingehende Bestellungen sind soweit möglich jeweils vollständig aus dem Lager zu bedienen, fehlendes Material wird bei der nächsten Gelegenheit nachgeliefert[16].

Bereits diese vereinfachte Lieferkette illustriert die Konsequenzen der zeitlichen Verzögerung zwischen einer Entscheidung (des Endverbrauchers) und der Produktion: Produktion, Bestellungen und Lagermenge entlang der Lieferkette fangen an, über die Zeit „zu schwingen" – es kommt zu einem Auf und Ab, obwohl die Nachfrage des Endverbrauchers abgesehen von dem einmaligen Anstieg immer konstant ist. Eine optimale Steuerung der Lieferkette kann erst erfolgen, wenn die Beteiligten die Zusammenhänge erkennen und ihr Handeln entsprechend abstimmen.

Mit dem Artikel von 1958 begann der Versuch, betriebswirtschaftliche Abläufe ganzheitlich zu modellieren und die resultierende Dynamik per Simulation vorherzusagen. Anstatt das Management mit den alltäglichen Krisen zu beschäftigen, können mittel- und langfristig wirksame Entscheidungen über derartige Modelle diskutiert werden und in der Aufmerksamkeit mit den viel präsenteren konkreten Problemen konkurrieren.

In den unterschiedlichsten Anwendungsfeldern kommen daher heute Simulationen zum Einsatz. Nur so lassen sich die Auswirkungen von Entscheidungen einschätzen und wichtige Entscheidungen zum richtigen Zeitpunkt treffen. Die schöne Welt des Modellierens birgt ihre eigenen Gefahren. Ursprünglich war sie dazu gedacht, die Kommunikation dynamischer Zusammenhänge zu ermöglichen. Sie kann jedoch leicht in unüberblickbare Modelle entgleiten – für den Empfänger ist dann die Botschaft im günstigsten Fall wertlos. In den Worten der New York Times: „We have met the enemy and he is PowerPoint" (siehe das Beispiel in Kap. 5.2.6).

Dennoch gibt es heute keine besseren Werkzeuge, um die Folgen getroffener oder nicht-getroffener Entscheidungen zu untersuchen. Im IT-Bereich kommen sie jedoch noch viel zu selten zum Einsatz. Peter G. Neumann merkt dazu an [68], dass die meisten Entscheidungen nur kurzfristige Ziele berücksichtigen und dass sie viel zu optimistische und

---

[16] D. h. alle Bestellungen sind vollständig zu bedienen, die Simulation erlaubt es nicht, getätigte Bestellungen zu stornieren oder zu ändern.

Tab. 10.1 Wartungszeiträume am Beispiel der Oracle-Datenbank [69]

Release	Verfügbar bis	Premier Support bis	Extended Support bis
8	2000	2004	2006
9	2002	2007	2010
10.1	2004	2009	2012
10.2	2005	2010	2013
11.1	2007	2012	2015
11.2	2009	2015	2018
12.1	2013	2018	2021

irrige Annahmen zugrunde legen. Gerade die Softwareentwicklung ist nicht in der Lage, den gesamten Lebenszyklus eines IT-Services zu berücksichtigen – kurzfristige Projekterfolge, vernachlässigte Qualitätsansprüche, fehlende Verantwortung für langfristige Ziele und das Verschieben schwieriger Entscheidungen in eine spätere Phase sorgen dafür, dass „erfolgreiche" Software-Projekte in der Betriebsphase an der Realität scheitern.

10.6.3   Softwareversionen und Lizenzen

Mittel- und langfristig macht sich die Lizenz- und Versionspolitik der Softwarehersteller bemerkbar. Die großen Hersteller versehen typischerweise jede Version mit einem Verfallsdatum, zu dem die Weiterentwicklung eingestellt wird. Im Anschluss gibt es dann einen Zeitraum, in dem Fehlerfixes bereitgestellt werden: zunächst auf Veranlassung des Herstellers und zu keinen oder moderaten Mehrkosten, am Ende bietet der Hersteller möglicherweise selbst gegen Geld keinen Support mehr oder lässt sich diesen (sehr) gut entlohnen.

Spätestens wenn der Hersteller keinen Support mehr anbietet stellt sich die Frage, wie die eingesetzte Software aktualisiert werden kann. Häufig hat der Anbieter eine „kompatible" neue Version der Software und kann technisch oder personell beim Update unterstützen. Mitunter stellt der Softwarehersteller die Produktlinie jedoch ein und die Suche nach einer gleichwertigen, hoffentlich langfristiger einsetzbaren Software beginnt. Die Kosten für die neuen Lizenzen werden dabei von den Umstellungskosten der betroffenen IT-Services bei weitem übertroffen.

Ein – recht gutmütiges – Beispiel zeigt Tab. 10.1 mit den Wartungszeiträumen der Oracle-Datenbank [69]. Etwa alle zwei Jahre brachte Oracle demnach ein neues Release heraus, das dann für etwa fünf Jahre verfügbar blieb. In dieser ersten Phase wurde das Produkt aktiv vom Hersteller unterstützt, Lizenzen konnten neu erworben werden. Updates und Support setzen jedoch in der Regel voraus, dass die installierte Version auf dem neuesten Patchlevel ist – sonst ist die erste Reaktion des Herstellers im Fehlerfall auf die noch nicht angewandten Patches zu verweisen.

Der (kostenpflichtige) Support schließt auch inhaltliche Updates ein, etwa wenn ein Buchhaltungssystem an geänderte rechtliche Rahmenbedingungen angepasst werden muss. Zum Ende der ersten Phase steht der Nutzer vor der Fragestellung, entweder auf den Support und die Patches zu verzichten, auf das nächste verfügbare Release zu wechseln oder die Zeit mit einem teureren Supportvertrag zu verlängern. Bereits der erste Zeitraum von etwa fünf Jahren reicht aus, eine neue Version des Datenbanksystems zu überspringen – in der Hoffnung, dass die Kosten eines Upgrades niedriger sind als die Kosten zweier Upgrades.

In dem Beispiel von Oracle kann eine zweite Support-Phase bezogen werden, die den Wartungszeitraum um drei Jahre verlängert und somit in Summe das Überspringen von drei Releases ermöglicht.

Am Beispiel Oracle lässt sich gut erkennen, dass ein großer Softwarehersteller sehr viele Produkte anbietet. Positiv sticht die Unterstützung für eines ihrer am besten bekannten Produkte hervor, das relationale Datenbanksystem (siehe oben). In den umfangreichen Listen der Supportphasen auf der Webseite von Oracle gibt es jedoch auch sehr viele Produkte, die anscheinend nach wenigen Releases und Jahren eingestellt wurden. Für diese ist jedenfalls kein gleichnamiges Produkt mehr gelistet.

Die Lizenz- und Supportpolitik der Anbieter übt daher einen starken Druck auf die IT-Organisation aus, ständig Updates in den Betrieb einfließen zu lassen. Letztlich werden alle zwei Jahre größere Updates nötig, bei denen von einer Anpassung der eigenen IT-Services auszugehen ist. Jenseits der erhöhten Wartungskosten sind keine Alternative in Sicht: Wartung für Standardsoftware lässt sich nicht von einem unabhängigen Anbieter zukaufen. In den Lizenzverträgen versuchen die Hersteller oft das Reverse-Engineering zu verbieten, so dass eigene Bemühungen um Fehlerlösungen praktisch unmöglich werden.

10.6.4 Beispiel: Falsche HIV-Diagnosen

Beispiel

Die Zahlungen des Gesundheitsfonds an die gesetzlichen Krankenkassen hängen u. a. von den Erkrankungen ab, die die Versicherten einer Krankenkasse aufweisen. Schwere und damit teure Erkrankungen führen zu höheren Zuweisungen aus dem Gesundheitsfonds zum Ausgleich der höheren Kosten einer Krankenkasse.

Im Herbst 2008 berichtete das Nachrichtenmagazin Spiegel [70] von einer Softwarepanne im Gesundheitsbereich: Auffallend viele Erstdiagnosen einer HIV-Erkrankung wurden von Augenärzten für Rentner elektronisch gemeldet. Alle Meldungen wurden mit derselben Praxissoftware erstellt. Als Folge erhielt die Krankenkasse jährliche Ausgleichszahlungen. Tatsächlich handelte es sich „nur" um einen Softwarefehler – die eingesetzte Standardsoftware hängte versehentlich eine falsche Kodierung an die Diagnosedaten an, die einer HIV-Diagnose entspricht. Nachdem der Fehler gefunden worden war, wurden die fehlerhaften Meldungen und Zahlungen zügig bereinigt[17]. [71]

---

[17] Es fehlt jedoch öffentlich zugängliche, offizielle Darstellungen des Sachverhalts, diese sind weder bei den Behörden noch beim Softwarehersteller zu finden.

10.6.5 Regulatorische Auflagen

Zunehmend lassen sich Auflagen des Gesetzgebers oder von Behörden nur noch mit geeignet angepassten IT-Verfahren umsetzen. Neben den offensichtlichen Anwendungen, die sich mit Buchhaltung und der Berechnung von Steuern beschäftigen, sind viele Branchen inzwischen auch angehalten, ihren gesamten Schriftverkehr lückenlos und unverfälschbar zu archivieren. Länderübergreifend tätige Unternehmen „sammeln" sich u. U. die Regeln aller relevanten Länder ein, kaum vermeidbar ist das Heimatland sowie, aufgrund der wirtschaftlichen Stärke und Verflechtung, die USA.

Wie schwierig die Umsetzung sein kann, illustrieren zwei Beispiele: Abschn. 10.6.4 zeigte einen Fehler in einer Standardsoftware, der zeitweise zu merklichen Transferzahlungen vom Gesundheitsfonds zu einzelnen Krankenkassen führte. In dem Beispiel handelt es sich anscheinend wirklich „nur" um einen Softwarefehler, er tangiert aber eine grundsätzliche Vorgabe aus dem Gesundheitswesen: Diagnosen werden von den Ärzten mit international üblichen Diagnose-Codes dokumentiert, sie dienen unter anderem zur Abrechnung zwischen Krankenkasse und Arzt und im Beispiel zwischen Gesundheitsfond und Krankenkasse. Bei der Dokumentation hilft die beim Arzt installierte Software, indem sie beispielsweise die gültigen Diagnosecodes und mögliche Alternativen vorschlägt. Sie könnte dies natürlich auch so aufbereiten, dass die „finanziell optimale" Codierung an erster Stelle erscheint. Was auf den ersten Blick technisch machbar und (für einzelne Beteiligte) wirtschaftlich sinnvoll ist, wird vom Bundesversicherungsamt, der zuständigen Behörde, nicht geduldet [71]: „Eine solche ergebnisorientierte technische Unterstützung der Diagnosestellung ist nicht mehr als Entscheidungshilfe zu bewerten".

In dem Schreiben [71] weist die Behörde zum einen darauf hin, dass bestimmte Funktionen und Verträge nicht zulässig sind, zum anderen fordert sie die Krankenkassen auf, entsprechende bestehende Verträge zu kündigen oder zu bestätigen, dass keine derartigen Verträge bestehen. Zunächst ein Thema der Vertragsgestaltung, das jedoch unmittelbar auf die IT einwirkt: Die Verträge betreffen den Softwareeinsatz in Arztpraxen und die „Kosten-" und „Gewinn-" Verteilung zwischen Praxis und Krankenkasse. Im ungünstigen Fall, dass die eingesetzte Software den Vorschriften nicht entspricht, muss sie ausgetauscht werden. Ein Verwaltungsaufwand entsteht in jedem Fall.

Ein Beispiel aus einer amerikanischen Behörde ging durch die Presse [72]: Die amerikanische Steuerbehörde konnte auf einige Emails eines führenden Mitarbeiters nicht mehr zugreifen, sie gingen mit einem Festplattenschaden verloren. Technisch nachvollziehbar, stieß diese Erklärung jedoch auf wenig Verständnis in einem politischen Skandal, noch dazu weil amerikanische Behörden zu einer Archivierung ihrer Aufzeichnungen verpflichtet sind. Und wenn doch etwas schief geht, muss der Verlust von Aufzeichnungen wenigstens gemeldet werden.

Ähnliche Vorschriften durchziehen viele Branchen, z. B. die Finanzbranche oder das Gesundheitswesen. Sie müssen eine Reihe von Prozessschritten beachten und Aufzeichnungen dazu über vorgegebene Zeiträume vorhalten. Jede Änderung derartiger Vorschriften – typischerweise nachdem in der betreffenden Branche ein großer Skandal aufgedeckt wurde – bedeutet eine Anpassung der vorhandenen IT-Services.

10.6.6 Datenschutz und IT-Sicherheit

Der Datenschutz ist eine wesentliche ethische Problemstellung der angewandten Informatik. Noch geben verschiedene Kulturkreise und die einzelnen Nutzer völlig unterschiedliche Antworten auf die Frage nach dem angemessenen Datenschutz. Klar ist, dass sich Datenschutz und IT-Sicherheit nur zum Teil durch Technik begründen lassen [73]. Innerhalb einer Organisation geht es immer auch um die Mitarbeiter und die vorhandenen Geschäftsprozesse – jegliche Änderung ist in diesem Umfeld schwierig und langwierig. Zum Teil lassen sich die verbleibenden Risiken mit dem üblichen Ansatz des Risikomanagements bändigen [74]. Dies gilt vor allem für die wirtschaftlichen Risiken eines Unternehmens. Die ethischen Fragestellungen bleiben unbeantwortet.

Beide Themengebiete waren aus anderen Blickwinkeln bereits Gegenstand der Kap. 5.4.4 und 8.3.14. Zum ethischen Aspekt des Datenschutzes sei hier an einen Artikel des amerikanischen Wirtschaftswissenschaftlers R. L. Ackoff erinnert. In diesem Artikel schreibt er 1988 über das Modethema „Stakeholder"[18]:

> Und wie steht es mit zukünftigen Generationen? Sie könnten die Gruppe sein, die am stärksten von unserem heutigen Handeln betroffen ist. [...] Zukünftige Generationen sollten selbst entscheiden können. Dies erfordert, ihre Optionen offen zu halten. [...] Die zukünftigen Generationen ihrer Optionen zu berauben gleicht ihrer Entrechtung.

10.6.7 Konzeptarbeit

Die tägliche Arbeitsweise des IT-Betriebs ist in jedem Unternehmen geregelt. Unsere Sichtweise war Gegenstand der Kap. 5 und 8. Dennoch ist in diesem Aufbau nichts konstant: Mitarbeiter wechseln, IT-Services kommen hinzu, werden abgeschaltet oder umgebaut, die Betriebsprozesse ändern sich in Bezug auf den Prozessablauf und die eingesetzten Werkzeuge.

Ein Teil dieser Änderungen passiert „einfach so", das „Durchwurschteln" aus Abschn. 10.3.1 funktioniert für inkrementelle Anpassungen. Erfolgreiche Änderungen an Technik, Prozessen und Werkzeugen bedürfen in der Regel jedoch einiger Vorarbeiten: Der Status quo muss bekannt sein, das angestrebte Ziel sollte klar dokumentiert sein – nach Möglichkeit passend zum vorhandenen Umfeld und der gewünschten IT-Architektur und IT-Strategie.

Diese abstrakte Aufgabe bedeutet konkret, dass im Vorfeld einer Änderung eine Beschreibung des erwünschten Zustands erstellt werden muss: das Konzept. Als Vorstufe oder Ergänzung eines Projektplans beschreibt das Konzept auf einem abstrakten Niveau

---

[18] Englisches Original [75], gekürzt: *„What about future generations? They may be the group most seriously affected by what we do today. [...] Future generations should be allowed to decide for themselves. This requires keeping their options open. [...] To deprive future generations of options is a deprivation of their rights."*

die absehbaren Anforderungen – sprich neben den explizit genannten Anforderungen an die IT liefert die IT-Organisation „vernünftige" Anforderungen, die sich zu einem funktionierenden Ganzen zusammenfügen. Mitunter ist der Projektablauf in der Konzeptarbeit genauso wichtig wie das Projektziel: Konzepte bezüglich der Einführung eines IT-Verfahrens oder der Migration zwischen zwei unterschiedlichen Versionen werden praktisch bei jeder größeren Änderung benötigt und sind auf einem abstrakten Niveau sicher vergleichbar.

Andere Prozesse leben zum Teil fast vollständig in Konzepten, die über lange Zeiträume hinweg nicht praktisch zum Einsatz kommen: Das IT-Notfallkonzept bleibt hoffentlich Übungen vorbehalten, das abstrakte Datenschutzkonzept dagegen sollte in jedem IT-Service ganz praktisch wiedererkennbar sein.

10.6.8   IT-Strategie

Die IT-Strategie begegnet uns immer wieder: Zunächst knüpft sie an die Firmenstrategie an, ein unternehmensweites Steuerungsinstrument der Betriebswirtschaftslehre (siehe Kap. 2.2). Konkret wird die IT-Strategie erst, wenn sie schriftlich vorliegt (siehe Kap. 5.3.2). Der Weg dorthin ist weit, [76] skizziert dazu einen Prozess mit fünf Schritten:

1. Ausgangspunkt ist eine Lagebeurteilung, die sich zum einen an den IT-spezifischen Entwicklungen orientiert, aber vor allem den Bezug zur vorhandenen Unternehmensstrategie herstellt.
2. Aus der Lagebeurteilung wird die IT-Strategie entwickelt. Erfolgt dieser Schritt noch im Kreis der Spezialisten, ist er untrennbar mit dem nächsten Schritt verbunden,
3. die erarbeitete IT-Strategie für alle Beteiligten verständlich zu machen. Beiden Schritten gemeinsam ist, dass sie weit mehr als die im ersten Punkt genannte Unternehmensstrategie und die technologische Entwicklung benötigen: Bereits 1970 merkt [77] an, dass die erfolgreiche Einführung von IT-Systemen die vorhandenen Geschäftsprozesse und die gelebte Entscheidungsfindung berücksichtigen sowie Chancen und Risiken im Auge behalten muss.
4. Die Umsetzung der erarbeiteten IT-Strategie zerfällt bei [76] wieder künstlich in zwei Schritte, zunächst in einen Schritt der Planung,
5. gefolgt von der eigentlichen Umsetzung. Für tiefgreifende Neuausrichtungen ist die Aufteilung in zwei Schritte sicher notwendig – handelt es sich doch um eine technische und gleichzeitig dazu stattfindende organisatorische Änderung.

Deep structure – revolutionäre Organisationsänderungen
Wie wichtig die Ausrichtung der IT-Strategie an der Unternehmensstrategie ist, zeigt das Scheitern der IT bei Texaco (siehe Kap. 3.8.1): Eine nach vielen Maßstäben führende IT-Organisation kann auf Dauer nicht losgelöst vom Unternehmen existieren. Jedoch reicht die Verknüpfung abstrakter Strategiekonzepte für die spätere Umsetzung nicht aus. Es ist

interessant zu sehen, dass [77] bereits 1970 anmerkt, dass die erfolgreiche Einführung von Management-Informationssystemen auch die gelebten Prozesse und Informationsquellen berücksichtigen muss. Gerade die IT-Organisation ist hier als Integrator in der Pflicht, den Status quo aufzunehmen, Zielbilder und Lösungsvorschläge zu entwickeln.

Die Referenz [78] zeigt die Problematik an einem Projekt des Gesundheitsministeriums in Guatemala: Dort wurde zwischen 1998 und 2000 versucht, ein strategisches Informationssystem (SIS) für die beiden größten Krankenhäuser des Landes einzuführen. Ein SIS – im Englischen als *strategic information system* bezeichnet – stellt eine Anwendung dar, die unmittelbar die Wettbewerbssituation des Unternehmens verbessern soll.[19] Die spezielle Problematik strategischer Initiativen wird in [78] deutlich: Die Umsetzung einer neuen Strategie bedeutet immer eine deutliche Änderung der „Organisation" – in den Worten von [78] der „*deep structure*", die sich aus fünf Attributen zusammensetzen:

* Den Werten und Überzeugungen (core beliefs and values),
* den Services, Technologien und der Konkurrenz,
* der Machtverteilung,
* der horizontalen und vertikalen Integration der Organisation und
* der Art und Verbreitung von Steuerinstrumenten.

Bei der Umsetzung ist daher nicht zu erwarten, dass die Änderungen der „deep structure" graduell erfolgen – zu groß sind die Beharrungskräfte der Organisation. Vielmehr muss im Sinne eines Veränderungsprozesses das bestehende Gleichgewicht aufgebrochen und als „Revolution" eine neue Organisation geschaffen werden. Erst allmählich kann diese dann organisch und evolutionär angepasst werden. Strategische Projekte mit dieser Tragweite benötigen daher sicher eine sorgfältig geplante und gesteuerte Begleitung der Veränderung (wie in dem oben skizzierten Prozess in den Schritten vier und fünf vorgesehen).

Bestandteile einer IT-Strategie

Woraus besteht eine IT-Strategie? Die kurze Antwort lautet: Aus den strategischen Zielen, die sich das Unternehmen für die Zukunft vornimmt.

Ein Blick zurück auf den Prozessablauf nach [76] (siehe oben) erlaubt eine klare Einordnung der strategischen Ziele. Sie sind das Ergebnis des dritten Schritts, die erarbeitete IT-Strategie für alle verständlich zu formulieren. Etwas konkreter könnte die IT-Strategie in diesem Schritt schon ausfallen – allgemein gehaltene Ziele können mit konkreten Maß-

---

[19] Damit knüpft der Begriff SIS direkt an die Überlegungen von Porter zu den Wettbewerbsvorteilen an (siehe Kap. 2.5). Die Minimalanforderung besteht darin, dass ein SIS die Wettbewerbsposition des eigenen Unternehmens verbessert. Mitunter kann es einen ganzen Industriezweig, Teile der Lieferkette oder die Arbeitsweise der Kunden umkrempeln [79]. Beispiele finden sich in der Geschichte der IT immer wieder, etwa das Flugbuchungssystem SABRE (siehe Kap. 2.2), die elektronische Scheckverarbeitung ERMA (siehe Kap. 2.8), der IT-Einsatz bei Marshall Industries (siehe Kap. 6.4), die BankAmericard (siehe Kap. 11.1) oder das ERP-System Economost der McKesson Drug Company (siehe Kap. 11.4).

Tab. 10.2 Strategieentwicklung in drei Phasen, adaptiert nach [80, 81]

Lagebestimmung	Strategieentwurf	Umsetzung
Stärken	Mission/Vision/Ziele	Zielsetzungen
Schwächen	Zielsetzungen	Initiativen
Chancen	Initiativen	Erfolgsfaktoren
Gefahren		Messgrößen
Neue Trends		Verantwortliche
		Zeitpläne

nahmen detailliert werden, zu denen bereits eine grobe Umsetzungsidee vorliegt („Initiative").

Entlang des oben skizzierten Prozesses hat die IT-Strategie noch zwei weitere Bestandteile. Zusammen ergeben sich drei Teile, die einer Strategieentwicklung in drei aufeinanderfolgenden Phasen entsprechen (siehe Tab. 10.2).

Als Ergebnis des ersten Schritts liegt eine Lagebestimmung der IT-Organisation vor. In einer klassischen SWOT-Analyse geht es allgemein um Stärken, Schwächen, Chancen und Gefahren – oder ganz konkret um die Situation der eigenen IT-Organisation, ihrer Prozesse, Finanzen und Technologien. Die Betrachtung des Umfelds wird sich bei der IT-Strategie vor allem auf technologische Entwicklungen und die Sourcing-Strategie beschränken. Nur selten werden IT-Ziele direkt Unternehmensziele werden.

Die zweite Phase – der Strategieentwurf – wurde bereits oben besprochen: Sukzessiv wird die IT-Strategie verfeinert, beginnend mit allgemein gehaltenen Aussagen zur „Mission" und „Vision" der IT-Organisation gefolgt von IT-relevanten Zielen. In dieser Phase geht es jedoch bereits um die mögliche Umsetzung – nur relevante Ziele werden formuliert und bereits mit Lösungsideen versehen. Als Beispiel kann der „IT Strategie Plan" der amerikanischen Bundesbehörde GSA dienen [81]. Sie formuliert für zwei Fiskaljahre vier IT-Strategieziele, z. B. lautet das zweite Ziel[20]:

Effektive und zuverlässige IT-Systeme und –Lösungen anbieten.

Ein derart kurzes Statement wirkt ohne weitere Erläuterung sinnlos. Verständlich wird es durch eine weitere Erläuterung der Bedeutung und des Zusammenhangs mit der übergeordneten Mission und Vision. Für den Weg zur Umsetzung fügt der „IT Strategie Plan" der GSA gleich sechs konkrete Zielsetzungen auf, für das genannte Ziel u. a.:

* die Modernisierung der IT-Anwendungen bezogen auf Effektivität und Benutzbarkeit,
* eine verbesserte Agilität, Modularität und Wiederverwendbarkeit der IT-Systeme.

Passend zur abstrakten Phase „Strategie-Entwurf" (nach [80]) nennt das GSA konkrete Zielsetzungen für die eigenen IT-Services, -Anwendungen, das Sourcing und die IT-Organisation. Die schon etwas konkreteren Zielsetzungen bricht die GSA in konkrete Initia-

---

[20] Englisches Original [81]: *„Provide effective and reliable IT systems and solutions".*

tiven für die Umsetzung während eines Fiskaljahrs herunter. Für die beiden aufgeführten
Zielsetzungen lauten die Initiativen z. B.:

- Messkritierien für die Effektivität und Benutzbarkeit von IT-Anwendungen entwickeln
  und einführen,
- Serviceorientierte Architekturen entwickeln und einführen.

Die Phase der Umsetzung beschäftigt sich dann „nur noch" mit den konkreten Initiativen,
für sie werden verbindliche Termine sowie messbare und nachweisbare Erfolgskriterien
festgelegt. Während auf der abstrakten Ebene der Ziele noch von „Sponsoren" gesprochen wird, ist die Verantwortung bei der Umsetzung klar geregelt. Je nach Auslastung
der IT-Organisation müssen die konkreten Initiativen in das bestehende Projektportfolio
integriert werden oder bestimmen die zukünftige IT-Roadmap – etwa an dem Beispiel der
GSA, in der Anwendungsentwicklung vermehrt auf SOA zu setzen.

10.6.9 Standardisierung?

Fast wellenartig kommt das Thema Standardisierung immer wieder auf die Tagesordnung
des IT-Betriebs: Individuallösungen wachsen innerhalb oder außerhalb der IT-Organisation und werden von Zeit zu Zeit zu standardisierten IT-Services zusammengefasst. Das
Versprechen ist vielfältig (siehe [82], Kap. 3.2): Die Standardisierung ermöglicht das Aus-
schöpfen von Skaleneffekten, beschleunigt die Prozessabläufe und verringert die Komplexität der IT-Landschaft.

Prinzipiell können alle eingesetzten Komponenten standardisiert werden, Hardware,
zugekaufte oder selbstentwickelte Software, die Prozessabläufe und Werkzeuge des IT-
Betriebs bis hin zur Ausbildung der Mitarbeiter. In Teilen ist Standardisierung längst Bestandteil des IT-Betriebs: Welche Server-Hardware wird heute nicht mehr durch Virtualisierung vor der Software „versteckt"? Andererseits sind die wenigsten IT-Organisationen
in der Lage, die Rolle des Kostenführers einzunehmen. Ihre Aufgabe innerhalb des Unternehmens ist eher die eines Integrators, der alle Komponenten zu einem funktionierenden
Ganzen zusammenführt – im Widerspruch zur Standardisierung.

Anlass für mittel- und langfristige Änderungen gibt die Standardisierung allemal: Dezentrale IT wird phasenweise zentralisiert und standardisiert, kostensensitive Komponenten an den Kostenführer ausgelagert, nur um kurz darauf erneut mit individuellen Anpassungen und dezentraler IT zu beginnen.

10.6.10 Compliance

Why don't they practice what we preach? Warum folgen sie nicht dem, was wir predigen?
So lautet die Überschrift eines Artikels in den Annals of Software Engineering [59]. Der
Seufzer eines Akademikers fasst eine letzte, nahezu dauerhafte Aufgabe zusammen: Was

Tab. 10.3 Durchschnittliche Einhaltung der Medikamenteneinnahme nach [84]

Anzahl Einnahmen	Durchschnittliche Einhaltung (%)
1	79
2	69
3	65
4	51

passiert, wenn sich die Beteiligten einfach nicht an die Vorgaben, Regeln, Prozesse, Werkzeuge, Vorschriften, etc. halten? Es liegt anscheinend in der Natur des Menschen, dass sich eine Organisation mit der Einhaltung der vereinbarten Spielregeln beschäftigen muss – selbst wenn damit kaum ein Gewinn erzielt werden kann. Weder ist die Überwachung für das Unternehmen wertschöpfend, noch empfinden es die Beteiligten als eine positive, zu den Unternehmenszielen passende Tätigkeit. Dennoch ist das Unternehmen und seine Führung in der Verantwortung – nicht erst seit kurzem, wie das preußische allgemeine Landrecht bereits im Jahr 1794 formuliert ([83], § 356 des achten Titels im zweiten Teil):

> Der Meister ist befugt und schuldig, über das Betragen der Gesellen Aufsicht zu führen; sie zur Besuchung des öffentlichen Gottesdienstes, und zu einem stillen und regelmäßigen Lebenswandel fleißig anzumahnen; von Lastern und Ausschweifungen aber, so viel an ihm ist, abzuhalten.

Medizinische Bedeutung: Compliance

Im Deutschen Managementwortschatz hat sich der Begriff Compliance eingeschlichen, der sich kaum mit einem Wort übersetzen lässt – vielleicht trifft die Regeltreue am ehesten den Sinn. Medizinisch lässt sich Compliance gut verstehen: Ein Arzt gibt einem Patienten mitunter eine ganze Reihe von Aufgaben. Der Patient muss regelmäßig den Blutdruck oder den Blutzuckerspiegel messen und über den Tag verstreut nach einem fest vorgegebenen Plan die unterschiedlichsten Medikamente einnehmen. Selbst gesunde Medizinstudenten verlieren dabei schnell den Überblick: Habe ich die drei blauen Tabletten heute früh genommen und sind jetzt die beiden roten dran?

Gerade im medizinischen Bereich wäre zu erwarten, dass die Patienten die Regeln einhalten wollen – die Vorgaben des Arztes dienen direkt der Gesundheit und ihre Einhaltung wäre pures Eigeninteresse der Patienten. Referenz [84] fasst die Ergebnisse von über 70 Studien zusammen. Die Einnahme von Medikamenten wird im Durchschnitt nur zu 71 % befolgt. Je öfter über den Tag Medikamente einzunehmen sind, desto weniger halten sich die Patienten an die Vorgaben (siehe Tab. 10.3) – bei vier täglichen Einnahmen kann nur noch jeder zweite Patient den Vorgaben folgen.

Blickt man zusätzlich auch noch auf den Zeitpunkt der Medikamenteneinnahme, verschlechtert sich das Ergebnis noch mehr: Im Durchschnitt gelingt es nur knapp 60 % der Patienten, die Medikamente zum richtigen Zeitpunkt einzunehmen.

Der medizinische Begriff der *compliance* ist gleich mehrfach interessant und zeigt die Grenzen auf, die aus dem menschlichen Verhalten resultieren [84]:

- Die Einhaltung medizinischer Regeln nutzt dem Patienten direkt,
- dennoch gibt es drei Typen von Patienten: Solche die sich immer an die Regeln halten, eine zweite Gruppe, die sich manchmal an die Regeln halten und damit den gewünschten Nutzen nicht erreichen und schließlich solche, die sich überhaupt nicht an die Regeln halten.
- Komplizierte Regeln können in der Praxis von den Patienten nicht eingehalten werden,
- selbst die einfachste Regel wird bereits von jedem fünften Patienten gebrochen.

Governance

Die Situation in Unternehmen lässt sich natürlich nicht mit einer Arzt-Patient-Beziehung vergleichen. Weder sind die Mitarbeiter krank, noch ist das Unternehmen in der Rolle eines Arztes. Ob die aufgestellten Regeln zum Vorteil des Einzelnen sind, ist in diesem Kontext mehr als fraglich. Wie steht es nun mit der Regeleinhaltung in Unternehmen?

Der erste Schritt besteht darin, die richtigen Regeln aufzustellen. Einige davon sind verbindlich, sie werden durch Gesetze und als Auflagen der Behörden vorgegeben. Diese Regeln muss die Organisation befolgen, zum einen durch ihre Prozesse und Werkzeuge, zum anderen gelten sie für alle Mitarbeiter und evtl. Auftragnehmer.

Die Kunst besteht nun darin, die Wertschöpfung des Unternehmens weiterhin an erster Stelle zu platzieren, dabei jedoch alle Auflagen zu erfüllen. In Analogie zum oben genannten medizinischen Verständnis des Begriffs Regeleinhaltung müssen die Regeln möglichst einfach sein – sonst ist die Einhaltung nicht mehr praktikabel. Die geschickte Aufstellung der Regeln oder Prozesse ist eine wesentliche Aufgabe, die wir zur Governance zählen (siehe Kap. 5.2.4 und 5.3.3). Dabei muss das Rad nicht jedes Mal neu erfunden werden: Die meisten Referenzmodelle bringen das nötige Rüstzeug mit. Besonders stark beschäftigt sich jedoch das COBIT-Referenzmodell (siehe Kap. 8.2.7) mit dem nachweisbar verantwortungsvollen IT-Betrieb [85].

Ständig muss der Status quo und die Effektivität der vorhandenen Strukturen hinterfragt und angepasst werden. Wie weit dies von der Praxis entfernt ist, zeigt ein überspitztes Zitat aus [86] (dort Kap. 1.1.3):

> Wenn es auch nicht so sein mag, dass „Topmanager vom Revisionsmanager einen kurzweiligen Vortrag über amüsante Ergebnisse der Revision" erwarten, werden kritische Anmerkungen und Überlegungen der Internen Revision eben nur zu gerne verdrängt.

Die größte Gefahr: Schlamperei

Die Einhaltung der Regeln richtet sich oft nach Bildern, die wie ein Fernsehkrimi wirken: Kriminellen (Mitarbeitern?) soll das Handwerk gelegt werden. Aus dieser Sichtweise, die im Nachhinein für den einen oder anderen Wirtschaftsskandal angebracht ist, wird Compliance mit einer zusätzlichen Kontrolle gleich gesetzt – dazu mehr weiter unten.

Die eigentliche Gefahr ist jedoch eine andere: Schlamperei. Wenn ständig die gleiche Arbeit erledigt wird, hat niemand mehr „Lust" darauf, alle Regeln zu bedenken und einzuhalten – es ist ja noch immer gut gegangen. Wie fatal diese Einstellung sein kann, zeigt sich immer wieder an Katastrophen. Selten geht es eben nicht gut – die Regeln waren sinnvoll, sind im falschen Augenblick ignoriert worden. Am besten zeigt sich dies in der Luftfahrtindustrie [87]: Die enorm gestiegene technische Qualität der Flugzeuge führt nicht dazu, dass die Anzahl der Unglücke immer weiter abnimmt. Vielmehr bildet sich ab den 1970er Jahren ein Plateau – die Mehrzahl der Unglücke geht nun auf „menschliches Versagen" zurück[21].

Beispiel

Besonders eindrucksvoll und beängstigend ist das Beispiel des „Y-12 National Security Complex" in den USA. Y-12 ist eine (geheime) kerntechnische Fabrik bei Oak Ridge, Tennessee, die während des Manhattan Projects entstand und seitdem für Teile des amerikanischen Kernwaffenprogramms verantwortlich ist. So gehören neben wissenschaftlichen und beratenden Tätigkeiten auch die Lagerung von kernwaffenfähigem Material und die Wartung und Herstellung von Kernwaffen zu den Aufgaben der Anlage. Jährlich werden dort fast vier Tonnen hoch angereichertes Uran umgearbeitet.

Nach den Terroranschlägen des Jahres 2001 wurden die Vorräte an hochangereichertem Uran auf dem Y-12-Gelände in einem neuen, besonders sicheren Bau untergebracht ([88], auch im Weiteren). Das festungsartige Gebäude ist mit mehreren Zäunen, Betonsperren und Wachtürmen umgeben, die Außenanlagen werden elektronisch überwacht und eine (ausgelagerte) schwer bewaffnete Wachmannschaft ist immer vor Ort.

Ende Juli 2012 versuchten drei amerikanische Friedensaktivisten in das streng gesicherte Gelände einzudringen, um gegen Atomwaffen zu protestieren. Alle drei hatten bereits früher gegen Atomwaffen protestiert und nahmen dafür diverse Verurteilungen in Kauf. Als älteste Aktivistin war darunter Megan Rice, eine 82-jährige, leicht herzkranke Nonne. Die drei gingen auf das gesicherte Gelände zu, ignorierten die drakonischen Warnschilder und durchschnitten den ersten Zaun, um sich auf das private Gelände zu schleichen. Am helllichten Tag liefen die drei in Richtung des Gebäudes – kletterten über eine Betonsperre, warteten, bis die Wächter mit ihren Autos ihre Runde gedreht hatten, durchtrennten einen zwei Meter hohen Zaun, ohne dass jemand auf sie aufmerksam wurde. Mit Bolzenschneidern wurden die nächsten beiden, schwereren Zäune durchtrennt, wieder unbemerkt. Die drei waren von ihrem eigenen Erfolg überrascht – die Sicherheitsmaßnahmen sahen beeindruckend aus, nur waren sie wirkungslos. Als Protest gegen die Anlage und den geplanten Neubau einer weiteren Anlage schrieben sie Slogans an die weiße Wand des Gebäudes. Mit einem Vorschlaghammer schlugen sie ein Stück aus der Wand – ohne aufzufallen.

---

[21] Wie fortschrittlich die Luftfahrindustrie im Umgang mit Fehlern ist, zeigt die Reaktion auf die Erkenntnis, dass 70 % aller Unglücke auf die Besatzung zurückzuführen sind. Ab den 1980er Jahren entwickelt sich in den USA eine spezielle Methode, menschliche Fehler zu vermeiden, das „Crew Resource Management". Siehe dazu [87], in dem auch viele Beispiele vermeidbarer Fehler besprochen werden.

Erst ein Wächter, der einen möglichen Alarm an einem äußeren Zaun überprüfen sollte, bemerkte die Slogans auf der Wand und die drei Personen. In großem Chaos und mit viel Verstärkung gelang es den Wächtern, die unbewaffneten und friedlichen Aktivisten zu überwältigen[22], für fünf Stunden mussten die Aktivisten gefesselt auf dem Boden ausharren – auch die 82-jährige Nonne. Erst dann wurden sie in das örtliche Gefängnis überstellt. Wegen der Protestaktion wurden die Aktivisten zu Gefängnisstrafen verurteilt, Megan Rice zu 35 Monaten.

Die Protestaktion am Y-12 National Security Complex gilt als schwerwiegender Sicherheitsvorfall, der sich bisher in dieser Größe an keinem anderen amerikanischen Labor ereignet hat. Er zeigt vor allem einige systematische Schwächen: Das Sicherheitskonzept sah vor, dass die Barrieren immer schwieriger zu überwinden sind, je näher ein Eindringling auf das Gebäude zukam. Ziel war es nicht, den Zugang zum Gebäude zu verhindern, sondern so viel Zeit zu gewinnen, dass die vorhandene Wachmannschaft reagieren konnte. Allerdings hat diese Idee nicht funktioniert – selbst eine herzkranke 82-Jährige konnte das Gebäude erreichen, ohne jemals von einem Wächter gesehen zu werden. Das Vertrauen in technische Sicherheit und automatische Alarme war fehl geleitet: Viele Kameras und Bewegungssensoren waren seit Monaten ausgefallen. Die eine Überwachungskamera, die das Eindringen aufnahm, wurde vom Wächter ignoriert, er plauderte gerade mit einem Kollegen.

Schlimmer noch stellte sich bei der anschließenden Untersuchung heraus, dass die von einem Dienstleister gestellte Wachmannschaft in den regelmäßig stattfindenden Übungen in der Vergangenheit anscheinend systematisch betrogen hatte: Sie bekamen im Vorfeld Informationen zum geplanten (Test-)Angriff und konnten sich entsprechend vorbereiten bzw. Ablenkungsmanöver einfach ignorieren.

Das zuständige Energieministerium der USA bat den amerikanischen Politiker und Geschäftsmann N. R. Augustine um eine kurze Analyse des Geschehens. Er kommt u. a. zu folgenden Ergebnissen:

- Das (technische) Frühwarnsystem hat versagt,
- die Schutzmaßnahmen waren nicht durchgängig geplant, sondern enthielten immer wieder Lücken,
- die Verantwortung für die Sicherung der Anlage war auf mehrere Parteien aufgeteilt, niemand kümmerte sich darum, dass entdeckte Schwächen wirklich abgestellt wurden,
- die Sicherheit hat sich vor allem an Inspektionen und der Regeleinhaltung (compliance!) orientiert.

---

[22] U. a. hatten die Wächter Angst, dass auf den Hügeln außerhalb der Anlage Scharfschützen auf sie zielen könnten.

Zusammenfassend findet er[23]:

> Das grundlegende Problem war ein kulturelles: Eine allgegenwärtige Kultur, das Unerträgliche zu ertragen und das Inakzeptable zu akzeptieren.

Compliance mag also in diesem Kontext helfen, wenn die zugrundeliegende Arbeitsweise stimmt. Wie sehr diese vom Kulturkreis abhängt, war bereits Gegenstand von Kap. 6.4. Eine *ausschließliche* Fokussierung auf die Regeleinhaltung ist dagegen wirkungslos bis schädlich. Im Beispiel enthielten die Verträge mit dem Dienstleister eine erfolgsabhängige Vergütung, die sich unter anderem an den Ergebnissen von Inspektionen orientierte. Die Konsequenzen waren verheerend, bis hin zum unterstellten Betrug.

Analog zur Zuverlässigkeit des IT-Betriebs ergibt sich die Regeleinhaltung also aus der Art und Weise, wie die Organisation Aufgaben löst. Zuverlässigkeit und Regeleinhaltung sind somit permanent Ereignisse, bei denen etwas nicht eintritt: Es fällt nichts aus, es wird keine Regel verletzt. Natürlich könnte dafür auch ein Arbeiter zuständig sein, wie der Operator im Kernkraftwerk, der in [90] mit den Worten zitiert wird[24]:

> Ich bin hochkonzentriert, fünf Stunden am Stück, währenddessen absolut nichts passiert.

Die Wächter der Compliance

Mit jedem Wirtschaftsskandal ist das Thema Regeleinhaltung wieder präsent. Es ist daher kein Wunder, wenn ausgehend von der Finanzbranche oder Bereichen, die mit Geldern wirtschaften, die Compliance immer stärker in den Unternehmensalltag einzieht. Dies geht so weit, dass sogar die Rolle des „Compliance Officers" erlernt werden kann [91]. Die Betrachtung der Compliance erfolgt dort leider reaktiv. Kontrolle soll Risiken für den Ruf des Unternehmens, von Rechtsstreitigkeiten und wirtschaftlichen Schäden vermindern, nur schriftliche Aufzeichnungen gelten als erfolgreiche Regeleinhaltung [92].

Das Erstarken der Compliance als eigenständige Managementfunktion verlagert letztlich die Problematik auf den einzelnen Mitarbeiter: Er dient nun zwei unterschiedlichen Zielen und Vorgesetzten. Einerseits ist es die primäre Aufgabe, mit der eigenen Arbeitskraft Gewinn für das Unternehmen zu erwirtschaften. Referenz [93] nennt für das Beispiel einer Investmentbank „Umsatz, Umsatz, Umsatz". Andererseits hat der Mitarbeiter nun auch die Verantwortung für die Regeleinhaltung, im selben Beispiel „Risiko, Risiko, Risiko". Die beiden widersprüchlichen Ziele bringen den Mitarbeiter in eine ethisch unlösbare Situation: Welches Ziel ist wann wichtiger? Wie können Widersprüche aufgelöst werden? Solange diese Fragen in der Praxis unbeantwortet bleiben, beschränkt sich Compliance nur auf die „Enthaftung" [91] des Top-Managements und kann ihr eigentliches Ziel, das ethisch korrekte Handeln des ganzen Unternehmens, nicht erreichen.

---

[23] Englisches Original [89]: „*The fundamental problem was one of culture: a pervasive culture of tolerating the intolerable and accepting the unacceptable*".

[24] Englisches Original [90]: „*I have total concentration, for five hours, on nothing happening*".

Natürlich gehört zur Überwachung der Regeleinhaltung auch dazu, mögliche Verstöße genauer zu untersuchen – der Kontrolleur wird zum Ermittler. Schnell stößt der „Compliance Officer" dabei auf viele rechtliche Grenzen und Rahmenbedingungen: Daten müssen geschützt werden, lückenlose Überwachung verbietet sich, der Betriebsrat möchte beteiligt werden, um nur einige Aspekte zu nennen. Im Einzelfall kann die Datenerhebung fallweise nahezu lückenlos werden [94]: Videos werden angefertigt, Telefonate aufgezeichnet, alle elektronischen Daten analysiert, Mitarbeiter, Kunden, Auftragnehmer und Angehörige befragt, Personen und Orte durchsucht, unterschiedliche Formen des Screenings genutzt[25] und Lockvögel versuchen, Fehlverhalten zu provozieren.

Whistleblowing – Verpfeifen?
Ergänzend zur Kontrolle der Regeleinhaltung hat sich in den USA eine weitere Möglichkeit entwickelt, Missstände aufzudecken: Das *whistleblowing*, wörtlich das Pfeifen mit einer Trillerpfeife. Schon die Wortwahl ist im Deutschen negativ besetzt: Das Verpfeifen. Ist der – zunächst anonyme – Hinweisgeber in den USA auch rechtlich vor negativen Konsequenzen geschützt, so gibt es im Fall der Aufdeckung in Deutschland kaum Rückhalt [91]. Gerade das öffentliche Anprangern ist daher für einen Arbeitnehmer riskant – entsprechend zäh setzt sich das „Verpfeifen" als anerkanntes Mittel der Compliance in Deutschland durch.

Die Reiseformulare der Mondlandung

Niemand kann sich den Regeln entziehen – selbst die Astronauten der NASA haben für die Mondlandung alle Formulare ausgefüllt [95, 96]: Die Reisekosten in Höhe von $33.31 für den Flug von Houston zum Cape Kennedy und von der Landestelle im pazifischen Ozean bei Hawaii zurück nach Houston entfallen praktisch komplett auf die wenigen Meilen mit dem privaten Auto zur Edwards Air Force Base (siehe Tab. 10.4). Natürlich wird für die Einreise nach Hawaii auf dem Rückweg vom Mond eine Zollerklärung benötigt. Als Cargo geben die Astronauten Mondgestein und Staubproben an. In dem Feld „Andere Gegebenheiten an Bord die zu einer Ausbreitung von Krankheiten führen können" tragen sie nur ein „noch zu bestimmen".

Für amerikanische Unternehmen ist der Druck der Regeleinheit seit langem sehr hoch. Es ist daher keine Überraschung, wenn eine Umfrage [97] ergibt, dass praktisch alle großen Firmen sich dort aktiv um die Compliance und ein ethisch vertretbares Wirtschaften kümmern. Dies geht so weit, dass alle Mitarbeiter regelmäßig im ethischen Handeln unterwiesen werden und für den Außenstehenden die Bemühungen verschiedener Unternehmen fast gleichförmig wirken.

---

[25] Etwa der Abgleich mit Anti-Terror-Listen, eine Überprüfung durch Behörden und Geheimdienste, ärztliche Untersuchungen.

Tab. 10.4 Der Reiseverlauf von Buzz Aldrin gemäß seiner Reisekostenabrechnung [96]

Datum		
7.7.69	Edwards Air Force Base – Cape Kennedy	Regierungsflug
7.7.69–16.7.69	Cape Kennedy	
16.7.69–19.7.69	Cape Kennedy – Mond	Regierungsraumschiff
19.7.69–21.7.69	Mond	Regierungsraumschiff
21.7.69–24.7.69	Mond – Pazifik	Regierungsraumschiff
24.7.69–26.7.69	Pazifik – Hawaii	Flugzeugträger USN Hornet
26.7.69–27.7.69	Hawaii – Edwards Air Force Base	US Air Force Flugzeug

In derselben Weise wie „Kosten senken" kein Unternehmensziel sein kann – überspitzt genügt es dazu nämlich, das Unternehmen zu schließen – ist das Einhalten von Regeln kein Ziel, sondern im besten Fall eine Selbstverständlichkeit im Unternehmen. Geht diese Selbstverständlichkeit verloren, wird schnell der Ruf nach „Wächtern" laut. Wir verweisen hier auf die Satiren des Juvenal, der bereits vor fast 2000 Jahren die Frage stellte: Wer bewacht die Wächter?

▶   Sed quis custodiet ipsos custodes?[26]

Die Frage Juvenals ist immer noch gegenwärtig, verloren gegangen ist der Kontext. Für Juvenal ist sie ein Argument gegen die Ehe. Denn,

wer bewacht die Wächter? Fein spinnt es die Frau, und mit ihnen beginnt sie[27].

10.7   Follow, don't lead?

Unternehmen investieren beträchtlich in ihre IT in der Hoffnung, ein Vielfaches der Investitionen nach erfolgreicher Umsetzung als Gewinn zu erwirtschaften. Die Erfahrung zeigt, dass es oft anders abläuft. Aus diesem Grund warnen Kritiker wie Nicholas G. Carr vor vorschnellen Investitionen [100]. Seiner Ansicht nach ist das größte Risiko der IT, unnötig Geld auszugeben.

Die Ursache liegt im schnellen technologischen Wandel – jede neue Technik verspricht immense Vorteile, muss jedoch mit einer teuren Lernkurve bezahlt werden. Mit dieser Einstellung lohnt es sich, Investitionen zunächst zu verzögern. Mit etwas Glück bezahlt die Konkurrenz für die Lernkurve und bewährte Lösungen können dann später am Markt

---

[26] Juvenal, Satire 6, 347 zitiert aus [98]: *„Wer wird die Wächter selbst bewachen?"*.

[27] Juvenal, Satire 6, 347 f. zitiert aus [98]: *„Sed quis custodiet ipsos custodes? Cauta est et ab illis incipit uxor"*. Übersetzung aus dem Lateinischen in Anlehnung an [99].

erworben werden. Der Artikel von Carr ruft einprägsam in Erinnerung, dass die IT kein Selbstzweck ist – sie dient ausschließlich dazu, einen Wertbeitrag für das Unternehmen zu erwirtschaften und Nutzen für die Kunden der IT zu schaffen.

Daher stellt sich nicht die Frage, wann eine neue Technologie in den IT-Betrieb übernommen werden soll. Vielmehr gelten weiterhin die allgemeinen Betrachtungen von Michael E. Porter zu den Wettbewerbsvorteilen [101] – Technologieführer und -folger sind zwei bekannte und bewährte Strategien, die direkt auf den IT-Einsatz übertragen werden können. Derzeit mehren sich die Anzeichen, dass sich der technische Fortschritt verlangsamt. Die Zunahme der Rechengeschwindigkeit und der Speicherdichte lässt nach (z. B. [102, 103]).

10.8 Management Summary

Es gibt keinen stabilen Status quo für den Regelbetrieb. Von ganz unterschiedlichen Seiten stammt der Veränderungsdruck, der sowohl die IT-Services als auch den IT-Betrieb ändert: Die Kosten sind immer (und teilweise auch objektiv) zu hoch, die Anforderungen ändern sich graduell, das Umfeld übt z. B. durch regulatorische Vorgaben massiven Druck auf Technik und Organisation aus.

Solche Änderungen sind die eigentliche Management-Aufgabe im IT-Betrieb: Welche Entscheidungen müssen heute getroffen werden, damit sie zukünftig auch rechtzeitig wirksam werden?

Dieses Kapitel hat zwei Seiten dieser Frage beleuchtet: Welche Ursachen für Veränderungen gibt es und wie können die Entscheidungen rechtzeitig – in Konkurrenz zu den täglichen Krisen eines Betriebs – vom Management getroffen werden.

Literatur

1. B. Boehm, in *Software Pioneers*, Hrsg. M. Broy, E. Denert. Early Experiences in Software Economics (Springer, Berlin, 2002), S. 632–640. ISBN: 978-3-642-63970-8. doi:10.1007/978-3-642-59412-0_37
2. R.S. Kaplan, Yesterday's accounting undermines production. Harv. Bus. Rev. **62**(4), 95–101 (1984). ISSN: 0017-8012
3. R.S. Kaplan, One cost system isn't enough. Harv. Bus. Rev. **66**(1), 61–66 (1988). ISSN: 0017-8012
4. K. Olsen, Interoffice memorandum: Cheap office, e-mail (1990), http://www.bighole.nl/pub/mirror/ http://www.bitsavers.org/pdf/dec/dec_archive/21383578/. Zugegriffen: 7. Juli 2014
5. J. Martin, D. Finke, C. Ligetti, in *On the estimation of operations and maintenance costs for defense systems*, Proceedings of the 2011 Winter Simulation Conference (WSC), 2478–2489, (2011, Dez.). doi:10.1109/WSC.2011.6147957
6. H.S. Smith, Cost control for computers. Bus. Horiz. **16**(1), 73 (1973). ISSN: 0007-6813
7. S. Strecker, H. Kargl, Integrationsdefizite des IT-Controllings. Wirtschaftsinformatik **51**(3), 238–248 (2009). ISSN: 0937-6429. doi:10.1007/s11576-009-0175-9

8. J.W. Ross, P. Weill, Six IT decisions your IT people shouldn't make. Harv. Bus. Rev. **80**(11), 84–91 (2002). ISSN: 0017-8012

9. A. Greenberg, J. Hamilton, D.A. Maltz, P. Patel, The cost of a cloud: Research problems in data center networks. SIGCOMM Comput. Commun. Rev. **39**(1), 68–73 (2008). ISSN: 0146-4833. doi:10.1145/1496091.1496103

10. E. Chabrow, The wild, wild cost of data centers. EWeek (6), 12–23 (2008). ISSN: 1530-6283

11. L.A. Barroso, U. Hölzle, The datacenter as a computer: An introduction to the design of warehouse-scale machines, Bd. 4 (2009, 1.). doi:10.2200/S00193ED1V01Y200905CAC006

12. P.W. Turner, J.H. Seader, K.G. Brill, Tier classification define site infrastructure performance, Bd. 17 (Uptime Institute, Santa Fe, 2006)

13. D. Gull, A. Wehrmann, Optimierte Softwarelizenzierung – Kombinierte Lizenztypen im Lizenzportfolio. Wirtschaftsinformatik **51**(4), 324–334 (2009). ISSN: 0937-6429. doi:10.1007/s11576-009-0182-x

14. P. Thibodeau, 1 in 3 data center servers is a zombie, Computerworld (2015), http://www.computerworld.com/article/2937408/data-center/1-in-3-data-center-servers-is-a-zombie.html. Zugegriffen: 1. Juli 2015

15. R. Zarnekow, W. Brenner, J. Scheeg, Untersuchung der Lebenszykluskosten von IT-Anwendungen. Wirtschaftsinformatik **46**(3), 181–187 (2004). ISSN: 0937-6429. doi:10.1007/BF03250935

16. R. Zarnekow, W. Brenner, Einmalige und wiederkehrende Kosten im Lebenszyklus von IT-Anwendungen: Eine empirische Untersuchung. Control. Manage. **48**(5), 336–339 (2004). ISSN: 1614-1822. doi:10.1007/BF03249610

17. J. Lucey, How much does it cost to change a light bulb? Manage. Serv. **48**(4), 32 (2004). ISSN: 0307-6768

18. H. Krcmar, *Informationsmanagement*, 6. Aufl. (Springer Gabler, Berlin, 2015). ISBN: 978-3-662-45863-1. doi:10.1007/978-3-662-45863-1

19. J. Smith, D. Schuff, R.S. Louis, Managing your IT total cost of ownership. Commun. ACM **45**(1), 101–106 (2002). ISSN: 0001-0782. doi:10.1145/502269.502273

20. T. Mens, S. Demeyer, *Software Evolution* (Springer, Heidelberg, 2008). ISBN: 978-3-540-76439-7. doi:10.1007/978-3-540-76440-3

21. M.M. Lehman, Programs, life cycles, and laws of software evolution. Proc. IEEE **68**(9), 1060–1076 (1980). doi:10.1109/PROC.1980.11805

22. F.J. Brooks, No silver bullet: Essence and accidents of software engineering. IEEE Softw. **20**(4), 10–19 (1987). ISSN: 0018-9162. doi:10.1109/MC.1987.1663532

23. F.P. Brooks Jr., *The Mythical Man-Month: Essays on Software Engineering, Anniversary Edition*, 2. Aufl. (Addison-Wesley Professional, Boston, 1995). ISBN: 978-0201835953

24. K.H. Bennett, V.T. Rajlich, in *Software Maintenance and Evolution: A Roadmap*. Proceedings of the conference on the future of software engineering, ser. ICSE '00, ACM, 73–87, 2000. ISBN: 1-58113-253-0. doi:10.1145/336512.336534.

25. H.W. Wieczorrek, P. Mertens, *Management von IT-Projekten: Von der Planung zur Realisierung*, 2. Aufl. (Springer, Berlin, 2010). ISBN: 978-3-642-16127-8. doi:10.1007/978-3-642-16127-8

26. N. Chapin, J.E. Hale, K.M. Kham, J.F. Ramil, W.-G. Tan, Types of software evolution and software maintenance. J. Softw. Maint. **13**(1), 3–30 (2001). ISSN: 1040-550X

27. P. Stachour, D. Collier-Brown, You don't know jack about software maintenance. Commun. ACM **52**(11), 54–58 (2009). ISSN: 0001-0782. doi:10.1145/1592761.1592777

28. D. Edberg, P. Ivanova, W. Kuechler, Methodology mashups: An exploration of processes used to maintain software. J. Manage. Inf. Syst. **28**(4), 271–304 (2012). ISSN: 0742-1222

29. K. Olsen, Interoffice memorandum: Safety in being a complainer (1990), http://www.bighole.nl/pub/mirror/ http://www.bitsavers.org/pdf/dec/dec_archive/21383578/. Zugegriffen: 3. Sept. 2015

30. C.E. Lindblom, The science of „muddling through". Public Admin. Rev. **19**(2), 79–88 (1959). ISSN: 0033-3352. doi:10.2307/973677

31. C.E. Lindblom, Still muddling, not yet through. Public Admin. Rev. **39**(6), 517–526 (1979). ISSN: 0033-3352. doi:10.2307/976178

32. P.G. Neumann, Inside risks: Risks in retrospect. Commun. ACM **43**(7), 144, (2000). ISSN: 0001-0782. doi:10.1145/341852.341878

33. D. Thomas, A. Hunt, *The Pragmatic Programmer: From Journeyman to Master* (Addison-Wesley Professional, Boston, 1999). ISBN: 978-0201616224

34. N.G. Carr, The end of corporate computing. Sloan Manage. Rev. **46**(3), 67–73 (2005). ISSN: 1532-9194

35. F. Keuper, M. Schomann, K. Zimmermann, *Innovatives IT-Management*, 2. Aufl. (Gabler, Wiesbaden, 2010). ISBN: 978-3-8349-8803-4. doi:10.1007/978-3-8349-8803-4.

36. M. Falk, *IT-Compliance in der Corporate Governance: Anforderungen und Umsetzung* (Springer Gabler, Wiesbaden, 2012). ISBN: 978-3-8349-3987-6. doi:10.1007/978-3-8349-3988-3

37. F. Keuper, R. Grimm, M. Schomann, *Strategisches IT-Management: Management von IT und IT-gestütztes Management* (Gabler, Wiesbaden, 2008). ISBN: 978-3-8349-9786-9. doi:10.1007/978-3-8349-9786-9

38. W.E. Buffett, Chairman's letter (1982, 26. Feb.), http://www.berkshirehathaway.com/letters/1981.html. Zugegriffen: 20. Okt. 2014

39. M. Buhm, B. Nominacher, J. Fähling, J.M. Leimeister, P. Yetton, H. Krcmar, *IT challenges in M & A transactions – The IT carve-out view on divestments*. International Conference on Information Systems, Jan. 2010

40. B. Furneaux, M. Wade, An exploration of organizational level information systems discontinuance intentions. MIS Q. **35**(3), 573–598 (2011). ISSN: 0276-7783

41. S.M. Walter, T. Buhmann, H. Krcmar, Industrialisierung der IT: Grundlagen, Merkmale und Ausprägungen eines Trends. Prax. Wirtschaftsinf. **44**(4), 6–16 (2007). ISSN: 1436-3011. doi:10.1007/BF03340302

42. R.L. Ackoff, Benchmarking. Syst. Pract. **6**(6), 581–581 (1993). ISSN: 0894-9859. doi:10.1007/BF01059479

43. U. Brecht, *Kostenmanagement: Neue Tools für die Praxis* (Gabler Verlag, Wiesbaden, 2005). ISBN: 978-3-322-84563-4. doi:10.1007/978-3-322-84563-4

44. P. Horváth, R. Mayer, Was ist aus der Prozesskostenrechnung geworden? Control. Manage. **55**(2), 5–10 (2011). ISSN: 1614-1822. doi:10.1365/s12176-012-0327-4

45. R. Cooper, R.S. Kaplan, The promise – and peril – of integrated cost systems. Harv. Bus. Rev. **76**(4), 109–119 (1997). ISSN: 0017-8012

46. R. Cooper, R.S. Kaplan, Profit priorities from activity-based costing. Harv. Bus. Rev. **69**(3), 130–135, (1991). ISSN: 0017-8012

47. J. Horsch, *Kostenartenrechnung* (Gabler, Wiesbaden, 2010). ISBN: 978-3-8349-8821-8. doi:10.1007/978-3-8349-8821-8

48. M.P. Fleischer, S. Patel, Improving data center productivity. McKinsey Q. (1), 85–103 (1989). ISSN: 0047-5394

49. G. Liebens, Gartner insights on sourcing trends and directions, Gartner Consulting (2014, Mai), http://www.gse.org/Portals/2/docs/Belgium/C10%20-%20Gartner%20insights%20on%20sourcing%20trends%20and%20directions.pdf. Zugegriffen: 17. April 2015

50. B. Boehm, Software engineering economics. IEEE T. Softw. Eng. **10**(1), 4–21 (1984). ISSN: 0098-5589. doi:10.1109/TSE.1984.5010193

51. B. Boehm, R. Valerdi, Achievements and challenges in cocomo-based software resource estimation. Softw. IEEE **25**(5), 74–83 (2008). ISSN: 0740-7459. doi:10.1109/MS.2008.133

52. A. Albrecht, J.E. Gaffney, Software function, source lines of code, and development effort prediction: A software science validation. IEEE T. Softw. Eng. **SE-9**(6), 639–648 (1983). ISSN: 0098-5589. doi:10.1109/TSE.1983.235271

53. C. Jones, Function Points as a universal software metric. SIGSOFT Softw. Eng. Notes **38**(4), 1–27 (2013). ISSN: 0163-5948. doi:10.1145/2492248.2492268
54. R. Lytz, Software metrics for the Boeing 777: A case study. Softw. Qual. J. **4**(1), 1–13 (1995). doi:10.1007/BF00404646
55. L. Lundmark, Globales Harmonisierungs- und Konsolidierungsprojekt bei der Siemens AG, SAP SE (2008, Dez.), http://news.sap.com/germany/2008/12/22/globales-harmonisierungs-und-konsolidierungsprojekt-bei-der-siemens-ag/. Zugegriffen: 5. Aug. 2015
56. J. Bosch, Software Architecture: The Next Step, in *Software Architecture, First European workshop, EWSA 2004, St. Andrews, UK, May 21–22, 2004. Proceedings, ser. Lecture Notes in Computer Science*, Hrsg. F. Oquendo, B. C. Warboys, R. Morrison. Bd. 3047 (Springer, Heidelberg, 2004), S. 194–199. ISBN: 978-3-540-22000-8. doi:10.1007/978-3-540-24769-2_14
57. M. Eaddy, T. Zimmermann, K.D. Sherwood, V. Garg, G.C. Murphy, N. Nagappan, A.V. Aho, Do crosscutting concerns cause defects? IEEE T. Softw. Eng. **34**(4), 497–515 (2008). ISSN: 0098-5589. doi:10.1109/TSE.2008.36
58. T. Elrad, R.E. Filman, A. Bader, Aspect-oriented programming: Introduction. Commun. ACM **44**(10), 29–32 (2001). ISSN: 0001-0782. doi:10.1145/383845.383853
59. W.S. Humphrey, Why don't they practice what we preach? Ann. Softw. Eng. **6**(1–4), 201–222 (1998). ISSN: 1022-7091. doi:10.1023/A:1018997029222
60. A.M. Madni, M. Sievers, Systems integration: Key perspectives, experiences, and challenges. Syst. Eng. **17**(1), 37–51 (2014). ISSN: 1520-6858. doi:10.1002/sys.21249
61. United States District Court – District of Nevada, Second amended order granting Ex parte application for a TRO (2014, 30. Juni), http://www.noticeoflawsuit.com/. Zugegriffen: 14. Juli 2014
62. United States District Court – District of Nevada, Appendix A to second amended order granting Ex parte application for a TRO (2014, 30. Juni), http://www.noticeoflawsuit.com/. Zugegriffen: 14. Juli 2014
63. United States District Court – District of Nevada, Appendix B to second amended order granting Ex parte application for a TRO (2014, 30. Juni), http://www.noticeoflawsuit.com/. Zugegriffen: 14. Juli 2014
64. J. Brandon, How to survive 4 cloud horror story scenarios. CIO.com (2014, 6. Aug.), http://www.cio.com/article/2460967/cloud-computing/how-to-survive-4-cloud-horror-stories.html#social. Zugegriffen: 18. Aug. 2014
65. J.W. Forrester, Industrial dynamics. Harv. Bus. Rev. **36**(4), 37–66 (1958). ISSN: 0017-8012
66. J.W. Forrester, The beginning of system dynamics. McKinsey Q. (4), 4–16 (1995). ISSN: 0047-5394
67. J.D. Sterman, *Business Dynamics: Systems Thinking and Modeling for a Complex World*, Bd. 19 (McGraw-Hill Higher Education, Boston, 2000). ISBN: 978-0-07-231135-8.
68. P.G. Neumann, Inside Risks: Optimistic optimization. Commun. ACM **47**(6), 112 (2004). ISSN: 0001-0782. doi:10.1145/990680.990711
69. Oracle information-driven support – Oracle lifetime support policy – Oracle technology products, Oracle (2015, Juli), http://www.oracle.com/us/support/library/lifetime-support-technology-069183.pdf. Zugegriffen: 9. Aug. 2015
70. Millionen aufgrund falscher HIV-Diagnosen verteilt, Spiegel Online (2009, 3. Okt.), http://www.spiegel.de/wirtschaft/soziales/0,1518,druck-653055,00.html. Zugegriffen: 7. Juli 2014
71. Bundesversicherungsamt, Erhebung von Daten im morbiditätsorientierten Risikostrukturausgleich, Rundschreiben an die bundesunmittelbaren Krankenkassen (2009, Juli), http://www.bundesversicherungsamt.de/fileadmin/redaktion/Krankenversicherung/Rundschreiben/Rundschreiben39.pdf. Zugegriffen: 3. Juli 2015
72. L. Desjardins, Fed official: IRS did not follow the law, CNN (2014, 24. Juni), http://edition.cnn.com/2014/06/23/politics/irs-e-mails/index.html. Zugegriffen: 6. Juli 2014

73. Bundesbeauftragte für den Datenschutz und die Informationsfreiheit, Technische und organisatorische Maßnahmen (2012, 6. Juni), https://www.bfdi.bund.de/bfdi_wiki/index.php/Technische_und_organisatorische_Ma%C3%83%C2%9Fnahmen. Zugegriffen: 10. Juli 2014
74. O. Prokein, *IT-Risikomanagement, Identifikation, Quantifizierung und wirtschaftliche Steuerung* (Gabler, Wiesbaden, 2008). ISBN: 978-3-8349-9688-6. doi:10.1007/978-3-8349-9688-6
75. R.L. Ackoff, The future is now. Syst. Pract. **1**(1), 7–9 (1988). ISSN: 0894-9859. doi:10.1007/BF01059885
76. M. Mangiapane, R.P. Büchler, *Modernes IT-Management: Methodische Kombination von IT-Strategie und IT-Reifegradmodell* (Springer Vieweg, Wiesbaden, 2015). ISBN: 978-3-658-03493-1. doi:10.1007/978-3-658-03493-1
77. W.M. Zani, Blueprint for MIS. Harv. Bus. Rev. **48**(6), 95–100 (1970). ISSN: 0017-8012
78. L. Silva, R. Hirschheim, Fighting against windmills: Strategic information systems and organizational deep structures. MIS Q. **31**(2), 327–354 (2007). ISSN: 0276-7783
79. E. Clemons, M. Row, in *McKesson drug company – A case study of Economost: A strategic information system*. Proceedings of the Twenty-First Annual Hawaii International Conference on System Sciences, Applications Track, Bd. 4, S. 141–149, (1988, Jan.). doi:10.1109/HICSS.1988.11973
80. V. Johanning, *IT-Strategie: Optimale Ausrichtung der IT an das Business in 7 Schritten* (Springer Vieweg, Wiesbaden, 2014). ISBN: 978-3-658-02049-1. doi:10.1007/978-3-658-02049-1
81. U.S. General Services Administration, Information Technology – Stratic Business Plan. http://www.gsa.gov/graphics/staffoffices/itstrategicplan2012.pdf. Zugegriffen: 13. Aug. 2014
82. A. Gadatsch, E. Mayer, *Masterkurs IT-Controlling: Grundlagen und Praxis für IT-Controller und CIOs – Balanced Scorecard – Portfoliomanagement – Wertbeitrag der IT – Projektcontrolling – Kennzahlen – IT-Sourcing – IT-Kosten- und Leistungsrechnung* (Vieweg + Teubner, Wiesbaden, 2010). ISBN: 978-3-658-01590-9. doi:10.1007/978-3-658-01590-9
83. Allgemeines Landrecht für die Preußischen Staaten (1794), http://www.koeblergerhard.de/Fontes/ALR2fuerdiepreussischenStaaten1794Teil2.htm. Zugegriffen: 17. Aug. 2015
84. A.J. Claxton, J. Cramer, C. Pierce, A systematic review of the associations between dose regimens and medication compliance. Clin. Ther. **23**(8), 1296–1310 (2001). doi:10.1016/S 0149-2918(01)80109-0.
85. R.T. Grünendahl, A.F. Steinbacher, P.H. Will, *Das IT-Gesetz: Compliance in der IT-Sicherheit: Leitfaden für ein Regelwerk zur IT-Sicherheit im Unternehmen*, 2. Aufl. (Vieweg + Teubner Verlag, Wiesbaden, 2012). ISBN: 978-3-8348-8283-7. doi:10.1007/978-3-8348-8283-7
86. J. Berwanger, S. Kullmann, *Interne Revision* (Springer Gabler, Wiesbaden, 2008). ISBN: 978-3-8349-3879-4. doi:10.1007/978-3-8349-3879-4
87. J.U. Hagen, *Fatale Fehler* (Springer, Berlin, 2013). ISBN: 978-3-642-38944-3. doi:10.1007/978-3-642-38944-3
88. E. Schlosser, Break-in at Y-12, The New Yorker (2015, März), http://www.newyorker.com/magazine/2015/03/09/break-in-at-y-12. Zugegriffen: 16. Aug. 2015. ISSN: 0028-792X
89. N.R. Augustine, Letter to Steven Chu, secretary of energy (2012, Dez.), http://pogoarchives.org/m/nss/20121210-augustine-ltr.pdf. Zugegriffen: 17. Aug. 2015
90. K.E. Weick, Organizational culture as a source of high reliability. Calif. Manage. Rev. **29**(2), 112–127 (1987). ISSN: 0008-1256. doi:10.2307/41165243
91. W. Schettgen-Sarcher, S. Bachmann, P. Schettgen (Hrsg.), *Compliance Officer: Das Augsburger Qualifizierungsmodell* (Springer Gabler, Wiesbaden, 2014). ISBN: 978-3-658-01269-4. doi:10.1007/ 978-3-658-01270-0
92. G. Wecker, B. Ohl (Hrsg.), *Compliance in der Unternehmerpraxis: Grundlagen, Organisation und Umsetzung*, 3. Aufl. (Springer Gabler, Wiesbaden, 2013). ISBN: 978-3-658-00893-2. doi:10.1007/978-3-658-00893-2

 93. M. Pérezts, J.-P. Bouilloud, V. de Gaulejac, Serving two masters: The contradictory organization as an ethical challenge for managerial responsibility. J. Bus. Ethics **101**(1), 33–44 (2011). doi:10.1007/s10551-011-1176-3
 94. L. Rudkowski, A. Schreiber, *Aufklärung von Compliance-Verstößen: Whistleblowing, Arbeitnehmerüberwachung, Auskunftspflichten* (Springer Gabler, Wiesbaden, 2015). ISBN: 978-3-658-07045-8. doi:10.1007/978-3-658-07045-8
 95. B. Aldrin, Yes the #apollo11 crew also signed customs forms. twitter.com (2015, Aug.), https://twitter.com/therealbuzz/status/627895978796916736. Zugegriffen: 5. Aug. 2015
 96. B. Aldrin, My mission director @Buzzs_xtina's favorite piece of my memorabilia. my travel voucher to the moon. twitter.com (2015, Juli), https://twitter.com/therealbuzz/status/626812956148248577. Zugegriffen: 5. Aug. 2015
 97. J. Weber, D.M. Wasieleski, Corporate ethics and compliance programs: A report, analysis and critique. J. Bus. Ethics **112**(4), 609–626 (2013). doi:10.1007/s10551-012-1561-6
 98. G. Ramsay (Hrsg.), *Juvenal and Persius with an English translation by G. G. Ramsay* (William Heinemann, London, 1920)
 99. E. Weber (Hrsg.), *Die Satiren des D. Junius Junvenalis* (Verlag der Buchhandlung des Waisenhauses, Halle, 1838)
100. N.G. Carr, Burned by IT. Ind. Eng. **36**(8), 28–33 (2004)
101. M.E. Porter, *Competitive Advantage: Creating and Sustaining Superior Performance* (Simon and Schuster, New York, 1985). ISBN: 0-7432-6087-2
102. G.P. Zhang, M. Keil, A. Rai, J. Mann, Predicting information technology project escalation: A neural network approach. Eur. J. Oper. Res. **146**(1), 115–129 (2003). doi:10.1016/S 0377-2217(02)00294-1
103. B. Marchon, T. Pitchford, Y.-T. Hsia, S. Gangopadhyay, The head-disk interface roadmap to an areal density of 4 Tbit/in. Adv. Tribol. 2013 (2013). doi:10.1155/2013/521086

Der tatsächliche Wertbeitrag des IT-Betriebs: Produkt- und Service-Innovationen aus dem IT-Betrieb

11.1 Beispiel: Bank of America/BankAmericard

Beispiel

Die Bank of America (BoA) begegnet uns mit diesem Beispiel ein zweites Mal, wieder revolutionierte sie als Technologieführer einen Teil des Finanzwesens [1]. Nachdem die elektronische Scheckverarbeitung Routine geworden war, suchte das Management weitere Ziele für die Automatisierung und wurde bei den Kreditkarten fündig. Kreditkarten waren in den 1950er Jahren in den USA durchaus gängige Zahlungsmittel, wenn auch für alle Beteiligten recht umständlich ([2], auch im Weiteren). Mit der zunehmenden Mobilität der Amerikaner entstehen kartenbasierte Zahlmittel für das bargeldlose Bezahlen. Als Anbieter kamen beispielsweise Ladenketten in Frage, die sich eine bessere Kundenbindung versprachen, aber auch Reiseanbieter, Tankstellenketten oder die Luftfahrtindustrie. Verbindend war die Idee, dass eine Karte in verschiedenen Läden zum Bezahlen auf Kredit genutzt werden konnte. Der Händler bekam nach dem Kreditkarteneinsatz des Kunden den Betrag garantiert bezahlt, der Kunde musste den Betrag erst mit zeitlicher Verzögerung begleichen. Anders als bei der Bezahlung per Scheck trug der Händler praktisch kein Risiko mehr, obwohl die Technik sehr ähnlich war: Es lief anfangs alles über Papierformulare, die mühsam auf dem Postweg zwischen den Parteien ausgetauscht wurden.

Im Herbst 1958 startete die BoA in einer kalifornischen Kleinstadt den Versuch, allen Haushalten eine Kreditkarte per Post zuzusenden. Auf einen Schlag wurden 65.000 (ungewünschte) Kreditkarten verschickt und anschließend kräftig beworben. Einige der Haushalte begannen, die Karten zu verwenden, die Werbeaktion fand ansonsten kaum Beachtung. Kurz darauf überschlugen sich die Ereignisse. Anscheinend bereitete die Konkurrenz eine größere Werbekampagne vor. Kurzfristig entschloss sich die BoA,

© Springer-Verlag Berlin Heidelberg 2016
B. Pfitzinger, T. Jestädt, *IT-Betrieb*, Xpert.press, DOI 10.1007/978-3-642-45193-5_11

die neue Kreditkarte allen Haushalten in Kalifornien anzubieten – zwei Millionen Kreditkarten wurden in den nächsten 13 Monaten verschickt.

Dabei gab es praktisch keine technische Unterstützung: Kreditkarten waren Plastikkarten, die jeweils bereits einen Kreditrahmen mitbrachten. Zahlungen per Kreditkarte waren Papierbelege, die per Post an die Bank geschickt wurden – die dabei gegenüber dem Händler haftete. Nur in seltenen Fällen, beispielsweise bei hohen Beträgen, musste der Händler eine telefonische Autorisierung einholen. Die Konsequenzen waren absehbar: Kunden betrogen in großem Stil (>20 % Ausfallrate), die Bank konnte vor allem in der Weihnachtszeit die eingehenden Papierbelege nicht mehr bearbeiten – sie stapelten sich haushoch in Lagerhallen. Es liefen hohe Verluste bei der BoA auf[1].

In der Folge fanden große Investitionen in die Automatisierung statt: Zum einen sollte die Autorisierung von Kreditkartenzahlungen während des Bezahlvorgangs beschleunigt werden, um damit auch immer mehr Zahlungen vorher autorisieren zu können. Zum anderen benötigte die Berechnung der Kreditwürdigkeit einen aktuellen Datenstand, die getätigten Transaktionen mussten möglichst schnell erfasst werden, denn eine Lagerhalle voll mit unbearbeiteten Zahlungsbelegen führte den Begriff Kreditwürdigkeit ad absurdum. Binnen weniger Jahre waren die wichtigsten Prozesse automatisiert, u. a. halfen Erfahrungen aus der Entwicklung der elektronischen Scheckverarbeitung ERMA. Das Kreditkartenprogramm der BoA begann deutliche Gewinne abzuwerfen.

Zusätzlich zu den technischen Innovationen gelang es der BoA auch, eine erfolgreiche Organisationsform zu erfinden: Andere Banken konnten das Kreditkartenprogramm der BoA lizenzieren und dadurch schnell eine „eigene" Kreditkarte anbieten. 1968 nahmen bereits über 250 Banken mit über sechs Millionen ausgegebenen Kreditkarten teil. Zu dieser Zeit verselbstständigte sich auch diese Organisation und wurde eigenständig. Später verkaufte die BoA ihre Anteile u. a. wegen regulatorischer Auflagen.

Nachdem wir in den vorangegangenen Kapiteln verschiedene Sichtweisen auf den IT-Betrieb beschrieben haben, nehmen wir hier das Thema des Wertbeitrags der IT aus dem Kap. 2 wieder auf. Jetzt kann der **tatsächliche** Wertbeitrag eines IT-Betriebes umrissen werden – dieser reicht weiter, als dies für das Business – den Kunden – auf den ersten Blick ersichtlich ist. Er reicht aber auch weiter, als dies oftmals dem IT-Betrieb und dem IT-Management bewusst ist.

Noch immer klingt die Überschrift „IT doesn't matter" [3] von Nicholas G. Carr aus dem Jahr 2003 in den Ohren. IT ist unwichtig? In dem Artikel drückt Carr die IT zunehmend in die Rolle einer Infrastruktur, die keine strategischen Vorteile für das Unternehmen mehr bieten kann und allenfalls zu hohe Kosten verursacht. Versteht man die IT nicht als IT-Organisation, sondern als die verfügbare Technik, dann mag IT tatsächlich unwichtig

---

[1] Die Anfangsverluste wurden öffentlich bekannt und schreckten die Konkurrenz vor Nachahmerprodukten ab. Dies ging so weit, dass später Vorwürfe erhoben wurden, die BoA hätte das Erreichen der Gewinnschwelle bewusst irreführend dargestellt, um sich so vor neuer Konkurrenz zu schützen.

werden – praktisch alle Unternehmen setzen die gleiche Technik ein, die nur geringfügig modifiziert wird. Umfasst die IT jedoch auch die Organisation, die Technik, Menschen und Prozesse managt, dann ist die IT ein integraler Bestandteil jedes Unternehmens.

Der IT-Einsatz eines Unternehmens stellt durchaus einen Wert dar – nur lässt er sich bis heute nicht „richtig" berechnen. Referenz [4] versucht den Wert näher zu beziffern und findet, dass jeder Dollar, der in den Büchern eines Unternehmens für Hardware steht, direkt mit zehn Dollar Marktwert zusammenhängt. Neun von zehn Dollar stehen jedoch nicht in den Büchern. Zum Teil stammen sie aus dem Wert der Software, eine geschickte IT-Organisation kann den Wertbeitrag jedoch locker verdoppeln. „Geschickt" lässt sich in diesem Fall sogar messen. Erstmals in [5] wurden fünf organisatorische Fähigkeiten der IT-Organisation definiert, die in Fallbeispielen einen direkten Zusammenhang mit dem wirtschaftlichen Erfolg haben: Die Fähigkeiten des Personals, des Management, der Grad der internen und externen IT-Nutzung, der Nutzung digitaler Transaktionen und der Fähigkeit, das Internet einzusetzen. Derartige Fähigkeiten – die nicht von konkreter Technik abhängen – steigern den Wert(-beitrag) der IT-Organisation noch einmal deutlich. Mit diesem Ergebnis ist die IT als Technik mitunter wirklich unwichtig – die IT als die Fähigkeit, Technik, Menschen und Prozesse geschickt einzusetzen ist hingegen immens wichtig und wertvoll.

11.2 Das Wesen der IT-Organisation

Die Kernkompetenzen der IT-Organisation

Nicht erst seit dem Artikel „IT doesn't matter" stellt sich immer wieder die Frage: Was macht den IT-Betrieb aus? Sieht man Teile der IT als Infrastrukturleistung an, dann sind die Bemühungen zum Outsourcing verständlich. In mehr als einem Jahrzehnt des Verlagerns hat sich jedoch eines gezeigt: Es muss eine funktionierende IT-Organisation verbleiben – gerne unter anderem Namen und womöglich dezentral über das Unternehmen verteilt. Bereits 1998 formulierten D. F. Feeny und L. P. Willcocks [6] neun Kernkompetenzen[2], die für einen erfolgversprechenden IT-Einsatz notwendig sind:

- Die Leitung (*leadership*) als die Fähigkeit, den IT-Einsatz und die unternehmerische Ausrichtung in Einklang zu bringen,
- das Systemdenken (*business systems thinking*) als die Fähigkeit, die Geschäftsprozesse mit den technischen Möglichkeiten neu zu „erfinden",
- den Beziehungsaufbau (*relationship building*) als die Fähigkeit, die Organisationen jenseits der IT konstruktiv zu involvieren,
- die Architekturplanung (*architecture planning*) als die Fähigkeit, eine Plattform zu erschaffen, die auf heutige und zukünftige Anforderungen reagieren kann,

---

[2] im Englischen eher als Kern-Fähigkeiten (*core capabilities*) bezeichnet und Gegenstand mehrerer Fallstudien zum Outsourcing [7–9].

- die Umsetzung (*making technology work*) als die Fähigkeit, technischen Fortschritt in der Praxis schnell zu erzielen,
- das informierte Einkaufen (*informed buying*) als die Fähigkeit, den Fremdbezug von IT-Leistungen passend zum Bedarf auszurichten,
- die Vertragspflege (*contract facilitation*) als die Fähigkeit, bestehende Verträge einfach und sinnvoll weiterzuentwickeln,
- die Vertragsüberwachung (*contract monitoring*) als die Fähigkeit, die Interessen des Unternehmens in den Lieferantenverträgen durchzusetzen, und schließlich
- die Lieferantenentwicklung (*vendor development*) als die Fähigkeit, in einer bestehenden Vertragsbeziehung neue Chancen zu entdecken und gemeinsam wahrzunehmen.

Die genannten Kernkompetenzen des IT-Betriebs nehmen fast schon die Überschrift „IT doesn't matter" vorweg – Technik spielt darin keine Rolle, sondern die Fähigkeiten, den IT-Einsatz im Sinne des Unternehmens zu gestalten. Zwei große Blickrichtungen sind zu erkennen: Der Blick ins Unternehmen benötigt die Fähigkeiten, mit den Fachbereichen zu kommunizieren, IT verständlich zu machen und die passende IT zu entwickeln und zu betreiben. Dabei kann der technische Betrieb in Teilen oder vollständig ausgelagert sein. Dies entspricht dann auch dem zweiten Blickwinkel: Die Steuerung der IT-Lieferkette. Sie war bereits Gegenstand des Kap. 8.3., darf jedoch in ihrer Wichtigkeit und Größe nicht unterschätzt werden. Gerade große Outsourcing-Verträge sind nach aller Erfahrung sehr schwierig zu formulieren, umzusetzen und über lange Zeit aufrecht zu erhalten. Es ist daher nur folgerichtig, wenn fast die Hälfte der Kernkompetenzen den Umgang mit den Lieferanten thematisiert.

Der Lebenszyklus von Organisationen
Unternehmen und IT befinden sich in einem permanenten Wandel. Es wird also nicht *den* Wertbeitrag der IT geben – je nach dem Entwicklungsgrad des Unternehmens und der IT-Organisation sind unterschiedliche Beiträge und „Probleme" zu erwarten. Aus Unternehmenssicht skizziert R. L. Ackoff [10] im Jahr 1988 vier Entwicklungsstufen eines großen Unternehmens, die jeweils unterschiedliche Ziele mit sich bringen:

- Zunächst hat ein Unternehmen nur ein Ziel: finanziell zu überleben. In dieser Stufe fließt womöglich Kapital ab, das Unternehmen macht Verlust –Kosten müssen reduziert werden.
- In der zweiten Stufe gelingt es bereits, Gewinne zu erwirtschaften. Allerdings ist der Gewinn noch zu niedrig, das eingesetzte Kapital wird nicht adäquat verzinst. Hier ändert sich das Ziel vom „Überleben" auf die dauerhafte Lebensfähigkeit, ausgedrückt dadurch, dass die Kapitalkosten dauerhaft erwirtschaftet werden. Statt der Kosten steht nun eine effektive Organisation im Fokus. Die Weiterentwicklung der Organisation bedeutet, dass mehr Wert auf eine Zusammenarbeit verschiedener Bereiche gelegt wird – typischerweise findet eine Zentralisierung von Funktionen statt und es bildet sich eine professionelle Organisation (siehe dazu die Organisationslehre nach Mintzberg in Kap. 4.3.2).

- In der anschließenden Entwicklungsstufe geht es darum, die erzielten Gewinne sinnvoll zu investieren, das Ziel liegt auf dem Wachstum des Unternehmens. Neben Investitionen in neue Geschäftsfelder verbessern die Unternehmen die bestehenden Produkte und Prozesse – das Pendel schwingt zurück zu einer Dezentralisierung und einer Entbürokratisierung.
- Die höchste Stufe nach Ackoff zeichnet sich durch anhaltende und dauerhaft steigende Gewinne aus. Die Pflege des Unternehmens steht hier im Fokus, wobei sich die Firmenzentrale praktisch in der Rolle einer Investmentbank sieht und die einzelnen Bereiche entweder weiterentwickelt oder mit Zu- und Verkäufen verändert.

Die genannten Entwicklungsstufen zeigen auf jeden Fall, dass es *die* Organisation nicht gibt – je nach den konkreten Umständen kommt es zu ganz unterschiedlichen Zielen und Bedürfnissen. Schön abzulesen ist etwa, dass eine Zentralisierung und eine Dezentralisierung nicht im Widerspruch stehen, sondern aus der Situation heraus jeweils die passende Reaktion ist.

So wie ein Unternehmen sich in Stufen entwickelt, können sich anscheinend fast unabhängig davon einzelne Fachbereiche eines Unternehmens entwickeln. Dies findet [11] empirisch bei einer Untersuchung großer europäischer Firmen und skizziert wiederum vier Entwicklungsstufen eines Fachbereichs, die sich sehr schön bei vielen IT-Organisationen wieder erkennen lassen:

- Ein neu geschaffener Fachbereich beginnt seine Aufgaben mit Enthusiasmus, mitunter zum Nachteil der anderen Bereiche: Die gewonnene oder erarbeitete Professionalität mag für andere Fachbereiche als Hindernis und zusätzliche Arbeit wirken. In dieser Phase ist es daher sinnvoll, den Wirkungskreis des neuen Fachbereichs solange zu beschränken bis die Ziele klar definiert sind und der Weg dorthin nachweislich funktioniert.
- Mit den ersten Erfolgen wächst der Ehrgeiz des Fachbereichs, die Konkurrenz mit anderen Bereichen verschärft sich. Diese natürliche Entwicklung birgt die Gefahr, sich mit den falschen Themen zu verzetteln: Sind anstehende Themen „nur" vom Ehrgeiz getrieben oder tatsächlich wertschöpfend? Allein diese Frage genügt, die Themenvielfalt sinnvoll einzuschränken. Eine gezielte Begrenzung der verfügbaren Ressourcen kann dabei helfen, dass Fachbereiche selbstständig die zweitrangigen Themen aussortieren.
- Ist ein Fachbereich und seine Aufgabe einmal gesetzt, geht es um die kontinuierliche Verbesserung und die Vergleichbarkeit mit ähnlichen Aufgabenbereichen in anderen Unternehmen. Die erzielbare Effizienzsteigerung ist in dieser Phase ein gerne gesehener Fortschritt, der jedoch teilweise mit einer Entfremdung zwischen dem Unternehmen und dem Fachbereich erkauft wird: Die Leitung des Fachbereichs sieht sich weniger als Manager im Unternehmen, sondern mehr als Profi-Manager eines speziellen Aufgabenbereichs.

- Die letzte Stufe ist erreicht, wenn sich ein Fachbereich verkleinern und radikal ändern muss oder sogar seine Eigenständigkeit verliert. Das Festhalten am Status quo hindert dann das Unternehmen und die Fortentwicklung des Fachbereichs – abgesehen von einer radikalen Auflösung ist es hier schwierig, mit dem bestehenden Management voran zu kommen.

Referenz [11] bezeichnet die vier Entwicklungsstufen als typisch für alle Fachbereiche, sei es Finanzen oder Risikomanagement. Die IT-Organisation wird die Situationen wiedererkennen: Neue Projekte starten mit viel Enthusiasmus, nur um anschließend eine Zentralisierung und Professionalisierung des IT-Betriebs zu erfahren. Die große Gefahr lauert in der dritten Phase – IT ist für die meisten Unternehmen weder Selbstzweck noch das eigene Produkt. Ganz plakativ lässt sich hier fragen, ob die IT-Organisation noch Teil der Lösung ist, oder ob sie längst Teil des Problems wurde.

Über den Lebenszyklus der IT-Organisation hinweg ist es daher einer ihrer wesentlichen Beiträge, die IT an den Unternehmenszielen auszurichten und wertschöpfend einzusetzen. Dies gelingt nur, wenn die IT-Organisation aktiv auf die anderen Fachbereiche zugeht und sich primär als Teil des Unternehmens sieht und nur sekundär als professionellen Technikdienstleister. Gerade im Hinblick auf die vierte und letzte Entwicklungsstufe steht es der IT-Organisation gut zu Buche, von selbst die wenig zielführenden Teilleistungen an einen spezialisierten Lieferanten auszulagern.

11.3   Bring your own IT-Betrieb?

Ganz im Sinne des im vorigen Abschnitt skizzierten Lebenszyklus eines Fachbereichs stellt sich gerade bei der IT-Organisation immer wieder die grundlegende Frage nach dem eigenen Stellenwert und Auftrag innerhalb des Unternehmens. Die Konkurrenz ist in vielerlei Hinsicht schärfer als je zuvor [12]: Die Durchdringung des Privatlebens mit leistungsfähiger IT führt dazu, dass die heutigen Lösungsvorschläge des IT-Betriebs von den Anwendern in manchen Fällen mit Heiterkeit quittiert werden. Es ist kein Wunder, wenn die Nutzer stattdessen auf ihre eigenen Geräte und Softwarelösungen setzen wollen – Bring Your Own Device (siehe Kap. 7.6.1) ist eine verständliche Forderung, die die IT-Organisation im Sinne des Unternehmens gestalten muss. Wo sind die Grenzen zwischen privat und dienstlich zu ziehen? Private Geräte sind moderner und greifen auf – vermeintlich kostenlose – IT-Services zu, die so manche Unternehmens-IT in den Schatten stellen. Natürlich liegt dies zum Teil auch daran, dass der private Umgang mit der IT oft sorglos geschieht – jeglicher Gedanke an mögliche Konsequenzen wird ausgeblendet.

Andererseits werden die fertigen, lokal angepassten Software-Pakete (commercial-off-the-shelf) zunehmend durch standardisierte IT-Services „aus der Wolke" ersetzt. Software-as-a-Service wendet sich direkt an die Fachbereiche, die eine IT-Unterstützung ihrer Prozesse benötigen und hinterlassen dort einen besseren Eindruck als der eigene IT-Betrieb. Die Schlussfolgerung aus beiden Trends heißt wohl, dass die Nutzer oder Fachbereiche nicht nur ihre eigene IT mitbringen, sondern sie komplett in Eigenverantwortung gestalten wollen. Ein Trend, der die bisherigen Bemühungen zur Dezentralisierung und zum Outsourcing deutlich zuspitzt.

Zu einem ähnlichen Ergebnis kommt [13] mit der Frage „wem gehört die IT"? In Zukunft wird demnach die Antwort nicht mehr lauten, dass die IT der IT-Organisation gehört. Stattdessen verteilt sich der IT-Einsatz auf viele Parteien, der IT-Betrieb muss vor allem die sinnvolle und erfolgreiche Zusammenarbeit organisieren. Ganz analog zu einer Lieferkette geht in Teilen die Verantwortung an andere über, die für ihr Spezialgebiet bessere Ergebnisse zu niedrigeren Kosten liefern können.

Was zunächst wie das Ende der IT-Organisation klingt, ist höchstens das Ende der bisherigen Organisationsform. Barry Boehm – der „Erfinder" des Spiralmodells im Software Engineering – merkt zu den großen Trends an [14, 15]: Die Verzahnung zwischen Software- und Systementwicklung wird immer enger, die Zyklen immer kürzer und die Abhängigkeit von funktionierender IT immer kritischer. Die Durchdringung des Alltags mit unerschöpflicher IT-Leistung führt dazu, dass immer komplexere Systeme entstehen und immer mehr Komponenten integriert werden müssen (mehr dazu in Abschn. 11.6).

In diesem Umfeld wird der IT-Betrieb ein integraler Bestandteil des Unternehmens bleiben – vielleicht verschwindet „IT" und „Betrieb" aus dem Namen des Fachbereichs. Die Integration der Technik und der zugekauften Leistungen in die Unternehmensabläufe und in die Produkte verbleibt als Kernkompetenz genauso wie die Sicherstellung der Verlässlichkeit.

11.4   Reengineering the Business: Obliterate, don't automate!

Ein Großteil unseres Buches beschreibt die alltäglichen Aufgaben und Herausforderungen des IT-Betriebs. Ganz im Sinn von Hammer und Champy [16] liefert der IT-Betrieb seinen wesentlichen Wertbeitrag jedoch nicht durch eine möglichst effiziente IT-Organisation und die perfekte Automatisierung bestehender Geschäftsprozesse: „Auslöschen, nicht automatisieren!" („obliterate, don't automate"). Die IT-Organisation hilft dem Unternehmen nur dann nachhaltig, wenn sie die technischen Möglichkeiten nutzt, die Geschäftsprozesse und Produkte gründlich zu überarbeiten.

Ein effizienter Betrieb ist in jeder Hinsicht dennoch notwendig – alle Unternehmen haben prinzipiell Zugang zu den gleichen Techniken, dem gleichen Referenz-Prozessmodell und Mitarbeitern mit der gleichen Ausbildung. Mit der Zeit verbessern sich die Möglichkeiten, Geschäftsprozesse effizient zu gestalten – in der Konkurrenz mit anderen Unternehmen stellt dies eine Schwelle dar, die mindestens erfüllt werden muss. Effizienz ist jedoch nicht das einzige Kriterium, wie die Strategie-Diskussionen der 1990er Jahre zeigen (z. B. [17]): Dauerhaft muss sich ein Unternehmen von der Konkurrenz durch andere Merkmale unterscheiden. Dazu gehört es auch, nicht jede Entscheidung strikt an der Effizienz auszurichten. Je nach Unternehmensziel müssen die passenden Bereiche „digitalisiert" werden [18]: Als erster am Markt, in schneller Folge zur Konkurrenz, mit neuen Schwerpunkten durch die Digitalisierung der Produkte.

Im vorangegangen Abschn. 11.3 ist die Konsequenz bereits nachzulesen: Die kosten-
günstigste IT-Lösung liegt heute zum Teil außerhalb des IT-Betriebs, ausgelagert zu einem
IT-Dienstleister mit entsprechenden Skaleneffekten oder verlagert zum Anwender und
Nutzer. Es ist durchaus im Sinne des IT-Betriebs, diesen Trend aktiv zu unterstützen, denn
bereits seit 1987 steht die Aussage im Raum[3]:

> Das Computerzeitalter kann man überall sehen, nur nicht in den Statistiken zur Produktivität.

Angesichts der – berechtigten – Kritik darf die Reaktion der IT-Organisation nicht im
abwehrenden Erklären enden. Gerade zentralisierte Aufgabenbereiche entwickeln sich
innerhalb eines Unternehmens schnell zu internen Monopolisten, mit gefährlichen Konsequenzen [20]: Anderen Fachbereichen wird verboten, die angebotenen Leistungen von
einem alternativen Anbieter zu beziehen. Wird diese Beschränkung mit einer ungünstigen
Kostenverrechnung kombiniert – wie sie oft im IT-Betrieb zu sehen ist (siehe Kap. 10.2)
– entstehen unnötige Bürokratien, die schlechte Leistung mit hohen Kosten kombinieren.
Unter Kostendruck führt ein internes Monopol zunächst zu Stellenstreichungen bis als
dauerhafte Lösung die Monopolstellung aufgebrochen wird – die vierte und letzte Stufe
im Lebenszyklus aus Abschn. 11.2. Es ist daher kein Wunder, wenn die erfolgreiche Digitalisierung auf die interne Zusammenarbeit und das Miteinander setzt [18] sowie die
systematische Zusammenarbeit mit Partnern betont.

Effizienz und Effektivität der IT-Organisation selbst sind heute immer noch unzulänglich – trotz enormer Investitionen in Tools, die die Software-Entwicklung oder den IT-Betrieb unterstützen. Diesen markanten Standpunkt vertreten drei amerikanische Wissenschaftler mit Blick auf die Durchdringung eines Unternehmens mit IT [21]. Die größte
Schwäche der IT ist demnach der fehlende ganzheitliche Blick auf die „IT-Fertigung", es
gibt kein Produktionsleitsystem (*manufacturing execution system*), das jede gewünschte
Anforderung an die IT von der ersten Idee bis zur Außerbetriebnahme steuert. Dringend
nötig wären integrierte Prozesse, die eine Serienproduktion in der unternehmenseigenen
IT erlauben. Wie weit diese Vision von der unternehmerischen Realität entfernt ist, zeigt
der erwähnte Artikel – selbst die größten Softwareentwickler, im Beispiel Microsoft,
untersuchen diese Zusammenhänge immer noch als Forschungsgegenstand.

11.5   IT als Innovator

Technik und damit IT ist ein altbekannter Wettbewerbsvorteil (siehe Porter in [22],
Kap. 5), der durchaus differenziert zu bewerten ist: Technik bietet enorme Chancen und
Risiken: Ganze Industrien zu verändern oder aber sich komplett in unwichtigen Details
zu verzetteln. Das birgt für Unternehmen das Risiko, vorhandene Vorteile zunichte zu

---

[3] Englisches Original [19]: *„You can see the computer age everywhere but in the productivity statistics".*

machen. Technik wird bei Porter entsprechend kritisch als Wettbewerbsvorteil gewürdigt – der maßvolle Einsatz muss sich nach der Unternehmensstrategie (siehe Kap. 10.6.8) richten und nicht die Technik als Selbstzweck sehen.

Die konkrete Herausforderung liegt heute darin, dass Innovationen durch vernetzte IT-Services entstehen. Die IT-Organisation muss sich entsprechend sowohl an der Produktentwicklung als auch am Betrieb beteiligen, zu oft liegt jedoch die Entwicklungshoheit noch außerhalb der IT [23]. Die technische Umsetzung muss „offensichtlich klappen", sie ist jedoch nur ein Aspekt einer IT-getriebenen Innovation (siehe auch Kap. 5.3.1). Referenz [24] nennt dazu als weitere Perspektive die Möglichkeit, die Unternehmensstrategie aufgrund neuer technischer Fähigkeiten zu ändern – ein klassisches Beispiel ist die elektronische Bestellannahme der Firma McKesson. Die dort geleistete Umsetzung eines Geschäftsprozesses in einer IT-Lösung geht weit über eine technische Automatisierung hinaus. Eine IT-gestützte Umsetzung kann man auch als einen *sprachlichen Ausdruck* sehen [25]: Ein „Tool schafft Fakten", und dies wird ergänzt durch einen gemeinsamen Lernprozess. Alle Beteiligten interpretieren den IT-Service für sich und lernen gemeinsam die heutigen Fähigkeiten, sie entwickeln aber auch entlang der Lösung neue Ideen für zukünftige Entwicklungen. Jeder IT-Service beflügelt, beschränkt aber auch gleichzeitig die Gedankenwelt der Beteiligten.

Beispiel

Ein Blick zurück in die Vergangenheit zeigt beispielhaft, wie die IT als Innovation ein Unternehmen ändern kann. Ein typisches amerikanisches Lehrbeispiel ist der amerikanische Arzneimittelgroßhändler McKesson, der in den 1970er Jahren seine Bestellvorgänge komplett neu computergestützt gestaltete [26]. Seitdem konnten die Kunden – Arzneimittelhändler und Apotheken – einen mobilen Computer benutzen, um ihren eigenen Bestand und die gewünschte Bestellmenge zu erfassen und telefonisch an McKesson weiterzugeben. Über 99 % der bestellten Arzneimittel wurden dann am nächsten Tag geliefert. Für die damalige Zeit war der elektronische Bestellprozess bahnbrechend. Nicht nur innerhalb des Unternehmens beschleunigten sich die Prozesse enorm – wie heutige Startups im Silicon Valley konnte McKesson einen gesamten Industriezweig revolutionieren. Die Vorteile fanden sich zum Großteil auf der Seite der Kunden, z. B. musste bis dato ein Drogeriemarkt je einen Mitarbeiter komplett für das Aufgeben von Bestellungen und einen weiteren zum Einsortieren der Waren abstellen. Mit den neuen Prozessen konnten beide Tätigkeiten von einem Mitarbeiter erledigt werden. Die schnelle Lieferung erlaubte eine Verringerung der Lagerbestände, ein merklicher Kostenfaktor für innerstädtische Ladenflächen.

Beispiele wie das elektronische Bestellsystem von McKesson, die Flugbuchung SABRE (siehe Kap. 2) und die elektronische Scheckverarbeitung ERMA (siehe Kap. 2) zeigen den Traum heutiger Startups: Die grundlegende Transformation eines kompletten Industriezweigs durch die IT. Rückblickend ist die Kernidee nicht unbedingt bahnbrechend. Ohne ein Vorbild war der Schritt für den Technologieführer jedoch groß und riskant. Auch heute treten viele Ideengeber damit an, die nächste bahnbrechende Revolution anzubahnen. Im Vergleich zu den frühen Beispielen ist die Komplexität der Software heute um Größenordnungen höher. Sicher ist die Aussage heute richtig, dass die Entwicklung und der Betrieb von Software für jedes Unternehmen entscheidend sind. Darauf weist auch die Unternehmensberatung McKinsey hin [23], die vor allem enorme Unterschiede in der Leistungsfähigkeit der Unternehmen sieht. Demnach unterscheidet sich die Produktivität und die Geschwindigkeit der Software-Entwicklung um einen Faktor drei, die Qualität sogar um einen Faktor fünf bei einer Auswertung von über 1500 Projekten durch McKinsey.

Die IT-Organisation als Auslöser von Innovationen ist nicht als Plädoyer für eine Zentralisierung der IT zu verstehen. Im gleiche Maße wie bereits im Jahr 1955 ein Artikel [27] fragt „wer [...] die neuen Computer [bemannt]", lautet damals wie heute die Antwort: Die IT ist ein Werkzeug für die Fachbereiche und wird überwiegend von den dortigen Mitarbeitern genutzt – diese sind die *Primärnutzer* (siehe Kap. 7.4.1). Die IT-Organisation ist hier in der Rolle des Katalysators, sie ermöglicht die IT-gestützte Innovation im Unternehmen ohne selbst die gesamte Fertigungstiefe wahrnehmen zu wollen.

Die Erwartungen an den IT-Betrieb dürfen jedoch nicht übertrieben sein, denn der vorhandene Bestand an IT-Services schluckt praktisch die gesamte Kraft [28]: Eine IT-Organisation kann sich glücklich schätzen, wenn sie mehr als 25 % ihres Budgets für die Umsetzung neuer Anforderungen einsetzen kann. Meist gelingt dies nicht, fast das gesamte Budget dient einzig und allein der Absicherung der bestehenden IT-Services. Aus dieser Sichtweise ist es bereits „innovativ", den Anteil der Betriebskosten am jährlichen Budget zu senken.

11.6   Betrieb als Integrator

Die Aufgabe des IT-Betriebs ist zum Großteil eine Management-Aufgabe: Die *Integration unterschiedlicher technischer Verfahren und verschiedener Geschäftsprozesse* zu einem funktionierenden Ganzen. Aus dieser Sichtweise ist ein Zitat von J. W. Forrester bezeichnend[4]:

> Die Leute fragen oft, weshalb ich die Ingenieurwissenschaft verlassen habe und zum Management wechselte. Es gab mehrere Gründe. Bereits 1956 merkte ich, dass die Pionierzeit der digitalen Computer vorüber war. Das mag überraschend sein, angesichts der großen technischen Fortschritte der letzten Jahrzehnte. Aber die Computer entwickelten sich dramatisch schneller in der Zeit zwischen 1946 und 1956 bezogen auf Geschwindigkeit, Zuverlässigkeit und Speicherkapazität als zu irgendeiner Zeit seitdem.

---

[4] Englisches Original [29]: „*People often ask why I left engineering to go into management. There were several reasons. By 1956, I felt the pioneering days of digital computers were over. This might seem surprising after the major technical advances of the past few decades. But in fact, computers improved more dramatically in terms of speed, reliability, and storage capacity between 1946 and 1956 than in any decade since*".

Ähnlich wie in dem Zitat angesprochen, entwickelt sich die IT-Organisation in den meisten Unternehmen von technischen Fragestellungen hin zu einer Managementfunktion: IT-Services müssen im Sinn und im Auftrag des Unternehmens erstellt werden und funktionieren – die Ausführung wird in der Regel an spezialisierte Dienstleister vergeben. Es ist heute durchaus üblich, die Leistungen vom jeweils besten Anbieter zu beziehen, um daraus die funktionierenden IT-Services zu erstellen. Dies geht heute so weit, dass sich die IT-Services über mehr als 20 Dienstleister erstrecken [30] – eine anspruchsvolle Managementaufgabe für den IT-Betrieb.

Auf der Seite der Lieferanten scheint jetzt eine Entwicklung Realität zu werden, die bereits seit den 1970er Jahren vorhergesagt wurde [31]: Die Entstehung von „information utilities", den IT-Versorgungsunternehmen analog zur Strom- und Wasserversorgung. Über Jahrzehnte als Zukunftsvision genannt, ziehen sie allmählich in Form der großen Cloud-Anbieter in die IT-Services ein und verdrängen die selbstbetriebene Technik. Dies kann an grundlegender Technik ansetzen, beispielsweise der Bereitstellung von Speicher- und Rechenkapazität, oder als komplett funktionsfähige Anwendung. In beiden Fällen gelingt es dem Anbieter, durch strikte Standardisierung und eine weltweite Verbreitung bis dahin unvorstellbare Skaleneffekte zu realisieren [32].

Für den IT-Betrieb bedeutet die Entstehung der „information utilities" einen erneuten Umbruch, denn in der direkten Konkurrenz ist die selbst betriebene IT zu teuer, zu schwerfällig und kaum in der Lage die besten Mitarbeiter zu akquirieren. Die Einbindung der „information utilities" bietet zugleich die große Chance, dass sich der IT-Betrieb auf seine Managementfunktion besinnt – IT-Services bestmöglich für das Unternehmen zu gestalten. Hier verbleiben sehr viele spannende Herausforderungen.

„No silver bullet"
Pointiert bringt dies ein Artikel von Fred Brooks 1987 auf den Punkt [33]: „No silver bullet" – es gibt keine Wunderwaffe. Vielmehr ist und bleibt die Erfahrung im Umgang mit IT-Projekten, dass sie urplötzlich von einfach und termingerecht zu unmöglich und verspätet umschlagen können. Auch drei Jahrzehnte später nimmt die Komplexität der IT-Services und -Projekte immer noch zu. Weder die Auftraggeber noch die Mitarbeiter der IT-Organisation halten sich diszipliniert an starre Pläne und niemand kann sich die „unsichtbare" Software vorstellen. Genau diese Schwierigkeiten sind die Herausforderungen der IT-Organisation, sie muss passende Lösungen für das Unternehmen finden.

Implementierung als Kernkompetenz
Was bleibt übrig, wenn sich die gesamte Technik von Lieferanten beziehen lässt? Die klassische Herausforderung ist die Ausrichtung der IT(-Strategie) an der Unternehmensstrategie (siehe Kap. 5.3). Mit jeder Strategie-Anpassung geht jedoch auch eine Implementierung der Änderungen einher. Die Hoheit technischer Implementierungen liegt bei der IT-Organisation und es stellt sich heraus, dass neben allen technischen oder vertraglichen Schwierigkeiten die Implementierung selbst eine große Hürde ist: Die Problematik schildert erstmals ein Buch Anfang der 1970er Jahre ([34], neue Rezension in [35]) am Beispiel

einer politischen Maßnahme in den USA in der zweiten Hälfte der 1960er Jahre . Auf Veranlassung der Regierung unter Präsident Johnson entstand 1966 ein Hilfsprogramm für amerikanische Städte. Sie sollten mit Geldern des Bundes lokale Projekte zur Verbesserung der Lebensqualität durchführen, nebenbei sollten die Projekte auch die Wirtschaft der Städte ankurbeln. Die Formulierung und Verabschiedung des Förderprogramms zog sich über etliche Monate hin, Ende 1966 wurde das Gesetz endlich verabschiedet.

Eine der ersten ausgewählten Städte war Oakland in Kalifornien, das seinen Flughafen, seinen Seehafen und einen Industriepark ausbauen durfte. Die Umsetzung blieb dem Bundesstaat und den Behörden vor Ort überlassen – jetzt begannen die wahren Probleme. Auf einmal mussten verschiedene Organisationen und Hierarchieebenen für die Implementierung der einzelnen Projekte zusammenarbeiten. Der Erfolg des Förderprogramms entschied sich erst mit der Umsetzung, die bei weitem nicht das Medienecho genoss wie die Phase bis zur Verabschiedung des Gesetzes. Den Leidensweg in Oakland fasste [34] zusammen und stieß damit die Diskussion über den Stellenwert und die Herausforderung von Umsetzungsprojekten an. Eine *erfolgreiche* Implementierung ist für sich genommen ein kleines Kunststück: Viele Parteien sind beteiligt, unterschiedliche Interessen müssen unter einen Hut gebracht werden, Geld und Zeit sind oder werden knapp.

In dieser pessimistischen Weltsicht ist die *Implementierung* die wahre Leistung. Die IT-Organisation ist gefordert, alle genannten und erdenklichen Schwierigkeiten zu meistern und IT-Vorhaben gemeinsam mit dem restlichen Unternehmen erfolgreich umzusetzen. (Ausgelagerte) Technik spielt dabei nur eine kleine Rolle.

11.7   Qualität

Wer ist mit der Qualität der IT-Services zufrieden? Die Frage nach der Qualität (siehe Kap. 3.3.2) fördert in der IT-Branche noch immer eklatante Missstände zu Tage – wir sind es gewohnt, dass Software mit vielen Fehlern ausgeliefert wird und die Anwender mit den Fehlern weitgehend alleine gelassen werden. Tatsächlich ist das Bild nicht so düster. Moderne Entwicklungswerkzeuge verhindern viele Fehler, so dass heute 1000 Codezeilen 100 Mal weniger Fehler enthalten als vor einigen Jahrzehnten [36]. Die Software ist jedoch im selben Zeitraum noch schneller gewachsen – fehlerhafte IT ist eine Tatsache. Vielleicht ist die IT-Branche noch in einem frühen Stadium, wie der Vergleich mit der Entwicklung der Dampfmaschinen illustrieren kann: Auch Dampfmaschinen waren bahnbrechende technische Innovationen, die mitunter für alle Umstehenden lebensgefährlich werden konnten. Im Vergleich mit der Digitalisierung unseres Alltags gilt die Einführung der Dampfmaschine womöglich als die nützlichere Innovation ([19], siehe auch Kap. 11.4).

Beispiel

Die Entwicklung der Dampfmaschine verdeutlicht, dass auch eine vermeintlich einfache Maschine ihre Tücken hat. Eine Biographie der Erfinder Boulton und Watt [37] aus dem Jahr 1865 umreißt die Situation so[5]:

Eine neue Kraft war entdeckt worden, aber sie war so gefährlich und widerspenstig, dass es zweifelhaft blieb, ob sie jemals nützlich eingesetzt werden könnte.

Schnell verbreiteten sich die Dampfmaschinen im Alltag. Stationäre Dampfmaschinen versorgten die Industrie mit Energie, Züge und Schiffe wurden durch mobile Dampfmaschinen angetrieben. Der zunehmende Leistungsbedarf führte zu größeren Dampfmaschinen, aber vor allem auch zu höherem Betriebsdruck in den Kesseln – die dann ab und zu platzten ([38], auch im Weiteren). Gerade auf einem Dampfschiff war das Bersten des Dampfkessels eine Katastrophe: In vielen kleinen und manchen großen Unglücken kamen Menschen ums Leben.

Der Zusammenhang zwischen starken Maschinen, die mit einem hohen Betriebsdruck arbeiteten, und tödlichen Unglücksfällen waren zu der Zeit bereits erkennbar. Selbst Formeln zur Berechnung geeigneter Kessel waren bekannt – sie wurden nur nicht konsequent eingesetzt. Kessel wurden mit zu geringer Wandstärke aus minderwertigen oder ungeeigneten Materialien gefertigt. Materialien mit unterschiedlichen Wärmeausdehnungskoeffizienten wurden nebeneinander platziert, Überdruckventile zu klein dimensioniert, Messinstrumente für den Druck und den Wasserstand erwiesen sich als notorisch fehleranfällig.

Auf den Dampfbooten kam noch das Schwanken der Schiffe dazu. Anstatt sauberes Wasser in die Dampfmaschine zu füllen, wurde oftmals einfach das Flusswasser ungefiltert verwendet, die Dampfmaschine verschmutzte allmählich und benötigte einen noch höheren Arbeitsdruck. Durch die schnelle Verbreitung der Dampfmaschinen waren geschulte Arbeiter praktisch nicht verfügbar, die Bedienung oblag den Heizern.

Für die meisten Menschen überwogen dennoch die Vorteile – schneller und günstiger Transport – und die seltenen Unglücksfälle gehörten scheinbar zu den (neuen) Lebensrisiken. Jedenfalls war dies die Argumentation der Hersteller, sie verteidigten ihre Freiheit, Dampfmaschinen nach eigenem Gutdünken zu bauen.

Interessant war die geschichtliche Entwicklung in doppelter Hinsicht: Die Unglücksursachen ließen sich zuverlässig ausräumen und allen zivilisierten Ländern gelang dies mit der Zeit. In manchen Ländern – vor allem in Kontinentaleuropa – konnten die Gefahren jedoch sehr viel schneller abgestellt werden. Während die USA und Großbritannien lange dem Argument der „Freiheit" folgten, erstellten Länder wie Frankreich und Deutschland zügig Vorgaben zur Herstellung und zum Betrieb von Dampfkesseln[6]. In

---

[5] Englisches Original [37], p. 59: „*A new power had been discovered, but it was so dangerous and unmanageable that it was still doubtful whether it could be applied to any useful purpose*".

[6] Die Vorgaben betrafen beispielsweise den Aufbau der Dampfkessel, die notwendigen Tests vor der ersten Auslieferung und jährliche Tests während des Betriebs. Mit der Umsetzung der Vorgaben ent-

den USA dauerte es noch einige Jahrzehnte, bis das Argument, die Hersteller frei gewähren zu lassen, nicht mehr überwog und es allmählich dem Staat zugebilligt wurde,
regelnd einzugreifen.

Der Umgang mit katastrophal fehlerhaften Dampfmaschinen ist das älteste Beispiel dafür,
wie alle Staaten letztlich zu dem Entschluss gekommen waren, dass eine Technik durch
staatliche Behörden kontrolliert werden musste. Seitdem gibt es viele Stellen, an denen
Staaten detaillierte Vorgaben machen und ihre Einhaltung durchsetzen – die Qualität der
Software gehört heute noch nicht dazu. Dabei gibt es durchaus Parallelen (siehe [39]):
IT-Services bieten enorme Chancen, im Vergleich zur Dampfmaschine sind die Risiken jedoch groß – wer kann die Software zur automatischen Abschaltung eines Kernkraftwerks
beurteilen, wenn sie 100.000 Programmzeilen verteilt über mehrere hundert Prozessoren
umfasst?
   Vielleicht wird die Qualität der Software eines Tages selbstverständlich sein. Bis zu
diesem Zeitpunkt bleibt es die Aufgabe und der Beitrag des IT-Betriebs, ein akzeptables
und ethisch vertretbares Qualitätsniveau durchzusetzen. Es gilt, Software-verursachte Katastrophen zu verhindern (Beispiele nennt etwa [40], siehe auch Kap. 4.5). Als Hilfe nennt
die NASA [40] drei Fragen:

*   „Verhält sich die Software wie erwartet?"
*   „Macht die Software das nicht, was sie nicht machen soll?"
*   „Verhält sich die Software auch unter widrigen Bedingungen wie erwartet?"

Dass sich Fehler nachhaltig abstellen lassen, zeigt nicht nur das Beispiel der Dampfmaschine. Auch der Luftfahrtindustrie ist es gelungen, technische und menschliche Fehler
wirksam anzugehen [41] – ein Wissensschatz, den sich der IT-Betrieb zu eigen machen
muss. Gelingt dies nicht, wird wie in anderen Industriezweigen der Staat früher oder später regulierend eingreifen. Die Notwendigkeit dafür ist bereits erkennbar. So gehen dem
deutschen Staat anscheinend bis zu 10 Mrd. € jährlich durch manipulierte elektronische
Kassensysteme verloren [42].

11.8   Große Ereignisse – Releasewechsel und Großschadensereignisse

Früher oder später tritt ein großer Fehler auf. Von akademischem Interesse mag sein, ob
dies statistisch selten ist, ein Jahrtausendereignis oder ein „black swan". Die Erfahrung
jedes Betriebs ist, dass über die Jahre hinweg viele kleinen Fehler vorkommen und ab
und zu die richtig große Katastrophe. Glücklicherweise betreffen die meisten IT-Services

---

standen in Deutschland die technischen Überwachungsvereine, die die Vorgaben weiterentwickelten
und ihre Anwendung vor Ort durchsetzten.

heute nicht Leib und Leben von Menschen, bedroht ist allenfalls das Vermögen – genug um Einzelne oder das Unternehmen in den finanziellen Ruin zu stürzen. Wie geht der IT-Betrieb mit diesen Situationen um?

Die zunehmende Durchdringung des Alltags mit IT-Services hat zur Folge, dass die Zuverlässigkeit der IT ständig unter Beobachtung steht. Immer wieder wird die Verfügbarkeit der IT-Services auf die Probe gestellt. Geplant oder ungeplant stehen Teile der IT nicht zur Verfügung, der IT-Betrieb muss möglichst bald den normalen Betriebszustand wiederherstellen. Angesichts der Komplexität moderner IT-Services kann eine derartige Situation schnell ausdehen: Im Nu sind mehr als zehn Lieferanten involviert, die eigenen Mitarbeiter, ausgewählte Nutzer aus den Fachbereichen und evtl. Testanwender. So kann die Organisation eines derartigen Ereignisses kurzzeitig viele hundert Personen umfassen – eine Herausforderung für das Management.

11.8.1 Risiken managen – große Störungen vermeiden

Am besten wäre es, wenn große Störungen überhaupt nicht auftreten können. Darauf zielt z. B. die Atomindustrie, die große Unfälle bei Kernkraftwerken grundsätzlich vermeiden möchte – mit zweifelhaftem Erfolg. Der gewählte Ansatz wird mit der Überschrift ‚defence in depth‘, dem gestaffelten Sicherheitskonzept umschrieben ([43], auch im Weiteren). Die Idee ist, dass alle Sicherheitsmaßnahmen in überlappenden Schichten angeordnet sind, die sich im Fall eines Fehlers gegenseitig ergänzen können. Das gestaffelte Sicherheitskonzept ist generisch gehalten – schließlich ist der konkrete Fehler im Voraus nicht bekannt:

- Menschliche und technische Fehler sollen verkraftet werden,
- auftretende Fehler sollen lokal beschränkt bleiben und
- selbst wenn dies nicht gelingt, soll die Öffentlichkeit und die Umwelt vor Schäden bewahrt werden.

Fehler zu verhindern ist die erste, große Herausforderung. Wie das Beispiel der Luftfahrtindustrie zeigt, können technische und menschliche Fehler mit der Zeit immer besser vermieden werden – wenn es eine funktionierende, branchenweite Fehlerkultur gibt [41]. Dies entspricht der ersten von fünf Stufen des gestaffelten Sicherheitskonzepts der Nuklearindustrie (siehe Tab. 11.1).

Die verschiedenen Stufen des Sicherheitskonzepts sollen dafür sorgen, dass selbst das Versagen auf einer Stufe noch durch die nächste Stufe aufgefangen werden kann. Interessant an der Aufstellung ist, dass sich der Betrieb bis zur dritten Stufe noch innerhalb der ursprünglichen Designkriterien des Systems befindet. Auch jenseits der Designgrenzen existieren Pläne, etwaige Unfälle in ihren Auswirkungen zu begrenzen und abzumildern – bis hin zu externen Notfallkräften.

Tab. 11.1 Die 5 Stufen des gestaffelten Sicherheitskonzepts der Nuklearindustrie. (freie Übersetzung in Anlehnung an [43], Tab. 11.1)

Stufe	Ziel
1	Fehler und Abweichungen vom Regelbetrieb vermeiden
2	Fehler erkennen und Unregelmäßigkeiten beherrschen
3	Unfälle innerhalb der Systemgrenzen beherrschen
4	Unfälle jenseits der Systemgrenzen beherrschen, die Ausweitung von Unfällen stoppen und die Konsequenzen abmildern
5	Gesundheitliche Auswirkungen abmildern

Selbst mit diesen Vorarbeiten konnte die Nuklearkatastrophe in Japan im Frühjahr 2011 nicht verhindert werden. Im Nachhinein betrachtet hätte das generische Sicherheitskonzept funktionieren können – doch Schwächen bei der Umsetzung konnten die sich entwickelnde Katastrophe nicht stoppen (Kap. 8 in [44]). Im Prinzip war das gestaffelte Sicherheitskonzept seit Jahrzehnten gelebte Praxis in Japan – wieso kam es dennoch zur Katastrophe? Referenz [45] fasst die Situation knapp zusammen:

- Wir sind nicht in Russland oder USA: Bei uns geht nichts schief.
- Wenn doch etwas passiert, können wir es vor Ort lösen,
- deshalb erübrigen sich alle weiteren Pläne.

Diese (verkürzt wiedergegebene) Beschreibung der Notfallplanung bringt das tatsächliche Versagen ans Licht: Anstatt ein Sicherheitskonzept kontinuierlich funktionsfähig auf dem aktuellen Stand der Erkenntnis zu halten, kommt es zu Argumenten, den erreichten Status quo nicht anzupassen und nicht zu hinterfragen. Ein Glücksspiel, das Jahrzehnte lang gut gehen kann. Der Auslöser der Katastrophe war ein großes Erdbeben, das aber nicht unerwartet groß ausfiel.

Für den IT-Betrieb ist es entscheidend, nicht in eine ähnliche Denkfalle zu geraten. Aus der japanischen Nuklearkatastrophe zieht [45] einige Rückschlüsse auf wesentliche Probleme, die *jede* Organisation rechtzeitig abstellen muss:

- Die Notfallplanung für extrem seltene Großereignisse kann eine trügerische Sicherheit vorspiegeln,
- während der Krise bricht die Kommunikation – technisch oder menschlich – zusammen, der Überblick geht verloren (siehe Abschn. 11.9),
- die Organisation kann nicht sofort eine funktionierende Kommandostruktur bilden. Im anfänglichen Chaos funktionieren eingespielte Teams mit ihren Führungskräften und gewohnten Verbindungen untereinander am besten.
- Die Zusammenarbeit zwischen Organisationen kann sehr leicht zusammenbrechen.
- Die Aufarbeitung der laufenden Krise in den Medien kann in Schuldzuweisungen abgleiten und die Mitarbeiter von ihren Aufgaben ablenken.

Diese und ähnliche Punkte sind längst bekannt. Jede Organisation ist gut beraten, derartige Schwachstellen selbstkritisch abzustellen, ohne auf eine existenzgefährdende Katastrophe zu warten.

11.8.2   Große Ereignisse managen

Große (Schadens-)Ereignisse sind zum Glück selten, sie gehören jedoch zu den Aufgaben staatlicher Einrichtungen: Feuerwehr, Polizei und Rettungsdienst müssen auch schwere Unglücksfälle professionell managen. „Normale" Einsätze werden von kleinen Teams bearbeitet: Ein Notarzt arbeitet allein, unterstützt von Sanitätern. Polizei und Feuerwehr sind es schon eher gewohnt, in Gruppen zusammen zu arbeiten – gerade für die Absicherung großer Veranstaltungen stellt die Polizei regelmäßig viel Personal ab. Für große Schadensfälle gibt es entsprechende Vorschriften, wie die Zusammenarbeit unterschiedlicher Organisationen vor Ort zu organisieren ist – für Deutschland sei die „Feuerwehr-Dienstvorschrift 100" (FwDV 100, [46]) exemplarisch genannt, in den USA gilt das „Incident Command System" [47] behördenübergreifend.

Derartige Führungssysteme beschreiben die Organisation, die zur Bewältigung eines Einsatzes zum Einsatz kommt. Die zugrundeliegenden Prinzipien sind dabei immer gleich, erlauben es der Organisation von ganz klein (z. B. der Hilfeleistung durch eine Person) bis ganz groß zu wachsen. Der Einsatz kann dabei planbar sein, beispielsweise der Staatsbesuch eines ausländischen Regierungschefs, oder sich als zufälliges Unglück ereignen. Charakteristisch ist für letztere, dass die Informationslage meist lückenhaft ist und sich der Charakter eines Einsatzes schnell ändern kann: Die Gefährdung durch Brände und Hochwasser kann sich schnell vergrößern, der technische und organisatorische Aufwand kann selbst für die Bewältigung „kleiner Ereignisse" enorm sein. Der konkrete Unglücksfall wird zudem in dieser Art einmalig sein – dieses Unglück ist an dieser Stelle noch nie aufgetreten, vermutlich mussten die zuständigen Kräfte vor Ort in diesem Umfang noch nie kooperieren. Ein gemeinsames Führungssystem, Ausbildung der Mitarbeiter und regelmäßige Übungen erlauben es dennoch, zügig vor Ort eine funktionierende Organisation zur Bewältigung des Einsatzes zu etablieren und immer wieder den sich ändernden Gegebenheiten anzupassen.

Diese Ideen greift der IT-Betrieb etwa mit seinen Notfallkonzepten auf (siehe Kap. 5.5). Im Störungsfall ist er gut beraten, den Vorschlägen üblicher Führungssysteme zu folgen: So rät z. B. die FwDV 100, „die Einsatzleitung personalmäßig klein zu halten, aber hochwertig zu besetzen" [46].

Eine Vorstellung von Großereignissen geben jedes Jahr die Waldbrände in den USA, von denen in den Sommermonaten gleichzeitig einige Hundert lodern [48]. Zum Teil werden die Brände unter schwierigen Bedingungen aggressiv bekämpft. Der Ressourceneinsatz ist gewaltig, so werden z. B. im Sommer 2015 zur Bekämpfung eines großes Feuer („Okanogan Complex" im Bundesstaat Washington) über 1200 Mann mit über 100 Feuerwehrfahrzeugen, 16 Bulldozern, 27 Tanklöschfahrzeugen und 4 Löschhubschraubern eingesetzt [49] – gut zwei Wochen nach dem Ausbruch des Feuers. Es ist daher nicht verwunderlich, wenn dieses Feuer einen eigenen Namen erhält, eine Webseite und einen Twitter-Newsstream hat. Angesichts der über 100 zerstörten Wohnhäuser hat die Einsatzleitung eigene Kräfte für die Pressearbeit und beispielsweise die Buchhaltung.

Beispiel

Einer der folgenschwersten Unglücksfälle in Deutschland war die ICE-Katastrophe von Eschede im Sommer 1998 ([50], auch im Weiteren). Gegen 11 Uhr entgleiste ein ICE auf der Fahrt von München nach Hamburg am Ortseingang von Eschede. Der dritte Wagen stellte sich quer und prallte nach etwa 300 m auf eine Brücke, die teilweise einstürzte. Die ersten drei Wagen konnten die Brücke noch passieren und kamen einige hundert Meter später schwer beschädigt zum Stehen, der Triebkopf entgleiste nicht und kam nach zwei Kilometern im Bahnhof von Eschede unbeschädigt zum Stehen. So nüchtern wird ein Unglück beschrieben, das mehr als hundert Menschen das Leben kostete und über hundert zum Teil Schwerstverletzte eingeklemmt zwischen den Trümmern zurückließ.

Die Alarmierung erfolgte drei Minuten nach dem Unglück, die Rettungsleitstelle wurde von der Polizei informiert: „Zug entgleist, mehrere Verletzte". Zu dem Zeitpunkt war die Leitstelle mit einem Mitarbeiter besetzt – ausreichend für die normalen Vorkommnisse im Landkreis Celle. Mit dem Meldebild schickte die Leitstelle praktisch alle vorhandenen medizinischen Kräfte des Landkreises los – fünf Rettungswagen, ein Notarztfahrzeug, drei Krankenwagen und zwei Rettungshubschrauber. Zurückgehalten wurden ein Kranken- und ein Rettungswagen, die jetzt den ganzen Landkreis versorgen mussten.

Mit dem Eintreffen des ersten Rettungswagens vor Ort ergab die nächste Lagemeldung ein drastisch verschlechtertes Lagebild: „Kompletter ICE verunglückt, völlig zerstört, Wagen ineinander verkeilt". Das Meldebild führte zu einem erheblich größeren Einsatz: Die Leitstelle löste Großalarm aus und zog Kräfte aller benachbarten Leitstellen an sich, zusätzlich wurden mit „Schnelle-Einsatz-Gruppen" weitere Hilfskräfte mobilisiert. Vor Ort begannen die Einsatzkräfte, eine Führungsstruktur für die schnell wachsende Organisation aufzubauen. Kurz nach Beginn der Rettungsarbeiten waren die Funkfrequenzen der Helfer überlastet, die Mobilfunknetze gestört, ein eigenes kabelbasiertes Kommunikationsnetz musste aufgebaut werden, Meldungen wurden von Menschen transportiert. Tatsächlich war die Lage durch den Aufprall auf die Brücke noch zusätzlich erschwert: Der Unglücksort wurde von der Brücke in zwei Regionen geteilt, zwischen denen keine Verbindung mehr bestand. Entsprechend reflektierte die Führungsorganisation diese örtliche Teilung.

Vier Stunden nach dem Unglück befanden sich aus medizinischer Sicht [50] über 400 Helfer mit etwa 80 Fahrzeugen (bis hin zu schweren Baumaschinen) vor Ort. 80 Ärzte und fast 40 Fluggeräte waren im Einsatz. Die Feuerwehr nannte in Summe 726 Personen mit 108 Fahrzeugen [51]. Der Einsatz wurde mit deutlich verkleinerter Mannschaft über Nacht fortgesetzt, die eingesetzten Kräfte arbeiteten in Zwölf-Stunden-Schichten. Der schnelle und große Ressourceneinsatz führte dazu, dass die medizinische Versorgung der Verletzten recht gut war – praktisch jeder Geborgene konnte individuell medizinisch betreut werden, auf eine Triage konnte verzichtet werden, der Weitertransport der Verletzten erfolgte weiträumig ohne einzelne Krankenhäuser zu überfordern.

Am Beispiel der ICE-Katastrophe von Eschede wird der Katastrophenschutz immer wieder diskutiert ([50] und dortige Verweise), denn die Reaktion auf das Unglück ist gut dokumentiert. Viel zu oft gilt leider auch bei der Aufarbeitung von Katastrophen, dass die Ursachen und die Reaktion für die Öffentlichkeit nicht transparent gemacht werden [52]. Positiv ist bei dem Unglück von Eschede vor allem der weitgehend erfolgreiche Einsatz, der im Detail bekannte Schwierigkeiten aufzeigt [50]:

- Das Lagebild ist anfangs unklar und kann sich schnell ändern.
- Selbst vor Ort ist die Lage unklar – viele Organisationen und Personen sind am Einsatzort.
- Die gewohnten Kommunikationswege brechen zuverlässig zusammen, die unterschiedlichen Organisationen verwenden zudem teilweise inkompatible Geräte.
- Die Funktion der Personen vor Ort ist teilweise unklar, es fehlt an eindeutigen Markierungen („Feuerwehr", „Polizei") – mehrmals vorhandene „Leitende Notärzte" wirken irritierend.
- Die medizinische Notfallrettung ist es nicht gewohnt, hierarchisch organisiert zu sein und lässt sich im strikt hierarchischen Führungssystem nur schwer führen.

Die Erkenntnisse aus Sicht der Feuerwehr fasst [51] prägnant zusammen:

[Die Rettung] forderte in einem bisher nicht gekannten Maße die Improvisation der mit der Schadenabwehr betrauten Einsatzkräfte. Der Einsatzerfolg konnte schließlich nur durch ein massives Aufgebot an äußerst motivierten Helfern und an umfangreichem, auch schwerem technischen Rettungsgeräten erreicht werden.

Beide Punkte – massives Aufgebot an motivierten Helfern und das schwere technische Rettungsgerät – lassen sich 1:1 auf den IT-Betrieb übertragen. Im Störungsfall benötigt die IT sowohl fachkundige, motivierte Mitarbeiter als auch passende technische Unterstützung[7]. Aus Führungssicht rekapituliert [53] die Grundsätze, die wesentlich zum Erfolg eines Einsatzes beitragen:

- Zuerst muss die Lage umfassend erkundet werden, bevor sie beurteilt wird und Entscheidungen zum weiteren Vorgehen fallen.
- Die Führungsstruktur ist strikt hierarchisch, die „Befehle" folgen dieser Hierarchie und müssen wohl durchdacht sein.
- Jeder muss die Führungsstruktur kennen und seinen eigenen Platz darin.

---

[7] etwa für das Wiederherstellen von Daten.

Diese Punkte sind im Zusammenhang mit IT-Störungen eine besondere Herausforderung. Die Lage lässt sich meist sehr schlecht beurteilen, schließlich sind IT-Services ein virtuelles Produkt. Fehlersuche und Fehlerlösung sind eine hochgradig kreative Tätigkeit ausgewiesener Fachleute – die sich häufig schlecht in eine starre und ungewohnte Hierarchie einfügen. Wer glaubt, dass IT-Störungen nicht in ähnliche organisatorische Größenordnungen münden können, sei an die über Tage gestörte Transaktionsverarbeitung der Royal Bank of Scotland erinnert (siehe Kap. 4.1).

11.8.3   Krisen stärken den Zusammenhalt

Nicht jede Krise ist zugleich auch eine Katastrophe. Für eine Organisation kann eine gemeinsam überwundene Krise sowohl ein definierendes Ereignis, als auch die Chance zur Veränderung sein. Zu diesem Schluss kommt eine Studie aus dem Jahr 2009, die ein Unglück im Eisenbahnmuseum von Baltimore und Ohio untersucht [54]. Ein Schneesturm brachte dort im Jahr 2003 – drei Monate vor den geplanten 175-Jahr-Feierlichkeiten – das Dach eines Lokschuppens zum Einsturz, ein großer Teil der Sammlung amerikanischer Eisenbahngegenstände ging unwiederbringlich verloren. Bis zur Wiedereröffnung vergingen gut 18 Monate, das Museum wandelte sich durch das Unglück in vielerlei Hinsicht:

- Die Ausstellungsfläche konnte vergrößert werden,
- moderne Museumskonzepte hielten Einzug,
- das „Silodenken" der Mitarbeiter war verschwunden.

Auslöser dieser Änderungen war ein Unglücksfall, für den die Organisation nicht vorbereitet war. In der Reaktion auf das Unglück gelang es der Organisation, vorhandene Schwächen zu erkennen und zu beseitigen, alte und zum Teil nicht-bewährte Prozesse abzustellen und das Selbstverständnis zu ändern[8].

Leider lässt sich für dieses positive Beispiel auch ein negatives Gegenstück finden. So argumentierte jedenfalls Karl E. Weick in seiner Beschreibung [55] des Chemieunglücks in Bhopal Anfang der 1980er Jahre. Anscheinend kippte die Stimmung der Mitarbeiter ins Negative, nachdem einige führenden Mitarbeiter das Chemiewerk verlassen hatten. Lange vor dem Unglück wurde die Stimmung im Werk so beschrieben[9]:

> Seit dem Weggang der Leute, die dem Werk seine Seele gaben – [...] – verschlechterte sich die Moral, die Disziplin ging verloren und am schlimmsten brach die Sicherheitskultur

---

[8] Besonders eindrucksvoll ist die neue Gemeinsamkeit, die an die Stelle der strikten Trennung zwischen Verwaltung und Konservatoren trat.

[9] Englisches Original (in [55] zitiert): *„Ever since the departure of the men who had given it its soul – Woomer, Dutta, Pareek, Ballal – morale had plummeted, discipline had lapsed, and worst of all, the safety culture had gone out the window. [...] As a result, plant workers preferred card games in the site canteen to tours of inspection around the dormant volcano"*.

zusammen. […] In der Folge zogen die Arbeiter Kartenspiele in der Kantine den Inspektions-
runden entlang des schlafenden Vulkans vor.

Eine Vielzahl kleiner Nachlässigkeiten mündet anscheinend in der Katastrophe: Schutz-
kleidung wurde ignoriert, es fehlten unangekündigte Audits, Messinstrumente waren seit
Monaten kaputt, das Training hatte wenig mit der Realität zu tun, die Bedienmannschaft
war verkleinert und reorganisiert worden. Die verbleibende Mannschaft konnte somit keine korrekte Lagebeurteilung des Chemiewerks mehr erstellen. Vor diesem Hintergrund
fiel es dem Personal schwer zu glauben, dass in einem sechs Wochen vorher stillgelegten
Teil der Fabrik plötzlich eine folgenschwere chemische Reaktion ablief. Erst die Explosion eines Tanks überzeugte sie vom Gegenteil.

11.9   Distributed Cognition/Distributed Sense Making

Die Reaktion eines Unternehmens auf ein Ereignis hängt entscheidend davon ab, wie die
Mitarbeiter das Ereignis und die vorhandenen Informationen *gemeinsam* interpretieren –
kein Einzelner ist in der Lage, die Organisation, die eingesetzte Technik und die realen
Prozesse zu überblicken. Erst das Zusammenspiel vieler Individuen erlaubt den „verteilten Erkenntnisgewinn", die gemeinsame Interpretation eines Ereignisses und die Auswahl
der passenden Reaktion (siehe das Beispiel des West-Nile-Virus in Kap. 8.3.7).

Die IT-Organisation befindet sich in dieser Hinsicht in einer Schlüsselposition: Hier
treffen die technischen Systeme mit den Prozessen und Anforderungen der Endanwender zusammen. Sowohl für Innovationen als auch im Fehlerfall muss die IT-Organisation
einen gemeinsamen Lösungsvorschlag ermöglichen. Ganz bewusst soll die IT-Organisation vor allem eine Lösung *ermöglichen*. Für die Ausarbeitung kann das Unternehmen
unterschiedliche Schwerpunkte setzen – in den Fachbereichen, durch die IT-Organisation
oder durch externe Dienstleister – wesentlich bleibt die gemeinsame Lösungsfindung.

Angesichts der technischen und organisatorischen Komplexität in den Unternehmen
handelt es sich dabei um eine große Herausforderung. Sie erfordert vor allem ein gutes, anwendbares Wissen über die realen Zusammenhänge. Allzu oft liegt dieses Wissen
nur teilweise vor – erfahrene Mitarbeiter haben sich mit der Zeit ein praktikables Modell
der Zusammenhänge erarbeitet – im Zweifelsfall müssen die Zusammenhänge und Ursachen kurzfristig gemeinsam erarbeitet werden. Erfolg und Misserfolg können dabei über
die Zukunft des Unternehmens entscheiden: Als positives Beispiel ist hier das „andere"
Kernkraftwerk in Fukushima zu nennen ([56], auch im Weiteren). Etwa zehn Kilome-
ter entfernt von den verunglückten Reaktoren des Kraftwerks Fukushima Daiichi erfuhr
das Kernkraftwerk Fukushima Daini mit vier Reaktorblöcken das gleiche Schicksal: Dem
Erdbeben der Stärke 9.0 folgte ein Tsunami, der die Auslegung der Anlage um den Faktor
drei überschritt.

Nach dem Erdbeben schalteten sich die Reaktoren ab und mussten weiterhin gekühlt
werden. Der Kraftwerksleiter ließ die Anlage evakuieren, alle Mitarbeiter versammelten
sich im höher gelegenen „emergency response center". Zunächst waren die Mitarbeiter

zuversichtlich, die Anlage geregelt herunterkühlen zu können – bis kurz nach dem Erdbeben die erste Tsunami-Warnung eintraf. Laut Vorhersage sollte der Tsunami die Schutzwände nicht überschreiten, dennoch entsandte der Kraftwerksleiter einige Mitarbeiter, die Ausschau nach der heranrollenden Welle halten sollten. Binnen weniger Minuten verschlechterte sich die Lage dramatisch: Die Warnungen sprachen von einer deutlich höheren Welle, die die Schutzwände auf jeden Fall überschreiten würde – voraussichtlich um mindestens fünf Meter. Bei dieser Höhe war die Anlage akut gefährdet. Kühlpumpen und Notstromaggregate waren zum Teil nur wenige Meter über dem Boden installiert und wurden durch den Tsunami zerstört. Eine knappe Stunde nach dem Erdbeben war selbst das „emergency response center" ohne Strom, die Lage war unklar. Drei der vier Reaktorblöcke waren ohne Strom und Kühlung, die Mannschaft hatte keine Informationen über die Zerstörungen, Nachbeben waren häufig und weiterhin sehr stark.

In dieser – extremen – Situation mussten die Mitarbeiter sich selbst ein Bild der Anlage erarbeiten, Prioritäten festlegen und einen Plan für das weitere Vorgehen entwerfen. Tückisch daran war, dass das vorhandene Wissen und die eigene Erfahrung teilweise nicht mehr anwendbar waren: In weiten Teilen war die Anlage zerstört, Material war nicht mehr brauchbar, Werkzeuge und externe Hilfe waren kaum verfügbar. Gemeinsam galt es, die Herausforderungen zu meistern[10] – wobei immer wieder überraschende Wendungen notwendig wurden. Für das Kernkraftwerk Fukushima Daini konnte ein glimpfliches Ergebnis erreicht werden.

Zum Glück ist die Tragweite der Entscheidungen im IT-Betrieb meistens nicht annähernd vergleichbar. Die Aufgabe ist jedoch die gleiche: Die Deutung (Englisch „sense making", popularisiert durch Karl E. Weick in den 1980er Jahren) vorgefundener Situationen gemeinsam innerhalb einer Organisation. Die Art und Weise dieser „Sinngebung" bestimmt über den Erfolg oder Misserfolg – als Negativbeispiel ist das „Mann Gulch" Feuer im Jahr 1949 bekannt geworden, bei dem mehrere Fehleinschätzungen letztlich zum Tod von 13 Feuerwehrleuten führten [57, 58].

11.10 Management Summary

Der IT-Betrieb ist innerhalb eines Unternehmens zunehmend an einer besonders exponierten Stelle: Jede Innovation oder Verbesserung benötigt heute eine IT-Unterstützung. Die Digitalisierung der Produkte und Prozesse führt dazu, dass die IT-Organisation die zentrale Anlaufstelle ist, an der firmenweite Diskussionen zusammenlaufen und in konkret umsetzbare IT- Maßnahmen münden. Der tatsächliche Wertbeitrag des IT-Betriebs – Innovationen ermöglichen, Qualität und Kosten zu beherrschen – wird damit um einen wesentlichen dritten Beitrag ergänzt: Das Erkennen und Beherrschen firmenweiter Aufgaben.

---

[10] Als Beispiel nennt der Artikel das Verlegen schwerer Kabel vom verbleibenden Notstromaggregat zu den drei stromlosen Reaktoren binnen eines Tages ohne schwere Maschinen. Unter normalen Umständen wären 20 Mann mit schweren Maschinen einen Monat damit beschäftigt gewesen.

Griffig wird dies in einer Aussage des amerikanischen Computerwissenschaftler Richard W. Hamming aus dem Jahr 1986 zusammengefasst[11]:

Wenn Sie hervorragende Arbeit abliefern wollen, müssen Sie natürlich an wichtigen Problemen arbeiten – und sie sollten eine Idee haben.

Literatur

1. J.L. McKenney, R.O. Mason, D.G. Copeland, Bank of America: The crest and trough of technological leadership. MIS Q. **21**(3), 321–353 (1997). ISSN: 0276-7783. doi:10.2307/249500
2. D.L. Stearns, *Electronic Value Exchange: Origins of the VISA Electronic Payment System.* (Springer, London, 2011). ISBN: 978-1-84996-139-4. doi:10.1007/978-1-84996-139-4
3. N. Carr, IT doesn't matter. Harv. Bus. Rev. **81**(5), 41–49 (2003). ISSN: 0017-8012
4. A. Saunders, E. Brynjolfsson, Valuing IT-related intangible assets. MIS Q. (forthcoming). ISSN: 0276-7783. doi:10.2139/ssrn.2344949
5. S. Aral, P. Weill, IT assets, organizational capabilities, and firm performance: How resource allocations and organizational differences explain performance variation. Organ. Sci. **18**(5), 763–780 (2007). doi:10.1287/orsc.1070.0306
6. D.F. Feeny, L.P. Willcocks, Core IS capabilities for exploiting information technology. Sloan Manage. Rev. **39**(3), 9–21 (1998). ISSN: 1532-9194
7. P. Reynolds, L. Willcocks, *Information Systems Outsourcing: Enduring Themes, Global Challenges, and Process Opportunities*, Hrsg. R. Hirschheim, A. Heinzl, J. Dibbern. Building and integrating core IT capabilities in alignment with the business: Lessons from the Commonwealth Bank 1997–2007 (Springer, Heidelberg, 2009), S. 77–103. ISBN: 978-3-540-88851-2. doi:10.1007/978-3-540-88851-2_4
8. L.P. Willcocks, D. Feeny, IT outsourcing and core IS capabilities: Challenges and lessons at Dupont. Inf. Syst. Manage. **23**(1), 49–56 (2006). doi:10.1201/1078.10580530/45769.23.1.2006 1201/91772.6
9. M.R. Weeks, D. Feeny, Outsourcing: From cost management to innovation and business value. Calif. Manage. Rev. **50**(4), 127–146 (2008). doi:10.2307/41166459
10. R.L. Ackoff, Levels of corporate development. Syst. Pract. **1**(2), 133–136 (1988). ISSN: 0894-9859. doi:10.1007/BF01059854
11. S. Kunisch, G. Müller-Stevens, A. Campbell, Why corporate functions stumble. Harv. Bus. Rev. **92**(12), 110–117 (2014). ISSN: 0017-8012
12. F. Paul, Is enterprise IT more difficult to manage now than ever? (Network World, 2014), http://www.networkworld.com/article/2859157/careers/is-enterprise-it-more-difficult-to-manage-now-than-ever.html. Zugegriffen: 17. Dez. 2014
13. S.J. Andriole, Who owns IT? Commun. ACM. **58**(3), 50–57 (2015). doi:10.1145/2660765
14. B. Boehm, in *A view of 20th and 21st century software engineering.* Proceedings of the 28th international conference on Software engineering (ACM, 2006), S. 12–29. doi:10.1145/1134285.1134288

---

[11] Englisches Original aus einer Mitschrift einer Rede „You and Your Research" an der Naval Postgraduate School in Monterey [59]: *„If you want to do great work, you clearly must work on important problems, and you should have an idea."*

15. B. Boehm, Some future trends and implications for systems and software engineering processes. Syst. Eng. **9**(1), 1–19 (2006). doi:10.1002/sys.20044

16. M. Hammer, J. Champy, *Reengineering the Corporation* (HaperCollins, New York, 2001). ISBN: 978-0060559533

17. M.E. Porter, What is strategy? Harv. Bus. Rev. **74**(4), 61–78 (1996). ISSN: 0017-8012

18. T. Catlin, J. Scanlan, P. Willmott, Raising your digital quotient. McKinsey Q. **3**, 30–43 (2015). ISSN: 0047-5394

19. R.M. Solow, We'd better watch out. N. Y. Times **Jul. 12**, 36 (1987). ISSN: 0362-4331

20. R.L. Ackoff, J. Pourdehnad, The irresponsibility and ineffectiveness of downsizing. Syst. Pract. **10**(1), 5–11 (1997). ISSN: 0894-9859. doi:10.1007/BF02557848

21. M. Naedele, R. Kazman, Y. Cai, Making the case for a „Manufacturing Execution System" for software development. Commun. ACM. **57**(12), 33–36 (2014). ISSN: 0001-0782. doi:10.1145/2629458

22. M.E. Porter, *Competitive Advantage: Creating and Sustaining Superior Performance* (Simon and Schuster, New York, 1985). ISBN: 0-7432-6087-2

23. P. Andén, C. Gnanasambandam, T. Strålin, The perils of ignoring software development. McKinsey Q. **4**, 8–11 (2014). ISSN: 0047-5394

24. J.C. Henderson, N. Venkatraman, Strategic alignment: Leveraging information technology for transforming organizations. IBM Syst. J. **32**(1), 4–16 (1993). ISSN: 0018-8670

25. F. Flores, M. Graves, B. Hartfield, T. Winograd, Computer systems and the design of organizational interaction. ACM Trans. Inf. Syst. **6**(2), 153–172 (1988). ISSN: 1046-8188. doi:10.1145/45941.45943

26. E. Clemons, M. Row, in *McKesson drug company – A case study of economost: A strategic information system*. Proceedings of the Twenty-First Annual Hawaii International Conference on System Sciences, Applications Track, Bd. 4 (1988), S. 141–149. doi:10.1109/HICSS.1988.11973

27. J.M. Breen, Who are manning the new computers? Comput. Autom. **4**(10) (1955)

28. M. Zetlin, How to balance maintenance and IT innovation.(Computerworld, 2013), http://www.computerworld.com/article/2486278/it-management/how-to-balance-maintenance-and-it-innovation.html. Zugegriffen: 22. Okt. 2013

29. J.W. Forrester, The beginning of system dynamics. McKinsey Q. **4**, 4–16 (1995). ISSN: 0047-5394

30. G. Liebens, Gartner insights on sourcing trends and directions. (Gartner Consulting, 2014), http://www.gse.org/Portals/2/docs/Belgium/C10%20-%20Gartner%20insights%20on%20sourcing%20trends%20and%20directions.pdf. Zugegriffen: 17. Apr. 2015

31. H. Sackman, in *Planning Information Utilities for Community Excellence*, Hrsg. P. Schmitz. GI-BIFOA Internationale Fachtagung: Informationszentren in Wirtschaft und Verwaltung, ser. Lecture Notes in Computer Science, Bd. 9 (Springer, Köln, 1974), S. 20–53. ISBN: 978-3-540-06703-0. doi:10.1007/BFb0019334

32. R. Chen, K.L. Kraemer, P. Sharma, Google: Das weltweit erste „Information Utility"? Wirtschaftsinformatik **51**(1), 61–71 (2009). ISSN: 1861-8936. doi:10.1007/s11576-008-0116-z

33. F.J. Brooks, No silver bullet: Essence and accidents of software engineering. IEEE Soft. **20**(4), 10–19 (1987). ISSN: 0018-9162. doi:10.1109/MC.1987.1663532

34. J.L. Pressmann, A. Wildavsky, *Implementation: How Great Expectations in Washington are Dashed in Oakland*, Dritte Aufl. (University of California Press, Berkeley, 1984). ISBN: 0-520-05331-1

35. A. Graham, Pressman/Wildavsky and Bardach: Implementation in the public sector, past, present and future. Can. Public Adm. **48**(2), 268–273 (2005). ISSN: 1754-7121. doi:10.1111/j.1754-7121.2005.tb02191.x

36. D.W. Hoffmann, *Software-Qualität*, Zweite Aufl. (Springer, Berlin, 2013). ISBN: 978-3-642-35700-8. doi:10.1007/978-3-642-35700-8

37. S. Smiles, *Lives of Boulton and Watt* (John Murray, London, 1865)

38. J.G. Burke, Bursting boilers and the federal power. Tech. Cult. **7**(1), 1–23 (1966). doi:10.2307/3101598

39. N. Leveson, High-pressure steam engines and computer software. Computer **27**(10), 65–73 (1994). ISSN: 0018-9162. doi:10.1109/2.318597

40. S. Lilley, Critical software: Good design built right. NASA Syst. Fail. Case Stud. **6**(2), 1–5 (2012)

41. J.U. Hagen, *Fatale Fehler* (Springer, Heidelberg, 2013). ISBN: 978-3-642-38944-3. doi:10.1007/978-3-642-38944-3

42. Deutscher Bundestag, Antwort der Bundesregierung auf die Kleine Anfrage der Abgeordneten Dr. Thomas Gambke, Britta Haßelmann, Lisa Paus, weiterer Abgeordneter: Maßnahmen gegen den Betrug mit manipulierten Kassensystem, Drucksache 18/4660, 18. Wahlperiode, 2015

43. International Atomic Energy Agency, *Defence in Depth in Nuclear Safety, ser. INSAG* (International Atomic Energy Agency, Vienna, 1996). ISBN: 92-0-103295-1

44. J. Ahn, C. Carson, M. Jensen, K. Juraku, S. Nagasaki, S. Tanaka (Hrsg.), *Reflections on the Fukushima Daiichi Nuclear Accident: Toward Social-Scientific Literacy and Engineering Resilience* (Springer, Switzerland, 2014). ISBN: 978-3-319-12090-4. doi:10.1007/978-3-319-12090-4

45. P. 't Hart, After Fukushima: Reflections on risk and institutional learning in an era of mega-crises. Public Adm. **91**(1), 101–113 (2013). ISSN: 1467-9299. doi:10.1111/padm.12021

46. Führung und Leitung im Einsatz: Führungssystem, Ausschuß Feuerwehrangelegenheiten, Katastrophenschutz und zivile Verteidigung (AFKzV), (2015). http://www.bbk.bund.de/DE/Service/Fachinformationsstelle/RechtundVorschriften/VorschriftenundRichtlinien/VolltextFwDv/FwDV-volltext_einstieg.html. Zugegriffen: 2. Sept. 2015

47. G.A. Bigley, K.H. Roberts, The incident command system: high-reliability organizing for complex and volatile task environments. Acad. Manage. J. **44**(6), 1281–1299 (2001). ISSN: 0001-4273. doi:10.2307/3069401

48. National Interagency Coordination Center, Incident management situation report: Wednesday, September 2, 2015 – 0530 MT (2015), https://www.nifc.gov/nicc/sitreprt.pdf. Zugegriffen: 2. Sept. 2015

49. InciWeb, Okanogan Complex news release (2015), http://inciweb.nwcg.gov/incident/article/4534/28897/. Zugegriffen: 2. Sept. 2015

50. E. Hüls, H.-J. Oestern, Die ICE-Katastrophe von Eschede. Notf. Rettungsmedizin **2**(6), 327–336 (1999). ISSN: 1434-6222. doi:10.1007/s100490050154

51. C. Lange, Technische Rettung. Notf. Rettungsmedizin **2**(6), 337–342 (1999). ISSN: 1434-6222. doi:10.1007/s100490050155

52. H.-J. Oestern, E. Hüls, Frühere Katastrophen im Vergleich zu Eschede. Notf. Rettungsmedizin **2**(6), 349–352 (1999). ISSN: 1434-6222. doi:10.1007/s100490050157

53. H.R. Paschen, H. Moecke, Führungsstrukturen bei einem medizinischen Großschadensereignis. Notf. Rettungsmedizin **2**(6), 359–361 (1999), ISSN: 1434-6222. doi:10.1007/s100490050159

54. M.K. Christianson, M.T. Farkas, K.M. Sutcliffe, K.E. Weick, Learning through rare events: Significant interruptions at the Baltimore & Ohio Railroad Museum. Organ. Sci. **20**(5), 846–860 (2009). ISSN: 1047-7039. doi:10.1287/orsc.1080.0389

55. K.E. Weick, Reflections on enacted sensemaking in the Bhopal disaster. J. Manag. Stud. **47**(3), 537–550 (2010). doi:10.1111/j.1467–6486.2010.00900.x

56. R. Gulati, C. Casto, C. Krontiris, How the other Fukushima plant survived. Harv. Bus. Rev. **92**(7/8), 111–115 (2014). ISSN: 0017-8012

57. K.E. Weick, The collapse of sensemaking in organizations: The Mann Gulch disaster. Adm. Sci. Q. 38(4), 628–652 (1993). ISSN: 0001-8392. doi:10.2307/2393339

58. K.E. Weick, Prepare your organizations to fight fires. Harv. Bus. Rev. **74**, 143–148 (1996). ISSN: 0017-8012

59. R.W. Hamming, You and your research, Jul. 1986. http://calhoun.nps.edu/handle/10945/37504. Zugegriffen: 28. Aug. 2015

Teil IV
Das Werkzeug des IT-Betriebs

So wie ein Kerngeschäftsprozess Arbeitsmittel und Werkzeuge benötigt, so werden auch für die Arbeiten und Aufgaben im IT-Betrieb solche Hilfsmittel benötigt und verwendet. In den vorangegangenen Kapiteln wurden diese Hilfsmittel als selbstverständlich vorausgesetzt.

Die Hilfsmittel reichen von ausgereiften und firmenweiten IT-Lösungen (wie beispielsweise einem Workflow-gestützten Change-Management-Tool), siehe Abschn. 12.1, über Tabellenwerkzeuge (Abschn. 12.6) bis hin zu Kugelschreiber und Papier (Abschn. 12.7). Diese Tools werden komplettiert durch Formulare (die auch in die IT-Tools integriert sein können) – Abschn. 12.2.

Ein interessantes und schwieriges Feld ist das „Knowledge Management" (Abschn. 12.3). Hier sind weniger technische Hilfsmittel und Lösungen gemeint als vielmehr die Verankerung einer Wissenskultur in den Köpfen der Manager und Mitarbeiter. Nur ein genutztes Wissensmanagement kann funktionieren – unabhängig von der gewählten technischen Unterstützung.

Ein weitverbreitetes, aber häufig nicht sachgerecht eingesetztes Werkzeug in der täglichen Arbeit sind Besprechungen (siehe beispielsweise [1], dort mit Schwerpunkt auf der „Sitzung"). Hier gibt es einige wenige Regeln zu beachten (Abschn. 12.5), die aber wichtig für Effizienz und Effektivität von Besprechungen sind – sei es nun in einer Sitzung oder in einer Telefon- bzw. Videokonferenz. Ein wesentliches Hilfsmittel im Rahmen des Werkzeugs „Besprechung" ist das Protokoll (Abschn. 12.4).

Hier gilt, wie auch schon vorher: Wir wollen keine größtmögliche Abdeckung erzielen. Insbesondere geben wir keinen Überblick über Funktionalität von bestimmten IT-Tools, geschweige denn eine Bewertung. Mit dem Thema „Tools im IT-Betrieb" könnte man mehrere Bücher füllen – die dann auch sehr schnell veraltet wären. Es geht uns vielmehr darum, einen pointierten Überblick über die üblichsten Herausforderungen zu geben. Wir

© Springer-Verlag Berlin Heidelberg 2016
B. Pfitzinger, T. Jestädt, *IT-Betrieb,* Xpert.press, DOI 10.1007/978-3-642-45193-5_12

sind insbesondere bei der Sitzung und beim Protokoll etwas ausführlicher. Das liegt daran, dass diese beiden Mittel so weit verbreitet sind – oft aber nicht effektiv eingesetzt werden.

Exemplarisch haben wir einige Vorlagen abgebildet. Diese können für eigene Zwecke angepasst werden.

12.1 Betriebseigene Tools

Ein IT-Betrieb nutzt eine Reihe von IT-Tools – manche sind sehr technisch orientiert (wie die zur Paketierung von Software), manche dienen schwerpunktmäßig einer Prozessunterstützung, bilden also Workflows ab.

Wo die Werkzeuge der Fachbereiche von den Tools des IT-Betriebes abhängen, müssen die IT-Betriebstools eine *gleiche*, wenn nicht gar *höhere* Flexibilität haben, als die der Kerngeschäftsprozesse. Das bedeutet für den IT-Betrieb: Die Werkzeuge müssen adäquat sein und sie müssen flexibel veränderbar sein. Es gibt manchmal die Überzeugung, dass IT-Betriebstools nicht die sonst üblichen Phasen des Softwarezyklus durchlaufen müssen. Das ist nicht richtig: Der „Schuster" IT-Betrieb darf nicht die schlechtesten Schuhe haben. Die Betriebstools müssen in einer (integrierten) Betriebsarchitektur gut entworfen und getestet sein. Das bedeutet aber nicht, dass sie gleichen Releasezyklen und Änderungsfrequenzen wie die Geschäfts-Tools unterliegen. Es ist im Gegenteil sehr sinnvoll, andere Zyklen und Daten für die Aktualisierungen der IT-Betriebs-Tools vorzusehen – schon alleine deswegen, weil sie während der Aktualisierung der Geschäfts-Tools zuverlässig und ununterbrochen benötigt werden.

Wir folgen bei der Einordnung der IT-Tools im Großen und Ganzen der älteren Sortierung von [2] und erweitern diese. Für die beschriebenen Tools selber nutzen wir u. a. eine Auswahl aus den Hype-Zyklus (siehe auch Kap. 8, insbesondere Abb. 8.3) für IT Operations Management von Gartner [3, 4]. Man muss den Werkzeugen und Trends, die in *Hype*-Zyklen zu finden sind, mit Vorsicht begegnen – die Bezeichnung wurde nicht umsonst so gewählt. Manches taucht im Wirkbetrieb niemals mehr aus dem „Tal der Enttäuschungen" wieder auf. Durch eine vorsichtige Selektion unter den von Gartner vorgestellten Techniken versuchen wir diesem Vorbehalt zu begegnen.

12.1.1 Monitoring-Systeme

Monitoring ist unverzichtbar, um einen zuverlässigen IT-Service auf hohem Niveau erbringen zu können (siehe Kap. 7.4.1) – es ist das Brot-und-Butter-Geschäft eines IT-Betriebes. Monitoring-Systeme sammeln laufend Daten über den Zustand von IT-Systemen und IT-Services. Die Zustandsinformationen können verschiedene Quellen haben. Sie kommen

- direkt aus physikalischen oder hardwarenahen Monitoren in Systemen. Beispiele hierzu wären die Temperatur in einem Serverraum oder der Zustand und Füllstand einer Festplatte.
- aus Informationen, die von Betriebssystemen, Standardsoftware oder Applikationen geschrieben werden. Es ist durchaus üblich, Monitoring-Informationen aus Logfiles zu extrahieren, die von Applikationen geschrieben werden (siehe Band B, Kap. 9 aus [5] und Kap. 7.4.1.).
- aus Überwachung von Ende-zu-Ende-Situationen des IT-Service. Dies kann beispielsweise ein automatisierter Agent sein, der auf einer Webseite regelmäßig die Antwortzeiten misst oder die Messung von Profilen von Nutzertransaktionen. Charakteristisch dabei ist, dass versucht wird, die *Kundensicht* auf den IT-Service einzunehmen und zu messen.

Eingang in ein Monitoring-System finden Monitoring-Informationen aus den zu überwachenden IT-Systemen. Bei einem **passiven Monitoring** löst die überwachte Komponente einen Event (Alarm oder Benachrichtigung) aus, wenn es *Auffälligkeiten* gibt. Bei einem **aktiven Monitoring** wird hingegen die überwachte Komponente regelmäßig automatisch überprüft, um ihren Zustand zu ermitteln – hier liegen also nicht nur Informationen vor, wenn es Auffälligkeiten gibt, sondern auch dann, wenn keine Auffälligkeiten vorliegen. Eine der Anforderung an ein Monitoring-System ist, dass es mit Daten in verschiedenen Strukturen von verschiedenen Anbietern und mit verschiedenen Techniken umgehen kann.

Mit dem Monitoring ist der Prozess Event Management eng verbunden: Ein Monitoring-System wird die eingehenden Events weiterverarbeiten – insbesondere korrelieren – und bei einer festgestellten Bedrohung des IT-Service daraus Alarmmeldungen mit möglichem Eingang in das Incident-Management generieren. Dies muss weitgehend in Echtzeit erfolgen.

Solche Monitoring-Systeme (bei Gartner als *IT Event Correlation and Analysis Tools* und *Application Performance Monitoring* geführt) sind typischerweise in einem IT-Betrieb gewachsen und manchmal komplex. Ablösungen, Migrationen oder Aktualisierungen können Schmerzen bereiten.

12.1.2 Analyse-Systeme

Analyse-Systeme erlauben einem IT-Betrieb festgestellte Incidents, mehr aber noch Problems, zu analysieren. Solche Analysesysteme sammeln – auf einen Trigger hin oder standardisiert für einen gewissen Zeitraum – Daten, die bei Analysen von Problems nützlich sein können und stellen sie für eine Auswertung zur Verfügung. Ein Analysesystem arbeitet typischerweise mit Daten, die nicht in Echtzeit vorliegen.

Die Definition der Daten ist eine der interessanteren Aufgaben in einem IT-Betrieb:

- Welche Daten können nützlich sein?
- Auf welche Art sollen sie zur Verfügung gestellt werden?
- Sind datenschutzrelevante Datensätze enthalten?
- Wer darf darauf zugreifen und in welchem Fall?
- Wie wird man die Daten wieder los?

Dies sind nur einige der wichtigsten Fragen.

12.1.3 Wiederkehrende Arbeit: Job Scheduling Tools und Process Automation Tools

Job Scheduling Tools (auch Workload Automation Tools oder Jobketten) sind für den Endanwender eher wenig sichtbare Tools im IT-Betrieb. Damit sind Tools gemeint, mit denen man bestimmte Arbeiten nach Regeln plant, sie steuert, ausführt und überwacht. Die Regeln können zeitlicher Art sein, es kann sich aber auch um inhaltliche Auslöser handeln. Die Arbeiten können Ausführungen von verschiedenen Programmen, Programmteilen oder Modulen sein. Insbesondere bei der Massendatenverarbeitung und Aufbereitung für Endnutzer-Rechnungen können solche Tools wichtig sein. Diese Tools reichen von eher simplen Skripten (die ein IT-Betrieb selber erstellt hat) bis hin zu Regelengines, die komplexe Tasks nacheinander durchführen und überwachen. Die erstgenannten müssen dokumentiert und gepflegt werden, die letzteren können durchaus erhebliche Komplexität in einen IT-Betrieb einführen. Staging über verschiedene Testumgebungen sowie ausführliche Tests sind nichts Ungewöhnliches für solche Tools.

Process Automations Tools fokussieren darauf, Prozessabläufe abzubilden, die vorher vielleicht in Skripten oder in heterogenen IT-Werkzeugen abgebildet waren.

12.1.4 Housekeeping, Backup & Recovery

Eng verwandt mit dem Job Scheduling aus dem vorherigen Abschn. 12.1.3 ist der des IT-Housekeeping. Hierbei werden regelmäßig Computer und IT-Systeme von überflüssigem Ballast befreit. Dies kann die Beendigung von Routinen sein, die nicht mehr benötigt werden (sich jedoch nicht selber beenden), das Freimachen von Arbeitsspeicher, Löschen von temporären Dateien und Verzeichnissen, Aufräumen von Logfiles, das Löschen von datenschutzrelevanten Datensätzen oder Defragmentierungen von Festplatten.

Zu dem Thema Backup & Restore (der Backup & Recovery) verweisen wir auf Kap. 7.4.1.

12.1.5   Verwaltung von Nutzern und Zugängen, Incident Management

Die Nutzerverwaltung sowie die Behandlung von Incidents und Mobile Devices stehen im Fokus dieser Kategorie.

Nutzerverwaltung
Die Verwaltung von Nutzern, Berechtigungen, Rollen und Zugängen (siehe auch Kap. 5.7) wird durch entsprechende Tools unterstützt. Ab einer bestimmten Firmengröße und einer bestimmten Fluktuationsgröße ist dies sogar für eine zufriedenstellend schnelle und zuverlässige Zuweisung (und den Entzug) von Nutzerberechtigungen unerlässlich. Eine Integration in die Geschäftsanwendungen ist dann erforderlich. „Single Sign On" und weitergehende Zugangskonzepte benötigen ebenfalls integrierte Nutzerverwaltungen.

Eines der Top-Themen bei vielen User Help Desks sind denn auch Anrufe zu vergessenen Passwörtern und zu deren Rücksetzung. Auch bei solchen Service Requests unterstützen die Nutzerverwaltungs-Werkzeuge.

User Help Desk Tools
Der User Help Desk (manchmal auch als IT Service Desk bezeichnet) benutzt für seine Aufgaben der direkten Kundenkommunikation eine Reihe von Software-Werkzeugen. Seine Arbeit ist selbst bei kleineren Unternehmen nicht ohne diese Werkzeuge vernünftig durchführbar.

Einige der Werkzeuge haben wir schon genannt: eine Nutzerverwaltung, eine Workflowsteuerung für das Incident-Management und das Service Request Management (siehe auch Kap. 8.3.5). Darüber hinaus geht das technische Handling der Telefonanrufe (also zum Beispiel Automatic Call Distribution, Computer Telephony Integration) und der per Email oder Weboberfläche gestellten Anfragen. Zu nennen sind auch diagnostische Werkzeuge wie ein gepflegter Entscheidungsbaum zu möglichen Incidents, eine Known Error Database sowie eine Bildschirmaufschaltung beim Nutzer.

Mobile Device Management
Mobile Device Management (MDM) Werkzeuge erlauben die Verwaltung und Verteilung von Software auf Mobile Endgeräte, ein Sicherheitsmanagement auf diesen Geräten. Zusätzlich können Policies und das Inventar auf den Geräten verwaltet werden. Diese Aufgaben überschneiden sich ein wenig mit denen im nachfolgenden Abschn. 12.1.6 – das liegt natürlich an der querschnittartigen Abbildung der Aufgaben eines MDM.

12.1.6   Unterstützung von Rollouts und Configuration Management

Für die Unterstützung von Rollout-Aktivitäten gibt es eine Reihe von Werkzeugen – viele sind auf eine bestimmte Technik der Zielplattform zugeschnitten.

Paketierungswerkzeuge

Um Softwareinstallationen auf einem oder insbesondere vielen Rechnern (wie beispiels-weise Anwender-PCs) zu automatisieren, ist üblicherweise eine Paketierung der Software nötig (siehe auch Kap. 8.3.15). Diese ermöglicht eine Softwareverteilung über ein entspre-chendes Werkzeug. Dabei wird sichergestellt, dass eine Software auf immer die gleiche Art installiert (und ggf. wieder de-installiert) wird.

Softwarepakete werden üblicherweise nach Integrations- und Systemtests erstellt. Die Softwarepakete selber (also deren Installation und Deinstallation) müssen nach der Pake-tierung auch wieder überprüft – sprich: getestet – werden.

Softwareverteilung und Application Release Automation

Softwareverteilungstools und etwas neuer Werkzeuge zur „Application Release Automa-tion" erlauben die Verteilung von (beispielsweise paketierter) Software auf verschiedene Zielsysteme – und dies in einem Softwareerstellungsprozess möglicherweise phasenüber-greifend. Je nach Ausprägung sind Workflows abgebildet und werden insbesondere viele kleinere Softwareänderungen in schneller Abfolge unterstützt.

CMDB

Die Configuration Management Database (CMDB) (siehe auch Kap. 8.3.10) ist ein Ver-zeichnis bzw. eine Datenbank aller relevanten IT-Komponenten und deren Beziehungen untereinander. Sie bildet den Soll-Stand der IT-Konfigurationen (die Configuration Items, CIs) und ist historisiert. Sie beinhaltet nicht nur Informationen über Software, deren Ver-sionen und Konfigurationen, sondern ebenfalls über Hardware, Netzwerke, Kommunika-tionsbeziehungen und Schnittstellen sowie weitere IT-relevante Informationen (wie bei-spielsweise SLA-Vereinbarungen) und die eigentlichen IT-Services.

Manchmal gibt es Unklarheit darüber, was alles in eine CMDB aufgenommen wer-den soll und auf was verzichtet werden kann. Die einfache Antwort ergibt sich aus dem Change Management und dem Incident Management: Wenn es geändert werden kann oder Incidents auslösen kann, dann gehört es auch in die CMDB. Insbesondere das Change Management bedient sich also der CMDB. Wenn es Änderungen an IT-Services geben soll, wird das zu ändernde Configuration Item benannt. Praktisch bedeutet dies, dass viele Change Management-Werkzeuge eine integrierte CMDB mitliefern.

Eine CMDB kann man sich als eine (große) Datenbank für die IT vorstellen. Es ist zwar vorteilhaft, wenn es eine einheitliche Datenbank ist, aber es gibt keine Vorschrift, die dies fordert. Wenn es sinnvoll ist, spricht also nichts dagegen, eine CMDB auf verschiedene Datenbanken mit möglicherweise verschiedenen Abstraktionsstufen zu verteilen.

Vorteilhaft insbesondere für das Incident- und Problem Management ist eine Möglich-keit, die Abhängigkeiten von IT-Komponenten untereinander visuell darstellen zu können. Aber auch das Change Management kann auf eine solche Funktion, insbesondere im Rah-men einer Risikoanalyse für zukünftige Änderungen, gewinnbringend zugreifen.

Im Unterschied zum Asset Management enthält eine CMDB keine direkten finanziellen Bewertungen, dafür aber über ein Asset Management-Tool hinausgehend die Beziehungen von Configuration Items untereinander. Gleichwohl kann es eine Integration einer CMDB mit einem Asset Management-System geben.

Als Wittgenstein seinen Tractatus [6] während des Ersten Weltkrieges verfasste, dachte er mit Sicherheit nicht an IT-Systeme und eine Configuration Management Database. Trotzdem sind einige seiner Sätze überraschend treffend (und damit vielleicht auch weitsichtig):

> 2.0272 Die Konfiguration der Gegenstände bildet den Sachverhalt.
> 2.03 Im Sachverhalt hängen die Gegenstände ineinander, wie die Glieder einer Kette.
> 2.031 Im Sachverhalt verhalten sich die Gegenstände in bestimmter Art und Weise zueinander.

12.1.7 Unterstützung von manuellen Prozessen

In die letzte Kategorie von Werkzeugen fällt all das, was nicht in die vorhergehenden Kategorien passt – durch „Unterstützung von manuellen Prozessen" ist dies etwas eleganter umschrieben. Es fallen darunter insbesondere typische Prozesse des Service Support und Service Delivery.

Problem Management
Die Tätigkeit des Problem Management ist stark analytisch und fallbezogen geprägt. Eine Unterstützung durch ein Tool kann jedoch insbesondere bei der *Verwaltung* von Problems erfolgen:

- Welche Problems liegen vor? Wie schwerwiegend sind diese?
- Welche Problems sind solche des proaktiven Problem Managements, welche des reaktiven?
- Wie lange liegen die Problems schon vor? Welche Zielzeiten sind zur Lösung vorhanden?
- Was sind verbundene Configuration Items?
- Welches sind die gelösten Problems? War die implementierte Lösung dauerhaft?

Insbesondere die Verbindung zu einem Incident Management als Quelle von Problems und zum Change Management als Umsetzer von Lösungen können toolseitig abgebildet werden.

IT-Change-Management-Tools
Ein IT-Change-Management-Tool kann in einem IT-Betrieb durch Papier und Kugelschreiber (siehe Abschn. 12.7) abgebildet werden, üblicher ist allerdings eine IT-seitige Unterstützung. Es wird dabei ein Workflow abgebildet, der grundsätzlich firmen- und branchenübergreifend standardisiert ist, der Teufel liegt jedoch oft im Detail. Idealerweise aber werden Abweichungen nicht zugelassen und lediglich Nutzer, Nutzergruppen und deren Berechtigungen durch Konfigurationen hinterlegt. Im besten Fall greift das Change Management Tool auf die CMDB (siehe Abschn. 12.1.6) zu. Wichtig ist die auch toolseitig hinterlegte Transparenz gegenüber IT-Change-Antragstellern.

IT-Asset-Management-Tools, Lizenzmanagement-Tools und Finanzmanagement-Tools

Das IT-Asset-Management ist verwandt mit dem Configuration Management und der CMDB. Das IT-Asset-Management sammelt Daten über das Inventar (Hardware, Software, etc.), dessen finanzielle Bewertung und sonstige finanziellen und vertraglichen Daten. Es kann sich dabei auch der Daten aus der CMDB bedienen. Es ist auch eng verwandt (und oft verschmolzen) mit dem Lizenzmanagement, das Lizenzen von externen Anbietern einkauft, innerhalb einer Firma verteilt und verwaltet. Es überwacht die Lizenzen und lässt sich dazu auch auditieren.

Tools des Financial Managements unterstützen die Planung und Überwachung von Budgets und insbesondere deren Verbindung zu Kosten. Traditionellerweise wird hierbei oft noch mit Tabellenkalkulationsprogrammen (siehe Abschn. 12.6) gearbeitet, für feinjustiertere Planung und Reporting gibt es jedoch ausgefeiltere Werkzeuge.

Capacity Planning and Management Tools

Das Thema der Kapazitätsplanung ist das technische Gegenstück zum Thema Mengengerüste (siehe Kap. 7.4.3). Kapazitätsplanung soll technische Unter- oder Überausstattung verhindern und eine Grundlage für Applikationsoptimierungen sein. Die Bandbreite kann hierbei sehr groß sein: Von Tabellenkalkulationen zur Planung von physikalische Systemen bis hin zu ausgefeilten technischen und fachlichen Simulationen, um unbekannte Szenarien von Nutzer- und Systemverhalten auszuloten (Beispiele hierzu sind [7, 8]).

Real Time Infrastructure, DevOps und Cloud Management Platforms

Zu diesen Themen verweisen wir auf die Kap. 7.6.2 und Kap. 7.6.4.

12.2   Formulare (Change Management, Risikomanagement)

Formulare – jedenfalls in dem hier verwendeten Sinn – haben viel mit dem Thema Workflow zu tun. In einem Formular füllt eine Person (in einer Rolle oder als Mitglied einer Organisation) Felder aus, Informationen werden abgefragt. Diese werden für die folgenden Arbeitsschritte benötigt. Manche der Informationen sind optional, andere müssen zwingend vorhanden sein. Formulare helfen dabei, die benötigten oder hilfreichen Informationen strukturiert und einheitlich abzufragen. Sie sind eine Hilfe für die Bearbeiter, aber sie können auch eine Hilfe für den Ausfüller sein – denn dieser muss sich keine Gedanken darüber machen, welche Informationen ggf. benötigt werden könnten.

Formulare können sinnvollerweise in ein Workflow-Tool (siehe in Abschn. 12.1.7) integriert sein. Aber dies muss nicht so sein – insbesondere bei der Einführung von Prozessen und Workflows kann mit Formularen *außerhalb* eines Workflow-Tools begonnen werden. Es bieten sich dafür z. B. Umsetzungen in elektronischen Dokumenten (erstellt in

Textverarbeitungsprogrammen, Tabellenkalkulationsprogrammen, in einem Email-Programm oder als pdf) an. Sehr ungewöhnlich wäre heutzutage das Ausfüllen eines Formulars des IT-Betriebes per Hand. Eine elektronische Form hat den Vorteil, dass es einfache elektronische Übermittlung, automatisches Einlesen und automatisierte Weiterverarbeitung erlaubt.

Damit Formulare vom Nutzer angenommen werden, müssen sie einfach auszufüllen sein. Das bedeutet insbesondere: sie sind klar strukturiert, übersichtlich, bieten genügend Platz und sind selbsterklärend. Wo sie nicht selbsterklärend sind, enthalten sie leicht zugängliche Zusatzinformationen, die das Ausfüllen erleichtern (z. B. über ein Mouseover-Element oder ein Tooltip).

Wenn Formulare tatsächlich als elektronische Dokumente verwendet werden, fehlt für den Ausfüllenden, der das Dokument dann an eine andere Person (oder Abteilung) übergibt, erst einmal ein psychologisch wichtiges Element: die Rückmeldung. Wenn ein Formular in ein „Schwarzes Loch" übergeben wird und man keine Prozess- bzw. Statusinformationen erhält, führt dies zu Unzufriedenheit (und dies selbst dann, wenn die Verarbeitung ohne Rückmeldung schneller wäre als in einer Situation, in der man regelmäßige Status-Aktualisierungen erhält). Gleichgültig, wie also nun Formulare in einer Organisation gehandhabt werden – wichtig für einen IT-Betrieb ist es, regelmäßige Rückmeldungen über den Stand beispielsweise von eingereichten „Requests for Change" an den ursprünglichen Antragsteller zu geben. Auslöser für Rückmeldungen können Statusänderungen sein oder einfach eine gewisse verstrichene Zeit. Deswegen sollte eine regelmäßige und zusätzlich statusbezogene Rückmeldung in einer Verarbeitung von Formularen durch den IT-Betrieb mit eingeplant sein. Die erste Rückmeldung ist die nach dem Eingang eines Formulars – hierbei sollte bereits eine Vorgangsnummer, z. B. eine IT-Request-for-Change-Nummer („RfC-Nummer") angegeben werden. Damit können alle Seiten auch immer auf diese referenzieren. Die Angabe eines Datums, bis zu dem inhaltliche Aussagen zum ausgefüllten Formular gemacht werden, ist ebenfalls gute Praxis für eine erste Rückmeldung.

Ein Beispiel für ein Einsatzgebiet von Formularen ist das Change Management. Ein einfaches Formular hierfür ist in Abb. 12.1 dargestellt. Der Name und damit Zweck des Formulars ist hier an prominenter Stelle platziert und gut erkennbar. Felder für Informationen, die der Antragsteller eintragen soll, werden in weißer Farbe gehalten, solche, die IT-betriebsintern vorausgefüllt sind oder ergänzt werden sollen, in grau. Sofern das Formular nicht durch ein IT-Tool eingelesen und dort weiterverarbeitet wird, ist es möglich, das Formular selber mit gewissen Workflow-Elementen auszustatten. In der Abb. 12.1 füllt der Change-Manager im Antrag eine RfC-Nummer und das Eingangs-Datum ein. Es könnten aber auch nächste Schritte bis zum Schließen des RfC abgebildet werden.

Ein anderes Anwendungsgebiet ist das IT-Risikomanagement eines Unternehmens. Ein einfaches Beispiel für ein Formular hierzu ist in Abb. 12.2 dargestellt.

Version:	**Request for IT-Change (small)** V1.3 vom 30.09.2015	RfC-Nr.:
Zielumgebung: ☐ PROD ☐ T_ProdRef ☐ T_OpTest ☐ T_Abnahme ☐ T_SysTest ☐ T_Test1 ☐ T_Test2		Status: *beantragt, in Genehmigung, genehmigt, zurückgezogen*
		Priorität: *Notfall, Hoch, Mittel, Gering*
		Erstellungs-Datum:

Antragsteller, Abteilung:	Telephonnummer / Email:	Eingangs-Datum:

Kurzbeschreibung:

Geschäftsprozess(e):	Betroffener IT-Service:	System / Teilsystem / CI (falls bekannt):

Langversion

Was soll geändert werden?	

Wieso (inkl. Folgen, wenn nicht umgesetzt wird)?		Verweis auf Incident-Nr. / Problem-Record / Fehler-Nr. / anderen RfC	

Aufwände (€ /PT) Kosten/Nutzen Budgetträger	

Abhängigkeit der Änderung zu anderen Aktivitäten	

Bekannte Risiken / Rückwirkungen auf andere Service?	

Fallback-Plan	

Frühester Beginn Spätester Abschluss	

Verweis auf weitere Dokumente	

Weitergehende Informationen, die wichtig sein könnten	

Antrag an change@it-betrieb-buch.de
Tel.: 030 - 4711-1234
(bei Notfall-RfC bitte IMMER begleitend anrufen)

Abb. 12.1 Beispiel für einen einfachen Änderungsantrag (Request for Change) in der Verwendung eines IT-Betriebs

Abb. 12.2 IT-Risikomanagement-Formular: Dieses exemplarische Formular wird vom Melder eines Risikos in der IT verwendet

IT-Risiko-Mgmt.-Formular

V. 2.1 vom 15.03.2016

Risiko-Melder:	Risiko-Nr.:
Abteilung:	
Telefonnr.:	Geschäfts-Prozess:
Email:	
Einschätzung des Risikos *Wahrscheinlichk.:* ___ % *Auswirkung:* 100T€, 200T€, 500 T€, 1Mio€, 10Mio€, 25 Mio€, 50 Mio€	IT-Service / CI:

Kurzbeschreibung:

Ausführliche Beschreibung:

Mitigations-Maßnahmen:

Bis wann:

Risiko an risiko@it-betrieb-buch.de
Rückfragen bitte an 030 - 4711-1235

12.3 Knowledge Management

Das Wissensmanagement umfasst alle Aktivitäten im Unternehmen, die darauf abzielen, Wissen *für das* und *im* Unternehmen optimal einzusetzen. Das kann auf der Ebene von Unternehmenseinheiten (bzw. des gesamten Unternehmens), Teams oder einzelner Mitarbeiter geschehen. Mitarbeiter benötigen Wissen für ihre Aufgaben, andererseits generiert jeder Mitarbeiter auch Wissen. Wie wird das erstere bereitgestellt und das zweite aufgenommen? Die möglichen Aktivitäten dazu sind weitgefächert. Gesamtheitlich wird damit klar: Wissensmanagement legt Schwerpunkte auf

- Wissensschaffung,
- Wissensverteilung und
- Wissensnutzung.

Der Begriff der *Wissensarbeit* („knowledge work") wurde bereits 1959 von Peter F. Drucker [9] geprägt.

Treiber von Wissensmanagement

Warum versucht man, systematisch Wissensmanagement in einem Unternehmen einzuführen? Die Gründe sind oft vielfältig, aber es lassen sich zwei Schwerpunkte nennen. Zum einen soll im Unternehmen vorhandenes Wissen *zuverlässig* bewusst und verfügbar gemacht sowie vor Verlust bewahrt werden. Zum anderen soll (noch) nicht vorhandenes Wissen, das zum Unternehmenserfolg beitragen kann, aufgebaut werden.

Zu der ersten Kategorie gehören folgende Szenarien:

- **Mitarbeiter verlassen das Unternehmen**: Ein flexiblerer Arbeitsmarkt führt zu einer höheren Fluktuation von Mitarbeitern – diese verlassen das Unternehmen und gehen mitsamt ihrem Wissen zu einem neuen Arbeitgeber. Auch aus anderen Gründen können Mitarbeiter das Unternehmen verlassen, beispielsweise, weil sie in Rente gehen.
- **Mitarbeiter sind nicht erreichbar**: Dies beispielsweise aufgrund flexibler Arbeitszeitmodelle, Elternzeit oder Krankheit (d. h. Mitarbeiter sind dann mitsamt ihrem Wissen für Stunden oder aber für Monate nicht verfügbar). Ihr Wissen und ihre Erfahrung sind zeitweise verloren.
- **Wissen ist nicht bekannt**: Es ist zwar Wissen im Unternehmen vorhanden – aber die, die genau dieses Wissen bräuchten, wissen es nicht. Im schlimmsten Fall wissen diese Personen noch nicht einmal, dass sie dieses Wissen bräuchten. Bekannt ist der Spruch bezogen auf einen Weltkonzern: „Wenn Siemens wüsste, was Siemens weiß." Es ist einleuchtend, dass die Größe eines Unternehmens beim Verlust von solchem *Wissenswissen* eine Rolle spielt. „Wissenswissen" ist dabei das Wissen darum, wo welches Wissen vorhanden ist: bei welchen Personen oder bei welchen anderen Quellen (beispielsweise Dokumenten).

Natürlich hilft es, Mitarbeitern Anreize zu geben, im Unternehmen zu bleiben. Dies löst jedoch das Problem von Krankheit, Unfall, Verrentung und Nichterreichbarkeit nicht. Und gar keinen Austausch von Mitarbeitern möchten man auch nicht haben: In [10] wird darauf hingewiesen, dass aus „Fluktuation und kreativem Chaos" neues Wissen hervorgeht, weil dadurch die ausgesprochenen oder unausgesprochenen Grundannahmen in Frage gestellt werden. Mit „Fluktuation" war in [10] noch nicht einmal eine Personalfluktuation gemeint – aber auch diese wird durch neue Mitarbeiter neues Wissen in einem Unternehmen etablieren.

Explizites und implizites Wissen

Weitverbreitet ist die Unterscheidung in

- explizites Wissen: Solches, das leicht identifizierbar und dokumentierbar ist, sowie
- implizites Wissen: Solches, das „*verborgenes Expertenwissen oder Handlungskompetenz*" [11] ist.

Dabei kann implizites Wissen für ein Unternehmen sehr viel bedeutender sein als explizites Wissen. *„[W]estliche Manager [müssen] loskommen [...] von ihrem bisherigen Verständnis, man könne Wissen ausschließlich mit Hilfe von Handbüchern oder Vorträgen erwerben oder weitergeben."* [10]. Auch lässt sich implizites Wissen nicht immer sinnvoll in explizites Wissen umwandeln:

> Ein populärer Fehler ist es, dass Wissensmanagement sich darauf fokussiert, implizites Wissen in explizites Wissen zu verwandeln. Dieses Wissen wird dann irgendwo gespeichert oder archiviert – normalerweise in einer Art Intranet oder Wissensportal. Das obere Management steht dann vor einem Rätsel, warum die Mitarbeiter dieses neue Hilfsmittel nicht nutzen.[1]

Technische Systeme zur Unterstützung von Wissensmanagement – und anderes
Aus dem vorangegangenen ist klar: Technische Informationssysteme, die Wissensmanagement unterstützen sollen, können eben auch nur dies: *unterstützen*. Gerade in größeren Organisationen kann aber eine technische Unterstützung unerlässlich sein, damit Wissensmanagement die Chance hat, zu funktionieren. *„Je größer und verteilter Organisationen sind, desto höher ist der mögliche Beitrag von Informationssystemen [...] zu einem effektiven und effizienten Wissensmanagement."* [13].

Projektmanagement-Methoden (wie PMP) gehen davon aus, dass es in einem Unternehmen einen Speicher für „Organizational Process Assets" („OPA") gibt. Diese beinhalten Dokumente, Pläne, Vorlagen, Vorgehensweisen, Richtlinien, Budgetzahlen und Lessons Learned aus vorangegangenen Projekten. Solch ein Speicher kann beispielsweise eine Ablage von Projekt-Unterlagen auf einem strukturierten Fileverzeichnis sein, aber auch die Ablage in einem Projekt-Management-Tool.

Für einen IT-Betrieb haben wir die Frage nach Wissensmanagement bereits zu einem Teil beantwortet: bestimmte Informationen müssen in Dokumenten zur Verfügung gestellt werden (siehe Kap. 5). Durch Lesen dieser Dokumente werden die dort hinterlegten Informationen wieder abgerufen und zu Wissen. Wir haben auch bereits auf eine hierarchische Dokumentationsstruktur hingewiesen, um Wissen besser auffindbar zu machen.

Menschen sind – das muss betont werden – als Träger von Wissenswissens sehr gut: Sie wissen in der Regel, wo und wie welches Wissen auffindbar oder rekonstruierbar ist (manchmal auch nur „ungefähr"). Eine gute persönliche Arbeitsmethodik (insbesondere eine funktionierende Ablage, siehe [1]) ist dabei vorteilhaft. Technische Suchfunktionen auf Email-Systemen (so dass zumindest nach Informationen gesucht werden kann) und auf einer Dokumentenstruktur sind dabei jedoch unerlässlich.

Es gibt hingegen natürlich auch Informationen, die nicht in einer Dokumentenstruktur abgelegt sind. Dies könnten persönliche Aufzeichnungen sein oder Wissen, das nur in den

---

[1] Englisches Original [12]: *„A popular misconception is that Knowledge Management focuses on rendering that which is tacit into more explicit [...] forms, then storing or archiving these forms somewhere, usually some form of intranet or knowledge portal. [...] Senior management is then mystified as to why employees are not using this wonderful new resource."*

Köpfen von Mitarbeitern vorhanden ist. Nicht alles Wissen muss aufgezeichnet werden – gerade bei tiefgehendem Expertenwissen besteht die Gefahr, dass dieses ansonsten schnell veraltet. Oder aber nur mit sehr viel zusätzlicher Information – dem Kontext – von außenstehenden Personen überhaupt verstehbar ist.

Technisch kann Wissensspeicherung und -vermittlung also durch Aufzeichnungen und Dokumente erfolgen (unterstützt von Dokumenten Management Systemen oder Content Management Systemen), aber auch durch IT-Betriebs-Wikis (diese können auch wieder eine Reihe von organisatorischen Fragen aufwerfen). Durch ein entsprechend aufgebautes Intranet (das standardmäßig vorhanden sein sollte) oder ein dediziertes Portal kann der IT-Betrieb ebenfalls unterstützt werden. Workflowsysteme (insbesondere für den Change-Management-Prozess) sind kodifiziertes Wissen – wichtig ist dabei, dass neuere Erkenntnisse wieder in Weiterentwicklungen zur Optimierung der Workflowsysteme einfließen. Eine Abbildung von Wissensbäumen in IT-Tools eignet sich besonders da, wo Wissen schnell verfügbar gemacht werden muss (also beispielsweise bei einem User Help Desk). Die fortwährende Pflege und Optimierung der hinterlegten Wissensinhalte und deren Strukturierung ist Bestandteil der betrieblichen Prozesse.

Aber nicht alles kann und soll technisch umgesetzt und kodifiziert werden. Die soziale Interaktion ist mindestens ebenso wichtig – bei der Schaffung von Wissen ebenso wie beim Auffinden von Wissen. Eine Vernetzung von Mitarbeitern durch Workshops und gemeinsame Schulungen hilft ebenso wie gemeinsame Mittagessen und gemeinsame Kaffeeküchen. Offene Arbeitsplätze und Großraumbüros unterstützen Kommunikation und Austausch.

Ein Wissensaustausch durch Lessons Learned in Projekten erfolgt sinnvollerweise nicht durch Austausch von Dokumenten, sondern durch gemeinsame Workshops. Ein Best Practice Sharing und Story Telling [14] kann auch effizient bei der Verankerung von Wissen im IT-Betrieb helfen. Diese Punkte haben viel mit einer auf Austausch ausgerichteten Firmenkultur zu tun und sind natürlich in kleinen und vor allem mittelständischen Firmen am effektivsten. Durch Vorbild können das mittlere und obere IT-Management selber maßgeblich zum Ideal einer lernenden Organisation beitragen.

12.4   Protokolle

Protokolle sind eine Dokumentationsart, die im IT-Betrieb von essenzieller Bedeutung ist. Einmal finalisiert ist ein Protokoll eine Aufzeichnung (siehe Kap. 5). Man unterscheidet verschiedene Arten von Protokollen: *Verlaufsprotokolle* geben detailliert und zusammenfassend Auskunft über Verläufe von Sitzungen, *Wortprotokolle* geben sogar das Gesprochene wörtlich wieder. Solche Protokollarten werden sehr selten im Umfeld der IT eingesetzt (ggf. in Verhandlungen oder anderen geschäftlich relevanten Besprechungen). Meist wird ein *Ergebnisprotokoll* verwendet. Auf diese Art von Protokoll werden wir uns im Folgenden auch fokussieren.

12.4.1 Wer schreibt Protokolle?

Protokolle zu schreiben ist oft keine beliebte Aufgabe. Wir werben dafür, Protokolle zu schreiben und auch schreiben zu wollen. Der oder die Protokollführer/in hat keine formale Machtstellung, in Realität können aber Ausgänge von Besprechungen beeinflusst werden. Eine „nachträgliche Beeinflussung" durch bewusst falsche Protokollierung ist selbstverständlich keine Handlungsoption – solch ein Vorgehen würde das Vertrauen in Protokolle allgemein und in den Protokollführer im Besonderen nachhaltig schädigen.

Gute Protokollführer bleiben in Erinnerung – besonders wenn der Protokollführer seine Möglichkeit, bei inhaltlichen, terminlichen oder personellen Unklarheit von seinem Recht Gebrauch macht, in der Besprechung nachzufragen.

Nicht zuletzt gilt der alte Spruch: „Wer schreibt, der bleibt."

▶   Wer schreibt, der bleibt!

12.4.2 Bedeutung von Protokollen

Protokolle haben verschiedene Funktionen.

Sie sollen einerseits *Informationen* für Teilnehmer einer Besprechung festhalten und die Möglichkeit bieten, diese auch an Nicht-Teilnehmer zu verbreiten. Sie sollen insbesondere Aufgaben und Beschlüsse *festhalten* um sie *nachzuverfolgen*. Dies mag manchmal als „Overhead" und unnütze Bürokratie erscheinen, ist aber Grundlage für ein professionelles Arbeiten.

Protokolle sorgen aber auch für *Klarheit*: Wo Gesprochenes vielleicht vage oder unverbindlich war, hilft eine klare und pointierte Niederschrift dabei, Eindeutigkeit herzustellen. Wer macht was bis wann – die klare *Aufgabenverteilung* ist neben Beschlussdokumentation (was genau wurde entscheiden) der Hauptnutzen von Protokollen im geschäftlichen Umfeld.

12.4.3 Inhalt und Form von Protokollen

Im Folgenden besprechen wir inhaltliche und formale Anforderungen an Protokolle.

Inhaltliche Anforderungen an Protokolle
Wichtig bei Protokollen ist, dass sie wahrhaftig die Sitzung wiedergeben – es darf nichts dazu erfunden werden, und nichts Wesentliches weggelassen werden. Wenn sich Informationen aus einer Besprechung in der Zeit bis zur Protokollerstellung als unwahr erwiesen haben, darf der Protokollführer nicht eigenmächtig solche Informationen anders als in der Sitzung besprochen aufzeichnen. Er kann – mit Zustimmung der anderen Teilnehmer – einfügen, dass sich ein Sachverhalt inzwischen als anders herausgestellt hat, oder auch,

dass eine Aufgabe in der Zwischenzeit erledigt wurde. Jedoch muss immer transparent sein, dass dies nicht Teil der Sitzung war, sondern eine zusätzliche Information ist.

Formale Anforderungen an Protokolle

Protokolle sollen zeitnah von einem vorher bestimmten Protokollführer erstellt werden – spätestens am Anfang der Sitzung muss der Protokollführer bestimmt sein. In der Regel gibt es eine Rohfassung, bei der Teilnehmer eine Möglichkeit haben, Ergänzungen oder Korrekturen vorzunehmen, bevor eine vor-finale Version in eine Freigaberunde geht. Das freigegebene Protokoll ist dann eine Aufzeichnung und wird nicht mehr verändert.

Je nach Bedeutung des Protokolls und der Tragweite der Beschlüsse können auch Abstufungen in dieser Abfolge möglich sein. Statt eines Word-Dokuments kann beispielsweise ein Email-Protokoll sinnvoll sein, bei dem nur die wesentlichsten Beschlüsse und Aufgaben festgehalten werden – diese Art von Protokoll gleicht dann eher einem Memorandum. Dabei kann auch eine „Freigabe" der Teilnehmer implizit erfolgen (durch fehlenden Widerspruch) oder ganz darauf verzichtet werden.

Es kann – je nach Besprechungssituation – durchaus akzeptabel sein, lediglich ein Fotoprotokoll zu erstellen. Hierbei werden alle wesentlichen Informationen, Aufgaben und Beschlüsse während einer Sitzung beispielsweise auf einem Flipchart festgehalten. Im Anschluss werden Fotos von diesen Flipchart-Seiten gemacht und an die Teilnehmer (und ggf. Nichtteilnehmer) verteilt. Dabei entfällt auch die nachträgliche Freigabe. Ebenso verhält es sich bei einem formaleren Ergebnisprotokoll, das während der Besprechung erkennbar und transparent für alle Teilnehmer verfasst wird – dies kann beispielsweise durch eine Projektion des Protokolls auf eine Leinwand oder auf einen Screen erfolgen. Einträge werden dann, wie bei einem Flipchart, sofort abgestimmt.

Das Protokoll enthält folgende Informationen:

- Titel
- Ort, Zeit, Teilnehmerliste, Name des Protokollführers
- Inhalte (insbesondere bei längeren Besprechungen und komplexeren Themen nochmals untergliedert, beispielsweise anhand der Agenda)

Protokollieren – was gemacht werden muss

Für den Protokollführer, aber auch für den Besprechungsleiter und alle anderen Teilnehmer, gibt es bei der Protokollierung einige wenige Grundregeln zu beachten.
Diese sind:

- **Aktiv nachfragen**: Der Protokollführer fragt aktiv nach und formuliert insbesondere bei strittigen und heißumkämpften Themen bereits in der Sitzung Sätze für das Protokoll, um Einvernehmen zu erzielen. Wenn der Protokollführer etwas nicht versteht, darf er fast jederzeit nachfragen – Unternehmenshierarchie spielt hierbei keine Rolle

(Höflichkeit jedoch, wie so oft, schon). Auch andere Anwesende dürfen (und sollen) nachfragen, wie strittige oder unschlüssige Themen im Protokoll festgehalten werden.

- **Aufgaben nur an Teilnehmer**: Aufgaben werden im Protokoll ausschließlich den Teilnehmern der Sitzung zugewiesen. Dies gilt deswegen, weil Aufgaben nicht nur verteilt, sondern auch angenommen werden müssen. Wenn jemand nicht anwesend ist, kann er eine Aufgabe nicht annehmen. Wenn es Aufgaben gibt, die eigentlich von Nichtanwesenden erledigt werden müssten, so kann man das Dilemma umgehen, indem man einem Anwesenden die Aufgabe überträgt, dem Nichtanwesenden die Aufgabe im Nachgang anzutragen. Dem Protokollführer wird dann über das Ergebnis Bescheid gegeben (am besten per Email mit cc an den Nichtanwesenden).
- **Terminierung**: Die Terminierung, d. h. bis wann eine Aufgabe zu erledigen ist, wird im Einvernehmen mit dem Beauftragten festgehalten. Die Formulierung „asap" (as soon as possible) oder „so bald wie möglich" ist zu vermeiden. Nach einer alten Protokollweisheit bedeutet „asap" das Gleiche wie „nie".
- **Schlanke Protokolle**: Protokolle sind schlank zu halten. Es gilt, Aufgaben, Informationen und Beschlüsse so klar wie nötig zu formulieren – aber nicht mehr. Protokolle sollen auch gelesen werden, je länger der Text ist, desto höher die Hürden.

Beispiel-Protokoll

In dem exemplarischen Ergebnisprotokoll in Tab. 12.1 sehen wir die typischen Informationen: Name der Besprechung, Ort, Zeit, Teilnehmer, der Protokollführer ist extra vermerkt. Hier sind die Teilnehmer zusätzlich mit einem Kürzel versehen, so dass in der folgenden Spalte „Wer" nicht der volle Name eingetragen werden muss.

Der Inhalt ist untergliedert nach den Tagesordnungspunkten („TOP") der Besprechung. In der Spalte „Art (A, I, B)" sind die drei typischen Typen von Inhalten vorgesehen: Aufgaben (oder Aktionen), reine Informationen und Beschlüsse. In der Spalte „Bis wann" werden Termine eingetragen – falls es relevant ist, kann auch eine Uhrzeit, ein „cob" (close of business) oder eine andere Detaillierung eingetragen werden.

12.5 Besprechungen: Sitzungen, Telefon- und Videokonferenzen

Es gibt verschiedene Arten von Besprechungen:

- Sitzungen sind Besprechungen mit allen Beteiligten an „einem Tisch" – d. h. am gleichen Ort zur gleichen Zeit
- Bei Telefon- und Videokonferenzen (aber auch Mischformen und Abwandlungen davon) sind alle Teilnehmer zur gleichen Zeit durch technische Hilfsmittel miteinander verbunden.

Für Telefon- und Videokonferenzen gelten fast alle Anmerkungen zu Sitzungen, im Abschn. 12.5.3 gehen wir deswegen nur auf deren Besonderheiten ein.

Tab. 12.1 Exemplarisches Protokoll

Protokoll zur Besprechung xyz			
Ort:	Wagner GmbH, Hans-Sachs-Str. 1, Rm. 2306		
Zeit:	22. Mai 2013, 13:02–19:23		
Teilnehmer:	Bernd Pfitzinger (BPF), Thomas Jestädt (TJE, Protokoll), Hans Heinsheimer (HHE), Petard Lestrade (PLE), Georg Herwegh (GHE)		
Inhalt	Art (A, I, B)[a]	Wer	Bis wann
TOP1: abc			
Inhalt 1	I	BPF	
Inhalt 2	A	TJE	24.05.2013 (12:00 Uhr)
TOP2: def			
Inhalt 3	B	Alle	
Inhalt 4	A	HHE	27.05.2013 (cob)
Inhalt 5	A	BPF	29.05.2013 (cob)
TOP3: ghi			
Inhalt 6	I	TJE	
Inhalt 7	I	PLE	
Inhalt 8	A	BPF	24.05.2013
Inhalt 9	A	GHE	27.05.2013

[a] *A* Aufgabe, *I* Information, *B* Beschluss; *cob* close of business

12.5.1   Die Sitzung

Besprechungen müssen vor- und nachbereitet werden. Je nach Länge, Teilnehmeranzahl, Themen und formalen Anforderungen variieren diese Vorbereitungen. Beispielsweise kann bei einem Freigabe-Meeting für ein neues Release oder eine vorgeschriebene Schulung jeweils die Unterschrift der Teilnehmer erforderlich sein – entsprechenden Formulare müssen vorbereitet werden.

Es ist fast immer förderlich, Tagesordnung („Agenda") und sonstige Unterlagen im vorneherein zu verteilen. Kein Teilnehmender sollte in eine Besprechung gehen müssen, ohne zu wissen, um was es geht und warum er oder sie eingeladen ist. Jedem soll klar sein, was das Ziel der Besprechung ist, was dafür vorher getan werden muss, wie lange die Besprechung dauert, und was das erwartete (oder erhoffte) Ergebnis ist.

Bei Regelmeetings (also wiederkehrenden Besprechungen) sind obige Anforderungen durch die längere Übung zumeist erfüllt. Eine höhere Selbstdisziplin ist bei singulären

Besprechungen oder zeitlich beschränkten Besprechungsreihen erforderlich. Fragen sind hier:

- Wer hält offene Punkte nach?
- Wie werden Aufgaben festgehalten? (Die Antwort ist natürlich: im Protokoll, siehe Abschn. 12.4)

Der Sitzungsleiter ist für die Vorbereitung (Tagesordnung, Räumlichkeiten oder Infrastruktur) und Nachbereitung (Protokoll und Nachverfolgung) verantwortlich. Warum ist der Sitzungsleiter für das Protokoll verantwortlich? Er achtet darauf, dass es vom Protokollführer erstellt wird. In der „RACI"-Sprache ist er also „accountable", der Protokollführende ist „responsible".

Wenn man bei der Durchführung von Aufgaben die jeweiligen Verantwortlichkeiten festlegen möchte, bedient man sich gerne des RACI-Schemas.
   Hierbei wird die folgende Aufteilung vorgenommen:

- **R**esponsible: Dies ist die Durchführungsverantwortung für bestimmte Aufgaben. Bei den Sitzungen ist beispielsweise die Aufgabe des Protokollführers, das Protokoll zu erstellen. Es kann sein, dass unter Aufgaben und Verantwortlichkeiten mehrere Personen als „R" genannt sind.
- **A**ccountable: Dies ist die Gesamtverantwortung. Diese liegt bei der Person, die für ein Gelingen letztendlich rechenschaftspflichtig ist. Es ist gute Praxis, dass nur *eine* Person für eine Aufgabe rechenschaftspflichtig, also accountable ist. Es kann aber jemand gleichzeitig responsible und accountable sein.
- **C**onsulted: Die hierunter genannten Personen sind zu befragen – sie können Meinungen und Stellungnahmen abgeben und ggf. ein Veto einlegen.
- **I**nformed: Die Personen in dieser Kategorie sind zu informieren.

Es gibt spezifische Erweiterungen dieser einfachen Einteilung – das Grundgerüst ist jedoch bereits mit RACI gelegt. In Tab. 12.2 zeigen wir als Beispiel eine fiktive RACI-Matrix für einige Aufgaben einer Sitzung.

In der Sitzung selbst achtet der Sitzungsleiter auf inhaltliche Klarheit und den zeitlichen Rahmen. Er oder sie ist verantwortlich für die Sitzung und achtet damit auch auf die Bedürfnisse der anderen Teilnehmer. Je größer der Rahmen der Besprechung ist, desto weniger wird der Sitzungsleiter inhaltlich beitragen sollen und können.
   Mit der Rolle des Sitzungsleiter ist Macht verbunden – deshalb wird diese Rolle auch meist an den hierarchisch ranghöchsten Mitarbeiter in der Sitzung vergeben (es gibt hiervon auch Ausnahmen). Wie die Macht eines Sitzungsleiters auch gebraucht (oder missbraucht) werden kann, wird im folgenden Beispiel dargestellt.

Tab. 12.2 Fiktive RACI-Matrix für einige Aufgaben einer Sitzung

	Sitzungsleiter	Protokollführer	Teilnehmer	CIO
Vorbereitung Agenda: erstellen und versenden	A, R	I	C	I
Raum buchen und vorbereiten	A	R	–	–
Sicherstellung pünktlicher Sitzungsbeginn	A, R	R	R	–
Sitzung leiten	A, R	I	I	–
Protokoll vorbereiten und erstellen	A	R	C	–
Finale Version des Protokolls erstellen und versenden	A	R	I	I
Aufgaben nachverfolgen	A, R	–	–	–

12.5.2 Beispiel: Visa auf Bermuda

Beispiel

In diesem Beispiel begegnet uns wieder eine Kreditkarte (siehe Kap. 11.1): Visa. Hier aber nicht aus technischer oder organisatorischer Sicht, sondern unter dem Gesichtspunkt, welchen Einfluss eine geschickte (oder perfide – je nach Sichtweise) Sitzungsvorbereitung und -gestaltung haben kann.

Im Jahr 1982 wollte der Sitzungsleiter Dee Hock zu einem für Visa wichtigen Thema eine Zustimmung der Visa-Mitglieder in den USA erhalten (hier und im Folgenden [15]). Er wusste aber, dass dies ein kontroverser Punkt sein würde. Deswegen verzichtete er darauf, das Thema in den vorab verteilten Tagesordnungspunkten zu erwähnen.

Die jährlich Sitzung fand – wie in den Vorjahren – auf Bermuda statt und Visa lud nicht nur die Mitglieder (die Vertreter verschiedener Banken) ein, sondern auch deren Ehepartner: „*Visa invited and paid for spouses to attend*" ([15], S. 153). Dies hatte verschiedene Gründe:

- Mit Ehepartnern auf Bermuda – so die Überlegung – würde weniger Zeit in fachlichen Gesprächen zwischen den Teilnehmern außerhalb der Meetings verbracht – und mehr Zeit mit der Freizeitgestaltung. Eine sich organisierende Opposition ließe sich so schwächen. Auch gab es einen höheren Anreiz für kooperative Verhaltensweisen in den Sitzungen, um diese kürzer zu halten.
- Die Ehepartner wurden auch explizit zu den Sitzungen eingeladen (!). Die Teilnehmer würden sich dadurch zivilisierter und selbstloser verhalten, so die Erwartung: they „*would be more inclined to act civil, consider the good of Visa over their bank's self interest, and in other words, vote for whatever Dee wanted*" ([15], S. 154).

Hock wusste auch, dass Sitzungsteilnehmer verschiedene – auch vorzeitige – Abflugtermine hatten. Er kannte die Reisedaten von allen Teilnehmern, und erst als die Mehrheitsverhältnisse durch Abwesenheit von bestimmten Teilnehmern und wichtigen

Opponenten günstig waren, brachte er seinen Punkt auf die Agenda und zur Abstimmung.

Die Zustimmung war einstimmig.

Es ist nicht klar, ob Hock diese Methode mehrmals anwenden konnte und ob die ausgebooteten Teilnehmer es als Vertrauensbruch empfanden. Wir empfehlen solch ein Vorgehen nicht. Das Beispiel illustriert jedoch, dass mit einer methodischen und durchdachten Sitzungsleitung Themen bewegt werden können.

12.5.3   Telefon- und Videokonferenzen

Den Sitzungsleiter einer Telefon- und Videokonferenz nennen wir Moderator. Er oder sie ist für eine funktionierende Infrastruktur verantwortlich – dies ist etwa eine Telefonkonferenznummer, in die sich alle Teilnehmer (ohne wesentliche Kosten) einwählen können und die allen Teilnehmern mit ausreichendem Vorlauf bekannt ist. Bei Videokonferenzen ist er oder sie – wie auch bei einer Präsenzsitzung – für die eigenen Räumlichkeiten, deren Angemessenheit (Größe, Beleuchtung, Einfachheit der Bedienung), nicht aber für die der anderen Teilnehmerparteien zuständig.

In einer Telefonkonferenz gibt es größere Schwierigkeiten bezüglich der Klarheit (siehe auch Kap. 9.5.2 zur Effektivität von Kommunikation in Projekten) – fehlender visueller Kontakt schränkt das gegenseitige Verständnis ein. Am Ende von Kap. 4.4.5 hatten wir bereits die entscheidende Besprechung zur Freigabe des fatalen Challenger-Startes genannt – es war eine Telefonkonferenz! Bei dieser gingen anscheinend Informationen durch das Medium (und dessen Einschränkungen) verloren.

Der fehlende visuelle Kontakt führt schon zu Beginn dazu, dass man nicht unbedingt sieht, wer teilnimmt. Der Moderator eröffnet die Telefonkonferenz deswegen schon vor dem vereinbarten Termin (beispielsweise fünf Minuten vorher) und gibt Teilnehmern die Möglichkeit, die Konferenz zu betreten. Am Anfang steht dann die Feststellung, welche Personen in der Konferenz anwesend sind. Dies kann auch mehrmals vor dem eigentlichen Start der Tagesordnung geschehen. Beim Start der eigentlichen Konferenz sollte jedem klar sein, wer die anderen Teilnehmer sind. Wenn nach dem Start der Konferenz noch Teilnehmer beitreten, werden diese kurz aufgefordert ihren Namen zu nennen. Eine Diskussion darüber, warum sie zu spät sind oder Willkommensballaden sind nicht angebracht und stören lediglich den Ablauf.

Während der Telefonkonferenz achten alle Teilnehmer darauf, dass es keine störenden Hintergrundgeräusche gibt. Sollten diese nicht abstellbar sein, muss der betroffene Teilnehmer sein Mikrofon stummschalten und nur für die Dauer seiner Beiträge wieder aktivieren. Sollte es sonstige Störungen geben, aber auch zur Verdeutlichung kann der Moderator wichtige Beiträge kurz wiederholen.

Bei Videokonferenzen sind die Hürden im gegenseitigen Verständnis etwas niedriger als bei der Telefonkonferenz. Aber auch hier muss auf Randbedingungen geachtet werden – insbesondere auf Beleuchtung, Perspektive und Hintergrundgeräusche.

12.6 Office-Tools: End User Computing, die dunkle Materie der IT

Es gibt wirkmächtige IT-Applikationen, die sowohl im IT-Betrieb als auch von Endnutzern eingesetzt werden: Office-Tools. In Form von Textbearbeitungsprogrammen und Präsentationsprogrammen sind diese praktisch auf jedem Arbeitsplatz zu finden. Insbesondere Tabellenkalkulationsprogramme (also beispielsweise Excel) haben heutzutage IT-technische Möglichkeiten, die vor einigen Jahren nur Programmierern zugänglich waren. In dieser Beziehung löst sich auch der Unterschied zwischen Endnutzern und Programmieren auf: beide programmieren. Allerdings nutzen professionelle Programmierer eher Programmiersprachen der dritten Generation (3GL), während Endnutzer typischerweise Programmiersprachen der vierten Generation (4GL) nutzen [16] – wobei dieser Begriff eher unscharf ist und wir dabei auch die Möglichkeiten von Tabellenkalkulationsprogrammen verstehen. Dementsprechend passt auch auf diese Tabellenkalkulationen die Bezeichnung „End User Computing" (EUC).

Solche Tabellenkalkulationen sind außerordentlich weit verbreitet – nur ein sehr kleiner Anteil von Firmen kommt ohne sie aus, und dies betrifft nicht nur Finanzbereiche [16]. Sie sind aber nicht nur verbreitet, sondern sie haben auch oft eine außerordentliche Bedeutung, einen außerordentlichen Umfang und sie können sehr komplex sein.

Für den Endnutzer ist dies ein großer Vorteil: Ohne eine IT-Abteilung einzubinden und lästige Prozesse einzuhalten, können relativ komplexe Anwendungen entstehen. Ohne die „lästigen Prozesse" (wozu auch eine angemessene Qualitätssicherung gehört) findet aber oftmals nur ein unzureichendes Testen statt. Das ist umso kritischer zu beurteilen, als ca. 1 bis 5 % aller Zellen fehlerhaft sind [17]. Dabei handelt es sich um formale Fehler (wie hartcodierte Zahlen in Formeln und falsche Referenzen), aber auch um substanzielle Fehler mit dem Ergebnis fehlerhafter Resultate.

Die typischen Phasen eines Software Engineering werden bei Tabellenkalkulationen typischerweise nicht durchlaufen. Oft wachsen solche Tabellen über die Zeit, ein echtes Design findet nicht statt, ebenso wenig wie ein geplantes und systematisches Testen. Bei Tabellen mit mehreren hundert Reitern und in der Größenordnung von 100.000 Einträgen kann das erhebliche unbemerkte Fehler zur Folge haben. In verschiedenen Untersuchungen waren zwischen 11 und 100 % der Tabellenkalkulationen fehlerhaft [18]. Kalkulationen werden selten getestet, deswegen werden die Fehler nicht gesehen – und weil Fehler nicht gesehen werden, wird die Notwendigkeit des Testens nicht bemerkt [16]:

Ironically, because companies rarely test their spreadsheets, they do not see the extent of errors. In a vicious cycle, they do not see the need to do extensive testing.

Für die IT-Abteilung ist der umfassende Einsatz solcher Endnutzer-Programme nicht wirklich „zu sehen" – er existiert nur in der Sphäre der Anwender. Der Name „dunkle Materie" [16] ist also angemessen – in Analogie zur dunklen Materie in der Astronomie und der Teilchenphysik. Sie ist nicht zu sehen, sie ist aber (wahrscheinlich) in erheblichem Umfang vorhanden – etwa fünf Mal so viel wie normale Materie [19]. Ob komplexe Excel-Kalkulationen tatsächlich fünf Mal so bedeutend sind wie andere IT-Applikationen ist nicht klar – dass sie aber bedeutend sind, das ist klar.

Nicht ganz so bedeutend ist der Einsatz von Endnutzer-Datenbanken (wie beispielsweise Access), da diese geringfügig aufwändiger zu erstellen sind. Aber auch hier gilt ähnliches wie bei den Tabellenkalkulationen.

Bei allen Anwendungen auf dem Rechner von Anwendern kommt eine Problematik hinzu: sie werden oftmals nicht gesichert. Verschwindet dann der Computer (durch technischen Defekt oder durch Diebstahl), sind auch die Files nicht mehr im Zugriff. Dies ist natürlich die Standard-Problematik bei einfachen Files: Hier gibt es für einen IT-Betrieb gängige Sicherungsmethoden im Repertoire.

Auch Menschen in einem IT-Betrieb sind solche Endnutzer und sie nutzen Tabellenkalkulationen und kleine Datenbanken für verschiedene Zwecke. Sie werden natürlich stark in der Budgetierung und in anderen Finanzkalkulationen auftauchen, aber auch als Unterstützung oder anstelle von IT-Betriebstools genutzt. Beispielsweise kann die Struktur von Tabellen recht gut bei der Erstellung einer Konfigurations-Datenbank (CMDB) unterstützen.

Der IT-Betrieb kann auf zweierlei Arten der Firma als Ganzes helfen:

* Unterstützung der Endnutzer **und** der Mitarbeiter des IT-Betriebs durch Schulungen, in denen auch Design und Test für Tabellenkalkulationen thematisiert werden.
* Auch technisch kann der IT-Betrieb unterstützen. Endnutzern kann auf einem regelmäßig gesicherten Laufwerk Platz für Files eingeräumt werden (mit all den damit verbundenen Fragestellungen aus einem Berechtigungsmanagement). Für kleine Datenbanken kann ebenfalls in einer gesicherten Umgebung Raum eingerichtet werden. In diesem können die Nutzer im Wesentlichen in eigener Verantwortung die Backend-Seite von kleinen Datenbanken anlegen. Wo die Grenze von „kleinen" zu „großen" Datenbanken liegt, muss jede Firma für sich beantworten. Es ist aber vorteilhaft, wenigstens Grundsicherungen für potenziell geschäftskritische Anwendungen bereitzustellen. Ein Vorteil ist dies für die Firma als übergreifendes Ganzes, aber auch für das Image des IT-Betriebs (der so als Ermöglicher und nicht als Bremser angesehen wird).

Nicht zuletzt: Auch der IT-Betrieb setzt solche Anwendungen ein – und er sollte sich nicht besser- oder schlechterstellen als den Rest der Firma. Im ersten Fall würde eine gewisse Scheinheiligkeit bei den IT-Kunden beklagt werden. Im zweiten Fall würde der Spruch vom Schuster mit den schlechtesten Schuhen gelten.

12.7   Sonstige Hilfsmittel: Papier und Kugelschreiber

Als weitere Hilfsmittel erwähnen wir mit Bedacht noch Papier und Kugelschreiber (PuK) (wenn das Geschriebene nicht dokumentenecht sein muss, kann statt „Kugelschreiber" natürlich auch „Bleistift" gelesen werden).

Wir denken nicht, dass PuK in den meisten Fällen das Mittel der Wahl ist. Das ist es nicht. Aber wir stellen manchmal fest, dass Arbeiten mit Verweis auf „fehlende Tools" nicht oder nur unzureichend angegangen werden (gemeint ist mit „Tool" zumeist eine IT-Unterstützung). Obwohl diese IT-Unterstützung oft wünschenswert ist – bei manchen Tätigkeiten kann man auch mit einfachsten, händischen Tools etwas erreichen.

„Fehlende Tools" sollte niemals als Ausrede für Untätigkeit genutzt werden. Deswegen kann der – vielleicht provokante – Hinweis auf PuK hier einen Perspektivenwechsel bei den Beteiligten bewirken. In manchen Fällen ist eine primitive manuelle Bearbeitung (für den Anfang) sogar vorzuziehen – damit für eine spätere Anforderungsaufstellung genügend Erfahrung in der tatsächlichen Durchführung von Prozessen oder Aufgaben gesammelt wurde.

12.8   Management Summary

Es gibt eine ganze Spannbreite von Hilfsmitteln für den IT-Betrieb und für Endnutzer – wie bei der Auswahl von Anwender-Programmen muss auch bei IT-Tools geplant und nachvollziehbar vorgegangen werden. Auch der Betrieb dieser Hilfsmittel darf nicht vernachlässigt werden – der „Schuster" IT-Betrieb darf dabei nicht die schlechtesten Schuhe haben. Aber es muss immer auch bedacht werden, dass Betriebstools Expertenwerkzeuge sind. Insofern muss die Balance zwischen Flexibilität und wohlgeordnetem Vorgehen beim Einsatz von Betriebstools gewahrt werden.

Literatur

1. F. Malik, *Führen Leisten Leben: Wirksames Management für eine neue Welt*. (Campus Verlag, Frankfurt a. M., 2014). ISBN: 978-3593501277
2. S. Bouch, I. Hayes, T. Oldham, Systems management of operational support systems applications. Eng. BT Tech. J. **15**(1), 151–159 (1997). doi:10.1023/A:1018647632416. ISSN: 1358-3948
3. M. Govekar, P. Adams, *Hype cycle for IT operations management*. (Gartner, Stamford, 2011)
4. R.J. Colville, *Hype cycle for IT operations management*. (Gartner, Stamford, 2011)
5. Bundesamt für Sicherheit in der Informationstechnik (2013), *Hochverfügbarkeitskompendium*. https://www.bsi.bund.de/DE/Themen/weitereThemen/Hochverfuegbarkeit/HVKompendium/hvkompendium_node.html. Zugegriffen: 9. Juli. 2015.
6. L. Wittgenstein, *Tractatus Logico-Philosophicus*. (Kegan Paul, Trench, Trubner & Co., Ltd., London, 1922)
7. B. Pfitzinger, T. Baumann, D. Macos, T. Jestädt, Modeling regional reliability of 2G, 3G, and 4G mobile data networks and its effect on the German automatic tolling system. *48th Hawaii International Conference on System Sciences (HICSS)*, Jan. 2015, pp. 5439–5445. doi:10.1109/HICSS.2015.640

8. B. Pfitzinger, T. Baumann, D. Macos, T. Jestädt, Using simulations to study the efficiency of update control protocols. *47th Hawaii International Conference on System Sciences (HICSS)*, Jan. 2014, pp. 5154–5161. doi:10.1109/HICSS.2014.634

9. P.F. Drucker, *Landmarks of tomorrow*. (Harper & Brothers, Publishers, New York, 1959)

10. I. Nonaka, H. Takeuchi, *Die Organisation des Wissens: Wie japanische Unternehmen eine brachliegende Ressource nutzbar machen*. (Campus Verlag, Frankfurt a. M., 2012). ISBN: 978-3593396316

11. A. Abecker, K. Hinkelmann, H. Maus, H.J. Müller (Hrsg.), *Geschäftsprozessorientiertes Wissensmanagement*, ser. Xpert.press. (Springer, Berlin, 2002). doi:10.1007/978-3-642-55921-1. ISBN: 978-3-642-62751-4

12. K. Dalkir, *Knowledge management in theory and practice*. (MIT Press, Cambridge, 2011). ISBN: 978-0262015080

13. G. Riempp, *Integrierte Wissensmanagement-Systeme*, ser. Business Engineering. (Springer, Berlin, 2004). doi:10.1007/978-3-642-17035-5. ISBN: 978-3-642-62071-3

14. F. Lehner, *Wissensmanagement: Grundlagen, Methoden und technische Unterstützung*, 5. Aufl. (Carl Hanser Verlag GmbH & Co. KG, München, 2014). ISBN: 978-3446441354

15. D.L. Stearns, *Electronic value exchange: origins of the VISA electronic payment system*. (Springer, Berlin, 2011). doi:10.1007/978-1-84996-139-4. ISBN: 978-1-84996-139-4

16. R.R. Panko, D.N. Port, End user computing: the dark matter (and dark energy) of corporate IT. 45th Hawaii International Conference on System Science (HICSS), Jan. 2012, S. 4603–4612. doi:10.1109/HICSS.2012.244

17. S. Powell, K. Baker, B. Lawson, Errors in operational spreadsheets: A review of the state of the art. HICSS '09. 42nd Hawaii International Conference on System Sciences, 2009., Jan. 2009, pp. 1–8. doi:10.1109/HICSS.2009.197

18. R. Panko, Revising the Panko-Halverson taxonomy of spreadsheet risks. HICSS '09. 42nd Hawaii International Conference on System Sciences, 2009., Jan. 2009, pp. 1–10. doi:10.1109/HICSS.2009.373

19. Dark Energy, Dark Matter, NASA, http://science.nasa.gov/astrophysics/focus-areas/what-is-dark-energy/. Zugegriffen: 5. Sept. 2015

Gesamtliteraturverzeichnis

„The last Kodak moment?" The Economist (2012, 14. Jan.), http://www.economist.com/node/21542796/print. Zugegriffen: 30. Sept. 2014

„Wütende Fans verfluchen ‚SimCity'," Spiegel Online (2013, 9. März), http://www.spiegel.de/netzwelt/games/serverfehler-sorgt-fuer-massive-simcity-ausfaelle-wuetendeproteste-a-887888.html. Zugegriffen: 6. Juli 2014

A Guide to the Project Management Body of Knowledge: PMBOK(R) Guide, 5. Aufl. (Project Management Institute, Newtown Square, Pennsylvania, Jan. 2013). ISBN: 978-1-935-58967-9

A. Abecker, K. Hinkelmann, H. Maus, H.J. Müller (Hrsg.), *Geschäftsprozessorientiertes Wissensmanagement*, ser. Xpert.press. (Springer, Berlin, 2002). doi:10.1007/978-3-642-55921-1. ISBN: 978-3-642-62751-4

AbleBots, LLC, AbleBots Web Applications, 2403 Crossing Way, Wayne, NJ 07470 (2014, 20. Juni), http://www.ablebots.com/. Zugegriffen: 23. Juni 2014

AbleBots, LLC, Professional source code hosting, SVN hosting, git hosting, project management, issues tracking, 2403 Crossing Way, Wayne, NJ 07470 (2014, 28. März), http://web.archive.org/web/20140328015048/, http://www.codespaces.com/features#redundancy. Zugegriffen: 23. Juni 2014

F. Abolhassan, *Kundenzufriedenheit im IT-Outsourcing* (Springer, Berlin, 2014). ISBN: 978-3-658-04749-8. doi:10.1007/978-3-658-04749-8

R.L. Ackoff, Levels of corporate development. Syst. Pract. **1**(2), 133–136 (1988). ISSN: 0894-9859. doi:10.1007/BF01059854

R.L. Ackoff, The future is now. Syst. Pract. **1**(1), 7–9 (1988). ISSN: 0894-9859. doi:10.1007/BF01059885

R.L. Ackoff, Benchmarking. Syst. Pract. **6**(6), 581–581 (1993). ISSN: 0894-9859. doi:10.1007/BF01059479

R.L. Ackoff, It's a mistake! Syst. Pract. **7**(1), 3–7 (1994). ISSN: 0894-9859. doi:10.1007/BF02169161

R.L. Ackoff, J. Pourdehnad, The irresponsibility and ineffectiveness of downsizing. Syst. Pract. **10**(1), 5–11 (1997). ISSN: 0894-9859. doi:10.1007/BF02557848

P. Afflerbach, G. Kastner, F. Krause, M. Röglinger, Der Wertbeitrag von Prozessflexibilität. Wirtschaftsinformatik **56**(4), 223–236 (2014). ISSN: 0937-6429. doi:10.1007/s11576-014-0423-5

© Springer-Verlag Berlin Heidelberg 2016   603
B. Pfitzinger, T. Jestädt, *IT-Betrieb,* Xpert.press, DOI 10.1007/978-3-642-45193-5

J. Ahn, C. Carson, M. Jensen, K. Juraku, S. Nagasaki, S. Tanaka (Hrsg.), *Reflections on the Fukushima Daiichi Nuclear Accident: Toward Social-Scientific Literacy and Engineering Resilience* (Springer, Switzerland, 2014). ISBN: 978-3-319-12090-4. doi:10.1007/978-3-319-12090-4

G.A. Akerlof, The market for „lemons": Quality uncertainty and the market mechanism. Q. J. Econ. **84**(3), 488–500 (1970). doi:10.2307/1879431

Aktuelle Betriebslage, S-Bahn Berlin GmbH, http://www.s-bahn-berlin.de/bauinformationen/betriebslage.htm. Zugegriffen: 22. April 2015

A. Albrecht, J.E. Gaffney, Software function, source lines of code, and development effort prediction: A software science validation. IEEE T. Softw. Eng. **SE-9**(6), 639–648 (1983). ISSN: 0098-5589. doi:10.1109/TSE.1983.235271

B. Aldrin, My mission director @Buzzs_xtina's favorite piece of my memorabilia. my travel voucher to the moon. twitter.com (2015, Juli), https://twitter.com/therealbuzz/status/626812956148248577. Zugegriffen: 5. Aug. 2015

B. Aldrin, Yes the #apollo11 crew also signed customs forms. twitter.com (2015, Aug.), https://twitter.com/therealbuzz/status/627895978796916736. Zugegriffen: 5. Aug. 2015

D. Alger, *Build the Best Data Center Facility for Your Business* (Cisco Press, Indianapolis, 2005). ISBN: 978-1587051821

B. Allen, Danger ahead! Safeguard your computer. Harv. Bus. Rev. **46**(6), 97–101 (1968). ISSN: 0017-8012

B. Allen, An unmanaged computer system can stop you dead. Harv. Bus. Rev. **60**(6), 77–87 (1982). ISSN: 0017-8012

Allgemeines Landrecht für die Preußischen Staaten (1794), http://www.koeblergerhard.de/Fontes/ALR2fuerdiepreussischenStaaten1794Teil2.htm. Zugegriffen: 17. Aug. 2015

M. Amberg, M. Wiener, *IT-Offshoring* (Physica-Verlag, Heidelberg, 2006). ISBN: 978-3-7908-1733-1. doi:10.1007/3-7908-1733-3

P. Andén, C. Gnanasambandam, T. Strålin, The perils of ignoring software development. McKinsey Q. **4**, 8–11 (2014). ISSN: 0047-5394

C. Anderson, The long tail. Wired Mag. **10**, 170–177 (2004). ISSN: 1059-1028

L.M. Andersson, C.M. Pearson, Tit for tat? The spiraling effect of incivility in the workplace. Acad. Manage. Rev. **24**(3), 452–471 (1999). ISSN: 0363-7425. doi:10.5465/AMR.1999.2202131

S.J. Andriole, Who owns IT? Commun. ACM. **58**(3), 50–57 (2015). doi:10.1145/2660765

P. Angelides, B. Thomas et al., The financial crisis inquiry report: Final report of the National Commission on the Causes of the Financial and Economic Crisis in the United States. Revised Corrected Copy February 25, 2011. Government Printing Office (2011)

K. Aquino, T.M. Tripo, R.J. Bies, How employees respond to personal offense: The effects of blame attribution, victim status, and offender status on revenge and reconciliation in the workplace. J. Appl. Psychol. **86**(1), 52–59 (2001). ISSN: 0021-9010. doi:10.1037/0021-9010.86.1.52

S. Aral, P. Weill, IT assets, organizational capabilities, and firm performance: How resource allocations and organizational differences explain performance variation. Organ. Sci. **18**(5), 763–780 (2007). doi:10.1287/orsc.1070.0306

Arbeitsgruppe 2 des Nationalen IT-Gipfels, Jahrbuch 2012/2013 – Digitale Infrastrukturen, Nationaler IT Gipfel (2013). http://www.it-gipfel.de/IT-Gipfel/Redaktion/PDF/it-gipfel-2012-jahrbuch-2012-13-digitale-infrastrukturen,property=pdf,bereich=itgipfel,sprache=de,rwb=true.pdf. Zugegriffen: 26. Aug. 2014

M. Armbrust, A. Fox, R. Griffith, A.D. Joseph, R. Katz, A. Konwinski, G. Lee, D. Patterson, A. Rabkin, I. Stoica, M. Zaharia, A view of cloud computing. Commun. ACM. **53**(4), 50–58 (2010). ISSN: 0001-0782

A.O. Arthur, M.L. Morris, The master plan for Kludge software. Datamation. **8**(7), 41–42 (1962)

ASL BiSL foundation, BiSL™ – what is BiSL? http://aslbislfoundation.org/en/bisl/. Zugegriffen: 2. Sept. 2015

D.S. Asnis, R. Conetta, A.A. Teixeira, G. Waldman, B.A. Sampson, The West Nile virus outbreak of 1999 in New York: The Flushing hospital experience. Clin. Infect. Dis. **30**(3), 413–418 (2000). doi:10.1086/313737

AT&T Wireless Services Inc., *10K filing – annual report*, SEC EDGAR website, SEC Accession No. 0000950124-04-000701. Zugegriffen: 5. März 2004

B.A. Aubert, M. Patry, S. Rivard, A tale of two outsourcing contracts. Wirtschaftsinformatik. **45**(2) 181–190 (2003). ISSN: 1861-8936. doi:10.1007/BF03250897. Zugegriffen: 8. Okt. 2014

N.R. Augustine, Letter to Steven Chu, secretary of energy (2012, Dez.), http://pogoarchives.org/m/ nss/20121210-augustine-ltr.pdf. Zugegriffen: 17. Aug. 2015

D. Avison, G. Shirley, D. Wilson, Managerial IT unconsciousness. Commun. ACM. **49**(7), 89–93 (2006). ISSN: 0001-0782. doi:10.1145/1139922.1139923

Axelos, ITIL marketing numbers for all exams sat in January 2013 (2013, Sept.), http://www.acade-mia.edu/5321998/ITIL_Marketing_Numbers_for_all_exams_sat_in_January_2013_ITIL_Foun-dation_by_Region_ITIL_Intermediate_by_Region_all_modules_. Zugegriffen: 31. Okt. 2014

Axelos, ITIL® Continual Service Improvement. (The Stationary Office, Norwich, 2011). ISBN: 978-0113313082

Axelos, ITIL® Service Design. (The Stationary Office, Norwich, 2011). ISBN: 978-0113313051

Axelos, ITIL® Service Operation. (The Stationary Office, Norwich, 2011). ISBN: 978-0113313747

Axelos, ITIL® Service Strategy. (The Stationary Office, Norwich, 2011). ISBN: 978-0113313044

Axelos, ITIL® Service Transition. (The Stationary Office, Norwich, 2011). ISBN: 978-0113313068

M. Böhm, B. Nominacher, J. Fähling, J.M. Leimeister, P. Yetton, H. Krcmar, *IT challenges in M & A transactions – The IT carve-out view on divestments*. International Conference on Information Systems, Jan. 2010

H. Balzert, *Lehrbuch Der Software-Technik, Bd. 1: Software-Entwicklung*, 2. Aufl. (Spektrum Aka-demischer Verlag, Heidelberg, 2000). ISBN: 978-3827404800

H. Balzert, *Lehrbuch der Softwaretechnik: Basiskonzepte und Requirements Engineering* (Spektrum Aka-demischer Verlag, Heidelberg, 2008). ISBN: 978-3-8274-2247-7. doi:10.1007/978-3-8274-2247-7

H. Balzert, *Lehrbuch der Softwaretechnik: Entwurf, Implementierung, Installation und Betrieb* (Spek-trum Akademischer Verlag, Heidelberg, 2011). ISBN: 978-3-8274-2246-0. doi:10.1007/978-3-8274-2246-0

H. Balzert, *Lehrbuch der Softwaretechnik: Softwaremanagement*, 2. Aufl. (Spektrum Akademischer Verlag, Heidelberg, 2008). ISBN: 978-3-8274-1161-7

R.D. Banker, N. Hu, P.A. Pavlou, J. Luftman, CIO reporting structure, strategic positioning, and firm performance. MIS. Q. **35**(2), 487–504 (2011). ISSN: 0276-7783

Barclays PLC, 6 K filing, SEC EDGAR website. SEC Accession No. 0001191638-08-001637, [ac-cessed 10-Jun-2014], Sep. 17 (2008)

M.R. Barrick, M.K. Mount, The big five personality dimensions and job performance: A meta-ana-lysis. Pers. Psychol. **44**(1), 1–26 (1991). ISSN: 1744-6570

L.A. Barroso, U. Hölzle, The datacenter as a computer: An introduction to the design of warehouse-scale machines, Bd. 4 (2009, 1.). doi:10.2200/S00193ED1V01Y200905CAC006

J. Barthelemy, The hidden costs of IT outsourcing. Sloan Manage. Rev. **42**(3), 60–69 (2001). ISSN: 1532-9194

J. Barthelemy, The seven deadly sins of outsourcing. Acad. Manage. Executive **17**(2), 87–98 (2003). doi:10.5465/AME.2003.10025203

K.M. Bartol, D.C. Martin, Managing information systems personnel: A review of the literature and managerial implications. MIS Q. **6**, 49–70 (1982). ISSN: 0276-7783

T. Baumann, B. Pfitzinger, T. Jestädt, Simulation driven development of the German toll system – simulation performance at the kernel and application level. in *Advances in Business ICT*, ser. Advances in Intelligent Systems and Computing, M. Mach-Król, T. Pełech-Pilichowski, Hrsg., Bd. 257 (Springer International Publishing, Cham, 2014), S. 1–25. ISBN: 978-3-319-03676-2. doi:10.1007/978-3-319-03677-9_1

Bayer, Bayer annual report 1999 (1999), http://www.investor.bayer.de/securedl/829. Zugegriffen: 27. Okt. 2014

Bayerischer Oberster Rechnungshof, Jahresbericht 2010 (2010), http://www.orh.bayern.de/berichte/ jahresberichte/aktuell/jahresbericht-2010.html. Zugegriffen: 9. Sept. 2014

Bayerischer Oberster Rechnungshof, Jahresbericht 2013, (2013), http://www.orh.bayern.de/berich-te/jahresberichte/aktuell/jahresbericht-2013.html. Zugegriffen: 12. Sept. 2014

J. Becker, M. Rosemann, C. von Uthmann, *Guidelines of Business Process Modeling*, Hrsg. W. van der Aalst, J. Desel, A. Oberweis. Business Process Management, ser. Lecture Notes in Computer Science, Bd. 1806 (Springer, Berlin, 2000), S. 30–49. ISBN: 978-3-540-67454-2. doi:10.1007/3-540-45594-9_3

J. Becker, M. Rosemann, R. Schütte, Grundsätze ordnungsmäßiger Modellierung. Wirtschaftsinformatik **37**(5), 435–445 (1995). ISSN: 1861-8936

J. Becker, M. Rosemann, R. Schütte, Entwicklungsstand und Entwicklungsperspektiven der Referenzmodellierung. Arbeitsber. Inst. Wirtschaftsinf. **10** (1997)

J. Becker, R. Knackstedt, J. Pöppelbuß, Entwicklung von Reifegradmodellen für das IT-Management. Wirtschaftsinformatik **51**(3), 249–260 (2009). ISSN: 1861-8936. doi:10.1007/s11576-009-0167-9

J. Becker, M. Rosemann, R. Schütte, *Grundsätze ordnungsmäßiger Modellierung* (Springer, Berlin, 2012). ISBN: 978-3-642-30412-5. doi:10.1007/978-3-642-30412-5

S.O. Becker, L. Woessmann, How the long-gone Habsburg Empire is still visible in Eastern European bureaucracies today. Voxeu (2011, 31. Mai), http://www.voxeu.org/article/habsburg-empire-and-long-half-life-economic-institutions?quicktabs_tabbed_recent_articles_block=1. Zugegriffen: 3. Juni 2011

S.O. Becker, K. Boeckh, C. Hainz, L. Woessmann, The empire is dead, long live the empire! Long-run persistence of trust and corruption in the bureaucracy. Discussion paper series, Forschungsinstitut zur Zukunft der Arbeit, No. 5584 (2011)

M. Bedner, T. Ackermann, Schutzziele der IT-Sicherheit. Datenschutz Datensicherh. **34**(5), 323–328 (2010). ISSN: 1614-0702. doi:10.1007/s11623-010-0096-1

S. Beer, *Diagnosing the System for Organisations* (Wiley, New Jersey, 1985). ISBN: 0-471-90675-1

K.R. Beetz, *Wirkung von IT-Governance auf IT-Komplexität in Unternehmen* (Springer, Berlin, 2014). ISBN: 978-3-658-05825-8. doi:10.1007/978-3-658-05825-8

Behandlungsfehler, Bundesministerium für Gesundheit (2014, 11. Sept.), http://www.bmg.bund.de/ praevention/patientenrechte/behandlungsfehler.html. Zugegriffen: 9. Dez. 2014

M. Beims, *IT-Service Management in der Praxis mit ITIL® 3, Zielfindung, Methoden, Realisierung* (Carl Hanser Verlag GmbH & Co. KG, München, 2010). ISBN: 978-3-446-42138-7

M. Beims, *IT-Service Management mit ITIL®: ITIL® Edition 2011, ISO 20000: 2011 und PRINCE2® in der Praxis* (Carl Hanser Verlag GmbH & Co. KG, München, 2012). ISBN: 978-3-446-43130-0

R.M. Belbin, *Team Roles at Work*, 2. Aufl. (Butterworth-Heinemann, Oxford, 2010). ISBN: 978-1-85617-800-6

H.D. Benington, Production of large computer programs. Ann. Hist. Comput. **5**(4), 350–361 (Oct. 1983). ISSN: 0164-1239. doi:10.1109/MAHC.1983.10102

K.H. Bennett, V.T. Rajlich, in *Software Maintenance and Evolution: A Roadmap*. Proceedings of the conference on the future of software engineering, ser. ICSE '00, ACM, 73–87, 2000. ISBN: 1-58113-253-0. doi:10.1145/336512.336534

M. Bertrand, S. Mullainathan, Enjoying the quiet life? Corporate governance and managerial preferences. J. Political Econ. **111**(5), 1043–1075 (2003). doi:10.1086/376950

J. Berwanger, S. Kullmann, *Interne Revision* (Springer Gabler, Wiesbaden, 2008). ISBN: 978-3-8349-3879-4. doi:10.1007/978-3-8349-3879-4

R.A. Bettis, S.P. Bradley, G. Hamel, Outsourcing and industrial decline. Executive **6**(1), 7–22 (1992). doi:10.5465/AME.1992.4274298

D. Bieler, H. Dransfeld, The expectation gap increases between business and IT leaders (2013, 23. Juli), http://blogs.forrester.com/dan_bieler/13-07-24-the_expectation_gap_increases_between_ business_and_it_leaders. Zugegriffen: 24. Nov. 2014

G.A. Bigley, K.H. Roberts, The incident command system: high-reliability organizing for complex and volatile task environments. Acad. Manage. J. **44**(6), 1281–1299 (2001). ISSN: 0001-4273. doi:10.2307/3069401

C. Bishop-Clark, D.D. Wheeler, The Myers-Briggs personality type and its relationship to computer programming. J. Res. Comput. Educ. **26**(3), 358 (1994). ISSN: 0888-6504

E. Blodax, Also sprach von Neumann. Datamation **104–111** (1970)

B.W. Boehm, A spiral model of software development and enhancement. Computer **21**(5), 61–72 (1988). doi:10.1109/2.59

B. Boehm, Software engineering economics. IEEE T. Softw. Eng. **10**(1), 4–21 (1984). ISSN: 0098-5589. doi:10.1109/TSE.1984.5010193

B. Boehm, in *Software Pioneers*, Hrsg. M. Broy, E. Denert. Early Experiences in Software Economics (Springer, Berlin, 2002), S. 632–640. ISBN: 978-3-642-63970-8. doi:10.1007/978-3-642-59412-0_37

B. Boehm, in *A view of 20th and 21st century software engineering*. Proceedings of the 28th international conference on Software engineering (ACM, 2006), S. 12–29. doi:10.1145/1134285.1134288

B. Boehm, Some future trends and implications for systems and software engineering processes. Syst. Eng. **9**(1), 1–19 (2006). doi:10.1002/sys.20044

B. Boehm, R. Valerdi, Achievements and challenges in Cocomo-based software resource estimation. Softw. IEEE. **25**(5), 74–83 (2008). ISSN: 0740-7459. doi:10.1109/MS.2008.133

M.C. Bolino, W.H. Turnley, J.B. Gilstrap, M.M. Suazo, Citizenship under pressure: What's a „good soldier" to do? J. Organ. Behav. **31**(6), 835–855 (2010). doi:10.1002/job.635

Bookout v. Toyota Motor Corp., case no. CJ-2008-7969, Transcript of morning trial proceedings had on the 14th day of October, 2013 before the honorable Patricia G. Parrish, district judge, District Court of Oklahoma, state of Oklahoma

Booz Allen Hamilton, Shining the light on shadow staff (2003), http://www.boozallen.com/media/file/131494.pdf. Zugegriffen: 1. Dez. 2014

J. van Bon, A. de Jong, A. Kolthof, M. Pieper, R. Tjassing, A. van der Veen, T. Verheijen, *Foundations in IT-Service-Management: Basierend auf ITIL V3*, Bd. 3. (Van Haren Publishing, Zaltbommel, Niederlande, 2007). ISBN: 978-90-8753-057-0

D. Borchers, E-Gesundheitskarte: Datenverlust mit Folgen. Heise (2009, 10. Juli), http://www.heise.de/newsticker/meldung/E-Gesundheitskarte-Datenverlust-mit-Folgen-6077.html. Zugegriffen: 27. Juni 2014

P. Borscheid, D. Gugerli, T. Straumann, H. James, *Swiss Re: Und die Welt der Risikomärkte* (CH Beck, München, 2014). ISBN: 978-3406655845

J. Bosch, Software Architecture: The Next Step, in *Software Architecture, First European workshop, EWSA 2004, St. Andrews, UK, May 21–22, 2004. Proceedings, ser. Lecture Notes in Computer Science*, Hrsg. F. Oquendo, B. C. Warboys, R. Morrison. Bd. 3047 (Springer, Heidelberg, 2004), S. 194–199. ISBN: 978-3-540-22000-8. doi:10.1007/978-3-540-24769-2_14

O. Bossert, J. Laartz, T.J. Ramsoy, Running your company at two speeds. McKinsey Q. (2014), http://www.mckinsey.com/insights/business_technology/running_your_company_at_two_speeds. Zugegriffen: 31. Aug. 2015

S. Bouch, I. Hayes, T. Oldham, Systems management of operational support systems applications. Eng. BT Tech. J. **15**(1), 151–159 (1997). doi:10.1023/A:1018647632416. ISSN: 1358-3948

H. Brand, J. Duke, Productivity in commercial banking: Computers spur the advance. Mon. Labor Rev. **105**, 19–27 (1982). ISSN: 0098-1818

J. Brandon, How to survive 4 cloud horror story scenarios. CIO.com (2014, 6. Aug.), http://www.cio.com/article/2460967/cloud-computing/how-to-survive-4-cloud-horror-stories.html#social. Zugegriffen: 18. Aug. 2014

U. Brecht, *Kostenmanagement: Neue Tools für die Praxis* (Gabler Verlag, Wiesbaden, 2005). ISBN: 978-3-322-84563-4. doi:10.1007/978-3-322-84563-4

J.M. Breen, Who are manning the new computers? Comput. Autom. **4**(10) (1955)

A. Breiter, A. Fischer, *Implementierung von IT-Service-Management, Erfolgsfaktoren aus nationalen und internationalen Fallstudien* (Springer, Berlin, 2011). ISBN: 978-3-642-18477-2. doi:10.1007/978-3-642-18477-2

B. Briscoe, A. Odlyzko, B. Tilly, Metcalfe's law is wrong – communications networks increase in value as they add members – but by how much? Spectr. IEEE. **43**(7), 34–39 (2006). ISSN: 0018-9235. doi:10.1109/MSPEC.2006.1653003

K. Brittain, Magic quadrant for the IT service desk. Gartner (2003, 14. May), http://xbash.files.wordpress.com/2010/12/lectura2.pdf. Zugegriffen: 30. Okt. 2014

F.P. Brooks Jr., *The Mythical Man-Month: Essays on Software Engineering, Anniversary Edition*, 2. Aufl. (Addison-Wesley Professional, Boston, 1995). ISBN: 978-0201835953

F.J. Brooks, No silver bullet: Essence and accidents of software engineering. IEEE Softw. **20**(4), 10–19 (1987). ISSN: 0018-9162. doi:10.1109/MC.1987.1663532

J.S. Brown, P. Duguid, Knowledge and organization: A social-practice perspective. Organ. Sci. **12**(2), 198–213 (2001). ISSN: 1526-5455. doi:10.1287/orsc.12.2.198.10116

E. Brynjolfsson, Y.J. Hu, M.D. Smith, From niches to riches: The anatomy of the long tail. Sloan Manage. Rev. **47**(4), 67–71 (2006). ISSN: 1532-9194

J. Budszus, H.W. Heibey, R. Hillenbrand-Beck, S. Polenz, M. Seifert, M. Thiermann, *Orientierungshilfe – Cloud Computing der Arbeitskreise Technik und Medien der Konferenz der Datenschutzbeauftragten des Bundes und der Länder* 82. Konferenz der Datenschutzbeauftragten des Bundes und der Länder (München, 2011, Sept.)

W.E. Buffett, Chairman's letter (1982, 26. Feb.), http://www.berkshirehathaway.com/letters/1981.html. Zugegriffen: 20. Okt. 2014

E. Bumiller, We have met the enemy and he is PowerPoint. The New York Times (2010, 26. April), http://www.nytimes.com/2010/04/27/world/27powerpoint.html. ISSN: 0362-4331. Zugegriffen: 28. Okt. 2014

Bundesamt für Güterverkehr, Mautstatistik – Jahrestabellen 2014. Bonn (2015, Feb.), http://www.bag.bund.de/SharedDocs/Downloads/DE/Statistik/Lkw-Maut/Jahrestab_14_13.pdf?__blob=publicationFile. Zugegriffen: 3. Sept. 2015

Bundesamt für Sicherheit in der Informationstechnik (2013), *Hochverfügbarkeitskompendium*. https://www.bsi.bund.de/DE/Themen/weitereThemen/Hochverfuegbarkeit/HVKompendium/hvkompendium_node.html. Zugegriffen: 9. Juli 2015

Bundesamt für Sicherheit in der Informationstechnik, Überblickpapier Consumerisation und BYOD (2013, Juli). https://www.bsi-fuer-buerger.de/SharedDocs/Downloads/DE/BSI/Grundschutz/Download/Ueberblickspapier_BYOD_pdf.pdf?__blob=publicationFile. Zugegriffen: 28. Juni 2015

Bundesamt für Sicherheit in der Informationstechnik, BSI-Sicherheitsleitlinie. https://www.bsi.bund.de/DE/Themen/ITGrundschutz/ITGrundschutzSchulung/WebkursITGrundschutz/Sicherheitsmanagement/Sicherheitsleitlinie/sicherheitsleitlinie_node.html. Zugegriffen: 10. Mai 2015

Bundesamt für Sicherheit in der Informationstechnik, BSI-Standard 100-1 (2008), https://www.bsi.bund.de/SharedDocs/Downloads/DE/BSI/Publikationen/ITGrundschutzstandards/standard_1001_pdf.pdf?__blob=publicationFile. Zugegriffen: 28. Dez. 2014

Bundesamt für Sicherheit in der Informationstechnik, BSI-Standard 100-2: IT-Grundschutz-Vorgehensweise (2008), https://www.bsi.bund.de/SharedDocs/Downloads/DE/BSI/Publikationen/ITGrundschutzstandards/standard_1002_pdf.pdf?__blob=publicationFile. Zugegriffen: 3. Feb. 2015

Bundesamt für Sicherheit in der Informationstechnik, BSI-Standard 100-3 Risikoanalyse auf der Basis von IT-Grundschutz (2008), https://www.bsi.bund.de/SharedDocs/Downloads/DE/BSI/Publikationen/ITGrundschutzstandards/standard_1003_pdf.pdf?__blob=publicationFil. Zugegriffen: 3. Feb. 2015

Bundesamt für Sicherheit in der Informationstechnik, BSI-Standard 100-4 Notfallmanagement (2008), http://www.bsi.bund.de/cae/servlet/contentblob/471456/publicationFile/30746/standard_1004.pdf. Zugegriffen: 19. Dez. 2014

Bundesamt für Sicherheit in der Informationstechnik, Die Lage der IT-Sicherheit 2014 in Deutschland (2014). https://www.bsi.bund.de/DE/Publikationen/Lageberichte/lageberichte_node.html. Zugegriffen: 18. Dez. 2014

Bundesamt für Sicherheit in der Informationstechnik, IT-Grundschutz-Kataloge. https://www.bsi.bund.de/DE/Themen/ITGrundschutz/ITGrundschutzKataloge/itgrundschutzkataloge_node.html. Zugegriffen: 4. Sept. 2015

Bundesbeauftragte für den Datenschutz und die Informationsfreiheit, Technische und organisatorische Maßnahmen (2012, 6. Juni), https://www.bfdi.bund.de/bfdi_wiki/index.php/Technische_und_organisatorische_Ma%C3%83%C2%9Fnahmen. Zugegriffen: 10. Juli 2014

Bundesdatenschutzgesetz in der Fassung der Bekanntmachung vom 14. Januar 2003 (BGBl. I S. 66), das zuletzt durch Artikel 1 des Gesetzes vom 25. Februar 2015 (BGBl. I S. 162) geändert worden ist, http://www.gesetze-im-internet.de/bundesrecht/bdsg_1990/gesamt.pdf. Zugegriffen: 17. März 2015

Bundesministerium des Inneren und Bundesministerium der Finanzen, *IT-Steuerung Bund* (2007), http://www.cio.bund.de/SharedDocs/Publikationen/DE/Bundesbeauftragte-fuer-Informationstechnik/konzept_it_steuerung_bund_download.pdf;jsessionid=ABA2948AE4A2604ED1D58E06A5165569.2_cid289?__blob=publicationFile. Zugegriffen: 8. Juli 2014

Bundesstelle für Informationstechnik, Zusammenarbeit mit IT-Organisation und Betrieb (Sept. 20, 2013), http://gsb.download.bva.bund.de/BIT/V-Modell_XT_Bund/V-Modell%20XT%20Bund%20HTML/f4a3125029a3017.html. Zugegriffen: 9. Juli 2014

Bundesversicherungsamt, Erhebung von Daten im morbiditätsorientierten Risikostrukturausgleich, Rundschreiben an die bundesunmittelbaren Krankenkassen (2009, Juli), http://www.bundesversicherungsamt.de/fileadmin/redaktion/Krankenversicherung/Rundschreiben/Rundschreiben39.pdf. Zugegriffen: 3. Juli 2015

J.G. Burke, Bursting boilers and the federal power. Tech. Cult. **7**(1), 1–23 (1966). doi:10.2307/3101598

F. Buttle, SERVQUAL: Review, critique, research agenda. Eur. J. Mark. **30**(1), 8–32 (1996). ISSN: 0309-0566

CACM Staff, Snowden weak link: Copying to USB device. Commun. ACM. **57**(7), 8–9 (2014). ISSN: 0001-0782. doi:10.1145/2622629

G.L. Campbell, A.A. Marfin, R.S. Lanciotti, D.J. Gubler, West Nile virus. Lancet Infect. Dis. **2**(9), 519–529 (2002). doi:10.1016/S1473-3099(02)00368-7

L.F. Capretz, Personality types in software engineering. Int. J. Hum-Comput. Stud. **58**(2), 207–214 (2003). doi:10.1016/S1071-5819(02)00137-4

N. Carr, IT doesn't matter. Harv. Bus. Rev. **81**(5), 41–49 (2003). ISSN: 0017-8012

N.G. Carr, Burned by IT. Ind. Eng. **36**(8), 28–33 (2004)

N.G. Carr, The end of corporate computing. Sloan Manage. Rev. **46**(3) 67–73 (2005). ISSN: 1532-9194

V. Castano, I. Schagaev, *Resilient Computer System Design* (Springer, Cham, 2015). ISBN: 978-3-319-15068-0. doi:10.1007/978-3-319-15069-7

A. Cater-Steel, W.-G. Tan, M. Toleman, Challenge of adopting multiple process improvement frameworks. *Proceedings of the 14th European conference on information systems (ECIS2006)*. European Conference on Information Systems, 2006, S. 1375–1386

A. Cater-Steel, W.-G. Tan, M. Toleman, Using institutionalism as a lens to examine ITIL adoption and diffusion. *Proceedings of the 20th Australasian Conference on Information Systems (ACIS2009)*, Monash University, 2009, S. 321–330

T. Catlin, J. Scanlan, P. Willmott, Raising your digital quotient. McKinsey Q. **3**, 30–43 (2015). ISSN: 0047-5394

Centers for Disease Control and Prevention, CDC media statement on newly discovered smallpox specimens (2014, 8. Juli), http://www.cdc.gov/media/releases/2014/s0708-NIH.html. Zugegriffen: 9. Juli 2014

Centers for Disease Control and Prevention, Report on the potential exposure to anthrax (2014, Nov.), http://www.cdc.gov/about/pdf/lab-safety/Final_Anthrax_Report.pdf. Zugegriffen: 23. Jan. 2015

E. Chabrow, The wild, wild cost of data centers. EWeek (6), 12–23 (2008). ISSN: 1530-6283

N. Chapin, J.E. Hale, K.M. Kham, J.F. Ramil, W.-G. Tan, Types of software evolution and software maintenance. J. Softw. Maint. **13**(1), 3–30 (2001). ISSN: 1040-550X

R. Chen, K.L. Kraemer, P. Sharma, Google: Das weltweit erste „Information Utility"? Wirtschafts-informatik **51**(1), 61–71 (2009). ISSN: 1861-8936. doi:10.1007/s11576-008-0116-z

D.S. Chiaburu, I.-S. Oh, C.M. Berry, N. Li, R.G. Gardner, The five-factor model of personality traits and organizational citizenship behaviors: A meta-analysis. J. Appl. Psychol. **96**(6), 1140–1166 (2011). ISSN: 0021-9010. doi:10.1037/a0024004

M.K. Christianson, M.T. Farkas, K.M. Sutcliffe, K.E. Weick, Learning through rare events: Significant interruptions at the Baltimore & Ohio Railroad Museum. Organ. Sci. **20**(5), 846–860 (2009). ISSN: 1047-7039. doi:10.1287/orsc.1080.0389

A. Y. K. Chua, Exhuming IT projects from their graves: An analysis of eight failure cases and their risk factors. J. Comput. Inf. Syst. **49**(3), 31–39 (2009). ISSN: 0887-4417

L. Chung, J. do Prado Leite, in *On non-functional requirements in software engineering*, Hrsg. A.T. Borgida, V.K. Chaudhri, P. Giorgini, E.S. Yu. Conceptual Modeling: Foundations and Applications, ser. Lecture Notes in Computer Science, Bd. 5600 (Springer, Berlin, 2009), S. 363–379. ISBN: 978-3-642-02462-7. doi:10.1007/978-3-642-02463-4_19

R.L. Clark, We don't know where to GOTO if we don't know where we've COME FROM. This linguistic innovation lives up to all expectations. DATAMATION (1973, Dez.), http://www.fortran.com/fortran/come_from.html

L. Clarke, *Mission Improbable: Using Fantasy Documents to Tame Disaster* (University of Chicago Press, Chicago, 1999). ISBN: 0-226-10941-0

A.J. Claxton, J. Cramer, C. Pierce, A systematic review of the associations between dose regimens and medication compliance. Clin. Ther. **23**(8), 1296–1310 (2001). doi:10.1016/S 0149-2918(01)80109-0

E. Clemons, M. Row, in *McKesson drug company – A case study of Economost: A strategic information system*. Proceedings of the Twenty-First Annual Hawaii International Conference on System Sciences, Applications Track, Bd. 4, S. 141–149, (1988, Jan.). doi:10.1109/HICSS.1988.11973

CMMI Product Team, CMMI for Services, Version 1.3. Technical report CMU/SEI-2010-TR-034 (Nov. 2010)

A. Cockburn, Characterizing people as non-linear, first-order components in software development, International Conference on Software Engineering 2000 (1999), http://alistair.cockburn.us/Characterizing+people+as+non-linear,+first-order+components+in+software+development/v/slim. Zugegriffen: 17. Sept. 2014

A. Cockburn, Selecting a project's methodology. IEEE Softw. **17**(4), 64–71 (Jul. 2000). ISSN: 0740-7459. doi:10.1109/52.854070

A. Cockburn, People and methodologies in software development, PhD thesis. University of Oslo Norway, 2003

J.A. Colquitt, D.E. Conlon, M.J. Wesson, C.O.L.H. Porter, K.Y. Ng, Justice at the millennium: A meta-analytic review of 25 years of organizational justice research. J. Appl. Psychol. **86**(3), 425–445 (2001). doi:10.1037/0021-9010.86.3.425

R.J. Colville, *Hype cycle for IT operations management*. (Gartner, Stamford, 2011)

Committee on science and technology, House of Representatives, ninety-ninth congress, second session, Investigation of the Challenger Accident (1986, Okt.)

K. R. Conner, C. K. Prahalad, A resource-based theory of the firm: Knowledge versus opportunism. Organ. Sci. **7**(5), 477–501 (1996) ISSN: 1047-7039. doi:10.1287/orsc.7.5.477

R. Cooper, R.S. Kaplan, Profit priorities from activity-based costing. Harv. Bus. Rev. **69**(3), 130–135, (1991). ISSN: 0017-8012

R. Cooper, R.S. Kaplan, The promise – and peril – of integrated cost systems. Harv. Bus. Rev. **76**(4), 109–119 (1997). ISSN: 0017-8012

D. G. Copeland, J. L. McKenney, Airline reservations systems: Lessons from history. MIS Q. **12**(3), 353–370, (1988). ISSN: 0276-7783. doi:10.2307/249202

L.M. Cortina, Unseen injustice: Incivility as modern discrimination in organizations. Acad. Manage. Rev. **33**(1), 55–75 (2008). ISSN: 0363-7425. doi:10.5465/AMR.2008.27745097

S. Cots, M. Casadesús, Exploring the service management standard ISO 20000. Total Qual. Manage. Bus. Excell. **26**(5–6), 515–533 (2015). doi:10.1080/14783363.2013.856544

Court of Justice of the European Union, Press Release No. 117/15 (2015, 16. Okt.). http://curia.europa.eu/jcms/upload/docs/application/pdf/2015-10/cp150117en.pdf. Zugegriffen: 16. Okt. 2015

J. Creswell, N. Perlroth, Ex-employees say Home Depot left data vulnerable. The New York Times (2014, 19. Sept.). ISSN: 0362-4331, http://www.nytimes.com/2014/09/20/business/ex-employees-say-home-depot-left-data-vulnerable.html?src=me&_r=0. Zugegriffen: 22. Sept. 2014

Crime: Diary of a vandalized car. Time Magazine (1969, 28. Feb.), http://content.time.com/time/magazine/article/0,9171,900702,00.html. Zugegriffen: 17. Nov. 2014

P.B. Crosby, *Quality is Free: The Art of Making Quality Certain* (McGraw-Hill, New York, 1979). ISBN: 07-014512-1

J. M. Culkin, A schoolman's guide to Marshall McLuhan. Saturday Rev. **50**, 51–53 (1967)

M.A. Cusumano, R.W. Selby, How Microsoft builds software. Commun. ACM. **40**(6), 53–61 (1997). ISSN: 0001-0782. doi:10.1145/255656.255698

M.A. Cusumano, R.W. Selby, *Microsoft Secrets: How the World's Most Powerful Software Company Creates Technology, Shapes Markets and Manages People* (Simon and Schuster, New York, 1998). ISBN: 978-0684855318

C. Czarnecki, A. Winkelmann, Referenzprozessabläufe für Telekommunikationsunternehmen. Wirtschaftsinformatik **55**(2), 83–97 (2013). doi:10.1007/s11576-013-0351-9

Daimler, Our Presence in India – Mercedes-Benz Research and Development India (2014), http://www.mercedes-benz.co.in/content/india/mpc/mpc_india_website/enng/home_mpc/passengercars/home/world/Our_Presence_in_India/1.html. Zugegriffen: 7. Okt. 2014

K. Dalkir, *Knowledge management in theory and practice.* (MIT Press, Cambridge, 2011). ISBN: 978-0262015080

Dark Energy, Dark Matter, NASA, http://science.nasa.gov/astrophysics/focus-areas/what-is-dark-energy/. Zugegriffen: 5. Sept. 2015

T.H. Davenport, Make better decisions. Harv. Bus. Rev. **87**(11), 117–123 (2009). ISSN: 0017-8012

T.H. Davenport, Keep up with your quants. Harv. Bus. Rev. **91**(7–8), 120–123 (2013). ISSN: 0017- 8012

W.H. DeLone, E.R. McLean, Information systems success: The quest for the dependent variable. Inf. Syst. Res. **3**(1), 60–95 (1992). doi:10.1287/isre.3.1.60

W.H. DeLone, E.R. McLean, The DeLone and McLean model of information systems success: A ten-year update. J. Manage. Inf. Syst. **19**(4), 9–30 (2003). doi:10.1080/07421222.2003.11045748

W.E. Deming, *Out of the Crisis* (MIT Press, Cambridge, 2000). ISBN: 978-0262541152

G. Dern, *Integrationsmanagement in der Unternehmens-IT* (Vieweg+Teubner, Wiesbaden, 2011). ISBN: 978-3-8348-8154-0. doi:10.1007/978-3-8348-8154-0

L. Desjardins, Fed official: IRS did not follow the law, CNN (2014, 24. Juni), http://edition.cnn.com/2014/06/23/politics/irs-e-mails/index.html. Zugegriffen: 6. Juli 2014

Deutscher Bundestag, Antwort der Bundesregierung auf die Kleine Anfrage der Abgeordneten Dr. Thomas Gambke, Britta Haßelmann, Lisa Paus, weiterer Abgeordneter: Maßnahmen gegen den Betrug mit manipulierten Kassensystem, Drucksache 18/4660, 18. Wahlperiode, 2015

J.-H. Deutscher, I.W. Häußler, Prozessentwicklungskarte – kosteneffektive Umsetzung des IT-Servicemanagements nach ISO 20000. HMD Praxis Wirtschaftsinf. **48**(5), 109–115 (2011). doi:10.1007/BF03340630

G. Dhillon, J. Backhouse, Technical Opinion: Information system security management in the new millennium. Commun. ACM. **43**(7), 125–128 (2000). doi:10.1145/341852.341877

P. Diamond, H. Vartiainen, *Behavioral Economics and its Applications* (Princeton University Press, Princeton, 2007). ISBN: 0-691-12284-9

Die Bundesregierung, Richtlinien für den Einsatz der Informationstechnik in der Bundesverwaltung (IT-Richtlinien) (1988), http://www.verwaltungsvorschriften-im-internet.de/bsvwvbund_18081988_OI319500112.htm. Zugegriffen: 27. Juni 2014

L. Dignan, Microsoft's online sinkhole: $8.5 billion lost in 9 years (2011). http://www.zdnet.com/blog/btl/microsofts-online-sinkhole-8-5-billion-lost-in-9-years/52989. Zugegriffen: 21. Aug. 2014

E. Dijkstra, in *Classics in Software Engineering*, Hrsg. E.N. Yourdon. The humble programmer (Yourdon Press, Englewood, 1979), S. 111–125. ISBN: 0-917072-14-6

E.W. Dijkstra, EWD 215: A case against the GOTO statement (1968), S. 1–3 Technological University Eindhoven

E.W. Dijkstra, Letters to the editor: Go to statement considered harmful. Commun. ACM. **11**(3), 147–148 (1968). ISSN: 0001-0782. doi:10.1145/362929.362947

DIN Deutsches Institut für Normung e. V., *DIN EN ISO 9000:2005-12 Qualitätsmanagementsysteme – Grundlagen und Begriffe* (Beuth Verlag, Berlin, 2005)

DIN Deutsches Institut für Normung e. V., *DIN EN ISO 9001:2008 Qualitätsmanagementsysteme – Anforderungen* (Beuth Verlag, Berlin, 2008)

DIN Deutsches Institut für Normung e. V., *DIN 66398:2015-02: Leitlinie zur Entwicklung eines Löschkonzepts mit Ableitung von Löschfristen für personenbezogene Daten* (Beuth Verlag, Berlin, 2015)

DIN Deutsches Institut für Normung e. V., *DIN EN ISO 25010:2011-03: Systems and Software Engineering – Systems and Software Quality Requirements and Evaluation (SQuaRE) – System and Software Quality Models* (Beuth Verlag, Berlin, 2011)

G. Disterer, Zertifizierung der IT nach ISO 20000. Wirtschaftsinformatik **51**(6), 530–534 (2009). ISSN: 0937-6429. doi:10.1007/s11576-009-0198-2

G. Disterer, ISO/IEC 27000, 27001 and 27002 for information security management. J. Inf. Secu. **4**(02), 92–100, (2013). doi:10.4236/jis.2013.42011

S. Dressler, *Shared Services, Business Process Outsourcing und Offshoring, Die moderne Ausgestaltung des Back Office – Wege zu Kostensenkung und mehr Effizienz im Unternehmen* (Gabler Springer, Wiesbaden, 2007). ISBN: 978-3-8349-9266-6. doi:10.1007/978-3-8349-9266-6

P.F. Drucker, *Landmarks of tomorrow*. (Harper & Brothers Publishers, New York, 1959)

P.F. Drucker, *Management: Tasks, Responsibilities, Practices (revised edition)*. (HarperCollins, Toronto, 1999). ISBN: 978-0-06-168687-0

P.F. Drucker, They're not employees, they're people. Harv. Bus. Rev. **80**(2), 70–77 (2002). ISSN: 0017-8012

P.F. Drucker, *Innovation and Entrepreneurship: Practice and Principles* (Butterworth-Heinemann, Oxford, 2007). ISBN: 978-0-7506-8508-5

M. Durst, *Wertorientiertes Management von IT-Architekturen* (Teubner, Wiesbaden, 2008). ISBN: 978-3-8350-0895-3. doi:10.1007/978-3-8350-5516-2

Z. Durumeric, J. Kasten, D. Adrian, J. A. Halderman, M. Bailey, F. Li, N. Weaver, J. Amann, J. Beekman, M. Payer, V. Paxson, The matter of heartbleed. *Proceedings of the 2014 Conference on internet measurement conference*, ser. IMC '14, ACM, 2014, S. 475–488. ISBN: 978-1-4503-3213-2. doi:10.1145/2663716.2663755

D.L. Dvorak, *NASA study on flight software complexity* in 6th AIAA Infotech@Aerospace Conference, Seattle, Washington (American Institute of Aeronautics and Astronautics, April. 9, 2009). doi:10.2514/6.2009-1882

J.H. Dyer, D.S. Cho, W. Chu, Strategic supplier segmentation: The next „best practice" in supply chain management. Calif. Manage. Rev. **40**(2), 57 (1998). ISSN: 0008-1256

M. Eaddy, T. Zimmermann, K.D. Sherwood, V. Garg, G.C. Murphy, N. Nagappan, A.V. Aho, Do crosscutting concerns cause defects? IEEE T. Softw. Eng. **34**(4), 497–515 (2008). ISSN: 0098-5589. doi:10.1109/TSE.2008.36

M.J. Earl, D. Feeny, Is your CIO adding value. Sloan Manage. Rev. **35**(3), 11–20 (1994). ISSN:1532-9194

M.J. Earl, D.F. Feeney, How to be a CEO for the information age. Sloan Manage. Rev. **41**(2), 11–24 (2000). ISSN: 1532-9194

N. Ebel, *PRINCE2:2009™ – für Projektmanagement mit Methode* (Addison-Wesley Verlag, München, 2011). ISBN: 978-3-8273-2997-4

D. Edberg, P. Ivanova, W. Kuechler, Methodology mashups: An exploration of processes used to maintain software. J. Manage. Inf. Syst. **28**(4), 271–304 (2012). ISSN: 0742-1222

J. Ehrlinger, K. Johnson, M. Banner, D. Dunning, J. Kruger, Why the unskilled are unaware: Further explorations of (absent) self-insight among the incompetent. Organ. Behav. Hum. Decis. Proces-ses. **105**(1), 98–121 (2008). ISSN: 0749-5978. doi:10.1016/j.obhdp.2007.05.002

M. Eisenmenger, D. Emmerling, Amtliche Sterbetafeln und Entwicklung der Sterblichkeit, Statisti-sches Bundesamt, Wirtschaft und Statistik. Tech. Rep. **3**, 219 (2011)

K.R. Eldredge, *Patent 3000000 Automatic Reading System* (United States Patent Office, Virginia, 1961)

K. El Emam, A. Koru, A replicated survey of IT software project failures. IEEE Softw. **25**(5), 84–90 (Sept. 2008). ISSN: 0740-7459. doi:10.1109/MS.2008.107

T. Elrad, R.E. Filman, A. Bader, Aspect-oriented programming: Introduction. Commun. ACM **44**(10), 29–32 (2001). ISSN: 0001-0782. doi:10.1145/383845.383853

O.A. El Sawy, A. Malhotra, S.J. Gosain, K.M. Young, IT-intensive value innovation in the electronic economy: Insights from Marshall Industries. MIS Q. **23**(3), 305–335 (1999). ISSN: 0276-7783

Enhanced Telecom Operations Map (eTOM) – Introduction. International Telecommunication Union (2007)

Enhanced Telecom Operations Map (eTOM) – The business process framework. International Tele-communication Union (2007)

C. Eppinger, F. Zeyer, *Erfolgsfaktor Rechnungswesen* (Springer Gabler, Wiesbaden, 2012). ISBN: 978-3-8349-3721-6. doi:10.1007/978-3-8349-3721-6

Erfolgreiche Projekte managen mit PRINCE2$_{TM}$, 5. Aufl. (Axelos Ltd., 2014). ISBN: 978-0113312146

EU-Minister einigen sich auf Datenschutzreform. Zeit Online (2015, Juni), http://www.zeit.de/digi-tal/datenschutz/2015-06/datenschutz-eu-reform-justizminister-luxemburg. Zugegriffen: 21. Juni 2015

W.R. Evans, J.M. Goodman, W.D. Davis, The impact of perceived corporate citizenship on orga-nizational cynicism, OCB, and employee deviance. Hum. Perform. **24**(1), 79–97 (2011). ISSN: 0895-9285. doi:10.1080/08959285.2010.530632

J. L. Eveleens, C. Verhoef, The rise and fall of the CHAOS report figures. IEEE Softw. **27**(1), 30–36 (2010). doi:10.1109/MS.2009.154

M.E. Fagan, Design and code inspections to reduce errors in program development. IBM Syst. J. **15**(3), 182–211 (1976). doi:10.1147/sj.153.0182

M. Falk, *IT-Compliance in der Corporate Governance: Anforderungen und Umsetzung* (Springer Gabler Wiesbaden, 2012). ISBN: 978-3-8349-3987-6. doi:10.1007/978-3-8349-3988-3

M.S. Feather, J.M. Wilf, Visualization of software assurance information, in 2013 46th Hawaii International Conference on System Sciences (HICSS) (2013), S. 4948–4956. doi:10.1109/HICSS.2013.601

D.F. Feeny, L.P. Willcocks, Core IS capabilities for exploiting information technology. Sloan Mana-ge. Rev. **39**(3), 9–21 (1998). ISSN: 1532-9194

D.F. Feeny, B.R. Edwards, K.M. Simpson, Understanding the CEO/CIO relationship. MIS Q. **16**(4), 435–448 (1992). ISSN: 0276-7783

D. Feeny, M. Lacity, L.P. Willcocks, Taking the measure of outsourcing providers. Sloan Manage. Rev. (2005, April). ISSN: 1532-9194, http://sloanreview.mit.edu/article/taking-the-measure-of-outsourcing-providers/. Zugegriffen: 7. Juli 2014

N. Fenton, S. Pfleeger, R.L. Glass, Science and substance: A challenge to software engineers. Softw. IEEE. **11**(4), 86–95 (1994). ISSN: 0740-7459. doi:10.1109/52.300094

P. Fettke, P. Loos, Referenzmodellierungsforschung. Wirtschaftsinformatik **46**(5), 331–340 (2004). ISSN: 0937-6429. doi:10.1007/BF03250947

P. Fettke, P. Loos, J. Zwicker, in *Business Process Reference Models: Survey and Classification, English. Business Process Management Workshops*, Hrsg. C.J. Bussler, A. Haller. Lecture Notes in Computer Science, Bd. 3812. (Springer-Verlag, Berlin, 2006), S. 469–483. ISBN: 978-3-540-32595-6. doi:10.1007/11678564_44

A. Fisher, J. McKenney, The development of the ERMA banking system: Lessons from history. Ann. Hist. Comput. IEEE. **15**(1), 44–57 (1993). ISSN: 1058-6180. doi:10.1109/85.194091

T. Fischer, A. Rothe, in *Wertbeitrag der Informationstechnologie*, Hrsg. J. Moormann, T. Fischer. Handbuch Informationstechnologie in Banken (Gabler, Wiesbaden, 2004), S 19–41. ISBN: 978-3-322-91155-1. doi:10.1007/978-3-322-91154-4_2

R. Fisman, E. Miguel, Corruption, norms, and legal enforcement: Evidence from diplomatic parking tickets. J. Political Econ. **115**(6), 1020–1048 (2007). doi:10.1086/527495

M.P. Fleischer, S. Patel, Improving data center productivity. McKinsey Q. (1), 85–103 (1989). ISSN: 0047-5394

R. Flin, *Sitting in the Hot Seat: Leaders and Teams for Critical Incident Management* (Wiley, New Jersey, 1996). ISBN: 978-0471957966

K. Flinders, How did EDS lose $8bn in value in four years? ComputerWeekly.com (2012, 23. Aug.), http://www.computerweekly.com/blogs/outsourcing/2012/08/how-did-eds-lose-8bn-in-value-in-four-years.html. Zugegriffen: 2. Okt. 2014

F. Flores, M. Graves, B. Hartfield, T. Winograd, Computer systems and the design of organizational interaction. ACM Trans. Inf. Syst. **6**(2), 153–172 (1988). ISSN: 1046-8188. doi:10.1145/45941.45943

J.W. Forrester, Industrial dynamics. Harv. Bus. Rev. **36**(4), 37–66 (1958). ISSN: 0017-8012

J.W. Forrester, The beginning of system dynamics. McKinsey Q. **4**, 4–16 (1995). ISSN: 0047-5394

I. Foster, S. Tuecke, Describing the elephant: The different faces of IT as service. Queue **3**(6), 26–29 (2005). ISSN: 1542-7730. doi:10.1145/1080862.1080874

Fotos von heinz tomato ketchup, facebook.com, https://www.facebook.com/photo.php?fbid=10206942549392802&set. Zugegriffen: 16. Juli 2015

E. Frese, M. Graumann, L. Theuvsen, *Grundlagen der Organisation*, 10. Aufl. (Gabler, Wiesbaden, 2012). ISBN: 978-3-8349-7103-6. doi:10.1007/978-3-8349-7103-6

Fresenius, Geschäftsbericht 2013 (2014, 20. März), http://www.fresenius.de/documents/GB_deutsch_US_GAAP_2013.pdf. Zugegriffen: 25. Juni 2014

M. Fröhlich K. Glasner, *IT-Governance: Leitfaden für eine praxisgerechte Implementierung* (Gabler, Wiesbaden, 2007). ISBN: 978-3-8349-9364-9. doi:10.1007/978-3-8349-9364-9

M. Führing, *Risikomanagement und Personal: Management des Fluktuationsrisikos von Schlüsselpersonen aus ressourcenorientierter Perspektive* (Gabler, Wiesbaden, 2006). ISBN: 978-3-8350-9387-4. doi:10.1007/978-3-8350-9387-4

Führung und Leitung im Einsatz: Führungssystem, Ausschuß Feuerwehrangelegenheiten, Katastrophenschutz und zivile Verteidigung (AFKzV), (2015). http://www.bbk.bund.de/DE/Service/ Fachinformationsstelle/RechtundVorschriften/VorschriftenundRichtlinien/VolltextFwDv/ FwDV-volltext_einstieg.html. Zugegriffen: 2. Sept. 2015

B. Furneaux, M. Wade, An exploration of organizational level information systems discontinuance intentions. MIS Q. **35**(3), 573–598 (2011). ISSN: 0276-7783

A. Furnham, Faking personality questionnaires: Fabricating different profiles for different purposes. Curr. Psychol. **9**(1), 46–55 (1990). ISSN: 0737-8262. doi:10.1007/BF02686767

A. Gadatsch, *IT-Offshore Realisieren: Grundlagen und zentrale Begriffe, Entscheidungsprozess und Projektmanagement von IT-Offshore- und Nearshoreprojekten* (Vieweg, Wiesbaden, 2006). ISBN: 978-3-8348-9073-3. doi:10.1007/978-3-8348-9073-3

A. Gadatsch, E. Mayer, *Masterkurs IT-Controlling: Grundlagen und Praxis für IT-Controller und CIOs – Balanced Scorecard – Portfoliomanagement – Wertbeitrag der IT – Projektcontrolling – Kennzahlen – IT-Sourcing – IT-Kosten- und Leistungsrechnung* (Vieweg+Teubner, Wiesbaden 2010). ISBN: 978-3-658-01590-9. doi:10.1007/978-3-658-01590-9

S.D. Galup, R. Dattero, J.J. Quan, S. Conger, An overview of IT Service Management. Commun. ACM. **52**(5), 124–127 (2009). ISSN: 0001-0782. doi:10.1145/1506409.1506439

J. Galván-Colín, A.A. Valladares, R.M. Valladares, A. Valladares, Short-range order in ab initio computer generated amorphous and liquid Cu-Zr alloys: A new approach. Phys. B Condens. Matter. **475**, 140–147 (2015). doi:10.1016/j.physb.2015.07.027

D.A. Garvin, What does „Product Quality" really mean? Sloan Manage. Rev. **26**(1), 25–43 (1984). ISSN: 1532-9194

A. Gawande, *Checklist-Strategie* (btb Taschenbuch, 2013). ISBN: 9783442744749

D. Genesove, C. Mayer, Loss aversion and seller behavior: Evidence from the housing market. Q. J. Econ. **116**(4), 1233–1260 (2001). ISSN: 0033-5533

Gerichtshof der Europäischen Union, Pressemitteilung Nr. 117/15 (2015, 16. Okt.) http://curia.europa.eu/jcms/ upload/docs/application/pdf/2015-10/cp150117de.pdf. Zugegriffen: 16. Okt. 2015

A. Gerlmaier, Projektarbeit-terra incognita für den Arbeits- und Gesundheitsschutz? WSI Mitt. **58**(9), 498–503 (2005)

Gesellschaft für Telematikanwendungen der Gesundheitskarte mbH, PKI für CV-Zertifikate (2008, März), http://www.gematik.de/cms/media/dokumente/release_0_5_3/release_0_5_3_pki_zertifikate/gematik_PKI_CV-Zertifikate_Grobkonzept_V1_4_0.pdf. Zugegriffen: 4. Juli 2015

GM Ignition Compensation Claims Resolution Facility, Detailed overall program statistics (2015, 12. Juni), http://www.gmignitioncompensation.com/docs/program_Statistics.pdf. Zugegriffen: 18. Okt. 2015

G. Gilder, Metcalf's law and legacy (1993). http://www.seas.upenn.edu/~gaj1/metgg.html. Zugegriffen: 29. Jan. 2007

W. Göing, IT-Abteilung zum Service- und Profit-Center umwandeln. Control. Manage. **49**(2), 108–112 (2005). ISSN: 1614-1822. doi:10.1007/BF03254998

B. Görtz, S. Schönert, K.N. Thiebus, Programm-Managment: Großprojekte planen, steuern und kontrollieren (Carl Hanser Verlag GmbH & Co. KG, München, 2013). ISBN: 978-3-446-43275-8

V.M. González, G. Mark, Constant, constant, multi-tasking craziness: Managing multiple working spheres. *Proceedings of the SIGCHI Conference on Human Factors in Computing Systems*, ser. CHI '04, ACM, Vienna, 2004, S. 113–120. ISBN: 1-58113-702-8. doi:10.1145/985692.985707

B. Gorenc, ZDI-14-173/CVE-2014-0195 – OpenSSL DTLS Fragment out-of-bounds write: Breaking up is hard to do. HP Security Research Blog (2014, 5. Juni), http://h30499.www3.hp.com/t5/ blogs/blogarticleprintpage/blog-id/off-by-on-software-security-blog/article-id/314. Zugegriffen: 23. Okt. 2014

M. Govekar, P. Adams, *Hype cycle for IT operations management.* (Gartner, Stamford, 2011)

R.B. Grady, *Practical software metrics for project management and process improvement* (Prentice-Hall, Upper Saddle River, 1992). ISBN: 0-13-720384-5

A. Graham, Pressman/Wildavsky and Bardach: Implementation in the public sector, past, present and future. Can. Public Adm. **48**(2), 268–273 (2005). ISSN: 1754-7121. doi:10.1111/j.1754-7121.2005. tb02191.x

M. Grande, *100 min für Konfigurationsmanagement* (Springer Vieweg, Wiesbaden, 2013). ISBN: 978-3-8348-2308-3. doi:10.1007/978-3-8348-2308-3

J. Gray, Why do computers stop and what can be done about it? Symposium on reliability in distributed software and database systems, Los Angeles, CA, USA. Tandem Computers (1985)

L. Gray, Why coaches are needed in software process improvement. J. Def. Softw. Eng. **11**(9), 16–19 (1998)

J.H. Greenhaus, N.J. Beutell, Sources of conflict between work and family roles. Acad. Manage. Rev. **10**(1), 76–88 (1985). ISSN: 0363-7425

A. Greenberg, J. Hamilton, D.A. Maltz, P. Patel, The cost of a cloud: Research problems in data center networks. SIGCOMM Comput. Commun. Rev. **39**(1), 68–73 (2008). ISSN: 0146-4833. doi:10.1145/1496091.1496103

D. Griffin, A. Tversky, The weighing of evidence and the determinants of confidence. Cognit. Psychol. **24**(3), 411–435 (1992). doi:10.1016/0010-0285(92)90013-R

T. Gründer, A. Thomas, *IT-Outsourcing in der Praxis: Strategien, Projektmanagement, Wirtschaftlichkeit* (Erich Schmidt Verlag, Berlin, 2011). ISBN: 978-3503063918

R.T. Grünendahl, A.F. Steinbacher, P.H. Will, *Das IT-Gesetz: Compliance in der IT-Sicherheit: Leitfaden für ein Regelwerk zur IT-Sicherheit im Unternehmen*, 2. Aufl. (Vieweg + Teubner Verlag, Wiesbaden, 2012). ISBN: 978-3-8348-8283-7. doi:10.1007/978-3-8348-8283-7

J. Gross, COBIT: Eine gute Ergänzung zu ITIL, Computerwoche (2007, 14. Juni), http://www.computerwoche.de/a/cobit-und-8211-eine-gute-ergaenzung-zu-itil,1219535. Zugegriffen: 4. Nov. 2014

V. Grover, S.R. Jeong, A.H. Segars, Information systems effectiveness: The construct space and patterns of application. Inf. Manage. **31**(4), 177–191 (1996). ISSN: 0378-7206. doi:10.1016/S0378-7206(96)01079-8

B. Grubb, Heartbleed disclosure timeline: Who knew what and when. The sidney morning herald (2014), http://www.smh.com.au/it-pro/security-it/heartbleed-disclosure-timeline-who-knew-what-and-when-20140415-zqurk.html. Zugegriffen: 18. Dez. 2014

J. Guevara, E. Stegman, L. Hall, Gartner IT Key Metrics Data (2012), http://itsurvey.gartner.com/itsurveydocs/ITKMD12ITEnterprisesummaryreport.pdf. Zugegriffen: 22. Aug. 2014

T. Guimaraes, M. Igbaria, Determinants of turnover intentions: Comparing IC and IS personnel. Inf. Syst. Res. **3**(3), 273–303 (1992). ISSN: 1047-7047

R. Gulati, C. Casto, C. Krontiris, How the other Fukushima plant survived. Harv. Bus. Rev. **92**(7/8), 111–115 (2014). ISSN: 0017-8012

D. Gull, A. Wehrmann, Optimierte Softwarelizenzierung – Kombinierte Lizenztypen im Lizenzportfolio. Wirtschaftsinformatik **51**(4), 324–334 (2009). ISSN: 0937-6429. doi:10.1007/s11576-009-0182-x

A. de Haan, Details of the Hotmail/ Outlook.com outage on March 12th. Microsoft Office Blogs (2013, 13. März), http://blogs.office.com/2013/03/13/details-of-the-hotmail-outlookcom-outage-on-march-12th/. Zugegriffen: 24. Okt. 2014

J.U. Hagen, *Fatale Fehler* (Springer, Berlin, 2013). ISBN: 978-3-642-38944-3. doi:10.1007/978-3-642-38944-3

J.A. Hall, S.L. Liedtka, The Sarbanes-Oxley Act: Implications for large-scale IT outsourcing.Commun. ACM. **50**(3), 95–100 (2007, März). ISSN: 0001-0782. doi:10.1145/1226736.1226742

M. Hammer, J. Champy, *Reengineering the Corporation* (HaperCollins, New York, 2001). ISBN: 978-0060559533

V. Hammer, R. Fraenkel, Löschklassen – Standardisierte Fristen für die Löschung personenbezogener Daten. Datenschutz Datensicherheit. **35**(12), 890–895 (2011). doi:10.1007/s11623-011-0209-5

V. Hammer, K. Schuler, Leitlinie zur Entwicklung eines Löschkonzepts mit Ableitung von Löschfristen für personenbezogene Daten (2013, 25. Okt.), https://www.bsi.bund.de/Shared-Docs/Downloads/DE/BSI/Grundschutz/Hilfsmittel/Extern/Leitlinie_zur_Entwicklung_eines_Loeschkonzepts.pdf?_blob=publicationFile. Zugegriffen: 3. Sept. 2015

R.W. Hamming, You and your research, Jul. 1986. http://calhoun.nps.edu/handle/10945/37504. Zugegriffen: 28. Aug. 2015

R. Hamming, *Numerical Methods for Scientists and Engineers* (Dover Publications, New York, 2012). Reprint der zweiten Auflage des Herausgebers McGraw-Hill in 1973. ISBN: 978-0486134826

P. 't Hart, After Fukushima: Reflections on risk and institutional learning in an era of mega-crises. Public Adm. 91 (1), 101–113 (2013). ISSN: 1467-9299. doi:10.1111/padm.12021

L. Hart-Smith, Out-sourced profits – the cornerstone of successful subcontracting, in *Boeing Third Annual Technical Excellence (TATE) Symposium, 2001, St Louis, Missouri*

C. Heath, R.P. Larrick, J. Klayman, Cognitive repairs: How organizational practices can compensate for individual shortcomings. Res. Organ. Behav. **20**, 1–37 (1998)

A. Hellemans, Manufacturing mayday. IEEE. Spectr. **44**(1), 10–13 (2007). ISSN: 0018-9235

heise Netze, Bahn kämpft mit bundesweitem Netzwerkausfall (2009, 15. Jan.), http://www.heise.de/netze/meldung/Bahn-kaempft-mit-bundesweitem-Netzwerkausfall-Update-197890.html?view=print. Zugegriffen: 13. Juni 2014

J.H. Heizer, B. Render, H.J. Weiss, *Operations Management*, 10. Aufl. (Pearson Prentice Hall, Upper Saddle River, New Jersey, 2011). ISBN: 978-0135111437

S. Helmke, M. Uebel, *Managementorientiertes IT-Controlling und IT-Governance* (Springer Gabler, Wiesbaden, 2013). ISBN: 978-3-8349-7055-8. doi:10.1007/978-3-8349-7055-8

J.C. Henderson, N. Venkatraman, Strategic alignment: Leveraging information technology for transforming organizations. IBM Syst. J. **32**(1), 4–16 (1993). ISSN: 0018-8670

T. Hepher, Exclusive: A400M probe focuses on impact of accidental data wipe, Reuters (2015), http://www.reuters.com/article/2015/06/09/us-airbus-a400m-idUSKBN0OP2AS20150609. Zugegriffen: 2. Juli 2015

H. van Herwaarden, G. Geddes, J. Heuthorst, The IPW Maturity ModelTM and IPWTM. Quint Wellington Redwood (2005), http://uat.quintgroup.com/en/whitepapers/the-ipw-maturity-model-and-ipw. Zugegriffen: 6. Nov. 2014

F. Herzberg, *Work and the Nature of Man* (Staples Press, London, 1966)

S.A.M. Hester, Letter from the RBS group chief executive to A. Tyrie MP, Chairman of the Treasury Committee (2012, 6. Juli), http://www.parliament.uk/documents/commons-committees/treasury/12.07.06%20Andrew%20Tyrie%20re%20IT%20systems.pdf. Zugegriffen: 24. Juni 2014

S.A.M. Hester, Letter from the RBS group chief executive to A. Tyrie MP, Chairman of the Treasury Committee (2012, 9. Juni), http://www.parliament.uk/documents/commons-committees/treasury/12.06.29%20Andrew%20Tyrie%20MP.pdf . Zugegriffen: 24. Juni 2014

Hewlett-Packard bestätigt Entlassungen. Heise online (2013, 2. Feb.), http://www.heise.de/newsticker/meldung/Hewlett-Packard-bestaetigt-Entlassungen-1796595.html. Zugegriffen: 7. Okt. 2014

High Court of Justice, Queen's bench division, commercial court, *UBS AG (London Branch) & Anor v Kommunale Wasserwerke Leipzig GMBH [2014] EWHC 3615 (Comm)* (2014), http://www.bailii.org/ew/cases/EWHC/Comm/2014/3615.html. Zugegriffen: 4. Nov. 2014

M. Hiltzik, 787 Dreamliner teaches Boeing costly lesson on outsourcing. Los Angeles Times (2011, 15. Feb.), http://articles.latimes.com/print/2011/feb/15/business/la-fi-hiltzik-20110215. Zugegriffen: 26. Sept. 2014

R. Hintemann, J. Clausen, Rechenzentren in Deutschland: Eine Studie zur Darstellung der wirtschaftlichen Bedeutung und der Wettbewerbssituation. Borderstep Institut (2014, Mai), https://www.bitkom.org/Publikationen/2014/Studien/Studie-zu-Rechenzentren-in-Deutschland-Wirtschaftliche-Bedeutung-und-Wettbewerbssituation/Borderstep_Institut_-_Studie_Rechenzentren_in_Deutschland_05-05-2014(1).pdf. Zugegriffen: 14. Juli 2014

M. Hobday, A. Davies, A. Prencipe, Systems integration: A core capability of the modern corporation. Ind. Corp. Chang. **14**(6), 1109–1143 (2005). doi:10.1093/icc/dth080

A. Hochstein, R. Zarnekow, W. Brenner, ITIL als Common-Practice-Referenzmodell für das IT-Service-Management – Formale Beurteilung und Implikationen für die Praxis. Wirtschaftsinformatik **46**(5), 382–389 (2004). ISSN: 0937-6429. doi:10.1007/BF03250951

A. Hodoschek, Das IT-Desaster des AMS – Arbeitsmarktservice überlegt Neuausschreibung, Rechnungshof will wieder prüfen. Kurier.at (2014, 14. Juni), http://kurier.at/wirtschaft/wirtschaftspolitik/das-it-desaster-des-ams/70.360.579/print. Zugegriffen: 8. Okt. 2014

V.T. Ho, A. Soon, D. Straub, When subordinates become IT contractors: Persistent managerial expectations in IT outsourcing. Inf. Syst. Res. **14**(1), 66–86 (2003). ISSN: 1047-7047. doi:10.1287/isre.14.1.66.14764

D.W. Hoffmann, *Software-Qualität*, 2. Aufl. (Springer, Berlin, 2013). ISBN: 978-3-642-35700-8. doi:10.1007/978-3-642-35700-8

J. Hofmann, W. Schmidt, *Masterkurs IT-Management, Grundlagen, Umsetzung und erfolgreiche Praxis für Studenten und Praktiker*, 2. Aufl. (Vieweg+Teubner Verlag, Wiesbaden, 2010). ISBN: 978-3-8348-9387-1. doi:10.1007/978-3-8348-9387-1

G. Hofstede, *Culture's Consequences: International Differences in Work-Related Values* (SAGE Publications, Inc, Newbury Park, 1984). ISBN: 978-0803913066

M.B. Holbrook, K.P. Corfman, in *Quality and value in the consumption experience: Phaedrus rides again,* Hrsg. J. Jacoby, J.C. Olson. Perceived Quality: How Consumers View Stores and Merchandise (Lexington Books, Lexington, 1985), S. 31–57. ISBN: 978-0669082722

M. Hölterhoff, F. Edel, C. Münch, T. Jetzke, Das mittlere Management. Die unsichtbaren Leistungsträger. Dr. Jürgen Meyer Stiftung Köln (2011), http://www.juergen-meyer-stiftung.de/stiftung-ethik-pdf/DMM_Die_unsichtbaren_Leistungstraeger.pdf. Zugegriffen: 22. Sept. 2014

M. Holweg, F.K. Pil, Outsourcing complex business processes, lessons from an enterprise partnership. Calif. Manage. Rev. **54**(3) (2012). ISSN: 2162-8564. doi:10.1525/cmr.2012.54.3.98

G. Holzwart, K. Quack, Telekom und Debis Systemhaus – nur in Defiziten vereint (2000, 7. April), http://www.computerwoche.de/a/print/telekom-und-debis-systemhaus-nur-in-defiziten-vereint,1074316. Zugegriffen: 3. Sept. 2014

J. Horning, P.G. Neumann, Inside risks: Risks of neglecting infrastructure. Commun. ACM. **51**(6), 112, (2008). ISSN: 0001-0782. doi:10.1145/1349026.1349047

J. Horsch, *Kostenartenrechnung* (Gabler, Wiesbaden, 2010). ISBN: 978-3-8349-8821-8. doi:10.1007/978-3-8349-8821-8

P. Horváth, R. Mayer, Was ist aus der Prozesskostenrechnung geworden? Control. Manage. **55**(2), 5–10 (2011). ISSN: 1614-1822. doi:10.1365/s12176-012-0327-4

R. Hossiep, O. Mühlhaus, *Personalauswahl und -entwicklung mit Persönlichkeitstests,* 2. Aufl. (Hogrefe Verlag, Göttingen, 2015). ISBN: 978-3-8017-2358-3

House of Commons Transport Committee, The opening of Heathrow Terminal 5 (London, House of Commons, Nov. 2008)

A. Huber, *Strategische Planung in deutschen Unternehmen: Empirische Untersuchung von über 100 Unternehmen* (Beuth Hochschule für Technik Berlin, 2006). ISBN: 978-3-00-018463-5

M. Huber, G. Huber, *Prozess- und Projektmanagement für ITIL®: Nutzen Sie ITIL® optimal* (Vieweg + Teubner, Wiesbaden, 2011). ISBN: 978-3-8348-8195-3. doi:10.1007/978-3-8348-8195-3

F. Hueber, *IT Service Management – Prozessausrichtung und -steuerung am Beispiel eines IT-dienstleisters.* Master's thesis. (TU Berlin, Berlin, 2008)

E. Hüls, H.-J. Oestern, Die ICE-Katastrophe von Eschede. Notf. Rettungsmedizin **2**(6), 327–336 (1999). ISSN: 1434-6222. doi:10.1007/s100490050154

W. Humphrey, Characterizing the software process: A maturity framework. IEEE. Softw. **5**(2), 73–79 (1988). ISSN: 0740-7459. doi:10.1109/52.2014

W.S. Humphrey, Why don't they practice what we preach? Ann. Softw. Eng. **6**(1–4), 201–222 (1998). ISSN: 1022-7091. doi:10.1023/A:1018997029222

W.S. Humphrey, Three process perspectives: Organizations, teams, and people. Ann. Softw. Eng. **14** (1–4), 39–72 (2002). ISSN: 1022-7091. doi:10.1023/A:1020593305601

H. Hungenberg, T. Wulf, *Grundlagen der Unternehmensführung* (Springer, Heidelberg, 2011). ISBN: 978-3-642-17785-9. doi:10.1007/978-3-642-17785-9

C.L. Iacovou, Managing MIS project failures: A crisis management perspective. PhD thesis, University of British Columbia (Jan. 16, 1999)

C.L. Iacovoc, A.S. Dexter, Surviving IT project cancellations. Commun. ACM. **48**(4), 83–86 (2005). ISSN: 0001-0782. doi:10.1145/1053291.1053292

IBM Global Services, IBM and the IT Infrastructure Library (2004), http://www.ibm.com/services/us/igs/pdf/wp-g510-3008-03f-supports-provides-itil-capabilities-solutions.pdf. Zugegriffen: 30. Okt. 2014

InciWeb, Okanogan Complex news release (2015), http://inciweb.nwcg.gov/incident/article/4534/28897/. Zugegriffen: 2. Sept. 2015

M. Igbaria, S. Parasuraman, M. Badawy, Work experiences, job involvement, and quality of work life among information systems personnel. MIS Q. **18**(2) (1994). ISSN: 0276-7783

International Atomic Energy Agency, *Defence in Depth in Nuclear Safety,* ser. *INSAG* (International Atomic Energy Agency, Vienna, 1996). ISBN: 92-0-103295-1

International Software Testing Qualifications Board, *Certified tester – Expert level syllabus – Test management* (Nov. 2011), http://www.istqb.org/downloads/finish/18/81.html. Zugegriffen: 3. Juni 2015

InformationWeek, IBM, KPMG partner with Peregrine. (1999, 14. Juni), http://www.information-week.com/ibm-kpmg-partner-with-peregrine/d/d-id/1007241?print=yes. Zugegriffen: 23. Okt. 2014

ISACA, Charting our course – 2012 annual report (2012)

ISACA, 2013 more – ISACA and IT Governance Institute annual report (2013)

ISACA, COBITs 5: A business framework for the governance and management of enterprise it (2012), http://www.isaca.org/COBIT/pages=%7Bdefault-aspx%7D. Zugegriffen: 5. Nov. 2014

ISO, The ISO survey of management system standard certifications (2013), http://www.iso.org/iso/iso_survey_executive-summary.pdf. Zugegriffen: 31. Okt. 2014

ISO, ISO/IEC 19501:2005 Unified Modeling Language Specification, Standard (2005)

ISO, ISO/IEC 14674, (Beuth Verlag, Berlin, 2006), Software Engineering – Software Life –Cycle Processes – Maintenance

ISO, *ISO/IEC 19505-2:2012 Information technology – Object Management Group Unified Modeling Language (OMG UML), superstructure,* (Beuth Verlag, Berlin, 2012)

ISO/IEC JTC 1/SC 7, ISO/IEC TR 15504-7:2008 Information technology – Process assessment – Part 7: Assessment of organizational maturity (Beuth Verlag, Berlin, 2008, 15. Dez.)

ISO and IEC, *ISO/IEC 27001:2005 Information technology – Security techniques – Information security management systems – Requirements* (Beuth Verlag, Berlin, 2005)

ISO, ISO/IEC 20000-1:2005 Information technology – Service management – Part 1: Specification (Beuth Verlag, Berlin, 2005)

ISO, ISO/IEC 20000-2:2005 Information technology – Service management – Part 2: Guidance on the application of service management systems (Beuth Verlag, Berlin, 2005)

ISO and IEC, *ISO/IEC/IEEE FDIS 29119-4:2015-04: Software and systems engineering – Software testing – Part 4: Test techniques* (Beuth Verlag, Berlin, 2015)

ITIL Service Support (German version). The Stationary Office (Norwich, 2005). ISBN: 978-0113309702

ITIL Service Delivery (German version). The Stationary Office (Norwich, 2006). ISBN: 978-0113309566

E. Jacobs, Executive brief: Differences in employee turnover across key industries. SHRM Customized Database (2011, Dez.), http://www.shrm.org/research/benchmarks/documents/assessing%20employee%20turnover_final.pdf. Zugegriffen: 12. Sept. 2014

V. Johanning, *IT-Strategie: Optimale Ausrichtung der IT an das Business in 7 Schritten* (Springer Vieweg, Wiesbaden, 2014). ISBN: 978-3-658-02049-1. doi:10.1007/978-3-658-02049-1

K. Johnson, Denver airport saw the future. It didn't work (Aug. 27, 2005). *The New York Times*, ISSN: 0362-4331. http://www.nytimes.com/2005/08/27/national/27denver.html?pagewanted=all. Zugegriffen: 27. Juni 2015

B. Johnson, B. Shneiderman, Tree-maps: A space-filling approach to the visualization of hierarchical information structures. *Proceedings of the IEEE Conference on Visualization, 1991*, Oct. 1991, S. 284–291. doi:10.1109/VISUAL.1991.175815

C. Jones, *Software Engineering Best Practices: Lessons From Successful Projects in the Top Companies* (McGraw-Hill Osborne Media, New York, 2009). ISBN: 978-0-071-62161-8

C. Jones, Function Points as a universal software metric. SIGSOFT Softw. Eng. Notes **38**(4), 1–27 (2013). ISSN: 0163-5948. doi:10.1145/2492248.2492268

C. Jones, O. Bonsignour, *The Economics of Software Quality* (Addison-Wesley Professional, Boston, 2012). ISBN: 978-0132582209

L. Jonung, E. Drea, It can't happen, it's a bad idea, it won't last: U.S. economists on the EMU and the Euro, 1989–2002. Econ. J. Watch. 7(1), 4–52 (2010). ISSN: 1933-527X

T.A. Judge, C.A. Higgins, C.J. Thoresen, M.R. Barrick, The big five personality traits, general mental ability, and career success across the life span. Pers. Psychol. **52**(3), 621–652 (1999)

P.-H. Kamp, The Bikeshed email (1999), http://phk.freebsd.dk/sagas/bikeshed.html. Zugegriffen: 26. Aug. 2014

R.S. Kaplan, Yesterday's accounting undermines production. Harv. Bus. Rev. **62**(4), 95–101 (1984). ISSN: 0017-8012

R.S. Kaplan, One cost system isn't enough. Harv. Bus. Rev. **66**(1), 61–66 (1988). ISSN: 0017-8012

R. S. Kaplan, D. P. Norton, Using the balanced scorecard as a strategic management system. Harv. Bus. Rev. **74**(1), 75–85 (1996). ISSN: 0017-8012

R. S. Kaplan, D. P. Norton, Measuring the strategic readiness of intangible assets. Harv. Bus. Rev. **82**(2), 52–63 (2004). ISSN: 0017-8012

A. Karer, *Optimale Prozessorganisation im IT-Management: Ein Prozessreferenzmodell für die Praxis* (Springer, Berlin, 2007). ISBN: 978-3-540-71558-0. doi:10.1007/978-3-540-71558-0

T. Kern, L.P. Willcocks, E. Van Heck, The winner's curse in IT outsourcing: Strategies for avoiding relational trauma. Calif. Manage. Rev. **44**(2), 47–69 (2002). ISSN: 0008-1256

F. Keuper, M. Häfner, C.v. Glahn, *Der M & A-Prozess, Konzepte, Ansätze und Strategien für die Pre- und Post-Phase* (Springer Gabler, Wiesbaden, 2006). ISBN: 978-3-8349-9250-5. doi:10.1007/978-3-8349-9250-5

F. Keuper, R. Grimm, M. Schomann, *Strategisches IT-Management: Management von IT und IT-gestütztes Management* (Gabler, Wiesbaden, 2008). ISBN: 978-3-8349-9786-9. doi:10.1007/978-3-8349-9786-9

F. Keuper, M. Schomann, K. Zimmermann, *Innovatives IT-Management*, 2. Aufl. (Gabler, Wiesbaden, 2010). ISBN: 978-3-8349-8803-4. doi:10.1007/978-3-8349-8803-4

B.L. Kirkman, K.B. Lowe, C.B. Gibson, A quarter century of culture's consequences: A review of empirical research incorporating Hofstede's cultural values framework. J. Int. Bus. Stud. **37**(3), 285–320 (2006). doi:10.1057/palgrave.jibs.8400202

M. Kittel, T.J. Koerting, D. Schött, *Kompendium für ITIL V3 Projekte: Menschen, Methoden, Meilensteine. Von der Analyse zum selbstoptimierenden Prozess* (Books on Demand, 2009). ISBN: 978-3839133394

M. Klein, *Union Pacific: The Reconfiguration: America's Greatest Railroad from 1969 to the Present* (Oxford University Press, Oxford, 2011). ISBN: 978-0-19-536989-2

Knight Capital Americas LLC, Form X-17A-5 – FOCUS Report, SEC EDGAR website, SEC Accession No. 9999999997-13-003522 (2013, 1. März), https://www.sec.gov/Archives/edgar/data/1457716/999999999713003522/9999999997-13-003522-index.htm. Zugegriffen: 26. Juni 2014

Knight Capital Americas LLC, Form X-17A-5 – FOCUS Report, SEC EDGAR website, SEC Accession No. 9999999997-14-004633 (2014, 4. März), https://www.sec.gov/Archives/edgar/data/1457716/999999999714004633/9999999997-14-004633-index.htm. Zugegriffen: 26. Juni 2014

M. Knudsen, Forms of inattentiveness: The production of blindness in the development of a technology for the observation of quality in health services. Organ. Stud. **32**(7), 963–989 (2011). doi:10.1177/0170840611410827

C. Koch, Project Management: AT&T Wireless self-destructs. CIO.com. **17**(13), 56–64 (2004, April), http://www.cio.com/article/print/32228. Zugegriffen: 13. Juni 2014

P.T. Köhler, *ITIL: Das IT-Servicemanagement Framework*, 2. Aufl. (Springer-Verlag, Berlin, 2007). ISBN: 978-3-540-37973-7. doi:10.1007/978-3-540-37973-7

M. Konnikova, No money, no time. The New York Times (2014, 13. Juni). ISSN: 0362-4331. http://nyti.ms/1p3ku5O. Zugegriffen: 21. Okt. 2014

KPMG, P3 Group, TaylorWessing, Umfassende Bestandsaufnahme und Risikoanalyse zentraler Rüstungsprojekte. Bundesminist. Verteid (2014, 30. Sept.), http://www.bmvg.de/resource/resource/MzEzNTM4MmUzMzMyMmUzMTM1MzMyZTM2MzEzMDMwMzAzMDMwMzAzMDY5MzA3OTMwMzg2ZjM2NzQyMDIwMjAyMDIw/Exzerpt_Bestandsaufnahme_Ruestungsprojekte.pdf. Zugegriffen: 7. Okt. 2014

H. Krcmar, *Informationsmanagement* (Springer, Berlin, 2005). ISBN 978-3-540-27035-5. doi:10.1007/3-540-27035-3

J. Kruger, D. Dunning, Unskilled and unaware of it: How difficulties in recognizing one's own incompetence lead to inflated self-assessments. J. Personal. Soc. Psychol. **77**(6), 1121 (1999). doi:10.1037/0022-3514.77.6.1121

H. Krcmar, *Informationsmanagement*, 6. Aufl. (Springer Gabler, Berlin, 2015). ISBN: 978-3-662-45863-1. doi:10.1007/978-3-662-45863-1

K. Kuhlmann, K. Schlaberg, *Verfahrensverzeichnis und Verarbeitungsübersicht nach BDSG – Ein Praxisleitfaden* (BITKOM, Berlin, 2007)

S. Kunisch, G. Müller-Stewens, A. Campbell, Why corporate functions stumble. Harv. Bus. Rev. **92**(12), 110–117 (2014). ISSN: 0017-8012

M. Kütz, Kommentar zu „IKT-Anbieter als Thema der Wirtschaftsinformatik?" Wirtschaftsinformatik **55**(2), 117 (2013). ISSN: 1861-8936. doi:10.1007/s11576-013-0356-4

L. Lamport, *Distribution*, e-mail message (1987, Mai), http://research.microsoft.com/en-us/um/people/lamport/pubs/distributed-system.txt. Zugegriffen: 16. Nov. 2014

R. Lanciotti, J. Roehrig, V. Deubel, J. Smith, M. Parker, K. Steele, B. Crise, K. Volpe, M. Crabtree, J. Scherret et al., Origin of the west nile virus responsible for an outbreak of encephalitis in the northeastern united states. Science **286**(5448), 2333–2337 (1999). doi:10.1126/science.286.5448.2333

Landgericht Duisburg, Landgericht Duisburg – Rechtsstreit über Hosting einer Webseite, *Internet-Zeitschrift für Rechtsinformatik und Informationsrecht* (2014, 25. Juli), http://www.jurpc.de/jurpc/show?id=20140135. Zugegriffen: 15. Sept. 2014

Landesrechnungshof Mecklenburg-Vorpommern, Rundschreiben Nr. 1/2014 des Landesrechnungshofes Mecklenburg-Vorpommern: Prüfung der Integrität und Stabilität von IT-System bei Kommunen (2014, 9. Juli), http://www.lrh-mv.de/land-mv/LRH_prod/LRH/Veroeffentlichungen/Rundschreiben_an_Wirtschaftspruefer/Rundschreiben_1_2014_Stand_22_Juli_2014.pdf. Zugegriffen: 9. Sept. 2014

C. Lange, Technische Rettung. Notf. Rettungsmedizin **2**(6), 337–342 (1999). ISSN: 1434-6222. doi:10.1007/s100490050155

W. Lassmann, *Wirtschaftsinformatik* (Gabler, Berlin, 2006). ISBN: 978-3-8349-9152-2. doi:10.1007/978-3-8349-9152-2

K.C. Laudon, J.P. Laudon, *Management Information Systems: Managing the Digital Firm*, 13. Aufl. (Prentice Hall New Jersey, New Jersey, 2013). ISBN: 978-0133050691

H. Laux, F. Liermann, *Grundlagen der Organisation, Die Steuerung von Entscheidungen als Grundproblem der Betriebswirtschaftslehre*, 6. Aufl. (Springer, Berlin, 2005). ISBN: 978-3-540-27304-2. doi:10.1007/b138878

H.J. Leavitt, in *Applied organizational change in industry: Structural, technological and humanistic approaches*, Hrsg. J.G. March. Handbook of Organizations (Rand McNally, Chicago, Ill., 1965), S. 1144–1170.

M.M. Lehman, Programs, life cycles, and laws of software evolution. Proc. IEEE. **68**(9), 1060–1076 (1980). doi:10.1109/PROC.1980.11805

M. Lehman, Software's future: Managing evolution. IEEE Softw. **15**(1), 40–44 (1998). ISSN: 0740-7459. doi:10.1109/MS.1998.646878

M.M. Lehman, in *The Role and Impact of Assumptions in Software Development, Maintenance and Evolution*, IEEE. Proceedings of the 2005 IEEE International Workshop on Software Evolvability, (2005) S. 3–14. doi:10.1109/IWSE.2005.14

M.M. Lehman, J.F. Ramil, Rules and tools for software evolution planning and management. Ann. Softw. Eng. **11**(1), 15–44 (2001). ISSN: 1022-7091. doi:10.1023/A:1012535017876

M.M. Lehman, J.F. Ramil, Software evolution and software evolution processes. Ann. Softw. Eng. **14**(1–4), 275–309 (2002). ISSN: 1022-7091. doi:10.1023/A:1020557525901

Lehman Brothers Holding Inc., 8 K filing – current report, SEC EDGAR website, SEC Accession No. 0001104659-08-057829, [accessed 11-Jun-2014], Sep. 10 (2008)

Lehman Brothers Holding Inc., 8 K filing – current report, SEC EDGAR website. SEC Accession No. 0001104659-08-059632, [accessed 11-Jun-2014], Sep. 15 (2008)

Lehman Brothers Holding Inc., 8 K filing – current report, SEC EDGAR website. SEC Accession No. 0001104659-08-059841, [accessed 11-Jun-2014], Sep. 16 (2008)

F. Lehner, *Wissensmanagement: Grundlagen, Methoden und technische Unterstützung*, 5. Aufl. (Carl Hanser Verlag GmbH & Co. KG, München, 2014). ISBN: 978-3446441354

N. Leveson, High-pressure steam engines and computer software. Computer **27**(10), 65–73 (1994). ISSN: 0018-9162. doi:10.1109/2.318597

T. Levitt, Production-line approach to service. Harv. Bus. Rev. **50**(5), 41–52 (1972). ISSN: 0017-8012

T. Levitt, After the sale is over .... Harv. Bus. Rev. **61**(5), 87–93 (1983). ISSN: 0017-8012

G.C. Lichtenberg, *Aphoristisches zwischen Physik und Dichtung, Ausgewählt und herausgegeben von Jürgen Teichmann*. (Vieweg, 1983). ISBN: 978-3-322-88797-9, doi:10.1007/978-3-322-88797-9

G. Liebens, Gartner insights on sourcing trends and directions, Gartner Consulting (2014, Mai), http://www.gse.org/Portals/2/docs/Belgium/C10%20-%20Gartner%20insights%20on%20sourcing%20trends%20and%20directions.pdf. Zugegriffen: 17. April 2015

S. Lilley, Critical software: Good design built right. NASA Syst. Fail. Case Stud. **6**(2), 1–5 (2012)

S. Lim, L.M. Cortina, V.J. Magley, Personal and workgroup incivility: Impact on work and health outcomes. J. Appl. Psychol. **93**(1), 95–107 (2008). ISSN: 0021-9010. doi:10.1037/0021-9010.93.1.95

C.E. Lindblom, The science of „muddling through". Public Admin. Rev. **19**(2), 79–88 (1959). ISSN: 0033-3352. doi:10.2307/973677

C.E. Lindblom, Still muddling, not yet through. Public Admin. Rev. **39**(6), 517–526 (1979). ISSN: 0033-3352. doi:10.2307/976178

S. Liu, ASC releases factual data report of GE 235 occurence (2015, Juli), http://www.asc.gov.tw/main_en/docDetail.aspx?uid=318&pid=318&docid=701. Zugegriffen: 29. Juli 2015

F. Liu, J. Tong, J. Mao, R. Bohn, J. Messina, L. Badger, D. Leaf, *NIST cloud computing reference architecture: Recommendations of the National Institute of Standards and Technology*. (National Institute of Standards & Technology, Gaithersburg, 2011)

L. Loh, N. Venkatraman, Diffusion of information technology outsourcing: Influence sources and the Kodak effect. Info. Syst. Res. **3**(4), 334–358 (1992). ISSN: 1047-7047

P.J. Longman, Blood on the tracks. U.S. News. World. Rep. **123**(16), 52–57 (1997). ISSN: 0041-5537

J.W. Lounsbury, E. Sundstrom, J.J. Levy, L.W. Gibson, Distinctive personality traits of information technology professionals. Comput. Inf. Sci. **7**(3), 38–48 (2014). doi:10.5539/cis.v7n3p38

J.W. Lounsbury, L. Moffitt, L.W. Gibson, A.W. Drost, M. Stevens, An investigation of personality traits in relation to job and career satisfaction of information technology professionals. J. Inf. Technol. **22**(2), 174–183 (2007). doi:10.1057/palgrave.jit.2000094

J.W. Lounsbury, N. Foster, H. Patel, P. Carmody, L.W. Gibson, D.R. Stairs, An investigation of the personality traits of scientists versus nonscientists and their relationship with career satisfaction. R & D Manage. **42**(1), 47–59 (2012). doi:10.1111/j.1467-9310.2011.00665.x

J. Lucey, How much does it cost to change a light bulb? Manage. Serv. **48**(4), 32 (2004). ISSN: 0307-6768

L. Lundmark, Globales Harmonisierungs- und Konsolidierungsprojekt bei der Siemens AG, SAP SE (2008, Dez.), http://news.sap.com/germany/2008/12/22/globales-harmonisierungs-und-konsolidierungsprojekt-bei-der-siemens-ag/. Zugegriffen: 5. Aug. 2015

R. Lytz, Software metrics for the Boeing 777: A case study. Softw. Qual. J. **4**(1), 1–13 (1995). doi:10.1007/BF00404646

I. C. MacMillan, Controlling competitive dynamics by taking strategic initiative. Acad. Manage. Exec. **2**(2), 111–118 (1988). ISSN: 0896-3789

A.M. Madni, M. Sievers, Systems integration: Key perspectives, experiences, and challenges. Syst. Eng. **17**(1), 37–51 (2014). ISSN: 1520-6858. doi:10.1002/sys.21249

F. Malik, *Führen Leisten Leben: Wirksames Management für eine neue Welt* (Campus Verlag, Frankfurt, 2014). ISBN: 978-3593501277

M. Mangiapane, R.P. Büchler, *Modernes IT-Management: Methodische Kombination von IT-Strategie und IT-Reifegradmodell* (Springer Vieweg, Wiesbaden, 2015). ISBN: 978-3-658-03493-1. doi:10.1007/978-3-658-03493-1

A. Mani, S. Mullainathan, E. Shafir, J. Zhao, Poverty impedes cognitive function. Science. **341**(6149), 976–980 (2013). doi:10.1126/science.1238041

Manifesto for agile software development, http://www.agilemanifesto.org/. Zugegriffen: 29. Juli 2015

W.C. Mann, N.S. Prywes, D. Lefkovitz, J.B. Gustaferro, Development of real time naval strategic command and control systems. Advanced Warfare Systems Division, Office of Naval Research (1965)

B. Marchon, T. Pitchford, Y.-T. Hsia, S. Gangopadhyay, The head-disk interface roadmap to an areal density of 4 Tbit/in. Adv. Tribol. 2013 (2013). doi:10.1155/2013/521086

M. Marrone, L.M. Kolbe, Einfluss von IT-Service-Management-Frameworks auf die IT-Organisation. Wirtschaftsinformatik **53**(1), 5–19 (2011). ISSN: 0937-6429. doi:10.1007/s11576-010-0257-8

A. Martin, T. Behrends, *Organisationsstrukturen als Determinanten des Entscheidungsprozesses in mittelständischen Unternehmen*, Bd. 9 (Institut für Mittelstandsforschung, Lüneburg, 1998)

J. Martin, D. Finke, C. Ligetti, in *On the estimation of operations and maintenance costs for defense systems*, Proceedings of the 2011 Winter Simulation Conference (WSC), 2478–2489, (2011, Dez.). doi:10.1109/WSC.2011.6147957

J. Mauerer, Die Geschichte von Atos und SIS (2013, 5. März), http://www.computerwoche.de/a/print/die-geschichte-von-atos-und-sis,2502087. Zugegriffen: 3. Sept. 2014

C. Maussion, Les quais appartiennent à la SNCF mais la bordure à RFF, Libération (2014, Mai), http://www.liberation.fr/economie/2014/05/21/les-quais-appartiennent-a-la-sncf-mais-la-bordure-a-rff_1023295. Zugegriffen: 31. Mai 2015

T. McCabe, A complexity measure. IEEE Trans. Softw. Eng. **SE-2**(4), 308–320 (1976). ISSN: 0098-5589. doi:10.1109/TSE.1976.233837

K. McElheran, Decentralization versus centralization in IT governance. Commun. ACM. **55**(11), 28–30 (2012). ISSN: 0001-0782. doi:10.1145/2366316.2366326

K. McElheran, Delegation in multi-establishment firms: Evidence from IT purchasing. J. Econ. Manage. Strateg. **23**(2), 225–258 (2014). ISSN: 1530-9134. doi:10.1111/jems.12054

R. McEwan, Ross McEwan's response to systems failure, RBS news (2013, 3. Dez.), http://www.rbs.com/news/2013/12/ceo-ross-mcewan-statement-on-systems-outage.html. Zugegriffen: 24. Juni 2014

F.W. McFarlan, J.L. McKenney, The information archipelago – Governing the new world. Harv. Bus. Rev. **61**(4), 91–99 (1983). ISSN: 0017-8012

F.W. McFarlan, J.L. McKenney, P. Pyburn, The information archipelago – Plotting a course. Harv. Bus. Rev. **61**(1), 145–156 (1983). ISSN: 0017-8012

J.L. McKenney, F.W. McFarlan, The information archipelago – Maps and bridges. Harv. Bus. Rev. **60**(5), 109–119 (1982). ISSN: 0017-8012

J.L. McKenney, R.O. Mason, D.G. Copeland, Bank of America: The crest and trough of technological leadership. MIS Q. **21**(3), 321–353 (1997). ISSN: 0276-7783. doi:10.2307/249500

P.M. Mell, T. Grance, *SP 800-145. The NIST Definition of Cloud Computing.* (National Institute of Standards & Technology, Gaithersburg, 2011)

T. Mens, S. Demeyer, *Software Evolution* (Springer, Heidelberg, 2008). ISBN: 978-3-540-76439-7. doi:10.1007/978-3-540-76440-3

M. J. de la Merced, Lehman sale to Barclays was proper, judge rules. New York Times, Feb. 22, 2011. http://dealbook.nytimes.com/2011/02/22/lehman-sale-to-barclays-was-proper-judgerules/. Zugegriffen: 11. Juni 2014. ISSN: 0174-4909

P. Mertens, Can Germany win from offshoring? Wirtschaftsinformatik **47**(3), 226–235 (2005). ISSN: 1861-8936

P. Mertens, F. Bodendorf, W. König, A. Picot, M. Schumann, T. Hess, *Grundzüge der Wirtschaftsinformatik*, 11. Aufl. (Springer Gabler, Berlin, 2012). ISBN: 978-3-642-30515-3. doi:10.1007/978-3-642-30515-3

R. Meusers, American Airlines – iPad-Panne führt zu Flugverspätungen, Spiegel online (2015, 29. April), http://www.spiegel.de/netzwelt/gadgets/ipad-panne-fuehrt-zu-flugverspaetungen-bei-american-airlines-a-1031260.html. Zugegriffen: 30. April 2015

M. Meyer, R. Zarnekow, L. M. Kolbe, IT-Governance. Wirtschaftsinformatik **45**(4), 445–448 (2003). ISSN: 0937-6429. doi:10.1007/BF03250909

Microsoft GmbH, Solution Accelerators – Microsoft Operations Framework, Version 4.0, MOF Overview (2008)

J. G. Miller, T. E. Vollmann, The hidden factory. Harv. Bus. Rev. **63**(5), 142–150 (1985). ISSN: 0017-8012

Millionen aufgrund falscher HIV-Diagnosen verteilt, Spiegel Online (2009, 3. Okt.), http://www.spiegel.de/wirtschaft/soziales/0,1518,druck-653055,00.html. Zugegriffen: 7. Juli 2014

H. Mintzberg, *Mintzberg on Management: Inside Our Strange World of Organizations* (Simon and Schuster, New York, 1989). ISBN: 0-02-921371-1

S. Mithas, N. Ramasubbu, V. Sambamurthy, How information management capability influences firm performance. MIS Q. **35**(1), 237–256 (2011). ISSN: 0276-7783

S. Mithas, A. Tafti, I. Bardhan, J.M. Goh, Information technology and firm profitability: Mechanisms and empirical evidence. MIS Q. **36**(1), 205–224 (2012). ISSN: 0276-7783

Mitteldeutscher Rundfunk, Freie Fahrt am Leipziger Hauptbahnhof (2014, 28. Sept.), http://www.mdr.de/sachsen/leipzig/hauptbahnof-leipzig100.html. Zugegriffen: 21. Okt. 2014

D. Moch, *Strategischer Erfolgsfaktor Informationstechnologie* (Gabler, Wiesbaden, 2011). ISBN: 978-3-8349-6417-5. doi:10.1007/978-3-8349-6417-5

R. Montealegre, M. Keil, in *Denver International Airport's Automated Baggage Handling System: A Case Study of De-Escalation of Commitment,* Academy of Management Proceedings (Academy of Management, 1998), S. D1–D9

W.E. Moore, M.M. Tumin, Some social functions of ignorance. Engl. Am. Sociol. Rev. **14**(6), 787–795 (1949). ISSN: 0003-1224

G.E. Moore, Cramming more components onto integrated circuits. Electronics **38**(8), 114–117 (1965)

J.E. Moore, Are you burning out valuable resources? HR Mag. **44**(1), 93 (1999). ISSN: 1047-3149

J.E. Moore, One road to turnover: An examination of work exhaustion in technology professionals. MIS Q. **24**(1), 141–168 (2000). ISSN: 0276-7783

J.E. Moore, M.S. Love, IT professionals as organizational citizens. Commun. ACM. **48**(6), 88–93 (2005). ISSN: 0001-0782. doi:10.1145/1064830.1064832

J. Moormann, G. Schmidt, *IT in der Finanzbranche* (Springer, Berlin, 2007). ISBN: 978-3-540-34512-1. doi:10.1007/978-3-540-34512-1

B. Müller, *Porters Konzept generischer Wettbewerbsstrategien* (Deutscher Universitäts-Verlag, Wiesbaden, 2007). ISBN: 978-3-8350-9433-8. doi:10.1007/978-3-8350-9433-8

K. Münk, *Und morgen bringe ich ihn um! Als Chefsekretärin im Top-Management* (Eichborn Verlag, Frankfurt a. M., 2006). ISBN: 978-3821856339

M. Naedele, R. Kazman, Y. Cai, Making the case for a „Manufacturing Execution System" for software development. Commun. ACM. **57**(12), 33–36 (2014). ISSN: 0001-0782. doi:10.1145/2629458

D. Nash, F. Mostashari, A. Fine, J. Miller, D. O'Leary, K. Murray, A. Huang, A. Rosenberg, A. Greenberg, M. Sherman et al., The outbreak of West Nile virus infection in the New York City area in 1999. New Engl. J. Med. **344**(24), 1807–1814 (2001). doi:10.1056/NEJM200106143442401

National Institute of Health, NIH enterprise architecture: Enterprise systems management architecture, enterprise systems monitoring (2004, 21. April). https://enterprisearchitecture.nih.gov/SiteCollectionDocuments/enterprisearchitecture.nih.gov/ArchLib/Documents/DomainTeamEnterpriseSystemsMonitoring20040421.pdf. Zugegriffen: 24. Okt. 2014

National Interagency Coordination Center, Incident management situation report: Wednesday, September 2, 2015 – 0530 MT (2015), https://www.nifc.gov/nicc/sitreprt.pdf. Zugegriffen: 2. Sept. 2015

P. Naur, B. Randell, Software engineering. Report of a conference sponsored by the NATO Science Committee, Garmisch, Germany, 7–11 Okt. 1968 (Scientific Affairs Division, NATO, Brussels, Jan. 1969)

P.G. Neumann, Inside risks: Risks of insiders. Commun. ACM. **42**(12), 160 (1999). ISSN: 0001-0782. doi:10.1145/322796.322817

P.G. Neumann, Inside risks: Gambling on system accountability. Commun. ACM. **46**(2), 120 (2000). ISSN: 0001-0782. doi:10.1145/606272.606304

P.G. Neumann, Inside risks: Risks in retrospect. Commun. ACM. **43**(7), 144, (2000). ISSN: 0001-0782. doi:10.1145/341852.341878

P.G. Neumann, Inside Risks: Optimistic optimization. Commun. ACM. **47**(6), 112 (2004). ISSN: 0001-0782. doi:10.1145/990680.990711

P.G. Neumann, Inside Risks: The foresight saga. Commun. ACM. **49**(9), 112 (2006). ISSN: 0001-0782. doi:10.1145/1151030.1151060

P.G. Neumann, Inside Risks: Widespread network failures. Commun. ACM. **50**(2), 112 (2007). ISSN: 0001-0782. doi:10.1145/1216016.1216046

P.G. Neumann, The RISKS digest, Bd. 28, 71 (2015, 20. Juni), http://catless.ncl.ac.uk/Risks/28.71.html. Zugegriffen: 16. Juli 2015

S. Newell, C. Tansley, J. Huang, Social capital and knowledge integration in an ERP project team: The importance of bridging and bonding. Br. J. Manage. **15**, 43–57 (2004). ISSN: 1045-3172

A. Nguyen, BAE Systems awards HR services contract to Logica. Computerworld UK (2012, 6. Feb.), http://www.computerworlduk.com/news/it-business/3335212/bae-sy/. Zugegriffen: 8. Okt. 2014

R.L. Nolan, Managing the computer resource: A stage hypothesis. Commun. ACM. **16**(7), 399–405 (1973). ISSN: 0001-0782. doi:10.1145/362280.362284

R.L. Nolan, Managing the crises in data-processing. Harv. Bus. Rev. **57**(2), 115–126 (1979). ISSN: 0017-8012

R. Nolan, F.W. McFarlan, Information technology and the board of directors. Harv. Bus. Rev. **83**(10), 96–106 (2005). ISSN: 0017-8012

I. Nonaka, Toward middle-up-down management: Accelerating information creation. Sloan Manage. Rev. **29**(3), 9–18 (1988). ISSN: 0019-848X

I. Nonaka, H. Takeuchi, *Die Organisation des Wissens: Wie japanische Unternehmen eine brachliegende Ressource nutzbar machen.* (Campus Verlag, Frankfurt a. M., 2012). ISBN: 978-3593396316

W. T. Norman, Toward an adequate taxonomy of personality attributes: Replicated factor structure in peer nomination personality ratings. J. Abnorm. Soc. Psychol. **66**(6), 574–583 (1963). doi:10.1037/h0040291

Northern Ireland Assembly, Committee for Enterprise, Trade and Investment, Impact of Ulster Bank systems failure on businesses and consumers: Ulster bank, Committee Minutes of Evidence (2012, 5. Juli), http://www.niassembly.gov.uk/Assembly-Business/Official-Report/Committee-Minutes-of-Evidence/Session-2011-2012/July-2012/Impact-of-Ulster-Bank-Systems-Failure-on-Businesses-and-Consumers-Ulster-Bank/. Zugegriffen: 24. Juni 2014

Northern Ireland Assembly, Committee for Enterprise, Trade and Investment, Ulster bank: Impact of systems failure on businesses and consumers, Committee Minutes of Evidence (2012, 11. Okt.), http://www.niassembly.gov.uk/Assembly-Business/Official-Report/Committee-Minutes-of-Evidence/Session-2012-2013/October-2012/Ulster-Bank-Impact-of-Systems-Failureon-Businesses-and-Consumers/. Zugegriffen: 24. Juni 2014

NYSE, Final update: CEE review determination for multiple symbols, Trader Update (2012, 1. Aug.), http://markets.nyx.com/nyse/trader-updates/view/11183. Zugegriffen: 26. Juni 2014

H.-J. Oestern, E. Hüls, Frühere Katastrophen im Vergleich zu Eschede. Notf. Rettungsmedizin 2 (6), 349–352 (1999). ISSN: 1434-6222. doi:10.1007/s100490050157

M. O'Loughlin, IT Service Management and cloud computing. Axelos (2014, Sept.), https://www.axelos.com/case-studies-and-white-papers/it-service-management-and-cloud-computing?auto-Download=true. Zugegriffen: 2. Nov. 2014

T. Ohno, *Toyota Production System: Beyond Large-scale Production* (Productivity Press, Portland, OR, 1988). ISBN: 0-915299-14-3

K. Olsen, Interoffice memorandum: Unwritten employee benefits, e-mail (1989), http://www.bighole.nl/pub/mirror/http://www.bitsavers.org/pdf/dec/dec_archive/21383578/. Zugegriffen: 7. Juli 2014

K. Olsen, Interoffice memorandum: Where is the profit? e-mail (1990), http://www.bighole.nl/pub/mirror/www.bitsavers.org/pdf/dec/dec_archive/21383578//. Zugegriffen: 7. Juli 2014

K. Olsen, Interoffice memorandum: Cheap office, e-mail (1990), http://www.bighole.nl/pub/mirror/http://www.bitsavers.org/pdf/dec/dec_archive/21383578/. Zugegriffen: 7. Juli 2014

K. Olsen, Interoffice memorandum: Equipment reliability (1990), http://www.bighole.nl/pub/mirror/www.bitsavers.org/pdf/dec/dec_archive/21383578/. Zugegriffen: 7. Juli 2014

K. Olsen, Interoffice memorandum: Out sourcing, e-mail (1990), http://www.bighole.nl/pub/mirror/http://www.bitsavers.org/pdf/dec/dec_archive/21383578/. Zugegriffen: 7. Juli 2014

K. Olsen, Interoffice memorandum: Safety in being a complainer (1990), http://www.bighole.nl/pub/mirror/ http://www.bitsavers.org/pdf/dec/dec_archive/21383578/. Zugegriffen: 3. Sept. 2015

K. Olsen, Interoffice memorandum: The management of engineering, e-mail (1990), http://www.bighole.nl/pub/mirror/www.bitsavers.org/pdf/dec/dec_archive/21383578/

K. Olsen, *Interoffice Memorandum: Risk Taking*, E-Mail, (1992), http://www.bighole.nl/pub/mirror/www.bitsavers.org/pdf/dec/dec_archive/21383578/. Zugegriffen: 7. Juli 2014

K. Olsen, Interoffice memorandum: Lost key competencies, e-mail (1992), http://www.bighole.nl/pub/mirror/www.bitsavers.org/pdf/dec/dec_archive/21383578/. Zugegriffen: 7. Juli 2014

F. Opitz, B. Pfitzinger, T. Jestädt, in *Service Levels of a Cost Center Organization*, Hrsg R. Alt, K.-P. Fähnrich, B. Franczyk. Practitioner track International Symposium on Services Science (ISSS'09), Bd. 16 (2009), S. 81–86. ISBN: 9783-94160803-0

D.W. Organ, Organizational citizenship behavior: It's construct clean-up time. Hum. Perform. **10**(2), 85–97 (1997). doi:10.1207/s15327043hup1002_2

Oracle information-driven support – Oracle lifetime support policy – Oracle technology products, Oracle (2015, Juli), http://www.oracle.com/us/support/library/lifetime-support-technology-069183.pdf. Zugegriffen: 9. Aug. 2015

M. Osterloh, J. Frost, *Prozessmanagement als Kernkompetenz* (Gabler Verlag, Wiesbaden, 1996). ISBN: 978-3-322-83980-0. doi:10.1007/978-3-322-83980-0

PA Consulting Group, Dynamic planning for COIN in Afghanistan (2009), http://msnbcmedia.msn.com/i/MSNBC/Components/Photo/new/Afghanistan_Dynamic_Planning.pdf. Zugegriffen: 28. Okt. 2014

R. Panko, Revising the Panko-Halverson taxonomy of spreadsheet risks. HICSS '09. 42nd Hawaii International Conference on System Sciences, 2009., Jan. 2009, S. 1–10. doi:10.1109/HICSS.2009.373

R.R. Panko, D.N. Port, End user computing: the dark matter (and dark energy) of corporate IT. 45th Hawaii International Conference on System Science (HICSS), Jan. 2012, S. 4603–4612. doi:10.1109/HICSS.2012.244

A. Parasuraman, V.A. Zeithaml, L.L. Berry, A conceptual model of service quality and its implications for future research. J. Mark. **49**(4), 41–50 (1985). doi:10.2307/1251430

A. Parasuraman, V.A. Zeithaml, L.L. Berry, SERVQUAL: A multiple-item scale for measuring customer perceptions of service quality. J. Retail. **64**(1), 12–40 (1988)

A. Parasuraman, V.A. Zeithaml, L.L. Berry, Refinement and reassessment of the SERVQUAL scale. J. Retail. **67**(4), 420–450 (1991). ISSN: 0022-4359

C.N. Parkinson, R.C. Osborn, *Parkinson's Law, and Other Studies in Administration*, Bd. 24 (Houghton Mifflin, Boston, 1957), S. 112

Parks and Recreation, Birthplace of Silicon Valley (1987, 13. Aug.), http://ohp.parks.ca.gov/ListedResources/Detail/976. Zugegriffen: 2. Sept. 2014

H.R. Paschen, H. Moecke, Führungsstrukturen bei einem medizinischen Großschadensereignis. Notf. Rettungsmedizin **2**(6), 359–361 (1999), ISSN: 1434-6222. doi:10.1007/s100490050159

F. Paul, Is enterprise IT more difficult to manage now than ever? (Network World, 2014), http://www.networkworld.com/article/2859157/careers/is-enterprise-it-more-difficult-to-manage-now-than-ever.html. Zugegriffen: 17. Dez. 2014

J. Peppard, Exploring the concept of the IS organization (2007), http://www.som.cranfield.ac.uk/som/dinamic-content/media/ISRC/Exploring%20the%20concept%20of%20the%20IS%20organisation.pdf. Zugegriffen: 27. Aug. 2014

M. Pérezts, J.-P. Bouilloud, V. de Gaulejac, Serving two masters: The contradictory organization as an ethical challenge for managerial responsibility. J. Bus. Ethics **101**(1), 33–44 (2011). doi:10.1007/s10551-011-1176-3

P. Peschlow, Die DevOps-Bewegung. Java. Mag. **1**, 9, 2012

S. Petter, W. DeLone, E.R. McLean, Information systems success: The quest for the independent variables. J. Manage. Inf. Syst. **29**(4), 7–62 (2013). doi:10.2753/MIS0742-1222290401

R. Pfaller, *IT-Outsourcing-Entscheidungen: Analyse von Einfluss- und Erfolgsfaktoren für auslagernde Unternehmen* (Springer-Gabler, Wiesbaden, 2013). ISBN: 978-3-658-00715-7. doi:10.1007/978-3-658-00715-7

B. Pfitzinger, T. Jestädt, T. Gründer, in *Sourcing Decisions and IT Service Management*, Hrsg. R. Alt, K.-P. Fähnrich, B. Franczyk. Practitioner Track International Symposium on Services Science (ISSS'09), Leipziger Beiträge zur Informatik, Bd. 16 (Universität Leipzig, 2009), S. 71–80. ISBN: 978-3-941608-03-0

B. Pfitzinger, W. Helmers, S. Kosterski, T. Jestädt, in *Best Practices im Outsourcing*, Hrsg. M. Auerbach, C. Oecking, R. Jahnke, F. Strecker, M. Weber. Best practices im Contract Lifecycle (Bitkom, Berlin, 2010), S. 185–200. ISBN: 978-3-645-50020-3

B. Pfitzinger, T. Baumann, D. Macos, T. Jestädt, *Using Simulations to Study the Efficiency of Update Control Protocols*, 2014 47th Hawaii International Conference on System Sciences (HICSS). (IEEE, Jan. 2014), S. 5154–5161. doi:10.1109/HICSS.2014.634

B. Pfitzinger, T. Baumann, D. Macos, T. Jestädt, Modeling regional reliability of 2G, 3G, and 4G mobile data networks and its effect on the German automatic tolling system. *48th Hawaii International Conference on System Sciences (HICSS)*, Jan. 2015, S. 5439–5445. doi:10.1109/HICSS.2015.640

G. Piccoli, B. Ives, IT-dependent strategic initiatives and sustained competitive advantage: A review and synthesis of the literature. MIS Q. **29**(4), 747–776 (2005). ISSN: 0276-7783

N.P. Podsakoff, S.W. Whiting, P.M. Podsakoff, B.D. Blume, Individual- and organizational-level consequences of organizational citizenship behaviors: A meta-analysis. J. Appl. Psychol. **94**(1), 122–141 (2009). doi:10.1037/a0013079

N. Pohlmann, Die Vertrauenswürdigkeit von Software. Datenschutz Datensicherh. **38**(10), 655–659 (2014). ISSN: 1614-0702. doi:10.1007/s11623-014-0265-8

J. Porra, R. Hirschheim, M.S. Parks, The history of Texaco's corporate information technology function: A general systems theoretical interpretation. MIS Q. **29**(4), 721–746 (2005). ISSN: 0276-7783

J. Porra, R. Hirschheim, M.S. Parks, Forty years of the corporate information technology function at Texaco Inc. – A history. Inf. Organ. **16**(1), 82–107 (2006). ISSN: 1471-7727. doi:10.1016/j.infoandorg.2005.06.001

M. E. Porter, *Competitive Advantage: Creating and Sustaining Superior Performance* (Simon and Schuster, New York, 1985). ISBN: 0-7432-6087-2

M.E. Porter, What is strategy? Harv. Bus. Rev. **74**(4), 61–78 (1996). ISSN: 0017-8012

M. E. Porter, V.E. Millar, How information gives you competitive advantage. Harv. Bus. Rev. **63**(4), 149–160 (1985). ISSN: 0017-8012

K. Potter, M. Smith, J. K. Guevara, L. Hall, E. Stegman, IT metrics: IT spending and staffing report 2010. G00210146, Gartner Inc, (2010). http://marketing.dell.com/Global/FileLib/CIO/it_metrics_it_spending.pdf. Zugegriffen: 19. Okt. 2014

S. Powell, K. Baker, B. Lawson, Errors in operational spreadsheets: A review of the state of the art. HICSS '09. 42nd Hawaii International Conference on System Sciences, 2009., Jan. 2009, S. 1–8. doi:10.1109/HICSS.2009.197

J.L. Pressmann, A. Wildavsky, *Implementation: How Great Expectations in Washington are Dashed in Oakland*, Dritte Aufl. (University of California Press, Berkeley, 1984). ISBN: 0-520-05331-1

Produkthaftungsgesetz vom 15. Dezember 1989 (BGBl. I S. 2198), das zuletzt durch Artikel 9 Absatz 3 des Gesetzes vom 19. Juli 2002 (BGBl. I S. 2674) geändert worden ist, juris.de, http://www.gesetze-im-internet.de/bundesrecht/prodhaftg/gesamt.pdf. Zugegriffen: 15. Dez. 1989

O. Prokein, *IT-Risikomanagement, Identifikation, Quantifizierung und wirtschaftliche Steuerung* (Gabler, Wiesbaden, 2008). ISBN: 978-3-8349-9688-6. doi:10.1007/978-3-8349-9688-6

B. Protess, N. Popper, Quick lunge for a lifeline helped Knight Capital skirt collapse. The New York Times (2012, 6. Aug.), http://dealbook.nytimes.com/2012/08/06/knight-capital-skirts-collapse-as-investors-offer-lifeline/?_php=true&_type=blogs&_r=0. Zugegriffen: 26. Juni 2014

Public Information Office, US Business Cycle Expansions and Contractions. The National Bureau of Egonomic Research (2010, 20. Sept.), http://www.nber.org/cycles.html. Zugegriffen: 8. Okt. 2014

R.L. Purvis, G.E. McCray, Integrating core IT processes: A case study. Inf. Syst. Manage. **16**(3), 36 (1999). ISSN: 1058-0530

Quint Wel lington Redwood Global IT management firm gets international connectivity boost with ERP upgrade (2011, 14. Aug.), http://www.microsoft.com/casestudies/Microsoft-Dynamics-NAV-2009-R2/Quint-Wellington-Redwood/Global-IT-management-firm-getsinternational-connectivity-boost-with-ERP-upgrade/4000010986. Zugegriffen: 7. Nov. 2014

G. Raab, A. Unger, F. Unger, *Marktpsychologie: Grundlagen und Anwendung* (Gabler, Wiesbaden, 2010). ISBN: 978-3-8349-6314-7. doi:10.1007/978-3-8349-6314-7

R. Ramcharan, J. Bricker, J. Krimmel, Signaling status: The impact of relative income on household consumption and financial decisions, Finance and Economics Discussion Series, Divisions of Research & Statistics and Monetary Affairs (2014, Aug.), http://www.federalreserve.gov/econresdata/feds/2014/files/201476pap.pdf. Zugegriffen: 2. Okt. 2014

G. Ramsay (Hrsg.), *Juvenal and Persius with an English translation by G. G. Ramsay* (William Heinemann, London, 1920)

A. Ramzy, TransAsia pilot acknowledged cutting wrong engine, crash report says. The New York Times (2015, Juli), http://www.nytimes.com/2015/07/03/world/asia/transasia-pilot-acknowledged-cutting-wrong-engine-crash-report-says.html?_r=0. Zugegriffen: 29. Juli 2015. ISSN: 0362-4331

R.H. Rasch, H.L. Tosi, Factors affecting software developers' performance: An integrated approach. MIS Q. **16**(3), 395–413 (1992). ISSN: 0276-7783

Rechnungshof Baden-Württemberg, Denkschrift 2014 zur Haushalts- und Wirtschaftsführung des Landes Baden-Württemberg: Beitrag Nr. 7 (2014), http://www.rechnungshof.baden-wuerttemberg.de/de/veroeffentlichungen/denkschriften/312302/316613.html. Zugegriffen: 9. Sept. 2014

Rechnungshof Österreich, Bericht des Rechnungshofes: IT-Betriebssicherheit im Arbeitsmarktservice (2011, Okt.), http://www.rechnungshof.gv.at/berichte/ansicht/detail/it-betriebssicherheit-im-arbeitsmarktservice.html. Zugegriffen: 12. Sept. 2014

R. Reed, R. J. DeFillippi, Causal ambiguity, barriers to imitation, and sustainable competitive advantage. Acad. Manage. Rev. **15**(1), 88–102 (1990). ISSN: 0363-7425

R.D. Reid, N.R. Sanders, *Operations Management: An integrated approach*, 3. Aufl. (Wiley, Hoboken, 2007). ISBN: 978-0470283516

M. Reiss, G. Reiss, *Praxisbuch IT-Dokumentation: Betriebshandbuch, Systemdokumentation und Notfallhandbuch im Griff* (Carl Hanser Verlag GmbH Co KG, München, 2013). ISBN: 978-3-446-43780-7

Reuters. Nasdaq to settle Facebook IPO lawsuit for $26.5M. CNBC.com (2015, 24. April). http://www.cnbc.com/id/102617281. Zugegriffen: 2. Juni 2015

P. Reynolds, L. Willcocks, *Information Systems Outsourcing: Enduring Themes, Global Challenges, and Process Opportunities,* Hrsg. R. Hirschheim, A. Heinzl, J. Dibbern. Building and integrating core IT capabilities in alignment with the business: Lessons from the Commonwealth Bank 1997–2007 (Springer, Heidelberg, 2009), S. 77–103. ISBN: 978-3-540-88851-2. doi:10.1007/978-3-540-88851-2_4

G. Riempp, *Integrierte Wissensmanagement-Systeme*, ser. Business Engineering. (Springer, Berlin, 2004). doi:10.1007/978-3-642-17035-5. ISBN: 978-3-642-62071-3

S.P. Robbins, T.A. Judge, *Organizational Behavior,* 15. Aufl. (Prentice Hall, Upper Saddle River, 2012). ISBN: 978-0132834872

S.L. Robinson, A. O'Leary-Kelly, Monkey see, monkey do: The role of role models in predicting workplace aggression. in *Academy of Management Best Papers Proceedings*, 1996, S. 288–292

S.L. Robinson, A.M. O'Leary-Kelly, Monkey see, monkey do: The influence of work groups on the antisocial behavior of employees. Acad. Manage. J. **41**(6), 658–672 (1998). ISSN: 0001-4273. doi:10.2307/256963

J. F. Rockart, The line takes the leadership – IS management in a wired society. Sloan. Manage. Rev. **29**(4), 57–64 (1988). ISSN: 0019-848X

R. Rodin, *Free, Perfect, and Now: Connecting to the Three Insatiable Customer Demands: A CEO's True Story* (Simon and Schuster, New York, 1999). ISBN: 0-684-87197-1

D. Rogers, Lessons from the floor. Queue **3**(10), 26–32 (2005). ISSN: 1542-7730. doi:10.1145/1113322.1113334

M. Rohloff, Advances in business process management implementation based on a maturity assessment and best practice exchange. Inf. Syst. e-Bus. Manage. **9**(3), 383–403 (2011). ISSN: 1617-9854. doi:10.1007/s10257-010-0137-1

S. Rojstaczer, C. Healy, Where A is ordinary: The evolution of American college and university grading, 1940–2009 (2011, 13. Juli), http://www.tcrecord.org/PrintContent.asp?ContentID=16473. Zugegriffen: 21. Okt. 2014

A. Roller, Mahler und die Inszenierung.*Musikblätter des Anbruch*. **2**, 272–275, 7–8 (1920).

J.W. Ross, P. Weill, Six IT decisions your IT people shouldn't make. Harv. Bus. Rev. **80**(11), 84–91 (2002). ISSN: 0017-8012

J.W. Rottman, M.C. Lacity, Proven practices for effectively offshoring IT work. Sloan Manage. Rev. (2006, April). ISSN: 1532-9194, http://sloanreview.mit.edu/article/proven-practices-for-effectively-offshoring-it-work/

Royal Bank of Scotland Group PLC, 20-F filing – Annual and transition report of foreign private issuers, SEC EDGAR website, SEC Accession No. 0000950103-14-003135 (2014, 30. April)

Royal Bank of Scotland Group PLC, 20-F filing – Annual and transition report of foreign private issuers, SEC EDGAR website, SEC Accession No. 0000950103-08-001301 (2008, 14. Mai)

W.W. Royce, *Managing the Development of Large Software Systems* Proceedings of IEEE WE-SCON, (Los Angeles, 1970, Aug.), S. 1–9

F. Rubin, GOTO considered harmful considered harmful. Commun. ACM. **30**(3), 195–196 (1987)

L. Rudkowski, A. Schreiber, *Aufklärung von Compliance-Verstößen: Whistleblowing, Arbeitnehmerüberwachung, Auskunftspflichten* (Springer Gabler, Wiesbaden, 2015). ISBN: 978-3-658-07045-8. doi:10.1007/978-3-658-07045-8

I. Ruhmann, NSA, IT-Sicherheit und die Folgen. Datenschutz Datensicherh **38**(1), 40–46 (2014). ISSN: 1614-0702. doi:10.1007/s11623-014-0010-3

G.A. Rummler, A.P. Brache, *Improving performance: How to manage the white space on the organization chart*, 3. Aufl. (Wiley, San Francisco, Dec. 2013). ISBN: 978-1118143704

H. Sackman, in *Planning Information Utilities for Community Excellence*, Hrsg. P. Schmitz. GI-BIFOA Internationale Fachtagung: Informationszentren in Wirtschaft und Verwaltung, ser. Lecture Notes in Computer Science, Bd. 9 (Springer, Köln, 1974), S. 20–53. ISBN: 978-3-540-06703-0. doi:10.1007/BFb0019334

M. Sallé, IT service management and IT governance: Review, comparative analysis and their impact on utility computing, Hewlett-Packard Company (2004, 2. Juni), http://www.hpl.hp.com/techreports/2004/HPL-2004-98.pdf. Zugegriffen: 24. Okt. 2014

SAP will lokale Datacenter weiter ausbauen. Heise online (2013, 5. Okt.), http://www.heise.de/newsticker/meldung/SAP-will-lokale-Datacenter-weiter-ausbauen-1973023.html. Zugegriffen: 13. Juni 2014

B. Sartory, P. Senn, B. Zimmermann, S. Mazumder, *Praxishandbuch Krisenmanagement* (Midas Management Verlag AG, St. Gallen, 2013), ISBN: 978-3907100424

A. Saunders, E. Brynjolfsson, Valuing IT-related intangible assets. MIS Q. (forthcoming), Aug. 2015. ISSN 0276-7783. doi:10.2139/ssrn.2344949

A. Savas, Logica axed from new BAE HR contract. Computerworld UK (2012, 10. Okt.), http://www.computerworlduk.com/news/it-business/3404292/logica-axed-from-new-bae-hr-contract/. Zugegriffen: 9. Juli 2014

D.S. Scharfstein, J.C. Stein, The dark side of internal capital markets: Divisional rent-seeking and inefficient investment. J. Financ. **55**(6), 2537–2564 (2000). ISSN: 1540-6261. doi:10.1111/0022-1082.00299

W. Schettgen-Sarcher, S. Bachmann, P. Schettgen (Hrsg.), *Compliance Officer: Das Augsburger Qualifizierungsmodell* (Springer Gabler, Wiesbaden, 2014). ISBN: 978-3-658-01269-4. doi:10.1007/ 978-3-658-01270-0

A. Schill, T. Springer, *Verteilte Systeme*, 2. Aufl. (Springer, Berlin, 2012). ISBN: 978-3-642-25796-4. doi:10.1007/978-3-642-25796-4

E. Schlosser, Almost everything in „Dr. Strangelove" was true. The New Yorker (2014). ISSN:0028-792X, http://www.newyorker.com/news/news-desk/almost-everything-in-dr-strangelovewas-true. Zugegriffen: 28. Aug. 2015

E. Schlosser, Break-in at Y-12, The New Yorker (2015, März), http://www.newyorker.com/magazine/2015/03/09/break-in-at-y-12. Zugegriffen: 16. Aug. 2015. ISSN: 0028-792X

C. Schmidt, *Management komplexer IT-Architekturen* (Gabler, Berlin, 2009). ISBN: 978-3-8349-1694-5. doi:10.1007/978-3-8349-8229-2

M. L. Schneider, Informationstechnologie = Viel hilft viel? Empirische Erkenntnisse zum Zusammenhang zwischen IT und ihrem Wertbeitrag für das Unternehmen aus Controlling- und IT-Perspektive. Control. Manage. **56**(2), 142–144 (2012). ISSN: 1614-1822. doi:10.1365/s12176-012-0133-z

R. Schönball, Schwarzfahrer spülen Millionen in BVG-Kassen, Tagesspiegel (2015, 27. März), http://www.tagesspiegel.de/berlin/verkehrsbetriebe-in-berlin-schwarzfahrer-spuelen-millionenin-bvg-kassen/v_print/11561942.html?p=. Zugegriffen: 23. April 2015

H. Schröder, *EDV-Pionierleistungen bei komplexen Anwendungen* (Springer Vieweg, Wiesbaden, 2012). ISBN: 978-3-8348-2415-8. doi:10.1007/978-3-8348-2415-8

B. Schroeder, G.A. Gibson, Disk failures in the real world: What does an MTTF of 1.000.000 h mean to you? *Proceedings of the 5th USENIX Conference on File and Storage Technologies,* ser. FAST '07, USENIX Association (2007)

B. Schroeder, E. Pinheiro, W.-D. Weber, DRAM errors in the wild: A large-scale field study. Commun. ACM. **54**(2), 100–107 (2011). ISSN: 0001-0782. doi:10.1145/1897816.1897844

C. Schubert, Bahnsteige einen Zentimeter zu breit für neue Züge. Frankfurter Allgemeine Zeitung (2014, 21. Mai), http://www.faz.net/aktuell/wirtschaft/unternehmen/in-frankreich-sinddie-bahnsteige-zu-breit-12950833.html

D. Schulmeister, Developing and identifying a groupwide, cost-effective upgrade strategy together with the business consulting group of SAP® consulting. SAP Customer Success Story High Tech. http://global.sap.com/portugal/solutions/pdfs/CS_Siemens.pdf. Zugegriffen: 14. Juli 2014

F. Schulz von Thun, *Miteinander reden, Vol. 1: Störungen und Klärungen – Allgemeine Psychologie der Kommunikation* (Rowohlt, Reinbek, 1981). ISBN: 978-3499174896

H.-J. Schulz, *Hochseilakt – Leben und Arbeiten in der IT-Branche* (verdi – Vereinte Dienstleistungsgewerkschaft, Berlin, 2009)

Search engine market share, netmarketshare.com (2014). http://www.netmarketshare.com/search-engine-market-share.aspx?qprid=4&qpcustomd=0&qptimeframe=Y. Zugegriffen: 21. Aug. 2014

Securities and Exchange Commission, In the matter of the NASDAQ Stock Market LLC and NASDAQ Execution Services LLC respondents: Order instituting administrative and ceaseanddesist proceedings, Administrative proceeding, file no. 3-15339, (2013, 29. Mai), http://www.sec.gov/litigation/admin/2013/34-69655.pdf. Zugegriffen: 26. Juni 2014

Securities and Exchange Commission, In the matter of Knight Capital Americas LLC respondent: Order instituting administrative and cease-and-desist proceedings, Administrative proceeding, file no. 3-15570 (2013, 16. Okt.), http://www.sec.gov/litigation/admin/2013/34-70694.pdf. Zugegriffen: 26. Juni 2014

P.B. Seddon, A respecification and extension of the DeLone and McLean model of IS success. Inf. Syst. Res. **8**(3), 240–253 (1997). ISSN: 1047-7047

R. Seggelmann, M. Tuexen, M. Williams, Transport Layer Security (TLS) and Datagram Transport Layer Security (DTLS) Heartbeat Extension. IETF RFC 6520 (2012). ISSN: 2070-1721

A. Selzer, Datenschutz bei internationalen Cloud Computing Services. Datenschutz Datensich. DuD. **38**(7), 470–474 (2014). doi:10.1007/s11623-014-0209-3

A.K. Shah, S. Mullainathan, E. Shafir, Some consequences of having too little. Science. **338**(6107), 682–685 (2012). doi:10.1126/science.1222426

W. A. Shewhart, W. E. Deming, Statistical method from the viewpoint of quality control. Graduate School, the department of Agriculture (1939)

B. Shneiderman, Tree visualization with tree-maps: 2-D space-filling approach. ACM Trans. Gr. (TOG) **11**(1), 92–99 (1992). doi:10.1145/102377.115768

L. Shustek, MacPaint and QuickDraw Source Code (2010), http://www.computerhistory.org/atchm/macpaint-and-quickdraw-source-code/. Zugegriffen: 11. Sept. 2014

L. Silva, R. Hirschheim, Fighting against windmills: Strategic information systems and organizational deep structures. MIS Q. **31**(2), 327–354 (2007). ISSN: 0276-7783

M.D. Smedley, FDA warning letter to Fresenius Kabi AG, WL: 320-13-20 (2013, 1. Juli), http://www.fda.gov/iceci/enforcementactions/warningletters/2013/ucm361553.htm. Zugegriffen: 25. Juni 2014

S. Smiles, *Lives of Boulton and Watt* (John Murray, London, 1865)

H.S. Smith, Cost control for computers. Bus. Horiz. **16**(1), 73 (1973). ISSN: 0007-6813

J. Smith, D. Schuff, R.S. Louis, Managing your IT total cost of ownership. Commun. ACM **45**(1), 101–106 (2002). ISSN: 0001-0782. doi:10.1145/502269.502273

R. Snevely, *Enterprise Data Center Design and Methodology* (Prentice Hall Press, 2002). ISBN: 978-0130473936

R.M. Solow, We'd better watch out. N. Y. Times **Jul. 12**, 36 (1987). ISSN: 0362-4331

G. Span, The Great Union Pacific Railroad service meltdown (2004, 5. Juni), http://www.baycrossings.com/Archives/2004/05_June/the_great_union_pacific_railroad_meltdown.htm. Zugegriffen: 11. Sept. 2014

Spiegel Online, Ursache für Netzwerkpanne war menschliches Versagen (2009, 16. Jan.), http://www.spiegel.de/reise/aktuell/deutsche-bahn-ursache-fuer-netzwerkpanne-war-menschlichesversagen-a-601741-druck.html. Zugegriffen: 13. Juni 2014

Spiegel Online, Abgeordnete klagen über Mail-Probleme (2012, 17. Dez.), http://www.spiegel.de/politik/deutschland/it-panne-im-bundestag-abgeordnete-klagen-uebermail-probleme-a-873342.html. Zugegriffen: 6. Juli 2014

G. Spindler, Verantwortlichkeiten von IT-Herstellern, Nutzern und Intermediären, Bundesamt für Sicherheit in der Informationstechnik (2007), http://www.bsi.bund.de/cae/servlet/contentblob/486890/publicationFile/30962/Gutachten_pdf.pdf. Zugegriffen: 9. Dez. 2014

P. Stachour, D. Collier-Brown, You don't know jack about software maintenance. Commun. ACM **52**(11), 54–58 (2009). ISSN: 0001-0782. doi:10.1145/1592761.1592777

Staff of the Stanford Research Institute Journal, The special purpose computer ERMA for handling commercial bank checking accounts – part 1. Comput. Autom. **7**(5), 20–22 (1958)

Staff of the Stanford Research Institute Journal, The special purpose computer ERMA for handling commercial bank checking accounts – part 2. Comput. Autom. **7**(7), 16–18 (1958)

Standish Group, *The Standish Group Report – CHAOS*. The Standish Group, The CHAOS Report (1994). zitiert nach [26], 1994

Standish Group, (2013). *Chaos manifesto 2013*

J. L. Staud, *Geschäftsprozessanalyse: Ereignisgesteuerte Prozessketten und objektorientierte Geschäftsprozessmodellierung für betriebswirtschaftliche Standardsoftware* (Springer, Berlin, 2006). ISBN: 978-3-540-37976-2. doi:10.1007/3-540-37976-2

J.D. Sterman, *Business Dynamics: Systems Thinking and Modeling for a Complex World*, Bd. 19 (McGraw-Hill Higher Education, Boston, 2000). ISBN: 978-0-07-231135-8.

D.L. Stearns, *Electronic Value Exchange: Origins of the VISA Electronic Payment System.* (Springer, London, 2011). ISBN: 978-1-84996-139-4. doi:10.1007/978-1-84996-139-4

C.S. Stephens, W.N. Ledbetter, A. Mitra, F.N. Ford, Executive or functional manager? The nature of the CIO's job. MIS Q. **16**(4), 449–467 (1992). ISSN: 0276-7783. doi:10.2307/249731

J. M. Stern, J. S. Shiely, *The EVA Challenge: Implementing Value-Added Change in an Organization* (Wiley, New Jersey, 2001). ISBN: 978-0471405559

A. Stetten, D. Beimborn, T. Weitzel, Auswirkungen kulturspezifischer Verhaltensmuster auf das Sozialkapital in multinationalen IT-Projektteams. Wirtschaftsinformatik **54**(3), 135–151 (2012). ISSN: 1861-8936. doi:10.1007/s11576-012-0322-6

G. B. Stewart, *The Quest for Value: A Guide for Senior Managers* (HarperCollins Publishers, New York, 1999). ISBN: 978-0887304187

J.B. Stewart, A deal that still haunts Hewlett-Packard. The New York Times, page B1 (2015, 9. Okt.). ISSN: 0362-4331

J. Strasburg, B. Jacob, Nasdaq is still on hook as sec backs payout for facebook ipo. The Wall Street Journal (2013, März), http://www.wsj.com/articles/SB10001424127887323466204578382193806926064. Zugegriffen: 2. Juni 2015

S. Strecker, H. Kargl, Integrationsdefizite des IT-Controllings. Wirtschaftsinformatik **51**(3), 238–248 (2009). ISSN: 0937-6429. doi:10.1007/s11576-009-0175-9

S. Strzygowski, *Personalauswahl im Vertrieb: Wie Sie die passenden Top-Performer finden und gewinnen* (Springer Gabler, Wiesbaden, 2014). ISBN: 978-3-8349-3815-2. doi:10.1007/978-3-8349-3815-2

C.R. Sunstein, R. Hastie, Making dumb groups smarter. Harv. Bus. Rev. **92**(12), 90–98 (2014). ISSN: 0017-8012

C.J. Sykes, *50 rules kids won't learn in school: Real-world antidotes to feel-good education* (St. Martins Press, New York, 2007). ISBN: 978-0312360382

C.S. Tang, J.D. Zimmerman, J.I. Nelson, Managing new product development and supply chain risks: The Boeing 787 case. Supply Chain Forum Int. J. **10**(2), 74–86 (2009). ISSN: 1625-8312

G. M. Teasdale, Learning from Bristol: Report of the public inquiry into children's heart surgery at Bristol Royal Infirmary 1984–1995. Br. J. Neurosurg. **16**(3), 211–216 (2002). doi:10.1080/02688690220148815

Telecommunications management network Enhanced Telecom Operations Map (eTOM) – Representative process flows. International Telecommunication Union (2007)

TeleManagement Forum, eTOM the business process framework – for the information and communications services industry (2001), http://www.tmforum.org/sdata/documents/TMFC678%20 TMFC631%20GB921v2[1].5.pdf. Zugegriffen: 30. Okt. 2014

The Assocated Press, Correction: Hewlett-Packard-Russian Bribes Story. The New York Times (2014, 12. Sept.), ISSN: 0362-4331, http://www.nytimes.com/aponline/2014/09/11/us/ap-us-hewlett-packard-russian-bribes.html?hp&action=click&pgtype=Homepage&version=WireFee d&module=pocket-region&region=pocket-region&WT.nav=pocket-region&_r=0. Zugegriffen: 15. Sept. 2014

The HP IT Service Management Reference Model. Hewlett-Packard Company (2000), http://archive.bita-center.com/bitalib/itil&itsm/HP_wp_v2-1.pdf. Zugegriffen: 24. Okt. 2014

The Open Group, TOGAF$_{TM}$, an Open Group standard. http://www.opengroup.org/subjectareas/enterprise/togaf. Zugegriffen: 11. Mai 2015

The Royal Academy of Engineering, *The Challenges of Complex IT Projects, The report of a working group from The Royal Academy of Engineering and The British Computer Society* (The British Computer Society, London, 2004)

The Stationary Office, An Introductory Overview of ITIL® 2011. itSMF UK (Norwich, UK, 2012). http://www.best-management-practice.com/gempdf/itSMF_An_Introductory_Overview_of_ITIL_V3.pdf. Zugegriffen: 31. Okt. 2014

Theophrast, *Charaktere (Griechisch/Deutsch)* (Philipp Reclam jun. Stuttgart, 1988). ISBN: 3150006198

P. Thibodeau, 1 in 3 data center servers is a zombie, Computerworld (2015), http://www.computerworld.com/article/2937408/data-center/1-in-3-data-center-servers-is-a-zombie.html. Zugegriffen: 1. Juli 2015

O. Thomas, in *Understanding the Term Reference Model in Information Systems Research: History, Literature Analysis and Explanation. Business Process Management Workshops*, Hrsg. C.J. Bussler, A. Haller. Lecture Notes in Computer Science, Bd. 3812 (Springer-Verlag, Berlin, 2006), S. 484–496. ISBN: 978-3-540-32595-6. doi:10.1007/11678564_45

D. Thomas, A. Hunt, *The Pragmatic Programmer: From Journeyman to Master* (Addison-Wesley Professional, Boston, 1999). ISBN: 978-0201616224

Thüringer Landtag, Bericht des Untersuchungsausschusses 5/1 „Rechtsterrorismus und Behördenhandeln" (2014, 16. Juli), http://www.thueringer-landtag.de/imperia/md/content/landtag/aktuell/2014/drs58080.pdf. Zugegriffen: 17. Okt. 2014

Thüringer Rechnungshof, Thüringer Rechnungshof – Jahresbericht 2014 (2014, 1. Juli), http://www.thueringen.de/imperia/md/content/rechnungshof/veroeffentlichungen/sonstige/jb2014.pdf. Zugegriffen: 12. Sept. 2014

Title 21 U.S. Code, Sec. 351 Adulterated drugs and devices. US Government Printing Office (2010), http://www.gpo.gov/fdsys/pkg/USCODE-2010-title21/pdf/USCODE-2010-title21-chap9-subchapV-partA-sec351.pdf. Zugegriffen: 25. Juni 2014

B. Toxen, The NSA and Snowden: Securing the all-seeing eye. Commun. ACM. **57**(5), 44–51 (2014). ISSN: 0001-0782. doi:10.1145/2594502

J. Trop, Toyota agrees to settlement in fatal acceleration crash. The New York Times (2013, 26. Okt.). ISSN: 0362-4331, http://nyti.ms/18lRU5D. Zugegriffen: 10. Juni 2015

T. Truijens, Legenden der Profit Center Organisation. Control. Manage. **55**(3), 175–179 (2011). ISSN: 1864-5410. doi:10.1007/s12176-011-0051-5

P.W. Turner, J.H. Seader, K.G. Brill, Tier classification define site infrastructure performance. Upt. Inst. **17** (2006)

US Attorney's Office – Southern District of West Virginia, Enervest computer attack draws four-year federal sentence (2014, 20. Mai), http://www.justice.gov/usao/wvs/press_releases/May2014/attachments/0520143_Mitchell_Sentence.html. Zugegriffen: 22. Sept. 2014

United States General Accounting Office, Denver international airport: Baggage handling, contracting, and other issues. (GAO/RCED-95-241FS Aug. 9, 1995)

United States District Court – District of Nevada, Second amended order granting Ex parte application for a TRO (2014, 30. Juni), http://www.noticeoflawsuit.com/. Zugegriffen: 14. Juli 2014

United States District Court – District of Nevada, Appendix A to second amended order granting Ex parte application for a TRO (2014, 30. Juni), http://www.noticeoflawsuit.com/. Zugegriffen: 14. Juli 2014

United States District Court – District of Nevada, Appendix B to second amended order granting Ex parte application for a TRO (2014, 30. Juni), http://www.noticeoflawsuit.com/. Zugegriffen: 14. Juli 2014

United States Securities and Exchange Commission, The Home Depot, Inc. – Form 8-K (2014, 18. Sept.), https://www.sec.gov/Archives/edgar/data/354950/000035495014000036/hd_8kx09182014.htm. Zugegriffen: 22. Sept. 2014

United States Securities and Exchange Commission, The Home Depot, Inc. – Form 10-K (2014, 2. Feb.), http://www.sec.gov/Archives/edgar/data/354950/000119312511076501/d10k.htm. Zugegriffen: 22. Sept. 2014

N. Urbach, S. Smolnik, G. Riempp, Der Stand der Forschung zur Erfolgsmessung von Informationssystemen. Wirtschaftsinformatik. **51**(4), 363–375 (2009). ISSN: 1861-8936. doi:10.1007/s11576-009-0181-y

US Attorney's Office – Southern District of West Virginia, Former network engineer indicted by a federal grand jury in connection with million-dollar computer system damage (2013, 31. Juli), http://www.justice.gov/usao/wvs/press_releases/July2013/attachments/073113Mitchell-indictment-release.html. Zugegriffen: 22. Sept. 2014

U.S. General Services Administration, Information Technology – Stratic Business Plan. http://www.gsa.gov/graphics/staffoffices/itstrategicplan2012.pdf. Zugegriffen: 13. Aug. 2014

P. Valdes-Dapena, T. Yellin, GM: Steps to a recall nightmare – These are the events that led up to GM's worldwide recall of 2.6 million cars, blamed for at least 13 deaths. CNN Money. http://money.cnn.com/infographic/pf/autos/gm-recall-timeline/. Zugegriffen: 9. Jan. 2015

A.R. Valukas, Report to board of directors of General Motors Company regarding ignition switch recalls, NHTSA electronic reading room (2014, 29. Mai), http://www.nhtsa.gov/staticfiles/nvs/pdf/Valukas-report-on-gm-redacted.pdf. Zugegriffen: 24. Juni 2014

R. Van Der Pols, R. Donatz, F. van Outvorst, *BiSL: A Framework for Business Information Management* (Van Haren Publishing, Zaltbommel, Niederlande, 2007). ISBN: 978-90-8753-877-4

W. Van Grembergen, The balanced scorecard and IT governance. ISACA J. **2** (2000). ISSN: 1526-7407

C. Vaster, *Smart Mobility with the Microsoft Services Platform* (CeBit Bitkom, Berlin, 2014)

K. Vonnegut. Harrison Bergeron. Mag. Fantasy Sci. Fict. **21**(4), 5–10 (1961). https://archive.org/details/Harrison-Bergeron. Zugegriffen: 9. Okt. 2014

E.M. Von Simson, The ‚centrally decentralized' IS organization. Harv. Bus. Rev. **68**(4), 158–162 (1990). ISSN: 0017-8012

B. Wallraf, A. Pols, Cloud-Monitor: Cloud-Computing in Deutschland – Status quo und Perspektiven. KPMG (2014), https://www.kpmg.com/DE/de/Documents/cloudmonitor-2014-kpmg.pdf. Zugegriffen: 12. Okt. 2014

S.M. Walter, T. Buhmann, H. Krcmar, Industrialisierung der IT: Grundlagen, Merkmale und Ausprägungen eines Trends. Prax. Wirtschaftsinf. **44**(4), 6–16 (2007). ISSN: 1436-3011. doi:10.1007/BF03340302

U. Wartenberg, L. Kottke, *Datenverarbeitung in der Bundesverwaltung: Feststellungen des Bundesrechnungshofes und Hinweise des Präsidenten des Bundesrechnungshofes als Bundesbeauftragter für Wirtschaftlichkeit in der Verwaltung zu Mängeln und Risiken beim Einsatz der Informationstechnik*, 2. Aufl., ser. Schriftenreihe des Bundesbeauftragten für Wirtschaftlichkeit in der Verwaltung, Bd. 3. (Verlag W. Kohlhammer, Berlin, 1993). ISBN: 3-17-012445-5

D. Watson, *Mood and Temperament* (Guilford Press, New York, 2000). ISBN: 978-1572305267

G.H. Watson, Peter F. Drucker: Delivering value to customers. Qual. Prog. **35**(5), 55–61 (2002). ISSN: 0033-524X

R.T. Watson, L.F. Pitt, C.B. Kavan, Measuring information systems service quality: Lessons from two longitudinal case studies. MIS Q. **22**(1), 61–79 (1998). ISSN: 0276-7783. doi:10.2307/249678

E. Weber (Hrsg.), *Die Satiren des D. Junius Junvenalis* (Verlag der Buchhandlung des Waisenhauses, Halle, 1838)

J. Weber, D.M. Wasieleski, Corporate ethics and compliance programs: A report, analysis and critique. J. Bus. Ethics **112**(4), 609–626 (2013). doi:10.1007/s10551-012-1561-6

G. Wecker, B. Ohl (Hrsg.), *Compliance in der Unternehmerpraxis: Grundlagen, Organisation und Umsetzung*, 3. Aufl. (Springer Gabler, Wiesbaden, 2013). ISBN: 978-3-658-00893-2. doi:10.1007/978-3-658-00893-2

M.R. Weeks, D. Feeny, Outsourcing: From cost management to innovation and business value. Calif. Manage. Rev. **50**(4), 127–146 (2008). doi:10.2307/41166459

K.E. Weick, in *Managing the Unexpected: Complexity as Distributed Sensemaking*, Hrsg. R.R. McDaniel, D.J. Driebe. Uncertainty and Surprise in Complex Systems, ser. Understanding Complex Systems (Springer, Berlin, 2005), S. 51–65. ISBN: 978-3-540-23773-0. doi:10.1007/10948637_5

K.E. Weick, Nowhere leads to somewhere. Conf. Board. Rev. **44**(2), 14–15 (2007). ISSN: 0147-1554

K.E. Weick, Organizational culture as a source of high reliability. Calif. Manage. Rev. **29**(2), 112–127 (1987). ISSN: 0008-1256. doi:10.2307/41165243

K.E. Weick, The vulnerable system: An analysis of the Tenerife Air disaster. J. Manage. **16**(3), 571–593 (1990). doi:10.1177/014920639001600304

K.E. Weick, The collapse of sensemaking in organizations: The Mann Gulch disaster. Adm. Sci. Q. **38**(4), 628–652 (1993). ISSN: 0001-8392. doi:10.2307/2393339

K.E. Weick, Prepare your organizations to fight fires. Harv. Bus. Rev. **74**, 143–148 (1996). ISSN: 0017-8012

K.E. Weick, Reflections on enacted sensemaking in the Bhopal disaster. J. Manag. Stud. **47**(3), 537–550 (2010). doi:10.1111/j.1467–6486.2010.00900.x

K.E. Weick, K.M. Sutcliffe, Hospitals as culture of entrapment. Calif. Manage. Rev. **45**(2), 73–84 (2003). doi:10.2307/41166166

K.E. Weick, K.M. Sutcliffe, D. Obstfeld, Organizing and the process of sensemaking. Organ. Sci. **16**(4), 409–421 (2005). ISSN: 1047-7039. doi:10.1287/orsc.1050.0133

N.D. Weinstein, Unrealistic optimism about future life events. J. Personal. Soc. Psychol. **39**(5), 806–820 (1980). doi:10.1037/0022-3514.39.5.806

N.D. Weinstein, Unrealistic optimism about susceptibility to health problems. J. Behav. Med. **5**(4), 441–460 (1982). ISSN: 0160-7715. doi:10.1007/BF00845372

N.D. Weinstein, Optimistic biases about personal risks. Science. **246**(4935), 1232–1233 (1989). doi:10.1126/science.2686031

H.M. Weiss, R. Cropanzano, Affective events theory: A theoretical discussion of the structure, causes and consequences of affective experiences at work. Res. Organ. Behav. **18**, 1–74 (1996)

D. Wesemann, Oracle July 2014 CPU (2014, 15. Juli), https://isc.sans.edu/diary/Oracle+July+2014+CPU+patch+bundle/18399. Zugegriffen: 23. Okt. 2014

W.H. Whyte, *The Organization Man* (University of Pennsylvania Press, Pennsylvania, 2013). ISBN: 978-0-671-54330-3

M. Wiboonrat, System reliability of fault tolerant data center. in *CTRQ 2012, The Fifth International Conference on Communication Theory, Reliability, and Quality of Service*, 2012, S. 19–25. ISBN: 978-1-61208-192-2

H.W. Wieczorrek, P. Mertens, *Management von IT-Projekten: Von der Planung zur Realisierung*, 3. Aufl. (Springer, Berlin, 2008). ISBN: 978-3-540-85291-9. doi:10.1007/978-3-540-85291-9

H.W. Wieczorrek, P. Mertens, *Management von IT-Projekten: Von der Planung zur Realisierung*, 2. Aufl. (Springer, Berlin, 2010). ISBN: 978-3-642-16127-8. doi:10.1007/978-3-642-16127-8

D. Wieser, *Mittlere Manager in Veränderungsprozessen: Aufgaben, Belastungsfaktoren, Unterstützungsansätze* (Springer Gabler, Wiesbaden, 2014). ISBN: 978-3-658-06318-4. doi:10.1007/978-3-658-06318-4

L.P. Willcocks, D. Feeny, IT outsourcing and core IS capabilities: Challenges and lessons at Dupont. Inf. Syst. Manage. **23**(1), 49–56 (2006). doi:10.1201/1078.10580530/45769.23.1.20061201/91772.6

J.Q. Wilson, G.L. Kelling, Broken windows. Atl. Mon. **249**(3), 29–38 (1982)

M. Winniford, S. Conger, L. Erickson-Harris, Confusion in the ranks: IT Service Management practice and terminology. Inf. Syst. Manage. **26**(2), 153–163 (2009). ISSN: 1058-0530

P. Winthrop, Could there be a better way to cope with BYOD in the enterprise? Enterprise Mobility Foundation (2012, Feb.), http://theemf.org/2012/02/13/could-there-be-a-better-way-to-cope-with-byod-in-the-enterprise/. Zugegriffen: 29. Juni 2015

B.C. Witt, *Datenschutz kompakt und verständlich* (Vieweg, Wiesbaden, 2007). ISBN: 978-3834801395

C. Witte, SBS: Für den Erfolg zu klein? Computerwoche (2001, 23. Nov.), http://www.computerwoche.de/a/print/sbs-fuer-den-erfolg-zu-klein,1071885. Zugegriffen: 12. Sept. 2014

L. Wittgenstein, *Tractatus Logico-Philosophicus.* (Kegan Paul, Trench, Trubner & Co., Ltd., London, 1922)

G. Wolf, M. Leszak, Fehlerklassifikation für Software. BITKOM (2007), http://www.bitkom.org/files/documents/Fehlerklassifikation_fuer_Software_haftung.pdf. Zugegriffen: 9. Dez. 2014

T. P. Wright, Factors affecting the cost of airplanes. J. Aeronaut. Sci. (Inst. Aeronaut. Sci.), **3**(4), 122–128 (1936)

W.M. Zani, Blueprint for MIS. Harv. Bus. Rev. **48**(6), 95–100 (1970). ISSN: 0017-8012

R. Zarnekow, *Produktionsmanagement von IT-Dienstleistungen: Grundlagen, Aufgaben und Prozesse* (Springer-Verlag, Berlin, 2007). ISBN: 978-3-540-47458-6. doi:10.1007/978-3-540-47458-6_3

R. Zarnekow, W. Brenner, *Informationsmanagement: Konzepte und Strategien für die Praxis* (dPunkt Verlag, Heidelberg, 2004). ISBN: 978-3898642781

R. Zarnekow, W. Brenner, Einmalige und wiederkehrende Kosten im Lebenszyklus von IT-Anwendungen: Eine empirische Untersuchung. Control. Manage. **48**(5), 336–339 (2004). ISSN: 1614-1822. doi:10.1007/BF03249610

R. Zarnekow, L. Kolbe, *Green IT: Erkenntnisse und Best Practices aus Fallstudien* (Springer Gabler, Berlin, 2013). ISBN: 978-3-642-36152-4. doi:10.1007/978-3-642-36152-4

R. Zarnekow, W. Brenner, J. Scheeg, Untersuchung der Lebenszykluskosten von IT-Anwendungen. Wirtschaftsinformatik **46**(3), 181–187 (2004). ISSN: 0937-6429. doi:10.1007/BF03250935

R. Zarnekow, W. Brenner, U. Pilgram, *Integriertes Informationsmanagement* (Springer, Berlin, 2005). ISBN: 978-3-540-27452-0. doi:10.1007/b139096

M. Zetlin, How to balance maintenance and IT innovation.(Computerworld, 2013), http://www. computerworld.com/article/2486278/it-management/how-to-balance-maintenance-and-it-inno-vation.html. Zugegriffen: 22. Okt. 2013

G.P. Zhang, M. Keil, A. Rai, J. Mann, Predicting information technology project escalation: A neural network approach. Eur. J. Oper. Res. **146**(1), 115–129 (2003). doi:10.1016/S 0377-2217(02)00294-1

P.G. Zimbardo, A Social-*Psychological Analysis of Vandalism: Making Sense of Senseless Violence*. Stanford University, Department of Psychology (1970)

P. Zimbardo, *The Psychology of Power and Evil: All Power to the Person? To the Situation? To the System?* (2004), http://www.zimbardo.com/downloads/powerevil.pdf. Zugegriffen: 17. Nov. 2014

P.G. Zimbardo, in *A Situationist Perspective on the Psychology of Evil: Understanding How Good People Are Transformed Into Perpetrators*. Hrsg. A. Miller. The Social Psychology of Good and Evil (Guilford Press, New York, 2004), S. 21–50

B. Zukis, G. Loveland, P. Horowitz, G. Verweij, B. Bauch, *Why Isn't It Spending Creating More Value?* (Juni 2008). https://www.pwc.com/en_US/us/increasing-it-effectiveness/assets/it_spen-ding_creating_value.pdf. Zugegriffen: 7. Juli 2014

Sachverzeichnis

© Springer-Verlag Berlin Heidelberg 2016
B. Pfitzinger, T. Jestädt, *IT-Betrieb*, Xpert.press, DOI 10.1007/978-3-642-45193-5

Lizenz zum Wissen.

Sichern Sie sich umfassendes Technikwissen mit Sofortzugriff auf tausende Fachbücher und Fachzeitschriften aus den Bereichen: Automobiltechnik, Maschinenbau, Energie + Umwelt, E-Technik, Informatik + IT und Bauwesen.

Exklusiv für Leser von Springer-Fachbüchern: Testen Sie Springer für Professionals 30 Tage unverbindlich. Nutzen Sie dazu im Bestellverlauf Ihren persönlichen Aktionscode C0005406 auf *www.springerprofessional.de/buchaktion/*

Jetzt 30 Tage testen!

Springer für Professionals.
Digitale Fachbibliothek. Themen-Scout. Knowledge-Manager.

- Zugriff auf tausende von Fachbüchern und Fachzeitschriften
- Selektion, Komprimierung und Verknüpfung relevanter Themen durch Fachredaktionen
- Tools zur persönlichen Wissensorganisation und Vernetzung

www.entschieden-intelligenter.de

Springer für Professionals